ELEMENTARE
MECHANIK

ALS EINLEITUNG IN DAS STUDIUM

DER

THEORETISCHEN PHYSIK.

VON

DR. WOLDEMAR VOIGT,

O. Ö. PROFESSOR DER PHYSIK AN DER UNIVERSITÄT GÖTTINGEN.

ZWEITE, UMGEARBEITETE AUFLAGE.

MIT 56 FIGUREN IM TEXT.

LEIPZIG,

VERLAG VON VEIT & COMP.

1901

Druck von Metzger & Wittig in Leipzig.

Vorwort.

Zu der Abfassung des vorliegenden Werkes bin ich veranlasst worden durch das mir in meinem Amte mehrfach entgegengetretene Bedürfniss nach einem Buche, welches geeignet ist, die Studirenden der Mathematik und Physik soweit in die Grundlehren und Methoden der allgemeinen Mechanik einzuführen, als diese in den Vorlesungen über die einzelnen Theile der theoretischen Physik zur Anwendung kommen und als bekannt vorausgesetzt werden müssen. Ausserdem habe ich gemeint, dass bei der immer wachsenden Bedeutung, welche theoretisch-physikalische, speciell mechanische Betrachtungen in den verschiedensten Gebieten der Naturwissenschaft gewinnen, dem Chemiker, Mineralogen, Physiologen u. s. f. ein Buch willkommen sein möchte, welches die analytische Mechanik nicht nach ihren mathematischen, sondern nach ihren physikalischen Beziehungen behandelt, in knapper Form alles für das Verständniss und die Anwendung Wesentliche bietet und doch nur geringe mathematische Vorkenntnisse des Lesers erfordert. Denn, wie der Name „elementare Mechanik“ andeuten soll, wird in dem vorliegenden Werk nur der Inhalt der gewöhnlichen einleitenden Vorlesungen über Infinitesimalrechnung und analytische Geometrie vorausgesetzt, von der Theorie der Reihen, der Differentialgleichungen, der Potentialfunction, der elliptischen Functionen u. s. w. aber kein Gebrauch gemacht.

Der Zweck, durch die Entwickelung der Grundgesetze der Mechanik in das Studium der theoretischen Physik einzuführen, hat die Form des Buches bestimmt. Von der Vollständigkeit, welche ein Handbuch der Mechanik zu zeigen hat, musste durchaus abgesehen und in jeder Hinsicht nur eine Auswahl geboten werden. Die Ableitung der Grundgleichungen für die Bewegung von Massenpunkten, von starren und von nicht starren Körpern ist auf möglichst directe und anschauliche Weise vorgenommen und jede Auseinandersetzung über andere zu ihnen führende Wege, wie über die hiermit im Zusammenhang stehenden allgemeinen mechanischen Principien, ist unterlassen. Von Anwendungen sind besonders solche bevorzugt, welche eine praktische Bedeutung haben, z. B. die Theorie wichtiger physikalischer Messinstrumente liefern. Bei allen ist ein grosser Werth auf die Discussion der theoretischen Resultate gelegt, um sowohl zu zeigen, welche Fragen an dieselben gestellt werden können, als auch, wie ihre Beantwortung zu finden ist. Eine Reihe von Nebendingen, welche dem Anfänger leicht Schwierigkeiten bieten, aber gemeinhin übergangen werden, wie das doppelte Vorzeichen in Differential- und Integralgleichungen, das Gültigkeitsbereich von Lösungen und dergl., sind mit Ausführlichkeit besprochen, um den Leser zu veranlassen, sich über jeden gethanen Schritt vollständige Klarheit zu verschaffen.

Die Beschränkung hinsichtlich der Anwendung der Hülfsmittel der Mathematik hat besonders im dritten Theil, der Mechanik nichtstarrer Körper, zu einer von der gebräuchlichen theilweise abweichenden Darstellung geführt. Da die Theorie der partiellen Differentialgleichungen nicht vorausgesetzt werden sollte, so war es nöthig, sowohl in der Dynamik idealer und reibender Flüssigkeiten, wie in der Statik der elastischen Körper von der Betrachtung unendlicher Körper auszugehen, für diese ein System von particulären Lösungen der bezüglichen Differentialgleichungen aufzustellen und den Uebergang zu endlichen Körpern dadurch vorzunehmen, dass Oberflächen aufgesucht wurden, welche bei Annahme dieser Lösungen unter gewissen Umständen ihre Begrenzungen bilden können. Wurde durch diese Methode die Behandlung einiger wichtiger Probleme, z. B. der Biegung eines elastischen Stabes, unthunlich, so ergaben sich dafür andererseits interessante und lehrreiche Beziehungen zwischen gewissen Problemen der Elasticität und der Hydrodynamik, die bei der gewöhnlichen Darstellung nicht so lebendig hervortreten.

Von Quellenangaben bezüglich der behandelten Probleme oder der gewählten Darstellung habe ich vollkommen abgesehen; dieselben hätten bei der so ausgedehnten Literatur über Mechanik das Buch unverhältnissmässig belastet und erschienen mir um so mehr überflüssig, als jeder Leser, der in dieses Gebiet tiefer eindringen will, zu einem der grossen Handbücher über Mechanik greifen wird, in denen sich ausführliche Literaturverzeichnisse finden.

Hier will ich nur hervorheben, dass die „Einleitung in die theoretische Physik“ betitelten Vorlesungen meines verehrten Lehrers F. E. Neumann (Leipzig 1883), welche in einem engeren Bereich nahe dasselbe Ziel verfolgen, wie meine Arbeit, mir vielfache Anregungen und hinsichtlich der Anwendung der mechanischen Gleichungen auf die Theorie physikalischer Messinstrumente auch directe Vorbilder geliefert haben.[1] Andererseits habe ich die Vorzüge neuerer, theilweise vereinfachter Darstellungsweisen, die sich in den Vorlesungen von A. Clebsch, C. Neumann, G. Kirchhoff und Anderen finden, möglichst auszunutzen gesucht. Eigenes zu geben bot sich natürlich in einem so unendlich viel angebauten Gebiete nur selten Gelegenheit, am meisten noch im letzten Theil, der, wie oben gesagt, für die besonderen Ziele dieses Buches eine besondere Darstellung verlangte; vielleicht erweckt die Behandlung der elastischen Schwingungen unter consequenter Benutzung der von Riemann in seiner Arbeit „Ueber die Fortpflanzung ebener Luftwellen von endlicher Schwingungsweite“ (Abh. der Gött. Ac. d. Wiss. VIII, 1860) zuerst mitgetheilten, äusserst anschaulichen Integrationsmethode das Interesse auch des Fachmannes. Im Uebrigen konnte meine Aufgabe nur sein, aus der Fülle des Materiales Passendes auszuwählen, durch Anordnung und Darstellung das Interesse an dem Gegenstand zu wecken und das Verständniss der Entwickelungen zu erleichtern; ich habe mich derselben mit grosser Liebe unterzogen und hoffe, das gesteckte Ziel nicht ganz verfehlt zu haben.

Den Herren Dr. P. Drude und Dr. F. Pockels, welche mich bei der Correctur des Satzes treulich unterstützt haben, sage ich für ihre Hülfe herzlichsten Dank.

[1] Leider sind diese Vorlesungen in so fehlerhafter Gestalt herausgegeben worden, dass man Bedenken tragen muss, Anfänger auf sie zu verweisen.

Göttingen, im Juli 1889.

W. Voigt.

Vorwort zur zweiten Auflage.

Der Grundplan meiner „elementaren Mechanik“ ist für die zweite Auflage ungeändert beibehalten worden. Die von mir seit dem erstmaligen Erscheinen des Werkes gemachten Erfahrungen haben mich in der früher vertretenen Ansicht nur bestärkt, dass es sich bei der Einführung in eine Disciplin empfiehlt, einen einzigen, möglichst anschaulichen Weg der Entwickelung consequent zu verfolgen und die anderen, gleichviel wie interessanten, gänzlich bei Seite zu lassen. Ist auf diese Weise das Gebiet einmal vollständig durchgearbeitet, so wird ein späteres Studium anderer Darstellungsweisen kaum mehr verwirren.

Die früher mit Rücksicht auf ihre praktische Bedeutung ausgewählten Anwendungen der allgemeinen Theorie sind beibehalten und nur um zwei vermehrt worden (s. S. 110 und 529). Die Aufnahme der letzteren von ihnen in die erste Auflage war nach dem obigen Vorwort nur deshalb unterblieben, weil das bezügliche Problem eine von den anderen gebrachten Elasticitätsproblemen merklich abweichende Behandlung verlangt und sich daher in die Darstellung nicht recht einfügen wollte. Die Ueberlegung seiner grossen praktischen Wichtigkeit hat mich veranlasst, nach einem Wege zu suchen, um es ungezwungen den übrigen anzugliedern.

Die neue Auflage unterscheidet sich somit, abgesehen von der selbstverständlichen Berichtigung hervorgetretener Fehler und Ungenauigkeiten, von der ersten wesentlich nur in der Form. Es ist versucht worden, die Verständlichkeit durch stellenweise sehr erweiterte Darstellung, die Uebersichtlichkeit durch Zerlegung einzelner etwas langer Paragraphen in mehrere zu erhöhen; in einer neu hinzugefügten Einleitung sind einige wichtige allgemeine Ueberlegungen, die ehedem im Texte zerstreut waren, zusammengefasst und vervollständigt, um so nachdrücklicher zu wirken. Ich darf hoffen, dass die Brauchbarkeit des Buches hierdurch gewonnen hat.

Die Herren Proff. Pockels und Wiechert haben mich bei der Durchsicht der Druckbogen in der liebenswürdigsten Weise unterstützt.

Göttingen, im October 1900.

W. Voigt.

Inhalt.

Einleitung.

Erster Theil. Mechanik materieller Punkte.

Zweiter Theil. Mechanik starrer Körper.

Dritter Theil. Mechanik deformirbarer Körper.

Einleitung.

1. Charakter der Darstellung. In der Darstellung der Mechanik lassen sich zwei verschiedene Richtungen unterscheiden, die man in ihren consequentesten Vertretern einander als mathematische und physikalische gegenüberstellen kann.

Die erstere Richtung betrachtet als die Aufgabe der Mechanik die analytische oder geometrische Untersuchung der Eigenschaften eines gewissen Systemes von Differentialgleichungen, deren oft nur loser Zusammenhang mit gewissen aus den Beobachtungen geschlossenen Gesetzen zwar den Namen des betreffenden Gebietes bedingt, aber im Uebrigen eine wesentliche Rolle nicht spielt. Die verschiedenen Theile der Mechanik werden nach den Gestalten dieser Gleichungen gesondert, die Statik wird demgemäss der Regel nach von der Dynamik getrennt und ihr, als auf einfacheren Gleichungen beruhend, vorausgestellt. Die speciellen Probleme werden zu erheblichem, vielleicht zu überwiegendem Theil nicht der Erfahrung entnommen, sondern meist zum Zwecke der Anwendung gewisser allgemeiner und strenger Integrationsmethoden mit nur geringer Rücksichtnahme auf wirkliche Verhältnisse erfunden.

Die letztere Richtung sieht die Mechanik als einen Zweig jener exacten Naturwissenschaft an, deren letztes Ziel die Ableitung der numerischen Gesetze der wirklichen Erscheinungen darstellt; sie betrachtet sie insbesondere als Grundlage der ganzen theoretischen Physik, weil es einerseits dem menschlichen Verstand Bedürfniss ist, fremde Erscheinungen durch bekannte Vorgänge und besonders durch die einfachsten und bekanntesten mechanischen zu erklären, und weil andererseits fast alle exacten Messinstrumente auf mechanischen Principien ruhen. Die Differentialgleichungen sind ihr der Ausdruck bestimmter, eventuell unter Zuhülfenahme sorgfältig formulirter Hypothesen, aus der Erfahrung geschlossener Elementargesetze; da die fundamentalen Begriffe sämmtlich aus der Betrachtung von Bewegungsvorgängen abgeleitet werden, so stellt sie deren Behandlung an die Spitze ihrer Darstellung und fasst die Erscheinungen des Gleichgewichtes als specielle Fälle von jenen auf. Die einzelnen Probleme entnimmt sie der Regel nach der Wirklichkeit, und da die Beobachtungen nur eine begrenzte Genauigkeit besitzen, so taugt ihr eine jene Genauigkeit erreichende Annäherung ebenso, wie eine strenge Lösung.

Diese physikalische Richtung soll die nachfolgende Darstellung einhalten. Es wird demgemäss nicht nur auf die Beziehung der allgemeinen Formeln zu der Erfahrung grosses Gewicht gelegt werden, es werden auch die speciellen Probleme, in erster Linie messbare Vorgänge, häufig die Theorie wichtiger Messinstrumente oder Anwendungen mechanischer Grundsätze auf andere Gebiete der theoretischen Physik betreffen, und angenäherte Lösungen werden willkommen sein, wo strenge nicht möglich oder ohne höhere Mittel der Analysis nicht erhältlich sind.

Ehe wir zu unserem speciellen Gegenstand übergehen, wollen wir einige, nicht nur für die Mechanik, sondern ebenso für alle Gebiete der theoretischen Physik wichtige allgemeine Begriffe erörtern, die wegen ihrer vielfältigen Anwendungen am besten an der Spitze der Darstellung stehen. Wir gewinnen dadurch den Vortheil, weiterhin den Zusammenhang der Entwickelung besser wahren zu können, indem wir jedes Mal nur auf das Eingangs Gesagte zurückverweisen. Freilich hat dies Verfahren den Nachtheil, dass die vorausgeschickten allgemeinen Bemerkungen zunächst etwas abstract und fremdartig anmuthen; indessen ist zu hoffen, dass die binnen Kurzem von ihnen zu machenden Anwendungen zu voller Vertrautheit mit den einzuführenden fundamentalen Begriffen führen werden.

2. Einheiten und Benennungen. Die Grundvoraussetzung für die Anwendbarkeit der Theorie auf irgend ein Gebiet der Physik ist die Messbarkeit der ihm zugehörigen Erscheinungen; erst wenn zahlenmässig bestimmte Beobachtungsdaten vorliegen, können numerische Gesetze angewendet und geprüft werden.

Unter Messung einer physikalischen Grösse Γ versteht man ihre Vergleichung mit einer gleichartigen Normalgrösse $\mathfrak{G}$, die man als Maasseinheit wählt. Das Resultat dieser Vergleichung ist das Verhältniss

$$\frac{\Gamma}{\mathfrak{G}} = G, \tag{1}$$

welches als Zahlgrösse oder Zahlwerth von Γ bezeichnet wird. Die physikalischen Gesetze stellen mathematische Beziehungen zwischen derartigen Zahlgrössen verschiedener Herkunft dar, welche ausser ihnen noch Constanten enthalten.

Aus der Definition der Zahlgrösse G ergiebt sich unmittelbar der Satz: der Zahlwerth einer physikalischen Grösse ist der für sie gewählten Einheit indirect proportional.

Schreibt man die vorstehende Formel in der Gestalt

$$\Gamma = G . \mathfrak{G}, \tag{2}$$

so stellt sie den Werth der physikalischen Grösse Γ als das Product aus ihrem Zahlwerth in ihre Einheit dar; in dieser Verbindung kann man $\mathfrak{G}$ auch als die Benennung von Γ bezeichnen. Die Namen „Einheit" und „Benennung" bedeuten somit dasselbe und unterscheiden nur — wie Gleiches von den Formeln (1) und (2) gilt — zwei ein wenig verschiedene Betrachtungsweisen. Dass die obige Darstellung dem gewöhnlichen Sprachgebrauch durchaus entspricht, erkennt man leicht, indem man sich des Vorganges der Messung einer Länge entsinnt.

Zu Maasseinheiten geeignete Grössen müssen scharf beobachtbar, unveränderlich, resp. in ihrer Veränderlichkeit bekannt, und, wenn nicht conservirbar, leicht und sicher reconstruirbar sein. Die Einheiten der Länge und der Zeit geben hierfür die einfachsten Beispiele. Die wissenschaftliche Längeneinheit ist das Centimeter, nahezu dem tausendmillionsten Theil des Erdquadranten gleich, in präciser Weise definirt als der hundertste Theil der Länge des in Paris aufbewahrten Normalmeterstabes bei der Temperatur des schmelzenden Eises. Die wissenschaftliche Zeiteinheit ist die Secunde, nahezu dem 86 400 ten Theil der Dauer eines Sonnentages gleich, genauer definirt als der gleiche Theil derjenigen constanten Tageslänge, d. h. des mittleren Sonnentages, die man erhalten würde, wenn die Erde bei derselben Drehungsbewegung sich statt in einer Ellipse in einem Kreise um die Sonne bewegte, und zwar so, dass ihr Mittelpunkt in gleichen Zeiten gleiche Wege zurücklegte. In der Technik wird als Längeneinheit häufig das Meter, als Zeiteinheit mitunter die Minute benutzt.

3. Einführung von Benennungen in die Gleichungen der Physik. Nach dem Vorstehenden sind alle physikalischen Gesetze zunächst Formeln zwischen lauter reinen Zahlgrössen. Da die Anschaulichkeit indessen erheblich gewinnt, wenn man sich der Bedeutung und Benennung derselben erinnert, so pflegt man durch eine Anwendung des zu Gleichung (2) Gesagten die Zahlgrössen mit ihren Benennungen zu versehen, indem man entweder die gesammten Formeln mit denselben multiplicirt oder einzelne

Theile von ihnen mit denselben erweitert. Die beiden Seiten einer Gleichung und alle Glieder eines Aggregates erhalten hierdurch stets unter einander gleiche Benennungen.

Da wir bisher noch kein physikalisches Gesetz abgeleitet haben, so mag ein Beispiel aus der Geometrie entlehnt werden, um die Anwendung der Methode zunächst in einem speciellen Falle zu zeigen. Ein bekannter Satz ergiebt die Fläche eines Rechtecks proportional mit dem Product der beiden Seiten, d. h., wenn F die Zahlgrösse der Fläche ist, x und y diejenigen der Kanten sind:

$$F = f . x . y, \tag{3}$$

wobei f einen für alle Rechtecke gleichen Factor bezeichnet.

Fügt man zu den beiden Seiten der Gleichung zweimal den Factor „ein Centimeter" (cm) als die Benennung der Zahlgrössen x und y hinzu und schreibt das Resultat:

$$\left(F \frac{\mathrm{cm}^2}{f}\right) = (x \,\mathrm{cm}) . (y \,\mathrm{cm}), \tag{4}$$

so stehen rechts benannte Zahlen, und es entspricht der Consequenz, den Factor cm^2/f auf der linken Seite als die Benennung von F anzusehen. Man erkennt daraus, dass die Flächeneinheit mit der Grösse der Constanten f in einem solchen Zusammenhang steht, dass die Festsetzung der einen die andere bestimmt. Giebt man der Gleichung (4) ihre einfachste Gestalt, indem man f gleich Eins macht, so ist damit zugleich als Einheit der Fläche das cm^2, d. h. das Quadratcentimeter, festgesetzt.

Der nächst complicirte Fall ist der, dass eine physikalische Grösse einem Product von Potenzen verschiedener Variabeln proportional ist, d. h., dass zwischen den Zahlgrössen der ersteren F und denjenigen der letzteren x, y, z ... eine Beziehung von der Gestalt:

$$F = f . x^{\xi} . y^{\eta} . z^{\zeta} \ldots \tag{5}$$

besteht, worin ξ, η, ζ ... Constanten sein mögen. Versteht man nun unter $\mathfrak{x}$, $\mathfrak{y}$, $\mathfrak{z}$ ... die Benennungen von x, y, z ..., so liefert das frühere Verfahren zunächst sogleich:

$$F . \mathfrak{x}^{\xi} . \mathfrak{y}^{\eta} . \mathfrak{z}^{\zeta} \ldots = f . (x\mathfrak{x})^{\xi} . (y\mathfrak{y})^{\eta} . (z\mathfrak{z})^{\zeta} \ldots \tag{6}$$

Weiterhin sind zwei verschiedene Möglichkeiten zu unterscheiden.

Entweder die Benennung von F ist noch willkürlich, die betreffende Grösse wird etwa durch die vorstehende Formel erstmalig eingeführt und definirt; dann kann man über den Proportionalitätsfactor f willkürlich verfügen und wird das in einem solchen Sinne thun, dass die Gleichung möglichst einfach wird; man wird nämlich f gleich einer reinen Zahl, zumeist gleich Eins, setzen. Hier stellt dann $\mathfrak{x}^\xi \mathfrak{y}^\eta \mathfrak{z}^\zeta \dots / f$ die Benennung oder Einheit $\mathfrak{F}$ von F dar.

Oder es ist die Benennung $\mathfrak{F}$ von F bereits festgelegt, die betreffende Function also bereits durch eine andere Formel definirt; dann ist zu bilden:

$$(F\mathfrak{F}) = \left(f \frac{\mathfrak{F}}{\mathfrak{x}^\xi \mathfrak{y}^\eta \mathfrak{z}^\zeta \dots}\right) \cdot (x\mathfrak{x})^\xi \cdot (y\mathfrak{y})^\eta \cdot (z\mathfrak{z})^\zeta \dots \tag{7}$$

und $\mathfrak{F} / \mathfrak{x}^\xi \mathfrak{y}^\eta \mathfrak{z}^\zeta \dots$ stellt sich hier als die Einheit oder Benennung f des Proportionalitätsfactors f dar.

Dies weist darauf hin, dass bei der Einführung der Benennungen in die Gleichungen der Physik zugleich mit den Variablen auch die Constanten zu benannten Grössen werden.

Die beiden vorstehend unterschiedenen Fälle bieten sich in der Physik ausserordentlich häufig, und schon die ersten Abschnitte der nachfolgenden Darstellung werden uns einfachste Beispiele dafür liefern. Indessen haben viele physikalische Gesetze Formen, die von der in Gleichung (5) eingeführten abweichen. In diesen Fällen wird in der Regel das zweite der oben angeführten Hülfsmittel, nämlich die Erweiterung der einzelnen Glieder der Formel, zur Einführung der Benennungen anzuwenden sein.

Ist beispielsweise

$$F = g e^{h x^m + i} \cos(k y^n + l), \tag{8}$$

wobei g, h, i, k, l, m, n Constanten bezeichnen, so muss man, um die Variabeln x und y mit ihren Benennungen zu versehen, schreiben:

$$F = g e^{(h \mathfrak{x}^{-m})(x\mathfrak{x})^m + i} \cos\left((k\mathfrak{y}^{-n})(\mathfrak{y}y)^n + l\right); \tag{9}$$

dabei erscheinen h und k als benannte, i und l als unbenannte Constanten; F und g haben ersichtlich die gleiche Benennung, die den beiden Seiten der Gleichung als Factor beigefügt werden kann.

4. Fundamentale und abgeleitete Einheiten. Die abhängigen Variabeln und die Parameter der physikalischen Gesetze erhalten nach dem Vorstehenden Einheiten oder Benennungen, die aus denjenigen der Unabhängigen abgeleitet sind, sich nämlich in allen Fällen als mit gewissen aus ihnen gebildeten Potenzproducten proportional ergeben. Die Einheiten der Unabhängigen sind so lange vollständig willkürlich, als diese Grössen nicht noch durch weitere Beziehungen mit einander verknüpft werden.

In der Mechanik sind die Unabhängigen in erster Linie Längen und Zeiten, über deren Einheiten bereits oben verfügt ist; zu ihnen kommen noch die erst weiterhin präcis zu definirenden Massen. Gemäss der früher betonten Thatsache, dass die meisten physikalischen Messinstrumente auf mechanischen Gesetzen beruhen, lassen sich auch die meisten physikalischen Grössen mit diesen mechanischen Unabhängigen derartig in Beziehung setzen, dass ihre Einheiten oder Benennungen vollständig auf die von Längen, Zeiten und Massen zurückgeführt werden können. In gewissen Gebieten st ausser ihnen noch die Temperatur heranzuziehen; aber mit diesen vier Grössenarten kommt man erfahrungsgemäss im ganzen Umkreis der Physik vollständig aus, sodass man für jede Function eine Einheit oder Benennung angeben kann, die nur aus denen von Länge, Zeit, Masse und Temperatur abgeleitet, d. h. durch ein Product von Potenzen in eine Proportionalitätsconstante definirt ist. Es ist hierdurch ein Maasssystem von grösstmöglicher Einfachheit und Geschlossenheit gewonnen, das bei wissenschaftlichen Rechnungen nahezu ausnahmslos benutzt wird und den Namen des absoluten Maasssystemes trägt. Wir werden die einfachsten Anwendungen desselben schon in den ersten Abschnitten unserer folgenden Darstellung kennen lernen.

5. Dimensionen. Die Einheit oder Benennung einer jeden physikalischen Grösse F lässt sich nach dem Vorstehenden in der Form $f l^a t^b m^c u^d$ schreiben, wobei l, t, m, u die Einheiten von Länge, Zeit, Masse, Temperatur bezeichnen und a, b, c, d, f Constanten sind. Das Product $l^a t^b m^c u^d$, das eine Anschauung davon giebt, wie die Grösse F aus den vier Fundamentalgrössen aufgebaut ist, wird die Dimension von F genannt und durch das Symbol $[F]$ bezeichnet. Die sogenannte Dimensionalgleichung für F schreibt man dann in der Form

$$[F] = [l^a t^b m^c u^d] \tag{10}$$

und nennt im Anschluss daran F als in Bezug auf die Länge von $a$ter, die Zeit von $b$ter, die Masse von $c$ter, die Temperatur von $d$ter Dimension. Der hierin ausgeprägte Sprachgebrauch ist von der Geometrie herübergenommen, insofern die vorstehende Formel auf eine Fläche, z. B. die in (3) vorausgesetzte Fläche eines Rechtecks, angewandt

$$[F] = [l^2],$$

und somit die Fläche als von zweiter Dimension in Bezug auf die Länge liefert.

Von der Dimension $[F]$ gelangt man direct zur Einheit $\mathfrak{F}$ von F zurück, indem man den charakteristischen Factor f anbringt. In vielen Fällen ist f gleich Eins, somit die Dimension mit der Einheit oder Benennnung formal identisch.

6. Scalare. So ausserordentlich gross die Zahl der Begriffe ist, mit denen die Physik operirt, so kann man sie doch nach der Zahl und Art der Stücke, durch welche ein jeder von ihnen eindeutig bestimmt ist, in eine sehr kleine Zahl von Classen einordnen. Es ist klar, dass eine solche Eintheilung die Uebersicht über das ganze System wesentlich erleichtert und schon dadurch förderlich wirkt. Aber der Nutzen dieser Classificirung reicht noch weiter; denn es wird sich zeigen, dass die derselben Classe angehörigen Grössen eine Gemeinsamkeit mancher Eigenschaften besitzen, die mit dem Gruppirungsprincip an sich nicht nothwendig zusammenhängt.

Die einfachsten physikalischen Grössen sind diejenigen, die durch einen einzigen Zahlwerth erschöpfend charakterisirt werden, wie die Zeit, die Temperatur u. dergl. Man nennt sie Scalaren oder Scalargrössen. Ihre geometrische Darstellung geschieht durch eine Strecke von ein für alle Mal gegebener Richtung, wie sie z. B. für die Temperatur die Länge der Quecksilbersäule eines Thermometers, gerechnet von einem willkürlich gewählten Anfangs- oder Nullpunkt aus, an die Hand giebt. Um auf diese Weise positive und negative Werthe des Scalares zu veranschaulichen, muss man der betreffenden Strecke einen Richtungssinn beilegen, sie also positiv rechnen, wenn sie nach der einen Seite, negativ, wenn sie nach der anderen Seite des Nullpunktes hinliegt. Die Liniencoordinaten eines Punktes lassen sich hiernach als Scalaren betrachten.

Es kommt in der Physik nicht selten der Fall vor, dass eine scalare Grösse S als Function des Ortes vorgeschrieben, d. h., dass jedem Punkt eines Raumes ein Zahlwerth zugeordnet ist, wie z. B. die Temperatur in einem verschieden temperirten Körper. Ein solches Gebiet nennt man dann ein scalares Feld.

7. Vectoren. Ausser den Scalaren kommen in der Physik häufig noch solche Grössen vor, deren Bestimmung die Angabe eines Zahlwerthes und einer Richtung im Raume verlangt. Sie zerfallen in zwei Gruppen, deren erste dadurch charakterisirt ist, dass die beiden Seiten jener Richtung verschiedenartig sind, während sie sich bei der anderen physikalisch nicht von einander unterscheiden.

Der einfachste Repräsentant der ersten Gruppe ist die geradlinige Verschiebung eines Punktes von einer Stelle (1) nach einer Stelle (2). Zu ihrer erschöpfenden Beschreibung ist nämlich erforderlich die Länge des zurückgelegten Weges $(\overline{1, 2})$ und die Richtung der Strecke $(\overline{1, 2})$ im Raume. Dabei ist der Richtungssinn $(1) \longrightarrow (2)$ ungleichwerthig dem Richtungssinn $(2) \longrightarrow (1)$, denn der erstere entspricht der zeitlichen Ortsveränderung, der zweite nicht. Dergleichen Richtungen nennt man einseitig.

Physikalische Grössen, die zu ihrer erschöpfenden Charakteristik die Angabe eines Zahlwerthes und einer einseitigen Richtung verlangen, nennt man, anknüpfend an das erörterte einfachste Beispiel, Vectoren oder Vectorgrössen. Ihre geometrische Darstellung geschieht nach Uebereinkunft jederzeit durch eine Strecke, welche von einem festen Anfangspunkt aus construirt wird und durch ihre Länge den Zahlwert des Vectors, durch ihre vom Anfangspunkt hinweg gerechnete Richtung die Richtung des Vectors wiedergiebt. Wo Verwechselungen möglich sind, wird man passend die positive Seite des Vectors durch eine nach aussen gerichtete Pfeilspitze bezeichnen. Eine Umkehrung des Vorzeichens des Zahlwerthes ist ersichtlich mit der Umkehr der Richtung des Vectors äquivalent.

Die allgemeine zeitliche Veränderung des Vectors stellt sich durch eine Bewegung seines freien Endpunktes dar. Umgekehrt kann man die Bewegung eines Punktes im Raume als die Veränderung eines ihm zugeordneten Vectors, nämlich des den Punkt mit dem Coordinatenanfang verbindenden „Radiusvectors“ auffassen.

Es wird sich nützlich erweisen, dem oben behandelten Beispiel eines Vectors sogleich ein zweites, aus jenem entwickeltes, von merklich verschiedenem Charakter zur Seite zu stellen. Wir construiren von einer Stelle p des Raumes aus einen Vector V_1 der soeben beschriebenen Art, der etwa eine Verschiebung repräsentirt, verbinden ausserdem p durch die Strecke r mit einem festen Punkt o, etwa dem Coordinatenanfangspunkt und vervollständigen das System der beiden Strecken V_1 und r durch zwei Parallele zu einem Parallelogramm

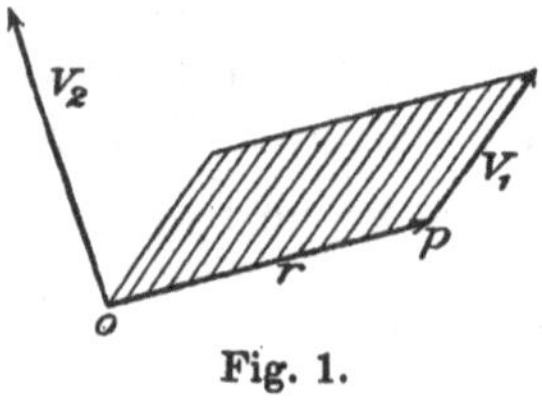

Fig. 1.

Dieses Parallelogramm ist, so lange es sich nur um seine Grösse und um die Orientirung seiner Ebene handelt, gleichfalls eine Vectorgrösse, denn es ist durch den Zahlwerth seiner Flächengrösse

$$V_2 = r V_1 \sin (r, V_1) \tag{11}$$

und die Richtung seiner Normalen n eindeutig bestimmt. Dabei wird diese Normale einseitig sein, da der Vector V_1 um die eine ihrer beiden Seiten im positiven (linken), um die andere im negativen (rechten) Sinne dreht. Man ist übereingekommen, diejenige

Seite von n als positiv zu bezeichnen, um welche jene Drehung im positiven Sinne stattfindet. Auf ihr ist dann zur geometrischen Darstellung des Vectors eine mit der Rechtecksfläche proportionale Strecke aufzutragen. Mit Richtung oder Vorzeichen von V_1 kehrt sich zugleich Richtung und Vorzeichen von V_2 um.

Die Vectoren V_1 und V_2 unterscheiden sich nach dem Gesagten dadurch, dass bei dem ersten ein Verschiebungssinn, bei dem letzteren ein Drehungssinn zur Charakterisirung ihrer positiven Richtungen herangezogen ist. Man nennt die erste Art von Vectoren polar, die letztere axial. Auf weitere Unterschiede beider Arten werden wir weiter unten eingehen.

Im Vorstehenden ist ein axialer Vector V_2 aus einem polaren Vector V_1 und dem Radiusvector r — d. h. aus einem speciellen zweiten polaren Vector abgeleitet. Dies ist offenbar ein specieller Fall, dessen Hervorhebung dadurch gerechtfertigt ist, dass er weiterhin hauptsächlich vorkommen wird. An sich hätte auch ein beliebiger anderer polarer Vector die Stelle von r einnehmen können. —

Wie bei den Scalaren, so kommt auch bei den Vectoren der Fall war, dass jedem Punkt eines Raumes eine Vectorgrösse zugeordnet wird, wie z. B. die Verschiebung in einem deformirbaren Körper. Es entsteht hierdurch ein sogenanntes Vectorfeld.

Ein Vectorfeld specieller Art wird auch durch jedes scalare Feld geliefert. Sei der Scalar S als eine einwerthige Function der Coordinaten vorgeschrieben, dann bestimmt

$$S = c, \tag{12}$$

unter c eine Constante verstanden, für jedes c eine Fläche, auf der S überall denselben Werth hat. Unendlich wenig verschiedene Werthe c liefern im Allgemeinen einander unendlich benachbarte Flächen, die in unendlich kleinen Bereichen als parallel angesehen werden können. Einem Element der Fläche $S = c$ liegt also auf der einen Seite ein paralles Element der Fläche $S = c + \delta c$, auf der anderen eines der Fläche $S = c - \delta c$, wo δc einen unendlich kleinen Zuwachs bedeutet, unendlich nahe. Es ergiebt sich dann durch die blosse Anschauung, dass S sich in der Richtung der Normalen n auf der Fläche $S = c$, (und zwar nach den beiden Seiten der Normalen in entgegengesetzter Weise) am schnellsten ändert. Die Normale n ist somit eine im Sinne von S. 8 einseitige Richtung, und die maximale Aenderung von S

$$V = \partial S / \partial n \tag{13}$$

in der Richtung von kleinen zu grossen Werthen S stellt somit in der That eine Vectorgrösse dar.

Construirt man die ganze Schaar von Oberflächen $S = c$, welche den von $-\infty$ bis $+\infty$ um immer gleiche Beträge δc wachsenden Werthen der Constanten c entsprechen, und macht in der Formel für V den Zähler $\partial S = \delta c$, so wird der Nenner ∂n identisch mit dem normalen Abstand δn der einander benachbarten Flächen an der betrachteten Stelle.

Das Gesetz des aus dem scalaren Feld abgeleiteten Vectorfeldes ist hiernach mit Hülfe der Schaar von Oberflächen $S = c$ bei stets um δc wechselndem c leicht zu übersehen. Der Vector $V = \partial S / \partial n$ steht an jeder Stelle normal zu der durch sie gehenden Fläche $S = c$ von kleinen zu grossen Werthen c hin, und seine Zahlgrösse ist gleich der Constanten δc, dividirt durch den normalen Abstand δn der benachbarten Flächen $S = c$.

8. Tensoren. Der einfachste Repräsentant der zweiten Gruppe gerichteter Grössen ist die Dehnung irgend eines räumlichen Gebildes, am einfachsten einer Kugel, nach einer bestimmten Richtung. Hierunter versteht man diejenige Formänderung, bei der alle mit der festgesetzten Richtung parallele Strecken in dem Gebilde um denselben procentualen Betrag verlängert werden, während die dazu normalen ungeändert bleiben, oder, anders ausgedrückt, bei der jede zu der festgesetzten Richtung normale, unendlich dünne Schicht um denselben procentualen Betrag verdickt wird, während ihre Grundfläche ungeändert bleibt. Zu ihrer erschöpfenden Beschreibung ist somit der Betrag der procentualen Verlängerung oder Verdickung und die Richtung, parallel welcher sie statthaben, erforderlich. Die beiden Seiten dieser Richtung sind aber gleichwerthig, denn in dem vorausgesetzten Vorgang ist nichts enthalten, wodurch die eine vor der anderen ausgezeichnet würde. Dergleichen Richtungen nennen wir zweiseitig.

Physikalische Grössen, die zu ihrer erschöpfenden Charakteristik die Angabe eines Zahlwerthes und einer zweiseitigen Richtung verlangen, nennt man, an das obige einfachste Beispiel anknüpfend, Tensoren oder Tensorgrössen. Ihre geometrische Veranschaulichung geschieht passend durch eine Strecke, welche mit ihrem Mittelpunkt in einem festen Punkt liegt und durch ihre ganze oder halbe Länge den Zahlwerth, durch ihre Richtung die zweiseitige Richtung des Tensors darstellt. Nach der Art ihrer Einführung kann kein Zweifel darüber sein, dass der Zahlwerth eines Tensors ebensowohl positiv, als negativ sein kann. Da seine Richtung zweiseitig ist, so kann aber bei ihm nicht, wie bei dem Vector, eine Umkehrung seines Vorzeichens durch die Umkehrung seiner Richtung ersetzt werden, und es ist eine andere Veranschaulichung des Vorzeichens nothwendig. Die letztere kann z. B. so vorgenommen werden, dass man den positiven Zahlwerth eines Tensors durch nach *aussen*, den negativen durch nach *innen* weisende Pfeilspitzen an den beiden Enden der den Tensor repräsentirenden Strecke charakterisirt. ←——→ würde dann einen positiven, →——← einen negativen Tensor wiedergeben. Die zeitliche Veränderung des Tensors führt dann auch eine Bewegung seiner beiden Endpunkte herbei, welche die erstere vollständig bestimmt.

Es ist eine Eigenthümlichkeit der Tensoren, dass sie in der Physik zumeist zu dreien mit zu einander normalen Richtungen, als *Tensortripel* V, auftreten. Wir kommen hierauf unten zurück.

Auch bei Tensoren oder Tensortripeln kommt der Fall vor, dass jedem Punkte eines Raumes eine derartige Grösse zugeordnet ist, sodass ein *Tensorfeld* entsteht.

9. Vectorcomponenten. Was die Beziehung der Vectoren und Tensoren auf ein Coordinatensystem angeht, so wird man ihre Richtungen durch die Winkel bestimmen, die sie mit den (zumeist zu einander rechtwinkeligen) Coordinatenaxen einschliessen. Da von denselben aber nur zwei unabhängig vorgeschrieben werden können, so erhält man für Grösse und Richtung insgesammt drei Bestimmungsstücke. Diese Darstellung hat, insofern dabei zwei von den Coordinatenaxen bevorzugt werden, etwas Unsymmetrisches, und schon wegen der grossen praktischen Wichtigkeit, welche die symmetrische Form der Beziehungen in der theoretischen Physik besitzt, ist es erwünscht, ihr eine symmetrische Darstellungsweise zur Seite zu stellen. Eine solche liefert die Einführung der sogenannten *Componenten der Vectoren und Tensoren*, die bei beiden Grössenarten in durchaus verschiedener Weise geschieht.

Als *Componenten eines Vectors* nach drei beliebigen, nur nicht in einer Ebene gelegenen Richtungen bezeichnet man allgemein seine Parallelprojectionen auf diese Richtungen; der Vector selbst erscheint dabei als die Diagonale des aus den Componenten construirten Parallelepipeds; er ist somit durch die Componenten nach Grösse und Richtung vollständig bestimmt.

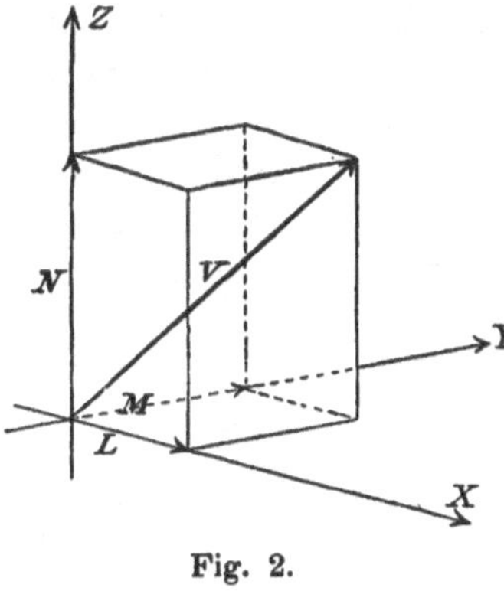

Fig. 2.

Der wichtigste Fall ist der, wo die Componenten nach drei zu einander *normalen* Richtungen, etwa den rechtwinkeligen Coordinatenaxen X, Y, Z, genommen werden, der Vector also als die Diagonale des aus den Componenten gebildeten rechtwinkeligen Parallelepipedes erscheint. Bezeichnen wir den Vector mit V, seine Winkel gegen die Coordinatenaxen mit (V, X), (V, Y), (V, Z), so gelten für seine Projectionen L, M, N die Formeln

$$L = V \cos(V, X), \quad M = V \cos(V, Y), \quad N = V \cos(V, Z); \tag{14}$$

umgekehrt bestimmt sich V nach Grösse und Richtung aus L, M, N gemäss den Beziehungen

$$\begin{gathered} V^2 = L^2 + M^2 + N^2, \\ \cos(V, Y) = \frac{L}{V}, \quad \cos(V, Y) = \frac{M}{V}, \quad \cos(V, Z) = \frac{N}{V}. \end{gathered} \tag{15}$$

Unter der Componente eines Vectors V nach einer beliebigen Richtung versteht man, soweit keine weitere Bestimmung hinzugefügt wird, jederzeit seine normale Projection auf die betreffende Richtung, setzt also, indem man den Buchstaben D zur Charakteristik des Zahlwerthes, d zu derjenigen der Richtung der Componente benutzt,

$$D = V \cos(d, V). \tag{16}$$

Benutzt man hier die Beziehung

$$\begin{aligned} \cos(d, V) = \cos(d, X) \cos(V, X) + \cos(d, Y) \cos(V, Y) \\ + \cos(d, Z) \cos(V, Z), \end{aligned} \tag{17}$$

so erhält man wegen (11) sogleich

$$D = L \cos(d, X) + M \cos(d, Y) + N \cos(d, Z). \tag{18}$$

Insofern jede Componente in den Vector selbst übergeht, wenn die beiderseitigen Richtungen parallel werden, kann man die Componenten eines Vectors als diesem selbst gleichartig bezeichnen. Es kommen sogar Fälle vor, wo die Componenten nach drei beliebigen, nur nicht in einer Ebene liegenden Richtungen zusammen genommen dem Vector physikalisch gleichwerthig sind, ihn nämlich in jeder Hinsicht zu ersetzen vermögen. Wir gehen hierauf weiter unten ein.

Führt man ein zweites, dem ersten gleichartiges, rechtwinkeliges Axenkreuz Ξ, H, Z ein und benutzt die Beziehungen

$$\begin{aligned} \cos(V, X) = \cos(V, \Xi) \cos(\Xi, X) + \cos(V, \mathrm{H}) \cos(\mathrm{H}, X) \\ + \cos(V, \mathrm{Z}) \cos(\mathrm{Z}, X), \text{ u. s. f.} \end{aligned} \tag{19}$$

so folgt aus (17) bei Bezeichnung der Componenten von V nach den Axen Ξ, H, Z durch Λ, M, N,

$$L = \Lambda \cos(\Xi, X) + \mathrm{M} \cos(\mathrm{H}, X) + \mathrm{N} \cos(\mathrm{Z}, X) \text{ u. s. f.} \tag{20}$$

Die Vectorcomponenten transformiren sich somit beim Uebergang von dem einen zum anderen gleichartigen Coordinatensystem ebenso, wie Coordinaten bei Vertauschung zweier Axenkreuze mit gemeinsamem Anfangspunkt.

Unter der Componente eines Vectors V nach einer Ebene versteht man, so weit keine zusätzliche Bestimmung dem widerspricht, jederzeit seine normale Projection auf diese Ebene, d. h., wenn n die Normale auf der betreffenden Ebene bezeichnet, das Product $V \sin(V, n)$. —

Für den nach S. 9 im Felde eines Scalares S vorhandenen Vector specieller Art $V = \partial S / \partial n$ drücken sich die Componenten gleichfalls durch S sehr einfach aus. Da n die Normale auf der durch den betrachteten Punkt gehenden Fläche $S =$ Const. bezeichnet, so ist auch nach einem Satz der analytischen Geometrie

$$V^2 = \left(\frac{\partial S}{\partial x}\right)^2 + \left(\frac{\partial S}{\partial y}\right)^2 + \left(\frac{\partial S}{\partial z}\right)^2; \tag{21}$$

hieraus folgt sogleich gemäss der ersten Gleichung (15)

$$L = \frac{\partial S}{\partial x}, \qquad M = \frac{\partial S}{\partial y}, \qquad N = \frac{\partial S}{\partial z}, \tag{22}$$

wobei das Vorzeichen so gewählt ist, dass V nach der Seite der grösseren Werthe S hin gerichtet ist.

Für die Componente P nach einer beliebigen Richtung p erhält man zunächst nach (18)

$$\begin{aligned} P &= L \cos(p, X) + M \cos(p, Y) + N \cos(p, Z), \\ &= \frac{\partial S}{\partial x} \cos(p, X) + \frac{\partial S}{\partial y} \cos(p, Y) + \frac{\partial S}{\partial z} \cos(p, Z), \\ &= \frac{\partial S}{\partial p}, \end{aligned} \tag{23}$$

wobei die letzte Differentiation die Aenderung von S beim Fortschreiten in der Richtung p darstellt.

10. Vorzeichen der Vectoren und Vectorcomponenten. Die Vectorcomponenten besitzen nach dem S. 7 Gesagten zunächst den Charakter von Scalaren, insofern sie bei ein für alle Mal festgelegten und in einem bestimmten Sinn positiv gerechneten Richtungen je durch einen Zahlwerth vollständig bestimmt sind. Sie haben demgemäss positives oder negatives Zeichen, je nachdem sie auf die positive oder die negative Seite des Nullpunktes ihrer Richtung, z. B. des Coordinatenanfanges, fallen.

Da nach S. 8 eine Umkehr des Vorzeichens eines Vectors mit der Umkehrung seiner Richtung gleichwerthig ist — was auch in den Formeln (14) Ausdruck findet — so betrachtet man die Vectoren im Allgemeinen als absolute, d. h. stets positive Grössen. Demgemäss bestimmt man den Zahlwerth von V durch seine Componenten L, M, N im Anschluss an (15) nach der Formel

$$V = +\sqrt{L^2 + M^2 + N^2} \qquad (24)$$

und gewinnt dabei zugleich eine eindeutige Bestimmung seiner Richtung durch die Ausdrücke für $\cos(V, X)$ u. s. f.

Indessen giebt es von dieser Regel eine wichtige und häufige Ausnahme. In allen Fällen nämlich, wo ein Vector in eine Richtung fällt, der man bereits einen Richtungssinn beigelegt hat, giebt man dem Vector ein Vorzeichen in derselben Weise, wie das S. 7 von dem Scalar ausgesagt ist; man nennt ihn nämlich positiv oder negativ, je nachdem seine Richtung den als positiv oder als negativ bereits festgesetzten Sinn hat.

Man kann dies mit Hülfe der Formel (16) erläutern. Versteht man unter $[V]$ den absoluten Werth von V und lässt seine Richtung mit der von D zusammenfallen, so wird nach (16) D mit $+[V]$ oder $-[V]$ identisch, je nachdem der Winkel (D, V) 0^0 oder 180^0 beträgt.

Noch sei eine Bemerkung über das Verhalten der Vectorcomponenten bei Umkehrung der Richtung sämmtlicher Coordinatenaxen angefügt.

Nach den Formeln (14) kehren sich hierbei immer die Vorzeichen der Componenten L, M, N um, es sei denn, dass die Veränderung des Coordinatensystemes eine Umkehr der als positiv zu zählenden Richtung des Vectors V zur Folge hat.

Wir wollen zeigen, dass die auf S. 7 und 8 eingeführten beiden Arten von Vectoren V_1 und V_2 sich in dieser Hinsicht verschieden verhalten.

Bei dem Verschiebungsvector V_1 ist es ohne Weiteres klar, dass seine als positiv zu zählende Richtung durch die Umkehrung sämmtlicher Coordinatenaxen sich nicht ändert. Die positive Richtung ist hier eben durch die zeitliche Folge der betreffenden beiden Positionen ein für alle Mal bestimmt.

Anders bei dem Drehungsvector V_2, den wir durch eine einfache Construction aus V_1 ableiteten. Hat der Punkt p, von dem aus V_1 gezeichnet war, die Coordinaten x, y, z, und sind L_1, M_1, N_1 die Componenten von V_1, so sind die Componenten von V_2 nach den Coordinatenaxen X, Y, Z, d. h. die Projectionen des Parallelogrammes mit den Eckpunkten 0, 0, 0; x, y, z; L_1, M_1, N_1; $x + L_1$,

$y + M_1$, $z + N_1$ auf die zu X, Y, Z normalen Coordinatenebenen gegeben durch

$$L_2 = yN_1 - zM_1, \quad M_2 = zL_1 - xN_1, \quad N_2 = xM_1 - yL_1, \qquad (25)$$

wobei ersichtlich die Vorzeichen so gewählt sind, dass L_2, M_2, N_2 positiv ausfallen, wenn die Componenten von V_1 nach den Coordinatenebenen in positiver Richtung um die $+X$, Y, Z-Axen drehen.

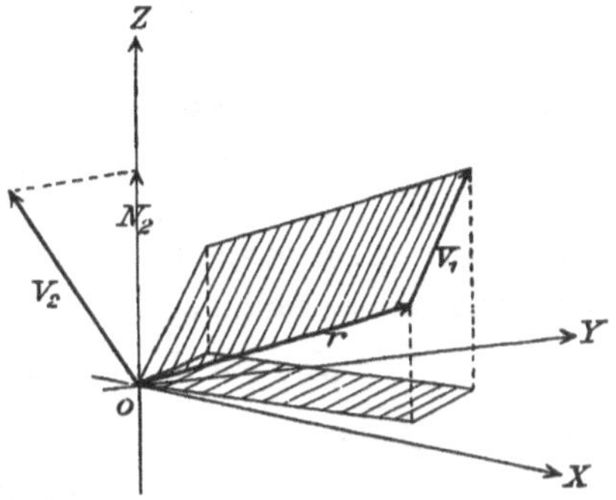

Fig. 3.

Eine Umkehrung aller Coordinatenaxen giebt nun nach dem Gesagten sowohl den Coordinaten x, y, z, als den Componenten L_1, M_1, N_1 entgegengesetzte Vorzeichen: sie lässt also die Componenten L_2, M_2, N_2 ungeändert.

Der Grund hierfür liegt in Folgendem. In den Formeln (25) ist unabhängig vom Charakter des Coordinatensystemes der positive Drehungssinn um die $+X$-Axe als derjenige definirt, welcher von der $+Y$- zur $+Z$-Axe führt. Dieser Sinn entspricht auch bei dem zunächst immer vorausgesetzten rechten Coordinatensystem, bei dem die X-, Y-, Z-Axen zu einander liegen, wie Daumen, Zeige- und Mittelfinger der rechten Hand, dem oben als „links“ bezeichneten. Durch die Umkehrung aller Axen wird aber das Coordinatensystem zu einem linken, und die Drehung, die dort von der $+Y$- zur $+Z$-Axe führt, ist in Bezug auf die $+X$-Axe eine „rechte“. Mit den Coordinatenaxen ist somit bei dem Drehungsvector V_2 zugleich die als positiv zu zählende Richtung umgekehrt.

Der vorstehend erörterte Unterschied der beiden Vectoren, die wir als polar und als axial unterschieden haben, spielt in gewissen Gebieten der Physik eine grosse Rolle. —

Im Vorstehenden ist von dem Verschiebungsvector ausgegangen und der Drehungsvector aus ihm abgeleitet worden. Die letzten Betrachtungen geben an die Hand, dass man auch umgekehrt verfahren kann. In der That, setzt man zwei Vectoren V_1' und V_2' der früheren Art mit einander in die den Formeln (25) entsprechenden Beziehungen für ihre Componenten:

$$L_1' = zM_2' - yN_2', \quad M_1' = xN_2' - zL_2', \quad N_1' = yL_2' - xM_2', \qquad (26)$$

so kehren die Componenten L_1', M_1', N_1' bei Umkehrung aller Coordinatenrichtungen ihre Vorzeichen um, wenn die Componenten L_2',

M_2', N_2' sie dabei behalten. Die Definitionen geben also wirklich die Componenten eines aus einem axialen Vector V_2' abgeleiteten polaren Vectors V_1'. Dem Gebrauch gemäss ist durch die Veränderung des Vorzeichens gegenüber (25) der letztere nach derjenigen Seite positiv gerechnet, um welche der erstere in negativem Sinne drehend wirkt. Dieser Zusammenhang entspricht unmittelbar der Figur 1, wenn man in ihr V_1 nach dem Punkt o, V_2 nach p verlegt.

11. Zusammensetzung von Vectoren. In sehr vielen Gebieten der Physik begegnet man der Thatsache, dass ein von mehreren Vectorgrössen V_1, V_2, ... V_n gleicher Art abhängiger Vorgang nur allein durch die Summen ihrer parallelen Componenten nach den Coordinatenaxen bestimmt wird. Es liegt nahe, diese Summen

$$\Sigma L_h = L, \quad \Sigma M_h = M, \quad \Sigma N_h = N \tag{27}$$

wieder als Componenten eines Vectors V anzusehen, der dann dem gegebenen System V_1, V_2, ... V_n äquivalent ist, und zu fragen, wie sich letzterer nach Grösse und Richtung durch die ersteren bestimmt.

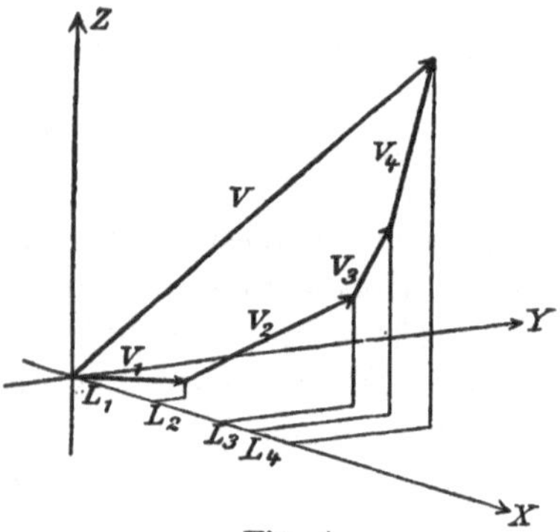

Fig. 4.

Die Antwort giebt der folgende Satz, dessen Beweis die nebenstehende Figur enthält.

Ein Vector V, dessen Componenten L, M, N den Summen der bezüglichen Componenten L_h, M_h, N_h von n Vectoren V_h gleich sind, kann construirt werden, indem man die, wie stets, durch Strecken repräsentirten Vectoren V_h gleichsinnig an einander reiht und das so erhaltene offene Polygon durch eine Gerade schliesst. Die letztere Strecke in entgegengesetztem Sinne gezählt, als die übrigen Strecken, stellt nach Grösse und Richtung den Vector V dar.

Man nennt diese Construction kurz die Zusammensetzung von Vectoren nach der Regel des Polygones.

Die Formeln (27) sind somit der analytische Ausdruck für den durch jene Construction gelieferten Zusammenhang.

12. Erkennungszeichen von Vectorcomponenten. Im Laufe der späteren Entwickelungen werden uns Vectoren verschiedener Art direct entgegentreten und ihre Componenten nachträglich gebildet werden; daneben werden wir aber auch Functionentripeln begegnen, deren Bedeutung sie den drei Coordinatenaxen zuordnen lässt, ohne dass eine Beziehung zu einem Vector vorgegeben ist. Es wird sich dann die Frage bieten, unter welchen Umständen diese Functionen, die wieder L, M, N heissen mögen, als Vectorcomponenten betrachtet werden dürfen.

Hierzu wird offenbar nothwendig und ausreichend sein, dass ihre Resultirende eine vom Coordinatensystem unabhängige Grösse und Richtung im Raume besitzt, oder, was dasselbe ist, dass sich L, M, N bei Coordinatentransformationen wie Projectionen einer Strecke auf die Axen verhalten. Der Nachweis hierfür kann in der Regel nur durch Rechnung erbracht werden, kann aber in dem Falle unterbleiben, dass nach der physikalischen oder geometrischen Bedeutung der Resultirenden ihre Unabhängigkeit vom Coordinatensystem evident ist.

Als Vectorcomponenten specieller Art erkennbar sind die L, M, N nach (16) ohne Weiteres, wenn sie mit einer scalaren Grösse S durch die Beziehungen

$$L = \frac{\partial S}{\partial x}, \qquad M = \frac{\partial S}{\partial y}, \qquad N = \frac{\partial S}{\partial z}$$

verbunden sind. Der bezügliche Vector ist polar, wenn S bei Umkehrung aller Coordinatenrichtungen sein Zeichen beibehält, axial, wenn es dasselbe wechselt.

Umgekehrt ist S eine scalare Function von einer der genannten Eigenschaften, wenn L, M, N die Componenten eines polaren oder eines axialen Vectors darstellen.

Die Bedingungen dafür, dass drei Functionen L, M, N die obigen Formen besitzen, erhält man durch Elimination von S in der Gestalt:

$$\frac{\partial M}{\partial z} = \frac{\partial N}{\partial y}, \qquad \frac{\partial N}{\partial x} = \frac{\partial L}{\partial z}, \qquad \frac{\partial L}{\partial y} = \frac{\partial M}{\partial x}. \tag{28}$$

Auch aus den Systemen (17) und (18) kann man Erkennungszeichen für Vectorcomponenten entnehmen, die unter Umständen von Nutzen sind.

Wenn nämlich zwei Tripel von auf die Coordinatenaxen bezogenen Grössen L, M, N und L', M', N' durch Gleichungen von der Form

$$\pm L = yN' - zM', \qquad \pm M = zL' - xN', \qquad \pm N = xM' - yL' \tag{29}$$

verbunden sind, und von dem einen Tripel bekannt ist, dass seine Glieder die Componenten eines polaren, resp. axialen Vectors sind, so sind jederzeit die Glieder des anderen Tripels die Componenten eines axialen, resp. polaren Vectors nach denselben Axen. Dabei besteht nach Formel (10) zwischen den resultirenden Vectoren V und V' die Beziehung

$$V = rV' \sin(r, V'), \tag{30}$$

wobei $r = \sqrt{x^2 + y^2 + z^2}$ ist.

Nach dem S. 9 Bemerkten kann übrigens ohne wesentlichen Unterschied an Stelle des Vectors r auch ein anderer polarer Vector V'' treten.

13. Tensorcomponenten. Man möchte zunächst geneigt sein, die Tensoren in derselben Weise durch ihre Projectionen auf drei nicht in einer Ebene liegende, insbesondere zu einander normale Richtungen zu bestimmen, wie die Vectoren. Indessen kommt man bei einer solchen Anwendung der Formeln (14) zu durchaus schiefen Verhältnissen; denn diese drücken, wie oben hervorgehoben ist, eine Aequivalenz zwischen der Umkehrung des Vorzeichens und der Richtung eines Vectors aus, die mit der Zweiseitigkeit der Tensoren in vollem Widerspruch steht. Man hat daher bei den Tensoren jedenfalls Componenten einzuführen, welche diese Zweiseitigkeit zum Ausdruck bringen. Dies kann in grösster Einfachheit auf zwei an sich durchaus gleichberechtigte Weisen geschehen, die wir aus gewissen Gründen auch beide beibehalten werden.

Ein erstes System A, B, C von Componenten eines Tensors T nach den Axen X, Y, Z kann man definiren durch die Formeln

$$A = T\cos^2(T, X), \quad B = T\cos^2(T, Y), \quad C = T\cos^2(T, Z). \tag{31}$$

Sie bestimmen umgekehrt die Grösse T des Tensors eindeutig, da ja gilt

$$T = A + B + C; \tag{32}$$

dagegen ergeben die Formeln

$$\cos^2(T, X) = \frac{A}{T}, \quad \cos^2(T, Y) = \frac{B}{T}, \quad \cos^2(T, Z) = \frac{C}{T} \tag{33}$$

nur die absoluten Werthe der Richtungscosinus von T, lassen also den Octanten, in dem T liegt, unbestimmt, und dies ist, obwohl entgegengesetzte Richtungen von T nach der Definition gleichwerthig sind, ein erheblicher Mangel.

Ein zweites System A', B', C' von Componenten wird geliefert durch die Formeln

$$\begin{gathered} A' = T\cos(T, Y)\cos(T, Z), \quad B' = T\cos(T, Z)\cos(T, X), \\ C' = T\cos(T, X)\cos(T, Y). \end{gathered} \tag{34}$$

Da der Tensor nur drei unabhängige Bestimmungsstücke besitzt, so müssen die A', B', C' durch die A, B, C ausdrückbar sein; in der That gilt

$$A'^2 = BC, \qquad B'^2 = CA, \qquad C'^2 = AB,$$
$$A = \frac{B'C'}{A'}, \quad B = \frac{C'A'}{B'}, \quad C = \frac{A'B'}{C'}, \tag{35}$$

woraus dann sogleich

$$T = \frac{B'C'}{A'} + \frac{C'A'}{B'} + \frac{A'B'}{C'},$$
$$\cos^2(T, X) = \frac{B'C'}{TA'}, \quad \cos^2(T, Y) = \frac{C'A'}{TB'}, \quad \cos^2(T, Z) = \frac{A'B'}{TC'} \tag{36}$$

folgt. Da indessen auch gilt

$$\cos(T, X) : \cos(T, Y) : \cos(T, Z) = \frac{1}{A'} : \frac{1}{B'} : \frac{1}{C'}, \tag{37}$$

so sind durch A', B', C' ausser den absoluten Werthen der Cosinus auch deren relative Vorzeichen gegeben; es wird durch sie also die Richtung von T, soweit das seine Zweiseitigkeit überhaupt zulässt, vollständig bestimmt.

Zeigen sich hierin die Componenten A', B', C' den A, B, C überlegen, so besitzen sie dafür eine andere Unbequemlichkeit, von denen die A, B, C frei sind. Fällt T nämlich in eine Coordinatenaxe, so wird eines der A, B, C mit T identisch, die beiden anderen verschwinden; die A, B, C erweisen sich hierdurch alle dem Tensor T selbst gleichwerthig. Unter den gleichen Umständen werden alle drei A', B', C' gleich Null, und eine directe Bestimmung von T nach Grösse und Richtung aus den Componenten A', B', C' wird in diesen Fällen, ausser durch einen lästigen Grenzübergang, unmöglich. Die A', B', C' sind also ihrer Natur nach von dem Tensor T selbst verschieden.

Bezüglich des Vorzeichens der beiden Arten von Tensorcomponenten sei bemerkt, dass sie bei beiden mit dem Zeichen des Tensors selbst wechseln. Von seiner Richtung sind die Vorzeichen der Componenten erster Art unabhängig, nicht aber diejenigen zweiter Art.

14. Componenten von Tensortripeln. Die oben erörterten unbequemen Eigenschaften der Tensorcomponenten verschwinden in dem praktisch wichtigsten Falle, dass es sich um ein Tensortripel, d. h. um drei normal zu einander gerichteten Tensoren T_1, T_2, T_3 handelt. Ein solches System erfordert ersichtlich sechs Bestimmungsstücke, wofür sich zuerst die drei Zahlwerthe T_1, T_2, T_3 und die drei Winkel bieten, welche die Lage ihres Richtungskreuzes gegen die Coordinatenaxen X, Y, Z festlegen. Eine andere Bestimmung geschieht mit Hülfe der beiden Arten von Componenten, die oben besprochen worden sind. Bezeichnet man nämlich mit A_h, B_h, C_h und A'_h, B'_h, C'_h die Componenten des Tensors T_h — unter h die Zahlen 1, 2, 3 verstanden —, so liefern die über alle h genommenen Summen

$$\begin{aligned} A &= \Sigma A_h, \quad B = \Sigma B_h, \quad C = \Sigma C_h, \\ A' &= \Sigma A'_h, \quad B' = \Sigma B'_h, \quad C' = \Sigma C'_h, \end{aligned} \tag{38}$$

sechs Componenten des Tensortripels, die dasselbe vollständig bestimmen. Um dies zu erkennen, betrachten wir eine Richtung q, der wir die folgende Function Q zuordnen:

$$\begin{aligned} Q = & A\cos^2(q,X) + B\cos^2(q,Y) + C\cos^2(q,Z) \\ & + 2A'\cos(q,Y)\cos(q,Z) + 2B'\cos(q,Z)\cos(q,X) \\ & + 2C'\cos(q,X)\cos(q,Y). \end{aligned} \tag{39}$$

Da der Werth von Q sich bei der Umkehrung der Richtung von S nicht ändert, so bestimmt die Formel einen neuen **Tensor**, der mit den Componenten A, B, C und A', B', C' unseres Tensortripels in naher Beziehung steht.

Wir wollen die Richtung von Q nun durch den Coordinatenanfang legen und auf ihr nach beiden Seiten hin, je nachdem $Q \gtreqless 0$ ist, die Strecke $r = 1/\sqrt{\pm Q}$ auftragen. Die Endpunkte derselben haben dann Coordinaten x, y, z, welche nach (39) die Gleichung befolgen

$$\pm 1 = Ax^2 + By^2 + Cz^2 + 2A'yz + 2B'zx + 2C'xy; \tag{40}$$

die Endpunkte der Strecke bewegen sich sonach, wenn wir die Richtung von S beliebig verändern, auf einer centrischen Oberfläche zweiten Grades, deren Gleichung durch (40) geliefert wird. Eine solche Fläche hat aber jederzeit drei zu einander normale Hauptaxen, und ihre Gleichung erscheint auf diese Axen bezogen, wenn in ihr die Factoren der doppelten Producte yz, zx, xy verschwinden; zugleich werden daselbst die Factoren der Quadrate x^2, y^2, z^2 mit den reciproken Quadraten der Halbaxen a, b, c der betreffenden Oberfläche identisch.

Deutet man also die Einführung des Systemes der Hauptaxen durch den Index $_0$ an, so gilt gleichzeitig

$$A_0 = \frac{1}{a^2}, \quad B_0 = \frac{1}{b^2}, \quad C_0 = \frac{1}{c^2}, \quad A_0' = 0, \quad B_0' = 0, \quad C_0' = 0. \tag{41}$$

Nun sind nach ihrer Definition A', B', C' gleich Null, wenn das Tensortripel den Coordinatenaxen parallel ist, denn von jedem A'_h, B'_h, C'_h gilt nach (34) das Gleiche. Unter denselben Umständen wird jedes der drei A, B, C mit einem der Tensoren T_1, T_2, T_3

identisch, denn dabei werden nach dem S. 19 Gesagten immer zwei der A_h, B_h, C_h gleich Null, das dritte gleich T_h. Somit gilt der Satz:

Bildet man aus den sechs durch (38) gegebenen Componenten A, B, C, A', B', C' eines Tensortripels T_1, T_2, T_3 nach dem Schema (40) die Gleichung der ihnen zugehörigen centrischen Oberfläche zweiten Grades, so liefert dieselbe durch Richtung und Grösse ihrer Axen zugleich die Richtung und Grösse der Tensoren T_1, T_2, T_3.

Hieraus folgt, dass das Tensortripel durch die eingeführten sechs Componenten wirklich vollständig bestimmt ist und mit Hülfe einer geometrischen Construction, die wir kurz als die Construction des Ellipsoides bezeichnen, aus ihnen abgeleitet werden kann. Die rechnerische Bestimmung der Grössen und Richtungen des Tripels ist allgemein nicht durchführbar.

15. Zusammensetzung von Tensoren. Die Einführung der Gesammtcomponenten $A = \Sigma A_h, \ldots A' = \Sigma A'_h, \ldots$ eines Tensortripels besitzt darum noch eine tiefere Bedeutung, als bisher ersichtlich, weil bei der gleichzeitigen Wirkung mehrerer beliebiger Tensoren $T_a, T_b, T_c, \ldots T_n$ ebenso, wie bei der von Vectoren, der Fall nicht selten ist, dass der betreffende Vorgang nur allein von den sechs Summen der parallelen und gleichartigen Componenten abhängt. Hier geben also jene sechs Aggregate das einzige Maass für die Wirkung des Tensorsystemes ab, und da dieselben nach dem Obigen ein einziges Tensortripel T_1, T_2, T_3 bestimmen, so folgt, dass in diesem Falle das gegebene Tensorsystem $T_a, T_b, \ldots T_n$ dem Tensortripel T_1, T_2, T_3 äquivalent ist.

Eine der Regel des Polygones auf S. 16 entsprechende einfache Construction des resultirenden Tripels T_1, T_2, T_3 aus den Tensoren T_a, $T_b \ldots, T_n$ existirt nicht.

16. Merkmale von Tensorcomponenten. Wie die Vectoren, so treten auch die Tensoren und Tensortripel im Laufe der Untersuchungen gelegentlich direct auf, und es wird dann von ihnen aus der Uebergang zu den Componenten vollzogen. Mitunter verhält sich aber die Sache umgekehrt; es begegnen uns sechs Functionen — sie mögen wiederum mit A, B, C, A', B', C' bezeichnet werden —, die nach ihrer Natur und analytischen Gestalt paarweise je einer Coordinatenaxe zuzuordnen sind, und es ist zu entscheiden, ob dieselben als Componenten eines Tensortripels betrachtet werden dürfen.

Hierzu würde nothwendig und hinreichend sein, dass das aus ihnen nach der S. 20 besprochenen Methode bestimmte Tensortripel vom Coordinatensystem unabhängig wäre, d. h. sich stets nach Lage und

Grösse gleich fände, wenn die A, B, C, A', B', C' auf neue Coordinatenaxen transformirt werden.

Dieser rechnerische Nachweis bleibt erspart, wenn nach der physikalischen oder geometrischen Bedeutung des erhaltenen Tensortripels seine Unabhängigkeit von dem Coordinatensystem evident ist.

Bezüglich der Transformation der sechs Tensorcomponenten auf ein neues Coordinatensystem zeigen die Formeln (31), dass sich A, B, C wie die Quadrate von Vectorcomponenten L, M, N verhalten, denn es ist ja $L^2 = V^2 \cos^2 (V, X)$ u. s. f.; ebenso erhellt aus (34), dass sich A', B', C' wie die Producte von Vectorcomponenten transformiren, denn es ist $MN = V^2 \cos (V, Y) \cos (V, Z)$ u. s. f. Sonach werden die Componenten A, B, Γ, A', B', Γ' nach einem zweiten, mit XYZ gleichartigen Coordinatensystem $\Xi\,\mathrm{H}\,\mathrm{Z}$ in folgender Weise mit A, B, C, A', B', C' zusammenhängen:

$$\begin{aligned}
\mathrm{A} = {} & A\cos^2(X, \Xi) + B\cos^2(Y, \Xi) + C\cos^2(Z, \Xi) \\
& + 2A'\cos(Y,\Xi)\cos(Z,\Xi) + 2B'\cos(Z,\Xi)\cos(X,\Xi) \\
& + 2C'\cos(X,\Xi)\cos Y,\Xi), \\
& \cdots\cdots\cdots\cdots\cdots\cdots\cdots\cdots \\
\mathrm{A}' = {} & A\cos(X,\mathrm{H})\cos(X,\mathrm{Z}) + B\cos(Y,\mathrm{H})\cos(Y,\mathrm{Z}) \\
& + C\cos(Z,\mathrm{H})\cos(Z,\mathrm{Z}) \\
& + A'\big(\cos(Y,\mathrm{H})\cos(Z,\mathrm{Z}) + \cos(Z,\mathrm{H})\cos(Y,\mathrm{Z})\big) \\
& + B'\big(\cos(Z,\mathrm{H})\cos(X,\mathrm{Z}) + \cos(X,\mathrm{H})\cos(Z,\mathrm{Z})\big) \\
& + C'\big(\cos(X,\mathrm{H})\cos(Y,\mathrm{Z}) + \cos(Y,\mathrm{H})\cos(X,\mathrm{Z})\big), \\
& \cdots\cdots\cdots\cdots\cdots\cdots\cdots\cdots
\end{aligned} \tag{42}$$

Vergleicht man diesen Ausdruck für A mit der Formel (39), so erkennt man, dass die Function Q nichts Anderes ist, als die Componente erster Art des Tensortripels nach der Richtung q.

17. Tensorcomponenten specieller Art. Wie Vectoren, so sind auch Tensoren specieller Art in jedem scalaren Felde vorhanden. Setzt man nämlich unter Benutzung der früheren Bezeichnung S für die das Feld charakterisirende scalare Function

$$\begin{aligned}
A &= \frac{\partial^2 S}{\partial x^2}, & B &= \frac{\partial^2 S}{\partial y^2}, & C &= \frac{\partial^2 S}{\partial z^2}, \\
A' &= \frac{\partial^2 S}{\partial y\,\partial z}, & B' &= \frac{\partial^2 S}{\partial z\,\partial x}, & C' &= \frac{\partial^2 S}{\partial x\,\partial y},
\end{aligned} \tag{43}$$

so transformiren sich diese Ausdrücke auf neue Coordinatensysteme ebenso, wie soeben als für Tensorcomponenten charakteristisch erwiesen ist; sie stellen somit Componenten eines Tensortripels dar. Der Ausdruck (39) für Q wird demgemäss zu

$$Q = \frac{\partial^2 S}{\partial q^2}, \tag{44}$$

und das Tensortripel ist durch

$$A_0 = \frac{\partial^2 S}{\partial x_0^2}, \quad B_0 = \frac{\partial^2 S}{\partial y_0^2}, \quad C_0 = \frac{\partial^2 S}{\partial z_0^2} \tag{45}$$

gegeben, falls X_0, Y_0, Z_0 Coordinatenaxen von der Eigenschaft bezeichnen, dass für sie gilt:

$$A_0' = \frac{\partial^2 S}{\partial y_0 \, \partial z_0} = 0, \quad B_0' = \frac{\partial^2 S}{\partial z_0 \, \partial x_0} = 0, \quad C_0' = \frac{\partial^2 S}{\partial x_0 \, \partial y_0} = 0. \tag{46}$$

Solche specielle Arten von Tensortripeln haben in verschiedenen Gebieten der Physik eine grosse Bedeutung.

Durch Heranziehung der Formeln (22) können diese speciellen Tensoren auch mit den Vectorcomponenten L, M, N des Scalarfeldes in Beziehung gesetzt werden; es gilt nämlich ohne Weiteres

$$\begin{gathered} A = \frac{\partial L}{\partial x}, \quad B = \frac{\partial M}{\partial y}, \quad C = \frac{\partial N}{\partial z}, \\ A' = \tfrac{1}{2}\left(\frac{\partial N}{\partial y} + \frac{\partial M}{\partial z}\right), \quad B' = \tfrac{1}{2}\left(\frac{\partial L}{\partial z} + \frac{\partial N}{\partial x}\right), \quad C' = \tfrac{1}{2}\left(\frac{\partial M}{\partial x} + \frac{\partial L}{\partial y}\right), \end{gathered} \tag{47}$$

und man erkennt leicht, dass diese Ausdrücke die für die Tensorcomponenten charakteristischen Transformationseigenschaften nicht nur dann besitzen, wenn die L, M, N die Gestalten (22) haben, sondern jederzeit, wenn L, M, N überhaupt Vectorcomponenten sind. *Die Formeln (47) stellen somit eine specielle Art von Tensorcomponenten dar, welche in dem allgemeinsten Vectorfeld auftreten.*

Dagegen sind nach ihren Transformationseigenschaften

$$L' = \tfrac{1}{2}\left(\frac{\partial N}{\partial y} - \frac{\partial M}{\partial z}\right), \quad M' = \tfrac{1}{2}\left(\frac{\partial L}{\partial z} - \frac{\partial N}{\partial x}\right), \quad L' = \tfrac{1}{2}\left(\frac{\partial M}{\partial x} - \frac{\partial L}{\partial y}\right) \tag{48}$$

Componenten eines im Feld von V auftretenden *zweiten* Vectors V', der polar ist, wenn V axiale Natur hat und umgekehrt. L', M', N' verschwinden, wenn L, M, N die durch (22) gegebene Form besitzen.

Damit irgendwie vorgeschriebene Functionen A, B, C, A', B', C' die in (43) oder in (47) enthaltenen Formen besitzen und somit als Tensorcomponenten jener beiden speciellen Arten aufgefasst werden können, müssen sie gewissen Bedingungen genügen, die man erhält, wenn man aus den betreffenden Gleichungen S oder L, M, N durch geeignete Differentiationen eliminirt. Man erhält hierdurch gewisse Formeln, die im Falle (43) einfacher, im Falle (47) ziemlich complicirt sind, aber als ohne directes Interesse für uns hier nicht gebildet werden mögen.

18. Näherungsweise Betrachtungen. In vielen Gebieten der Physik sind die zu Grunde gelegten empirischen Gesetze nicht in geschlossener Form bekannt, sie werden vielmehr in der Gestalt von Reihen nach steigenden Potenzen der geeignet gewählten Variabeln angesetzt, von denen man so viel Glieder beibehält, als nöthig sind, um die Beobachtungen so genau, wie deren Werthe selbst geschätzt werden dürfen, wiederzugeben. In anderen Gebieten nehmen die Gleichungen, welche die Probleme liefern, so complicirte Formen an, dass eine strenge Lösung unmöglich ist oder wenigstens bedeutende Schwierigkeiten bietet. Da unser letztes Ziel die Aufstellung von mit der Erfahrung vergleichbaren Gesetzen ist, so beschränken wir uns in solchen Fällen nicht selten auf angenäherte Lösungen, die für die Praxis mit den strengen durchaus äquivalent sind, wenn ihre Genauigkeit sich scharf beurtheilen lässt und dabei der Genauigkeit der betreffenden Beobachtungen mindestens gleichkommt.

Wir werden im Folgenden in den beiden angedeuteten Richtungen von Annäherungen wiederholt Gebrauch machen, und es erscheint daher angemessen, im Voraus auf Einiges von dem hinzuweisen, was bei derartigen Betrachtungen zu berücksichtigen ist.

Es sei ein analytischer Ausdruck für eine beobachtbare physikalische Grösse B gegeben oder gesucht, der eine unabhängige Variable oder auch eine Constante ε enthält, die unter den wirklich vorkommenden Umständen stets ein kleiner echter Bruch ist, so bezeichnen wir Ausdrücke, die sich von ε, ε^2, ε^3 ... nur um mässige, d. h. von der Einheit nicht allzuweit entfernte, Zahlenfactoren ζ_1, ζ_2, ζ_3 ... unterscheiden, als klein von erster, zweiter, dritter ... Ordnung in ε. Ein häufiger Fall ist der, dass ε ungefähr 0,001 beträgt, und die ζ_h etwa zwischen 0,1 und 10 liegen.

Gleichviel, ob der Ausdruck für B bekannt ist oder nicht, so können wir ihn nach dem MACLAURIN'schem Satze nach Potenzen von ε entwickeln und schreiben

$$B = A(1 + \alpha\varepsilon + \beta\varepsilon^2 + \gamma\varepsilon^3 + \ldots). \tag{49}$$

Unter den für uns in Betracht kommenden Verhältnissen ist die Convergenz der so erhaltenen Reihe in der Regel unzweifelhaft. Sind hierbei α, β, γ ... im obigen Sinne mässige Zahlen, so werden die Glieder der Klammer ihrem Werthe nach schnell abnehmen und die Beibehaltung der 1, 2, 3 ... ersten Glieder wird Formeln von wachsender und im Allgemeinen leicht abschätzbarer Genauigkeit liefern. Meist kann man dabei die Summe der fortgelassenen Glieder als von dem ersten gestrichenen Glied nicht erheblich abweichend betrachten.

Handelt es sich nun um die Anwendung einer solchen Formel

auf Beobachtungen von einem bestimmten Grad der Schärfe, so wird der Theil der Reihe, welcher eine unterhalb der Genauigkeitsgrenze liegende Grösse besitzt, praktisch ohne Bedeutung sein und gestrichen werden dürfen. Ist z. B., was einen gleichfalls häufig vorkommenden Fall darstellt, die Genauigkeit des Endresultates der Beobachtung höchstens gleich 0,001 des ganzen gemessenen Werthes, so werden bei $\varepsilon = 0{,}001$ die Glieder von der zweiten Ordnung an ohne Einfluss sein, und das Gesetz für B in genügender Annäherung durch

$$B = A(1 + \alpha\varepsilon) \tag{50}$$

gegeben werden. Ist aber die Genauigkeit der experimentellen Bestimmung von B höchstens gleich 0,00001, so wird man das Glied zweiter Ordnung beibehalten müssen, dasjenige dritter Ordnung aber beseitigen dürfen; hier lautet dann das zur Anwendung geeignete Gesetz:

$$B = A(1 + \alpha\varepsilon + \beta\varepsilon^2). \tag{51}$$

Die Verallgemeinerung des Verfahrens auf den Fall, dass mehrere kleine Grössen ε, η, ϑ ... in dem Ausdruck für B vorkommen, liegt auf der Hand. In der Regel wird eine dieser Grössen, z. B. ε, als die in erster Linie maassgebende erscheinen und die anderen werden in ihrer Grössenordnung mit Potenzen von ε verglichen werden. Nach dem oben Festgesetzten erscheint z. B. η als von zweiter Ordnung in Bezug auf ε, wenn es sich von ε^2 nur um einen mässigen Zahlenfactor unterscheidet. Das Gesetz für B wird sich dann wie oben in eine Reihe entwickeln lassen, deren Glieder in Bezug auf ε wachsende Grössenordnung besitzen, und die sich genau so behandeln lässt, wie oben gezeigt ist.

Ein wenig complicirter wird die Ueberlegung, wenn es sich um gewöhnliche Gleichungen zwischen mehreren physikalischen Grössen handelt, und in den Formeln entweder explicite, oder aber implicite in den Abhängigen, jene als klein angenommenen Unabhängigen oder Parameter auftreten. Indessen führt auch hier die Entwickelung nach dem Maclaurin'schen Lehrsatz zu Gleichungen, deren Glieder in den kleinen Grössen von 0ter, 1ter, 2ter ... Ordnung sind, und die demnach bei Beschränkung auf eine gewisse Genauigkeit durch Fortlassung der höheren Glieder vereinfacht werden können. Schwierigkeiten bietet hier nur mitunter die Frage, ob die ihrem Werth nach zunächst unbekannten Factoren jener kleinen Grössen wirklich als mässige Zahlen in dem oben erörterten Sinne angesehen werden können. Fehler können dabei ebensowohl dadurch entstehen, dass die Factoren der niedrigen Glieder kleiner, wie dass diejenigen der höheren Glieder in Wahrheit grösser sind, als man angenommen hat. In solchen Fällen ist, nach Durchführung der Rechnung mit den angenommenen Vernachlässigungen, die Berechtigung der letzteren genau zu untersuchen.

Noch schwieriger werden angenäherte Betrachtungen bei Differentialgleichungen, da hier die Grössenordnungen der Abhängigen von denjenigen ihrer Differentialquotienten verschieden sein können. Hier wird man, neben sorgfältiger Erwägung der Umstände im Voraus, eine nachträgliche Prüfung der Zulässigkeit der gemachten Vernachlässigungen nicht versäumen dürfen. Wir werden auf diese Punkte bei den weiter unten zu behandelnden speciellen Problemen zurückkommen.

Erster Theil.

Mechanik materieller Punkte.

§ 1. Träge Körper, materielle Punkte; gleichförmige geradlinige Bewegung, Galilei's Trägheitsprincip.

Die fundamentale Erfahrungsthatsache, an die wir in der theoretischen Mechanik anknüpfen, ist die Beobachtung, dass die Körper unseren Versuchen, sie mit Hülfe unserer Muskelkraft vom Ort zu bewegen, einen Widerstand entgegensetzen, dass sie, einmal in Bewegung gesetzt, diese Bewegung in scheinbar selbstständiger Weise fortsetzen und auch unserem Bestreben, auf diese Bewegung verändernd einzuwirken, nicht widerstandslos Folge leisten. Wir führen diese Erscheinungen auf eine Eigenschaft der die Körper erfüllenden Masse zurück, die wir ihre Trägheit nennen. Die Ableitung der Bewegungsgesetze für träge oder mit Masse behaftete Körper ist die Aufgabe der Mechanik.

In allen Gebieten der Physik sucht man die complicirten Vorgänge dadurch zu verstehen und theoretisch zu bewältigen, dass man sie in möglichst einfache Elementarvorgänge zerlegt und diese zunächst in Angriff nimmt. So geht man auch in der Mechanik aus von der Betrachtung eines Körpers von möglichst einfachen Eigenschaften, des sogenannten materiellen Punktes.

Unter einem materiellen Punkte versteht man einen trägen Körper von solcher Beschaffenheit, dass man ohne merklichen Fehler seinen Ort und demgemäss seine Ortsveränderung vollständig nach dem Verhalten eines beliebigen oder bestimmten in ihm markirten mathematischen Punktes beurtheilen kann. Es ist eigenthümlich und lästig, dass man nicht von vornherein die Umstände, unter denen ein Körper diese Bedingung erfüllt, allgemein und anschaulich aufstellen kann; diese Untersuchung erfordert indessen so viele erst weiterhin zu gewinnende Hülfsmittel, dass sie nicht eher, als am Ende des zweiten Theiles unserer Darstellung erledigt werden kann. Hier kann vorläufig nur dies gesagt werden: In vielen Fällen genügt, dass der Körper in seinen Dimensionen klein ist gegen die Wege, welche der in ihm markirte mathematische Punkt in endlichen Zeiten zurücklegt, um ihn als materiellen Punkt behandeln zu dürfen.

Nach den getroffenen Festsetzungen ist die Lage eines als Massenpunkt bezeichneten Körpers ausreichend bestimmt durch den Ort irgend eines in ihm beliebig angenommenen mathematischen Punktes, seine Bewegung durch die Ortsveränderung desselben mit der Zeit. Die bei der Bewegung von ihm beschriebene Curve nennen wir die Bahn des Massenpunktes.

Den Ort bestimmen wir durch die Coordinaten, zumeist die rechtwinkligen x, y, z, des Punktes in Bezug auf ein ruhendes Coordinatensystem. Ist der Massenpunkt in Bewegung, so ändert sich x, y, z mit der Zeit t, es ist z. B.

$$x = \varphi(t), \quad y = \psi(t), \quad z = \chi(t);$$

die Bewegung ist vollständig beschrieben, d. h., ihre Gesetze sind erschöpfend ausgesprochen, wenn für einen Massenpunkt diese drei Functionen der Zeit bekannt sind. Aus ihnen folgen unter Anderem die Gleichungen der Bahn, als des Inbegriffes aller zu irgend einer Zeit vom Punkt eingenommenen Orte, indem man aus den vorstehenden drei Formeln durch Elimination zwei von t freie bildet, die durch

$$f_1(x, y, z) = 0 \quad \text{und} \quad f_2(x, y, z) = 0$$

dargestellt sein mögen.

Ist die Gestalt der Bahn gegeben oder sonst bekannt, so ist es unter Umständen vortheilhaft, den Ort des Massenpunktes in der Bahn zu bestimmen durch den längs der Bahn gemessenen Abstand s, den jener zur gegebenen Zeit t von einem auf der Bahncurve willkürlich angenommenen Nullpunkt besitzt. Indem man die Richtung der Bahn von jenem Punkte aus nach der einen Seite positiv, nach der anderen negativ rechnet, kommt man dazu, auch positive und negative Werthe der Entfernung s zu benutzen. Die Abhängigkeit der Länge s von der Zeit t, also eine Relation von der Form

$$s = f(t),$$

bestimmt vollständig die Bewegung des Massenpunktes in der Bahn.

Eine Curve wird in der Infinitesimalrechnung als der Grenzfall eines Polygones betrachtet; analog kann man eine stetige zeitliche

Aenderung als den Grenzfall einer oft wiederholten Unstetigkeit ansehen. Daher ist es sachgemäss, wenn wir die Theorie einer krummlinigen Bewegung auf die Betrachtung einer geradlinigen, und die einer stetig veränderlichen auf die einer sprungweise wechselnden gründen. So wollen wir im Folgenden verfahren. —

Die denkbar einfachste Bewegung wird ein Massenpunkt dann ausführen, wenn er sich längs einer geraden Linie so fortschiebt, dass er in gleichen Zeiten gleiche Wegstrecken zurücklegt. Wir nennen eine solche Bewegung geradlinig gleichförmig.

Sind in diesem Falle σ_1, σ_2, σ_3 ... die Strecken, die von dem Punkt in den Zeiten τ_1, τ_2, τ_3 ... zurückgelegt werden, so ist nach der Annahme

$$\frac{\sigma_1}{\tau_1} = \frac{\sigma_2}{\tau_2} = \frac{\sigma_3}{\tau_3} = \ldots = V \tag{1}$$

eine für die Bewegung charakteristische Constante, die man die Geschwindigkeit des Massenpunktes nennt. Indem man der Geschwindigkeit die Richtung der Bewegung beilegt, ertheilt man V den Charakter einer Vectorgrösse. Bei der vorstehenden Art der Einführung stellt sie sich als stets positiv dar.

Bestimmt man den Ort des Massenpunktes auf der Bahngeraden durch den in einem willkürlichen Sinn positiv gerechneten Abstand s von einem auf der Geraden beliebig angenommenen Nullpunkt, so ändert sich derselbe nach der gemachten Annahme lineär mit der Zeit, was sich ausdrückt durch die Formel:

$$s = s_0 + Vt. \tag{1'}$$

Hierin bedeutet s_0 diejenige Entfernung s, die der Massenpunkt zur Zeit $t = 0$ besass, d. h. in dem Moment, von dem aus wir die Zeit in Zeiteinheiten zählen. Zu zwei andern Zeitpunkten t_1 und t_2, von denen t_2 später fallen mag, als t_1, möge die Entfernung s die Werthe s_1 und s_2 besitzen, dann ist $s_2 - s_1$ der in der Zeit $t_2 - t_1$ zurückgelegte Weg, und es giebt jetzt

$$\frac{s_2 - s_1}{t_2 - t_1} = V \tag{1''}$$

die Geschwindigkeit der gleichförmigen Bewegung an.

Da t_2 später fallen soll, als t_1, so ist $t_2 - t_1$ stets positiv; V hat hier also das Vorzeichen von $s_2 - s_1$ und wird positiv oder negativ sein, je nachdem der erste oder der zweite Ort des Massenpunktes weiter nach der als negativ bezeichneten Seite der Bahngeraden liegt. Bei dieser Darstellungsweise ist somit die Geschwindigkeit positiv oder negativ, je nachdem die Bewegung nach der positiven oder negativen Seite der Bahn hin stattfindet. Das Vorstehende giebt ein erstes Beispiel zu dem S. 14 allgemein über das Vorzeichen von Vectorgrössen Auseinandergesetzten. —

Wir gehen nun zu der numerischen Berechnung der Geschwindigkeit über. Nach der gegebenen Definition (1) ist dazu die Abmessung einer Länge und einer Zeit nothwendig und ausreichend; sind die Einheiten für Längen- und Zeitmessungen festgesetzt, so ist dadurch über die Einheit der Geschwindigkeit bereits verfügt — sie ist (gemäss dem S. 5 Gesagten) keine fundamentale, sondern eine abgeleitete Einheit.

Eine Geschwindigkeit 7 ist also, nachdem wir für die wissenschaftliche Mechanik Centimeter und Secunde als fundamentale Einheiten eingeführt haben, eine solche, bei welcher der Weg in Centimetern, und die zu seiner Durchmessung nöthige Zeit in Secunden ausgedrückt, das Zahlenverhältniss 7 ergeben. Ebenso besitzt ein Massenpunkt, der in gleichförmiger Bewegung während 5 Minuten 15 Meter zurücklegt, in wissenschaftlichen Einheiten die Geschwindigkeit

$$V = \frac{15 \cdot 100}{5 \cdot 60} = 5;$$

in den technischen Einheiten Meter und Minuten ausgedrückt, hat er die Geschwindigkeit 3.

Was die Dimension der Geschwindigkeit betrifft, so ergiebt sich für sie aus der Definition (1) bei Heranziehung der allgemeinen Festsetzungen von S. 6 die Formel

$$[V] = [l\,t^{-1}]. \tag{2}$$

Wir knüpfen an Vorstehendes noch eine Bemerkung von weiter reichender Bedeutung.

Setzen wir in der Definitionsgleichung (1)

$$V = \frac{\sigma}{\tau}$$

den Nenner $\tau = 1$, so bezeichnet der Zähler σ den in dieser Zeiteinheit zurückgelegten Weg, und es ergiebt sich scheinbar die viel angewandte Definition der Geschwindigkeit der gleichförmigen Bewegung als die in der Zeiteinheit zurückgelegte Wegstrecke. Aber diese Definition ist nur in dem Sinne richtig, dass die Geschwindigkeit proportional ist der in der Zeiteinheit zurückgelegten Wegstrecke (durch sie gemessen, veranschaulicht wird), denn Geschwindigkeit und Weg sind von ganz verschiedenen Dimensionen, können also zwar numerisch, niemals aber physikalisch gleich werden.

Ihre eigentliche fundamentale Bedeutung erhält die gleichförmige geradlinige Bewegung dadurch, dass sie nach der von GALILEI als Fundament der Mechanik eingeführten Hypothese diejenige ist, die ein Massenpunkt dann einschlägt, wenn er sich selbst überlassen, also keinerlei Einwirkungen ausgesetzt ist. Dieser Satz ist von dem Entdecker aus Beobachtungen abgeleitet, bei denen die äusseren Einwirkungen auf den bewegten Körper als sehr gering betrachtet werden durften; er ist hypothetisch, weil man keinen Körper in voller Strenge von jeder Einwirkung zu befreien vermag. Ein indirecter Beweis ist in diesem, wie in anderen ähnlichen Fällen dadurch erbracht, dass von allen aus der gemachten Annahme durch strenge Schlüsse gezogenen Folgerungen sich keine mit der Erfahrung in Widerspruch erwiesen hat.

§ 2. Zusammensetzung und Zerlegung gleichförmiger Geschwindigkeiten.

Wird, während der betrachtete Massenpunkt mit der Geschwindigkeit V_1 längs einer Geraden a_1 fortschreitet, diese Gerade selbst mit dem auf ihr wandernden Punkt in einer beliebigen Richtung a_2 mit einer Geschwindigkeit V_2 gleichförmig verschoben, oder befindet sich die Gerade umgekehrt in der Richtung a_2, und hat der Massenpunkt auf ihr die Geschwindigkeit V_2, während sie selbst in der Richtung a_1 mit der Geschwindigkeit V_1 verschoben wird, so sagen wir, dass der Massenpunkt gleichzeitig die Geschwindigkeit V_1 in der Richtung a_1 und V_2 in der Richtung a_2 besitzt. Indem wir diese Vorstellung weiter ausbilden, können wir einen Massenpunkt beliebig viele Geschwindigkeiten V_h in beliebigen Richtungen gleichzeitig annehmen lassen.

Bleiben wir zunächst bei nur zwei Geschwindigkeiten, die wir der Einfachheit halber positiv annehmen, repräsentiren sie in der S. 8 allgemein festgestellten Weise als Vectoren, durch Strecken, so ergiebt die unmittelbare geometrische Anschauung folgenden unter dem Namen des Parallelogrammes der Geschwindigkeiten bekannten Satz:

Ein Massenpunkt, der gleichzeitig zwei constante Geschwindigkeiten V_1 und V_2 in den Richtungen a_1 und a_2 besitzt, bewegt sich gleichförmig in gerader Linie mit einer Gesammtgeschwindigkeit V, die nach Grösse und Richtung gegeben wird durch die Diagonale in dem aus den gegebenen Geschwindigkeiten V_1 und V_2 vervollständigten Parallelogramm.

Diese Construction liefert nach der nebenstehenden Figur sogleich folgende Formeln:

$$V^2 = V_1^2 + V_2^2 + 2V_1V_2\cos\varphi, \qquad \frac{V_1}{\sin\varphi_1} = \frac{V_2}{\sin\varphi_2} = \frac{V}{\sin\varphi}. \qquad (3)$$

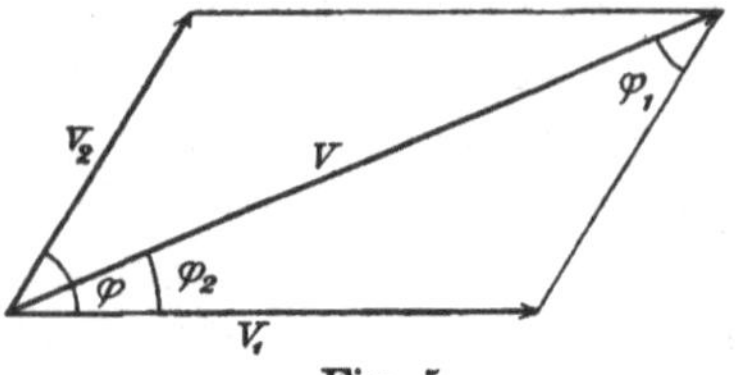

Fig. 5.

Stehen zwei Geschwindigkeiten V_1, V_2 mit einer dritten V in dem vorstehend erörterten Zusammenhang, so nennen wir sie der letzteren **äquivalent** und bezeichnen dies kurz durch

$$V \text{ äq. } V_1, V_2.$$

V heisst dann auch die Resultirende aus V_1 und V_2, umgekehrt heissen V_1 und V_2 Componenten von V.

Die Construction des Parallelogrammes gestattet bei wiederholter Anwendung, auch für beliebig viele gegebene positive Geschwindigkeiten die resultirende Gesammtgeschwindigkeit nach Grösse und Richtung zu bestimmen. Fig. 6 veranschaulicht eine solche Operation.

Denn wie V_I äq. V_1, V_2 ist, so ist auch
V_{II} äq. V_I, V_3, d. h. äq. V_1, V_2, V_3,
V_{III} äq. V_{II}, V_4, d. h. äq. V_1, V_2, V_3, V_4 u. s. f.

Beachtet man, dass in der Figur, welche die successive Zusammensetzung der Geschwindigkeiten darstellt, die gebrochene Linie 0, 1, 2, 3, 4 durch die gleichsinnige Aneinanderreihung sämmtlicher gegebener Geschwindigkeiten gebildet wird, so kann man das Resultat der Operation anschaulich in der sogenannten **Regel des Polygones** folgendermaassen aussprechen:

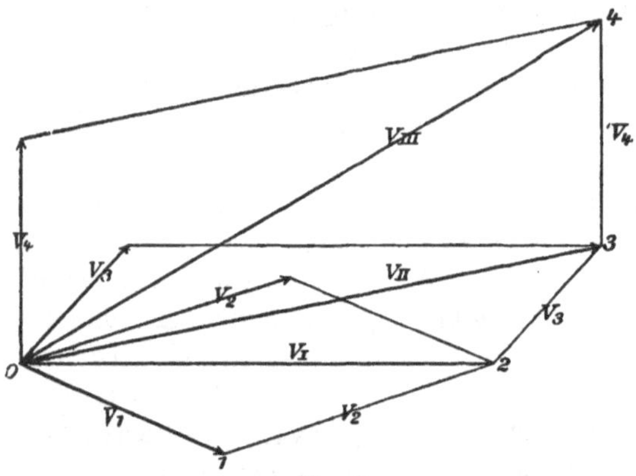

Fig. 6.

Um bei n gegebenen Geschwindigkeiten die resultirende Gesammtgeschwindigkeit zu construiren, füge man alle gegebenen Geschwindigkeiten gleichsinnig an einander. Die Strecke vom Anfangs- bis zum Endpunkte der so erhaltenen gebrochenen Linie giebt

dann nach Grösse und Richtung die resultirende Geschwindigkeit an.

Als specielles Resultat sei angeführt: n parallele Geschwindigkeiten setzen sich zu einer einzigen gleichgerichteten zusammen, deren Grösse gleich der Summe aller gegebenen ist.

Der obige allgemeine Satz lässt sich ohne Weiteres in folgender Weise umkehren:

Jede gebrochene Linie, mittelst deren man die beiden Enden einer gegebenen Geschwindigkeit verbindet, lässt sich deuten als die gleichsinnige Aneinanderreihung von Geschwindigkeiten, welche mit der gegebenen äquivalent sind.

Hieraus erhellt sofort, dass, während das Problem der Zusammensetzung von gegebenen Geschwindigkeiten vollständig bestimmt war, seine Umkehrung, die Zerlegung einer gegebenen Geschwindigkeit in ein System äquivalenter Componenten, unendlich viele Lösungen zulässt und zu seiner Bestimmung noch einschränkende Bedingungen verlangt.

Von diesen sind die wichtigsten die folgenden:

a) Eine gegebene Geschwindigkeit soll in zwei Componenten zerlegt werden, für deren eine die Grösse V_1 und die Richtung, d. h. der Winkel φ_2, den sie mit V einschliesst, gegeben ist. Gesucht ist die andere Componente nach ihrer Grösse V_2 und ihrer Richtung, die in der Ebene durch V und V_1 liegt und durch den Winkel φ_1 gegen V bestimmt ist. Alle Geschwindigkeiten sollen positiv gerechnet werden.

Nach Fig. 5 erhält man sofort

$$\begin{gathered} V_2^2 = V^2 + V_1^2 - 2VV_1 \cos\varphi_2 = (V - V_1)^2 + 4VV_1 \sin^2 \tfrac{1}{2}\varphi_2, \\ \sin\varphi_1 = (V_1 / V_2) \sin\varphi_2. \end{gathered} \tag{4}$$

b) Eine gegebene (positive) Geschwindigkeit V soll in zwei mit V in einer Ebene liegende Componenten V_1 und V_2 zerlegt werden, deren Richtungen durch ihre Winkel φ_2 und φ_1 gegen V gegeben sind; gesucht sind ihre Grössen.

Man erhält nach Fig. 5:

$$V_1 = V\frac{\sin\varphi_1}{\sin(\varphi_1 + \varphi_2)}, \quad V_2 = V\frac{\sin\varphi_1}{\sin(\varphi_1 + \varphi_2)}. \tag{5}$$

Hat man hierbei (wie gewöhnlich) den Richtungen, in die V_1 und V_2 fallen, von vornherein einen Richtungssinn beigelegt, so können V_1 und V_2 sowohl positiv als negativ ausfallen.

Stehen die Richtungen von V_1 und V_2 zu einander senkrecht, ist also $\varphi_1 + \varphi_2 = \frac{1}{2}\pi$, so gilt:

$$V_1 = V \sin\varphi_1 = V \cos\varphi_2, \quad V_2 = V \sin\varphi_2 = V \cos\varphi_1. \tag{5'}$$

c) Eine gegebene positive Geschwindigkeit V soll nach drei zu einander normalen, mit Richtungssinn versehenen Richtungen, z. B. nach den Coordinatenaxen X, Y, Z in Componenten u, v, w zerlegt werden. Hier liefert die Construction des Polygones sofort

$$u = V \cos\alpha, \quad v = V \cos\beta, \quad w = V \cos\gamma; \tag{6}$$

die Componenten können sowohl positiv als negativ sein.

Nimmt man u, v, w als gegeben an, so bestimmen die aus (6) folgenden Formeln

$$V^2 = u^2 + v^2 + w^2, \quad \cos\alpha = u/V, \quad \cos\beta = v/V, \quad \cos\gamma = w/V, \tag{7}$$

bei positiv angenommenem Vorzeichen die Resultirende V nach Grösse und Richtung vollständig.

Die durch (6) und (7) gegebenen Beziehungen sind zu benutzen, um das allgemeine Problem der Zusammensetzung beliebiger Geschwindigkeiten, das oben nur geometrisch behandelt ist, nun auch analytisch durchzuführen.

Seien n Geschwindigkeiten gegeben durch ihre (positiven) Grössen V_h und ihre Richtungswinkel α_h, β_h, γ_h gegen die Coordinatenaxen; es handelt sich um die Grösse V und die Richtungswinkel α, β, γ der Resultirenden.

Wir zerlegen jede einzelne Geschwindigkeit V_h nach den drei Coordinatenaxen X, Y, Z und nennen die entstehenden Componenten u_h, v_h, w_h. Es ist dann:

$$u_h = V_h \cos\alpha_h, \quad v_h = V_h \cos\beta_h, \quad w_h = V_h \cos\gamma_h. \tag{8}$$

Die parallelen Componenten lassen sich aber sogleich zusammensetzen zu einer einzigen Geschwindigkeit, die gleich ihrer Summe ist; so gelangt man zu nur drei Componenten parallel X, Y, Z von dem Betrage

$$\begin{aligned} u &= \Sigma u_h, & v &= \Sigma v_h, & w &= \Sigma w_h, \\ &= \Sigma V_h \cos\alpha_h, & &= \Sigma V_h \cos\beta_h, & &= \Sigma V_h \cos\gamma_h, \end{aligned} \tag{8'}$$

und diese geben, nach den Formeln (7) zusammengesetzt, die resultirende Gesammtgeschwindigkeit V und ihre Richtungswinkel α, β, γ durch die Gleichungen:

$$V^2 = u^2 + v^2 + w^2, \quad \cos\alpha = u/V, \quad \cos\beta = v/V, \quad \cos\gamma = w/V. \tag{8''}$$

Auch das Problem der Zerlegung einer Geschwindigkeit behandelt sich unter Umständen besonders bequem durch Einführung der Componenten nach den Richtungen der Coordinatenaxen.

Sei z. B. das oben mit a) bezeichnete Problem vorgenommen: die Zerlegung einer gegebenen Geschwindigkeit V in zwei Componenten, von denen die eine V_1 sowohl nach Grösse als nach Richtung gegeben ist. Die Richtung von V sei durch die Winkel α, β, γ, die von V_1 durch die Winkel α_1, β_1, γ_1 gegen die Coordinatenaxen gegeben, die der gesuchten Componente V_2 ebenso durch α_2, β_2, γ_2. Für die Componenten nach den Coordinatenaxen gilt demgemäss:

$$\begin{aligned} u &= V\cos\alpha, & v &= V\cos\beta, & w &= V\cos\gamma, \\ u_1 &= V_1\cos\alpha_1, & v_1 &= V_1\cos\beta_1, & w_1 &= V_1\cos\gamma_1, \\ u_2 &= V_2\cos\alpha_2, & v_2 &= V_2\cos\beta_2, & w_2 &= V_2\cos\gamma_2. \end{aligned} \tag{9}$$

Da V die Resultante aus V_1 und V_2 sein soll, so muss nach dem eben Gesagten gelten:

$$u = u_1 + u_2, \quad v = v_1 + v_2, \quad w = w_1 + w_2,$$

also

$$u_2 = u - u_1, \quad v_2 = v - v_1, \quad w_2 = w - w_1, \tag{9'}$$

und es bestimmt sich daher V_2 nach Grösse und Richtung durch die Formeln

$$\begin{gathered} V_2 = \sqrt{(u-u_1)^2 + (v-v_1)^2 + (w-w_1)^2} \\ \cos\alpha_2 = \frac{u-u_1}{V_2}, \quad \cos\beta_2 = \frac{v-v_1}{V_2}, \quad \cos\gamma_2 = \frac{w-w_1}{V_2}. \end{gathered} \tag{9''}$$

—

Hier ist der Ort, um auf den Zusammenhang der vorstehenden Betrachtungen mit dem S. 11 u. f. allgemein über Vectorcomponenten Gesagten hinzuweisen. Die Formeln (6) und (7) stimmen offenbar mit den Formeln (14) und (15) auf S. 12 vollkommen überein, ebenso die Formeln (8') mit (27) auf S. 16. Bezüglich ihrer Bedeutung besteht aber doch ein gewisser Unterschied. Früher, bei der allgemeinen Betrachtung, waren die Componenten einer Vectorgrösse nur allein als symmetrische Bestimmungsstücke derselben eingeführt; hier, in dem specielleren Falle des Geschwindigkeitsvectors, stellen sie sich ausserdem als dem ursprünglichen Vector gleichartige Grössen dar, die zusammengenommen ihn durchaus zu ersetzen vermögen. Diese Eigenschaft liegt, wie schon früher bemerkt, an und für sich nicht in der Definition der Componenten eines Vectors, aber sie scheint in Wirklichkeit fast allen Vectoren zuzukommen.

§ 3. Plötzliche Aenderung der Geschwindigkeit; Impulse, Massen.

Die Entwickelungen des vorigen Abschnittes sind von Nutzen für die Beurtheilung einer plötzlichen Aenderung der Geschwindigkeit nach Grösse und Richtung.

Verwandelt sich nämlich eine gleichförmige Bewegung von der Geschwindigkeit V in der Richtung a plötzlich in eine ebensolche von der Geschwindigkeit V_1 in der Richtung a_1, so können wir den Vorgang ansehen als entstanden durch den Hinzutritt einer Geschwindigkeit V' in einer bestimmten Richtung a', welche natürlich in der Ebene durch V und V_1 liegt, zu der ursprünglich vorhandenen V.

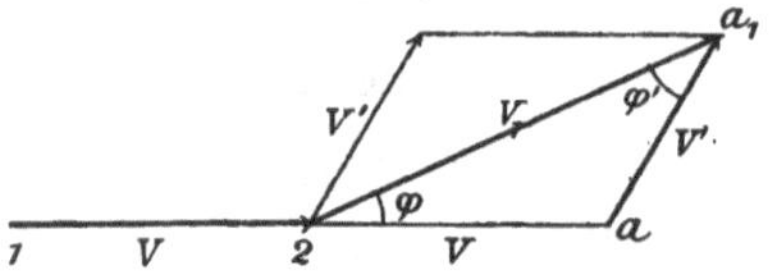

Fig. 7.

In der That, repräsentirt in der Figur (3) die Strecke $(\overline{1, 2})$ oder $(\overline{2, a})$ die ursprüngliche Geschwindigkeit V, und $(\overline{2, a_1})$ die definitive V_1, so ist die hinzugetretene Geschwindigkeit V' durch die Strecke $(\overline{a, a_1})$ gegeben. Dieselbe bestimmt sich analytisch durch die Gleichungen (4) gemäss der neuen Bezeichnung in der Form:

$$V'^2 = V_1^2 + V^2 - 2 V_1 V \cos\varphi = (V_1 - V)^2 + 4 V_1 V \sin^2 \tfrac{1}{2}\varphi$$

$$\sin\varphi' = \frac{V}{V'} \sin\varphi. \qquad (10)$$

Eine solche Aenderung der Geschwindigkeit kann nun nach dem S. 31 eingeführten Galilei'schen Princip nicht ohne Ursache vor sich gehen; in unserem Falle kann aber jene Ursache der Aenderung nur eine unendlich kurze Zeit hindurch wirksam sein, da nach dem plötzlichen Wechsel die Geschwindigkeit weiterhin nach Richtung und Grösse unverändert bleibt. Eine momentan wirkende Bewegungsursache nennen wir einen Impuls, legen ihm, indem wir seine Eigenschaften nach denen der von ihm erzeugten Geschwindigkeit V' beurtheilen, eine Richtung bei, zusammenfallend mit der Richtung dieser Geschwindigkeit, und setzen seine Stärke proportional mit deren Grösse V'. Es liegt hierin ausgesprochen die fundamentale Annahme, dass zur Erzielung einer Geschwindigkeitsänderung V' für denselben Massenpunkt stets derselbe Impuls erforderlich sei, gleichviel zu einer wie grossen und wie gerichteten Geschwindigkeit V jener Zuwachs hinzutritt. Dieser Impuls ist also derselbe, welcher nöthig ist, um dem zuvor ruhenden Massenpunkt ($V = 0$) die Gesammtgeschwindigkeit V' zu ertheilen. Bezeichnen wir die Stärke des Impulses mit J, die Winkel seiner Richtung gegen die Coordinatenaxen mit a, b, c, die analogen Winkel für die Geschwindigkeit V' mit α', β', γ', so ist unsere Festsetzung ausgedrückt in dem Ansatz:

$$J = V'C, \quad \alpha' = a, \quad \beta' = b, \quad \gamma' = c, \tag{11}$$

in welchem C einen Proportionalitätsfactor bezeichnet, von dem wir vorläufig nur wissen, dass er für den betrachteten Massenpunkt eine Constante ist.

Da ein Impuls nach dem vorstehend Gesagten eine Vectorgrösse ist, sich nämlich von einer Geschwindigkeit nur durch einen constanten Factor unterscheidet, so können wir ihn durch eine Strecke repräsentiren, die auf seiner Richtung abgegrenzt und mit dem Repräsentanten der von ihm hervorgebrachten Geschwindigkeit proportional ist, oder auch, da es sich nur um Vergleichungen handelt, zusammenfällt.

Ferner kann man alle Betrachtungen über die Zusammensetzung oder Zerlegung von Geschwindigkeiten sogleich auf die Impulse ausdehnen. Denn ist eine Geschwindigkeit V äquivalent mit einem System $V_1, V_2 \ldots V_n$, so ist auch der Impuls $J = VC$, der die erste Geschwindigkeit V hervorzubringen vermag, äquivalent mit dem System $J_1, J_2 \ldots J_n$, von denen jedes $J_h = V_h C$ die entsprechende Geschwindigkeit V_h erzeugen kann.

Speciell ist ein Impuls J äquivalent mit einem System paralleler Impulse $J_1, J_2 \ldots J_n$, wenn

$$J = \Sigma J_h; \tag{11'}$$

ferner ist derselbe äquivalent mit drei Impulsen F, G, H parallel den Coordinatenaxen — seinen Componenten —, wenn

$$F = J \cos a, \quad G = J \cos b, \quad H = J \cos c; \tag{11''}$$

dabei haben die a, b, c die gleiche Bedeutung der Richtungswinkel von J, wie in (11).

Auf Grund dieser letzteren Erwägung können wir zunächst die vier Gleichungen (11), welche unsere Festsetzungen bezüglich der Richtung und Stärke des Impulses enthalten, und von denen die letzten drei wegen der bekannten Relation zwischen den drei Richtungswinkeln gegen rechtwinklige Axen nicht unabhängig von einander sind, durch drei von einander unabhängige ersetzen.

Vertauscht man nämlich in (11″) J, a, b, c nach (11) mit ihren Werthen $V'C, \alpha', \beta', \gamma'$ und berücksichtigt, dass für die Componenten u', v', w' von V' nach ihrer Definition gilt:

$$u' = V' \cos \alpha', \quad v' = V' \cos \beta', \quad w' = V' \cos \gamma',$$

so erhält man

$$F = u'C, \quad G = v'C, \quad H = w'C. \tag{11'''}$$

Diese Formeln lassen sich nun auch so aussprechen: Der Impuls J, welcher die Geschwindigkeitsänderung V' hervorbringt, ist äquivalent mit den drei Componenten F, G, H von J parallel den Coordinatenaxen, welche, jede für sich allein wirkend, die drei Componenten u', v', w' von V' erzeugen würden.

Die Bemerkungen über die Zusammensetzung von Impulsen gestatten uns, einen wichtigen Schluss über den Werth der Proportionalitätsconstanten C zu ziehen.

Denken wir uns n Massenpunkte gleicher Grösse aus gleicher Substanz, also auch von gleicher Masse, durch n gleichzeitige, gleiche und parallele Impulse von der Ruhe aus in Bewegung gesetzt, so werden ihre Geschwindigkeiten gemäss den Formeln (11) oder (11''') ebenfalls gleich und parallel sein. Da die Punkte sonach während der Bewegung ihre gegenseitige Lage unverändert beibehalten, so kann man sie, ohne den Vorgang zu ändern, auch während oder bereits vor dem Beginn der Bewegung durch starre masselose Verbindungen an einander fesseln oder zu einem neuen Massenpunkt von der n-fachen Masse zusammenfügen. Auf diesen sind also jetzt ebenfalls n parallele gleiche Impulse J gleichzeitig auszuüben, um die Geschwindigkeit V' hervorzubringen. Nun sind aber nach oben Gesagtem n gleiche parallele Impulse äquivalent mit einem einzigen von n-facher Stärke, und wir gelangen daher zu dem Resultat, dass zur Hervorbringung einer gleichen Geschwindigkeit bei einem n-fachen Massenpunkt auch der n-fache Impuls nöthig ist.

Sonach ergiebt sich, dass für die Vergleichung der Wirkung von Impulsen auf Massenpunkte derselben Substanz die Constante C mit der Quantität Materie M, welche dieselben enthalten, proportional sein muss, und wir schreiben können:

$$J = V' M k. \tag{12}$$

Hieraus folgt auch $V' = J / Mk$, d. h., durch denselben Impuls werden um so kleinere Geschwindigkeiten erzielt, je grösser die im Massenpunkt vereinigte Quantität Materie M ist. Die Masse M erscheint also in Uebereinstimmung mit dem S. 27 Gesagten als der Bewegung durch den Impuls entgegenwirkend, als ein Widerstand für die Bewegung.

Die Relation $J = V' Mk$ ist abgeleitet nur für verschiedene Massenpunkte derselben Substanz; die Constante k wird also zunächst noch von der Substanz abhängig sein, z. B. für Eisen einen anderen Werth haben können, als für Schwefel u. s. f. In Bezug hierauf stellen wir folgende Erwägung an.

Während von Massenpunkten derselben Substanz der eine

naturgemäss von n-facher Masse als ein anderer zu bezeichnen ist, wenn er sich in n dem letzteren gleiche zerlegen lässt, ist es zunächst vollkommen willkürlich, wann wir eine Masse einer Substanz gleich dem Einfachen oder n-fachen einer Masse anderer Substanz setzen wollen. Wir treffen demgemäss nunmehr eine Verfügung, welche sich in der Folge als besonders praktisch erweisen wird, indem wir bestimmen: Als gleich sollen fürderhin zwei Massen jederzeit **dann** gelten, wenn sie der Bewegung durch denselben Impuls gleichen Widerstand entgegensetzen — d. h. nach dem in § 1 Erörterten, gleiche Trägheit besitzen.

Als Masse Eins wählen wir in der wissenschaftlichen Mechanik die Masse eines Cubikcentimeters Wasser im Zustand der grössten Dichtigkeit, d. h. bei 4° Celsius, und nennen diese Masseneinheit „Gramm". In der technischen Physik wird meist das Kilogramm, d. h. die Masse eines Cubikdecimeters Wasser bei 4° benutzt. Diese an sich willkürlichen Festsetzungen empfehlen sich dadurch, dass sie die Masseneinheit in Beziehung zu der Längeneinheit setzen. Wie schon S. 6 bemerkt, betrachten wir die Masse neben Länge und Zeit als eine dritte Fundamentalgrösse, deren Dimension wir durch $[m]$ bezeichnen.

Durch unsere Definition der Masse eines Punktes ist die Constante k von der Substanz unabhängig und demgemäss zu einer universellen Constanten gemacht. Die Beziehung $J = V' M k$ hat nunmehr ganz die Gestalt der auf S. 4 discutirten allgemeinen Formel (5); V' und M sind in ihr die Unabhängigen, J die durch sie bestimmte Abhängige. Da J durch diese Gleichung erstmalig eingeführt wird, so sind wir in der S. 4 erörterten Lage, über die Proportionalitätsconstante willkürlich verfügen zu können. Wir setzen sie in der wissenschaftlichen Mechanik, wie in den meisten derartigen Fällen, einer unbenannten Zahl, und zwar der Einheit gleich; über die in der technischen Mechanik getroffene Verfügung werden wir weiter unten zu sprechen haben.

Indem wir somit für unsere speciellen Zwecke der Gleichung (12) die Form geben

$$J = V' M, \tag{13}$$

setzen wir zugleich als Einheit von J denjenigen Impuls fest, der dem Massenpunkt Eins die Zusatzgeschwindigkeit Eins ertheilt, und geben dem Impuls eine Dimension, bestimmt durch

$$[J] = [V' m] = [m l t^{-1}]. \tag{13'}$$

Nach den erhaltenen allgemeinen Beziehungen können wir nun leicht in speciellen Fällen den Impuls nach Grösse und Richtung bestimmen, der eine verlangte Aenderung der Geschwindigkeit eines Massenpunktes hervorbringt; ebenso aber auch umgekehrt die Geschwindigkeitsänderung bei gegebenem Impuls. Ist die eine dieser Grössen durch ihre Componenten parallel den Coordinatenaxen gegeben, so bestimmen sich die Componenten der anderen gemäss

$$F = u' M, \quad G = v' M, \quad H = w' M. \tag{13''}$$

Ist hingegen der Geschwindigkeitszuwachs nur in seiner Lage gegen die Anfangsgeschwindigkeit gegeben, so benutzt man passend direct die Relation $J = V' M$.

Als Anwendung behandeln wir das Problem, den Impuls zu bestimmen, welcher eine gegebene Bewegung nur der Richtung, nicht aber der Grösse ihrer Geschwindigkeit nach verändert. Wir benutzen dazu die Formeln (10) für Grösse und Richtung der bei einer Aenderung allgemein zuzufügenden Geschwindigkeit und setzen darin der Annahme nach $V_1 = V$. Dann ergiebt sich sogleich

$$J = V' M = 2 V M \sin\frac{\varphi}{2}, \quad \sin\varphi' = \cos\frac{\varphi}{2},$$

was aussagt: der erforderliche Impuls ist proportional mit der Anfangsgeschwindigkeit und der Masse des bewegten Punktes, sowie mit dem Sinus des halben Ablenkungswinkels, und zwar in der Richtung normal zu der Halbirungslinie des Winkels φ zwischen beiden Geschwindigkeiten auszuüben, — ein Resultat, das leicht durch die geometrische Anschauung zu verstehen ist.

§ 4. Beliebige stetige Bewegung; Beschleunigung.

Der allgemeinste Fall, dass sich ein Massenpunkt längs einer beliebig gekrümmten Bahn völlig beliebig fortbewegt, lässt sich unter gewissen Voraussetzungen auf die bereits absolvirten Fälle zurückführen.

Wir beschränken uns zunächst auf den wichtigsten speciellen, aber dabei doch sehr allgemeinen Fall der sogenannten stetigen Bewegung.

Die erste Voraussetzung einer solchen ist eine stetig gekrümmte Bahn. Wir drücken dies durch die Annahme aus, dass, wenn wir die Bahncurve durch ein Polygon von unendlich vielen, unendlich kurzen Seiten $\delta\sigma$ ersetzen und die Winkel zwischen den auf einander folgenden Seiten durch $\delta\varphi$ bezeichnen, das Verhältniss $\delta\sigma/\delta\varphi$ einen bestimmten endlichen Grenzwerth besitzt.

Es ist vortheilhaft, die Längen $\delta\sigma$ der Polygonseiten so zu wählen, dass sie sämmtlich in der gleichen unendlich kleinen Zeit $\delta\tau$ zurückgelegt werden.

Die zweite Voraussetzung ist, dass die Bewegung innerhalb jedes $\delta\sigma$ als gleichförmig angesehen werden kann, wie auch immer die Lage und Grösse der Polygonseiten gewählt werde. Dies drückt sich durch die Annahme aus, dass das Verhältniss

$$\delta\sigma/\delta\tau = V \tag{14}$$

einen bestimmten endlichen Grenzwerth besitzen soll, der sich auch von Element zu Element nur um Beträge δV ändert, welche für die Verhältnisse $\delta V/\delta\sigma$, und somit auch für $\delta V/\delta\tau$ bestimmte endliche Grenzwerthe liefern.

V ist nach dem Inhalt von § 1 zunächst die Geschwindigkeit des Massenpunktes auf der Polygonseite $\delta\sigma$ und wird, als nach den gemachten Annahmen allein von dem Ort von $\delta\sigma$ in der Bahn abhängig, kurz als die Geschwindigkeit des Punktes an jenem Orte bezeichnet. Ihre Richtung fällt nach der Herleitung in diejenige des Bahnelementes, und somit auch in die der Tangente an der Bahn an der betrachteten Stelle. Die Definition (14), welche durchaus mit (1) parallel geht, liefert für V einen stets positiven Werth.

Bei der vorausgesetzten Bewegung wechselt nun die Geschwindigkeit V von Element zu Element nach Grösse und Richtung, z. B. an einer Stelle p von V zu V_1, und wir fassen gemäss den Betrachtungen des vorigen Paragraphen jede dieser Aenderungen auf als die Folge einer der früheren zugefügten neuen Geschwindigkeit, die wir jetzt $\delta V'$ nennen wollen.

In der ganzen vorstehenden Auseinandersetzung haben die mit δ bezeichneten Grössen nur die Bedeutung unendlich kleiner Beträge, aber nicht nothwendig die von Differentialen.

Die Zusatzgeschwindigkeit $\delta V'$ bestimmt sich nach Grösse und Richtung aus der Anfangsgeschwindigkeit V, der Endgeschwindigkeit V_1 und dem Winkel ihrer Richtungen, der jetzt $\delta\varphi$ genannt ist; nach Formel (10) gilt dann, wenn wir $V_1 - V$ in Uebereinstimmung mit der Festsetzung am Anfang dieses Abschnittes gleich δV setzen und uns bei der Entwickelung auf die niedrigsten Glieder beschränken:

$$\delta V'^2 = \delta V^2 + V^2\delta\varphi^2,$$

$$\sin\varphi' = \frac{V\delta\varphi}{\delta V'} = \frac{V\delta\varphi}{\sqrt{\delta V^2 + V^2\delta\varphi^2}} \quad \text{oder} \quad \operatorname{tg}\varphi' = \frac{V\delta\varphi}{\delta V}. \tag{15}$$

Gemäss den Folgerungen in § 2 sagt die erste Gleichung aus, dass die Zusatzgeschwindigkeit $\delta V'$ sich zerlegen lässt in zwei zu einander normale Componenten von der Grösse δV und $V\delta\varphi$. Die zweite Formel giebt den Neigungswinkel φ' der Geschwindigkeit $\delta V'$ gegen V_1 als eine im Allgemeinen endliche Grösse, welche, falls V nicht gleich Null ist, nur mit $\delta\varphi$ selbst verschwindet; dies sagt aus, dass die Zusatzgeschwindigkeit $\delta V'$ nur dann in die Richtung der Bahn fällt, wenn dieselbe keine Krümmung hat. Verglichen mit der ersten giebt die zweite Formel noch das weitere Resultat, dass von den Componenten von $\delta V'$ die eine, δV, parallel, die andere, $V\delta\varphi$, normal zu V_1, und damit auch normal zur Bahn gerichtet ist.

Die vorstehenden Gleichungen stellen die Aenderung des Bewegungszustandes an der Stelle p dar; sie haben aber den Uebelstand, noch abhängig zu sein von der Wahl des willkürlichen Zeitraumes $\delta\tau$, während dessen wir die Geschwindigkeit constant gedacht haben, der als offenbar unwesentlich beseitigt werden muss. Dies geschieht, wenn wir die erste Gleichung (15) rechts und links mit $(\delta\tau)^2$, die zweite rechts in Zähler und Nenner mit $\delta\tau$ dividiren und die erhaltenen Glieder deuten.

Um diese Deutung vorzunehmen, erinnern wir uns daran, dass $\delta\tau$ die Zeit zwischen zwei Geschwindigkeitswechseln bezeichnete. Verstehen wir also unter T eine beliebige Zeit, so ist $T/\delta\tau$ eine reine Zahl, nämlich die Anzahl der Geschwindigkeitswechsel in der Zeit T. Ist T gleich der Zeiteinheit, die wir durch $1''$ bezeichnen, so ist $1''/\delta\tau$ die Anzahl ζ der Geschwindigkeitswechsel in der Zeiteinheit, somit $1/\delta\tau = \zeta/1''$.

Benutzt man dies, so ergiebt sich

$$\delta V'/\delta\tau = \zeta\delta V'/1'';$$

hier steht rechts die Summe aller der Zusatzgeschwindigkeiten, die dem Punkt zufliessen würden, wenn er die ganze Zeiteinheit hindurch in immer gleichen Intervallen das gleiche $\delta V'$ mitgetheilt erhielte, dividirt durch die Zeiteinheit. Diese Grösse ist ersichtlich von der Grösse des gewählten $\delta\tau$ unabhängig; denn einem vergrösserten $\delta\tau$ entspricht auch ein im gleichen Verhältniss vergrössertes $\delta V'$. Sie ist sonach für die Geschwindigkeitsänderung an der betrachteten Stelle p der Bahn in hohem Grade charakteristisch und wird demgemäss auch zur Bestimmung einer wichtigen Eigenschaft der gegebenen Bewegung benutzt.

Wir nennen $\delta V'/\delta\tau = B$ die Beschleunigung des Massenpunktes an der Stelle p der Bahn und legen ihr die Richtung der Zusatzgeschwindigkeit $\delta V'$ bei. Wir können, da sie sich nur durch einen constanten Nenner von einer Geschwindigkeit unterscheidet, alles, was wir über Zerlegung und Zusammensetzung jener gefunden haben, auf sie unmittelbar übertragen.

$\delta V / \delta \tau$ ist aus demselben Grunde die gesammte Aenderung der Geschwindigkeit des Massenpunktes, wenn der Vorgang, wie er an der Stelle p einmal stattfindet, sich die ganze Zeiteinheit hindurch in dem Zeitintervall $\delta \tau$ wiederholen würde, oder die Geschwindigkeitsänderung bezogen auf die Zeiteinheit. Wir nennen sie die Bahnbeschleunigung oder Beschleunigung in der Bahn b, welche der Massenpunkt an der Stelle p erfährt.

$\delta \varphi / \delta \tau$ endlich ist analog die gesammte Richtungsänderung, welche die Bewegung des Massenpunktes während der Zeiteinheit erfahren würde; wegen der Analogie der Gestalt von $\delta \varphi / \delta \tau$ mit $\delta \sigma / \delta \tau$, das wir als Geschwindigkeit (Lineargeschwindigkeit) bezeichneten, nennen wir sie die Winkelgeschwindigkeit oder Drehungsgeschwindigkeit d des Massenpunktes an der Stelle p.

B ergiebt sich durch die vorstehende Definition als stets positiv, b kann sowohl positiv als negativ sein; d verhält sich wie b oder wie B, je nachdem man dem Winkel $\delta \varphi$ einen Richtungssinn beilegt oder nicht beilegt.

Demgemäss resultirt für die Gleichungen (15) die Form:

$$B^2 = b^2 + V^2 d^2, \quad \operatorname{tg} \varphi' = V d / b. \tag{15'}$$

Für die Drehungsgeschwindigkeit $d = \delta \varphi / \delta \tau$ erhält man leicht noch einen anderen Werth. Schreibt man nämlich

$$d = \frac{\delta \varphi}{\delta \sigma} \cdot \frac{\delta \sigma}{\delta \tau},$$

so ist $\delta \sigma / \delta \tau$ die Geschwindigkeit V in p, $\delta \varphi / \delta \sigma$ ist die reciproke Länge der beiden, nur unendlich wenig verschiedenen Normalen auf der Mitte der beiden in p zusammentreffenden Linienelemente vom Fuss- bis zum Schnittpunkt, mit anderen Worten: die reciproke Länge des Krümmungsradius ϱ der Bahncurve im Punkte p. Hierdurch gewinnt unser letztes Resultat die Form:

$$B^2 = \left(\frac{\delta V}{\delta \tau}\right)^2 + \frac{V^4}{\varrho^2}, \quad \operatorname{tg} \varphi' = V^2 / \varrho \left(\frac{\delta V}{\delta \tau}\right). \tag{16}$$

Wir bemerken, hinweisend auf die Entwickelung des § 3, dass, wie die Zusatzgeschwindigkeit $\delta V'$, so auch die Beschleunigung B in der Ebene liegt, welche die beiden in p zusammenstossenden Linienelemente der Bahn enthält, d. h. in der Osculationsebene der Bahncurve im Punkte p, und zwar nach der concaven Seite der Bahn hin; der eine Winkel φ' bestimmt ihre Lage sonach vollständig.

Ehe wir weitergehen, wollen wir die bisher erhaltenen Resultate über die Geschwindigkeit und die Beschleunigung bei einer beliebigen stetigen Bewegung noch in einer zweiten, für viele Anwendungen nützlicheren Weise darstellen.

Dazu denken wir uns, wie schon mehrfach geschehen, den Ort des Massenpunktes in seiner Bahn durch den längs der Bahn gemessenen und in einem beliebigen Sinne positiv gerechneten Abstand s von einem auf der Bahn willkürlich festgesetzten Nullpunkt bestimmt. Nach den gemachten Annahmen können wir dann innerhalb eines der Polygonelemente die Geschwindigkeit V durch die Formel (1″) definiren, die beim Uebergang zu unendlich kleinen Wegen und Zeiten sich in

$$\frac{ds}{dt} = V \tag{17}$$

verwandelt. Hierin ist dt stets positiv, ds positiv oder negativ, je nachdem die Bewegung des Punktes in der bezüglich s als positiv oder als negativ festgesetzten Richtung stattfindet, — Gleiches gilt somit von V, in Uebereinstimmung mit dem S. 14 allgemein über das Vorzeichen von Vectorgrössen Gesagten.

Wenn, wie vorstehend, s als Function der Zeit betrachtet wird, so hat Gleiches in Bezug auf V zu geschehen. Demgemäss tritt dann dV/dt an Stelle von $\delta V/\delta\tau$, und die Gleichungen (16) nehmen die Gestalt an

$$B^2 = \left(\frac{dV}{dt}\right)^2 + \frac{V^4}{\varrho^2}, \quad \operatorname{tg}\varphi' = V^2/\varrho\left(\frac{dV}{dt}\right), \tag{18}$$

oder bei Benutzung von (17) auch

$$B^2 = \left(\frac{d^2s}{dt^2}\right)^2 + \frac{1}{\varrho^2}\left(\frac{ds}{dt}\right)^4, \quad \operatorname{tg}\varphi' = \left(\frac{ds}{dt}\right)^2 \Big/ \varrho\left(\frac{d^2s}{dt^2}\right). \tag{18'}$$

Das bis hierher über die beliebige stetige Bewegung eines Punktes Gefundene fassen wir zusammen in den Satz:

Ist für einen Massenpunkt die Gestalt seiner Bahn und ausserdem sein längs der Bahn gemessener Abstand s von einem festen Anfang als Function der Zeit gegeben, so hat zu jeder Zeit t seine Geschwindigkeit die Grösse $V = ds/dt$, die Richtung der Bahn und den Richtungssinn von s; seine Beschleunigung B ist nach Richtung und Grösse bestimmt als die Resultante aus einer der Bahn parallelen Componente $dV/dt = d^2s/dt^2$ (der Bahnbeschleunigung) und einer dem Krümmungsradius der Bahn parallelen Componente $V^2/\varrho = (ds/dt)^2/\varrho$ (der Normalbeschleunigung). —

Bis hierher haben wir Geschwindigkeiten und Beschleunigungen ausschliesslich auf Richtungen bezogen, die in Bezug auf die Bahn definirt waren; für manche Zwecke ist es indessen vortheilhafter, ein absolut festes Coordinatensystem einzuführen, dessen Axen, wie oben, mit X, Y, Z bezeichnet werden mögen.

Multipliciren wir die Gleichung (17) resp. mit den Cosinus der Winkel α, β, γ, welche die Richtung der Bewegung mit den Coordinatenaxen einschliesst, so erhält man rechts die Componenten u, v, w von V, links die Zuwachse dx, dy, dz der Coordinaten des Massenpunktes während dt, durch dt dividirt. Es resultiren somit die Formeln

$$\frac{dx}{dt} = u, \quad \frac{dy}{dt} = v, \quad \frac{dz}{dt} = w, \tag{19}$$

welche die Geschwindigkeitscomponenten in einer neuen und überaus wichtigen Weise ausdrücken. Richtung und Grösse der aus ihnen resultirenden Geschwindigkeit V bestimmen die Formeln (7). Dabei kann man die in dem Ausdruck für V auftretende Wurzelgrösse beliebig als absolute Grösse behandeln oder mit einem Vorzeichen versehen. Im ersten Falle betrachtet man dann auch ds als absolute Grösse, d. h. wie in (14) als den zurückgelegten Weg ohne Rücksicht auf den Richtungssinn von s; im anderen Falle sieht man ds wie in (17) als den positiven oder negativen Zuwachs des oben definirten Abstandes s an.

Die Formeln (19) gestatten noch eine Erweiterung, insofern man die Geschwindigkeit V als Resultante beliebig vieler Geschwindigkeiten V_h betrachten darf; die Bedingung hierfür ist nach (8'), dass die Theilcomponenten u_h, v_h, w_h von V_h den Bedingungen genügen

$$\Sigma u_h = u, \quad \Sigma v_h = v, \quad \Sigma w_h = w.$$

Demgemäss hat man auch

$$\frac{dx}{dt} = \Sigma u_h, \quad \frac{dy}{dt} = \Sigma v_h, \quad \frac{dz}{dt} = \Sigma w_h, \tag{19'}$$

oder unter Einführung der Richtungswinkel α_h, β_h, γ_h der V_h

$$\frac{dx}{dt} = \Sigma V_h \cos \alpha_h, \quad \frac{dy}{dt} = \Sigma V_h \cos \beta_h, \quad \frac{dz}{dt} = \Sigma V_h \cos \gamma_h. \tag{19''}$$

Diese Gleichungen bestimmen die zeitlichen Aenderungen der Coordinaten des Massenpunktes durch alle möglichen ihm gleichzeitig ertheilten Geschwindigkeiten; dass hieraus bis zu einem gewissen Grade das vollständige Gesetz seiner Bewegung ableitbar ist, wird weiter unten erörtert werden.

Um nun auch in den Betrachtungen über die Beschleunigungen das feste Coordinatensystem X, Y, Z einzuführen, wenden wir die Formeln (9') auf den uns beschäftigenden Fall der unendlich kleinen Geschwindigkeitsänderung an und schreiben sie in der oben eingeführten Bezeichnung

$$\delta u' = u_1 - u, \quad \delta v' = v_1 - v, \quad \delta w' = w_1 - w,$$

wobei $\delta u'$, $\delta v'$, $\delta w'$ die Componenten der unendlich kleinen Zusatzgeschwindigkeit $\delta V'$ und u, v, w, resp. u_1, v_1, w_1 die Componenten von V resp. V_1 bezeichnen. Die Division dieser Formeln mit δt liefert nach der Bedeutung von $\delta V'/\delta t$ links die Componenten der Beschleunigung B nach den Coordinatenaxen, die mit f, g, h bezeichnet werden mögen, rechts die Differentialquotienten von u, v, w nach der Zeit, so dass also resultirt

$$f = \frac{du}{dt}, \quad g = \frac{dv}{dt}, \quad h = \frac{dw}{dt}. \tag{20}$$

Zieht man noch den Inhalt der Gleichungen (19) heran, so erhält man schliesslich

$$f = \frac{d^2 x}{dt^2}, \quad g = \frac{d^2 y}{dt^2}, \quad h = \frac{d^2 z}{dt^2}. \tag{20'}$$

Die resultirende Beschleunigung B folgt hieraus nach Grösse und Richtungswinkeln α', β', γ' gemäss den Formeln

$$B^2 = f^2 + g^2 + h^2, \quad \cos\alpha' = f/B, \quad \cos\beta' = g/B, \quad \cos\gamma' = h/B. \tag{20''}$$

Demgemäss kann man den weiteren Satz aussprechen:

Betrachtet man die Coordinaten eines in beliebiger stetiger Bewegung befindlichen Massenpunktes als Functionen der Zeit, so sind in jedem Moment die Componenten seiner Geschwindigkeit nach den Coordinatenaxen durch die ersten, die seiner Beschleunigung durch die zweiten Differentialquotienten der betreffenden Coordinaten nach der Zeit gegeben. —

Es mag ausdrücklich hervorgehoben werden, dass die Gleichungen (20) resp. (20') zwischen den Componenten der Beschleunigung und denjenigen der Geschwindigkeiten resp. den Coordinaten speciell ein ruhendes rechtwinkliges Coordinatensystem voraussetzen. Welchen Einfluss eine Bewegung des Coordinatensystemes auf die Ausdrücke der Beschleunigungen hat, wird später an wichtigen Beispielen erläutert werden. Hier möge noch gezeigt werden, wie sich die den vorstehenden Beziehungen entsprechenden bei einer ebenen Bewegung gestalten, wenn dieselbe auf Polarcoordinaten bezogen wird.

Wir setzen

$$x = r\cos\varphi, \quad y = r\sin\varphi \tag{21}$$

und bezeichnen die Componenten der Geschwindigkeit parallel zu r und normal zu r im Sinne wachsender Winkel φ durch ϱ und σ; dann ist

$$\varrho = \frac{dr}{dt}, \quad \sigma = r\frac{d\varphi}{dt} \tag{21'}$$

und

$$u = \varrho\cos\varphi - \sigma\sin\varphi, \quad v = \varrho\sin\varphi + \sigma\cos\varphi. \tag{21''}$$

Letzteres entspricht genau dem S. 13 allgemein über Transformation von Vectorcomponenten Gesagten.

Weiter wird

$$\begin{aligned} f &= \frac{du}{dt} = \left(\frac{d\varrho}{dt} - \frac{\sigma^2}{r}\right)\cos\varphi - \left(\frac{d\sigma}{dt} + \frac{\sigma\varrho}{r}\right)\sin\varphi, \\ g &= \frac{dv}{dt} = \left(\frac{d\varrho}{dt} - \frac{\sigma^2}{r}\right)\sin\varphi + \left(\frac{d\sigma}{dt} + \frac{\sigma\varrho}{r}\right)\cos\varphi. \end{aligned} \tag{22}$$

Nach der gleichen Bemerkung ergeben diese Formeln, dass die Componenten p und n der Beschleunigung parallel und normal zu r die Werthe besitzen

$$p = \frac{d\varrho}{dt} - \frac{\sigma^2}{r}, \quad n = \frac{d\sigma}{dt} + \frac{\sigma\varrho}{r}; \tag{22'}$$

sie sind somit nicht mit den ersten Differentialquotienten der Geschwindigkeiten ϱ und σ identisch.

Die sie hiervon unterscheidenden Ausdrücke σ^2/r und $\sigma\varrho/r$ haben einfache Bedeutungen. Schreibt man

$$-\frac{\sigma^2}{r} = +\frac{\sigma V}{r}\left(-\frac{\sigma}{V}\right), \quad +\frac{\varrho\sigma}{r} = +\frac{\sigma V}{r}\left(+\frac{\varrho}{V}\right)$$

und bedenkt, dass

$$\frac{\varrho}{V} = \cos(V, r), \quad \frac{\sigma}{V} = \sin(V, r)$$

ist, so erkennt man, dass $-\sigma^2/r$ und $+\varrho\sigma/r$ Componenten einer Beschleunigung sind, die normal zur Bewegungsrichtung auf der Seite nach dem Coordinatenanfang hin liegt und die Grösse hat

$$\sigma V/r = V^2\sin(V, r)/r. \text{ —}$$

Die im Vorstehenden neu eingeführte Grösse „Beschleunigung“ ist durch die Fundamentaleinheiten Länge und Zeit nach ihrer Dimension und ihrer Einheit völlig bestimmt; wir haben

$$[B] = [l\,t^{-2}], \tag{23}$$

und als Einheit der Beschleunigung diejenige, bei welcher eine Geschwindigkeit in der Zeiteinheit um den Betrag der Geschwindigkeitseinheit wächst. Gleiches gilt für die Componenten von B nach beliebigen Richtungen.

§ 5. Kräfte; Bewegungsgleichungen; Gleichgewichtsbedingungen.

Nach den Entwickelungen des vorletzten Paragraphen betrachten wir als Ursache jeder plötzlichen Aenderung der Geschwindigkeit eines Massenpunktes hinsichtlich der Grösse oder der Richtung einen Impuls J, der seiner Richtung nach mit derjenigen der Zusatzgeschwindigkeit V' zusammenfällt, und dessen Grösse gegeben ist durch das Produkt $V'M$ der Zusatzgeschwindigkeit in die Masse des bewegten Punktes. Dieser Werth setzt das von uns eingeführte Einheitssystem der wissenschaftlichen Mechanik voraus; im Allgemeinen würde zu $V'M$ noch ein Proportionalitätsfactor k kommen.

Bei einer beliebigen Bewegung mit nach Richtung und Grösse stetig wechselnder Geschwindigkeit müssen wir demgemäss unendlich viele, unendlich schwache Impulse δJ wirkend denken, ein jeder nach Richtung zusammenfallend mit der im betreffenden Zeitpunkt zugefügten Geschwindigkeit $\delta V'$, nach Stärke gegeben durch

$$\delta J = M \delta V'.$$

Auch diese Formel enthält noch den Einfluss des willkürlich gewählten Zeitraumes $\delta \tau$, den wir, wie oben, durch Division mit $\delta \tau$ beseitigen. Dann erhalten wir rechts $\delta V' / \delta \tau$, d. h. die Beschleunigung B des Massenpunktes.

$\delta J / \delta \tau$ aber ist nach dem Früheren die Summe aller derjenigen Impulse, welche der Massenpunkt in der Zeiteinheit erleiden würde, wenn während derselben unausgesetzt in Intervallen $\delta \tau$ sich der Impuls δJ in gleicher Stärke und Richtung wiederholte — diese Summe dividirt durch die Zeiteinheit.

Die hierdurch vollständig definirte neue physikalische Grösse, welche ersichtlich von dem willkürlichen Intervall $\delta \tau$ unabhängig, aber von der gewählten Zeiteinheit abhängig ist, nennen wir die Kraft K, welche der Massenpunkt M an der Stelle p erleidet, und legen ihr die Richtung der Impulse, also auch die Richtung der Beschleunigung in p bei. Sie ist hiernach ersichtlich abermals eine Vectorgrösse und wird durch die vorstehende Definition als stets positiv gegeben.

Wir haben also nach (16), wenn wir φ' mit ψ vertauschen, zunächst

$$K = MB = M \sqrt{\left(\frac{\delta V}{\delta \tau}\right)^2 + \frac{V^4}{\varrho^2}}, \quad \operatorname{tg} \psi = V^2 / \varrho \frac{\delta V}{\delta \tau}$$

und wenn wir in der S. 44 benutzten Weise $\delta V/\delta \tau$ durch dV/dt ersetzen,

$$K = MB = M\sqrt{\left(\frac{dV}{dt}\right)^2 + \frac{V^4}{\varrho^2}}, \quad \operatorname{tg}\psi = V^2/\varrho\frac{dV}{dt}. \tag{24}$$

Das erhaltene fundamentale Resultat mag in folgende Worte gefasst werden:

Die Kraft, welche ein beliebig, aber stetig bewegter Massenpunkt erleidet, ist ihrer Grösse nach gegeben durch das Product seiner Masse M in seine Gesammtbeschleunigung B; sie ist ferner letzterer parallel gerichtet, d. h., sie liegt allenthalben in der Osculationsebene der Bahncurve nach deren concaver Seite hin unter einem Winkel ψ gegen die Richtung der augenblicklichen Bewegung, dessen Tangente gleich ist dem Quadrat der Geschwindigkeit V, dividirt durch das Product aus Krümmungsradius ϱ und Bahnbeschleunigung dV/dt.

Auch für die Kraft ist sowohl Dimension, als Einheit durch ihre Definition vollkommen gegeben; wir haben bei den gemachten Festsetzungen

$$[K] = [m\,l\,t^{-2}] \tag{24'}$$

und dazu diejenige Kraft als Krafteinheit, welche dem Massenpunkt Eins die Beschleunigung Eins mittheilt.

Hiernach kann man für jede Bewegung eines gegebenen Massenpunktes die wirkende Kraft numerisch berechnen.

Die vorstehende, im Wesentlichen auf Newton zurückgehende Einführung der Kraft kann der ihr zunächst anhaftenden Willkürlichkeit wenigstens zum Theil dadurch entkleidet werden, dass man in Betracht zieht, wie sie ein nahes Analogon zu dem liefert, was der allgemeine Sprachgebrauch unter Muskelkraft versteht. Mit Hülfe dieser Muskelkraft vermögen wir einen ruhenden Körper in Bewegung zu setzen, einen bewegten zu beschleunigen oder zu verlangsamen, und es entspricht durchaus den Grundsätzen der exacten Wissenschaften bei analogen Vorgängen so lange analoge Ursachen wirksam anzunehmen, bis die Unzulässigkeit einer solchen Annahme bewiesen ist. Und selbst wenn ein solcher Beweis geliefert werden sollte — was bisher noch keineswegs geleistet ist — so wird man den Kraftbegriff immer noch als ein fruchtbares Mittel zur Veranschaulichung des Mechanismus der Erscheinungen benutzen dürfen.

Da sich die Kraft von einem Impuls nur durch einen scalaren Nenner unterscheidet und, wie dieser, ein Vector ist, so können wir alle für Impulse erhaltenen Sätze über Zerlegung in Componenten und Zusammensetzung zu Resultanten sogleich auf Kräfte übertragen. Ihrer grossen Wichtigkeit wegen wollen wir sie aber in der Form, die sie für letztere annehmen, noch einmal zusammenstellen.

Zunächst gilt der allgemeine Satz vom Parallelogramm oder Polygon der Kräfte, bei welchem die Kräfte wie Geschwindigkeiten und Impulse durch Strecken nach Grösse und Richtung repräsentirt werden. Er findet sich aus der Betrachtung der Bewegungsvorgänge ohne alle Schwierigkeit, während bei Beschränkung auf Gleichgewichtszustände ein ganz befriedigender Nachweis fast unmöglich scheint. Wir sprechen ihn folgendermaassen aus:

n gegebene Kräfte, die auf einen Massenpunkt wirken, sind äquivalent mit einer einzigen, die man durch eine geometrische Construction aus jenen nach Grösse und Richtung bestimmen kann. Hierzu füge man die gegebenen durch Strecken repräsentirten Kräfte gleichsinnig an einander; die Strecke vom Anfangs- zum Endpunkte der so erhaltenen gebrochenen Linie bestimmt dann nach Grösse und Richtung die resultirende Kraft.

Insbesondere ist die mit n parallelen Kräften äquivalente Resultante mit jenen gleichgerichtet und gleich ihrer Summe. Für nur zwei gegebene Kräfte K_1 und K_2, welche den Winkel φ einschliessen, erhält man die Grösse K der Resultirenden und die Winkel φ_1, φ_2, die sie mit K_2 und K_1 einschliesst durch:

$$K^2 = K_1^2 + K_2^2 + 2K_1K_2\cos\varphi, \quad \frac{K_1}{\sin\varphi_1} = \frac{K_2}{\sin\varphi_2} = \frac{K}{\sin\varphi}. \quad (25)$$

Stehen speciell K_1 und K_2 normal zu einander, so ist $\varphi_1 + \varphi_2 = \frac{1}{2}\pi$ und

$$K^2 = K_1^2 + K_2^2, \quad K_1 = K\sin\varphi_1, \quad K_2 = K\sin\varphi_2, \quad K_1/K_2 = \operatorname{tg}\varphi_1. \quad (25')$$

Die Umkehrung des allgemeinen Satzes ergiebt:

Jede gebrochene Linie, mittelst deren man die beiden Enden des Repräsentanten einer gegebenen Kraft verbindet, lässt sich deuten als die gleichsinnige Aneinanderreihung der Repräsentanten von Kräften, welche mit der gegebenen äquivalent sind.

Hieraus erhellt sofort, dass, während das Problem der Zusammensetzung von gegebenen Kräften vollständig bestimmt war, die Zerlegung einer gegebenen Kraft in ein System äquivalenter Componenten auf unendlich viele Weisen möglich ist, und die Aufgabe zur Bestimmung noch einschränkender Bedingungen bedarf.

Der wichtigste Fall ist der, dass eine Kraft K nach drei zu einander normalen Richtungen, die wir als die X, Y, Z-Coordinatenaxen wählen, in Componenten, die jetzt und ferner mit den Buchstaben X,

Y, Z bezeichnet werden mögen, zerlegt werden soll. Sind α, β, γ die Winkel, welche die Richtung von K mit denen von X, Y, Z einschliesst, so gilt:

$$X = K\cos\alpha, \quad Y = K\cos\beta, \quad Z = K\cos\gamma, \tag{26}$$

und umgekehrt

$$\begin{gathered} K^2 = X^2 + Y^2 + Z^2, \\ \cos\alpha = X/K, \quad \cos\beta = Y/K, \quad \cos\gamma = Z/K. \end{gathered} \tag{26'}$$

Zerlegt man dieselbe Kraft K nach drei anderen zu einander senkrechten Richtungen X', Y', Z', so sind nach dem S. 12 allgemein über Vectorcomponenten Gezeigten die ihnen parallelen Componenten X', Y', Z' mit X, Y, Z verbunden durch die Formeln

$$\begin{aligned} X' &= X\cos(X,X') + Y\cos(Y,X') + Z\cos(Z,X'), \\ Y' &= X\cos(X,Y') + Y\cos(Y,Y') + Z\cos(Z,Y'), \\ Z' &= X\cos(X,Z') + Y\cos(Y,Z') + Z\cos(Z,Z'). \end{aligned} \tag{26''}$$

Die Formeln (26) und (26′) sind zu benutzen, um das allgemeine Problem der Zusammensetzung von beliebigen auf einen Punkt wirkenden Kräften, welches oben nur geometrisch gelöst ist, in bequemer Weise analytisch durchzuführen.

Sind n Kräfte nach ihren Grössen K_h und ihren Richtungswinkeln α_h, β_h, γ_h gegeben, so zerlegen wir jede einzelne in drei Componenten X_h, Y_h, Z_h parallel den Coordinatenaxen; es ist dann

$$X_h = K_h\cos\alpha_h, \quad Y_h = K_h\cos\beta_h, \quad Z_h = K_h\cos\gamma_h. \tag{27}$$

Die sämmtlichen parallelen Componenten X_h, resp. Y_h und Z_h setzen sich nach dem Obigen zusammen zu einer Gesammtcomponente X, resp. Y und Z, welche gegeben sind, durch

$$\begin{aligned} X &= \Sigma X_h, & Y &= \Sigma Y_h, & Z &= \Sigma Z_h, \\ &= \Sigma K_h\cos\alpha_h, & &= \Sigma K_h\cos\beta_h, & &= \Sigma K_h\cos\gamma_h, \end{aligned} \tag{27'}$$

und diese endlich geben nach den Formeln (26′) eine Resultante von der Stärke K mit den Richtungswinkeln α, β, γ, die bestimmt sind durch

$$\begin{gathered} K^2 = X^2 + Y^2 + Z^2, \\ \cos\alpha = X/K, \quad \cos\beta = Y/K, \quad \cos\gamma = Z/K. \text{ —} \end{gathered} \tag{27''}$$

Von diesen fundamentalen Betrachtungen machen wir zunächst eine Anwendung zur Deutung der Gleichungen (24), die wir schreiben:

$$K^2 = \left(M\frac{dV}{dt}\right)^2 + \left(M\frac{V^2}{\varrho}\right)^2, \quad \operatorname{tg}\psi = M\frac{V^2}{\varrho}\Big/M\frac{dV}{dt}. \tag{28}$$

Vergleichen wir diese Formeln mit (25′) und bedenken, dass ψ den Winkel der Kraft K gegen die Richtung der Bahn im Sinne der stattfindenden Bewegung bezeichnet, so erkennen wir, dass K hier zerlegt erscheint in zwei zu einander normale Componenten, von denen die erste $M dV/dt$ in der Richtung der Bahn, die zweite MV^2/ϱ in der Richtung von deren Krümmungsradius liegt. Es gelten demnach für die stetige Bewegung eines Massenpunktes die folgenden drei wichtigen Sätze:

1. Die Kraftcomponente P in der Richtung der Tangente der Bahn ist gleich der Masse M des Punktes, multiplicirt mit seiner Bahnbeschleunigung dV/dt,

$$P = M dV/dt.$$

Rechnet man dabei P immer im Sinne der Bewegung, so ist V als absolute Grösse zu führen; rechnet man P im willkürlich gewählten Richtungssinn von s, so ist V gemäss der Definition $V = ds/dt$ bald positiv, bald negativ. Letzteres Verfahren empfiehlt sich immer, wenn der Massenpunkt dieselbe Bahn wiederholt in entgegengesetztem Sinne durchmisst.

2. Die Kraftcomponente N_1 in der Richtung der Hauptnormale der Bahn ist gleich der Masse M des Punktes, multiplicirt mit dem Quadrat seiner Bahngeschwindigkeit und dividirt durch den Krümmungsradius ϱ der Bahn an der betrachteten Stelle,

$$N_1 = MV^2/\varrho.$$

Rechnet man dabei N_1 immer nach der concaven Seite der Bahn hin, so ist ϱ als absolute Grösse zu führen; rechnet man dagegen N_1 nach einer willkürlich festgesetzten Seite der Curve, so ist ϱ positiv oder negativ zu nehmen, je nachdem N_1 auf die concave oder die convexe Seite der Curve fällt. Letzteres ist z. B. dann bequemer, wenn es sich um eine ebene Curve handelt, welche Wendepunkte besitzt.

3. Die Kraftcomponente N_2 nach der Richtung der Binormale der Bahn ist gleich Null,

$$N_2 = 0.$$

Wir fügen hinzu, was aus diesen Sätzen in zwei speciellen Fällen sich ergiebt:

Eine geradlinige Bewegung kann nur unter einer in der Richtung der Bahn wirkenden Kraft bestehen, deren Grösse ist

$$K = M dV/dt.$$

Eine krummlinige Bewegung mit constanter Geschwindigkeit kann nur unter der Wirkung einer Kraft bestehen, welche allenthalben in der Richtung der Hauptnormale der Bahn liegt und den Werth hat

$$K = MV^2/\varrho.$$

Hieraus ergiebt sich eine wichtige neue Auffassung der in den obigen allgemeinen Sätzen enthaltenen Aussagen. Bei jeder Bewegung bewirkt die tangentiale Kraftcomponente die Aenderung der Geschwindigkeit, die normale aber die Krümmung der Bahn; mit verschwindendem P wird dV/dt gleich Null, mit verschwindendem N_1 wird ϱ unendlich. Verschwinden beide Componenten gleichzeitig, so findet die Bewegung in gerader Linie mit constanter Geschwindigkeit statt. Wir betrachten nach § 1 die letztere Bewegung als eine Folge der Trägheit des Massenpunktes, wir werden somit Abweichungen von derselben dadurch erklären, dass die Kräfte die Trägheit überwinden.

Die Sätze auf S. 52 weisen nun darauf hin, dass zwei Arten von Trägheit zu unterscheiden sind, Geschwindigkeitsträgheit und Richtungsträgheit, von denen die eine die Erhaltung der Geschwindigkeit, die andere die Erhaltung der Richtung der Bewegung anstrebt. Die erstere wird durch die tangentiale, die letztere durch die normale Componente der wirkenden Kraft bekämpft, und die Werthe $P = M dV/dt$, $N_1 = MV^2/\varrho$ können als die durch die Kraftcomponenten P und N_1 überwundenen Beträge jener beiden Trägheiten gedeutet werden.

Eine nicht consequente Verwendung des Kraftbegriffes hat ehemals dazu geführt, den Widerstand, den ein bewegter Massenpunkt einer Ablenkung von der geradlinigen Bahn, resp. der Bewegung in einer gekrümmten Bahn scheinbar entgegensetzt und den man als mit N_1 absolut gleich und entgegengesetzt gerichtet betrachten kann, als Centrifugalkraft zu bezeichnen. Wenn nun auch dieser alte und vielbenutzte Name nicht wohl wieder beseitigt werden kann, so ist es doch nöthig, darauf hinzuweisen, dass er der Sache nicht entspricht, dass es sich nämlich bei dem Vorgang überhaupt nicht um eine Kraft handelt, sondern um eine Aeusserung der Richtungsträgheit. Dies scheint um so nöthiger, weil in speciellen, später zu behandelnden Fällen jene Centrifugalkraft ausnahmsweise den Charakter einer Kraft erhält, der ihr allgemein nicht eigen ist. —

Das Vorstehende bietet die Mittel, um in jedem speciellen Falle die Kraft, welche zur Herstellung einer Bewegung nöthig ist, nach ihrer Grösse und nach ihrer Lage gegen die Bahn des bewegten Massenpunktes vollständig zu bestimmen. Indessen liegt hierin nicht die eigentliche Bedeutung der gefundenen Resultate, sondern umgekehrt in ihrer Anwendung, um bei gegebener Kraft die Beschleunigung und daraus die gesammte Bewegung des Massenpunktes zu bestimmen, auf welchen die Kraft wirkt.

Es hat sich nämlich gezeigt, dass durch Einführung des Begriffes der Kraft in der im Obigen erörterten Weise eine ungemeine Vereinfachung der Betrachtung der Bewegungserscheinungen erreicht wird, indem durch sie unzählige Einzelfälle, die sich hinsichtlich der Bahngestalt und des Gesetzes der Geschwindigkeit unterscheiden, einheitlich zusammengefasst werden in ein einziges Problem.

Hierzu ist die bisher benutzte Gestalt der zwischen Kraft und Beschleunigung bestehenden Beziehungen nicht geeignet, da sie die Kenntniss der Gestalt und Lage der Bahn voraussetzen, die zu finden eben unser Problem ist. Wir umgehen die Schwierigkeit, indem wir die Lage der Kraft gegen ein absolut festes Coordinatensystem einführen.

Dies geschieht am einfachsten, wenn wir von den Gleichungen (13″) ausgehen, die den Zusammenhang zwischen den Componenten F, G, H eines Impulses und den durch denselben hervorgebrachten Componenten u', v', w' der Geschwindigkeitsänderung darstellen. Indem wir sie auf einen unendlich schwachen Impuls δJ mit den Componenten δF, δG, δH, und demgemäss auf unendlich kleine Geschwindigkeitscomponenten $\delta u'$, $\delta v'$, $\delta w'$ der unendlich kleinen Zusatzgeschwindigkeit $\delta V'$ anwenden, schreiben wir sie:

$$\delta F = M \delta u', \quad \delta G = M \delta v', \quad \delta H = M \delta w'.$$

Diese Formeln beziehen wir nun wiederum auf die oben betrachtete beliebige stetige Bewegung und verstehen unter $\delta u'$, $\delta v'$, $\delta w'$ und δF, δG, δH die an der Stelle p beim Uebergang von einem Linienelement zu dem folgenden auftretenden Grössen. Dividiren wir sie, wie auch oben geschah, durch $\delta \tau$, so erhalten wir dadurch diejenigen (durch die Zeiteinheit dividirten) Zuwachse, die in der Zeiteinheit eintreten würden, wenn während derselben in den Zeitintervallen $\delta \tau$ immer wieder die gleichen Veränderungen stattfänden, wie an der Stelle p ein Mal; d. h. also nach den bezüglichen oben angegebenen Definitionen einerseits die Componenten der Beschleunigung nach den Coordinatenaxen, nämlich die Grössen f, g, h, andererseits die Componenten der wirkenden Kraft X, Y, Z. Das so erzielte Resultat

$$X = Mf, \quad Y = Mg, \quad Z = Mh \tag{29}$$

giebt einen neuen Ausdruck des Gedankens, dass die wirkende Kraft gleich ist dem Product aus Masse und Beschleunigung und der Richtung nach mit letzterer zusammenfällt. In der That folgt aus (29)

$$K^2 = X^2 + Y^2 + Z^2 = M^2 (f^2 + g^2 + h^2) = M^2 B^2,$$
$$X : Y : Z = f : g : h.$$

Benutzen wir nunmehr die durch (20) gegebenen Werthe von f, g, h, so nehmen die Gleichungen (29) die Gestalt an:

$$X = M du/dt, \quad Y = M dv/dt, \quad Z = M dw/dt. \tag{29'}$$

In dieser Form gestatten sie noch eine andere Auffassung, die wegen ihrer Verwendbarkeit bei später zu behandelnden höchst allgemeinen Problemen eine gewisse Bedeutung besitzt.

Ebenso wie die Geschwindigkeit V kann man auch das Product MV als eine Vectorgrösse betrachten; denn der scalare Factor M ändert wohl den Zahlwerth, nicht aber die Richtungseigenschaft. Der Vector MV führt den Namen der Bewegungsgrösse des Massenpunktes M und soll mit W bezeichnet werden; seine Componenten Mu, Mv, Mw mögen die Bewegungsgrössen von M nach den Coordinatenaxen genannt und mit A, B, C bezeichnet werden.

Dann schreiben sich die Formeln (29') auch

$$X = dA/dt, \quad Y = dB/dt, \quad Z = dC/dt \tag{29''}$$

und sprechen den Satz aus, dass die zeitlichen Aenderungen der Bewegungsgrössen eines Massenpunktes nach den Coordinaten den parallelen Componenten der wirkenden Kraft gleich sind. Der hierdurch ausgedrückte Zusammenhang zwischen den zwei Vectorgrössen K und W kehrt in derselben Form in verschiedenen anderen Gebieten der Physik wieder.

Die Kräfte X, Y, Z können nun ihrerseits Resultanten sein aus je einer Anzahl einzelner Componenten X_1, $X_2 \ldots X_n$ u. s. f., die durch Zerlegung gegebener Einzelkräfte K_1, $K_2 \ldots K_n$ erhalten sind; es ist dann:

$$X = \Sigma X_h, \quad Y = \Sigma Y_h, \quad Z = \Sigma Z_h.$$

Ferner können wir für u, v, w die durch die Formeln (19) gegebenen Werthe dx/dt, dy/dt, dz/dt setzen, in welchen x, y, z die Coordinaten des Massenpunktes zur betrachteten Zeit bezeichnen. So gelangen wir zu der definitiven Form:

$$M\frac{d^2 x}{d t^2} = \Sigma X_h, \quad M\frac{d^2 y}{d t^2} = \Sigma Y_h, \quad M\frac{d^2 z}{d t^2} = \Sigma Z_h. \tag{30}$$

Diese fundamentalen Gleichungen bilden den Ausgangspunkt für alle Untersuchungen, welche aus gegebenen

Kräften die Gesetze der durch sie bedingten Bewegungserscheinungen ableiten. —

Es möge daran erinnert werden, dass ebenso, wie die dem Vorstehenden zu Grunde liegenden Werthe der Beschleunigungscomponenten ein absolut festes rechtwinkliges Coordinatensystem voraussetzen, auch die Bewegungsgleichungen (29′) oder (30) nur für ein solches Geltung besitzen.

Wie eine Bewegung des rechtwinkligen Coordinatensystemes auf die Gleichungen einwirkt, wird weiter unten an wichtigen Beispielen gezeigt werden. Hier mögen nur, anknüpfend an die auf S. 47 abgeleiteten Werthe der Beschleunigungscomponenten für eine ebene Bewegung unter Zugrundelegung von Polarcoordinaten, die Gleichungen für eine solche Bewegung aufgestellt werden.

Setzt man wieder $x = r\cos\varphi$, $y = r\sin\varphi$, schreibt die Componenten der Geschwindigkeit parallel und normal zum Radiusvector r

$$dr/dt = \varrho, \quad r\,d\varphi/dt = \sigma \tag{30′}$$

und bezeichnet die entsprechenden Componenten der Kraft mit R und S, so erhält man aus (22′)

$$R = M\left(\frac{d\varrho}{dt} - \frac{\sigma^2}{r}\right), \quad S = M\left(\frac{d\sigma}{dt} + \frac{\varrho\,\sigma}{r}\right). \tag{30″}$$

Durch Einsetzen der Werthe ϱ und σ aus (30′) erhält man die Beziehungen zwischen den Kraftcomponenten und den Coordinaten r und φ. —

Man betrachtet in der Physik die auf Massenpunkte wirkenden Kräfte als abhängig von der Zeit t, den Coordinaten x, y, z des bewegten Punktes und den Componenten $u = dx/dt$, $v = dy/dt$, $w = dz/dt$ seiner Geschwindigkeit. Eine Abhängigkeit von der Beschleunigung würde nichts wesentlich Anderes ergeben, als die eben genannten Abhängigkeiten; denn man könnte in einem solchen Falle die drei Gleichungen (30) durch Auflösen nach den Beschleunigungen d^2x/dt^2, d^2y/dt^2, d^2z/dt^2 auf die Form bringen:

$$M\frac{d^2x}{dt^2} = \Xi, \quad M\frac{d^2y}{dt^2} = \mathsf{H}, \quad M\frac{d^2z}{dt^2} = \mathsf{Z},$$

in welcher Ξ, H, Z nur noch t, x, y, z, u, v, w enthalten und als Kraftcomponenten gedeutet werden können. Indessen kann unter Umständen dadurch eine besonders einfache Form und anschauliche Bedeutung der Kräfte gewonnen werden, dass man sie als Functionen der Beschleunigungen einführt, und in solchen Fällen wird man sie benutzen; das wichtigste Beispiel hierfür ist W. Weber's Gesetz für die Wechselwirkung bewegter elektrischer Theilchen.

Anders verhält es sich mit der Abhängigkeit der Kräfte von höheren Differentialquotienten, als den zweiten; hier tritt eine eigenthümliche Schwierigkeit für die Vorstellung ein.

Die Bewegung während eines Zeitelementes dt bestimmt die Geschwindigkeiten des Massenpunktes parallel den Coordinatenaxen, die während zweier seine Beschleunigungen, die während dreier, vierer ... analog die Werthe der dritten, vierten ... Differentialquotienten seiner Coordinaten nach der Zeit. Beginnt also eine Bewegung von der Ruhe aus, so ist nach zwei Zeitelementen die Beschleunigung B und also auch die Kraft $K = mB$ schon vollständig bestimmt, jene höheren Differentialquotienten aber sind noch völlig unbestimmt.

Daher hat es einen guten Grund, dass man für gewöhnlich die Kräfte nur als Functionen der sieben Argumente t, x, y, z, u, v, w ansieht; wir werden weiterhin ebenso verfahren. —

Wie wir in den vorstehenden Betrachtungen von den Coordinaten, welche den Ort des Massenpunktes bestimmen, fortgeschritten sind zu deren ersten Differentialquotienten nach der Zeit, welche seine Geschwindigkeiten, und den zweiten, welche seine Beschleunigungen geben, so könnten wir auch Beziehungen für die dritten, vierten und höheren aufstellen unter Benutzung der obigen Methoden und ohne neu auftretende Schwierigkeiten. Statt auf die Kraftcomponenten selbst würden wir dann auf die Geschwindigkeit und Beschleunigung der Aenderung der Kraftcomponenten mit der Zeit geführt werden.

Während indessen die Einführung des Begriffes der Kraft für die Zusammenfassung je einer grossen Zahl einzelner Bewegungserscheinungen unter ein alle umfassendes Gesetz von überraschendstem Vortheil ist, zeigt sich, dass die Einführung der höheren Ausdrücke, bei den von der Natur gebotenen Erscheinungen wenigstens, in dieser Hinsicht nichts irgend Erhebliches mehr leistet, im Gegentheil auf unverhältnissmässig complicirte Gesetze führt. Wir haben also keine Ursache, in derartige Untersuchungen einzugehen. —

Wir schliessen diesen Abschnitt mit einigen ergänzenden Bemerkungen.

Die erste soll die nichtstetigen Bewegungen betreffen, d. h. solche, bei denen an vereinzelten Punkten die im Eingang dieses Abschnittes gemachten Annahmen nicht erfüllt sind. Diese Bewegungen sind in Zweige zu zerlegen, die stetig sind, aber unstetig zusammenhängen. Für die stetigen Zweige behalten die Darlegungen dieses Theiles Geltung, für sie ist somit in allen Punkten Geschwindigkeit, Beschleunigung und Kraft wohl definirt. Der Uebergang von einem Zweig zum anderen ist dann durch eine sprungweise Aenderung der Grösse und der Richtung der Geschwindigkeit charakterisirt, dergleichen in § 3 ausführlich erörtert und auf Impulse von endlicher Stärke zurückgeführt sind. Bei einer unstetigen Bewegung wirken also stetige Kräfte und momentane Impulse neben einander.

Die zweite soll sich mit dem Gleichgewicht eines Massenpunktes beschäftigen, das wir als speciellen Fall der Bewegung in der Darstellung an diese anschliessen. Gleichgewicht ist dauernde Ruhe; ein Punkt ist somit im Gleichgewicht, wenn mit seiner Geschwindigkeit auch seine Beschleunigung verschwindet. Verschwindet die Beschleunigung allein, so bewegt sich der Punkt; verschwindet die Geschwindigkeit allein, so ist er nur vorübergehend in Ruhe.

Da nun

$$V^2 = u^2 + v^2 + w^2, \quad B^2 = f^2 + g^2 + h^2$$

ist, so erfordert das Gleichgewicht, dass

$$\text{für } u = 0, \quad v = 0, \quad w = 0 \text{ auch } f = 0, \quad g = 0, \quad h = 0. \tag{31}$$

Wegen der Proportionalität der Beschleunigung mit der Kraft kann man statt dessen auch setzen:

$$\text{für } u = 0, \quad v = 0, \quad w = 0 \text{ auch } X = 0, \quad Y = 0, \quad Z = 0. \tag{31'}$$

Sind die Kräfte als Functionen des Ortes (und der Geschwindigkeit) gegeben, so werden diese Bedingungen, wenn überhaupt, nur an gewissen Stellen, den Gleichgewichtslagen des Massenpunktes, erfüllt sein, deren Coordinaten durch die Wurzeln dieser Gleichungen gegeben werden.

Während sonach in der Gleichgewichtslage die auf einen ruhenden Punkt bezogene Kraft verschwindet, so ist sie für eine unendlich benachbarte Lage im Allgemeinen von Null verschieden. Treibt die dort wirkende Kraft den Punkt nach der Ruhelage zurück, so nennt man das Gleichgewicht stabil, treibt sie ihn hinweg, labil.

§ 6. Geradlinige Bewegung; constante Kraft, freier Fall, Atwood'sche Fallmaschine; einfachste Fälle variabler Kräfte.

Für die Behandlung der geradlinigen Bewegung bilden nach dem vorigen Paragraphen folgende Sätze die Grundlage.

Sei s der Abstand von einem auf der Bahngeraden willkürlich gewählten Nullpunkt, in einem bestimmten Sinne positiv gerechnet, so ist die Geschwindigkeit:

$$V = ds/dt,$$

die Beschleunigung:

$$B = dV/dt = d^2 s/dt^2, \tag{32}$$

die wirkende Kraft:

$$K = MB = M dV/dt = M d^2 s/dt^2.$$

Alle drei fallen in die Richtung der Bahngeraden, über deren Richtungssinn verfügt ist, und haben demgemäss bald positive, bald negative Werthe, in Uebereinstimmung mit dem S. 14 allgemein Gesagten.

Die Bewegung ist vollständig bestimmt, wenn s als Function der Zeit gegeben ist, denn dann berechnen sich alle oben angeführten Grössen vollkommen unzweideutig nach den vorstehenden Formeln; willkürlich ist nur unter Umständen die Deutung, die man ihnen geben kann. Wir wollen dies an einem einfachen Beispiel zeigen.

Wir betrachten den Ausdruck

$$s = a \sin(bt + c) + d, \tag{32'}$$

in dem a, b, c, d Constanten bezeichnen. Diese Constanten, wie alle uns noch begegnenden, lassen sich in zwei Gruppen sondern, die wir als wesentlich und unwesentlich unterscheiden. Unwesentlich nennen wir diejenigen Constanten, die durch eine Verfügung über die Richtung und den Anfangspunkt der Coordinaten oder über den Anfangspunkt der Zeit zu Null gemacht werden können. Diese sind nämlich ohne Einfluss auf die factische Bewegung, legen dieselbe vielmehr nur je nach ihren Werthen an andere Stellen des Raumes und der Zeit. Wesentlich sind dann also jene Constanten, deren Werthänderungen factische Aenderungen der Bewegung veranlassen. Bei der Discussion der gesammten durch eine Formel dargestellten Bewegung kann man hiernach stets über die unwesentlichen Constanten willkürlich verfügen und wird dies so thun, dass die Formel dadurch ihre einfachste Gestalt annimmt.

In dem obigen Ausdruck für s sind offenbar c und d unwesentliche Constanten; wir dürfen sie deshalb für die allgemeine Discussion gleich Null setzen und schreiben

$$s = a \sin bt. \tag{32''}$$

Die hierdurch gegebene Bewegung ist (bei positivem a und b) die folgende. Der Massenpunkt befindet sich zur Zeit $t = 0$ an der

Stelle $s = 0$, erreicht um $t = \pi/2b$ die grösste Elongation a nach der positiven Seite, weiter um $t = 2\pi/2b$ wieder den Nullpunkt, um $t = 3\pi/2b$ die grösste Elongation a nach der negativen Seite, um $t = 4\pi/2b$ den Nullpunkt zum dritten Male und wiederholt dies Spiel mit der Periode $T = 2\pi/b$ fortwährend; man nennt a die Amplitude, $bt = 2\pi t/T$ die Phase der stattfindenden Oscillation.

Dabei bestimmt sich aus (32) das System von Werthen:

$$\begin{aligned} V &= ab\cos bt, \\ B &= -ab^2\sin bt, \\ K &= -Mab^2\sin bt. \end{aligned} \tag{32^a}$$

Es gilt aber, wie man erkennt, zugleich auch folgendes System:

$$\begin{aligned} V &= b\sqrt{a^2 - s^2}, \\ B &= -b^2 s, \\ K &= -Mb^2 s, \end{aligned} \tag{32^b}$$

oder auch endlich

$$\begin{aligned} B &= -b\sqrt{a^2b^2 - V^2}, \\ K &= -Mb\sqrt{a^2b^2 - V^2}. \end{aligned} \tag{32^c}$$

Die Wurzelgrössen wechseln ihr Vorzeichen, wenn s den Werth $\pm a$, V den Werth $\pm ab = \pm 2\pi a/T$ berührt.

Jede dieser Formeln giebt für V, B oder K ein leicht in Worte zu fassendes oder durch Construction zu verdeutlichendes Gesetz; betrachten wir näher, als besonders wichtig, die drei für die wirkende Kraft erhaltenen, wobei wir die Beziehung $b = 2\pi/T$ benutzen.

Das erste

$$K = -Ma\left(\frac{2\pi}{T}\right)^2 \sin\frac{2\pi t}{T}$$

sagt aus, dass K von dem Ort und der Geschwindigkeit unabhängig ist und mit der Zeit periodisch nach Grösse und Richtung wechselt,

$$\begin{aligned} &\text{für } t = 0 \text{ ist} && K = 0, \\ &\text{für } t = \tfrac{1}{4}T, && K = -Ma\left(\frac{2\pi}{T}\right)^2, \\ &\text{für } t = \tfrac{1}{2}T, && K = 0, \\ &\text{für } t = \tfrac{3}{4}T, && K = +Ma\left(\frac{2\pi}{T}\right)^2, \\ &\text{für } t = T, && K = 0, \quad \text{u. s. f.} \end{aligned}$$

Das zweite,

$$K = -M\left(\frac{2\pi}{T}\right)^2 s,$$

lässt die Kraft von Zeit und Geschwindigkeit unabhängig, dagegen abhängig vom Ort des Massenpunktes werden. Da der Factor von s positiv ist, so ist die Kraft immer nach dem Anfangspunkt hingerichtet, nämlich an Stellen auf der positiven Seite der Bahn negativ, und umgekehrt. Sie verschwindet im Nullpunkte selbst und wächst mit der Entfernung ins Unendliche; man kann sie ansehen als eine Anziehung, die von dem Nullpunkt ausgeht und mit der Entfernung des Massenpunktes proportional ist.

Das dritte,

$$K = -M\frac{2\pi}{T}\sqrt{\left(\frac{2\pi a}{T}\right)^2 - V^2},$$

enthält nur die Geschwindigkeit, nicht aber Ort und Zeit. Es ergiebt eine Kraft, deren absoluter Werth mit wachsender absoluter Geschwindigkeit abnimmt, für $V = 0$ den grössten reellen Betrag $(2\pi/T)^2 Ma$, für $V = \pm 2\pi a/T$ den kleinsten, nämlich Null ergiebt, für noch grössere V aber imaginär wird, was aussagt, dass unter der Wirkung einer solchen Kraft diese grösseren Geschwindigkeiten nicht aus kleineren entstehen können. Letzteres ist begreiflich, da ja schon für $V = \pm 2\pi a/T$ die Beschleunigung verschwindet.

So lange wir nur einen Massenpunkt in einer bestimmten Bewegung vor uns haben, sind diese drei Deutungen des Gesetzes der wirkenden Kraft physikalisch vollkommen gleichwerthig, und nur die grössere Einfachheit könnte veranlassen, dass eine vor der anderen bevorzugt werde; höchstens könnte man der letzten Form die Bedeutung eines allgemeinen Gesetzes absprechen, weil sie nicht jede beliebige Anfangsgeschwindigkeit zulässt. Anders, wenn mehrere Massenpunkte vorhanden sind, und es aus irgend einem Grunde, z. B. weil sie längs derselben Bahn oder einander benachbart ihre Bewegungen ausführen, wahrscheinlich ist, dass sie eine gemeinsame Bewegungsursache haben. Dann kann der Fall eintreten, dass von den oben in den verschiedenen Formen ausgesprochenen Eigenschaften der Kraft eine einzige als die charakteristische, die anderen nur als gewissermaassen zufällige erscheinen.

Um diesen Umstand, der einiges Licht darauf wirft, aus welchem Grunde mitunter eine bestimmte Gestalt für das Gesetz der Kraft bevorzugt wird, noch etwas zu betrachten, wollen wir jetzt annehmen, dass auf derselben Bahn mit dem Punkte M, und ohne durch diesen gehindert zu werden, noch ein zweiter Punkt M' sich bewege und zwar nach dem mit (32') conformen Gesetze:

$$s' = a' \sin(b't + c') + d',$$

in dem a', b', c', d' Constanten bezeichnen.

Nachdem durch Verfügung über die Constanten c und d des ersten Ansatzes (32') der Anfangspunkt für s und t festgelegt ist, sind natürlich die Constanten c' und d' nicht mehr als unwesentliche zu betrachten.

Es werden für den zweiten Massenpunkt dann folgende Gesetze der wirkenden Kraft K' aufzustellen sein:

$$K' = -M'a'b'^2 \sin(b't' + c'),$$

$$K' = -M'b'^2(s' - d'),$$

$$K' = -M'b'\sqrt{a'^2 b'^2 - V'^2}.$$

Man betrachtet nun verschiedene bewegte Massenpunkte im Allgemeinen als unter derselben Kraft stehend, wenn sich deren Werth für die gleichen Werthe der Variabeln (d. h. hier also t, s oder V) gleich oder nur durch einen constanten Factor, der z. B. der Masse M gleich sein kann, verschieden ergiebt.

Wir erkennen, dass die beiden Punkte M und M' jedenfalls nicht unter der Wirkung derselben Kraft stehen, so lange alle vier Parameter ihrer Bewegungsgesetze (nämlich a, b, c, d resp. a', b', c', d') verschieden sind, denn die zweite und dritte Formel enthält zwei, die erste drei in sich.

Ist aber $b = b'$ und $d = d'$ $(= 0)$, so werden die zweiten Gesetze für K und K' gleich, d. h., sie geben für denselben Ort $(s = s')$ Werthe, die sich nur durch den Factor M resp. M' unterscheiden. In diesem Falle wird also die zweite Form eine wesentliche Eigenschaft der wirkenden Kraft aussprechen, die anderen nur unwesentliche, denn sie zeigen sich an verschiedenen Punkten in verschiedener Weise. Wir werden demgemäss sagen: die beiden Massenpunkte M und M', die sich auf derselben Geraden nach den Gesetzen

$$s = a \sin(bt + c),$$

$$s' = a' \sin(bt + c')$$

bewegen, stehen unter der Wirkung derselben Kraft, nämlich einer Anziehung nach dem Nullpunkt hin, die proportional ist mit ihrer Masse und mit ihrem Abstand vom Nullpunkt; der Proportionalitätsfactor hat den Werth $b^2 = (2\pi / T)^2$, wobei T die Dauer einer vollständigen Schwingung für beide Punkte bezeichnet. —

Während nach dem Vorstehenden das Gesetz für s als Function der Zeit den ganzen Vorgang der geradlinigen Bewegung eindeutig bestimmt, gilt nicht das Gleiche bei gegebener Geschwindigkeit, Beschleunigung oder Kraft. Mathematisch zeigt sich dies darin, dass das Fortschreiten von diesen Grössen zur Bestimmung des Ortes s als Function der Zeit Integrationen erfordert, bei deren jeder eine willkürliche Constante in die Rechnung eingeht, — physikalisch hingegen sieht man jene Thatsache leicht ein, indem man sich vergegenwärtigt, dass, wenn auch die Geschwindigkeit für jede Zeit gegeben ist, die ganze Bewegung doch noch auf einem beliebigen Bereich der Bahn stattfinden kann, wenn sie hingegen für jede Stelle gegeben ist, dann noch zu einem beliebigen Zeitpunkt, u. s. f.

Es müssen daher neben der Geschwindigkeit, Beschleunigung oder Kraft noch einige andere Daten gegeben sein, um das Problem vollständig zu bestimmen. Um diesen Punkt klar zu stellen, behandeln wir zunächst den denkbar einfachsten Fall ausführlich, dass die wirkende Kraft weder von Zeit, noch Ort, noch Geschwindigkeit abhängt, vielmehr eine Constante ($K = C$) ist. Mit der Kraft ist dann auch die Beschleunigung eine Constante, und man nennt daher die daraus folgende Bewegung gleichförmig beschleunigt. Dieser Fall ist deshalb von hervorragendstem Interesse, weil, wie sich zeigen wird, die betreffende Bewegungsart von einem unter der Wirkung seiner Schwere vertical irgendwie frei bewegten Massenpunkt eingeschlagen wird.

Aus

$$M\frac{dV}{dt} = M\frac{d^2s}{dt^2} = C$$

folgt

$$MV = M\frac{ds}{dt} = Ct + C_1, \qquad Ms = \tfrac{1}{2}Ct^2 + C_1 t + C_2, \tag{33}$$

wobei C_1 und C_2 die Integrationsconstanten sind. Durch Elimination von t erhält man aus den beiden letzten Formeln auch

$$2\,CMs = M^2 V^2 + (2\,CC_2 - C_1^2). \tag{33'}$$

Beide Constanten C_1 und C_2 sind im Sinne des S. 59 Gesagten unwesentlich. Für die Discussion des Gesammtverlaufes der Bewegung kann man sie sonach gleich Null setzen und erhält dann die höchst einfachen Formeln

$$MV = Ct, \qquad Ms = \tfrac{1}{2}Ct^2, \qquad 2Cs = MV^2, \tag{33''}$$

welche bei positivem C Folgendes aussagen. Der Massenpunkt befindet sich zur Zeit $t = -\infty$ bei $s = +\infty$ mit negativ unendlicher Geschwindigkeit, er nähert sich weiterhin mit abnehmender Geschwindigkeit der Stelle $s = 0$, erreicht sie zur Zeit $t = 0$ mit der Geschwindigkeit Null und kehrt hierauf mit wachsender Geschwindigkeit nach $s = +\infty$

zurück. Jede überhaupt erreichte Stelle, mit einziger Ausnahme von $s = 0$, wird von dem Punkte zwei Mal bei entgegengesetzten Werthen t und mit entgegengesetzten Geschwindigkeiten V passirt.

Bei speciellen Problemen kann über die Constanten C_1 und C_2 nicht willkürlich verfügt werden, dieselben folgen vielmehr aus den Bedingungen, welche die Aufgabe liefert.

Eine leichte Ueberlegung zeigt, dass ihre Bestimmung auf vier Weisen möglich ist, nämlich indem man festsetzt:

a) für einen Zeitpunkt t_1 den Ort s_1,
für einen Zeitpunkt t_2 die Geschwindigkeit V_2;

b) für einen Zeitpunkt t_1 den Ort s_1,
für einen anderen t_2 den Ort s_2;

c) für einen Zeitpunkt t_1 die Geschwindigkeit V_1,
für einen Ort s_2 die Geschwindigkeit V_2;

d) für einen Zeitpunkt t_1 den Ort s_1,
für einen Ort s_2 die Geschwindigkeit V_2.

Dabei kann man zur Vereinfachung der Endformeln stets einen der festgesetzten Zeitpunkte als die Zeit Null festsetzen, einen der festgesetzten Orte zum Nullpunkt für s wählen.

Jede der oben aufgezählten drei Bestimmungsarten giebt die Lösung einer einfachen physikalischen Aufgabe; wir gehen demgemäss näher auf sie ein.

a) Ist $t_1 = 0$, $s_1 = 0$, so hat man zur Bestimmung von C_1 und C_2 die Gleichungen:

$$M V_2 = C t_2 + C_1,$$
$$0 = C_2.$$

Es wird also:

$$M(V - V_2) = C(t - t_2), \quad M s = \tfrac{1}{2} C t^2 + (M V_2 - C t_2) t, \tag{34}$$
$$2 C M s = M^2 V^2 - (M V_2 - C t_2)^2.$$

Die Gleichungen werden besonders einfach, wenn man specieller auch noch $t_2 = 0$ und $V_2 = 0$ nimmt, d. h. zur Zeit, von der aus t gerechnet wird, den Massenpunkt mit der Geschwindigkeit Null vom Nullpunkt ausgehen lässt. Hierbei ist dann

$$M B = C, \quad M V = C t, \quad M s = \tfrac{1}{2} C t^2, \quad M V^2 = 2 C s. \tag{34'}$$

Diese Gesetze gelten nach Galilei's Beobachtungen beim freien Fall unter der Wirkung der Schwere, vorausgesetzt, dass $+s$ in der Richtung eines frei herabhängenden Senkels nach unten gerechnet wird; auf dieser Thatsache beruht, dass wir bei solchen und ähnlichen Experimenten die Schwere als eine constante Kraft behandeln, die lothrecht nach der Erde hin wirkt.

Dieselben Beobachtungen haben in Uebereinstimmung mit späteren, viel genaueren Messungen das wichtige Resultat ergeben, dass die Beschleunigung durch die Schwere an derselben Stelle der Erdoberfläche für alle Körper die gleiche Grösse hat, von Ort zu Ort aber wechselt. Man bezeichnet die Beschleunigung durch die Schwere mit dem Buchstaben g, setzt für sie also $B = g$, wobei dies g mit dem S. 46 u. f. vorübergehend benutzten natürlich nichts zu thun hat; die Kraft, welche die Schwere auf einen Massenpunkt ausübt, nämlich

$$K = Mg,$$

nennt man das Gewicht, welches der Massenpunkt an jener Stelle der Erdoberfläche besitzt. Das Gewicht ist also nach dem Gesagten nicht (wie der Sprachgebrauch vermuthen lässt) eine einer gegebenen Masse individuelle Constante, sondern hängt ausser von der Masse auch von der Stelle auf der Erde ab, auf welche es bezogen wird. Auf das Gesetz, nach welchem seine — übrigens nur geringe — Aenderung mit dem Orte geschieht, gehen wir später ausführlich ein.

Auf der Proportionalität der Gewichte mit den Massen beruht das später zu besprechende Verfahren, Massen mittelst der Wage zu vergleichen und zu messen.

Führt man ein, dass nach dem Gesagten für die Schwere $K = C = Mg$ ist, so nehmen die Galilei'schen Fallgesetze die Form an:

$$B = g, \qquad V = gt, \qquad s = \tfrac{1}{2} g t^2, \qquad V^2 = 2gs. \tag{35}$$

Ist nach dem Gesagten auch der freie Fall unter der Wirkung der Schwere die denkbar einfachste der Beobachtung zugängliche Anwendung unserer Grundgleichungen (32), so hat er doch als Mittel zur experimentellen Prüfung derselben den Uebelstand, dass die wichtige Abhängigkeit der Bewegung von der Masse in den Endformeln gar nicht hervortritt. In dieser Hinsicht bietet die Abänderung des Experimentes, wie sie die Atwood'sche Fallmaschine gestattet, eine Ergänzung. Indem wir die Construction dieses sinnreichen Instrumentes als bekannt voraussetzen, erinnern wir nur daran, dass bei demselben eine grosse Masse $M + m$ durch das Gewicht mg einer kleinen (variirbaren) m in Bewegung gesetzt wird. Demgemäss werden, für den Fall, dass die Bewegung zur Zeit $t = 0$ vom Zustand der Ruhe aus im Nullpunkt beginnt, die Formeln (34') hier folgendermaassen lauten:

$$B = \frac{mg}{M+m}, \qquad V = \frac{mgt}{M+m}, \qquad s = \frac{mgt^2}{2(M+m)}, \qquad V^2 = \frac{2mgs}{M+m}; \tag{35'}$$

sie stimmen mit den Gesetzen für den freien Fall formell überein, nur steht an Stelle der ganzen Beschleunigung durch die Schwere g der Bruchtheil $g \, . \, m / (M + m)$. —

Nächst dem bisher allein betrachteten speciellsten Falle, dass die Bewegung zur Zeit $t = 0$ mit der Geschwindigkeit $V = 0$ begann (freier Fall), steht der andere, dass die Geschwindigkeit für $t = 0$ von Null verschieden, etwa $= V_0$ gegeben ist (verticaler Wurf).

Hier haben wir:

$$M(V - V_0) = Ct, \quad Ms = C\frac{t^2}{2} + MV_0 t, \quad 2Cs = M(V^2 - V_0^2); \qquad (36)$$

schreiben wir die erste Formel in der Gestalt:

$$V = \frac{Ct}{M} + V_0,$$

so erhellt daraus, dass zur Zeit $t_1 = - V_0 M / C$ (im Falle der Schwere zur Zeit $t_1 = - V_0 / g$) die Geschwindigkeit V verschwindet, und, weil mit $ds/dt = 0$ zugleich $d^2 s / dt^2 > 0$ ist, ebenda s seinen kleinsten Werth annimmt. Betrachtet man die Zeit $t = 0$ als Beginn der Bewegung, d. h. schliesst negative Werthe t von der Betrachtung aus, so tritt dieser Fall nur ein, wenn $V_0 < 0$, d. h. die Anfangsgeschwindigkeit nach der Richtung von $-s$, der Kraft entgegen, im Falle der Schwere also nach oben, gerichtet gewesen ist. Der kleinste erreichte Werth von s findet sich, wenn man den speciellen Werth $V = 0$ in die letzte Formel (36) einsetzt:

$$s_1 = - \frac{MV_0^2}{2C}; \qquad (36')$$

im Falle der Schwere giebt $s_1 = - V_0^2 / 2g$ dem absoluten Werthe nach die grösste in Folge der Anfangsgeschwindigkeit V_0 erreichte Höhe über dem Ausgangspunkt.

Verfolgt man den Massenpunkt noch weiter auf seinem Wege und fragt, nach welcher Zeit und mit welcher Geschwindigkeit er den Ausgangspunkt wieder passirt, so erhält man das Resultat:

$$t_2 = - 2MV_0 / C = 2t_1, \quad V_2 = - V_0; \qquad (36'')$$

die Zeit ist die doppelte, die er bis zur Erreichung der höchsten Stelle brauchte, die Geschwindigkeit ist der Anfangsgeschwindigkeit gleich und entgegengesetzt.

b) Ist für $t = 0$, $s = 0$, für $t = t'$, $s = s'$, wobei $t' > 0$ sein soll, so gilt zur Bestimmung von C_1 und C_2:

$$0 = C_2, \quad Ms' = \tfrac{1}{2}Ct'^2 + C_1 t',$$

daher wird

$$MV = Ct + \frac{Ms'}{t'} - \tfrac{1}{2}Ct', \quad M\left(\frac{s}{t} - \frac{s'}{t'}\right) = \tfrac{1}{2}C(t - t'). \qquad (37)$$

Diese Formeln geben unter Anderem die Antwort auf die Frage: mit welcher Geschwindigkeit V_0 muss der Punkt zur Zeit $t = 0$ ausgehen, um in der Zeit t' die Länge s' unter der Wirkung der Schwere vertical zurückzulegen. Hierzu ist in der ersten Formel $V = V_0$, $t = 0$ zu setzen, wodurch folgt:

$$V_0 = \frac{s'}{t'} - \frac{Ct'}{2M},$$

im Fall der Schwere also $V_0 = s'/t' - \frac{1}{2}gt'$.

c) Ist für $t = 0$, $V = V_1$, für $s = 0$, $V = V_2$, so lauten die aus (33) und (33') zur Bestimmung von C_1 und C_2 folgenden Gleichungen

$$MV_1 = C_1, \quad 0 = M^2 V_2^2 + (2CC_2 - C_1^2);$$

es wird also

$$C_1 = MV_1, \quad 2CC_2 = M^2(V_1^2 - V_2^2),$$

und hieraus folgt

$$\begin{gathered} M(V - V_1) = Ct, \quad M(s - V_1 t) = \tfrac{1}{2}Ct^2 + \frac{M^2}{2C}(V_1^2 - V_2^2), \\ 2Cs = M(V^2 - V_2^2). \end{gathered} \tag{38}$$

Der Ort des Punktes zur Zeit $t = 0$ bestimmt sich hiernach durch

$$2Cs_0 = M(V_1^2 - V_2^2); \tag{38'}$$

er liegt also auf der positiven oder negativen Seite von $s = 0$, je nachdem V_1^2 grösser oder kleiner ist, als V_2^2. Der Zeitpunkt t_2, zu welchem die Stelle $s = 0$ passirt wird, bestimmt sich durch

$$Ct_2 = -M(V_1 \pm V_2); \tag{38''}$$

der Punkt $s = 0$ wird also stets zweimal berührt, ausgenommen den Fall, dass $V_2 = 0$ ist.

d) Ist für $t = 0$, $s = 0$, für $s = s'$, $V = V'$, so bestimmt sich C_1, C_2 und zugleich der Zeitpunkt t', zu welchem der Ort s' erreicht wird, aus

$$C_2 = 0, \quad MV' = Ct' + C_1, \quad Ms' = \tfrac{1}{2}Ct'^2 + C_1 t',$$

woraus folgt:

$$C_1 = \pm\sqrt{M^2V'^2 - 2MCs'}, \quad t' = \frac{1}{C}\left(MV' \mp \sqrt{M^2V'^2 - 2MCs'}\right). \tag{39}$$

Diese Resultate bieten in doppelter Hinsicht Gelegenheit zu wichtigen Bemerkungen.

Erstens erhalten wir für C_1 wegen des doppelten Vorzeichens der Wurzel zwei Werthe: es kann also vorkommen, dass die gemachten Festsetzungen die Integrationsconstanten nicht eindeutig bestimmen, sondern zwei oder mehr Bewegungsgesetze mit ihnen verträglich sind; dann ist den Festsetzungen noch eine Angabe zuzufügen, welche die zu wählende Wurzel charakterisirt.

Zweitens kann der Ausdruck unter der Wurzel negativ, also die Constante C_1 imaginär werden: es kann also vorkommen, dass die Nebenbedingungen mit den Hauptgleichungen des Problems in Widerspruch treten und eine reelle Lösung unmöglich machen. In unserem Falle ist das leicht zu übersehen; denn da die kleinste Geschwindigkeit, mit welcher die Stelle $s = 0$ verlassen werden kann, gleich Null ist, so kann die kleinste Geschwindigkeit, mit welcher eine auf positiver Seite gelegene Stelle s' erreicht werden kann, nur die bei freiem Fall stattfindende, nämlich $\sqrt{2Cs'/M}$ sein; verlangt man eine kleinere, so ist das Problem unlösbar. —

Die oben vollzogene Einführung der Beschleunigung durch die Schwere giebt Veranlassung, auf eine früher gemachte Bemerkung zurückzugreifen.

Aus der Darlegung im Eingang von § 5 ergiebt sich, dass die allgemeine Definition der Kraft K in der Formel $K = MBk$ enthalten ist, in der k eine universelle Constante bezeichnet, deren Verfügung — nach einmal festgesetzten Einheiten für Masse M und Beschleunigung B — die Einheit für K festlegt. In der wissenschaftlichen Mechanik wird k gleich Eins gesetzt, und wir sind im Vorstehenden von dieser Annahme ausgegangen.

In der technischen Physik pflegt man anders zu verfügen, nämlich $k = 1/g$ zu setzen, wobei unter g ein gewisser Normalwerth der Beschleunigung durch die Schwere, nämlich der verstanden ist, der im Meeresniveau unter 45° geographischer Breite stattfindet. Die Formel

$$K_t = MB/g$$

zeigt dann, dass hiermit als Einheit der Kraft diejenige gewählt ist, welche die Einheit der Masse — in der Technik das Kilogramm — im Meeresniveau seitens der Schwere erleidet, also das unter jenen Umständen bestimmte Gewicht der Masseneinheit. Es mag darauf hingewiesen werden, dass nach dieser Verfügung die Dimension der Kraft nicht durch die Formel (24′) gegeben wird, sondern gleich der einer Masse ist. —

Nächst dem Falle, dass die wirkende Kraft constant ist, steht hinsichtlich der Einfachheit derjenige, dass sie nur von einem Argument t, s oder V abhängt. Hier lässt sich für ganz beliebige Gesetze der Abhängigkeit der Weg zur Durchführung des Problems folgendermaassen darlegen.

a) Sei gegeben die Kraft als beliebige Function nur der Zeit, so gilt für die Beschleunigung eine Relation von der Form:

$$B = \frac{d^2 s}{d t^2} = f(t),$$

aus der sich sogleich ergiebt:

$$V = \frac{d s}{d t} = \int f(t)\, dt + C_1,$$

$$s = \int dt \int f(t)\, dt + C_1 t + C_2.$$

b) Sei gegeben die Kraft als Function nur des Ortes, also auch:

$$B = \frac{d^2 s}{d t^2} = \varphi(s),$$

so folgt durch Multiplication mit $\frac{d s}{d t} dt = ds$ und Integration:

$$\tfrac{1}{2} V^2 = \tfrac{1}{2}\left(\frac{d s}{d t}\right)^2 = \int \varphi(s)\, d s + \tfrac{1}{2} C_1, \quad \text{oder}$$

$$V = \frac{d s}{d t} = \pm \sqrt{2 \int \varphi(s)\, d s + C_1}$$

und daher

$$t = C_2 \pm \int \frac{d s}{\sqrt{2 \int \varphi(s)\, d s + C_1}},$$

eine Gleichung, die den gesuchten Zusammenhang zwischen s und t enthält und sich in endlicher oder unendlicher Form nach s auflösen lässt.

c) Sei schliesslich gegeben die Kraft als Function nur der Geschwindigkeit, so können wir schreiben:

$$B = \frac{d V}{d t} = \psi(V), \quad \text{und erhalten daraus:}$$

$$t = \int \frac{d V}{\psi(V)} + C_1.$$

Diese Formel, nach V aufgelöst, schreibe sich:

$$V = \frac{d s}{d t} = \chi(t, C_1),$$

dann folgt aus ihr sogleich:

$$s = C_2 + \int \chi(t, C_1)\, d t.$$

Die Bestimmung der Integrationsconstanten C_1 und C_2 geschieht in der oben ausführlich erörterten Weise.

Für die Behandlung der complicirteren Fälle, dass die Kraft mehrere Argumente enthält, lassen sich ähnliche allgemeine Regeln nicht aufstellen.

§ 7. Bewegungen in der Ebene und im Raume, bestimmt durch gegebene Werthe der Geschwindigkeiten; Beispiele.

Ehe wir zu dem allgemeinen Falle übergehen, der dem im letzten Abschnitte behandelten speciellen direct entspricht, nämlich eine räumliche Bewegung durch die wirkenden Kräfte bestimmen, wollen wir gleichsam vorbereitend das einfachere Problem in Angriff nehmen, aus nach Richtung und Grösse gegebenen Geschwindigkeiten das Gesetz der Bewegung abzuleiten.

Die Gleichungen des Problemes lauten nach (19″) folgendermaassen:

$$\frac{dx}{dt} = u = \Sigma u_h, \qquad \frac{dy}{dt} = v = \Sigma v_h, \qquad \frac{dz}{dt} = w = \Sigma w_h; \qquad (40)$$

in ihnen sind die u_h, v_h, w_h, gemäss dem am Ende von § 5 über die Kräfte Gesagten, als direct oder indirect gegebene Functionen von x, y, z und t allein anzusehen. Es handelt sich darum, aus ihnen drei endliche Relationen zwischen x, y, z und t abzuleiten, d. h. also, drei Combinationen von ihnen aufzusuchen, welche die Integration gestatten. Die drei Integrationsconstanten zu bestimmen muss der Ort des Massenpunktes für einen beliebigen Zeitpunkt gegeben sein.

In den Fällen, dass u, v und w nur die Zeit enthalten, oder u nur x, v nur y, w nur z, sind die Gleichungen (40) selbst diese integrirbaren Combinationen, ebenso, aber minder einfach, wenn u nur x und t, v nur y und t, w nur z und t enthält.

Handelt es sich allein um die Aufsuchung der Bahn, so muss man versuchen, schon aus den Differentialgleichungen die Zeit zu eliminiren. Dies ist sofort ausführbar, wenn u, v, w die Zeit gar nicht oder nur in einem gemeinsamen Factor enthalten; dann ist nämlich die Beziehung

$$dx : dy : dz = u : v : w$$

von t unabhängig und giebt die zwei im Allgemeinen partiellen Differentialgleichungen der Bahn, die freilich nicht immer eine direct integrable Form haben.

Einfachst ist dies letztere Problem für den Fall einer ebenen Bewegung, denn

$$dx : dy = u : v$$

ist dann eine gewöhnliche Differentialgleichung. Die ersten Probleme sollen Beispiele hierfür geben.

1. Seien u und v lineäre Functionen von x und y:

$$\frac{dx}{dt} = u = (\alpha x + \beta y) F(t), \quad \frac{dy}{dt} = v = (\gamma x + \delta y) F(t), \tag{41}$$

dabei $\alpha, \beta, \gamma, \delta$ constant, $F(t)$ eine beliebige Function von t, so ist:

$$(\alpha x + \beta y) dy - (\gamma x + \delta y) dx = 0 \tag{41'}$$

die Differentialgleichung der Bahn. Dieselbe ist sogleich in integrabler Form, falls

$$\delta = -\alpha$$

ist, und ergiebt dann:

$$2\alpha xy + \beta y^2 - \gamma x^2 = \varepsilon, \tag{41''}$$

wo $\frac{1}{2}\varepsilon$ die Integrationsconstante darstellt. Die Bewegung findet also in einem Kegelschnitt statt, dessen Centrum im Coordinatenanfang liegt, und der nach Lage und Verhältniss der Axen schon durch die Differentialgleichungen vollständig bestimmt ist. Die Integrationsconstante giebt nur den absoluten Werth der letzteren und bestimmt sich etwa dadurch, dass ein Punkt gegeben ist, durch welchen die Bahn hindurchgehen soll.

Man kann für die allgemeine Betrachtung der Bewegung nach S. 59 die Grösse α durch Drehen des Coordinatensystemes zum Verschwinden bringen; der Kegelschnitt erscheint dann auf seine Hauptaxen bezogen, und wir haben für diese speciellen Coordinatenrichtungen:

$$\frac{dx}{dt} = \beta y . F(t), \quad \frac{dy}{dt} = \gamma x . F(t), \quad \beta y^2 - \gamma x^2 = \varepsilon. \tag{42}$$

Hieraus folgt dann weiter:

$$\frac{\pm dx}{\sqrt{\beta(\gamma x^2 + \varepsilon)}} = F(t) . dt = \frac{\pm dy}{\sqrt{\gamma(\beta y^2 - \varepsilon)}}. \tag{42'}$$

Das doppelte Vorzeichen rührt nur davon her, dass aus der Bahngleichung sich für jedes x zwei entgegengesetzt gleiche y ergeben, und umgekehrt; es kündigt also keineswegs zwei Lösungen des Problemes an. Die Bestimmung des Zeichens geschieht, indem man gemäss den Formeln

$$x\sqrt{\gamma} = \sqrt{\beta y^2 - \varepsilon}, \quad y\sqrt{\beta} = \sqrt{\gamma x^2 + \varepsilon}$$

für den Anfangszustand die Wurzeln nach den Anfangswerthen von x und y positiv oder negativ wählt und ihr Vorzeichen beim Durchgang durch Null umkehrt.

Für die Integration sind bei positiven β/ε bezüglich γ/ε zwei Fälle zu unterscheiden.

a) $\gamma/\varepsilon > 0$, die Bahn ist eine Hyperbel; es folgt, falls ln den natürlichen Logarithmus bezeichnet:

$$\ln\left(x\sqrt{\beta\gamma} + \sqrt{\beta(\gamma x^2 + \varepsilon)}\right) = \pm\sqrt{\beta\gamma}\int F(t).dt + C,$$

$$\ln\left(y\sqrt{\beta\gamma} + \sqrt{\gamma(\beta y^2 - \varepsilon)}\right) = \pm\sqrt{\beta\gamma}\int F(t).dt + C';$$

b) $\gamma/\varepsilon < 0$, die Bahn ist eine Ellipse; es folgt:

$$\arcsin x\sqrt{\frac{-\gamma}{\varepsilon}} = \pm\sqrt{-\beta\gamma}\int F(t).dt + C_1,$$

$$\arcsin y\sqrt{\frac{\beta}{\varepsilon}} = \pm\sqrt{-\beta\gamma}\int F(t).dt + C_1'.$$

Wir kommen hier scheinbar zu noch je zwei weiteren Integrationsconstanten C und C' resp. C_1 und C_1', es ist aber klar, dass, weil

$$\beta y^2 - \gamma x^2 = \varepsilon$$

sein soll, dieselben nicht von einander unabhängig sind.

In der That bemerkt man leicht, dass die Relationen gelten müssen:

$$\gamma e^C = \beta e^{C'}, \quad C_1 - C_1' = \pm\frac{\pi}{2}.$$

Um einige noch sich bietende Fragen klar zu stellen, nehmen wir jetzt einfach $F(t) = 1$ und schreiben die Resultate in der Form:

a) $$x = \sqrt{\frac{\varepsilon}{\gamma}}\,\mathfrak{Sin}\left(k \pm t\sqrt{\beta\gamma}\right),$$

$$y = \sqrt{\frac{\varepsilon}{\beta}}\,\mathfrak{Cos}\left(k \pm t\sqrt{\beta\gamma}\right),$$

wobei $\mathfrak{Sin}\,\xi = \frac{e^{\xi} - e^{-\xi}}{2}$, $\mathfrak{Cos}\,\xi = \frac{e^{\xi} + e^{-\xi}}{2}$ gesetzt ist;

b) $$x = \sqrt{\frac{-\varepsilon}{\gamma}}\sin\left(k \pm t\sqrt{-\beta\gamma}\right),$$

$$y = \sqrt{\frac{\varepsilon}{\beta}}\cos\left(k \pm t\sqrt{-\beta\gamma}\right).$$

k ist hierbei die eine zu ε noch hinzukommende Integrationsconstante. Beide bestimmen sich einfach, wenn man annimmt, dass für $t = 0$, $y = +b$ und $x = 0$ sei; dann muss nämlich k verschwinden und $\sqrt{\varepsilon/\beta} = b$ sein. Das doppelte Vorzeichen unter $\mathfrak{Cos}$ und cos kann dann fortgelassen werden, das unter $\mathfrak{Sin}$ und sin bestimmt sich durch die erste Gleichung (42), sodass wir erhalten:

$$\text{a)} \qquad x = b\sqrt{\frac{\beta}{\gamma}}\ \mathfrak{Sin}\left(t\sqrt{\beta\gamma}\right), \qquad y = b\,\mathfrak{Cos}\left(t\sqrt{\beta\gamma}\right);$$

$$\text{b)} \qquad x = b\sqrt{\frac{-\beta}{\gamma}}\ \sin\left(t\sqrt{-\beta\gamma}\right), \qquad y = b\cos\left(t\sqrt{-\beta\gamma}\right).$$

Wir sehen: im Falle (a) beschreibt der Punkt den oberen Ast der Hyperbel, welcher positiven Werthen von y entspricht, in der Richtung von negativen zu positiven Werthen x, beginnt im Unendlichen zur Zeit $t = -\infty$, endet im Unendlichen um $t = +\infty$ und gelangt nie auf den unteren Zweig; im Falle (b) rotirt der Punkt auf der Ellipse in negativer Richtung, die Umlaufsdauer ist

$$T = \frac{2\pi}{\sqrt{-\beta\gamma}}.$$

2. Ein zweites Beispiel soll Polarcoordinaten benutzen. Wir kleiden die Aufgabe in eine anschauliche Form ein, ohne dadurch auszudrücken, dass die angenommenen Verhältnisse der Wirklichkeit ganz entsprechen.

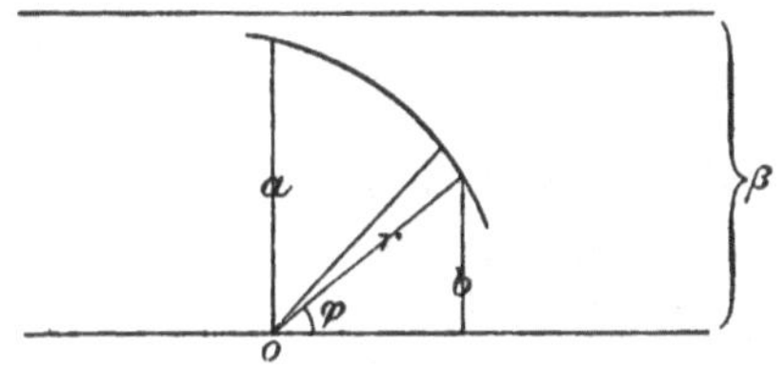

Fig. 8.

Ein Boot werde über einen Canal von der Breite β mittelst eines am Punkte o des einen Ufers befestigten Taues gezogen (Fig. 8); das Tau werde in der Zeit dt um $W dt$ verkürzt, die Geschwindigkeit des Wassers im Canal sei gleich U, und das Boot folge derselben, soweit das Tau es ihm gestattet, vollständig.

Bezeichnet man die Länge des Taues mit r, seinen Winkel gegen die positive Strömungsrichtung mit φ, und zerlegt man die Geschwindigkeit U des Stromes in zwei Componenten parallel und normal zu r, wobei die erstere durch die Wirkung des Taues zerstört wird, so hat man, da dr/dt die Componente der Geschwindigkeit parallel zu r und $r\,d\varphi/dt$ diejenige normal dazu im Sinne wachsender φ bezeichnet, die Gleichungen des Problems in der Form:

$$\frac{dr}{dt} = -W, \quad r\frac{d\varphi}{dt} = -U\sin\varphi, \tag{43}$$

woraus für die Gesammtgeschwindigkeit V folgt:

$$V^2 = W^2 + U^2\sin^2\varphi.$$

Die Differentialgleichung der Bahn erhält man durch Elimination der Zeit in der Form:

$$\frac{dr}{r} = \frac{W}{U} \frac{d\varphi}{\sin\varphi}; \tag{43'}$$

daraus folgt durch Integration:

$$\ln r = C - \frac{W}{2U} \ln\left(\frac{1+\cos\varphi}{1-\cos\varphi}\right) = C - \frac{W}{U} \ln\left(\operatorname{ctg}\frac{\varphi}{2}\right).$$

Ist zur Zeit des Abganges $r = r_0$ und $\varphi = \varphi_0$, dann bestimmt sich C so, dass wir haben:

$$\ln\left(\frac{r}{r_0}\right) = -\frac{W}{U} \ln\left(\frac{\operatorname{ctg}\frac{\varphi}{2}}{\operatorname{ctg}\frac{\varphi_0}{2}}\right) \quad \text{oder auch} \quad \left(\frac{r}{r_0}\right)^{U/W} = \frac{\operatorname{tg}\frac{\varphi}{2}}{\operatorname{tg}\frac{\varphi_0}{2}}. \tag{44}$$

Die Zeit der Ueberfahrt ist $T = r_0/W$, also von der Strömungsgeschwindigkeit unabhängig.

Um die Curve in ihrer ganzen Ausdehnung zu untersuchen, bezeichnen wir mit a den Radiusvector, der $\varphi = \pi/2$ entspricht, und haben dann einfacher:

$$r = a \operatorname{tg}^{W/U}\left(\frac{\varphi}{2}\right).$$

Während φ von 0 bis π und von da bis 2π wächst, nimmt hiernach r — das als absolute Grösse betrachtet werden mag — von 0 bis ∞ zu und wieder bis 0 ab.

Dabei zeigt die Formel (43'), dass die Bahncurve für $\varphi = 0$, π und 2π den Radiusvector tangirt.

Der normale Abstand b von der Axe ist gegeben durch

$$b = r\sin\varphi = 2a \frac{\sin^{(W+U)/U}\left(\frac{\varphi}{2}\right)}{\cos^{(W-U)/U}\left(\frac{\varphi}{2}\right)}, \tag{44'}$$

er ist also für $\varphi = 0$ oder 2π stets gleich Null, für $\varphi = \pi$ aber 0 oder ∞, je nachdem $U > W$ oder $W > U$ ist. Er besitzt ein Maximum oder Minimum für

$$\frac{d(r\sin\varphi)}{d\varphi} = 0, \quad \text{d. h.} \quad r\left(\frac{W}{U} + \cos\varphi\right) = 0.$$

Da $r = 0$ das Minimum $b = 0$ bestimmt, so giebt

$$\cos\varphi_1 = -\frac{W}{U}$$

die Lage des Maximums, das nur auftritt für $U > W$; der zugehörige Werth von r und b ist:

$$r_1 = a\left(\frac{U+W}{U-W}\right)^{W/2U}, \qquad b_1 = \frac{a}{U}\cdot\frac{(U+W)^{(W+U)/2U}}{(U-W)^{(W-U)/2U}}. \tag{44''}$$

$W < U$

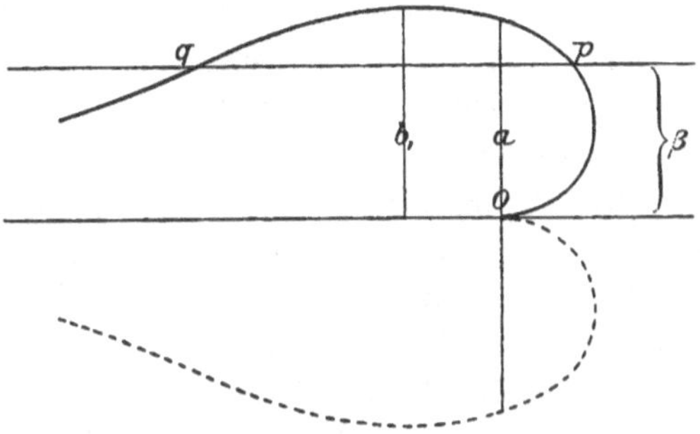

Fig. 9ᵃ.

$W > U$

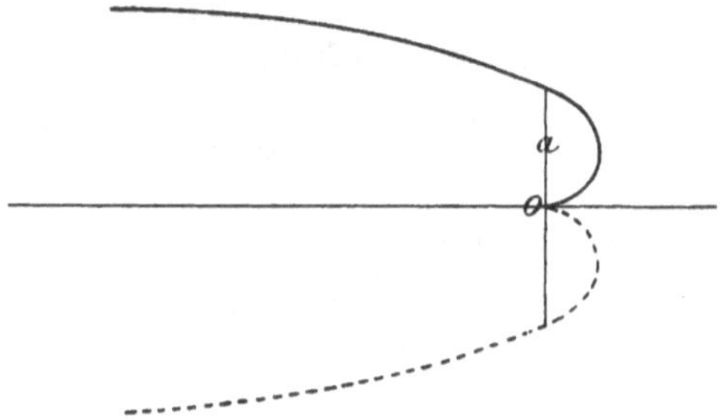

Fig. 9ᵇ.

Hiernach kann man sich von dem ganzen Verlauf leicht ein Bild machen (vergl. Fig. 9).

Da die Breite des Canales in der ganzen Entwickelung nicht vorkommt, so berücksichtigt letztere also auch nicht die Besonderheiten, welche die beiden Grenzen des Stromes bieten. Es ist daher ausdrücklich noch hinzuzufügen, dass die ausserhalb verlaufenden Theile der Curven — also jedenfalls der ganze untere Zweig — für das vorliegende Problem keine directe Bedeutung haben. Demgemäss ist es z. B. im Falle der Figur (9ᵃ) unmöglich, das Boot von Punkt q nach o den Forderungen entsprechend überzuführen. In Wirklichkeit würde das Boot längs des Ufers von q bis p treiben und der Zug durch das Tau gar nicht wirksam werden.

Aber auch wenn der ganze obere Zweig innerhalb der Breite des Canales verläuft, so bezieht er sich doch nur zum Theil auf unser eigentliches Problem.

Durch unsere Festsetzungen (43) sind nämlich gewisse **Kräfte** gegeben, die auf den Massenpunkt — den wir als Boot gedeutet haben — wirken müssen, damit er die vorgeschriebene Bewegung einhalte. Es bietet keine Schwierigkeiten, dieselben nach den auf unseren Fall anwendbaren Formeln (30″) zu berechnen. Bezüglich der **Deutung** der Resultate besteht aber eine gewisse Willkürlichkeit darüber, welchen Theil man als Wirkung des Stromes, welchen als Wirkung des Taues ansehen will, insofern in Wirklichkeit der Strom jedenfalls der Bewegung des Bootes einen Widerstand entgegensetzt. Indessen lässt sich doch Folgendes aussagen. Die durch das Tau vermittelte Kraft muss parallel r liegen und nach dem Punkt o hin gerichtet sein, denn das Tau kann nur einen Zug, nicht aber einen Druck ausüben. Es ist nun nach der Anschauung klar, dass die Bewegung in Fig. 9[a] von links her bis zu der grössten Entfernung b_1 nur durch eine vom Punkt o hinweggerichtete Kraft, also einen Druck, bewirkt werden kann; darum wird dieser Theil des Vorganges in Wirklichkeit auch nicht herstellbar sein. —

Es ist von Interesse zu untersuchen, wie die Verhältnisse und Formeln sich ändern, wenn das Boot nicht durch ein Tau, sondern durch Ruder eine Geschwindigkeit W in der Richtung nach dem Punkt o mitgetheilt erhält. Der Unterschied liegt darin, dass das Tau die resultirende Geschwindigkeit $-W$ in der Richtung von r erzwingt, also jede Einwirkung der Strömung U auf die Geschwindigkeit parallel mit r gewissermaassen aufhebt, während jetzt $-W$ nur der eine Antheil der Geschwindigkeit parallel mit r ist, dem sich die bezügliche Componente der Strömung U zuaddirt. Demgemäss sind die Gleichungen des neuen Problems:

$$\frac{dr}{dt} = U\cos\varphi - W, \qquad r\frac{d\varphi}{dt} = -U\sin\varphi;$$

man erhält daraus:

$$\frac{dr}{r} = \frac{W - U\cos\varphi}{U\sin\varphi}\, d\varphi, \quad \text{also}$$

$$\ln(r) = C - \frac{W}{U}\ln\left(\operatorname{cotg}\frac{\varphi}{2}\right) - \ln(\sin\varphi),$$

und daher nach denselben Annahmen wie oben

$$\frac{r}{r_0} = \frac{\sin\varphi_0}{\sin\varphi}\left(\frac{\operatorname{tg}\frac{\varphi}{2}}{\operatorname{tg}\frac{\varphi_0}{2}}\right)^{W/U}$$

Die Discussion ist nach dem Vorstehenden leicht auszuführen.

3. Als drittes Beispiel behandeln wir Folgendes. Längs der X-Axe bewege sich mit der positiven constanten Geschwindigkeit U, zur Zeit $t = 0$ im Coordinatenanfang beginnend, eine Marke, — der untersuchte Punkt hingegen laufe in der XY-Ebene mit der constanten Geschwindigkeit V immer in der Richtung auf die wandernde Marke zu. Zur Zeit $t = 0$ befinde er sich auf der $+Y$-Axe im Abstand a

vom Nullpunkt. Die so bestimmte Curve giebt unter Anderem die Bahn, in welcher ein Hund seinem mit constanter Geschwindigkeit geradlinig fortschreitenden Herrn nachläuft, und heisst die Verfolgungscurve.

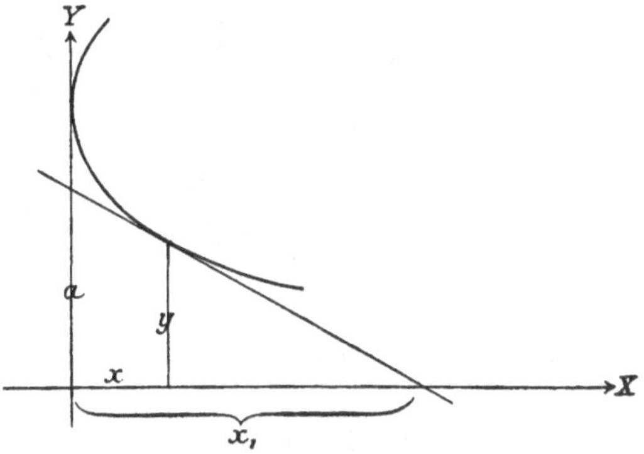

Fig. 10.

Für die Aufstellung der bezüglichen Gleichungen bedenke man, dass, wenn zur Zeit t die Marke $x_1 = Ut$, $y_1 = 0$, der Punkt aber x, y zu Coordinaten hat, die Cosinus der Winkel, welche die Richtung der Geschwindigkeit V mit den Coordinatenaxen einschliesst, resp. sind

$$\cos(V, x) = \frac{x_1 - x}{\sqrt{(x_1 - x)^2 + y^2}}, \qquad \cos(V, y) = \frac{-y}{\sqrt{(x_1 - x)^2 + y^2}}. \tag{45}$$

Die Componenten der Geschwindigkeit V, als ihre Projectionen auf die Coordinatenaxen, ergeben sich hiernach durch die Formeln:

$$u = \frac{dx}{dt} = +V\frac{Ut - x}{\sqrt{(Ut - x)^2 + y^2}}, \quad v = \frac{dy}{dt} = -V\frac{y}{\sqrt{(Ut - x)^2 + y^2}}. \tag{45'}$$

Wenn der Massenpunkt, statt auf die wandernde Marke hin, sich von ihr hinweg bewegte, so wären die $\cos(V, x)$, $\cos(V, y)$ in (45) mit den entgegengesetzten Vorzeichen zu nehmen. Man erkennt, dass derselbe Effect erreicht wird, wenn man in (45') dem zunächst positiv gedachten V einen negativen Werth beilegt. Durch Vertauschung des positiven mit einem negativen V geht die Verfolgungscurve in die sogenannte Fluchtcurve über.

Wir haben in (45') einen Fall vor uns, wo u und v die Coordinaten und die Zeit neben einander enthalten, — die Elimination der Zeit, um zu der Gleichung der Bahn zu gelangen, macht demgemäss auch mehr Umstände.

Wir erhalten aus den Gleichungen (45') zunächst:

$$\frac{dx}{dy} = -\frac{Ut - x}{y}, \qquad V = \frac{\sqrt{dx^2 + dy^2}}{dt} = -\frac{dy}{dt}\sqrt{1 + \left(\frac{dx}{dy}\right)^2}; \tag{45''}$$

dabei sind dx und dy die während des Zeitelementes dt eintretenden Zuwachse der beiden Coordinaten; das negative Vorzeichen der positiv gerechneten letzten Wurzelgrösse entspricht dem Umstand, dass nach der Annahme im Falle der Verfolgungscurve $dy/dt < 0$ und $V > 0$ sein soll.

Es folgt weiter aus der ersten Gleichung (45″)

$$Ut = x - y\frac{dx}{dy}, \qquad \text{also } U\,dt = d\left(x - y\frac{dx}{dy}\right) = -\,y\,d\frac{dx}{dy},$$

und durch Einsetzen in die zweite

$$\frac{d\left(\frac{dx}{dy}\right)}{\sqrt{1 + \left(\frac{dx}{dy}\right)^2}} = +\frac{U}{V}\frac{dy}{y}. \tag{46}$$

Jetzt ist die Integration ausführbar und giebt:

$$\ln\left(\frac{dx}{dy} + \sqrt{1 + \left(\frac{dx}{dy}\right)^2}\right) = C_1 + \frac{U}{V}\ln(y).$$

Nach unseren Annahmen muss zur Zeit $t = 0$, wo $x = 0$ und $y = a$ ist, dx/dy verschwinden. Dies bestimmt die Constante

$$C_1 = -\frac{U}{V}\ln(a),$$

sodass wird:

$$\ln\left(\frac{dx}{dy} + \sqrt{1 + \left(\frac{dx}{dy}\right)^2}\right) = +\frac{U}{V}\ln\left(\frac{y}{a}\right);$$

daher folgt:

$$\frac{dx}{dy} = \frac{1}{2}\left(\left(\frac{y}{a}\right)^{+U/V} - \left(\frac{y}{a}\right)^{-U/V}\right). \tag{46'}$$

Die zweite Integration ergiebt:

$$x + C_1 = \frac{y}{2}\left(\frac{1}{\frac{U}{V}+1}\left(\frac{y}{a}\right)^{+U/V} + \frac{1}{\frac{U}{V}-1}\left(\frac{y}{a}\right)^{-U/V}\right)$$

und nach Einführung der Annahme, dass für $x = 0$ $y = a$ sein soll:

$$x = \frac{1}{2}\left(\frac{Vy}{U+V}\left(\frac{y}{a}\right)^{+U/V} + \frac{Vy}{U-V}\left(\frac{y}{a}\right)^{-U/V} - \frac{2\,U\,V\,a}{U^2 - V^2}\right); \tag{46''}$$

dies ist die definitive Form der Bahngleichung, die bei positivem V die Verfolgungscurve, und nach dem S. 77 Gesagten zugleich bei negativem V die Fluchtcurve liefert.

Wir unterwerfen der Discussion nur die Verfolgungscurve, setzen also ausschliesslich positive Werthe V voraus. Dann kommt y mit den beiden Exponenten $(V + U)/V$ und $(V - U)/V$ vor, und es sind die beiden Fälle zu unterscheiden, dass $V \gtreqless U$, d. h. der Verfolger, grössere oder kleinere Geschwindigkeit besitzt, als der

Verfolgte, — die blosse Anschauung ergiebt, dass im ersteren Falle ein Einholen stattfinden muss, im letzteren nicht. Dies bestätigt die Formel; wenn wir in derselben $y = 0$ setzen, so muss sie dasjenige $x = x'$ geben, in welchem Beide zusammentreffen. Es zeigt sich, dass für $V > U$ resultirt:

$$x' = \frac{a\,U\,V}{V^2 - U^2},$$

und hieraus für die Zeit T, welche bis zum Einholen von dem Augenblick an vergangen ist, in welchem Verfolger und Verfolgter die Y-Axe passirten:

$$T = \frac{x'}{U} = \frac{a\,V}{V^2 - U^2}.$$

In dem Grenzfall, dass $V = U$ ist, wird x' und T unendlich.

§ 8. Bewegungen in der Ebene und im Raume, bestimmt durch gegebene Werthe der Kräfte; Beispiele.

Die Gleichungen des allgemeinen Bewegungsproblemes für einen Massenpunkt m sind nach (30):

$$m\frac{d^2x}{dt^2} = X = \Sigma X_h, \quad m\frac{d^2y}{dt^2} = Y = \Sigma Y_h, \quad m\frac{d^2z}{dt^2} = Z = \Sigma Z_h; \qquad (47)$$

die Kräfte auf der rechten Seite derselben werden betrachtet als gegebene Functionen von $t, x, y, z, u = dx/dt, v = dy/dt, w = dz/dt$. Es handelt sich darum, aus ihnen durch Combination drei integrable Formeln zu bilden, welche durch die Integration auf Beziehungen von der Form führen:

$$\Phi_1 = C_1, \quad \Phi_2 = C_2, \quad \Phi_3 = C_3, \qquad (47')$$

worin die Φ_h Functionen von $t, x, y, z, dx/dt, dy/dt, dz/dt$, die C_h die bezüglichen ersten Integrationsconstanten bezeichnen.

Aus diesen letzteren Formeln sind abermals drei integrable Combinationen zu bilden, die durch die Integration liefern:

$$\Psi_1 = C_1', \quad \Psi_2 = C_2', \quad \Psi_3 = C_3', \qquad (47'')$$

in welchen die Ψ_h Functionen von t, x, y, z und den drei C_h, die C_h' aber die zweiten Integrationsconstanten bezeichnen.

Sind die C_h und C_h' durch gegebene Zustände des bewegten Punktes bestimmt, so geben die letzten Formeln, nach x, y, z aufgelöst, den Ort des Punktes zu jeder Zeit, und durch Elimination der Zeit aus ihnen die Gleichungen der Bahn.

Das Auffinden der integrabeln Combinationen bildet die Hauptschwierigkeit der Lösung des Problemes. Dieselbe kommt ganz in Wegfall, wenn jede der Gleichungen (47) neben der Zeit nur eine Coordinate und deren Differentialquotienten enthält; dann reducirt sich die Aufgabe auf die bei geradliniger Bewegung behandelte, denn jede Gleichung ist für sich allein zweimal zu integriren. Die erste der folgenden Aufgaben giebt hierfür ein Beispiel specieller Art, insofern die Bewegung in der Ebene stattfindet, die letztere ein etwas complicirteres räumliches Problem. Andere Beispiele folgen in späteren Abschnitten.

1. Es werde ein Massenpunkt in einer gegebenen Richtung fortgeschleudert und der Wirkung der Schwere überlassen (schiefer Wurf).

Ein Coordinatensystem sei mit seinem Nullpunkt in die Ausgangsstelle, mit seiner Y-Axe vertical nach unten, mit seiner X-Axe in die verticale Ebene durch die Anfangsgeschwindigkeit gelegt; dann ist aus Symmetrierücksichten klar, dass die Bewegung durchaus in der XY-Ebene verlaufen wird. Die Anfangsgeschwindigkeit sei gleich c und um den Winkel α gegen die Horizontale nach oben geneigt.

Die Gleichungen des Problems sind:

$$m\frac{d^2x}{dt^2} = 0, \qquad m\frac{d^2y}{dt^2} = mg;$$

daneben gilt für $t = 0$

$$x = 0, \quad y = 0, \quad \frac{dx}{dt} = c\cos\alpha, \quad \frac{dy}{dt} = -c\sin\alpha. \tag{48}$$

Die Integration giebt demgemäss:

$$x = ct\cos\alpha, \qquad y = \tfrac{1}{2}gt^2 - ct\sin\alpha. \tag{48'}$$

Hieraus folgt die Gleichung der Bahn:

$$y = \frac{gx^2}{2c^2\cos^2\alpha} - x\operatorname{tg}\alpha, \tag{48''}$$

d. h. die Gleichung einer Parabel mit verticaler Axe; der Scheitel derselben hat die Coordinaten a und b, welche die Werthe haben:

$$a = \frac{c^2}{g}\sin\alpha\cos\alpha = \frac{c^2}{2g}\sin 2\alpha, \quad b = -\frac{c^2}{2g}\sin^2\alpha. \tag{48'''}$$

Führt man ein durch den Scheitel gehendes, mit X, Y paralleles System Ξ, H ein, indem man

$$x = \xi + a, \quad y = \eta + b$$

setzt, so folgt als Gleichung der Bahn:

$$\eta = \frac{\xi^2 g}{2c^2\cos^2\alpha}.$$

Die Höhe des schiefen Wurfes ist gleich $-b$, die horizontale Wurfweite gleich $2a$.

Stellen wir die Frage, in welcher Richtung der Punkt mit der gegebenen Geschwindigkeit c ausgehen muss, um eine verlangte Stelle x_1, y_1 zu treffen, so ist aus der Gleichung

$$y_1 = \frac{g x_1^2}{2c^2 \cos^2 \alpha} - x_1 \operatorname{tg} \alpha,$$

welche aussagt, dass die Parabel durch den Coordinatenanfang und die Stelle x_1, y_1 geht, der Winkel α zu bestimmen. Man erhält leicht:

$$\operatorname{tg} \alpha = \frac{c^2 \pm \sqrt{c^4 + 2c^2 g y_1 - g^2 x_1^2}}{g x_1}.$$

Diese Formel ergiebt zwei Werthe für α, sobald der Ausdruck unter dem Wurzelzeichen grösser als Null ist, einen Werth, wenn er gleich, keinen, wenn er kleiner als Null ist.

Im ersten Fall kann man also bei der gegebenen Anfangsgeschwindigkeit c den Punkt auf zwei Wegen erreichen, mittelst einer flacheren oder steileren Parabel, im letzten überhaupt nicht mehr. Die Grenze zwischen beiden Bereichen, d. h. den geometrischen Ort aller Punkte, die nur mittelst einer Parabel zu erreichen sind, bildet die Curve, die dadurch gegeben ist, dass die Grösse unter der Wurzel verschwindet, d. h., für die

$$c^4 + 2g c^2 y_1 - g^2 x_1^2 = 0$$

ist; diese Curve ist eine Parabel, deren Axe in die Y-Axe fällt und deren Scheitel um $c^2/2g$, d. h. um die bei verticalem Wurf überhaupt erreichbare Höhe über dem Anfangspunkt liegt; sie schneidet die Horizontale in der Entfernung $x_1 = \pm c^2/g$, der grössten horizontalen Wurfweite, die, wie die erste Formel (48''') zeigt, bei der Elevation $\alpha = \pi/4$ erreicht wird, und hüllt sämmtliche derselben Anfangsgeschwindigkeit entsprechende Wurfcurven ein.

2. Wir behandeln als zweites Beispiel die freie Bewegung eines Massenpunktes unter der Wirkung der Schwere bei Berücksichtigung der bisher vernachlässigten Rotation der Erde um ihre Axe; die Bewegung der Erde um die Sonne mag, als von ganz unmerklichem Einfluss, auch jetzt noch unberücksichtigt bleiben.

Die Rotation wirkt in mehrfacher Hinsicht modificirend auf die Erscheinung ein; einerseits stellt letztere sich dem an der Rotation theilnehmenden Beobachter in veränderter Gestalt dar; andererseits werden auch die Bedingungen des Problems dadurch factisch geändert, dass die Rotation die Anfangsgeschwindigkeit beeinflusst.

Wir denken uns die Erde als Kugel, nehmen die Rotationsaxe zur Z-Axe eines absolut festen XYZ-Coordinatensystemes und legen die X- und Y-Axe beliebig in die Ebene des Aequators. Eine Stelle der Oberfläche sei durch die geographische Breite β und die geographische Länge λ — letztere gegen die absolut feste XZ-Meridianebene gerechnet — gegeben. Rotirt die Erde, so wächst λ gleichförmig mit der Zeit, es gilt also

$$\lambda = \varkappa t = \frac{2\pi}{T} t,$$

worin T, die Dauer eines Sterntages, gleich 86164 (d. h. Secunden) ist.

An der durch β, λ gegebenen Stelle befinde sich der mit der Erde bewegte Beobachter; dieser beurtheilt die Erscheinung, wie sie sich in Bezug auf ein mit ihm fortschreitendes, relativ zur Erde ruhendes Coordinatensystem darstellt. Unsere Grundgleichungen sind aber für ein absolut festes Coordinatensystem aufgestellt, und demgemäss müssen wir von einem solchen ausgehen. Grösserer Allgemeinheit halber machen wir zunächst über das Gesetz der wirkenden Kräfte keine specielle Annahme, sondern gehen von den allgemeinen Grundformeln (47) aus.

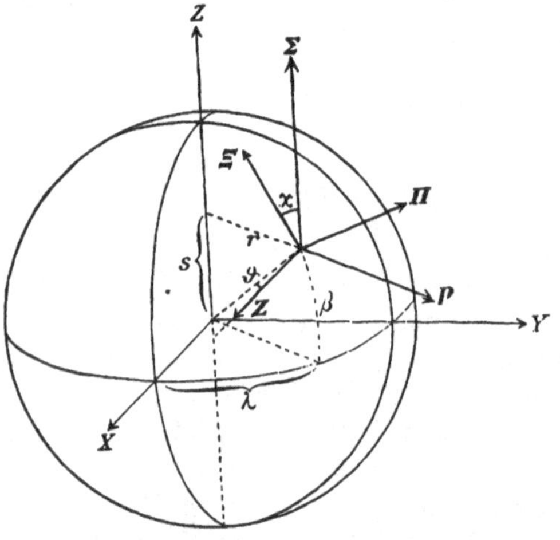

Fig. 11.

Ein erstes, relativ zur Erde ruhendes, rechtwinkeliges Coordinatensystem P, H, Σ sei gemäss Fig. 11 folgendermaassen bestimmt. Der Anfangspunkt liege in der Erdoberfläche, die P-Axe falle in die durch ihn construirte Normale auf der Z-Axe, die Σ-Axe sei parallel zur Z-Axe, die H-Axe liege normal zu beiden nach Osten hin. Die diesen Axen parallel gerechneten Coordinaten mögen mit ϱ, η, σ bezeichnet werden. Setzt man noch kurz

$$R \cos\beta = r, \quad R \sin\beta = s, \tag{49}$$

wobei R den Erdradius bezeichnet, so gilt nach den gewöhnlichen Formeln für Coordinatentransformation das folgende System:

$$\begin{aligned} x &= (r + \varrho)\cos\lambda - \eta \sin\lambda \\ y &= (r + \varrho)\sin\lambda + \eta \cos\lambda, \quad z = (s + \sigma), \end{aligned} \tag{49'}$$

oder

$$\begin{aligned} r + \varrho &= \quad x \cos\lambda + y \sin\lambda \\ \eta &= - x \sin\lambda + y \cos\lambda, \quad s + \sigma = z. \end{aligned} \tag{49''}$$

Diese Formeln gelten nach (26′) auch, wenn man an Stelle der Coordinaten x, y, z, $r + \varrho$, η, $s + \sigma$ die ihnen parallelen Kraftcomponenten X, Y, Z, P, H, Σ einsetzt. Demgemäss erhalten wir, indem wir für X, Y, Z ihre Werthe aus den Bewegungsgleichungen entnehmen,

$$\begin{aligned} P &= \quad m\left(\frac{d^2 x}{d t^2}\cos\lambda + \frac{d^2 y}{d t^2}\sin\lambda\right), \\ H &= - m\left(\frac{d^2 x}{d t^2}\sin\lambda - \frac{d^2 y}{d t^2}\cos\lambda\right), \quad \Sigma = m\frac{d^2 z}{d t^2}. \end{aligned} \tag{50}$$

Nun kommt nach (49′) die Zeit in den Coordinaten x und y in doppelter Weise vor, nämlich einmal durch ϱ und η, sodann durch $\lambda = \varkappa t$. Bezeichnen wir mit ∂ die Differentiation wegen ϱ und η, so finden wir bei wiederholter Benutzung der Formeln (49′)

$$\begin{aligned} \frac{d^2 x}{d t^2} &= \frac{\partial^2 x}{\partial t^2} + 2\frac{\partial^2 x}{\partial t\,\partial\lambda}\varkappa + \frac{\partial^2 x}{\partial\lambda^2}\varkappa^2, \\ &= \frac{\partial^2 x}{\partial t^2} - 2\varkappa\frac{\partial y}{\partial t} - \varkappa^2 x, \\ \frac{d^2 y}{d t^2} &= \frac{\partial^2 y}{\partial t^2} + 2\frac{\partial^2 y}{\partial t\,\partial\lambda}\varkappa + \frac{\partial^2 y}{\partial\lambda^2}\varkappa^2, \\ &= \frac{\partial^2 y}{\partial t^2} + 2\varkappa\frac{\partial x}{\partial t} - \varkappa^2 y. \end{aligned} \tag{50'}$$

Setzt man diese Werthe in die Gleichungen (50) ein, so kann man $\cos\lambda$ und $\sin\lambda$ unter die Zeichen $\partial/\partial t$ ziehen und erhält durch Vergleichung mit (49″), da r und s constant sind,

$$\begin{aligned} P &= m\left(\frac{d^2\varrho}{d t^2} - 2\varkappa\frac{d\eta}{d t} - \varkappa^2(r + \varrho)\right) \\ H &= m\left(\frac{d^2\eta}{d t^2} + 2\varkappa\frac{d\varrho}{d t} - \varkappa^2\eta\right), \quad \Sigma = m\frac{d^2\sigma}{d t^2}. \end{aligned} \tag{50''}$$

Die Factoren von m sind die Componenten der Beschleunigung nach den Axen P, H, Σ; man erkennt bei ihrer Betrachtung, wie die zeitliche Bewegung der Axen auf diese Ausdrücke einwirkt. Die Axe Σ wird sich selbst parallel bleibend fortgeführt; diese Bewegung kommt in dem Werthe der Beschleunigung nicht zum Ausdruck. Die Axen P und H drehen sich um die Z-Axe, und als Folge dieser Rotation treten neben den für ruhende Axen gültigen Gliedern $d^2\varrho/dt^2$ und $d^2\eta/dt^2$ je zwei resp. mit $\varkappa$ und $\varkappa^2$ proportionale Terme auf; $\varkappa$ ist aber gleich $d\lambda/dt$, d. h. gleich der Geschwindigkeit dieser Rotation.

Schreiben wir die letzten Formeln in der Gestalt

$$\begin{aligned} m\frac{d^2\varrho}{dt^2} &= P + 2m\varkappa\frac{d\eta}{dt} + m\varkappa^2(r+\varrho), \\ m\frac{d^2\eta}{dt^2} &= H - 2m\varkappa\frac{d\varrho}{dt} + m\varkappa^2\eta, \quad m\frac{d^2\sigma}{dt^2} = \Sigma, \end{aligned} \tag{51}$$

so gestatten sie eine neue interessante Deutung.

Um diese zu entwickeln, nehmen wir an, dass sich ein Beobachter mit der Erde bewege, ohne von der Erdrotation Kenntniss zu haben. Derselbe wird dann die in § 5 entwickelten Grundsätze zur Ableitung der wirkenden Kräfte aus der Bewegung eines Massenpunktes so anwenden, als wenn das Axensystem $PH\Sigma$ ruhte. Unsere Formeln zeigen, dass er dann, ausser auf die wirklichen Kräfte mit den Componenten P, H, Σ, noch auf weitere, nur scheinbare schliessen würde, die in (51) durch die mit $\varkappa$ und mit $\varkappa^2$ proportionalen Glieder dargestellt sind.

Um den Charakter dieser Kräfte nachzuweisen, fassen wir ihre Componenten zusammen gemäss den Formeln

$$\begin{aligned} P' &= 2m\varkappa\frac{d\eta}{dt}, \quad H' = -2m\varkappa\frac{d\varrho}{dt}, \quad \Sigma' = 0, \\ P'' &= m\varkappa^2(r+\varrho), \quad H'' = m\varkappa^2\eta, \quad \Sigma'' = 0. \end{aligned} \tag{51'}$$

P', H', Σ' giebt eine Resultante K', welche in der Ebene normal zur Z-Axe liegt, normal zur Richtung der gleichfalls auf diese Ebene projicirten Bewegung steht und die Grösse $2m\varkappa\omega$ besitzt, falls ω die Geschwindigkeit dieser Bewegung ist; denn es gilt

$$\omega^2 = \left(\frac{d\varrho}{dt}\right)^2 + \left(\frac{d\eta}{dt}\right)^2, \quad \cos(\omega,\varrho) = \frac{d\varrho}{\omega\, dt}, \quad \cos(\omega,\eta) = \frac{d\eta}{\omega\, dt}. \tag{51''}$$

P'', H'', Σ'' giebt eine Resultante K'', die gleichfalls in der Ebene normal zur Z-Axe liegt, von der Z-Axe hinweggerichtet ist und die Grösse $m\varkappa^2\nu$ besitzt, falls ν den normalen Abstand des Punktes von der Z-Axe bezeichnet; denn es gilt:

$$\nu^2 = (r+\varrho)^2 + \eta^2, \quad \cos(\nu,\varrho) = \frac{r+\varrho}{\nu}, \quad \cos(\nu,\eta) = \frac{\eta}{\nu}. \tag{51'''}$$

Nun ist aber $\nu\varkappa$ die Lineargeschwindigkeit V_0 der Rotationsbewegung der Erde an der Stelle des Massenpunktes, also auch dessen factische Geschwindigkeit in dem Falle, dass er relativ zur Erde ruht; denn ν ist der Radius des beschriebenen Kreises, demnach auch der Krümmungsradius der Bahn. Somit ist $m\varkappa^2\nu = mV_0^2/\nu$

die Centrifugalkraft des Massenpunktes in Folge der Rotationsbewegung der Erde; diese Trägheitswirkung, von der S. 53 allgemein gesprochen ist, erscheint in unserem Falle, wie schon dort signalisirt, als eine scheinbare Kraft. —

Die noch ganz allgemeinen Differentialgleichungen (51) wollen wir nun auf den Fall anwenden, dass zu den wirklich auf den Massenpunkt ausgeübten Kräften die Anziehung der Erde gehört. Wir werden später zeigen, dass unter Annahme einer kugelförmigen Gestalt und einer in concentrischen Schichten homogenen Substanz diese Attraction nach dem Mittelpunkt der Erde hingerichtet ist und ausserhalb der Erde die Grösse

$$m g_0 R^2 / E^2$$

besitzt, worin E die Entfernung vom Erdmittelpunkt, und somit $m g_0$ den Werth dieser Attraction an der Erdoberfläche bezeichnet. Es gilt dabei

$$E^2 = (r + \varrho)^2 + (s + \sigma)^2 + \eta^2.$$

Wir wollen uns weiterhin auf den Fall beschränken, dass die behandelte Bewegung sich in einem, verglichen mit dem Erdradius, sehr kleinen Bereich abspielt. Speciell mag festgesetzt werden, dass ϱ, σ, η neben r vernachlässigt werden dürfen. In diesem Falle ist innerhalb des benutzten Bereiches sowohl die Attraction, als die Centrifugalkraft als constant anzusehen; erstere hat die Grösse $m g_0$ und die Richtung des Erdradius nach dem Anfangspunkt des Systemes P, H, Σ, letztere die Grösse $m \varkappa^2 r$ und die Richtung des Lothes auf die Z-Axe durch jenen Anfangspunkt, d. h. diejenige der P-Axe. Setzen wir diese Werthe in die Gleichungen (51) ein und behalten die Bezeichnung P, H, Σ für die Kräfte anderen Ursprunges bei, so erhalten wir bei Berücksichtigung der Beziehungen (49) das System

$$\begin{aligned} m\frac{d^2\varrho}{dt^2} &= P - m g_0 \cos\beta + 2m\varkappa\frac{d\eta}{dt} + m\varkappa^2 R\cos\beta, \\ m\frac{d^2\eta}{dt^2} &= H - 2m\varkappa\frac{d\varrho}{dt}, \quad m\frac{d^2\sigma}{dt^2} = \Sigma - m g_0 \sin\beta. \text{ —} \end{aligned} \tag{52}$$

Wir wollen nun zunächst das Gleichgewicht des Massenpunktes relativ zur Erde untersuchen. Die Bedingung hierfür ist nach (31) das Verschwinden der Beschleunigungen bei verschwindenden Geschwindigkeiten, d. h. das Formelsystem

$$P_0 = m(g_0 - \varkappa^2 R)\cos\beta, \quad H_0 = 0, \quad \Sigma_0 = m g_0 \sin\beta. \tag{52'}$$

P_0, H_0, Σ_0 bezeichnen hierin die Componenten einer Kraft K_0, die auf den Punkt ausgeübt werden muss, um die aus Anziehung und

Rotation resultirenden Kräfte zu zerstören. K_0 ist somit entgegengesetzt gerichtet und gleich dem, was wir gewöhnlich als Schwerkraft oder Gewicht des Massenpunktes bezeichnen, und es gilt

$$K_0 = mg = m\sqrt{((g_0 - \varkappa^2 R)^2 \cos^2\beta + g_0^2 \sin^2\beta)}. \qquad (52'')$$

Das Gewicht eines Massenpunktes auf der rotirenden Erde ist somit die Resultirende aus der Attraction und aus der Centrifugalkraft der Rotationsbewegung der Erde.

Was die Richtung der Kraft K_0 (und somit der Schwerkraft) angeht, so liegt sie nach (52') in der $P\Sigma$-Ebene, d. h. in dem Meridian, und schliesst mit der P-Axe einen Winkel χ ein, gegeben durch

$$\cos\chi = \frac{g_0 - \varkappa^2 R}{g}\cos\beta, \quad \sin\chi = \frac{g_0}{g}\sin\beta. \qquad (53)$$

Die südliche Abweichung ϑ der Schwerkraft aus dem Erdradius folgt hieraus gegeben durch

$$\sin\vartheta = \sin(\chi - \beta) = \frac{\varkappa^2 R}{g}\sin\beta\cos\beta. \qquad (53')$$

Die Richtung der Schwerkraft, nicht die des Radiusvector nach dem Erdmittelpunkt, bestimmen wir in Wirklichkeit als „Loth“, wenn wir mit einem Senkel arbeiten; hier ist die Spannung des Fadens die Kraft K_0, welche dem Gewicht des Massenpunktes das Gleichgewicht hält. —

Wir wollen nun gemäss Fig. 11 ein neues Coordinatensystem Ξ, H, Z einführen, dessen Z-Axe in die Richtung des Senkels fällt — positiv nach unten gerichtet —, dessen Ξ-Axe normal dazu nach Norden hin liegt, während die H-Axe die frühere Lage behält. Dies System schliesst sich dann am ungezwungensten den Beobachtungen an, die über die Wirkung der Schwere auf der Erdoberfläche angestellt werden können.

Bei Benutzung des oben definirten Winkels χ gilt nunmehr:

$$-\varrho = \xi\sin\chi + \zeta\cos\chi, \quad -\sigma = -\xi\cos\chi + \zeta\sin\chi, \qquad (53'')$$

und auch

$$-\xi = \varrho\sin\chi - \sigma\cos\chi, \quad -\zeta = \varrho\cos\chi + \sigma\sin\chi. \qquad (53''')$$

Fasst man die Gleichungen (52) mit den aus (53''') sich ergebenden geeigneten Factoren zusammen, nennt die Componenten der ausser der Schwere noch zugelassenen Kräfte nach den neuen Axen Ξ, H, Z und berücksichtigt die Werthe (53), so erhält man folgendes System

$$
\begin{aligned}
m\frac{d^2\xi}{dt^2} &= \Xi - 2m\varkappa\frac{d\eta}{dt}\sin\chi, \\
m\frac{d^2\eta}{dt^2} &= H + 2m\varkappa\frac{d}{dt}(\xi\sin\chi + \zeta\cos\chi), \\
m\frac{d^2\zeta}{dt^2} &= Z + mg - 2m\varkappa\frac{d\eta}{dt}\cos\chi.
\end{aligned}
\tag{54}
$$

Dabei ist nach (52″)

$$g = \sqrt{g_0^2 - 2\varkappa^2 g_0 R\cos^2\beta + \varkappa^4 R^2\cos^2\beta}. \tag{54'}$$

Auf diese Gleichungen werden wir später zurückgreifen. —

Jetzt wenden wir uns dem speciellen Problem der freien Bewegung eines Massenpunktes zu, bei welchem andere Kräfte, als die Schwere, nicht in Betracht kommen. Hier ist das System (52) für die Integration am bequemsten; wir haben darin $P = 0$, $H = 0$, $\Sigma = 0$ zu setzen, und können es dann schreiben

$$
\left.
\begin{aligned}
&\frac{d^2\varrho}{dt^2} = -g' + 2\varkappa\frac{d\eta}{dt}, \quad \frac{d^2\eta}{dt^2} = -2\varkappa\frac{d\varrho}{dt}, \quad \frac{d^2\sigma}{dt^2} = -g'', \\
&\text{wobei}\quad g' = g\cos\chi = (g_0 - \varkappa^2 R)\cos\beta, \quad g'' = g\sin\chi = g_0\sin\beta.
\end{aligned}
\right\}
\tag{55}
$$

Die dritte Formel liefert sogleich

$$\sigma = -\tfrac{1}{2}g''t^2 + at + a_1; \tag{55'}$$

aus den beiden ersten eliminiren wir η und erhalten

$$\frac{d^3\varrho}{dt^3} = -4\varkappa^2\frac{d\varrho}{dt}, \quad \text{d. h.}\quad \frac{d^2\varrho}{dt^2} = -4\varkappa^2(\varrho - b),$$

was befriedigt wird durch den Ansatz

$$\varrho = b + b_1\cos 2\varkappa t + b_2\sin 2\varkappa t. \tag{55''}$$

Setzt man diesen Werth in die erste Gleichung (55) ein, so erhält man aus ihr sogleich

$$2\varkappa\eta = g't - 2\varkappa(b_1\sin 2\varkappa t - b_2\cos 2\varkappa t) + c. \tag{55'''}$$

Die a, a_1, b, b_1, b_2, c sind die sechs Integrationsconstanten der Lösung des Problemes; nach dem S. 79 über die Behandlung der Bewegungsgleichung Gesagten ist unsere Lösung hiernach die allgemeinste.

Beginnt der Massenpunkt seine Bewegung zur Zeit $t = 0$ an der Stelle $\varrho = 0$, $\eta = 0$, $\sigma = 0$ ohne Anfangsgeschwindigkeit relativ zur Erde, so bestimmen sich die Constanten derartig, dass resultirt

$$\varrho = -\frac{g'}{4\varkappa^2}(1 - \cos 2\varkappa t), \quad \eta = \frac{g't}{2\varkappa} - \frac{g'}{4\varkappa^2}\sin 2\varkappa t, \quad \sigma = -\tfrac{1}{2}g''t^2. \tag{56}$$

Wir wollen nun berücksichtigen, dass bei dem von uns vorausgesetzten Problem des freien Falles, wo es sich um Fallzeiten von einigen Secunden handelt, $2\varkappa t = 4\pi t/T$ wegen $T = 86\,164$ sehr klein neben Eins ist, und dass die trigonometrischen Functionen demgemäss entwickelt werden können. Bei Vernachlässigung von $(2\varkappa t)^2$ neben Eins folgt aus (56) höchst einfach

$$\varrho = -\tfrac{1}{2}g't^2, \quad \eta = +\tfrac{1}{3}\varkappa g't^3, \quad \sigma = -\tfrac{1}{2}g''t^2. \tag{56'}$$

Da g' und g'' die beiden Componenten der parallel der Z-Axe stattfindenden Beschleunigung g sind, so ergiebt sich nach (53'')

$$\xi = 0, \quad \eta = \tfrac{1}{3}\varkappa g't^3, \quad \zeta = \tfrac{1}{2}gt^2. \tag{57}$$

Die Werthe von g und g' ergeben sich aus (54') und (55). Der erstere lässt sich noch etwas vereinfachen, indem man berücksichtigt, dass der Ausdruck $\varkappa^2 R/g_0$ in Wirklichkeit wegen $R = 6{,}37 \,.\, 10^8$, $g = 981$ nur etwa 0,003 beträgt. Verlangt man also keine über 0,00001 hinausgehende Genauigkeit, so kann man die in (54') für g angegebene Wurzelgrösse nach Potenzen von $\varkappa^2 R/g_0$ entwickeln und sich im Resultat auf das niedrigste Glied beschränken.

Die Werthe von g und g' lauten dann

$$g = g_0 - \varkappa^2 R\cos^2\beta, \quad g' = (g_0 - \varkappa^2 R)\cos\beta, \tag{57'}$$

und unsere Endformeln (57) nehmen die Gestalt an

$$\xi = 0, \quad \eta = \tfrac{1}{3}(g_0 - \varkappa^2 R)\varkappa t^3\cos\beta, \quad \zeta = \tfrac{1}{2}(g_0 - \varkappa^2 R\cos^2\beta)t^2. \tag{57''}$$

Da η/ζ hiernach eine Grösse erster Ordnung ist, so kann man in dem Ausdruck für η auch das Glied zweiter Ordnung, das von dem 2. Term in der Klammer herrührt, mit $\varkappa^2 R\cos^2\beta$, oder, was auf dasselbe herauskommt, die ganze Klammer mit g vertauschen. So resultirt schliesslich

$$\xi = 0, \quad \eta = \tfrac{1}{3}g\varkappa t^3\cos\beta, \quad \zeta = \tfrac{1}{2}gt^2, \tag{57'''}$$

wobei der Werth von g durch die erste Formel (57') gegeben ist.

Die im Vorstehenden erhaltenen Resultate lassen sich folgendermaassen formuliren.

1. Ein relativ zur Erde ruhender Massenpunkt erleidet eine scheinbare Kraft, welche dem gemeinhin als Schwerkraft bezeichneten entspricht und die Resultirende ist aus der Attraction der Erde und der Centrifugalkraft der Rotation des Massenpunktes mit der Erde. In Folge der kleinen Rotationsgeschwindigkeit ist diese Kraft in hinreichender Annäherung dargestellt durch den Ausdruck

$$mg = m(g_0 - \varkappa^2 R\cos^2\beta),$$

welcher die Kraft der Attraction abzüglich der ihr parallelen Componente der Centrifugalkraft darstellt.

2. Die Richtung der Schwerkraft weicht von dem nach dem Erdmittelpunkt gerichteten Radius in südlicher Richtung um einen Winkel ab, dessen Werth in der gleichen Annäherung lautet:

$$\vartheta = \frac{\varkappa^2 R}{g} \sin\beta \cos\beta .$$

3. Zu der Schwerkraft tritt für den Fall der Bewegung des Massenpunktes relativ zur Erde eine weitere (scheinbare) Kraft, die sich durch die Projection der relativen Bewegung auf die Aequatorialebene derartig bestimmt, dass ihre Richtung in jener Ebene und normal zu jener Bewegung liegt, und ihre Grösse gleich $2 m \varkappa \omega$ ist, falls ω die Geschwindigkeit jener Bewegung ist.

4. Als Folge dieser beiden Kräfte ergeben sich die in (57''') enthaltenen angenäherten Gesetze für den freien Fall auf rotirender Erde, die sich von dem auf ruhender Erde geltenden insbesondere durch den jetzt von Null verschiedenen Werth von η unterscheiden. Nach letzterem weicht ein frei fallender Massenpunkt auf der ganzen Erde in östlicher Richtung aus dem Loth ab und beschreibt dabei eine Curve, deren Gleichung aus (57''') durch Elimination der Zeit in der Gestalt gefunden wird

$$9 g \eta^2 = 8 \varkappa^2 \zeta^3 \cos^2\beta . \text{ —}$$

Beobachtungen über die durch die Theorie gegebene östliche Abweichung, welche deren Resultat bestätigt und dadurch einen schönen Beweis für die Rotation der Erde erbracht haben, sind zuerst von Benzenberg 1803 im Michaelisthurm in Hamburg, 1804 in einem Kohlenschacht bei Schlebusch angestellt (Benzenberg'scher Fallversuch) und 1831 unter noch günstigeren Umständen von Reich im Dreibrüderschacht bei Freiberg wiederholt worden. —

Eine weitere interessante Anwendung gestatten unsere Formeln auf die Bestimmung der Ablenkung, welche eine abgefeuerte Geschützkugel durch die Erdrotation scheinbar erleidet.

Lassen wir den Massenpunkt zur Zeit $t = 0$ vom Coordinatenanfang ausgehen, so gelten nach (55') bis (55''') die Formeln

$$\sigma = -\tfrac{1}{2} g'' t^2 + a t, \quad \varrho = -b_1(1 - \cos 2\varkappa t) + b_2 \sin 2\varkappa t,$$
$$2\varkappa\eta = g' t - 2\varkappa\big(b_1 \sin 2\varkappa t + b_2(1 - \cos 2\varkappa t)\big),$$

die bei Vernachlässigung der Glieder schon zweiter Ordnung in Bezug auf $2\varkappa t$ übergehen in

$$\sigma = -\tfrac{1}{2} g'' t^2 + a t, \quad \varrho = -2 b_1 \varkappa^2 t^2 + 2 b_2 \varkappa t,$$
$$\eta = \frac{g' t}{2\varkappa} - 2 b_1 \varkappa t - 2 b_2 \varkappa^2 t^2 .$$

Für das Coordinatensystem Ξ, H, Z folgt hieraus nach (53‴)

$$\xi = -(2b_2\varkappa\sin\chi - a\cos\chi)t - (\tfrac{1}{2}g''\cos\chi - 2b_1\varkappa^2\sin\chi)t^2,$$

$$\eta = +\left(\frac{g'}{2\varkappa} - 2b_1\varkappa\right) - 2b_2\varkappa^2 t^2,$$

$$\zeta = -(2b_2\varkappa\cos\chi + a\sin\chi)t + (\tfrac{1}{2}g''\sin\chi + 2b_1\varkappa^2\cos\chi)t^2.$$

Sind die Componenten der Geschwindigkeit nach den Axen Ξ, H, Z zur Zeit $t = 0$ resp. gleich ξ', η', ζ', so folgen für die Constanten a, b_1, b_2 die Werthe

$$a = \xi'\cos\chi - \zeta'\sin\chi,$$

$$2b_1\varkappa = \frac{g'}{2\varkappa} - \eta', \quad 2b_2\varkappa = -\xi'\sin\chi - \zeta'\cos\chi.$$

Berücksichtigt man noch die in (55) angegebene Bedeutung von g' und g'', so nehmen hiernach ξ, η, ζ folgende Werthe an:

$$\xi = \xi' t - \eta'\varkappa t^2\sin\chi, \quad \eta = \eta' t + \varkappa(\xi'\sin\chi + \zeta'\cos\chi)t^2,$$

$$\zeta = \zeta' t + (\tfrac{1}{2}g - \varkappa\eta'\cos\chi)t^2.$$

Die mit $\varkappa$ proportionalen Glieder in ξ und η geben die in erster Linie wesentlichen horizontalen Abweichungen in Folge der Erdrotation an. Innerhalb der hier benutzten Annäherung darf in ihnen nach (53′) χ mit der geographischen Breite β vertauscht werden.

Wir bemerken, dass auf der nördlichen Halbkugel ($\chi > 0$) ein Schuss nach Norden ($\xi' > 0$) östlich, einer nach Süden ($\xi' < 0$) westlich, einer nach Osten ($\eta' > 0$) südlich, einer nach Westen ($\eta' < 0$) nördlich abgelenkt wird.

§ 9. Bedingte Bewegung; feste oder bewegte Oberflächen und Curven; Beispiele; Gleichgewichtsbedingungen.

Unter bedingter Bewegung eines Punktes verstehen wir eine solche, die ausser durch direct gegebene Kräfte noch durch Gleichungen für seine Coordinaten bestimmt ist. Für nur einen Massenpunkt kommen in erster Linie die Fälle in Betracht, dass derselbe gezwungen ist, bei seiner Bewegung auf einer festen oder bewegten stetig gekrümmten Oberfläche oder Curve zu bleiben. Andere Fälle werden wir gelegentlich der Behandlung der Centralkräfte besprechen.

Wenn in Folge der gegebenen Bedingungen der Massenpunkt sich anders bewegt, als die direct gegebenen Kräfte verlangen, so müssen wir daraus schliessen, dass mit den Bedingungen die Wirksamkeit noch anderer Kräfte (Reactionskräfte der Bedingungen) angenommen und eingeführt ist, deren Gesetze aus ihren in diesen

Bedingungen ausgedrückten Wirkungen indirect gefunden werden müssen. Denn jede Ursache der Aenderung einer Bewegung ist nach unserer Vorstellung eine Kraft.

Nach diesem Princip verfahren wir in den folgenden einfachen, wie auch in allen complicirten Fällen.

1. Sei ein Massenpunkt m gezwungen, auf einer festen Oberfläche zu bleiben, so kann das nach unserer Vorstellung nur dadurch erreicht werden, dass die Oberfläche eine Kraft K' auf ihn ausübt, die in jedem Augenblick genügt, die ihn hinwegtreibenden Kräfte aufzuheben, die der Resultante von jenen also entgegengesetzt gerichtet und gleich sein muss.

Wir nennen die Kraft K', indem wir sie von der Fläche auf den Massenpunkt ausgeübt denken, die Reactionskraft der Oberfläche, die von ihr aufgehobene entgegengesetzt gerichtete Kraft aber den Druck des Massenpunktes gegen die Oberfläche, weil sie die Gewalt angiebt, mit welcher der Punkt die Oberfläche zu durchbrechen strebt.

Seien die Componenten von K' gleich X', Y', Z', die Componenten der vollständig gegebenen Kräfte aber X_h, Y_h, Z_h, so werden wir die Bewegungsgleichungen in der Form ansetzen:

$$m\frac{d^2 x}{d t^2} = \Sigma X_h + X', \quad m\frac{d^2 y}{d t^2} = \Sigma Y_h + Y', \quad m\frac{d^2 z}{d t^2} = \Sigma Z_h + Z'$$

und müssen X', Y', Z' so bestimmen, dass die Coordinaten x, y, z zu jeder Zeit der Gleichung der Oberfläche, welche in der Form

$$\varphi(x, y, z) = 0$$

gegeben sein mag, genügen.

Die nähere Ueberlegung zeigt aber, dass in dieser Form die Aufgabe noch nicht bestimmt ist; denn die Anzahl der Gleichungen beträgt vier, die Anzahl der Unbekannten aber sechs, nämlich x, y, z, X', Y', Z'. Das Gleiche giebt auch eine einfache physikalische Betrachtung; denn zerlegen wir die Kraft K' an der Stelle, wo der Massenpunkt sich befindet, in eine Componente normal und eine tangential zur Oberfläche, so kann die letztere an der betrachteten Stelle keine Bewegung aus der Oberfläche heraus veranlassen und also auch keine verhindern. Diese Componente bleibt daher durch die bisherigen Festsetzungen unberührt. Wir wollen deshalb zu ihnen noch die specielle Annahme hinzufügen, dass eine tangentiale Einwirkung seitens der festen Oberfläche auf den Massenpunkt überhaupt nicht ausgeübt wird; in diesem Falle bezeichnen wir die Oberfläche als reibungslos.

Nehmen wir sonach die Einwirkung der Oberfläche **normal** gegen das Flächenelement, auf welchem sich der Massenpunkt befindet, gerichtet an und vertauschen demgemäss K' mit der Bezeichnung N, die Componenten X' mit $N\cos(N, x)$ u. s. f., so haben wir als Bewegungsgleichungen die folgenden:

$$m\frac{d^2x}{dt^2} = \Sigma X_h + N\cos(N,x), \quad m\frac{d^2y}{dt^2} = \Sigma Y_h + N\cos(N,y),$$
$$m\frac{d^2z}{dt^2} = \Sigma Z_h + N\cos(N,z), \quad \varphi(x,y,z) = 0;$$

den vier Unbekannten x, y, z, N entsprechen vier Gleichungen — das Problem ist also jetzt vollkommen bestimmt.

Bei dieser Darstellungsweise ist, gemäss dem S. 14 allgemein Bemerkten, N als **absolute** Grösse betrachtet. Meistens ist es indessen vortheilhafter, der Normalen n auf der Oberfläche einen Richtungssinn beizulegen und N als die Componente der Reactionskraft K' der Fläche nach der Richtung von n aufzufassen. Dann ist N positiv, wenn K' mit $+n$, negativ, wenn K' mit $-n$ parallel ist. Hier wird man dann statt des obigen Systemes das folgende benutzen:

$$m\frac{d^2x}{dt^2} = \Sigma X_h + N\cos(n,x), \quad m\frac{d^2y}{dt^2} = \Sigma Y_h + N\cos(n,y),$$
$$m\frac{d^2z}{dt^2} = \Sigma Z_h + N\cos(n,z), \quad \varphi(x,y,z) = 0. \tag{58}$$

Eine solche Betrachtungsweise entspricht durchaus den Formeln der analytischen Geometrie. Denn die durch $\varphi(x, y, z) = 0$ gegebene Fläche scheidet ein Bereich, für welches $\varphi(x, y, z) < 0$ ist, von einem, wo $\varphi(x, y, z) > 0$ gilt; sie besitzt also nach dieser Darstellung eine positive und eine negative Seite, und die Formeln für die Richtungscosinus ihrer Normalen n

$$\cos(n,x) = \frac{\partial\varphi}{\partial x}\Big/\Theta(\varphi), \quad \cos(n,y) = \frac{\partial\varphi}{\partial y}\Big/\Theta(\varphi), \quad \cos(n,z) = \frac{\partial\varphi}{\partial z}\Big/\Theta(\varphi),$$

wobei (58')

$$\Theta^2(\varphi) = \left(\frac{\partial\varphi}{\partial x}\right)^2 + \left(\frac{\partial\varphi}{\partial y}\right)^2 + \left(\frac{\partial\varphi}{\partial z}\right)^2$$

ist, ertheilen demjenigen Richtungssinn das positive Vorzeichen, der von der negativen Seite ($\varphi < 0$) der Oberfläche zur positiven ($\varphi > 0$) führt.

Benutzt man die vorstehenden Werthe der Richtungscosinus von n, so nehmen die Gleichungen (58) die Gestalt an

$$m\frac{d^2x}{dt^2} = \Sigma X_h + \frac{N}{\Theta(\varphi)}\frac{\partial\varphi}{\partial x}, \quad m\frac{d^2y}{dt^2} = \Sigma Y_h + \frac{N}{\Theta(\varphi)}\frac{\partial\varphi}{\partial y},$$
$$m\frac{d^2z}{dt^2} = \Sigma Z_h + \frac{N}{\Theta(\varphi)}\frac{\partial\varphi}{\partial z},$$

während man aus der Bedingung $\varphi(x, y, z) = 0$ durch Differentiation nach t erhält

$$\frac{\partial \varphi}{\partial x}\frac{dx}{dt} + \frac{\partial \varphi}{\partial y}\frac{dy}{dt} + \frac{\partial \varphi}{\partial z}\frac{dz}{dt} = 0 . —$$

Dass eine normal zur Oberfläche wirkende Reactionskraft auf die Bewegung in der Oberfläche keinen Eindruck hat, ist übrigens schon durch den ersten der S. 52 ausgesprochenen allgemeinen Sätze bewiesen, welcher aussagte, dass die Beschleunigungscomponente nach der Bahn multiplicirt mit der Masse des bewegten Punktes der Tangentialcomponente der wirkenden Kraft gleich ist. Die angenommene Reaction der Bahn liefert eine solche Componente nicht, sie influirt also auch nicht auf die Grösse der Geschwindigkeit.

Die beiden anderen Sätze von S. 52 nehmen unter Rücksicht auf die Componenten der Reaction nach der Haupt- und Binormale der Bahn leicht angebbare Formen an; sie gewinnen besonderes Interesse in dem speciellen Falle, dass äussere Kräfte fehlen, der Massenpunkt also mit einer Anfangsgeschwindigkeit auf der Oberfläche sich selbst überlassen ist. Denn da die Componente nach der Binormale der Bahn verschwinden muss, die einzig wirkende Kraft aber normal zur Oberfläche liegt, so muss die Hauptnormale der Bahncurve überall mit der Normalen der Oberfläche zusammenfallen, — d. h., die Bahn muss auf der Oberfläche eine sogenannte geodätische Linie bilden. Die Grösse der Reaction, und demgemäss der Druck des Massenpunktes gegen die Oberfläche ist dabei identisch mit der Centrifugalkraft des Punktes; die Grösse seiner Geschwindigkeit ist hier nach dem ersten Satze constant.

Während im Vorstehenden angenommen wurde, dass der Massenpunkt vollständig an die Oberfläche gebunden ist, wird ihm in Wirklichkeit meist die Ausweichung nur nach einer Seite behindert, nach der anderen aber gestattet sein. Dies drückt sich in unserer Auffassung so aus, dass die Reactionskraft der Oberfläche ihre Richtung nicht wechseln, sondern nur nach der einen Seite der Oberfläche hin wirken kann. In unseren Formeln (58) ist aber nach dem oben Gesagten N als die Componente der Reactionskraft nach der Richtung der Normalen n aufzufassen, und die Annahme constanter Richtung der Reaction wird deshalb hier identisch mit der unveränderlichen Vorzeichens von N. Je nachdem also der Massenpunkt auf die Seite, wo $\varphi(x, y, z) > 0$, oder wo $\varphi(x, y, z) < 0$ ist, frei ausweichen kann, wird N dauernd negativ oder positiv sein müssen, und die Gleichungen (58) hören sogleich auf anwendbar zu sein, sowie N, durch Null hindurchgehend, sich positiven, resp. negativen Werthen zuwendet; von diesem Moment an sind sie mit den für einen freien Punkt geltenden zu vertauschen, d. h., es ist N so lange gleich Null zu setzen, bis der Massenpunkt im Laufe der nach diesem Gesetz stattfindenden Bewegung die Oberfläche nach der anderen Seite hin durchbrechen würde. In diesem Moment würde die Reactionskraft der Oberfläche, und zwar der Regel nach als eine den Punkt zurückschleudernden Stosskraft, wieder in Action treten. —

Man erweitert die vorstehenden Gleichungen leicht auf den Fall, dass die Oberfläche sich selbst mit der Zeit irgendwie bewegt. Zerlegt man ihre Geschwindigkeit an der Stelle, wo sich der Massenpunkt befindet, in eine Componente normal, eine parallel zur Oberfläche, so kann diese letztere bei fehlender Reibung auf die Bewegung des Massenpunktes nicht einwirken, die erstere giebt einen parallelen Zuwachs zu derjenigen Kraft, die bei ruhender Oberfläche wirken würde; die Richtung der Reaction wird also in Folge hiervon nicht geändert, und es bleiben auch die Gleichungen (58) gültig, mit der einzigen Ausnahme, dass die Gleichung der Oberfläche jetzt die Zeit enthält. Die $\cos(n, x)$, $\cos(n, y)$, $\cos(n, z)$ bestimmen sich dabei durch (58′) ganz ebenso, als wenn t ein constanter Parameter wäre.

Es mag hervorgehoben werden, dass, wenn die Oberfläche sich bewegt, die Richtung der Geschwindigkeit des Massenpunktes natürlich nicht in die Tangentialebene an der Oberfläche an seinem augenblicklichen Ort fallen kann. In der That, wenn die Gleichung der Oberfläche in der Gestalt $\varphi(x, y, z, t) = 0$ gegeben ist, so liefert sie durch Differentiation nach der Zeit

$$\frac{\partial \varphi}{\partial x}\frac{dx}{dt} + \frac{\partial \varphi}{\partial y}\frac{dy}{dt} + \frac{\partial \varphi}{\partial z}\frac{dz}{dt} + \frac{\partial \varphi}{\partial t} = 0.$$

Dividirt man diese Gleichung durch $V\Theta(\varphi)$, wo $\Theta(\varphi)$ die in (58′) auftretende Function und V die Geschwindigkeit des Massenpunktes bezeichnet, so ergiebt sich

$$\cos(n, V) = -\frac{1}{V\Theta(\varphi)}\frac{\partial \varphi}{\partial t},$$

was die gemachte Bemerkung bestätigt und zugleich quantitativ ergänzt.

Die vorstehenden Entwickelungen gestatten noch andere interessante Erweiterungen. Soll die ruhende Oberfläche $\varphi(x, y, z) = 0$ den geometrischen Ort des Massenpunktes zu jeder Zeit bilden, so unterliegt seine Bewegung nach dem Obigen der Bedingung

$$\frac{\partial \varphi}{\partial x}\frac{dx}{dt} + \frac{\partial \varphi}{\partial y}\frac{dy}{dt} + \frac{\partial \varphi}{\partial z}\frac{dz}{dt} = 0,$$

welche seine Geschwindigkeit an die Richtungen senkrecht zur Normalen n bindet. Eine ähnliche, nur allgemeinere Bedeutung besitzt die Bedingung

$$A\frac{dx}{dt} + B\frac{dy}{dt} + C\frac{dz}{dt} = 0, \qquad (58'')$$

in der A, B, C beliebige Functionen der Coordinaten und auch der Zeit bezeichnen.

Betrachtet man nämlich A, B, C als Componenten eines Vectors R, der hiernach zu jeder Zeit für jede Stelle vorgeschrieben ist, so bindet diese Bedingung den Massenpunkt in jedem Moment an ein zu R normales Flächenelement. Der Unterschied gegen die vorige Bedingung liegt nur darin, dass die neue sich nicht durch Integration auf die Form $\varphi(x, y, z) = 0$ zurückführen lässt.

Es ist klar, dass auch eine solche Bedingung, die über die Bewegung in den betreffenden Flächenelementen nichts vorschreibt, eine jeden Moment normal zu diesen Flächenelementen wirkende Reaction voraussetzt, dass also die Bewegungsgleichungen (58) hier die Form annehmen müssen

$$m\frac{d^2x}{dt^2} = \Sigma X_h + \frac{NA}{R}, \quad m\frac{d^2y}{dt^2} = \Sigma Y_h + \frac{NB}{R}, \quad m\frac{d^2z}{dt^2} = \Sigma Z_h + \frac{NC}{R}; \qquad (58''')$$

N stellt darin die Componente der Reaction nach der Richtung des Vectors R dar.

Ein ganz analoger Uebergang ist möglich von der Bedingung $\varphi(x, y, z, t)$, die mit der Formel

$$\frac{\partial\varphi}{\partial x}\frac{dx}{dt} + \frac{\partial\varphi}{\partial y}\frac{dy}{dt} + \frac{\partial\varphi}{\partial z}\frac{dz}{dt} + \frac{\partial\varphi}{dt} = 0$$

äquivalent ist, zu der allgemeineren Bedingung

$$A\frac{dx}{dt} + B\frac{dy}{dt} + C\frac{dz}{dt} + D = 0,$$

in der A, B, C, D beliebige Functionen der Coordinaten und der Zeit bezeichnen. —

2. Ist der Massenpunkt gezwungen, auf einer festen Curve zu bleiben, so werden wir, wenn wir wiederum die Wirkung der Reibung ausschliessen, ihren Einfluss durch eine normal zum Curvenelement gerichtete Kraft zu erklären haben. Bei einer Curve sind aber an jeder Stelle unendlich viel Normalen möglich, und es ist daher in unserem Falle nicht nur die Grösse der Reactionskraft, sondern

auch ihre Richtung in der Normalebene unbekannt. Beide Grössen drücken sich symmetrisch durch die Werthe der Componenten der Kraft nach zwei beliebig in der Normalebene gelegenen Richtungen aus. Für diese Richtungen bieten sich nun gemäss der Sitte, dass in der analytischen Geometrie eine Raumcurve als die Schnittlinie zweier Oberflächen bestimmt wird, naturgemäss die Richtungen der Normalen im Curvenelement auf diesen beiden Oberflächen dar, welche, wie die Anschauung zeigt, in der Normalenebene desselben liegen. Wir bezeichnen die beiden in einem bestimmten Sinn positiv gerechneten Richtungen mit n' und n'', die ihnen parallelen Componenten der Reaction mit N' und N'' und haben deshalb für die Bewegung eines an eine feste Curve mit den Gleichungen $\varphi'(x,y,z)=0$ und $\varphi''(x,y,z)=0$ gebundenen Punktes die folgenden Bedingungen:

$$
\begin{aligned}
m\frac{d^2x}{dt^2} &= \Sigma X_h + N'\cos(n',x) + N''\cos(n'',x),\\
m\frac{d^2y}{dt^2} &= \Sigma Y_h + N'\cos(n',y) + N''\cos(n'',y),\\
m\frac{d^2z}{dt^2} &= \Sigma Z_h + N'\cos(n',z) + N''\cos(n'',z),\\
\varphi'(x,y,z) &= 0,\quad \varphi''(x,y,z)=0,
\end{aligned}
\tag{59}
$$

fünf Gleichungen mit den fünf Unbekannten x, y, z, N', N''.

Die letzteren Gleichungen specialisirt man für ebene Curven, indem man als die eine Oberfläche die XY-Ebene wählt, als die zweite den geraden Cylinder über der gegebenen Bahncurve. Dann ist

$$\cos(n',x)=0,\quad \cos(n',y)=0,\quad \cos(n'',z)=0,$$

und es tritt an Stelle von $\varphi'(x,y,z)=0$ und $\varphi''(x,y,z)=0$

$$z=0,\quad \psi(x,y)=0.$$

Vertauscht man noch N'' und n'' mit N und n, so werden die Gleichungen (59) jetzt lauten:

$$
\begin{aligned}
m\frac{d^2x}{dt^2} &= \Sigma X_h + N\cos(n,x),\\
m\frac{d^2y}{dt^2} &= \Sigma Y_h + N\cos(n,y),\\
\psi(x,y) &= 0;
\end{aligned}
\tag{60}
$$

die dritte $\Sigma Z_h + N'' = 0$ giebt nichts für das Bewegungsproblem. Rechnet man die Richtung des Bahnelementes s gegen n wie Y gegen X, so ist

$$\cos(n,x)=\cos(s,y)=dy/ds,\quad \cos(n,y)=-\cos(s,x)=-dx/ds,$$

und man kann das System (60) auch schreiben:

$$
\left.\begin{aligned}
m\frac{d^2x}{dt^2} &= \Sigma X_h + N\frac{dy}{ds},\\
m\frac{d^2y}{dt^2} &= \Sigma Y_h - N\frac{dx}{ds},\\
\psi(x,y) &= 0.
\end{aligned}\right\} \qquad (60')
$$

Die Verallgemeinerung der Gleichungen (59) auf bewegte feste Curven geschieht ebenso, wie für die Oberflächen; auch gestatten die S. 95 angestellten Betrachtungen in leicht erkennbarer Weise die Uebertragung auf den vorliegenden Fall. —

Für die Bewegung längs fester Curven gewinnen die S. 52 ausgesprochenen allgemeinen Sätze eine besondere Bedeutung; um sie auf diesen Fall anzuwenden, müssen wir, ebenso wie die gegebenen Kräfte, auch die Reactionskraft nach den Richtungen der Tangente, der Haupt- und der Binormale der Bahncurve zerlegen; die erste dieser Componenten ist Null, die letzteren mögen N_1' und N_2'' genannt werden.

Man kann die Sätze demgemäss folgendermaassen aussprechen:

1. Die Tangentialcomponente der gegebenen Kräfte ist gleich dem Product aus Masse und Bahnbeschleunigung des bewegten Punktes,

$$P = M\,dV/dt.$$

2. Die Reactionscomponente parallel der Hauptnormale ist gleich der Centrifugalkraft, vermindert um die bezügliche Componente der gegebenen Kräfte,

$$N_1' = MV^2/\varrho - N_1;$$

sind die gegebenen Kräfte von der Geschwindigkeit unabhängig, so lässt sich $-N_1$ als der negative Gleichgewichtsdruck des Massenpunktes gegen die Bahn bezeichnen. ϱ ist positiv oder negativ zu zählen, je nachdem die Richtung, in welcher die Hauptnormale positiv gerechnet wird, nach der concaven oder der convexen Seite der Curve hinweist.

3. Die Reactionscomponente parallel der Binormale ist entgegengesetzt gleich der bezüglichen Componente der gegebenen Kräfte,

$$N_2'' = -N_2.$$

Wirken keine gegebenen Kräfte, so nehmen diese Sätze entsprechend einfachere Formen an, die wir nicht auszusprechen brauchen.

Bei ebenen Curven liegt die Hauptnormale überall in deren Ebene, es kommen daher hier die ersten beiden Sätze im Wesentlichen allein in Betracht.

1. Wir behandeln als erstes Beispiel die Bewegung eines Massenpunktes auf einer in einer verticalen Ebene liegenden festen Curve unter der Wirkung der Schwere.

Sei die Y-Axe positiv nach unten, die X-Axe nach links gerechnet und die Masse des Punktes mit m bezeichnet, dann lauten die oben besprochenen Sätze:

$$m\frac{dV}{dt} = mg\cdot\frac{dy}{ds}, \quad N = m\left(\frac{V^2}{\varrho} + g\frac{dx}{ds}\right). \tag{61}$$

Multiplicirt man die erste Gleichung mit $V dt = ds$, so erhält man durch Integration:

$$\tfrac{1}{2}V^2 = C_1 + gy,$$

und wenn man die Integrationsconstante C_1 durch die Annahme bestimmt, dass in der Tiefe y_0 die Geschwindigkeit $V = V_0$ ist:

$$V^2 = V_0^2 + 2g(y - y_0). \tag{61'}$$

Diese Formel spricht den Satz aus, dass beliebige Massenpunkte, die ihre Bewegungen unter der Wirkung der Schwere in gleichen Höhen mit gleich grossen, aber beliebig gerichteten Geschwindigkeiten beginnen und auf ganz beliebigen, stetig gekrümmten Bahnen verlaufen, weiterhin in jedem Zeitpunkt Geschwindigkeiten besitzen, die allein von der gleichzeitig erreichten Höhe abhängen, gleiche Höhen also stets mit den gleichen Geschwindigkeiten passiren. Die Geschwindigkeiten nehmen mit wachsender Höhe ab und verschwinden für Massenpunkte, welche die Höhe

$$y^0 = y_0 - V_0^2/2g \tag{61''}$$

erreichen. Hier kehren die Massenpunkte im Allgemeinen um; erreichen sie bei der weiteren Bewegung die Höhe y^0 an einer anderen Stelle der Bahn nochmals, so findet dort Gleiches statt, und es entwickelt sich eine periodische Oscillation zwischen den beiden Nullstellen der Geschwindigkeit.

Da die als Ausgangspunkt dienende erste Gleichung (61) nach S. 97 auch für Bewegungen auf festen räumlichen Curven, nach S. 93 für solche auf festen Oberflächen, und nach S. 52 auch für freie Massenpunkte gilt, so gestattet der vorstehende Satz die Anwendung auch auf diese.

Setzt man den erhaltenen Werth (61') für V^2 ein, so ergiebt sich aus der zweiten Gleichung (61):

$$N = m\left[\left(\frac{V_0^2 + 2g(y - y_0)}{\varrho}\right) + g\frac{dx}{ds}\right], \tag{61'''}$$

und hierdurch ist, sowie die Bahn gegeben ist, N vollkommen für jede Stelle bestimmt.

Dabei bedeutet positives Vorzeichen, dass N in der als positiv eingeführten Richtung der Normalen, negatives, dass es in entgegengesetzter Richtung wirkt.

N verschwindet, wenn

$$V_0^2 + 2g(y - y_0) = -g\varrho \frac{dx}{ds} = +g\varrho \cos(n, y)$$

ist; wechselt es zugleich das Vorzeichen, so kehrt sich die Richtung des Druckes um, und der Massenpunkt verlässt die Bahn, falls sie nur nach einer Seite hin das Ausweichen verhindert.

Ist die Bahn ein Kreis mit dem Coordinatenanfang als Mittelpunkt, und wird n nach aussen positiv gerechnet, so ist ϱ gleich dem Kreisradius R, $\varrho \cos(n, y) = +y$, also wird

$$N = -\frac{m}{R}\left(V_0^2 + g(3y - 2y_0)\right).$$

Ist V_0 gleich Null, also y_0 die Tiefe unter dem Kreismittelpunkt, in welcher der Massenpunkt umkehren würde, so wechselt N sein Vorzeichen in einer Tiefe y_1, die dem einfachen Gesetz $y_1 = \frac{2}{3} y_0$ folgt. Hierbei ist zu bemerken, dass dieser Werth y_1 nur dann vom Punkte wirklich erreicht wird, wenn $y_0 < 0$ ist, die Bewegung sich also über mehr als den Halbkreis erstreckt. Läuft also der Massenpunkt auf der Innenseite einer kreisförmigen Rinne und erhebt er sich über das Niveau des Mittelpunktes, so verlässt er diese Rinne in der Höhe $y_1 = \frac{2}{3} y_0$; ebenso, wenn er auf der äusseren Seite, bei $y = y_0$ mit der Geschwindigkeit Null beginnend, von oben herabläuft. —

Um die zweite Integration auszuführen, schreiben wir Gleichung (61′) in Rücksicht auf

$$V^2 = \left(\frac{ds}{dt}\right)^2 = \left(\frac{dy}{dt}\right)^2 \left(1 + \left(\frac{dx}{dy}\right)^2\right)$$

in der Form:

$$\frac{\pm dy\sqrt{1 + \left(\frac{dx}{dy}\right)^2}}{\sqrt{V_0^2 + 2g(y - y_0)}} = dt,$$

oder

$$\int \frac{dy\sqrt{1 + \left(\frac{dx}{dy}\right)^2}}{\sqrt{V_0^2 + 2g(y - y_0)}} = C_2 \pm t. \tag{62}$$

Das linksstehende Integral ist ausführbar, sowie die Curve gegeben ist, auf der die Bewegung stattfindet. Das doppelte Vorzeichen rührt davon her, dass dieselbe Curve in entgegengesetzten Richtungen durchlaufen werden kann; es bestimmt sich durch den Anfangszustand und bleibt dieser Bestimmung gemäss unverändert, bis eine Nullstelle für die Geschwindigkeit erreicht ist; hier geht die Wurzelgrösse durch Null und wechselt dabei ihr Zeichen. —

Nehmen wir als Bahn zunächst eine Gerade durch den Coordinatenanfang, die um den Winkel α gegen die X-Axe abwärts geneigt ist, und rechnen wir s von oben nach unten, also n von unten nach oben, so lauten die Formeln (61):

$$m\frac{dV}{dt} = mg\sin\alpha, \quad N = mg\cos\alpha.$$

Die Bewegung ist also gleichförmig beschleunigt, wie beim senkrechten Wurf; aber statt der ganzen Beschleunigung g wirkt nur die Componente $g\sin\alpha$ nach der Bahnrichtung. Es folgt:

$$V = \frac{ds}{dt} = c_1 + gt\sin\alpha, \quad s = c_2 + c_1 t + \tfrac{1}{2}gt^2\sin\alpha;$$

war zur Zeit $t = 0$ sowohl s, als V gleich Null, so erhalten wir den einfachen „Fall“ auf der schiefen Ebene, und es gilt:

$$V = gt\sin\alpha, \quad s = \tfrac{1}{2}gt^2\sin\alpha, \quad V^2 = 2gs\sin\alpha.$$

Bezeichnet S die ganze Länge der schiefen Ebene, so ist ihre Höhe $H = S\sin\alpha$; die letzte Formel giebt also:

$$V^2 = 2gH;$$

das heisst in Uebereinstimmung mit dem allgemeinen Satz (61'): die Endgeschwindigkeit für alle schiefen Ebenen gleicher Höhe ist gleich.

Bezeichnet ferner T die ganze Fallzeit über S, so giebt die zweite Formel:

$$T^2 = \frac{2S}{g\sin\alpha},$$

ein Satz, der sich geometrisch so deutet: alle Sehnen eines Kreises, die im tiefsten oder im höchsten Punkte desselben zusammentreffen, werden in der gleichen Zeit durchfallen. Diese Zeit ist ersichtlich dieselbe, die zum freien Falle über den verticalen Durchmesser gebraucht wird. —

Von Formel (62) machen wir eine Anwendung auf die Bewegung auf einer Cycloide; die Gleichung lautet, wenn $V_0 = 0$ gesetzt, also der Fall ohne Anfangsgeschwindigkeit betrachtet wird:

$$\int \frac{dy\sqrt{1 + \left(\frac{dx}{dy}\right)^2}}{\sqrt{2g(y - y_0)}} = C_2 \pm t. \tag{62'}$$

Hierbei ist die Wurzel im Zähler der reciproke Cosinus des Winkels β zwischen ds und der Y-Axe. Betrachten wir nun die Cycloide als durch das Rollen eines Kreises vom Radius R unterhalb der horizontalen X-Axe entstanden, und ist p in Fig. 12 der die Curve markirende Punkt, so steht das Curvenelement in p normal zu der Sehne nach der Berührungsstelle $\overline{pq}$ und fällt in die Richtung der Sehne $\overline{pr}$; der Winkel β ist also identisch mit dem in der Figur bei p und bei r mit β bezeichneten, und demgemäss gilt:

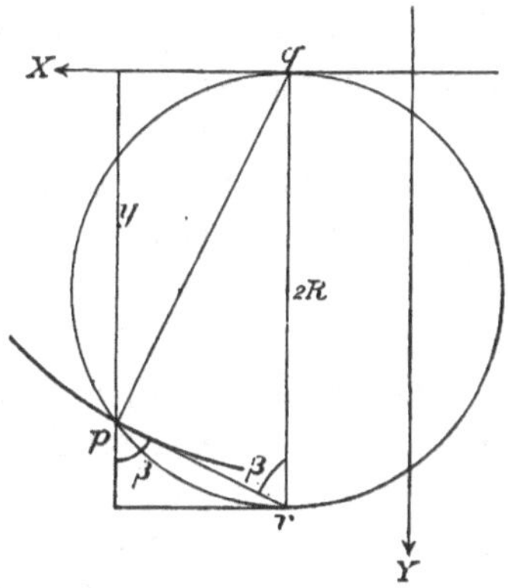

Fig. 12.

$$\cos\beta = \frac{\overline{pr}}{2R} = \frac{2R-y}{\overline{pr}},$$

woraus folgt:

$$\cos\beta = \sqrt{\frac{2R-y}{2R}}.$$

Sonach wird die Gleichung (62'):

$$\sqrt{\frac{R}{g}}\int\frac{dy}{\sqrt{(2R-y)(y-y_0)}} = C_2 \pm t,$$

und y bleibt immer zwischen y_0 und $2R$. Setzt man hier:

$$y = \eta + \frac{2R+y_0}{2}, \quad \text{also} \quad dy = d\eta,$$

so erhält man:

$$\sqrt{\frac{R}{g}}\int\frac{d\eta}{\sqrt{\left(\frac{2R-y_0}{2}\right)^2 - \eta^2}} = \sqrt{\frac{R}{g}}\arcsin\left(\frac{2\eta}{2R-y_0}\right) = C_2 \pm t,$$

oder nach Wiedereinführung von y:

$$\sqrt{\frac{R}{g}}\arcsin\left(\frac{2y-2R-y_0}{2R-y_0}\right) = C_2 \pm t.$$

Beginnt die Bewegung zur Zeit $t = 0$ auf der Höhe y_0, so ist für den ersten Theil der Bewegung das positive Zeichen zu wählen, zugleich bestimmt sich die Constante $C_2 = -(\pi/2)\sqrt{R/g}$, und wir haben:

$$\sqrt{\frac{R}{g}}\left[\arcsin\left(\frac{2y-2R-y_0}{2R-y_0}\right) + \frac{\pi}{2}\right] = t.$$

Da die Geschwindigkeiten eines schweren Massenpunktes in gleichen Höhen selbst gleich sind, so werden auf Curven, die in Bezug auf die tiefste Stelle symmetrische Gestalt haben, symmetrisch liegende Theile in jeder Richtung in gleichen Zeiten durchlaufen; insbesondere ist die Zeit, die gebraucht wird, um von der grössten

Höhe die tiefste Stelle zu erreichen, gleich der zum Wiederaufsteigen zu jener Höhe erforderlichen.

Hiernach ergiebt sich leicht die Dauer T einer sogenannten einfachen Schwingung, d. h. des Laufes von $y = y_0$ bis zum nächsten $y = y_0$, für die Cycloide

$$T = 2\pi \sqrt{R/g}, \tag{62''}$$

also unabhängig von der Ausgangsstelle oder von der Schwingungsweite.

Durch eine einfache geometrische Betrachtung kann man zeigen, dass der Krümmungsradius ϱ der Cycloide in ihrem tiefsten Punkte gleich dem vierfachen Radius des erzeugenden Kreises ist. Man erhält so auch:

$$T = \pi \sqrt{\varrho/g}. \tag{62'''}$$

Diese Formel giebt zugleich die Schwingungsdauer eines Massenpunktes auf einer Kreislinie vom Radius ϱ oder die eines Fadenpendels von der Länge ϱ bei unendlich kleiner Amplitude; denn auf unendlich kleinem Bogen fällt der Krümmungskreis mit der Cycloide zusammen. Auf die Bestimmung der Schwingungsdauer eines Fadenpendels bei endlicher Amplitude gehen wir später ein.

2. Als Beispiel für die Bewegung auf einer ruhenden Oberfläche nehmen wir das sphärische Pendel vor, d. h. die kleinen Schwingungen eines schweren Punktes in einer festen Kugelfläche.

Legen wir die Z-Axe positiv nach unten, den Nullpunkt in das Kugelcentrum, die Normale n nach aussen und bezeichnen den Radius der Kugel mit L, so lauten die Gleichungen (58) in unserem Falle:

$$\begin{aligned} m\frac{d^2x}{dt^2} &= \frac{x}{L}N, \\ m\frac{d^2y}{dt^2} &= \frac{y}{L}N, \\ m\frac{d^2z}{dt^2} &= \frac{z}{L}N + mg, \\ L^2 &= x^2 + y^2 + z^2. \end{aligned} \tag{63}$$

Eine erste integrable Combination dieser Gleichungen liefert hier, wie beim vorigen Problem, der Satz über die Bahnbeschleunigung, der nach S. 98 sogleich zu dem Integrale führt:

$$\tfrac{1}{2}V^2 = C_1 + gz. \tag{63'}$$

Eine zweite von N freie Combination erhalten wir, indem wir die erste Gleichung (63) mit $-y$, die zweite mit x multipliciren und beide addiren; dann folgt:

$$x\frac{d^2y}{dt^2} - y\frac{d^2x}{dt^2} = 0,$$

also nach der Integration:

$$x\frac{dy}{dt} - y\frac{dx}{dt} = C_1'. \tag{63''}$$

Die Formeln (63′) und (63″) sind die zwei ersten Integrale des Problemes, die mit

$$x^2 + y^2 + z^2 = L^2$$

zusammen den Ort des Punktes als Function der Zeit bestimmen. Wir genügen der letzten Gleichung identisch und reduciren dadurch die Anzahl der Unbekannten von drei auf zwei, indem wir Polarcoordinaten einführen und setzen:

$$x = L\sin\vartheta\cos\varphi,\quad y = L\sin\vartheta\sin\varphi,\quad z = L\cos\vartheta. \tag{63'''}$$

Hierin entspricht ϑ dem Complement der geographischen Breite, φ der gegen die XZ-Ebene gerechneten geographischen Länge; letztere ist positiv gezählt in der Richtung von Ost über Süd nach West.

Es folgt:

$$\frac{dx}{dt} = L\left(\cos\vartheta\cos\varphi\frac{d\vartheta}{dt} - \sin\vartheta\sin\varphi\frac{d\varphi}{dt}\right),$$

$$\frac{dy}{dt} = L\left(\cos\vartheta\sin\varphi\frac{d\vartheta}{dt} + \sin\vartheta\cos\varphi\frac{d\varphi}{dt}\right),$$

$$\frac{dz}{dt} = -L\sin\vartheta\frac{d\vartheta}{dt}.$$

Das Einsetzen dieser Ausdrücke in die beiden ersten Integrale liefert:

$$\begin{aligned}\frac{L^2}{2}\left[\left(\frac{d\vartheta}{dt}\right)^2 + \sin^2\vartheta\left(\frac{d\varphi}{dt}\right)^2\right] &= gL\cos\vartheta + C_1,\\ L^2\sin^2\vartheta\frac{d\varphi}{dt} &= C_1'.\end{aligned} \tag{64}$$

Nun wollen wir die ersten Integrationsconstanten C_1 und C_1' bestimmen, indem wir festsetzen, dass zur Zeit $t = 0$

$$\vartheta = \vartheta_0,\quad \varphi = 0,\quad \frac{d\vartheta}{dt} = 0,\quad \frac{d\varphi}{dt} = \omega$$

ist, d. h. also, dass das sphärische Pendel in der XZ-Ebene in der Anfangsamplitude ϑ_0 mit der horizontalen Geschwindigkeit $L\omega\sin\vartheta_0$ sich selbst überlassen wird. Hiernach wird gelten:

$$\begin{aligned}L\left[\left(\frac{d\vartheta}{dt}\right)^2 + \sin^2\vartheta\left(\frac{d\varphi}{dt}\right)^2 - \sin^2\vartheta_0\,.\,\omega^2\right] &= 2g(\cos\vartheta - \cos\vartheta_0),\\ \frac{d\varphi}{dt}\sin^2\vartheta &= \omega\sin^2\vartheta_0.\end{aligned} \tag{64'}$$

Eliminirt man mittelst der letzten Gleichung $d\varphi/dt$ aus der ersten, so nimmt diese die Form an:

$$\left(\frac{d\vartheta}{dt}\right)^2 + \omega^2(\sin^2\vartheta_0 - \sin^2\vartheta)\frac{\sin^2\vartheta_0}{\sin^2\vartheta} = \frac{2g}{L}(\cos\vartheta - \cos\vartheta_0),$$

oder auch

$$\left(\frac{d\vartheta}{dt}\right)^2 = \frac{(\cos\vartheta - \cos\vartheta_0)}{\sin^2\vartheta}\left(\frac{2g}{L}\sin^2\vartheta - \omega^2\sin^2\vartheta_0(\cos\vartheta + \cos\vartheta_0)\right). \quad (64'')$$

Diese Formel zeigt, dass $d\vartheta/dt$ bei einer und derselben Bewegung nur von der Amplitude ϑ abhängt und auf drei Weisen verschwindet; erstens gemäss den Anfangsbedingungen für $\vartheta = \vartheta_0$, aber ausserdem auch für die beiden Wurzeln der Gleichung

$$\frac{2g}{L}(1 - \cos^2\vartheta) = \omega^2\sin^2\vartheta_0(\cos\vartheta + \cos\vartheta_0), \quad (64''')$$

die wir mit ϑ_1 und ϑ_2 bezeichnen wollen. Daher schreibt sich also:

$$\left(\frac{d\vartheta}{dt}\right)^2 = \frac{2g}{L\sin^2\vartheta}(\cos\vartheta - \cos\vartheta_0)(\cos\vartheta - \cos\vartheta_1)(\cos\vartheta_2 - \cos\vartheta).$$

Nimmt man in (64''') $\omega^2L/2g$ als eine neben 1 kleine Grösse an, so erkennt man, dass die eine Wurzel $\cos\vartheta_1$ für $\cos\vartheta$ nahe bei $+1$, die andere $\cos\vartheta_2$ nahe bei -1 liegt, und zwar die erstere kleiner als $+1$, die letztere kleiner als -1 ist; es entspricht also nur ersterer ein reeller Werth von ϑ, und wir erhalten das Resultat, dass, weil $(d\vartheta/dt)^2$ positiv sein muss, ϑ stets zwischen den zwei Grenzwerthen ϑ_0 und ϑ_1 hin und her oscilliren muss. Da ϑ_2 keinen reellen Winkel darstellt, wollen wir $\cos\vartheta_2 = -c$ setzen.

Wir erhalten nunmehr aus (64''):

$$dt = \sqrt{\frac{L}{2g}}\cdot\frac{\pm\sin\vartheta\,d\vartheta}{\sqrt{(\cos\vartheta - \cos\vartheta_0)(\cos\vartheta_1 - \cos\vartheta)(\cos\vartheta + c)}}, \quad (65)$$

also den Zusammenhang zwischen ϑ und t durch ein elliptisches Integral gegeben. Ersetzt man hierin dt gemäss der zweiten Formel (64') durch seinen Werth $\sin^2\vartheta\,d\varphi/\omega\sin^2\vartheta_0$, so bestimmt sich auch der Zusammenhang zwischen ϑ und φ; es ergiebt sich:

$$d\varphi = \pm\,\omega\sqrt{\frac{L}{2g}}\cdot\frac{\sin^2\vartheta_0\,d\vartheta}{\sin\vartheta\sqrt{(\cos\vartheta - \cos\vartheta_0)(\cos\vartheta_1 - \cos\vartheta)(\cos\vartheta + c)}},$$

worin nach (64''') auch

$$\omega\sqrt{\frac{L}{2g}}\sin\vartheta_0 = \frac{\sin\vartheta_1}{\sqrt{\cos\vartheta_0 + \cos\vartheta_1}} \text{ ist.} \quad (65')$$

Das Vorzeichen in den Formeln (65) und (65') bestimmt sich durch den Anfangszustand, ist dort nämlich positiv oder negativ zu wählen, je nachdem ϑ_1 grösser oder kleiner als ϑ_0 ist, ϑ also anfangs wächst oder abnimmt. Das so gewonnene bleibt bestehen bis zur Erreichung der Amplitude ϑ_1, dann verschwindet die Wurzel und wechselt das Vorzeichen; ebenso weiterhin.

Wir lassen nun eine angenäherte Rechnung eintreten, indem wir festsetzen, dass ϑ_0 und ϑ_1 als klein von erster Ordnung neben Eins gelten sollen, und dass Glieder, die in Bezug auf sie von vierter Ordnung sind, gegen 1 vernachlässigt werden sollen. Berechnet man demgemäss die Wurzeln von (64'''), so erhält man:

$$\cos\vartheta_1 = 1 - \frac{L\omega^2}{2g}\sin^2\vartheta_0, \quad c = +1.$$

Sonach wird $\cos\vartheta + c = 2 - (1 - \cos\vartheta)$, wo das zweite Glied zweiter Ordnung in Bezug auf das erste ist; die Entwickelung der Gleichung (65) innerhalb der angegebenen Genauigkeitsgrenze giebt daher das Resultat:

$$dt = \frac{1}{2}\sqrt{\frac{L}{g}} \cdot \frac{\pm \sin\vartheta\, d\vartheta}{\sqrt{(\cos\vartheta - \cos\vartheta_0)(\cos\vartheta_1 - \cos\vartheta)}}\left(1 + \frac{1 - \cos\vartheta}{4}\right).$$

Setzt man hierin:

$$\cos\vartheta = \xi + \frac{\cos\vartheta_0 + \cos\vartheta_1}{2}, \quad \text{also} \quad -\sin\vartheta\, d\vartheta = d\xi,$$

so lautet das Integral:

$$t + C_2 = \mp \frac{1}{2}\sqrt{\frac{L}{g}}\int\frac{d\xi}{\sqrt{\left(\frac{\cos\vartheta_1 - \cos\vartheta_0}{2}\right)^2 - \xi^2}}\left(\frac{10 - \cos\vartheta_1 - \cos\vartheta_0}{8} - \frac{\xi}{4}\right)$$

$$= \mp \frac{1}{16}\sqrt{\frac{L}{g}}\left\{(10 - \cos\vartheta_1 - \cos\vartheta_0)\arcsin\left(\frac{2\cos\vartheta - \cos\vartheta_0 - \cos\vartheta_1}{\cos\vartheta_1 - \cos\vartheta_0}\right)\right.$$

$$\left. - \sqrt{(\cos\vartheta_1 - \cos\vartheta_0)^2 - (2\cos\vartheta - \cos\vartheta_0 - \cos\vartheta_1)^2}\right\}.$$

Dies bestimmt für jede Amplitude ϑ die entsprechende Zeit. Als Schwingungsdauer T (Dauer einer einfachen Schwingung) wollen wir die Zeit bezeichnen, die vom Verlassen der Amplitude ϑ_0 bis zum ersten Wiedererreichen derselben verläuft; es ist also $\frac{1}{2}T$, wie man leicht erkennt, die Zeit bis zur Erreichung der Amplitude ϑ_1; nimmt man den obigen Ausdruck zwischen den beiden Grenzen ϑ_0 und ϑ_1, so findet sich:

$$T = \pi\sqrt{\frac{L}{g}} \cdot \left(1 + \tfrac{1}{4}(\sin^2\tfrac{1}{2}\vartheta_0 + \sin^2\tfrac{1}{2}\vartheta_1)\right). \qquad (65'')$$

Für unendlich kleine Amplituden fällt die Formel mit der S. 102 für das ebene Pendel gegebenen zusammen.

In derselben Annäherung soll nun auch die Abhängigkeit zwischen ϑ und φ bestimmt werden. Die Formel (65′) giebt hier zunächst:

$$d\varphi = \pm \frac{\sin\vartheta_0 \sin\vartheta_1}{\sqrt{(\cos\vartheta_0 + \cos\vartheta_1)}} \cdot \frac{\sin\vartheta\, d\vartheta}{(1-\cos\vartheta)\sqrt{(1+\cos\vartheta)^3(\cos\vartheta-\cos\vartheta_0)(\cos\vartheta_1-\cos\vartheta)}}$$

und durch Entwickelung:

$$d\varphi = \pm \frac{\sin\vartheta_0 \sin\vartheta_1}{2\sqrt{2(\cos\vartheta_0+\cos\vartheta_1)}} \cdot \frac{\sin\vartheta\, d\vartheta}{(1-\cos\vartheta)\sqrt{(\cos\vartheta-\cos\vartheta_0)(\cos\vartheta_1-\cos\vartheta_0)}}\left(1+\tfrac{3}{4}(1-\cos\right.$$

Setzt man wieder ein:

$$\cos\vartheta = \xi + \frac{\cos\vartheta_0 + \cos\vartheta_1}{2},$$

so erhält man:

$$\varphi + C_2' = \mp \frac{\sin\vartheta_0 \sin\vartheta_1}{2\sqrt{2(\cos\vartheta_0+\cos\vartheta_1)}}\left\{\int \frac{d\xi}{\left(\frac{2-\cos\vartheta_1-\cos\vartheta_0}{2}-\xi\right)\sqrt{\left(\frac{\cos\vartheta_1-\cos\vartheta_0}{2}\right)^2 -}} \right.$$

$$\left. + \frac{3}{4}\int \frac{d\xi}{\sqrt{\left(\frac{\cos\vartheta_1-\cos\vartheta_0}{2}\right)^2-\xi^2}}\right\}.$$

Die Ausführung der Integration ergiebt:

$$\varphi + C_2' = \mp \frac{\sin\vartheta_0 \sin\vartheta_1}{2\sqrt{(\cos\vartheta_0+\cos\vartheta_1)}}\left\{\frac{-2}{\sqrt{(1-\cos\vartheta_0)(1-\cos\vartheta_1)}}\operatorname{arctang}\sqrt{\frac{(1-\cos\vartheta_0)(\cos\vartheta_1-\cos}{(1-\cos\vartheta_1)(\cos\vartheta-\cos}}\right.$$

$$\left. + \frac{3}{4}\arcsin\left(\frac{2\cos\vartheta-\cos\vartheta_0-\cos\vartheta_1}{\cos\vartheta_1-\cos\vartheta_0}\right)\right\}.$$

Wir bestimmen den Zuwachs, den φ erleidet, während ϑ von ϑ_0 bis ϑ_1 geht; er ist demjenigen gleich, der stattfindet, während ϑ von ϑ_1 wieder nach ϑ_0 gelangt. Wir nennen ihn $\frac{1}{2}\Phi$; dann ergiebt sich:

$$\Phi = \mp \frac{2\pi\cos\frac{1}{2}\vartheta_0\cos\frac{1}{2}\vartheta_1}{\sqrt{2(\cos\vartheta_0+\cos\vartheta_1)}}\left[1+\tfrac{3}{2}\sin\tfrac{1}{2}\vartheta_0\sin\tfrac{1}{2}\vartheta_1\right].$$

Dies ist aber innerhalb der angegebenen Genauigkeitsgrenze identisch mit

$$\Phi = \mp \pi\left(1+\tfrac{3}{8}\sin\tfrac{1}{2}\vartheta_0\sin\tfrac{1}{2}\vartheta_1\right). \tag{65'''}$$

Nach dieser Formel erreicht der Massenpunkt die ursprüngliche Amplitude ϑ_0 nicht an der dem Ausgangsort diametral gegenüberliegenden Stelle, sondern beschreibt auf diesem Wege um den tiefsten Punkt stets einen grösseren Winkel, als π. Daraus folgt, dass seine Bahn keine geschlossene ist, sondern, projicirt auf die XY-Ebene, etwa in der in Fig. 13 verzeichneten Weise verläuft, entfernt ähnlich einer Ellipse, die, während sie durchlaufen wird, sich mit gleichförmiger Geschwindigkeit um ihr Centrum dreht. Die Drehung verschwindet nur dann, wenn eine der Grenzamplituden ϑ_0 oder ϑ_1 gleich Null ist; letzteres findet statt, wenn die Bewegung aus der

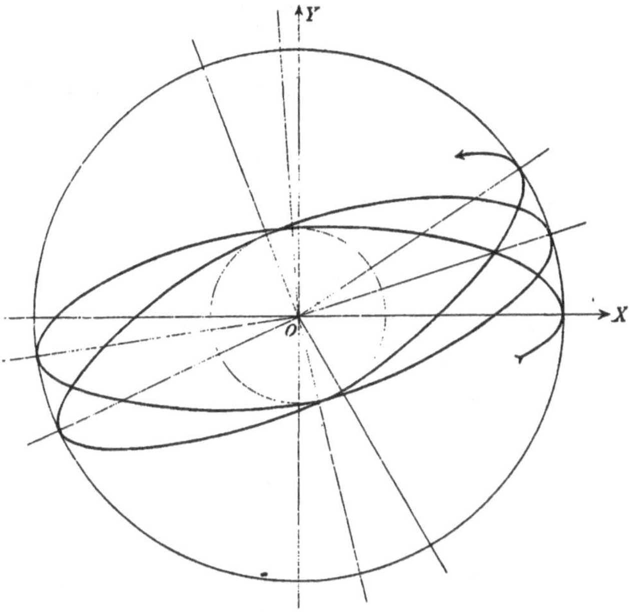

Fig. 13.

Amplitude ϑ_0 ohne seitliche Anfangsgeschwindigkeit beginnt, also ω gleich Null ist.

Die hier gefundene Erscheinung hat ein gewisses praktisches Interesse. Wir werden am Ende dieses Abschnittes die Theorie des sogenannten Foucault'schen Pendelversuches geben, bei welchem in Folge der Rotation der Erde die Schwingungsebene eines ebenen Pendels sich mit der Zeit scheinbar ändert. Wir sehen aber, dass auch auf ruhender Erde eine ähnliche Drehung stets dann eintreten müsste, wenn das Pendel nicht genau ebene Schwingungen ausführte. Beträgt z. B. die Amplitude $\vartheta_0 = 5^0$, und findet eine seitliche Abweichung $\vartheta_1 = 1^0$ statt, so dreht sich die Schwingungscurve schon während 10 Doppelschwingungen um nahe 2 Grad. Ist auch eine so bedeutende Abweichung in der Wirklichkeit beim Foucault'schen Versuch leicht zu vermeiden, so bildet doch der besprochene Umstand bei jenen Beobachtungen, die meist ein stundenlanges Schwingen des Pendels benutzen, eine sehr wichtige Fehlerquelle. —

Sind die Amplituden ϑ_0 und ϑ_1 so klein, dass schon ihre Quadrate neben Eins zu vernachlässigen sind, so wird nach (65''') $\Phi = \mp \pi$, die Bahn ist also eine geschlossene; ihre Gleichung folgt aus der ersten Formel (65') bei Rücksicht auf die durch die zweite gelieferte Beziehung $\omega \sqrt{L/2g} = \vartheta_1 / \vartheta_0$ in der Form

$$d\varphi = \pm \frac{\vartheta_1 \vartheta_0 \vartheta \, d\vartheta}{\vartheta^2 \sqrt{(\vartheta_0^2 - \vartheta^2)(\vartheta^2 - \vartheta_1^2)}} .$$

Setzt man hierin $\frac{1}{2}(\vartheta_0^2 + \vartheta_1^2) = \sigma$, $\frac{1}{2}(\vartheta_0^2 - \vartheta_1^2) = \delta$ und $\vartheta^2 = \sigma - \eta$, so resultirt

$$d\varphi = \mp \frac{\vartheta_1 \vartheta_0 \, d\eta}{2(\sigma - \eta)\sqrt{\delta^2 - \eta^2}} ,$$

und durch Integration

$$\varphi + C = \pm \frac{\vartheta_1 \vartheta_0}{\sqrt{\sigma^2 - \delta^2}} \operatorname{arctg} \sqrt{\frac{\sigma - \delta}{\sigma + \delta} \frac{\delta + \eta}{\delta - \eta}} = \pm \operatorname{arctg} \frac{\vartheta_1}{\vartheta_0} \sqrt{\frac{\delta + \eta}{\delta - \eta}} .$$

Die Integrationsconstante C ist unwesentlich und mag gleich Null gesetzt werden. Dann ergiebt sich

$$\frac{\vartheta_0^2}{\vartheta_1^2} \operatorname{tg}^2 \varphi = \frac{\delta + \eta}{\delta - \eta} = \frac{\vartheta_0^2 - \vartheta^2}{\vartheta^2 - \vartheta_1^2}$$

oder

$$\frac{\vartheta^2 \sin^2 \varphi}{\vartheta_1^2} + \frac{\vartheta^2 \cos^2 \varphi}{\vartheta_0^2} = 1 .$$

Erweitert man die Glieder auf der linken Seite dieser Gleichung durch L^2 und bedenkt, dass bei der angenommenen Kleinheit von ϑ die Formeln (63''') die Gestalt annehmen:

$$x = L \vartheta \cos \varphi, \quad y = L \vartheta \sin \varphi, \quad z = L,$$

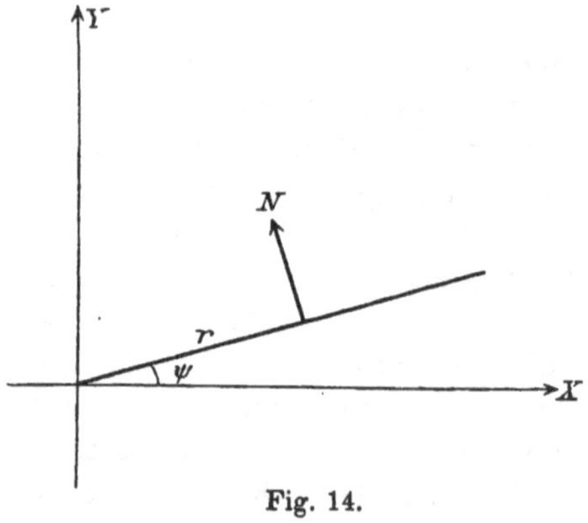

Fig. 14.

so erhält man als Bahncurve eine Ellipse in der Ebene $z = L$ von der Gleichung

$$\frac{x^2}{r_0^2} + \frac{y^2}{r_1^2} = 1 ,$$

wobei $r_0 = L \vartheta_0$, $r_1 = L \vartheta_1$ ist.

3. Um einen einfachen Fall für die Bewegung auf bewegter starrer Bahn in der Ebene zu behandeln, nehmen wir an, eine starre Linie rotire in einer verticalen Ebene mit gleichförmiger Geschwindigkeit um einen ihrer Punkte und auf ihr gleite ein schwerer Massenpunkt.

Der Drehpunkt sei der Coordinatenanfang, der Winkel der Geraden gegen die X-Axe sei $\psi = \varkappa t$. Dann lauten die Gleichungen (60), falls kurz $N/m = n$ gesetzt wird:

$$\frac{d^2 x}{d t^2} = - n \sin \psi, \quad \frac{d^2 y}{d t^2} = - g + n \cos \psi, \qquad (66)$$
$$y \cos \psi = x \sin \psi, \quad \psi = \varkappa t.$$

Integrable Combinationen zu finden, beachten wir, dass aus

$$r = x \cos \psi + y \sin \psi$$

und aus der Gleichung der Geraden

$$0 = x \sin \psi - y \cos \psi \quad \text{folgt:}$$

$$\frac{d r}{d t} = \frac{d x}{d t} \cos \psi + \frac{d y}{d t} \sin \psi, \qquad 0 = \frac{d x}{d t} \sin \psi - \frac{d y}{d t} \cos \psi + \varkappa r,$$
$$\frac{d^2 r}{d t^2} = \frac{d^2 x}{d t^2} \cos \psi + \frac{d^2 y}{d t^2} \sin \psi + \varkappa^2 r, \quad 0 = \frac{d^2 x}{d t^2} \sin \psi - \frac{d^2 y}{d t^2} \cos \psi + 2 \varkappa \frac{d r}{d t}.$$

Hiernach erhält man durch Zusammenfassen der Gleichungen (66) mit den Factoren $\cos \psi$, $\sin \psi$ und $\sin \psi$, $- \cos \psi$ folgende Combinationen:

$$\frac{d^2 r}{d t^2} = \varkappa^2 r - g \sin \varkappa t, \quad - 2 \varkappa \frac{d r}{d t} = - n + g \cos \varkappa t, \qquad (66')$$

die erste zur Bestimmung von r, die zweite von n. Die erste Gleichung hat eine einfache Bedeutung; sie giebt die Beschleunigung in der Bahn gleich der Tangentialcomponente der Schwerebeschleunigung plus der Centrifugalbeschleunigung; dies stimmt überein mit den S. 84 abgeleiteten Resultaten.

Differentiirt man die erste Formel zweimal nach t und addirt zum Resultat dieselbe mit $\varkappa^2$ multiplicirte Gleichung, so gelangt man zu:

$$\frac{d^4 r}{d t^4} = \varkappa^4 r. \qquad (66'')$$

Setzt man hierin $r = e^{q t}$, so erhält man zur Bestimmung von q die Gleichung:

$$q^4 - \varkappa^4 = 0, \quad \text{d. h.} \ (q^2 - \varkappa^2)(q^2 + \varkappa^2) = 0,$$

und demgemäss vier Wurzeln $\pm \varkappa$, $\pm \varkappa \sqrt{-1}$. Hiernach ist die allgemeine Lösung der Gleichung (66''):

$$r = a e^{\varkappa t} + b e^{-\varkappa t} + c \cos \varkappa t + d \sin \varkappa t.$$

Führt man diesen Werth in die erste Gleichung (66') ein, so bestimmen sich zwei von den vier Constanten a, b, c, d, denn es findet sich $c = 0$, $d = g/2 \varkappa^2$; hiernach wird die vollständige — zwei

Integrationsconstanten a und b enthaltende — Lösung unseres Problemes:

$$r = a e^{\varkappa t} + b e^{-\varkappa t} + \frac{g}{2\varkappa^2} \sin \varkappa t.$$

Der Werth von n folgt durch Einfügen dieses Resultates in die zweite Gleichung (66′) zu

$$n = 2g \cos \varkappa t + 2\varkappa^2 (a e^{\varkappa t} - b e^{-\varkappa t});$$

er hat geringeres Interesse.

Der einfachste Fall der im Vorstehenden erhaltenen Bewegung ist der, dass in Folge der Anfangsbedingungen a und b verschwindet. Dies kann dadurch erreicht werden, dass dem Massenpunkt zu einer Zeit $t = 0$, wo die starre Linie horizontal liegt, im Drehpunkt die positive Geschwindigkeit $g/2\varkappa$ ertheilt wird, oder dass er zur Zeit $t = \pm \pi/2\varkappa$, wo die starre Linie vertical steht, in der Entfernung $\pm g/2\varkappa^2$ seine Bewegung aus der Ruhe beginnt. Er beschreibt dann eine Bahn, deren Gleichung sogleich in Polarcoordinaten gegeben ist durch

$$r = \frac{g \sin \psi}{2\varkappa^2},$$

d. h. einen Kreis vom Durchmesser $g/2\varkappa^2$, der von der Y-Axe halbirt wird und die X-Axe von oben tangirt. Der Druck $N = n.m$, den in diesem Falle die Bahn ausübt, ist gleich $2mg \cos \varkappa t$, d. h. gleich der doppelten Normalcomponente des Gewichtes des Punktes, — ein Maximum im Drehpunkt, Null bei der grössten Elongation.

Ist durch die Anfangsbedingungen nur a zum Verschwinden gebracht, so nähert sich die Bewegung immer mehr jener Kreisform und geht nach unendlich langer Zeit in dieselbe über; ist nur b gleich Null, so entfernt sie sich je mehr und mehr davon; die bezüglichen beiden Bahnen haben übereinstimmend spiraligen Charakter, werden aber in entgegengesetzter Richtung — das eine Mal von aussen, das andere von innen her — durchlaufen.

Ist a und b von Null verschieden, so nähert sich die spiralige Bahn von Unendlich her dem Kreise und entfernt sich wieder in's Unendliche. —

Bei dem vorstehend behandelten Beispiel bewegte sich die Bahn ohne Gestaltänderung, etwa wie eine aus einem starren Material hergestellte Rinne. Es können aber in Wirklichkeit auch Fälle vorkommen, bei denen die Bewegung der Bahn in einer Aenderung der Gestalt besteht. Das folgende Problem liefert hierfür ein Beispiel.

4. Ein Massenpunkt sei an einem Faden befestigt, der im Coordinatenanfangspunkt durch einen Ring gezogen ist und mit

gleichförmiger Geschwindigkeit c durch ihn hindurchgleitet. Da nach Symmetrie der Punkt in der Ebene bleiben muss, welche zur Zeit des Beginns der Bewegung den Faden und die Geschwindigkeit des Punktes enthält, so ist die Aufgabe nur eine Einkleidung des Problemes der Bewegung eines Punktes auf einer Kreisbahn von gleichförmig wachsendem ($c > 0$) oder abnehmendem ($c < 0$) Radius. Da die Kraft, welche der Faden ausübt, nach dem Coordinatenanfangspunkt gerichtet sein muss, so macht die gewählte Einkleidung zugleich anschaulich, dass die Reaction einer reibungslosen Bahn auch bei beliebig vorgeschriebener Veränderung derselben normal zum Bahnelement wirken muss.

Findet die Bewegung in der XY-Ebene statt, und benutzen wir, wie auf S. 56, Polarcoordinaten r und φ, so können wir von den Gleichungen (30″) in der Form ausgehen

$$N = m\left(\frac{d\varrho}{dt} - \frac{\sigma^2}{r}\right), \qquad 0 = \frac{d\sigma}{dt} + \varrho\frac{\sigma}{r}, \tag{67}$$

wobei

$$\varrho = dr/dt, \quad \sigma = r\,d\varphi/dt$$

ist, und N die vom Coordinatenanfang hinweg positiv gerechnete Reactionskraft des Fadens bezeichnet.

Die Combination der zweiten und der dritten dieser Gleichungen liefert sogleich

$$\frac{d\sigma}{\sigma} = -\frac{dr}{r},$$

woraus bei Einführung der Integrationsconstanten C

$$\sigma = \frac{C}{r}$$

folgt. Bezeichnet für die Zeit $t = 0$ r_0 den Abstand, σ_0 die zum Radius normale Geschwindigkeit des Punktes, so ist

$$\sigma r = \sigma_0 r_0, \tag{67'}$$

was einen einfachen Satz enthält. Für N liefert gleichzeitig die erste Formel (67) den Werth

$$N = -m\frac{\sigma_0^2 r_0^2}{r^3}. \tag{67''}$$

Für die zweite Integration ist in (67′) der durch die letzte Gleichung (67) gelieferte Ausdruck für σ zu benutzen und darin gemäss der Annahme, dass dr/dt constant gleich c ist, dt durch dr/c zu ersetzen, wodurch resultirt

$$d\varphi = \frac{\sigma_0 r_0}{c}\,\frac{dr}{r^2};$$

bei Einführung einer zweiten Integrationsconstanten C' erhält man hieraus die Gleichung der Bahn des Punktes in der Form

$$\varphi = C' - \frac{\sigma_0 r_0}{c r}.$$

C' ist nach S. 59 eine unwesentliche Constante; rechnet man φ von dem Radius aus, der den Punkt zur Zeit $t = 0$ enthielt, so wird

$$\varphi = \frac{\sigma_0}{c}\left(\frac{r - r_0}{r}\right). \tag{67'''}$$

Die Bahncurve ist eine sogenannte hyperbolische Spirale.

5. Ein in mehrfacher Hinsicht interessantes Beispiel für die Bewegung eines Massenpunktes auf einer ihrerseits bewegten starren Oberfläche bietet das Foucault'sche Pendel, d. h. die Oscillation eines schweren Punktes in einer mit der Erde rotirenden Kugelfläche. Wir behandeln das Problem unter der Voraussetzung so kleiner Amplituden, dass deren Quadrat neben der Einheit vernachlässigt werden kann.

Die Grundgleichungen dieses Problemes folgen aus dem System (54), wenn man darin für die Kraftcomponenten Ξ, H, Z parallel dem mit der Beobachtungsstelle rotirenden Coordinatensystem die Componenten der Reaction N der Kugelfläche einführt. Bezeichnet wieder L den Kugelradius, wird kurz $N/m = n$ gesetzt und nach aussen positiv gerechnet, so erhalten wir hiernach die Gleichungen

$$\begin{aligned}
\frac{d^2 \xi}{d t^2} &= \frac{\xi}{L} n - 2 \varkappa \frac{d \eta}{d t} \sin \chi, \\
\frac{d^2 \eta}{d t^2} &= \frac{\eta}{L} n + 2 \varkappa \left(\frac{d \xi}{d t} \sin \chi + \frac{d \zeta}{d t} \cos \chi\right), \\
\frac{d^2 \zeta}{d t^2} &= \frac{\zeta}{L} n + g - 2 \varkappa \frac{d \eta}{d t} \cos \chi, \\
L^2 &= \xi^2 + \eta^2 + \zeta^2.
\end{aligned} \tag{68}$$

Die Eingangs gemachte Beschränkung auf kleine Amplituden geht dahin, die Verhältnisse ξ / L und η / L neben Eins als kleine Grössen erster Ordnung zu betrachten und Grössen zweiter Ordnung zu vernachlässigen. Gemäss dem S. 88 Gesagten sehen wir auch $R \varkappa^2 / g$ als klein von erster Ordnung an. Da es sich bei dem vorliegenden Problem um sehr lang andauernde Bewegungen handelt, so dürfen wir $2 \varkappa t$ nicht als klein betrachten, dagegen werden wir das Verhältniss $\varkappa \sqrt{2 L / g}$ als eine Grösse erster Ordnung behandeln; $\sqrt{2 L / g}$ ist nämlich nach dem Fallgesetz $s = \frac{1}{2} g t^2$ die Zeit τ, welche ein Massenpunkt braucht, um beim freien Fall die Pendellänge L zu durchmessen, also eine den früher benutzten Zeiten t nahe liegende Zeitdauer.

Das Formelsystem (68) enthält neben den Grössen verschiedener Ordnung auch deren Differentialquotienten nach der Zeit. Dies macht die consequente Durchführung der angenäherten Rechnung schwieriger, und wir wollen demgemäss die zur Anwendung kommenden Ueberlegungen etwas ausführlicher darstellen.

Schreiben wir zunächst die letzte Gleichung (68) in der Form

$$\frac{L^2-\zeta^2}{L^2}=\frac{L+\zeta}{L}\,\frac{L-\zeta}{L}=\frac{\xi^2+\eta^2}{L^2},$$

so ergiebt sie, dass bei unserer Grundannahme entweder $(L+\zeta)/L$ oder $(L-\zeta)/L$ von zweiter Ordnung sind. Da eine Bewegung von der angenommenen Art nur im unteren Theil der Kugelfläche stattfinden kann, so muss letzteres gelten, also ζ/L bis auf eine Grösse zweiter Ordnung gleich Eins sein.

Die Verhältnisse $d(\xi/L)/dt$, $d(\eta/L)/dt$ und $d(\zeta/L)/dt$ sind keine reinen Zahlen, sondern reciproke Zeiten, also mit ξ/L, η/L und ζ/L zunächst nicht vergleichbar; wir können sie aber zu reinen Zahlen machen durch Multiplication mit der oben eingeführten mässigen Zeit $\tau=\sqrt{2L/g}$. Die Resultate $d\xi/\sqrt{\frac{1}{2}Lg}\,dt$, $d\eta/\sqrt{\frac{1}{2}Lg}\,dt$ können wir dann mit einer gewissen Wahrscheinlichkeit als Grössen erster Ordnung, $d\zeta/\sqrt{\frac{1}{2}Lg}\,dt$ als zweiter Ordnung betrachten, — es wird aber zu controliren sein, ob diese Annahme auf keine Widersprüche führt. $d^2(\xi/L)/dt^2$, $d^2(\eta/L)/dt^2$, $d^2(\zeta/L)/dt^2$ können durch den Factor $\tau^2=2L/g$ zu reinen Zahlen gemacht werden, und wir werden die Resultate $2d^2\xi/g\,dt^2$, $2d^2\eta/g\,dt^2$ bis auf weiteres als Grössen erster, $2d^2\zeta/g\,dt^2$ als eine Grösse zweiter Ordnung betrachten.

Schreiben wir dann die Gleichungen (68) in der Form

$$\frac{d^2\xi}{g\,dt^2}=\frac{\xi}{L}\cdot\frac{n}{g}-2\varkappa\sqrt{\frac{L}{g}}\cdot\frac{d\eta}{\sqrt{Lg}\,dt}\cdot\sin\chi,$$

$$\frac{d^2\eta}{g\,dt^2}=\frac{\eta}{L}\cdot\frac{n}{g}+2\varkappa\sqrt{\frac{L}{g}}\left(\frac{d\xi}{\sqrt{Lg}\,dt}\cdot\sin\chi+\frac{d\zeta}{\sqrt{Lg}\,dt}\cdot\cos\chi\right),$$

$$\frac{d^2\zeta}{g\,dt^2}=\frac{\zeta}{L}\cdot\frac{n}{g}+1-2\varkappa\sqrt{\frac{L}{g}}\cdot\frac{d\eta}{\sqrt{Lg}\,dt}\cdot\cos\chi,$$

so können wir aus ihnen folgende Schlüsse ziehen.

Die letzte Gleichung liefert bei Vernachlässigung der Glieder zweiter Ordnung einfach

$$n=-g. \qquad (68')$$

Durch Einsetzen dieses Werthes in die zwei ersten Gleichungen ergiebt sich, dass in ihnen die grössten Glieder von erster Ordnung sind; da Glieder zweiter Ordnung nur neben Eins vernachlässigt werden sollen, so müssen wir in ihnen diejenigen zweiter Ordnung beibehalten, dürfen aber diejenigen dritter Ordnung beseitigen.

Berücksichtigen wir, dass nach (53′) χ sich nur um eine Grösse erster Ordnung von der geographischen Breite β unterscheidet, so finden wir für diese Gleichungen die definitive Form

$$\begin{aligned} \frac{d^2\xi}{dt^2} &= -\frac{\xi}{L}g - 2\varkappa'\frac{d\eta}{dt}, \\ \frac{d^2\eta}{dt^2} &= -\frac{\eta}{L}g + 2\varkappa'\frac{d\xi}{dt}, \end{aligned} \tag{68''}$$

wobei $\varkappa \sin\beta = \varkappa'$ gesetzt ist.

Hieraus erhält man zwei integrable Combinationen durch die Factoren $(d\xi/dt)dt = d\xi$, $(d\eta/dt)dt = d\eta$ und $-\eta$, ξ; sie lauten:

$$\begin{aligned} \left(\frac{d^2\xi}{dt^2}\frac{d\xi}{dt} + \frac{d^2\eta}{dt^2}\frac{d\eta}{dt}\right)dt &= -\frac{g}{L}(\xi\,d\xi + \eta\,d\eta), \\ \xi\frac{d^2\eta}{dt^2} - \eta\frac{d^2\xi}{dt^2} \qquad &= -2\varkappa'(\xi\,d\xi + \eta\,d\eta) \end{aligned}$$

und ergeben bei Einführung der Integrationsconstanten C und C'

$$\begin{aligned} \left(\frac{d\xi}{dt}\right)^2 + \left(\frac{d\eta}{dt}\right)^2 &= C - \frac{g}{L}(\xi^2 + \eta^2), \\ \xi\frac{d\eta}{dt} - \eta\frac{d\xi}{dt} &= C' - \varkappa'(\xi^2 + \eta^2). \end{aligned} \tag{68'''}$$

Alle diese Resultate sind mit dem oben über die Grössenordnungen der verschiedenen Terme Gesagten im Einklang.

Führt man in die Formeln (68‴) ein:

$$\begin{gathered} \xi = r\cos\varphi, \quad \eta = r\sin\varphi, \quad \text{also} \\ \frac{d\xi}{dt} = \frac{dr}{dt}\cos\varphi - r\sin\varphi\frac{d\varphi}{dt}, \\ \frac{d\eta}{dt} = \frac{dr}{dt}\sin\varphi + r\cos\varphi\frac{d\varphi}{dt}, \end{gathered}$$

so folgt:

$$\begin{aligned} \left(\frac{dr}{dt}\right)^2 + r^2\left(\frac{d\varphi}{dt}\right)^2 &= C - \frac{gr^2}{L}, \\ r^2\frac{d\varphi}{dt} &= C' - \varkappa' r^2. \end{aligned} \tag{69}$$

Setzt man weiter in diesen Gleichungen:

$$\varphi + \varkappa' t = \Phi, \tag{69'}$$

so lauten dieselben:

$$\begin{aligned} \left(\frac{dr}{dt}\right)^2 + r^2\left(\left(\frac{d\Phi}{dt}\right)^2 - 2\varkappa'\frac{d\Phi}{dt} + \varkappa'^2\right) &= C - \frac{gr^2}{L}, \\ r^2\frac{d\Phi}{dt} &= C', \end{aligned} \tag{69''}$$

und wenn man sie mit den Factoren 1, $2\varkappa'$ zusammenfasst, ergiebt sich:

$$\left(\frac{dr}{dt}\right)^2 + r^2\left(\left(\frac{d\Phi}{dt}\right)^2 + \varkappa'^2\right) = C + 2\varkappa' C' - \frac{g r^2}{L}. \qquad (69''')$$

$C + 2\varkappa' C'$ ist eine Constante, die in C'' abgekürzt werden mag, $\varkappa'^2$ ist nach S. 112 von zweiter Ordnung gegen g/L, also daneben zu vernachlässigen; demgemäss erhält man schliesslich die beiden ersten Integrale des Problemes in der Gestalt:

$$\left(\frac{dr}{dt}\right)^2 + r^2\left(\left(\frac{d\Phi}{dt}\right)^2 + \frac{g}{L}\right) = C'', \quad r^2\frac{d\Phi}{dt} = C'. \qquad (70)$$

Sie enthalten $\varkappa'$ und damit die Rotationsgeschwindigkeit der Erde gar nicht mehr explicite, sind also der Form nach identisch mit denjenigen Gleichungen, welche sehr kleine Schwingungen auf einer Kugelfläche auf der ruhenden Erde bestimmen, nur steht $\Phi = \varphi + \varkappa' t$ an Stelle des in jenem Falle auftretenden φ; d. h. auf rotirender Erde folgt $\varphi + \varkappa' t$ demselben Gesetz, wie auf ruhender φ. Daneben ist, wie der Werth (54') resp. (57') von g zeigt, die Beschleunigung der Schwerkraft durch die Centrifugalkraft vermindert.

Hiernach ist in unserem Fall die auf rotirender Erde wahrnehmbare Bewegung zusammengesetzt aus dem (bei gleichem g) auf ruhender zu beobachtenden Umlauf in einer elliptischen Bahn (siehe S. 108) und aus einer gleichförmigen Drehung der Kugelfläche mit dem darauf laufenden Massenpunkte um die Z-Axe mit der Geschwindigkeit

$$-\varkappa' = -\varkappa \sin\beta.$$

Wir erhalten somit den merkwürdigen Satz:

Die Bahnellipse eines mit kleinen Amplituden auf der Erde schwingenden Fadenpendels dreht sich scheinbar mit einer constanten Geschwindigkeit, welche gleich ist derjenigen der Erdrotation multiplicirt mit dem Sinus der geographischen Breite des Beobachtungsortes. Die Richtung dieser Drehung ist auf der nördlichen Halbkugel eine negative, nämlich von Ost über Süd nach West verlaufend, auf der südlichen Halbkugel die umgekehrte. —

In dem speciellen Falle, dass $C' = 0$ ist, sind die Schwingungen als ebene mit rotirender Pendelebene anzusehen; denn aus $d\Phi/dt = 0$ folgt nach (69') $d\varphi/dt = -\varkappa'$.

Dieser Fall ist angenähert, aber nicht streng bei den berühmten, zuerst von FOUCAULT angestellten Versuchen mit Fadenpendeln realisirt. Bei letzteren wird das Pendel mit einer bestimmten Anfangselongation r_0 ohne Anfangsgeschwindigkeit relativ zur Erde sich selbst überlassen. Demgemäss bestimmen sich hier aus den Gleichungen (69)

$$C = g r_0^2 / L, \qquad C' = \varkappa' r_0^2.$$

Führt man diese Werthe von C und C' in die Gleichungen (69″) ein und eliminirt aus ihnen $d\Phi/dt$, so ergiebt sich:

$$\left(\frac{dr}{dt}\right)^2 = \frac{(r_0^2 - r^2)}{r^2}\left(\frac{g r^2}{L} - \varkappa'^2 r_0^2\right).$$

Diese Formel zeigt, dass der grösste Werth von r gleich r_0, der kleinste aber gleich $\varkappa' r_0 \sqrt{g/L}$ ist. Unter den vorausgesetzten Umständen beschreibt der schwere Punkt somit eine Ellipse, deren Axenverhältniss sehr klein erster Ordnung ist, die also in Annäherung als gerade Linie betrachtet werden darf. —

Wir schliessen den Abschnitt mit einer Bemerkung über das Gleichgewicht eines Massenpunktes auf einer ruhenden festen Oberfläche oder Curve.

Als Bedingung für das Eintreten des Gleichgewichtes ist S. 58 das Verschwinden von Beschleunigung resp. Kraft bei verschwindender Geschwindigkeit aufgestellt, welches seinerseits das Verschwinden der Componenten dieser Grössen nach drei auf einander normalen Richtungen fordert.

Für diese Richtungen wählen wir bei einem an eine feste Oberfläche gebundenen Massenpunkt vortheilhaft die zur Fläche normale und zwei zu ihr tangentiale.

Die Gesammtcomponente aller wirkenden Kräfte nach der ersteren Richtung ist jederzeit gleich Null; es ergiebt sich somit die Reaction der Fläche entgegengesetzt gleich der Summe der bei verschwindender Geschwindigkeit berechneten Componenten der übrigen Kräfte. Die beiden Tangentialcomponenten enthalten keine Antheile der Reaction; damit sie verschwinden, muss somit die aus den übrigen Kräften bei verschwindender Geschwindigkeit berechnete Resultirende normal zur Fläche stehen.

Dieselbe Ueberlegung lässt sich auf das Gleichgewicht eines an eine feste Curve gebundenen Massenpunktes anwenden und ergiebt hier das analoge Resultat, dass die für verschwindende Geschwindigkeit berechnete Resultirende der übrigen Kräfte normal zur Bahn stehen und die Reaction der Curve ihr entgegengesetzt gleich sein muss.

Somit lauten die von den drei Gesammtcomponenten X, Y, Z der Kräfte ausschliesslich der Bahnreaction zu erfüllenden Bedingungen des Gleichgewichtes im Falle einer Oberfläche

$$X : Y : Z = \cos(n, x) : \cos(n, y) : \cos(n, z), \tag{71}$$

im Falle einer Curve

$$P = X\cos(s,y) + Y\cos(s,y) + Z\cos(s,z) = 0, \qquad (71')$$

wobei P die Componente parallel zur Bahn bezeichnet.

Bei beliebigen Flächen und Curven, sowie bei beliebig vorgeschriebenen Kräften sind diese Gleichungen im Allgemeinen nur in einzelnen Punkten, den Gleichgewichtslagen des Massenpunktes, erfüllt, deren Coordinaten aus (71) resp. (71') bei Heranziehung der Gleichungen von Oberfläche und Curve folgen.

Für die Entscheidung über die Stabilität oder Labilität des Gleichgewichtes kommt das S. 58 allgemein Gesagte in Betracht.

§ 10. **Gleitende Reibung, Luftwiderstand.**

Wir haben uns im vorigen Abschnitt mit den Reactionskräften fester Oberflächen und Curven beschäftigt, welche das Eigenthümliche haben, dass ihre Richtung zwar durch die Gestalt der Oberfläche oder Curve mehr oder weniger vollständig gegeben, ihre Grösse aber abhängig ist von der Masse und der Geschwindigkeit des bewegten Massenpunktes, sowie von der Lage und Grösse der übrigen auf ihn wirkenden Kräfte. Wir können dies auch kürzer so aussprechen: die absolute Grösse dieser Reactionskräfte ändert sich mit ihrer Inanspruchnahme und kann, je nachdem dieselbe wächst, jeden Werth zwischen 0 und ∞ annehmen.

In mancher Hinsicht parallel geht diesen Reactionskräften die gleitende Reibung, die bei jeder Bewegung auf einer materiellen Bahn in Wirklichkeit eintritt. Auf Grund der Beobachtungen legen wir ihr folgende Eigenschaften bei:

Die gleitende Reibung besitzt eine Richtung, welche jederzeit entgegengesetzt ist derjenigen der wirklich stattfindenden oder aber nur erstrebten Bewegung des Massenpunktes, diese Richtung relativ zur Bahn gerechnet. Unter erstrebter Bewegung verstehen wir dabei, wenn in Folge der Reibung Gleichgewicht eintritt, diejenige, die ohne Wirkung der Reibung stattfinden würde. Auf einer ruhenden Oberfläche oder Curve hat die erstrebte Bewegung jederzeit die Richtung der tangentialen Gesammtcomponente der äusseren Kräfte.

Die gleitende Reibung besitzt eine Grösse, die von der Inanspruchnahme abhängt, aber einen gewissen Maximalwerth nicht übersteigen kann. Dieser Maximalwerth bestimmt sich der absoluten Grösse nach durch das Product aus der Reactionskraft N, welche die Bahn auf den Punkt ausübt — oder dem

Druck, den sie von ihm erleidet — in einen von der Substanz des Punktes und der Bahn abhängigen Factor ν, den man den Reibungscoëfficienten für die beiden in Berührung stehenden Substanzen nennt. N wird dabei als absolute Grösse geführt.

Wir können daher allgemein für die absolute Grösse P_r der Reibungskraft setzen

$$P_r = n N, \tag{72}$$

wobei $0 \leqq n \leqq +\nu$ sein muss. Wird P_r auf eine Richtung mit festgesetztem Richtungssinn bezogen, so gilt statt dessen $-\nu \leqq n \leqq +\nu$.

Befindet sich ein Massenpunkt auf einer festen Curve in Ruhe, und ergeben die äusseren Kräfte keine Componente parallel zur Bahn, so ist auch die Reibung gleich Null, denn es fehlt die Tendenz zur Bewegung und daher die Inanspruchnahme der Reibung. Geben die äusseren Kräfte aber eine Tangentialcomponente, so ist die Tendenz zur Bewegung und demgemäss die Widerstand leistende Reibungskraft da, und es fragt sich nun, bis zu welchem Grade die letztere in Anspruch genommen ist. Die Bedingung des Gleichgewichts für einen Punkt auf einer festen Bahn geht nach (71′) dahin, dass die (in gleichem Richtungssinn gerechneten) Tangentialcomponenten aller wirkenden Kräfte sich zerstören, es muss also, wenn ΣP_h und ΣN_h sich auf die äusseren Kräfte bezieht, die Beziehung gelten:

$$\Sigma P_h + P_r = \Sigma P_h + n \Sigma N_h = 0. \tag{72′}$$

Ist diese Gleichung durch ein P_r zu befriedigen, welches kleiner ist, als der besprochene Grenzwerth, so findet Gleichgewicht statt, und die Beziehung

$$n \Sigma N_h = - \Sigma P_h \tag{72″}$$

giebt durch den aus ihr folgenden Werth von n sogleich die Grösse an, bis zu welcher die Reibung in Anspruch genommen ist.

Verlangt diese Gleichung aber ein grösseres P_r, resp. n, als der angegebene Grenzwerth ist, so kann Gleichgewicht nicht bestehen; sowie der Grenzwerth von P_r überschritten wird, beginnt die Bewegung, und die Reibung wirkt ihr dauernd in voller Stärke entgegen bis zum Moment der Ruhe, in welchem wieder ein kleinerer Werth eintreten kann.

Dies wird recht deutlich werden an dem einfachen Beispiel der Bewegung und der Ruhe eines Massenpunktes m auf einer reibenden schiefen Ebene vom Neigungswinkel α gegen die Horizontale. Um der Wirklichkeit möglichst zu entsprechen, wollen wir dabei annehmen, dass die schiefe Ebene die Bewegungsfreiheit des Punktes nur nach unten hin beschränkt, ihre Reaction also nur nach oben hin ausgeübt wird.

Wirkt die Schwere allein, so ist, falls wir s abwärts positiv zählen:

$$\Sigma P_h + P_r = mg(\sin\alpha + n\cos\alpha);$$

Gleichgewicht kann bestehen bleiben, wenn das Nullsetzen dieses Ausdruckes und somit die Beziehung

$$\operatorname{tg}\alpha = -n$$

auf einen Werth n führt, der zwischen $-\nu$ und $+\nu$ fällt. Man erkennt, dass ganz unabhängig von der Masse des Punktes und der Grösse von g an der Beobachtungsstelle Gleichgewicht stattfinden wird, so lange der absolute Werth des Neigungswinkels α unter einem Grenzwerth ϱ bleibt, der definirt ist durch die Beziehung

$$\operatorname{tg}\varrho = \nu, \tag{72'''}$$

und den man den Reibungswinkel nennt; für grössere Neigungswinkel ist Gleichgewicht unmöglich, und es tritt Bewegung von selbst, bei kleineren nur in Folge einer Anfangsgeschwindigkeit ein. —

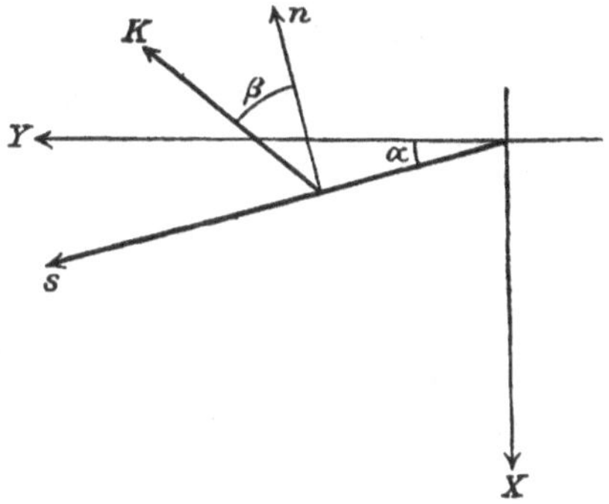

Fig. 15.

Wir wollen nun den Fall betrachten, dass der Massenpunkt ausser der Schwere noch einer weiteren Kraft von verfügbarer Grösse und Richtung unterliegt. Ihre Grösse sei K genannt und als absolute Zahl geführt, ihre Richtung schliesse den Winkel β mit der nach oben positiv gerechneten Normale ein; β werde gemäss der Figur 15 wieder bahnabwärts positiv gezählt.

Setzt man noch das Gewicht des Punktes $mg = G$, so ist die Tangentialcomponente der äusseren Kräfte

$$P = \Sigma P_h = G\sin\alpha + K\sin\beta,$$

die deren Normalcomponente entgegengesetzt gleiche Reaction der Bahn

$$N = -\Sigma N_h = G\cos\alpha - K\cos\beta.$$

Da die Bahn die Beweglichkeit des Punktes nach der Seite von $+n$ nicht beschränken soll, so muss $N > 0$ sein.

Die Bedingung des Gleichgewichtes lautet nach (72')

$$G \sin\alpha + K \sin\beta + n(G\cos\alpha - K\cos\beta) = 0. \tag{73}$$

Wir wollen sie nur auf solche Fälle des Gleichgewichtes anwenden, bei denen die Reibung voll in Anspruch genommen ist, das heisst auf solche, bei denen gerade die Grenze zwischen Gleichgewicht und Bewegung erreicht ist. Diese Zustände haben nach Umständen verschiedene Bedeutung.

Wir unterscheiden zunächst die Fälle, dass eine Bewegung nach unten oder nach oben erstrebt wird, d. h. nach dem S. 117 Gesagten, dass $\Sigma P_h = P$ grösser oder kleiner als Null ist.

I. Für $P > 0$ wird die Bewegung im Sinne von $+s$ erstrebt, also ist $n = -\nu = -\operatorname{tg}\varrho$ zu setzen; hier liefern obige Formeln:

$$\left.\begin{aligned} K = -G\frac{\sin(\alpha-\varrho)}{\sin(\beta+\varrho)},\quad P = G\frac{\sin(\alpha+\beta)\sin\varrho}{\sin(\beta+\varrho)},\\ N = G\frac{\sin(\alpha+\beta)\cos\varrho}{\sin(\beta+\varrho)},\end{aligned}\right\} \tag{73'}$$

womit die Ungleichungen

$$K > 0, \quad P > 0, \quad N > 0$$

zu combiniren sind.

Bei diesen Bedingungen sind die Unterfälle $\alpha \gtrless \varrho$ aus einander zu halten.

a) Ist $\alpha > \varrho$, kann also der Massenpunkt auf der schiefen Ebene ohne Einwirkung von K nicht ruhen, so bestimmen die Bedingungen (73') die zusammengehörigen Werthe K und β, bei denen eben der Antrieb der Schwere compensirt, also der Punkt im Gleichgewicht gehalten wird.

Die Bedingung $K > 0$ liefert hier die Ungleichung

$$-\varrho \geqq \beta \geqq -\pi - \varrho,$$

die Bedingungen $P > 0$ und $N > 0$ ergeben übereinstimmend

$$-\alpha \geqq \beta \geqq -\pi - \alpha,$$

sodass wegen $\alpha > \varrho$ für β schliesslich die Formel übrig bleibt

$$-\alpha \geqq \beta \geqq -\pi - \varrho.$$

Für den Grenzfall $\beta = -\pi - \varrho$ folgt $K = \infty$; in einer Richtung wirkend, die um den Winkel ϱ gegen die Normale $-n$ bahnabwärts gerichtet ist, kann also nur eine unendlich grosse Kraft das Hinabgleiten verhindern. Das ist somit die Richtung unvortheilhaftester Einwirkung.

Bei wachsendem β nimmt K ab und erreicht für $\beta = -\frac{1}{2}\pi - \varrho$, d. h. unter dem Winkel ϱ nach unten gegen $-s$, ein Minimum von dem Betrage $K = G\sin(\alpha - \varrho)$, welches der vortheilhaftesten Einwirkung entspricht. Dann wächst K von Neuem und erreicht den zweiten extremen Werth $K = G$ für $\beta = -\alpha$.

b) Ist $\alpha < \varrho$, ist also der Massenpunkt ohne Einwirkung von K auf der schiefen Ebene im Gleichgewicht, so bestimmen die Bedingungen (73') die zusammengehörigen Werthe K und β, welche den Punkt eben abwärts in Bewegung zu setzen vermögen. Wir schreiben hier die erste Formel (73') in der Form

$$K = +G\frac{\sin(\varrho - \alpha)}{\sin(\beta + \varrho)}$$

und folgern aus den Bedingungen

$$K > 0, \quad N > 0, \quad P > 0$$

ganz so, wie oben gezeigt ist, dass

$$-\alpha \leqq \beta \leqq \pi - \varrho$$

sein muss.

Für den Grenzfall $\beta = \pi - \varrho$ wird $K = \infty$, was aussagt, dass eine unter dem Reibungswinkel ϱ gegen die Normale $-n$ bahnabwärts geneigte Kraft K überhaupt keine Bewegung nach unten bewirken kann, weil sie die Reibung derartig vergrössert, dass dadurch die Wirkung der zu $+s$ parallelen Componente zerstört wird.

Mit abnehmendem β nimmt auch K ab und erreicht für $\beta = \frac{1}{2}\pi - \varrho$ seine Minimumgrösse $K = G\sin(\varrho - \alpha)$.

Hieraus folgt, dass eine unter dem Reibungswinkel ϱ gegen $+s$ aufwärts geneigte Kraft für die Herabbewegung des Massenpunktes am angemessensten ist, insofern ihre Wirkung sich am vortheilhaftesten zwischen Verminderung der Reibung und Vergrösserung der herabtreibenden Componente theilt.

Im zweiten Grenzfall $\beta = -\alpha$ resultirt wieder $K = G$.

II. Für $P < 0$ wird die Bewegung im Sinne von $-s$ erstrebt; hier ist also $n = \nu = \operatorname{tg}\varrho$ zu setzen, woraus folgt

$$\left.\begin{aligned} &K = -G\frac{\sin(\alpha + \varrho)}{\sin(\beta - \varrho)}, \quad P = -G\frac{\sin(\alpha + \beta)\sin\varrho}{\sin(\beta - \varrho)}, \\ &N = +G\frac{\sin(\alpha + \beta)\cos\varrho}{\sin(\beta - \varrho)}; \\ &\text{damit ist zu combiniren das System von Ungleichungen} \\ &K > 0, \quad P < 0, \quad N > 0. \end{aligned}\right\} \quad (73'')$$

Dies führt auf die beiden Formeln

$$\varrho \gtreqless \beta \gtreqless -\pi+\varrho, \quad -\alpha \gtreqless \beta \gtreqless -\pi-\alpha,$$

und somit schliesslich auf

$$-\alpha \gtreqless \beta \gtreqless -\pi+\varrho.$$

Da der Punkt ohne Einwirkung von K in keinem Falle parallel $-s$ fortschreitet, so bestimmen die Gleichungen Grösse und Richtung von K, welche diese Bewegung eben ermöglichen.

Die Discussion, ist wie oben, vorzunehmen; sie ergiebt ein Minimum von K, und somit dessen vortheilhafteste Wirkung, für $\beta = -\frac{1}{2}\pi+\varrho$, d. h. in einer Richtung, die um den Reibungswinkel aufwärts gegen $-s$ geneigt ist.

Parallel der Bahn nach oben gerichtet ist zum Ueberwinden der Reibung erforderlich eine Kraft:

$$K = G\frac{\sin(\alpha+\varrho)}{\cos\varrho},$$

abwärts, falls $\alpha < \varrho$ ist, eine Kraft:

$$K = G\frac{\sin(\varrho-\alpha)}{\cos\varrho};$$

ist die Neigung $\alpha = 0$, so werden beide gleich:

$$K = G\operatorname{tg}\varrho = G\nu.$$

Diese Formel giebt die Theorie einer wichtigen Methode zur Bestimmung des Reibungscoëfficienten; ν ist nämlich das Verhältniss der kleinsten Kraft, welche den Massenpunkt auf horizontaler ebener Bahn in Bewegung zu setzen vermag, zu dem Gewicht desselben. —

Wir wenden uns nun vom Falle des Gleichgewichtes zu dem der Bewegung auf reibender schiefer Ebene. Die darauf bezügliche Gleichung ist:

$$\frac{d^2 s}{d t^2} = g(\sin\alpha + n\cos\alpha) = \frac{g\sin(\alpha+r)}{\cos r}, \tag{74}$$

worin $n = \pm\nu$, $r = \pm\varrho$, je nachdem $ds/dt = V \lesseqgtr 0$ ist. Es folgt sogleich:

$$V = \frac{ds}{dt} = C_1 + \frac{g t\sin(\alpha+r)}{\cos r}, \quad s = C_2 + C_1 t + \frac{g t^2\sin(\alpha+r)}{2\cos r}. \tag{74'}$$

Nehmen wir zunächst die Bewegung abwärts, also $r = -\varrho$, so erkennen wir, dass, je nachdem $\alpha \lesseqgtr \varrho$, die Bewegung gleichförmig verzögert oder beschleunigt ist. Ist $\alpha \lesseqgtr \varrho$, so tritt die Bewegung nur in Folge einer Anfangsgeschwindigkeit V_0 ein und kommt zum Stillstande, wenn $V = 0$ ist, d. h. zur Zeit:

$$T = \frac{V_0 \cos \varrho}{g \sin(\varrho - \alpha)} \tag{74''}$$

und in einer Entfernung S vom Ausgangsort:

$$S = \frac{V_0^2 \cos \varrho}{2g \sin(\varrho - \alpha)}. \tag{74'''}$$

Für $\alpha = \varrho$ ist die Beschleunigung gleich Null, die Bewegung geht mit der Anfangsgeschwindigkeit V_0 gleichförmig weiter.

Von selbst beginnt die Bewegung nur, falls $\alpha > \varrho$ ist. Wollte man die in diesem Falle beobachtbaren Erscheinungen zur Prüfung der Fallgesetze anwenden, so würde man zwar eine gleichförmige Beschleunigung erhalten, diese aber durch die Reibung im Verhältniss $\sin(\alpha - \varrho)/\sin \alpha \cos \varrho$ verkleinert finden. Aehnliches, wie hier für die gleitende Reibung gefunden ist, gilt aus anderen Gründen für eine die schiefe Ebene hinablaufenden Kugel, gilt also auch für die GALILEI'schen Fallversuche auf schiefer Ebene. Wir kommen hierauf weiter unten zurück. —

Während in den obigen Fällen die Geschwindigkeit durch die Reibung vermindert wurde, diese also verzögernd wirkte, kann, wenn die Bahn sich selbst bewegt, auch das Umgekehrte stattfinden.

Denken wir uns z. B. einen horizontalen Kreisring mit der Winkelgeschwindigkeit ω in Rotation um eine verticale Axe durch sein Centrum versetzt und einen schweren Punkt ohne Anfangsgeschwindigkeit hineingelegt, so wird auf diesen die Reibung in der Richtung der Rotation beschleunigend wirken, denn nach dem oben Gesagten wirkt sie der relativen Bewegung entgegen. Die relative Bewegung erkennen wir aber, wenn wir das ganze System auf ein mit der Geschwindigkeit ω rotirendes Coordinatensystem beziehen; dann ruht der Ring, der Punkt rotirt in negativer Richtung, die Reibung muss also in positiver wirken. Die Reaction N des Ringes wirkt dem Druck entgegen, der sich nach S. 84 aus den beiden Theilen Schwerkraft und Centrifugalkraft zusammensetzt, und ist, da die eine Kraft vertical, die andere horizontal wirkt:

$$N = m\sqrt{g^2 + \frac{V^4}{R^2}};$$

es gilt demgemäss in unserem Falle

$$\frac{dV}{dt} = \nu\sqrt{g^2 + \frac{V^4}{R^2}}. \tag{75}$$

Dies allgemein elliptische Differential vereinfacht sich, wenn von der Schwerkraft abgesehen werden kann; dann gilt:

$$\frac{dV}{dt} = \frac{\nu V^2}{R}, \quad C - \frac{1}{V} = \frac{\nu t}{R}. \tag{75'}$$

Wollte man hier zur Bestimmung der Constanten die Annahme einführen, dass zur Zeit $t = 0$ die Geschwindigkeit des Punktes gleich Null ist, so erhielte man $C = \infty$, d. h., es würde V immer gleich Null bleiben. Dies ist erklärlich, denn wenn die Geschwindigkeit verschwindet, so fehlt auch die Centrifugalkraft, und ist N und damit die Reibung, wie auch die Beschleunigung, gleich Null; um sonach hier eine Bewegung zu erhalten, muss eine — gleichviel wie kleine — Anfangsgeschwindigkeit V_0 gegeben sein. Dann ist:

$$\frac{1}{V_0} - \frac{1}{V} = \frac{\nu t}{R}. \tag{75''}$$

Aber diese Gleichung gilt nicht unbegrenzt, sondern nur bis zu dem Zeitmoment, wo die Lineargeschwindigkeit des Punktes V gleich ist der Lineargeschwindigkeit des Ringes $V_1 = R\omega$; ist diese erreicht, so ist der Punkt in relativer Ruhe zum Ringe, die Reibung verschwindet plötzlich, und damit die Beschleunigung; die Geschwindigkeit bleibt constant gleich V_1. Die Zeit T, die vergeht, bis der Punkt die Bewegung des Ringes theilt, ist:

$$T = \frac{R}{\nu}\left(\frac{1}{V_0} - \frac{1}{V_1}\right). \text{ —} \tag{75'''}$$

Wie die gleitende Reibung, so ist auch der **Luftwiderstand** eine Kraft, welche die Eigenthümlichkeit hat, jederzeit der Bewegungsrichtung entgegengesetzt zu sein, sich also erst durch die Bewegung vollständig zu bestimmen; abweichend aber ist, dass sie der Grösse nach mit derjenigen der Geschwindigkeit variirt. Das strenge Gesetz, welches diese Abhängigkeit ausdrückt, ist noch nicht gefunden; es ist nicht unmöglich, dass nicht nur seine **Constanten**, sondern auch seine **Form** von der Gestalt des bewegten Körpers abhängen; wir wollen dafür kurz schreiben:

$$(K) = F(V).$$

Um mit einem solchen unbekannten Gesetz rechnen zu können, setzt man hier, wie in vielen anderen Fällen, kleine Werthe der Unabhängigen voraus, denkt sich dann die unbekannte Function nach Potenzen derselben entwickelt, etwa in der Form:

$$(K) = F_0 + VF_1 + V^2F_2 + \dots,$$

und beschränkt sich auf die niedrigsten Glieder der Reihe. Die

Beobachtung hat in jedem einzelnen Falle zu entscheiden, wie weit man hierbei zu gehen hat, um eine bestimmte verlangte Genauigkeit der Uebereinstimmung zu erhalten.

Wir wollen uns auf die ersten beiden Glieder beschränken, d. h. die Geschwindigkeit so klein denken, dass schon das dritte Glied vernachlässigt werden kann; es ist dabei stillschweigend vorausgesetzt, dass der Factor des zweiten Gliedes, also $(dF/dV)_{V=0}$, von Null verschieden ist. Wir führen ferner ein, dass für verschwindende Geschwindigkeit auch kein Luftwiderstand stattfindet, eine Thatsache, die sich leicht dadurch beweist, dass ein einfaches Pendel immer die gleiche Ruhelage annimmt, von welcher Seite es auch dieselbe erreiche.

Dadurch bestimmt sich das erste Glied F_0 zu Null, und wir erhalten für den Luftwiderstand eine lineäre Function der Geschwindigkeit, geschrieben:

$$(K) = f \cdot V,$$

worin f, die Constante des Gesetzes, für ein und denselben Massenpunkt unveränderlich, aber von einem zum anderen wechselnd zu denken ist.

Die Componenten dieser Kraft erhalten wir nach dem Vorstehenden aus (K) durch Multiplication mit den negativen Richtungscosinus des Bahnelementes dx/ds, dy/ds, dz/ds; dabei bedenken wir, dass $V = ds/dt$ die Gesammtgeschwindigkeit ist und $dx/dt = u$, $dy/dt = v$, $dz/dt = w$ die Geschwindigkeitscomponenten sind. Wirkt ausser dem Luftwiderstande noch parallel der $+Z$-Axe die Schwere, so erhalten wir die folgenden Bewegungsgleichungen:

$$\begin{aligned} m\frac{du}{dt} &= -fu, \\ m\frac{dv}{dt} &= -fv, \\ m\frac{dw}{dt} &= +mg - fw. \end{aligned} \tag{76}$$

Dieselben sind einfachster Art und integriren sich nach dem Schema c) auf S. 69.

Bezeichnet man mit u_0, v_0, w_0 die Werthe der Geschwindigkeiten für $t = 0$, so erhält man:

$$u = u_0 e^{-ft/m}, \quad v = v_0 e^{-ft/m}, \quad w - \frac{gm}{f} = \left(w_0 - \frac{gm}{f}\right) e^{-ft/m}, \tag{76'}$$

und hieraus, wenn man noch die Anfangswerthe der Coordinaten gleich x_0, y_0, z_0 setzt:

$$
\begin{aligned}
x = x_0 + \frac{m u_0}{f}\left(1 - e^{-ft/m}\right), \quad & y = y_0 + \frac{m v_0}{f}\left(1 - e^{-ft/m}\right), \\
z = z_0 + \frac{gmt}{f} + \frac{m}{f}\left(w_0 - \frac{gm}{f}\right)&\left(1 - e^{-ft/m}\right).
\end{aligned}
\tag{76''}
$$

Aus den ersten beiden Formeln folgt $(x - x_0):(y - y_0) = u_0 : v_0$, d. h., der Punkt bleibt bei seiner Bewegung stets in der durch die Richtung der Anfangsgeschwindigkeit gelegten verticalen Ebene. Wählen wir dieselbe zur XZ-Ebene, d. h. setzen $v_0 = 0$, und legen wir den Coordinatenanfang in den Ausgangspunkt, d. h. setzen

$$x_0 = y_0 = z_0 = 0,$$

so bleibt auch v und y stets gleich Null, und wir haben nur:

$$
\begin{aligned}
u &= u_0 e^{-ft/m}, \\
w &= \frac{gm}{f} + \left(w_0 - \frac{gm}{f}\right) e^{-ft/m}, \\
x &= \frac{m u_0}{f}\left(1 - e^{-ft/m}\right), \\
z &= \frac{gmt}{f} + \frac{m}{f}\left(w_0 - \frac{gm}{f}\right)\left(1 - e^{-ft/m}\right).
\end{aligned}
\tag{76'''}
$$

Mit wachsender Zeit nähert sich die horizontale Geschwindigkeit der Grenze Null, die verticale der Grenze gm/f; die ganze Bewegung verwandelt sich in einen verticalen gleichförmigen Fall. Für kugelförmige homogene Massen ist dabei f als nahezu dem Querschnitt proportional anzusehen; die Masse ist dem Volumen proportional, das Verhältniss f/m wird also indirect proportional mit dem Kugelradius sein. Daraus folgt, dass kleinere Kugeln langsamer fallen, als grössere derselben Substanz, und dass die Geschwindigkeit mit verschwindendem Radius auch verschwindet. Daher werden die sehr kleinen Wassertröpfchen, welche den Nebel bilden, trotz der Wirkung der Schwere von der Luft scheinbar getragen.

Die Betrachtung der Exponentialgrössen zeigt ferner, dass diese definitiven Geschwindigkeiten Null und gm/f um so schneller bis auf denselben Bruchtheil der Anfangsgeschwindigkeiten erreicht werden, je kleiner der Radius der Kügelchen ist.

Die grösste horizontale Entfernung, die in Folge der Anfangsgeschwindigkeit überhaupt zu erreichen ist, bestimmt sich $x_\infty = m u_0/f$; sie nimmt also mit wachsendem Widerstand ab, und ist — Kugeln gleicher Substanz vorausgesetzt — für die kleinsten auch am kleinsten.

Die Gleichung der Bahn ergiebt sich durch Elimination der Zeit in der Form:

$$z = \frac{x}{u_0}\left(w_0 - \frac{m g}{f}\right) - \frac{m^2 g}{f^2} \ln\left(1 - \frac{x f}{m u_0}\right).$$

§ 11. **Lebendige Kraft, Arbeit, Potential, Energie.**

Wir gehen aus von dem ersten der S. 52 angegebenen allgemeinen Sätze, der in der Formel

$$m \frac{d V}{d t} = P \tag{77}$$

enthalten ist und dahin lautet, dass die Componente der Beschleunigung eines Massenpunktes nach der Bahnrichtung multiplicirt mit seiner Masse gleich ist der Gesammtcomponente der ausgeübten Kräfte parallel der Bahn; wir multipliciren (77) mit der Identität

$$V d t = d s$$

und schreiben das Resultat

$$d\left(\frac{m V^2}{2}\right) = P d s. \tag{77'}$$

Man nennt nun das Product $\frac{1}{2} m V^2 = \Psi$ „die lebendige Kraft des Massenpunktes", das Product $P ds = d A$ „die von den wirkenden Kräften an dem Massenpunkt während dt geleistete Arbeit" und bezeichnet die Formel

$$d \Psi = d A \tag{77''}$$

als „die Gleichung der lebendigen Kraft für einen Massenpunkt". Sie lässt sich in die Worte fassen: der Zuwachs der lebendigen Kraft während dt ist gleich der in der gleichen Zeit an dem Massenpunkt geleisteten Arbeit.

Hierbei ist zu bemerken, dass die Arbeit $d A$ im Allgemeinen sich nicht in Form eines Differentiales, d. h. der während dt stattfindenden Aenderung einer Function von t darstellt, sondern allein die Bedeutung einer unendlich kleinen Grösse hat, die einen bestimmten von dt unabhängigen Grenzwerth des Verhältnisses $d A / d t$ liefert. Grössen ähnlicher Art sind uns bereits früher begegnet. Die in § 4 benutzten Strecken $\delta \sigma$, Winkel $\delta \varphi$, Zusatzgeschwindigkeiten $\delta V'$ und ihre Componenten $\delta u'$, $\delta v'$, $\delta w'$ waren keine Differentiale, sondern nur allein unendlich kleine Grössen, die, durch eine gewisse unendlich kleine Zeit $\delta \tau$ dividirt, bestimmte endliche, von $\delta \tau$ unabhängige Quotienten ergeben. Der Unterschied zwischen den beiden

Gattungen unendlich kleiner Grössen, die sich auf dasselbe Zeitelement dt beziehen, bekommt indessen erst jetzt bei dem Ausdruck für die Arbeit eine weitgehende Bedeutung und mag daher hier noch einmal nachdrücklich betont werden.

Für die Arbeit dA können wir noch andere Formen erhalten; zunächst finden wir, indem wir P als die Projection der Gesammtkraft K auf die Richtung s der Bahn ausdrücken:

$$dA = K\cos(K, s)\,ds; \tag{78}$$

hierin können wir $ds.\cos(K, s)$ als die Projection des während dt zurückgelegten Wegelementes auf die Richtung der Kraft zusammenfassen in die Bezeichnung dk und haben so:

$$dA = K\,dk. \tag{78'}$$

Setzen wir ferner für $\cos(K, s)$ seinen Werth, ausgedrückt durch die Cosinus der Winkel von K und s gegen die Coordinatenaxen, nämlich:

$$\cos(K, s) = \cos(K, x)\cos(s, x) + \cos(K, y)\cos(s, y) + \cos(K, z)\cos(s, z)$$

und führen weiter die Werthe ein:

$$\cos(K, x) = X/K, \quad \cos(K, y) = Y/K, \quad \cos(K, z) = Z/K,$$
$$\cos(s, x) = dx/ds, \quad \cos(s, y) = dy/ds, \quad \cos(s, z) = dz/ds,$$

so erhalten wir auch:

$$dA = X\,dx + Y\,dy + Z\,dz. \tag{78''}$$

Nun ist aber jeder der Ausdrücke $X\,dx$, $Y\,dy$, $Z\,dz$ von derselben Form, wie $K\,dk$ in (78'); jene stellen also die Arbeiten der drei Gesammtcomponenten dar, und man kann die letzte Gleichung dahin deuten, dass die gesammte Arbeit gleich der Summe der Arbeiten der einzelnen zu einander normalen Componenten ist.

Endlich können wir X, Y, Z noch durch die Componenten X_h, Y_h, Z_h der Einzelkräfte K_h ausdrücken und schreiben:

$$dA = \sum(X_h\,dx + Y_h\,dy + Z_h\,dz), \tag{78'''}$$

was nach (78'') auch identisch ist mit

$$dA = \sum dA_h.$$

Diese Formel spricht den allgemeinen Satz aus, dass die gesammte Arbeit eines Systemes beliebiger Kräfte gleich ist der Summe derjenigen Einzelarbeiten, welche die, gleichviel wie gegen einander gelegenen, Einzelkräfte in der gleichen Zeit leisten. Ihr entspricht die allgemeinere Gestalt der Gleichung der lebendigen Kraft:

$$d\Psi = \sum dA_h. \tag{79}$$

Wendet man diese Formel auf ein endliches Zeitintervall an, indem man sie von einem Zeitpunkt t_1 bis zu einem anderen t_2 integrirt, und bezeichnet man die t_1 und t_2 entsprechenden Werthe der lebendigen Kraft mit Ψ_1 und Ψ_2, so findet sich:

$$\Psi_2 - \Psi_1 = \int_{t=t_1}^{t=t_2} \sum d A_h. \tag{79'}$$

Um den Sinn dieser Gleichung darzulegen, wenden wir sie auf den Fall an, dass sich ein Massenpunkt frei oder auf einer festen Oberfläche oder Curve unter der Wirkung der Schwerkraft und derjenigen einer der Bewegung entgegengesetzten Widerstandskraft bewegt, welche einer Potenz der Geschwindigkeit proportional ist.

Die Arbeit der Schwerkraft bei einer Verschiebung ds, deren Projection auf die nach unten positiv gerechnete Z-Axe gleich dz ist, wird nach Formel (78') gleich $m g dz$, diejenige der Widerstandskraft gleich $-f V^i ds$, die der Reaction einer festen Bahn verschwindet, und wir haben demgemäss nach (79') in unserem Fall:

$$\Psi_2 - \Psi_1 = m g \int_{t=t_1}^{t=t_2} dz - f \int_{t=t_1}^{t=t_2} V^i ds.$$

Um die Grenzen der Integrale in Beziehung zu den Integrationsvariabeln zu setzen, wollen wir die zur Zeit t_1 resp. t_2 erreichten Höhen über einem fest angenommenen Niveau, z. B. über der Erdoberfläche, mit z_1 resp. z_2 bezeichnen und benutzen, dass $V = ds/dt$ ist; dann können wir schreiben:

$$\Psi_2 - \Psi_1 = m g \int_{z_1}^{z_2} dz - f \int_{t_1}^{t_2} V^{i+1} dt.$$

Die hier rechts neben einander stehenden beiden Arbeiten haben einen sehr verschiedenen Charakter.

Wir bemerken, dass die Integration des ersten Gliedes sich ausführen lässt, ohne dass wir die Bewegungsgesetze des Massenpunktes entwickelt haben; ihr Resultat, nämlich $m g (z_2 - z_1)$ ist ausser von dem Gewicht des Massenpunktes nur abhängig von der Differenz seiner verticalen Coordinaten zu Anfang und zu Ende der Periode $(t_2 - t_1)$, aber weder von der Zeit $(t_2 - t_1)$ selbst, noch von der Bahn, welche während dieser Zeit durchlaufen ist, noch von der Geschwindigkeit, welche während dieser Zeit stattgefunden hat. Kurz gesagt ist der Werth nur von der Höhendifferenz $z_2 - z_1$ an den Grenzen der Periode $t_2 - t_1$, aber nicht von den Zuständen in der Zwischenzeit abhängig.

Demgegenüber ist das zweite Integral erst ausführbar, wenn das Bewegungsproblem gelöst ist, und wir die Geschwindigkeit des Punktes als Function der Zeit kennen; sein Werth bestimmt sich also nicht nur durch Anfangs- und Endort, sondern auch durch die Zwischenzustände, oder, anders ausgedrückt, durch alle die Umstände, welche auf den ganzen Verlauf der Bewegung Einfluss haben, wie die neben dem Widerstand noch wirkende Schwerkraft, die Gestalt eventueller fester Bahnen, die Richtung und die Grösse der Anfangsgeschwindigkeit u. dergl.

Gemäss der vorstehenden Erörterung unterscheiden wir die auf einen Massenpunkt wirkenden Kräfte in zwei Gattungen oder Classen, je nachdem ihre während eines Zeitelementes geleistete Arbeit dA die Form eines Differentiales nach der Zeit besitzt oder nicht. Für die ersteren ist die während endlicher Zeit geleistete Arbeit nur abhängig von den Zuständen am Anfang und am Ende, für die letzteren auch von den durchlaufenen Zwischenzuständen.

Um die charakteristischen Merkmale beider Arten von Kräften zu finden, gehen wir aus von der Definition (78'') der Arbeit, die wir, um gewisse Ueberlegungen klarer hervortreten zu lassen, zunächst in der äquivalenten Form:

$$\delta A = X\delta x + Y\delta y + Z\delta z$$

schreiben, und fragen nach der Bedingung dafür, dass die rechte Seite ein Differential, resp. eine Variation nach der Zeit ist, falls δx, δy, δz dem Zeitelement δt entsprechende Incremente bezeichnen.

Wir sehen zunächst von der Annahme ab, dass die von uns betrachteten Kräfte nur die Zeit, die Coordinaten und die Geschwindigkeiten enthalten sollen, und untersuchen demgemäss die allgemeinste Variation einer Function Φ, die t, x, y, z, u, v, w und auch die Differentialquotienten von u, v, w enthält, welche letztere wir durch die oberen Indices bezeichnen wollen gemäss dem Schema

$$\frac{dx}{dt} = x', \quad \frac{d^2x}{dt^2} = x'' \text{ u. s. f.}$$

Dann schreibt sich:

$$\delta\Phi = \frac{\partial\Phi}{\partial t}\delta t + \frac{\partial\Phi}{\partial x}\delta x + \cdots + \frac{\partial\Phi}{\partial x'}\delta x' + \cdots + \frac{\partial\Phi}{\partial x''}\delta x'' + \cdots + \frac{\partial\Phi}{\partial x'''}\delta x''' + \cdots$$

Wir benutzen nun, dass nach der Bedeutung von x'

$$\frac{\delta(x + dx) - \delta x}{dt} = \delta x' = \frac{d\,\delta x}{dt}$$

gilt, da ja die Differenz der Variationen der X-Coordinaten des Massenpunktes in zwei um dt entfernten Momenten durch die Zeit dt dividirt identisch mit der Variation der Geschwindigkeit ist, und haben demgemäss folgende identische Beziehungen:

$$\frac{\partial \Phi}{\partial x'}\delta x' = \frac{d}{dt}\left(\delta x \frac{\partial \Phi}{\partial x'}\right) - \delta x \frac{d}{dt}\frac{\partial \Phi}{\partial x'},$$

$$\frac{\partial \Phi}{\partial x''}\delta x'' = \frac{d}{dt}\left(\delta x' \frac{\partial \Phi}{\partial x''}\right) - \delta x' \frac{d}{dt}\frac{\partial \Phi}{\partial x''}$$

$$= \frac{d}{dt}\left(\delta x' \frac{\partial \Phi}{\partial x''}\right) - \frac{d}{dt}\left(\delta x \frac{d}{dt}\frac{\partial \Phi}{\partial x''}\right) + \delta x \frac{d^2}{dt^2}\frac{\partial \Phi}{\partial x''},$$

$$\frac{\partial \Phi}{\partial x'''}\delta x''' = \frac{d}{dt}\left(\delta x'' \frac{\partial \Phi}{\partial x'''}\right) - \delta x'' \frac{d}{dt}\frac{\partial \Phi}{\partial x'''}$$

$$= \frac{d}{dt}\left(\delta x'' \frac{\partial \Phi}{\partial x'''}\right) - \frac{d}{dt}\left(\delta x' \frac{d}{dt}\frac{\partial \Phi}{\partial x'''}\right) + \delta x' \frac{d^2}{dt^2}\frac{\partial \Phi}{\partial x'''}$$

$$= \frac{d}{dt}\left(\delta x'' \frac{\partial \Phi}{\partial x'''}\right) - \frac{d}{dt}\left(\delta x' \frac{d}{dt}\frac{\partial \Phi}{\partial x'''}\right) + \frac{d}{dt}\left(\delta x \frac{d^2}{dt^2}\frac{\partial \Phi}{\partial x'''}\right) - \delta x \frac{d^3}{dt^3}\frac{\partial \Phi}{\partial x'''},$$

. . . .

Hiernach kann man aus der Formel für $\delta \Phi$ bilden:

$$\delta x \left[\frac{\partial \Phi}{\partial x} - \frac{d}{dt}\frac{\partial \Phi}{\partial x'} + \frac{d^2}{dt^2}\frac{\partial \Phi}{\partial x''} - \frac{d^3}{dt^3}\frac{\partial \Phi}{\partial x'''} \pm \cdots\right] + \cdots$$

$$= \delta \Phi - \frac{\partial \Phi}{\partial t}\delta t - \frac{d}{dt}\left[\delta x \left(\frac{\partial \Phi}{\partial x'} - \frac{d}{dt}\frac{\partial \Phi}{\partial x''} + \frac{d^2}{dt^2}\frac{\partial \Phi}{\partial x'''} \mp \cdots\right) + \cdots\right.$$

$$+ \delta x' \left(\frac{\partial \Phi}{\partial x''} - \frac{d}{dt}\frac{\partial \Phi}{\partial x'''} \pm \cdots\right) + \cdots$$

$$\left. + \delta x'' \left(\frac{\partial \Phi}{\partial x'''} \mp \cdots\right) + \cdots\right].$$

Die auf die y- und z-Coordinaten sich beziehenden Glieder sind hierin überall nur angedeutet. Man erkennt Folgendes.

Sind unter den Variationen δ die während der Zeit dt in Folge der wirklichen Bewegungen eintretenden Veränderungen verstanden, ist also:

$$\delta x = x'\,dt, \quad \delta x' = x''\,dt, \quad \delta x'' = x'''\,dt \ldots$$

und ist daher auch $\delta \Phi = (d\Phi/dt)\,dt$, so hat in der letzten Gleichung unter der einzigen Bedingung, dass Φ die Zeit t nicht enthält, die rechte Seite stets die Form eines Differentiales nach der Zeit und giebt bei Integration von t_1 bis t_2 einen Werth, der nur von den Zuständen in t_1 und t_2, nicht aber von zwischenliegenden abhängt.

Deutet man dann die Factoren von δx, δy, δz als Ausdrücke für die negativen Kraftcomponenten, so gelangt man zu folgendem Resultate:

Existirt eine Function Φ der Coordinaten des Massenpunktes und beliebiger ihrer Ableitungen (das Potential im weiteren Sinne des Wortes), durch welche sich die auf jenen wirkenden Kraftcomponenten in folgender Weise ausdrücken:

$$\begin{aligned} X &= -\frac{\partial \Phi}{\partial x} + \frac{d}{dt}\frac{\partial \Phi}{\partial x'} - \frac{d^2}{dt^2}\frac{\partial \Phi}{\partial x''} + \frac{d^3}{dt^3}\frac{\partial \Phi}{\partial x'''} \mp \cdots, \\ Y &= -\frac{\partial \Phi}{\partial y} + \frac{d}{dt}\frac{\partial \Phi}{\partial y'} - \frac{d^2}{dt^2}\frac{\partial \Phi}{\partial y''} + \frac{d^3}{dt^3}\frac{\partial \Phi}{\partial y'''} \mp \cdots, \\ Z &= -\frac{\partial \Phi}{\partial z} + \frac{d}{dt}\frac{\partial \Phi}{\partial z'} - \frac{d^2}{dt^2}\frac{\partial \Phi}{\partial z''} + \frac{d^3}{dt^3}\frac{\partial \Phi}{\partial z'''} \mp \cdots, \end{aligned} \tag{80}$$

so besitzt jederzeit die von ihnen bei der Bewegung des Massenpunktes während der Zeit dt geleistete Arbeit dA die Form eines vollständigen Differentiales nach der Zeit von einer Function $-\Pi$, die gegeben ist durch

$$\begin{aligned} \Pi = \Phi - x' &\left(\frac{\partial \Phi}{\partial x'} - \frac{d}{dt}\frac{\partial \Phi}{\partial x''} \pm \cdots\right) - \cdots \\ - x'' &\left(\frac{\partial \Phi}{\partial x''} - \frac{d}{dt}\frac{\partial \Phi}{\partial x'''} \pm \cdots\right) - \cdots \\ - x''' &\left(\frac{\partial \Phi}{\partial x'''} - \frac{d}{dt}\frac{\partial \Phi}{\partial x''''} \pm \cdots\right) - \cdots \end{aligned} \tag{80'}$$

Die Differenz der Werthe der Function $-\Pi$ für einen beliebigen Anfangs- und Endzustand giebt demgemäss direct den Werth der Arbeit an, die von jenen Kräften zu leisten ist, um den Massenpunkt von dem einen Zustand zum anderen überzuführen.

Die in (80) enthaltenen Ausdrücke für die Kraftcomponenten, welche die Arbeit zu einem Zeitdifferential machen, sind aber noch nicht die allgemeinsten, insofern noch Glieder X_0, Y_0, Z_0 hinzugefügt werden können, die überhaupt keinen Antheil zur Arbeit liefern. Solche sind in allgemeinster Form die nachstehenden

$$X_0 = vF_3 - wF_2, \quad Y_0 = wF_1 - uF_3, \quad Z_0 = uF_2 - vF_1, \tag{80''}$$

wobei die drei Functionen F_1, F_2, F_3 keinerlei Beschränkungen unterliegen. In der That, bildet man die Arbeit dieser Componenten nach dem Schema (78'') unter Rücksicht auf die Werthe $dx = u\,dt$, $dy = v\,dt$, $dz = w\,dt$, so erhält man identisch Null. Dies drückt nach (78) aus, dass die Resultirende K_0 jederzeit normal zur Geschwindigkeit V steht. Die Reactionen ruhender fester Bahnen fallen unter dies Schema, nicht aber die bewegter.

Nach dem Gesagten ist der in (80′) angegebene Ausdruck von Π der allgemeinste, obwohl erst die Combination der Formeln (80) und (80″) die allgemeinste Form der Componenten X, Y, Z liefert. Wirken nun mehrere Kräfte K_h, denen verschiedene Functionen Π_h entsprechen, so ist nach (78‴) ihre Arbeit

$$d\,A = \Sigma\, d\,A_h = -\,d\,\Sigma\,\Pi_h = -\,d\,\Pi, \tag{81}$$

wenn Π nun kurz für $\Sigma\,\Pi_h$ gesetzt wird. Demgemäss nimmt die Gleichung der lebendigen Kraft (77″) die Form an

$$d(\Psi + \Pi) = 0, \quad \text{d. h.} \quad \Psi + \Pi = \text{Const.} \tag{81′}$$

Es erscheinen also Ψ und Π als die veränderlichen Theile einer einzigen, bei der Bewegung des Massenpunktes unveränderlichen und somit für den Vorgang charakteristischen physikalischen Grösse, die man die Energie E des Punktes unter der Wirkung der Kräfte K_h nennt, indem man schreibt

$$\Psi + \Pi = E, \quad d\,E = 0, \quad \text{d. h.} \quad E = \text{Const.} \tag{81″}$$

Ψ führt dabei auch den Namen der kinetischen oder Bewegungsenergie, Π den der potentiellen oder Kraftenergie.

Da Massenpunkte unter der alleinigen Wirkung von Kräften, welche ein Potential haben, eine unveränderliche Energie besitzen, so nennt man derartige Kräfte conservativ.

Wir schliessen diese allgemeinen Ueberlegungen mit einigen Bemerkungen über die Dimensionen und die Einheiten der in diesem Abschnitte neu eingeführten Functionen.

Arbeit, lebendige Kraft, Potential, Energie sind mit einander sämmtlich durch Additions- oder Gleichheitszeichen verbunden, sie besitzen somit auch sämmtlich die gleichen Dimensionen. Nach der Formel (78) erhält man sogleich

$$[A] = [\Psi] = [\Phi] = [\Pi] = [E] = [m\,l^2\,t^{-2}]. \tag{81‴}$$

Aus derselben Gleichung ergiebt sich als die wissenschaftliche Einheit der Arbeit — und hiermit der übrigen verwandten Grössen — diejenige Arbeit, welche eine Krafteinheit (eine Dyne) bei der Verschiebung ihres Angriffspunktes in ihrer Richtung um die Längeneinheit (1 cm) leistet, oder die aufgewendet werden muss, um einen Massenpunkt, auf den eine Dyne wirkt, deren Richtung entgegen um 1 cm zu verschieben. Diese Einheit wird Erg genannt.

Die technische Arbeitseinheit ist, gemäss der auf S. 68 mitgetheilten Definition der technischen Krafteinheit, diejenige Arbeit, welche erforderlich ist, um im Meeresniveau unter 45° geographischer Breite die Masseneinheit (1 kg) der Schwere entgegen um die Längeneinheit (1 m) zu heben. Diese Einheit wird Kilogrammmeter genannt. —

Wir wenden uns nun wieder dem früher stets allein vorausgesetzten speciellen Falle zu, dass die Kräfte nur von den Coordinaten und deren ersten Ableitungen abhängen. Hier muss nach (80) Φ die sämmtlichen Ableitungen der Coordinaten lineär enthalten, und zwar die ersten in Functionen von x, y, z, die höheren in Constanten multiplicirt; die letzteren würden dabei nach (80) auf die Werthe der Kräfte gar keine Wirkungen äussern und können ignorirt werden. Man kann deshalb als den allgemeinsten mit unserer Annahme verträglichen Werth von Φ den Ausdruck bilden:

$$\Phi = \varphi_0 + u\varphi_1 + v\varphi_2 + w\varphi_3,$$

worin die φ_h nur die Coordinaten enthalten; daraus folgt dann:

$$X = -\frac{\partial \varphi_0}{\partial x} + v\left(\frac{\partial \varphi_1}{\partial y} - \frac{\partial \varphi_2}{\partial x}\right) - w\left(\frac{\partial \varphi_3}{\partial x} - \frac{\partial \varphi_1}{\partial z}\right)$$

$$Y = -\frac{\partial \varphi_0}{\partial y} + w\left(\frac{\partial \varphi_2}{\partial z} - \frac{\partial \varphi_3}{\partial y}\right) - u\left(\frac{\partial \varphi_1}{\partial y} - \frac{\partial \varphi_2}{\partial x}\right)$$

$$Z = -\frac{\partial \varphi_0}{\partial z} + u\left(\frac{\partial \varphi_3}{\partial x} - \frac{\partial \varphi_1}{\partial z}\right) - v\left(\frac{\partial \varphi_2}{\partial z} - \frac{\partial \varphi_3}{\partial y}\right), \quad \Pi = \varphi_0.$$

Die von $\varphi_1, \varphi_2, \varphi_3$ abhängigen Glieder fallen ersichtlich unter das Schema (80''), wir können sie sonach hier fortlassen und mit X_0, Y_0, Z_0 vereinigt denken, wobei nun unter F_1, F_2, F_3 in Uebereinstimmung mit der obigen Annahme beliebige Function von t, x, y, z, u, v, w zu verstehen sind. Φ wird jetzt mit Π und φ_0 identisch.

Hiernach sind wir zu folgendem Resultat gelangt:

Kraftcomponenten, welche nur von den Coordinaten und den Geschwindigkeiten abhängen, ergeben die während eines Zeitelementes dt geleistete Arbeit in Form eines Differentiales nur in den beiden Fällen, dass sie

a) ein Potential Φ besitzen, welches eine Function der Coordinaten allein ist (das Potential im engeren Sinne), und durch dasselbe gegeben sind gemäss den Beziehungen:

$$X = -\frac{\partial \Phi}{\partial x}, \quad Y = -\frac{\partial \Phi}{\partial y}, \quad Z = -\frac{\partial \Phi}{\partial z}, \tag{82}$$

b) den Werth der Arbeit zu Null machen, wozu nothwendig und hinreichend ist, dass die Richtung ihrer Resultante normal zu derjenigen der Bewegung steht.

Damit ein Potential (specieller Art) existire, ist erforderlich die Erfüllung der Bedingungen, welche sich aus den vorstehenden Gleichungen durch Elimination von Φ ergeben, nämlich:

$$\frac{\partial Y}{\partial z} = \frac{\partial Z}{\partial y}, \quad \frac{\partial Z}{\partial x} = \frac{\partial X}{\partial z}, \quad \frac{\partial X}{\partial y} = \frac{\partial Y}{\partial x}; \tag{82'}$$

damit die Resultante der Kräfte normal zur Bewegungsrichtung stehe, ist erforderlich, dass gelte:

$$Xu + Yv + Zw = 0. \tag{82''}$$

Da für die Kräfte der jetzt behandelten speciellen Art das Potential Φ und die potentielle Energie Π identisch sind, so nehmen hier die Gleichungen (81) und (81″) die Formen an

$$\begin{gathered} dA = \Sigma\, dA_h = -\, d\Sigma\, \Phi_h = -\, d\Phi, \\ \Psi + \Phi = E, \quad dE = 0, \quad E = \text{Const.} \end{gathered} \tag{82'''}$$

Die Kräfte, welche der Bedingung (82″) genügen, kommen in diesen Sätzen gar nicht vor, sie geben somit auch keinen Beitrag zur Energie des Punktes. Sie bieten überhaupt der allgemeinen Behandlung geringeres Interesse. Zu ihnen gehört ausser der Reaction fester reibungsloser Oberflächen und Curven in der Natur wohl nur noch die Wirkung, die ein bewegtes elektrisches Theilchen in einem Magnetfelde erleidet. Dagegen spielen die Kräfte, welche ein Potential Φ im engeren Sinne des Wortes besitzen, in der Physik eine ausserordentlich grosse Rolle, und wir wenden uns jetzt ihrer näheren Betrachtung zu.

Das Potential Φ wird durch die Formeln (82) definirt; da die Kraft K ein polarer Vector ist, so muss Φ nach S. 17 eine scalare Function der Coordinaten sein, die bei Umkehrung aller Coordinatenrichtungen ihr Vorzeichen nicht ändert. Der Zusammenhang zwischen Φ und K ist ein erstes wichtiges Beispiel für die in der Einleitung besprochenen Beziehungen zwischen einem Scalar und einem Vector, einem scalaren und einem vectoriellen Feld.

Für Φ selbst folgt aus (82) der Ausdruck

$$\Phi = C - \int (X dx + Y dy + Z dz), \tag{83}$$

in dem C eine Integrationsconstante bezeichnet. Man bestimmt C, indem man an einer Stelle 0 des Raumes Φ einem vorgeschriebenen Werthe, etwa der Null, gleich macht. Im letzteren Falle rechnet man also mit der Differenz des Potentiales an einer beliebigen Stelle und dem Punkte 0.

Da $\Phi_1 - \Phi_0$ nach (82‴) die Arbeit A_{10} darstellt, welche die Kraft K bei der Ueberführung des Massenpunktes von (1) nach (0) leistet oder welche das Entgegengesetzte derjenigen Arbeit ist, die zur Ueberführung des Punktes entgegen der Kraft K aufgewandt werden muss, so ist damit eine einfache Deutung des Werthes von Φ bei dieser Constantenbestimmung gegeben.

Wir wollen nun den Zusammenhang zwischen dem Potentialfeld und Kraftfeld, d. h. zwischen der räumlichen Vertheilung des Potentiales und derjenigen der Kraft gemäss den allgemeinen Resultaten von S. 9 geometrisch veranschaulichen.

Da Φ eine Function der Coordinaten allein ist, so stellt die Gleichung

$$\Phi = c, \tag{83'}$$

unter c eine Constante verstanden, eine Oberfläche dar, auf der das Potential überall denselben Werth hat; man nennt sie eine Potentialfläche. Construirt man die ganze Schaar von Oberflächen $\Phi = c$, welche um immer gleiche Beträge δc von $-\infty$ bis $+\infty$ wachsenden Werthen von c entspricht, so liegt die Kraft

$$K = \frac{\partial \Phi}{\partial n} = \sqrt{\left(\frac{\partial \Phi}{\partial x}\right)^2 + \left(\frac{\partial \Phi}{\partial y}\right)^2 + \left(\frac{\partial \Phi}{\partial z}\right)^2} \tag{83''}$$

an jeder Stelle p normal zu der sie schneidenden Potentialfläche, von grösseren zu kleineren Werthen Φ hin, und hat die Grösse δc dividirt durch den normalen Abstand δn der in p einander benachbarten Flächen $\Phi = c$, ist also mit δn indirect proportional.

Die senkrechten Trajectorien des Systemes von Potentialflächen, welche hiernach an jeder Stelle durch die Richtung ihrer Tangente die Richtung der dort wirkenden Kraft angeben, heissen die Kraftlinien des Potentialfeldes. Ihre Differentialgleichungen sind

$$dx : dy : dz = \frac{\partial \Phi}{\partial x} : \frac{\partial \Phi}{\partial y} : \frac{\partial \Phi}{\partial z}. \tag{83'''}$$

Legt man durch alle Randpunkte eines Flächenelementes ihre Kraftlinien, so entsteht ein Canal, den man als Kraftröhre bezeichnet.

Ausser dem im Vorstehenden dargethanen Nutzen zur Veranschaulichung einer Kraftvertheilung im Raume bietet die Einführung der Potentialflächen Vortheile zur Verdeutlichung gewisser Gesetzmässigkeiten der Bewegung und des Gleichgewichtes eines jener Kraft unterworfenen Massenpunktes.

Die eine ist in der Gleichung der lebendigen Kraft

$$E = \Phi + \Psi = \text{Const.}$$

enthalten und geht dahin, dass ein unter der Wirkung eines Potentiales bewegter, übrigens freier oder beliebig an eine feste Oberfläche oder Curve gebundener Massenpunkt eine jede Potentialfläche stets mit derselben Geschwindigkeit passirt oder berührt. Sie stellt eine grosse Erweiterung des S. 98 nur für den ganz speciellen Fall der Bewegung unter der Wirkung der Schwere abgeleiteten Satzes dar.

Die andere ergiebt sich aus den S. 58 aufgestellten allgemeinen Bedingungen des Gleichgewichtes. Ist der Punkt frei und nur einem Potential im engeren Sinne des Wortes unterworfen, so ist die Bedingung, welche seine Gleichgewichtslagen definirt, nach (82) das Verschwinden der Ableitungen von Φ nach den Coordinaten. Die Formeln

$$\frac{\partial \Phi}{\partial x} = 0, \quad \frac{\partial \Phi}{\partial y} = 0, \quad \frac{\partial \Phi}{\partial z} = 0$$

bestimmen aber bekanntlich die Stellen grösster oder kleinster Werthe von Φ.

Ist der Punkt an eine feste Oberfläche oder feste Curve gebunden und ausserdem unter der Wirkung eines Potentiales, so ergeben die Resultate von S. 116 zusammen mit Gleichung (83'''), dass die Gleichgewichtslagen in die Stellen grösster oder kleinster Potentialwerthe auf der Fläche oder auf der Curve fallen.

Bedenkt man, dass nach (82) die resultirende Kraft immer von grösseren zu kleineren Potentialwerthen gerichtet ist, und dass ein Gleichgewichtszustand stabil oder labil ist, je nachdem der Massenpunkt bei einer unendlich kleinen Verschiebung durch die entstehende Kraft zurück- oder hinweggeführt wird, so erkennt man die Gültigkeit des Satzes:

Für einen nur unter der Wirkung eines Potentiales stehenden freien oder an eine feste Oberfläche oder Curve gebundenen Massenpunkt sind die ihm zugehörigen Orte stabilen oder labilen Gleichgewichtes durch die Punkte kleinster oder grösster Potentialwerthe gegeben.

§ 12. Bewegung eines Massenpunktes unter der Wirkung eines ruhenden Wirkungscentrums.

Als Centralkräfte allgemeiner Art bezeichnet man ursprünglich solche auf einen Massenpunkt ausgeübte Kräfte, die immer nach demselben Punkt im Raume, dem Wirkungscentrum, hin gerichtet sind. Wir unterscheiden von ihnen die Centralkräfte specieller Art durch die zu der obigen tretende weitere Eigenschaft, dass ihre Grösse allein von der Entfernung des Massenpunktes von dem Wirkungscentrum abhängt.

Das Wirkungscentrum wird in der Regel gleichfalls von einem Massenpunkt eingenommen, der als der Ausgangspunkt der Centralkraft erscheint, da letztere mit der Beseitigung dieses Massenpunktes verschwindet, mit seiner Veränderung wechselt. In diesem Falle pflegt die auf den ersten Massenpunkt ausgeübte Kraft auch dann noch dauernd nach dem das Wirkungscentrum repräsentirenden zweiten hin gerichtet zu sein, wenn dieser sich bewegt. Man gelangt so zu der Vorstellung bewegter Wirkungscentren.

Die Verhältnisse der Bewegung werden besonders einfach, wenn nur ein Wirkungscentrum vorhanden ist und dasselbe seinen Ort nicht ändert — der Fall, auf welchen wir uns nach der Ueberschrift zunächst beschränken —; es lässt sich nachweisen, dass in diesem Falle stets ein Potential für die wirkende Kraft existirt, und das Problem erscheint daher als ein einfaches Beispiel zu den allgemeinen Entwickelungen des vorigen Abschnittes.

Liegt der Coordinatenanfang in dem ruhenden Wirkungscentrum, und befindet sich der Massenpunkt an der Stelle x, y, z, so ist die Entfernung r der beiden gegeben durch:

$$r^2 = x^2 + y^2 + z^2.$$

Da die Kraft in der Richtung von r liegen soll, so folgt, wenn man letztere nach dem Coordinatenanfang hin positiv rechnet:

$$m\frac{d^2x}{dt^2} = X = -K\frac{x}{r}, \quad m\frac{d^2y}{dt^2} = Y = -K\frac{y}{r}, \quad m\frac{d^2z}{dt^2} = Z = -K\frac{z}{r}; \quad (84)$$

dabei ist K in Uebereinstimmung mit dem S. 14 allgemein Gesagten das positive oder negative Vorzeichen zu geben, je nachdem die Wirkung in einer Anziehung oder einer Abstossung besteht.

Wir bemerken nun, dass

$$\frac{\partial r}{\partial x} = \frac{x}{r}, \quad \frac{\partial r}{\partial y} = \frac{y}{r}, \quad \frac{\partial r}{\partial z} = \frac{z}{r},$$

also

$$X = -K\frac{\partial r}{\partial x}, \quad Y = -K\frac{\partial r}{\partial y}, \quad Z = -K\frac{\partial r}{\partial z}$$

ist; K als Function von r allein lässt sich auch schreiben:

$$K = \frac{d}{dr}\int K\,dr = +\frac{d\Phi}{dr}, \tag{84'}$$

und daher ist:

$$X = -\frac{\partial \Phi}{\partial x}, \quad Y = -\frac{\partial \Phi}{\partial y}, \quad Z = -\frac{\partial \Phi}{\partial z}.$$

Jede Centralkraft specieller Art K besitzt ein Potential von dem Werth

$$\Phi = \int K\,dr + C. \tag{84''}$$

Ueber die Bestimmung der Constanten C ist S. 135 gesprochen.

Nach dem im vorigen Paragraphen Erörterten ist daher für Centralkräfte der vorausgesetzten Art eine integrable Combination der Bewegungsgleichungen ganz allgemein angebbar, nämlich die Formel $dE = d(\Psi + \Phi) = 0$, welche durch Integration liefert:

$$E = \Psi + \Phi = c_1. \tag{84'''}$$

Es ist nun eine sehr bemerkenswerthe Eigenschaft dieser Kräfte, dass für dieselben auch die übrigen zur vollständigen Lösung des Bewegungsproblemes erforderlichen integrabeln Combinationen ganz allgemein aufgestellt werden können.

Die eine erhalten wir durch die Anwendung des Satzes, dass die Kraft stets in der Osculationsebene der Bahn liegt; denn aus ihm folgt ohne alle Rechnung durch die einfache Anschauung, dass der bewegte Massenpunkt stets in der Ebene bleiben muss, welche Wirkungscentrum, Anfangslage und Anfangsgeschwindigkeit des Massenpunktes enthält. Man braucht, um dies einzusehen, nur von Zeitelement zu Zeitelement fortzuschreiten und zu bedenken, dass die Ebene durch zwei benachbarte Bahnelemente stets das Wirkungscentrum enthalten muss. Die Gleichung der Bahnebene ist als ein zweites Integral unserer Gleichungen anzusehen.

Lassen wir die XY-Ebene mit der Ebene der Bahn zusammenfallen, so ist jetzt nur noch eine integrable Combination der Bewegungsgleichungen aufzusuchen. Diese letzteren lauten jetzt:

$$m\frac{d^2x}{dt^2} = -K\frac{x}{r}, \quad m\frac{d^2y}{dt^2} = -K\frac{y}{r}, \quad \text{wo nun } r^2 = x^2 + y^2 \text{ ist;}$$

multiplicirt man sie resp. mit y und x und subtrahirt, so erhält man:

$$x\frac{d^2y}{dt^2} - y\frac{d^2x}{dt^2} = 0, \tag{85}$$

und diese Formel hat die Gestalt eines Differentialquotienten nach der Zeit, denn sie ist identisch mit:

$$\frac{d}{dt}\left(x\frac{dy}{dt} - y\frac{dx}{dt}\right) = \frac{d}{dt}(xv - yu) = 0. \qquad (85')$$

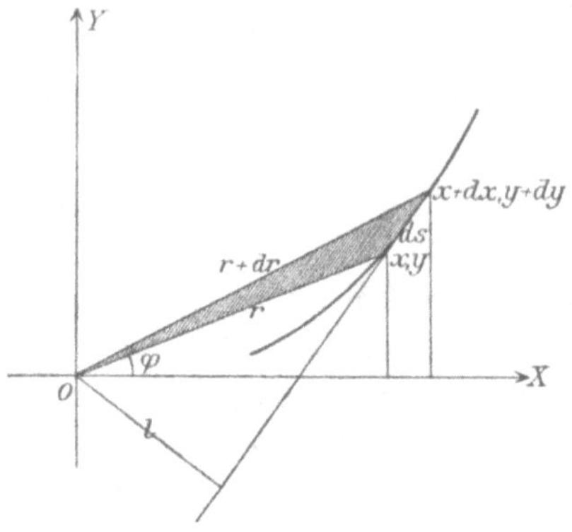

Fig. 16.

Letztere Gleichung hat eine einfache Bedeutung; x, y und $x + dx$, $y + dy$ sind die Orte des Massenpunktes zur Zeit t und $t + dt$; $\frac{1}{2}(x\,dy - y\,dx)$ ist die in der Fig. 16 schraffirte Fläche, die vom Radiusvector nach dem Wirkungscentrum in der Zeit dt bestrichen wird; durch dt dividirt, ist sie die **Flächengeschwindigkeit**, d. h. die Geschwindigkeit, mit welcher die von der Bahn, einem festen und dem mit dem Massenpunkt fortrückenden Radiusvector begrenzte Fläche mit der Zeit wächst. Nennen wir diese Flächengeschwindigkeit Ω, so ist die obige Gleichung:

$$\frac{d\Omega}{dt} = 0; \quad \text{sie giebt integrirt} \quad \Omega = c_2 \qquad (85'')$$

und sagt aus, dass bei den betrachteten Centralbewegungen die Flächenbeschleunigung gleich Null, die Flächengeschwindigkeit also constant ist; man bezeichnet diese Gleichung als den **Flächensatz**. Bemerken wir, dass bei der Ableitung dieses Satzes nur die Richtung, nicht aber die Grösse der wirkenden Kraft in Betracht kam, so können wir dem Satz die folgende allgemeine Fassung geben:

Bei einem unter der Wirkung einer Centralkraft allgemeiner Art bewegten Massenpunkt bestreicht der Radiusvector nach dem Wirkungscentrum in gleichen Zeiten gleiche Flächen.

Hieraus fliesst eine einfache und auschauliche Folgerung. Ist ds in der Figur 16 der während dt zurückgelegte Weg, l das Loth vom Wirkungscentrum auf die Richtung von ds, so ist nach dem Satz $l\,ds/dt$ für alle Stellen derselben Bahn eine Constante. Da nun $ds/dt = V$, d. h. gleich der Geschwindigkeit ist, so ergiebt sich der Satz:

Bei jeder Centralbewegung der betrachteten Art ist längs derselben Bahn die Geschwindigkeit indirect pro-

portional der Länge des Lothes vom Wirkungscentrum auf die Tangente der Bahncurve in der betrachteten Stelle. —

Wir sind also zu dem Resultat gekommen, dass für das Problem der Bewegung eines Massenpunktes unter der Wirkung einer nach einem festen Centrum gerichteten, nur von der Entfernung abhängigen Kraft die drei ersten Integrale durch die Gleichung einer Ebene, den Energie- und den Flächensatz gegeben sind. Erstere Formel enthält keine Differentialquotienten mehr; sie repräsentirt also bereits ein zweites Integral.

Um von den letzten beiden ebenfalls zu zweiten Integralen fortzuschreiten, führen wir Polarcoordinaten r und φ mit dem Wirkungscentrum als Pol, gemäss Figur 16, ein und haben dann:

$$\Psi = m\frac{V^2}{2} = \frac{m}{2}\left(\frac{ds}{dt}\right)^2 = \frac{m}{2}\left(r^2\left(\frac{d\varphi}{dt}\right)^2 + \left(\frac{dr}{dt}\right)^2\right),$$

$$\Omega = \frac{r^2}{2}\frac{d\varphi}{dt}, \quad \Phi = \int K\,dr;$$

in der letzten Gleichung ist die nach (84″) in Φ willkürliche Constante C gleich Null gesetzt, da sie sich doch nur additiv mit der Integrationsconstante c_1 verbindet.

Setzen wir diese Werthe in die Formel (84‴) und (85″) ein, so erhalten sie die Gestalt:

$$m\,\frac{r^2\,d\varphi^2 + dr^2}{2\,dt^2} + \Phi = c_1, \quad \frac{r^2}{2}\,\frac{d\varphi}{dt} = c_2. \tag{85‴}$$

Nach der letzteren Gleichung lässt sich dt durch r und $d\varphi$ ausdrücken und dieser Wert in die erste einsetzen; man erhält dadurch:

$$2\,m\,c_2^2\left(\frac{1}{r^2} + \frac{1}{r^4}\left(\frac{dr}{d\varphi}\right)^2\right) + \Phi = c_1. \tag{86}$$

Diese Formel zeigt, dass stets, wenn die Bahn eines Massenpunktes in Bezug auf das Wirkungscentrum und damit $dr/d\varphi$ gegeben ist, das Potential der Centralkraft $\Phi = \int K\,dr$ und daraus auch die Centralkraft $K = d\Phi/dr$ berechnet werden kann. Es ist bemerkenswerth, dass hierzu eine Kenntniss der Geschwindigkeitsverhältnisse, welche sonst zur Bestimmung der Kraft nöthig ist, nicht erfordert wird.

Schreiben wir die Gleichung (86) in der Form

$$\frac{1}{r^2}\left(\frac{dr}{d\varphi}\right)^2 = r^2\,\frac{c_1 - \Phi}{2\,m\,c_2^2} - 1 \tag{86′}$$

und beachten wir, dass $dr/r\,d\varphi$ die Cotangente des Winkels (s, r)

zwischen dem Bahnelement ds und dem Radiusvector r ist, und Φ allein von r abhängt, so ergiebt sie den Satz, dass die Bahn den Radiusvector in der gleichen Entfernung stets unter dem gleichen Winkel schneidet.

Aufgelöst nach $d\varphi$ giebt die letzte Gleichung:

$$\frac{\pm dr}{r^2\sqrt{\frac{c_1 - \Phi}{2mc_2^2} - \frac{1}{r^2}}} = d\varphi. \tag{86''}$$

Das Vorzeichen bestimmt sich durch den Anfangszustand und wechselt, wenn die Wurzelgrösse durch Null hindurchgeht. Die erhaltene Formel ist von der Zeit frei, giebt also die Gleichung der Bahn und ist stets, sei es in geschlossener Form, sei es durch eine Reihe, integrabel, wenn die Kraft K und somit das Potential Φ als Function von r gegeben ist.

Den Ort in der Bahn bestimmt eine Gleichung, die aus der vorstehenden folgt, wenn man darin nach der zweiten Formel (85''') $d\varphi$ durch dt ausdrückt; man erhält auf diese Weise:

$$\frac{\pm dr}{\sqrt{\frac{c_1 - \Phi}{2mc_2^2} - \frac{1}{r^2}}} = 2c_2 dt. \tag{86'''}$$

Auch diese Formel ist in direct integrabler Form erhalten, das Bewegungsproblem ist also allgemein vollständig gelöst bis auf die Ausrechnung, welche die Kenntnis des Gesetzes der Kraft K verlangt. Wir wollen dieselbe durchführen für eine anziehende Kraft K, welche indirect proportional wirkt mit dem Quadrat der Entfernung. Aus dem Werthe

$$K = +\frac{k}{r^2}$$

folgt unter abermaliger Vernachlässigung der additiven Constanten das Potential

$$\Phi = +\int K dr = +k\int\frac{dr}{r^2} = -\frac{k}{r},$$

und die ersten Integralgleichungen lauten nach (85'''):

$$m\frac{r^2 d\varphi^2 + dr^2}{2dt^2} - \frac{k}{r} = c_1, \quad \frac{r^2 d\varphi}{2dt} = c_2. \tag{87}$$

Die erste dieser Gleichungen ergiebt, dass $c_1 + k/r$ jederzeit positiv ist, und hieraus lässt sich folgern, dass jede mit dem vorausgesetzten Kraftgesetz vereinbare Bahncurve mindestens an einer Stelle den Radiusvector normal schneiden muss. In der That folgt aus (86') bei Einführung des Werthes von Φ

$$2 m c_2^2 \left(\frac{d r}{r d \varphi}\right)^2 = \left(c_1 + \frac{k}{r}\right) r^2 - 2 m c_2^2,$$

und da das erste Glied auf der rechten Seite bei beliebigem r jeden positiven Werth annehmen kann, so ist bei jedem Werthpaar c_1 und c_2 mindestens ein Werth von r vorhanden, für den $dr/rd\varphi$ verschwindet, also die Bahn den Radiusvector senkrecht schneidet.

Wir wollen die Integrationsconstanten c_1 und c_2 dadurch bestimmen, dass wir festsetzen, dass einer der Punkte, wo dies stattfindet, zur Zeit $t = 0$ passirt wird und auf dem Radiusvector $\varphi = 0$ im Abstand $r = r_0$ liegt, sowie ferner, dass in ihm die Lineargeschwindigkeit V den Werth $V_0 = r_0 \omega_0$, die Winkelgeschwindigkeit $d\varphi/dt$ somit den Werth ω_0 besitzt. Da der Anfangspunkt von t und φ willkürlich ist, so enthält diese Festsetzung, so lange r_0 und ω_0 willkürlich bleiben, keine Specialisirung des Problemes. Wir haben demgemäss:

$$\frac{m}{2} r_0^2 \omega_0^2 - \frac{k}{r_0} = c_1, \qquad \frac{r_0^2 \omega_0}{2} = c_2,$$

und falls wir dies in (86″) einführen:

$$\frac{\pm d r}{r^2 \sqrt{\left(\frac{1}{r_0^2} - \frac{1}{r^2}\right) - \frac{2k}{m r_0^4 \omega_0^2}\left(\frac{1}{r_0} - \frac{1}{r}\right)}} = d \varphi. \tag{87'}$$

Setzt man $1/r = \varrho$, $1/r_0 = \varrho_0$, so erhält man auch:

$$\frac{\mp d \varrho}{\sqrt{(\varrho_0 - \varrho)\left(\varrho + \varrho_0 - \frac{2 k \varrho_0^4}{m \omega_0^2}\right)}} = d \varphi.$$

Die Formel zeigt, dass $d\varrho/d\varphi$ ausser für $\varrho = \varrho_0$ auch noch verschwindet für

$$\varrho = \frac{2 k \varrho_0^4}{m \omega_0^2} - \varrho_0 = \varrho_1,$$

und dass ϱ immer zwischen ϱ_0 und ϱ_1 liegen muss. Sind ϱ_0 und ϱ_1 positiv, so ist ϱ und r hiernach stets endlich; ist eines von ihnen negativ, so wird ϱ auch gleich Null, r unendlich.

Wir können demgemäss schreiben:

$$\frac{\mp d \varrho}{\sqrt{(\varrho_0 - \varrho)(\varrho - \varrho_1)}} = d \varphi$$

und erhalten hieraus bei Einführung der Integrationsconstanten c:

$$\arccos \left(\frac{\varrho - \frac{\varrho_0 + \varrho_1}{2}}{\frac{\varrho_0 - \varrho_1}{2}}\right) = c \pm \varphi,$$

also
$$\varrho - \frac{\varrho_0 + \varrho_1}{2} = \frac{\varrho_0 - \varrho_1}{2} \cos (c \pm \varphi).$$

Ist für $\varphi = 0$ $\varrho = \varrho_0$, so können wir $c = 0$ setzen und haben nach Wiedereinführen von r:

$$\frac{1}{r} - \frac{1}{2}\left(\frac{1}{r_0} + \frac{1}{r_1}\right) = \frac{1}{2}\left(\frac{1}{r_0} - \frac{1}{r_1}\right)\cos\varphi$$

oder

$$r = \frac{\frac{2 r_0 r_1}{r_0 + r_1}}{1 + \frac{r_1 - r_0}{r_1 + r_0}\cos\varphi}; \tag{87''}$$

hierin ist

$$\frac{1}{r_1} = \frac{2k}{m r_0^4 \omega_0^2} - \frac{1}{r_0}.$$

Die Bahncurve ist also ein Kegelschnitt, bezogen auf einen Brennpunkt als Pol, denn ihre Gleichung stimmt mit der hierfür gültigen

$$r = \frac{p}{1 + e\cos\varphi}$$

überein, in welcher p der Parameter $= 2 r_0 r_1 / (r_1 + r_0)$, e die numerische Excentricität $= (r_1 - r_0)/(r_1 + r_0)$ ist. Die Halbaxen a und b parallel und normal zur Richtung $\varphi = 0$ haben, da $p = b^2/a$, $e = \varepsilon/a = \sqrt{(a^2 - b^2)}/a$ ist, die Grössen:

$$a = \frac{r_0 + r_1}{2}, \qquad b = \sqrt{r_1 r_0}.$$

Die Bahn ist für $k > 0$, d. h. für den Fall der Anziehung, eine Hyperbel, wenn $\infty > e > +1$ ist, eine Parabel, wenn $e = \pm 1$, eine Ellipse, wenn $+1 > e > -1$, ein Kreis, wenn $e = 0$, abermals eine Hyperbel, wenn $-1 > e > -\infty$. Setzt man den Werth von r_1 in den Ausdruck für e ein und bildet:

$$e = \frac{r_1 - r_0}{r_1 + r_0} = \frac{m r_0 \omega_0^2 - \frac{k}{r_0^2}}{\frac{k}{r_0^2}}, \tag{88}$$

so erkennt man, dass e sich einfach durch die Grösse der Centralkraft k/r_0^2 und der Centrifugalkraft $m r_0 \omega_0^2$ auf einem Kreis vom Radius r_0 für den Zeitpunkt $t = 0$ bestimmt. Die Halbaxen drücken sich in denselben Grössen so aus:

$$a = r_0 \frac{\frac{k}{r_0^2}}{\frac{2k}{r_0^2} - m\omega_0^2 r_0}, \qquad b^2 = r_0^2 \frac{m\omega_0^2 r_0}{\frac{2k}{r_0^2} - m\omega_0^2 r_0}. \tag{88'}$$

Die Bahn ist ein Kreis, wenn beide Kräfte gleich sind, eine Parabel, wenn die Centrifugalkraft das Doppelte der Attraction ist, eine

Hyperbel oder Ellipse, wenn sie mehr oder weniger als das Doppelte beträgt. Für den Fall der Abstossung, d. h. für $k < 0$, erhält man stets Hyperbeln.

Den Ort in der Bahn können wir bei der Einfachheit des gefundenen Resultates leicht bestimmen, ohne auf die Gleichung (86''') zurückzugehen.

Aus $r = \frac{p}{1 + e\cos\varphi}$ und $r^2 \frac{d\varphi}{dt} = r_0^2 \omega_0$

bestimmt sich sogleich:

$$\frac{p^2 \, d\varphi}{(1 + e\cos\varphi)^2} = r_0^2 \omega_0 \, dt. \tag{89}$$

Die Rechnung wird besonders einfach, wenn man statt des Winkels φ (der wahren Anomalie) nach Figur 17 und nach bekannten geometrischen Beziehungen den Winkel u (die excentrische Anomalie), statt e (der numerischen) ε (die lineäre Excentricität) einführt.

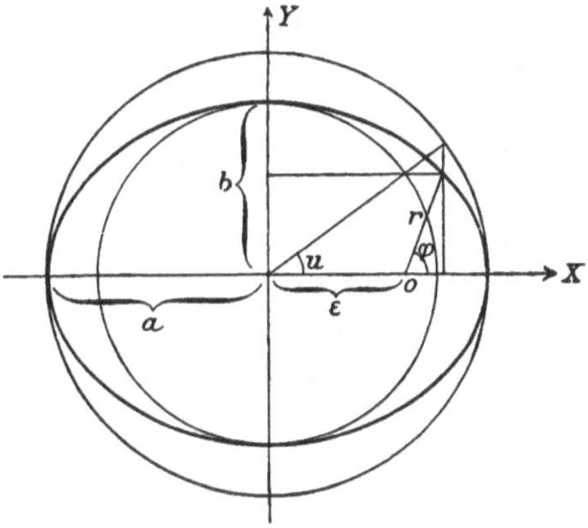

Fig. 17.

Es ist nach der Kegelschnittsgleichung:

$$r = p - e\, r\cos\varphi,$$

darin $p = b^2/a$, $e = \varepsilon/a$ und nach der Figur $r\cos\varphi = a\cos u - \varepsilon$; daraus folgt aber:

$$r = a - \varepsilon\cos u,$$

also auch

$$\frac{p}{1 + e\cos\varphi} = a - \varepsilon\cos u.$$

Dies giebt differentiirt:

$$\frac{p\, e\sin\varphi\, d\varphi}{(1 + e\cos\varphi)^2} = \varepsilon\sin u\, du;$$

nach der Figur ist aber $r\sin\varphi = b\sin u$, also gilt:

$$\frac{p^2\, d\varphi}{(1 + e\cos\varphi)^2} = r\, b\, du,$$

und daher wird unsere Gleichung (89) zu

$$b\, du(a - \varepsilon\cos u) = r_0^2 \omega_0\, dt.$$

Die Integration ergiebt:

$$b(a u - \varepsilon\sin u) = r_0^2 \omega_0 t + C.$$

Während eines ganzen Umganges wächst u um 2π, die Umlaufszeit findet sich daher:

$$T = \frac{2\pi a b}{r_0^2 \omega_0}, \tag{89'}$$

oder, da nach (88') $b^2 = a m \omega_0^2 r_0^4 / k$ ist, auch:

$$T = 2\pi \sqrt{\frac{m a^3}{k}}. \tag{89''}$$

Für denselben Massenpunkt verhalten sich demnach bei verschiedenen Anfangszuständen die Quadrate der Umlaufszeiten wie die Cuben der grossen Axen. Dasselbe gilt bei verschiedenen Massenpunkten, wenn die Attraction, die von dem Coordinatenanfang ausgehend angenommen ist, ihren Massen proportional wirkt, also k den Factor m enthält. —

Wir wenden uns jetzt wieder zu einer allgemeinen Untersuchung und stellen uns die Aufgabe, zu entscheiden, welche von allen Centralkräften, die in endlichen Entfernungen von dem Wirkungscentrum nicht verschwinden und deren Potential Φ durch eine rationale Function der Entfernung gegeben ist, unter allen Umständen Bewegungen in geschlossenen Bahnen verursachen, d. h., welche bei beliebigem Anfangszustand den Massenpunkt stets nach einer endlichen Anzahl von Umläufen um das Wirkungscentrum in die frühere Bahn zurückleiten. Nach dieser Fassung der Aufgabe erscheint eine Hyperbel, obgleich in's Unendliche verlaufend, als geschlossene Curve, die Epicycloide, obgleich ganz im Endlichen liegend, als im Allgemeinen nicht geschlossen. Besitzt die Bahncurve mehrere Zweige, so verlangt unsere Aufgabe, dass jeder von ihnen geschlossen sei.

Zur Beantwortung dieser Frage gehen wir von der Differentialgleichung (86') der Bahncurve aus, kürzen in ihr die Constante $2 m c_2^2$ in c' ab und schreiben sie demgemäss:

$$\frac{1}{r^2}\left(\frac{dr}{d\varphi}\right)^2 = \frac{1}{c'}\left(r^2(c_1 - \Phi) - c'\right); \tag{90}$$

Φ, das Potential der wirkenden Centralkraft, ist hierin nach der Annahme eine rationale Function des Radiusvectors r allein. Da die linke Seite dieser Formel das Quadrat der Cotangente des Winkels (s, r) zwischen dem Bahnelement ds und dem Radiusvector r darstellt, so ergiebt sich, wie schon S. 142 bemerkt wurde, dieser

Winkel nach der Formel (90) ausschliesslich von r abhängig; bei einer und derselben Bahn muss demnach in gleichen Entfernungen vom Wirkungscentrum die Bahn den Radius stets unter demselben Winkel schneiden.

Hieraus folgt auch, dass der vom Massenpunkt durchlaufene Zweig der Bahn für alle Wirkungsgesetze, welche im Endlichen nirgends verschwinden, nur in zwei Entfernungen normal zum Radiusvector stehen und somit nur ein Maximum (r_1) und ein Minimum (r_0) des Radius besitzen kann; denn gäbe es noch einen dritten Werth r_2 von r, für welchen die Bahn den Radius normal schnitte, so müsste nach der Anschauung in einer von ihnen die Bahn einen Wendepunkt besitzen, was mit den Annahmen nicht verträglich ist. In der That ergiebt der zweite Satz auf S. 52 für die Normalcomponente der wirkenden Kraft den Werth:

$$N = \frac{m V^2}{\varrho};$$

ein Wendepunkt verlangt aber ein unendliches ϱ, also ein verschwindendes N, und das letztere ist, weil N für $(s, r) = \frac{1}{2}\pi$ mit der Centralkraft selbst identisch wird, im Widerspruch mit der Annahme einer im Endlichen nicht verschwindenden Centralkraft.

Es ist daher längs des durchlaufenen Zweiges der Bahn nur ein Maximum und ein Minimum für r möglich, die allerdings bei einem Umlauf öfter erreicht werden können. Da die Richtung der Bahn gegen die des Radiusvectors nur von der Länge des Letzteren abhängt, so folgt daraus, dass die ganze Bahn aus der Aneinanderreihung congruenter, zwischen dem grössten und dem kleinsten Radiusvector verlaufender Stücke besteht; ist die Bahn geschlossen, so muss nach einer endlichen Anzahl von dergleichen ein schon früher durchlaufenes sich wieder anschliessen, d. h., es muss der Winkel $\overline{\varphi}$ zwischen der Richtung des grössten und kleinsten Radiusvectors ein rationaler Bruchtheil von π sein.

Die Längen des grössten und kleinsten Radiusvectors r_0 und r_1 sind nach dem Obigen reelle Wurzeln der Gleichung:

$$r^2(c_1 - \Phi) - c' = 0. \tag{90'}$$

Hierbei liegen zwei Möglichkeiten vor, insofern die Wurzeln $+r_0$ und $+r_1$ oder $\pm r_0$ und $\pm r_1$ sein können; im ersteren Falle genügt $-r_0$, $-r_1$ der Gleichung nicht, und hieraus ist zu schliessen, dass die Bahncurve keinen Mittelpunkt besitzt, oder wenigstens das Wirkungscentrum denselben nicht einnimmt. Genügt hingegen $\pm r_0$, $\pm r_1$, so hat die Curve ihren Mittelpunkt im Wirkungscentrum.

Nehmen wir zunächst den letzten Fall vor, so können wir Gleichung (90) schreiben:

$$\frac{1}{r^2}\left(\frac{dr}{d\varphi}\right)^2 = \frac{r^2(c_1 - \Phi)}{c'} - 1 = \frac{(r^2 - r_0^2)(r_1^2 - r^2)P}{r_1^2 r_0^2}, \qquad (90'')$$

wo P nun eine rationale Function von r ist, die für $r_0 \lesseqgtr r \lesseqgtr r_1$ nicht verschwinden kann und ihrer Dimension nach eine reine Zahl sein muss. Hieraus folgt:

$$\frac{r_0 r_1 dr}{r\sqrt{P(r^2 - r_0^2)(r_1^2 - r^2)}} = \pm d\varphi.$$

Integrirt man dies zwischen r_0 und r_1, so erhält man rechts den Winkel $\overline{\varphi}$, der zwischen der Richtung des kleinsten und grössten Radiusvectors liegt. Dieser Winkel kann nicht von r_0 und r_1 abhängig sein, wenn die Bahn eine geschlossene ist; denn er müsste sich dann bei stetiger Aenderung der r_0 und r_1 selbst stetig ändern und könnte sonach nicht immer ein rationaler Theil von π sein.

Die nothwendige Bedingung für die Existenz stets geschlossener Bahnen ist also, dass:

$$\int\limits_{r_0}^{r_1} \frac{r_0 r_1 dr}{r\sqrt{P(r^2 - r_0^2)(r_1^2 - r^2)}} = \pm \overline{\varphi}$$

unabhängig von r_0 und r_1 ist. Wir schaffen diese Grössen aus den Integrationsgrenzen fort, indem wir setzen:

$$r = \frac{r_0}{\sqrt{1 - \frac{r_1^2 - r_0^2}{r_1^2}\varrho^2}}, \quad \text{also} \quad dr = \frac{r_0\left(\frac{r_1^2 - r_0^2}{r_1^2}\right)\varrho\, d\varrho}{\sqrt{1 - \frac{r_1^2 - r_0^2}{r_1^2}\varrho^2}^{\,3}}.$$

Hierdurch wird unser Integral:

$$\int\limits_0^1 \frac{d\varrho}{\sqrt{P(1 - \varrho^2)}} = \pm \overline{\varphi}.$$

Damit dieser Werth von r_0 und r_1 frei sei, ist die nothwendige und hinreichende Bedingung, dass die rationale Function P von r_0 und r_1 frei ist.

Die Bedingung hierfür ist, dass $\partial P/\partial r_0$ und $\partial P/\partial r_1$ für jeden Werth von r oder ϱ verschwindet. Nun kann P schon von Anfang an diese Grössen enthalten haben, ausserdem sind sie durch die Substitution hineingekommen; demgemäss muss gelten:

$$\frac{\partial P}{\partial r_0} + \frac{\partial P}{\partial r}\frac{\partial r}{\partial r_0} = 0, \quad \frac{\partial P}{\partial r_1} + \frac{\partial P}{\partial r}\frac{\partial r}{\partial r_1} = 0.$$

Nun bemerke man, dass aus der obigen Gleichung zwischen r und ϱ folgt

$$\frac{r^2 - r_0^2}{r^2} = \frac{r_1^2 - r_0^2}{r_1^2} \varrho^2,$$

und dies bei Logarithmisiren und Differentiiren liefert

$$\frac{\partial r}{\partial r_0} = \frac{r}{r_0} \frac{r_1^2 - r^2}{r_1^2 - r_0^2}, \qquad \frac{\partial r}{\partial r_1} = \frac{r}{r_1} \frac{r^2 - r_0^2}{r_1^2 - r_0^2},$$

so erkennt man leicht, dass für eine rationale Function P die obigen Bedingungen für beliebige Werthe r unmöglich zu erfüllen sind.

In der That: setzt man $P = M/N$, wobei M und N ganze rationale Functionen von r vom $m$ten und $n$ten Grade bezeichnen, die r_0 und r_1 in den Parametern beliebig führen mögen, so ist

$$\frac{\partial P}{\partial r} = \frac{1}{N^2} \left(\frac{\partial M}{\partial r} N - \frac{\partial N}{\partial r} M \right)$$

in Bezug auf r vom $(m - n - 1)$ten Grade, also

$$\frac{\partial P}{\partial r} \frac{\partial r}{\partial r_0} \quad \text{und} \quad \frac{\partial P}{\partial r} \frac{\partial r}{\partial r_1}$$

vom $(m - n + 2)$ten Grade.

Dagegen ist

$$\frac{\partial P}{\partial r_0} = \frac{1}{N^2} \left(\frac{\partial M}{\partial r_0} N - \frac{\partial N}{\partial r_0} M \right), \qquad \frac{\partial P}{\partial r_1} = \frac{1}{N^2} \left(\frac{\partial M}{\partial r_1} N - \frac{\partial N}{\partial r_1} M \right)$$

jedenfalls nicht von höherem, als vom $m - n$ten Grade. Da sich nun zwei rationale Functionen von verschieden hohem Grade niemals für alle Argumente zerstören können, so erfordert die obige Bedingung, dass gilt:

$$\frac{\partial P}{\partial r} = 0, \quad \frac{\partial P}{\partial r_0} = 0, \quad \frac{\partial P}{\partial r_1} = 0.$$

P muss also constant und von allem Anfang frei von r_0 und r_1 sein. Die Werthe von P und Φ folgen nun aus Formel (90''), indem man darin den dritten Ausdruck ausmultiplicirt und bei constantem P gliedweise dem zweiten Ausdruck gleich setzt. Man erhält so

$$P = 1, \qquad \frac{c_1 - \Phi}{c'} = \frac{r_1^2 - r_0^2 - r^2}{r_1^2 r_0^2};$$

Φ findet sich also als vom zweiten Grade in Bezug auf r.

Wir erhalten sonach das erste Resultat:

Stets geschlossene Bahncurven mit einem Mittelpunkt im Wirkungscentrum giebt unter allen Potentialen, welche durch rationale Functionen von r dargestellt sind, nur dasjenige von der Form $\Phi = \pm c r^2$, welchem eine Kraft entspricht, die proportional mit der Entfernung wirkt; der Winkel zwischen dem grössten und dem kleinsten Radiusvector der Bahn ist gegeben durch:

$$\bar{\varphi} = \int_0^1 \frac{d\varrho}{\sqrt{1-\varrho^2}} = \frac{\pi}{2}.$$

Wir wenden uns nun zu dem anderen Falle, dass die Gleichung (90′) nur die beiden Wurzeln $+r_0$ und $+r_1$ besitzt, und schreiben demgemäss die Formel (90):

$$\frac{1}{r^2}\left(\frac{dr}{d\varphi}\right)^2 = \frac{r^2(e_1 - \Phi)}{c'} - 1 = \frac{(r - r_0)(r_1 - r)P}{r_0 r_1}, \qquad (90''')$$

wo abermals P eine rationale Function von r ist, die für $r_0 \lesseqgtr r \lesseqgtr r_1$ weder Null, noch unendlich wird, und ihrer Dimension nach eine reine Zahl ist.

Es folgt hier

$$\int_{r_0}^{r_1} \frac{\sqrt{r_0 r_1}\, dr}{r\sqrt{P(r - r_0)(r_1 - r)}} = \pm \bar{\varphi}$$

als der Winkel zwischen dem grössten und kleinsten Radiusvector, welcher bei geschlossenen Bahnen von r_0 und r_1 unabhängig sein soll.

Setzt man hierin, um r_0 und r_1 aus den Grenzen fortzuschaffen,

$$r = \frac{2r_0 r_1}{(r_0 + r_1) + \varrho(r_0 - r_1)}, \qquad \text{also} \qquad dr = \frac{-2r_0 r_1 (r_0 - r_1)\, d\varrho}{((r_0 + r_1) + \varrho(r_0 - r_1))^2},$$

so resultirt:

$$\int_{-1}^{+1} \frac{d\varrho}{\sqrt{P(1 - \varrho^2)}} = \pm \bar{\varphi}.$$

Damit $\bar{\varphi}$ von r_0 und r_1 unabhängig sei, muss dasselbe von P gelten, und es ist daher hier dieselbe Betrachtung, wie im vorigen Falle anzustellen, die auch auf dasselbe Resultat führt: P muss constant gleich Eins sein; Φ folgt daraus vom minus ersten Grade.

So ergiebt sich der zweite Satz:

Stets geschlossene Bahncurven, die nicht den geometrischen Mittelpunkt im Wirkungscentrum haben, giebt unter allen Potentialen, welche durch rationale Functionen von r dargestellt sind, nur dasjenige von der Form $\Phi = \pm c/r$, welchem eine Kraft entspricht, die indirect proportional mit dem Quadrat der Entfernung wirkt; der Winkel zwischen dem grössten und kleinsten Radiusvector der Bahn ist gegeben durch:

$$\bar{\varphi} = \int_{-1}^{+1} \frac{d\varrho}{\sqrt{1 - \varrho^2}} = \pi .$$

§ 13. Die allgemeine Gravitation und ihr Zusammenhang mit der Schwerkraft.

Kepler hat aus den Beobachtungen für die Bewegung der Planeten um die Sonne die folgenden drei nach ihm benannten Gesetze abgeleitet:

1. Die Planeten bewegen sich in Ellipsen, in deren einem Brennpunkt die Sonne steht.

2. Die von den Radienvectoren nach der Sonne bestrichenen Flächen verhalten sich bei jedem einzelnen Planeten wie die dazu aufgewandten Zeiten.

3. Die Quadrate der Umlaufszeiten verschiedener Planeten verhalten sich wie die Cuben der grossen Axen ihrer Bahnellipsen.

Vergleichen wir, indem wir dabei Sonne und Planeten wegen ihrer grossen gegenseitigen Entfernungen als materielle Punkte betrachten, mit diesen empirischen Gesetzen die im vorigen Abschnitt erhaltenen theoretischen Resultate, und identificiren wir dabei „Sonne“ mit „Wirkungscentrum“, so erkennen wir Folgendes:

Das zweite Kepler'sche Gesetz drückt eine allgemeine Eigenschaft aller Bewegungen aus, welche unter der Wirkung von Centralkräften allgemeiner Art stattfinden, d. h. von solchen, die in der Richtung der Verbindungslinie wirken (vergl. S. 140).

Das erste Kepler'sche Gesetz wird unter derselben Voraussetzung von der Bewegung erfüllt, wenn die Kraft anziehend indirect proportional mit dem Quadrat der Entfernung wirkt (vergl. S. 144).

Das dritte Kepler'sche Gesetz ist gültig, wenn die Kraft überdies die angezogene Masse als Factor enthält (vergl. S. 146).

Es erscheint hiernach als sehr plausibel, dass die Ursache der Planetenbewegung eine von der Sonne ausgehende Attraction ist, welche direct proportional mit der angezogenen Masse und indirect proportional mit dem Quadrat der Entfernung wirkt. Indessen ist dieser Schluss kein zwingender, und die grosse Wichtigkeit der Frage lässt einen strengen Beweis erwünscht erscheinen. Ein solcher wird ermöglicht durch die merkwürdige Eigenschaft der KEPLER'schen Gesetze, die Kraft, welche die Planetenbewegung erhält, nach Grösse und Richtung eindeutig zu bestimmen. Setzt man nämlich voraus, dass man die Planeten und die Sonne als materielle Punkte betrachten, oder aber ihre gesammten Massen in ihren resp. Mittelpunkten vereinigt denken darf — Annahmen, über welche in einem späteren Abschnitte noch weiter zu reden sein wird — ferner, dass man die Sonne als stillstehend ansehen kann — was im nächsten Abschnitt erörtert werden wird —, so folgt, wie unten gezeigt werden wird, aus dem zweiten KEPLER'schen Gesetz, dass die Planeten während ihrer Bewegung eine Kraft erfahren, die immer nach der Sonne hin gerichtet ist, aus dem ersten, dass diese Kraft anziehend wirkt und indirect proportional mit dem Quadrate der Entfernung abnimmt, aus dem dritten, dass sie den Massen der Planeten proportional ist.

Den Differentialausdruck für das zweite KEPLER'sche Gesetz haben wir schon in Gleichung (85) erkannt, welche lautete:

$$x\frac{d^2y}{dt^2} - y\frac{d^2x}{dt^2} = 0,$$

vorausgesetzt, dass die XY- zur Bahnebene gewählt ist und die Radienvectoren nach dem Coordinatenanfang gezogen sind, in dem sich die Sonne befindet.

Vergleicht man hiermit die für eine ebene Bewegung geltenden allgemeinen Differentialgleichungen

$$m\frac{d^2x}{dt^2} = X, \quad m\frac{d^2y}{dt^2} = Y,$$

so erkennt man, dass für Kräfte, welche das obige Gesetz befolgen, die Beziehung gelten muss:

$$X : Y = x : y;$$

diese sagt aus: die Richtung der Kraft liegt überall in dem Radiusvector nach dem Coordinatenanfang, d. h. nach der Sonne.

Man wird daher die Sonne als Sitz oder Ursache der Kraft, d. h. als Wirkungscentrum, betrachten dürfen.

Demgemäss drückt sich nun aus:

$$X = -K\cdot\frac{x}{r}, \quad Y = -K\cdot\frac{y}{r},$$

und haben wir:

$$m\frac{d^2x}{dt^2} = -K\frac{x}{r}, \quad m\frac{d^2y}{dt^2} = -K\frac{y}{r}.$$

Ein negativer Werth von K entspricht hierbei der Abstossung, ein positiver der Anziehung.

Die durch die erste Formel (85‴) ausgedrückte Gleichung der lebendigen Kraft liefert durch Differentiation nach t:

$$\frac{m}{2}\frac{d}{dt}\left(r^2\left(\frac{d\varphi}{dt}\right)^2+\left(\frac{dr}{dt}\right)^2\right)=-\frac{d\Phi}{dr}\frac{dr}{dt}=-K\frac{dr}{dt},$$

während die zweite Formel (85‴) der Ausdruck des zweiten Kepler'schen Gesetzes in Polarcoordinaten ist und lautet:

$$\frac{r^2}{2}\frac{d\varphi}{dt}=c_2.$$

Durch Combination beider Gleichungen folgt:

$$\frac{m}{2}\frac{d}{dt}\left(\frac{4c_2^2}{r^2}+\left(\frac{dr}{dt}\right)^2\right)=-K\frac{dr}{dt},$$

oder wenn man die Differentiation ausführt und beiderseitig mit $m\,dr/dt$ dividirt:

$$-\frac{4c_2^2}{r^3}+\frac{d^2r}{dt^2}=-\frac{K}{m}. \tag{91}$$

Bis hierher ist nichts, als das zweite Kepler'sche Gesetz benutzt worden. Nach dem ersten hat für die Planeten die Bahngleichung die Form:

$$r=\frac{p}{1+e\cos\varphi},\quad \text{wobei}\quad -1<e<+1,$$

oder, falls man $r\cos\varphi=x$ setzt, d. h. die X-Axe mit der grossen Axe der Ellipse zusammenfallend denkt, auch die andere:

$$r=p-ex=\frac{b^2-x\varepsilon}{a}.$$

Es folgt also:

$$\frac{d^2r}{dt^2}=-e\frac{d^2x}{dt^2}=+K\frac{ex}{mr}=+K\frac{p-r}{mr},$$

und durch Einsetzen dieses Werthes in (91):

$$K=+\frac{4mc_2^2}{pr^2}. \tag{91'}$$

Dies Resultat zeigt, dass die Kraft für einen und denselben Planeten — denn nur für diesen ist m, c_2 und p constant — mit der Entfernung von der Sonne an Grösse wechselt, nämlich dem Quadrat derselben indirect proportional und stets positiv, also eine Anziehung ist.

Das dritte Kepler'sche Gesetz anzuwenden, folgern wir aus der Constanz der Flächengeschwindigkeit ($\Omega = c_2$), dass die ganze umlaufene Fläche F mit der Umlaufszeit T in dem Zusammenhang steht:

$$F = c_2\, T.$$

Nun ist aber $F = \pi a b$, also

$$c_2 = \frac{\pi a b}{T}, \quad \text{ferner} \quad p = \frac{b^2}{a},$$

und hiernach

$$K = + \frac{4 \pi^2 a^3}{T^2 r^2} m. \tag{91''}$$

Dies gilt für einen Planeten, für einen anderen hingegen, indem die für ihn abweichenden Grössen durch den unteren Index, ausgezeichnet werden:

$$K_1 = + \frac{4 \pi^2 a_1^3}{T_1^2 r_1^2} m_1.$$

Es soll aber nach dem dritten Kepler'schen Gesetz für zwei Planeten die Beziehung $a^3 / T^2 = a_1^3 / T_1^2$ bestehen; daraus folgt, dass gilt:

$$K : K_1 = \frac{m}{r^2} : \frac{m_1}{r_1^2},$$

d. h., dass die auf verschiedene Planeten ausgeübten Kräfte bei gleichen Entfernungen ihren Massen proportional sind.

Wir können sonach für einen beliebigen Planeten mit aller Strenge den Werth der Kraft schreiben:

$$K = + \frac{m}{r^2} f',$$

wo f' ein für alle Planeten gemeinschaftlicher Factor ist. Hiermit ist der oben angekündigte Nachweis erbracht. —

Bisher ist nichts Anderes, als die drei Kepler'schen Gesetze angewandt; die weiteren Folgerungen benutzen noch andere Hülfsmittel. Die Proportionalität der auf die Planeten ausgeübten Kraft mit deren Masse erklären wir uns durch die Annahme, dass die Wirkung direct auf die einzelnen Massenelemente stattfindet, gleiche Massen in gleichen Entfernungen gleiche Wirkungen erfahren und das, was wir beobachten, die Summe aller Einzelwirkungen ist. Diese Vorstellung führt zu weiteren Folgerungen, wenn man sie mit dem im nächsten Abschnitt zu besprechenden Satz combinirt, dass mit derselben Stärke, mit der ein Massenpunkt m_1 einen zweiten m_2 anzieht, auch der erstere von letzterem angezogen wird. K ist hiernach auch die Kraft, mit welcher die Sonne von jenem Planeten angezogen wird. Da nun die Kraft auf die einzelnen Massenelemente ausgeübt gedacht wird und daher mit der angezogenen Masse proportional sein soll, so muss f' den Factor M, d. i. die Masse der Sonne, enthalten und sich schreiben lassen:

$$K = + f\frac{M m}{r^2}, \tag{91'''}$$

es muss also die im Sonnensystem wirkende Kraft dem Product aus angezogener und anziehender Masse proportional sein.

Das so gefundene Gesetz mit demselben Werth der Constanten f übertragen wir nun nicht nur auf die zwischen zwei Planeten, sondern auch auf die zwischen verschiedenen Fixsternen, endlich auch auf die zwischen zwei beliebigen Massen stattfindenden Wirkungen, indem wir alle Materie als in dieser Hinsicht von gleicher Art annehmen. Das hierin enthaltene Wirkungsgesetz führt den Namen des Newton'schen Gravitationsgesetzes. Diese Uebertragungen sind aber hypothetisch und bedürfen streng genommen des Nachweises durch die Beobachtung, der aber nur bis zu einem gewissen Grade zu erbringen ist. Die Schwierigkeit liegt darin, dass die gegenseitige Attraction von Körpern, deren Grösse sie dem Experiment zugänglich macht, eine so kleine ist, dass unsere Beobachtungsmittel zu ihrem Nachweis und ihrer Messung nur nothdürftig ausreichen.

Die eigentliche classische Prüfung der Richtigkeit unserer Hypothese, dass die Gravitation eine gemeinsame Eigenschaft aller Massen, der ganzen Weltkörper ebenso, wie der kleinsten Bruchstücke ist, liefert die Vergleichung derjenigen Kraft, welche die Erde auf beliebige Körper an ihrer Oberfläche ausübt und welche wir als Schwerkraft bezeichnen, mit derjenigen, welcher der Mond unterliegt und die seine Bahn um die Erde bestimmt.

In einem späteren Abschnitt wird bewiesen werden, dass die Attraction einer in concentrischen Schichten homogenen Kugel — als welche wir die Erde angenähert betrachten können — auf ausserhalb, gleichviel wie nahe der Oberfläche liegende Massenpunkte dieselbe ist, als wenn die ganze Kugelmasse im Centrum vereinigt wäre. Ebenso wird gezeigt werden, dass ein Körper von gegenüber dem Erdradius kleinen Dimensionen sich bezüglich der auf ihn wirkenden Attraction als ein Massenpunkt betrachten lässt. Nehmen wir diese Sätze voraus, so können wir die Wirkung, welche die Erde auf einen beliebigen Körper an ihrer Oberfläche ausübt, ebenso nach dem Newton'schen Gesetz ausdrücken, wie die auf den Mond stattfindende, und untersuchen, ob beide auf denselben Werth des Factors f führen.

Sei r, m Entfernung und Masse des Körpers an der Erdoberfläche, r_1, m_1 das Entsprechende für den Mond, M die Masse, R der Radius der Erde, dann ist:

$$K = f\frac{Mm}{r^2}, \qquad K_1 = f\frac{Mm_1}{r_1^2};$$

die Beschleunigungen erhalten wir daraus durch Division mit den angezogenen Massen, nämlich, da wir r mit R vertauschen können:

$$B = f\frac{M}{R^2}, \qquad B_1 = f\frac{M}{r_1^2}.$$

Soll also die eine, wie die andere Kraft auf dieselbe Constante f führen, so muss gelten:

$$B : B_1 = r_1^2 : R^2.$$

Nun ist aber die Beschleunigung B in Folge der Anziehung der Erde an der Erdoberfläche identisch mit der früher durch den Buchstaben g_0 bezeichneten Grösse, nämlich dem durch Fallversuche oder, wie weiter unten zu zeigen, genauer durch Pendelbeobachtungen bestimmbaren Werthe der Schwerebeschleunigung, abzüglich der Wirkung der Centrifugalkraft, eine uns bekannte Constante, in (cm, sec.) gegeben, im Mittel etwa gleich 980. B_1, die Beschleunigung des Mondes, berechnet sich, wenn man die Mondbahn als kreisförmig, und dementsprechend die Mondgeschwindigkeit als constant ansieht, sehr einfach nach dem zweiten Satz auf S. 52 gleich dem Werthe der Centrifugalbeschleunigung:

$$B_1 = \frac{4\pi^2}{T^2} r_1,$$

worin T die Umlaufszeit des Mondes bezeichnet.

Setzt man dies in die obige Gleichung ein, so erhält man:

$$g_0 = \frac{4\pi^2}{T^2} \frac{r_1^3}{R^2}$$

als die Bedingung dafür, dass der fallende Körper an der Erdoberfläche und der Mond in seiner Bahn unter der Wirkung derselben Kraft stehen.

Für die Berechnung der rechten Seite benutzen wir, dass R/r_1 die in der Astronomie direct beobachtete sogenannte Horizontalparallaxe des Mondes ist, nämlich der Winkel, den die beiden Radienvectoren vom Beobachter und vom Erdcentrum mit einander bilden, wenn der Mond für den Beobachter im Horizont steht; ihr Werth ist $p = 57' 20'' = 0{,}01667$; wir fügen hinzu den mittleren

Werth des Erdradius mit 6370 km, die Umlaufszeit des Mondes mit 27,32 Tagen. Mit diesen Werthen berechnet findet sich die rechte Seite gleich 975 cm, ein Werth, der dem beobachteten 982 so nahe liegt, dass man bei den gemachten Vernachlässigungen die Bestätigung als eine vollkommene ansehen kann.

Die Gültigkeit des NEWTON'schen Gesetzes für die zwischen den verschiedenen Weltkörpern ausgeübten Wirkungen ist durch die moderne Astronomie in allen Anwendungen auf das Vollkommenste bestätigt worden. Als einer der glänzendsten Beweise hierfür gilt mit Recht die Entdeckung des Neptun, des von der Sonne entferntesten Planeten, den wir gegenwärtig kennen.

Unregelmässigkeiten im Gang des bis dahin als äusserster der Planeten betrachteten Uranus, welche in den ersten Decennien dieses Jahrhunderts beobachtet worden waren, liessen sich durch Störungen seitens der der Sonne näheren Planeten nicht erklären, und verschiedene Astronomen fassten die Ansicht, dass ihre Ursache die Anziehung eines noch weiter von der Sonne entfernten, bisher unbekannten Planeten sein möchte; so zuerst (1838) BESSEL, der seinen Schüler FLEMMING mit der theoretischen Bearbeitung der Frage beauftragte; indessen starb jener über den Vorarbeiten. Um 1843 und 1845 beschäftigten sich ADAMS in Cambridge und LEVERRIER in Paris mit der Aufgabe, und beide gelangten hinsichtlich des Ortes und der Bahn des unbekannten Planeten zu nahe gleichen Resultaten. Von LEVERRIER aufgefordert, untersuchte im September 1846 GALLE in Berlin die Umgegend des durch die Theorie vorhergesagten augenblicklichen Ortes des Planeten und fand jenen in der That kaum um einen Grad von der durch LEVERRIER berechneten Stelle entfernt.

§ 14. Massenmittelpunkt oder Schwerpunkt. Zwei freie Massenpunkte unter der Wirkung gegenseitiger Anziehung oder Abstossung. Stoss zweier Massenpunkte.

Der geometrische Mittelpunkt des Abstandes zweier Punkte mit den Coordinaten x_1, y_1, z_1 und x_2, y_2, z_2 hat bekanntlich Coordinaten ξ, η, ζ, die gegeben sind durch

$$\xi = \frac{x_1 + x_2}{2}, \quad \eta = \frac{y_1 + y_2}{2}, \quad \zeta = \frac{z_1 + z_2}{2}.$$

Diese Formeln erweiternd, können wir für beliebig viele (n) Punkte als Mittelpunkt denjenigen bezeichnen, dessen Coordinaten sind:

$$\xi = \frac{x_1 + x_2 + \cdots + x_n}{n}, \quad \eta = \frac{y_1 + y_2 + \cdots + y_n}{n}, \quad \zeta = \frac{z_1 + z_2 + \cdots + z_n}{n}.$$

Hierbei sind alle Punkte als vollkommen gleichartig behandelt; ist aber der eine als durch Zusammenrücken von m_1, der andere von m_2 u. s. f. gleichen Punkten entstanden zu betrachten, wie z. B. wenn der eine die Masse m_1, der andere die Masse m_2 besitzt, so werden die gleichen Coordinaten in diesen Formeln mit den Factoren m_1, $m_2 \ldots$ auftreten, und die obige Definition wird zu

$$\xi = \frac{m_1 x_1 + m_2 x_2 + \cdots + m_i x_i}{m_1 + m_2 + \cdots + m_i} \quad \text{u. s. f.}$$

oder, kürzer geschrieben, zu

$$\xi = \frac{\sum m_h x_h}{\sum m_h}, \quad \eta = \frac{\sum m_h y_h}{\sum m_h}, \quad \zeta = \frac{\sum m_h z_h}{\sum m_h}. \tag{92}$$

Den so definirten Punkt nennen wir den Mittelpunkt des Massensystemes m_1, $m_2 \ldots m_i$, oder kurz seinen **Massenmittelpunkt**. Erweitern wir die Ausdrücke für ξ, η, ζ mit der Schwerebeschleunigung g und führen die Gewichte $m_h g = G_h$ der Massenpunkte ein, so erhalten wir auch

$$\xi = \frac{\sum G_h x_h}{\sum G_h}, \quad \eta = \frac{\sum G_h y_h}{\sum G_h}, \quad \zeta = \frac{\sum G_h z_h}{\sum G_h}. \tag{92'}$$

Der Mittelpunkt der Massen ist somit zugleich der Mittelpunkt der Gewichte des Punktsystemes; er führt deshalb auch den kürzeren und gebräuchlicheren Namen des **Schwerpunktes**.

Der Massenmittelpunkt oder Schwerpunkt eines Systemes von Massenpunkten ist keineswegs selbst ein Massenpunkt, sondern nur ein geometrischer Ort, aber seine Einführung ist geeignet, manche der weiter abzuleitenden Resultate anschaulich auszusprechen.

Hier bemerken wir vorbereitend nur dieses. Gehören die Massenpunkte einem bewegten System an, so wird auch der Massenmittelpunkt nicht ruhen; wir erhalten seine Geschwindigkeits- und Beschleunigungscomponenten durch die aus den vorstehenden durch Differentiation folgenden Formeln:

$$\begin{aligned} &\frac{d\xi}{dt}\sum m_h = \sum m_h \frac{dx_h}{dt}, \quad \frac{d\eta}{dt}\sum m_h = \sum m_h \frac{dy_h}{dt}, \quad \frac{d\zeta}{dt}\sum m_h = \sum m_h \frac{dz_h}{dt}, \\ &\frac{d^2\xi}{dt^2}\sum m_h = \sum m_h \frac{d^2x_h}{dt^2}, \quad \frac{d^2\eta}{dt^2}\sum m_h = \sum m_h \frac{d^2y_h}{dt^2}, \quad \frac{d^2\zeta}{dt^2}\sum m_h = \sum m_h \frac{d^2z_h}{dt^2}. \end{aligned} \tag{92''}$$

Nunmehr wenden wir uns dem Problem der Bewegung zweier Massenpunkte unter wechselwirkenden Kräften zu, dessen Wichtigkeit schon allein durch die Ueberlegung erhellt, dass wir ein absolut festes Wirkungscentrum in der Natur nirgends haben, dass beispielsweise alle im Sonnensystem nach dem Newton'schen Gesetz wirkenden Massen in Bewegung sind, und dass es somit eine willkürliche, nur eben zur Vereinfachung der Rechnung eingeführte Fiction war, wenn wir oben die Sonne als ein ruhendes Wirkungscentrum behandelt haben. Wie wir sehen werden, sind die auf diese Weise früher gefundenen (Kepler'schen) Gesetze der Planetenbewegung nur eine erste, allerdings sehr bedeutende Annäherung an die Wirklichkeit; die neuen Betrachtungen liefern uns eine zweite Annäherung und damit ein Urtheil über die Grenzen der Gültigkeit jener ersten. Eine dritte Annäherung würde sich durch Berücksichtigung der gegenseitigen Anziehung der Planeten ergeben.

Was die zwischen zwei Massenpunkten stattfindenden Wechselwirkungen betrifft, so lässt sich über sie Einiges aus ganz allgemeinen Ueberlegungen gewinnen. Definirt man, wie früher, den Massenpunkt als einen Körper, dessen Orientirung ohne Einfluss auf seinen Bewegungszustand ist, so können zwei Massenpunkte, deren Wechselwirkung von ihrer absoluten Bewegung unabhängig, also nur von ihrer Entfernung und eventuell deren Differentialquotienten nach der Zeit abhängig ist, allein Kräfte parallel ihrer Verbindungslinie auf einander ausüben. Denn an einem System von zwei Punkten ist die Verbindungslinie die einzige ausgezeichnete Richtung.

Ist die Wirkung, die ein jeder Punkt vom anderen erfährt, mit dem Product ihrer Massen oder aber anderer jedem einzelnen individuellen Quantitäten, wie z. B. electrischer Ladungen, proportional und von der Substanz unabhängig, so müssen beide Wirkungen entgegengesetzt gerichtet und von gleicher Grösse sein. Denn dies muss für zwei identische Punkte nach Symmetrie gelten, und Punkte verschiedener Massen lassen sich aus identischen Elementarmassen aufbauen, wobei sich die ausgeübten Kräfte einfach summiren.

Wir wollen bei dem nunmehr in Angriff zu nehmenden Problem den Wechselwirkungen diese beiden Eigenschaften beilegen. In wie weit sie allgemein anzunehmen sind, soll weiter unten erörtert werden. —

Die beiden Massenpunkte m_1 und m_2 mögen die Coordinaten x_1, y_1, z_1 und x_2, y_2, z_2 haben; dann ist die Länge r ihrer Verbindungslinie, die wir weiter als eine stets positive Grösse betrachten, gegeben durch:

$$r_{12}^2 = (x_2 - x_1)^2 + (y_2 - y_1)^2 + (z_2 - z_1)^2.$$

Die Cosinus ihrer Richtungswinkel gegen die Coordinatenaxen sind:

$$\pm \frac{x_2 - x_1}{r_{12}}, \qquad \pm \frac{y_2 - y_1}{r_{12}}, \qquad \pm \frac{z_2 - z_1}{r_{12}},$$

dabei gilt das obere Vorzeichen, wenn r_{12}, die Richtung von m_1 nach m_2, positiv gerechnet wird, das untere im umgekehrten Falle.

Da die Kräfte in der Richtung der Verbindungslinie liegen und entgegengesetzt gleich sind, so lauten die Bewegungsgleichungen:

$$\begin{aligned} m_1 \frac{d^2 x_1}{d t^2} &= + K \frac{x_2 - x_1}{r_{12}}, & m_2 \frac{d^2 x_2}{d t^2} &= - K \frac{x_2 - x_1}{r_{12}}, \\ m_1 \frac{d^2 y_1}{d t^2} &= + K \frac{y_2 - y_1}{r_{12}}, & m_2 \frac{d^2 y_2}{d t^2} &= - K \frac{y_2 - y_1}{r_{12}}, \\ m_1 \frac{d^2 z_1}{d t^2} &= + K \frac{z_2 - z_1}{r_{12}}, & m_2 \frac{d^2 z_2}{d t^2} &= - K \frac{z_2 - z_1}{r_{12}}. \end{aligned} \tag{93}$$

Ein positiver Werth von K entspricht darin offenbar einer Anziehung, ein negativer einer Abstossung.

Es handelt sich darum, aus diesen Gleichungen die integrabeln Combinationen zu bilden.

Addirt man die je zwei in einer Zeile stehenden Formeln, so erhält man:

$$\begin{aligned} m_1 \frac{d^2 x_1}{d t^2} + m_2 \frac{d^2 x_2}{d t^2} &= \frac{d}{d t}(m_1 u_1 + m_2 u_2) = 0, \\ m_1 \frac{d^2 y_1}{d t^2} + m_2 \frac{d^2 y_2}{d t^2} &= \frac{d}{d t}(m_1 v_1 + m_2 v_2) = 0, \\ m_1 \frac{d^2 z_1}{d t^2} + m_2 \frac{d^2 z_2}{d t^2} &= \frac{d}{d t}(m_1 w_1 + m_2 w_2) = 0. \end{aligned} \tag{93'}$$

Für das betrachtete Punktpaar sind also die Summen der S. 55 definirten Bewegungsgrössen nach den Coordinatenaxen constant.

Schreibt man das letzte System nach (92″) in der Form

$$(m_1 + m_2)\frac{d^2 \xi}{d t^2} = 0, \quad (m_1 + m_2)\frac{d^2 \eta}{d t^2} = 0, \quad (m_1 + m_2)\frac{d^2 \zeta}{d t^2} = 0, \tag{93''}$$

so spricht es den Satz aus, dass die Bewegung des Massenmittelpunktes oder Schwerpunktes ohne Beschleunigung, d. h. mit constanter Geschwindigkeit in gerader Linie stattfindet. Dieses Resultat trägt den Namen des Satzes von der Erhaltung der Bewegung des Schwerpunktes. Durch Integration folgt aus (93″):

$$\begin{aligned} \xi (m_1 + m_2) &= m_1 x_1 + m_2 x_2 = \alpha' t + \alpha, \\ \eta (m_1 + m_2) &= m_1 y_1 + m_2 y_2 = \beta' t + \beta, \\ \zeta (m_1 + m_2) &= m_1 z_1 + m_2 z_2 = \gamma' t + \gamma. \end{aligned} \tag{93'''}$$

Hierin stellen α', β', γ' die Anfangsgeschwindigkeiten, α, β, γ die Anfangscoordinaten des Schwerpunktes dar; die α', β', γ' sind gleich Null, wenn für die Anfangsgeschwindigkeiten a_1', b_1', c_1' und a_2', b_2', c_2' der beiden Massenpunkte die Gleichungen gelten:

$$m_1 a_1' = -m_2 a_2', \quad m_1 b_1' = -m_2 b_2', \quad m_1 c_1' = -m_2 c_2'.$$

Aus ihnen folgt, dass, um den Massenmittelpunkt dauernd ruhen zu lassen, die Anfangsgeschwindigkeiten der Massen m_1 und m_2 von entgegengesetzter Richtung und den bezüglichen Massen umgekehrt proportional sein müssen.

Einen zweiten allgemeinen Integralsatz erhalten wir, wenn wir die zweiten Gleichungen (93) resp. mit $-z_1$, $-z_2$, die dritten mit $+y_1$, $+y_2$ multipliciren und alle vier addiren. Es resultirt so zunächst:

$$m_1\left(y_1\frac{d^2 z_1}{dt^2} - z_1\frac{d^2 y_1}{dt^2}\right) + m_2\left(y_2\frac{d^2 z_2}{dt^2} - z_2\frac{d^2 y_2}{dt^2}\right) = 0, \tag{94}$$

oder bei Einführung der Geschwindigkeitscomponenten u_h, v_h, w_h auch

$$m_1\frac{d}{dt}(y_1 w_1 - z_1 v_1) + m_2\frac{d}{dt}(y_2 w_2 - z_2 v_2) = 0. \tag{94'}$$

Die beiden in m_1 und m_2 multiplicirten Ausdrücke sind gemäss dem zu Gleichung (85') Gesagten das Doppelte der Flächenbeschleunigungen für die Projection der Bewegung auf die YZ-Ebene. Bezeichnet man die betreffenden Flächengeschwindigkeiten nach der YZ-Ebene $\frac{1}{2}(y_h w_h - z_h v_h)$ mit o_h, so erhält man:

$$2\frac{d}{dt}(m_1 o_1 + m_2 o_2) = 0,$$

also nach ausgeführter Integration und bei Ergänzung durch die analog zu bildenden, auf die Flächengeschwindigkeiten p_h und q_h nach der ZX- und der XY-Ebene bezüglichen Formeln:

$$\begin{aligned} m_1 o_1 + m_2 o_2 &= O_0, \\ m_1 p_1 + m_2 p_2 &= P_0, \\ m_1 q_1 + m_2 q_2 &= Q_0. \end{aligned} \tag{94''}$$

Die drei Integrationsconstanten O_0, P_0, Q_0 bestimmen sich durch den Anfangszustand.

Diese drei Gleichungen, welche aussagen, dass für unser System die Summen der Producte aus der Masse und den Flächengeschwindigkeiten nach den Coordinatenebenen constante Werthe haben, sprechen den Satz von der Erhaltung der Flächengeschwindigkeit für zwei freie Massenpunkte aus. Setzt man die Gleichungen (93'') für die Bewegung des Schwerpunktes voraus, so sind die drei

Formeln von der Gestalt (94) nicht von einander unabhängig. Schreibt man sie nämlich in der Form

$$m_1\left(y_1\frac{d^2 z_1}{dt^2} - z_1\frac{d^2 y_1}{dt^2}\right) = -m_2\left(y_2\frac{d^2 z_2}{dt^2} - z_2\frac{d^2 y_2}{dt^2}\right) \text{ u. s. f.}$$

und multiplicirt diese Gleichungen mit den aus (93″) folgenden Beziehungen:

$$m_1\frac{d^2 x_1}{dt^2} = -m_2\frac{d^2 x_2}{dt^2} \text{ u. s. f.}$$

und addirt die Resultate, so erhält man auf beiden Seiten identisch Null.

Diesen beiden allgemeinen Sätzen ordnet sich ein dritter zu, den man erhält, wenn man die sechs Formeln (93) mit den Factoren $(dx_1/dt)dt = dx_1$, $(dy_1/dt)dt = dy_1$, u. s. f. zusammenfasst. Man erhält so:

$$\frac{d}{dt}\left(m_1\frac{V_1^2}{2} + m_2\frac{V_2^2}{2}\right)dt =$$

$$-\frac{K}{r_{12}}[(x_2-x_1)d(x_2-x_1) + (y_2-y_1)d(y_2-y_1) + (z_2-z_1)d(z_2-z_1)],$$

also bei Einführung der lebendigen Kräfte $\frac{1}{2}m_h V_h = \Psi_h$ der beiden Massenpunkte und der Arbeiten dA_{12} und dA_{21} der beiden resp. auf m_1 und m_2 ausgeübten wechselwirkenden Kräfte auch

$$d(\Psi_1 + \Psi_2) = dA_{12} + dA_{21}.$$

Nun nennt man $\Psi_1 + \Psi_2 = \Psi$ die lebendige Kraft des Punktpaares, $dA_{12} + dA_{21} = dA$ die Arbeit seiner Wechselwirkung; man kann somit in Uebereinstimmung mit (77″) auch schreiben:

$$d\Psi = dA; \tag{95}$$

diese Formel stellt die Gleichung der lebendigen Kraft für das Punktpaar dar.

Da $r_{12}^2 = (x_2-x_1)^2 + (y_2-y_1)^2 + (z_2-z_1)^2$ ist, so ist die vollständige Aenderung dr_{12}, welche r_{12} während dt in Folge der Bewegungen von m_1 und m_2 erleidet, gegeben durch:

$$r_{12}dr_{12} = (x_2-x_1)d(x_2-x_1) + (y_2-y_1)d(y_2-y_1) + (z_2-z_1)d(z_2-z_1),$$

und der Ausdruck für die Arbeit dA erhält die Form

$$dA = -K\,dr_{12}. \tag{95'}$$

Die Arbeit der Wechselwirkung eines Punktpaares ist hiernach gleich dem negativen Product aus der Grösse K

der (im Falle der Anziehung positiv gerechneten) Wechselwirkung in das Differential der Entfernung r_{12} der beiden Punkte.

Handelt es sich um eine Centralkraft specieller Art, die allein von der Entfernung r_{12} der beiden Punkte abhängt, so ist das Product $K d r_{12}$ ein vollständiges Differential einer Function von r_{12} allein; setzen wir dann

$$K d r_{12} = d \Phi, \quad K = d \Phi / d r_{12},$$

so heisst Φ das Potential der Wechselwirkung zwischen m_1 und m_2 (im engeren Sinne des Wortes), und es gelten leicht ersichtlicher Weise die Beziehungen:

$$\begin{aligned} X_1 &= - \frac{\partial \Phi}{\partial x_1}, \quad Y_1 = - \frac{\partial \Phi}{\partial y_1}, \quad Z_1 = - \frac{\partial \Phi}{\partial z_1}, \\ X_2 &= - \frac{\partial \Phi}{\partial x_2}, \quad Y_2 = - \frac{\partial \Phi}{\partial y_2}, \quad Z_2 = - \frac{\partial \Phi}{\partial z_2}. \end{aligned} \tag{95''}$$

Die Componenten der wechselwirkenden Kräfte werden also für jeden Massenpunkt durch die negativen Differentialquotienten des Potentiales der Wechselwirkung nach den betreffenden Coordinaten dargestellt.

Bei Existenz eines Potentiales nimmt hiernach die Gleichung (95) der lebendigen Kraft für das Punktpaar die Gestalt an:

$$d \Psi = - d \Phi \quad \text{oder} \quad d(\Psi + \Phi) = 0,$$

was bei Einführung der Energie des Punktpaares

$$E = \Psi + \Phi \tag{95'''}$$

auch liefert:

$$d E = 0, \quad \text{d. h.} \quad E = \text{Const.}$$

Ψ wird in dieser Verbindung als die kinetische, Φ als die potentielle Energie des Punktpaares bezeichnet.

Die Gleichung (95'''), welche eine allgemeinere Form der in § 12 abgeleiteten Formel (84'') darstellt, nennt man den Satz von der Erhaltung der Energie für zwei freie Massenpunkte. Bezüglich ihrer Bedeutung kann auf das zu Gleichung (82''') Gesagte verwiesen werden.

Ist die Wechselwirkung K zwischen den beiden Massenpunkten ausser von ihrer Entfernung r_{12} auch noch von deren Differentialquotienten nach der Zeit abhängig, so ist ihre Arbeit $dA = - K dr_{12}$ im Allgemeinen kein vollständiges Differential. Die Bedingung für das Eintreten des Gegentheiles liefern die Entwickelungen von S. 130 u. f.; denn der Ausdruck $- K d r$ (wobei r_{12} in r abgekürzt ist) hat dieselbe Form, wie jeder der dort behandelten $X dx$, $Y dy$, $Z dz$. Demgemäss kann man ohne Weiteres den Satz aussprechen:

Existirt eine Function Φ der Entfernung r der beiden Massenpunkte und beliebiger ihrer Ableitungen nach der Zeit r', r'', r''', ... (das Potential im weiteren Sinne des Wortes), durch welche sich die wechselwirkende Kraft K in folgender Weise ausdrücken lässt

$$K = \frac{\partial \Phi}{\partial r} - \frac{d}{dt}\frac{\partial \Phi}{\partial r'} + \frac{d^2}{dt^2}\frac{\partial \Phi}{\partial r''} \pm \cdots, \tag{96}$$

so besitzt die bei der Bewegung beider Punkte während dt geleistete Arbeit dA die Form eines vollständigen Differentiales $-d\Pi$, wobei

$$\begin{aligned} \Pi = \Phi - r'\left(\frac{\partial \Phi}{\partial r'} - \frac{d}{dt}\frac{\partial \Phi}{\partial r''} \pm \cdots\right) \\ - r''\left(\frac{\partial \Phi}{\partial r''} - \frac{d}{dt}\frac{\partial \Phi}{\partial r'''} \pm \cdots\right) - \cdots \end{aligned} \tag{96'}$$

die potentielle Energie des Punktpaares darstellt.

In der That lautet in dem jetzt betrachteten Falle die Gleichung der lebendigen Kraft

$$d\Psi = -d\Pi \quad \text{oder} \quad d(\Psi + \Pi) = 0. \; - \tag{96''}$$

Die im Vorstehenden entwickelten drei allgemeinen Sätze repräsentiren die sechs Combinationen der Bewegungsgleichungen, welche die erste Integration gestatten. Von ihnen wäre also auszugehen, um das Problem der Bewegung beider Punkte methodisch zu lösen.

Wir wollen indessen der Anschaulichkeit halber einen anderen Weg einschlagen, der das vorliegende Problem auf dasjenige der Bewegung eines Massenpunktes unter der Wirkung eines festen Wirkungscentrums zurückführt.

Dividiren wir das erste Tripel Gleichungen (93) durch m_1, das zweite durch m_2 und subtrahiren von den je in einer Reihe stehenden Formeln die erste von der zweiten, dann folgt:

$$\begin{aligned} \frac{d^2(x_2 - x_1)}{dt^2} &= -K\frac{m_1 + m_2}{m_1 m_2} \cdot \frac{x_2 - x_1}{r_{12}}, \\ \frac{d^2(y_2 - y_1)}{dt^2} &= -K\frac{m_1 + m_2}{m_1 m_2} \cdot \frac{y_2 - y_1}{r_{12}}, \\ \frac{d^2(z_2 - z_1)}{dt^2} &= -K\frac{m_1 + m_2}{m_1 m_2} \cdot \frac{z_2 - z_1}{r_{12}}. \end{aligned} \tag{97}$$

Diese Gleichungen haben eine einfache Bedeutung; da $(x_2 - x_1)$, $(y_2 - y_1)$, $(z_2 - z_1)$ die relativen Coordinaten des Massenpunktes m_2 in

Bezug auf m_1 sind, so stellen die Gleichungen die relative Bewegung von m_2 gegen m_1 dar, d. h. das Gesetz, welches ausdrückt, wie sich m_2 für einen mit m_1 bewegten Beobachter zu verhalten scheint. Vergleichen wir diese Formeln mit (84) in § 12, so erkennen wir:

Die relative Bewegung von m_2 gegen m_1 findet ebenso statt, als wenn m_1 ruhte und die von m_1 auf m_2 wirkende Kraft im Verhältniss $(m_1 + m_2)/m_1$ vergrössert wäre.

Vertauscht man auf beiden Seiten dieser Gleichungen das Vorzeichen, so erhält man den analogen Satz für die Bewegung von m_1 relativ zu m_2.

Diese scheinbare Vergrösserung der wirkenden Kraft spricht sich besonders einfach aus, wenn, wie bei dem NEWTON'schen Gesetz, die Kraft K mit den wechselwirkenden Massen proportional ist, z. B. gilt:

$$K = m_1 m_2 F(r_{12}).$$

Dann findet die Bewegung von m_2 relativ zu m_1 so statt, als wenn in letzterem Punkte die Masse $m_1 + m_2$ concentrirt wäre; im Uebrigen gelten alle für ein ruhendes Wirkungscentrum gefundenen Resultate.

Für die Umlaufszeit können wir hiernach zum Beispiel im Falle der NEWTON'schen Gravitation den Werth sogleich hinschreiben. Ist wieder:

$$K = \frac{f m_1 m_2}{r^2} = \frac{k}{r^2},$$

so gilt nach (89''):

$$T = 2\pi \sqrt{\frac{a^3}{f(m_1 + m_2)}}. \tag{97'}$$

Ist m_1 etwa die Masse der Sonne, und sind m_2, m_2', m_2''... die Massen der angezogenen Planeten, so erkennt man, dass für die relativen Umlaufszeiten der letzteren (jeden von ihnen für sich genommen) um die Sonne die Beziehungen stattfinden würden:

$$T^2 : T'^2 : T''^2 : \cdots = \frac{a^3}{m_1 + m_2} : \frac{a'^3}{m_1 + m_2'} : \frac{a''^3}{m_1 + m_2''} : \cdots,$$

eine Formel, die nur dann in KEPLER's drittes Gesetz übergeht, wenn die Planetenmassen neben der Sonnenmasse zu vernachlässigen sind. —

Ist sonach das Problem der relativen Bewegungen auf früher schon Erledigtes zurückgeführt, so ist dadurch für die absolute doch noch nichts gewonnen; um deren Gesetze zu übersehen, führen wir ein neues Coordinatensystem ein, dessen Axen den absolut festen parallel sind, und dessen Anfangspunkt sich mit dem Schwerpunkt des Systemes, also gleichförmig in gerader Linie, fortbewegt. Wir setzen demgemäss

$$x_1 = \xi + \xi_1, \quad y_1 = \eta + \eta_1, \quad z_1 = \zeta + \zeta_1,$$
$$x_2 = \xi + \xi_2, \quad y_2 = \eta + \eta_2, \quad z_2 = \zeta + \zeta_2,$$

wobei ξ, η, ζ die oben benutzte Bedeutung haben, und erhalten so:

$$\xi_1 = \frac{m_2(x_1 - x_2)}{m_1 + m_2}, \quad \xi_2 = \frac{m_1(x_2 - x_1)}{m_1 + m_2} \text{ u. s. f.};$$

hieraus folgen für die Radienvectoren ϱ_1 und ϱ_2 vom Schwerpunkt nach den Massenpunkten m_1 und m_2 die Werthe:

$$\varrho_1 = \frac{m_2 r_{12}}{m_1 + m_2}, \quad \varrho_2 = \frac{m_1 r_{12}}{m_1 + m_2}.$$

Führt man diese Beziehungen in das System (97) ein, so ergiebt sich:

$$m_1 \frac{d^2 \xi_1}{dt^2} = - \frac{\xi_1}{\varrho_1} K\left(\frac{m_1 + m_2}{m_2} \varrho_1\right), \quad m_2 \frac{d^2 \xi_2}{dt^2} = - \frac{\xi_2}{\varrho_2} K\left(\frac{m_1 + m_2}{m_1} \varrho_2\right) \qquad (97'')$$

u. s. f., worin die zu K gefügte Klammer bezeichnet, dass in dieser Function r_{12} resp. durch

$$\frac{m_1 + m_2}{m_2} \varrho_1 \quad \text{oder} \quad \frac{m_1 + m_2}{m_1} \varrho_2$$

ersetzt ist.

Vergleicht man die so erhaltenen Formeln mit den für ein ruhendes Wirkungscentrum gültigen (84), so erkennt man, dass die Bewegung relativ zum Schwerpunkt ebenso stattfindet, als wenn sich in demselben ein ruhendes Wirkungscentrum befände, welches nach demselben Gesetz wirkt, wie der in Wahrheit die Wirkung ausübende Massenpunkt, mit dem einzigen Unterschied, dass in diesem Gesetz die Entfernung ϱ_1 resp. ϱ_2 mit einem constanten Factor multiplicirt auftritt.

Für die analytische Behandlung kommt natürlich dieser Factor gar nicht in Betracht, und man kann daher, bis auf die nöthige Veränderung der Constanten, alle für ruhende Centra erhaltenen Gesetze hier anwenden. Damit ist aber die absolute Bewegung beider Massenpunkte vollständig und anschaulich bestimmt; denn man hat nur das ganze in Bezug auf den Schwerpunkt bewegte System gleichförmig in gerader Linie zu verschieben, um die allgemeinste absolute Bewegung zu erhalten.

Findet beispielsweise die Attraction nach dem NEWTON'schen Gesetz statt, so ist:

$$K(r_{12}) = \frac{f m_1 m_2}{r_{12}^2}, \quad K\left(\frac{m_1 + m_2}{m_2} \varrho_1\right) = \frac{f m_1 m_2^3}{(m_1 + m_2)^2} \cdot \frac{1}{\varrho_1^2},$$

$$K\left(\frac{m_1 + m_2}{m_1} \varrho_2\right) = \frac{f m_1^3 m_2}{(m_1 + m_2)^2} \cdot \frac{1}{\varrho_2^2};$$

die Bewegung von m_1 resp. m_2 in Bezug auf den Schwerpunkt ist also dieselbe, als ob letzterer ruhte und die anziehende Masse $m_2^3/(m_1+m_2)^2$, resp. $m_1^3/(m_1+m_2)^2$, enthielte.

Beide Massenpunkte bewegen sich also relativ zum Massenmittelpunkt in Kegelschnitten, in deren Brennpunkt jener steht. Da ihre Verbindungslinie immer durch den Coordinatenanfang ξ, η, ζ hindurchgeht und von diesem im Verhältniss $\varrho_1 : \varrho_2 = m_2 : m_1$ getheilt wird, so ergiebt sich, dass relativ zum Schwerpunkt beide Bahnen in derselben Ebene liegen, die entsprechenden Axen in dieselbe Richtung fallen und ihren Grössen nach den bezüglichen Massen indirect proportional sind.

Die Umlaufsdauern sind für elliptische Bahnen resp.

$$T_1 = 2\pi\sqrt{\frac{a_1^3(m_1+m_2)^2}{f m_2^3}}, \qquad T_2 = 2\pi\sqrt{\frac{a_2^3(m_1+m_2)^2}{f m_1^3}}; \qquad (97''')$$

sie sind gleich, da $a_1 m_1 = a_2 m_2$ ist. —

Auf die Wirkung von Centralkräften zwischen Massenpunkten lässt sich auch jene besondere Art der bedingten Bewegung zurückführen, auf welche schon oben S. 90 hingewiesen worden ist, nämlich der Fall, dass das Gesetz der Entfernung des bewegten Punktes von einem anderen gegeben ist, der seinerseits sich in bestimmter Weise bewegt oder aber seinerseits ebenfalls frei ist.

Bei allen derartigen Aufgaben ist die Wirkung der Verbindung beider Massenpunkte zurückzuführen auf Reactionskräfte, welche dieselbe auf beide Punkte ausübt, und deren Richtung in die Verbindungslinie fällt, deren Grösse aber nicht direct gegeben ist, sondern sich durch die neue Bedingung, welche zu den sechs Bewegungsgleichungen hinzutritt, bestimmt.

Ein einfaches Beispiel hierfür ist die Bewegung zweier Massenpunkte, die durch eine starre gewichtslose Linie verbunden sind, z. B. zweier Bleikugeln, die an einem sehr leichten Stab befestigt sind. Für die Behandlung dieses Problemes ist von den Gleichungen (97) auszugehen und in denselben K als Unbekannte anzusehen, die zu bestimmen die Bedingung:

$$r_{12} = \text{Const.}$$

zu den Bewegungsgleichungen hinzutritt.

Das Resultat ist nach dem Vorstehenden sogleich zu übersehen.

Der Schwerpunkt des Systemes bewegt sich gleichförmig in gerader Linie; für die Bewegung relativ zu demselben gilt der Flächensatz, und da die Entfernung beider Massenpunkte unveränderlich ist, so müssen letztere mit constanten Geschwindigkeiten Kreisbahnen in derselben Ebene durch den Schwerpunkt beschreiben. Die Aufstellung ausführlicher Formeln ist nicht nöthig. —

Auf Centralkräfte lässt sich ferner der Vorgang zurückführen, den man kurz als den Zusammenstoss zweier Massenpunkte bezeichnet. Wir betrachten dazu zwei Massenpunkte, die eine gegenseitige Einwirkung nur dann äussern, wenn sie einander unendlich nahe kommen. Dieselben werden sich, solange ihre Entfernung eine endliche ist, mit constanten Geschwindigkeiten in geraden Linien bewegen und eine hiervon abweichende Bewegung nur solange einschlagen, als ihre Entfernung unendlich klein ist, oder, wie man kurz sagt, während ihres Zusammenstosses.

Man kann dann, ohne eine andere Annahme zu benutzen, als die, dass während der Periode des Stosses eine Centralkraft der oben besprochenen Art wirksam ist, den Zusammenhang bestimmen, in welchem die Bewegung nach dem Stoss mit derjenigen vor demselben steht.

Seien nämlich m_1 und m_2 die Massen der beiden Punkte, u_1^0, v_1^0, w_1^0, V_1^0 und u_2^0, v_2^0, w_2^0, V_2^0 die Componenten und Resultanten ihrer Geschwindigkeiten vor dem Stoss, u_1, v_1, w_1, V_1 und u_2, v_2, w_2, V_2 diejenigen nach demselben, Ψ_1^0 und Ψ_2^0, Ψ_1 und Ψ_2 die resp. lebendigen Kräfte, so gilt nach (93′) der Satz von der Erhaltung der Bewegungsgrösse des Punktpaares, der sich ausdrückt in den Gleichungen:

$$\begin{aligned} m_1 u_1 + m_2 u_2 &= m_1 u_1^0 + m_2 u_2^0, \\ m_1 v_1 + m_2 v_2 &= m_1 v_1^0 + m_2 v_2^0, \\ m_1 w_1 + m_2 w_2 &= m_1 w_1^0 + m_2 w_2^0; \end{aligned} \tag{98}$$

ferner gilt nach (95‴) die Gleichung der Energie:

$$\Psi_1 + \Psi_2 + \Phi = \Psi_1^0 + \Psi_2^0 + \Phi^0,$$

in welcher Φ^0 und Φ die Potentiale der Wechselwirkung vor und nach dem Stosse sind.

Da nach (95″) die Differentialquotienten des Potentiales Φ nach den Coordinaten der Massenpunkte die auf jene wirkenden Kraftcomponenten darstellen, so muss nach den obigen Annahmen über die Wechselwirkungen Φ für alle endlichen Entfernungen constant sein und nur für unendlich kleine variiren.

Da nun der Stoss beginnt, wenn die Wechselwirkung eben anfängt, einen von Null verschiedenen Werth zu erhalten, und endet, wenn sie verschwindet, so muss $\Phi = \Phi^0$ sein und daher gelten:

$$\Psi_1 + \Psi_2 = \Psi_1^0 + \Psi_2^0,$$

oder ausführlich, nach Multiplication mit 2:

$$\begin{aligned} & m_1 (u_1^2 + v_1^2 + w_1^2) + m_2 (u_2^2 + v_2^2 + w_2^2) \\ &= m_1 (u_1^{0^2} + v_1^{0^2} + w_1^{0^2}) + m_2 (u_2^{0^2} + v_2^{0^2} + w_2^{0^2}). \end{aligned} \tag{98′}$$

Diese Formeln beziehen sich auf ein ganz beliebiges Coordinatensystem; sie lassen sich vereinfachen, wenn man dasselbe so legt, dass

$$v_1 = v_1^0, \qquad w_1 = w_1^0$$

ist, d. h., dass V_1^0 und V_1 nach der YZ-Ebene gleiche und parallele Componenten geben. Man erkennt aus (98), dass unter dieser Annahme auch

$$v_2 = v_2^0, \qquad w_2 = w_2^0$$

ist, also V_2^0 und V_2 sich gegen die YZ-Ebene ebenso verhalten.

Ferner gilt jetzt:

$$m_1(v_1^2 + w_1^2) + m_2(v_2^2 + w_2^2) = m_1(v_1^{02} + w_1^{02}) + m_2(v_2^{02} + w_2^{02}),$$

und es folgt durch Subtraction dieser Gleichung von (98'):

$$m_1 u_1^2 + m_2 u_2^2 = m_1 u_1^{02} + m_2 u_2^{02},$$

oder

$$m_1(u_1^2 - u_1^{02}) = m_2(u_2^{02} - u_2^2). \tag{98''}$$

Dividirt man dies durch die aus der ersten Formel (98) folgende Beziehung

$$m_1(u_1 - u_1^0) = m_2(u_2^0 - u_2),$$

so folgt:

$$u_1 + u_1^0 = u_2 + u_2^0,$$

und aus diesen beiden letzten Gleichungen berechnet sich:

$$\left.\begin{aligned} u_1 &= \frac{2m_2 u_2^0 + u_1^0(m_1 - m_2)}{m_1 + m_2}, \\ u_2 &= \frac{2m_1 u_1^0 + u_2^0(m_2 - m_1)}{m_1 + m_2}, \end{aligned}\right\} \tag{98'''}$$

was mit

$$v_1 = v_1^0, \quad w_1 = w_1^0 \quad \text{und} \quad v_2 = v_2^0, \quad w_2 = w_2^0$$

zusammen Grösse und Richtung der resultirenden Geschwindigkeiten vollständig bestimmt.

Unbekannt ist nur noch die Richtung der eingeführten X-Coordinatenaxe, welche dadurch definirt war, dass V_1 und V_1^0 einerseits, V_2 und V_2^0 andererseits nach der zu ihr normalen YZ-Ebene gleiche und parallele Componenten besitzen sollten. Diese zu bestimmen ist eine speciellere Annahme über den Vorgang des Stosses erforderlich, als bisher angewandt war. Denken wir uns z. B. die beiden Massenpunkte als sehr kleine starre Kugeln, die nur während der Berührung auf einander wirken, so ergiebt es sich aus den Symmetrieverhältnissen, dass die Verbindungslinie ihrer Mittelpunkte im Moment der Berührung jene X-Axe, ihre gemeinsame Tangentenebene jene YZ-Ebene sein muss. In diesem Falle des schiefen Stosses unendlich kleiner Kugeln ist die Aufgabe also völlig durchgeführt.

Die resultirenden Gesammtgeschwindigkeiten folgen aus (98'''):

$$V_1^2 = V_1^{0^2} + \frac{4\,m_2\,(u_2^0 - u_1^0)\,(m_2\,u_2^0 + m_1\,u_1^0)}{(m_1 + m_2)^2},$$

$$V_2^2 = V_2^{0^2} + \frac{4\,m_1\,(u_1^0 - u_2^0)\,(m_1\,u_1^0 + m_2\,u_2^0)}{(m_1 + m_2)^2}.$$

Für den geraden centralen Stoss sind die v_h, w_h und v_h^0, w_h^0 gleich Null, die $u_h = V_h$ und $u_h^0 = V_h^0$ zu setzen; es gilt dann:

$$V_1 = \frac{2\,m_2\,V_2^0 + V_1^0\,(m_1 - m_2)}{m_1 + m_2},$$

$$V_2 = \frac{2\,m_1\,V_1^0 + V_2^0\,(m_2 - m_1)}{m_1 + m_2}.$$

Dies sind die Gesetze des Stosses für zwei Massenpunkte; dass es keineswegs erlaubt ist, sie für endliche Massen anzuwenden, wird sich später zeigen.

§ 15. Bewegung von Punktsystemen; Sätze über Bewegungsgrössen und Flächenmomente; Gleichung der Energie.

Seien nunmehr, statt nur zwei, n Massenpunkte gegeben mit den Massen $m_1, m_2 \ldots m_n$ und den Coordinaten $x_1, y_1, z_1, \ldots x_n, y_n, z_n$. Zwischen ihnen mögen wiederum Centralkräfte specieller Art wirken, welche in den bezüglichen Verbindungslinien liegen, nur von den Abständen abhängen und gleiche Gegenwirkungen besitzen. Der Massenpunkt m_h erfahre von einem andern m_k die Kraft K_{hk}, also m_k von m_h die Kraft $K_{kh} = K_{hk}$; beider Componenten sind dann gegeben durch

$$X_{hk} = -X_{kh} = -K_{hk}\frac{x_h - x_k}{r_{hk}}, \quad Y_{hk} = -Y_{kh} = -K_{hk}\frac{y_h - y_k}{r_{hk}}, \quad Z_{hk} = -Z_{kh} = -K_{hk}\frac{z_h - z_k}{r_{hk}}; \tag{99^0}$$

hierin ist K_{hk} eine Function nur der Entfernung r_{hk}, die negativ ist für den Fall der Abstossung, positiv für den der Anziehung; $r_{hk} = r_{kh}$ wird stets positiv gerechnet.

Ausser diesen Wechselwirkungen, die wir innere Kräfte des Systemes nennen, seien noch von ausserhalb des Systemes liegenden Ursachen Kräfte hervorgebracht; die Summen ihrer auf den Punkt m_h ausgeübten Componenten seien X_h, Y_h, Z_h.

Dann lauten für einen beliebigen Massenpunkt die Bewegungsgleichungen:

$$m_h\frac{d^2x_h}{dt^2} = \sum_k X_{hk} + X_h,$$
$$m_h\frac{d^2y_h}{dt^2} = \sum_k Y_{hk} + Y_h, \tag{99}$$
$$m_h\frac{d^2z_h}{dt^2} = \sum_k Z_{hk} + Z_h;$$

die Summen sind über alle auf m_h wirkenden Massenpunkte auszudehnen, es ist also $h = 1, 2, 3 \ldots n$, $k = 1, 2, 3 \ldots h-1, h+1, \ldots n$ zu setzen. Analoge Gleichungen gelten für jeden anderen Punkt; die Anzahl aller ist gleich $3n$ und ebenso gross ist auch die Anzahl der unbekannten Coordinaten.

Die Anzahl der allgemein angebbaren integrabeln Combinationen aus diesen $3n$ Gleichungen ist selbst für den Fall, dass die äusseren Kräfte fehlen oder bestimmte einfache Eigenschaften besitzen, dieselbe, die in dem vorigen speciellen Problem gebildet war, und demnach weitaus nicht genügend zur vollständigen Lösung des Bewegungsproblemes, das in der That schon bei drei Massenpunkten ohne äussere Kräfte bisher nicht streng durchführbar ist. Bei Wirkung äusserer Kräfte liegen die Verhältnisse meist noch ungünstiger.

1. Summirt man sämmtliche auf dieselbe Coordinatenaxe bezüglichen Gleichungen, so erhält man zunächst

$$\sum_h m_h \frac{d^2 x_h}{d t^2} = \sum_h \sum_k X_{hk} + \sum_h X_h \qquad (100^0)$$

u. s. f., und da nach (99^0) die erste Summe rechts verschwindet, bei Einführung der Geschwindigkeitscomponenten u_h, v_h, w_h auch:

$$\frac{d}{dt} \sum_h m_h u_h = \sum_h X_h, \quad \frac{d}{dt} \sum_h m_h v_h = \sum_h Y_h, \quad \frac{d}{dt} \sum_h m_h w_h = \sum_h Z_h. \qquad (100)$$

Diese Formeln lassen sich in verschiedener Weise auffassen.

Zunächst wollen wir benutzen, dass die Producte $m_h u_h = A_h$, $m_h v_h = B_h$, $m_h w_h = C_h$, welche man nach S. 55 die **Bewegungsgrössen des Massenpunktes** m_h **nach den Coordinatenaxen** nennt, ebenso Vectorcomponenten darstellen, wie u_h, v_h, w_h selbst, und wiederholen, dass man den ihnen zugehörigen polaren oder Verschiebungsvector $m_h V_h = W_h$ kurz als die **Bewegungsgrösse** von m_h bezeichnet. Es gilt somit nach (100)

$$\frac{d}{dt} \sum_h A_h = \sum_h X_h, \quad \frac{d}{dt} \sum_h B_h = \sum_h Y_h, \quad \frac{d}{dt} \sum_h C_h = \sum_h Z_h. \qquad (100')$$

In diesem Formelsystem finden sich nun Summen von Vectorcomponenten nach den Coordinatenaxen, die man nach S. 16 wieder als Vectorcomponenten auffassen kann. Setzen wir also $\sum A_h = A$, $\sum B_h = B$, $\sum C_h = C$, so stellen A, B, C die Componenten eines Vectors W, der (resultirenden) **Bewegungsgrösse des Punktsystemes**, dar, die sich aus den Bewegungsgrössen W_h der einzelnen Punkte ebenso nach der Regel des Polygones zusammensetzt, wie die (resultirende) **äussere Kraft** K mit den Componenten $\sum X_h = X$, $\sum Y_h = Y$, $\sum Z_h = Z$ aus den auf die einzelnen Massenpunkte wirkenden äusseren Kräften K_h.

Schreiben wir hiernach die Gleichungen (100′) in der Form

$$\frac{dA}{dt} = X, \quad \frac{dB}{dt} = Y, \quad \frac{dC}{dt} = Z, \tag{100''}$$

so stellen sie den Satz über die Bewegungsgrösse eines Punktsystemes in der folgenden einfachsten Form dar:

Für ein äusseren und inneren Kräften der vorausgesetzten Art unterworfenes Punktsystem sind die Aenderungsgeschwindigkeiten der Componenten der Bewegungsgrösse gleich den parallelen Componenten der resultirenden äusseren Kraft.

Es mag darauf hingewiesen werden, dass dieser Satz eine grosse Erweiterung der in der Formel (29″) für einen Massenpunkt enthaltenen Definition der Kraft darstellt.

Fehlen äussere Kräfte, so liefern die letzten Gleichungen das Resultat

$$A = A_0, \quad B = B_0, \quad C = C_0,$$

worin A_0, B_0, C_0 Constanten bezeichnen, und damit den sogenannten Satz von der Erhaltung der Bewegungsgrösse:

Für ein nur inneren Kräften der vorausgesetzten Art unterworfenes Punktsystem ist die Bewegungsgrösse nach Grösse und Richtung constant. Ist dieselbe also zu irgend einer Zeit gleich Null, so verschwindet sie dauernd.

Die im Vorstehenden entwickelte Auffassung der Gleichungen (100) ist besonders deshalb von Bedeutung, weil ein zweites, sogleich abzuleitendes Formelsystem die gleiche Behandlung gestattet. Gebräuchlicher ist indessen eine andere Deutung, welche durch die Einführung der Schwerpunktscoordinaten gemäss den Formeln (92″) nahe gelegt wird. Durch sie gewinnt das System (100) die neue Form

$$\frac{d^2\xi}{dt^2}\sum_h m_h = \sum_h X_h, \quad \frac{d^2\eta}{dt^2}\sum_h m_h = \sum_h Y_h, \quad \frac{d^2\zeta}{dt^2}\sum_h m_h = \sum_h Z_h, \tag{101}$$

in der es den sogenannten Schwerpunktssatz ausspricht:

Der Schwerpunkt eines unter der Wirkung von äusseren und inneren Kräften der vorausgesetzten Art stehenden Massensystemes bewegt sich ebenso, als wären in ihm sämmtliche Massen des Systemes zu einem Massenpunkt vereinigt und griffen in ihm sämmtliche äussere Kräfte an.

Steht das System nur unter der Wirkung innerer Kräfte, so bewegt sich der Schwerpunkt gleichförmig in gerader Linie. Diesen Satz nennt man den Satz von der Erhaltung der Bewegung des Schwerpunktes. Ein System, welches allein inneren Kräften unterliegt, ist das Weltsystem, der angegebene Satz gilt daher auch für dieses.

Wirken keine äusseren Kräfte, oder aber sind dieselben vom Ort unabhängig und den Massen proportional, wie die Schwerkraft, so erhält man, indem man die Gleichungen (101) mit $m_h / \Sigma m_h$ multiplicirt und von (99) abzieht, dabei $x_h - \xi = \xi_h$, $y_h - \eta = \eta_h$, $z_h - \zeta = \zeta_h$ setzt, für die Bewegung relativ zum Massenmittelpunkt die Formeln:

$$m_h \frac{d^2 \xi_h}{d t^2} = \sum_k X_{hk}, \quad m_h \frac{d^2 \eta_h}{d t^2} = \sum_k Y_{hk}, \quad m_h \frac{d^2 \zeta_h}{d t^2} = \sum_k Z_{hk}. \qquad (101')$$

In diesem Falle findet die relative Bewegung ebenso statt, als ruhte der Schwerpunkt und wirkten auf die Massenpunkte ausschliesslich die inneren Kräfte des Systemes.

2. Multiplicirt man die dritte Gleichung des Systemes (99) mit y_h, zieht davon die zweite, mit z_h multiplicirt, ab und bildet hiervon die Summe für alle Massenpunkte, so erhält man zunächst

$$\sum_h m_h \left(y_h \frac{d^2 z_h}{d t^2} - z_h \frac{d^2 y_h}{d t^2}\right) = \sum_h \sum_k (y_h Z_{hk} - z_h Y_{hk}) + \sum_h (y_h Z_h - z_h Y_h), \quad (102^0)$$

u. s. f., oder da die erste Summe rechts nach (99^0) verschwindet, bei Einführung der Geschwindigkeitscomponenten u_h, v_h, w_h

$$\frac{d}{dt} \sum_h m_h (y_h w_h - z_h v_h) = \sum_h (y_h Z_h - z_h Y_h),$$

und analog

$$\frac{d}{dt} \sum_h m_h (z_h u_h - x_h w_h) = \sum_h (z_h X_h - x_h Z_h), \qquad (102)$$

$$\frac{d}{dt} \sum_h m_h (x_h v_h - y_h u_h) = \sum_h (x_h Y_h - y_h X_h).$$

Die auf der linken Seite dieser Gleichungen befindlichen Summen enthalten nach S. 161 die Producte der Massen m_h in das Doppelte ihrer Flächengeschwindigkeiten o_h, p_h, q_h nach den Coordinatenebenen; wir nennen sie die Flächenmomente nach den Coordinatenebenen oder um die Coordinatenaxen und bezeichnen sie mit O_h, P_h, Q_h. Die in den Summen rechts auftretenden Functionen der Kräfte K_h heissen aus später hervortretenden Gründen die Drehungsmomente dieser Kräfte um die Coordinatenaxen; wir bezeichnen sie mit L_h, M_h, N_h.

Die Formeln (102) nehmen hierdurch die Gestalt an

$$\frac{d}{dt} \sum_h O_h = \sum_h L_h, \quad \frac{d}{dt} \sum_h P_h = \sum_h M_h, \quad \frac{d}{dt} \sum_h Q_h = \sum_h N_h \qquad (102')$$

und liefern so einen leicht in Worte zu fassenden Satz.

Eine neue Auffassung der Ausdrücke O_h, P_h, Q_h und L_h, M_h, N_h geben die auf S. 15 u. 17 angestellten Betrachtungen an die Hand.

Da die Geschwindigkeit V_h, und somit auch die sogenannte Bewegungsgrösse $m_h\, V_h$ einen **polaren oder Verschiebungsvector** darstellt, und da Gleiches von der Kraft K_h gilt, so sind nach ihren Definitionen O_h, P_h, Q_h und L_h, M_h, N_h Componenten zweier **axialer oder Drehungsvectoren**, die durch zwei Parallelogramme mit den Seiten r_h, V_h resp. r_h, K_h — unter r_h den Abstand des Massenpunktes m_h vom Coordinatenanfang verstanden — repräsentirt werden können. Diese Vectoren haben nämlich Zahlwerthe gleich den Flächen der betreffenden Parallelogramme $r_h\, V_h \sin(r_h, V_h)$ resp. $r_h\, K_h \sin(r_h, K_h)$ und Richtungen, die mit den in geeigneter Weise definirten positiven Normalen auf deren Ebenen zusammenfallen. Als positiv ist dabei je diejenige Seite der Normale gewählt, um welche V_h resp. K_h im Sinne einer positiven (linken) Drehung wirken. Die so definirten Vectoren können passend als **Hauptflächenmomente** F_h und **Hauptdrehungsmomente** D_h von V_h und K_h um den Coordinatenanfang bezeichnet werden.

Von den Vectorcomponenten O_h, P_h, Q_h und L_h, M_h, N_h treten nun in den Formeln (102″) die Summen aller paralleler und gleichartiger auf. Fasst man diese Summen $\sum O_h = O, \ldots,\ \sum L_h = L, \ldots$ wiederum als Vectorcomponenten auf, so entsprechen sie nach S. 16 je einem Vector, der aus allen Hauptflächenmomenten F_h und Hauptdrehungsmomenten D_h nach der Regel des Polygones abgeleitet ist und resp. (resultirendes) **Flächenmoment** F **des Punktsystemes** und (resultirendes) **Drehungsmoment der äusseren Kräfte** genannt werden mag.

Die Gleichungen (102′) nehmen bei Einführung dieser Bezeichnungen die Gestalt an

$$\frac{d\,O}{d\,t} = L, \quad \frac{d\,P}{d\,t} = M, \quad \frac{d\,Q}{d\,t} = N \qquad (102'')$$

und sprechen damit den **Satz über das Flächenmoment eines Punktsystemes** in der folgenden einfachsten Form aus:

Für ein äusseren und inneren Kräften der vorausgesetzten Art unterworfenes Punktsystem sind die zeitlichen Aenderungen der Componenten des Flächenmomentes gleich den Componenten des resultirenden äusseren Drehungsmomentes.

Fehlen äussere Kräfte, so liefert das letzte System von Gleichungen durch Integration

$$O = O_0, \quad P = P_0, \quad Q = Q_0,$$

wobei O_0, P_0, Q_0 Constanten bezeichnen, und damit den sogenannten **Satz von der Erhaltung des Flächenmomentes**:

Für ein nur inneren Kräften der vorausgesetzten Art unterworfenes Punktsystem ist das Flächenmoment nach Grösse und Richtung constant. Ist dasselbe also zu irgend einer Zeit gleich Null, so gilt Gleiches auch zu jeder Zeit.

Da die Componente $S = F\cos(F, S)$ von F nach einer beliebigen Richtung S stets kleiner, als F selbst ist, so gestattet der vorstehende Satz auch die von Laplace herrührende Fassung, dass das Flächenmoment des betrachteten Punktsystemes seinen grössten Werth andauernd in Bezug auf dieselbe (invariable) Ebene besitzt. —

Es mag hervorgehoben werden, dass mit diesem Satze eine Drehung eines anfänglich ruhenden Massensystemes durch ausschliessliche Wirkung innerer Kräfte sehr wohl vereinbar ist. Um ein Beispiel zu geben, so sei eine materielle Kreisscheibe äusseren Kräften entzogen, etwa auf einem Teiche schwimmend, ihr Centrum sei der Coordinatenanfang; zwei andere unter einander gleiche Massen, etwa lebende Wesen, mögen sich im Mittelpunkt befinden, und Alles sei anfänglich in Ruhe. Wandern nun jene Massen mit gleichen Geschwindigkeiten erst in entgegengesetzten Richtungen nach dem Rande der Scheibe, dann in gleichen Richtungen an dem Rande hin und schliesslich nach dem Centrum zurück, so hat die Scheibe schliesslich eine andere Lage als anfangs. Denn während der zweiten Periode haben die zwei Lebewesen zusammen ein von Null verschiedenes Flächenmoment; die Scheibe muss demgemäss ein gleich grosses von entgegengesetztem Vorzeichen besitzen.

Wirken entweder keine äusseren Kräfte, oder sind dieselben unabhängig vom Ort und mit der Masse proportional, so gilt der Satz von der Erhaltung des Flächenmomentes unter den gemachten Annahmen auch für ein mit dem Schwerpunkt bewegtes Coordinatensystem, wie dies aus den Formeln (101') hervorgeht.

Wirken äussere Kräfte, die für alle Massenpunkte nach einer festen oder beweglichen Axe hingerichtet sind, so gilt der Flächensatz nur noch für diese eine Axe; wirken Kräfte, die nach einem festen oder beweglichen Centrum hingerichtet sind, so gilt er für jede durch diesen Punkt gehende Axe. Denn Kräfte der angegebenen Art geben keinen Antheil zu dem Drehungsmoment um dergleichen Axen, treten also in den Formeln (102) gar nicht auf. —

Wir haben bisher ausschliesslich freie Bewegungen des Punktsystemes in Betracht gezogen und von der Einführung von Reactionskräften demnach abgesehen. Wenn die dem System auferlegten Bedingungen ausschliesslich mehrere Punkte desselben an einander binden, sind die durch sie gelieferten Reactionskräfte den inneren

Kräften zuzuzählen, in allen anderen Fällen aber den äusseren. Diese inneren Bedingungen werden in den wichtigsten Fällen dahin lauten, dass eine geometrische Eigenschaft des Punktsystemes, z. B. der Abstand zweier Punkte, die Fläche des durch drei von ihnen bestimmten Dreiecks, der Inhalt des durch vier von ihnen bestimmten Tetraëders ein vorgeschriebenes Verhalten zeigt, etwa zeitlich constant ist. Da die gesammte Configuration des Punktsystemes durch die Abstände r_{hk} bestimmt ist, so werden derartige Bedingungen stets die analytische Form

$$\varphi(r_{12}, r_{23}, r_{32}, \ldots, t) = 0 \tag{103}$$

besitzen, die durch Differentiation auf die Gleichung

$$\underset{hk}{S} \frac{\partial \varphi}{\partial r_{hk}} d r_{hk} + \frac{\partial \varphi}{\partial t} d t = 0 \tag{103'}$$

führt. Nach dem S. 90 u. 95 Gesagten muss diese Formel eine Aussage über die durch die Bedingung $\varphi = 0$ eingeführten Reactionskräfte enthalten, und nach (95') wird man $-k\,\partial\varphi/\partial r_{hk}$ (unter k einen zu bestimmenden Factor verstanden) als die Grösse einer in der Richtung der Verbindungslinie wirkenden und dem Gesetz der Gleichheit von Wirkung und Gegenwirkung gehorchenden inneren Kraft K'_{hk} betrachten, deren Grösse aus den Bedingungen des Problemes folgt.

Man kann sich dies noch weiter klar machen, indem man die in k multiplicirte Summe S der letzten Gleichung durch Einführung des Werthes von dr_{hk} in den Coordinaten $x_h, y_h, z_h, x_k, y_k, z_k$ auf die Form

$$\sum_h \sum_k (X'_{hk}\, d x_h + Y'_{hk}\, d y_h + Z'_{hk}\, d z_h)$$

bringt und die Werthe der dann resultirenden X'_{hk}, Y'_{hk}, Z'_{hk} discutirt.

Da sonach bei Gültigkeit von Bedingungen der obigen Form die Gleichungen (99⁰) erfüllt sind, so gelten hier auch die auf ihnen beruhenden Sätze (101') und (102'). —

Die allgemeinen Sätze über die Bewegungsgrösse und das Flächenmoment eines Punktsystemes sind im Vorstehenden gewonnen aus der Annahme gewisser specieller Eigenschaften der inneren Kräfte. Für den ersten Satz war die Gleichheit der Wirkung und Gegenwirkung, für den zweiten ausserdem ihr Zusammenfallen mit der Verbindungslinie der wechselwirkenden Massenpunkte benutzt.

Indessen ist zu betonen, dass die Gültigkeit beider Sätze eine viel weiter reichende ist.

Auch wenn die Zerlegung der inneren Kräfte des Punktsystemes in Wechselwirkungen zwischen Punktpaaren, wie sie in dem Formelsystem (99) Ausdruck findet, nicht angängig ist, können die Gleichungen (100') und (102') aus jenem folgen. Denn vertauscht man in (99) die Componentensummen $\sum_k X_{hk}$, $\sum_k Y_{hk}$, $\sum_k Z_{hk}$ mit Ξ_h, H_h,

Z_h, die nun die Gesammtcomponenten der auf den Punkt m_h ausgeübten Kräfte darstellen, welche übrig bleiben, wenn man das ganze System jeder äusseren Einwirkung entzogen, z. B. in einen unendlichen leeren Raum gerückt denkt, so gelangt man stets zu den Sätzen über die Bewegungsmenge und das Flächenmoment des Punktsystemes in der oben gezeigten Weise, sowie die Gleichungen gelten

$$\sum_h \Xi_h = 0, \quad \sum_h H_h = 0, \quad \sum_h Z_h = 0,$$

$$\sum_h (y_h Z_h - z_h H_h) = 0, \quad \sum_h (z_h \Xi_h - x_h Z_h) = 0, \quad \sum_h (x_h H_h - y_h \Xi_h) = 0.$$

Die Erfüllung dieser Formeln ist aber auch auf ganz andere Weise möglich, als in Folge des Bestehens der Bedingungen (99⁰).

Wegen der grossen Analogie, welche die Gleichungen (100″) und (102″) mit den Fundamentalformeln (29″) für einen Massenpunkt verbindet, kann man dazu neigen, ihnen hypothetisch eine allgemeine Gültigkeit für alle wirklichen Massensysteme beizulegen. Wie das System (29″) die positive Fassung des in Galilei's Trägheitsprincip negativ ausgesprochenen Grundsatzes für einen Massenpunkt enthält, so würden dann (100″) und (102″) Erweiterungen dieses Principes auf ein Punktsytem darstellen.

Für die physikalische Mechanik haben diese Ueberlegungen kaum Bedeutung, da bei ihr so gut wie ausschliesslich die auf S. 159 erörterten speciellen Fälle in Betracht kommen. —

3. Multiplicirt man die drei Gleichungen (99) resp. mit

$$\frac{dx_h}{dt}dt = dx_h, \quad \frac{dy_h}{dt}dt = dy_h, \quad \frac{dz_h}{dt}dt = dz_h$$

und summirt sie für alle Massenpunkte, so erhält man:

$$\begin{aligned}\sum_h \frac{m_h}{2}\frac{dV_h^2}{dt} &= \sum_h \sum_k (X_{hk}\,dx_h + Y_{hk}\,dy_h + Z_{hk}\,dz_h) \\ &\quad + \sum_h (X_h\,dx_h + Y_h\,dy_h + Z_h\,dz_h).\end{aligned} \tag{104}$$

Hier steht unter den einfachen Summen rechts und links nach (78″) und (77′) resp. die von den äusseren Kräften während dt an m_h geleistete Arbeit dA_h und der bezügliche Zuwachs der lebendigen Kraft $d\Psi_h$ von m_h. Für die Doppelsumme erhält man bei Einführung der Werthe (99⁰) und bei Anwendung des S. 162 eingeschlagenen Weges auf alle Combinationen zweier Massen m_h und m_k den Werth $-\mathsf{S}\,K_{hk}\,dr_{hk}$; ist K_{hk} allein von r_{hk} abhängig, so gelangt man durch Einführung des Potentiales Φ_{hk} ihrer Wechselwirkung nach S. 163 schliesslich zu

$$\sum_h d\Psi_h = -\mathop{\mathsf{S}}_{hk} d\Phi_{hk} + \sum_h dA_h. \tag{104'}$$

Hierin ist $\Sigma \Psi_h = \Psi$ die Summe aller lebendigen Kräfte oder kurz die gesammte lebendige Kraft des Systemes; $S \Phi_{hk} = \Phi$ ist die Summe der Potentiale aller einzelnen Wechselwirkungen oder kurz das Potential des Massensystemes auf sich selbst; $\Sigma dA_h = dA$ ist die Summe aller von äusseren Kräften während dt geleisteten Arbeiten oder kurz die äussere Arbeit.

Demnach kann man unter Einführung der Energie $E = \Psi + \Phi$ auch schreiben

$$dE = d(\Psi + \Phi) = dA, \tag{104''}$$

d. h. der Zuwachs der Energie eines unter inneren Central- und beliebigen äusseren Kräften stehenden Massensystemes während dt ist gleich der an demselben in der gleichen Zeit von den äusseren Kräften geleisteten Arbeit.

Die Erweiterung auf den Fall, dass die Wechselwirkungen K_{hk} ausser den Entfernungen r_{hk} auch deren Differentialquotienten nach der Zeit enthalten, ergiebt sich nach S. 164 von selbst, mag aber hier unterbleiben.

Sind die Punkte des Systemes nicht frei, sondern an gewisse Bedingungen gebunden, so sind die Arbeiten der durch letztere gegebenen Reactionskräfte mit in Rechnung zu ziehen. Kräfte, die bei den wirklichen Bewegungen keine Arbeit leisten, fallen aus der Energiegleichung überhaupt heraus. Solcher Art sind die äusseren Kräfte, welche als Reactionen fester und ruhender Curven und Oberflächen auftreten, ebenso die inneren Kräfte, welche aus Bedingungen von der Form (103) folgen, falls in diesen die Zeit nicht vorkommt.

Die Formel (104''), welche eine ausserordentliche Erweiterung der in § 11 abgeleiteten Gleichung (77'') der lebendigen Kraft für einen einzelnen Massenpunkt bildet, heisst kurz die Gleichung der Energie für ein Punktsystem. Das Wesentliche ihres Inhaltes ist, dass für ein System, welches der gemachten Annahme entspricht, dass seine inneren Kräfte ein Potential besitzen, der Betrag von Arbeit, der erforderlich ist, um das System aus einem für jeden Punkt ganz beliebig gegebenen Anfangszustand in einen ebenso beliebigen Endzustand überzuführen, nur von diesen beiden Zuständen (d. h. dem Ort und der Geschwindigkeit jedes Punktes in ihnen) abhängt, nicht aber von den Zwischenzuständen, die bei dem Uebergang zu passiren sind, und dass diese Arbeit sich vollständig durch die Differenz der beiden Werthe einer Function der Orte und Geschwindigkeiten der Massenpunkte für den gegebenen Anfangs- und Endzustand bestimmt.

Wird also das System im Laufe der Veränderungen in einen

schon früher dagewesenen Zustand zurückgeführt, so ist seine Energie die gleiche, der ganze Aufwand von Arbeit zwischen diesen beiden gleichen Zuständen ist gleich Null, oder es ist ein ebenso grosser positiver, als negativer Betrag aufgewandt, ebenso viel zugeführt, wie entnommen.

In dem speciellen Fall, dass äussere Kräfte nicht wirken, giebt unsere Gleichung (104″) das Integral:

$$E = \text{Const.},$$

d. h., für ein sich selbst überlassenes System ist die Energie constant; es heben sich hier also fortwährend die Aenderungen von lebendiger Kraft und Potential gegenseitig auf. Diese Gleichung heisst der Satz von der Erhaltung der Energie.

Die Sätze über die Energie sind an die Bedingung geknüpft, dass die inneren Kräfte des Systemes ein Potential haben. Da man dies früher für einen speciellen Fall der in der Natur vorkommenden Möglichkeiten ansah, so hielt man es für selbstverständlich, dass die Sätze von der Energie sich in der Natur nicht allenthalben bewähren, und hob die Fälle hervor, in welchen sie gelten oder nicht gelten.

Lassen wir zum Beispiel einen Stein — d. h. ein System von Massenpunkten — aus der Ruhe unter der Wirkung der Schwere auf eine weiche Unterlage fallen, welche die erlangte Geschwindigkeit aufhebt, und betrachten wir den Anfangs- und den Endzustand, so findet in beiden anscheinend Ruhe statt, ist also die lebendige Kraft Null; in beiden haben die Theile des Steines anscheinend die gleiche Anordnung, also dasselbe Potential der Wechselwirkung: die Energien sind somit in beiden gleich, ihre Differenz ist gleich Null. Hingegen ist die Arbeit, welche die Schwere bei dem Uebergang geleistet hat, gleich mgh, wenn mg das Gewicht, h die Fallhöhe des (Schwerpunktes des) Steines ist. Die Gleichung der Energie scheint demnach hier nicht zu gelten; Aehnliches findet in zahllosen anderen Fällen statt.

Indessen ist man in neuerer Zeit allmählich zu der Anschauung gekommen, dass dieser Widerspruch nur die Folge einer unvollständigen Betrachtungsweise ist; dass derselbe aber verschwindet, wenn man wirklich alle lebendigen Kräfte, alle Potentialänderungen, alle von aussen stattfindenden Einwirkungen berücksichtigt. Man ist dazu gekommen, das Wesen der Wärme in einer Bewegung der kleinsten Theilchen der Körper zu sehen, deren lebendige Kraft ein Maass der Temperatur ist, und so deren Entstehen auf mechanischem Wege durch einen Aufwand von äusserer Arbeit oder durch eine

Verwandlung sichtbarer, äusserer Bewegung in Molecularbewegung zu erklären. Man hat sich dann weiter davon überzeugt, dass die Volumenänderungen der Körper, welche eine Erwärmung begleiten, häufig zu bedeutenden Veränderungen des Potentiales eines Körpers auf sich selbst Veranlassung geben. Man hat schliesslich die Vorstellung gefasst, dass die lebendige Kraft der Wärmebewegung ganz directe Vergrösserung oder Verminderung ohne mechanische Leistung erfahren kann vermittelst der Wärmeleitung durch die Oberfläche.

Unter Rücksicht auf diese früher unbeachtet gelassenen Einflüsse hat sich dann die Gleichung der Energie, wo man immer eine experimentelle Prüfung vorgenommen hat, in allen Theilen der Physik vollständig bewährt und gilt gegenwärtig in einigen derselben als ein Grundprincip, das, wie das Trägheitsprincip, nur durch den Vergleich der daraus gezogenen Folgerungen mit der Beobachtung bewiesen wird. Da man nur in wenigen Gebieten den analytischen Ausdruck für die Energie wirklich aufstellen kann, so ist das Wesentliche des Principes die Behauptung, dass es für jedes Massensystem eine Function seiner augenblicklichen Configuration, d. h. Anordnung und Geschwindigkeit, giebt, welche für jeden Zeitmoment um ebenso viel zunimmt, als die dem System von aussen zugeführte Wärmeenergie und mechanische Arbeit beträgt. In dieser Form bildet es eine der Grundlagen der mechanischen Wärmetheorie.

Für manche Anwendungen ist eine kleine Umformung der Energiegleichung von Vortheil.

Sei in

$$dE = d(\Psi + \Phi) = dA$$

Ψ die lebendige Kraft eines oder mehrerer, aus irgend welchen Gründen gesondert zu betrachtender, Punktsysteme, und seien ξ, η, ζ die Schwerpunktscoordinaten eines dieser Systeme. Setzen wir dann für alle Punkte desselben $x_h = \xi + \xi_h$, $y_h = \eta + \eta_h$, $z_h = \zeta + \zeta_h$, bezeichnen wir also mit ξ_h, η_h, ζ_h die Coordinaten der Masse m_h relativ zum Schwerpunkt des Systemes, so ist:

$$\tfrac{1}{2} m_h V_h^2 = \tfrac{1}{2} m_h \left[\left(\frac{d\xi}{dt}\right)^2 + \left(\frac{d\eta}{dt}\right)^2 + \left(\frac{d\zeta}{dt}\right)^2 \right.$$

$$\left. + 2\left(\frac{d\xi}{dt}\frac{d\xi_h}{dt} + \frac{d\eta}{dt}\frac{d\eta_h}{dt} + \frac{d\zeta}{dt}\frac{d\zeta_h}{dt}\right) + \left(\frac{d\xi_h}{dt}\right)^2 + \left(\frac{d\eta_h}{dt}\right)^2 + \left(\frac{d\zeta_h}{dt}\right)^2 \right].$$

Summiren wir dies über alle Massen des betreffenden Systemes, so verschwindet das doppelte Product, und es resultirt für die lebendige Kraft Ψ' dieses Systemes der Werth:

$$\Psi' = \tfrac{1}{2}\omega^2 \sum m_h + \tfrac{1}{2}\sum m_h \omega_h^2 = \Psi_a' + \Psi_i',$$

worin nun ω die Geschwindigkeit seines Schwerpunktes, ω_h die relative Geschwindigkeit von m_h in Bezug auf den Schwerpunkt bedeutet, Ψ_a' und Ψ_i' aber neue Bezeichnungen sind.

Es erscheint hiernach die lebendige Kraft Ψ' in zwei Theile zerlegt, deren erster, eine äussere lebendige Kraft Ψ_a', diejenige ist, welche das System haben würde, wenn alle Punkte die Geschwindigkeit ω des Schwerpunktes besässen, oder wenn alle Massen in demselben vereinigt wären, während der zweite, eine innere lebendige Kraft Ψ_i', sich so bestimmt, als besässen alle Punkte nur die Geschwindigkeit ω_h relativ zum Schwerpunkt.

Demgemäss kann man auch für eine beliebige Anzahl von Massensystemen, z. B. von festen Körpern, dieselbe Zerlegung vornehmen und setzen:

$$\Psi = \Psi_a + \Psi_i, \tag{105}$$

wobei Ψ_a und Ψ_i die Summen aller äusseren und aller inneren lebendigen Kräfte Ψ_a' und Ψ_i' der einzelnen Systeme bezeichnen.

Aehnliches gilt für das Potential Φ des Systemes auf sich selbst. Denn da dasselbe gleich ist der Summe über alle Einzelpotentiale $S\,\Phi_{hk}$, so kann man alle Φ_{hk}, die sich auf Punkte je eines Theiles beziehen, für sich zusammenfassen in ein inneres Potential Φ_i, alle, welche Punkte verschiedener Theile betreffen, in ein äusseres Potential Φ_a; demgemäss wird dann:

$$\Phi = \Phi_a + \Phi_i, \tag{105'}$$

und man kann auch die Energie

$$E = \Psi + \Phi = E_a + E_i \tag{105''}$$

setzen, wo nun E_i besteht aus der Summe über die lebendigen Kräfte der inneren (Rotations-, Schwingungs-, Molecular-) Bewegung aller Theile plus der über die Potentiale jedes Theiles auf sich selbst, E_a aus der Summe der lebendigen Kräfte der äusseren Bewegung aller Theile plus der der Potentiale für die Wechselwirkungen zwischen verschiedenen Theilen.

Ist das ganze System äusseren Kräften nicht ausgesetzt, so wird

$$d(E_a + E_i) = 0 \tag{105'''}$$

sein, d. h., in demselben Maasse, wie die äussere Energie abnimmt, muss die innere wachsen, und umgekehrt.

Betrachten wir z. B. zwei Massensysteme, etwa feste Körper, die auf einander nur dann merkliche Kräfte ausüben, wenn einzelne Theile einander unendlich nahe gekommen sind, so haben wir einen Vorgang, der mit dem, welchen wir als den Stoss zweier endlicher

Körper bezeichnen, sehr nahe übereinstimmt und uns ein Beispiel für die oben angestellten allgemeinen Betrachtungen giebt.

Sind M_1 und M_2 die gesammten Massen, sind u_1^0, v_1^0, w_1^0 und u_2^0, v_2^0, w_2^0 die Schwerpunktsgeschwindigkeiten vor, u_1, v_1, w_1 und u_2, v_2, w_2 die nach dem Stoss, so giebt der Satz von der Erhaltung der Bewegungsgrösse, angewandt auf diese beiden Zeitpunkte, die drei Gleichungen:

$$\begin{aligned} M_1 u_1 + M_2 u_2 &= M_1 u_1^0 + M_2 u_2^0, \\ M_1 v_1 + M_2 v_2 &= M_1 v_1^0 + M_2 v_2^0, \\ M_1 w_1 + M_2 w_2 &= M_1 w_1^0 + M_2 w_2^0. \end{aligned} \tag{106}$$

Wendet man die Gleichung (105‴) auf dieselben beiden Momente an, in denen nach der Annahme die Wechselwirkung zwischen den beiden Massen verschwindend ist, so hat man in ihr für beide Zeitmomente dem Potential Φ_a den gleichen Werth zu ertheilen. In der That: Φ_a ist gleich der Summe der Elementarpotentiale Φ_{mn} der Wechselwirkungen zwischen den Massenpunkten der beiden Körper, ein jedes Φ_{mn} nimmt aber einen bestimmten constanten Werth (er sei c_{mn}) an für alle Entfernungen r_{mn}, welche grösser sind, als das Bereich merklicher Wechselwirkung; denn verschwindender Kraft entspricht ein constanter Potentialwerth. Somit besitzt Φ_a sowohl vor als nach dem Stoss denselben Werth $S\, c_{mn}$. Demgemäss nimmt in unserem Fall Gleichung (105‴) die Form an:

$$\Psi_a + E_i = \Psi_a^0 + E_i^0, \tag{106'}$$

wo der obere Index ^{0} dem Moment vor dem Stoss entspricht.

Die lebendige Kraft der Schwerpunktsbewegung ist also nur dann durch den Stoss nicht geändert, wenn dabei die Summe der inneren Energien beider Massen sich gleich geblieben ist; dies würde z. B. bei absolut starren Körpern stattfinden, die weder einer Deformation, noch einer Bewegung ihrer kleinsten Theilchen fähig sind, falls der Stoss für sie keine Aenderung der Rotationsbewegungen zur Folge hat. In diesem speciellen Falle gelten die S. 169 abgeleiteten Gesetze des Zusammenstosses von zwei Massenpunkten auch für die endlichen Massen. Dass jene früheren Formeln überhaupt gefunden werden konnten, hat seinen Grund darin, dass bei einem Massenpunkt die innere Energie als unendlich klein angesehen werden kann. Bei endlichen, deformirbaren und schwingungsfähigen Körpern wird in Folge des Stosses die innere Energie sich ändern, und es können demgemäss für sie jene einfachen Stossformeln nicht gelten. Die Aufsuchung der in diesen allgemeinen Fällen geltenden Gesetze bietet selbst bei geradem Stosse grosse Schwierigkeiten dar.

Nur ein extremer Fall erledigt sich mit grosser Leichtigkeit, nämlich der, dass die Körper, wie man sagt, absolut weich sind, d. h., dass sie nach dem Zusammenstoss mit einander verbunden weitergehen. Hier ist $u_1 = u_2 = U$, $v_1 = v_2 = V$, $w_1 = w_2 = W$ zu setzen, und es folgt aus (106):

$$\begin{aligned}(M_1 + M_2)\,U &= M_1 u_1^0 + M_2 u_2^0,\\ (M_1 + M_2)\,V &= M_1 v_1^0 + M_2 v_2^0,\\ (M_1 + M_2)\,W &= M_1 w_1^0 + M_2 w_2^0,\end{aligned} \tag{107}$$

wodurch die vollständige Bestimmung der resultirenden Massenmittelpunktsgeschwindigkeit geliefert wird; die Formel (106′) giebt dagegen die beim Stosse eintretende Veränderung der inneren Energie:

$$E_i - E_i^0 = \Psi_a^0 - \Psi_a = \frac{M_1}{2}(u_1^{02} + v_1^{02} + w_1^{02}) + \frac{M_2}{2}(u_2^{02} + v_2^{02} + w_2^{02}) - \frac{M_1 + M_2}{2}(U^2 + V^2 + W^2).$$

Setzt man hierin rechts die Werthe von U, V, W aus (107) ein, so erhält man nach einer leichten Reduction:

$$E_i - E_i^0 = \frac{M_1 M_2}{M_1 + M_2}\left[(u_2^0 - u_1^0)^2 + (v_2^0 - v_1^0)^2 + (w_2^0 - w_1^0)^2\right].$$

Der Ausdruck rechts ist eine stets positive Grösse; daraus folgt, dass beim Zusammenstoss zweier absolut weicher Körper die äussere lebendige Kraft stets ab-, die innere Energie stets zunimmt. Soweit dieser Zuwachs zu einer Vergrösserung der lebendigen Kraft der Molecüle dient, wird er eine Steigerung der Temperatur der Körper zur Folge haben.

Zweiter Theil.

Mechanik starrer Körper.

§ 16. Unendlich kleine Lagenänderung eines starren Systemes. Verschiebungen und Drehungen.

Ein Massensystem nennen wir starr, wenn seine einzelnen Theile durch innere Kräfte in ihrer gegenseitigen Lage unveränderlich festgehalten werden. Insbesondere wenden wir diese Definition auf einen den Raum anscheinend continuirlich erfüllenden Körper an, den wir als ein System von unendlich vielen, unendlich nahen Massenpunkten ansehen. Verbindet man also mit einem starren Körper ein rechtwinkliges Coordinatensystem A, B, C, dessen Lage bestimmt ist, wenn zwei Massenpunkte gegeben sind, durch welche die A-, ein Massenpunkt, durch welchen die B-Axe gehen soll, so sind die Coordinaten a, b, c aller Massenpunkte in Bezug auf dies System mit der Zeit unveränderlich. Die Lage des starren Körpers ist deshalb vollständig bestimmt, wenn die Lage des Coordinatensystemes A, B, C gegen ein im Raum festes System X, Y, Z gegeben ist. Letztere bestimmt sich bekanntlich durch sechs Unabhängige, die Coordinaten des Anfangspunktes von A, B, C und drei von den neun Winkeln zwischen den Axenrichtungen. Es handelt sich für uns zunächst darum, aufzusuchen, wie eine Verrückung oder Aenderung der Lage eines starren Körpers oder eines beliebigen anderen starren Systemes mit den Aenderungen dieser Unabhängigen in Zusammenhang steht.

Zwischen den Coordinaten x, y, z eines beliebigen Punktes des Körpers in Bezug auf das feste und den Coordinaten a, b, c in Bezug auf das mit dem Körper bewegliche System mögen die Beziehungen bestehen:

$$\begin{aligned} x &= x_0 + \alpha_1 a + \alpha_2 b + \alpha_3 c, \\ y &= y_0 + \beta_1 a + \beta_2 b + \beta_3 c, \\ z &= z_0 + \gamma_1 a + \gamma_2 b + \gamma_3 c, \end{aligned} \tag{1}$$

die umgekehrt liefern:

$$\begin{aligned} a &= \alpha_1(x - x_0) + \beta_1(y - y_0) + \gamma_1(z - z_0), \\ b &= \alpha_2(x - x_0) + \beta_2(y - y_0) + \gamma_2(z - z_0), \\ c &= \alpha_3(x - x_0) + \beta_3(y - y_0) + \gamma_3(z - z_0). \end{aligned} \tag{1'}$$

Hierin sind x_0, y_0, z_0 die Coordinaten des Anfangspunktes o des im Körper festen Systemes gegen das absolut feste. Die neun Cosinus $\alpha_h, \beta_h, \gamma_h$ der Winkel zwischen den Axen sind verbunden durch die sechs Relationen:

$$\begin{aligned} 1 &= \alpha_1^2 + \alpha_2^2 + \alpha_3^2, & 0 &= \beta_1\gamma_1 + \beta_2\gamma_2 + \beta_3\gamma_3, \\ 1 &= \beta_1^2 + \beta_2^2 + \beta_3^2, & 0 &= \gamma_1\alpha_1 + \gamma_2\alpha_2 + \gamma_3\alpha_3, \\ 1 &= \gamma_1^2 + \gamma_2^2 + \gamma_3^2, & 0 &= \alpha_1\beta_1 + \alpha_2\beta_2 + \alpha_3\beta_3, \end{aligned} \tag{2}$$

welche sich auch auf die Form bringen lassen:

$$\begin{aligned} 1 &= \alpha_1^2 + \beta_1^2 + \gamma_1^2, & 0 &= \alpha_2\alpha_3 + \beta_2\beta_3 + \gamma_2\gamma_3, \\ 1 &= \alpha_2^2 + \beta_2^2 + \gamma_2^2, & 0 &= \alpha_3\alpha_1 + \beta_3\beta_1 + \gamma_3\gamma_1, \\ 1 &= \alpha_3^2 + \beta_3^2 + \gamma_3^2, & 0 &= \alpha_1\alpha_2 + \beta_1\beta_2 + \gamma_1\gamma_2. \end{aligned} \tag{2'}$$

Aus ihnen fliessen, vorausgesetzt, dass die beiden Coordinatensysteme congruent sind, auch die neun Beziehungen:

$$\begin{aligned} \alpha_1 &= \beta_2\gamma_3 - \beta_3\gamma_2, & \alpha_2 &= \beta_3\gamma_1 - \beta_1\gamma_3, & \alpha_3 &= \beta_1\gamma_2 - \beta_2\gamma_1, \\ \beta_1 &= \gamma_2\alpha_3 - \gamma_3\alpha_2, & \beta_2 &= \gamma_3\alpha_1 - \gamma_1\alpha_3, & \beta_3 &= \gamma_1\alpha_2 - \gamma_2\alpha_1, \\ \gamma_1 &= \alpha_2\beta_3 - \alpha_3\beta_2, & \gamma_2 &= \alpha_3\beta_1 - \alpha_1\beta_3, & \gamma_3 &= \alpha_1\beta_2 - \alpha_2\beta_1. \end{aligned} \tag{2''}$$

Da bei allen Bewegungen des starren Körpers die Coordinaten a, b, c seiner Punkte gegen das in ihm feste Axensystem A, B, C ungeändert bleiben sollen, so kann eine Lagenänderung nur Variationen der x_0, y_0, z_0 und $\alpha_h, \beta_h, \gamma_h$ hervorrufen.

Wir erhalten demnach für eine beliebige Verrückung die Werthe der Variationen $\delta x, \delta y, \delta z$ der Coordinaten x, y, z ausgedrückt durch diejenigen von x_0, y_0, z_0 und $\alpha_h, \beta_h, \gamma_h$:

$$\begin{aligned} \delta x &= \delta x_0 + a\,\delta\alpha_1 + b\,\delta\alpha_2 + c\,\delta\alpha_3, \\ \delta y &= \delta y_0 + a\,\delta\beta_1 + b\,\delta\beta_2 + c\,\delta\beta_3, \\ \delta z &= \delta z_0 + a\,\delta\gamma_1 + b\,\delta\gamma_2 + c\,\delta\gamma_3. \end{aligned} \tag{3}$$

Hierin mögen die an sich beliebigen $\delta x_0, \delta y_0, \delta z_0$ verschwindend klein neben den Dimensionen des Körpers, die $\delta\alpha_h, \delta\beta_h, \delta\gamma_h$ verschwindend klein neben Eins sein; die bezügliche Lagenänderung heisse dann unendlich klein.

Die $\delta\alpha_h, \delta\beta_h, \delta\gamma_h$ sind nicht von einander unabhängig, sondern es gelten für sie die aus (2) folgenden sechs Gleichungen:

$$0 = \alpha_1 \delta \alpha_1 + \alpha_2 \delta \alpha_2 + \alpha_3 \delta \alpha_3, \text{ u. s. f.} \tag{3'}$$
$$0 = \beta_1 \delta \gamma_1 + \beta_2 \delta \gamma_2 + \beta_3 \delta \gamma_3 + \gamma_1 \delta \beta_1 + \gamma_2 \delta \beta_2 + \gamma_3 \delta \beta_3, \text{ u. s. f.}$$

Um die neun $\delta \alpha_h$, $\delta \beta_h$, $\delta \gamma_h$ durch drei unabhängige Grössen auszudrücken, führen wir folgende Bezeichnungen ein:

$$\begin{aligned}
\delta \lambda &= \beta_1 \delta \gamma_1 + \beta_2 \delta \gamma_2 + \beta_3 \delta \gamma_3 = -(\gamma_1 \delta \beta_1 + \gamma_2 \delta \beta_2 + \gamma_3 \delta \beta_3),\\
\delta \mu &= \gamma_1 \delta \alpha_1 + \gamma_2 \delta \alpha_2 + \gamma_3 \delta \alpha_3 = -(\alpha_1 \delta \gamma_1 + \alpha_2 \delta \gamma_2 + \alpha_3 \delta \gamma_3),\\
\delta \nu &= \alpha_1 \delta \beta_1 + \alpha_2 \delta \beta_2 + \alpha_3 \delta \beta_3 = -(\beta_1 \delta \alpha_1 + \beta_2 \delta \alpha_2 + \beta_3 \delta \alpha_3).
\end{aligned} \tag{4}$$

Dabei ist wohl zu bemerken, dass $\delta \lambda$, $\delta \mu$, $\delta \nu$ nicht stets die Form der Variationen von (geometrisch interpretirbaren) Functionen besitzen, wie δx_0, δy_0, δz_0, sondern zunächst nur unendlich kleine Grössen bezeichnen, ähnlich wie in § 4 die Symbole $\delta \sigma$, $\delta V'$ u. s. f.

Es gelten dann z. B. zur Bestimmung von $\delta \alpha_1$, $\delta \alpha_2$, $\delta \alpha_3$ durch $\delta \lambda$, $\delta \mu$, $\delta \nu$ folgende Formeln:

$$\begin{aligned}
0 &= \alpha_1 \delta \alpha_1 + \alpha_2 \delta \alpha_2 + \alpha_3 \delta \alpha_3,\\
-\delta \nu &= \beta_1 \delta \alpha_1 + \beta_2 \delta \alpha_2 + \beta_3 \delta \alpha_3,\\
+\delta \mu &= \gamma_1 \delta \alpha_1 + \gamma_2 \delta \alpha_2 + \gamma_3 \delta \alpha_3;
\end{aligned}$$

aus ihnen folgt durch die Factorensysteme $\alpha_1, \beta_1, \gamma_1$ resp. $\alpha_2, \beta_2, \gamma_2$ und $\alpha_3, \beta_3, \gamma_3$ in Rücksicht auf (2'):

$$\begin{aligned}
\delta \alpha_1 &= \gamma_1 \delta \mu - \beta_1 \delta \nu,\\
\delta \alpha_2 &= \gamma_2 \delta \mu - \beta_2 \delta \nu,\\
\delta \alpha_3 &= \gamma_3 \delta \mu - \beta_3 \delta \nu.
\end{aligned} \tag{5}$$

Diesem System ordnen sich die ähnlich zu erhaltenden folgenden zu:

$$\begin{aligned}
\delta \beta_1 &= \alpha_1 \delta \nu - \gamma_1 \delta \lambda, & \delta \gamma_1 &= \beta_1 \delta \lambda - \alpha_1 \delta \mu,\\
\delta \beta_2 &= \alpha_2 \delta \nu - \gamma_2 \delta \lambda, & \delta \gamma_2 &= \beta_2 \delta \lambda - \alpha_2 \delta \mu,\\
\delta \beta_3 &= \alpha_3 \delta \nu - \gamma_3 \delta \lambda, & \delta \gamma_3 &= \beta_3 \delta \lambda - \alpha_3 \delta \mu.
\end{aligned} \tag{5'}$$

Setzt man diese Werthe in die erste Formel (3) ein, so ergiebt sich:

$$\delta x = \delta x_0 + a(\gamma_1 \delta \mu - \beta_1 \delta \nu) + b(\gamma_2 \delta \mu - \beta_2 \delta \nu) + c(\gamma_3 \delta \mu - \beta_3 \delta \nu),$$

oder in Rücksicht auf (1):

$$\delta x = \delta x_0 + (z - z_0)\delta \mu - (y - y_0)\delta \nu,$$

ebenso auch

$$\begin{aligned}
\delta y &= \delta y_0 + (x - x_0)\delta \nu - (z - z_0)\delta \lambda,\\
\delta z &= \delta z_0 + (y - y_0)\delta \lambda - (x - x_0)\delta \mu.
\end{aligned} \tag{6}$$

Diese Formeln geben die bei einer beliebigen unendlich kleinen Verrückung des Körpers eintretenden Coordinatenänderungen irgend eines seiner Punkte; letztere erscheinen also als die Summen einzelner mit den δx_0, δy_0, δz_0, $\delta\lambda$, $\delta\mu$, $\delta\nu$ proportionaler Theile, deren Bedeutung wir leicht erkennen, wenn wir die speciellen Fälle betrachten, die resultiren, falls jene Grössen alle bis auf nur eine verschwinden.

Ist nur δx_0 von Null verschieden, so ergiebt sich:

$$\delta x = \delta x_0, \qquad \delta y = 0, \qquad \delta z = 0;$$

da die Coordinaten x, y, z in diesen Formeln nicht auftreten, so drücken sie eine allen Punkten gemeinsame Verschiebung parallel der X-Axe um δx_0 aus. Wir benutzen der Bequemlichkeit halber auch weiterhin das Wort „Verschiebung" für diesen speciellen Fall einer parallelen, gleichen Bewegung aller Theile und behalten „Verrückung" für die allgemeinste Lagenänderung bei. Das Analoge, wie für δx_0, gilt für die Fälle, dass nur δy_0 oder nur δz_0 nicht verschwindet.

Das Formelsystem

$$\delta x = \delta x_0, \qquad \delta y = \delta y_0, \qquad \delta z = \delta z_0 \tag{7}$$

giebt hiernach eine resultirende Verschiebung δs_0 von der Grösse:

$$\delta s_0 = \sqrt{(\delta x_0)^2 + (\delta y_0)^2 + (\delta z_0)^2}, \tag{7'}$$

in einer Richtung s, für welche gilt:

$$\cos(s, x) = \frac{\delta x_0}{\delta s_0}, \qquad \cos(s, y) = \frac{\delta y_0}{\delta s_0}, \qquad \cos(s, z) = \frac{\delta z_0}{\delta s_0}. \tag{7''}$$

Ist weiter nur $\delta\lambda$ von Null verschieden, so erhält man:

$$\delta x = 0, \qquad \delta y = -(z - z_0)\,\delta\lambda, \qquad \delta z = +(y - y_0)\,\delta\lambda.$$

Dies giebt keinen für alle Punkte gleichen Werth der Coordinatenänderungen, denn δy und δz sind von y und z abhängig. Da δx gleich Null ist, so findet die Verrückung in einer Ebene parallel zur YZ-Ebene statt; sie hat die Grösse

$$\delta s_x = \delta\lambda \sqrt{(y - y_0)^2 + (z - z_0)^2}$$

und eine Richtung, gegeben durch

$$\cos(s_x, y) = \frac{-(z - z_0)}{\sqrt{(y - y_0)^2 + (z - z_0)^2}}, \qquad \cos(s_x, z) = \frac{+(y - y_0)}{\sqrt{(y - y_0)^2 + (z - z_0)^2}}.$$

Nun ist aber $\quad \sqrt{(y - y_0)^2 + (z - z_0)^2} = r_x$

der senkrechte Abstand des Punktes x, y, z von der Parallelen zur X-Axe durch die Stelle x_0, y_0, z_0; die durch $\delta\lambda$ gegebene Verrückung ist also proportional mit r_x und findet normal zu dessen

Richtung statt; sie ist demgemäss eine Drehung des starren Systemes um den unendlich kleinen Winkel

$$\delta s_x / r_x = \delta \lambda$$

bezüglich der Geraden $y = y_0$, $z = z_0$ als Drehungsaxe.

Wir wollen nun auf der Drehungsaxe eine Richtung positiv, die entgegengesetzte negativ wählen und, wie früher, eine Drehung als positiv bezeichnen, wenn sie sich für einen in der Drehungsaxe mit dem Kopf nach der positiven Seite liegenden Beobachter als von rechts nach links stattfindend darstellt. Dieselbe Drehung stellt sich dann dem nach der negativen Seite der Axe liegenden Beobachter auch negativ gerichtet dar.

Nach dieser Festsetzung ergiebt ein positiver resp. negativer Werth von $\delta\lambda$ eine positive resp. negative Drehung um die Parallele zur positiven X-Axe durch x_0, y_0, z_0.

Wie durch $\delta\lambda$ eine Drehung um eine Parallele zur X-Axe, so ist durch $\delta\mu$ und $\delta\nu$ je eine Drehung um Parallele zur Y- und zur Z-Axe durch die Stelle x_0, y_0, z_0 gegeben, für die alles gilt, was in Bezug auf erstere gesagt ist.

Sind alle drei Werthe $\delta\lambda$, $\delta\mu$, $\delta\nu$ von Null verschieden, so haben wir

$$\begin{aligned} \delta x &= (z - z_0)\,\delta\mu - (y - y_0)\,\delta\nu, \\ \delta y &= (x - x_0)\,\delta\nu - (z - z_0)\,\delta\lambda, \\ \delta z &= (y - y_0)\,\delta\lambda - (x - x_0)\,\delta\mu \end{aligned} \tag{8}$$

als Werthe der Verrückungscomponenten, die durch successive oder gleichzeitige Hervorbringung der drei soeben betrachteten Drehungen eintreten würden; ihre Resultirende ist:

$$\delta\sigma = \sqrt{\delta x^2 + \delta y^2 + \delta z^2}. \tag{8'}$$

Die Formeln (8) haben die Form der Gleichungen (29) auf S. 17; δx, δy, δz sind die Componenten des polaren Vectors $\delta\sigma$, $x - x_0$, $y - y_0$, $z - z_0$ diejenigen des Abstandes

$$\varrho = \sqrt{(x - x_0)^2 + (y - y_0)^2 + (z - z_0)^2}$$

des beliebigen Punktes x, y, z von dem Anfangspunkt x_0, y_0, z_0 des Axensystemes A, B, C. Nach S. 17 sind dann $\delta\lambda$, $\delta\mu$, $\delta\nu$ die Componenten eines axialen Vectors

$$\delta\tau = \sqrt{\delta\lambda^2 + \delta\mu^2 + \delta\nu^2}, \tag{8''}$$

und zwischen $\delta\sigma$, $\delta\tau$ und ϱ besteht nach (30) die Beziehung

$$\delta\sigma = \varrho\,\delta\tau \sin(\varrho, \alpha),$$

wobei α die Richtung des Vectors $\delta\tau$ bezeichnet, die sich aus den Componenten $\delta\lambda$, $\delta\mu$, $\delta\nu$ nach der Regel des Parallelepipedes bestimmt.

Nun ist aber nach der Figur 18 $\varrho\sin(\varrho, \alpha) = r$ der normale Abstand des betrachteten Punktes von der durch x_0, y_0, z_0 gelegten Richtung α, somit gilt auch

$$\delta\sigma = r\,\delta\tau \quad \text{oder} \quad \delta\tau = \delta\sigma/r.$$

Hieraus folgt, dass $\delta\tau$ den Winkel darstellt, um den bezüglich der Axe α das starre System in Folge der drei unendlich kleinen Drehungen $\delta\lambda$, $\delta\mu$, $\delta\nu$ um die Coordinatenaxen das starre System gedreht ist.

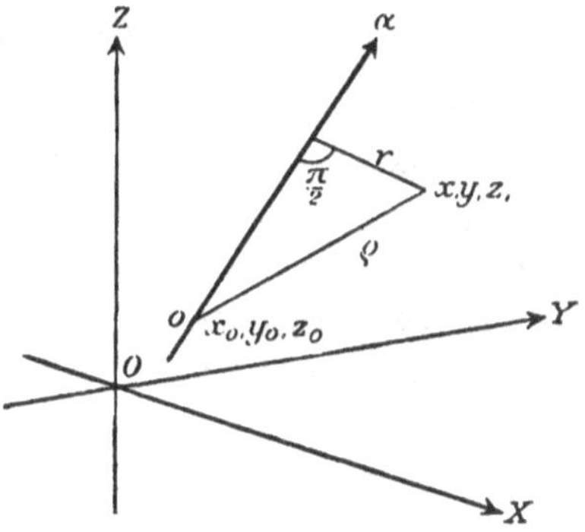

Fig. 18.

Wir können das erhaltene Resultat in folgende Sätze zusammenfassen:

Drei gleichzeitige unendlich kleine Drehungen $\delta\lambda$, $\delta\mu$, $\delta\nu$ um Parallele zu den Coordinatenaxen durch einen beliebigen Punkt sind jederzeit äquivalent mit einer einzigen Drehung $\delta\tau$ um eine durch denselben Punkt gehende Axe α.

Trägt man auf den Coordinatenaxen Repräsentanten der Partialdrehungen $\delta\lambda$, $\delta\mu$, $\delta\nu$ auf und setzt dieselben nach der Regel des Parallelepipedons zu einer Resultirenden zusammen, so ist diese der Repräsentant der resultirenden Drehung $\delta\tau$, ihre Richtung giebt zugleich die positive Richtung der Drehungsaxe α.

Dieser Satz ist sogleich umkehrbar. —

Nach dem im Vorstehenden Entwickelten erscheint die allgemeinste unendlich kleine Verrückung eines starren Systemes in den Gleichungen (6) nunmehr zerlegt in drei gemeinsame Verschiebungen aller Punkte des Systemes parallel den festen Coordinatenaxen um resp. δx_0, δy_0, δz_0 und in drei Drehungen $\delta\lambda$, $\delta\mu$, $\delta\nu$ um Parallele zu den Coordinatenaxen durch die völlig willkürliche Stelle x_0, y_0, z_0 — oder aber in eine gemeinsame Verschiebung von der Grösse

$$\delta s_0 = \sqrt{\delta x_0^2 + \delta y_0^2 + \delta z_0^2} \tag{9}$$

in der Richtung s, gegeben durch

$$\cos(s, x) = \frac{\delta x_0}{\delta s_0}, \qquad \cos(s, y) = \frac{\delta y_0}{\delta s_0}, \qquad \cos(s, z) = \frac{\delta z_0}{\delta s_0} \tag{9'}$$

und eine Drehung von dem Betrag

$$\delta\tau = \sqrt{\delta\lambda^2 + \delta\mu^2 + \delta\nu^2} \tag{9''}$$

um eine Axe durch die Stelle x_0, y_0, z_0, deren positive Richtung α gegeben ist durch

$$\cos(\alpha, x) = \frac{\delta\lambda}{\delta\tau}, \qquad \cos(\alpha, y) = \frac{\delta\mu}{\delta\tau}, \qquad \cos(\alpha, z) = \frac{\delta\nu}{\delta\tau}. \tag{9'''}$$

Wir können die Gleichungen (6) aber noch anders deuten.

Setzen wir nämlich in ihnen x, y, z gleich Null, so erhalten wir die Verrückungen $(\delta x)_0$, $(\delta y)_0$, $(\delta z)_0$, welche derjenige (starr mit dem System verbundene) Punkt erleidet, der sich ursprünglich im Anfang des Systemes X, Y, Z befand, und wir können daher die Formeln (6) schreiben:

$$\begin{aligned} \delta x &= (\delta x)_0 + z\,\delta\mu - y\,\delta\nu, \\ \delta y &= (\delta y)_0 + x\,\delta\nu - z\,\delta\lambda, \\ \delta z &= (\delta z)_0 + y\,\delta\lambda - x\,\delta\mu. \end{aligned} \tag{10}$$

Die allgemeinste unendlich kleine Verrückung des starren Systemes erscheint hiernach zerlegt in eine allen Punkten gemeinsame Verschiebung, gleich der, welche der Punkt $x = y = z = 0$ erleidet, und in drei Drehungen um die festen Coordinatenaxen selbst — oder auch in eine gemeinsame Verschiebung von der Grösse

$$(\delta s)_0 = \sqrt{(\delta x)_0^2 + (\delta y)_0^2 + (\delta z)_0^2} \tag{10'}$$

in der Richtung s_0, gegeben durch

$$\cos(s_0, x) = \frac{(\delta x)_0}{(\delta s)_0}, \qquad \cos(s_0, y) = \frac{(\delta y)_0}{(\delta s)_0}, \qquad \cos(s_0, z) = \frac{(\delta z)_0}{(\delta s_0)},$$

und eine Drehung von der Grösse

$$\delta\tau = \sqrt{\delta\lambda^2 + \delta\mu^2 + \delta\nu^2} \tag{10''}$$

um eine Axe α_0 durch den festen Coordinatenanfang, gegeben durch

$$\cos(\alpha_0, x) = \frac{\delta\lambda}{\delta\tau}, \qquad \cos(\alpha_0, y) = \frac{\delta\mu}{\delta\tau}, \qquad \cos(\alpha_0, z) = \frac{\delta\nu}{\delta\tau}.$$

Zugleich ergiebt die Vergleichung der Formeln (10) mit (6) den Satz:

Eine unendlich kleine Drehung um eine Axe α durch die Stelle x_0, y_0, z_0 lässt sich ersetzen durch eine gleiche Drehung um eine zu α parallele Axe durch den Coordinatenanfang und eine Verschiebung, deren Componenten sind:

$$y_0\,\delta\nu - z_0\,\delta\mu, \qquad z_0\,\delta\lambda - x_0\,\delta\nu, \qquad x_0\,\delta\mu - y_0\,\delta\lambda.$$

Durch wiederholte Anwendung dieses Satzes kann man auch eine Drehung um eine zu α parallele Axe durch einen beliebigen Punkt einführen. —

Wenn dem starren System successive verschiedene unendlich kleine Verrückungen ertheilt werden, so sind nach der Anschauung die dadurch bewirkten Coordinatenänderungen für jeden Punkt durch die Summen der bei jeder einzelnen Verrückung auftretenden gegeben, die Verrückungen der einzelnen Punkte setzen sich daher gemäss dem S. 16 Gesagten nach der Regel des Polygones zusammen. Bezeichnet man also die Coordinaten eines Punktes, durch welchen bei der $h$ten dieser Verrückungen die Drehungsaxe geht, mit x_h, y_h, z_h, so stellen sich diese Componentensummen in folgender Form dar:

$$\begin{aligned}
\delta x &= (\sum_h \delta x_h - \sum_h z_h \delta \mu_h + \sum_h y_h \delta \nu_h) + z \sum_h \delta \mu_h - y \sum_h \delta \nu_h,\\
\delta y &= (\sum_h \delta y_h - \sum_h x_h \delta \nu_h + \sum_h z_h \delta \lambda_h) + x \sum_h \delta \nu_h - z \sum_h \delta \lambda_h, \qquad (11)\\
\delta z &= (\sum_h \delta z_h - \sum_h y_h \delta \lambda_h + \sum_h x_h \delta \mu_h) + y \sum_h \delta \lambda_h - x \sum_h \delta \mu_h.
\end{aligned}$$

Dies giebt nach (10) eine Verschiebung des zuvor an der Stelle $x = y = z = 0$ gelegenen Punktes mit den Componenten

$$\begin{aligned}
(\delta x)_0 &= \sum_h \delta x_h - \sum_h z_h \delta \mu_h + \sum_h y_h \delta \nu_h,\\
(\delta y)_0 &= \sum_h \delta y_h - \sum_h x_h \delta \nu_h + \sum_h z_h \delta \lambda_h, \qquad (11')\\
(\delta z)_0 &= \sum_h \delta z_h - \sum_h y_h \delta \lambda_h + \sum_h x_h \delta \mu_h
\end{aligned}$$

und eine Drehung um eine Axe durch den Punkt $x = y = z = 0$ mit den Componenten

$$\delta \lambda = \sum_h \delta \lambda_h, \qquad \delta \mu = \sum_h \delta \mu_h, \qquad \delta \nu = \sum_h \delta \nu_h. \qquad (11'')$$

Nach den letzten Formeln setzen sich also, wie die Verschiebungen jedes Punktes, so auch die Drehungen des starren Systemes um durch einen gemeinsamen Punkt (hier den Coordinatenanfang O) gehende Axen nach der Regel des Polygones zusammen. —

Legt man die Z-Axe in die Drehungsaxe, so ist $\delta \lambda = \delta \mu = 0$ und

$$\begin{aligned}
\delta x &= (\delta x)_0 - y \delta \nu,\\
\delta y &= (\delta y)_0 + x \delta \nu, \qquad (12)\\
\delta z &= (\delta z)_0.
\end{aligned}$$

Führt man dann noch ein zu diesem paralleles Coordinatensystem X', Y', Z' ein, so dass

$$x' = x + \frac{(\delta y)_0}{\delta \nu}, \qquad y' = y - \frac{(\delta x)_0}{\delta \nu}, \qquad z' = z$$

ist, so resultirt:

$$\delta x' = - y' \delta \nu, \qquad \delta y' = + x' \delta \nu, \qquad \delta z' = (\delta z')_0, \tag{12'}$$

d. h., die Verrückung reducirt sich auf eine Drehung um eine bestimmte Axe und auf eine Verschiebung parallel dieser Axe. Eine solche Bewegung nennt man eine Schraubenbewegung. Daher ergiebt sich der Satz:

Beliebige unendlich kleine Verschiebungen und Drehungen eines starren Systemes lassen sich jederzeit zusammensetzen zu einer Schraubenbewegung um eine bestimmte Axe.

Die sie definirenden Grössen folgen aus den vorstehenden Formeln (11) bis (12'). —

Gemäss dem S. 12 u. 13 allgemein über die Transformation von Vectorcomponenten auf ein neues Coordinatensystem Gesagten sind die Drehungen $\delta \alpha$, $\delta \beta$, $\delta \gamma$ um die im starren System festen Axen A, B, C bei Rücksicht auf die Formeln (1') dieses Theiles durch folgende Gleichungen gegeben:

$$\begin{aligned} \delta \alpha &= \alpha_1 \delta \lambda + \beta_1 \delta \mu + \gamma_1 \delta \nu, \\ \delta \beta &= \alpha_2 \delta \lambda + \beta_2 \delta \mu + \gamma_2 \delta \nu, \\ \delta \gamma &= \alpha_3 \delta \lambda + \beta_3 \delta \mu + \gamma_3 \delta \nu, \end{aligned} \tag{13}$$

Formeln, die sich umkehren lassen in:

$$\begin{aligned} \delta \lambda &= \alpha_1 \delta \alpha + \alpha_2 \delta \beta + \alpha_3 \delta \gamma, \\ \delta \mu &= \beta_1 \delta \alpha + \beta_2 \delta \beta + \beta_3 \delta \gamma, \\ \delta \nu &= \gamma_1 \delta \alpha + \gamma_2 \delta \beta + \gamma_3 \delta \gamma. \end{aligned} \tag{13'}$$

Durch die $\delta \alpha_h$, $\delta \beta_h$, $\delta \gamma_h$ drücken sich die $\delta \alpha$, $\delta \beta$, $\delta \gamma$ ohne alle Rechnung aus, wenn man bedenkt, dass sie zu den Formeln (1') in derselben Beziehung stehen müssen, wie $-\delta \lambda$, $-\delta \mu$, $-\delta \nu$ zu den Formeln (1). Denn eine positive Drehung des Coordinatensystemes gegen den Körper kann durch eine negative des Körpers gegen das Coordinatensystem ersetzt werden. Demgemäss muss gelten:

$$\begin{aligned} \delta \alpha &= \alpha_3 \delta \alpha_2 + \beta_3 \delta \beta_2 + \gamma_3 \delta \gamma_2 = -(\alpha_2 \delta \alpha_3 + \beta_2 \delta \beta_3 + \gamma_2 \delta \gamma_3), \\ \delta \beta &= \alpha_1 \delta \alpha_3 + \beta_1 \delta \beta_3 + \gamma_1 \delta \gamma_3 = -(\alpha_3 \delta \alpha_1 + \beta_3 \delta \beta_1 + \gamma_3 \delta \gamma_1), \\ \delta \gamma &= \alpha_2 \delta \alpha_1 + \beta_2 \delta \beta_1 + \gamma_2 \delta \gamma_1 = -(\alpha_1 \delta \alpha_2 + \beta_1 \delta \beta_2 + \gamma_1 \delta \gamma_2). \end{aligned} \tag{14}$$

Man verificirt dies leicht, indem man die Werthe der $\delta\alpha_h$, $\delta\beta_h$, $\delta\gamma_h$ aus (5) entnimmt und einsetzt; dann ergiebt sich unter Rücksicht auf die Gleichungen (2″) sogleich das System (13). Ferner gilt aus demselben Grunde:

$$\begin{aligned}
\delta\alpha_1 &= \alpha_2\delta\gamma - \alpha_3\delta\beta, & \delta\alpha_2 &= \alpha_3\delta\alpha - \alpha_1\delta\gamma, & \delta\alpha_3 &= \alpha_1\delta\beta - \alpha_2\delta\alpha,\\
\delta\beta_1 &= \beta_2\delta\gamma - \beta_3\delta\beta, & \delta\beta_2 &= \beta_3\delta\alpha - \beta_1\delta\gamma, & \delta\beta_3 &= \beta_1\delta\beta - \beta_2\delta\alpha, \qquad (14')\\
\delta\gamma_1 &= \gamma_2\delta\gamma - \gamma_3\delta\beta, & \delta\gamma_2 &= \gamma_3\delta\alpha - \gamma_1\delta\gamma, & \delta\gamma_3 &= \gamma_1\delta\beta - \gamma_2\delta\alpha.
\end{aligned}$$

§ 17. Theorie der Drehungsmomente; Ersetzung beliebiger auf ein starres System wirkender Kräfte durch eine Resultirende und ein Drehungsmoment.

Ist, wie wir im vorigen Abschnitt erörtert haben, die Lage eines starren Systemes, z. B. eines starren Körpers, durch sechs Parameter bestimmt, so werden zur Bestimmung seiner Bewegung auch nur sechs Differentialgleichungen mit den zugehörigen Nebenbedingungen erforderlich sein. Wir haben nun in § 15 des ersten Theiles für die Massenpunkte eines unter äusseren und inneren Kräften stehenden Systemes die Bewegungsgleichungen aufgestellt; dieselben enthalten ausser den äusseren Kräften noch die zwischen den einzelnen Punkten stattfindenden Wechselwirkungen, welche, im Falle das System starr ist, als Unbekannte anzusehen sind, indirect bestimmt durch die Festsetzung, dass jeder Punkt vom anderen eine constante Entfernung beibehalten soll. Die Reactionskräfte, welche durch starre Verbindungen zwischen den einzelnen Punkten eingeführt werden, genügen nach S. 176 den Bedingungen (99⁰). Um die Gesetze der Bewegung zu finden, sind hiernach sechs von einander unabhängige Combinationen sämmtlicher Bewegungsgleichungen zu bilden, die von jenen Wechselwirkungen frei sind.

Dergleichen Combinationen haben wir aber an der citirten Stelle bereits gebildet, nämlich die Gleichungen für die Bewegungsgrössen und für die Flächenmomente. Auch die Gleichung der Energie ist für ein starres System, in welchem das innere Potential Φ sich nicht ändern kann, da die Entfernungen r_{hk} constant sind, von den inneren Kräften frei, reducirt sich also auf die Gleichung der lebendigen Kraft; da aber nur sechs Unbekannte vorhanden sind, so kann sie für ein starres System nicht von den genannten sechs Gleichungen unabhängig sein. Dies wird späterhin erwiesen werden.

Wir unterwerfen daher der Betrachtung die erstgenannten sechs Gleichungen; bezeichnet m_h die Masse eines Punktes des Systemes, sind x_h, y_h, z_h seine Coordinaten und X_h, Y_h, Z_h die in ihm angreifenden äusseren Kraftcomponenten, so lauten sie nach den Formeln (100) und (102):

$$\begin{aligned}
&\sum m_h \frac{d^2 x_h}{d t^2} = \sum X_h, \\
&\sum m_h \frac{d^2 y_h}{d t^2} = \sum Y_h, \\
&\sum m_h \frac{d^2 z_h}{d t^2} = \sum Z_h, \\
&\sum m_h \left(y_h \frac{d^2 z_h}{d t^2} - z_h \frac{d^2 y_h}{d t^2}\right) = \sum (y_h Z_h - z_h Y_h), \\
&\sum m_h \left(z_h \frac{d^2 x_h}{d t^2} - x_h \frac{d^2 z_h}{d t^2}\right) = \sum (z_h X_h - x_h Z_h), \\
&\sum m_h \left(x_h \frac{d^2 y_h}{d t^2} - y_h \frac{d^2 x_h}{d t^2}\right) = \sum (x_h Y_h - y_h X_h).
\end{aligned} \tag{15}$$

Wir richten die Aufmerksamkeit besonders auf die Art und Weise, wie in ihnen die äusseren Kräfte X_h, Y_h, Z_h auftreten.

Zwei Arten von Combinationen kommen allein vor, die Componentensummen parallel den Coordinatenaxen:

$$\sum X_h = X, \qquad \sum Y_h = Y, \qquad \sum Z_h = Z, \tag{15'}$$

und die schon früher so genannten Drehungsmomente um die Coordinatenaxen:

$$\sum (y_h Z_h - z_h Y_h) = L, \quad \sum (z_h X_h - x_h Z_h) = M, \quad \sum (x_h Y_h - y_h X_h) = N. \tag{15''}$$

Die ersteren bestimmen nach S. 172 vollständig die Bewegung des Schwerpunktes. Da aber jede Bewegung eines starren Systemes sich für jedes Zeitelement dt zerlegen lässt in eine Verschiebung und eine Drehung — wobei man die Verschiebung nach der Ortsveränderung eines beliebigen im starren Systeme festen Punktes, z. B. des Schwerpunktes, abschätzen und die Drehungsaxe durch ihn hindurchlegen kann — so müssen die Drehungsmomente diese Drehungen bestimmen, jene müssen also ein Maass der drehenden Wirkung der ausgeübten Kräfte geben. Hierdurch erklärt sich der für die Functionen L, M, N eingeführte Name der Drehungsmomente.

Ueber die Art und Weise, wie auf einen Punkt wirkende Kräfte sich zu Resultirenden zusammensetzen, sich nach beliebigen Richtungen zerlegen und sich auf neue Coordinatenrichtungen beziehen lassen, ist schon in § 5 des ersten Theiles ausführlich gesprochen; wir wollen nunmehr ähnliche Untersuchungen für die Drehungsmomente der auf ein starres System wirkenden Kräfte anstellen.

I. Wirke zunächst auf das starre System nur **eine** Kraft K mit dem Angriffspunkt x, y, z, so sind

$$yZ - zY = L, \qquad zX - xZ = M, \qquad xY - yX = N \tag{16}$$

ihre Drehungsmomente um die Coordinatenaxen X, Y, Z und nach S. 15 u. 174 zugleich die Componenten eines axialen Vectors D, der somit nach Grösse und Richtung bestimmt ist durch die allgemein für Vectoren gültigen Formeln

$$D = \sqrt{L^2 + M^2 + N^2}, \tag{16'}$$

$$\cos(D, x) = L/D, \qquad \cos(D, y) = M/D, \qquad \cos(L, z) = N/D. \tag{16''}$$

D heisst nach S. 174 das **Hauptdrehungsmoment** der Kraft K um den **Coordinatenanfang**; seine Richtung, d. h. die Axe, um welche D in positivem Sinne drehend wirkt, wird als die **Hauptdrehungsaxe** von K durch den **Coordinatenanfang** bezeichnet.

Die Richtung von D steht normal auf der Ebene durch die Kraft K und den Coordinatenanfangspunkt, und seine Grösse wird gemessen durch das aus dem Vector $r = \sqrt{x^2 + y^2 + z^2}$ und K construirte Parallelogramm; es gilt somit

$$D = rK \sin(r, K). \tag{17}$$

Nach der unmittelbaren Anschauung (s. Fig. 19) ist nun aber $r \sin(r, K) = n$ der normale Abstand der Kraft K vom Coordinatenanfang; es gilt somit auch

$$D = nK, \tag{17'}$$

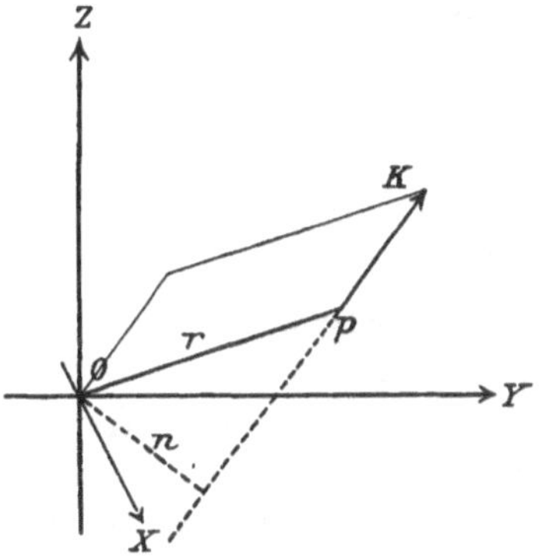

Fig. 19.

und man kann bei Berücksichtigung der vollständigen Willkürlichkeit des Coordinatenanfanges den Satz aussprechen:

Das Hauptdrehungsmoment einer Kraft um einen beliebigen Punkt o ist gleich dem Producte aus der Kraft selbst in ihren normalen Abstand von dem Punkt o; ihre Hauptdrehungsaxe steht normal zu der Ebene, welche die Kraft und den Punkt o enthält.

Da die Drehungsmomente L, M, N um die Coordinatenaxen nach S. 15 (Fig. 3) durch die Projectionen des aus r und K gebildeten Parallelogrammes auf die zu jenen normalen Coordinatenebenen gemessen werden, so ergiebt die Anwendung der obigen Ueberlegung auf sie sogleich die Formeln

$$L = n_x K_x, \qquad M = n_y K_y, \qquad N = n_z K_z, \tag{17''}$$

in denen K_x, K_y, K_z die Projectionen von K auf die YZ-, ZX-, XY-Ebene und n_x, n_y, n_z ihre normalen Entfernungen von der X-, Y-, Z-Axe bezeichnen; n_x, n_y, n_z nennt man die Hebelarme der Componenten K_x, K_y, K_z oder auch der resultirenden Kraft K in Bezug auf die Coordinatenaxen.

Um dabei die Vorzeichen von L, M, N in Uebereinstimmung mit denen in den Formeln (16) zu erhalten, kann man die Componenten K_x, K_y, K_z passend als absolute Grössen rechnen, aber den Hebelarmen n_x, n_y, n_z das positive oder das negative Vorzeichen geben, je nachdem K um die betreffende Axe in positivem oder negativem Sinne dreht.

Berücksichtigen wir noch die Willkürlichkeit der Coordinatenaxen, so können wir aus dem Vorstehenden den Satz schliessen:

Das Drehungsmoment einer Kraft um eine Axe ist gleich dem Product aus der Componente der Kraft nach der zur Axe normalen Ebene in deren mit dem geeigneten Vorzeichen versehenen normalen Abstand von der Axe.

Da in den Formeln (15) von jeder Kraft K_h ausser den Componenten X_h, Y_h, Z_h nur noch ihre Drehungsmomente L_h, M_h, N_h auftreten, so bleibt die Wirkung jedes K_h auf das starre System bei Veränderungen, welche diese sechs Functionen unberührt lassen, ungeändert.

Nach dem soeben Gesagten ist nun klar, dass, wie X_h, Y_h, Z_h, so auch L_h, M_h, N_h ungeändert bleiben, wenn man bei erhaltener Grösse und Richtung von K_h dessen Angriffspunkt auf der Richtung von K_h beliebig verschiebt. Hieraus folgt der Satz:

Die Wirkung einer Kraft auf ein starres System ändert sich nicht, wenn man dieselbe längs ihrer Richtung beliebig verschiebt, so lange nur ihr Angriffspunkt sich in starrer Verbindung mit dem System befindet. Der neu gewählte Angriffspunkt braucht dabei nicht einmal ein Punkt des ursprünglichen Massensystemes zu sein, sondern kann durch eine ausserhalb liegende, mit dem System durch eine massenlose starre Linie verbundene Stelle des Raumes gebildet werden.

Hiernach hat für jeden einzelnen Moment der Bewegung der vorgeschriebene Angriffspunkt der Kraft nur insofern Bedeutung, als er die Gerade festlegt, in welcher die Kraft liegt. Für jeden anderen Zeitpunkt kann die Kraft anders gegen das starre System liegen, wird also eine andere Gerade charakteristisch sein. Im Falle der Bewegung ist es daher im Allgemeinen nicht möglich, den vorgeschriebenen Angriffspunkt einer Kraft dauernd durch ein und denselben anderen zu ersetzen. —

Gemäss dem S. 12 allgemein über die Transformation von Vectorcomponenten auf ein neues Coordinatensystem Gesagten gelten zwischen den Drehungsmomenten L, M, N um die Axen X, Y, Z und den Momenten F, G, H um die Axen A, B, C die Beziehungen

$$\begin{aligned} F &= \alpha_1 L + \beta_1 M + \gamma_1 N, \\ G &= \alpha_2 L + \beta_2 M + \gamma_2 N, \\ H &= \alpha_3 L + \beta_3 M + \gamma_3 N, \end{aligned} \quad (18) \qquad \begin{aligned} L &= \alpha_1 F + \alpha_2 G + \alpha_3 H, \\ M &= \beta_1 F + \beta_2 G + \beta_3 H, \\ N &= \gamma_1 F + \gamma_2 G + \gamma_3 H; \end{aligned} \quad (18')$$

hierbei haben die α_h, β_h, γ_h die durch die Transformationsformeln (1) und (1') festgelegte Bedeutung.

Da L, M, N resp. F, G, H die Componenten des Hauptdrehungsmomentes D von K in Bezug auf den bestimmten, zum Coordinatenanfang gewählten Punkt O bezeichnen, so müssen beide Axenkreuze ihren Anfangspunkt in O haben. Eine Verlegung des Anfangspunktes ändert sämmtliche Werthe.

Das Drehungsmoment L_0 von K um eine zur X-Richtung parallele Axe durch den Punkt o mit den Coordinaten x_0, y_0, z_0 gegen den festen Anfangspunkt O ist z. B. nach seiner Definition gegeben durch

$$L_0 = (y - y_0) Z - (z - z_0) Y = L - (y_0 Z - z_0 Y); \qquad (19)$$

ähnliche Ausdrücke gelten für die Momente M_0 und N_0 um Axen, die durch denselben Punkt parallel zur Y- und zur Z-Richtung gezogen sind. L, M, N und L_0, M_0, N_0 haben sonach im Allgemeinen verschiedene Grössen. Damit sie einander gleich seien, ist erforderlich, dass $X : Y : Z = x_0 : y_0 : z_0$, d. h., dass die Verbindungslinie $\overline{o\,O}$ der Kraft K parallel sei.

II. Wirken auf das starre System beliebig viele Kräfte K_h mit beliebigen Angriffspunkten, so treten in den Bewegungsgleichungen ausschliesslich die Combinationen $\sum X_h = X, \ldots$ und $\sum (y_h Z_h - z_h Y_h) = \sum L_h = L, \ldots$ auf. Maassgebend ist somit für die Bewegung des starren Systemes während dt nur allein eine resultirende Kraft K, die sich aus den Einzelkräften K_h, und ein resultirendes Drehungsmoment um den Coordinatenanfang, das sich aus den Hauptdrehungsmomenten D_h der Einzelkräfte um denselben Punkt nach der Regel des Polygones ableitet. Die Gesammtcomponenten X, Y, Z, und somit Richtung und Grösse ihrer Resultirenden K ist von der Lage des Coordinatenanfangspunktes unabhängig; wir wollen zunächst untersuchen, unter welchen Umständen das Gleiche von den Gesammtcomponenten L, M, N, resp. von deren Resultirenden D gilt.

Hierzu führen wir, wie auf S. 197, einen Anfangspunkt o mit den Coordinaten x_0, y_0, z_0 gegen den festen Anfang O ein und bilden

$$L_0 = \sum \left((y_h - y_0) Z_h - (z_h - z_0) Y_h \right) = L - (y_0 Z - z_0 Y), \quad (20)$$

sowie ähnliche Ausdrücke für M_0 und N_0. Man erkennt, dass $L_0 = L$, $M_0 = M$, $N_0 = N$ ist, und somit für alle Punkte das Hauptdrehungsmoment gleiche Grösse, die Hauptdrehungsaxe die gleiche Richtung hat, erstens wenn

$$X : Y : Z = x_0 : y_0 : z_0, \quad (20')$$

d. h. die Resultirende K der Geraden $\overline{oO}$ parallel ist, zweitens aber auch, wenn X, Y, Z verschwinden, die resultirende Kraft K also gleich Null ist.

Der erste Fall bietet geringeres Interesse, der zweite hat aber erhebliche Bedeutung. Wir formuliren das für ihn erhaltene Resultat in dem Satz:

Kraftsysteme, welche verschwindende Gesammtcomponenten $\sum X_h$, $\sum Y_h$, $\sum Z_h$ und somit eine verschwindende Resultante K liefern, geben für alle Punkte gleiche Hauptdrehungsmomente und parallele Hauptdrehungsaxen. Demgemäss haben auch ihre Drehungsmomente um parallele Drehungsaxen stets gleiche Grösse.

Der einfachste Fall, für den dieser Satz Gültigkeit gewinnt, ist der zweier gleicher Kräfte $K_1 = K_2$ von entgegengesetzt gleichen, aber nicht zusammenfallenden Richtungen, die ein sogenanntes Kräftepaar bilden.

Legt man den (beliebigen) Punkt, in Bezug auf welchen das Hauptdrehungsmoment bestimmt werden soll, in den Angriffspunkt von K_1 oder K_2, so gelangt man sogleich zu dem weiteren Satz:

Die Hauptdrehungsaxe eines Kräftepaares steht normal zu dessen Ebene, sein Hauptdrehungsmoment ist gleich dem Product aus der Grösse der einen Kraft in ihren senkrechten Abstand von der anderen. Nach dem Gesagten kann man K_1 und K_2 innerhalb des starren Systemes ganz beliebig verlegen und in ihrer Grösse verändern, so lange man nur ihre Ebene sich selbst parallel lässt und das Product aus ihrer Grösse in ihren Abstand constant erhält.

III. Die durch die Gesammtcomponenten $X = \sum X_h$, $Y = \sum Y_h$, $Z = \sum Z_h$ bestimmte Resultante K vermag in Bezug auf die Schwerpunktsbewegung des starren Systemes, die durch die ersten drei Gleichungen (15) bestimmt wird, das gegebene System der K_h vollständig zu ersetzen. Wir wollen untersuchen, unter welchen Umständen sie Gleiches in Bezug auf die drehenden Bewegungen zu leisten vermag, deren Gesetze in den letzten drei Gleichungen (15) enthalten sind.

Die Bedingung hierfür ist, dass die Gleichungen

$$\begin{aligned} L &= yZ - zY = \sum (y_h Z_h - z_h Y_h), \\ M &= zX - xZ = \sum (z_h X_h - x_h Z_h), \\ N &= xY - yX = \sum (x_h Y_h - y_h X_h) \end{aligned} \tag{21}$$

durch ein System von Coordinaten x, y, z zu erfüllen sind, wenn für X, Y, Z die Werthe gesetzt werden:

$$X = \sum X_h, \quad Y = \sum Y_h, \quad Z = \sum Z_h. \tag{21'}$$

Die Coordinaten x, y, z, resp. x_h, y_h, z_h, bestimmen hierin wieder den Angriffspunkt von K, resp. K_h, genauer, einen Punkt, durch welchen die Richtung der bezüglichen Kraft hindurchgeht.

Man erkennt, dass, obgleich die Werthe von x, y, z willkürlich sind, diese Gleichungen nicht durch jedes beliebige System von Kräften X, Y, Z befriedigt werden; denn multiplicirt man sie resp. mit X, Y, Z und addirt, so erhält man

$$XL + YM + ZN = 0, \tag{21''}$$

und hierdurch eine Bedingung zwischen den gegebenen Grössen X, Y, Z, L, M, N, welche erfüllt sein muss, damit die eine Kraft K die gegebenen K_h vollständig ersetze.

Die X, Y, Z und die L, M, N sind Vectorcomponenten nach denselben Coordinatenaxen; die L, M, N hängen dabei ausser von deren Richtung auch noch von deren Lage, resp. von dem Ort des Coordinatenanfanges ab. Man erkennt aber bei Heranziehung der Formeln (20) leicht, dass, wenn die letzte Gleichung für eine Lage des Nullpunktes erfüllt ist, Gleiches für alle gilt.

Dividirt man Formel (21′) durch KD, so kann man ihre Aussage in den Satz fassen:

Eine beliebige Anzahl auf ein starres System wirkender Kräfte K_h ist nur dann durch eine einzige (resultirende) Kraft K zu ersetzen, wenn deren nach dem Gesetz des Polygones aus den K_h bestimmte Richtung normal ist zu der Hauptdrehungsaxe des Systemes der K_h durch einen beliebigen Punkt.

Ist die Bedingung (21'') erfüllt, so ist die Lage der Resultirenden K bestimmt durch die Schnittgerade der beiden Ebenen

$$\begin{gathered} xL + yM + zN = 0, \\ x(YN - ZM) + y(ZL - XN) + z(XM - YL) = D^2, \end{gathered} \tag{22}$$

deren Gleichungen aus dem System (21) durch die Factoren x, y, z und L, M, N folgen; die erste von ihnen enthält den Coordinatenanfang. Legt man durch den Coordinatenanfang noch eine Ebene, normal zu K, deren Gleichung ist

$$xX + yY + zZ = 0, \tag{22'}$$

so kann man die Coordinaten x', y', z' des Schnittpunktes der Resultirenden K mit derselben leicht erhalten. Dividirt man nämlich die zweite Gleichung (22) durch DK und setzt

$$(YN - ZM)/KD = \alpha_1', \qquad (ZL - XN)/KD = \alpha_2', \\ (XM - YL)/KD = \alpha_3',$$

dividirt man ferner die Gleichung (22') durch K und setzt

$$X/K = \beta_1', \qquad Y/K\beta_2', \qquad Z/K = \beta_3',$$

dividirt man endlich die erste Gleichung (22) durch D und setzt

$$L/D = \gamma_1', \qquad M/D = \gamma_2', \qquad N/D = \gamma_3',$$

so nehmen die Gleichungen folgende Form an:

$$\begin{aligned} x\alpha_1' + y\alpha_2' + z\alpha_3' &= D/K, \\ x\beta_1' + y\beta_2' + z\beta_3' &= 0, \\ x\gamma_1' + y\gamma_2' + z\gamma_3' &= 0. \end{aligned} \tag{22''}$$

Die α_h', β_h', γ_h' sind dabei Richtungscosinus, und zwar bestimmen die β_h' die Richtung von K, die γ_h' die Richtung von D, die nach (21'') zu einander normal sind. Die α_h' bestimmen die Richtung des Lothes auf D und K, denn es gilt

$$\alpha_1' = \beta_2'\gamma_3' - \beta_3'\gamma_2', \quad \alpha_2' = \beta_3'\gamma_1' - \beta_1'\gamma_3', \quad \alpha_3' = \beta_1'\gamma_2' - \beta_2'\gamma_1',$$

was nach der ersten Reihe des Systemes (2'') die ausgesprochene Bedeutung hat. Das Formelsystem (22'') ist also mit (1) conform, und seine mit (1') conforme Umkehrung liefert direct

$$x = \alpha_1' D/K, \quad y = \alpha_2' D/K, \quad z = \alpha_3' D/K \tag{23}$$

oder bei Einführung der Werthe der α_h' auch:

$$x' = \frac{(YN - ZM)}{K^2}, \quad y' = \frac{(ZL - XN)}{K^2}, \quad z' = \frac{(XM - YL)}{K^2}. \qquad (23')$$

Wählt man die X-Coordinatenaxe parallel der Richtung von K, so wird $\sum X_h = K$, $\sum Y_h = \sum Z_h = 0$, und die Bedingung (21″) zu

$$L = \sum (y_h Z_h - z_h Y_h) = 0; \qquad (24)$$

die Coordinaten des Schnittpunktes von K mit der YZ-Ebene sind hier:

$$y' = -\frac{N}{K}, \quad z' = +\frac{M}{K}. — \qquad (24')$$

Die Bedingung (21″) ist identisch erfüllt, wenn entweder die Gesammtcomponenten X, Y, Z oder aber die Gesammtmomente L, M, N verschwinden. Der erstere Fall bietet kein Interesse, weil er nach (21) $L = 0$, $M = 0$, $N = 0$ zur Folge hat, also jede Einwirkung auf das starre System ausschliesst. In dem letzteren geben die Formeln (23′) $x' = 0$, $y' = 0$, $z' = 0$; der Schnittpunkt der Resultirenden K mit der Ebene (22′) fällt hier also in den Coordinatenanfang.

Ein verwandter specieller Fall, in welchem die Bedingung (21″) erfüllt ist, ist der, dass sich die Richtungen sämmtlicher Kräfte K_h in einem Punkte schneiden; dann kann man nach dem Satz auf S. 196 alle Kräfte nach dem Schnittpunkte hin verlegen und sie dort nach der Regel des Parallelogrammes zusammensetzen. Dass in diesem Falle unseren Bedingungen wirklich genügt wird, ersieht man am einfachsten aus den Ausgangsgleichungen (21). Bezeichnet man nämlich die Coordinaten des Schnittpunktes aller Kräfte mit x, y, z, so sind deren Eigenschaften ausgesprochen in der Beziehung:

$$(x_h - x) : (y_h - y) : (z_h - z) = X_h : Y_h : Z_h,$$

welche für alle h gilt. Durch sie sind aber die genannten Gleichungen identisch erfüllt.

Noch specieller ist der Fall, dass alle Kräfte unter einander parallel sind. Legt man die X-Axe ihnen parallel, so erhält man:

$$X = \sum X_h, \quad y' = \frac{\sum y_h X_h}{\sum X_h}, \quad z' = \frac{\sum z_h X_h}{\sum X_h}. \qquad (24'')$$

IV. Ist die Bedingung (21″) nicht erfüllt, so genügt also auch nicht eine einzige Kraft, um das System der K_h in jeder Hinsicht zu ersetzen, sondern es ist ihr ein weiteres Element hinzuzufügen,

z. B. eine zweite Kraft K' oder ein Drehungsmoment D'. Da aber nur eine Bedingung unerfüllt blieb, so können jene Grössen noch bis auf ein Bestimmungsstück willkürlich gewählt werden.

Wir wollen versuchen, die gegebenen Kräfte K_h durch eine Resultirende K und durch ein Kräftepaar von einem Moment D' und einer Axe parallel zu K zu ersetzen.

Ist die Axe von D' parallel zu K, so sind seine Componenten:

$$L' = \frac{D' X}{K}, \qquad M' = \frac{D' Y}{K}, \qquad N' = \frac{D' Z}{K}, \tag{25}$$

und es lauten die statt (21) jetzt zu erfüllenden Bedingungen:

$$\begin{aligned} L &= y Z - z Y + D' \frac{X}{K}, \\ M &= z X - x Z + D' \frac{Y}{K}, \\ N &= x Y - y X + D' \frac{Z}{K}. \end{aligned} \tag{25'}$$

Fasst man dieselben mit den Factoren X, Y, Z zusammen, so erhält man für D' den Werth

$$D' = \frac{L X + M Y + N Z}{K}; \tag{26}$$

dabei ist wegen der Werthe (25) von L', M', N' auch

$$D' = \frac{L' X + M' Y + N' Z}{K}. \tag{26'}$$

Gleichung (26) lässt sich also auch schreiben:

$$0 = \frac{X(L - L') + Y(M - M') + Z(N - N')}{K} \tag{26''}$$

und drückt in dieser Form den Satz aus, dass $L - L'$, $M - M'$, $N - N'$ die Componenten eines Drehungsmomentes sind, dessen Axe normal zu K steht.

Für die Lage der Resultirenden erhält man zwei Formeln aus (25') durch die Factoren x, y, z und L, M, N, nämlich:

$$\begin{aligned} x(L - L') + y(M - M') + z(N - N') &= 0, \\ x(YN - ZM) + y(ZL - XN) + z(XM - YL) &= D^2 - D'^2. \end{aligned} \tag{27}$$

Die Resultirende fällt in die Schnittlinie der beiden hierdurch definirten Ebenen.

Fügt man hinzu die Gleichung der zu K normalen Ebene durch den Coordinatenanfang

$$x X + y Y + z Z = 0, \tag{27'}$$

so kann man genau wie oben die Coordinaten x', y', z' des Schnittpunktes von K mit der letzteren Ebene bestimmen. Man erhält:

$$x' = (YN - ZM)\frac{(D^2 - D'^2)}{K^2 D^2}, \qquad y' = (ZL - XN)\frac{(D^2 - D'^2)}{K^2 D^2},$$
$$z' = (XM - YL)\frac{(D^2 - D'^2)}{K^2 D^2}. \tag{27''}$$

Nach dem S. 198 Gesagten hat ein Kräftepaar um alle Punkte das gleiche Hauptdrehungsmoment, man kann somit seine Hauptdrehungsaxe parallel mit sich ganz beliebig innerhalb des Körpers verlegen. Die betreffende Axe von D' ist mit K parallel, wir können sie somit auch mit K zusammenfallen lassen und erhalten hierdurch schliesslich den (einem S. 192 abgeleiteten parallel gehenden) Satz:

Ein jedes auf ein starres System wirkendes Kraftsystem lässt sich ersetzen durch eine Resultirende und ein um ihre Richtung als Axe wirkendes Kräftepaar von dem Moment $D' = (LX + MY + NZ)/K$.

§ 18. Theorie des Schwerpunktes; Beispiele für seine Berechnung. Continuirliche Körper; Dichte und specifisches Gewicht.

Auf S. 201 ist gezeigt worden, dass parallel der X-Axe auf ein starres System, z. B. einen starren Körper, wirkende Kräfte K_h sich zu einer Resultirenden K zusammensetzen, deren Grösse nach (24'') gegeben ist durch

$$K = \sum K_h,$$

und deren Richtung hindurchgeht durch den Punkt der YZ-Ebene:

$$y = \frac{\sum y_h K_h}{\sum K_h}, \qquad z = \frac{\sum z_h K_h}{\sum K_h}. \tag{28}$$

Hier ist zunächst nur die Gerade bestimmt, in welcher die Resultante liegt; haben aber die auf die einzelnen Punkte des starren Systemes wirkenden Kräfte die Eigenschaft, bei einer Drehung desselben gegen die Kraftrichtung ihre Grösse unverändert beizubehalten, so lässt sich ein Punkt angeben, durch welchen bei jeder Lage des Systemes die Resultirende hindurchgeht, den man also in einem besonderen Sinne ihren Angriffspunkt nennen kann. Man erhält die Coordinaten dieses Punktes, indem man ausdrückt, dass die obigen Relationen für jede Lage eines Axenkreuzes A, B, C, das wir mit dem starren Systeme fest verbunden denken wollen, gegen die Richtung der Kräfte bestehen sollen.

Dazu drücken wir nach System (1) y, z, y_h, z_h, durch a, b, c, a_h, b_h, c_h aus, schreiben also:

$$\beta_1 a + \beta_2 b + \beta_3 c = \frac{\sum (\beta_1 a_h + \beta_2 b_h + \beta_3 c_h) K_h}{\sum K_h},$$

$$\gamma_1 a + \gamma_2 b + \gamma_3 c = \frac{\sum (\gamma_1 a_h + \gamma_2 b_h + \gamma_3 c_h) K_h}{\sum K_h}$$

und erhalten, indem wir diese Gleichungen für beliebige α_h, β_h, γ_h gelten lassen:

$$a = \frac{\sum a_h K_h}{\sum K_h}, \qquad b = \frac{\sum b_h K_h}{\sum K_h}, \qquad c = \frac{\sum c_h K_h}{\sum K_h}. \qquad (28')$$

Den hierdurch im starren System gegebenen Punkt nennen wir den Kräftemittelpunkt der K_h.

Unter allen Kräften, welche die vorausgesetzte Eigenschaft haben, ihre Grösse bei einer Drehung des starren Systemes für jede Stelle desselben unverändert zu bewahren, ist die wichtigste die Schwerkraft. Sie ist überdies der im Punkte a_h, b_h, c_h vorhandenen Masse proportional, und demgemäss werden für sie die letzten Gleichungen zu:

$$a = \frac{\sum a_h m_h}{\sum m_h}, \qquad b = \frac{\sum b_h m_h}{\sum m_h}, \qquad c = \frac{\sum c_h m_h}{\sum m_h}. \qquad (28'')$$

Vergleicht man diese Ausdrücke mit den in Formel (92) des ersten Theiles gegebenen Definitionen der Coordinaten des Massenmittelpunktes, so erkennt man:

Der Kräftemittelpunkt der Schwere liegt im Massenmittelpunkt des Systemes, auf welches sie wirkt. Wegen dieser Eigenschaft führt der Massenmittelpunkt noch in einem anderen, als dem S. 158 erörterten Sinne den Namen des Schwerpunktes.

Die Wirkung der Schwere auf ein starres System ist also bei jeder Lage und in jeder Hinsicht dieselbe, als griffe dessen ganzes Gewicht im Schwerpunkte an. Hieraus erhellt, dass die Bestimmung der Lage des Schwerpunktes ein Problem von vielfältiger Bedeutung ist. Wir wollen uns demselben nunmehr zuwenden. —

Unter einem Körper verstehen wir nach S. 184 eine Quantität Materie, die einen Raum anscheinend continuirlich erfüllt, und nennen denselben starr, wenn jedes seiner Theilchen von jedem anderen eine constante Entfernung bewahrt. Wir können einen Körper in ein Punktsystem verwandeln, indem wir ihn auf irgend eine Weise in Volumenelemente zerlegt denken und jedes einzelne als einen Massenpunkt betrachten. Befindet sich an der Stelle x, y, z ein Volumenelement dk, welches die Masse dm enthält, so nennt man das Verhältniss

$$\frac{dm}{dk} = \varepsilon, \tag{29}$$

falls dasselbe einen bestimmten Grenzwerth liefert, die Dichtigkeit an der Stelle x, y, z. Die Dichtigkeit ist also diejenige Masse, welche in der Volumeneinheit vorhanden sein würde, wenn dieselbe durchaus ebenso erfüllt wäre, wie das Volumenelement dk an der Stelle x, y, z, dividirt durch die Volumeneinheit.

Die Dimension einer Dichtigkeit ist daher

$$[\varepsilon] = [m\, l^{-3}]. \tag{29'}$$

Nach der Definition unserer Massen- und Längeneinheit ist die Dichte des destillirten Wassers bei 4° C. gleich 1.

Wir bemerken, dass in der Natur ausschliesslich solche Körper vorkommen, bei welchen die Dichtigkeit eine endliche ist. Massenpunkte in dem Sinne des Wortes, dass eine endliche Quantität Materie in einen unendlich kleinen Raum zusammengedrängt ist, existiren nicht.

Nach der vorstehenden Definition bestimmt sich die Masse eines Körpers durch das Integral

$$M = \int \varepsilon\, dk, \tag{29''}$$

in welchem die Dichtigkeit ε als Function des Ortes gegeben zu denken ist.

Der speciellste Fall ist der einer im ganzen Körper constanten Dichte; daran schliesst sich der einer in Bereichen constanten, die bei einem aus verschiedenen homogenen Stücken zusammengesetzten Körper stattfindet. Hier verliert die Definition (29) von ε ihre Bedeutung, sowie das Volumenelement dk sich über die Grenze zweier derartiger Theile hinaus erstreckt, sie gilt nur für Elemente, die ganz in demselben Theile liegen. Demgemäss ist in Formel (29'') für die gesammte Masse nun auch das Integral in eine Summe von Integralen über die einzelnen Theile zu zerlegen.

Völlig constante Dichten kommen, streng genommen, in der Natur nicht vor; schon durch die Wirkung der Schwere, ausserdem durch nie völlig fehlende Verunreinigungen der Substanz variirt die Dichte innerhalb jedes Körpers von Ort zu Ort. Zu einer stetigen Veränderlichkeit tritt stets noch eine unstetige, wenn längs einer Fläche ε

in der oben beschriebenen Weise seine Bedeutung verliert. Auch hier darf die Integration nicht über eine solche Fläche erstreckt werden.

Das Gewicht eines Körpers ist

$$G = g\int \varepsilon\, d k; \tag{30}$$

man fasst hierin $g \cdot \varepsilon$ mitunter als eine Grösse auf, die man als das specifische Gewicht an der Stelle x, y, z bezeichnet. Specifisches Gewicht ist also das Gewicht der Volumeneinheit, wenn letztere durchaus ebenso mit Masse erfüllt ist, wie das betrachtete Volumenelement, dividirt durch die Volumeneinheit; seine Dimension ist:

$$[\gamma] = [m\, l^{-2} t^{-2}]. \tag{30'}$$

Das specifische Gewicht des Wassers ist also in unseren Einheiten ca. 981.

Es ist vielfach gebräuchlich, die Begriffe Dichtigkeit („specifische Masse“) und specifisches Gewicht zu vermischen und beide als unbenannte Zahlen anzusehen, aber dieser Gebrauch ist gefährlich und giebt leicht Veranlassung zu Fehlern. Wir wollen festhalten, dass der Zusatz „specifisch“ in der ganzen Physik übereinstimmend die Anwendung einer in Bezug auf eine gegebene Raumgrösse, Fläche, Masse etc. definirten physikalischen Grösse Π auf die Einheit des Raumes, der Fläche, der Masse etc. andeutet. Jene durch das Beiwort „specifisch“ ausgezeichnete Grösse hat daher stets eine Dimension gleich der von Π, dividirt durch einen Raum, eine Fläche, eine Masse etc. —

Wir wenden uns nun zu den Eigenschaften des Schwerpunktes eines Körpers und definiren seine Coordinaten ξ, η, ζ in Bezug auf ein beliebiges Coordinatensystem X, Y, Z durch:

$$\xi = \frac{\int x\, d m}{\int d m}, \qquad \eta = \frac{\int y\, d m}{\int d m}, \qquad \zeta = \frac{\int z\, d m}{\int d m}. \tag{31}$$

Ist der Körper homogen, so fällt die Dichte im Zähler und Nenner dieser Werthe heraus, und es bleibt:

$$\xi = \frac{\int x\, d k}{\int d k}, \qquad \eta = \frac{\int y\, d k}{\int d k}, \qquad \zeta = \frac{\int z\, d k}{\int d k}. \tag{31'}$$

In diesem Falle sagt man: der Schwerpunkt eines homogenen Körpers fällt mit dem seines Volumens zusammen.

Besteht der Körper aus mehreren Theilen, die durch verschiedene Dichte oder durch ihre Form sich zu gesonderter Betrachtung empfehlen, so kann man die Integrationen theilen und, indem man ein Massenelement des $k$ten Theiles mit $d m_k$ bezeichnet, auch schreiben:

$$\xi = \frac{\sum \int x_k \, d m_k}{\sum \int d m_k}, \quad \eta = \frac{\sum \int y_k \, d m_k}{\sum \int d m_k}, \quad \zeta = \frac{\sum \int z_k \, d m_k}{\sum \int d m_k}.$$

Nun ist $\int x_k \, d m_k = \xi_k M_k$, falls man mit M_k die Masse des $k$ten Theiles, mit ξ_k, η_k, ζ_k ihre Schwerpunktscoordinaten bezeichnet; daher kann man setzen:

$$\xi = \frac{\sum \xi_k M_k}{\sum M_k}, \quad \eta = \frac{\sum \eta_k M_k}{\sum M_k}, \quad \zeta = \frac{\sum \zeta_k M_k}{\sum M_k}; \tag{31''}$$

d. h., für einen zusammengesetzten Körper kann man die Schwerpunktscoordinaten bestimmen, indem man die Masse M_k jedes einzelnen Theiles in dessen Schwerpunkt zu einem Massenpunkt vereinigt denkt.

Anwendungen hiervon bringen die drei ersten Beispiele.

1. Schwerpunkt eines Systemes von homogenen Geraden, die in ihren Endpunkten beliebig verbunden sind.

Unter einer materiellen Geraden versteht man einen cylindrischen Körper von gegen seine Länge verschwindendem Querschnitt. Dass der Schwerpunkt eines solchen bei homogener Dichte im Mittelpunkt seiner Axe liegen muss, ist schon aus Symmetrierücksichten klar. Hat also in einem System von materiellen Geraden eine die Endpunktscoordinaten x_h, y_h, z_h und x_k, y_k, z_k, sowie die Masse m_{hk}, so ist für deren Schwerpunkt:

$$\xi_{hk} = \frac{x_h + x_k}{2}, \quad \eta_{hk} = \frac{y_h + y_k}{2}, \quad \zeta_{hk} = \frac{z_h + z_k}{2}.$$

Für das ganze System haben wir dann nach dem letzten Satz:

$$\xi = \frac{\sum_{hk} \xi_{hk} m_{hk}}{\sum_{hk} m_{hk}}, \quad \eta = \frac{\sum_{hk} \eta_{hk} m_{hk}}{\sum_{hk} m_{hk}}, \quad \zeta = \frac{\sum_{hk} \zeta_{hk} m_{hk}}{\sum_{hk} m_{hk}}.$$

Wegen der Werthe der $\xi_{hk}, \eta_{hk}, \zeta_{hk}$ lässt sich dies auch so schreiben:

$$\xi = \frac{\sum_h x_h \left(\sum_k \frac{m_{hk}}{2}\right)}{\sum_h \left(\sum_k \frac{m_{hk}}{2}\right)}, \quad \eta = \frac{\sum_h y_h \left(\sum_k \frac{m_{hk}}{2}\right)}{\sum_h \left(\sum_k \frac{m_{hk}}{2}\right)}, \quad \zeta = \frac{\sum_h z_h \left(\sum_k \frac{m_{hk}}{2}\right)}{\sum_h \left(\sum_k \frac{m_{hk}}{2}\right)}, \tag{31'''}$$

was aussagt: der Schwerpunkt des Systemes materieller Geraden ist derselbe, als wenn in jedem Knotenpunkte die halbe Masse aller der dort zusammenstossenden Geraden vereinigt wäre.

2. Schwerpunkt von homogenen ebenen Polygonen und von aus solchen zusammengesetzten Gebilden.

Der Schwerpunkt einer nicht homogenen materiellen Geraden muss nach Symmetrierücksichten auf ihr liegen. Dieser Satz dient zunächst zur Bestimmung des Schwerpunktes für ein homogenes Dreieck, d. h. für eine homogene Platte von dreieckiger Begrenzung und von gegen ihre Ausdehnung verschwindender Dicke.

Wir zerlegen die Platte parallel einer Seite in so feine Streifen, dass jeder derselben als eine homogene materielle Gerade angesehen werden kann. Für jede einzelne liegt der Schwerpunkt in ihrem Mittelpunkt, der Schwerpunkt des ganzen Dreiecks fällt also zusammen mit demjenigen der materiellen inhomogenen Geraden, die entsteht, wenn man die Massen der erhaltenen Streifen in ihren Mittelpunkten vereinigt, — er muss also auf der Verbindungslinie des Mittelpunktes einer Seite mit der gegenüberliegenden Ecke liegen. Da aber jede Seite in gleicher Weise zum Ausgang der Construction benutzt werden kann, so muss der gesuchte Schwerpunkt in den Schnittpunkt der drei Mittelpunkts-Transversalen des Dreiecks fallen.

Jedes ebene Polygon von einer endlichen Anzahl Seiten ist in eine endliche Anzahl von Dreiecken zu zerlegen. Seinen Schwerpunkt zu bestimmen, haben wir nur das Punktsystem zu behandeln, welches entsteht, wenn man die Masse eines jeden Dreiecks in seinem Schwerpunkt vereinigt. Dasselbe gilt für eine aus polygonalen, ebenen, homogenen Flächen zusammengesetzte räumliche Figur.

3. Schwerpunkt eines homogenen Polyëders.

Jedes Polyëder mit einer endlichen Anzahl Flächen lässt sich in eine endliche Zahl Tetraëder, jedes Tetraëder in eine unendliche Anzahl materieller Dreiecke zerlegen. Durch eine der vorstehenden ganz analoge Betrachtung erkennt man, dass der Schwerpunkt eines homogenen Tetraëders der Schnittpunkt der vier Transversalen von den Ecken nach den Schwerpunkten der gegenüberliegenden Dreiecke ist. Vereinigt man die Masse jedes Tetraëders in dem so bestimmten Schwerpunkt, so erhält man das Punktsystem, dessen Schwerpunkt zugleich derjenige des untersuchten Polyëders ist.

4. Schwerpunkt eines homogenen Kreisbogens.

Als materiellen Kreisbogen bezeichnen wir ein Stück eines Kreisringes von gegen Radius und Bogenlänge unendlich kleinem Querschnitt q. Nach Symmetrierücksichten kann der Schwerpunkt eines homogenen Kreisbogens nur auf der Halbirungslinie seines Oeffnungswinkels 2Φ liegen. Wählen wir diese zur X-Axe, das Kreiscentrum zum Nullpunkt, so ist nur die ξ-Coordinate zu berechnen.

Ein Raumelement dk von der Länge ds, parallel dem Bogen gemessen, wird gleich $q\,ds$, ds aber gleich $R\,d\varphi$ sein, wenn φ laut Figur 20 den Ort des Elementes bestimmt. Da zugleich seine x-Coordinate $= R\cos\varphi$ ist, so erhält man

$$\xi = R\frac{\int_{-\Phi}^{+\Phi}\cos\varphi\,d\varphi}{\int_{-\Phi}^{+\Phi}d\varphi} = R\frac{\sin\Phi}{\Phi}.$$

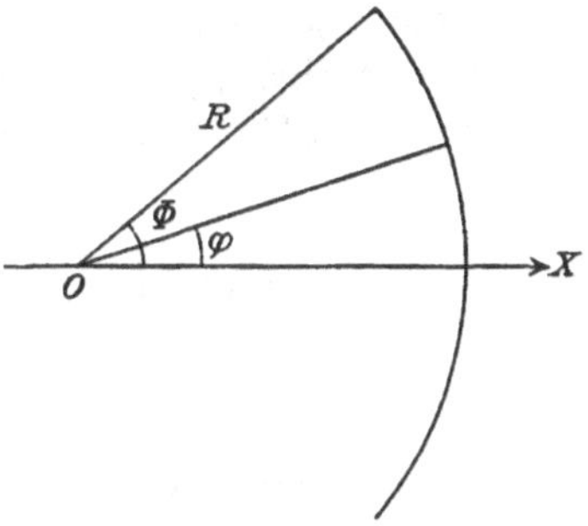

Fig. 20.

Schreibt man dies Resultat in der Form:

$$\xi : R = 2R\sin\Phi : 2R\Phi,$$

so spricht es den Satz aus:

Der Abstand des Schwerpunktes eines homogenen Kreisbogens vom Kreiscentrum verhält sich zum Kreisradius, wie die Sehne zum Kreisbogen.

5. Schwerpunkt eines homogenen Kugelflächensegmentes.

Die materielle Kugelfläche betrachten wir als eine Schaale von der constanten unendlich kleinen Dicke ϑ. Wiederum muss nach Symmetrierücksichten der Schwerpunkt auf der Axe des Kreiskegels durch das Kugelcentrum liegen, welcher das betrachtete Segment ausschneidet. Das Volumenelement dk werde durch zwei unendlich nahe, dem begrenzenden coaxiale Kreiskegel und zwei unendlich nahe Meridianebenen begrenzt. In der Bezeichnung der Figur 21 ist dann

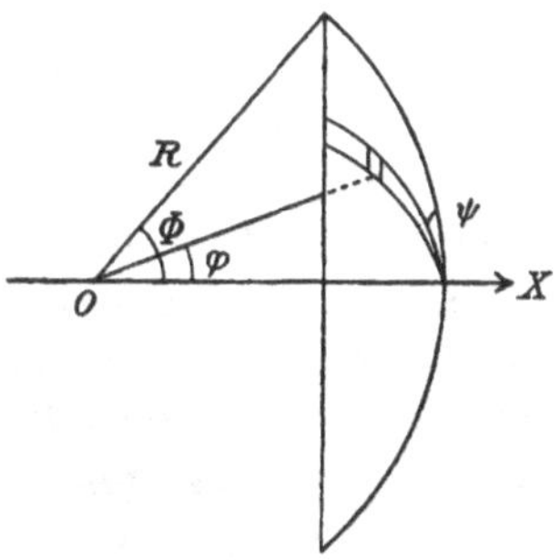

Fig. 21.

$$dk = \vartheta R^2 \sin\varphi\,d\varphi\,d\psi, \qquad x = R\cos\varphi,$$

also:

$$\xi = R\,\frac{\int\limits_0^{\Phi}\cos\varphi\sin\varphi\,d\varphi\int\limits_0^{2\pi}d\psi}{\int\limits_0^{\Phi}\sin\varphi\,d\varphi\int\limits_0^{2\pi}d\psi} = R\,\frac{\sin^2\Phi}{2(1-\cos\Phi)} = R\cos^2\tfrac{1}{2}\Phi.$$

Schreibt man dies Resultat in der Form

$$\xi = \tfrac{1}{2}(R + R\cos\Phi),$$

so erkennt man den Satz:

Der Schwerpunkt eines homogenen Kugelflächensegmentes fällt in die Mitte seiner Höhe.

6. Schwerpunkt eines von einem Kreiskegel begrenzten homogenen Kugelsectors.

Die X-Axe sei abermals die Symmetrieaxe des Körpers.

Wir zerlegen den Sector durch concentrische Kugelflächen vom Radius r in unendlich viele Schaalen von der Dicke dr; dann ist das Volumen einer solchen $dk = 2\pi(1-\cos\Phi)r^2dr$, die Schwerpunktscoordinate $\xi' = r\cos^2\frac{1}{2}\Phi$. Wendet man nun die Gleichung (31″) an, so erhält man sogleich:

$$\xi = \cos^2\tfrac{1}{2}\Phi\,\frac{\int\limits_0^R r^3\,dr}{\int\limits_0^R r^2\,dr} = \tfrac{3}{4}R\cos^2\tfrac{1}{2}\Phi.$$

Dies giebt den einfachen Satz:

Der Schwerpunkt eines homogenen, durch einen Kreiskegel ausgeschnittenen Kugelsectors liegt auf drei Viertel des Abstandes, welchen die Mitte der Höhe des ausgeschnittenen Segmentes der Kugelfläche vom Centrum besitzt. —

An diese speciellen Resultate schliessen wir noch eine etwas allgemeinere Betrachtung an.

Es sei ein homogener Körper von beliebiger Gestalt und der Masse m gegeben; die Coordinaten seines Schwerpunktes seien ξ, η, ζ. Nun denke man sich bei unveränderter Gestalt die ursprüngliche Massenvertheilung geändert, etwa indem man auf gewisse Stellen eine positive Masse μ, auf andere die gleichgrosse negative vertheilt und so den Körper aus einem homogenen in einen inhomogenen von gleicher Masse verwandelt. Sind dann die Coordinaten des Schwerpunktes σ' der positiven Masse μ gleich ξ', η', ζ', desjenigen

σ'' der negativen Masse μ aber ξ'', η'', ζ'', so ergiebt sich das System der neuen Schwerpunktscoordinaten ξ_1, η_1, ζ_1 des ganzen Körpers:

$$\xi_1 = \xi + \frac{\mu}{m}(\xi' - \xi''), \quad \eta_1 = \eta + \frac{\mu}{m}(\eta' - \eta''), \quad \zeta_1 = \zeta + \frac{\mu}{m}(\zeta' - \zeta'').$$

Dies sagt aus, dass in Folge der vorgenommenen Veränderung der Schwerpunkt des ganzen Körpers in der Richtung der Verbindungslinie der beiden Schwerpunkte von σ'' nach σ' um den μ/mten Theil ihres Abstandes verschoben ist.

§ 19. Theorie der Trägheitsmomente; Beispiele für deren Berechnung. Die lebendige Kraft eines starren Körpers.

Von den im 16. Abschnitt erhaltenen allgemeinsten Gesetzen der Verschiebung eines starren Körpers machen wir nun eine Anwendung auf den Fall, dass die Lagenänderungen keine willkürlich vorgeschriebenen, sondern die in dem Zeitelement dt in Folge der ausgeübten Kräfte wirklich stattfindenden sind. Dividiren wir dann die auf eine Stelle x_h, y_h, z_h angewandten Gleichungen (6) durch dt und setzen die Geschwindigkeiten der Verschiebungen parallel den Coordinatenaxen

$$\frac{dx_h}{dt} = x_h', \quad \frac{dy_h}{dt} = y_h', \quad \frac{dz_h}{dt} = z_h', \quad \frac{dx_0}{dt} = x_0', \quad \frac{dy_0}{dt} = y_0', \quad \frac{dz_0}{dt} = z_0', \tag{32}$$

analog die Drehungsgeschwindigkeiten um die Parallelen zu den X, Y, Z-Coordinatenaxen durch den Anfangspunkt x_0, y_0, z_0 des im Körper festen ABC-Systemes

$$\frac{d\lambda}{dt} = \lambda', \quad \frac{d\mu}{dt} = \mu', \quad \frac{d\nu}{dt} = \nu', \tag{32'}$$

so erhalten wir:

$$\begin{aligned} x_h' &= x_0' + (z_h - z_0)\mu' - (y_h - y_0)\nu', \\ y_h' &= y_0' + (x_h - x_0)\nu' - (z_h - z_0)\lambda', \\ z_h' &= z_0' + (y_h - y_0)\lambda' - (x_h - x_0)\mu'. \end{aligned} \tag{32''}$$

Diese Werthe setzen wir nun in die für ein beliebiges Massensystem in § 15 des ersten Theiles erhaltenen Gleichungen (100) und (102) ein, welche wir schreiben:

$$\frac{d}{dt}\sum m_h x_h' = \sum X_h,$$

$$\frac{d}{dt}\sum m_h y_h' = \sum Y_h,$$

$$\frac{d}{dt}\sum m_h z_h' = \sum Z_h,$$

$$\frac{d}{dt}\sum m_h(y_h z_h' - z_h y_h') = \sum(y_h Z_h - z_h Y_h),$$
$$\frac{d}{dt}\sum m_h(z_h x_h' - x_h z_h') = \sum(z_h X_h - x_h Z_h),$$
$$\frac{d}{dt}\sum m_h(x_h y_h' - y_h x_h') = \sum(x_h Y_h - y_h X_h).$$

Dadurch ist dann die Eigenschaft desselben, starr zu sein, analytisch ausgedrückt. Setzen wir die Gesammtmasse des Systemes

$$\sum m_h = m$$

und führen die Coordinaten ξ, η, ζ seines Schwerpunktes ein gemäss

$$\sum m_h x_h = m\xi, \qquad \sum m_h y_h = m\eta, \qquad \sum m_h z_h = m\zeta,$$

so erhalten wir folgendes, noch völlig allgemeine System:

$$m\frac{d}{dt}(x_0' + (\zeta - z_0)\mu' - (\eta - y_0)\nu') = \sum X_h,$$
$$m\frac{d}{dt}(y_0' + (\xi - x_0)\nu' - (\zeta - z_0)\lambda') = \sum Y_h,$$
$$m\frac{d}{dt}(z_0' + (\eta - y_0)\lambda' - (\xi - x_0)\mu') = \sum Z_h, \tag{33}$$

$$m\frac{d}{dt}((z_0'\eta - y_0'\zeta) - \lambda'(\xi x_0 + \eta y_0 + \zeta z_0) + x_0(\xi\lambda' + \eta\mu' + \zeta\nu'))$$
$$+ \frac{d}{dt}(\lambda'\sum m_h(y_h^2 + z_h^2) - \mu'\sum m_h y_h x_h - \nu'\sum m_h z_h x_h) = \sum(y_h Z_h - z_h Y_h),$$
$$m\frac{d}{dt}((x_0'\zeta - z_0'\xi) - \mu'(\xi x_0 + \eta y_0 + \zeta z_0) + y_0(\xi\lambda' + \eta\mu' + \zeta\nu'))$$
$$+ \frac{d}{dt}(\mu'\sum m_h(z_h^2 + x_h^2) - \nu'\sum m_h z_h y_h - \lambda'\sum m_h x_h y_h) = \sum(z_h X_h - x_h Z_h),$$
$$m\frac{d}{dt}((y_0'\xi - x_0'\eta) - \nu'(\xi x_0 + \eta y_0 + \zeta z_0) + z_0(\xi\lambda' + \eta\mu' + \zeta\nu'))$$
$$+ \frac{d}{dt}(\nu'\sum m_h(x_h^2 + y_h^2) - \lambda'\sum m_h x_h z_h - \mu'\sum m_h y_h z_h) = \sum(x_h Y_h - y_h X_h).$$

Hierin treten uns einige neue Functionen der Massenvertheilung des Systemes entgegen, welche auf seine Bewegung, und zwar, da sie in λ', μ', ν' multiplicirt sind, ganz speciell auf seine Drehungen Einfluss haben, nämlich die sechs Summen:

$$\begin{aligned} \Xi &= \sum m_h(y_h^2 + z_h^2), & \mathrm{H} &= \sum m_h(z_h^2 + x_h^2), & \mathrm{Z} &= \sum m_h(x_h^2 + y_h^2), \\ \Xi' &= -\sum m_h y_h z_h, & \mathrm{H}' &= -\sum m_h z_h x_h, & \mathrm{Z}' &= -\sum m_h x_h y_h, \end{aligned} \tag{33'}$$

ausgedehnt über alle Massen des starren Systemes, die sich für einen continuirlichen Körper schreiben

$$\begin{aligned} \Xi &= \int (y^2 + z^2)\,dm, & \mathsf{H} &= \int (z^2 + x^2)\,dm, & \mathsf{Z} &= \int (x^2 + y^2)\,dm, \\ \Xi' &= -\int y z\,dm, & \mathsf{H}' &= -\int z x\,dm, & \mathsf{Z}' &= -\int x y\,dm. \end{aligned} \qquad (33'')$$

Da sie neben der ganzen Masse des Systemes und neben den Coordinaten seines Schwerpunktes die einzigen in den Bewegungsgleichungen auftretenden Functionen sind, welche von der Grösse und Vertheilung der Masse innerhalb des Systemes abhängen, so sind zwei Systeme, für welche sie gleiche Werthe besitzen und welche Kräften unterliegen, die gleiche Componenten- und Momentensummen ergeben, in Hinsicht auf die Bewegung gleichwerthig.

Man nennt nun die Summe über alle Massen eines Systemes, eine jede multiplicirt mit dem Quadrat ihres Abstandes von einer gegebenen Axe, das Trägheitsmoment des Systemes um jene Axe.

Demnach sind Ξ, H, Z die Trägheitsmomente des starren Systemes um die Coordinatenaxen X, Y, Z.

Die drei Summen Ξ', H', Z', genommen über alle Massen, eine jede multiplicirt mit der negativen Fläche des Rechtecks, welches von zwei ihrer Coordinaten gebildet wird, nennen wir die Deviationsmomente des Systemes um die resp. dritten Coordinatenaxen.

Der Grund für die Wahl dieser Namen wird späterhin klar werden.

Wir gehen jetzt an die Entwickelung der Eigenschaften der Trägheitsmomente und betrachten der Bequemlichkeit halber sogleich specieller dasjenige für einen continuirlichen Körper, aber um eine beliebige, durch den innerhalb oder ausserhalb des Körpers willkürlich gewählten Anfangspunkt gelegte Axe δ. Wir definiren dieses Trägheitsmoment durch

$$\mathsf{M} = \int r^2\,dm, \qquad (34)$$

indem wir mit r den normalen Abstand des Elementes dm von der Axe δ bezeichnen; M ist somit bei einem gegebenen Körper durch die Wahl der ihm eigenen Axe vollständig bestimmt.

Das Trägheitsmoment ist seiner Dimension nach eine Masse mal dem Quadrat einer Länge; also gilt:

$$[\mathsf{M}] = [m\,l^2]. \qquad (34')$$

Man erhält demgemäss, wenn man es durch die Masse des Körpers dividirt, für welchen es gilt, einen Ausdruck von der Dimension $[l^2]$ und setzt daher auch wohl:

$$M = m\varkappa^2, \tag{34''}$$

worin nun $\varkappa$ der Trägheitsradius des Körpers für die gegebene Axe genannt wird; er bezeichnet diejenige Entfernung, in welcher die ganze Masse angebracht werden müsste, um dasselbe Trägheitsmoment zu geben, wie die wirkliche Vertheilung.

Wir wollen indessen, um Verwechselungen zu vermeiden, weiterhin den Buchstaben $\varkappa$ für den Trägheitsradius nur dann anwenden, wenn die Axe, auf die sich das Trägheitsmoment bezieht, durch den Schwerpunkt des Körpers geht.

Die Definition des Trägheitsmomentes $M = \int r^2\,dm$ führt sogleich zu dem einfachen und doch für die Anwendung wichtigen Satz:

I. Das Trägheitsmoment eines Körpers um eine Axe ist gleich der Summe der Trägheitsmomente seiner Theile um dieselbe Axe.

Bezeichnen wir den Abstand $\sqrt{x^2 + y^2 + z^2}$ des Massenelementes dm vom Coordinatenanfang mit ϱ, die Cosinus der Richtungswinkel der Axe δ mit α, β, γ, so wird der senkrechte Abstand r des Elementes dm von der Axe δ gegeben sein durch

$$\begin{aligned} r^2 &= \varrho^2 \sin^2(\varrho, \delta) = \varrho^2 \left(1 - \cos^2(\varrho, \delta)\right) \\ &= x^2 + y^2 + z^2 - (x\alpha + y\beta + z\gamma)^2, \\ &= (y^2 + z^2)\alpha^2 + (z^2 + x^2)\beta^2 + (x^2 + y^2)\gamma^2 \\ &\quad - 2yz\beta\gamma - 2zx\gamma\alpha - 2xy\alpha\beta. \end{aligned} \tag{35}$$

Setzen wir diesen Werth in die Definition (34) von M ein, so erhalten wir in Rücksicht auf (33''):

$$M = \Xi\alpha^2 + H\beta^2 + Z\gamma^2 + 2\Xi'\beta\gamma + 2H'\gamma\alpha + 2Z'\alpha\beta. \tag{35'}$$

Diese Formel zeigt, dass das Trägheitsmoment um jede durch den Coordinatenanfang gehende Axe sich bestimmt durch die sechs Grössen Ξ, H, Z, Ξ', H', Z'. Das Gesetz, nach welchem M mit der Richtung der Axe variirt, drückt sich gemäss der letzten Gleichung, in welcher Ξ, H, Z nach ihrer Bedeutung stets positiv sind, in folgendem Satz aus:

II. Trägt man auf allen durch einen gegebenen Punkt p gehenden Axen Repräsentanten für die reciproke Quadratwurzel aus den zugehörigen Trägheitsmomenten auf, so erfüllen deren Endpunkte ein dreiaxiges Ellipsoid: das

Trägheitsellipsoid des Körpers in Bezug auf den Punkt p, dessen Gleichung lautet:

$$1 = \Xi x^2 + \mathrm{H} y^2 + \mathrm{Z} z^2 + 2(\Xi' yz + \mathrm{H}' zx + \mathrm{Z}' xy). \qquad (35'')$$

Hieraus folgt, dass in Bezug auf drei zu einander normale Axen durch jenen Punkt das Trägheitsmoment seine grössten und kleinsten Werthe annimmt; diese Richtungen heissen die Hauptträgheitsaxen durch p, die bezüglichen Werthe die Hauptträgheitsmomente.

In Bezug auf die Hauptträgheitsaxen vertheilen sich die Werthe der Trägheitsmomente um den Punkt p symmetrisch.

Die Aufsuchung der Hauptträgheitsaxen für einen gegebenen Körper und einen in ihm gegebenen Punkt p erfordert sonach die Kenntniss der Grössen Ξ, H, Z, Ξ', H', Z' für diesen Punkt und für ein beliebiges Coordinatensystem; die Berechnung, übereinstimmend mit der Bestimmung der Lage der Axen eines dreiaxigen Ellipsoides, verlangt die Auflösung einer cubischen Gleichung. Praktische Wichtigkeit gewinnt der Satz nur in den Fällen, wo die Gestalt und Massenvertheilung des Körpers für einen bestimmten Punkt, z. B. für den Schwerpunkt, die Lage der Hauptträgheitsaxen aus den Symmetrieverhältnissen sofort erschliessen lässt, wie z. B. für einen elliptischen Cylinder.

Wählt man nämlich die so gefundenen Hauptaxen zu Coordinatenaxen A, B, C, so muss die Gleichung des Trägheitsellipsoides auf dessen Hauptaxen bezogen erscheinen, und es müssen demgemäss die Deviationsmomente um die Axen A, B, C

$$\mathrm{A}' = -\int bc\,dm = 0, \quad \mathrm{B}' = -\int ca\,dm = 0, \quad \Gamma' = -\int ab\,dm = 0 \qquad (36)$$

sein; M drückt sich dann durch die Hauptträgheitsmomente

$$\mathrm{A} = \int (b^2 + c^2)\,dm, \quad \mathrm{B} = \int (c^2 + a^2)\,dm, \quad \Gamma = \int (a^2 + b^2)\,dm \qquad (36')$$

folgendermaassen aus:

$$\mathrm{M} = \mathrm{A}\alpha^2 + \mathrm{B}\beta^2 + \Gamma\gamma^2, \qquad (36'')$$

und die Gleichung des Hauptträgheitsellipsoides wird gleichzeitig zu:

$$1 = \mathrm{A}x^2 + \mathrm{B}y^2 + \Gamma z^2. \qquad (36''')$$

In diesem Falle genügt also die Kenntniss nur dreier Trägheitsmomente zur Bestimmung von M für alle diejenigen Axen, welche durch den Punkt p gehen.

Verschwinden nur zwei von den drei Deviationsmomenten Ξ', H', Z', so fällt nur eine Axe des Systemes X, Y, Z mit einer Hauptträgheitsaxe zusammen, z. B. die Z-Axe, falls $\Xi' = H' = 0$ ist.

Bezeichnet man die den Hauptträgheitsaxen A, B, C durch p parallel gerechneten Coordinaten mit a, b, c und setzt:

$$\begin{aligned} x &= a\alpha_1 + b\alpha_2 + c\alpha_3, \\ y &= a\beta_1 + b\beta_2 + c\beta_3, \\ z &= a\gamma_1 + b\gamma_2 + c\gamma_3, \end{aligned} \tag{37}$$

so folgt aus (36″) für die Trägheitsmomente Ξ, H, Z das System von Formeln

$$\begin{aligned} \Xi &= A\alpha_1^2 + B\alpha_2^2 + \Gamma\alpha_3^2, \\ H &= A\beta_1^2 + B\beta_2^2 + \Gamma\beta_3^2, \\ Z &= A\gamma_1^2 + B\gamma_2^2 + \Gamma\gamma_3^2. \end{aligned} \tag{37′}$$

Aus ihnen ergiebt sich beiläufig:

$$\Xi + H + Z = A + B + \Gamma. \tag{37″}$$

Die Summe der Trägheitsmomente um drei beliebige zu einander normale Axen ist also jederzeit gleich der Summe der drei Hauptträgheitsmomente. —

Während ein Trägheitsmoment durch die Festlegung einer Axe bestimmt ist, erfordert die Bestimmung eines Deviationsmomentes nach den in (33′) enthaltenen Definitionen die Festlegung eines Axenkreuzes. Wir müssen also auch für die allgemeine Betrachtung der Deviationsmomente eines Körpers von den Formeln ausgehen

$$\Xi' = -\int yz\,dm, \quad H' = -\int zx\,dm, \quad Z' = -\int xy\,dm. \tag{38}$$

Dieselben zeigen, dass ein dem Satz I für Trägheitsmomente entsprechender für Deviationsmomente besteht, falls die Deviationsmomente der Theile auf dasselbe Axenkreuz bezogen sind, wie dasjenige des ganzen Körpers. Ein Analogon zu dem obigen Satz II besteht nicht, doch lassen sich die Deviationsmomente für ein beliebiges Axenkreuz X, Y, Z durch die Hauptträgheitsmomente ähnlich ausdrücken, wie die Trägheitsmomente um dasselbe Axensystem. Aus den Definitionen (38) folgt nämlich bei Benutzung der Werthe (37), (36) und (36′) mittelst einfachster Rechnung:

$$\begin{aligned} \Xi' &= A\beta_1\gamma_1 + B\beta_2\gamma_2 + \Gamma\beta_3\gamma_3, \\ H' &= A\gamma_1\alpha_1 + B\gamma_2\alpha_2 + \Gamma\gamma_3\alpha_3, \\ Z' &= A\alpha_1\beta_1 + B\alpha_2\beta_2 + \Gamma\alpha_3\beta_3. \end{aligned} \tag{38′}$$

Die im Vorstehenden erhaltenen Resultate ergeben bei der Vergleichung mit dem in Nr. 14 der Einleitung über Tensorcomponenten Entwickelten den folgenden Satz:

Die Hauptträgheitsmomente eines Körpers in Bezug auf einen Punkt stellen ein Tensortripel dar; die Trägheitsmomente und die Deviationsmomente für ein durch denselben gelegtes beliebiges Axenkreuz dessen Componenten erster und zweiter Art nach jenen Axen.

Das Tensortripel der Hauptträgheitsmomente reducirt sich übrigens niemals auf einen einzigen Tensor, denn es giebt kein Gebilde, dessen Punkte jeder von zwei Axen eines Axenkreuzes unendlich nahe und dabei von der dritten um endliche Längen entfernt wären.

Dass die Sätze über den Zusammenhang der Trägheits- und Deviationsmomente eines Körpers mit denen seiner Theile den S. 21 gegebenen Regeln über die Zusammensetzung von Tensortripeln genau entsprechen, ist leicht einzusehen. —

Wir wollen jetzt das Trägheitsmoment $\mathsf{M}_s = \int r_s^2\,dm$ um eine zur gegebenen Axe δ parallele δ_s durch den Schwerpunkt ξ, η, ζ des Körpers berechnen. Der Werth von r_s^2 ergiebt sich aus dem in (35) für r^2 mitgetheilten Ausdruck, indem man die absoluten Coordinaten x, y, z mit den relativen $x-\xi, y-\eta, z-\zeta$ vertauscht, wie folgt:

$$\begin{aligned} r_s^2 &= (x-\xi)^2 + (y-\eta)^2 + (z-\zeta)^2 - \big((x-\xi)\alpha + (y-\eta)\beta + (z-\zeta)\gamma\big)^2 \\ &= r^2 - 2(x\xi + y\eta + z\zeta) + 2(x\alpha + y\beta + z\gamma)(\xi\alpha + \eta\beta + \zeta\gamma) \\ &\qquad + (\xi^2 + \eta^2 + \zeta^2) - (\xi\alpha + \eta\beta + \zeta\gamma)^2. \end{aligned}$$

Hierin ist

$$d^2 = (\xi^2 + \eta^2 + \zeta^2) - (\xi\alpha + \eta\beta + \zeta\gamma)^2$$

das Quadrat des Abstandes der beiden parallelen Axen von einander, oder der Axe δ vom Schwerpunkt. Setzt man dies r_s^2 in das Integral für M_s ein und bedenkt die Definitionen von ξ, η, ζ, so findet sich:

$$\mathsf{M}_s = \mathsf{M} - m d^2,$$

falls m die ganze Masse des Körpers bezeichnet. Schreibt man dies:

$$\mathsf{M} = \mathsf{M}_s + m d^2, \tag{39}$$

oder bei Einführung des Trägheitsradius

$$\mathsf{M} = m(\varkappa^2 + d^2), \tag{39'}$$

so erhält man den Satz:

III. Verlegt man die Drehungsaxe mit sich selbst parallel aus dem Schwerpunkt in die Entfernung d von ihrer früheren Lage, so wächst das Trägheitsmoment um das Product aus der Masse des Körpers in das Quadrat der Entfernung d.

Verbindet man diesen Satz mit dem vorigen, so erkennt man, dass hierdurch die Trägheitsmomente um beliebige Axen durch beliebige Punkte p' innerhalb oder ausserhalb des Körpers sofort angebbar werden, wenn man nur für einen Punkt p, dessen Lage gegen den Schwerpunkt gegeben ist, die Lage der Hauptträgheitsaxen und die Grösse der Hauptträgheitsmomente kennt. Denn für eine durch α, β, γ in ihrer Richtung gegen diese Hauptträgheitsaxen bestimmte Axe δ findet sich nach (36''):

$$\mathsf{M} = \mathsf{A}\alpha^2 + \mathsf{B}\beta^2 + \Gamma\gamma^2,$$

für die dazu parallele δ_s durch den Schwerpunkt:

$$\mathsf{M}_s = \mathsf{M} - m d^2,$$

und abermals für die parallele δ' durch einen beliebigen Punkt p':

$$\mathsf{M}' = \mathsf{M}_s + m d'^2,$$

falls d und d' die Entfernungen der Punkte p und p' von der zur gegebenen Axe δ parallelen δ_s durch den Schwerpunkt sind; hieraus folgt schliesslich:

$$\mathsf{M}' = \mathsf{A}\alpha^2 + \mathsf{B}\beta^2 + \Gamma\gamma^2 + m(d'^2 - d^2).$$

Ist der Punkt p der Schwerpunkt des Körpers selbst, ist also $d = 0$, so erhalten wir durch Einsetzen des nach dem obigen Ausdruck für d^2 sogleich zu bildenden Werthes von d'^2:

$$\mathsf{M}' = \left(\mathsf{A}_s + m(b'^2 + c'^2)\right)\alpha^2 + \left(\mathsf{B}_s + m(c'^2 + a'^2)\right)\beta^2 + \left(\Gamma_s + m(a'^2 + b'^2)\right)\gamma^2$$
$$- 2m(b'c'\beta\gamma + c'a'\gamma\alpha + a'b'\alpha\beta).$$

Hierin sind a', b', c' die auf die Hauptträgheitsaxen durch den Schwerpunkt bezogenen Coordinaten des Punktes p', und A_s, B_s, Γ_s bezeichnen die Hauptträgheitsmomente für den Schwerpunkt.

Die Gleichung zeigt, dass die Hauptträgheitsaxen für verschiedene Punkte eines Körpers keineswegs parallel sind, denn das Trägheitsellipsoid für p' hat die Coordinatenaxen im Allgemeinen nicht zu Hauptaxen. Doch erkennt man aus der Gestalt der Factoren von $\beta\gamma$, $\gamma\alpha$ und $\alpha\beta$ sogleich den Satz:

Für Punkte, welche auf einer der Hauptträgheitsaxen A_s, B_s, C_s durch den Schwerpunkt liegen, für welche also zwei der Coordinaten a', b', c' verschwinden, sind alle drei Hauptträgheitsaxen A, B, C mit A_s, B_s, C_s parallel.

Für Punkte, welche in einer der Ebenen der Hauptträgheitsaxen A_s, B_s, C_s liegen, für welche also eine der Coordinaten a', b', c' verschwindet, steht eine der Hauptträgheitsaxen normal zu jener Ebene. —

Der dem Satz III für Trägheitsmomente entsprechende für Deviationsmomente betrifft den Zusammenhang zwischen den Werthen dieser Functionen für zwei zu einander parallele Coordinatensysteme, deren eines X, Y, Z beliebig ist, deren anderes X_s, Y_s, Z_s aber den Schwerpunkt des Körpers zum Coordinatenanfang hat. Man geht von dem ersteren zu dem letzteren über, indem man in den Definitionsgleichungen (38) x, y, z mit $x - \xi$, $y - \eta$, $z - \zeta$ vertauscht, und erhält, indem man Ξ_s', H_s', Z_s' auf das System X_s, Y_s, Z_s bezieht, sogleich

$$\Xi' = \Xi_s' - m\eta\zeta, \qquad \mathsf{H}' = \mathsf{H}_s' - m\zeta\xi, \qquad \mathsf{Z}' = \mathsf{Z}_s' - m\xi\eta; \quad (39'')$$

der Inhalt dieser Formeln lässt sich leicht in Worte fassen.

Wir gehen nun an die Bestimmung der Hauptträgheitsmomente in Bezug auf den Schwerpunkt für einige einfache homogene Körper.

1. Die Hauptträgheitsmomente einer unendlich dünnen homogenen Kreisscheibe.

Nach der Symmetrie muss das Trägheitsellipsoid hier ein Rotationsellipsoid mit der Hauptaxe normal zur Scheibe sein; letztere möge zur Z-Axe gewählt werden.

Sei ϑ die Dicke der Scheibe, ϱ ihr Radius, ε ihre Dichtigkeit, m ihre Masse; das Volumenelement dk werde ausgeschnitten durch um $d\varphi$ gegen einander geneigte Meridianebenen und Kreiscylinder von um dr wachsenden Radien; es ist dann:

$$dk = \vartheta\, r\, dr\, d\varphi,$$

$$\begin{aligned} \Gamma_s &= \varepsilon\vartheta \int_0^{\varrho}\int_0^{2\pi} r^3\, dr\, d\varphi = \tfrac{1}{2}\pi\varepsilon\vartheta\varrho^4 = \tfrac{1}{2} m\varrho^2, \\ \mathsf{A}_s = \mathsf{B}_s &= \varepsilon\vartheta \int_0^{\varrho}\int_0^{2\pi} r^3 \sin^2\varphi\, dr\, d\varphi = \tfrac{1}{4}\pi\varepsilon\vartheta\varrho^4 = \tfrac{1}{4} m\varrho^2. \end{aligned} \quad (40)$$

Für eine beliebige Axe durch den Schwerpunkt erhält man sonach:

$$\mathsf{M}_s = \tfrac{1}{4} m\varrho^2 (\alpha^2 + \beta^2 + 2\gamma^2) = \tfrac{1}{4} m\varrho^2 (1 + \gamma^2). \quad (40')$$

2. Die Hauptträgheitsmomente eines homogenen Kreiscylinders.

Wieder muss das Trägheitsellipsoid für den Schwerpunkt ein Rotationsellipsoid sein; die Cylinderaxe sei die Z-Axe.

Wir denken uns den Cylinder von der Länge L und der Masse M aus Kreisscheiben der unter 1. behandelten Art zusammengesetzt; ϑ sei mit dz vertauscht.

Nach dem Satz I auf S. 214 haben wir sogleich:

$$\Gamma_s = \tfrac{1}{2}\pi\varepsilon\varrho^4 \int_{-1/2 L}^{+1/2 L} dz = \tfrac{1}{2}\pi\varepsilon\varrho^4 L = \tfrac{1}{2} M\varrho^2; \tag{41}$$

nach Satz III auf S. 218 findet sich, da der Abstand einer beliebigen Scheibe von der Drehungsaxe identisch mit ihrer Z-Coordinate ist:

$$A_s = B_s = \tfrac{1}{4}\pi\varepsilon\varrho^4 \int_{-1/2 L}^{+1/2 L} dz + \pi\varepsilon\varrho^2 \int_{-1/2 L}^{+1/2 L} z^2 dz = \tfrac{1}{4}\pi\varepsilon(L\varrho^4 + \tfrac{1}{3}L^3\varrho^2) = \tfrac{1}{4}M(\varrho^2 + \tfrac{1}{3}L^2). \tag{41'}$$

Hieraus folgt der allgemeine Werth des Trägheitsmomentes für den Schwerpunkt:

$$M_s = M\left(\tfrac{1}{4}(\varrho^2 + \tfrac{1}{3}L^2)(\alpha^2 + \beta^2) + \tfrac{1}{2}\varrho^2\gamma^2\right) = \tfrac{1}{4}M\left(\varrho^2 + \tfrac{1}{3}L^2 + (\varrho^2 - \tfrac{1}{3}L^2)\gamma^2\right). \tag{41''}$$

Ist der Radius ϱ verschwindend gegen die Länge L des Cylinders, ist der Cylinder z. B. ein geradliniger „Faden“, so haben wir:

$$M_s = \frac{ML^2}{12}(1 - \gamma^2); \tag{41'''}$$

das Trägheitsmoment um die Fadenrichtung verschwindet, das Trägheitsellipsoid degenerirt zu einem unendlichen Cylinder vom Radius

$$\frac{2}{L}\sqrt{\frac{3}{M}}.$$

3. Trägheitsmoment einer homogenen Kugel.

Die Kugel vom Radius R können wir ebenfalls aus Kreisscheiben von der Dicke dz aufbauen. Für eine solche im Abstand z vom Centrum ist dann:

$$\varrho^2 = R^2 - z^2.$$

Demgemäss haben wir für alle Axen durch den Schwerpunkt:

$$M_s = \frac{\pi\varepsilon}{2}\int_{-R}^{+R} dz\,(R^2 - z^2)^2 = \frac{8\pi\varepsilon}{15}R^5 = M\frac{2}{5}R^2. \tag{42}$$

4. Die Hauptträgheitsmomente eines homogenen dreiaxigen Ellipsoides.

Die Hauptträgheitsaxen für den Schwerpunkt, d. h. für das Centrum, fallen nach Symmetrie mit den Axen des Ellipsoides zusammen.

Sei dessen Gleichung

$$\frac{x^2}{a^2} + \frac{y^2}{b^2} + \frac{z^2}{c^2} = 1,$$

so bestimmt sich

$$\mathsf{A}_s = \varepsilon \int (y^2 + z^2)\, dk, \quad \mathsf{B}_s = \varepsilon \int (z^2 + x^2)\, dk, \quad \Gamma_s = \varepsilon \int (x^2 + y^2)\, dk$$

durch die Substitution

$$x = x_1 a, \quad y = y_1 b, \quad z = z_1 c$$

zu

$$\mathsf{A}_s = \varepsilon\, a\, b\, c \int (b^2 y_1^2 + c^2 z_1^2)\, dk_1, \quad \mathsf{B}_s = \varepsilon\, a\, b\, c \int (c^2 z_1^2 + a^2 x_1^2)\, dk_1,$$

$$\Gamma_s = \varepsilon\, a\, b\, c \int (a^2 x_1^2 + b^2 y_1^2)\, dk_1,$$

worin dk_1 das Volumenelement der Kugel

$$x_1^2 + y_1^2 + z_1^2 = 1$$

bedeutet. Für diese Kugel ist aber nach Formel (42)

$$\varepsilon \int (y_1^2 + z_1^2)\, dk_1 = \varepsilon \int (z_1^2 + x_1^2)\, dk_1 = \varepsilon \int (x_1^2 + y_1^2)\, dk_1 = \frac{8 \pi \varepsilon}{15}$$

und daher

$$\varepsilon \int x_1^2\, dk_1 = \varepsilon \int y_1^2\, dk_1 = \varepsilon \int z_1^2\, dk_1 = \frac{4 \pi \varepsilon}{15}.$$

Da noch $(4 \pi \varepsilon / 3)\, a\, b\, c = M$ die Masse des Ellipsoides ist, so folgt schliesslich:

$$\mathsf{A}_s = \tfrac{1}{5} M (b^2 + c^2), \quad \mathsf{B}_s = \tfrac{1}{5} M (c^2 + a^2), \quad \Gamma_s = \tfrac{1}{5} M (a^2 + b^2). \qquad (42')$$

Für eine beliebige Axe durch den Schwerpunkt, welche durch die Cosinus α, β, γ ihrer Winkel mit den Hauptaxen bestimmt ist, ergiebt sich:

$$\begin{aligned} \mathsf{M}_s &= \tfrac{1}{5} M [(b^2 + c^2)\alpha^2 + (c^2 + a^2)\beta^2 + (a^2 + b^2)\gamma^2] \\ &= \tfrac{1}{5} M [(a^2 + b^2 + c^2) - (a^2 \alpha^2 + b^2 \beta^2 + c^2 \gamma^2)]. \text{ —} \end{aligned} \qquad (42'')$$

Die vorstehend entwickelten allgemeinen Gesetze über die Trägheitsmomente gestatten nun den Werth der lebendigen Kraft Ψ für ein starres System, z. B., was der praktisch einzig wichtige Fall ist, für einen continuirlichen Körper zu berechnen.

Nach seiner Definition ist:

$$\Psi = \frac{1}{2}\int dm\,(x'^2 + y'^2 + z'^2);$$

setzen wir hierein die Werthe der Geschwindigkeiten nach (32″), so folgt zunächst:

$$\begin{aligned}
2\,\Psi = {} & m\,(x_0'^2 + y_0'^2 + z_0'^2) \\
& + \lambda'^2 \int dm\,\big((y-y_0)^2 + (z-z_0)^2\big) \\
& + \mu'^2 \int dm\,\big((z-z_0)^2 + (x-x_0)^2\big) + \nu'^2 \int dm\,\big((x-x_0)^2 + (y-y_0)^2\big) \\
& + 2\,x_0'\Big(\mu' \int dm\,(z-z_0) - \nu' \int dm\,(y-y_0)\Big) \\
& + 2\,y_0'\Big(\nu' \int dm\,(x-x_0) - \lambda' \int dm\,(z-z_0)\Big) \\
& + 2\,z_0'\Big(\lambda' \int dm\,(y-y_0) - \mu' \int dm\,(x-x_0)\Big) \\
& - 2\,\mu'\,\nu' \int dm\,(y-y_0)(z-z_0) - 2\,\nu'\,\lambda' \int dm\,(z-z_0)(x-x_0) \\
& - 2\,\lambda'\,\mu' \int dm\,(x-x_0)(y-y_0).
\end{aligned} \tag{43}$$

Bezeichnet man die relativen Coordinaten $\xi - x_0$, $\eta - y_0$, $\zeta - z_0$ des Schwerpunktes gegen den im Körper festen Punkt x_0, y_0, z_0 mit ξ_0, η_0, ζ_0, die Trägheits- und Deviationsmomente um Parallele zu den Coordinatenaxen durch den Punkt x_0, y_0, z_0, um welche Axen auch die Drehungsgeschwindigkeiten λ', μ', ν' gerechnet sind, mit Ξ_0, H_0, Z_0, Ξ_0', H_0', Z_0', so schreibt sich dies Resultat viel einfacher:

$$\begin{aligned}
2\Psi = {} & m[x_0'^2 + y_0'^2 + z_0'^2 + 2x_0'(\mu'\zeta_0 - \nu'\eta_0) + 2y_0'(\nu'\xi_0 - \lambda'\zeta_0) + 2z_0'(\lambda'\eta_0 - \mu'\xi_0)] \\
& + \lambda'^2\,\Xi_0 + \mu'^2\,\mathrm{H}_0 + \nu'^2\,\mathrm{Z}_0 + 2\mu'\nu'\,\Xi_0' + 2\nu'\lambda'\,\mathrm{H}_0' + 2\lambda'\mu'\,\mathrm{Z}_0'.
\end{aligned} \tag{43'}$$

Führen wir die resultirende Fortschreitungsgeschwindigkeit ω_0 des Punktes x_0, y_0, z_0 ein durch

$$\omega_0^2 = x_0'^2 + y_0'^2 + z_0'^2$$

und die Cosinus α_0, β_0, γ_0 der Winkel, welche sie mit den Coordinatenaxen einschliesst, durch

$$\alpha_0 = \frac{x_0'}{\omega_0}, \qquad \beta_0 = \frac{y_0'}{\omega_0}, \qquad \gamma_0 = \frac{z_0'}{\omega_0},$$

führen wir ferner die resultirende Rotationsgeschwindigkeit τ_0 um den Punkt x_0, y_0, z_0 ein durch

$$\tau_0^2 = \lambda'^2 + \mu'^2 + \nu'^2$$

und die Cosinus α, β, γ der Winkel, welche die Rotationsaxe oder, kurz gesagt, welche der Vector τ_0 mit den Coordinatenaxen einschliesst, durch

$$\alpha = \frac{\lambda'}{\tau_0}, \qquad \beta = \frac{\mu'}{\tau_0}, \qquad \gamma = \frac{\nu'}{\tau_0},$$

so ergiebt sich:

$$2\Psi = m\left(\omega_0^2 + 2\tau_0\omega_0[\alpha_0(\beta\zeta_0 - \gamma\eta_0) + \beta_0(\gamma\xi_0 - \alpha\zeta_0) + \gamma_0(\alpha\eta_0 - \beta\xi_0)]\right)$$
$$+ \tau_0^2(\alpha^2\Xi_0 + \beta^2 \mathsf{H}_0 + \gamma^2 \mathsf{Z}_0 + 2\beta\gamma\Xi_0' + 2\gamma\alpha \mathsf{H}_0' + 2\alpha\beta \mathsf{Z}_0').$$

Hierin können wir nach (35′) das Trägheitsmoment M_0 um die Richtung der momentanen Drehungsaxe τ_0 einführen und schreiben:

$$2\Psi = m\left(\omega_0^2 + 2\tau_0\omega_0[\alpha_0(\beta\zeta_0 - \gamma\eta_0) + \beta_0(\gamma\xi_0 - \alpha\zeta_0) + \gamma_0(\alpha\eta_0 - \beta\xi_0)]\right) + \tau_0^2\mathsf{M}_0. \quad (43'')$$

Bezeichnet man schliesslich mit α^0, β^0, γ^0 die Cosinus der Winkel, welche eine zu ω_0 und τ_0 normale Richtung σ_0 mit den Coordinatenaxen einschliesst, falls ω_0 zu τ_0 zu σ_0 liegt wie X zu Y zu Z, und nennt ϑ den Winkel, der zwischen der Richtung von ω_0 und τ_0 liegt, so wird

$$\beta_0\gamma - \gamma_0\beta = \alpha^0 \sin\vartheta,$$
$$\gamma_0\alpha - \alpha_0\gamma = \beta^0 \sin\vartheta,$$
$$\alpha_0\beta - \beta_0\alpha = \gamma^0 \sin\vartheta,$$

und es kommt noch einfacher:

$$2\Psi = m\left(\omega_0^2 + 2\tau_0\omega_0 \sin\vartheta(\xi_0\alpha^0 + \eta_0\beta^0 + \zeta_0\gamma^0)\right) + \tau_0^2\mathsf{M}_0. \quad (43''')$$

Dieser Werth ist noch vollkommen allgemein, denn weder über die Bewegung des Körpers, noch über die Lage des Coordinatensystemes ist irgend eine specielle Voraussetzung gemacht. Führt man solche ein, so kann man das Resultat noch weiter vereinfachen.

Fällt z. B. der willkürliche Punkt x_0, y_0, z_0, auf den sich Verschiebungen und Drehungen beziehen, in den Schwerpunkt des Körpers, so ist $\xi_0 = \eta_0 = \zeta_0 = 0$, und wir setzen $\omega_0 = \omega_s$, $\tau_0 = \tau_s$, $\mathsf{M}_0 = \mathsf{M}_s$, woraus folgt:

$$2\Psi = m\,\omega_s^2 + \mathsf{M}_s\tau_s^2; \quad (44)$$

die ganze lebendige Kraft ergiebt sich hier gemäss S. 181 als die Summe eines nur von der Fortschreitung und eines nur von der

Drehung abhängigen Gliedes, nämlich als die Summe der lebendigen Kräfte der fortschreitenden und der drehenden Bewegung.

Dieselbe Form resultirt, wenn in (43‴) der Winkel ϑ zwischen den Richtungen von ω_0 und τ_0 verschwindet — eine Beziehung, die man nach S. 192 durch Wahl des Coordinatensystemes stets erreichen kann — oder auch, wenn der Schwerpunkt in der Ebene liegt, welche die durch den Punkt x_0, y_0, z_0 construirten Richtungen der Geschwindigkeit ω_0 und der Rotationsaxe von τ_0 enthält, also $\xi_0 \alpha^0 + \eta_0 \beta^0 + \zeta_0 \gamma^0 = 0$ ist.

Ist ein Punkt des Körpers fest, so legt man in diesen naturgemäss die Stelle x_0, y_0, z_0 und erhält dann $\omega_0 = 0$ und somit

$$2\Psi = \tau_0^2 \mathsf{M}_0; \tag{44'}$$

drückt man hierin M_0 nach (36″) durch die Hauptträgheitsmomente A_0, B_0, Γ_0 aus und berücksichtigt, dass die Projectionen des Vectors τ_0 auf die Hauptträgheitsaxen nach S. 189 die Drehungsgeschwindigkeiten α_0', β_0', γ_0' um diese Axen darstellen, so erhält man auch:

$$2\Psi = \mathsf{A}_0 \alpha_0'^2 + \mathsf{B}_0 \beta_0'^2 + \Gamma_0 \gamma_0'^2. \tag{44''}$$

§ 20. Bedingungen des Gleichgewichtes eines starren Körpers. Beispiele. Der Anfang der Bewegung eines starren Körpers.

Nachdem wir in den vorigen Abschnitten alle die in den Bewegungsgleichungen für einen starren Körper auftretenden Functionen ausführlich untersucht haben, gehen wir nun zu ihren Anwendungen über und fragen zunächst nach den Bedingungen dafür, dass bei verschwindenden Geschwindigkeiten auch alle Beschleunigungen verschwinden. Diese Bedingungen bestimmen nach S. 58 das Gleichgewicht eines starren Körpers, weil bei ihrer Erfüllung vorhandene Ruhe auch durch die wirkenden Kräfte nicht aufgehoben wird.

Wir gehen aus von den Gleichungen (33) und führen ein, dass x_0', y_0', z_0', λ', μ', ν' verschwinden sollen. Da der Körper ruht, so können wir das in ihm feste System ohne Beschränkung der Allgemeinheit mit dem im Raume festen zusammenfallen lassen, also $x_0 = y_0 = z_0 = 0$ setzen; λ', μ', ν' sind dann die Rotationsgeschwindigkeiten um die Coordinatenaxen selbst. Berücksichtigen wir, dass nach (32″) die Differentiation von x_h, y_h, z_h nach t in x_0', y_0', z_0', λ', μ', ν' lineäre homogene Ausdrücke liefert, die nach der Annahme verschwinden, so erhalten wir unter Anwendung der Bezeichnungen (33′) und (34) folgende sechs Gleichungen, in denen die Kraftcomponenten X_h, Y_h, Z_h für verschwindende Geschwindigkeiten x_h', y_h', z_h' zu nehmen sind:

$$
\begin{aligned}
m\left(\frac{dx_0'}{dt} + \zeta\frac{d\mu'}{dt} - \eta\frac{d\nu'}{dt}\right) &= \sum_h X_h,\\
m\left(\frac{dy_0'}{dt} + \xi\frac{d\nu'}{dt} - \zeta\frac{d\lambda'}{dt}\right) &= \sum_h Y_h,\\
m\left(\frac{dz_0'}{dt} + \eta\frac{d\lambda'}{dt} - \xi\frac{d\mu'}{dt}\right) &= \sum_h Z_h,\\
m\left(\eta\frac{dz_0'}{dt} - \zeta\frac{dy_0'}{dt}\right) + \Xi\frac{d\lambda'}{dt} + \mathrm{Z}'\frac{d\mu'}{dt} + \mathrm{H}'\frac{d\nu'}{dt} &= \sum_h (y_h Z_h - z_h Y),\\
m\left(\zeta\frac{dx_0'}{dt} - \xi\frac{dz_0'}{dt}\right) + \mathrm{Z}'\frac{d\lambda'}{dt} + \mathrm{H}\frac{d\mu'}{dt} + \Xi'\frac{d\nu'}{dt} &= \sum_h (z_h X_h - x_h Z_h),\\
m\left(\xi\frac{dy_0'}{dt} - \eta\frac{dx_0'}{dt}\right) + \mathrm{H}'\frac{d\lambda'}{dt} + \Xi'\frac{d\mu'}{dt} + \mathrm{Z}\frac{d\nu'}{dt} &= \sum_h (x_h Y_h - y_h X_h).
\end{aligned}
\tag{45}
$$

Dies System zeigt, dass, wenn die Beschleunigung vom Zustand der Ruhe aus stattfindet, zwischen den sechs Beschleunigungen und den Kraftcomponenten X, Y, Z nebst Momenten L, M, N sechs lineäre Beziehungen mit nie verschwindender Determinante bestehen, und dass somit die ersteren nur mit den letzteren verschwinden. Nun ist nach den Formeln, welche für Einführung eines neuen Coordinatensystemes gelten, mit dem Verschwinden der Beschleunigungen in Bezug auf ein beliebiges Coordinatensystem das für jedes andere nothwendig verknüpft; dasselbe gilt für die Kräfte und auch für die Drehungsmomente bei verschwindenden Componentensummen; daher gilt der folgende Satz:

Für das Gleichgewicht eines starren Systemes ist die nothwendige und hinreichende Bedingung das Verschwinden der Kraftcomponenten und Drehungsmomente in Bezug auf ein beliebiges Coordinatensystem, ausgedrückt durch die Gleichungen:

$$
\begin{gathered}
\sum_h X_h = 0, \quad \sum_h Y_h = 0, \quad \sum_h Z_h = 0,\\
\sum_h (y_h Z_h - z_h Y_h) = 0, \quad \sum_h (z_h X_h - x_h Z_h) = 0, \quad \sum_h (x_h Y_h - y_h X_h) = 0.
\end{gathered}
\tag{46}
$$

Sind also die Kräfte X_h, Y_h, Z_h als Functionen der Coordinaten x_h, y_h, z_h gegeben, so wird sich aus diesen Formeln im Allgemeinen die Lage bestimmen lassen, in welcher der Körper in Ruhe verharren kann. Ist der starre Körper nicht vollkommen frei beweglich, sondern an feste Bahnen oder Axen gebunden, so sind aus den Componenten jene Theile X_k', Y_k', Z_k' auszusondern, welche die Reactionen der Bahnen oder Axen darstellen und nicht direct gegeben sind. Der dadurch gesteigerten Anzahl der Unbekannten entsprechend wächst auch die Anzahl der Gleichungen durch die Bedingungen, welche auf jene Reactionskräfte führen.

Unter diesen Bedingungen sind die, dass irgend ein Punkt des starren Systemes auf einer festen Oberfläche oder Curve zu bleiben gezwungen ist, genau wie die analogen in § 9 für materielle Punkte aufgestellten zu behandeln. Sie geben eine, resp. zwei Gleichungen für dessen Coordinaten, zugleich eine, resp. zwei in ihrer Richtung gegebene, aber in ihrer Grösse unbekannte Reactionskräfte, die in dem gebundenen Punkte angreifen.

Ist ein Punkt p vollkommen fest gelegt, so ist für das starre System noch eine Drehung um denselben möglich. Es ist hier sonach der Werth der drei Coordinaten x_p, y_p, z_p als gegeben und zugleich die in ihm wirkende Reactionskraft nach Grösse und Richtung (und damit X', Y', Z') als unbekannt in die Gleichungen (46) einzuführen. Diesen Fall wollen wir als erstes Beispiel besprechen.

1. Gleichgewicht eines um einen festen Punkt drehbaren Körpers.

Ist der feste Punkt zum Coordinatenanfang gewählt, so treten die in ihm angreifenden Reactionscomponenten X', Y', Z' nur in den Componentensummen auf, und wir erhalten die Bedingungen:

$$X' + \sum_h X_h = 0, \quad Y' + \sum_h Y_h = 0, \quad Z' + \sum_h Z_h = 0,$$
$$\sum_h (y_h Z_h - z_h Y_h) = 0, \quad \sum_h (z_h X_h - x_h Z_h) = 0, \quad \sum_h (x_h Y_h - y_h X_h) = 0. \tag{46'}$$

Die drei ersten Formeln bestimmen die Reaction des festen Punktes, die drei letzten stellen die Gleichgewichtsbedingungen dar. Da nach den letzteren L, M, N verschwinden, so ergiebt das S. 201 über diesen Fall Gesagte, dass die gegebenen Kräfte K_h sich ersetzen lassen müssen durch eine einzige Kraft K, deren Richtung den festen Punkt enthält; die ersteren zeigen, dass die in demselben angreifende Reactionskraft jener Resultirenden K gleich und entgegengesetzt gerichtet ist.

Für parallele Kräfte spricht sich das Resultat specieller so aus, dass die Verbindungslinie des Kräftemittelpunktes mit dem festen Punkt den gegebenen Kräften parallel und die Reaction ihrer Summe entgegengesetzt gleich sein muss.

Wirkt speciell nur die Schwere, so muss der Schwerpunkt des Körpers in der Verticalen durch den festen Punkt liegen, wie man sagt „unterstützt“ sein; die Reaction ist dem Gewicht des Körpers gleich.

Lenkt man den Körper aus der hierdurch gegebenen Gleichgewichtslage unendlich wenig ab, so dass der Schwerpunkt in Bezug auf das Coordinatensystem, dessen Nullpunkt der feste Punkt und dessen Z-Axe vertical nach unten gerichtet ist, die Coordinaten ξ, η, ζ erhält, so werden die Drehungsmomente erregt

$$L = \eta G, \qquad M = -\xi G, \qquad N = 0,$$

in welchen G das im Schwerpunkt angreifende Gesammtgewicht des Körpers bezeichnet. Man erkennt sogleich durch die geometrische Anschauung, dass diese Momente den Körper in die Ruhelage zurückführen, wenn der Schwerpunkt unterhalb der Unterstützung lag, im anderen Falle ihn von ihr entfernen; das Gleichgewicht ist also im ersteren Falle stabil, im zweiten labil. Fällt der Unterstützungspunkt in den Schwerpunkt, so erregt eine Ablenkung aus der Ruhelage gar kein Moment; das Gleichgewicht ist in diesem Falle indifferent. —

Wird ausser dem Punkte p noch ein zweiter q festgehalten — beide werden in der Wirklichkeit zumeist in der Oberfläche des Körpers liegen —, so können alle in der Richtung $\overline{pq}$ liegenden Punkte ihren Ort nicht verändern, der Körper ist nur noch um $\overline{pq}$ als Axe drehbar. Diesem Falle wollen wir uns jetzt zuwenden.

2. Gleichgewicht eines um eine feste Axe drehbaren Körpers; Theorie der Waage.

Legen wir die Z-Axe in die Richtung der festen Geraden $\overline{pq}$, den Coordinatenanfang in die Stelle p und bezeichnen die Entfernung $\overline{pq}$ mit e, so lauten die Bedingungen des Gleichgewichtes:

$$X' + X'' + \sum X_h = 0, \quad Y' + Y'' + \sum Y_h = 0, \quad Z' + Z'' + \sum Z_h = 0,$$
$$-eY'' + \sum (y_h Z_h - z_h Y_h) = 0, \; + eX'' + \sum (z_h X_h - x_h Z_h) = 0, \tag{46''}$$
$$\sum (x_h Y_h - y_h X_h) = 0.$$

Man erkennt, dass die sechs Componenten X', Y', Z' und X'', Y'', Z'' der beiden Reactionskräfte nur in fünf von diesen sechs Gleichungen auftreten, und sonach eine Formel durch die äusseren Kräfte allein zu erfüllen ist. Von den vorkommenden Combinationen der Reactionscomponenten sind

$$-(X' + X''), \qquad -(Y' + Y''), \qquad -(Z' + Z'')$$

die Componenten der Kraft, $+ eY''$, $- eX''$ die Momente um die X- und Y-Coordinatenaxen, welche, wie man kurz sagt, die Axe $\overline{pq}$

erfährt. Die ersten fünf Gleichungen gestatten X', X'', Y', Y'' gesondert durch die äusseren Kräfte zu bestimmen, nicht aber Z' und Z'', die nur in der Combination $Z' + Z''$ auftreten; dies rührt davon her, dass $Z' - Z''$ durch die Starrheit des Körpers paralysirt wird.

Die Gleichgewichtslage des Körpers ist allein bestimmt durch die Bedingung:

$$\sum(x_h Y_h - y_h X_h) = 0.$$

Nach Formel (17'') kann man dafür auch schreiben:

$$\sum P_h p_h = 0, \tag{46'''}$$

worin P_h die Componente von K_h nach der XY-Ebene und p_h ihren Hebelarm bezeichnet; die Vorzeichen der p_h bestimmen sich dabei nach der auf S. 196 gegebenen Regel.

Für nur zwei wirkende Kräfte resultirt hieraus das sogenannte Hebelgesetz, ausgedrückt durch die Formel:

$$P_1 p_1 + P_2 p_2 = 0.$$

Diese Gleichung (46''') enthält u. a. die Theorie der Waage, welche wir ihrer praktischen Wichtigkeit wegen ausführlicher besprechen wollen.

Die Waage ist ein um eine horizontale Axe A drehbarer starrer Körper, welcher unter der Wirkung seines Gewichtes und desjenigen von an seinen Enden aufgehangenen schweren Massen im Gleichgewicht ist (Fig. 22.) Wir nennen die Waage unbelastet, wenn diese Massen nur diejenigen m_1 und m_2 der Waagschalen sind.

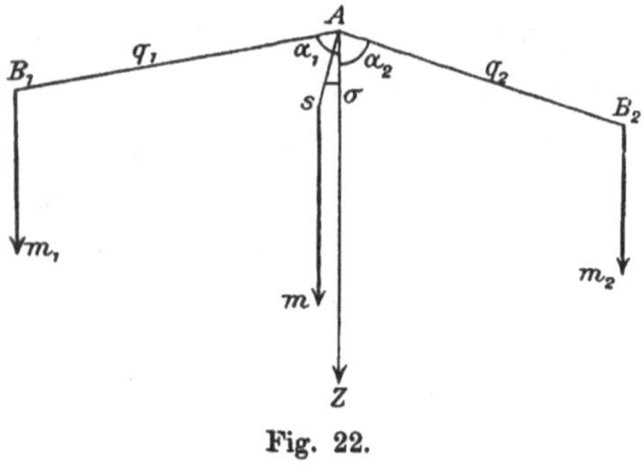

Fig. 22.

Das Gewicht mg des Waagebalkens greift in dessen Schwerpunkt an; letzterer liege im Abstand s von der Drehungsaxe A, und die Normale von s auf A schliesse den Winkel σ mit der nach unten positiv gerechneten Verticalen ein. Die Gewichte $m_1 g$ und $m_2 g$ der Waagschalen greifen in den Punkten B_1 und B_2 an, deren Lothe auf die Axe A resp. $AB_1 = q_1$, $AB_2 = q_2$ sein und mit der Verticalen die Winkel α_1 und α_2 einschliessen mögen.

Die Bedingung des Gleichgewichtes im unbelasteten Zustande lautet dann nach (46'''), da der gemeinsame Factor g herausfällt:

$$m_1 q_1 \sin\alpha_1 - m_2 q_2 \sin\alpha_2 + m s \sin\sigma = 0; \tag{47}$$

da die Winkel $\alpha_1 - \sigma$, $\alpha_2 + \sigma$ als der Waage individuelle Constanten betrachtet werden können, so folgt aus dieser Formel ein die Gleichgewichtslage der Waage charakterisirender Werth von σ.

Legen wir nun auf die Waagschale (2) die unbekannte Masse M, auf (1) eine solche Anzahl Gewichtsstücke M_1, dass die Stellung des Waagebalkens wieder die erste wird, d. h., dass σ den ursprünglichen Werth erhält, so muss jetzt gelten:

$$(m_1 + M_1) q_1 \sin \alpha_1 - (m_2 + M) q_2 \sin \alpha_2 + m s \sin \sigma = 0. \qquad (47')$$

Die Differenz beider Formeln giebt:

$$M_1 q_1 \sin \alpha_1 = M q_2 \sin \alpha_2;$$

wäre also die Waage derart symmetrisch, dass $q_1 \sin \alpha_1 = q_2 \sin \alpha_2$ gälte, so würde hieraus folgen $M = M_1$, und man erhielte durch die Masse der aufgelegten Gewichte M_1 direct die unbekannte Masse M bestimmt. Man gelangt, ohne diese Voraussetzung als erfüllt anzunehmen, zu dem gleichen Ziel, wenn man eine zweite Beobachtung so anstellt, dass man die unbekannte Masse M auf die Waagschale (1) legt und durch auf (2) gelegte Gewichtsstücke von der Gesammtmasse M_2 die ursprüngliche Gleichgewichtslage wieder herstellt. Dann gilt noch weiter:

$$M q_1 \sin \alpha_1 = M_2 q_2 \sin \alpha_2,$$

und aus diesen beiden Gleichungen folgt:

$$M = \sqrt{M_1 M_2}; \qquad (47'')$$

der Werth der gesuchten Masse ist hierdurch unabhängig von dem sogenannten „Fehler der Waage“ bestimmt, unter welchem Namen man die Abweichung f des Verhältnisses $q_1 \sin \alpha_1 / q_2 \sin \alpha_2$ von der Einheit versteht. Man bemerkt, dass obige Gleichungen ergeben:

$$\frac{M_1}{M_2} = \frac{q_2^2 \sin^2 \alpha_2}{q_1^2 \sin^2 \alpha_1}, \qquad (47''')$$

und somit auch die Bestimmung dieses Fehlers durch die beschriebenen zwei Beobachtungen gestatten.

Sind M_1 und M_2 um einen nur sehr kleinen Bruchtheil ihres Werthes von einander verschieden, so kann man statt der letzten beiden Formeln unter Vernachlässigung der Glieder zweiter Ordnung schreiben:

$$M = \frac{M_1 + M_2}{2}, \qquad \frac{q_2 \sin \alpha_2 - q_1 \sin \alpha_1}{q_1 \sin \alpha_1} = f = \frac{M_1 - M_2}{2 M_2}.$$

Es ist zu bemerken, dass diese Betrachtung ignorirt, dass in Wirklichkeit der Waagebalken nicht starr ist und demgemäss die

Winkel $\alpha_1 - \sigma$, $a_2 + \sigma$ sich ein wenig mit der Belastung ändern. Ist die Waage von Anfang an symmetrisch, bleibt sie dies auch bei symmetrischer Belastung und sind ausserdem die Massen beider Waagschalen m_1 und m_2 gleich, so ist die Biegung des Balkens ohne Einfluss auf die beschriebene Messung; im anderen Falle giebt sie im Resultat einen kleinen Fehler. —

Unter der Empfindlichkeit einer Waage versteht man den Ausschlag, welchen ihr Zeiger bei einem gegebenen, der Belastung der einen Waagschale zugefügten Uebergewicht giebt. Wir wollen untersuchen, von welchen Umständen dieser Ausschlag abhängig ist.

Wird bei der Anordnung der Belastungen, welche die durch einen bestimmten Winkel σ gegebene Gleichgewichtslage zur Folge hat und deren Bedingungsgleichung (47′) ist, auf die Waagschale (1) das Uebergewicht μ zugelegt, so verwandeln sich α_1 in $\alpha_1 - \varepsilon$, σ in $\sigma - \varepsilon$, α_2 in $\alpha_2 + \varepsilon$ und es gilt nun:

$$(m_1 + M_1 + \mu)\, q_1 \sin(\alpha_1 - \varepsilon) - (m_2 + M_2) q_2 \sin(\alpha_2 + \varepsilon) + m s \sin(\sigma - \varepsilon) = 0.$$

Die Differenz dieser Formel und der mit $\cos\varepsilon$ multiplicirten Gleichung (47′) ergiebt:

$$[(m_1 + M_1 + \mu)\, q_1 \cos\alpha_1 + (m_2 + M_2)\, q_2 \cos\alpha_2 + m s \cos\sigma]\operatorname{tg}\varepsilon = \mu q_1 \sin\alpha_1.$$

Multiplicirt man die Gleichung (47′) mit $\cos\alpha_2 \operatorname{tg}\varepsilon$, die letzte Formel mit $\sin\alpha_2$ und addirt, so folgt:

$$[(m_1 + M_1)\, q_1 \sin(\alpha_1 + \alpha_2) + \mu\, q_1 \cos\alpha_1 \sin\alpha_2 + m\, s \sin(\alpha_2 + \sigma)]\operatorname{tg}\varepsilon = \mu\, q_1 \sin\alpha_1 \sin\alpha_2. \tag{48}$$

Wenn der Factor von $\operatorname{tg}\varepsilon$ positiv und gross gegen μq_1 ist, so ergiebt diese Formel für ε einen stets kleinen Werth. Geht dagegen bei praktisch möglichen Verhältnissen der Belastung der Klammerwerth durch Null, so erreicht und überschreitet ε den Werth 90°, die Waage schlägt bei beliebig kleiner Belastung um und ist deshalb unbrauchbar. Dies kann insbesondere dann eintreten, wenn s negativ ist, also der Schwerpunkt des Waagebalkens oberhalb der Drehungsaxe A liegt, und die Belastung M_1 klein ist; ferner auch wenn der Winkel $\alpha_1 + \alpha_2$ grösser als 180° ist, also die Verbindungslinie der Aufhängepunkte B_1 und B_2 oberhalb A liegt, und die Belastung M_1 gross ist. Solche Fälle mögen ausgeschlossen werden.

Da es sich hiernach nur um kleine Winkel ε handelt, so können wir $\operatorname{tg}\varepsilon$ mit ε vertauschen und erhalten, falls wir noch die Länge des Zeigers gleich l, den Ausschlag $l\varepsilon = e$ setzen, als schliessliches Resultat:

$$e = \frac{\mu l q_1 \sin\alpha_1 \sin\alpha_2}{(m_1 + M_1) q_1 \sin(\alpha_1 + \alpha_2) + m s \sin(\alpha_2 + \sigma) + \mu q_1 \cos\alpha_1 \sin\alpha_2} \qquad (48')$$

Der Ausschlag findet sich also im Allgemeinen von der Belastung M_1 abhängig, nämlich abnehmend, wenn diese wächst. Es würden hiernach grössere Massen mit kleinerer absoluter Genauigkeit bestimmbar sein, als kleinere. Dies wäre um so mehr unbequem, als bei den meisten Anwendungen der Waage Bestimmungen verschieden grosser Massen durch Addition und Subtraction verbunden werden, und dabei die Ungenauigkeit der grösseren die Genauigkeit der kleineren aufheben würde.

Es ist daher von Wichtigkeit, dass diese Abhängigkeit des Ausschlages von der Belastung verschwindet, wenn man den Winkel $(\alpha_1 + \alpha_2)$ zwischen den beiden Hebelarmen gleich π macht, d. h. die Aufhängepunkte B_1 und B_2 der Massen in dieselbe durch die Drehungsaxe A gehende Ebene legt. Dann gilt einfacher:

$$e = \frac{\mu l q_1 \sin^2\alpha_2}{m s \sin(\alpha_2 + \sigma) - \mu q_1 \cos\alpha_2 \sin\alpha_2}; \qquad (48'')$$

es ist indess zu bemerken, dass diese Voraussetzung mit Strenge nur für eine Belastung erfüllt sein kann, da die Arme mit wachsender Belastung sich biegen. Um $\sin(\alpha_1 + \alpha_2)$ stets möglichst klein zu machen, ist es daher vortheilhaft, den Balken so einzurichten, dass im unbelasteten Zustand $(\alpha_1 + \alpha_2) > \pi$, bei mittlerer Belastung $(\alpha_1 + \alpha_2) = \pi$ und erst bei grösserer $(\alpha_1 + \alpha_2) < \pi$ ist. Dabei ist das oben zu dem Fall $\alpha_1 + \alpha_2 > \pi$ Gesagte zu berücksichtigen.

Nehmen wir schliesslich α sehr wenig von $\frac{1}{2}\pi$, σ sehr wenig von Null verschieden an, so ergiebt die letzte Formel in Annäherung:

$$e = \frac{\mu l q}{m s}. \qquad (48''')$$

Der Ausschlag ist also, abgesehen von dem Factor μ, proportional mit der Zeigerlänge l und der Hebellänge q; beide werden daher passend so gross als möglich gewählt. Für sehr genaue Messungen wird Ablesung mit Spiegel, Fernrohr und Scala angewandt und dadurch l gleich mehreren Metern gemacht.

Der Ausschlag ist ferner indirect proportional mit der Masse des Balkens m und dem Abstand s zwischen dessen Schwerpunkt und der Drehungsaxe; beide wird man also möglichst klein herzustellen suchen. Dabei schliessen allerdings die möglichste Kleinheit von m und die möglichste Grösse von q sich bis zu einem gewissen Grade gegenseitig aus, da der Balken trotz geringer Masse und trotz grosser Länge sich nahezu wie ein starrer Körper verhalten muss; man hat versucht, durch eigenthümliche Formen der Balken die beiden Anforderungen gleichzeitig zu erfüllen.

Der Kleinheit von s wird dadurch eine Grenze gesetzt, dass die Schwingungsdauer der Waage mit verschwindendem s unendlich wird, und daher schon bei sehr kleinem s die Beobachtungen unbequem sind. —

Sind an dem starren Körper drei Punkte, die nicht in einer Geraden liegen, festgehalten, so ist derselbe durch keine wie immer gewählte Kraft zu bewegen, denn keine der sechs Gleichungen des Gleichgewichtes ist dann von den Reactionskräften frei. Gegenstand der Untersuchung können hier also ausschliesslich die in den drei unterstützten Punkten wirkenden Reactionskräfte sein. Hierfür giebt die folgende Aufgabe ein einfaches Beispiel.

3. Bestimmung der Drucke, welche ein in drei Punkten unterstützter schwerer Körper in denselben ausübt.

Sei G das Gewicht des Körpers, welches parallel der Z-Axe wirkt und in dem Schwerpunkte angreift, dessen Coordinaten $\xi = \eta = 0$, $\zeta = h$ sein mögen, seien $X^{(k)}$, $Y^{(k)}$, $Z^{(k)}$ für $k = 1, 2, 3$ die Componenten der Reactionskräfte, die in den festen Punkten x_k, y_k, z_k angreifen, dann gelten die sechs Gleichungen:

$$\begin{gathered}\sum_k X^{(k)} = 0, \quad \sum_k Y^{(k)} = 0, \quad \sum_k Z^{(k)} + G = 0, \\ \sum_k (y_k Z^{(k)} - z_k Y^{(k)}) = 0, \quad \sum_k (z_k X^{(k)} - x_k Z^{(k)}) = 0, \quad \sum_k (x_k Y^{(k)} - y_k X^{(k)}) = 0,\end{gathered} \tag{49}$$

worin die Summen über alle Reactionskräfte ausgedehnt sind.

Man erkennt, dass durch diese sechs Gleichungen die neun Unbekannten $X^{(k)}$, $Y^{(k)}$, $Z^{(k)}$ nicht bestimmbar sind. Man kann daher dem gegebenen Problem noch willkürliche Beschränkungen hinzufügen, unter denen sich am meisten die empfiehlt, dass alle $X^{(k)}$ und $Y^{(k)}$ gleich Null sind, weil sie dem Falle entspricht, dass der Körper — z. B. ein physikalischer Apparat — mit drei Punkten auf drei reibungsfreien horizontalen Ebenen ruht.

In diesem Falle wird sehr einfach:

$$\sum_k Z^{(k)} + G = 0, \qquad \sum_k y_k Z^{(k)} = 0, \qquad \sum_k x_k Z^{(k)} = 0 \tag{49'}$$

und daher:

$$- Z^{(1)} = + \frac{(x_2 y_3 - y_2 x_3)\, G}{\Delta}, \qquad - Z^{(2)} = + \frac{(x_3 y_1 - y_3 x_1)\, G}{\Delta},$$

$$- Z^{(3)} = + \frac{(x_1 y_2 - y_1 x_2)\, G}{\Delta}, \tag{49''}$$

worin

$$\Delta = (x_2 y_3 - y_2 x_3) + (x_3 y_1 - y_3 x_1) + (x_1 y_2 - y_1 x_2)$$

die doppelte Fläche des Dreiecks ist, dessen Ecken die Projectionen der drei unterstützten Punkte auf die XY-Ebene bilden, und $-Z^{(1)}$, $-Z^{(2)}$, $-Z^{(3)}$ die Drucke sind, welche die Unterstützungspunkte erleiden.

Der Druck auf einen z. B. den 1. Punkt ist also positiv, wenn der Coordinatenanfang und hiermit der Schwerpunkt des Körpers mit ihm auf derselben Seite der verticalen Ebene durch die Verbindungslinie $\overline{2,3}$ liegt, negativ, wenn auf verschiedenen; er verschwindet, wenn derselbe in diese Ebene rückt, also $x_2/y_2 = x_3/y_3$ ist.

Zwei Punkte (2) und (3) erleiden den gleichen Druck, wenn

$$x_1 (y_2 + y_3) = y_1 (x_2 + x_3),$$

also der Schwerpunkt in der verticalen Ebene durch die Verbindungslinie des Punktes (1) mit der Mitte der Geraden $\overline{2,3}$ liegt.

4. Theorie der bifilaren Aufhängung unter Rücksicht auf die Drillung der Fäden.

Ist ein schwerer Körper an zwei in Bezug auf die Verticale durch seinen Schwerpunkt symmetrischen Punkten an zwei gleich langen Fäden befestigt, deren feste Enden in derselben Horizontalebene liegen, und wird auf ihn ein gegebenes Moment N um die Verticale durch seinen Schwerpunkt ausgeübt, so nimmt er eine Gleichgewichtslage ein, die dadurch bestimmt ist, dass die durch die Schwere, die durch die Fäden und die von aussen auf ihn ausgeübten Kräfte sich zerstören.

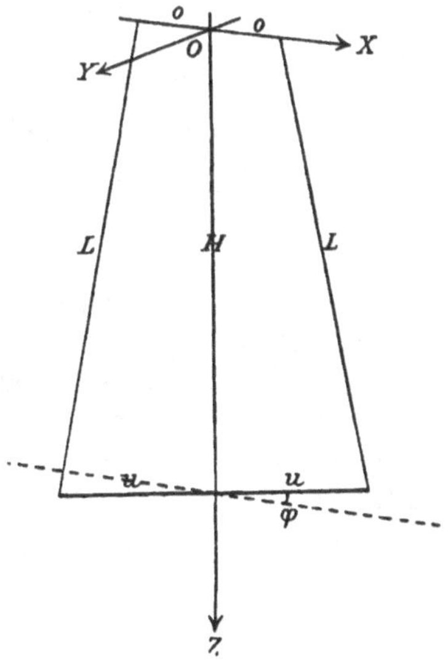

Fig. 23.

Sei gemäss Figur 23 L die Länge der Fäden, $2\,o$ ihr oberer, $2\,u$ ihr unterer Abstand und φ der Winkel zwischen den verticalen Ebenen durch o und durch u, so sind die Cosinus der Winkel von L mit den Coordinatenaxen, von denen X parallel o,

Y horizontal und normal dazu, Z aber vertical nach unten gerechnet werde, gegeben durch:

$$\pm \cos(L, x) = \frac{u \cos \varphi - o}{L}, \qquad \pm \cos(L, y) = \frac{u \sin \varphi}{L},$$

$$\cos(L, z) = \sqrt{1 - \frac{u^2 + o^2 - 2uo\cos\varphi}{L^2}}.$$

o und u mögen als Grössen erster Ordnung neben L betrachtet und ihre Quadrate vernachlässigt werden.

Parallel den Richtungen L wirken die Spannungen S der beiden Fäden, die nach der Symmetrie ihrer Richtungen in Bezug auf den Schwerpunkt des Körpers einander gleich sein müssen. Ihre Componenten nach den Coordinatenaxen sind resp.

$$S\cos(L, x), \qquad S\cos(L, y), \qquad S\cos(L, z),$$

ihre Angriffspunkte haben die Coordinaten

$$\pm u \cos\varphi, \qquad \pm u \sin\varphi, \qquad + L\cos(L, z).$$

Das Gewicht des Körpers sei G; es ist im Schwerpunkt, also in einer Stelle der Z-Axe, angreifend zu denken.

Die Momente, welche die Fäden oder Drähte um ihre Axe ausüben, seien D_1 und D_2; sie können ohne wesentliche Beschränkung der Allgemeinheit einander gleich, nämlich gleich D, angenommen werden.

Mit diesen Kräften und ihren Momenten sind nun die sechs Gleichgewichtsgleichungen (46) zu befriedigen.

$\sum_h X_h = 0$, $\sum_h Y_h = 0$ ist identisch erfüllt, $\sum_h Z_h = 0$ ergiebt durch

$$2S\cos(L, z) + G = 0$$

den Werth der Spannungen S, die nun in den Momentengleichungen zu benutzen sind.

Nach der Symmetrie kann ein Moment um die X- resp. Y-Axe nicht auftreten, die Summe der Momente um die Z-Axe muss aber, da man die Componente der D nach der Z-Axe durch Projection erhält, ergeben:

$$2uS(\cos\varphi\cos(L, y) - \sin\varphi\cos(L, x)) + 2D\cos(L, z) + N = 0,$$

oder nach Einsetzen aller früher abgeleiteten Werthe:

$$-\frac{uoG\sin\varphi}{L\cos(L, z)} + 2D\cos(L, z) + N = 0;$$

hierin ist $\cos(L, z)$ gemäss seiner Bedeutung erst um ein Glied zweiter Ordnung von Eins verschieden und mag jetzt damit vertauscht werden.

Wirkt kein äusseres Moment, so wird die Gleichgewichtslage, d. h. der sie bestimmende Winkel φ_0, gegeben sein durch:

$$-\frac{u\,o\,G\sin\varphi_0}{L}+2D_0=0. \tag{50}$$

wobei D_0 den dieser Lage entsprechenden Werth von D bezeichnet. Bei der Drehung ψ der Drähte, die in Folge einer Ablenkung ψ des Körpers aus dieser Lage eintritt, nimmt das Moment D_0 um einen mit ψ proportionalen Betrag $D'\psi$ ab, so dass bei nunmehr wirkendem äusseren Moment N die Bedingung lautet:

$$-\frac{u\,o\,G\sin(\psi+\varphi_0)}{L}+2(D_0-D'\psi)+N=0. \tag{50'}$$

Ist $\psi+\varphi_0$ so klein, dass man den Sinus mit dem Bogen vertauschen kann, so erhält man durch Subtraction der letzten beiden Gleichungen:

$$-\left(\frac{u\,o\,G}{L}+2D'\right)\psi+N=0. \tag{50''}$$

Hierin ist o, u, L und G mehr oder weniger direct bestimmbar; liesse sich noch D' angeben, so wäre die Möglichkeit vorhanden, aus der Ablenkung des Körpers aus seiner Ruhelage die Grösse des ausgeübten Momentes N zu berechnen. Dazu bietet der Apparat selbst ein Mittel, wenn man ihn so einrichtet, dass man das untere Ende der Drähte um einen angebbaren Winkel, z. B. um π, gegen das obere drehen kann, am einfachsten dadurch, dass man das Ende an einer Oese befestigt, welche in einen am Körper befindlichen Haken passt.

Bringt man eine solche Drehung um $+\pi$ hervor, so wird der Apparat ohne die Wirkung eines äusseren Momentes eine um ψ' geänderte Ruhelage annehmen, gegeben durch

$$-\frac{u\,o\,G(\varphi_0+\psi')}{L}+2\big(D_0-D'(\pi+\psi')\big)=0;$$

diese Gleichung führt, mit (50) combinirt, auf

$$-\frac{u\,o\,G\,\psi'}{L}-2D'(\pi+\psi')=0,$$

worin ψ' neben π zu vernachlässigen ist, so dass also folgt:

$$2D'=-\frac{u\,o\,G\,\psi'}{\pi L}. \tag{51}$$

Durch Einsetzen dieses Werthes in (50″) erhält man:

$$N = \frac{o\,u\,G}{L}\left(1 - \frac{\psi'}{\pi}\right)\psi,$$

oder, indem man noch den ganzen Abstand der Fäden oben und unten, $O = 2o$ und $U = 2u$, einführt, schliesslich auch:

$$N = \frac{O\,U\,G}{4L}\left(1 - \frac{\psi'}{\pi}\right)\psi. \qquad (51')$$

Da man das Verhältniss O/L sehr klein (z. B. $< 1/1000$) machen und bei Ablesung mit Fernrohr, Spiegel und Scala den Winkel ψ bis auf Secunden bestimmen kann, so eignet sich die bifilare Aufhängung zur Messung sehr kleiner z. B. magnetischer oder elektrischer Drehungsmomente; bei den angegebenen Verhältnissen würde noch der 0,000000005. Theil des Momentes UG erkennbar sein.

Ist die Dicke der beiden Fäden nicht sehr gering gegen ihren Abstand, so ist es zweifelhaft, ob man die Entfernungen ihrer Axen als die Grössen O und U einführen darf; in diesem Falle ist es möglich, durch Schwingungsbeobachtungen das Glied $O\,Ug/4L$ zu bestimmen — eine Methode, auf die wir später zurückkommen.

5. Gleichgewicht einer schweren Kugel auf drei ihrerseits auf einer horizontalen Ebene liegenden unter der Wirkung gleitender Reibung.

Seien R, R_h, G, G_h', x, y, z, x_h, y_h, z_h für $h = 1, 2, 3$ Radien, Gewichte und Mittelpunktscoordinaten der oberen und der drei unteren Kugeln, α_h der Winkel der Verbindungslinie des Mittelpunktes der oberen Kugel mit dem einer unteren gegen die Verticale. Seien ferner N_h die in der Berührungsstelle B_h der oberen Kugel mit einer der unteren, N_h' die in der Berührungsstelle A_h einer der unteren mit der Ebene wirkenden normalen Druckkräfte, ν_h und ν_h' die resp. Reibungscoëfficienten; die nach S. 117 factisch vorhandenen Reibungskräfte $P_h = N_h n_h$ und $P_h' = N_h' n_h'$ werden, selbst wenn alle Kugeln und die Ebene gleiche Oberflächenbeschaffenheit besitzen, doch wegen der verschiedenen Inanspruchnahme verschiedene Werthe haben können. Druck- und Reibungskräfte seien mit der Wirkung gleicher Gegenwirkung eingeführt.

Im Falle des Gleichgewichtes müssen sowohl die Reibungskräfte, als die Drucke, sämmtlich in den verticalen Ebenen durch den Mittelpunkt C der oberen und die C_h der unteren Kugel liegen, so dass es genügt, diese drei Schnittebenen zu betrachten, deren eine Figur 24 darstellt. Denn wäre dies nicht der Fall, so würde die in der Berührungsstelle B_h wirkende Reibung eine auf die Kugel (h) wirkende Componente normal zur Ebene der Figur geben, die ein durch keine andere vorhandene Kraft zerstörbares Moment um die Gerade $\overline{A_h C_h}$ als Axe erregen würde; das Gleiche gilt für die Reibung an der Stelle A_h bezüglich der Richtung $\overline{C_h B_h}$. Eine Abweichung hiervon wäre nur dann möglich, wenn in jenen Punkten eine besondere Widerstandskraft gegen die Drehung wirkte.

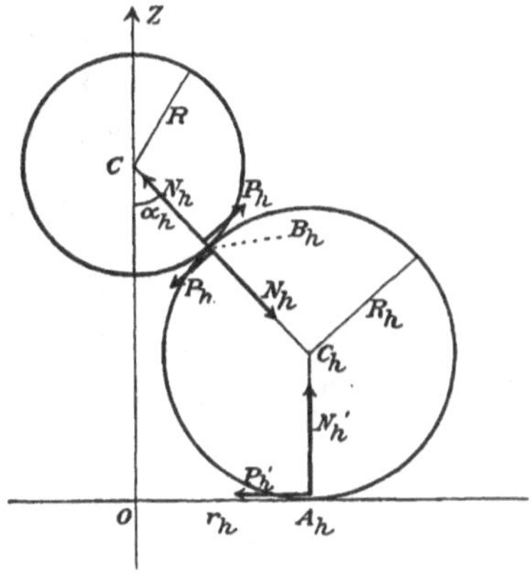

Fig. 24.

Sonach wirken alle in den Stellen A_h und B_h angreifenden Kräfte in Richtungen, welche durch die Z-Axe $\overline{OC}$ hindurchgehen; sie können also für keine Kugel eine Drehung um die Z-Axe hervorbringen und auch für keine der unteren Kugeln eine Verschiebung normal zu einer der Ebenen OCC_h erregen; es sind daher für die obere Kugel nur die Momente um die X- und Y-Axe, für jede untere nur die Momente um eine zur Ebene OCC_h normale Axe gleich Null zu setzen; ebenso für jede untere Kugel die Componentensummen nur für zwei in der Ebene OCC_h liegende Richtungen.

Demgemäss resultirt für die obere Kugel durch das Nullsetzen der Componentensummen folgendes System von Gleichungen:

$$\sum_h a_h N_h (\sin\alpha_h - n_h \cos\alpha_h) = 0, \quad \sum_h b_h N_h (\sin\alpha_h - n_h \cos\alpha_h) = 0, \tag{52}$$
$$\sum_h N_h (\cos\alpha_h + n_h \sin\alpha_h) = G,$$

worin a_h und b_h die Cosinus der Winkel sind, welche die Richtungen $\overline{OA_h}$, die wir von der Z-Axe hinweggerechnet kurz mit r_h bezeichnen, resp. mit der X- und der Y-Axe einschliessen.

Bezieht man die Drehungsmomente auf Parallele zur X- und zur Y-Axe durch den Mittelpunkt C der oberen Kugel, so geben zu ihnen nur die Reibungskräfte P_h Antheile, die an jeder Stelle B_h in der Richtung der Tangente von der Z-Axe hinweg wirken mit der Intensität $N_h n_h$. Jede von ihnen giebt ein Hauptmoment $R N_h n_h$ um eine durch C normal zur Ebene OCC_h gelegte Axe.

Benutzt man den Satz, dass sich Momente um Axen, die durch einen Punkt gehen, wie diesen parallele Kräfte in Componenten zerlegen, so erhält man sogleich die beiden Bedingungen für das Verschwinden der Momente um die Parallelen zur X- und Y-Axe durch das Centrum der oberen Kugel, nämlich:

$$\sum_h N_h n_h b_h = 0, \qquad \sum_h N_h n_h a_h = 0. \tag{52'}$$

Für die unteren Kugeln giebt das Verschwinden der Componenten, die vertical und horizontal (parallel zu r_h) in den OCC_h-Ebenen liegen, sechs Gleichungen von der Form:

$$\begin{aligned} N_h' &= N_h(\cos\alpha_h + n_h \sin\alpha_h) + G_h', \\ n_h' N_h' &= N_h(\sin\alpha_h - n_h\cos\alpha_h), \end{aligned} \tag{52''}$$

das Verschwinden des Momentes um die Axe normal zu diesen Ebenen in C_h drei Gleichungen:

$$n_h N_h = n_h' N_h'. \tag{52'''}$$

Combinirt man diese mit den vorhergehenden, so kommt:

$$n_h = \sin\alpha_h - n_h\cos\alpha_h, \tag{53}$$

und diese Beziehung erweist, dass die zwei ersten Gleichungen (52) mit (52′) identisch sind. Es verbleiben sonach 12 Gleichungen zur Bestimmung der sechs Drucke N_h und N_h' und der sechs Coëfficienten n_h und n_h'; nur die letzteren bieten grösseres Interesse.

Die drei n_h folgen sogleich aus der letzten Gleichung, gemäss

$$n_h = \frac{\sin\alpha_h}{1+\cos\alpha_h} = \operatorname{tg}\tfrac{1}{2}\alpha_h. \tag{53'}$$

Zur Bestimmung der n_h' beachte man, dass nach (53) auch

$$n_h = \sin\alpha_h/(1+\cos\alpha_h), \quad \text{d. h.} \quad \cos\alpha_h + n_h\sin\alpha_h = 1$$

ist, dass also die erste Gleichung (52″) sich schreiben lässt:

$$N_h' = N_h + G_h', \tag{53''}$$

was einen merkwürdigen Satz enthält. Combinirt man dies Resultat mit der Gleichung (52‴), so erhält man:

$$n_h' = \frac{n_h N_h}{N_h + G_h'}. \tag{53'''}$$

Für die N_h gelten aber nach (52) die Gleichungen:

$$\sum_h N_h = G, \qquad \sum_h N_h n_h a_h = 0, \qquad \sum_h N_h n_h b_h = 0,$$

so dass sich ergiebt:

$$N_1 = \frac{G n_2 n_3}{\Delta}(a_2 b_3 - a_3 b_2), \qquad N_2 = \frac{G n_3 n_1}{\Delta}(a_3 b_1 - a_1 b_3), \qquad N_3 = \frac{G n_1 n_2}{\Delta}(a_1 b_2 - a_2 b_1), \tag{54}$$

worin:

$$\Delta = n_2 n_3 (a_2 b_3 - a_3 b_2) + n_3 n_1 (a_3 b_1 - a_1 b_3) + n_1 n_2 (a_1 b_2 - a_2 b_1).$$

Beachtet man, dass $a_h b_k - a_k b_h = \sin(r_h, r_k)$, kurz $= \varrho_{hk}$ gesetzt, der Sinus des Winkels zwischen r_h und r_k ist, diesen von r_h nach r_k hin positiv gerechnet, so erhält man:

$$N_1 = \frac{G n_2 n_3 \varrho_{23}}{n_2 n_3 \varrho_{23} + n_3 n_1 \varrho_{31} + n_1 n_2 \varrho_{12}} \quad \text{u. s. f.} \tag{54'}$$

Daher wird schliesslich:

$$n_1' = n_1 \cdot \frac{G n_2 n_3 \varrho_{23}}{(G + G_1') n_2 n_3 \varrho_{23} + G_1' n_3 n_1 \varrho_{31} + G_1' n_1 n_2 \varrho_{12}}, \tag{54''}$$

woraus die anderen durch cyclische Vertauschung der Indices folgen.

Gleichgewicht findet für alle Positionen statt, für welche die absoluten Werthe n_h und n_h' kleiner sind, als die Reibungscoëfficienten ν_h und ν_h'.

Nehmen wir zunächst den einfachsten Fall, dass die drei unteren Kugeln gleich sind und mit ihren Centren in den Ecken eines gleichseitigen Dreiecks liegen, so werden alle G_h', α_h, n_h, n_h' und alle ϱ_{hk} gleich, und daher:

$$n = \operatorname{tg} \tfrac{1}{2}\alpha, \qquad n' = n\, G/(G + 3G')$$

Die Reibung der unteren Kugeln auf der Ebene ist also viel weniger in Anspruch genommen, als die zwischen den Kugeln wirkende; es kann demnach für erstere auch der Grenzwerth viel niedriger liegen, als für letztere, ohne das Gleichgewicht zu gefährden.

Aehnliches gilt ganz allgemein. Da nach dem dritten Problem dieses Abschnittes Gleichgewicht unmöglich ist, wenn der Schwerpunkt der oberen Kugel aus dem Dreieck $A_1 A_2 A_3$ herausfällt, also wenn einer der Winkel (r_h, r_k) grösser als π wird, so sind sämmtliche $\varrho_{hk} > 0$ und demgemäss $n_h' < n_h$; ausgenommen ist der Grenzfall, dass die unteren Kugeln gewichtslos sind, dann wird $n_h' = n_h$.

Bei gleicher Oberflächenbeschaffenheit der Ebene und aller vier Kugeln ist daher ein Gleiten zuerst an einer der Berührungsstellen zweier Kugeln B_h zu erwarten und zwar an der, für welche $n_h = \operatorname{tg} \frac{1}{2}\alpha_h$ den grössten Werth hat. Da der Grenzwerth des Reibungscoëfficienten gleich der Tangente des Reibungswinkels ist, so beginnt das Gleiten, sobald ein α_h den doppelten Werth des Reibungswinkels erreicht hat. —

Die Ausgangsgleichungen (45) dieses Paragraphen, welche die Beziehungen zwischen den auf das starre System wirkenden Kräften und seinen sechs Beschleunigungen für den Fall verschwindender Geschwindigkeiten ausdrücken, geben nicht nur in der von uns benutzten Weise Aufschluss über die Bedingungen, welche die Kräfte erfüllen müssen, damit das Gleichgewicht erhalten bleibe, sondern auch über die Art und Weise, in welcher der Körper die Bewegung aus der Ruhe beginnt, wenn jene Bedingungen nicht erfüllt sind.

Um aus ihnen Folgerungen abzuleiten, legen wir, was keine Beschränkung der Allgemeinheit enthält, die beiden nach der Annahme beim Beginn der Bewegung zusammenfallenden Axenkreuze X, Y, Z und A, B, C in die Richtungen, welche zur gleichen Zeit die Hauptträgheitsaxen durch den Coordinatenanfang besitzen, machen also $\Xi' = \mathsf{H}' = \mathsf{Z}' = 0$ und $\Xi = \mathsf{A}$, $\mathsf{H} = \mathsf{B}$, $\mathsf{Z} = \Gamma$, um die Hauptträgheitsmomente zu bezeichnen.

Wir erhalten dann folgendes System von Gleichungen:

$$\left.\begin{aligned}
m\left(\frac{d x_0'}{d t} + \zeta \frac{d \mu'}{d t} - \eta \frac{d \nu'}{d t}\right) &= \sum X_h = X, \\
m\left(\frac{d y_0'}{d t} + \xi \frac{d \nu'}{d t} - \zeta \frac{d \lambda'}{d t}\right) &= \sum Y_h = Y, \\
m\left(\frac{d z_0'}{d t} + \eta \frac{d \lambda'}{d t} - \xi \frac{d \mu'}{d t}\right) &= \sum Z_h = Z, \\
m\left(\eta \frac{d z_0'}{d t} - \zeta \frac{d y_0'}{d t}\right) + \mathsf{A} \frac{d \lambda'}{d t} &= \sum (y_h Z_h - z_h Y_h) = L, \\
m\left(\zeta \frac{d x_0'}{d t} - \xi \frac{d z_0'}{d t}\right) + \mathsf{B} \frac{d \mu'}{d t} &= \sum (z_h X_h - x_h Z_h) = M, \\
m\left(\xi \frac{d y_0'}{d t} - \eta \frac{d x_0'}{d t}\right) + \Gamma \frac{d \nu'}{d t} &= \sum (x_h Y_h - y_h X_h) = N.
\end{aligned}\right\} \quad (55)$$

Hierin bezeichnen $d x_0' / d t, \ldots$ die Beschleunigungen des augenblicklich in den Coordinatenanfang fallenden Punktes des Körpers, $d \lambda' / d t, \ldots$ die Rotationsbeschleunigungen des Körpers um die zusammenfallenden Coordinatenaxen X, Y, Z resp. A, B, C, auf welche auch die Drehungsmomente und die Trägheitsmomente bezogen sind.

Ein sehr einfacher Fall ist der, dass der starre Körper um den festen, übrigens willkürlichen Coordinatenanfang drehbar ist, wobei $d x_0' / d t$, $d y_0' / d t$, $d z_0' / d t$ verschwinden, während zugleich aus X, Y, Z die Reactionscomponenten des Unterstützungspunktes auszusondern sind. Hier liefern nur die letzten drei Formeln (55) die Bewegungsgleichungen, welche lauten

$$\mathsf{A}\frac{d\lambda'}{dt} = L, \qquad \mathsf{B}\frac{d\mu'}{dt} = M, \qquad \Gamma\frac{d\nu'}{dt} = N. \qquad (56)$$

Aus ihnen folgt durch Integration über eine unendlich kleine Zeit T:

$$\mathsf{A}\lambda' = \int_0^T L\,dt, \qquad \mathsf{B}\mu' = \int_0^T M\,dt, \qquad \Gamma\nu' = \int_0^T N\,dt.$$

Die auf den rechten Seiten dieser Gleichungen stehenden Ausdrücke sind die Momente der innerhalb T stattfindenden, also unendlich kurz andauernden Einwirkungen, die man als Impulse auffassen kann; denn wie wir auf S. 48 die Kraft K, welche aus den in den Intervallen dt ausgeübten Impulsen dJ entsteht, durch $K = dJ/dt$ definirten, so können wir umgekehrt Kdt als einen Impuls dJ ansehen. Für stetiges K und unendlich kleines T ist dabei identisch:

$$\int_0^T K\,dt = KT.$$

Wir können daher, wenn wir die Impulsmomente mit (L), (M), (N) bezeichnen, das obige Resultat auch schreiben:

$$\mathsf{A}\lambda' = (L), \qquad \mathsf{B}\mu' = (M), \qquad \Gamma\nu' = (N). \qquad (56')$$

Um diese Formeln zu deuten, wollen wir das zu ihrer Ableitung benutzte Verfahren auf die Gleichungen (45) anwenden unter der Voraussetzung, dass eine der beliebigen Coordinatenaxen eine feste Drehungsaxe ist, dass also alle Beschleunigungen mit Ausnahme der Rotationsbeschleunigung um diese Axe verschwinden; bezeichnen wir Trägheits-, Drehungsmoment und Winkelgeschwindigkeit um die feste Axe mit M, Δ und φ', so erhalten wir bei Einführung des Impulsmomentes (Δ) von Δ

$$\mathsf{M}\varphi' = (\Delta).$$

Hiernach gilt der folgende Satz:

Wird auf einen starren Körper, welcher um einen festen Punkt drehbar ist, ein System gleichzeitiger Impulse ausgeübt, so ergiebt derselbe Rotationsgeschwindigkeiten um die Hauptträgheitsaxen durch den festen Punkt, welche ebenso, als wären jene Axen feste Drehungsaxen, gegeben sind durch die Quotienten aus den betreffenden Drehungs- und Trägheitsmomenten.

Die drei Rotationscomponenten λ', μ', ν' um die Hauptträgheitsaxen setzen sich zusammen zu einer resultirenden Drehungsgeschwindigkeit τ' um eine Axe α, deren Richtung gegeben ist durch:

$$\lambda' : \mu' : \nu' = \cos(\alpha, x) : \cos(\alpha, y) : \cos(\alpha, z),$$

die drei Drehungsmomente (L), (M), (N) zu einer Resultante (D), dem Hauptdrehungsmoment des Impulses, um eine Axe d, deren die Hauptdrehungsaxe des Impulses repräsentirende Richtung bestimmt wird durch:

$$(L) : (M) : (N) = \cos(d, x) : \cos(d, y) : \cos(d, z).$$

Es gilt also nach (56') die Beziehung:

$$\mathsf{A} \cos(\alpha, x) : \mathsf{B} \cos(\alpha, y) : \Gamma \cos(\alpha, z) = \cos(d, x) : \cos(d, y) : \cos(d, z). \quad (56'')$$

Beachtet man, dass zwischen den Richtungswinkeln eines Radiusvectors ϱ in dem Hauptträgheitsellipsoid, dessen Gleichung nach (36''')

$$\mathsf{A} x^2 + \mathsf{B} y^2 + \Gamma z^2 = 1$$

ist, und denjenigen der Normalen n auf der Tangentenebene im Endpunkt von ϱ die Gleichungen bestehen:

$$\mathsf{A} \cos(\varrho, x) : \mathsf{B} \cos(\varrho, y) : \Gamma \cos(\varrho, z) = \cos(n, x) : \cos(n, y) : \cos(n, z),$$

so erkennt man die Gültigkeit des weiteren Satzes:

Ein System von Impulsen ertheilt einem um einen festen Punkt drehbaren Körper eine Rotation um eine Axe α, deren Lage gegen die Hauptdrehungsaxe d der Impulse dadurch geometrisch bestimmt ist, dass eine Tangentenebene normal zu d an das Hauptträgheitsellipsoid in Bezug auf den festen Punkt gelegt, jenes in einer Stelle berührt, deren Radiusvector die Rotationsaxe α ist.

Fasst man die Gleichungen (56') mit den Factoren λ'/τ', μ'/τ', ν'/τ' zusammen und bedenkt, dass

$$\tau'^2 = \lambda'^2 + \mu'^2 + \nu'^2, \qquad (D)^2 = (L)^2 + (M)^2 + (N)^2$$

ist, so findet sich:

$$\mathsf{M} \tau' = (D) \cos(d, \alpha), \quad (56''')$$

worin $\mathsf{M} = (\mathsf{A} \lambda'^2 + \mathsf{B} \mu'^2 + \Gamma \nu'^2)/\tau'^2$ nach (36'') das Trägheitsmoment des Körpers und $(D) \cos(d, \alpha)$ das Moment des Impulses um die Rotationsaxe α darstellt. Es gilt also der Satz:

Die resultirende Rotationsgeschwindigkeit erhält man, wenn man das Drehungsmoment der Impulse um die Rotationsaxe α durch das auf diese bezügliche Trägheitsmoment dividirt.

Um diese Resultate vollständig anschaulich zu machen hat man in Betracht zu ziehen, dass nach S. 195 die Richtung der Hauptdrehungsaxe des Impulses normal steht zu der durch den Impuls und den Unterstützungspunkt des Körpers gelegten Ebene, und dass sein Hauptdrehungsmoment dem Product aus der Stärke des Impulses und seinem Abstand von dem festen Punkte gleich ist. —

Ist das starre System vollkommen frei beweglich, so kann man ohne Beschränkung der Allgemeinheit den Coordinatenanfang in die Anfangslage des Schwerpunktes legen und erhält so aus (55), indem man $x_0' = \xi'$, $y_0' = \eta'$, $z_0' = \zeta'$ und ξ, η, ζ gleich Null setzt, die sechs Gleichungen:

$$m\frac{d\xi'}{dt} = X, \quad m\frac{d\eta'}{dt} = Y, \quad m\frac{d\zeta'}{dt} = Z,$$
$$\mathsf{A}\frac{d\lambda'}{dt} = L, \quad \mathsf{B}\frac{d\mu'}{dt} = M, \quad \Gamma\frac{d\nu'}{dt} = N; \tag{57}$$

dieselben geben durch Integration über eine unendlich kurze Zeit T unter Benutzung der obigen Bezeichnung:

$$m\xi' = (X), \quad m\eta' = (Y), \quad m\zeta' = (Z),$$
$$\mathsf{A}\lambda' = (L), \quad \mathsf{B}\mu' = (M), \quad \Gamma\nu' = (N). \tag{57'}$$

Wirkt ein System Impulse auf einen frei beweglichen starren Körper, so ertheilt dasselbe dem Schwerpunkt die gleiche Geschwindigkeit, als griffe seine Resultirende in ihm an und wäre in ihm die ganze Masse vereinigt; daneben bewirkt es eine Rotationsgeschwindigkeit um den Schwerpunkt, welche dieselbe ist, als wäre der Körper in ihm unterstützt.

Lassen sich hiernach die Geschwindigkeiten, welche ein System von Impulsen einem starren ruhenden Körper ertheilt, leicht bestimmen, so ist dadurch aber keineswegs das Gesetz der Bewegung des weiterhin sich selbst überlassenen Körpers ausgesprochen, denn derselbe behält, auch wenn er keinen Kräften unterliegt, seine Geschwindigkeiten im Allgemeinen nicht unverändert bei. Die von uns gefundenen Werthe sind nichts anderes als die Anfangsgeschwindigkeiten, welche in Folge eines Systemes ausgeübter Impulse eintreten; der weitere Verlauf der Bewegung wird weiter unten der Betrachtung unterworfen werden.

§ 21. Drehung eines starren Körpers um eine feste Axe. Druck auf die Axe. Beispiele.

Die einfachste Art der Bewegung eines starren Körpers, welche nicht auf die Gleichungen für einen materiellen Punkt zurückführt, ist die Drehung um eine im Körper wie im Raume feste Axe.

Sei die im Körper feste Drehungsaxe die C-Axe und falle dieselbe in die im Raume feste Z-Axe, dann ist $\lambda' = \mu' = 0$. Wir lassen den Anfangspunkt des mit dem Körper beweglichen Systemes in denjenigen des absolut festen fallen und haben demgemäss x_0, y_0, z_0 dauernd gleich Null, also auch x_0', y_0', z_0' gleich Null. Endlich legen wir die A-Axe durch den Schwerpunkt des Körpers, welcher den Abstand s von der Drehungsaxe haben mag, und erhalten dadurch $\zeta = 0$.

Demgemäss wird das System (33) vereinfacht zu:

$$\begin{aligned}
-m\frac{d\eta\nu'}{dt} &= \sum X_h + X' + X'',\\
+m\frac{d\xi\nu'}{dt} &= \sum Y_h + Y' + Y'',\\
0 &= \sum Z_h + Z' + Z'',\\
-\frac{d}{dt}(\nu \sum m_h z_h x_h) &= \sum L_h + L' + L'',\\
-\frac{d}{dt}(\nu' \sum m_h z_h y_h) &= \sum M_h + M' + M'',\\
\frac{d}{dt}(\nu' \sum m_h (x_h^2 + y_h^2)) &= \sum N_h.
\end{aligned} \tag{58}$$

Hierin bezeichnen wie im vorigen Abschnitt S. 227 die $X', X'' \ldots$ die aus den wirkenden Kräften ausgesonderten Reactionen der festen Axe, die in zwei Punkten p und q angreifend gedacht sind; L', L'', M', M'' sind die von ihnen um die X- und die Y-Axe ausgeübten Momente, also

$$L' = -z_p Y', \quad M' = +z_p X',$$
$$L'' = -z_q Y'', \quad M'' = +z_q X''.$$

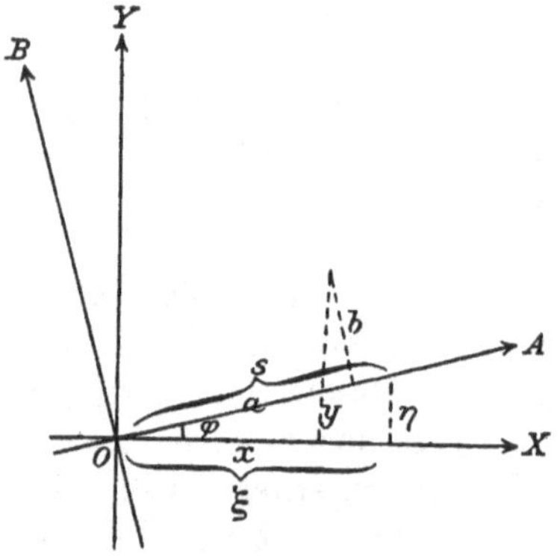

Fig. 25.

Nur die letzte der Formeln (58) ist von den Reactionskräften frei; sie stellt also die für die Bewegung maassgebende Beziehung dar.

Die übrigen Gleichungen (58) bestimmen die Reactionen der festen Axe, oder umgekehrt die Drucke und Drehungsmomente, die auf dieselbe ausgeübt werden; die Componenten letzterer sind

$$X^0 = -(X' + X''), \quad Y^0 = -(Y' + Y''), \quad Z^0 = -(Z' + Z''),$$
$$L^0 = -(L' + L''), \quad M^0 = -(M' + M''). \tag{58'}$$

Schliesst gemäss Fig. 25 die A-Axe mit der X-Axe den Winkel φ, mit der Y-Axe den Winkel $\frac{1}{2}\pi - \varphi$ ein, so wird

$$x_h = a_h \cos\varphi - b_h \sin\varphi, \quad y_h = a_h \sin\varphi + b_h \cos\varphi, \quad z_h = c_h,$$
$$\xi = s\cos\varphi, \quad \eta = s\sin\varphi, \quad \nu' = \frac{d\varphi}{dt},$$

und unsere Gleichungen lauten bei Benutzung der Bezeichnungen (58')

$$-ms\frac{d}{dt}\left(\sin\varphi\frac{d\varphi}{dt}\right) = \sum X_h - X^0,$$
$$+ms\frac{d}{dt}\left(\cos\varphi\frac{d\varphi}{dt}\right) = \sum Y_h - Y^0,$$
$$0 = \sum Z_h - Z^0, \tag{58''}$$
$$-\frac{d}{dt}\left(\cos\varphi\frac{d\varphi}{dt}\right)\sum m_h a_h c_h + \frac{d}{dt}\left(\sin\varphi\frac{d\varphi}{dt}\right)\sum m_h b_h c_h = \sum L_h - L^0,$$
$$-\frac{d}{dt}\left(\sin\varphi\frac{d\varphi}{dt}\right)\sum m_h a_h c_h - \frac{d}{dt}\left(\cos\varphi\frac{d\varphi}{dt}\right)\sum m_h b_h c_h = \sum M_h - M^0,$$
$$\frac{d^2\varphi}{dt^2}\sum m_h(a_h^2 + b_h^2) = \sum N_h.$$

In der letzten Formel stellt $\sum m_h(a_h^2 + b_h^2) = \mathsf{M}$ das Trägheitsmoment um die feste Axe, $\sum N_h = N$ die Summe der um dieselbe ausgeübten, nur von äusseren Kräften herrührenden Drehungsmomente dar. Unsere Bewegungsgleichung lautet somit:

$$\frac{d^2\varphi}{dt^2} = N/\mathsf{M}, \tag{58'''}$$

was den Satz enthält:

Die Winkelbeschleunigung eines starren Systemes um eine feste Axe ist gleich dem Quotienten aus dem auf jene Axe bezüglichen Drehungs- und Trägheitsmoment.

Diese Gleichung stimmt der Form nach überein mit der für die geradlinige Bewegung eines Massenpunktes geltenden, welche die Linearbeschleunigung gleich dem Quotienten aus Kraft und Masse ergab. Es gelten also für die Integration die S. 69 aufgestellten Regeln.

Wir wollen zunächst die äusseren Kräfte und Momente wegfallen, also $d^2\varphi/dt^2 = 0$ und somit die Rotation um die Z-Axe zu einer gleichförmigen werden lassen. Die Reactionscomponenten parallel der X- und Y-Axe verschwinden nach (56″) nicht allgemein mit den äusseren Kräften, sondern — abgesehen von der Ruhe des Körpers, für welche $d\varphi/dt = 0$ ist — nur in dem Falle, dass die Drehungsaxe den Schwerpunkt enthält, also $s = 0$ ist; die Reactionsmomente um die X- und Y-Axe verschwinden dagegen nur in dem Falle, dass die dem Körper und der Drehungsaxe individuellen Constanten $\sum m_h a_h c_h = -\mathsf{B}'$ und $\sum m_h b_h c_h = -\mathsf{A}'$, d. h. die Deviationsmomente um die A- und B-Axe, gleich Null sind, was nach S. 215 die Bedingung dafür ist, dass die Z-, resp. C-Axe, eine Hauptträgheitsaxe des Körpers ist.

Findet beides zugleich statt, d. h., gilt zugleich $s = 0$ und $\mathsf{A}' = 0$, $\mathsf{B}' = 0$, so behält der Körper die ihm ertheilte gleichförmige Rotation um eine im Körper und im Raume ruhende Axe selbst dann noch bei, wenn jene nicht mehr festgehalten oder unterstützt wird. Die Hauptträgheitsaxen durch den Schwerpunkt werden daher auch die natürlichen Drehungsaxen des freien Körpers genannt.

Verschwinden nur die Reactionsmomente, aber nicht die Componenten, d. h. ist $\mathsf{A}' = 0$, $\mathsf{B}' = 0$, aber s von Null verschieden, so ist, um die Drehungsaxe unverändert zu erhalten, nur nöthig, dass einer ihrer Punkte unterstützt werde. Die Rotation um eine der durch den festen Punkt gehenden Hauptträgheitsaxen bleibt also unverändert bestehen; daher heissen diese Richtungen auch die permanenten Drehungsaxen für jenen festen Punkt.

Diese beiden Sätze behalten offenbar ihre Gültigkeit auch dann, wenn die äusseren Kräfte zwar nicht verschwinden, aber nichts weiter liefern, als ein Drehungsmoment um die betreffende Hauptträgheitsaxe. Aus der Rolle, welche im Vorstehenden die Parameter A', B' spielen, erklärt sich der ihnen gegebenen Name der Deviationsmomente. —

Besonders einfache Werthe nehmen die auf die Axe wirkenden Drucke und Momente an, wenn man sie auf die im Körper festen Axen A, B, C bezieht; die diesen parallelen Componenten mögen wieder mit A, B, C, die um sie wirkenden Momente mit F, G, H bezeichnet werden. Dann gilt:

$$A_h = X_h \cos\varphi + Y_h \sin\varphi, \qquad B_h = -X_h \sin\varphi + Y_h \cos\varphi, \qquad C_h = Z_h,$$
$$F_h = L_h \cos\varphi + M_h \sin\varphi, \qquad G_h = -L_h \sin\varphi + M_h \cos\varphi, \qquad H_h = N_h,$$

und es folgt demgemäss:

$$
\begin{aligned}
- m s \left(\frac{d\varphi}{dt}\right)^2 &= \sum A_h - A^0, \\
+ m s \frac{d^2\varphi}{dt^2} &= \sum B_h - B^0, \\
0 &= \sum C_h - C^0, \\
+ \mathsf{B}' \frac{d^2\varphi}{dt^2} - \mathsf{A}' \left(\frac{d\varphi}{dt}\right)^2 &= \sum F_h - F^0, \\
+ \mathsf{B}' \left(\frac{d\varphi}{dt}\right)^2 + \mathsf{A}' \frac{d^2\varphi}{dt^2} &= \sum G_h - G^0, \\
\mathsf{M} \frac{d^2\varphi}{dt^2} &= \sum H_h.
\end{aligned}
\tag{59}
$$

Verschwindet das äussere Moment $\sum H_h = \sum N_h$, so ist hierin $d^2\varphi/dt^2$ gleich Null zu setzen.

Beachtet man, dass

$$\left(\frac{d\varphi}{dt}\right)^2 \sum m_h r_h \cos(r_h, A) = \left(\frac{d\varphi}{dt}\right)^2 \sum m_h a_h = \left(\frac{d\varphi}{dt}\right)^2 m s,$$

$$\left(\frac{d\varphi}{dt}\right)^2 \sum m_h r_h \cos(r_h, B) = \left(\frac{d\varphi}{dt}\right)^2 \sum m_h b_h = 0$$

die Componenten der gesammten Centrifugalkräfte sind, welche der Körper erfährt, so sieht man, dass die erste Formel (59) aussagt:

Die Componente des Druckes A^0, welche die Axe in der Richtung durch den Schwerpunkt des Körpers erleidet, ist gleich der Summe der bezüglichen äusseren Kräfte plus der Resultirenden aller Centrifugalkräfte.

Dieser Satz geht vollkommen parallel mit dem zweiten der S. 52 gegebenen Sätze.

Die zweite Formel combiniren wir mit der letzten, um $d^2\varphi/dt^2$ zu eliminiren, und erhalten so:

$$B^0 = \sum B_h - m s \frac{\sum N_h}{\mathsf{M}}. \tag{59'}$$

Die Componente des Druckes B^0, welche die Axe in der Richtung normal zu der Ebene durch den Schwerpunkt des Körpers erfährt, ist gleich der Summe der bezüglichen äusseren Kräfte minus dem Product aus dem Moment der Masse ms in das äussere Drehungsmoment $\sum N_h$ dividirt durch das Trägheitsmoment um die feste Axe.

Diese Componente verschwindet, wenn sich der Körper auf einen Massenpunkt reducirt, der mittelst einer starren Linie an die

Drehungsaxe befestigt ist; denn dann wird $\sum N_h = s \sum B_h$ und $\mathsf{M} = m s^2$.

Wirkt auf den Körper parallel der X-Axe die Schwere, so ist, wenn man nach (39′) $\mathsf{M} = m(\varkappa^2 + s^2)$ setzt:

$$B^0 = -mg\left(1 - \frac{s^2}{\varkappa^2 + s^2}\right)\sin\varphi = -\frac{m g \varkappa^2}{\varkappa^2 + s^2}\sin\varphi.$$

Ist der Körper ein Pendel, welches gerade die grösste Elongation erreicht hat, also die Geschwindigkeit Null besitzt, so ist gleichzeitig:

$$A^0 = m g \cos\varphi,$$

und beiden Componenten entspricht eine Resultirende, die einen Winkel ψ mit der A-Axe einschliesst, gegeben durch:

$$\operatorname{tg}\psi = \frac{\varkappa^2}{\varkappa^2 + s^2}\operatorname{tg}\varphi;$$

die Resultirende hat also stets eine Richtung, welche zwischen die X- und die A-Axe fällt. —

Wir wenden uns nun zu speciellen Anwendungen der Gleichung (58‴), welche die Bewegung eines starren, um eine feste Axe drehbaren Körpers bestimmte; sie lautete:

$$\frac{d^2\varphi}{dt^2} = \frac{N}{\mathsf{M}}.$$

Besonders häufig und wichtig sind die Fälle, dass das Drehungsmoment N zusammengesetzt ist aus Gliedern, die lineär in der Winkelgeschwindigkeit $d\varphi/dt$ und dem Drehungswinkel φ sind, so dass die allgemeine Form entsteht:

$$\frac{d^2\varphi}{dt^2} = a + b\varphi + 2c\frac{d\varphi}{dt}. \tag{60}$$

Setzt man $\varphi + (a/b) = \psi$, rechnet also den Drehungswinkel von $\varphi = -a/b$ ab, so wird diese Gleichung zu

$$\frac{d^2\psi}{dt^2} = b\psi + 2c\frac{d\psi}{dt}. \tag{60′}$$

Eine particuläre Lösung ist $\psi = Ce^{qt}$, falls

$$q^2 = b + 2cq, \quad \text{d. h.} \quad q = c \pm \sqrt{b + c^2} \quad \text{ist.}$$

Dies zeigt, dass, den zwei Wurzeln q_1 und q_2 entsprechend, zwei particuläre Lösungen $\psi_1 = C_1 e^{q_1 t}$ und $\psi_2 = C_2 e^{q_2 t}$ der Gleichung genügen, und man sieht leicht, dass von dem Ausdruck:

$$\psi = C_1 e^{q_1 t} + C_2 e^{q_2 t}$$

dasselbe gilt; letzterer enthält die zwei Integrationsconstanten, welche die allgemeine Lösung einer Differentialgleichung zweiter Ordnung zeigen muss.

Man erkennt sogleich, dass zwei wesentlich verschiedene Fälle eintreten, je nachdem $(b + c^2) \gtrless 0$ ist. Im ersten Falle sind die Wurzeln q_1 und q_2 reell, im zweiten conjugirt complex; im ersten Falle müssen also die Constanten C_1, C_2 reell, im letzteren conjugirt complex sein, und wir erhalten demnach die folgenden beiden Möglichkeiten:

I.
$$b + c^2 > 0,$$
$$\psi = \varphi + a/b = C_1 e^{q_1 t} + C_2 e^{q_2 t}, \tag{60''}$$
$$q_1 = c + \sqrt{b + c^2}, \qquad q_2 = c - \sqrt{b + c^2};$$

II.
$$b + c^2 < 0,$$
$$\psi = \varphi + a/b = e^{ct}(A \cos p t + B \sin p t), \tag{60'''}$$
$$\sqrt{b + c^2} = i p;$$

hierin sind A und B neue, und zwar reelle Constanten.

Wir betrachten zunächst die Formeln unter I, welche zeigen, dass bei den im ersten Fall gemachten Voraussetzungen ψ jeden Werth höchstens zwei Mal annimmt, während t von $-\infty$ bis $+\infty$ geht.

Bedenkt man, dass eine Umkehr des Vorzeichens von q_1, q_2 oder C_1, C_2 durch eine solche für t oder ψ aufgehoben wird, so sieht man, dass für den ganzen Verlauf der Function ψ hier im Ganzen vier wesentlich verschiedene Specialfälle möglich sind, die sich folgendermaassen darstellen:

a) q_1, q_2 und C_1, C_2 haben untereinander gleiches — etwa positives Vorzeichen; dann beginnt für $t = -\infty$ der Drehungswinkel ψ von Null und wächst, ohne ein Maximum oder Minimum zu erreichen, mit der Zeit bis $+\infty$.

b) q_1, q_2 haben verschiedenes, C_1, C_2 gleiches Vorzeichen, q_1, C_1, C_2 möge positiv sein; dann beginnt ψ mit $t = -\infty$ von $+\infty$, nimmt bis zu einem Minimum ab und wächst mit t wieder bis $+\infty$. Die Curve für ψ besitzt keinen Wendepunkt.

c) q_1, q_2 haben gleiches, C_1, C_2 verschiedenes Vorzeichen, q_1, q_2, C_1 möge positiv sein; dann beginnt φ für $t = -\infty$ mit dem Werthe Null, erreicht ein Maximum oder Minimum und nimmt darnach im ersten Falle bis $-\infty$ ab, im zweiten bis $+\infty$ zu. Die Curve besitzt einen Wendepunkt.

d) q_1, q_2 und C_1, C_2 haben unter einander verschiedenes Zeichen, q_1 und C_1 seien positiv; dann beginnt φ für $t = -\infty$ mit $-\infty$ und nimmt, ohne ein Maximum oder Minimum zu passiren, bis $+\infty$ ab, resp. zu. Die Curve besitzt einen Wendepunkt.

Die Formeln unter II zeigen, dass ψ den Werth Null unendlich oft annimmt und zwar in Zeiten, die um die Constante $T = \pi / p$ von einander abweichen; die Bewegung ist also in dieser Hinsicht periodisch. Aber sie ist keine schlichte periodische, denn die grössten Abweichungen von dem Werthe $\psi = 0$ nach der positiven und der negativen Seite sind nicht constant, sondern nehmen je nach dem Vorzeichen von c entweder von Unendlich ab bis Null oder von Null zu bis Unendlich.

Aus dem Verhalten von ψ ergiebt sich dasjenige von φ unmittelbar mit Hülfe der Beziehung $\varphi = \psi - a/b$. —

Wir betrachten nunmehr einige physikalisch wichtige Probleme, die auf Gleichungen der Form (60) führen.

1. Theorie der Atwood'schen Fallmaschine unter Rücksicht auf das Trägheitsmoment der Rolle, das Gewicht des Fadens und die Axenreibung.

Sei die Masse der beiden am Faden hängenden Gewichte inclusive derjenigen des Fadens gleich $2M$, diejenige des Uebergewichtes gleich m, die der Längeneinheit des Fadens gleich μ; sei ferner die Höhendifferenz der beiden Fadenenden am Anfang der Bewegung gleich $-L$, der Radius der Rolle gleich R, so ist, nachdem die Rolle sich um den Winkel φ gedreht, das fallende Gewicht also den Weg $R\varphi$ zurückgelegt hat, das Drehungsmoment der Schwerkraft:

$$R(m - \mu(L - 2R\varphi))g;$$

davon subtrahirt sich das Moment der Axenreibung ϱ, das als eine Constante anzusehen ist.

Das Trägheitsmoment setzt sich zusammen aus dem der Rolle M und demjenigen der am Faden hängenden Massen, die sich — wie leicht zu beweisen — ebenso verhalten, als wären sie im Abstand R angebracht. Wir erhalten hiernach:

$$\frac{d^2\varphi}{dt^2} = \frac{R(m - \mu(L - 2R\varphi))g - \varrho}{\mathsf{M} + R^2(2M + m)}, \tag{61}$$

oder kurz

$$\frac{d^2\varphi}{dt^2} = a + b\varphi,$$

falls

$$a = \frac{R(m - \mu L) g - \varrho}{\mathsf{M} + R^2(2M + m)}, \qquad b = \frac{2R^2 \mu g}{\mathsf{M} + R^2(2M + m)} \tag{61'}$$

gesetzt ist.

Vergleicht man dies mit den allgemeinen Formeln (60) und (60''), so erkennt man, dass wegen $c = 0$, $b > 0$ der Fall I vorliegt und wir erhalten:

$$q_1 = +\sqrt{b}, \qquad q_2 = -\sqrt{b}, \qquad \text{also}$$

$$\varphi = C_1 e^{t\sqrt{b}} + C_2 e^{-t\sqrt{b}} - \frac{a}{b}. \tag{61''}$$

Ist zur Zeit $t = 0$ sowohl φ als $d\varphi/dt$ gleich Null, so resultirt:

$$0 = C_1 + C_2 - \frac{a}{b}, \qquad 0 = C_1 - C_2,$$

also $C_1 = C_2 = (a/2b)$ und daher

$$\varphi = \frac{a}{b}\left(\frac{e^{t\sqrt{b}} + e^{-t\sqrt{b}}}{2} - 1\right). \tag{61'''}$$

Dies ist der strenge Werth, der mit R multiplicirt den zur Zeit t zurückgelegten Weg $R\varphi = s$ angiebt. Man sieht zunächst keinerlei Verwandtschaft des Resultates mit den GALILEI'schen Fallgesetzen, zu deren Demonstration der ATWOOD'sche Apparat gewöhnlich dient. Indess ist $t\sqrt{b}$, in der Hauptsache gegeben durch den Ausdruck $t\sqrt{\mu g}/\sqrt{M}$, für kleine t, wie sie bei der Anwendung ausschliesslich in Betracht kommen, eine gegen Eins kleine Grösse; μg ist nämlich die Masse der Länge 981 cm des Fadens durch $(1\,\text{sec})^2$ dividirt und wird nur einige Centigramme betragen, während M hundert Gramm erreicht. Dann würde der Factor von t eine Zahl in der Höhe einiger Hundertel sein, dividirt durch eine Secunde, und das Product in den praktisch vorkommenden Fällen einige Zehntel betragen; man kann also eine Entwickelung der Exponentialgrössen vornehmen und, mit den niedrigsten Gliedern abbrechend, schreiben:

$$\begin{aligned} s = R\varphi &= \frac{Ra}{b}\left(\frac{bt^2}{1.2} + \frac{b^2t^4}{1.2.3.4} + \frac{b^3t^6}{1\ldots.6} + \cdots\right) \\ &= \frac{Rat^2}{2}\left(1 + \frac{bt^2}{12} + \frac{b^2t^4}{360} + \cdots\right). \end{aligned} \tag{62}$$

Dies zeigt: die Abweichung des Gesetzes für den Fallraum s von der Proportionalität mit t^2 verschwindet, wenn die Masse des Fadens so gering ist, dass $bt^2/12$ neben Eins vernachlässigt werden kann. Man erhält dann, wenn man auch noch μL neben m fortlässt:

$$s = \frac{R^2 m g - R \varrho}{\mathsf{M} + R^2 (2M + m)} \cdot \frac{t^2}{2}, \tag{62'}$$

also eine Bewegung, deren constante Beschleunigung durch das Trägheitsmoment der Rolle und durch die Axenreibung verkleinert wird.

2. Theorie der gedämpften Schwingungen bei kleiner Amplitude.

Schwingungen, welche in Folge einer Widerstandskraft allmählich zur Ruhe kommen, werden an verschiedenen physikalischen Instrumenten der Beobachtung unterworfen, theils zur Bestimmung der Kraft, welche die Schwingungen hervorruft, oder derjenigen, welche sie dämpft, theils zur Bestimmung des Trägheitsmomentes des schwingenden Körpers.

Damit ein um eine Axe drehbarer Körper in Schwingungen gerathe, muss durch seine Ablenkung aus der Ruhelage ein Moment entstehen, welches bestrebt ist, ihn in dieselbe zurückzuführen. Für hinreichend kleine Drehungswinkel φ können wir dasselbe nach Potenzen von φ entwickeln und uns auf das lineäre Glied beschränken; wir wollen daher für dies Moment den Ausdruck $D_0 - D_1 \varphi$ aufstellen.

Das Moment der Widerstandskraft betrachten wir als eine Function der Winkelgeschwindigkeit $d\varphi/dt$, beschränken uns auf kleine Geschwindigkeiten, entwickeln die Function daher nach Potenzen von $d\varphi/dt$ und brechen mit dem zweiten Glied ab, so dass wir für das Moment der Widerstände den Ausdruck $E_0 - E_1 (d\varphi/dt)$ bilden können.

Das constante Glied D_0 stellt das Drehungsmoment dar, das der Körper erfährt, wenn $\varphi = 0$ ist, E_0 das Widerstandsmoment, das bei der Geschwindigkeit $d\varphi/dt = 0$ wirkt und das, wenn es bei der Bewegung dämpfend wirken soll, stets das entgegengesetzte Vorzeichen wie $d\varphi/dt$ haben muss; E_0 würde etwa als eine gleitende Reibung, z. B. als Axenreibung bei der Drehung anzusehen sein.

$-D_1 \varphi$ stellt ein der Ablenkung φ proportionales und bei positivem D_1 ihr entgegen wirkendes, $-E_1 d\varphi/dt$ ein der Winkelgeschwindigkeit proportionales und bei positivem E_1 der Bewegung entgegen wirkendes Moment dar; D_1 und E_1 messen die Zunahme der absoluten Werthe der betreffenden Momente bei Zunahme von φ und $d\varphi/dt$ um je eine Einheit.

Bei Einführung dieser Werthe nimmt die Bewegungsgleichung (58''') folgende Gestalt an:

$$\mathsf{M}\frac{d^2\varphi}{dt^2} = D_0 + E_0 - D_1\varphi - E_1\frac{d\varphi}{dt}. \tag{63}$$

Der Winkel φ ist gegen eine beliebige Anfangslage des Körpers gerechnet; es liegt nahe, zu dieser die Ruhelage des Körpers zu wählen; da dieselbe durch

$$\frac{d^2\varphi}{dt^2} = 0, \quad \frac{d\varphi}{dt} = 0$$

definirt ist, so ergiebt sich aus (63)

$$D_0 + E_0 = D_1\varphi_1'$$

für den Winkel φ_1', welcher der Ruhelage des Körpers entspricht.

Dabei ist aber zu bemerken, dass, weil E_0 eine Widerstandskraft ist, die der Bewegung entgegen wirkt, die obige Formel bei positivem E_0 nur für eine Verschiebung in negativer Richtung gilt, z. B. auch wenn der Körper, von grösseren Winkeln φ herkommend, zur Ruhe gelangt ist. Für eine positive Verschiebung ist E_0 mit $-E_0$ zu vertauschen und es gilt dann für das Gleichgewicht, das durch eine Verschiebung von kleineren Werthen φ her erreicht wird:

$$D_0 - E_0 = D_1\varphi_2'.$$

Zwischen diesen beiden äussersten Werthen φ_1' und φ_2' liegen unendlich viele Gleichgewichtslagen, in denen der Widerstand E_0 nur unvollständig in Anspruch genommen wird; in der mittleren Lage, die gegeben ist durch:

$$D_0 = D_1\varphi',$$

wirkt er gar nicht; in dieser würde also der Körper ohne Widerstand E_0 ruhen.

Es ist daher angemessen, die so gegebene Lage als Anfangslage zu wählen, was sich dadurch ausdrückt, dass in der Gleichung (63) D_0 mit Null zu vertauschen ist. Sie lautet demgemäss:

$$\mathsf{M}\frac{d^2\varphi}{dt^2} = \mp E_0 - D_1\varphi - E_1\frac{d\varphi}{dt}; \tag{63'}$$

das obere oder untere Vorzeichen gilt für Bewegungen in positiver oder in negativer Richtung.

Vergleichen wir diese Formel mit dem allgemeinen Schema (60), so finden wir:

$$a = \mp\frac{E_0}{\mathsf{M}}, \quad b = -\frac{D_1}{\mathsf{M}}, \quad 2c = -\frac{E_1}{\mathsf{M}},$$

und die Formeln (60″) und (60‴) zeigen, dass trotz des negativen Werthes von b mit den gemachten Voraussetzungen sowohl periodische als nicht periodische Bewegungen vereinbar sind; wir haben beide Fälle gesondert zu discutiren.

I. Ist $b + c^2 = (E_1^2/4M^2 - D_1/M) > 0$, also die dämpfende Kraft beträchtlich, so gilt:

$$\left.\begin{aligned}\varphi &= C_1 e^{q_1 t} + C_2 e^{q_2 t} \mp \frac{E_0}{D_1}\\ &= e^{-rt}\left(C_1 e^{+pt} + C_2 e^{-pt}\right) \mp \frac{E_0}{D_1},\end{aligned}\right\} \quad (64)$$

falls kurz

$$\frac{E_1}{2M} = r, \qquad \sqrt{\frac{E_1^2}{4M^2} - \frac{D_1}{M}} = p$$

gesetzt wird. Das obere Vorzeichen gilt für eine Bewegung in positiver, das untere für eine solche in negativer Richtung.

Ist für $t = 0$: $\varphi = - E_0/D_1$, der Körper also an der negativen Grenze seines Ruhebereiches, und wird ihm durch einen Stoss eine positive Anfangsgeschwindigkeit $\omega = (d\varphi/dt)_{t=0}$ mitgetheilt, so bestimmen sich die Constanten C_1, C_2 aus den beiden Gleichungen:

$$0 = C_1 + C_2,$$
$$\omega = (p - r)\,C_1 - (p + r)\,C_2,$$

und es wird, so lange die Bewegung in positivem Sinne andauert:

$$\varphi = \frac{\omega e^{-rt}}{2p}\left(e^{pt} - e^{-pt}\right) - \frac{E_0}{D_1}. \quad (64')$$

Dies zeigt, dass die Ablenkung φ ein Maximum Φ erreicht zur Zeit τ, die gegeben ist durch die Beziehung:

$$e^{-2p\tau} = \frac{(r - p)}{(r + p)};$$

dasselbe hat die Grösse:

$$\Phi = \omega \frac{(r - p)^{(r-p)/2p}}{(r + p)^{(r+p)/2p}} - \frac{E_0}{D_1}.$$

Hier kehrt die Bewegung um und es gilt daher fortan

$$\varphi = e^{-rt}\left(C_1 e^{+pt} + C_2 e^{-pt}\right) + \frac{E_0}{D_1}; \quad (64'')$$

für die Rechnung ist es am bequemsten die Zeit in dieser zweiten Periode wieder von Null an zu zählen. Die Constanten sind dann aus den Bedingungen zu bestimmen, dass für $t = 0$:

$$\varphi = \Phi, \qquad \frac{d\varphi}{dt} = 0$$

sein muss.

Man erhält so für die zweite Periode:

$$\varphi = \left(\Phi - \frac{E_0}{D_1}\right)\frac{e^{-rt}}{2p}\left((p+r)e^{pt} + (p-r)e^{-pt}\right) + \frac{E_0}{D_1}, \qquad (64''')$$

eine Formel, welche bei Benutzung der aus (64) folgenden Beziehung $r > p$ zeigt, dass der Körper nach unendlich langer Zeit in der Position

$$\varphi_\infty = + \frac{E_0}{D_1}$$

zur Ruhe kommt.

Fehlt die constante Widerstandskraft oder Axenreibung E_0, so gilt die Gleichung (64′) in der Form

$$\varphi = \frac{\omega}{2p} e^{-rt}\left(e^{pt} - e^{-pt}\right) \qquad (65)$$

für die ganze Dauer der Bewegung, die zur Zeit $t = 0$ mit der Geschwindigkeit ω in der Lage $\varphi = 0$ beginnt und nach unendlicher Zeit ebenda endet.

Die grösste erreichte Ausweichung ist hier:

$$\Phi = \omega \frac{(r-p)^{(r-p)/2p}}{(r+p)^{(r+p)/2p}}; \qquad (65')$$

ihre Beobachtung kann bei bekanntem r und p dazu dienen, die Anfangsgeschwindigkeit ω und dadurch nach S. 241 das Moment des Impulses zu bestimmen, der dieselbe zu erzeugen vermag; indessen sind hierzu die weiter unten zu besprechenden periodischen Schwingungen noch mehr geeignet.

Fehlt endlich auch das Drehungsmoment $-D_1\varphi$, und ist der Körper mit einer Anfangsgeschwindigkeit ω in der Ruhelage $\varphi = 0$ nur der Widerstandskraft $E_1\, d\varphi/dt$ überlassen, so gilt:

$$\varphi = \frac{\omega}{2r}\left(1 - e^{-2rt}\right); \qquad (65'')$$

die Bewegung dauert unendlich lange in positiver Richtung an bis zu der Endamplitude

$$\varphi_\infty = \frac{\omega}{2r}.$$

II. Ist $b + c^2 = (E_1^2/4\mathsf{M}^2 - D_1/\mathsf{M}) < 0$, also die dämpfende Kraft geringer, so gilt, wenn wir zunächst von einer constanten Widerstandskraft, z. B. einer Axenreibung absehen, also $E_0 = 0$ setzen:

$$\varphi = e^{-rt}(A\cos pt + B\sin pt), \qquad (66)$$

worin

$$\frac{E_1}{2\mathsf{M}} = r, \quad \sqrt{\frac{D_1}{\mathsf{M}} - \frac{E_1^2}{4\mathsf{M}^2}} = p$$

abgekürzt ist.

Ist für $t = 0$ der Körper in der Ruhelage, also $\varphi = 0$, und wird ihm durch einen Stoss die Anfangsgeschwindigkeit $\omega = (d\varphi/dt)_{t=0}$ mitgetheilt, so bestimmen sich die Constanten A und B zu

$$A = 0, \qquad Bp = \omega,$$

so dass wird:

$$\varphi = \frac{\omega}{p} e^{-rt} \sin pt. \tag{66'}$$

Durchgänge durch die Ruhelage finden zu den Zeiten $t = h\pi/p$ für $h = 1, 2, 3 \ldots$ statt, so dass die Dauer einer einfachen oder Halbschwingung den constanten Werth hat:

$$T = \frac{\pi}{p} = \frac{\pi}{\sqrt{\frac{D_1}{\mathsf{M}} - \frac{E_1^2}{4\mathsf{M}^2}}} = \frac{2\pi\mathsf{M}}{\sqrt{4D_1\mathsf{M} - E_1^2}}. \tag{66''}$$

Ist die Dämpfung, also auch E_1, sehr klein, so wirkt sie nur mit einem Glied zweiter Ordnung auf die Schwingungsdauer ein, die sich dem Grenzwerth nähert:

$$T_0 = \pi\sqrt{\frac{\mathsf{M}}{D_1}}. \tag{66'''}$$

Diese Formel wird bei beobachtetem T_0 je nach Umständen, bald zur Bestimmung von M, bald von D_1 benutzt.

Wird z. B. das Drehungsmoment D_1 durch die Drillung eines elastischen Drahtes geliefert, der an seinem oberen Ende befestigt ist und an seinem unteren einen Körper (etwa eine Kreisscheibe aus Metall) von so einfacher Form trägt, dass sein Trägheitsmoment aus seinen Dimensionen und seiner Masse leicht und genau zu berechnen ist, so kann man durch die Messung der Periode von Torsionsschwingungen das Drehungsmoment D_1 des Drahtes bestimmen, welches der Ablenkung $\varphi = 1$ entspricht. Hierbei ist besonders günstig, dass in diesem Falle die Proportionalität des Momentes mit dem Ablenkungswinkel noch für sehr beträchtliche Amplituden mit grosser Genauigkeit gilt.

Ist so D_1 für einen gegebenen Draht gefunden, so kann man ihn weiter zur empirischen Bestimmung von Trägheitsmomenten benutzen, die der Berechnung grössere Schwierigkeiten bieten. Man wird beispielsweise an dem Draht zunächst einen Apparat zur Befestigung von anderen Körpern, z. B. von Stäben, anbringen und dessen Trägheitsmoment M^0 durch Schwingungsbeobachtungen feststellen, etwa finden:

$$T^0 = \pi\sqrt{\frac{\mathsf{M}^0}{D_1}};$$

darauf wird man den eigentlich zu untersuchenden Körper vom Trägheitsmoment M' hinzufügen und erhalten:

$$T' = \pi \sqrt{\frac{\mathsf{M}^0 + \mathsf{M}'}{D_1}}.$$

Dann ist:

$$\mathsf{M}' = (T'^2 - T^{0^2}) \frac{D_1}{\pi^2}.$$

Aehnlich wie einen gedrillten Draht kann man zur Bestimmung von Trägheitsmomenten die im vorigen Abschnitt beschriebene bifilare Aufhängung anwenden, deren Drehungsmoment bei kleinen Amplituden ebenfalls mit φ proportional ist. Hier ist nach (51′) bei Vernachlässigung der Torsion der Aufhängungsdrähte:

$$D_1 = \frac{M g\, O U}{4\, l},$$

worin $Mg = G$ das Gewicht des aufgehängten Apparates, l die Länge der Fäden, O und U ihre Abstände oben und unten bezeichnen.

Dabei ist, wie schon im vorigen Abschnitt bemerkt, wenn die Fäden nicht sehr dünn gegen ihren Abstand sind, eine gewisse Unsicherheit darüber vorhanden, welche Entfernungen für O und U zu wählen sind.

Diese Schwierigkeit lässt sich nach einem Vorschlag von Gauss folgendermaassen umgehen.

Man legt einen Stab so in den Apparat, dass sein Schwerpunkt sehr nahe in die Drehaxe fällt, was sich durch gewisse einfache Kunstgriffe leicht erreichen lässt. Beiderseits sind in gleichen Abständen L', L'' ... vom Schwerpunkt und somit von der Drehungsaxe feine Marken angebracht, welche gestatten, gegebene gleiche Massen m, z. B. cylindrische Metallstücken, so aufzuhängen, dass ihre Schwerpunkte um eben diese Längen L', L'' ... von der Drehungsaxe abstehen.

Besitzt der Apparat mit dem eingelegten Stab die Schwingungsdauer T^0, so wird gelten:

$$T^0 = \pi \sqrt{\frac{4\, l\, \mathsf{M}^0}{g\, O\, U\, M}};$$

finden hingegen, wenn die Massen m in den Entfernungen L', L'' ... angebracht sind, die Schwingungsdauern T', T'' ... statt, so ist:

$$T' = \pi \sqrt{\frac{4\, l\, (\mathsf{M}^0 + 2\, m\, (x^2 + L'^2))}{g\, O\, U\, (M + 2\, m)}},$$

$$T'' = \pi \sqrt{\frac{4\, l\, (\mathsf{M}^0 + 2\, m\, (x^2 + L''^2))}{g\, O\, U\, (M + 2\, m)}}, \quad \text{u. s. f.};$$

hierin bezeichnet $m\varkappa^2$ das Trägheitsmoment eines der angebrachten Gewichte m um eine verticale Axe durch seinen Schwerpunkt.

Aus den letzten beiden Formeln folgt:

$$\frac{g\,O\,U}{4\,l} = \frac{2\pi^2 m (L'^2 - L''^2)}{(T'^2 - T''^2)(M + 2m)};$$

hierdurch ist also das ganze in D_1 auftretende Aggregat $g\,O\,U/4\,l$ mit einem Male bestimmt; setzt man seinen Werth in die Formel für T^0 ein, so folgt auch M^0, und damit ist Alles bekannt, was man nöthig hat, um die bifilare Aufhängung zur Bestimmung von Trägheitsmomenten zu verwenden. —

Nachdem wir so die praktische Anwendung des Gesetzes der Schwingungs*dauer* erörtert haben, wollen wir uns zur Betrachtung des Gesetzes der Schwingungs*amplituden* wenden. Es war nach (66'):

$$\varphi = \frac{\omega}{p} e^{-rt} \sin p\,t,$$

dabei

$$r = \frac{E_1}{2\mathsf{M}}, \qquad p = \sqrt{\frac{D_1}{\mathsf{M}} - \frac{E_1^2}{4\mathsf{M}^2}}.$$

Maxima oder Minima von φ finden hiernach statt zu Zeiten τ, die gegeben sind durch die Gleichung:

$$\operatorname{ctg} p\,\tau = \frac{r}{p}. \tag{67}$$

Die Wurzeln dieser Gleichung folgen einem einfachen Gesetz; ist die erste positive gleich τ_1, so sind die folgenden gegeben durch:

$$\tau_h = \tau_1 + \frac{h\pi}{p} = \tau_1 + h\,T,$$

wo h eine ganze Zahl ist; demgemäss bestimmt sich das $(h+1)$te Maximum oder Minimum von φ durch:

$$(-1)^h\,\Phi_{h+1} = \frac{\omega}{p} e^{-r(\tau_1 + hT)} \sin p\,\tau_1, \tag{67'}$$

wobei nun alle Φ_h positiv sind; es gilt hiernach:

$$\frac{\Phi_{h+1}}{\Phi_h} = e^{-rT}. \tag{67''}$$

Die Schwingungsamplituden Φ_h bilden also in ihren absoluten Werthen eine geometrische Reihe; das Gleiche gilt von dem directer ablesbaren Intervall Ψ_h zwischen einander folgenden Umkehrpunkten, definirt durch:

$$\Phi_h + \Phi_{h+1} = \Psi_h, \qquad \Phi_{h+1} + \Phi_{h+2} = \Psi_{h+1} \quad \text{u. s. f.}$$

Es lässt sich demnach leicht der Werth des Exponenten:

$$r\,T = \frac{\pi r}{p} = \frac{T E_1}{2\mathsf{M}}$$

durch die Beobachtung bestimmen und bei direct beobachtetem T und berechnetem M die Grösse der dämpfenden Kraft E_1 ableiten. —

Die erste Amplitude nach Ertheilung der Geschwindigkeit ω kann zur Bestimmung dieser Grösse und dadurch zur Bestimmung des Impulses dienen, welcher die Schwingungen hervorgerufen hat; dergleichen Messungen werden im Gebiete der elektrischen Induction häufig angestellt.

Die Zeit τ des ersten Maximums für φ ist die erste positive Wurzel der Gleichung:

$$\operatorname{ctg} p\,\tau = \frac{r}{p};$$

da man durch die Beobachtung der folgenden Amplituden, wie oben gezeigt, den Werth r/p leicht erhalten kann und $\pi/p = T$ die Dauer einer einfachen Schwingung angiebt, so ist in der Gleichung

$$\omega = \frac{p\,\Phi_1\,e^{+r\tau_1}}{\sin p\,\tau_1} \tag{68}$$

alles auf der rechten Seite Vorkommende bekannt.

Ist r/p klein neben Eins, so ist $p\,\tau_1$ nur wenig von $\frac{1}{2}\pi$ verschieden, und man kann die Gleichung (67) zu leichterer Berechnung von τ_1 in eine Reihe entwickeln.

Wenn auf die besprochene Weise ω gefunden ist, so folgt daraus die Grösse des angewandten Impulsmomentes (N) nach Gleichung (56′):

$$(N) = \omega\,\mathsf{M}. \text{ —}$$

Wirkt ausser der mit der Geschwindigkeit proportionalen auch noch eine constante Widerstandskraft, so gilt nach (60‴) an Stelle von (66):

$$\varphi = e^{-rt}(A\cos p\,t + B\sin p\,t) \mp \frac{E_0}{D_1}, \tag{69}$$

wo das obere Vorzeichen für Bewegungen in positiver, das untere für solche in negativer Richtung zu benutzen ist; es gilt also dieselbe Formel immer nur für die Dauer einer einfachen Schwingung und es müssen die Constanten A und B für eine jede dieser Perioden neu bestimmt werden.

Seien die einfachen Schwingungen durch Ordnungszahlen bestimmt und mögen wieder die in positiver Richtung stattfindenden die ungeradzahligen sein. Betrachten wir dann den Anfang der

$h$ten einfachen Schwingung, der zur Zeit τ_{h-1} stattfinden möge; die Anfangsamplitude sei $(-1)^h \Phi_{h-1}$, also, da Φ_{h-1} positiv ist, negativ bei folgender positiver Bewegungsrichtung; die Geschwindigkeit ist zur selben Zeit τ_{h-1} gleich Null.

Demgemäss muss gelten:

$$(-1)^h\left(\Phi_{h-1} - \frac{E_0}{D_1}\right) = e^{-r\tau_{h-1}}(A_h \cos p\tau_{h-1} + B_h \sin p\tau_{h-1}), \tag{69'}$$
$$0 = -A_h(r\cos p\tau_{h-1} + p\sin p\tau_{h-1}) + B_h(p\cos p\tau_{h-1} - r\sin p\tau_{h-1}).$$

Für das Ende τ_h der betrachteten Schwingung gilt analog:

$$(-1)^{h+1}\left(\Phi_h + \frac{E_0}{D_1}\right) = e^{-r\tau_h}(A_h \cos p\tau_h + B_h \sin p\tau_h), \tag{69''}$$
$$0 = -A_h(r\cos p\tau_h + p\sin p\tau_h) + B_h(p\cos p\tau_h - r\sin p\tau_h).$$

Die Betrachtung dieser Formeln genügt, um den Einfluss einer constanten Reibung auf die Gesetze der Oscillation zu erkennen.

Die beiden zweiten Gleichungen zeigen, dass τ_{h-1} und τ_h derselben Relation:

$$\operatorname{tg} p\tau = -\frac{Ar - Bp}{Ap + Br} \tag{70}$$

genügen, es muss also, da zwischen diesen beiden kein anderer Werth die Gleichung erfüllt,

$$p(\tau_h - \tau_{h-1}) = \pi$$

sein; die Differenz $\tau_h - \tau_{h-1} = T = \pi/p$ ist also die constante Dauer einer einfachen Schwingung und unabhängig von der constanten Widerstandskraft. Es gilt daher für die Dauer einer einfachen Schwingung auch jetzt die Formel (66''):

$$T = \frac{\pi}{\sqrt{\frac{D_1}{\mathsf{M}} - \frac{E_1^2}{4\mathsf{M}^2}}}.$$

Die beiden ersten Gleichungen (69') und (69'') lassen sich in Rücksicht darauf, dass $p\tau_h = p\tau_{h-1} + \pi$ ist, in der Form schreiben:

$$\Phi_{h-1} - \frac{E_0}{D_1} = K_h, \qquad \Phi_h + \frac{E_0}{D_1} = K_h e^{-r\pi/p} \tag{70'}$$

und daraus erkennt man, dass jetzt die Amplituden selbst keine geometrische Reihe mehr bilden, sondern:

$$\frac{\Phi_{h-1} - \frac{E_0}{D_1}}{\Phi_h + \frac{E_0}{D_1}} = e^{+r\pi/p} \tag{70''}$$

ein constantes Verhältniss giebt.

Stellt man zu den letzten Formeln die für die folgende $(h+1)$te einfache Schwingung geltende, so hat man:

$$\Phi_h - \frac{E_0}{D_1} = K_{h+1}, \qquad \Phi_{h+1} + \frac{E_0}{D_1} = K_{h+1} e^{-r\pi/p},$$

und erhält daraus:

$$\Phi_{h-1} - \Phi_h = K_h - K_{h+1},$$

und:

$$\Phi_{h-1} - 2\Phi_h + \Phi_{h+1} = (K_h - K_{h+1})(1 - e^{-r\pi/p}), \qquad (71)$$

Sind die Widerstandskräfte so gering, dass man sowohl $r\pi/p$ neben Eins, als $\Phi_{h-1} - \Phi_h$ neben Φ_h als kleine Grössen erster Ordnung ansehen kann, so ist nach den letzten Formeln

$$\Phi_{h-1} - 2\Phi_h + \Phi_{h+1}$$

klein von der zweiten Ordnung neben Φ_h, und man hat bei Beschränkung auf Glieder erster Ordnung zu schreiben:

$$\Phi_{h-1} - 2\Phi_h + \Phi_{h+1} = 0 \quad \text{oder} \quad \Phi_{h-1} + \Phi_{h+1} = 2\Phi_h. \qquad (71')$$

Hieraus lässt sich eine Regel ableiten, um für Körper, die unter Widerstandskräften schwingen, die Ruhelage zu bestimmen, welche sie *ohne* diese Widerstände einnehmen würden, und die direct nur sehr mühsam zu beobachten sein würde.

Man beobachte auf einer Scala mit beliebigem Nullpunkt drei auf einander folgende Umkehrpunkte des schwingenden Körpers, die auf die Zahlen s_{h-1}, s_h, s_{h+1} fallen mögen; dann ist

$$\frac{s_{h-1} + 2s_h + s_{h+1}}{4} = s_0$$

der der gesuchten Ruhelage entsprechende Punkt der Scala.

In der That: $s_{h-1} - s_0$, $s_0 - s_h$, $s_{h+1} - s_0$ sind proportional mit den drei auf einander folgenden Amplituden Φ_{h-1}, Φ_h, Φ_{h+1}; führt man dies aber ein, so verwandelt sich die letzte Gleichung in:

$$\Phi_{h-1} - 2\Phi_h + \Phi_{h+1} = 0.$$

Diese Gauss'sche Regel kommt u. a. bei der Benutzung der Waagen in Anwendung, um aus deren Schwingungen schnell und sicher die Ruhelage zu bestimmen.

§ 22. Theorie der Anwendung des Pendels zur Bestimmung der Beschleunigung durch die Schwerkraft.

Für die Dauer T der einfachen Schwingung eines schweren Massenpunktes auf einer vertical stehenden Kreisbahn vom Radius l oder eines sogenannten einfachen Pendels von der Länge l hatten wir schon im ersten Theil, § 9, das Gesetz gefunden

$$T = \pi \sqrt{\frac{l}{g}},$$

welches für unendlich kleine Amplituden gilt. Dasselbe zeigt, wie durch eine Beobachtung von T und l die Beschleunigung g durch die Schwere sich einfachst bestimmen lassen würde. Indessen ist die bei der vorstehenden Formel vorausgesetzte Anordnung bei dem Experiment nach vielen Seiten hin nur angenähert zu erreichen, und wir wollen daher jetzt die störenden Umstände erörtern, welche bei der Bestimmung der überaus wichtigen Grösse g in Betracht kommen, und die Methoden beschreiben, die man anwendet, um ihren Einfluss auf die Beobachtung theoretisch zu erkennen und praktisch zu eliminiren. Kaum eine andere physikalische Beobachtung gestattet eine ähnliche Schärfe, wie die Bestimmung von g mittelst des Pendels; demgemäss bietet die Theorie dieser Beobachtungsmethoden das classische Beispiel für die sachgemässe Behandlung sogenannter „Fehlerquellen".

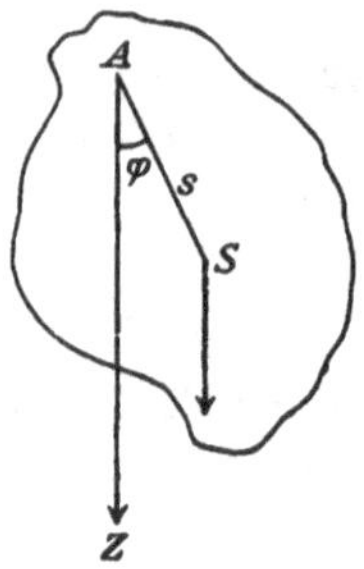

Fig. 26.

Die Pendel, welche zur Bestimmung von g wirklich angewandt werden und die man im Gegensatz zu den oben erwähnten idealen oder „einfachen" wohl „zusammengesetzte" nennt, sind schwere starre Körper, die um eine horizontale Axe A drehbar sind. Ihre Masse sei mit M, ihr Trägheitsmoment um die Axe A mit M bezeichnet. Die drehend wirkende Kraft ist die Schwere, deren Resultante Mg im Schwerpunkt S des Körpers angreift. Das Pendel ist in stabilem Gleichgewicht, wenn sich der Schwerpunkt S normal unter A befindet; eine Ablenkung um den Winkel φ giebt ein zurückdrehendes Moment:

$$N = - Mg s \sin \varphi,$$

falls s den Abstand des Schwerpunktes von der Axe bezeichnet.

Wir erhalten demgemäss nach (53''') die Bewegungsgleichung

$$\mathsf{M} \frac{d^2 \varphi}{d t^2} = - Mg s \sin \varphi, \tag{72}$$

welche nach Multiplication mit $d\varphi/dt$ und einmaliger Integration ergiebt:

$$\frac{M}{2}\left(\frac{d\varphi}{dt}\right)^2 = c + Mgs\cos\varphi.$$

Ist für $t = 0$ das Pendel in seiner grössten Elongation Φ nach der positiven Seite und also $(d\varphi/dt)_{t=0} = 0$, so wird:

$$M\left(\frac{d\varphi}{dt}\right)^2 = 2Mgs(\cos\varphi - \cos\Phi), \tag{72'}$$

also

$$t = -\sqrt{\frac{M}{Mgs}}\int_{\Phi}^{\varphi}\frac{d\varphi}{\sqrt{2(\cos\varphi - \cos\Phi)}}, \tag{72''}$$

wo das negative Zeichen für die Dauer der ersten einfachen Schwingung gilt. Setzt man hierin

$$\sin^2\tfrac{1}{2}\varphi = \sin^2\tfrac{1}{2}\Phi\sin^2\psi, \qquad \text{also}$$

$$d\varphi = \frac{2\sin\frac{1}{2}\Phi\cos\psi\, d\psi}{\sqrt{1-\sin^2\frac{1}{2}\Phi\sin^2\psi}},$$

so erhält man:

$$t = \sqrt{\frac{M}{Mgs}}\int_{\psi}^{1/2\,\pi}\frac{d\psi}{\sqrt{1-\sin^2\frac{1}{2}\Phi\sin^2\psi}}; \tag{72'''}$$

die Ablenkung des Pendels zu beliebiger Zeit wird also durch ein elliptisches Integral erster Art gegeben. Für die Praxis ist es bequem, da die Amplitude Φ immer nur wenige Grade beträgt, den Nenner zu entwickeln und zu schreiben:

$$t = \sqrt{\frac{M}{Mgs}}\int_{\psi}^{1/2\,\pi}d\psi\left[1 + \frac{1}{2}\sin^2\tfrac{1}{2}\Phi\sin^2\psi + \frac{1.3}{2.4}\sin^4\tfrac{1}{2}\Phi\sin^4\psi + \ldots\right].$$

Die Dauer einer einfachen Schwingung erhalten wir hieraus, wenn wir die untere Grenze $\psi = -\frac{1}{2}\pi$ wählen, denn dies entspricht der Zeit, die verfliesst, bis die Amplitude zum ersten Mal den Werth $-\Phi$ erreicht. Demgemäss findet sich unter Rücksicht auf die Beziehung

$$\int_{-1/2\,\pi}^{+1/2\,\pi}\sin^{2n}\psi\, d\psi = \frac{1.3.5\ldots(2n-1)}{2.4\ldots3n}\pi$$

das Resultat:

$$T_\Phi = \pi \sqrt{\frac{\mathsf{M}}{M g s}} \left[1 + \left(\frac{1}{2}\right)^2 \sin^2 \tfrac{1}{2} \Phi + \left(\frac{1 \,.\, 3}{2 \,.\, 4}\right)^2 \sin^4 \tfrac{1}{2} \Phi + \cdots\right]. \quad (73)$$

Bezeichnen wir die einer unendlich kleinen Amplitude entsprechende Schwingungsdauer durch T, den Klammerausdruck in (73) durch $1 + \sigma$, wobei $\sigma > 0$ ist, so erhält man

$$T_\Phi = T(1 + \sigma), \qquad T = \pi \sqrt{\frac{\mathsf{M}}{M g s}}. \quad (73')$$

Lassen wir den Körper zu einem einzigen schweren Punkt M im Abstand l von der Axe werden, so ist für diesen $\mathsf{M} = M l^2$ und $s = l$; es wird also der Factor M/Ms zu l, während alles Uebrige bestehen bleibt. Wir erhalten daher den Satz:

Ein zusammengesetztes Pendel besitzt dieselbe Schwingungsdauer wie ein einfaches von der Länge l, wenn die Beziehung besteht:

$$\frac{\mathsf{M}}{M s} = l. \quad (74)$$

Drückt man gemäss (39′) das Trägheitsmoment M durch den Trägheitsradius $\varkappa$ um eine zur gegebenen parallele Axe durch den Schwerpunkt und durch dessen Abstand s aus, so erhält man auch:

$$\frac{\varkappa^2 + s^2}{s} = l. \quad (74')$$

Die Betrachtung des in der Klammer von (73) stehenden Werthes zeigt ferner:

Die Schwingungsdauer eines Pendels wächst mit seiner Schwingungsweite.

Dieses Wachsthum ist nur gering und beträgt bei einer Zahl von n Graden, die so klein ist, dass das dritte Glied des Klammerausdruckes ignorirt werden kann, den $0{,}000018 . n^2$ten Theil des Ganzen.

Nach g aufgelöst liefert die zweite Gleichung (73′) den Werth:

$$g = \frac{\mathsf{M}}{M s} \left(\frac{\pi}{T}\right)^2. \quad (74'')$$

Für die Bestimmung von g durch die Beobachtung sind also die Grössen M, M, s und $T = T_\Phi / (1 + \sigma)$ zu bestimmen.

Auf die Messung von M brauchen wir, nachdem die Theorie der Waage in § 20 ausführlich entwickelt ist, nicht einzugehen; aber die Methoden zur Bestimmung der übrigen der genannten Grössen bieten vielfaches Interesse.

Schwingungsdauern von langsamer Zu- oder Abnahme werden, wie constante, dadurch bestimmt, dass man die Zeit τ

misst, welche eine bekannte Zahl n von Schwingungen erfordert. Bei hinreichend kleinem n, — das in unserem Fall äusserst langsamer Veränderlichkeit übrigens sehr beträchtlich sein darf, — ist dann τ gleich dem $n$fachen der in der Mitte des Intervalles τ stattfindenden Schwingungsdauer. In unserem Falle gilt somit $\tau = n\,T(1 + \bar{\sigma})$, wobei $\bar{\sigma}$ mit der in der Mitte von τ beobachteten Amplitude $\overline{\Phi}$ oder aber mit dem Mittel der Anfangs- und der Endamplituden Φ_a und Φ_b zu berechnen ist.

Für die Beobachtung von τ hat man zwei Methoden, welche beide eine ungefähre Kenntniss des Werthes von T, die man durch directe Zählung einer Anzahl von Schwingungen und der ihnen entsprechenden Anzahl von Secunden leicht erhalten kann, voraussetzen.

Bei der ersten „gewöhnlichen“ Methode beobachtet man mit einem auf die Ruhelage des Pendels eingestellten Fernrohre die Zeitpunkte t_0, t_1, t_2, . . . beliebiger Durchgänge des Pendels durch die Ruhelage, sowie die ihnen direct vorhergehenden oder folgenden Elongationen Φ_0, Φ_1, Φ_2, . . ., bestimmt dann mit Hülfe des vorläufigen Werthes von T die Anzahl n_1, n_2, . . . der zwischen je zwei sich folgenden Ablesungen liegenden Schwingungsdauern und erhält dadurch folgende Gleichungen zur Bestimmung von T, d. h. der einer unendlich kleinen Amplitude entsprechenden Schwingungsdauer:

$$\begin{aligned} t_0 &= a \\ t_1 &= a + T(n_1 + n_1\sigma_1) \\ t_2 &= a + T(n_1 + n_2 + n_1\sigma_1 + n_2\sigma_2) \\ t_3 &= a + T(n_1 + n_2 + n_3 + n_1\sigma_1 + n_2\sigma_2 + n_3\sigma_3) \\ &\cdot\ \cdot\ \cdot\ \cdot\ \cdot\ \cdot \end{aligned} \tag{75}$$

Die sehr kleinen in σ multiplicirten Glieder kann man hierin unter Benutzung eines angenäherten Werthes für T passend als Correctionen an den direct beobachteten Zeitpunkten t_h auf die linken Seiten der Formeln bringen.

Für ein System lineärer Gleichungen, welches, wie dieses, mehr Gleichungen als Unbekannte (a und T) enthält, ergiebt die Wahrscheinlichkeitsrechnung die folgende Regel zur Bestimmung der Unbekannten: Man multiplicirt jede Gleichung mit dem in ihr auftretenden Factor der ersten Unbekannten und addirt alle so erhaltenen, verfährt ebenso mit dem Factor der zweiten, dritten . . . αten Unbekannten und gewinnt auf diese Weise α Gleichungen, deren Auflösung die wahrscheinlichsten Werthe der α Unbekannten liefert. (Methode der kleinsten Fehlerquadrate.)

Die andere Beobachtungsmethode, auch „Methode der Coincidenzen“ genannt und von Mairan erfunden, von Borda vervollkommnet, setzt voraus, dass die Schwingungsdauer T_Φ des Pendels sehr nahezu in einem durch kleine ganze Zahlen gegebenem Verhältniss zu der Schwingungsdauer T' eines (controlirten) Uhrpendels steht, — die wir der Kürze halber als Secunde bezeichnen — und bestimmt die Zeitpunkte der gleichzeitigen gleichsinnigen Durchgänge beider Pendel durch ihre Ruhelage, der sogenannten Coincidenzen

Fänden ν Schwingungen des Experimentirpendels in genau derselben Zeit statt, wie μ des Uhrpendels, d. h. wäre $\nu T_\Phi = \mu T'$, so müsste, wenn beide zur Zeit $t = 0$ eine Coincidenz besitzen, nach je μ Secunden abermals eine solche eintreten; ist dies Verhältniss aber nicht genau erfüllt, sondern gilt

$$(\nu \mp \delta)\, T_\Phi = \mu T',$$

wo δ neben μ sehr klein und mit positivem oder negativem Zeichen zu nehmen ist, je nachdem das Uhr- oder das Experimentirpendel voreilt, so werden zunächst die nach je μ Secunden zu erwartenden Coincidenzen immer unvollkommner werden, bis nach $h\mu$ Secunden einmal ein nahezu gleichzeitiger Durchgang beider Pendel in entgegengesetzter Richtung stattfindet, d. h. $h\delta$ nahe $= 1$, also

$$(h\nu \mp 1)\, T_\Phi\, (=)\, h\mu\, T'$$

ist, wobei das Zeichen $(=)$ die Gleichheit innerhalb der Grenze der Beobachtungsfehler andeuten mag.

Weiter werden die beiden Pendel beim Durchgang nach je μ Secunden sich einander mehr und mehr nähern, und nach $2h\mu$ Secunden wird ein nahe gleichzeitiger Durchgang in gleicher Richtung wieder stattfinden. Dann ist:

$$2(h\nu \mp 1)\, T_\Phi\, (=)\, 2h\mu\, T'\, (=)\, \Theta_\Phi$$

die Dauer einer Coincidenz, eine wohl messbare Grösse.

Die Coincidenzen in der Ruhelage sind niemals absolut genau, und darum findet man, wenn man aus der Messung der Dauer einer grösseren Zahl von Intervallen Θ_Φ das h berechnet, für dasselbe im Allgemeinen keine ganze Zahl. Bei Zulassung nicht ganzzahliger Werthe h wird dann die Gleichung

$$2(h\nu \mp 1)\, T_\Phi = 2h\mu\, T' = \Theta_\Phi \tag{76}$$

streng richtig; man kann also die Beziehung

$$T_\Phi = \frac{h\mu}{h\nu \mp 1}\, T',$$

in der h, μ, ν beobachtbar sind, benutzen, um die Schwingungsdauer T_Φ des Experimentirpendels durch diejenige T' des Uhrpendels auszudrücken.

Sind die Amplituden des ersteren nicht hinreichend klein, so lässt sich T_Φ während der Beobachtung auch nicht als constant betrachten; es muss dann eine Reduction auf unendlich kleine Amplituden vorgenommen werden.

Die Schwingungsdauer T bei unendlich kleiner Amplitude steht mit der bei endlicher nach dem Obigen in dem Zusammenhang:

$$T_\Phi = T(1 + \sigma),$$

worin σ, eine Function der Grösse der Amplitude, in der Regel so klein ist, dass man ihr Quadrat neben Eins vernachlässigen kann.

Bei unendlich kleiner Amplitude würden die Coincidenzen in Zeitintervallen:

$$2(h^0\nu \mp 1)\,T = 2h^0\mu\,T' = \Theta \tag{76'}$$

stattfinden. Vergleicht man dies mit der Formel (76)

$$2(h\nu \mp 1)\,T(1 + \sigma) = 2h\mu\,T' = \Theta_\Phi,$$

so erhält man nach einfachen Reductionen die noch strenge Beziehung

$$h = h^0\big(1 \mp \sigma(h\nu \mp 1)\big), \tag{76''}$$

wo im zweiten kleinen Glied auf der rechten Seite h beliebig mit h^0 zu vertauschen ist.

Setzt man diesen Werth in den Ausdruck für Θ_Φ ein, so erhält man, indem man sich auf die lineären Glieder in Bezug auf σ beschränkt:

$$\Theta\big(1 \mp \sigma(h\nu \mp 1)\big) = \Theta_\Phi,$$

oder abgekürzt (76''')

$$\Theta_\Phi = \Theta(1 \mp \sigma').$$

Beobachtet man nun Coincidenzen zu den Zeiten $t_0, t_1, t_2 \ldots$, und liegen zwischen denselben resp. $k_1, k_2, \ldots$ Intervalle Θ, so gelten folgende Gleichungen:

$$\begin{aligned}
t_0 &= b \\
t_1 &= b + \Theta(k_1 + k_1\sigma_1') \\
t_2 &= b + \Theta(k_1 + k_2 + k_1\sigma_1' + k_2\sigma_2') \\
t_3 &= b + \Theta(k_1 + k_2 + k_3 + k_1\sigma_1' + k_2\sigma_2' + k_3\sigma_3') \\
&\cdots\cdots
\end{aligned} \tag{77}$$

Hierin sind die σ' mit den mittleren Amplituden in dem betreffenden Intervall zu berechnen und die in sie multiplicirten Glieder unter Benutzung eines vorläufigen angenäherten Werthes von T vortheilhaft auf die linke Seite zu bringen.

Die Berechnung von Θ geschieht dann nach der oben besprochenen Methode; aus seinem Werth findet sich nach (76′)

$$h^0 = \frac{\Theta}{2\mu T'}$$

und daraus T gemäss derselben Gleichung:

$$T = \frac{\Theta}{2(h^0 \nu \mp 1)} = \frac{\Theta}{2\left(\frac{\nu \Theta}{2\mu T'} \mp 1\right)}, \tag{77'}$$

wobei neben dem eben berechneten Θ auch T', μ und ν als bekannt zu betrachten sind.

Am häufigsten wird die Methode der Coïncidenzen auf Pendel angewandt, welche mit dem Uhrpendel nahe übereinstimmende Schwingungsdauer haben, für welche also $\mu = \nu$ ist. —

Die Hauptschwierigkeit in der Anwendung der Formel (74″) zur Bestimmung von g liegt in den Grössen M und s, die im Allgemeinen aus den Dimensionen des Pendels zu berechnen sind. Dabei bringt einmal die stets vorhandene und nicht streng zu berücksichtigende Inhomogenität des Materiales, aus welchem das Pendel gefertigt ist, dann auch die nie vollkommen dem Ideal entsprechende unregelmässige Gestalt desselben bedeutende Fehler mit sich. Wir wollen zwei verschiedene Anordnungen des Experimentes, welche bestimmt sind, diese Uebelstände unschädlich zu machen, ausführlich besprechen.

I. Fadenpendel.

Die Einrichtung der Fadenpendel bezweckt, die Wirkung der genannten Fehlerquellen dadurch zu verringern, dass man die ganze Masse auf möglichst kleinen Raum in grossem Abstand von der Drehungsaxe concentrirt. Dazu hängt man an einem möglichst leichten Faden eine Kugel auf, von möglichst grosser Dichtigkeit und einem Radius R, der klein ist gegen die Länge des Fadens L. Nennt man die Masse der Kugel m, die des Fadens m', so erhält man unter Voraussetzung homogener Substanz und regelmässiger Form jeder der beiden Theile nach (39), (41‴), (42) für das Verhältniss M/Ms, welches die Länge l des mit dem gegebenen gleichschwingenden einfachen Pendels darstellt, den Werth:

$$l = \frac{\mathsf{M}}{Ms} = \frac{m\left((L+R)^2 + \frac{2}{5}R^2\right) + \frac{1}{3}m' L^2}{m(L+R) + \frac{1}{2}m' L}. \tag{78}$$

Hierin wird m und m' durch Wägung, $L + R$ durch Messung der Pendellänge im Allgemeinen direct bestimmt werden. R wird entweder durch das Mittel einer grösseren Zahl von Messungen verschiedener Durchmesser gegeben, oder aus dem nach später zu besprechenden Methoden beobachteten Volumen als mittlerer Werth berechnet werden.

Ist m' so klein gegen m, dass man sowohl $(m'/m)^2$ als auch $m'R/mL$ neben Eins vernachlässigen kann, so erhält man:

$$l = \frac{\mathsf{M}}{Ms} = L + R + \frac{2}{5} \cdot \frac{R^2}{L + R} - \frac{Lm'}{6m}. \tag{78'}$$

Wäre die ganze Masse im Kugelcentrum vereinigt, so würde $l = L + R$ sein; die beiden letzten Glieder der Formel sind also die von der Grösse der Kugel und der Masse des Fadens herrührenden Correctionen; da sie entgegengesetzte Vorzeichen haben, so kann man durch geeignete Wahl erreichen, dass sie sich gegenseitig zerstören. Dazu muss:

$$\frac{12}{5} \frac{R^2}{L(L + R)} = \frac{m'}{m}$$

sein; ist Faden und Kugel aus der gleichen Substanz und q der Querschnitt des Fadens, so folgt für diesen:

$$q = \frac{16\pi}{5} \cdot \frac{R^5}{L^2(L + R)};$$

dies giebt z. B., falls $R = 1$ cm, $L = 1$ m, für q den Werth 0,001 mm².

Um sich von der Voraussetzung der Homogenität der Substanz der Kugel — der Faden kommt hierbei seiner geringen Masse wegen nicht in Betracht — zu befreien, kann man nach dem Vorgang von Mairan, dem die späteren Beobachter mit Fadenpendeln gefolgt sind, zwei Beobachtungsreihen combiniren, zwischen denen die Kugel umgekehrt, unten und oben vertauscht worden ist.

Bezeichnet man nämlich das Trägheitsmoment und den Schwerpunktsabstand für den Fall homogener Massenvertheilung mit M_0 und s_0, den Abstand des Kugelcentrums von der Axe mit a, und bezeichnet man ferner die positive oder negative Dichtigkeit, die in dem Raumelement dk an der Stelle $(a + x, y)$ mehr vorhanden ist, als bei homogener Massenvertheilung stattfinden würde, mit ε', so wird sich, wenn man y^2 als sehr klein neben $(a + x)^2$ vernachlässigt, schreiben:

$$l = \frac{\mathsf{M}_0 + \int \varepsilon' \, dk \, (a + x)^2}{M s_0 + \int \varepsilon' \, dk \, (a + x)},$$

woraus unter Rücksicht auf $\int \varepsilon' dk = 0$ und die gleiche Grössenordnung von x und y folgt:

$$l = \frac{\mathsf{M}_0}{M s_0}\left(1 + \left(\frac{2a}{\mathsf{M}_0} - \frac{1}{M s_0}\right)\int \varepsilon' x\, d k\right);$$

man bemerkt, dass bei der vorausgesetzten Drehung der Pendelkugel das zweite Glied sein Vorzeichen umkehrt. Beobachtet man daher T, womit auch weiterhin sogleich die auf unendlich kleine Amplitude reducirte Schwingungsdauer bezeichnet werden mag, in diesen beiden Anordnungen und bezeichnet die sich entsprechenden Werthe mit l', T' und l'', T'', so wird wegen $l = g\,(T/\pi)^2$

$$\frac{T'^2 + T''^2}{2} = \frac{\pi^2}{g}\,\frac{(l' + l'')}{2} = \frac{\pi^2}{g}\,\frac{\mathsf{M}_0}{M s_0};$$

man kann also, wenn man nur mit dem Mittelwerth der Quadrate der bei verschiedener Lage der Kugel erhaltenen Schwingungsdauern rechnet, g ebenso berechnen als wäre die Pendelkugel homogen.

Da die Unregelmässigkeiten der Gestalt auch Einfluss auf die direct gemessene Länge $L + 2R$ des Pendels haben, so fallen sie bei dieser Combination von Beobachtungen im Allgemeinen nicht heraus; dies würde nur in dem speciellen Falle geschehen, dass der verticale Durchmesser der fehlerhaften Kugel genau gleich dem durch Wägung gefundenen mittleren ist. Man kann diese Fehlerquelle einzig dadurch weniger wirksam machen, dass man bei derselben Kugel verschiedene Durchmesser nach einander vertical stellt; indessen ist sie weniger bedenklich als die vorige, da die Fehler der Gestalt durch directe Messung von Durchmessern constatirt werden können, die der Homogenität nicht. —

Eine eigenthümliche Schwierigkeit entsteht für die Beobachtung dadurch, dass die Drehungsaxe eines Fadenpendels nicht unmittelbar durch das obere Ende des Pendelfadens gegeben ist, sondern von demselben abweicht. Ist der Pendelfaden zwischen Backen eingeklemmt, so bewirkt seine Steifigkeit, dass er in seinem obersten Theil vertical bleibt und die Drehung um einen tieferen Punkt stattfindet, dessen Entfernung von dem oberen Ende von der Dicke und Substanz des Pendelfadens, vielleicht auch von der Schwingungsweite des Pendels abhängt. Diese Thatsachen hat Borda festgestellt und demgemäss bei seinen Pendelbeobachtungen die Bewegung um eine Schneide, die auf horizontalen Lagern auflag, stattfinden lassen. Um sicher zu sein, dass das sonach aus Schneide, Faden und Kugel bestehende Pendel wie ein starrer Körper schwang, gab er der Schneide eine solche Einrichtung, dass sie für sich allein ein Pendelchen nahe mit derselben Periode, wie das ganze Pendel, darstellte. Dies ist nach (74) bei beliebig kleinem Trägheitsmoment durch Wahl des Schwerpunktsabstandes jederzeit zu erreichen. Eine gleiche Einrichtung ist auch von späteren Beobachtern benutzt worden.

Indessen bietet gleichfalls sie eine Unsicherheit dar, denn, wie Laplace zuerst hervorgehoben hat, liegt, falls die Schneide keine absolut scharfe ist, die Drehungsaxe nicht in der Ebene des Lagers, sondern etwas darunter.

Thomas Young hat darauf hingewiesen, dass, falls das Pendel sich um einen feinen Kreiscylinder dreht, der auf einer horizontalen Unterlage rollt, die vom Schwerpunkt beschriebene Trochoide in dessen tiefster Lage einen Krümmungsmittelpunkt besitzt, der um die Länge des Cylinderradius unterhalb des Lagers liegt. Hieraus folgt für ein nahezu einfaches ebenso aufgehängtes Pendel, dass die wahre Pendellänge um den gleichen Betrag kürzer ist, als der Abstand des schweren Punktes von dem Lager.

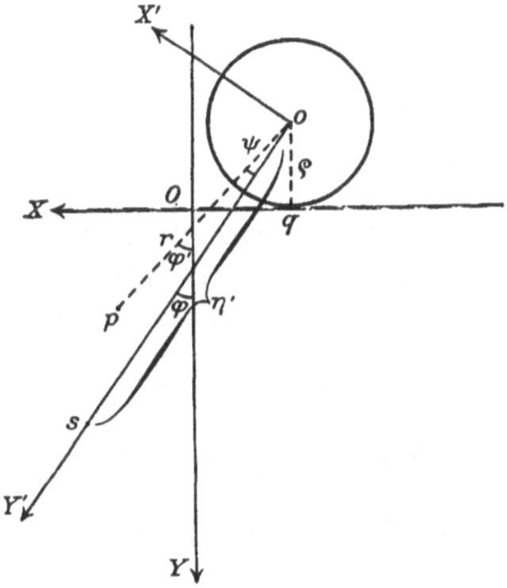

Fig. 27.

Indess wollen wir uns mit diesem speciellen Resultat nicht begnügen, sondern einer späteren Anwendung wegen die Schwingungsdauer eines zusammengesetzten Pendels bestimmen, das mit einer cylindrischen Axe auf einer ebenen Unterlage rollt, ohne zu gleiten.

Es sei gemäss Fig. 27 ϱ der Radius des Kreiscylinders; das Loth η' von dem Schwerpunkt s des Pendels auf seine Axe schliesse mit der nach unten positiven Y-Axe den Winkel φ ein, der Radiusvector r von einem beliebigen anderen Punkte p des Pendels den Winkel φ'; $\varphi' - \varphi$ sei $= \psi$.

Wir wenden nun die Gleichung (104″) für die lebendige Kraft Ψ, da die Aenderung des inneren Potentiales wegen der Starrheit des Körpers verschwindet, in der Form an

$$d\Psi = dA;$$

hierin bezeichnet dA die Arbeit der Schwerkraft, und wir haben demgemäss auf die Zeiteinheit bezogen:

$$\frac{d}{dt}\left(\int \frac{V^2}{2} dm\right) = g\int \frac{dy}{dt} dm = g\frac{d}{dt}\left(\int y\, dm\right). \tag{79}$$

Nun haben die Coordinaten x, y des Punktes p nach der Figur, falls x_0 den Werth von x für $\varphi' = 0$ bezeichnet, folgende Werthe:

$$x = x_0 + r \sin \varphi' - \varrho \varphi', \qquad y = r \cos \varphi' - \varrho,$$

also

$$\frac{dx}{dt} = (r \cos \varphi' - \varrho) \frac{d\varphi'}{dt}, \qquad \frac{dy}{dt} = - r \sin \varphi' \frac{d\varphi'}{dt},$$

$$V^2 = (\varrho^2 - 2 r \varrho \cos \varphi' + r^2) \left(\frac{d\varphi'}{dt}\right)^2.$$

Hierin ist $\varphi' = \varphi + \psi$, wo ψ sich mit der Zeit nicht ändert; $r \sin \psi = x'$, $r \cos \psi = y'$ sind die gleichfalls constanten Coordinaten von p in Bezug auf das in der Figur eingetragene im Körper feste System $X'\,Y'$. Daher giebt die Gleichung (79):

$$\frac{d}{dt}\left[\left(\frac{d\varphi}{dt}\right)^2 \int dm\,(\varrho^2 + r^2 - 2\varrho(y' \cos \varphi - x' \sin \varphi))\right] \\ = 2g \frac{d}{dt} \int dm\,(y' \cos \varphi - x' \sin \varphi - \varrho). \tag{79'}$$

Nun ist aber:

$$\int y'\,dm = M\eta', \qquad \int x'\,dm = 0, \qquad \int r^2\,dm = M(\varkappa^2 + \eta'^2),$$

falls η' die Schwerpunktscoordinate, $\varkappa$ den Trägheitsradius des Pendels in Bezug auf die zur Cylinderaxe parallele Axe durch den Schwerpunkt bezeichnet; daher erhalten wir nach ausgeführter Integration:

$$M(\varkappa^2 + \eta'^2 + \varrho^2 - 2\varrho\eta' \cos \varphi)\left(\frac{d\varphi}{dt}\right)^2 = C + 2Mg\eta' \cos \varphi$$

oder, falls für $\varphi = \Phi$ die Geschwindigkeit $d\varphi/dt$ verschwindet, auch

$$M(\varkappa^2 + \eta'^2 + \varrho^2 - 2\varrho\eta' \cos \varphi)\left(\frac{d\varphi}{dt}\right)^2 = 2Mg\eta'(\cos \varphi - \cos \Phi).$$

Führen wir hierin den Abstand s des Schwerpunktes von der Linie des Cylinders ein, die im Zustand des Gleichgewichtes die tiefste ist, indem wir setzen

$$\eta' = s + \varrho,$$

so lautet diese Gleichung

$$M(\varkappa^2 + s^2 + 2\varrho(s + \varrho)(1 - \cos \varphi))\left(\frac{d\varphi}{dt}\right)^2 = 2Mg(s + \varrho)(\cos \varphi - \cos \Phi) \tag{80}$$

Diese Formel ist noch ganz streng. In dem uns vorliegenden Falle ist ϱ neben $\varkappa$ und s ausserordentlich klein und wir können bei mässigen Amplituden $s(1 - \cos \varphi) = \frac{1}{2} s \varphi^2$ als von derselben Grössenordnung betrachten. Das letzte Glied in der Klammer links ist dann mit den beiden ersten verglichen von zweiter Ordnung und die Formel nimmt bei Beschränkung auf die Glieder erster Ordnung die Gestalt an

$$M(\varkappa^2 + s^2)\left(\frac{d\varphi}{dt}\right)^2 = \mathsf{M}\left(\frac{d\varphi}{dt}\right)^2 = 2Mg(s+\varrho)(\cos\varphi - \cos\Phi), \qquad (80')$$

in der M das Trägheitsmoment des Pendels um die Gerade bezeichnet, in welcher der Cylinder beim Gleichgewicht auf der Unterlage aufliegt.

Diese Gleichung stimmt der Form nach mit (72') überein, die für ein um eine Linie drehbares Pendel gilt; nur steht hier rechts $(s+\varrho)$ an Stelle von s dort. Es ergiebt sich daher der Satz:

Ein zusammengesetztes Pendel, welches mit einem Kreiscylinder vom Radius ϱ als Axe auf einer horizontalen, ebenen Unterlage rollt, besitzt bei Schwingungsamplituden Φ, welche so klein sind, dass $\varrho\,\Phi^2$ neben l vernachlässigt werden kann, dieselbe Schwingungsdauer, wie ein einfaches Pendel von der Länge

$$l = \frac{\varkappa^2 + s^2}{s+\varrho}; \qquad (80'')$$

hierin ist s der Abstand des Schwerpunktes des Pendels von der ebenen Unterlage für den Fall der Ruhe.

Ist ϱ neben s sehr klein, wie dies bei den Anwendungen stets stattfindet, so ergiebt sich bei Beschränkung auf Glieder erster Ordnung:

$$l = \frac{\varkappa^2 + s^2}{s}\left(1 - \frac{\varrho}{s}\right) = l_0\left(1 - \frac{\varrho}{s}\right), \qquad (80''')$$

worin l_0 der für $\varrho = 0$ stattfindende Werth von l ist.

Für ein einfaches Pendel ist $s = l_0$, also $l = l_0 - \varrho$; es bestätigt sich damit das von Th. Young angegebene Resultat.

Da die Schwingungsweite als sehr klein vorausgesetzt ist, so behält das abgeleitete Resultat seine Gültigkeit auch für den Fall, dass der Querschnitt des Cylinders andere als kreisförmige Form besitzt; ϱ bedeutet dann den Krümmungsradius an der Stelle, welche beim Ruhezustand auf der Unterlage aufliegt. Eine allgemeine Untersuchung dieses Einflusses auch für grössere Amplituden ist von Bessel angestellt worden. —

Die Einflüsse der Aufhängungsart auf die Pendelschwingungen lassen sich aber nicht mit Sicherheit durch blosse theoretische Betrachtungen bestimmen — ϱ ist z. B. nicht messbar — deshalb hat Bessel eine Anordnung des Experimentes erfunden, welche die Elimination derselben durch die Combination verschiedener Beobachtungen gestattet und zugleich neben anderen den Vortheil bietet, die an sich schwierige Bestimmung der „Pendellänge" (für das Fadenpendel der Grösse $R + L$) bis zu einem gewissen Grade zu umgehen.

Er operirte mit zwei Fadenpendeln, welche dieselben Aufhängungen und Kugeln benutzten, aber gesammte Längen besassen, welche sich um einen nur sehr wenig von einer Toise abweichenden und daher sehr genau messbaren Betrag unterschieden. Es galt für die Länge l des mit einem gegebenen Fadenpendel gleich schwingenden einfachen Pendels die Formel (78'), die bei Einführung der auf unendlich kleine Amplituden reducirten Schwingungsdauer T sich schreibt:

$$g\left(\frac{T}{\pi}\right)^2 = l = L + R + \frac{2}{5}\frac{R^2}{L+R} - \frac{L\,m'}{6\,m};$$

hierin folgen einander die Glieder rechts nach ihrer Grössenordnung. Auf zwei Beobachtungen mit verschiedenen Längen angewandt ergiebt sie:

$$g\,\frac{T_1^2 - T_2^2}{\pi^2} = (L_1 - L_2) + \frac{2}{5}R^2\left(\frac{1}{L_1+R} - \frac{1}{L_2+R}\right) - \frac{L_1\,m_1' - L_2\,m_2'}{6\,m}.$$

Aus dem höchsten Gliede ist der Einfluss der Aufhängung der z. B. für den Fall der Benutzung einer Schneide nach dem oben Gezeigten darin besteht, dass die in Rechnung zu ziehenden L_1 und L_2 um den Krümmungsradius der Abstumpfung von den gemessenen verschieden sind, vollständig beseitigt. $L_1 - L_2$ ist dabei die gesammte gemessene Längendifferenz der beiden Pendel, wenn die Kugel bei beiden Beobachtungen die gleiche Lage behalten hat, also nicht gedreht ist.

Das zweite Glied mit R ist völlig verschwunden, der Kugelradius tritt daher erst im dritten und demgemäss mit geringerem Einfluss auf, in ebendemselben auch die absoluten Längen L_1 und L_2, die daher mit geringerer Sicherheit bekannt zu sein brauchen.

Da die Aufhängung durch Einklemmung des Pendelfadens oder durch Befestigung an einer Schneide nicht die Garantie vollkommener Unveränderlichkeit bietet, insofern die Einklemmung bei dem langen und dem kurzen Pendel in verschiedener Weise, z. B. mit verschiedener Kraft, geschehen kann, und die Schneide der Abnutzung ausgesetzt ist, liess Bessel den Pendelfaden sich von einem Kreiscylinder von geringem Radius abwickeln.

Ueber die gesammte Anordnung des Apparates sei nur Folgendes gesagt. Auf einer verticalen eisernen Schiene AB (Fig. 28) befand sich, etwa um ein Drittel der ganzen Länge vom unteren Ende entfernt, ein fester Ansatz i mit horizontaler oberer Fläche, auf welche der Maasstab kk von der Länge einer Toise gestellt werden konnte; der Druck auf *i* und zugleich die Längenänderung, welche die Toise in Folge der Schwere erleiden würde, war dadurch aufgehoben, dass letztere in ihrer Mitte bei *n* durch eine ihrem Gewicht nahe gleiche Kraft nach oben gezogen wurde.

Zwei Gabeln *q q*, die ebenfalls auf der eisernen Schiene *AB* befestigt waren, nahmen die Aufhängevorrichtungen der Pendel auf, die mit einem Ansatz das eine Mal auf der oberen Fläche von *i*, das andere Mal auf dem oberen Querschnitt der Toise ruhten. Dadurch war erreicht, dass die oberen Enden der Pendel genau um die Länge der Toise von einander entfernt angebracht waren. Die Lage des tiefsten Punktes der Pendelkugel wurde mit der am unteren Ende der Schiene angebrachten Mikrometerschraube *r* nebst Fühlhebelvorrichtung bestimmt, und dadurch zugleich gefunden, um wieviel die Längendifferenz des kurzen und des langen Pendels von einer Toise abweicht. Die Wirkung des Druckes des Fühlhebels auf die Längenmessung wurde in Rechnung gezogen, ebenso die Temperatur der einzelnen Theile.

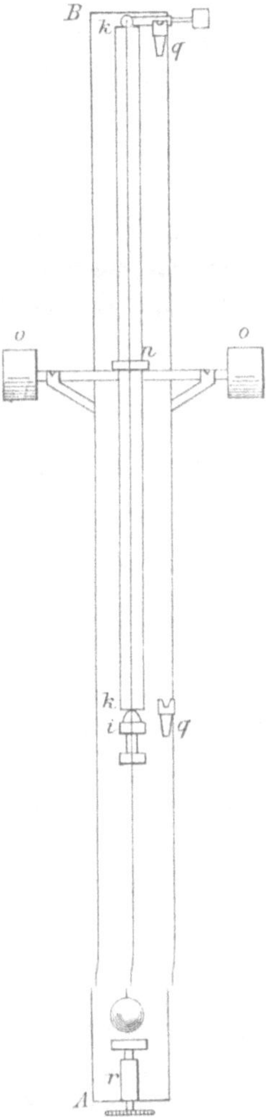

Fig. 28.

Um alles zu dem hier besprochenen Problem Gehörige zu erledigen, wollen wir noch erörtern, in welcher Weise die Luft, innerhalb deren die Bewegung des beobachteten Pendels der Regel nach stattfindet, auf die Beobachtungen Einfluss hat. Ihre Wirkung ist eine dreifache.

Erstens übt, wie wir im nächsten Theile ableiten werden, eine jede ruhende schwere Flüssigkeit auf einen in ihr befindlichen Körper einen Auftrieb aus, d. h. eine vertical nach oben gerichtete Kraft, welche gleich ist dem Gewicht der von jenem verdrängten Flüssigkeitsmasse und in deren Schwerpunkt, im Falle einer homogenen Flüssigkeit also im Schwerpunkt des Körpervolumens, angreift.

In Folge dieses Auftriebes wird in unserer Ausgangsgleichung (72) der Werth des ausgeübten Drehungsmomentes geändert. Ist das Pendel so weit symmetrisch, dass der Schwerpunkt seines Volumens in dieselbe Ebene fällt, welche seine Drehungsaxe und den Schwerpunkt seiner Masse enthält, und ist s' sein Abstand von der Axe, M' die verdrängte Flüssigkeits- also Luftmasse, so wird:

$$N = -(Ms - M's')g\sin\varphi. \tag{81}$$

Hieraus folgt die Länge des gleichschwingenden einfachen Pendels nunmehr:

$$l = \frac{\varkappa^2 + s^2}{s\left(1 - \frac{M'}{M}\frac{s'}{s}\right)}. \tag{81'}$$

Darf das Pendel als homogen angesehen werden, wie dies bei Fadenpendeln immer stattfindet, so ist $s = s'$, und M/M' gleich dem Verhältniss der Dichtigkeiten ε/ε'; daraus folgt:

$$l = \frac{\varkappa^2 + s^2}{s\left(1 - \frac{\varepsilon'}{\varepsilon}\right)}. \tag{81''}$$

In diesem Falle tritt also in Formel (72) einfach $g(1 - \varepsilon'/\varepsilon)$ an die Stelle von g, und es wird daher auch die corrigirte Schwingungsdauer zu:

$$T = \pi\sqrt{\frac{\mathsf{M}}{Msg\left(1 - \frac{\varepsilon'}{\varepsilon}\right)}}; \tag{81'''}$$

der hydrostatische Einfluss der umgebenden Luft ist also leicht in Rechnung zu ziehen.

Zweitens setzt die Luft dem bewegten Pendel einen Widerstand entgegen, den man bei kleinen Amplituden der Geschwindigkeit proportional setzen kann, und der also zu dem Moment N ein Glied von der Form $-Q\,d\varphi/dt$ hinzugiebt. Wir haben den directen Einfluss eines solchen auf die Schwingungsdauer im vorigen Abschnitt untersucht und gefunden, dass er zweiter Ordnung und daher zumeist zu vernachlässigen ist; der indirecte, durch Verkleinerung der Amplituden vermittelte Einfluss, wird durch die Beobachtung der letzteren in der oben (S. 264) angegebenen Weise berücksichtigt.

Drittens bewirkt die vom Pendel in Bewegung gesetzte und mitgeführte Luft eine Vergrösserung des Trägheitsmomentes der bewegten Masse. Eine strenge Theorie dieses Einflusses bietet, namentlich für den praktisch wichtigen Fall eines ziemlich eng begrenzten Luftvolumens, innerhalb dessen die Kugel oscillirt, grosse Schwierigkeit; Bessel, der ihn experimentell nachgewiesen hat, benutzte daher zu seiner Bestimmung und Elimination das angenäherte Verfahren, dem Trägheitsmoment des Pendels ein Glied $\mu\varkappa'^2$ als Correction zuzufügen, welches von der Gestalt des Pendels und der Dichte des umgebenden Mediums abhängen muss, und dasselbe durch Variation der Umstände der Beobachtungen zu bestimmen.

Aus der sonach von ihm aufgestellten Formel:

$$l = \frac{s^2 + \varkappa^2 + \frac{\mu}{M}\varkappa'^2}{s\left(1 - \frac{s'}{s}\right)} = \frac{s + \frac{\varkappa^2}{s} + \frac{\mu \varkappa'^2}{M s}}{1 - \frac{s'}{s}} \tag{82}$$

folgt, dass das Glied mit $\varkappa'^2$ sich ermitteln lässt, wenn man der Pendelkugel bei gleicher Grösse verschiedene Dichtigkeit und demgemäss verschiedene Masse M giebt.

In der That hat Bessel so durch Benutzung zweier Kugeln aus Messing und Elfenbein diesen dritten Einfluss der Luft bestimmt und eliminirt.

II. Reversionspendel.

Die zweite Anordnung, die man getroffen hat, um die Schwierigkeiten, welche die directe Bestimmung von Trägheitsmoment und Schwerpunktsabstand bringt, zu umgehen, basirt auf einem von Huyghens entdeckten Satz über die gegenseitige Lage solcher paralleler Drehungsaxen, um welche ein starrer Körper unter Wirkung der Schwere gleiche Schwingungsdauer besitzt.

Die Formel (74'):

$$\frac{\varkappa^2 + s^2}{s} = l, \tag{83}$$

in welcher l die Länge des mit dem Körper gleichschwingenden einfachen Pendels angiebt, zeigt zunächst, dass diese Länge und somit die Schwingungsdauer dieselbe ist für alle parallelen Axen, welche den gleichen Abstand s vom Schwerpunkt haben, welche also einen Kreiscylinder erfüllen, auf dessen Axe der Schwerpunkt liegt.

Ferner ergiebt sie aber auch, da sie in Bezug auf s quadratisch ist, dass zu jedem Werthe l oder zu jeder gegebenen Schwingungsdauer T im Allgemeinen zwei Werthe von s, also auch zwei Systeme von Drehungsaxen, die je einen Cylinder erfüllen, gehören; und zwar finden sich diese beiden Werthe s gegeben durch:

$$s = \frac{l}{2} \pm \sqrt{\frac{l^2}{4} - \varkappa^2}. \tag{83'}$$

Beide sind hiernach reell und verschieden nur dann, wenn $l > 2\varkappa$ ist; die von einem Körper bei gegebener Axenrichtung geforderte einfache Pendellänge darf daher die Grösse des doppelten Trägheitsradius $2\varkappa$ in Bezug auf eine parallele Axe durch den Schwerpunkt, die geforderte Schwingungsdauer den Werth $\pi\sqrt{2\varkappa/g}$ nicht unterschreiten, wenn eine reelle Lösung möglich sein soll.

Ist diese Bedingung aber erfüllt, so ergeben sich zu jedem l zwei Werthe von s, über welche nach Formel (83') der Satz gilt:

Besitzt ein Körper um zwei parallele Axen, welche verschieden weit von seinem Schwerpunkt abstehen, gleiche Schwingungsdauern, so ist die Summe ihrer Schwerpunktsabstände gleich der Länge des entsprechenden einfachen Pendels:

$$s_1 + s_2 = l.$$

Zugleich sieht man, dass die eine dieser beiden Axen immer innerhalb, die andere ausserhalb des Abstandes $s = \varkappa$ liegt. Unendlicher Schwingungsdauer entspricht $s = 0$ und $s = \infty$. Construirt man in einem SL-Coordinatensystem die durch (83) gegebene Curve, so erhält man eine Hyperbel, deren Centrum der Coordinatenanfang und deren Asymptoten die Gerade $s = l$ und die L-Axe bilden; ergänzt man die Figur durch ihr Spiegelbild in Bezug auf die L-Axe, so sagt der Satz aus, dass jedes Punktpaar b und c mit gleichen Ordinaten $\overline{ab} = \overline{dc} = l$ einen Abstand $\overline{cb} = l$ haben, dass also das Rechteck $abcd$ ein Quadrat sein muss. Die Figur 29 giebt zugleich Aufklärung über die Art, wie an verschiedenen Stellen l mit einer Aenderung von s variirt.

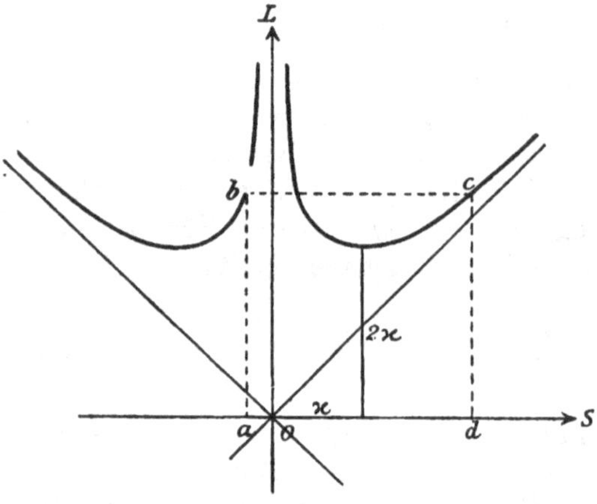

Fig. 29.

Der vorstehende Satz enthält die Theorie des durch Bohnenberger und später unabhängig von ihm durch Kater erfundenen Reversionspendels. Dasselbe ist ein zusammengesetztes Pendel, an welchem zwei parallele Axen, deren Ebene in dem zwischen den Axen gelegenen Bereich den Schwerpunkt enthält, so angebracht sind, dass das Pendel um beide mit gleicher Periode schwingt. Nach dem gefundenen Satze ist dann der Abstand beider Axen L

unmittelbar gleich der Länge des gleichschwingenden einfachen Pendels, also:

$$T = \pi\sqrt{\frac{L}{g}}.$$

Die Bestimmung des Trägheitsmomentes und des Schwerpunktsabstandes ist hier also vollständig vermieden. —

Von Fehlerquellen ist zunächst die Abweichung der Axenrichtungen vom Parallelismus zu nennen, die man durch mit den Axenschneiden in Verbindung gebrachte Spiegelvorrichtungen mit grosser Genauigkeit prüfen und demgemäss berichtigen kann; ferner die Abweichung des Schwerpunktes aus der Ebene der Schneiden, die man ebenfalls leicht experimentell constatiren und hinlänglich beseitigen kann, da sie nur angenähert vermieden zu sein braucht. Ist nämlich die Abweichung gleich λ, so stellt

$$L = \sqrt{s_1^2 - \lambda^2} + \sqrt{s_2^2 - \lambda^2},$$

den messbaren Abstand der Schneiden dar, während $l = s_1 + s_2$ die entsprechende einfache Pendellänge ist; es genügt also zur Uebereinstimmung beider Grössen, dass λ^2 neben s_1^2 und s_2^2 zu vernachlässigen ist.

Wichtiger ist hier wieder die durch directe Beobachtung nicht messbare Abstumpfung der Axenschneiden; ist dieselbe für die beiden Axen durch die resp. Krümmungsradien ϱ_1 und ϱ_2 gegeben, so ist für beide die Länge des gleichschwingenden einfachen Pendels nach (80‴) gegeben durch:

$$l_1 = \left(\frac{\varkappa^2}{s_1} + s_1\right)\left(1 - \frac{\varrho_1}{s_1}\right), \qquad l_2 = \left(\frac{\varkappa^2}{s_2} + s_2\right)\left(1 - \frac{\varrho_2}{s_2}\right). \tag{84}$$

Da die Schwingungsdauern für beide Axen gleich sind, so ist $l_1 = l_2 = l$, also wenn man in den sehr kleinen mit einem ϱ proportionalen Gliedern $(\varkappa^2 + s_1^2)/s_1 = (\varkappa^2 + s_2^2)/s_2 = L$ setzt, d. h. dort den Einfluss der Krümmung ignorirt:

$$l(s_1 - s_2) = (s_1^2 - s_2^2) - L(\varrho_1 - \varrho_2),$$

daher, weil $s_1 + s_2$ die direct gemessene Länge L ist:

$$l = L - \frac{L}{s_1 - s_2}(\varrho_1 - \varrho_2). \tag{84'}$$

Diese Formel zeigt, dass der Einfluss der Krümmung der Schneiden auf die Messung verschwindet, wenn beide Schneiden gleiche Krümmung besitzen, also $\varrho_1 = \varrho_2$ ist. Dies ist zwar von vornherein anzunehmen nicht erlaubt; man kann aber nach Bessel auch im allgemeinen Falle sich von dem mit $(\varrho_1 - \varrho_2)$ proportionalen

Gliede befreien, wenn man die Schneiden vertauscht und das Pendel von Neuem so justirt, dass es um beide Schneiden gleiche Schwingungsdauer besitzt. Dann ist nämlich

$$l' = L' - \frac{L'}{s_1 - s_2}(\varrho_2 - \varrho_1); \qquad (84'')$$

im zweiten, kleinen Gliede kann aber L' mit L vertauscht werden, und es entsteht daher durch Addition der letzten beiden Formeln die von den ϱ_1, ϱ_2 freie Beziehung

$$l + l' = L + L' = g\,\frac{T^2 + T'^2}{\pi^2}, \qquad (84''')$$

welche die Bestimmung von g gestattet. —

Was das Justiren des Reversionspendels auf gleiche Schwingungsdauern um beide Schneiden anbelangt, so ist dasselbe in vollständig genauer Weise sehr umständlich und mühsam. Man kann aber, wenn die Justirung so weit ausgeführt ist, dass die beobachteten und auf unendlich kleine Amplituden reducirten Schwingungsdauern nur noch eine geringe Differenz $T_1 - T_2 > 0$ zeigen, aus dieser Differenz selbst die Correction $\varDelta$ berechnen, die man dem gemessenen Schneidenabstand L hinzuzufügen hat, um die Länge l zu erhalten, welche der aus $T^2 = \frac{1}{2}(T_1^2 + T_2^2)$ folgenden mittleren Schwingungsdauer T entspricht.

Seien
$$l_1 = g\,\frac{T_1^2}{\pi^2} = \frac{\varkappa^2 + s_1^2}{s_1}, \qquad l_2 = g\,\frac{T_2^2}{\pi^2} = \frac{\varkappa^2 + s_2^2}{s_2} \qquad (85)$$

die den beobachteten Zeiten T_1, T_2 entsprechenden einfachen Pendellängen. Wir denken uns durch Verschiebung beider Schneiden s_1 um δ_1, s_2 um δ_2 derartig vergrössert, dass hierdurch l_1 um $-\delta$, l_2 um $+\delta$ zunehmen, und $l_1 - \delta = l_2 + \delta = l$ wird. Wegen $L = s_1 + s_2$ und $l = s_1 + s_2 + \delta_1 + \delta_2$ ist dann $\delta_1 + \delta_2$ offenbar die zu L zu fügende Correction $\varDelta$; weiter ist

$$\frac{2\,\delta\,\pi^2}{g} = \frac{(l_1 - l_2)\,\pi^2}{g} = T_1^2 - T_2^2 \qquad (85')$$

die Differenz der beobachteten Schwingungsdauerquadrate und

$$l = \frac{l_1 + l_2}{2} = g\,\frac{(T_1^2 + T_2^2)}{2\,\pi^2} = g\,\frac{T^2}{\pi^2} \qquad (85'')$$

die der mittleren Schwingungsdauer entsprechende einfache Pendellänge.

Wir erhalten nun aus (85) bei Vernachlässigung von δ_h^2 gegen s_h^2:

$$\frac{\varkappa^2 + s_1^2 + 2\,\delta_1\,s_1}{s_1 + \delta_1} = l_1 - \delta, \qquad \frac{\varkappa^2 + s_2^2 + 2\,\delta_2\,s_2}{s_2 + \delta_2} = l_2 + \delta$$

und bei Combination mit (85) unter fernerer Vernachlässigung der Glieder zweiter Ordnung in Bezug auf δ_1 und δ_2:

$$\frac{s_1^2 - \varkappa^2}{s_1^2}\,\delta_1 = -\,\delta, \qquad \frac{s_2^2 - \varkappa^2}{s_2^2}\,\delta_2 = +\,\delta,$$

also

$$\delta_1 + \delta_2 = \varDelta = \delta\left(\frac{s_2^2}{s_2^2 - \varkappa^2} - \frac{s_1^2}{s_1^2 - \varkappa^2}\right), \tag{86}$$

wobei δ aus (85′) zu entnehmen ist.

In diesem Ausdruck kann man die angenäherte Relation

$$L = \frac{\varkappa^2 + s_1^2}{s_1} = \frac{\varkappa^2 + s_2^2}{s_2}$$

benutzen, um $\varkappa^2$ zu eliminiren, und erhält, wenn man noch den Werth $L = s_1 + s_2$ und die Annäherung $2\,L\,\pi^2 = g\,(T_1^2 + T_2^2)$ einführt:

$$\varDelta = \frac{L^2}{s_2 - s_1} \cdot \frac{T_1^2 - T_2^2}{T_1^2 + T_2^2}\,; \tag{86′}$$

hierdurch ist die an L anzubringende Correction $\varDelta$ in den direct gemessenen Grössen L, T_1, T_2 und den am Pendel durch eine Hülfsbeobachtung leicht ein für allemal zu bestimmenden s_1 und s_2 gegeben. —

Es erübrigt noch, von dem Einfluss der Luft auf das Reversionspendel zu sprechen.

Unter Rücksicht auf die hydrostatische Wirkung giebt die oben ganz allgemein gefundene Formel (81′) als Bedingung gleicher Schwingungsdauer um beide Schneiden:

$$l = \frac{\varkappa^2 + s_1^2}{s_1\left(1 - \frac{M' s_1'}{M s_1}\right)} = \frac{\varkappa^2 + s_2^2}{s_2\left(1 - \frac{M' s_2'}{M s_2}\right)}, \tag{87}$$

oder

$$l\left(s_1 - \frac{M'}{M}s_1'\right) = \varkappa^2 + s_1^2, \qquad l\left(s_2 - \frac{M'}{M}s_2'\right) = \varkappa^2 + s_2^2. \tag{87′}$$

Man sieht sogleich, dass, wenn $s_1' = s_2'$ ist, d. h. der Schwerpunkt des Volumens in die Mitte zwischen beide Schneiden fällt, die Differenz beider Formeln ergiebt:

$$l = s_1 + s_2;$$

es ist dann also in der Luft dieselbe Beziehung gültig, wie im leeren Raume, dass nämlich der gemessene Abstand zwischen beiden Schneiden die der beobachteten Schwingungsdauer entsprechende einfache Pendellänge für das Vacuum ist. Die Voraussetzung $s'_1 = s'_2$ lässt sich dadurch erreichen, dass man dem Pendel in Bezug auf beide Schneiden gleiche Gestalt — natürlich bei ungleicher Massenvertheilung — giebt.

Der Luftwiderstand, d. h. die Kraft, welche das Pendel in seiner Bewegung durch die Luft erleidet, ist auf die Schwingungsdauer direct nur in einem Gliede zweiter Ordnung von Einfluss; seine indirecte Wirkung wird durch die Beobachtung der Schwingungsamplituden berücksichtigt.

Die Vermehrung des Trägheitsmomentes in Folge der in Bewegung gesetzten Luftmasse giebt in den letzten Formeln (87') ein zu $\varkappa^2$ hinzutretendes Glied von der Form $\mu \varkappa'^2 / M$, welches für die Schwingung um beide Schneiden den gleichen Werth hat und deshalb aus der Differenz der beiden Formeln (87') verschwindet, wenn das Pendel in Bezug auf beide Schneiden dieselbe Form besitzt; denn dann geschieht die Bewegung der Luft in beiden Fällen in gleicher Weise.

Durch die von Bessel vorgeschlagene symmetrische Construction ist man also des Anbringens irgend einer Correction wegen der Wirkung der Luft vollständig enthoben. —

Im Vorstehenden sind die Mittel besprochen, um durch Pendelbeobachtungen den Werth der Schwerebeschleunigung g an der Beobachtungsstelle zu bestimmen; nach welchen Gesetzen diese Grösse auf der Erde von Ort zu Ort variirt, wird im letzten Abschnitt dieses Theiles erörtert werden.

§ 23. Rotation eines Körpers um einen festen Punkt, insbesondere ohne äussere Kräfte.

Für die Behandlung der Bewegung eines in einem Punkt unterstützten Körpers lässt man passend den Anfangspunkt des im Körper festen Coordinatensystemes mit dem des absolut festen zusammenfallen und setzt x_0, y_0, z_0, dauernd gleich Null; sondert man dann noch aus den Kraftcomponenten die Reactionen des festgehaltenen Punktes X', Y', Z' aus, so nehmen unsere fundamentalen Gleichungen (33') folgende Gestalt an:

$$
\begin{aligned}
m \frac{d}{dt}(\zeta \mu' - \eta \nu') &= X' + \sum_h X_h, \\
m \frac{d}{dt}(\xi \nu' - \zeta \lambda') &= Y' + \sum_h Y_h, \\
m \frac{d}{dt}(\eta \lambda' - \xi \mu') &= Z' + \sum_h Z_h, \\
\frac{d}{dt}(\lambda' \Xi + \mu' \mathrm{Z}' + \nu' \mathrm{H}') &= \sum_h (y_h Z_h - z_h Y_h) = L, \\
\frac{d}{dt}(\lambda' \mathrm{Z}' + \mu' \mathrm{H} + \nu' \Xi') &= \sum_h (z_h X_h - x_h Z_h) = M, \\
\frac{d}{dt}(\lambda' \mathrm{H}' + \mu' \Xi' + \nu' \mathrm{Z}) &= \sum_h (x_h Y_h - y_h X_h) = N.
\end{aligned}
\tag{88}
$$

Die ersten drei Gleichungen bestimmen den Druck gegen den festen Punkt, die letzten die Bewegung des Körpers; diese allein sollen weiterhin behandelt werden.

In ihnen hängen die durch (33″) definirten Trägheits- und Deviationsmomente Ξ, H, Z und Ξ', H′, Z′ noch von der Zeit ab. Die in ihnen linearen Aggregate $(\lambda'\,\Xi + \mu'\,Z' + \nu'\,H')$ u. s. f. sind, wie die Vergleichung der Formeln (88) mit (102) im ersten Theil erkennen lässt, mit jenen in den Flächensätzen auftretenden Summen über alle Massenelemente des Systemes, ein jedes multiplicirt mit seiner doppelten Flächengeschwindigkeit in Bezug auf eine Coordinatenebene, identisch, die wir kurz die Flächenmomente um die X-, Y-, Z-Coordinatenaxe genannt haben.

Das XYZ-Coordinatensystem ist hierbei ganz beliebig, muss aber im Raume fest sein. Wir wollen statt seiner ein mit dem Körper bewegtes System ABC einführen, und zwar mögen seine Axen in die Hauptträgheitsaxen des Körpers durch den festen Punkt fallen; seine Lage sei, wie früher, definirt durch die Gleichungen:

$$x = a\alpha_1 + b\alpha_2 + c\alpha_3,$$
$$y = a\beta_1 + b\beta_2 + c\beta_3,$$
$$z = a\gamma_1 + b\gamma_2 + c\gamma_3.$$

Die Componenten der Drehungsgeschwindigkeiten um die Axen A, B, C bezeichnen wir, wie in § 16, mit α', β', γ', die entsprechenden Drehungsmomente, wie in § 17, mit F, G, H; die Hauptträgheitsmomente seien wiederum A, B, Γ.

Dann erhält man durch einfache Anwendung der Formeln (37′), (38′), (13) und (18′) aus (88) zunächst:

$$\begin{aligned}
\frac{d}{dt}(\mathsf{A}\,\alpha_1\alpha' + \mathsf{B}\,\alpha_2\beta' + \Gamma\,\alpha_3\gamma') &= F\alpha_1 + G\alpha_2 + H\alpha_3,\\
\frac{d}{dt}(\mathsf{A}\,\beta_1\alpha' + \mathsf{B}\,\beta_2\beta' + \Gamma\,\beta_3\gamma') &= F\beta_1 + G\beta_2 + H\beta_3, \qquad (88')\\
\frac{d}{dt}(\mathsf{A}\,\gamma_1\alpha' + \mathsf{B}\,\gamma_2\beta' + \Gamma\,\gamma_3\gamma') &= F\gamma_1 + G\gamma_2 + H\gamma_3;
\end{aligned}$$

fasst man diese Gleichungen resp. mit den Factoren α_1, β_1, γ_1; α_2, β_2, γ_2; α_3, β_3, γ_3 zusammen, bedenkt man, dass aus den Beziehungen

$$\alpha_h^2 + \beta_h^2 + \gamma_h^2 = 1, \quad \alpha_h\alpha_k + \beta_h\beta_k + \gamma_h\gamma_k = 0$$

durch Differentiation nach der Zeit folgt:

$$\alpha_h\frac{d\alpha_h}{dt} + \beta_h\frac{d\beta_h}{dt} + \gamma_h\frac{d\gamma_h}{dt} = 0,$$

$$\alpha_h\frac{d\alpha_k}{dt} + \beta_h\frac{d\beta_k}{dt} + \gamma_h\frac{d\gamma_k}{dt} = -\left(\alpha_k\frac{d\alpha_h}{dt} + \beta_k\frac{d\beta_h}{dt} + \gamma_k\frac{d\gamma_h}{dt}\right)$$

und benutzt, dass nach (14):

$$\alpha' = \alpha_3 \frac{d\alpha_2}{dt} + \beta_3 \frac{d\beta_2}{dt} + \gamma_3 \frac{d\gamma_2}{dt} = -\left(\alpha_2 \frac{d\alpha_3}{dt} + \beta_2 \frac{d\beta_3}{dt} + \gamma_2 \frac{d\gamma_3}{dt}\right),$$

$$\beta' = \alpha_1 \frac{d\alpha_3}{dt} + \beta_1 \frac{d\beta_3}{dt} + \gamma_1 \frac{d\gamma_3}{dt} = -\left(\alpha_3 \frac{d\alpha_1}{dt} + \beta_3 \frac{d\beta_1}{dt} + \gamma_3 \frac{d\gamma_1}{dt}\right),$$

$$\gamma' = \alpha_2 \frac{d\alpha_1}{dt} + \beta_2 \frac{d\beta_1}{dt} + \gamma_2 \frac{d\gamma_1}{dt} = -\left(\alpha_1 \frac{d\alpha_2}{dt} + \beta_1 \frac{d\beta_2}{dt} + \gamma_1 \frac{d\gamma_2}{dt}\right)$$

die Rotationsgeschwindigkeiten um die im Körper festen Axen A, B, C darstellen, so erhält man leicht

$$\mathsf{A}\frac{d\alpha'}{dt} + (\Gamma - \mathsf{B})\beta'\gamma' = F,$$

$$\mathsf{B}\frac{d\beta'}{dt} + (\mathsf{A} - \Gamma)\gamma'\alpha' = G, \qquad (89)$$

$$\Gamma\frac{d\gamma'}{dt} + (\mathsf{B} - \mathsf{A})\alpha'\beta' = H.$$

Diese Formeln sind viel einfacher als die früheren, weil die A, B, Γ sich nicht mit der Zeit ändern, sondern dem Körper individuelle Constanten sind. Ihre Gestalt lässt sogleich den Satz erkennen:

Die Bewegung zweier verschiedener starrer Körper um je einen festen Punkt findet in völlig gleicher Weise statt, wenn beide in Bezug auf jene Punkte gleiche Hauptträgheitsmomente besitzen, gleiche Drehungsmomente um die entsprechenden Hauptträgheitsaxen erfahren und in gleichen Anfangslagen derselben gleiche Anfangsrotationsgeschwindigkeiten mitgetheilt erhalten haben.

Da weiter die Ausdrücke auf den linken Seiten von (89) die Differentialquotienten nach der Zeit von den Flächenmomenten des starren Körpers um die im Raume beweglichen Hauptträgheitsaxen durch den festen Punkt darstellen, so sprechen die Gleichungen auch den folgenden Satz aus, der sich als eine directe Folgerung aus den auf S. 174 u. 175 abgeleiteten Resultaten darstellt:

Für einen um einen festen Punkt drehbaren starren Körper sind die nach der Zeit differentiirten Flächenmomente um die Hauptträgheitsaxen durch den festen Punkt gleich den um dieselben Axen wirkenden Drehungsmomenten. —

Die Gleichungen (89) lassen sich noch anders anschaulich deuten, wenn man die Componenten und Momente der Centrifugalkraft des rotirenden Körpers in Bezug auf die Hauptträgheitsaxen durch den festen Punkt in Betracht zieht.

Ist τ' die Rotationsgeschwindigkeit um eine Axe, für welche α, β, γ die Richtungswinkel gegen die Hauptträgheitsaxen A, B, C sind, so wird ein Massenelement dm an der Stelle a, b, c in der Entfernung r von dieser Axe eine Centrifugalkraft $\tau'^2 r\,dm$ in der Richtung von r erfahren, dieselbe ergiebt die Componenten:

$$\tau'^2 r \cos\varphi\, dm, \qquad \tau'^2 r \cos\psi\, dm, \qquad \tau'^2 r \cos\chi\, dm$$

parallel den Axen A, B, C, falls φ, ψ, χ die Winkel von r gegen diese Axen sind.

Hieraus folgt für die Gesammtcomponenten und Momente der Centrifugalkräfte des Körpers das System von Werthen:

$$\begin{aligned}
(A) &= \tau'^2 \int r \cos\varphi\, dm, & (F) &= \tau'^2 \int r (b\cos\chi - c\cos\psi)\, dm,\\
(B) &= \tau'^2 \int r \cos\psi\, dm, & (G) &= \tau'^2 \int r (c\cos\varphi - a\cos\chi)\, dm,\\
(C) &= \tau'^2 \int r \cos\chi\, dm, & (H) &= \tau'^2 \int r (a\cos\psi - b\cos\varphi)\, dm.
\end{aligned} \qquad (89')$$

Nun bestimmt sich durch eine einfache geometrische Betrachtung

$$\begin{aligned}
r\cos\varphi &= a - (a\cos\alpha + b\cos\beta + c\cos\gamma)\cos\alpha,\\
r\cos\psi &= b - (a\cos\alpha + b\cos\beta + c\cos\gamma)\cos\beta,\\
r\cos\chi &= c - (a\cos\alpha + b\cos\beta + c\cos\gamma)\cos\gamma,
\end{aligned}$$

und es lassen sich daher die Componenten und Momente der Centrifugalkraft durch die Constanten des Körpers und die seiner Rotation leicht berechnen. Insbesondere nehmen wegen der gemachten Voraussetzung, dass die Coordinatenaxen die Hauptträgheitsaxen für den festen Punkt sind, also nach (36)

$$\int bc\, dm = 0, \int ca\, dm = 0, \int ab\, dm = 0$$

ist, die Momente sogleich folgende einfache Form an:

$$\begin{aligned}
(F) &= \tau'^2 \cos\beta\cos\gamma \int (c^2 - b^2)\, dm,\\
(G) &= \tau'^2 \cos\gamma\cos\alpha \int (a^2 - c^2)\, dm,\\
(H) &= \tau'^2 \cos\alpha\cos\beta \int (b^2 - a^2)\, dm.
\end{aligned}$$

Weiter sind

$$\tau'\cos\alpha = \alpha', \qquad \tau'\cos\beta = \beta', \qquad \tau'\cos\gamma = \gamma'$$

die Componenten der Rotationsgeschwindigkeit τ' nach den Axen

A, B, C, und die Integrale $\int (b^2 - c^2)\,dm, \ldots$ drücken sich nach (36') leicht durch die Hauptträgheitsmomente A, B, Γ aus, so dass resultirt:

$$(F) = \beta' \gamma' (\mathsf{B} - \Gamma),$$
$$(G) = \gamma' \alpha' (\Gamma - \mathsf{A}), \qquad (89'')$$
$$(H) = \alpha' \beta' (\mathsf{A} - \mathsf{B}).$$

Hiernach kann man die Gleichungen (89) auch schreiben:

$$\mathsf{A} \frac{d\alpha'}{dt} = F + (F), \qquad \mathsf{B} \frac{d\beta'}{dt} = G + (G), \qquad \Gamma \frac{d\gamma'}{dt} = H + (H), \quad (89''')$$

wodurch der Satz erwiesen ist:

Die Rotationen um die Hauptträgheitsaxen eines um einen festen Punkt rotirenden Körpers finden in jedem Augenblick ebenso statt, als wären die betreffenden Axen einzeln festgehalten und wirkte ausser dem äusseren Moment um sie noch dasjenige der Centrifugalkräfte des bewegten Körpers. —

Sind zu irgend einer Zeit zwei von den Rotationsgeschwindigkeiten α', β', γ' um die Hauptträgheitsaxen gleich Null, so nehmen für diesen Moment die Gleichungen (89) die Gestalt an:

$$\mathsf{A} \left(\frac{d\alpha'}{dt}\right)_0 = F, \qquad \mathsf{B} \left(\frac{d\beta'}{dt}\right)_0 = G, \qquad \Gamma \left(\frac{d\gamma'}{dt}\right)_0 = H.$$

Wirken keine äusseren Kräfte, d. h. sind F, G, H gleich Null, so behalten hiernach die Rotationscomponenten α' β' γ' ihre Werthe dauernd bei; die Hauptträgheitsaxen sind in diesem Falle gemäss dem auf S. 246 gegebenen Satz permanente Drehungsaxen des in einem Punkt unterstützten Körpers; sie hören aber im Allgemeinen auf es zu sein, sowie der Körper äussere Einwirkungen erfährt.

Ist zu irgend einer Zeit eine dieser Rotationscomponenten, z. B. α', gleich Null, so lauten die Gleichungen (89):

$$\mathsf{A} \left(\frac{d\alpha'}{dt}\right)_0 + (\Gamma - \mathsf{B}) \beta_0' \gamma_0' = F, \qquad \mathsf{B} \left(\frac{d\beta'}{dt}\right)_0 = G, \qquad \Gamma \left(\frac{d\gamma'}{dt}\right)_0 = H.$$

Wirken jetzt abermals keine äusseren Kräfte, so behalten β' und γ' zunächst ihre Werthe, α' aber variirt, und zwar wird durch

$$\left(\frac{d\alpha'}{dt}\right)_0 = \frac{\mathsf{B} - \Gamma}{\mathsf{A}} \beta_0' \gamma_0'$$

Sinn und Grösse der um die A-Axe eintretenden Winkelbeschleunigung festgestellt.

Diese Formeln können zur Erklärung einer Erscheinung dienen, die man an gewissen kreiselartigen Apparaten wahrnimmt.

Unter einem Kreisel versteht man einen um einen Punkt seiner Axe drehbaren Rotationskörper; nach Symmetrie ist die Kreiselaxe eine Hauptträgheitsaxe — sie sei die C-Axe unseres ABC-Systemes — und jede zu ihr normale ist eine zweite Hauptträgheitsaxe, denn es ist $\mathsf{A} = \mathsf{B}$.

Sei nun der Kreisel (etwa zwischen zwei Spitzen) derart in einem starren Ring befestigt, dass er sich gegen denselben nur um die C-Axe drehen kann, so können wir zu jedem Zeitmoment die ebenda in dem Kreisel normal zur C-Axe parallel und senkrecht zur Ringebene liegenden Richtungen zur A- und B-Axe wählen und die letzten Formeln auf diese anwenden.

Man erkennt dann leicht Folgendes. Ist eine Rotation um die C-Axe nicht vorhanden, also $\gamma_0' = 0$, so wird eine mit der Hand hervorgebrachte Drehung des Ringes in seiner Ebene, d. h. eine Drehung des Körpers um die B-Axe, welche β_0' von Null verschieden sein lässt, keinerlei andere Drehungen hervorrufen, denn alle Rotationsbeschleunigungen bleiben gleich Null. Hat hingegen von Anfang an γ_0' einen von Null verschiedenen Werth, so wird eine Drehung β_0' des Ringes in seiner Ebene eine Drehung des Kreisels um die in der Ringebene liegende A-Axe hervorrufen, welche sich vom rotirenden Körper, der diese Bewegung nur mit dem Ring ausführen kann, auf letzteren überträgt; der Ring wird daher der Drehung in seiner Ebene gleichsam widerstehen und seitwärts auszuweichen suchen.

Um die Ausweichung zu verhindern, muss man auf den Ring ein Moment um die in der Ringebene normal zur C- liegende A-Axe ausüben von der Grösse:

$$F = (\Gamma - \mathsf{B})\beta_0'\gamma_0'. —$$

Wir wenden uns nun zur Integration der Gleichungen (89) für einen nach Anfangslage und Anfangsgeschwindigkeit gegebenen Körper unter der Voraussetzung, dass äussere Kräfte auf den Körper nicht wirken und er um einen beliebigen Punkt rotirt, oder dass er unter der Wirkung der Schwere steht und in seinem Schwerpunkt unterstützt ist.

In beiden Fällen werden die Drehungsmomente F, G, H gleich Null, und die Gleichungen (89) lauten:

$$\begin{aligned} \mathsf{A}\frac{d\alpha'}{dt} &= \beta'\gamma'(\mathsf{B} - \Gamma), \\ \mathsf{B}\frac{d\beta'}{dt} &= \gamma'\alpha'(\Gamma - \mathsf{A}), \qquad (90) \\ \Gamma\frac{d\gamma'}{dt} &= \alpha'\beta'(\mathsf{A} - \mathsf{B}); \end{aligned}$$

wir fügen hinzu das sich gleichzeitig aus (88′) ergebende System:

$$\frac{d}{dt}(\mathsf{A}\,\alpha_1\,\alpha' + \mathsf{B}\,\alpha_2\,\beta' + \Gamma\,\alpha_3\,\gamma') = 0,$$

$$\frac{d}{dt}(\mathsf{A}\,\beta_1\,\alpha' + \mathsf{B}\,\beta_2\,\beta' + \Gamma\,\beta_3\,\gamma') = 0, \qquad (90')$$

$$\frac{d}{dt}(\mathsf{A}\,\gamma_1\,\alpha' + \mathsf{B}\,\gamma_2\,\beta' + \Gamma\,\gamma_3\,\gamma') = 0.$$

Aus (90) erhält man zwei integrable Combinationen durch Zusammenfassung mit den Factoren α', β', γ' und $\mathsf{A}\,\alpha'$, $\mathsf{B}\,\beta'$, $\Gamma\,\gamma'$; sie liefern:

$$\mathsf{A}\,\alpha'^2 + \mathsf{B}\,\beta'^2 + \Gamma\,\gamma'^2 = \Delta, \qquad (91)$$

$$\mathsf{A}^2\,\alpha'^2 + \mathsf{B}^2\,\beta'^2 + \Gamma^2\gamma'^2 = \Theta^2, \qquad (91')$$

während die Gleichungen (90′) direct integrabel sind und führen auf:

$$\mathsf{A}\,\alpha_1\,\alpha' + \mathsf{B}\,\alpha_2\,\beta' + \Gamma\,\alpha_3\,\gamma' = \mathsf{K}_1,$$

$$\mathsf{A}\,\beta_1\,\alpha' + \mathsf{B}\,\beta_2\,\beta' + \Gamma\,\beta_3\,\gamma' = \mathsf{K}_2, \qquad (91'')$$

$$\mathsf{A}\,\gamma_1\,\alpha' + \mathsf{B}\,\gamma_2\,\beta' + \Gamma\,\gamma_3\,\gamma' = \mathsf{K}_3.$$

Hierin sind Δ, Θ und die K_h Integrationsconstanten. Δ ist nothwendig stets positiv, Θ kann positiv oder negativ sein; die absolute Grösse beider ist im Allgemeinen willkürlich; aber man erkennt, dass, weil die linken Seiten der Gleichungen (91) und (91′) lauter positive Glieder enthalten, das Verhältniss Θ^2/Δ innerhalb gewisser Grenzen liegen muss. Lässt man nämlich die α', β', γ' beliebig von $-\infty$ bis $+\infty$ variiren, so bleibt, wenn $\mathsf{A} \gtreqless \mathsf{B} \gtreqless \Gamma$ ist, immer

$$\mathsf{A} \gtreqless \frac{\Theta^2}{\Delta} \gtreqless \Gamma; \qquad (91''')$$

worin sich das obere oder das untere Zeichen überall entspricht.

Die K_h und Θ sind nicht von einander unabhängig, sondern, da durch Summation der Quadrate der Gleichungen (91″) wegen (2′) folgt

$$\mathsf{A}^2\,\alpha'^2 + \mathsf{B}^2\,\beta'^2 + \Gamma^2\,\gamma'^2 = \mathsf{K}_1^2 + \mathsf{K}_2^2 + \mathsf{K}_3^2,$$

so verlangt (91′), dass

$$\mathsf{K}_1^2 + \mathsf{K}_2^2 + \mathsf{K}_3^2 = \Theta^2 \qquad (92)$$

ist.

Man erkennt sogleich, dass die Gleichungen (91′) und (91″) die Flächensätze für den um den festen Punkt rotirenden Körper aussprechen; Θ ist das resultirende Flächenmoment und

$$\frac{\mathsf{K}_1}{\Theta} = \cos(\vartheta, x), \quad \frac{\mathsf{K}_2}{\Theta} = \cos(\vartheta, y), \quad \frac{\mathsf{K}_3}{\Theta} = \cos(\vartheta, z) \qquad (92')$$

sind die Cosinus der Winkel, welche die Θ zugehörige Axe ϑ, resp. die Normale auf der S. 175 definirten invariablen Ebene mit der X-, Y- und Z-Axe einschliesst. Rechnen wir hierin und später Θ positiv, so ist die Richtung der Axe ϑ so definirt, dass um sie das Flächenmoment einen positiven Werth hat, also die ganze Rotation in positivem Sinne stattfindet.

Die Formel (91) dagegen spricht den Satz von der Erhaltung der lebendigen Kraft für den rotirenden Körper aus, wie aus der Vergleichung mit (44″) hervorgeht. Die Integrationsconstante Δ ist der doppelte Werth dieser constanten lebendigen Kraft Ψ selbst.

Verbindet man mit (91) und (91′) den Werth der resultirenden Rotationsgeschwindigkeit τ' nach der Beziehung

$$\alpha'^2 + \beta'^2 + \gamma'^2 = \tau'^2, \tag{93}$$

so kann man α'^2, β'^2, γ'^2 durch τ'^2 ausdrücken und schreiben:

$$\begin{aligned} \alpha'^2 &= \frac{\Theta^2 - \Delta(\mathsf{B} + \Gamma) + \mathsf{B}\Gamma\tau'^2}{(\mathsf{A} - \mathsf{B})(\mathsf{A} - \Gamma)}, \\ \beta'^2 &= \frac{\Theta^2 - \Delta(\Gamma + \mathsf{A}) + \Gamma\mathsf{A}\tau'^2}{(\mathsf{B} - \Gamma)(\mathsf{B} - \mathsf{A})}, \\ \gamma'^2 &= \frac{\Theta^2 - \Delta(\mathsf{A} + \mathsf{B}) + \mathsf{A}\mathsf{B}\tau'^2}{(\Gamma - \mathsf{A})(\Gamma - \mathsf{B})}. \end{aligned} \tag{93'}$$

Aus (93) folgt weiter:

$$\alpha' \frac{d\alpha'}{dt} + \beta' \frac{d\beta'}{dt} + \gamma' \frac{d\gamma'}{dt} = \tau' \frac{d\tau'}{dt},$$

und bei Einführung der aus (90) folgenden Werthe für die Rotationsbeschleunigungen

$$\alpha'\beta'\gamma'\left(\frac{\mathsf{B} - \Gamma}{\mathsf{A}} + \frac{\Gamma - \mathsf{A}}{\mathsf{B}} + \frac{\mathsf{A} - \mathsf{B}}{\Gamma}\right) = \tau' \frac{d\tau'}{dt};$$

setzt man hierein die in (93′) enthaltenen Ausdrücke für α', β', γ', so resultirt eine Gleichung zwischen t und τ', welche integrirt lautet:

$$C - t = \int \frac{\mathsf{A}\mathsf{B}\Gamma\,\tau'\,d\tau'}{\sqrt{-[\Theta^2 - \Delta(\mathsf{B}+\Gamma) + \mathsf{B}\Gamma\tau'^2][\Theta^2 - \Delta(\Gamma+\mathsf{A}) + \Gamma\mathsf{A}\tau'^2][\Theta^2 - \Delta(\mathsf{A}+\mathsf{B}) + \mathsf{A}\mathsf{B}\tau'^2]}}. \tag{93''}$$

Diese Formel, in der C die Integrationsconstante bezeichnet, führt, nach τ' aufgelöst, auf elliptische Functionen; der dadurch erhaltene Werth für τ', in (93′) eingesetzt, bestimmt α', β', γ'. Aus diesen Grössen folgen dann mit Hülfe der Formeln (91″) und der aus (14) folgenden Definitionen der Rotationsgeschwindigkeiten α', β', γ' die α_h, β_h, γ_h, welche die Lage des Körpers zu beliebiger Zeit bestimmen.

Da die Anfangslage und die Anfangsgeschwindigkeit des Körpers durch sechs Parameter bestimmt wird, in den vorstehenden Gleichungen aber erst fünf von einander unabhängige Integrationsconstanten (Δ, K_1, K_2, K_3 und C) enthalten sind, so ist ersichtlich, dass dieser letzte Schritt die Ausführung noch einer weiteren Integration erfordern wird. —

Bis jetzt haben wir das absolut feste Coordinatensystem X, Y, Z vollständig willkürlich gelassen; die weiteren Betrachtungen vereinfachen sich aber, wenn wir über die eine, etwa die Z-Axe, in bestimmter Weise verfügen.

Durch die Anfangslage und die Anfangsgeschwindigkeit des Körpers sind die drei Constanten K_1, K_2, K_3, und demgemäss auch Θ, vollständig bestimmt, denn die Gleichungen (91″) gelten für jeden Moment, also auch für den Anfangszustand; wir können daher für jedes specielle Problem nach (92′) die Lage der Axe ϑ vollständig berechnen.

In die Richtung von ϑ wollen wir die Z_0-Axe eines neuen Coordinatensystemes X_0, Y_0, Z_0 hineingelegt und die Formeln (91″) auf dieses Coordinatensystem transformirt denken. Sie nehmen dann die ursprüngliche Form wieder an, nur steht in den ersten beiden Gleichungen an Stelle von K_1 und K_2 Null, in der dritten an Stelle von K_3 aber Θ, denn es muss $\cos(\vartheta, x_0) = 0$, $\cos(\vartheta, y_0) = 0$, $\cos(\vartheta, z_0) = 1$ werden. Mit den so erhaltenen Gleichungen wollen wir weiter rechnen, aber der Kürze halber die Indices $_0$ nicht in ihnen einführen.

Fasst man sie mit den Factoren α_1, β_1, γ_1 und α_2, β_2, γ_2 und α_3, β_3, γ_3 zusammen, so erhält man die Formeln:

$$\mathsf{A}\alpha' = \Theta\gamma_1, \qquad \mathsf{B}\beta' = \Theta\gamma_2, \qquad \Gamma\gamma' = \Theta\gamma_3. \tag{94}$$

Sie bestimmen ohne neue Integration für jeden Moment die Winkel zwischen den drei Hauptträgheitsaxen A, B, C und der Axe ϑ resp. Z_0 des resultirenden Flächenmomentes Θ. Diese drei Winkel, die allerdings wegen der Relation

$$\gamma_1^2 + \gamma_2^2 + \gamma_3^2 = 1$$

nicht unabhängig von einander sind, werden durch die Werthe der Anfangsgeschwindigkeiten vollständig gegeben und enthalten nur die durch (91), (91′) und (93″) eingeführten Integrationsconstanten Δ, Θ und C. Ihre Unabhängigkeit von der Anfangslage des Körpers erklärt sich dadurch, dass sie ja nicht gegen eine willkürliche, sondern gegen eine durch eben jene Geschwindigkeiten erst bestimmte Richtung, nämlich die Axe ϑ, gerechnet werden.

Um noch eine Function der α_h, β_h, welche zur vollständigen Bestimmung der Lage des Körpers erforderlich ist, zu bestimmen, bedarf es einer weiteren Integration. Man bestimmt am bequemsten eines der Verhältnisse α_h/β_h, welche direct geometrische Bedeutung haben.

Bezeichnet man z. B. den Winkel zwischen der XZ-Ebene und der durch die Z- und die C-Axe gelegten Ebene mit φ, so ist

$$\frac{\beta_3}{\alpha_3} = \operatorname{tg}\varphi$$

und daher

$$d\varphi = \frac{\alpha_3\, d\beta_3 - \beta_3\, d\alpha_3}{\alpha_3^2 + \beta_3^2}. \tag{94'}$$

Unter Rücksicht auf (14) und (5) erhält man hieraus leicht:

$$\frac{d\varphi}{dt} = \frac{\gamma_1 \alpha' + \gamma_2 \beta'}{\gamma_1^2 + \gamma_2^2}; \tag{94''}$$

diese Gleichung ist völlig allgemein, insofern sie nur die Beziehungen des § 16 benutzt.

Für unseren speciellen Fall liefert sie bei Berücksichtigung der Formeln (94)

$$\frac{d\varphi}{dt} = \frac{\mathsf{A}\alpha'^2 + \mathsf{B}\beta'^2}{\mathsf{A}^2\alpha'^2 + \mathsf{B}^2\beta'^2}\,\Theta. \tag{94'''}$$

Hierin sind α' und β' nach (93) und (93') bekannte Functionen von t, die Gleichung stellt also die oben erwähnte letzte zur Lösung des Problemes nöthige integrable Formel dar; die Ausführung der Integration ergiebt φ durch elliptische Functionen der Zeit ausgedrückt. —

Wir beschränken uns weiterhin auf die Entwickelung derjenigen Gesetze für die Rotation um einen Punkt, welche mit elementaren Hülfsmitteln abzuleiten sind; dieselben beziehen sich vornehmlich auf die Grösse der Rotationsgeschwindigkeit und die Lage der augenblicklichen Rotationsaxe im Körper und im Raume.

Da der Körper uns nur durch sein Trägheitsellipsoid um den festen Punkt gegeben ist, so hat die Betrachtung an dieses anzuknüpfen. Seine Gleichung ist in Bezug auf das System A, B, C:

$$\mathsf{A}a^2 + \mathsf{B}b^2 + \Gamma c^2 = 1. \tag{95}$$

Die Richtung der augenblicklichen Drehungsaxe d gegen die Hauptträgheitsaxen ist gegeben durch

$$\cos(d,a) = \frac{\alpha'}{\tau'}, \qquad \cos(d,b) = \frac{\beta'}{\tau'}, \qquad \cos(d,c) = \frac{\gamma'}{\tau'}.$$

Ein Radiusvector r, ihr parallel durch den festen Punkt gelegt, schneidet das Trägheitsellipsoid (95) in einem Punkt

$$a = \frac{r\alpha'}{\tau'}, \qquad b = \frac{r\beta'}{\tau'}, \qquad c = \frac{r\gamma'}{\tau'}, \tag{95'}$$

den man den Pol der Drehung nennt; die Länge r heisst der Radius des Poles. Setzt man die Werthe (95') in (95) ein, so resultirt:

$$\mathsf{A}\alpha'^2 + \mathsf{B}\beta'^2 + \Gamma\gamma'^2 = \frac{\tau'^2}{r^2}. \tag{95''}$$

Vergleicht man dies mit unserem ersten Integral (91), so folgt der Satz:

$$\tau'^2 = r^2\Delta; \tag{96}$$

die Rotationsgeschwindigkeit τ' ist in jedem Augenblick dem Radius des Poles im Trägheitsellipsoid proportional.

Zugleich werden die Gleichungen (95') zu

$$a = \frac{\alpha'}{\sqrt{\Delta}}, \qquad b = \frac{\beta'}{\sqrt{\Delta}}, \qquad c = \frac{\gamma'}{\sqrt{\Delta}}; \tag{96'}$$

geben wir der $\sqrt{\Delta}$ das positive Vorzeichen, so ist dadurch dem Pol der Drehung die specielle Bedeutung gegeben, dass er die Seite der Drehungsaxe bezeichnet, um welche die Rotation in positivem Sinne stattfindet.

Führen wir mittelst der Beziehungen (96') die Coordinaten a, b, c des Poles in das zweite Integral (91') ein, so ergiebt sich

$$\mathsf{A}^2a^2 + \mathsf{B}^2b^2 + \Gamma^2c^2 = \frac{\Theta^2}{\Delta}, \tag{97}$$

mithin die Gleichung eines zweiten Ellipsoides, auf welchem der Pol verharren muss. Es folgt daraus der Satz:

Der Pol der Drehung wandert auf der Schnittcurve der beiden concentrischen und gleichliegenden Ellipsoide (95) und (97), bewegt sich also in einer geschlossenen Curve.

Dass sich die beiden Ellipsoide stets schneiden müssen, ist einmal aus physikalischen Gründen klar, folgt aber auch aus der Ungleichung (91'''). Denn die Halbaxen des Ellipsoides (95) sind resp.

$$\frac{1}{\sqrt{\mathsf{A}}}, \quad \frac{1}{\sqrt{\mathsf{B}}}, \quad \frac{1}{\sqrt{\Gamma}},$$

die von (97) resp.

$$\frac{\Theta}{\mathsf{A}\sqrt{\Delta}}, \quad \frac{\Theta}{\mathsf{B}\sqrt{\Delta}}, \quad \frac{\Theta}{\Gamma\sqrt{\Delta}},$$

und da nach (91‴) gilt:

$$\mathsf{A} \gtreqless \frac{\Theta^2}{\Delta} \gtreqless \Gamma,$$

je nachdem $\mathsf{A} \gtreqless \mathsf{B} \gtreqless \Gamma$ ist, so ergiebt sich, dass, wenn die grösste Axe des einen Ellipsoides kleiner ist als die grösste des anderen, umgekehrt die kleinste für das erstere grösser ist als die kleinste für das letztere.

Die beiden Ellipsoide schneiden sich stets in zwei gleichen Curven, die symmetrisch zum Mittelpunkt liegen. Dies zeigt, dass mit denselben Werthen der Integrationsconstanten zwei zwar wesentlich gleiche, aber nach Lage des rotirenden Körpers gegen die positive Normale der invariabeln Ebene entgegengesetzte Bewegungen vereinbar sind.

Ein besonderes Interesse bieten einige specielle Fälle.

Gilt für die Hauptträgheitsmomente die Ungleichung $\mathsf{A} > \mathsf{B} > \Gamma$, so ist die C-Axe für beide Ellipsoide die grösste, die B- die mittlere, die A- die kleinste. Bestimmt sich dann durch den Anfangszustand das Verhältniss $\Theta^2/\Delta = \mathsf{A}$, so haben beide Ellipsoide gleiche A-Axen, das Trägheitsellipsoid (95) liegt jetzt vollständig innerhalb des anderen (97) und beide berühren sich am Ende ihrer gemeinsamen A-Axe in einem sogenannten elliptischen Punkt; die Polcurve reducirt sich auf den Endpunkt der A-Axe, es tritt also eine permanente Rotation um diese ein. Weicht Θ^2/Δ nur sehr wenig von dem Werthe A ab — es kann nach (91) nur kleiner, nicht aber grösser sein — so wird die Polcurve elliptische Gestalt haben und ihr Mittelpunkt auf der A-Axe liegen. Die Rotationsaxe wandert dann dauernd in sehr kleinem Winkelabstand um die A-Axe herum.

Ganz ähnliches gilt, wenn $\Theta^2/\Delta = \Gamma$ ist. Hier umschliesst das erste Ellipsoid (95) vollständig das zweite (97) und berührt es im Endpunkt der C-Axe; es tritt also permanente Rotation um die C-Axe ein. Ist Θ^2/Δ nur wenig grösser als Γ, so wandert die Rotationsaxe in einem engen elliptischen Kegel um die C-Axe.

Anders, wenn Θ^2/Δ den mittleren Werth B besitzt; dann hat das Trägheitsellipsoid parallel der C-Axe eine kleinere, parallel der B- die gleiche, parallel der A- eine grössere Axe, als das Ellipsoid (97), liegt also zum Theil ausserhalb, zum Theil innerhalb desselben. Hieraus ergeben sich für beide Ellipsoide Berührungen in den Enden der B-Axe und ausserdem zwei Schnittcurven, welche sich in jenen Punkten schneiden — die Berührung ist eine hyperbolische. Da nach den früheren Betrachtungen jede Hauptträgheitsaxe eine permanente Rotationsaxe ist, hat man dies so zu verstehen, dass der Pol zwar auf diesen Schnittcurven wandert, seine Geschwindigkeit in jenen Berührungspunkten aber verschwindet.

Ist Θ^2/Δ wenig kleiner oder grösser als B, so ergiebt sich eine Schnittcurve hyperbolischer Gestalt; bei einer kleinen Veränderung der Anfangsbedingungen verharrt demnach der Pol nicht in unmittelbarer Nähe der B-Axe, sondern wandert über das ganze Ellipsoid hin.

In diesem Sinne kann man die Rotation um die grösste und die kleinste Trägheitsaxe durch den festen Punkt als stabil, die um die mittlere als labil bezeichnen. —

Legt man an das Trägheitsellipsoid (95) in dem augenblicklichen Ort des Poles eine Tangentenebene und bezeichnet deren laufende Coordinaten mit a', b', c', so lautet ihre Gleichung:

$$\mathsf{A}aa' + \mathsf{B}bb' + \Gamma cc' = 1. \tag{97'}$$

Hieraus folgt, dass der normale Abstand n dieser Ebene von dem festen Punkte oder dem Centrum des Trägheitsellipsoides gegeben ist durch

$$\frac{1}{n^2} = \mathsf{A}^2 a^2 + \mathsf{B}^2 b^2 + \Gamma^2 c^2$$

oder nach (97) durch

$$\frac{1}{n^2} = \frac{\Theta^2}{\Delta};$$

es gilt daher ferner:

Die durch den Pol an das Trägheitsellipsoid gelegte Tangentenebene hat von dem festen Punkte den unveränderlichen Abstand

$$n = \frac{\sqrt{\Delta}}{\Theta}. \tag{97''}$$

Die Cosinus der Winkel, welche die Normale n mit den Axen A, B, C einschliesst, sind nach (97'):

$$\cos(n,a) = \mathsf{A}an, \qquad \cos(n,b) = \mathsf{B}bn, \qquad \cos(n,c) = \Gamma cn,$$

oder nach Einsetzen von a, b, c aus (96') und n aus (97'')

$$\cos(n,a) = \frac{\mathsf{A}\alpha'}{\Theta}, \quad \cos(n,b) = \frac{\mathsf{B}\beta'}{\Theta}, \quad \cos(n,c) = \frac{\Gamma\gamma'}{\Theta}. \tag{98}$$

Die Winkel von n mit den absolut festen Axen X, Y, Z bestimmen sich, indem man diese Formeln mit den Factoren α_1, α_2, α_3; β_1, β_2, β_3; γ_1, γ_2, γ_3 zusammenfasst, zu:

$$\begin{aligned} \cos(n,x) &= \frac{\mathsf{A}\alpha'\alpha_1 + \mathsf{B}\beta'\alpha_2 + \Gamma\gamma'\alpha_3}{\Theta}, \\ \cos(n,y) &= \frac{\mathsf{A}\alpha'\beta_1 + \mathsf{B}\beta'\beta_2 + \Gamma\gamma'\beta_3}{\Theta}, \\ \cos(n,z) &= \frac{\mathsf{A}\alpha'\gamma_1 + \mathsf{B}\beta'\gamma_2 + \Gamma\gamma'\gamma_3}{\Theta}. \end{aligned} \tag{98'}$$

Vergleicht man diese Werthe mit den Beziehungen (91″) und (92′), so erkennt man den Satz:

Die im Pol an das Trägheitsellipsoid gelegte Tangentenebene ist normal zu der dem rotirenden Körper zugehörigen Axe ϑ des resultirenden Flächenmomentes Θ und behält daher, ebenso wie jene, ihre Lage im Raume unverändert bei. Wir können sie also als eine specielle Lage der (bisher nur durch ihre Normale ϑ charakterisirten) invariabeln Ebene auffassen und wollen sie deshalb weiterhin mit eben diesem Namen bezeichnen.

Da der Pol ein Punkt der augenblicklichen Rotationsaxe ist, so hat er keine Geschwindigkeit; demgemäss hat auch die Stelle des Trägheitsellipsoides, welche auf der invariabeln Ebene aufliegt, keine Geschwindigkeit. Daher gilt weiter:

Das Trägheitsellipsoid rollt, während es sich um sein Centrum dreht, ohne zu gleiten auf der invariabeln Ebene.

Dies ist entsprechend dem auf S. 293 Gesagten jederzeit auf zwei Weisen möglich, welche auf der invariabeln Ebene die gleiche Curve, aber auf dem Trägheitsellipsoid zwei symmetrisch zum Centrum gelegene Polcurven liefern.

Für die Componente ϑ' der Rotationsgeschwindigkeit um die Axe ϑ, resp. um die Normale Z zur festen Ebene gilt ein einfacher Satz, den man erhält, wenn man die Gleichungen (98) mit den Rotationscomponenten α', β', γ' um die Hauptträgheitsaxen multiplicirt und zusammen addirt. Es folgt:

$$\vartheta' = \frac{\mathsf{A}\,\alpha'^2 + \mathsf{B}\,\beta'^2 + \Gamma\,\gamma'^2}{\Theta},$$

oder nach (91):

$$\vartheta' = \frac{\Delta}{\Theta}; \tag{98″}$$

die Componente der Rotationsgeschwindigkeit nach der Normalen auf der invariabeln Ebene ist constant. —

Besonders einfach werden die Verhältnisse, wenn zwei der drei Hauptträgheitsmomente des Körpers um den festen Punkt einander gleich sind, jener etwa ein Rotationskörper ist, der um einen Punkt seiner Axe rotirt.

Sei $\mathsf{A} = \mathsf{B}$, dann werden die Gleichungen (90) zu:

$$\mathsf{A}\frac{d\alpha'}{dt} = \beta'\gamma'(\mathsf{A} - \Gamma), \quad \mathsf{A}\frac{d\beta'}{dt} = \gamma'\alpha'(\Gamma - \mathsf{A}), \quad \Gamma\frac{d\gamma'}{dt} = 0. \tag{99}$$

Hieraus folgt, dass γ' constant ist, d. h. dass die Rotation um die ausgezeichnete Axe C mit constanter Geschwindigkeit geschieht.

Setzen wir jetzt und später, falls γ' constant ist, $\gamma' = p$, ausserdem $(\Gamma - A)/A = e$, so wird:

$$\frac{d\alpha'}{dt} = -\beta' p e, \qquad \frac{d\beta'}{dt} = +\alpha' p e,$$

und daraus folgt:

$$\alpha' = q \cos p e (t - t_0), \quad \beta' = q \sin p e (t - t_0), \quad \gamma' = p, \tag{99'}$$

wobei, wie p, auch q und t_0 Constante sind.

Demgemäss ergiebt sich die gesammte Rotationsgeschwindigkeit:

$$\tau'^2 = \alpha'^2 + \beta'^2 + \gamma'^2 = p^2 + q^2, \tag{99''}$$

also ebenfalls constant.

Nennt man den Winkel, den die Rotations- mit der C-Axe einschliesst, δ, und denjenigen, der zwischen der AC-Ebene und der die C- und die Rotationsaxe enthaltenden Ebene liegt, ψ, so ist:

$$\frac{\alpha'}{\tau'} = \sin\delta \cos\psi, \qquad \frac{\beta'}{\tau'} = \sin\delta \sin\psi, \qquad \frac{\gamma'}{\tau'} = \cos\delta.$$

Hieraus folgt:

$$\begin{aligned} \operatorname{tg}\psi &= \operatorname{tg} p e (t - t_0), \qquad \operatorname{tg}\delta = \frac{q}{p}, \\ \frac{d\psi}{dt} &= \Psi = p e = \frac{p(\Gamma - A)}{A}. \end{aligned} \tag{99'''}$$

Für einen Körper mit zwei gleichen Hauptträgheitsmomenten ist sowohl die Rotationsgeschwindigkeit γ' um die ausgezeichnete Axe als die resultirende Rotationsgeschwindigkeit τ' constant, und die vom Pol auf dem Hauptträgheitsellipsoid, wie auf der invariabeln Ebene beschriebene Curve ist ein Kreis, der vom Pol mit der constanten Winkelgeschwindigkeit $\Psi = \gamma'(\Gamma - A)/A$ durchlaufen wird.

Der Winkel χ zwischen der ausgezeichneten C-Axe und der von uns S. 290 eingeführten Z-Axe ist nach dem Vorstehenden von unveränderlicher Grösse, sein Cosinus γ_3, den wir hier und später, im Falle er constant ist, mit k bezeichnen wollen, findet sich aus (94):

$$\gamma_3 = k = \frac{\Gamma p}{\Theta}. \tag{100}$$

Der Winkel φ zwischen der XZ-Ebene und der durch die Z- und C-Axe gelegten Ebene ist nach (94''') unter den gemachten Voraussetzungen gegeben durch:

$$\Phi = \frac{d\varphi}{dt} = \frac{\Theta}{A}; \tag{100'}$$

Φ ist also die constante Winkelgeschwindigkeit, mit welcher die C-um die Z-Axe rotirt.

In dem Ausdruck für Φ lässt sich die Integrationsconstante Θ entweder nach (91') durch die constanten Geschwindigkeiten p und q um die Haupt- und eine Nebenaxe nach der Formel

$$\Theta^2 = \mathrm{A}^2 q^2 + \Gamma^2 p^2, \tag{100''}$$

oder anschaulicher nach (100) durch die constante Geschwindigkeit p um die Hauptaxe und den constanten Cosinus k des Winkels zwischen dieser und der Z-Axe bestimmen, sodass man erhält:

$$\Phi = \frac{d\varphi}{dt} = \frac{\Gamma p}{\mathrm{A} k}. \tag{100'''}$$

Die Geschwindigkeit Φ, mit welcher die ausgezeichnete Hauptträgheitsaxe C um die Axe ϑ resp. Z des Flächenmomentes Θ rotirt, ist indirect proportional dem Cosinus k des Winkels zwischen beiden und direct proportional der Rotationsgeschwindigkeit des Körpers um die C-Axe.

Endlich fügen wir noch den nach den früheren Formeln sogleich einleuchtenden Satz hinzu:

Sind alle drei Hauptträgheitsmomente gleich, so sind auch alle drei Rotationsgeschwindigkeiten α', β', γ' constant; die Drehung geschieht hier also mit constanter Geschwindigkeit um eine im Raume und im Körper feste Axe. —

§ 24. Rotation eines starren Körpers um einen festen Punkt; Kreiselbewegungen bei der Einwirkung gewisser äusserer Kräfte.

Wir wollen nunmehr annehmen, dass der um einen festen Punkt drehbare Körper einer Kraft K unterworfen ist, die sowohl eine constante Grösse, als eine im Raume unveränderliche Richtung hat und in einem im Körper festen Punkte angreift, dessen Coordinaten in Bezug auf das System der Hauptträgheitsaxen a_1, b_1, c_1 sein mögen; im Falle die Schwere wirkt, ist K das Gewicht des Körpers und sind a_1, b_1, c_1 die Coordinaten seines Schwerpunktes.

Legen wir die $+Z$-Axe der Kraft K parallel, so sind $A = K\gamma_1$ $B = K\gamma_2$, $C = K\gamma_3$ ihre Componenten nach den Axen A, B, C und

$$F = K(b_1\gamma_3 - c_1\gamma_2), \qquad G = K(c_1\gamma_1 - a_1\gamma_3), \qquad H = K(a_1\gamma_2 - b_1\gamma_1)$$

ihre Momente um dieselben; unsere Gleichungen (89) nehmen demgemäss die Form an:

$$\mathsf{A}\frac{d\alpha'}{dt} + (\Gamma - \mathsf{B})\beta'\gamma' = K(b_1\gamma_3 - c_1\gamma_2),$$
$$\mathsf{B}\frac{d\beta'}{dt} + (\mathsf{A} - \Gamma)\gamma'\alpha' = K(c_1\gamma_1 - a_1\gamma_3), \qquad (101)$$
$$\Gamma\frac{d\gamma'}{dt} + (\mathsf{B} - \mathsf{A})\alpha'\beta' = K(a_1\gamma_2 - b_1\gamma_1);$$

zugleich wird aus (88′) bei Benutzung der Beziehungen (2″):

$$\frac{d}{dt}(\mathsf{A}\alpha_1\alpha' + \mathsf{B}\alpha_2\beta' + \Gamma\alpha_3\gamma') = +K(a_1\beta_1 + b_1\beta_2 + c_1\beta_3),$$
$$\frac{d}{dt}(\mathsf{A}\beta_1\alpha' + \mathsf{B}\beta_2\beta' + \Gamma\beta_3\gamma') = -K(a_1\alpha_1 + b_1\alpha_2 + c_1\alpha_3), \quad (101')$$
$$\frac{d}{dt}(\mathsf{A}\gamma_1\alpha' + \mathsf{B}\gamma_2\beta' + \Gamma\gamma_3\gamma') = 0.$$

Multiplicirt man die Gleichungen (101) mit den Factoren α', β', γ', addirt und berücksichtigt, dass nach (14′):

$$\gamma_2\gamma' - \gamma_3\beta' = \gamma_1', \quad \gamma_3\alpha' - \gamma_1\gamma' = \gamma_2', \quad \gamma_1\beta' - \gamma_2\alpha' = \gamma_3' \quad (101'')$$

ist, so erhält man eine direct integrable Formel, welche liefert:

$$\mathsf{A}\alpha'^2 + \mathsf{B}\beta'^2 + \Gamma\gamma'^2 = 2K(a_1\gamma_1 + b_1\gamma_2 + c_1\gamma_3) + \Delta; \quad (101''')$$

hierin stellt wiederum der Ausdruck auf der linken Seite die doppelte lebendige Kraft des rotirenden Körpers dar, das erste Glied rechts ist das doppelte Potential der constanten Kraft, Δ die Integrationsconstante, die Formel giebt also die Gleichung der lebendigen Kraft für das vorliegende Problem.

Ein zweites Integral giebt die letzte Formel (101′); dasselbe ist

$$\mathsf{A}\gamma_1\alpha' + \mathsf{B}\gamma_2\beta' + \Gamma\gamma_3\gamma' = \mathsf{K} \qquad (102)$$

und stellt nach dem zu (92) Gesagten den Flächensatz in Bezug auf die Ebene normal zur Kraft K dar. Da wir über die positive Richtung der Z-Axe bereits verfügt haben, so sind positive und negative Werthe der Integrationsconstante K zuzulassen.

Ein drittes Integral ist bisher nur für den speciellen Fall gefunden, dass zwei der Hauptträgheitsmomente um den festen Punkt einander gleich sind und dass der Angriffspunkt der Kraft K auf der ausgezeichneten Hauptträgheitsaxe liegt. Wählt man die ausgezeichnete Trägheitsaxe zur C-Axe, so verlangt die erste Bedingung, dass

$$\mathsf{A} = \mathsf{B}$$

die zweite, dass

$$a_1 = 0, \quad b_1 = 0,$$

ist. In Folge dieser Beziehungen wird die letzte Gleichung (101) direct integrabel und liefert durch

$$\gamma'_3 = p, \tag{102'}$$

worin p eine Constante bezeichnet, das Resultat, dass in diesem Falle die Rotationsgeschwindigkeit um die C-Axe constant ist.

Die ersten beiden Gleichungen (101) nehmen zugleich die Form an:

$$\begin{aligned} \mathsf{A}\frac{d\alpha'}{dt} + (\Gamma - \mathsf{A})p\beta' &= -Kc_1\gamma_2, \\ \mathsf{A}\frac{d\beta'}{dt} - (\Gamma - \mathsf{A})p\alpha' &= +Kc_1\gamma_1, \end{aligned} \tag{102''}$$

die Integrale (101‴) und (102) werden zu:

$$\begin{aligned} \mathsf{A}(\alpha'^2 + \beta'^2) + \Gamma p^2 &= 2Kc_1\gamma_3 + \Delta, \\ \mathsf{A}(\gamma_1\alpha' + \gamma_2\beta') + \Gamma\gamma_3 p &= \mathsf{K}. \end{aligned} \tag{102'''}$$

Die Durchführung des Problemes giebt für die Grössen α_h, β_h, γ_h, welche die Lage des Körpers gegen das absolut feste System X, Y, Z in jedem Augenblick bestimmen, elliptische Functionen der Zeit.

Mit elementaren Hülfsmitteln ist hier nur wenig Aufklärung über den stattfindenden Vorgang zu erhalten.

Die Gesetze für die bekannten Kegelbewegungen, welche die Axen von Kreiseln oder Gyroskopen unter der Wirkung der Schwere ausführen, findet man, wenn man die Umstände untersucht, unter denen der Winkel zwischen der C- oder Kreiselaxe und der Z-Axe, welche parallel der Richtung der Kraft durch den festen Punkt gelegt ist, constant bleibt.

Dies geschieht, indem man

$$\gamma_3 = k, \quad \text{also} \quad \gamma_3' = 0 \tag{103}$$

setzt, wo k wiederum eine Constante bezeichnet. Die letzte Gleichung (101″) und die allgemein gültige Formel (94″) werden dann zu

$$\gamma_1\beta' - \gamma_2\alpha' = 0, \qquad \gamma_1\alpha' + \gamma_2\beta' = (\gamma_1^2 + \gamma_2^2)\frac{d\varphi}{dt};$$

und aus ihnen folgt:

$$\alpha' = +\gamma_1\frac{d\varphi}{dt} = \gamma_1\Phi, \quad \beta' = +\gamma_2\frac{d\varphi}{dt} = \gamma_2\Phi. \tag{103'}$$

Hierin ist $d\varphi / dt = \Phi$ die Winkelgeschwindigkeit, mit welcher die C- die Z-Axe umkreist.

Bildet man aus den letzten beiden Gleichungen

$$\alpha'^2 + \beta'^2 = (\gamma_1^2 + \gamma_2^2)\left(\frac{d\varphi}{dt}\right)^2$$

und beachtet, dass

$$\gamma_1^2 + \gamma_2^2 = 1 - k^2,$$

also constant ist und auch $\alpha'^2 + \beta'^2$ unter den gemachten Voraussetzungen nach der ersten Formel (102‴) einen constanten Werth q^2 hat, so erkennt man, dass auch Φ unveränderlich ist. Man erhält für dasselbe zunächst den Werth

$$\Phi = \frac{d\varphi}{dt} = \pm \frac{q}{\sqrt{1-k^2}}, \tag{103''}$$

der indess, da q die Rotationsgeschwindigkeit um eine Nebenaxe ist, wenig Interesse hat.

Setzt man die Werthe von α' und β' in eine der beiden ersten Gleichungen (101), so erhält man in Rücksicht darauf, dass $\mathsf{A} = \mathsf{B}$, $a_1 = b_1 = 0$ und $d\varphi/dt = \Phi$ constant ist:

$$\mathsf{A}\gamma_1'\Phi + (\Gamma - \mathsf{A})p\gamma_2\Phi = -Kc_1\gamma_2,$$

oder, da nach der ersten Formel (101″), sowie nach (102′) und (103′)

$$\gamma_1' = \gamma_2 p - k\beta' = \gamma_2(p - k\Phi)$$

ist, auch

$$\gamma_2(\Gamma p\Phi - \mathsf{A}k\Phi^2 + Kc_1) = 0.$$

Hieraus folgt, da γ_2 nicht dauernd gleich Null sein kann, die Gleichung

$$\mathsf{A}k\Phi^2 - \Gamma p\Phi = Kc_1, \tag{104}$$

aus welcher sich bei demselben p und k zwei Werthe für Φ ergeben, nämlich

$$\Phi = \frac{\Gamma p \pm \sqrt{4\mathsf{A}Kkc_1 + \Gamma^2 p^2}}{2\mathsf{A}k}. \tag{104'}$$

Diese Werthe sind wegen den stets positiven A und K stets reell, wenn kc_1 positiv ist, d. h. wenn die Projection der Entfernung c_1 zwischen dem festen Punkt und dem Angriffspunkt der Kraft auf die mit der $+Z$-Axe zusammenfallende Richtung der Kraft K positiv ist; im anderen Falle können sie bei hinreichend kleinem p complex werden, d. h. bei kleiner Rotationsgeschwindigkeit p kann unter der Wirkung der gegebenen Kraft K, z. B. der Schwere, die verlangte Kegelbewegung unmöglich werden. Nimmt man umgekehrt p so gross an, dass man die Wurzelgrösse entwickeln kann, so erhält man die beiden angenäherten Werthe:

$$\Phi_1 = \frac{\Gamma p}{\mathsf{A}k} + \frac{Kc_1}{\Gamma p} \quad \text{und} \quad \Phi_2 = -\frac{Kc_1}{\Gamma p}. \tag{104''}$$

Der erste Werth unterscheidet sich um so weniger von dem ohne Wirkung der äusseren Kraft stattfindenden (100‴), je grösser die Rotationsgeschwindigkeit p um die C-Axe ist; er giebt daher eigentlich keine in Folge von K auftretende neue Erscheinung.

Anders der zweite Werth, der mit wachsender Rotationsgeschwindigkeit p abnimmt und bei unendlicher verschwindet; dieser gehört offenbar der Kegelbewegung Z, welche bei Kreiseln regelmässig zu beobachten ist.

Es bleibt zu erklären, wie es möglich ist, dass für Φ hier bei Einwirkung einer Kraft zwei Werthe, oben ohne solche nur einer gefunden ist.

Denken wir, um die Vorstellung zu fixiren, die Z-Axe positiv nach unten gerechnet und den Körper um die C-Axe, welche den Winkel χ mit der Z-Axe einschliesst, mit der Geschwindigkeit p in Rotation gesetzt, ohne dass eine äussere Kraft K wirkt, so kann man dem Körper auf zwei Weisen die Neigung χ ungeändert erhalten: einmal, indem man ihm keine andere Bewegung als die Rotation p mittheilt, in welchem Falle die C-Axe als permanente Drehungsaxe im Raume ruht — sodann, indem man ihm noch eine Rotationsgeschwindigkeit q um eine Nebenaxe ertheilt von der aus (100) und (100″) folgenden Grösse

$$q^2 = \frac{\Gamma^2 p^2}{\mathsf{A}^2} \frac{1-k^2}{k^2},$$

vermöge deren nun die C-Axe in constanter Neigung um die Z-Axe kreist.

Diese beiden Fälle sind möglich, aber nur der zweite ist oben in Formel (100″) ausgedrückt, weil für jene die Z-Axe ausdrücklich als Axe ϑ des Flächenmomentes Θ vorausgesetzt war. Im ersten Falle ist aber die im Raume feste C-Axe selbst diese Axe.

Aus diesen beiden Bewegungen leiten sich nun offenbar, bei Einwirkung der Kraft K, die in (104″) enthaltenen beiden ab; ein Widerspruch ist daher nicht vorhanden. —

Wir wollen uns nunmehr noch mit der Rotation eines Körpers um seinen festen Schwerpunkt beschäftigen unter der Voraussetzung, dass der Körper eine dem Newton'schen Gesetz (91‴) auf S. 155 folgende Anziehung von einem Massenpunkt m_1 erfährt, welcher in grosser Entfernung in einem Kreis um ihn herumwandert; dies Problem steht, wie wir sehen werden, in Zusammenhang mit der Theorie der Einwirkungen von Sonne und Mond auf die Erde, welche die sogenannte Präcession und Nutation hervorbringen.

Sei der feste Schwerpunkt des Körpers wieder der Nullpunkt

des XYZ-Systemes und wandere der anziehende Massenpunkt gleichförmig im constanten Abstand e von ihm in der XY-Ebene.

Schliesst die Richtung von e mit den Hauptträgheitsaxen A, B, C durch den festen Punkt Winkel ein, deren Cosinus resp. α, β, γ sind, so wird in einem späteren Abschnitt gezeigt werden, dass das Attractionscentrum auf den Körper Drehungsmomente F, G, H um die Hauptträgheitsaxen ausübt von der Grösse:

$$F = \frac{3fm_1}{e^3}(\Gamma - \mathrm{B})\beta\gamma, \qquad G = \frac{3fm_1}{e^3}(\mathrm{A} - \Gamma)\gamma\alpha, \qquad H = \frac{3fm_1}{e^3}(\mathrm{B} - \mathrm{A})\alpha\beta, \tag{105}$$

worin, wie früher, f die Constante des NEWTON'schen Gesetzes bezeichnet.

Hierin drücken wir α, β, γ durch die Winkel aus, welche die A-, B-, C- mit den X-, Y-, Z-Axen, und welche e mit der X- und Y-Axe einschliesst; nennen wir φ den Winkel zwischen den Richtungen von e und X, so wird wegen der Beziehungen

$$\alpha = \cos(e, A) = \cos(A, x)\cos(e, x) + \cos(A, y)\cos(e, y) + \cos(A, z)\cos(e, z)$$

u. s. f., sowie wegen der Werthe des $\cos(A, x)$ u. s. f.:

$$\begin{aligned} \alpha &= \alpha_1 \cos\varphi + \beta_1 \sin\varphi, \\ \beta &= \alpha_2 \cos\varphi + \beta_2 \sin\varphi, \\ \gamma &= \alpha_3 \cos\varphi + \beta_3 \sin\varphi. \end{aligned} \tag{105'}$$

Da der Punkt m_1 gleichförmig rotirt, so ist φ eine lineäre Function der Zeit.

Wir wollen nunmehr annehmen, dass die Rotationsgeschwindigkeit des Punktes m_1 gross ist gegen die Geschwindigkeit, mit welcher sich die Drehungsaxe innerhalb des Körpers bewegt, und zwar in einem Maasse, dass man an Stelle der wechselnden Werthe der Momente F, G, H ihre Mittelwerthe für die Dauer eines Umlaufes einführen kann — oder, anders ausgedrückt, dass man sich die Masse m_1 des Attractionscentrums auf einen Kreis vom Radius e gleichmässig vertheilt denken darf.

Dann haben wir in (105) an Stelle von $\beta\gamma$, $\gamma\alpha$, $\alpha\beta$ resp. zu setzen:

$$\begin{aligned} \frac{1}{2\pi}\int_0^{2\pi} \beta\gamma\, d\varphi &= \frac{1}{2}(\alpha_2\alpha_3 + \beta_2\beta_3) = -\frac{1}{2}\gamma_2\gamma_3, \\ \frac{1}{2\pi}\int_0^{2\pi} \gamma\alpha\, d\varphi &= \frac{1}{2}(\alpha_3\alpha_1 + \beta_3\beta_1) = -\frac{1}{2}\gamma_3\gamma_1, \\ \frac{1}{2\pi}\int_0^{2\pi} \alpha\beta\, d\varphi &= \frac{1}{2}(\alpha_1\alpha_2 + \beta_1\beta_2) = -\frac{1}{2}\gamma_1\gamma_2. \end{aligned} \tag{105''}$$

Kürzt man noch die Constante $3fm_1/2e^3$ in f' ab, so erhält man die Momente F, G, H in der folgenden Gestalt:

$$F = -f'(\Gamma - B)\gamma_2\gamma_3, \qquad G = -f'(A - \Gamma)\gamma_3\gamma_1, \qquad H = -f'(B - A)\gamma_1\gamma_2, \tag{105'''}$$

und die Bewegungsgleichungen (89) werden zu:

$$\begin{aligned} A\frac{d\alpha'}{dt} + (\Gamma - B)\beta'\gamma' &= -f'(\Gamma - B)\gamma_2\gamma_3, \\ B\frac{d\beta'}{dt} + (A - \Gamma)\gamma'\alpha' &= -f'(A - \Gamma)\gamma_3\gamma_1, \\ \Gamma\frac{d\gamma'}{dt} + (B - A)\alpha'\beta' &= -f'(B - A)\gamma_1\gamma_2. \end{aligned} \tag{106}$$

Es ist leicht, drei erste Integrale dieser Gleichungen zu bilden.

Fasst man sie mit den Factoren α', β' γ' zusammen und berücksichtigt, dass nach (14')

$$\gamma_1' = \gamma_2\gamma' - \gamma_3\beta', \quad \gamma_2' = \gamma_3\alpha' - \gamma_1\gamma', \quad \gamma_3' = \gamma_1\beta' - \gamma_2\alpha'$$

ist, so resultirt nach Ausführung der Integration:

$$A\alpha'^2 + B\beta'^2 + \Gamma\gamma'^2 = \Delta + f'(A\gamma_1^2 + B\gamma_2^2 + \Gamma\gamma_3^2). \tag{106'}$$

Die Factoren $A\alpha'$, $B\beta'$, $\Gamma\gamma'$ geben auf dieselbe Weise:

$$A^2\alpha'^2 + B^2\beta'^2 + \Gamma^2\gamma'^2 = \Theta^2 - f'(B\Gamma\gamma_1^2 + \Gamma A\gamma_2^2 + AB\gamma_3^2); \tag{106''}$$

endlich die Factoren γ_1, γ_2, γ_3:

$$A\gamma_1\alpha' + B\gamma_2\beta' + \Gamma\gamma_3\gamma' = K. \tag{106'''}$$

Hierin sind Δ, Θ, K Integrationsconstanten.

Die Formel (106') giebt die Gleichung der lebendigen Kraft, (106'') und (106''') sind Flächensätze. —

Wir wollen weiter nur den speciellen Fall behandeln, dass der Körper in Bezug auf seinen Schwerpunkt zwei gleiche Hauptträgheitsmomente $A = B$ besitzt und mit seiner ausgezeichneten Trägheitsaxe C einen Kreiskegel um die Z- als Axe beschreibt; wir fragen, wie sich dessen Oeffnung durch die ertheilten Geschwindigkeiten bestimmt.

Die erste gemachte Annahme lässt laut der dritten Gleichung (106)

$$\gamma' = p,$$

d. h. constant werden, die zweite giebt auch γ_3 einen constanten Werth:

$$\gamma_3 = k.$$

Hierdurch gehen die beiden ersten Gleichungen (106) über in:

$$\begin{aligned} \mathsf{A}\frac{d\alpha'}{dt} + (\Gamma - \mathsf{A})p\beta' &= -f'(\Gamma - \mathsf{A})\,k\gamma_2, \\ \mathsf{A}\frac{d\beta'}{dt} - (\Gamma - \mathsf{A})p\alpha' &= +f'(\Gamma - \mathsf{A})\,k\gamma_1, \end{aligned} \tag{107}$$

stimmen also mit (102″) überein, nur dass an Stelle von Kc_1 dort hier $f'k(\Gamma - \mathsf{A})$ steht.

In Folge dessen sind die dort erhaltenen Resultate bis auf den Werth der Constanten auch hier gültig.

Nimmt man die Rotationsgeschwindigkeit p des Körpers um die C-Axe und den Winkel zwischen der C- und der Z-Axe, also auch k, als gegeben an, so kann man nach (104″) durch zwei Werthe der Winkelgeschwindigkeit Φ, mit welcher die C- um die Z-Axe kreist, den Bedingungen des Problemes genügen, nämlich durch:

$$\Phi_1 = \frac{\Gamma p}{\mathsf{A}k} + \frac{3fm_1k(\Gamma - \mathsf{A})}{2e^3\Gamma p} \quad \text{und} \quad \Phi_2 = -\frac{3fm_1k(\Gamma - \mathsf{A})}{2e^3\Gamma p}. \tag{107'}$$

Der erstere entspricht dem Falle, dass der rotirende Körper auch ohne Einwirkung der äusseren Kraft bei dem gegebenen Anfangszustand mit seiner C-Axe eine Kegelbewegung um die Z-Axe beschrieben hätte, der zweite dem, dass unter diesen Umständen seine C-Axe geruht hätte.

Man kann die letztere Formel anwenden auf die Lagenänderung der Erdaxe in Folge der Einwirkung der Anziehung von Sonne und Mond, auf die sogenannte Präcession und Nutation. Die Erdaxe rotirt um die Normale auf der Ekliptik, während sie mit ihr den nahe constanten Winkel von 23° 27′ einschliesst, und vollendet einen Umlauf in ca. 25 800 Jahren. Wie wir später sehen werden, kann für die Betrachtung der Rotation eines freien Körpers um seinen Schwerpunkt letzterer als feststehend angenommen werden; wir können uns also für die Behandlung der Präcession den Erdmittelpunkt ruhend und Sonne und Mond ihn umkreisend denken. Deren Massen dürfen dabei in ihren Schwerpunkten concentrirt und deren Umlaufszeiten dann gegenüber der Umlaufszeit der Erdaxe als verschwindend klein angesehen werden, wie bei der vorstehenden Rechnung vorausgesetzt ist.

Die Beobachtung zeigt, dass bei der Erde die zweite Wurzel Φ_2 Gültigkeit hat, die Erdaxe ohne äussere Einwirkung also im Raume ruhen würde. Betrachtet man die Erde als ein Rotationsellipsoid von den Halbaxen a und c und der Masse m, so ist nach (42′):

$$\mathsf{A} = \frac{m(a^2 + c^2)}{5}, \qquad \Gamma = \frac{2ma^2}{5},$$

und es wird, wenn man die Wirkung von Sonne (Masse m_1 in der

Entfernung e) und Mond (Masse m_1' in der Entfernung e') zusammenaddirt:

$$\Phi_2 = \frac{3 f k (a^2 - c^2)}{4 a^2 p} \left(\frac{m_1}{e^3} + \frac{m_1'}{e'^3} \right).$$

Den Werth der Constante f des NEWTON'schen Gesetzes werden wir weiter unten zu

$$f = \frac{g_0 R^2}{m}$$

bestimmen, worin R den mittleren Erdradius, g_0 die von dem Einfluss der Centrifugalkraft befreite Beschleunigung durch die Schwere bezeichnet; $(a^2 - c^2)/a^2 = \varepsilon^2$ ist das Quadrat der numerischen Excentricität des Erdmeridians.

Führt man noch die Umlaufszeit der Erde um ihre Axe $\tau = 2\pi/p$ und die der Erdaxe $T = 2\pi/\Phi_2$ ein, so erhält man auch:

$$\frac{1}{T} = \frac{3 g_0 k \tau}{16 \pi^2} \varepsilon^2 \left(\frac{m_1}{m} \cdot \left(\frac{R}{e}\right)^2 \frac{1}{e} + \frac{m_1'}{m} \left(\frac{R}{e'}\right)^2 \frac{1}{e} \right).$$

Soll T sich in Jahren finden, so ist

$$\tau = \frac{1}{365} \quad \text{und} \quad g_0 = 9{,}83 \,.\, (86\,400)^2 . (365)^2$$

zu setzen; ferner ist:

$$k = 0{,}9174, \qquad R = 6367 \text{ km},$$

und für den Mond:

$$\frac{m_1}{m} = 0{,}0125, \qquad e = 384\,000 \text{ km}, \qquad \frac{e}{R} = 60,$$

für die Sonne:

$$\frac{m_1'}{m} = 324\,400, \qquad e' = 149\,000\,000 \text{ km}, \qquad \frac{e'}{R} = 23\,300.$$

Rechnet man mit diesen Zahlen T aus, so erhält man den Werth 24 600 Jahre, der mit der aus der Beobachtung berechneten Zahl von 25 800 Jahren soweit stimmt, als es bei den gemachten Vernachlässigungen zu erwarten ist.

§ 25. Allgemeinere Bewegungen eines starren Körpers unter der Wirkung äusserer Kräfte; ebene Bewegungen.

Ist kein Punkt des bewegten starren Körpers festgehalten und dadurch als Anfangspunkt des im Körper festen Coordinatensystemes empfohlen, so wird man in den allgemeinen Gleichungen (33) diesen Anfangspunkt passend in den Schwerpunkt des Körpers legen, also

$$x_0 = \xi, \qquad y_0 = \eta, \qquad z_0 = \zeta$$

setzen. Jene Formeln werden hierdurch:

$$
\begin{gathered}
m\frac{d\xi'}{dt}=\sum X_h,\quad m\frac{d\eta'}{dt}=\sum Y_h,\quad m\frac{d\zeta'}{dt}=\sum Z_h,\\
m\frac{d}{dt}(\zeta'\eta-\eta'\zeta-\lambda'(\xi^2+\eta^2+\zeta^2)+\xi(\xi\lambda'+\eta\mu'+\zeta\nu'))\\
+\frac{d}{dt}(\lambda'\Xi+\mu'Z'+\nu'H')=\sum(y_h Z_h-z_h Y_h),\\
m\frac{d}{dt}(\xi'\zeta-\zeta'\xi-\mu'(\xi^2+\eta^2+\zeta^2)+\eta(\xi\lambda'+\eta\mu'+\zeta\nu'))\\
+\frac{d}{dt}(\lambda'Z'+\mu'H+\nu'\Xi')=\sum(z_h X_h-x_h Z_h),\\
m\frac{d}{dt}(\eta'\xi-\xi'\eta-\nu'(\xi^2+\eta^2+\zeta^2)+\zeta(\xi\lambda'+\eta\mu'+\zeta\nu'))\\
+\frac{d}{dt}(\lambda'H'+\mu'\Xi'+\nu'Z)=\sum(x_h Y_h-y_h X_h).
\end{gathered}
\tag{108}
$$

Setzt man in den letzten drei Gleichungen rechts

$$x_h=\xi+\xi_h,\qquad y_h=\eta+\eta_h,\qquad z_h=\zeta+\zeta_h,$$

wo nun ξ_h, η_h, ζ_h die relativen Coordinaten in Bezug auf den Schwerpunkt bezeichnen, so erhält man in Uebereinstimmung mit (20) zunächst

$$\sum(y_h Z_h-z_h Y_h)=\sum(\eta_h Z_h-\zeta_h Y_h)+\eta\sum Z_h-\zeta\sum Y_h$$

u. s. f.; bei Einführung der resultirenden Drehungsmomente L_0, M_0, N_0 um Parallele zu den Coordinatenaxen durch den Schwerpunkt und bei Benutzung der ersten drei Formeln (108) folgt hieraus auch

$$
\begin{aligned}
\sum(y_h Z_h-z_h Y_h)&=L_0+m\left(\eta\frac{d\zeta'}{dt}-\zeta\frac{d\eta'}{dt}\right),\\
\sum(z_h X_h-x_h Z_h)&=M_0+m\left(\zeta\frac{d\xi'}{dt}-\xi\frac{d\zeta'}{dt}\right),\\
\sum(x_h Y_h-y_h X_h)&=N_0+m\left(\xi\frac{d\eta'}{dt}-\eta\frac{d\xi'}{dt}\right).
\end{aligned}
\tag{108''}
$$

Bezeichnet man auch die Trägheits- und Deviationsmomente um zu den X, Y, Z- parallele Axen durch den Schwerpunkt mit dem unteren Index $_0$, so gilt nach (39) und (39''):

$$
\begin{gathered}
\Xi=\Xi_0+m(\eta^2+\zeta^2),\ H=H_0+m(\zeta^2+\xi^2),\ Z=Z_0+m(\xi^2+\eta^2),\\
\Xi'=\Xi_0'-m\eta\zeta,\qquad H'=H_0'-m\zeta\xi,\qquad Z'=Z_0'-m\xi\eta.
\end{gathered}
\tag{108'''}
$$

Benutzt man alle diese Beziehungen, so verwandelt sich das System (108) in:

$$
\begin{gathered}
m\frac{d\xi'}{dt}=\sum X_h=X,\ m\frac{d\eta'}{dt}=\sum Y_h=Y,\ m\frac{d\zeta'}{dt}=\sum Z_h=Z,\\
\frac{d}{dt}(\lambda'\Xi_0+\mu'Z_0'+\nu'H_0')=\sum(\eta_h Z_h-\zeta_h Y_h)=L_0,\\
\frac{d}{dt}(\lambda'Z_0'+\mu'H_0+\nu'\Xi_0')=\sum(\zeta_h X_h-\xi_h Z_h)=M_0,\\
\frac{d}{dt}(\lambda'H_0'+\mu'\Xi_0'+\nu'Z_0)=\sum(\xi_h Y_h-\eta_h X_h)=N_0.
\end{gathered}
\tag{109}
$$

Die Drehungsgeschwindigkeiten λ', μ', ν' beziehen sich hierin, wie früher, auf die durch den Anfangspunkt des im Körper festen Coordinatensystemes (hier also durch den Schwerpunkt) gehenden Parallelen zu den $X\,Y\,Z$-Axen, daher auf dieselben Axen wie die L_0, M_0, N_0, Ξ_0, H_0, Z_0, Ξ_0', H_0', Z_0'.

Die Gleichungen (109) sind vollständig allgemein, wenn man nur alle die Bewegungsfreiheit des Körpers beschränkenden Bedingungen durch die entsprechenden Reactionskräfte berücksichtigt. Für einen freien Körper existiren derartige Reactionen nicht.

Vergleicht man in letzterem Fall die Formeln (109) mit den für einen Massenpunkt aufgestellten (30) auf S. 55 und den für einen um einen festen Punkt rotirenden Körper geltenden (88) auf S. 282, so erhält man den Satz, der nur eine andere Fassung der in § 15 für die Bewegung des Massenmittelpunktes und für die Flächenmomente gefundenen Resultate ist:

Ein freier starrer Körper rotirt um seinen Schwerpunkt ebenso als wäre letzterer festgehalten und wirkten nur die Drehungsmomente der äusseren Kräfte um Axen, die durch diesen Punkt gehen, während gleichzeitig der Schwerpunkt so fortschreitet, als wäre in ihm die ganze Masse concentrirt und griffen in ihm alle Kräfte mit der gegebenen Stärke an. —

Die Formeln (109) in ihrer allgemeinsten Bedeutung gestatten uns nun auch die Voraussetzungen genauer zu erkennen, welche zu erfüllen sind, damit ein Körper als materieller Punkt angesehen werden kann, d h. damit die Bewegung eines im Körper markirten Punktes, insbesondere diejenige seines Schwerpunktes von seiner Gestalt und seiner Zusammensetzung unabhängig ist.

In den drei ersten Gleichungen (109) kommt nämlich Gestalt und Zusammensetzung des Körpers im allgemeinen in den auf den rechten Seiten stehenden Ausdrücken vor; die Kräfte, welche ein Element des Körpers erfährt, sind von uns als Functionen des Ortes und der Geschwindigkeit eben jenes Elementes zugelassen, und sie geben daher andere Componentensummen, wenn ihre Angriffspunkte geänderte Coordinaten und Geschwindigkeitscomponenten erhalten.

Es ergiebt sich somit sogleich der Satz:

Ein starrer Körper lässt sich für seine fortschreitende Bewegung nur dann vollständig durch einen in seinem Schwerpunkt befindlichen Massenpunkt ersetzen, wenn die Gesammtcomponenten der auf ihn wirkenden

Kräfte nur von dem Ort und dem Bewegungszustand des Schwerpunktes abhängig sind.

Was in Bezug hierauf zunächst die direct gegebenen oder äusseren Kräfte angeht, so haben wir uns bisher zumeist auf den Fall beschränkt, dass dieselben stetige Functionen der Coordinaten und der Geschwindigkeiten ihres Angriffspunktes sind; ihre zeitliche Veränderung kommt für uns hier nicht in Frage.

Es lässt sich zeigen, dass in diesem Falle die Gesammtcomponenten X, Y, Z jederzeit allein durch Verkleinerung der Dimensionen des Körpers in beliebiger Annäherung zu Functionen nur des Verhaltens des Schwerpunktes gemacht werden können.

Bezeichnen wir nämlich für die Kraft K_h die relativen Coordinaten des Angriffspunktes gegen den Schwerpunkt wie oben mit ξ_h, η_h, ζ_h, ausserdem seine relativen Geschwindigkeitscomponenten mit ξ_h', η_h', ζ_h', so kann man setzen, da die Functionen X_h, Y_h, Z_h innerhalb des starren Körpers stetig sind:

$$\begin{aligned}\sum X_h = \sum (X_h)_0 &+ \sum \left(\xi_h \frac{\partial (X_h)_0}{\partial \xi} + \eta_h \frac{\partial (X_h)_0}{\partial \eta} + \zeta_h \frac{\partial (X_h)_0}{\partial \zeta}\right) + \dots \\ &+ \sum \left(\xi_h' \frac{\partial (X_h)_0}{\partial \xi'} + \eta_h' \frac{\partial (X_h)_0}{\partial \eta'} + \zeta_h' \frac{\partial (X_h)_0}{\partial \zeta'}\right) + \dots\end{aligned} \qquad (109')$$

Hierin bedeutet $(X_h)_0$ den Werth von X_h, der resultirt, wenn man an Stelle der Coordinaten und Geschwindigkeiten des wirklichen Angriffspunktes von K_h diejenigen des Schwerpunktes einsetzt. $\sum X_h$, $\sum Y_h$, $\sum Z_h$ können hiernach stets dann als von der Gestalt und Zusammensetzung des Körpers unabhängig gelten, wenn dessen Dimensionen so klein sind, dass es innerhalb der geforderten Annäherung gestattet ist, die Reihen mit dem ersten Glied abzubrechen.

Dies setzt im Allgemeinen voraus, dass schon die in ξ_h, η_h, ζ_h und ξ_h', η_h', ζ_h' linearen Glieder vernachlässigt werden müssen; nur in dem speciellen Falle, dass die Kräfte den Massen proportional sind, verschwinden die linearen Glieder wegen

$$\sum m_h \xi_h = \sum m_h \eta_h = \sum m_h \zeta_h = 0$$

von selbst, und hier sind erst die Glieder zweiter Ordnung zu vernachlässigen.

Es giebt auch specielle Kräfte, insbesondere die Einwirkung der Gravitation irgend eines Massensystemes auf eine Kugel, die in concentrischen Schichten homogen ist, bei denen die ganze Reihe sich streng auf das erste Glied reducirt; in diesen Fällen ist der bewegte Körper bei jeder Grösse als Massenpunkt zu betrachten.

Im Gegensatz hierzu sind magnetische Körper beliebiger Gestalt unter der Wirkung eines magnetischen Systemes für ihre fortschreitende Bewegung niemals als Massenpunkte zu behandeln. Magnete lassen sich auffassen als Aggregate magnetisch $\pm$ geladener Punkte, die in jedem Volumenelement eine Gesammtladung Null ergeben. Setzt man demgemäss

$$X_h = \mu_h \Xi_h, \quad Y_h = \mu_h H_h, \quad Z_h = \mu_h Z_h,$$

so sind Ξ_h, H_h, Z_h allein Functionen der Coordinaten und es gilt deshab $(\Xi_h)_0 = \Xi_0, \ldots \; \partial(\Xi_h)_0 / \partial \xi = \partial \Xi_0 / \partial \xi, \ldots$ wobei $\Xi_0, \ldots$ Functionen von ξ, η, ζ allein bezeichnen.

Hiernach liefert (109')

$$\sum X_h = \Xi_0 \sum \mu_h + \frac{\partial \Xi_0}{\partial \xi} \sum \mu_h \xi_h + \frac{\partial \Xi_0}{\partial \eta} \sum \mu_h \eta_h + \frac{\partial \Xi_0}{\partial \zeta} \sum \mu_h \zeta_h + \cdots$$

Da nun aber $\sum \mu_h$ nach Obigem gleich Null ist und $\sum \mu_h \xi_h, \ldots$ von der Gestalt, Magnetisirung und Orientirung des Magneten abhängen, so wird $\sum X_h$ hier niemals allein durch das Verhalten des Schwerpunktes des Magneten bestimmt.

Ist $\Xi_0, \ldots$ räumlich constant und befindet sich daher der Magnet in einem sogenannten homogenen Kraftfeld, so bewegt er sich überhaupt nicht, da $\sum X_h$ verschwindet; im anderen Falle bewegt er sich, aber seine Schwerpunktsbewegung ist von seiner Orientirung abhängig.

Ganz besonders auffallende Erscheinungen verwandter Art veranlassen gewisse aus Bedingungen folgende Reactionskräfte. In der That: so wie diese Wirkungen an einzelnen durch die Gestalt und die Massenvertheilung des Körpers bestimmten Punkten desselben angreifen und ihrer Grösse nach von denselben Umständen abhängen, ist es selbst bei verschwindenden Dimensionen unmöglich, den Körper in dem ausgesprochenen Sinne als einen materiellen Punkt anzusehen. Wir werden noch in diesem Abschnitt einige Beispiele behandeln, bei welchen dies hervortritt. —

Da das Problem der Rotation eines Körpers um einen festen Punkt nur in gewissen speciellen Fällen der Analyse zugänglich ist, so gilt das Gleiche nach dem obigen Satz auch für seine freie Bewegung, und die meisten anderen Fälle bedingter Bewegung, bei denen jeder Punkt eine Raumcurve beschreibt, bieten der Behandlung noch grössere Schwierigkeiten.

Anders liegt die Sache, wenn wir uns auf die ebenen Bewegungen des Körpers beschränken, d. h. auf diejenigen, bei welchen alle Punkte des Körpers ebene Bahnen beschreiben.

Solche können in Wirklichkeit auf verschiedene Weise hervorgebracht werden, am einfachsten dadurch, dass man dem Körper eine Anfangsrotation um eine durch den Schwerpunkt gehende Hauptträgheitsaxe und eine Translationsgeschwindigkeit normal zu derselben ertheilt, und weiter nur Kräfte wirken lässt, die in der zur Drehungsaxe normalen Ebene durch den Schwerpunkt liegen. Da für die Bewegung dann nur dieser Querschnitt und das Trägheitsmoment um diese Drehungsaxe maassgebend ist, so kann man als Repräsentanten der ganzen Gattung von Erscheinungen die Bewegung einer ebenen Scheibe in ihrer Ebene betrachten, die wir zur XY-Ebene wählen.

Die für diese Probleme gültigen Gleichungen erhält man aus (109), indem man alle Z_h und ζ_h, sowie Ξ' und H' gleich Null setzt; daraus folgt dann $\zeta = 0$, $L_0 = 0$, $M_0 = 0$ und daher $\lambda_0' = 0$, $\mu_0' = 0$, und es bleibt allein übrig:

$$m\frac{d\xi'}{dt} = \sum X_h, \quad m\frac{d\eta'}{dt} = \sum Y_h, \quad \frac{d}{dt}(\nu' \mathsf{Z}_0) = N_0.$$

Hierin vertauschen wir

$$\xi' \text{ mit } \frac{d\xi}{dt}, \quad \eta' \text{ mit } \frac{d\eta}{dt}, \quad \nu' \text{ mit } \frac{d\varphi}{dt},$$

ersetzen das constante Z_0 durch M und haben dann die Schlussformeln:

$$m\frac{d^2\xi}{dt^2} = \sum X_h, \quad m\frac{d^2\eta}{dt^2} = \sum Y_h, \quad \mathsf{M}\frac{d^2\varphi}{dt^2} = N_0. \qquad (110)$$

Verschwindet das äussere Moment N_0, wie z. B. wenn die Resultante aller äusseren Kräfte durch den Schwerpunkt geht, so wird die Rotationsgeschwindigkeit $d\varphi/dt$ constant. So, wenn eine schwere verticale Scheibe um eine horizontale Axe durch ihren Schwerpunkt reibungsfrei drehbar in einer leichten Gabel befestigt ist, die ihrerseits als eine Pendelstange auf einer ebenfalls horizontalen Schneide aufliegt. Dieses Pendel schwingt dann wie ein einfaches von einer Länge gleich dem Abstand der Drehungsaxe von der Schneide, und die Rotation der Scheibe ist ohne Einfluss auf diese Oscillation.

Einige interessante Anwendungen der Gleichungen (110) sind im Folgenden besprochen; sie setzen zunächst Kreisscheiben von in concentrischen Ringen constanten Dichtigkeiten voraus, ihre Resultate sind aber nach dem Vorstehenden unmittelbar auf Kugeln oder auf Rotationsellipsoide von analogem Verhalten zu übertragen.

1. Rollen einer schweren Kreischeibe auf einer vollkommen reibenden Bahn.

Vollkommen reibend nennen wir eine Bahn dann, wenn jegliches Gleiten auf ihr unmöglich ist, ein Körper auf ihr sich also nur durch Rollen fortbewegen kann; von einer rollenden Reibung werde zunächst abgesehen.

Habe die Scheibe den Radius R und sei $y = f(x)$ die Gleichung der festen Curve, auf der sie rollt, und die natürlich, um das Rollen zu ermöglichen, nach der Seite der Scheibe einen Krümmungsradius $\varrho > R$ besitzen muss, dann bewegt sich der Schwerpunkt auf der zu jener Curve parallelen im Abstand R. Während der Berührungspunkt den Weg ds zurücklegt, wandert, wie Fig. 30 schliessen lässt, der Schwerpunkt durch den Weg

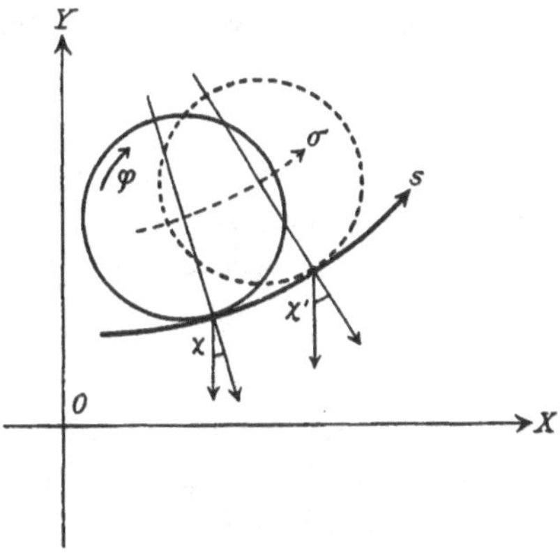

Fig. 30.

$$d\sigma = ds - R d\chi, \tag{111}$$

falls $d\chi = \chi' - \chi$ den Zuwachs des Winkels χ des Curvenelementes mit der X-Axe oder der Normalen mit der $-Y$-Axe auf der Strecke ds bezeichnet.

Damit ein vollkommenes Rollen stattfinde, ist nöthig, dass

$$ds = R(d\varphi + d\chi) \tag{111'}$$

ist; dabei ist der Drehungswinkel φ wie in der Figur 30 gezeichnet, also in negativem Sinne gezählt, und es muss das Drehungsmoment in demselben Sinne gerechnet werden. Die Summe beider Gleichungen giebt:

$$d\sigma = R d\varphi. \tag{111''}$$

Die Kräfte, welche die Scheibe erfährt, sind die Schwere $G = mg$, die parallel der $-Y$-Axe im Schwerpunkt angreift, der Reactionsdruck N der festen Bahn, der in der Berührungsstelle normal zur Bahn wirkt, also gleichfalls durch den Schwerpunkt geht, endlich die Reibungskraft P_r, die mit unbekannter Grösse in der Berührungsstelle parallel der Bahn wirkt und die wir parallel mit s positiv rechnen.

Wir machen uns von allem Anfang von dem Reactionsdruck N frei, indem wir aus den beiden ersten Bewegungsgleichungen (110) diejenige bilden, welche die Beschleunigung des Schwerpunktes längs des Bahnelementes $d\sigma$ bestimmt; sie lautet:

$$m\frac{d^2\sigma}{dt^2} = -G\sin\chi + P_r. \tag{112}$$

Ein Drehungsmoment liefert nur die Reibung; dasselbe wirkt bei unseren Annahmen über P_r und φ der Drehung entgegen; wir haben also statt der dritten Formel (110):

$$\mathsf{M}\frac{d^2\varphi}{dt^2} = -RP_r. \tag{112'}$$

Eliminiren wir hieraus die unbekannte Reibung P_r, so erhalten wir in Rücksicht auf (111''):

$$\left(m + \frac{\mathsf{M}}{R^2}\right)\frac{d^2\sigma}{dt^2} = \left(m + \frac{\mathsf{M}}{R^2}\right)R\frac{d^2\varphi}{dt} = -G\sin\chi. \tag{113}$$

Der Mittelpunkt der Kreisscheibe bewegt sich also ebenso wie ein Massenpunkt von der Masse $(m + \mathsf{M}/R^2)$, der an die feste Bahn σ gebunden ist. Führt man den Trägheitsradius $\varkappa$ ein, so giebt dies auch:

$$m\left(\frac{R^2 + \varkappa^2}{R^2}\right)\frac{d^2\sigma}{dt^2} = -G\sin\chi. \tag{113'}$$

Man bemerkt, dass hier ein Fall vorliegt, bei welchem der Körper, auch wenn man seine Dimensionen beliebig klein wählt, sich niemals wie ein Massenpunkt verhält, in dem die ganze Masse m vereinigt ist, nämlich nie eine von seiner Gestalt und Zusammensetzung unabhängige Bewegung annimmt, denn das Verhältniss $\varkappa^2/R^2$ ist von dem absoluten Werth der Dimensionen vollständig unabhängig, z. B. für den Fall einer homogenen Kreisscheibe nach S. 219 gleich $\frac{1}{2}$, für den einer Kugel nach S. 220 gleich $\frac{2}{5}$.

Ist die Bahn eine schiefe Ebene, so ist χ constant gleich α und $d\sigma$ identisch mit ds; es folgt demgemäss:

$$\frac{d^2s}{dt^2} = \frac{-gR^2}{\varkappa^2 + R^2}\sin\alpha.$$

Diese Formel enthält die Theorie der Fallversuche Galilei's auf der schiefen Ebene, vorausgesetzt, dass jene vollkommen reibend war, falls man darin für $\varkappa^2$ den Werth $\frac{2}{5}R^2$ setzt, der einer Kugel entspricht. Die Beschleunigung durch die Schwere ist also bei der rollenden Kugel zwar constant, aber nur der $\frac{5}{7}$te Theil von der bei einem ohne Reibung gleitenden Punkt wirkenden.

Ist die Bahn eine verticale Kreislinie vom Radius $(L + R)$, so ist $ds = (L + R)d\chi$, also nach (111'):

$$R\,d\varphi = L\,d\chi,$$

daher auch nach (113):

$$(\mathsf{M} + m R^2) \frac{d^2 \chi}{d t^2} = - \frac{R^2 G}{L} \sin \chi .$$

Man erkennt, dass man eine Pendelbewegung erhält mit der Dauer

$$T = \pi \sqrt{\frac{L(\mathsf{M} + m R^2)}{G R^2}} = \pi \sqrt{\frac{L}{g} \frac{(\varkappa^2 + R^2)}{R^2}}$$

für die einfache Schwingung.

Die Grösse der Inanspruchnahme der gleitenden Reibung bestimmt sich aus (112) und (113):

$$P_r = \frac{G \mathsf{M} \sin \chi}{\mathsf{M} + m R^2} = \frac{G \varkappa^2 \sin \chi}{\varkappa^2 + R^2} ; \qquad (113'')$$

sie ist also von der Gestalt und der Massenvertheilung des betrachteten Körpers abhängig, auch wenn derselbe unendlich klein ist, und hierdurch erklärt sich, dass die resultirende Bewegung sich ebenso verhält.

2. Bewegung einer schweren Kreisscheibe auf horizontaler Ebene unter der Wirkung der rollenden und der gleitenden Reibung.

Wesentlich an der Fassung des Problemes ist wiederum, dass die Drehungsaxe des bewegten Körpers horizontal und sich selbst parallel bleibt; wenn dies erfüllt ist, gilt die erhaltene Lösung auch für die Bewegung einer Kugel oder eines Rotationsellipsoides.

Von der gleitenden Reibung haben wir bereits im ersten Theil gehandelt und gesehen, dass dieselbe eine Kraft ist, welche in der Berührungsstelle der Bahn angreift, der factischen oder nur erstrebten Bewegung des Körpers relativ zur Bahn entgegenwirkt und eine Stärke besitzt, gegeben durch die Reaction der Bahn gegen den Körper, multiplicirt mit einem Factor n, der zwischen den Grenzwerthen $\pm \nu$, je nach dem Grad der Inanspruchnahme, jeden beliebigen Werth annehmen kann. ν ist der der Natur der sich berührenden Körper individuelle Reibungscoëfficient.

Die rollende Reibung ist aufzufassen als eine Kraft, die dem Rollen eines Körpers entgegenwirkt, also zunächst ein seiner Rotation entgegenwirkendes Moment um eine Axe durch den Berührungspunkt ausübt, das man ebenfalls gleich dem Product aus dem Normaldruck N des Körpers gegen die Bahn in einen Factor r setzen kann, welcher zwischen den der Natur der sich berührenden Körper individuellen Grenzwerthen $\pm \varrho$ je nach der Inanspruchnahme jeden Werth annehmen kann.

Da die gleitende Reibung an dem Hebelarm R angreifend ein Moment um den Schwerpunkt ausübt, so haben wir die folgenden beiden Bewegungsgleichungen:

$$m\frac{d^2\xi}{dt^2} = -Nn, \quad \mathsf{M}\frac{d^2\varphi}{dt^2} = N(Rn - r). \tag{114}$$

Hierbei ist φ in dem Sinne positiv gerechnet, dass es mit ξ wächst, falls der Körper rollt ohne zu gleiten; ξ rechnen wir positiv in der Richtung der Anfangsgeschwindigkeit. Wenn der Körper in positiver Richtung gleitet, so ist $n = +\nu$, wenn in negativer, so $n = -\nu$; bei reinem Rollen treten die zwischen diesen Grenzen liegenden Werthe ein. Wenn der Körper in positivem Sinne rollt, ist $r = +\varrho$, wenn im negativen, ist $r = -\varrho$; bei reinem Gleiten treten die zwischen diesen Grenzen liegenden Werthe auf.

Wir setzen nun $N = mg$, $\mathsf{M} = m\varkappa^2$ und haben:

$$\frac{d^2\xi}{dt^2} = -gn, \quad \varkappa^2\frac{d^2\varphi}{dt^2} = g(Rn - r). \tag{114'}$$

Die erste Integration giebt, soweit rollende und gleitende Reibung voll in Anspruch genommen, n und r also constant sind,

$$v = \frac{d\xi}{dt} = v_0 - gnt, \quad \varkappa^2\omega = \varkappa^2\frac{d\varphi}{dt} = \varkappa^2\omega_0 + gt(Rn - r), \tag{115}$$

falls v_0 die anfängliche immer positive Linear-, ω_0 die anfängliche positive oder negative Rotationsgeschwindigkeit bezeichnet. Rechnet man ξ und φ von den zur Zeit $t = 0$ stattfindenden Werthen an, so giebt die zweite Integration das Resultat:

$$\xi = v_0 t - \tfrac{1}{2}gnt^2, \quad \varkappa^2\varphi = \varkappa^2\omega_0 t + \tfrac{1}{2}gt^2(Rn - r). \tag{115'}$$

Für die Discussion nehmen wir specielle Fälle.

a) Sei zur Zeit $t = 0$ die Rotationsgeschwindigkeit ω positiv, aber kleiner als v_0/R, so dass also an der Berührungsstelle die Bewegung des Körpers in positiver Richtung stattfindet. Dann ist $n = +\nu$, $r = +\varrho$ und es gilt zunächst:

$$v = \frac{d\xi}{dt} = v_0 - g\nu t, \quad R\omega = R\frac{d\varphi}{dt} = R\omega_0 + Rgt\frac{(R\nu - \varrho)}{\varkappa^2}; \tag{116}$$

die gleitende und die rollende Reibung wirken im negativen Sinne mit voller Kraft.

Für den Fortgang ist wesentlich, ob im Laufe der Bewegung $d\xi/dt = v$ gleich oder kleiner als $R\,d\varphi/dt = R\omega$, d. h.

$$(v_0 - g\nu t) \leqq \left(R\omega_0 + Rgt\frac{R\nu - \varrho}{\varkappa^2}\right)$$

werden kann. Dies findet unter der gemachten Annahme $v_0 > \omega_0 R$

nur statt, wenn

$$\nu(\varkappa^2 + R^2) > R\varrho$$

ist; aber da die rollende Reibung in Wirklichkeit viel kleiner ist, als die gleitende, so kann man diese Beziehung als stets erfüllt ansehen.

Die Gleichungen (116) gelten also bis zu dem Augenblick t_1, wo $v = R\omega = v_1$ wird, der gegeben ist durch:

$$t_1 = \frac{(v_0 - R\omega_0)\varkappa^2}{g[\nu(\varkappa^2 + R^2) - R\varrho]}; \tag{116'}$$

zu diesem Zeitpunkt findet ein Rollen ohne Gleiten statt. Die gleichzeitigen Werthe v_1 und ω_1 sind gegeben durch:

$$v_1 = R\omega_1 = \frac{R[v_0(\nu R - \varrho) + \nu\varkappa^2\omega_0]}{\nu(\varkappa^2 + R^2) - R\varrho}; \tag{116''}$$

es ist bemerkenswerth, dass für verschwindende rollende Reibung ($\varrho = 0$) dieser Ausdruck zu

$$v_1 = R\omega_1 = \frac{R(Rv_0 + \varkappa^2\omega_0)}{\varkappa^2 + R^2},$$

also frei von der gleitenden Reibung wird.

Da die Reibung als eine Widerstandskraft nur Geschwindigkeitsdifferenzen der reibenden Körper aufhebt, aber nicht solche hervorruft, so kann das Gleiten, nachdem es einmal aufgehört hat, nicht wieder beginnen; es muss also nun dauernd $v = R\omega$ bleiben und die gleitende Reibung einen zwischen $\pm\nu$ liegenden Werth n besitzen, während die rollende Reibung mit voller Stärke wirkt, da ja das Rollen noch andauert. Wir haben also in der von $t = t_1$ beginnenden zweiten Periode die Beziehungen:

$$v = v_1 - gn(t - t_1) = R\omega = R\omega_1 + \frac{g(t - t_1)R(Rn - \varrho_1)}{\varkappa^2}, \tag{117}$$

aus denen sich sowohl $v = R\omega$ als n, d. h. die Inanspruchnahme der Reibung, ergiebt. Denn aus

$$-n\varkappa^2 = R(Rn - \varrho)$$

folgt

$$n = \frac{R\varrho}{R^2 + \varkappa^2}$$

und demgemäss wird:

$$v = R\omega = v_1 - \frac{gR\varrho(t - t_1)}{R^2 + \varkappa^2}; \tag{117'}$$

die Geschwindigkeit nimmt gleichförmig bis zu Null ab und erreicht diesen Werth zur Zeit t_2, die gegeben ist durch:

$$t_2 - t_1 = \frac{v_1(R^2 + \varkappa^2)}{gR\varrho}. \tag{117''}$$

Der ganze Vorgang stellt sich anschaulich dar in einem Coordinatensystem, das die zur Zeit t gehörigen Werthe von v und $R\omega$ enthält (Figur 31).

In der ersten Periode, wo $0 < t < t_1$ ist, nimmt v gleichförmig ab, $R\omega$ gleichförmig zu, und zwar wird, da $\varkappa^2$ erheblich kleiner als R^2 (für die Kugel gleich $\frac{2}{5} R^2$, für den Cylinder gleich $\frac{1}{2} R^2$) und ϱ ebenfalls sehr klein neben $R\nu$ ist, die Schwerpunktsgeschwindigkeit v langsamer abnehmen, als die Rotationsgeschwindigkeit $R\omega$ eines Randpunktes zunimmt. Zur Zeit $t = t_1$ ist $R\omega = v$ und es nehmen von da ab beide gleichmässig, aber viel langsamer, als zuvor v, mit der Zeit ab.

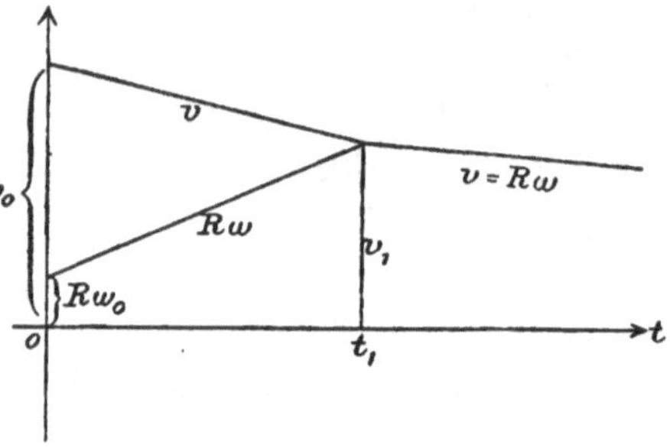

Fig. 31.

Ein specieller einfacher Fall liegt vor, wenn anfangs gar keine Rotation stattfindet, ω_0 also gleich Null ist, wie dies stattfindet, wenn die Bewegung durch einen horizontalen centrischen Stoss hervorgebracht ist. Dann gilt einfacher:

$$t_1 = \frac{v_0 \varkappa^2}{g[\nu(\varkappa^2 + R^2) - R\varrho]}, \quad v_1 = R\omega_1 = \frac{v_0 R(\nu R - \varrho)}{\nu(\varkappa^2 + R^2) - R\varrho}$$
$$t_2 - t_1 = \frac{v_1(R^2 + \varkappa^2)}{g R\varrho}, \tag{118}$$

und falls noch die rollende Reibung verschwindet:

$$t_1 = \frac{v_0 \varkappa^2}{g\nu(\varkappa^2 + R^2)}, \qquad v_1 = R\omega_1 = \frac{v_0 R^2}{\varkappa^2 + R^2}, \quad t_2 = \infty.$$

Für eine nicht rollende, sondern nur gleitende Masse würde die Geschwindigkeit v nach einer Zeit $t' = v_0/g\nu$ verschwinden; die Vergleichung dieses Resultates mit dem Vorstehenden giebt einige einfache Sätze über den Einfluss der Rotation.

b) Sei zur Zeit $t = 0$ die Rotationsgeschwindigkeit ω_0 positiv, aber grösser als v_0/R; dann findet die Verschiebung der Elemente des Körpers an der Berührungsstelle nach der negativen Seite hin statt; n muss hier gleich $-\nu$ werden, während r gleich $+\varrho$ bleibt, da die Rotationsrichtung positiv ist.

Wir haben also jetzt:

$$v = \frac{d\xi}{dt} = v_0 + g\nu t, \quad R\omega = R\frac{d\varphi}{dt} = R\omega_0 - Rg t\frac{(R\nu + \varrho)}{\varkappa^2}; \tag{119}$$

demgemäss wird hier die Rotationsgeschwindigkeit durch die Reibung verkleinert, die Schwerpunktsgeschwindigkeit vergrössert, und zwar erstere in höherem Grade als letztere. Zu einer Zeit

$$t_1 = \frac{(R\,\omega_0 - v_0)\,\varkappa^2}{g\,[\nu\,(\varkappa^2 + R^2) + R\,\varrho]} \tag{119'}$$

ist $v = R\,\omega$ und besitzt den Werth:

$$v_1 = R\,\omega_1 = \frac{R\,[v_0\,(R\,\nu + \varrho) + \nu\,\varkappa^2\,\omega_0]}{\nu\,(\varkappa^2 + R^2) + R\,\varrho}\,. \tag{119''}$$

Hier wechselt plötzlich n Vorzeichen und Werth; es wird $n = R\,\varrho\,/\,(R^2 + \varkappa^2)$ und bleibt des Weiteren:

$$v = R\,\omega = v_1 - \frac{g\,R\,\varrho\,(t - t_1)}{R^2 + \varkappa^2}\,, \tag{120}$$

wie in dem vorigen Falle. Figur 32 verdeutlicht den Verlauf.

Als interessanter Specialfall bietet sich der, dass zur Zeit $t = 0$ nur eine Rotationsgeschwindigkeit ω_0 vorhanden, also $v_0 = 0$ ist. Es gilt dann:

$$t_1 = \frac{R\,\omega_0\,\varkappa^2}{g\,[\nu\,(\varkappa^2 + R^2) + R\varrho]}\,,$$

$$v_1 = R\omega_1 = \frac{R\,\nu\,\omega_0\,\varkappa^2}{\nu(\varkappa^2 + R^2) + R\varrho}\,, \tag{120'}$$

$$t_2 - t_1 = \frac{v_1\,(R^2 + \varkappa^2)}{g\,R\,\varrho}\,.$$

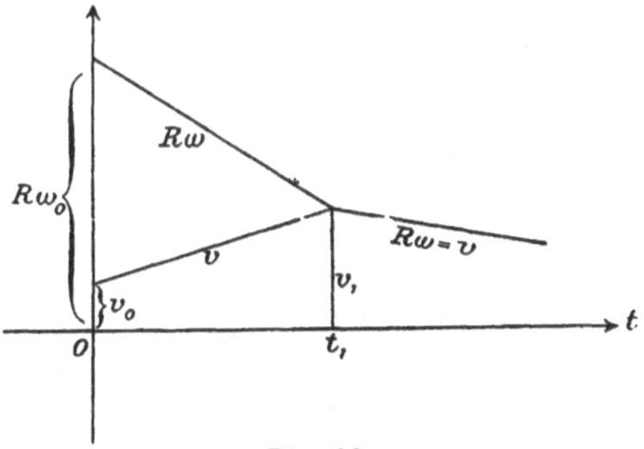

Fig. 32.

c) Sei zur Zeit $t = 0$ die Rotationsgeschwindigkeit negativ gleich $-\,\omega_0$, wo nun $\omega_0 > 0$ ist, so gelten die Hauptgleichungen aus a), nur ist ω_0 mit $-\,\omega_0$, ϱ mit $-\,\varrho$ zu vertauschen; also wird:

$$v = \frac{d\,\xi}{d\,t} = v_0 - g\,\nu\,t, \quad R\,\omega = R\frac{d\varphi}{d\,t} = -\,R\,\omega_0 + R\,g\,t\frac{(R\,\nu + \varrho)}{\varkappa^2}\,. \tag{121}$$

Da v und $R\,\omega$ anfangs entgegengesetztes Vorzeichen haben, so muss, bevor sie einander gleich werden, entweder das eine oder das andere durch Null hindurchgehen und sein Vorzeichen wechseln. v wird gleich Null für

$$t' = \frac{v_0}{\nu\,g}\,, \tag{121'}$$

ω wird gleich Null für

$$t'' = \frac{\omega_0\,\varkappa^2}{g\,(R\,\nu + \varrho)}\,. \tag{121''}$$

Sei zunächst $t'' < t'$, erreiche also ω zuerst den Werth Null, so kehrt im Zeitpunkt t'' mit der Rotation auch ϱ sein Vorzeichen um, und es gilt von da ab:

$$v = v_0 - g\nu t, \qquad R\omega = g(t - t'')R\frac{(R\nu - \varrho)}{\varkappa^2}. \tag{122}$$

Von der Zeit t_1 ab, für welche $v = R\omega$ ist, tritt dasselbe Phänomen ein, das unter a) discutirt ist (Fig. 33).

Interessanter ist der Fall, dass $t' < t''$ ist, also v eher verschwindet, als ω. Hier kehrt sich mit der Richtung der Schwerpunktsgeschwindigkeit die Richtung der gleitenden Reibung nicht um, denn sie hängt nur ab von der Bewegungsrichtung der Theile des Körpers an der Berührungsstelle und diese ist positiv, so lange $v > R\omega$ ist. Es gelten also die Formeln (121) unverändert, bis $v = R\omega$ ist; dies findet statt zur Zeit:

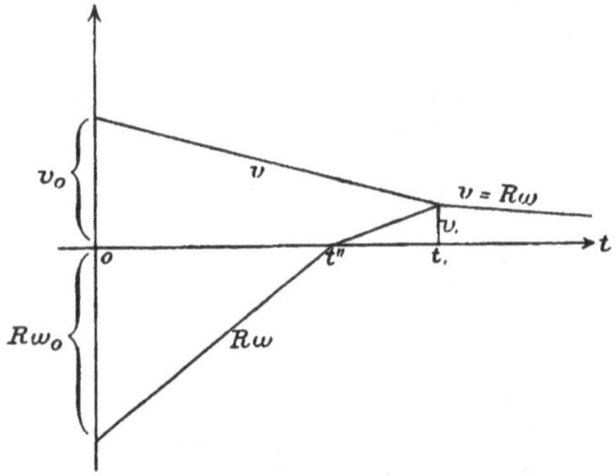

Fig. 33.

$$t_1 = \frac{\varkappa^2(v_0 + R\omega_0)}{g[\nu(\varkappa^2 + R^2) + R\varrho]}, \tag{123}$$

während v den Werth hat

$$v_1 = R\omega_1 = \frac{R[v_0(\nu R + \varrho) - \nu\varkappa^2\omega_0]}{\nu(\varkappa^2 + R^2) + R\varrho}, \tag{123'}$$

der nach der gemachten Annahme $t' < t''$ negativ ist.

Von der Zeit t_1 ab findet die Bewegung nach dem Gesetz statt:

$$v = R\omega = v_1 + \frac{gR\varrho(t - t_1)}{R^2 + \varkappa^2}, \tag{123''}$$

nämlich mit negativer bis zu Null abnehmender Geschwindigkeit.

Der Vorgang ist in Figur 34 hinsichtlich des Gesetzes der Geschwindigkeiten dargestellt. Von $t = 0$ bis $t = t'$ geht der Körper vorwärts mit rückwärts gerichteter Rotation, sowohl gleitend als rollend. Linear- und Rotationsgeschwindigkeit nehmen dabei ihrem absoluten Werth nach ab.

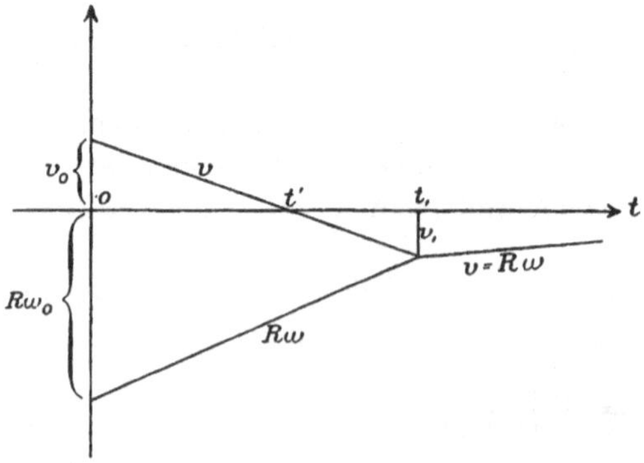

Fig. 34.

Zur Zeit $t = t'$ ist die Lineargeschwindigkeit v vernichtet, und die negative, noch andauernde Rotation bewirkt eine gleichförmig beschleunigte Fortschreitung in negativer Richtung, d. h. rückwärts, zusammengesetzt aus Gleiten und Rollen; um die Zeit t_1 hat die Lineargeschwindigkeit v_1 dem absoluten Werthe nach ihr Maximum erreicht und nimmt nun bei einfachem Rollen gleichförmig wieder ab bis zu Null.

Wird v und $R\omega$ gleichzeitig gleich Null, so bleibt zur Zeit t_1 der Körper stehen; die Bedingung dafür ist

$$\nu \varkappa^2 \omega_0 = v_0 (\nu R + \varrho);$$

dieselbe wird für verschwindende rollende Reibung ($\varrho = 0$) von der gleitenden Reibung ebenfalls unabhängig und giebt $\varkappa^2 \omega_0 = R v_0$.

§ 26. Anziehung räumlich vertheilter Massen nach dem Newton'schen Gesetz; Wirkung auf einen ausserhalb gelegenen Massenpunkt in dem Fall grosser gegenseitiger Entfernung.

Das Newton'sche Gesetz für die gegenseitige Anziehung zweier Massenpunkte m und m_1 in der Entfernung r ergiebt die Grösse der wirkenden Kraft

$$K = \frac{f m m_1}{r^2}$$

und ihre Richtung zusammenfallend mit der Richtung von r. Die Kraft besitzt nach S. 142 ein Potential Φ, das bis auf eine willkürliche additive Constante lautet

$$\Phi = -\frac{f m m_1}{r}$$

und durch welches sowohl die auf m_1, wie die auf m wirkenden Kraftcomponenten sich nach den Formeln

$$X = -\partial \Phi / \partial x, \ldots \qquad X_1 = -\partial \Phi / \partial x_1, \ldots$$

bestimmen, falls x, y, z die Coordinaten von m und x_1, y_1, z_1 die von m_1 bezeichnen. Diese Resultate bleiben ungeändert, wenn die Massenpunkte ersetzt werden durch räumliche mit Masse erfüllte Volumenelemente dm und dm_1, die klein gegen ihre Entfernung sind.

Gehört dm einem endlichen Körper an, so ist die Resultirende aus den von allen seinen Elementen auf m_1 ausgeübten Kräften nach S. 51 zu berechnen, indem man die parallelen Componenten X_h, Y_h, Z_h aller Elementarwirkungen nach den Coordinatenaxen summirt und die so erhaltenen Gesammtcomponenten X_1, Y_1, Z_1 nach dem Parallelogramm zusammensetzt gemäss dem Schema:

$$X_1 = \sum K_h \cos(K_h, x), \quad Y_1 = \sum K_h \cos(K_h, y), \quad Z_1 = \sum K_h \cos(K_h, z),$$
$$K_1^2 = X_1^2 + Y_1^2 + Z_1^2.$$

Für den Fall eines continuirlichen Körpers treten an Stelle der Summen Integrale über alle Volumenelemente.

Besitzt wieder das Element dm die Coordinaten x, y, z, die Masse m_1 die Coordinaten x_1, y_1, z_1, so wird nach dem Gesagten gelten:

$$X_1 = f m_1 \int \frac{(x - x_1)}{r^3} dm,$$

$$Y_1 = f m_1 \int \frac{(y - y_1)}{r^3} dm, \tag{124}$$

$$Z_1 = f m_1 \int \frac{(z - z_1)}{r^3} dm.$$

Berücksichtigt man, dass

$$r^2 = (x - x_1)^2 + (y - y_1)^2 + (z - z_1)^2$$

ist, dass also gilt

$$\frac{\partial r}{\partial x_1} = - \frac{(x - x_1)}{r}, \quad \frac{\partial r}{\partial y_1} = - \frac{(y - y_1)}{r}, \quad \frac{\partial r}{\partial z_1} = - \frac{(z - z_1)}{r},$$

so erkennt man, dass man die Werthe X_1, Y_1, Z_1 auch schreiben kann:

$$X_1 = + f m_1 \int \frac{\partial \frac{1}{r}}{\partial x_1} dm,$$

$$Y_1 = + f m_1 \int \frac{\partial \frac{1}{r}}{\partial y_1} dm, \tag{124'}$$

$$Z' = + f m_1 \int \frac{\partial \frac{1}{r}}{\partial z_1} dm.$$

Hierin kann man, wenn es sich um die Attraction von Punkten m_1 ausserhalb des Körpers handelt, wenn also r niemals unendlich klein wird, das Differentialzeichen unbedenklich vor das Integral ziehen — im anderen Falle bedarf es dafür eines besonderen Beweises — und erhält:

$$X_1 = - \partial \Phi / \partial x_1, \quad Y_1 = - \partial \Phi / \partial y_1, \quad Z_1 = - \partial \Phi / \partial z_1; \tag{125}$$

die auf den Massenpunkt m_1 wirkenden Kraftcomponenten sind also auch jetzt gleich den negativen partiellen Differentialquotienten eines Potentiales

$$\Phi = - f m_1 \int \frac{dm}{r}, \tag{125'}$$

das nach dem eingangs Gesagten die Summe aller Newton'schen Elementarpotentiale ist, welche die einzelnen Massenelemente dm auf m_1 ausüben.

Interpretirt man die in (125) auftretenden Differentialquotienten als die auf die Längeneinheit reducirten Aenderungen von Φ, welche entstehen, wenn der Massenpunkt m_1 parallel der $+X$-, $+Y$-, $+Z$-Axe verschoben wird, während der Körper m ruht, so kann man in demselben Sinne für die nach einer beliebigen Richtung s_1 genommene Componente S_1 auch schreiben

$$S_1 = -\partial \Phi / \partial s_1.$$

Die letztere Formel wollen wir insbesondere auf die Linienelemente $d s_1$ anwenden, die der Punkt m_1 zurücklegt, wenn man ihn bei ungeänderten Abständen n_x, n_y, n_z von den Coordinatenaxen in Bezug auf letztere um die unendlich kleinen Winkel $d\lambda_1$, $d\mu_1$, $d\nu_1$ dreht. Dann liefert sie die Componenten K_x, K_y, K_z, welche der Massenpunkt in den Richtungen erfährt, die zugleich normal zu dem Radiusvector e nach dem Coordinatenanfangspunkt und zu je einer Coordinatenaxe stehen, gemäss den Formeln

$$K_x = -\partial \Phi / n_x \partial \lambda_1, \quad K_y = -\partial \Phi / n_y \partial \mu_1, \quad K_z = -\partial \Phi / n_x \partial \nu_1. \qquad (125'')$$

Nun sind aber n_x, n_y, n_z die Hebelarme, an denen jene drei Componenten um die Coordinatenaxen drehen und wir erhalten somit nach (17'') für die Drehungsmomente L_1, M_1, N_1, die der Punkt m_1 seitens des Körpers m erleidet, die Ausdrücke

$$L_1 = -\partial \Phi / \partial \lambda_1, \quad M_1 = -\partial \Phi / \partial \mu_1, \quad N_1 = -\partial \Phi / \partial \nu_1. \qquad (125''')$$

Ebenso wie für den angezogenen Massenpunkt m_1 die Componente nach einer beliebigen Richtung aus dem NEWTON'schen Potential durch eine Verschiebung des Punktes nach dieser Richtung abgeleitet werden kann, bestimmt sich das Drehungsmoment um eine beliebige Axe mit Hülfe einer Drehung des Punktes um jene Axe.

Von den vorstehend erhaltenen Formeln können wir noch eine andere Anwendung machen.

Da die NEWTON'sche Gravitation mit gleicher Wirkung und Gegenwirkung in der Verbindungslinie ausgeübt wird, so sind nach S. 171 und 173 ihre Gesammtcomponenten und -momente innerhalb eines Systemes gleich Null. Auf unser System von nur zwei Körpern angewandt folgt hieraus, dass die Componenten und Momente nach den Coordinatenaxen, welche der Körper m von dem Punkte m_1 erfährt, denjenigen entgegengesetzt gleich sind, die er auf ihn ausübt.

Bezeichnen wir die Componenten nach den Coordinatenaxen, die der Körper m erfährt, durch X, Y, Z, so ist nach dem Gesagten zunächst

$$X = + \partial \Phi / \partial x_1, \qquad Y = + \partial \Phi / \partial y_1, \qquad Z = + \partial \Phi / \partial z_1;$$

dabei beziehen sich die Differentialquotienten auf die Aenderung von Φ bei einer Verschiebung des Pnnktes m_1 parallel zur $+ X$-, resp. zur $+ Y$- und $+ Z$-Axe bei festgehaltenem Körper m. Da aber Φ nur von der relativen Lage von m gegen m_1 abhängt, so würde es sich in gleicher Weise ändern, wenn man den Punkt m_1 festhielte und den Körper m ohne Drehung parallel zur $- X$-, resp. zur $- Y$- und $- Z$-Axe verschöbe. Misst man eine solche Verschiebung an der Aenderung $d x_0$, $d y_0$, $d z_0$ der Coordinaten desjenigen Punktes, der ursprünglich mit dem Coordinatenanfang zusammenfiel, so erhält man ebenso auch

$$X = - \partial \Phi / \partial x_0, \qquad Y = - \partial \Phi / \partial y_0, \qquad Z = - \partial \Phi / \partial z_0. \qquad (126)$$

Für die Drehungsmomente L, M, N, die der Körper m erleidet, erhält man zunächst

$$L = + \partial \Phi / \partial \lambda_1, \qquad M = + \partial \Phi / \partial \mu_1, \qquad N = + \partial \Phi / \partial \nu_1.$$

Da aber die relative Lage des Punktes gegen den Körper sich in derselben Weise ändert, wenn um dieselbe Axe der Punkt in positiver, oder der Körper in negativer Richtung gedreht wird, so erhält man bei Einführung der Drehungswinkel λ, μ, ν des Körpers um die Coordinatenaxen

$$L = - \partial \Phi / \partial \lambda, \qquad M = - \partial \Phi / \partial \mu, \qquad N = - \partial \Phi / \partial \nu. \qquad (126')$$

Da Φ hiernach ebensowohl die Wirkungen bestimmt, welche der Massenpunkt m_1, als die, welche der Körper m erfährt, so bezeichnet man es auch als das Potential der Wechselwirkung zwischen dem Körper und dem Massenpunkt.

Ziehen wir noch die Willkürlichkeit der Coordinatenaxen in Betracht, so können wir folgenden Satz aussprechen:

Die Gesammtcomponente nach einer beliebigen Richtung und das Drehungsmoment um eine beliebige Axe, die ein Körper nach dem Newton'schen Gesetz seitens eines Massenpunktes erfährt, bestimmen sich aus dem Potential ihrer Wechselwirkung durch partielle Differentiationen, die resp. eine Verschiebung des Körpers parallel jener Richtung und eine Drehung um jene Axe darstellen.

Die Gültigkeit dieser Resultate ist nicht auf den uns zunächst allein interessirenden und weitaus wichtigsten Fall der Newton'schen Attraction beschränkt, sondern gilt überall, wo es sich um wechselwirkende Kräfte zwischen den einzelnen Massenpunkten handelt, die ein Potential besitzen. —

Die Ausrechnung entweder der Integrale für X, Y, Z oder des einen Integrales für Φ bei gegebener Gestalt und Massenvertheilung des anziehenden Körpers ist nur in wenigen Fällen mit Strenge durchführbar. Ehe wir einige solche Fälle behandeln, geben wir eine Reihenentwickelung für jene Grössen, welche nur voraussetzt, dass die Dimensionen des Körpers klein — wir sagen klein von erster Ordnung — sind gegen seine Entfernung von dem angezogenen Massenpunkt.

Legen wir den Coordinatenanfang in's Innere des Körpers, so sind die Coordinaten x, y, z von derselben Grössenordnung wie seine Dimensionen, also klein gegen r, und wir können demgemäss in dem Werthe für Φ die Grösse $1/r$ nach dem MAC LAURIN'schen Lehrsatz entwickeln.

Dabei beachten wir zur Vereinfachung der Rechnung, dass x, y, z in $1/r$ nur in den Verbindungen $x - x_1$, $y - y_1$, $z - z_1$ vorkommen, und dass deshalb z. B.

$$\left(\frac{\partial \frac{1}{r}}{\partial x}\right)_0 = - \frac{\partial \frac{1}{e}}{\partial x_1}$$

ist, falls e den Werth von r bezeichnet, der den Coordinaten $x = 0$, $y = 0$, $z = 0$ entspricht, d. h. falls e den Abstand des Massenpunktes m_1 vom Coordinatenanfang bedeutet. Demgemäss wird:

$$\begin{aligned} \Phi = - f m_1 \int \Bigg(& \frac{1}{e} - x \frac{\partial \frac{1}{e}}{\partial x_1} - y \frac{\partial \frac{1}{e}}{\partial y_1} - z \frac{\partial \frac{1}{e}}{\partial z_1} \\ & + \frac{x^2}{2} \frac{\partial^2 \frac{1}{e}}{\partial x_1^2} + \frac{y^2}{2} \frac{\partial^2 \frac{1}{e}}{\partial y_1^2} + \frac{z^2}{2} \frac{\partial^2 \frac{1}{e}}{\partial z_1^2} \\ & + y z \frac{\partial^2 \frac{1}{e}}{\partial y_1 \partial z_1} + z x \frac{\partial^2 \frac{1}{e}}{\partial z_1 \partial x_1} + x y \frac{\partial^2 \frac{1}{e}}{\partial x_1 \partial y_1} - \cdots \Bigg) dm . \end{aligned} \tag{127}$$

Benutzen wir die früheren Bezeichnungen ξ, η, ζ für die Schwerpunktscoordinaten Ξ, H, Z und Ξ', H', Z' für die Trägheits- und Deviationsmomente des Körpers um die Coordinatenaxen, so giebt dies:

$$\begin{aligned} \Phi = - f m_1 \Bigg\{ & m \left(\frac{1}{e} - \xi \frac{\partial \frac{1}{e}}{\partial x_1} - \eta \frac{\partial \frac{1}{e}}{\partial y_1} - \zeta \frac{\partial \frac{1}{e}}{\partial z_1} \right) \\ & + \tfrac{1}{4}(\mathsf{H} + \mathsf{Z} - \Xi) \frac{\partial^2 \frac{1}{e}}{\partial x_1^2} + \tfrac{1}{4}(\mathsf{Z} + \Xi - \mathsf{H}) \frac{\partial^2 \frac{1}{e}}{\partial y_1^2} + \tfrac{1}{4}(\Xi + \mathsf{H} - \mathsf{Z}) \frac{\partial^2 \frac{1}{e}}{\partial z_1^2} \\ & - \Xi' \frac{\partial^2 \frac{1}{e}}{\partial y_1 \partial z_1} - \mathsf{H}' \frac{\partial^2 \frac{1}{e}}{\partial z_1 \partial x_1} - \mathsf{Z}' \frac{\partial^2 \frac{1}{e}}{\partial x_1 \partial y_1} \mp \cdots \Bigg\} . \end{aligned} \tag{127'}$$

Dieser Ausdruck wird vereinfacht, wenn man den Coordinatenanfangspunkt in den Schwerpunkt legt, also $\xi = 0$, $\eta = 0$, $\zeta = 0$ macht; hierdurch verschwinden in ihm nämlich alle Glieder erster Ordnung.

Lässt man weiter die Coordinatenaxen mit den Hauptträgheitsaxen durch den Schwerpunkt zusammenfallen, so wird

$$\mathsf{\Xi}' = 0, \quad \mathsf{H}' = 0, \quad \mathsf{Z}' = 0, \quad \mathsf{\Xi} = \mathsf{A}, \quad \mathsf{H} = \mathsf{B}, \quad \mathsf{Z} = \mathsf{\Gamma},$$

unter A, B, $\mathsf{\Gamma}$ die Hauptträgheitsmomente für den Schwerpunkt verstanden. Benutzt man noch endlich, dass aus $e^2 = x_1^2 + y_1^2 + z_1^2$ folgt

$$\frac{\partial^2 \frac{1}{e}}{\partial x_1^2} = \frac{3 x_1^2}{e^5} - \frac{1}{e^3}, \quad \frac{\partial^2 \frac{1}{e}}{\partial y_1^2} = \frac{3 y_1^2}{e^5} - \frac{1}{e^3}, \quad \frac{\partial^2 \frac{1}{e}}{\partial z_1^2} = \frac{3 z_1^2}{e^5} - \frac{1}{e^3}, \tag{127''}$$

so findet man

$$\frac{\partial^2 \frac{1}{e}}{\partial x_1^2} + \frac{\partial^2 \frac{1}{e}}{\partial y_1^2} + \frac{\partial^2 \frac{1}{e}}{\partial z_1^2} = 0 \tag{127'''}$$

und erhält dadurch schliesslich

$$\Phi = -f m_1 \left(\frac{m}{e} - \frac{\mathsf{A}}{2} \frac{\partial^2 \frac{1}{e}}{\partial x_1^2} - \frac{\mathsf{B}}{2} \frac{\partial^2 \frac{1}{e}}{\partial y_1^2} - \frac{\mathsf{\Gamma}}{2} \frac{\partial^2 \frac{1}{e}}{\partial z_1^2} \pm \cdots \right). \tag{128}$$

Da A/e^2, B/e^2, $\mathsf{\Gamma}/e^2$ nach unserer Festsetzung neben m klein von zweiter Ordnung sind, so ergiebt diese Formel den Satz:

Das Newton'sche Potential eines endlichen Körpers m auf einen äusseren Massenpunkt m_1 wird, bei Vernachlässigung der Glieder zweiter Ordnung in Bezug auf das Verhältniss aus den Dimensionen des Körpers und der Entfernung seines Schwerpunktes von m_1, gegeben durch $-f m m_1/e$, ist also dasselbe, als wäre die ganze Masse des Körpers in seinem Schwerpunkt vereinigt.

Die Beibehaltung der Glieder zweiter Ordnung ergänzt das Potential um einen Ausdruck, der allein von den Hauptträgheitsmomenten des Körpers m in Bezug auf seinen Schwerpunkt und von den Coordinaten des Punktes m_1 gegen die Hauptträgheitsaxen abhängt.

Zwei Körper von gleicher Masse und den gleichen Hauptträgheitsmomenten um den Schwerpunkt liefern also bis auf Glieder dritter Ordnung exclusive auf gleiche Massenpunkte bei gleichen Lagen gegen die Hauptträgheitsaxen durch den Schwerpunkt auch gleiche Potentiale.

Die Trägheitsmomente spielen hiernach noch in einem ganz anderen Gebiete, als in dem sie zunächst eingeführt waren, eine wesentliche Rolle.

In speciellen Fällen vereinfachen sich diese Resultate weiter. Besitzt der Körper drei gleiche Hauptträgheitsmomente A, B, Γ um den Schwerpunkt, so zerstören sich nach (127''') die Glieder zweiter Ordnung gegenseitig; dies gilt z. B. für alle regulären Polyëder. Ist die Masse des Körpers überdies in Bezug auf seinen Schwerpunkt derartig symmetrisch vertheilt, dass sich an gegenüberliegenden äquidistanten Punkten gleiche Massen befinden, so sind alle Integrale von der Form $\int x^3 dm$, $\int x^2 y\, dm, \ldots$ gleich Null, so fehlen also in dem Ausdruck (128) die Glieder dritter Ordnung und die aus der Betrachtung der Glieder zweiter Ordnung abgeleiteten Sätze gelten bis auf vierte Ordnung exclusive.

Bei Beschränkung auf die Glieder zweiter Ordnung nimmt Φ die Gestalt an:

$$\Phi = -\frac{f m_1}{e}\left(m - \frac{1}{2e^4}\left[\mathsf{A}(3x_1^2 - e^2) + \mathsf{B}(3y_1^2 - e^2) + \Gamma(3z_1^2 - e^2)\right]\right) \quad (128')$$

oder bei Einführung der Cosinus $\alpha = x_1/e$, $\beta = y_1/e$, $\gamma = z_1/e$ der Winkel, welche e mit den Hauptträgheitsaxen einschliesst:

$$\Phi = -\frac{f m_1}{e}\left(m - \frac{1}{2e^2}\left[\mathsf{A}(3\alpha^2 - 1) + \mathsf{B}(3\beta^2 - 1) + \Gamma(3\gamma^2 - 1)\right]\right). \quad (128'')$$

In Rücksicht auf den Werth, welchen das Trägheitsmoment M um die Richtung von e nach Formel (36'') besitzt, schreibt sich dies auch:

$$\left.\begin{aligned} \Phi &= -f\frac{m_1}{e}\left(m + \frac{1}{2e^2}(\mathsf{A} + \mathsf{B} + \Gamma - 3\mathsf{M})\right), \\ \text{wobei}\quad \mathsf{M} &= \mathsf{A}\alpha^2 + \mathsf{B}\beta^2 + \Gamma\gamma^2. \end{aligned}\right\} \quad (128''')$$

Nach dem S. 136 Gesagten bieten die Flächen constanten Potentiales ein bequemes Mittel zur Veranschaulichung der Vertheilung der Kraft in einem Kraftfeld. Um die Gestalt dieser Flächen leicht zu erkennen, berücksichtigen wir, dass nach der gemachten Annahme das zweite Glied in der Klammer klein zweiter Ordnung gegen das erste ist. Wir erhalten sonach eine erste Annäherung, wenn wir dasselbe vernachlässigen. Hier liefert die Gleichung $\Phi = c$ für e einen constanten Werth $\varrho = -f m m_1/c$, also Potentialflächen von Kugelgestalt. Bei Berücksichtigung des jetzt vernachlässigten Gliedes werden wir also Werthe e erhalten, die sich von einer Constanten nur um eine Grösse zweiter Ordnung unterscheiden. Setzen wir demgemäss in Gleichung (128''') $\Phi = c$ und $e = \varrho + \varepsilon$, worin ε/ϱ von erster Ordnung neben Eins ist, so erhalten wir:

$$\varrho + \varepsilon = \varrho\left(1 + \frac{1}{2m(\varrho + \varepsilon)^2}(\mathsf{A} + \mathsf{B} + \Gamma - 3\mathsf{M})\right).$$

Nun ist aber das zweite Glied in der Klammer rechts selbst von zweiter Ordnung; die Beibehaltung von ε in demselben würde somit ein Glied vierter Ordnung liefern, das nach der einmal eingeführten Annäherung vernachlässigt werden muss. Wir erhalten so schliesslich für die Abweichung ε einer Potentialfläche von einer Kugelfläche mit dem Radius ϱ den Ausdruck

$$\varepsilon = \frac{1}{2\,m\,\varrho}(\mathsf{A} + \mathsf{B} + \Gamma - 3\,\mathsf{M}).$$

Hierin ist nur M (und zwar nach der in (128‴) enthaltenen Formel) von der Richtung von e abhängig; es resultirt somit der Satz:

Die Potentialflächen der NEWTON'schen Wirkung eines Körpers m auf einen fernen Massenpunkt m_1 in zweiter Annäherung sind symmetrisch in Bezug auf die Hauptträgheitsaxen des Körpers durch seinen Schwerpunkt. Sie schneiden auf einem Radiusvector um so kürzere Strecken ab, je grösser das auf diesen Radius bezogene Trägheitsmoment des Körpers m ist; der Unterschied ist um so geringer, je weiter vom Schwerpunkt ab die Potentialfläche liegt und verschwindet im Unendlichen; benachbarte Flächen liegen einander also am nächsten auf der Axe kleinsten, am weitesten auf der Axe grössten Trägheitsmomentes.

Es ist leicht zu erkennen, was sich hieraus für die Grösse und die Richtung der Kräfte qualitativ folgern lässt. —

Die quantitativen Gesetze der seitens des Körpers m auf den Massenpunkt m_1 ausgeübten Kraft K_1 sind sehr complicirt; relativ einfache Werthe besitzen indessen die Componenten von K_1 nach gewissen speciellen Richtungen.

So findet sich für die Componente R_1 parallel zu dem Radiusvector e, da M von e unabhängig ist, aus (128‴) sogleich

$$R_1 = -\frac{\partial \Phi}{\partial e} = -\frac{f m_1}{e^2}\Big(m + \frac{3}{2\,e^2}(\mathsf{A} + \mathsf{B} + \Gamma - \mathsf{M})\Big). \quad (129)$$

Um die S. 321 besprochenen Componenten K_x, K_y, K_z normal zu e und zu je einer Coordinatenaxe zu bilden, muss man zunächst andere Coordinaten in den Ausdruck (128′) einführen. Setzen wir

$$\alpha = \cos\vartheta, \qquad \beta = \sin\vartheta\cos\psi, \qquad \gamma = \sin\vartheta\sin\psi,$$

so ist ϑ der Winkel zwischen e und der X-Axe, ψ derjenige zwischen der Ebene durch e und die X-Axe und der XY-Ebene, und wir erhalten

$$\Phi = -\frac{f m_1}{e}\Big(m - \frac{1}{2\,e^2}\Big[\mathsf{A}(3\cos^2\vartheta - 1) + \mathsf{B}(3\sin^2\vartheta\cos^2\psi - 1) + \Gamma(3\sin^2\vartheta\sin^2\psi - 1)\Big]\Big). \quad (129')$$

Da nun $d\psi$ identisch ist mit dem oben eingeführten Drehungswinkel $d\lambda_1$, und da $e\sin\vartheta = e\sqrt{1-\alpha^2}$ identisch ist mit dem normalen Abstand n_x des Punktes m_1 von der X-Axe, so erhält man sogleich:

$$\begin{aligned} K_x &= -\frac{\partial \Phi}{e\sin\vartheta\,\partial\psi} = \frac{3fm_1}{e^4}(\mathsf{B}-\Gamma)\sin\vartheta\sin\psi\cos\psi, \\ &= \frac{3fm_1}{e^4\sqrt{1-\alpha^2}}(\mathsf{B}-\Gamma)\beta\gamma; \end{aligned} \qquad (129'')$$

ähnliche Resultate gelten für K_y und K_z.

Diese Ausdrücke sind sämmtlich neben R_1 klein von der oben als zweiten bezeichneten Ordnung; Gleiches gilt somit von der Gesammtcomponente S_1 von K_1 normal zu e, als deren Componenten sich die drei K_x, K_y, K_z auffassen lassen. Da nun weiter gilt $K_1^2 = R_1^2 + S_1^2$, so ist K_1 nur um eine Grösse vierter Ordnung von R_1 verschieden, die innerhalb der eingeführten Annäherung vernachlässigt werden muss. Da ferner der Winkel zwischen K_1 und e gegeben ist durch die Formel $\operatorname{tg}(K_1, e) = S_1/R_1$, so ergiebt sich der Satz:

Die Gesammtkraft K_1, welche der Körper m nach dem NEWTON'schen Gesetz auf den Punkt m_1 ausübt, kommt bis auf Glieder vierter Ordnung mit deren Componente R_1 in der Richtung des Radiusvectors e nach dem Schwerpunkt von m überein und weicht in ihrer Richtung nur um einen Winkel aus e ab, der klein von der zweiten Ordnung ist.

Eine andere Darstellung der Verhältnisse erhält man durch Einführung der Componenten X_1, Y_1, Z_1 der Kraft K_1 nach den Hauptträgheitsaxen.

In dem Ausdruck (128') für Φ kommen die Coordinaten x_1, y_1, z_1 einmal explicite und sodann in e vor; man kann daher schreiben

$$X_1 = -\frac{\partial \Phi}{\partial x_1} = -\frac{D\Phi}{De}\frac{\partial e}{\partial x_1} - \frac{D\Phi}{Dx_1}, \qquad (130)$$

wobei die D Differentiationen bezeichnen, bei denen x_1, y_1, z_1 und e die Unabhängigen sind. Beachtet man, dass $\partial e/\partial x_1 = x_1/e = \alpha$ ist, und kürzt man $-D\Phi/De$ in R_1', $3fm_1/e^4$ in k ab, so erhält man

$$X_1 = (R_1' - k\mathsf{A})\alpha, \quad Y_1 = (R_1' - k\mathsf{B})\beta, \quad Z_1 = (R_1' - k\Gamma)\gamma. \qquad (130')$$

Die Componenten X_1, Y_1, Z_1 bestehen hiernach aus zwei Theilen, die, für sich je zu einer Resultirenden zusammengesetzt, eine merkwürdige Zerlegung der Kraft K_1 liefern, die der Massenpunkt m_1 erfährt.

Der erste Theil K_1' von K_1 hat die Componenten $R_1'\alpha$, $R_1'\beta$, $R_1'\gamma$, liegt also parallel mit e und besitzt die Grösse R_1'; der zweite

Theil K_1'' hat die Componenten $-k\mathsf{A}\alpha$, $-k\mathsf{B}\beta$, $-k\Gamma\gamma$, er ist nach dem Werth von k gegenüber dem ersten klein von zweiter Ordnung und weicht aus dem Radiusvector e ab. Ueber seine Richtung ergiebt die auf S. 294 eingeschlagene Ueberlegung das Resultat, dass K_1'' normal zu der Tangentenebene liegt, welche das Hauptträgheitsellipsoid des Körpers in dem Schnittpunkt mit dem Vector e berührt.

Das vorstehend über die Kräfte erhaltene können wir in folgende Sätze zusammenfassen.

Die Kraft, welche ein Körper m nach dem Newton'schen Gesetz auf einen fernen Massenpunkt m_1 ausübt, hat bis auf Glieder vierter Ordnung exclusive die Grösse

$$K_1 = \frac{f m_1}{e^2}\left(m + \frac{3}{2e^2}(\mathsf{A} + \mathsf{B} + \Gamma - \mathsf{M})\right), \tag{130''}$$

wobei e die Entfernung von dem Schwerpunkt bezeichnet; sie variirt also auf einer um den Schwerpunkt von m construirten Kugel wie $P - Q\mathsf{M}$, wobei P und Q Constanten bezeichnen.

Ihre Richtung weicht jederzeit aus dem Radiusvector e in demselben Sinne ab, wie die Normale auf der Ebene, welche in dem Schnittpunkt von e mit dem Hauptträgheitsellipsoid dieses letztere berührt.

Für die Drehungsmomente um die in die Hauptträgheitsaxen gelegten Coordinatenaxen, welche der Punkt m_1 erleidet, folgen aus (129'') mit Hülfe der Ueberlegungen von S. 321 die Ausdrücke

$$L_1 = \frac{3 f m_1}{e^3}(\mathsf{B} - \Gamma)\beta\gamma, \qquad M_1 = \frac{3 f m_1}{e^3}(\Gamma - \mathsf{A})\gamma\alpha,$$
$$N_1 = \frac{3 f m_1}{e^3}(\mathsf{A} - \mathsf{B})\alpha\beta. \tag{130'''}$$

Die Componenten und Drehungsmomente, welche der Körper m seitens des Punktes m_1 erleidet, sind nach S. 322 den vorstehend zusammengestellten Werthen entgegengesetzt gleich. Bildet man insbesondere hiernach aus (130''') die Momente $L = -L_1$, $M = -M_1$, $N = -N_1$, so erhält man die Ausdrücke, von denen S. 302 unter der Bezeichnung F, G, H Gebrauch gemacht worden ist.

§ 27. Anziehung räumlich vertheilter Massen nach dem Newton'schen Gesetz; Wirkung auf einen innerhalb gelegenen Massenpunkt. Die Gesetze der Anziehung einer in concentrischen Schichten homogenen Kugel auf äussere und innere Punkte; das Gesetz der Schwerkraft.

Das Newton'sche Gesetz für die Wechselwirkung zwischen zwei Massenpunkten von endlichen Massen m und m_1

$$K^2 = \frac{f m m_1}{r^2}$$

liefert für die Kraft K einen unendlich grossen Werth, wenn die Entfernung r der beiden Massen unendlich klein wird. Obgleich man insgemein alles Unendlichwerden physikalischer Grössen, als in der Natur nicht vorkommend, ausschliesst, so ist doch an dem vorstehenden Resultat ein Anstoss nicht zu nehmen; denn das Gesetz wäre in dem Falle einer unendlich kleinen Entfernung r überhaupt nur dann anwendbar, wenn beide Massen selbst Räume erfüllten, deren Dimensionen klein gegen r wären. Dies letztere kommt aber in der Natur nicht vor; das Verhältniss von Masse zu dem eingenommenen Raum, die Dichte, folgt eben seinerseits auch der Regel, endliche Beträge nie zu überschreiten.

Indessen genügt schon, dass die e i n e der beiden wechselwirkenden endlichen Massen eine endliche Dichte besitzt, also einen endlichen Raum einnimmt, um ein Unendlichwerden der Kraft bei beliebiger Annäherung des angezogenen Massenpunktes an dieselbe aufzuheben. Wegen gewisser Anwendungen verdient dieser Fall eine nähere Untersuchung.

Wir knüpfen dieselbe an die völlig allgemeinen Formeln (124) für die Kraftcomponenten X_1, Y_1, Z_1 an, die wir nur dadurch umgestalten, dass wir den Massenpunkt m_1 zum Coordinatenanfangspunkt wählen und demgemäss $x_1 = 0$, $y_1 = 0$, $z_1 = 0$ setzen, wodurch r^2 den Werth $x^2 + y^2 + z^2$ annimmt.

Wir erhalten so zunächst

$$X_1 = f m_1 \int \frac{x}{r^3} \, d m = f m_1 \int \frac{\cos(r, x) \, d m}{r^2} \quad \text{u. s. f.} \tag{131}$$

Hierin wollen wir dm durch das Product $\varepsilon\, dk$ aus Dichte und Körperelement ersetzen und darnach dk in Polarcoordinaten darstellen. Dazu denken wir von m_1 aus nach allen Seiten feine Kegel von beliebigem Querschnitt construirt, welche den ganzen Raum erfüllen; schneidet einer derselben aus einer Kugel vom Radius Eins um m_1 ein Flächenelement $d\omega$ aus, so sprechen wir ihm eine O e f f n u n g von der Grösse $d\omega$ zu. Diese Kegel zerlegen wir dann durch unendlich viele um m_1 construirte Kugelflächen im gegenseitigen Abstand dr in Volumenelemente dk. Eines dieser Elemente, das in einem Kegel von der Oeffnung $d\omega$ und in der Entfernung r von m_1 liegt, hat dann die Grösse $dk = r^2 \, dr \, d\omega$. Hiernach nehmen die Ausdrücke für die Componenten X_1, Y_1, Z_1 die folgende Gestalt an:

$$X_1 = f m_1 \iint \varepsilon \cos(r, x)\, d\omega\, dr,$$
$$Y_1 = f m_1 \iint \varepsilon \cos(r, y)\, d\omega\, dr, \qquad (131')$$
$$Z_1 = f m_1 \iint \varepsilon \cos(r, z)\, d\omega\, dr.$$

Die Integrationen sind hierbei so zu verstehen, dass zunächst über dr, d. h. über den Theil eines Elementarkegels summirt wird, der innerhalb des von dem Körper m eingenommenen Volumens liegt, und sodann über $d\omega$, d. h. über alle Kegel, welche jenes Volumen schneiden.

In der vorstehenden Form erkennt man nun ohne Weiteres, dass die Componenten X_1, Y_1, Z_1 auch dann endlich bleiben, wenn man den Körper m dem Massenpunkt m_1 beliebig nahe rückt; denn die Integrale sind über Ausdrücke zu nehmen, die hierbei endlich bleiben. Gleiches gilt — und zwar noch in erhöhtem Maasse — wenn bei stetiger Dichte ε der Punkt m_1 in das Innere des Körpers m zu liegen kommt; denn in diesem Falle heben sich, wie die directe Anschauung zeigt, die dem Punkt m_1 rings direct benachbarten Massen in ihrer Wirkung auf.

Die Formeln ergeben dasselbe; beschreiben wir nämlich um m_1 eine Kugelfläche mit einem so kleinen Radius $\bar{r}$, dass man innerhalb desselben die Dichte des Körpers constant setzen kann, so ergiebt die Integration nach r für den Antheil X_1', den diese Kugel an der Componente X_1 liefert, allgemein den Ausdruck

$$X_1' = f m_1 \varepsilon \bar{r} . \int \cos(r, x)\, d\omega. \qquad (131'')$$

Liegt der Punkt m_1 im Innern von m, so ist das Integral wegen des wechselnden Vorzeichens von $\cos(r, x)$ identisch gleich Null, liegt er an der Oberfläche, so hat es einen endlichen Werth; im ersten Falle ist somit X_1' identisch gleich Null, im zweiten Falle unendlich klein von der Ordnung von $\bar{r}$. Letzteres gilt offenbar auch dann, wenn der Punkt m_1 in einer Fläche liegt, in welcher die Dichte ε sich sprungweise ändert, z. B. in der Grenze zwischen zwei verschiedenen homogenen Körpern, die sich berühren.

Es mag besonders darauf aufmerksam gemacht werden, dass diese Deduction zu den letzten Resultaten nur deshalb führt, weil das Gesetz für die Kraft im Nenner keine höhere als die zweite Potenz der Entfernung enthält. Wir sprechen daher den folgenden Satz aus:

Körper von endlichen Dimensionen und endlichen Dichtigkeiten üben nach dem NEWTON'schen Gesetz auf

Massenpunkte von endlicher Masse, mögen dieselben ausserhalb, auf der Oberfläche oder innerhalb der Masse liegen, jederzeit Kraftcomponenten von endlicher Grösse aus. —

Wenn nach dem Vorstehenden die unendlich nahen Theile eines Körpers m auf einen Massenpunkt m_1 bei endlicher Dichte nur unendlich kleine Antheile zu der wirkenden Kraft liefern, so kann man sie offenbar ohne Aenderung der Wirkung auch ganz beseitigen, d. h. um den Punkt m_1 einen Hohlraum und m_1 daher unter allen Umständen ausserhalb der wirkenden Masse bringen. Hieraus folgt dann, dass man an die Ausdrücke (124) für die Kraftcomponenten X, Y, Z ebenso für innere, wie für äussere Massenpunkte die S. 320 dargestellten Ueberlegungen anknüpfen und dieselben durch ein Potential Φ von dem in (125') angegebenen Werth darstellen kann.

In der That besitzt der Ausdruck

$$\Phi = - f m_1 \int \frac{dm}{r}$$

die oben an den Kraftcomponenten nachgewiesene Eigenschaft, bei endlicher Dichte durch die dem angezogenen Massenpunkt m_1 unendlich nahen Massen nur unendlich kleine Beiträge zu liefern, in noch höherem Maasse als jene; denn da der Nenner unter dem Integral die nur erste Potenz der Entfernung r enthält, so ist der Antheil, den z. B. eine um m_1 construirte kleine Kugel zu Φ liefert, in Bezug auf den Kugelradius $\bar{r}$ nicht nur von erster, sondern sogar von zweiter Ordnung. Es bestätigt also auch diese Ueberlegung, dass man bei Anziehungen nach dem NEWTON'schen Gesetz durch Anbringung eines kleinen Hohlraumes um den angezogenen Massenpunkt letzteren jederzeit ohne Aenderung der Wirkung von einem inneren zu einem äusseren machen und demgemäss die auf ihn wirkende Kraft durch ein Potential darstellen kann.

Die Kraftcomponenten, welche ein Massenpunkt m_1 mit den Coordinaten x_1, y_1, z_1 nach dem NEWTON'schen Gesetz seitens eines Körpers von endlichen Dimensionen und endlicher Dichte erfährt, sind für alle Lagen desselben durch das Potential

$$\Phi = - f m_1 \int \frac{dm}{r}$$

darstellbar nach den Formeln

$$X_1 = - \partial \Phi / \partial x_1, \quad Y_1 = - \partial \Phi / \partial y_1, \quad Z_1 = - \partial \Phi / \partial z_1.$$

In wie weit andere Kraftgesetze analoge Resultate liefern, lässt sich nach dem vorstehend Entwickelten in jedem einzelnen Falle leicht feststellen. —

Wir wenden uns nun zur Bestimmung des NEWTON'schen Potentiales einer homogenen, unendlich dünnen Hohlkugel oder Kugelschicht auf einen im äusseren und einen im inneren Raume liegenden Massenpunkt m_1.

Sei ϱ der Radius der Kugelschicht, ϑ ihre constante Dicke, ε ihre constante Dichtigkeit, e der Abstand des angezogenen Massenpunktes vom Kugelcentrum.

Wir zerlegen die Kugelschicht nach dem S. 209 angewandten Verfahren in Volumenelemente, deren Grösse

$$d k = \varrho^2 \vartheta \sin\varphi \, d\varphi \, d\psi$$

ist, und erhalten, da die Entfernung r von dk nach m_1 gegeben ist durch

$$r^2 = \varrho^2 + e^2 - 2\varrho e \cos\varphi,$$

den Werth:

$$\Phi = - f m_1 \int \frac{dm}{r} = - f m_1 \varrho^2 \vartheta \varepsilon \int_0^{2\pi} d\psi \int_0^{\pi} \frac{\sin\varphi \, d\varphi}{\sqrt{\varrho^2 + e^2 - 2\varrho e \cos\varphi}}. \quad (132)$$

Hierbei ist zu bemerken, dass die Wurzelgrösse, welche den Werth der Entfernung r darstellt, stets positiv zu nehmen ist.

Wir erhalten durch Integration:

$$\begin{aligned} \Phi &= - \frac{2\pi f m_1 \varrho \vartheta \varepsilon}{e} \left[\sqrt{\varrho^2 + e^2 - 2\varrho e \cos\varphi}\right]_{\varphi=0}^{\varphi=\pi} \\ &= - \frac{2\pi f m_1 \varrho \vartheta \varepsilon}{e} \left(\sqrt{(\varrho + e)^2} - \sqrt{(\varrho - e)^2}\right). \end{aligned} \quad (132')$$

Bei Ausführung der Wurzelzeichen sind die Fälle zu unterscheiden, dass der Punkt m_1 ausserhalb oder innerhalb der Kugelfläche liegt, also $\varrho \lesseqgtr e$ ist.

Für äussere Punkte gilt

$$e < \varrho, \quad \text{also} \quad \Phi_a = - \frac{f m_1 4\pi \varrho^2 \vartheta \varepsilon}{e} = - \frac{f m_1 m_s}{e}, \quad (132'')$$

wenn m_s die Masse der homogenen Kugelschicht ist.

Für innere Punkte gilt

$$e > \varrho, \quad \text{also} \quad \Phi_h = - f m_1 4\pi \varrho \vartheta \varepsilon = - \frac{f m_1 m_s}{\varrho}. \quad (132''')$$

Φ_h ist demnach unabhängig vom Orte des angezogenen Punktes m_1.

Wir erhalten somit den Satz:

Das NEWTON'sche Potential einer homogenen unendlich dünnen Kugelschicht oder einer materiellen Kugelfläche auf äussere Punkte ist dasselbe, als wäre ihre ganze Masse in ihrem Mittelpunkt vereinigt, das auf innere Punkte ist constant.

Die negativen Kraftcomponenten bestimmen sich aus dem Potential durch Differentiation nach den Coordinaten des angezogenen Punktes m_1, die gesammte resultirende Kraft nach S. 136 durch Differentiation nach der Normalen n auf der Fläche constanten Potentiales, welche durch m_1 hindurchgeht, diese Normale positiv gerechnet im Sinne fallender Werthe Φ.

In unserem Falle sind die Potentialflächen mit der gegebenen concentrische Kugeln, ihre Normale fällt in die Richtung von $-e$; vertauschen wir einfach n mit $-e$, so beziehen wir die Kraft zugleich auf die vom Kugelmittelpunkt hinweg positiv gerechnete Richtung.

Demgemäss erhalten wir die Grösse der Kraft für äussere Punkte, wo $e > \varrho$ ist:

$$K_a = -\frac{f m_1 m_s}{e^2}; \tag{133}$$

für innere Punkte, wo $e < \varrho$ ist:

$$K_h = 0. \tag{133'}$$

Eine homogene unendlich dünne Kugelschicht wirkt nach dem NEWTON'schen Gesetz auf einen äusseren Punkt ebenso, als wäre ihre Masse in ihrem Mittelpunkt vereinigt, auf einen inneren Punkt wirkt sie überhaupt nicht.

Durch Vorstehendes erledigt sich sogleich auch die Frage nach der Wirkung einer in concentrischen Schichten homogenen Kugelschaale von endlicher Dicke, deren Radien wir mit R_i und R_a und deren Masse wir mit M_s bezeichnen, auf Punkte des äusseren und des Hohlraumes; denn wir können die Schaale in Schichten der vorhin betrachteten Art von der Dicke $\vartheta = d\varrho$ zerlegen und deren Potentiale und Attractionskräfte einfach summiren. Es ergiebt sich so:

$$\Phi_a = -\frac{f m_1 M_s}{e}, \qquad \Phi_h = -f m_1 4\pi \int_{R_i}^{R_a} \varepsilon \varrho \, d\varrho; \tag{134}$$

$$K_a = -\frac{f m_1 M_s}{e^2}, \qquad K_h = 0. \tag{134'}$$

Vorstehender Satz gestattet für Punkte im äusseren und im Hohlraum unmittelbar die Uebertragung auf Kugelschaalen von endlicher Dicke, welche in concentrischen Schichten homogen sind.

Anders, wenn der angezogene Punkt m_1 innerhalb der Masse selbst liegt.

In diesem Falle legt man durch m_1 eine zu den begrenzenden concentrische Kugelfläche, die also den Radius e besitzt; für die innerhalb derselben liegende Masse m_i ist der Punkt m_1 dann ein äusserer, sie giebt also zu dem Potential einen Antheil $= -fm_1 m_i/e$; für die ausserhalb liegende Masse m_a ist m_1 ein innerer Punkt, jene giebt also zu dem Potential einen Antheil:

$$-fm_1 4\pi \int_e^{R_a} \varepsilon \varrho \, d\varrho.$$

Also hat das Newton'sche Potential einer in concentrischen Schichten homogenen Hohlkugel für einen Punkt innerhalb der Masse den Werth:

$$\Phi_i = -fm_1 \left(\frac{m_i}{e} + 4\pi \int_e^{R_a} \varepsilon \varrho \, d\varrho \right), \text{ wobei } m_i = 4\pi \int_{R_i}^{e} \varepsilon \varrho^2 \, d\varrho \qquad (134'')$$

ist; die auf ihn ausgeübte Kraft hat die Grösse:

$$K_i = -\frac{fm_1 m_i}{e^2}. \qquad (134''')$$

Diese Formeln werden auf den Fall einer in concentrischen Schichten homogenen Vollkugel vom Radius R angewandt, indem man in ihnen $R_i = 0$, $R_a = R$ setzt. —

Besonders einfach werden die Resultate, wenn die ganze Kugelschaale von gleicher Dichtigkeit ist. Hier ist, falls M_s ihre Masse bezeichnet:

$$\Phi_a = -\frac{fm_1 M_s}{e}, \qquad \Phi_i = -\frac{fm_1 2\pi\varepsilon}{3}\left[3R_a^2 - \frac{2R_i^3}{e} - e^2\right],$$

$$\Phi_h = -fm_1 2\pi\varepsilon (R_a^2 - R_i^2), \qquad (135)$$

$$K_a = -\frac{fm_1 M_s}{e^2}, \qquad K_i = -\frac{fm_1 4\pi\varepsilon}{3}\left(e - \frac{R_i^3}{e^2}\right), \qquad K_h = 0.$$

Die für eine homogene Vollkugel gültigen Werthe erhält man daraus, indem man R_a mit R, M_s mit M vertauscht und $R_i = 0$ setzt; sie lauten:

$$\Phi_a = -\frac{fm_1 M}{e}, \qquad \Phi_i = -\frac{fm_1 2\pi\varepsilon}{3}(3R^2 - e^2),$$

$$K_a = -\frac{fm_1 M}{e^2}, \qquad K_i = -\frac{fm_1 4\pi\varepsilon e}{3}. \text{ —} \qquad (135')$$

Von den oben gefundenen Werthen der Anziehung einer in concentrischen Schichten homogenen Kugel auf einen Massenpunkt kann man eine Anwendung machen, um die Gesetze abzuleiten, nach denen die Schwerkraft mit der Entfernung des Beobachtungsortes vom Erdcentrum variirt. Wir betrachten hierbei die Erde als eine Kugel der beschriebenen Art von der Masse M und sehen von ihrer Rotation und von der dadurch hervorgerufenen Centrifugalkraft ab.

Dann gilt für Stellen ausserhalb der Erde nach (134'), dass die Beschleunigung nach dem Erdcentrum hin

$$g_a = \frac{fM}{e^2} \tag{136}$$

ist, demnach ebenso mit der Entfernung variirt, als wäre die ganze Masse der Erde in ihrem Mittelpunkt vereinigt. Ist $e = R + h$, wo also h die Höhe über der Erdoberfläche bezeichnet, und ist h so klein gegen R, dass man $(h/R)^2$ neben Eins vernachlässigen kann, so ergiebt sich:

$$g_a = \frac{fM}{R^2}\left(1 - \frac{2h}{R}\right) = g^0\left(1 - \frac{2h}{R}\right), \tag{136'}$$

falls $g^0 = fM/R^2$ die Grösse von g an der Erdoberfläche selbst — d. h. im Meeresniveau — bezeichnet.

Im Innern der Erde gilt unter den gemachten Voraussetzungen nach (134'''):

$$g_i = f\frac{m_i}{e^2} = \frac{4\pi f}{e^2}\int_0^e \varepsilon\, \varrho^2\, d\varrho, \tag{137}$$

worin m_i die Masse innerhalb der Kugel vom Radius e bezeichnet. Setzt man hierin $e = R - k$, wo also k die Tiefe unter dem Meeresniveau bedeutet, entwickelt nach Potenzen von k und beschränkt sich auf das erste Glied, so erhält man:

$$g_i = f\left(\frac{M}{R^2} + k\left[\frac{2M}{R^3} - 4\pi\varepsilon_0\right]\right); \tag{137'}$$

hierin bezeichnet wieder M die Erdmasse, ε_0 ihre Dichtigkeit an der Oberfläche. Unter Benutzung des Werthes $g^0 = fM/R^2$ lautet diese Gleichung:

$$g_i = g^0\left(1 + \frac{2k}{R}\left[1 - \frac{2\pi\varepsilon_0 R^3}{M}\right]\right). \tag{137''}$$

Sie zeigt, dass beim Eindringen in die Erde die Schwerkraft anfangs zu- oder abnimmt, je nachdem

$$\frac{2\pi\varepsilon_0 R^3}{M} \lesseqgtr 1 \tag{138}$$

ist. Führt man die mittlere Dichte ε_m der Erde durch die Beziehung

$$M = \frac{4\pi}{3} \varepsilon_m R^3 \tag{138'}$$

ein, so lautet die obige Bedingung

$$\varepsilon_o \lesseqgtr \tfrac{2}{3} \varepsilon_m, \tag{138''}$$

und diese sagt:

Je nachdem bei einer in concentrischen Schichten homogenen Kugel die Dichtigkeit der Oberflächenschicht kleiner oder grösser ist, als zwei Drittel der mittleren Dichtigkeit der ganzen Kugel, nimmt die NEWTON'sche Anziehung innerhalb der Oberflächenschicht von ausssen nach innen zu oder ab.

Bei einer homogenen Kugel findet das letztere statt, denn hier ist $\varepsilon_o = \varepsilon_m$, in Folge dessen nimmt auch die Anziehung mit wachsender Tiefe unter der Oberfläche ab; bei der Erde gilt das Umgekehrte, also muss hier, soweit man die obigen Ueberlegungen auf diesen Fall anwenden darf, im Mittel $\varepsilon_o < \frac{2}{3} \varepsilon_m$ sein.

Die Beobachtung der Zunahme der Schwerkraft beim Eindringen in die Erde kann unter der gleichen Annahme zur Bestimmung des Verhältnisses $\varepsilon_o / \varepsilon_m$ benutzt werden. Nennt man g' den Werth von g, welcher der Tiefe k entspricht, so gilt nach den Formeln (137'') und (138'):

$$\frac{g' - g^0}{g^0} = \frac{2k}{R}\left(1 - \frac{3\varepsilon_o}{2\varepsilon_m}\right) \tag{139}$$

oder

$$\frac{3\varepsilon_o}{2\varepsilon_m} = 1 - \frac{g' - g^0}{g^0} \cdot \frac{R}{2k}. \tag{139'}$$

Die praktische Anwendbarkeit dieser Formel erscheint allerdings zweifelhaft, einmal, weil die Tiefen, in welche man in die Erde eindringen kann, nicht so bedeutend sind, dass man ihnen gegenüber die Unregelmässigkeiten der Gestalt der Erdoberfläche vernachlässigen könnte, sodann, weil gerade die Oberflächenschicht der Erde (schon allein durch die Differenz der Dichte von Land und Meer) weit entfernt ist, der bei der mathematischen Behandlung gemachten Voraussetzung einer constanten Dichte zu entsprechen.

In Bezug auf Letzteres zeigt zwar eine genauere Analyse, dass die Formel (139') auch im Falle einer inhomogenen Oberflächenschicht gültig bleibt, wenn ihre Dichte nur in einem Bereich um die Beobachtungsstelle, das gross ist gegen die Tiefe des Eindringens, merklich constant ist; aber selbst dies ist schwierig zu constatiren.

AIRY hat in Harton die Beschleunigung durch die Schwere an der Erdoberfläche und auf dem Grunde eines 383 m tiefen Schachtes beobachtet und $(g' - g^0)/g^0 = 0{,}000\,052$ gefunden. Nimmt man hinzu, dass $R = 6\,367\,000$ m ist, so erhält man für $3\,\varepsilon_0/2\,\varepsilon_m$ den Werth 0,567. Um hieraus ε_m zu berechnen, muss man den Werth von ε_0 kennen; Airy nahm an, dass man hierfür die mittlere Dichtigkeit der Oberflächenschicht der Erde in der Nähe des Beobachtungsortes einsetzen dürfe, die er auf 2,5 schätzte. Wendet man diesen Werth an, so erhält man $\varepsilon_m = 6{,}62$ — eine Zahl, welche gegenüber den nach später zu besprechenden anderen Methoden erhaltenen sehr gross erscheint.

Es ist hiernach wahrscheinlich, dass die oben erörterten Voraussetzungen für die Anwendung von Formel (139') wenig genau erfüllt gewesen sind, oder die Dichte ε_0 zu gross geschätzt worden ist. Nimmt man z. B. $\varepsilon_0 = 2{,}0$, so findet sich der besser bestätigte Werth $\varepsilon_m = 5{,}3$; in jedem Falle aber erhält man einen Werth, der darauf hinweist, dass im Erdinnern Stoffe von grösserer Dichte erheblich häufiger vorkommen, als an der Erdoberfläche.

Verbinden wir die oben erhaltenen Resultate (136') und (137'') für die Aenderung der Beschleunigung der Schwere beim Fortschreiten längs des Radius nach aussen und innen, nämlich die Formeln

$$g_a = g^0\left(1 - \frac{2\,h}{R}\right), \qquad g_i = g^0\left(1 + \frac{2\,k}{R}\left(1 - \frac{2\,\pi\,\varepsilon_0\,R^3}{M}\right)\right),$$

mit dem früher S. 88 erhaltenen, welches die in Folge der Centrifugalkraft an der Erdoberfläche stattfindende Aenderung mit der geographischen Breite ψ giebt, nämlich mit

$$g^0 = g_0\left(1 - \frac{R\,\varkappa^2 \cos^2\psi}{g_0}\right),$$

so erhalten wir das Gesetz, nach welchem die Schwere auf einer kugelförmigen und in concentrischen Schichten homogenen, rotirenden Erde mit dem Ort variiren würde. $\varkappa$ stellt die Winkelgeschwindigkeit der Erdrotation dar, g_0 die Beschleunigung durch die Schwere im Meeresniveau am Pol, wo die Centrifugalkraft nicht wirkt.

Da bei der Ableitung der drei Einzelgesetze vorausgesetzt war, dass das in der Klammer neben Eins stehende Glied so klein ist, dass sein Quadrat vernachlässigt werden kann, so werden sich in der Endformel die wegen der Höhen- und Breitenänderung angebrachten Correctionen einfach addiren.

In derselben Annäherung kann man die letzte Formel auch schreiben:

$$g^0 = g_0\left(1 - \frac{R\,\varkappa^2}{g_0} + \frac{R\,\varkappa^2 \sin^2\psi}{g_0}\right) = g_A\left(1 + \frac{R\,\varkappa^2 \sin^2\psi}{g_A}\right),$$

worin g_A die Beschleunigung der Schwere im Meeresniveau unter dem Aequator bezeichnet.

Da die Erde die im Vorstehenden über Gestalt und Massenvertheilung gemachten Annahmen nicht streng erfüllt, so sind die aus jenen folgenden Formeln auch nur Annäherungen; begreiflicher Weise zeigt sich besonders die letztere durch die Beobachtung nur unvollkommen bestätigt, da der Einfluss der geographischen Breite den der Höhe in der Praxis bedeutend überwiegt. Der Coëfficient von $\sin^2\psi$, nämlich

$$\frac{R\varkappa^2}{g_0} = \frac{4\pi^2 R}{g_0 T'^2},$$

worin die Umdrehungszeit T 86 164 Secunden beträgt, da die absolute Drehung und nicht die gegen die Sonne maassgebend ist, bestimmt sich zu etwa $1/283 = 0{,}00353$. Die Beobachtungen lassen sich angenähert wiedergeben durch die Formel:

$$g^0 = 978{,}1\,(1 + 0{,}00529 \sin^2\psi);$$

die Vergleichung mit dem nach der Formel berechneten Resultat zeigt, dass der von uns vernachlässigte Einfluss der ellipsoidischen Gestalt der Erde auf das Gesetz von g^0 ein sehr bedeutender ist. —

§ 28. Wechselwirkung zwischen räumlich vertheilten Massen nach dem Newton'schen Gesetz; Fall grosser gegenseitiger Entfernung; gegenseitige Anziehung zweier Kugeln.

Von den Kraftcomponenten, welche ein Massenpunkt m_1 seitens einer räumlich vertheilten Masse m erfährt, kann man sogleich den Uebergang bilden zu den Gesammtcomponenten und den Drehungsmomenten, die ein endlicher Körper m_1 erleidet. Versteht man nämlich unter X_1', Y_1', Z_1' die Componenten, welche von m auf die in dem Punkte x_1, y_1, z_1 befindliche Masseneinheit ausgeübt werden würden, so sind $X_1'\,dm_1$, $Y_1'\,dm_1$, $Z_1'\,dm_1$ die dem Element dm_1 an eben jener Stelle zukommenden, und die Gesammtcomponenten (X_1), (Y_1), (Z_1) auf die endliche Masse m_1 bestimmen sich durch die Formeln

$$(X_1) = \int X_1'\,dm_1, \quad (Y_1) = \int Y_1'\,dm_1, \quad (Z_1) = \int Z_1'\,dm_1. \tag{140}$$

Zugleich erhält man für die Drehungsmomente um die Coordinatenaxen in analogen Bezeichnungen

$$(L_1) = \int L_1'\,dm_1, \quad (M_1) = \int M_1'\,dm_1, \quad (N_1) = \int N_1'\,dm_1. \tag{140'}$$

Diese Formeln gelten für jedes Gesetz der Wechselwirkung. Haben speciell die Kräfte ein Potential, und wird das von m auf die Masseneinheit an der Stelle X_1, Y_1, Z_1 ausgeübte mit Φ' bezeichnet, so gilt nach (125) und (125'''):

$$X_1' = -\partial \Phi' / \partial x_1 \ldots, \qquad L_1' = -\partial \Phi' / \partial \lambda_1 \ldots; \qquad (140'')$$

dabei beziehen sich die Differentiationen auf Verschiebungen und Drehungen des Massenpunktes an der Stelle x_1, y_1, z_1, während die Masse m ruht.

Wir wollen diese Ausdrücke auf die Elemente $d m_1$ des oben betrachteten Körpers m_1 anwenden und dabei allen Elementen die gleichen Verschiebungen parallel zu den Coordinatenaxen, resp. die gleichen Drehungen um dieselben ertheilen, — d. h. die Masse m_1 bei den Differentiationen wie einen starren Körper bewegt denken. Die Verschiebungen messen wir dann in Uebereinstimmung mit früher Festgesetztem durch die Verschiebung eines beliebigen in m_1 festgelegten Punktes, am bequemsten des Schwerpunktes mit den Coordinaten ξ_1, η_1, ζ_1. Wir erhalten dann zunächst:

$$(X_1) = -\int \frac{\partial \Phi'}{\partial \xi_1} dm_1, \ldots \qquad (L_1) = -\int \frac{\partial \Phi'}{\partial \lambda_1} dm_1 \ldots.$$

Die Aenderungen $\partial \xi_1, \ldots$ und $\partial \lambda_1, \ldots$ sind dabei für alle Elemente $d m_1$ von gleicher Grösse; im Falle der NEWTON'schen Attraction dürfen wir nach S. 331 unter allen Umständen die Differentialzeichen vor das Integral ziehen und finden so

$$(X_1) = -\frac{\partial}{\partial \xi_1} \int \Phi' \, d m_1, \ldots \quad (L_1) = -\frac{\partial}{\partial \lambda_1} \int \Phi' d m_1, \ldots \qquad (141)$$

Wären wir, statt von einem Körper m und einem Punkte $m_1 = 1$, von einem Körper m_1 und von einem Punkte $m = 1$ ausgegangen, so wären wir zu den Formeln

$$(X) = -\frac{\partial}{\partial \xi} \int \Phi_1' \, d m, \ldots \quad (L) = -\frac{\partial}{\partial \lambda} \int \Phi_1' d m, \ldots \qquad (141')$$

gelangt, in denen Φ_1' das Potential der Masse m_1 auf dem Punkt $m = 1$ bezeichnet und $(X), \ldots (L), \ldots \xi, \ldots \lambda, \ldots$ den oben mit dem Index $_1$ eingeführten Grössen für den Körper m entsprechen.

Nun ist nach der Definition

$$\Phi' = f \int \frac{dm}{r}, \qquad \Phi_1' = f \int \frac{dm_1}{r}, \qquad (142)$$

also

$$\int \Phi' d m_1 = f \int d m_1 \int \frac{dm}{r} = f \int dm \int \frac{dm_1}{r} = \int \Phi_1' \, d m = (\Phi) \qquad (142')$$

worin (Φ) eine in Bezug auf die Massen m und m_1 symmetrische Function ihrer relativen Lage, das Potential ihrer Wechselwirkung darstellt.

Wir erhalten somit:

$$\begin{aligned} (X) &= -\frac{\partial(\Phi)}{\partial \xi}, \ldots & (L) &= -\frac{\partial(\Phi)}{\partial \lambda}, \ldots \\ (X_1) &= -\frac{\partial(\Phi)}{\partial \xi_1}, \ldots & (L_1) &= -\frac{\partial(\Phi)}{\partial \lambda_1}, \ldots \end{aligned} \qquad (142'')$$

Bedenkt man noch die Willkürlichkeit der Coordinatenaxen, so kann man hiernach folgenden Satz aussprechen:

Die Gesammtcomponente nach einer bestimmten Richtung und das Drehungsmoment um eine bestimmte Axe, die ein Körper nach dem NEWTON'schen Gesetz seitens eines anderen erfährt, bestimmen sich aus dem Potential ihrer Wechselwirkung durch partielle Differentiationen, die resp. eine Verschiebung des betrachteten Körpers parallel jener Richtung und eine Drehung um jene Axe darstellen.

Die Componenten nach denselben Richtungen, sowie die Momente um dieselben Axen haben für die beiden Körper entgegengesetzt gleiche Werthe, da (Φ) eine Function allein der relativen Lage der beiden Körper ist, die sich bei einer Verschiebung oder Drehung des einen ebenso ändert, wie bei den entgegengesetzten des anderen. Dies ist eine directe Folge des in § 15 nachgewiesenen Verschwindens der Gesammtcomponenten und Gesammtmomente solcher inneren Kräfte eines Massensystemes, welche Gleichheit von Wirkung und Gegenwirkung ergeben und in der Verbindungslinie ausgeübt werden.

Die vorstehenden Resultate sind nach der Ableitung nicht auf den Fall der NEWTON'schen Attraction beschränkt, sondern sie gelten stets, wenn es sich um Kräfte handelt, die zwischen den einzelnen Elementen der Körper wirken und ein Potential haben. Wenn die beiden wechselwirkenden Massen ganz oder theilweise denselben Raum erfüllen — ein Fall, der z. B. vorkommt, wenn es sich um das in der Gleichung der lebendigen Kraft auftretende innere Potential eines Systemes von Körpern handelt — sind die vorstehenden Ueberlegungen nur dann anwendbar, wenn das Elementar-Potential ein Gesetz befolgt, welches die oben benutzte analytische Umformung der ursprünglichen allgemeinen Ausdrücke gestattet. —

Die durch (142') gegebenen Componenten und Momente $(X), \ldots$ und $(L), \ldots$ sind positiv, wenn (Φ) bei der Verschiebung oder Drehung des Körpers m abnimmt, d. h. sie wirken in diesem Falle im Sinne der Verschiebungen oder Drehungen, im anderen Falle ihnen entgegen. Die Componenten und Momente verschwinden, wenn (Φ) sich bei diesen Bewegungen nicht ändert.

Hieraus folgt wegen der allgemeinen Gleichgewichtsbedingungen (46) auf S. 225 für einen starren Körper der Satz:

Ein Körper, der unter der Wirkung eines Potentiales (Φ) steht, ist im Gleichgewicht in einer Lage, welche (Φ) zu einem Maximum oder Minimum macht, und zwar ist das Gleichgewicht ein stabiles im Falle des Minimums, ein labiles im Falle des Maximums. —

Das Potential (Φ) der Wechselwirkung zwischen den Körpern m und m_1 entwickeln wir vollständig zunächst wieder unter der Voraussetzung, dass die beiden Massen sich in einer gegenseitigen Entfernung befinden, die so gross gegen ihre Dimensionen ist, dass wir Glieder von der Ordnung der dritten Potenz ihres Verhältnisses neben Eins vernachlässigen können. Wir sprechen dies kurz aus in der Annahme, dass wir uns auf die zweite Annäherung beschränken wollen.

Wir erhalten dann, wenn wir mit ξ, η, ζ und ξ_1, η_1, ζ_1 die Coordinaten der Schwerpunkte beider Körper, mit ξ', η', ζ' und ξ_1', η_1' ζ_1' die relativen Coordinaten der Elemente dm und dm' gegen diese Schwerpunkte bezeichnen, für die Entfernung r zwischen ihnen:

$$\begin{aligned} r^2 = \big((\xi_1 + \xi_1') - (\xi + \xi')\big)^2 + \big((\eta_1 + \eta_1') - (\eta + \eta')\big)^2 \\ + \big((\zeta_1 + \zeta_1') - (\zeta + \zeta')\big)^2, \end{aligned} \tag{143}$$

für die Entfernung E der beiden Schwerpunkte hingegen:

$$E^2 = (\xi_1 - \xi)^2 + (\eta_1 - \eta)^2 + (\zeta_1 - \zeta)^2. \tag{143'}$$

Entwickeln wir in dem Ausdruck (142) für das Potential (Φ) die Grösse $1/r$ nach Potenzen von ξ', η', ζ' und ξ_1', η_1', ζ_1' und beachten die Relationen, welche den Schwerpunkt definiren, nämlich:

$$\begin{aligned} \int \xi'\, dm &= \int \eta'\, dm = \int \zeta'\, dm = 0, \\ \int \xi_1'\, dm_1 &= \int \eta_1'\, dm_1 = \int \zeta_1'\, dm_1 = 0, \end{aligned}$$

so erhalten wir innerhalb der festgesetzten Annäherung:

$$\begin{aligned} (\Phi) = -f \int dm_1 \int dm \Bigg(& \frac{1}{E} + \frac{\xi'^2}{2} \frac{\partial^2 \frac{1}{E}}{\partial \xi^2} + \frac{\eta'^2}{2} \frac{\partial^2 \frac{1}{E}}{\partial \eta^2} + \frac{\zeta'^2}{2} \frac{\partial^2 \frac{1}{E}}{\partial \zeta^2} \\ & + \eta' \zeta' \frac{\partial^2 \frac{1}{E}}{\partial \eta \partial \zeta} + \zeta' \xi' \frac{\partial^2 \frac{1}{E}}{\partial \zeta \partial \xi} + \xi' \eta' \frac{\partial^2 \frac{1}{E}}{\partial \xi \partial \eta} \\ & + \frac{\xi_1'^2}{2} \frac{\partial^2 \frac{1}{E}}{\partial \xi_1^2} + \frac{\eta_1'^2}{2} \frac{\partial^2 \frac{1}{E}}{\partial \eta_1^2} + \frac{\zeta_1'^2}{2} \frac{\partial^2 \frac{1}{E}}{\partial \zeta_1^2} \\ & + \eta_1' \zeta_1' \frac{\partial^2 \frac{1}{E}}{\partial \eta_1 \partial \zeta_1} + \zeta_1' \xi_1' \frac{\partial^2 \frac{1}{E}}{\partial \zeta_1 \partial \xi_1} + \xi_1' \eta_1' \frac{\partial^2 \frac{1}{E}}{\partial \xi_1 \partial \eta_1} \Bigg). \end{aligned} \tag{144}$$

Nun ist aber nach dem Werthe von E

$$\frac{\partial^2 \frac{1}{E}}{\partial \xi^2} = \frac{\partial^2 \frac{1}{E}}{\partial \xi_1^2}, \dots \qquad \frac{\partial^2 \frac{1}{E}}{\partial \eta \partial \zeta} = \frac{\partial^2 \frac{1}{E}}{\partial \eta_1 \partial \zeta_1}, \dots$$

ferner

$$\frac{\partial^2 \frac{1}{E}}{\partial \xi^2} + \frac{\partial^2 \frac{1}{E}}{\partial \eta^2} + \frac{\partial^2 \frac{1}{E}}{\partial \zeta^2} = 0,$$

daher schreibt sich vorstehendes Resultat unter Einführung der Trägheits- und Deviationsmomente beider Körper um die Parallelen zu den Coordinatenaxen durch die resp. Schwerpunkte auch:

$$(\Phi) = -f\left(\frac{m m_1}{E} - \frac{(m_1 \Xi + m \Xi_1)}{2} \frac{\partial^2 \frac{1}{E}}{\partial \xi_1^2} - \frac{(m_1 \mathrm{H} + m \mathrm{H}_1)}{2} \frac{\partial^2 \frac{1}{E}}{\partial \eta_1^2} - \frac{(m_1 \mathrm{Z} + m \mathrm{Z}_1)}{2} \frac{\partial^2 \frac{1}{E}}{\partial \zeta_1^2} \right. \tag{144'}$$
$$\left. -(m_1 \Xi' + m \Xi_1') \frac{\partial^2 \frac{1}{E}}{\partial \eta_1 \partial \zeta_1} - (m_1 \mathrm{H}' + m \mathrm{H}_1') \frac{\partial^2 \frac{1}{E}}{\partial \zeta_1 \partial \xi_1} - (m_1 \mathrm{Z}' + m \mathrm{Z}_1') \frac{\partial^2 \frac{1}{E}}{\partial \xi_1 \partial \eta_1}\right).$$

Ferner gilt

$$\frac{\partial^2 \frac{1}{E}}{\partial \xi_1^2} = \frac{3(\xi_1 - \xi)^2}{E^5} - \frac{1}{E^3}, \quad \frac{\partial^2 \frac{1}{E}}{\partial \eta_1^2} = \frac{3(\eta_1 - \eta)^2}{E^5} - \frac{1}{E^3}, \quad \frac{\partial^2 \frac{1}{E}}{\partial \zeta_1^2} = \frac{3(\zeta_1 - \zeta)^2}{E^5} - \frac{1}{E^3},$$

$$\frac{\partial^2 \frac{1}{E}}{\partial \eta_1 \partial \zeta_1} = \frac{3(\eta_1 - \eta)(\zeta_1 - \zeta)}{E^5}, \quad \frac{\partial^2 \frac{1}{E}}{\partial \zeta_1 \partial \xi_1} = \frac{3(\zeta_1 - \zeta)(\xi_1 - \xi)}{E^5}, \quad \frac{\partial^2 \frac{1}{E}}{\partial \xi_1 \partial \eta_1} = \frac{3(\xi_1 - \xi)(\eta_1 - \eta)}{E^5}$$

oder, wenn man die Cosinus α', β', γ' der Winkel einführt, welche E — gleichviel in welcher Richtung positiv gerechnet — mit den Coordinatenaxen einschliesst,

$$\frac{\partial^2 \frac{1}{E}}{\partial \xi_1^2} = \frac{3\alpha'^2 - 1}{E^3}, \quad \frac{\partial^2 \frac{1}{E}}{\partial \eta_1^2} = \frac{3\beta'^2 - 1}{E^3}, \quad \frac{\partial^2 \frac{1}{E}}{\partial \zeta_1^2} = \frac{3\gamma'^2 - 1}{E^3},$$

$$\frac{\partial^2 \frac{1}{E}}{\partial \eta_1 \partial \zeta_1} = \frac{3\beta'\gamma'}{E^3}, \quad \frac{\partial^2 \frac{1}{E}}{\partial \zeta_1 \partial \xi_1} = \frac{3\gamma'\alpha'}{E^3}, \quad \frac{\partial^2 \frac{1}{E}}{\partial \xi_1 \partial \eta_1} = \frac{3\alpha'\beta'}{E^3}.$$

Wir erhalten demgemäss:

$$(\Phi) = -f\left(\frac{m m_1}{E} \right. \tag{144''}$$
$$- \frac{1}{2E^3}\left[(m_1 \Xi + m \Xi_1)(3\alpha'^2 - 1) + (m_1 \mathrm{H} + m \mathrm{H}_1)(3\beta'^2 - 1) + (m_1 \mathrm{Z} + m \mathrm{Z}_1)(3\gamma'^2 - 1)\right.$$
$$\left.\left. + (m_1 \Xi' + m \Xi_1') 6\beta'\gamma' + (m_1 \mathrm{H}' + m \mathrm{H}_1') 6\gamma'\alpha' + (m_1 \mathrm{Z}' + m \mathrm{Z}_1') 6\alpha'\beta'\right]\right),$$

oder, wenn wir nach (35′) die Trägheitsmomente M und M_1 der beiden Massen m und m_1 um die Richtung der Verbindungslinie E ihrer Schwerpunkte einführen und die Beziehung (37″) berücksichtigen,

$$(\Phi) = -\frac{f}{E}\Big(mm_1 + \frac{1}{2E^2}[m_1(\mathsf{A}+\mathsf{B}+\Gamma) + m(\mathsf{A}_1+\mathsf{B}_1+\Gamma_1) - 3(m_1\mathsf{M} + m\mathsf{M}_1)]\Big), \tag{145}$$

worin nun A, B, Γ, A_1, B_1, Γ_1 die Hauptträgheitsmomente der beiden Körper für ihre resp. Schwerpunkte, also von ihrer gegenseitigen Lage gänzlich unabhängige Constanten bezeichnen.

Die Trägheitsmomente M und M_1 lassen sich gleichfalls durch die Hauptträgheitsmomente ausdrücken, wenn man die Cosinus der Winkel der Hauptträgheitsaxen gegen die Richtung E einführt. Bezeichnet man dieselben mit α, β, γ und α_1, β_1, γ_1, so ist nämlich nach (36''):

$$\begin{aligned}\mathsf{M} &= \mathsf{A}\,\alpha^2 + \mathsf{B}\,\beta^2 + \Gamma\gamma^2,\\ \mathsf{M}_1 &= \mathsf{A}_1\alpha_1^2 + \mathsf{B}_1\beta_1^2 + \Gamma_1\gamma_1^2.\end{aligned} \tag{145'}$$

Der Ausdruck (145) für (Φ) enthält hiernach von Variabeln nur die gegenseitige Entfernung E der Schwerpunkte der beiden Körper und die Winkel ihrer Trägheitsaxen gegen die Richtung von E.

Dreht man die Körper um die Richtung der Verbindungslinie, so ändert sich (Φ) nicht; dies giebt den Satz:

Zwei ferne Körper, welche nach dem NEWTON'schen Gesetz auf einander wirken, üben in zweiter Annäherung auf einander niemals ein Drehungsmoment um die Verbindungslinie ihrer Schwerpunkte aus.

Sind die beiden Körper um ihre festgehaltenen Schwerpunkte drehbar, oder ist der eine fest, der andere drehbar, so werden sie nach einer gegenseitigen Lage hinstreben, welche das Potential (Φ) zu einem Minimum macht, d. h., da E constant angenommen ist, nach einer solchen, die $m_1\mathsf{M} + m\mathsf{M}_1$ zu einem Minimum macht. Daher folgt der weitere Satz:

Ein nach dem NEWTON'schen Gesetz von einer fernen Masse angezogener Körper, der um seinen Schwerpunkt drehbar ist, befindet sich im stabilen Gleichgewicht, wenn die Axe des kleinsten Trägheitsmomentes in Bezug auf seinen Schwerpunkt in die Verbindungslinie der beiden Schwerpunkte fällt, — im labilen, wenn dasselbe mit der Axe des grössten Trägheitsmomentes stattfindet.

Geht der anziehende Körper m in einen materiellen Punkt über, so wird für ihn A, B, Γ und M verschwinden, und wir erhalten für diesen Fall:

$$(\Phi) = -\frac{fm}{E}\Big(m_1 + \frac{1}{2E^2}(\mathsf{A}_1 + \mathsf{B}_1 + \Gamma_1 - 3\,\mathsf{M}_1)\Big),$$

eine Formel, die mit (128''') gleichwerthig ist; dies ist selbstverständlich, da wir erkannt haben, dass (Φ) das Potential der Wechselwirkung zwischen den Körpern m und m_1 darstellt. Die vorstehenden Sätze sind auf diesen Fall einfach zu übertragen. —

Die strenge Berechnung des Potentiales der Wechselwirkung zweier Körper ist nur in wenigen Fällen durchführbar.

Ist der eine der beiden Körper, z. B. m, eine in concentrischen Schichten homogene Voll- oder Hohlkugel, so ist das auf ihn bezügliche Integral in dem Werthe des Potentiales

$$(\Phi) = -f\int d\,m_1\int\frac{d\,m}{r} \qquad (146)$$

nach den früheren Rechnungen sogleich auszuführen, denn in Bezug auf diese Entwickelung ist es vollkommen gleichgültig, ob das angezogene Massenelement $d\,m_1$ für sich vorhanden ist, oder einem Körper angehört.

Wir erhalten demgemäss, wenn m_1 ganz ausserhalb m liegt:

$$(\Phi) = -fm\int\frac{dm_1}{e}, \qquad (146')$$

worin e die Entfernung des Elementes $d\,m_1$ von dem Mittelpunkt der Kugel oder Kugelschaale und m deren ganze Masse bezeichnet.

Das Potential der Wechselwirkung einer in concentrischen Schichten homogenen Kugel oder Kugelschaale und eines beliebigen ausserhalb gelegenen Körpers ist dasselbe, als wäre die ganze Masse der ersteren in ihrem Mittelpunkt vereinigt; Gleiches gilt von den zwischen beiden wirkenden Kräften.

Betrachtet man also die Erde als eine in concentrischen Schichten homogene Kugel, so kann man die auf jeden beliebigen äusseren Körper ausgeübte Anziehung als vom Erdmittelpunkt ausgehend ansehen.

Ist auch die Masse m_1 eine solche Kugel oder Kugelschaale, so lässt sich auch die zweite Integration ausführen und ergiebt

$$(\Phi) = -f\frac{m\,m_1}{E},$$

worin E den Abstand der Mittelpunkte der beiden Kugeln bezeichnet.

Das Potential der Wechselwirkung zweier in concentrischen Schichten homogenen Kugeln oder Kugelschaalen ist dasselbe, als wäre die Masse einer jeden in ihrem Mittelpunkt vereinigt; Gleiches gilt für die zwischen ihnen wirkenden Kräfte.

Die Messung der gegenseitigen Anziehung zweier Metallkugeln hat zuerst Cavendish (1798), später Reich (1837 und 1849), Baily (1842), Cornu und Baille (1873), Boys (1894) und Braun (1896) benutzt, um die Constante f des NEWTON'schen Gesetzes, und mit ihrer Hülfe die mittlere Dichtigkeit ε_m der Erde zu bestimmen.

Dies letztere ist deshalb möglich, weil die Constante f sich durch die Beschleunigung der Schwere, den Radius und die Dichte der Erde ausdrücken lässt. Die Anziehung, welche die Erde auf eine Masse μ an ihrer Oberfläche ausübt, ist nämlich gleich $fM\mu/R^2$, wenn M die Masse, R den Radius der Erde bezeichnet; die Beschleunigung g, die sie ihm ertheilt, ist daher gleich fM/R^2, und somit gilt

$$f = g\frac{R^2}{M} = \frac{3g}{4\pi R \varepsilon_m}, \tag{147}$$

während die Dimensionalgleichung für f lautet

$$[f] = [l^{+3} t^{-2} m^{-1}]. \tag{147'}$$

Die Anziehung K zwischen zwei Kugeln von den Massen m und m_1, deren Centra sich im Abstand E von einander befinden, ist demgemäss gegeben durch

$$K = f\frac{m m_1}{E^2} = \frac{3 g m m_1}{4\pi \varepsilon_m R E^2},$$

woraus folgt:

$$f = \frac{K E^2}{m m_1}, \quad \varepsilon_m = \frac{3 g m m_1}{4\pi K R E^2}. \tag{147''}$$

Um die Kraft K zu messen, wurden zwei Bleikugeln mittelst eines leichten horizontalen Stabes an einem oder an zwei Fäden so aufgehangen, dass das ganze System um eine verticale Axe drehbar war. Bei einer Ablenkung um einen kleinen Winkel φ aus der Ruhelage, welche es, sich selbst überlassen, annahm, wurde in der Aufhängung ein mit φ proportionales Drehungsmoment $-D_1\varphi$ erregt; die Constante D_1 desselben liess sich nach der auf S. 256 besprochenen Methode durch Schwingungsbeobachtungen bestimmen.

Wurden nun grosse feste Kugeln in der Nähe der beweglichen geeignet aufgestellt, so übten sie ihrerseits ein Drehungsmoment N auf den beweglichen Theil aus, und die Ruhelage, die derselbe in Folge dieser Wirkung annahm, war dadurch bestimmt, dass die beiden Momente sich aufheben mussten, also

$$N = D_1\varphi$$

war. Die Messung des Ablenkungswinkels φ gestattete somit bei bekanntem D_1 das Moment der Attractionen N zu bestimmen, und, da die Hebelarme bekannt waren, an welchen sie wirkten, auch die Kräfte selbst.

Die neuesten Beobachtungen haben für f etwa den Werth $6{,}66 \, . \, 10^{-8}$, für ε_m den Werth 5,53 ergeben.

Dritter Theil.

Mechanik deformirbarer Körper.

§ 29. Unendlich kleine stetige Verrückungen in einem deformirbaren Körper; Deformationen.

Als starre Körper haben wir im vorigen Theile solche bezeichnet, deren Massenelemente oder Punkte ihre gegenseitige Lage während der Bewegung nicht ändern und daher nur Verrückungen von den bestimmten Eigenschaften erleiden können, welche wir im 16. Abschnitt entwickelt haben.

Unter nichtstarren oder deformirbaren Körpern werden wir dementsprechend zunächst allgemein solche verstehen, deren Massenelemente Aenderungen ihrer gegenseitigen Lage und daher Verrückungen auch anderer Art, als oben behandelt, gestatten; aber wir wollen, schon um einen Körper von einem System discreter Massenpunkte zu unterscheiden, die vorstehende Definition dahin einschränken, dass wir den Verrückungen die Eigenschaft beilegen, sich innerhalb des Körpers stetig mit dem Ort zu ändern. Dadurch sind dann zugleich alle die Fälle ausgeschlossen, wo in Folge der Bewegung im Inneren des Körpers Spalten auftreten oder die zu beiden Seiten einer Fläche befindlichen Massen sich in einander schieben. Drücken wir die Verrückung eines Massenpunktes p durch die Zuwachse δx, δy, δz seiner Coordinaten x, y, z aus, so enthält unsere Annahme die Festsetzung, dass die Verrückungscomponenten δx, δy, δz stetige Functionen von x, y, z sind.

Für einen Massenpunkt q des Körpers, welcher die Coordinaten $x_1 = x + \xi$, $y_1 = y + \eta$, $z_1 = z + \zeta$ besitzt, haben die Zuwachse andere Werthe δx_1, δy_1, δz_1, die wir als Functionen von $x + \xi$, $y + \eta$, $z + \zeta$ gemäss dem TAYLOR'schen Satz nach Potenzen von ξ, η, ζ entwickelt denken können; es gelten dann Formeln von der Gestalt:

$$\delta x_1 = \delta x + \xi \frac{\partial \delta x}{\partial x} + \eta \frac{\partial \delta x}{\partial y} + \zeta \frac{\partial \delta x}{\partial z} + \frac{\xi^2}{2} \frac{\partial^2 \delta x}{\partial x^2} + \dots \quad \text{u. s. f.},$$

in denen die Werthe der Differentialquotienten im Punkte p zu nehmen sind.

Wir bezeichnen als das Bereich B des Punktes p ein um denselben abgegrenztes Volumen von solcher Grösse, dass in ihm innerhalb einer festgesetzten Genauigkeitsgrenze die Glieder zweiter Ordnung dieser Reihen gegen die erster vernachlässigt werden können.

Je nach den Umständen kann das Bereich B sehr verschiedene Ausdehnung haben. Sind die zweiten und die höheren Differentialquotienten der δx, δy, δz nach den Coordinaten gleich Null, d. h. sind δx, δy, δz lineäre Functionen von x, y, z, so kann dem Bereich B eine beliebige endliche Grösse gegeben werden; findet dies aber nicht statt, so ist dasselbe klein von bestimmter Ordnung zu wählen. Demgemäss werden auch die weiterhin zu ziehenden Folgerungen je nach Umständen nur für ein derartig kleines oder aber für ein beliebig endliches Bereich gelten.

Die nach dem Gesagten für das Bereich B des Punktes x, y, z geltenden Beziehungen:

$$\begin{aligned}
\delta x_1 &= \delta x + \xi \frac{\partial \delta x}{\partial x} + \eta \frac{\partial \delta x}{\partial y} + \zeta \frac{\partial \delta x}{\partial z}, \\
\delta y_1 &= \delta y + \xi \frac{\partial \delta y}{\partial x} + \eta \frac{\partial \delta y}{\partial y} + \zeta \frac{\partial \delta y}{\partial z}, \qquad (1) \\
\delta z_1 &= \delta z + \xi \frac{\partial \delta z}{\partial x} + \eta \frac{\partial \delta z}{\partial y} + \zeta \frac{\partial \delta z}{\partial z},
\end{aligned}$$

bilden die Grundlage für die Untersuchung der Bewegungen in einem deformirbaren Körper. Dabei sollen die innerhalb B constanten Differentialquotienten $\partial \delta x / \partial x, \ldots$, welche ersichtlich reine Zahlen sind, neben Eins als kleine Grössen erster Ordnung angesehen und demgemäss alle sie enthaltenden Formeln mit den Gliedern abgebrochen werden, welche in Bezug auf sie von niedrigster Ordnung sind. In diesem Sinne bezeichnen wir die $\partial \delta x / \delta x, \ldots$, wie auch ihnen an Grössenordnung gleiche Ausdrücke kurz als unendlich klein. Ueber die Grösse der δx, δy, δz selbst brauchen wir zunächst beschränkende Annahmen nicht zu machen.

Die Ausdrücke (1) für die Verrückungscomponenten δx_1, δy_1, δz_1 lassen sich in Theile zerlegen, welche man so wählen kann, dass sie resp. drei Verschiebungen des Bereiches parallel den Coordinatenaxen, drei Drehungen um zu jenen parallele Axen und drei gleichförmige Dehnungen nach drei zu einander normalen Richtungen von bestimmter Lage darstellen.

Was die ersten beiden Theile anbetrifft, so sind es diejenigen Bewegungen, welche bei starren Körpern allein möglich sind, und wir haben in § 16 gesehen, dass sie sich darstellen durch die Werthe der Coordinatenänderungen

$$(\delta x_1)_1 = \delta x_0, \qquad (\delta y_1)_1 = \delta y_0, \qquad (\delta z_1)_1 = \delta z_0 \qquad (1')$$

für die Verschiebungen, und

$$(\delta x_1)_2 = \zeta\,\delta\mu - \eta\,\delta\nu, \quad (\delta y_1)_2 = \xi\,\delta\nu - \zeta\,\delta\lambda, \quad (\delta z_1)_2 = \eta\,\delta\lambda - \xi\,\delta\mu \qquad (1'')$$

für die Drehungen; in diesen Formeln sind x_0, y_0, z_0 die Coordinaten des Punktes $\xi = 0$, $\eta = 0$, $\zeta = 0$, und $\delta\lambda$, $\delta\mu$, $\delta\nu$ die (unendlich kleinen) Drehungswinkel um Parallele zu den Coordinatenaxen durch diesen Punkt.

Was die Dehnungen oder Dilatationen anbetrifft, so sprechen wir zunächst (in Uebereinstimmung mit S. 10) folgende Definition aus:

Ein Körper heisst nach einer Coordinatenaxe gleichförmig gedehnt, wenn die ihr parallelen Coordinaten aller seiner Punkte um denselben Bruchtheil ihrer Länge vergrössert sind.

Sind a, b, c die Coordinaten eines Punktes des Körpers bezogen auf ein ABC-Coordinatensystem, so stellen hiernach die Zuwachse

$$\delta a = a\varrho_1, \qquad \delta b = b\varrho_2, \qquad \delta c = c\varrho_3 \qquad (2)$$

ein System von Verrückungen dar, welches dem Körper nach den Axen A, B, C die sogenannten (specifischen) lineären Dilatationen ϱ_1, ϱ_2, ϱ_3 ertheilt; denn die Coordinaten a, b, c werden dadurch in $a(1+\varrho_1)$, $b(1+\varrho_2)$, $c(1+\varrho_3)$ verwandelt. Negative Werthe der ϱ_h entsprechen Verkürzungen oder Compressionen.

Man bemerkt, wie auch bei gleichzeitiger Dehnung nach allen drei Coordinatenaxen der Coordinatenanfang an seiner Stelle bleibt und Punkte der Coordinatenaxen auf diesen Linien verharren.

Liegt der Anfangspunkt des Systemes ABC an der Stelle x, y, z, deren Bereich wir untersuchen, und gelten demnach zwischen den auf das XYZ- und ABC-System bezogenen relativen Coordinaten der Stelle x_1, y_1, z_1 Beziehungen von der Form

$$\begin{aligned} \xi &= a\alpha_1 + b\alpha_2 + c\alpha_3, \\ \eta &= a\beta_1 + b\beta_2 + c\beta_3, \\ \zeta &= a\gamma_1 + b\gamma_2 + c\gamma_3, \end{aligned} \qquad (2')$$

so werden die Dehnungen parallel den Axen A, B, C Veränderungen der Coordinaten $x_1 = x + \xi$, $y_1 = y + \eta$, $z_1 = z + \zeta$ liefern, welche, da sie x, y, z und die α_h, β_h, γ_h nicht berühren, gegeben sind durch

$$\begin{aligned} \delta\xi &= a\alpha_1\varrho_1 + b\alpha_2\varrho_2 + c\alpha_3\varrho_3, \\ \delta\eta &= a\beta_1\varrho_1 + b\beta_2\varrho_2 + c\beta_3\varrho_3, \\ \delta\zeta &= a\gamma_1\varrho_1 + b\gamma_2\varrho_2 + c\gamma_3\varrho_3, \end{aligned} \qquad (2'')$$

oder bei Einführung von ξ, η, ζ durch

$$\begin{aligned}\delta\xi &= \xi(\alpha_1^2\varrho_1 + \alpha_2^2\varrho_2 + \alpha_3^2\varrho_3) + \eta(\alpha_1\beta_1\varrho_1 + \alpha_2\beta_2\varrho_2 + \alpha_3\beta_3\varrho_3)\\ &\quad + \zeta(\alpha_1\gamma_1\varrho_1 + \alpha_2\gamma_2\varrho_2 + \alpha_3\gamma_3\varrho_3),\\ \delta\eta &= \xi(\alpha_1\beta_1\varrho_1 + \alpha_2\beta_2\varrho_2 + \alpha_3\beta_3\varrho_3) + \eta(\beta_1^2\varrho_1 + \beta_2^2\varrho_2 + \beta_3^2\varrho_3)\\ &\quad + \zeta(\beta_1\gamma_1\varrho_1 + \beta_2\gamma_2\varrho_2 + \beta_3\gamma_3\varrho_3),\\ \delta\zeta &= \xi(\gamma_1\alpha_1\varrho_1 + \gamma_2\alpha_2\varrho_2 + \gamma_3\alpha_3\varrho_3) + \eta(\gamma_1\beta_1\varrho_1 + \gamma_2\beta_2\varrho_2 + \gamma_3\beta_3\varrho_3)\\ &\quad + \zeta(\gamma_1^2\varrho_1 + \gamma_2^2\varrho_2 + \gamma_3^2\varrho_3).\end{aligned} \tag{2'''}$$

Diese Formeln zeigen, verglichen mit (2), dass die angenommene Dilatation nach den Axen A, B, C nicht zugleich eine Dilatation nach den Axen X, Y, Z darstellt, denn die $\delta\xi$, $\delta\eta$, $\delta\zeta$ sind nicht resp. nur je mit ξ, η, ζ proportional. Demgemäss nennt man die Richtungen A, B, C die den gegebenen Dehnungen entsprechenden Hauptdilatationsaxen und ϱ_1, ϱ_2, ϱ_3 die (ihnen parallelen) Hauptdilatationen.

Identificirt man nun gemäss dem oben Gesagten $\delta\xi$ mit $(\delta x_1)_3$, $\delta\eta$ mit $(\delta y_1)_3$, $\delta\zeta$ mit $(\delta z_1)_3$, bildet darnach die Summen aus den drei der Verschiebung, Drehung und Dehnung entsprechenden Verrückungscomponenten und setzt sie den durch (1) gegebenen gleich, nach dem Schema

$$\begin{aligned}\delta x_1 &= (\delta x_1)_1 + (\delta x_1)_2 + (\delta x_1)_3,\\ \delta y_1 &= (\delta y_1)_1 + (\delta y_1)_2 + (\delta y_1)_3,\\ \delta z_1 &= (\delta z_1)_1 + (\delta z_1)_2 + (\delta z_1)_3,\end{aligned}$$

so erhält man, da diese Formeln für alle ξ, η, ζ gelten müssen, folgende Beziehungen:

$$\begin{aligned}&\delta x = \delta x_0, \qquad \delta y = \delta y_0, \qquad \delta z = \delta z_0,\\ &\frac{\partial\,\delta x}{\partial x} = \alpha_1^2\varrho_1 + \alpha_2^2\varrho_2 + \alpha_3^2\varrho_3,\\ &\frac{\partial\,\delta y}{\partial y} = \beta_1^2\varrho_1 + \beta_2^2\varrho_2 + \beta_3^2\varrho_3,\\ &\frac{\partial\,\delta z}{\partial z} = \gamma_1^2\varrho_1 + \gamma_2^2\varrho_2 + \gamma_3^2\varrho_3,\\ &\frac{\partial\,\delta y}{\partial z} = \beta_1\gamma_1\varrho_1 + \beta_2\gamma_2\varrho_2 + \beta_3\gamma_3\varrho_3 - \delta\lambda,\\ &\frac{\partial\,\delta z}{\partial y} = \beta_1\gamma_1\varrho_1 + \beta_2\gamma_2\varrho_2 + \beta_3\gamma_3\varrho_3 + \delta\lambda,\\ &\frac{\partial\,\delta z}{\partial x} = \gamma_1\alpha_1\varrho_1 + \gamma_2\alpha_2\varrho_2 + \gamma_3\alpha_3\varrho_3 - \delta\mu,\\ &\frac{\partial\,\delta x}{\partial z} = \gamma_1\alpha_1\varrho_1 + \gamma_2\alpha_2\varrho_2 + \gamma_3\alpha_3\varrho_3 + \delta\mu,\\ &\frac{\partial\,\delta x}{\partial y} = \alpha_1\beta_1\varrho_1 + \alpha_2\beta_2\varrho_2 + \alpha_3\beta_3\varrho_3 - \delta\nu,\\ &\frac{\partial\,\delta y}{\partial x} = \alpha_1\beta_1\varrho_1 + \alpha_2\beta_2\varrho_2 + \alpha_3\beta_3\varrho_3 + \delta\nu.\end{aligned} \tag{3}$$

Diese Formeln zeigen, dass das Problem der Zerlegung der durch (1) gegebenen Verrückung in Verschiebung, Drehung und Dehnung eindeutig bestimmt ist.

Die ersten drei Formeln (3) geben nämlich die Verschiebungscomponenten parallel den Coordinatenaxen

$$\delta x_0 = \delta x, \qquad \delta y_0 = \delta y, \qquad \delta z_0 = \delta z \tag{3'}$$

gleich den Verschiebungen, welche die Stelle x, y, z selbst erleidet; für die Drehungswinkel folgt aus den letzten sechs Gleichungen nach Elimination der ϱ_h

$$\delta\lambda = \tfrac{1}{2}\left(\frac{\partial\,\delta z}{\partial y} - \frac{\partial\,\delta y}{\partial z}\right), \quad \delta\mu = \tfrac{1}{2}\left(\frac{\partial\,\delta x}{\partial z} - \frac{\partial\,\delta z}{\partial x}\right), \quad \delta\nu = \tfrac{1}{2}\left(\frac{\partial\,\delta y}{\partial x} - \frac{\partial\,\delta x}{\partial y}\right), \tag{3''}$$

und für die Grösse der Dilatationen ϱ_1, ϱ_2, ϱ_3 und die Lage ihrer Richtungen gelten die nach Elimination der $\delta\lambda$, $\delta\mu$, $\delta\nu$ erhaltenen Gleichungen:

$$\begin{aligned}
\frac{\partial\,\delta x}{\partial x} &= \alpha_1^2\varrho_1 + \alpha_2^2\varrho_2 + \alpha_3^2\varrho_3,\\
\frac{\partial\,\delta y}{\partial y} &= \beta_1^2\varrho_1 + \beta_2^2\varrho_2 + \beta_3^2\varrho_3,\\
\frac{\partial\,\delta z}{\partial z} &= \gamma_1^2\varrho_1 + \gamma_2^2\varrho_2 + \gamma_3^2\varrho_3,\\
\tfrac{1}{2}\left(\frac{\partial\,\delta y}{\partial z} + \frac{\partial\,\delta z}{\partial y}\right) &= \beta_1\gamma_1\varrho_1 + \beta_2\gamma_2\varrho_2 + \beta_3\gamma_3\varrho_3,\\
\tfrac{1}{2}\left(\frac{\partial\,\delta z}{\partial x} + \frac{\partial\,\delta x}{\partial z}\right) &= \gamma_1\alpha_1\varrho_1 + \gamma_2\alpha_2\varrho_2 + \gamma_3\alpha_3\varrho_3,\\
\tfrac{1}{2}\left(\frac{\partial\,\delta x}{\partial y} + \frac{\partial\,\delta y}{\partial x}\right) &= \alpha_1\beta_1\varrho_1 + \alpha_2\beta_2\varrho_2 + \alpha_3\beta_3\varrho_3,
\end{aligned} \tag{3'''}$$

welche mit den sechs zwischen den α_h, β_h, γ_h bestehenden Relationen

$$\begin{aligned}
\alpha_1^2 + \alpha_2^2 + \alpha_3^2 &= 1, & \beta_1\gamma_1 + \beta_2\gamma_2 + \beta_3\gamma_3 &= 0,\\
\beta_1^2 + \beta_2^2 + \beta_3^2 &= 1, & \gamma_1\alpha_1 + \gamma_2\alpha_2 + \gamma_3\alpha_3 &= 0,\\
\gamma_1^2 + \gamma_2^2 + \gamma_3^2 &= 1, & \alpha_1\beta_1 + \alpha_2\beta_2 + \alpha_3\beta_3 &= 0
\end{aligned}$$

sämmtliche zwölf Grössen ϱ_h, α_h, β_h, γ_h bestimmen. —

Vergleicht man die vorstehenden Formelsysteme (3'') und (3''') mit den Systemen (48) und (47) auf S. 23, so ergeben sich wichtige Beziehungen zwischen den früheren allgemeinen Entwickelungen und den jetzigen speciellen Resultaten.

Ein deformirter Körper stellt hiernach ein Vectorfeld dar, dessen charakteristischer polarer Vector die Verrückung δs mit den Componenten δx, δy, δz ist. In diesem polaren Vectorfeld existirt an jeder Stelle ein axialer Vector: die Drehung $\delta\tau$ des dort construirt gedachten Bereiches B mit den Componenten $\delta\lambda$, $\delta\mu$, $\delta\nu$. Ferner existirt in jedem Punkt ein Tensortripel, dessen Componenten erster Art durch

$$\frac{\partial\,\delta x}{\partial x} = x_x, \qquad \frac{\partial\,\delta y}{\partial y} = y_y, \qquad \frac{\partial\,\delta z}{\partial z} = z_z, \tag{4}$$

und dessen doppelte Componenten zweiter Art durch

$$\frac{\partial\,\delta y}{\partial z} + \frac{\partial\,\delta z}{\partial y} = y_z = z_y, \quad \frac{\partial\,\delta z}{\partial x} + \frac{\partial\,\delta x}{\partial z} = z_x = x_z, \quad \frac{\partial\,\delta x}{\partial y} + \frac{\partial\,\delta y}{\partial x} = x_y = y_x, \tag{4'}$$

gegeben werden.

$x_x, \ldots, y_z \ldots$ sind hierbei Abkürzungen, die den Aufbau der betreffenden Grössen veranschaulichen und die wir weiterhin stets benutzen werden. Dass nicht die Hälfte der letzteren Ausdrücke, also die Tensorcomponenten zweiter Art selbst, mit $y_z \ldots$ bezeichnet sind, entspricht dem Gebrauch und hat gewisse weiterhin hervortretende Vortheile.

Welche Bedeutung das Tensortripel selbst besitzt, ergiebt die Vergleichung der Formeln (3‴) mit dem System (38) auf S. 20 bei Berücksichtigung der Ausdrücke (31) und (34) auf S. 18 für die Componenten erster und zweiter Art. Da $\alpha_h, \beta_h, \gamma_h$ die Richtungscosinus der drei Dilatationen ϱ_h ($h = 1, 2, 3$) darstellen, so ist (3‴) mit (38) völlig gleichgebaut, und es folgt das weitere Resultat:

Das mit dem betrachteten Vectorfeld an jeder Stelle p gegebene Tensortripel ist das Tripel der Hauptdilatationen des ebenda construirt gedachten Bereiches B. Seine Componenten $x_x, y_y, z_z, \frac{1}{2}y_z, \frac{1}{2}z_x, \frac{1}{2}x_y$ werden daher als die Dilatationscomponenten an der Stelle p zu bezeichnen sein.

Wir wenden uns nunmehr zur Deutung dieser Componenten.

Führen wir die Abkürzungen (4) und (4') in das System (2‴) ein, so erhalten wir:

$$\begin{aligned} \delta\xi &= \xi x_x + \tfrac{1}{2}\eta x_y + \tfrac{1}{2}\zeta x_z, \\ \delta\eta &= \tfrac{1}{2}\xi y_x + \eta y_y + \tfrac{1}{2}\zeta y_z, \\ \delta\zeta &= \tfrac{1}{2}\xi z_x + \tfrac{1}{2}\eta z_y + \zeta z_z. \end{aligned} \tag{5}$$

Diese Formeln drücken die Componenten des allein auf der Dilatation beruhenden Theiles der Verrückung durch die Componenten der gesammten Verrückung aus.

Wenn wir diese Theilcomponenten weiterhin für sich betrachten, so beziehen wir damit das Bereich B auf ein Coordinatensystem Ξ, H, Z, dessen Anfangspunkt in das Massentheilchen p fällt und das in seiner ursprünglichen Lage zu dem absolut festen Coordinatensystem X, Y, Z parallel ist, das aber mit dem Bereich diejenige parallele Verschiebung und diejenige Drehung erfährt, welche durch die Antheile $(\delta x_1)_1$, $(\delta y_1)_1$, $(\delta z_1)_1$ und $(\delta x_1)_2$, $(\delta y_1)_2$, $(\delta z_1)_2$ der gesammten Verrückung gegeben sind.

Die Coordinaten ξ, η, ζ des Massenpunktes q werden in Folge der Dilatationsverrückungen $\delta\xi$, $\delta\eta$, $\delta\zeta$ die Werthe ξ', η', ζ' annehmen, gegeben durch:

$$\begin{aligned} \xi' &= \xi + \delta\xi = \xi(1 + x_x) + \tfrac{1}{2}\eta x_y + \tfrac{1}{2}\zeta x_z, \\ \eta' &= \eta + \delta\eta = \tfrac{1}{2}\xi y_x + \eta(1 + y_y) + \tfrac{1}{2}\zeta y_z, \\ \zeta' &= \zeta + \delta\zeta = \tfrac{1}{2}\xi z_x + \tfrac{1}{2}\eta z_y + \zeta(1 + z_z). \end{aligned} \tag{5'}$$

Bildet man die Gleichungen (5') ausser für den Punkt q noch für einen zweiten q_1 mit den Coordinaten ξ_1, η_1, ζ_1, der gleichfalls innerhalb B liegt, bezeichnet mit ξ_1', η_1', ζ_1' die Coordinaten von q_1 nach der Dilatation und zieht das neue System von dem alten ab, so erhält man

$$\xi' - \xi_1' = (\xi - \xi_1)(1 + x_x) + \tfrac{1}{2}(\eta - \eta_1)x_y + \tfrac{1}{2}(\zeta - \zeta_1)x_z \text{ u. s. f.}$$

Die Formeln für die relativen Coordinaten $\xi - \xi_1, \dots$ und $\xi' - \xi_1', \dots$ sind also wieder von der Gestalt (5'). Hieraus folgt, dass das System (5') mit denselben Coefficienten $x_x, \dots x_y$ für jeden innerhalb B liegenden Coordinatenanfangspunkt gilt.

Aus den so in ihrer Anwendung erweiterten Formeln (5') ergiebt sich zunächst leicht die geometrische Bedeutung der Grössen $x_x \dots$

Ein Massenpunkt $(r_1, 0, 0)$ der Ξ-Axe, d. h. ein solcher mit den ursprünglichen Coordinaten $\xi = r_1$, $\eta = 0$, $\zeta = 0$, besitzt gemäss (5') nach der Deformation die Coordinaten:

$$\xi_1' = r_1(1 + x_x), \qquad \eta_1' = \tfrac{1}{2}r_1 y_x, \qquad \zeta_1' = \tfrac{1}{2}r_1 z_x,$$

ein zweiter $(0, r_2, 0)$ der H-Axe die Coordinaten:

$$\xi_2' = \tfrac{1}{2}r_2 x_y, \qquad \eta_2' = r_2(1 + y_y), \qquad \zeta_2' = \tfrac{1}{2}r_2 z_y,$$

ein dritter $(0, 0, r_3)$ der Z-Axe die Coordinaten:

$$\xi_3' = \tfrac{1}{2}r_3 x_z, \qquad \eta_3' = \tfrac{1}{2}r_3 y_z, \qquad \zeta_3' = r_3(1 + z_z).$$

Die Radienvectoren nach den neuen Lagen haben die Längen r_1', r_2', r_3', welche gegeben sind durch

$$\begin{aligned} r_1'^2 &= r_1^2\left((1 + x_x)^2 + \tfrac{1}{4}(y_x)^2 + \tfrac{1}{4}(z_x)^2\right), \\ r_2'^2 &= r_2^2\left(\tfrac{1}{4}(x_y)^2 + (1 + y_y)^2 + \tfrac{1}{4}(z_y)^2\right), \\ r_3'^2 &= r_3^2\left(\tfrac{1}{4}(x_z)^2 + \tfrac{1}{4}(y_z)^2 + (1 + z_z)^2\right), \end{aligned}$$

und welche sich wegen der oben festgestellten Kleinheit von $x_x \dots$ auch schreiben lassen:

$$r_1' = r_1(1 + x_x), \qquad r_2' = r_2(1 + y_y), \qquad r_3' = r_3(1 + z_z). \tag{6}$$

Berücksichtigt man noch die oben nachgewiesene Willkürlichkeit des Anfangspunktes der ξ, η, ζ, so erhält man den Satz:

Die Dilatationscomponenten erster Art x_x, y_y, z_z geben die specifischen Dehnungen einer Strecke an, wenn dieselbe im Bereich B parallel der X-, Y- oder Z-Axe liegt. —

Die Cosinus der Winkel zwischen den Radienvectoren r_1', r_2', r_3' sind

$$\cos(r_2', r_3') = \frac{\frac{1}{4}x_y x_z + \frac{1}{2}(1 + y_y)\, y_z + \frac{1}{2}(1 + z_z)\, x_y}{(1 + y_y)(1 + z_z)} \quad \text{u. s. f.},$$

oder wegen der Kleinheit der $x_x \ldots$ auch

$$\cos(r_2', r_3') = y_z, \qquad \cos(r_3', r_1') = z_x, \qquad \cos(r_1', r_2') = x_y. \tag{6'}$$

Bedenkt man, dass je zwei der Richtungen r_h vor der Deformation den Winkel $\frac{1}{2}\pi$ mit einander einschlossen, so kann man $\cos(r_h', r_k')$ mit $\sin[(r_h, r_k) - (r_h', r_k')]$ oder auch mit $(r_h, r_k) - (r_h', r_k')$ selbst vertauschen und erhält so

$$\begin{gathered}(r_2', r_3') - (r_2, r_3) = -\, y_z, \qquad (r_3', r_1') - (r_3, r_1) = -\, z_x, \\ (r_1', r_2') - (r_1, r_2) = -\, x_y.\end{gathered} \tag{6''}$$

Dies liefert wegen der Willkürlichkeit des Anfangspunktes der ξ, η, ζ den weiteren Satz:

Die doppelten Dilatationscomponenten zweiter Art y_z, z_x, x_y sind die negativen Werthe der in Folge der Deformation stattfindenden Aenderungen der Winkel zwischen den Richtungen, welche ursprünglich den positiven Seiten der Coordinatenaxen parallel waren.

Daher bezeichnen wir die sechs Grössen $x_x, \ldots x_y$ auch als die Deformationsgrössen an der Stelle x, y, z oder im Bereich B und nennen specieller

$$x_x,\ y_y,\ z_z$$

die Axendehnungen,

$$y_z,\ z_x,\ x_y$$

die Axenwinkeländerungen.

Die Deformationsgrössen sind in einem nicht homogen deformirten Körper Functionen des Ortes; ausserdem sind sie aber stets abhängig von der Lage des eingeführten Coordinatensystemes. Die Art dieser Abhängigkeit ist aus den Gleichungen (3‴) ersichtlich. Letztere ergeben u. a., dass die Axenwinkeländerungen y_z, z_x, x_y gleich Null sind, wenn die Coordinatenaxen Ξ, H, Z irgendwie mit den Hauptdilatationsaxen A, B, C zusammenfallen, d. h. wenn drei der Richtungscosinus α_h, β_h, γ_h gleich Eins sind und die anderen verschwinden. —

Das Verhalten des Bereiches B bei der (in ihm gleichförmigen) Deformation lässt sich noch weiter als bisher veranschaulichen.

Lösen wir die Gleichungen (5') nach ξ, η, ζ auf, was wegen der Kleinheit der $x_x \ldots$ einfach dadurch geschieht, dass wir in den mit ihnen multiplicirten Gliedern ξ, η, ζ mit $\xi', \eta'\ \zeta'$ vertauschen, so erhalten wir:

$$\begin{aligned}\xi &= +\xi'(1-x_x) - \tfrac{1}{2}\eta' x_y - \tfrac{1}{2}\zeta' x_z,\\ \eta &= -\tfrac{1}{2}\xi' y_x + \eta'(1-y_y) - \tfrac{1}{2}\zeta' y_z,\\ \zeta &= -\tfrac{1}{2}\xi' z_x - \tfrac{1}{2}\eta' z_y + \zeta'(1-z_z).\end{aligned} \tag{7}$$

Für die nächsten Anwendungen wollen wir diese Gleichungen abkürzen zu

$$\begin{aligned}\xi &= \xi' p_1 + \eta' q_3 + \zeta' q_2,\\ \eta &= \xi' q_3 + \eta' p_2 + \zeta' q_1,\\ \zeta &= \xi' q_2 + \eta' q_1 + \zeta' p_3,\end{aligned} \tag{7'}$$

und bemerken, dass in ihnen die p_h stets positiv und zwar bis auf Grössen erster Ordnung gleich Eins, die q_h selbst klein von erster Ordnung sind, alle aber mit dem Coordinatensystem variiren.

Erfüllt ein in dem Bereich B gelegenes System von Punkten vor der Verschiebung irgend eine Oberfläche, so dass ihre Coordinaten der Gleichung

$$F(\xi, \eta, \zeta) = 0$$

genügen, so liegt dasselbe nach der Deformation auf einer anderen Fläche, deren Gleichung mittelst der Substitution (7′) aus $F(\xi, \eta, \zeta) = 0$ hervorgeht.

Hieraus folgt eine Reihe von einfachen Sätzen.

Ebenen und Gerade bleiben innerhalb B auch nach der Deformation eben und gerade.

Dies folgt daraus, dass eine lineäre Gleichung ihren Grad durch eine lineäre Substitution nicht ändert.

Parallele Ebenen und Gerade bleiben innerhalb B auch nach der Deformation einander parallel.

Zwei parallele Ebenen werden nämlich gegeben durch die Gleichungen

$$\alpha\xi + \beta\eta + \gamma\zeta = \nu, \qquad \alpha\xi + \beta\eta + \gamma\zeta = \nu_1,$$

und die Substitution (7′) führt dieselben auf die gleiche Form zurück. Zwei parallele Gerade sind aber gegeben durch die Schnittlinien zweier paralleler Ebenen mit einer dritten Ebene.

Eine Kugelfläche innerhalb B verwandelt sich in ein im Allgemeinen dreiaxiges Ellipsoid.

In der That wird aus der Gleichung einer Kugel

$$\xi^2 + \eta^2 + \zeta^2 = R^2 \tag{8}$$

durch die Substitution (7′) die Gleichung eines Ellipsoides:

$$(\xi' p_1 + \eta' q_3 + \zeta' q_2)^2 + (\xi' q_3 + \eta' p_2 + \zeta' q_1)^2 + (\xi' q_2 + \eta' q_1 + \zeta' p_3)^2 = R^2; \tag{8'}$$

man nennt dasselbe das erste Dilatationsellipsoid. Setzt man

$$\xi' = r'\alpha', \qquad \eta' = r'\beta', \qquad \zeta' = r'\gamma',$$

worin α', β', γ' die Cosinus der Winkel sind, welche der Radiusvector r' mit den Coordinatenaxen einschliesst, so erhält man

$$(\alpha' p_1 + \beta' q_3 + \gamma' q_2)^2 + (\alpha' q_3 + \beta' p_2 + \gamma' q_1)^2 + (\alpha' q_2 + \beta' q_1 + \gamma' p_3)^2 = \frac{R^2}{r'^2}, \qquad (8'')$$

was abgekürzt werde in:

$$A^2 + B^2 + C^2 = \frac{R^2}{r'^2}. \qquad (8''')$$

Um die Richtungen der Hauptaxen zu bestimmen, haben wir die Bedingungen des Maximums und Minimums von r' oder R^2/r'^2 in Bezug auf α', β', γ' aufzustellen, während die Beziehung gilt, dass

$$\alpha'^2 + \beta'^2 + \gamma'^2 = 1.$$

Um diese Bedingungen zu bilden, fügen wir nach einer bekannten Regel aus der Theorie der Maxima und Minima den Ausdruck

$$-\varrho'(\alpha'^2 + \beta'^2 + \gamma'^2 - 1)$$

zu R^2/r'^2 hinzu, wobei ϱ' einen unbekannten Factor bezeichnet, differentiiren das Resultat, als wären α', β', γ' von einander unabhängig und setzen die drei Differentialquotienten gleich Null. Wir erhalten dadurch:

$$\begin{aligned} p_1 A + q_3 B + q_2 C - \varrho' \alpha' &= 0, \\ q_3 A + p_2 B + q_1 C - \varrho' \beta' &= 0, \\ q_2 A + q_1 B + p_3 C - \varrho' \gamma' &= 0. \end{aligned} \qquad (9)$$

Diese Gleichungen werden identisch erfüllt durch die Beziehungen:

$$\begin{aligned} A + \varrho \alpha' &= 0, \\ B + \varrho \beta' &= 0, \qquad \varrho' = +\varrho^2, \\ C + \varrho \gamma' &= 0; \end{aligned} \qquad (9')$$

denn setzt man die hieraus folgenden Werthe für A, B, C in (9) ein, so reduciren sich die Gleichungen (9) auf (9').

Diese letzteren Gleichungen folgen aber durch die Anwendung desselben Verfahrens, das von (8'') auf (9) führte, aus der Formel

$$p_1 \alpha'^2 + p_2 \beta'^2 + p_3 \gamma'^2 + 2 q_1 \beta' \gamma' + 2 q_2 \gamma' \alpha' + 2 q_3 \alpha' \beta' = \frac{R^2}{r'^2}; \qquad (10)$$

sie bestimmen somit die Hauptaxen des durch (10) gegebenen Ellipsoides, welches das zweite Dilatationsellipsoid genannt wird.

Das erste und das zweite Dilatationsellipsoid haben also gleiche Axenrichtungen.

Das zweite und somit auch das erste Dilatationsellipsoid sind auf ihre Hauptaxen bezogen, wenn q_1, q_2, q_3 verschwinden. Nun ist aber nach (7) und (7') $q_1 = -\frac{1}{2} y_z$, $q_2 = -\frac{1}{2} z_x$, $q_3 = -\frac{1}{2} x_y$ und das

Verschwinden dieser Grössen ist nach S. 353 für die Hauptdilatationsaxen charakteristisch; somit folgt der weitere Satz:

Die Axen der beiden Dilatationsellipsoide fallen in die Hauptdilatationsaxen; daher bleiben die Punkte dieser Axen bei der Dilatation auf den betreffenden Richtungen.

Die Einführung des Coordinatensystemes der Hauptdilatationsaxen sei durch die Anbringung des Index ^{0} an den dadurch geänderten Grössen angedeutet. Zieht man noch die aus (7) und (7′) folgenden Werthe $p_1 = 1 - x_x$, $p_2 = 1 - y_y$, $p_3 = 1 - z_z$ heran, so erhält man die auf die Hauptdilatationsaxen bezogenen Gleichungen der beiden Dilatationsellipsoide in der Form:

$$\begin{aligned} &\text{I.} \quad \alpha'^2(1 - x_x^0)^2 + \beta'^2(1 - y_y^0)^2 + \gamma'^2(1 - z_z^0)^2 = \frac{R^2}{r'^2}, \\ &\text{II.} \quad \alpha'^2(1 - x_x^0) + \beta'^2(1 - y_y^0) + \gamma'^2(1 - z_z^0) = \frac{R^2}{r'^2}; \end{aligned} \tag{11}$$

wegen der Grössenordnung der x_x, y_y, z_z lässt sich hierfür auch schreiben:

$$\begin{aligned} &\text{I.} \quad \frac{\xi'^2}{R^2(1 + x_x^0)^2} + \frac{\eta'^2}{R^2(1 + y_y^0)^2} + \frac{\zeta'^2}{R^2(1 + z_z^0)^2} = 1, \\ &\text{II.} \quad \frac{\xi'^2}{R^2(1 + x_x^0)} + \frac{\eta'^2}{R^2(1 + y_y^0)} + \frac{\zeta'^2}{R^2(1 + z_z^0)} = 1. \end{aligned} \tag{11'}$$

Die Hauptaxen des zweiten Dilatationsellipsoides sind also den Quadratwurzeln aus denjenigen des ersten proportional.

Da x_x, y_y, z_z als sehr klein neben Eins vorausgesetzt sind, so degeneriren die beiden Dilatationsellipsoide niemals zu Hyperboloiden. —

Es erübrigt noch die Untersuchung, welche Wege die einzelnen Punkte der Kugelfläche (8) bei der Deformation zurückgelegt haben, oder welche Punkte des ersten Dilatationsellipsoides und der Kugel einander entsprechen. Bei der Beantwortung dieser Frage gewinnt die Einführung des zweiten Dilatationsellipsoides erst ihre rechte Begründung.

Unter der soeben gemachten Voraussetzung, dass die Coordinatenaxen in den Hauptdilatationsaxen liegen, wird das System (5′) zu:

$$\xi' = \xi(1 + x_x^0), \quad \eta' = \eta(1 + y_y^0), \quad \zeta' = \zeta(1 + z_z^0). \tag{12}$$

oder bei Einführung von Polarcoordinaten zu:

$$r'\alpha' = r\alpha(1 + x_x^0), \quad r'\beta' = r\beta(1 + y_y^0), \quad r'\gamma' = r\gamma(1 + z_z^0); \tag{12'}$$

daraus folgt für die Cosinus der Winkel, welche der Radiusvector vor und nach der Deformation mit den Hauptdilatationsaxen einschliesst, die Beziehung:

$$\alpha' : \beta' : \gamma' = \alpha(1 + x_x^0) : \beta(1 + y_y^0) : \gamma(1 + z_z^0). \tag{12''}$$

Dies ist dieselbe Relation, welche die ebenso definirten Richtungscosinus α', β', γ' eines Radiusvectors nach einem beliebigen Punkt q des zweiten Dilatationsellipsoides verbindet mit den Cosinus α, β, γ für die Normale auf der durch q an dieses Ellipsoid gelegten Tangentenebene. Hieraus folgt die Regel, welche Fig. 35 verdeutlicht:

Um die Stelle zu finden, welche ein Punkt q_0 der in dem Bereich B construirten Kugelfläche

$$\xi^2 + \eta^2 + \zeta^2 = R^2$$

nach der Deformation des Körpers einnimmt, construire man die zugehörigen beiden Dilatationsellipsoide I und II, lege an das zweite eine Tangentenebene, welche normal steht zu dem Radius $\overline{pq_0}$ und ziehe durch den Berührungspunkt q einen Radiusvector $\overline{pq}$, welcher das erste Dilatationsellipsoid schneidet; der Schnittpunkt q_1 ist dann der gesuchte Ort.

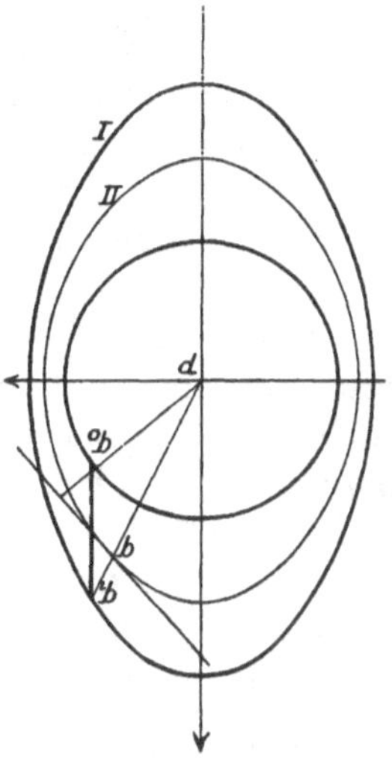

Fig. 35.

Diese Construction lässt erkennen, dass das ganze System der Verschiebungen symmetrisch in Bezug auf die Hauptdilatationsaxen liegt, und dass, wenn die Hauptdilatationen verschieden gross sind, keine anderen Punkte als diejenigen der Hauptaxen in dem Radiusvector selbst verschoben werden. —

Wir wenden weiter die Formeln (5') noch dazu an, die Vergrösserung einer im Bereich B liegenden Strecke, einer Fläche und eines Raumes durch die Deformation zu berechnen.

Legen wir, was nach S. 352 keine Beschränkung der Allgemeinheit enthält, den Punkt p mit den Coordinaten x, y, z in den einen Endpunkt der Strecke r, und verstehen unter $x + \xi$, $y + \eta$, $z + \zeta$ die Coordinaten des anderen Endpunktes, so verwandelt sich

$$r^2 = \xi^2 + \eta^2 + \zeta^2$$

durch die Deformation in

$$r'^2 = \xi'^2 + \eta'^2 + \zeta'^2.$$

Es ist dann

$$\frac{r' - r}{r} = \frac{\delta r}{r} = \varrho, \tag{13}$$

die (specifische) lineäre Dilatation, durch Entwickelung von r' nach den Formeln (5') in erster Annäherung gegeben durch:

$$\varrho = \frac{1}{r^2}(\xi^2 x_x + \eta^2 y_y + \zeta^2 z_z + \eta\zeta y_z + \zeta\xi z_x + \xi\eta x_y). \tag{13'}$$

Führt man die Cosinus α, β, γ der Winkel ein, welche r, also die ursprüngliche Richtung der Strecke, mit den Coordinatenaxen bildet, so findet sich:

$$\varrho = \alpha^2 x_x + \beta^2 y_y + \gamma^2 z_z + \beta\gamma y_z + \gamma\alpha z_x + \alpha\beta x_y. \qquad (13'')$$

Da die Deformationsgrössen $x_x, \ldots x_y$ ebensowohl positiv als negativ sein können, so kann auch ϱ sowohl positiv als negativ sein, und zwar kann sogar bei einem und demselben System $x_x, \ldots x_y$ für gewisse Richtungen das Eine, für die übrigen das Andere stattfinden.

Trägt man $P = 1/\sqrt{\pm\varrho}$ vom Punkte p aus als Strecke auf die Richtung von r auf, so erfüllen die Endpunkte der allen möglichen Richtungen zugehörigen P eine Fläche zweiten Grades, die für stets positive oder stets negative ϱ ein dreiaxiges Ellipsoid ist, für theilweise positive, theilweise negative ϱ aber aus der Combination eines ein- und eines zweischaligen Hyperboloides besteht. Die Richtungen der Hauptaxen dieser Flächen fallen in diejenigen der oben besprochenen Dilatationsellipsoide; ihre Grössen sind resp. $1/\sqrt{\pm x_x^0}$, $1/\sqrt{\pm y_y^0}$, $1/\sqrt{\pm z_z^0}$, wobei x_x^0, y_y^0, z_z^0 dieselbe Bedeutung haben, wie in den Gleichungen (11) und (11'). —

Das Flächenstück, welches wir betrachten, sei ein Rechteck mit den Kanten a und b; wir legen den Punkt p in die eine Ecke, die X- und Y-Axe in zwei Kanten. Durch die Deformation sind die Längen der Kanten nach dem letzten Satz (13'') zu

$$a' = a(1 + x_x), \qquad b' = b(1 + y_y)$$

geworden, der Cosinus des zwischen ihnen liegenden Winkels ist nach (6')

$$\cos(a', b') = x_y.$$

Da parallele Gerade innerhalb des Bereiches B sich parallel bleiben, so ist aus dem Rechteck von der Fläche $f = ab$ ein Parallelogramm von der Fläche $f' = a'b' \sin(a', b')$ geworden, und die (specifische) Flächendilatation σ findet sich bei Beschränkung auf die niedrigste Ordnung:

$$\sigma = \frac{f' - f}{f} = \frac{\delta f}{f} = x_x + y_y. \qquad (14)$$

Da jedes andere ebene Flächenstück innerhalb des Bereiches B sich in rechteckige Elemente zerlegen lässt, so giebt $(x_x + y_y)$ die Grösse der specifischen Dilatation auch für dieses, wenn die XY-Ebene des Coordinatensystemes der Fläche parallel gelegt wird. Die Richtung der X- und Y-Axe in der Ebene ist dabei gleichgültig, und man erhält somit nebenbei den Satz, dass die Combination $x_x + y_y$

ihren Werth nicht ändern kann, wenn man die X- und Y-Axe in der XY-Ebene beliebig verschiebt und dreht.

Liegt das Flächenstück nicht in der XY-Ebene, so kann man den Werth seiner Vergrösserung bestimmen, indem man ein $X' Y' Z'$-System einführt, dessen $X' Y'$-Ebene mit der Ebene des Flächenstückes zusammenfällt; es ist dann wieder $\sigma = x_x' + y_y'$, und indem man diesen Ausdruck auf das System XYZ transformirt, erhält man auch σ auf letzteres System bezogen. Die hierzu nöthigen Formeln sind weiter unten zusammengestellt. —

Als **Volumen**, dessen specifische Dilatation wir bestimmen wollen, wählen wir ein rechteckiges Prisma von den Kanten a, b, c und legen die Coordinatenaxen seinen Kanten parallel. Die Betrachtungen auf S. 352 u. 353 ergeben, dass die Deformation das Prisma in ein schiefes Parallelepipedon verwandelt von den Kanten

$$a' = a(1 + x_x), \qquad b' = b(1 + y_y), \qquad c' = c(1 + z_z),$$

welche Winkel einschliessen, gegeben durch

$$\cos(b', c') = y_z, \qquad \cos(c', a') = z_x, \qquad \cos(a', b') = x_y.$$

Während das ursprüngliche Volumen

$$k = abc$$

ist, beträgt das neue

$$k' = a'b'c'\sqrt{1 - \cos^2(b',c') - \cos^2(c',a') - \cos^2(a',b') + 2\cos(b',c')\cos(c',a')\cos(a',b')}.$$

Setzt man die obigen Werthe ein und beschränkt sich hinsichtlich der unendlich kleinen Grössen auf die niedrigste Ordnung, so findet sich die (specifische) **Volumendilatation** ϑ

$$\vartheta = \frac{k' - k}{k} = \frac{\delta k}{k} = x_x + y_y + z_z. \tag{15}$$

Da man jedes andere innerhalb B liegende Volumen in prismatische Elemente mit Flächen parallel zu den Coordinatenebenen zerlegen kann, so giebt die obige Formel den Werth der specifischen Volumenänderung auch für dieses an; $x_x + y_y + z_z$ muss demgemäss von der Lage des Coordinatensystemes unabhängig sein. —

Die Formeln für die Transformation der Deformationsgrössen $x_x, \ldots x_y$ von dem ursprünglichen Coordinatensystem X, Y, Z auf ein neues X', Y', Z' ergeben sich unmittelbar aus der oben besprochenen Thatsache, dass x_x, y_y, z_z, $\frac{1}{2}y_z$, $\frac{1}{2}z_x$, $\frac{1}{2}x_y$ **Tensorcomponenten** sind, denn für solche sind die Transformationsformeln auf S. 22 in vollständiger Allgemeinheit aufgestellt.

Definiren wir die relative Lage der beiden Coordinatensysteme durch die Formeln

$$\begin{aligned} x' &= \alpha_1 x + \alpha_2 y + \alpha_3 z, & x &= \alpha_1 x' + \beta_1 y' + \gamma_1 z', \\ y' &= \beta_1 x + \beta_2 y + \beta_3 z, \quad (16) & y &= \alpha_2 x' + \beta_2 y' + \gamma_2 z', \quad (16') \\ z' &= \gamma_1 x + \gamma_2 y + \gamma_3 z, & z &= \alpha_3 x' + \beta_3 y' + \gamma_3 z', \end{aligned}$$

so liefern die Gleichungen (42) auf S. 22 unmittelbar

$$\begin{aligned} x_x &= \alpha_1^2 x_x' + \beta_1^2 y_y' + \gamma_1^2 z_z' + \beta_1\gamma_1 y_z' + \gamma_1\alpha_1 z_x' + \alpha_1\beta_1 x_y', \\ y_y &= \alpha_2^2 x_x' + \beta_2^2 y_y' + \gamma_2^2 z_z' + \beta_2\gamma_2 y_z' + \gamma_2\alpha_2 z_x' + \alpha_2\beta_2 x_y', \\ z_z &= \alpha_3^2 x_x' + \beta_3^2 y_y' + \gamma_3^2 z_z' + \beta_3\gamma_3 y_z' + \gamma_3\alpha_3 z_x' + \alpha_3\beta_3 x_y', \quad (17) \\ y_z &= 2\alpha_2\alpha_3 x_x' + 2\beta_2\beta_3 y_y' + 2\gamma_2\gamma_3 z_z' \\ &\quad + (\beta_2\gamma_3 + \beta_3\gamma_2) y_z' + (\gamma_2\alpha_3 + \gamma_3\alpha_2) z_x' + (\alpha_2\beta_3 + \alpha_3\beta_2) x_y', \\ z_x &= 2\alpha_3\alpha_1 x_x' + 2\beta_3\beta_1 y_y' + 2\gamma_3\gamma_1 z_z' \\ &\quad + (\beta_3\gamma_1 + \beta_1\gamma_3) y_z' + (\gamma_3\alpha_1 + \gamma_1\alpha_3) z_x' + (\alpha_3\beta_1 + \alpha_1\beta_3) x_y', \\ x_y &= 2\alpha_1\alpha_2 x_x' + 2\beta_1\beta_2 y_y' + 2\gamma_1\gamma_2 z_z' \\ &\quad + (\beta_1\gamma_2 + \beta_2\gamma_1) y_z' + (\gamma_1\alpha_2 + \gamma_2\alpha_1) z_x' + (\alpha_1\beta_2 + \alpha_2\beta_1) x_y'. \end{aligned}$$

Diese Beziehungen gelten in gleicher Weise, wenn die beiden Coordinatensysteme verschiedene Anfangspunkte besitzen.

Da in den nach x', y', z' aufgelösten Formeln (16) α_1, α_2, $\alpha_3 \ldots$ dieselbe Stelle einnehmen wie in den nach x, y, z aufgelösten (16') α_1, β_1, $\gamma_1 \ldots$, so fügt man leicht zu (17) ein analoges System von der Gestalt:

$$x_x' = \alpha_1^2 x_x + \alpha_2^2 y_y + \alpha_3^2 z_z + \alpha_2\alpha_3 y_z + \alpha_3\alpha_1 z_x + \alpha_1\alpha_2 x_y \quad \text{u. s. f.} \quad (17')$$

Man erkennt aus diesen Systemen die Richtigkeit der oben gemachten Behauptungen, dass $x_x + y_y$ von der Lage der X- und Y-Axe in der XY-Ebene und dass $x_x + y_y + z_z$ überhaupt von der Lage des Coordinatensystemes unabhängig ist.

Fällt das Axenkreuz X', Y', Z' mit den Hauptdilatationsaxen zusammen, so sind y_z', z_x', x_y' gleich Null, x_x', y_y', z_z' gleich den Hauptdilatationen ϱ_1, ϱ_2, ϱ_3 von S. 348. Hier nehmen dann die Formeln (17) die einfachere Form (3''') an. —

Wir stellen schliesslich noch eine Betrachtung an über das Verhalten der Verschiebungen an der Oberfläche eines deformirbaren Körpers.

Aus der zu Grunde gelegten Annahme, dass die Verrückungen stetige Functionen der Coordinaten sind, folgt, dass die Oberfläche des Körpers immer von denselben Massentheilchen gebildet werden muss. Denn um jeden der Oberfläche beliebig nahen inneren Punkt p können wir uns ein Bereich B und darin eine unendlich kleine Kugel um p als Centrum construirt denken; diese verwandelt sich, wie wir oben gesehen, stets in ein Ellipsoid mit p als Centrum — ein innerer Punkt kann also nie an die Oberfläche gelangen.

Ist nun die Gleichung der im allgemeinsten Falle mit der Zeit veränderlichen Oberfläche

$$F(x, y, z, t) = 0,$$

so muss, wenn der Punkt x, y, z zur Zeit $t + \delta t$ nach der Stelle $x + \delta x, y + \delta y, z + \delta z$ gerückt ist, auch dieses System von Variabeln der Gleichung $F = 0$ genügen, d. h. es muss gelten

$$\frac{\partial F}{\partial t}\delta t + \frac{\partial F}{\partial x}\delta x + \frac{\partial F}{\partial y}\delta y + \frac{\partial F}{\partial z}\delta z = 0. \tag{18}$$

Diese Gleichung stellt, wenn δx, δy, δz als Functionen von t gegeben sind, eine partielle Differentialgleichung für F dar; sie bestimmt, zusammen mit einem für einen bestimmten Zeitpunkt vorgeschriebenen Werth von F, diese Function und hierdurch eine Fläche, welche dem bewegten Körper als Begrenzung zu dienen vermag.

Ist umgekehrt F vorgeschrieben, d. h. Form und Bewegung der Oberfläche gegeben, so giebt (18) eine Bedingung für die Geschwindigkeiten $\delta x/\delta t$, $\delta y/\delta t$, $\delta z/\delta t$ an der Oberfläche. Enthält F die Zeit nicht, d. h. ist die Oberfläche unveränderlich, so lässt sich nach Division durch:

$$\sqrt{\left(\frac{\partial F}{\partial x}\right)^2 + \left(\frac{\partial F}{\partial y}\right)^2 + \left(\frac{\partial F}{\partial z}\right)^2}$$

die vorstehende Gleichung schreiben:

$$\delta x \cos(n, x) + \delta y \cos(n, y) + \delta z \cos(n, z) = 0, \tag{18'}$$

worin n die Normale auf der festen Fläche bezeichnet und der ganze Ausdruck links die Componente der Verschiebung in der Grenze nach dieser Normalen bedeutet.

Haben zwei nichtstarre Körper ein Stück ihrer Oberfläche gemeinsam, so muss für die Verschiebungen $\delta_h x, \delta_h y, \delta_h z$ und $\delta_k x, \delta_k y, \delta_k z$ in beiden die Bedingung (18) gelten. Die Differenz der entsprechenden Gleichungen giebt wie vorstehend behandelt:

$$(\delta_h x - \delta_k x)\cos(n,x) + (\delta_h y - \delta_k y)\cos(n,y) + (\delta_h z - \delta_k z)\cos(n,z) = 0, \tag{18''}$$

und diese Formel sagt aus, dass in diesem Falle die Verrückungscomponenten nach der Normalen in beiden Medien an der Grenze gleich werden müssen. Die Componenten parallel der Grenze können im Allgemeinen verschieden sein; nur in dem speciellen Falle, dass die Körper fest zusammenhängen, wie z. B. zwei zusammengelöthete Metalle, müssen die Verrückungen zu beiden Seiten völlig übereinstimmen; die letzte Bedingung ist in diesem Falle mit

$$\delta_h x = \delta_k x, \qquad \delta_h y = \delta_k y, \qquad \delta_h z = \delta_k z \tag{18'''}$$

zu vertauschen.

§ 30. Druckkräfte in deformirbaren Körpern.

Dass die Theile eines Körpers in der eigenthümlichen Verbindung mit einander stehen, die wir wahrnehmen, erklären wir durch die Annahme von (inneren) Kräften, welche sie auf einander ausüben. Bei den starren Körpern, deren Theile in unveränderlicher gegenseitiger Lage verharren, so dass die Bewegung eines Elementes diejenige des Ganzen bestimmt, war es möglich, zu den vollständigen Gesetzen der Bewegung durch die Elimination jener Wechselwirkungen aus den Bewegungsgleichungen zu gelangen; bei den deformirbaren Körpern, deren Theile gegen einander innerhalb gewisser Grenzen verschiebbar sind, so dass durch die Bewegung eines Elementes das Verhalten der übrigen nicht bestimmt ist, müssen sie in Rechnung gezogen werden. Wir wenden uns jetzt zur Besprechung der Eigenschaften, welche wir ihnen beilegen, und der Gesetze, welche hieraus für sie folgen.

Die Beobachtung zeigt, dass die Anziehung, welche ponderable Massen auf einander ausüben, bei grosser Annäherung derselben erst schneller wächst, als das Newton'sche Gesetz der Gravitation ergiebt, hierauf abnimmt, in einer gewissen Entfernung verschwindet und schliesslich in eine Abstossung übergeht, die der weiteren Annäherung einen Widerstand entgegensetzt. Wir schliessen aus diesen Erscheinungen, dass die Gravitation nur den einen Theil der Wechselwirkung darstellt, welcher in merklicher Entfernung allein merklich ist, dass aber noch andere Theile existiren, die bei unmerklicher Entfernung jenen weitaus überwiegen. Diese nennen wir die molecularen Wirkungen, ohne mit diesem Namen eine bestimmte Hypothese über die Constitution der Materie aussprechen zu wollen, bloss um dadurch Kräfte anzudeuten, welche ausschliesslich zwischen den einander unendlich nahen kleinsten Theilen der Materie stattfinden.

Welchen quantitativen Gesetzen diese Wechselwirkungen folgen, ist uns durchaus unbekannt; aber für die Anwendungen, die wir in der Mechanik der nichtstarren Körper von ihnen machen, genügt die Annahme einiger weniger aus der Beobachtung abgeleiteter Eigenschaften. In erste Linie stellen wir die Annahme, dass die Wechselwirkung zwischen zwei kleinsten Massentheilchen nur in Entfernungen merklich ist, welche unendlich klein zweiter Ordnung sind. Dies lässt sich auch so fassen, dass wir ihre Wirkungssphäre von derselben Ordnung unendlich klein gegen die zu betrachtenden Volumenelemente der Körper annehmen, als diese selbst unendlich klein gegen die Dimensionen der Körper sind.

In Folge dessen betreffen die Molecularwirkungen, welche ein Volumen des Körpers von den benachbarten Massen erleidet, nur dessen unendlich dünne Oberflächenschicht; dasselbe erleidet, wie man kürzer sagt, nur Oberflächendrucke von den Nachbarmassen.

Construirt man über einem beliebig durch den willkürlichen Punkt p des Körpers gelegten ebenen Flächenelement f einen geraden Cylinder auf der Seite, nach welcher man die Normale n zu f positiv rechnet, und nennt man ein Massenelement innerhalb dieses Cylinders δm_1, eines jenseits der Grundfläche f aber δm, so bezeichnet man als Componenten des Moleculardruckes gegen die durch die Coordinaten x, y, z und die Normale n in ihrer Lage definirte Fläche f die Summen über die bezüglichen Componenten für alle Kräfte, welche die Massen δm_1 von den Massen δm erfahren. Dividirt man diese Summen noch durch die Grösse des Flächenelementes f, so erhält man (bei Voraussetzung eines mit dem Ort stetig wechselnden Zustandes) die auf die Flächeneinheit bezogenen Werthe der Componentensummen, d. h. diejenigen, die stattfinden würden, wenn die Massenvertheilung über der ganzen Flächeneinheit dieselbe wäre, wie über dem Flächenelement f.

Die hierdurch definirten reducirten Werthe, welche, als auf die Flächeneinheit bezogen, eigentlich specifische Druckcomponenten heissen müssten, nennt man kurz die inneren Druckcomponenten des Körpers, und bezeichnet sie durch X_n, Y_n, Z_n, wenn sie den Coordinatenaxen X, Y, Z parallel genommen sind. Der Index n deutet nach dem Obigen diejenige Seite der Normalen an, auf welcher die Masse liegt, gegen welche der Druck stattfindet.

Ist $\delta m\,\delta m_1 F(r)$ das Elementargesetz der Wechselwirkung K, welche zwischen δm und δm_1 stattfindet, so ist nach dieser Definition:

$$\begin{aligned} X_n &= \frac{1}{f}\sum \delta m \sum \delta m_1 F(r)\cos(K, x), \\ Y_n &= \frac{1}{f}\sum \delta m \sum \delta m_1 F(r)\cos(K, y), \\ Z_n &= \frac{1}{f}\sum \delta m \sum \delta m_1 F(r)\cos(K, z). \end{aligned} \tag{19}$$

Der resultirende Druck P_n bestimmt sich durch

$$P_n^2 = X_n^2 + Y_n^2 + Z_n^2, \tag{19'}$$

seine Richtung ist gegeben durch

$$\cos(P, x) = \frac{X_n}{P_n}, \qquad \cos(P, y) = \frac{Y_n}{P_n}, \qquad \cos(P, z) = \frac{Z_n}{P_n}. \tag{19''}$$

Es fällt also die Richtung des Druckes P_n im Allgemeinen keineswegs mit der Normalen n zusammen.

Die Dimensionen der specifischen Drucke $P_n \ldots$ sind nach dem Vorstehenden die einer Kraft, dividirt durch eine Fläche, das heisst, es ist

$$[P_n] = [X_n] = [Y_n] = [Z_n] = [m\, l^{-1}\, t^{-2}]; \tag{19''}$$

die Einheit des Druckes ist diejenige, die erhalten wird, wenn die Krafteinheit auf die Flächeneinheit ausgeübt wird. Die in der Technik gelegentlich gebrauchte Einheit, nämlich der Druck eines Gewichtes von 1 Kilogramm auf die Fläche eines Quadratmillimeters, ist, da das Gewicht eines Grammes 981 unserer Krafteinheiten beträgt, gleich 98100000 unserer Druckeinheiten. Eine andere praktische Druckeinheit werden wir weiter unten kennen lernen.

Die Componenten X_n, Y_n, Z_n sind zwar zunächst nur Rechnungsgrössen ohne die mechanische Bedeutung von Gesammtcomponenten, da die Einzelwirkungen, die sie zusammensetzen, nicht auf die Theile eines starren Körpers ausgeübt werden; da aber die Massentheilchen, auf welche sie stattfinden, dem Flächenelement f unendlich nahe liegen, so treten sie in die Bewegungsgleichungen doch ebenso ein, als hätten sie einen gemeinsamen Angriffspunkt und könnten demgemäss für jede Stelle zu einer Resultirenden zusammengefasst werden. —

Um die allgemeinen Eigenschaften dieser Druckcomponenten abzuleiten und die Rolle zu erkennen, die sie bei den Vorgängen der Bewegung und des Gleichgewichtes deformirbarer Körper spielen, gehen wir von denselben Sätzen über die Bewegungsgrösse und das Flächenmoment eines Massensystemes aus, welche die Grundlage für die Behandlung der starren Körper bildete und welche in den Gleichungen (100) und (102) auf S. 171 und 173 ausgesprochen sind. Um sie anwenden zu können, müssen wir bezüglich der inneren Kräfte der deformirbaren Körper die weitere Annahme machen, dass ihre über einen beliebigen Theil des Körpers summirten Componenten und Drehungsmomente nach den Coordinatenaxen verschwinden, was sich am einfachsten durch die Festsetzung erreichen lässt, dass bei den Wechselwirkungen zwischen zwei kleinsten Massentheilchen Wirkung und Gegenwirkung gleich sind und beide in der Verbindungslinie der Theilchen stattfinden. Hiermit ist sehr wohl vereinbar, dass grössere Massen, z. B. die Elementartheile eines Krystalles, complicirtere Wirkungen auf einander ausüben.

Nach dieser Annahme treten in jenen Fundamentalgleichungen bei Anwendung auf einen beliebigen Theil eines deformirbaren Körpers nur die von aussen auf denselben wirkenden Kräfte auf. Letztere zerfallen in zwei Gruppen; die erste Gruppe umfasst die

Fernwirkungen wie insbesondere die Gravitation oder die Schwerkraft, die zweite die Molekularkräfte der umgebenden Massen.

Die Fernwirkungen werden auf innere Punkte des betrachteten Bereiches ausgeübt; sie sind im Allgemeinen stetige Functionen des Ortes und lassen sich demgemäss auf die Volumen- oder Masseneinheit beziehen. Wir bezeichnen weiterhin die Componenten der auf die Masseneinheit an der Stelle x, y, z bezogenen Fernwirkungen mit X, Y, Z, benutzen diese Buchstaben also weiterhin in einem anderen Sinn als in den früheren Entwickelungen. Die Molekularwirkungen der das betrachtete Bereich umgebenden Massen erstrecken sich nach dem S. 363 Gesagten nur auf eine unendlich dünne Oberflächenschicht und combiniren sich deshalb zu den auf die Oberfläche des Bereiches wirkenden Druckcomponenten X_n, Y_n, Z_n, die oben definirt sind. Diesen Flächenkräften stellt man die Componenten X, Y, Z wohl auch kurz als räumliche Kräfte gegenüber.

Bezeichnen wir noch mit dk das Raum-, mit do das Oberflächenelement des betrachteten Bereiches, mit ε die Dichte an der Stelle x, y, z, so schreiben sich die beiden Systeme (100) und (102) in folgender Form:

$$\begin{aligned} \int \varepsilon \frac{d^2 x}{d t^2} dk &= \int \varepsilon X dk + \int X_n do, \\ \int \varepsilon \frac{d^2 y}{d t^2} dk &= \int \varepsilon Y dk + \int Y_n do, \\ \int \varepsilon \frac{d^2 z}{d t^2} dk &= \int \varepsilon Z dk + \int Z_n do, \end{aligned} \tag{20}$$

$$\begin{aligned} \int \varepsilon \left(y \frac{d^2 z}{d t^2} - z \frac{d^2 y}{d t^2}\right) dk &= \int \varepsilon (yZ - zY) dk + \int (yZ_n - zY_n) do, \\ \int \varepsilon \left(z \frac{d^2 x}{d t^2} - x \frac{d^2 z}{d t^2}\right) dk &= \int \varepsilon (zX - xZ) dk + \int (zX_n - xZ_n) do, \\ \int \varepsilon \left(x \frac{d^2 y}{d t^2} - y \frac{d^2 x}{d t^2}\right) dk &= \int \varepsilon (xY - yX) dk + \int (xY_n - yX_n) do. \end{aligned} \tag{21}$$

Die Druckcomponenten X_n, Y_n, Z_n variiren, wenn wir bei ungeänderten Axenrichtungen Ort und Lage des Flächenelementes ändern, auf welche sie sich beziehen. Wir können in Bezug hierauf eine Reihe von Sätzen ableiten, indem wir die vorstehenden Gleichungen auf Bereiche von bestimmter Form innerhalb des Körpers anwenden. Für diese Untersuchung ist der folgende Hülfssatz von Nutzen.

Bezeichnet φ eine eindeutige stetige Function der Coordinaten x, y, z, so lässt sich das über einen beliebigen Raum k zu erstreckende Integral

$$\int \frac{\partial \varphi}{\partial x} dk = \iiint \frac{\partial \varphi}{\partial x} dx\, dy\, dz$$

nach x ausführen und ergiebt

$$\int \frac{\partial \varphi}{\partial x} dk = \iint dy\, dz\,(-\varphi_{a_1} + \varphi_{b_1} - \varphi_{a_2} + \varphi_{b_2} \pm \cdots),$$

wo die rechts auftretenden Werthe von φ sämmtlich für dasselbe y und z, aber für diejenigen Werthe x zu nehmen sind, welche die Integrationsgrenzen für x bilden (Fig. 36). Diejenigen, welche sich auf die unteren Grenzen $a_1, a_2 \ldots$ beziehen, sind mit negativem, die, welche sich auf die oberen $b_1, b_2 \ldots$ beziehen, sind mit positivem Vorzeichen versehen.

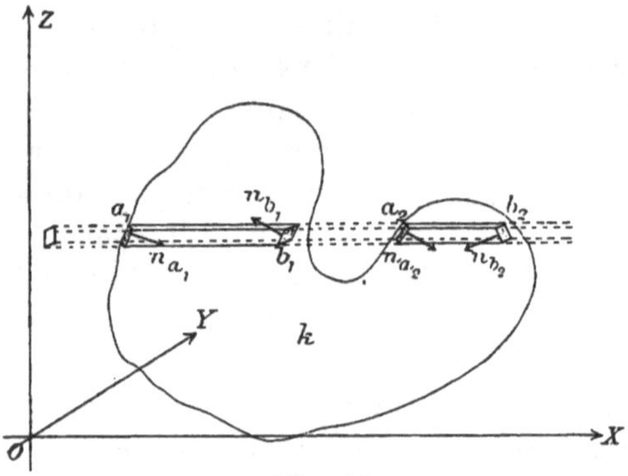

Fig. 36.

Die Integration über x fasst alle Volumenelemente zusammen, die einem parallel der X-Axe verlaufenden Elementarfaden vom Querschnitt $dy\, dz$ angehören; die beiden noch übrigen betreffen alle Elementarfäden, in die sich der ganze Raum zerlegen lässt. Man kann daher das zunächst erhaltene Doppelintegral in die Form eines Oberflächenintegrales bringen.

Führt man nämlich die Richtung der inneren Normale n ein und beachtet, dass dieselbe mit der $+X$-Richtung an den unteren Grenzen a_h einen spitzen, an den oberen Grenzen b_h einen stumpfen Winkel einschliesst, so kann man $dy\, dz$ als die Projection von Oberflächenelementen do_a und do_b, welche an allen Stellen a_h und b_h durch den betrachteten Elementarfaden aus der Oberfläche ausgeschnitten werden, betrachten und setzen

$$\begin{aligned} dy\, dz &= + do_a \cos(n_a, x) \\ &= - do_b \cos(n_b, x) \end{aligned}$$

und erhält so:

$$\int \frac{\partial \varphi}{\partial x} dk = -\int \left(\sum do_a\, \varphi_a \cos(n_a, x) + \sum do_b\, \varphi_b \cos(n_b, x)\right).$$

Der hierin rechts stehende Ausdruck bezieht sich in seinem ersten Theile auf alle nach der $-X$-Seite liegenden Oberflächenelemente do_a, in seinem zweiten auf alle nach der $+X$-Seite liegenden do_b; beide zusammen erstrecken sich auf die gesammte Oberfläche und unser Resultat lässt sich daher schreiben

$$\int \frac{\partial \varphi}{\partial x} dk = -\int \overline{\varphi} \cos(n, x)\, do,$$

wo $\overline{\varphi}$ kurz den in dem Oberflächenelement do stattfindenden Werth von φ bezeichnet. Denkt man eine der vorstehenden entsprechende Operation mit $\partial\varphi/\partial y$ und $\partial\varphi/\partial z$ vorgenommen, so gelangt man zu dem gesuchten Hülfssatz:

Für eine eindeutige stetige Function φ der Coordinaten x, y, z gelten zwischen den Integralen über einen beliebigen Raum k und denen über seine Oberfläche o die folgenden Beziehungen, in welchen n die innere Normale bezeichnet:

$$\begin{aligned} \int \frac{\partial\varphi}{\partial x}\,dk &= -\int \overline{\varphi}\cos(n,x)\,do, \\ \int \frac{\partial\varphi}{\partial y}\,dk &= -\int \overline{\varphi}\cos(n,y)\,do, \qquad (22) \\ \int \frac{\partial\varphi}{\partial z}\,dk &= -\int \overline{\varphi}\cos(n,z)\,do. \end{aligned}$$

Vertauschen wir in diesen drei Gleichungen φ resp. mit $\partial\varphi/\partial x$, $\partial\varphi/\partial y$, $\partial\varphi/\partial z$, addiren sie darnach und setzen kurz

$$\frac{\partial^2\varphi}{\partial x^2} + \frac{\partial^2\varphi}{\partial y^2} + \frac{\partial^2\varphi}{\partial z^2} = \Delta\varphi, \qquad (22')$$

so erhalten wir:

$$\int \Delta\varphi\,dk = -\int \left(\overline{\frac{\partial\varphi}{\partial x}}\cos(n,x) + \overline{\frac{\partial\varphi}{\partial y}}\cos(n,y) + \overline{\frac{\partial\varphi}{\partial z}}\cos(n,z)\right) do.$$

Nun ist die Klammer auf der linken Seite die Aenderung, welche φ erleidet, wenn man von do in der Richtung der inneren Normale um dn fortschreitet, und zwar durch dn dividirt; bezeichnet man diesen Werth, wie früher, durch $\partial\varphi/\partial n$, so kann man das letztere Resultat auch schreiben:

$$\int \Delta\varphi\,dk = -\int \overline{\frac{\partial\varphi}{\partial n}}\,do. \qquad (22'')$$

Diese Folgerung aus unserem Hülfssatz, welche voraussetzt, dass $\partial\varphi/\partial x$, $\partial\varphi/\partial y$, $\partial\varphi/\partial z$ innerhalb k eindeutig und stetig sind, ist von vielfachem Nutzen. —

Die Grundgleichungen (20) und (21) sollen nun auf einige innerhalb oder an der Oberfläche des betrachteten deformirbaren Körpers abgegrenzte Volumina von specieller Form angewandt werden, welche eine oder mehrere unendlich kleine Dimensionen besitzen. Dabei fassen wir die Grössenordnung der verschiedenen in ihnen enthaltenen Glieder in Betracht; falls einige von ihnen sich von höherer Ordnung klein erweisen, als die übrigen, so werden wir schliessen, dass die letzteren sich gegenseitig bis auf Grössen der höheren Ordnung zerstören, d. h. also (bei Vernachlässigung von unendlich Kleinem neben Endlichem) in der Summe Null geben müssen.

Bei der Auswerthung der Grössenordnung setzen wir das Erfahrungsresultat voraus, dass sowohl die Beschleunigungen, als die räumlichen Kräfte, als auch die Drucke in Wirklichkeit immer endlich sind.

Ferner werden wir, wie bereits früher, so auch weiterhin die Drucke innerhalb eines Körpers als stetige Functionen des Ortes betrachten, also den Gesammtdruck gegen ein unendlich kleines Flächenelement do jederzeit gleich $P_n\, do$ setzen und denselben wie eine im Schwerpunkt von do angreifende Kraft behandeln.

Wir wenden die drei Gleichungen (20) zuerst auf ein Volumen an, welches die Form eines geraden Cylinders hat, dessen Höhe dh unendlich klein gegen seine Querdimension ist. Setzen wir $dk = dh\, do$, so erkennen wir, dass die Raumintegrale wegen des Factors dh unendlich klein von der Ordnung von dh werden; es folgt daraus, dass die Oberflächenintegrale ebenfalls einen von der Ordnung dh unendlich kleinen Werth besitzen müssen. Letztere zerfallen in drei Theile, die sich auf die Cylinderfläche und die beiden Grundflächen erstrecken. Der erste Theil ist mit dh proportional; es müssen demnach die letzten beiden, für sich endlichen, zusammen ebenfalls von der Ordnung von dh sein. Da die inneren Normalen für die beiden Grundflächen entgegengesetzte Richtungen haben, so können wir die eine mit $+n$, die andere mit $-n$ bezeichnen und erhalten, wenn wir mit f_k einen endlichen Factor bezeichnen:

$$\int (X_{+n} + X_{-n})\, do = f_1\, dh,$$

$$\int (Y_{+n} + Y_{-n})\, do = f_2\, dh,$$

$$\int (Z_{+n} + Z_{-n})\, do = f_3\, dh;$$

die Flächenintegrale sind über die eine Grundfläche zu erstrecken.

Da über Gestalt und Grösse der Grundfläche o gar nichts vorausgesetzt ist, so müssen diese Gleichungen bei jeder Veränderung derselben bestehen bleiben, d. h. es müssen, für je zwei sich entsprechende Punkte der beiden Grundflächen genommen, die Summen der im allgemeinen endlichen Druckcomponenten

$$(X_{+n} + X_{-n}), \qquad (Y_{+n} + Y_{-n}), \qquad (Z_{+n} + Z_{-n})$$

von der Ordnung ihres Abstandes dh sein.

Hieraus schliessen wir, indem wir unendlich Kleines neben Endlichem vernachlässigen, den Satz:

Gegen zwei Flächenelemente, welche durch denselben Punkt mit entgegengesetzter Richtung der positiven Normalen gelegt sind, wirken gleich grosse und entgegengesetzt gerichtete Drucke; es ist nämlich:

$$X_{+n} = -X_{-n}, \quad Y_{+n} = -Y_{-n}, \quad Z_{+n} = -Z_{-n}. \tag{23}$$

Die Gleichungen (21), auf dasselbe Volumen angewandt, führen zu denselben Beziehungen.

Wir wenden ferner das System (20) auf ein kleines Tetraëder an, das begrenzt wird durch drei durch x, y, z gelegte Parallele zu den Coordinatenebenen und eine jene schneidende Ebene, deren äussere Normale mit n und deren Grösse mit do_n bezeichnet werden mag. Die in den Gleichungen auftretenden Raumintegrale sind ausser mit do_n proportional mit der normal zu do_n gemessenen Höhe dh des Tetraëders, die Oberflächenintegrale aber nur mit den Flächenelementen do_n, do_x, do_y, do_z, die unter einander gleiche Grössenordnung haben; die letzteren müssen sich demnach in der Summe bis auf Glieder von der Ordnung von dh gegenseitig zerstören.

Da die inneren Normalen auf den vier Seitenflächen resp. $+x$, $+y$, $+z$, $-n$ sind, so geben die Integrale über die Gesammtfläche

$$X_x do_x + X_y do_y + X_z do_z + X_{-n} do_n = f_1' do_n dh$$

u. s. f., wobei f_1' einen endlichen Factor bezeichnet; da ferner

$$do_x = do_n \cos(n, x), \qquad do_y = do_n \cos(n, y), \qquad do_z = do_n \cos(n, z)$$

und nach (23)

$$X_{-n} = -X_n, \qquad Y_{-n} = -Y_n, \qquad Z_{-n} = -Z_n$$

ist, so erhalten wir auch bei Vernachlässigung von unendlich Kleinem neben Endlichem:

$$\begin{aligned} X_x \cos(n, x) + X_y \cos(n, y) + X_z \cos(n, z) &= X_n, \\ Y_x \cos(n, x) + Y_y \cos(n, y) + Y_z \cos(n, z) &= Y_n, \\ Z_x \cos(n, x) + Z_y \cos(n, y) + Z_z \cos(n, z) &= Z_n. \end{aligned} \tag{24}$$

Die Druckcomponenten X_n, Y_n, Z_n gegen ein Flächenelement mit der Normale n bestimmen sich je durch die parallelen Componenten X_x, X_y, X_z resp. Y_x, Y_y, Y_z und Z_x, Z_y, Z_z, welche theils normal, theils tangential gegen Flächenelemente wirken, deren Normalen in die $+X$-, $+Y$-, $+Z$-Axe fallen, indem man Repräsentanten der letzteren auf den bezüglichen Axen aufträgt und ihre Projectionen auf die Richtung von n summirt.

Dieser Satz bestimmt den gegen ein beliebiges Flächenelement im Punkt x, y, z wirkenden Druck P_n nach Grösse und Richtung durch die neun für dieselbe Stelle geltenden speciellen Druckcomponenten X_x, X_y, X_z, Y_x, Y_y, Y_z, Z_x, Z_y, Z_z. Die Drucke betrachten wir als innerhalb desselben Körpers eindeutig und stetig und können deshalb den Hülfssatz (22) auf sie anwenden. Bildet man also das Integral

$$\int X_n\, d o = \int \left(X_x \cos(n, x) + X_y \cos(n, y) + X_z \cos(n, z)\right) d o$$

für die Oberfläche eines beliebigen Volumens innerhalb des Körpers, so kann man die rechte Seite schreiben

$$= -\int \left(\frac{\partial X_x}{\partial x} + \frac{\partial X_y}{\partial y} + \frac{\partial X_z}{\partial z}\right) d k$$

und erhält beim Einsetzen dieses Ausdruckes für $\int X_n d o$ in die erste Gleichung (20):

$$\int \left(\varepsilon \left(\frac{d^2 x}{d t^2} - X\right) + \frac{\partial X_x}{\partial x} + \frac{\partial X_y}{\partial y} + \frac{\partial X_z}{\partial z}\right) d k = 0.$$

Da die Gleichung für jedes Volumen gelten soll, so muss der Factor von $d k$ unter dem Integralzeichen verschwinden, und man erhält, indem man $\int Y_n d o$ und $\int Z_n d o$ in gleicher Weise behandelt, hierdurch die drei Gleichungen:

$$\begin{aligned} \varepsilon \frac{d^2 x}{d t^2} &= \varepsilon X - \frac{\partial X_x}{\partial x} - \frac{\partial X_y}{\partial y} - \frac{\partial X_z}{\partial z}, \\ \varepsilon \frac{d^2 y}{d t^2} &= \varepsilon Y - \frac{\partial Y_x}{\partial x} - \frac{\partial Y_y}{\partial y} - \frac{\partial Y_z}{\partial z}, \\ \varepsilon \frac{d^2 z}{d t^2} &= \varepsilon Z - \frac{\partial Z_x}{\partial x} - \frac{\partial Z_y}{\partial y} - \frac{\partial Z_z}{\partial z}. \end{aligned} \tag{25}$$

Die Componenten der Beschleunigungen nach den Coordinatenaxen, multiplicirt mit der Dichte ε, sind für jeden Punkt des deformirbaren Körpers gegeben durch die auf die Volumeneinheit bezogenen Componenten der äusseren Kräfte, weniger den Differentialquotienten der parallel wirkenden Drucke gegen die Coordinatenebenen nach deren Normalen.

Dieses System liefert, wie wir sehen werden, die Bewegungsgleichungen für deformirbare Körper.

Es ist nützlich, schon hier zu beachten, dass in den Gleichungen (25) die Differentiale der Coordinaten x, y, z in doppeltem Sinne auftreten, links als die Aenderungen der Coordinaten des Massenelementes in Folge der Bewegung, rechts als willkürliche Zuwachse, denen Aenderungen der von Ort und Zeit abhängig gedachten Druckcomponenten entsprechen. Bei der Integration der Gleichungen wird dieser doppelten Bedeutung Rechnung zu tragen sein.

Setzt man die durch (25) gelieferten Werthe von $\varepsilon d^2 y / d t^2$ und $\varepsilon d^2 z / d t^2$ in die erste der Gleichungen (21) ein, so erhält man:

$$\int\left[y\left(\frac{\partial Z_x}{\partial x}+\frac{\partial Z_y}{\partial y}+\frac{\partial Z_z}{\partial z}\right)-z\left(\frac{\partial Y_x}{\partial x}+\frac{\partial Y_y}{\partial y}+\frac{\partial Y_z}{\partial z}\right)\right]dk-\int(y Z_n - z Y_n)do=0,$$

oder, anders geschrieben:

$$\int\left(\frac{\partial y Z_x}{\partial x}+\frac{\partial y Z_y}{\partial y}+\frac{\partial y Z_z}{\partial z}-\frac{\partial z Y_x}{\partial x}-\frac{\partial z Y_y}{\partial y}-\frac{\partial z Y_z}{\partial z}\right)dk$$

$$-\int(y Z_n - z Y_n)do-\int(Z_y - Y_z)dk=0.$$

Das erste Raumintegral lässt sich nach dem Hülfssatz (22) umformen und giebt dann unter Rücksicht auf (24) gerade das folgende Oberflächenintegral mit negativem Vorzeichen. Es bleibt demgemäss

$$0=\int(Z_y - Y_z)dk,$$

eine Gleichung, die für jedes beliebige Volumen k nur dann erfüllt sein kann, wenn der Factor von dk verschwindet. Hierdurch und durch ähnliche Behandlung der zweiten und dritten Gleichung (21) erhält man das Resultat:

$$Y_z = Z_y, \qquad Z_x = X_z, \qquad X_y = Y_x. \tag{26}$$

Für zwei durch denselben Punkt normal zu einander gelegte Flächenelemente sind diejenigen Tangentialdrucke, welche normal zu der Schnittlinie der beiden Flächenelemente stehen, unter einander gleich.

Die Bedeutung dieses zunächst überraschenden Satzes wird klar, wenn man überlegt, wie sich nach den Formeln (21) ein prismatisches unendlich kleines Volumen innerhalb des Körpers hinsichtlich der wirkenden Drehungsmomente verhält. Wiederum sind die Raumintegrale, endliche Beschleunigungen und Kräfte vorausgesetzt, als in Bezug auf die Dimensionen des Prismas vom dritten Grade, unendlich klein gegen jedes der Oberflächenintegrale, so dass diese sich gegenseitig bis auf ein Glied niederer Ordnung zerstören müssen, wenn nicht die Rotationsbeschleunigungen unendlich gross werden sollen. In den Oberflächenintegralen heben sich aber die auf gegenüberliegende Flächen wirkenden Normaldrucke gegenseitig auf, da sie an gleichen Hebelarmen wirken und entgegengesetzt gleich sind; die bezüglichen Tangentialdrucke aber haben verschiedene Hebelarme und können sich demnach nicht in derselben Weise zerstören; damit nicht unendliche Beschleunigungen eintreten, müssen sich daher die auf verschiedene Flächenpaare wirkenden Drucke, welche um dieselbe Axe drehen, compensiren.

Durch den letzten Satz wird die Anzahl der für einen beliebigen Punkt von einander unabhängigen Druckcomponenten auf sechs reducirt.

Sind also für eine Stelle p die drei Normaldrucke X_x, Y_y, Z_z und die drei Tangentialdrucke $Y_z = Z_y$, $Z_x = X_z$, $X_y = Y_x$ gegen Parallele zu den Coordinatenebenen gegeben, so ist dadurch der gegen ein beliebig durch p gelegtes Flächenelement wirkende Druck nach Grösse und Richtung vollständig bestimmt.

Wir wollen schliesslich voraussetzen, dass das körperliche System aus mehreren homogenen oder stetig veränderlichen Theilen bestehe, welche eine gemeinschaftliche stetig gekrümmte Grenzfläche besitzen, und wollen die Formeln (20) auf ein Volumen anwenden, das begrenzt wird durch zwei Oberflächen, welche beiderseitig in sehr kleinen Abständen parallel der Grenzfläche zwischen zwei solchen Theilen gelegt sind, und durch irgend eine auf beiden normal stehende Mantelfläche. Unterscheidet man die Werthe der Componenten für beide Medien durch die Indices h und k und versteht unter den Normalen n die inneren bezüglich des betrachteten Volumenelementes, so erhält man durch Anwendung der S. 368 benutzten Betrachtungsweise

$$(\overline{X}_n)_h + (\overline{X}_n)_k = 0, \qquad (\overline{Y}_n)_h + (\overline{Y}_n)_k = 0, \qquad (\overline{Z}_n)_h + (\overline{Z}_n)_k = 0, \qquad (27)$$

wo der über die Buchstaben gesetzte Strich andeuten soll, dass der Werth unendlich nahe an der Grenzfläche zu nehmen ist; die Normalen sind für die zusammenstossenden Körper die äusseren.

In der Grenze zweier Medien müssen die Drucke, welche von beiden Seiten gegen das Grenzflächenelement ausgeübt werden, sich zerstören.

Ein häufiger Fall ist der, dass die Kraft, welche von der einen Seite gegen das Oberflächenelement ausgeübt wird, direct gegeben ist, so, wenn eine Flüssigkeit in einem Cylinder durch einen belasteten Kolben comprimirt oder ein Draht durch ein angehängtes Gewicht gedehnt wird. In diesem Falle bezeichnen wir die, ebenso wie X_n, Y_n, Z_n auf die Einheit der Fläche bezogenen, gegebenen äusseren Druckcomponenten mit $\overline{X}$, $\overline{Y}$, $\overline{Z}$ und haben dann statt (27) die Form:

$$\overline{X}_n + \overline{X} = 0, \qquad \overline{Y}_n + \overline{Y} = 0, \qquad \overline{Z}_n + \overline{Z} = 0. \qquad (27')$$

In den Flächenelementen, für welche die äusseren Druckcomponenten $\overline{X}$, $\overline{Y}$, $\overline{Z}$ gegeben sind, müssen diese die Werthe der inneren Druckcomponenten $\overline{X}_n$, $\overline{Y}_n$, $\overline{Z}_n$, unter n die äussere Normale des Körpers verstanden, zu Null ergänzen. —

Es ist von grosser Bedeutung, dass sich der Beweis führen lässt, dass in den vorstehend abgeleiteten Sätzen (23) bis (27) über die Druckcomponenten Alles enthalten ist, was sich aus den Gleichungen

(20) und (21) durch Anwendung auf irgend welche einfache oder zusammengesetzte Körper finden lässt. Dies leisten wir, indem wir zeigen, dass die Gleichungen (20) und (21) so vollständig in unseren Sätzen aufgegangen sind, dass wir sie aus ihnen im allgemeinsten vorausgesetzten Falle mit Strenge wieder ableiten können.

Wir betrachten dazu ein aus beliebig vielen homogenen oder stetig veränderlichen Theilen bestehendes körperliches System und wenden auf einen Punkt desselben die erste Gleichung (25) an, multipliciren sie mit dem Raumelement dk, integriren sie über den ganzen homogenen Theil k_i und summiren sie darnach über alle Theile.

Wir erhalten so:

$$\sum_i \int_{(i)} \varepsilon \frac{d^2 x}{d t^2} d k = \sum_i \int_{(i)} \varepsilon X dk - \sum_i \int_{(i)} \left(\frac{\partial X_x}{\partial x} + \frac{\partial X_y}{\partial y} + \frac{\partial X_z}{\partial z} \right) dk;$$

die Anwendung des Hülfssatzes (22) auf das letzte Integral ergiebt in Rücksicht auf (24)

$$= \sum_i \int_{(i)} \varepsilon X dk + \sum_i \int_{(i)} \overline{X}_n do,$$

wo das Oberflächenintegral sämmtliche Oberflächenelemente aller Theile betrifft und n die innere Normale auf ihnen bezeichnet. Diejenigen Elemente do, welche der Grenze zwischen zwei Theilen angehören, kommen auch zweimal vor, und die sie betreffenden Glieder heben sich nach (27) hinweg; es bleiben sonach nur die Glieder, welche sich auf die äussere Begrenzung des betrachteten körperlichen Systemes beziehen. Damit ist aber die erste Gleichung (20) in allgemeinster Fassung zurückgewonnen, und in gleicher Weise lässt sich die zweite und die dritte bilden.

Fassen wir hingegen die zweite und die dritte Gleichung (25) mit den Factoren $-z$ und $+y$ zusammen und integriren sie über das betrachtete körperliche System, so ergiebt sich:

$$\sum_i \int_{(i)} \varepsilon \left(y \frac{d^2 z}{d t^2} - z \frac{d^2 y}{d t^2} \right) dk = \sum_i \int_{(i)} \varepsilon (y Z - z Y) dk$$

$$- \sum_i \int_{(i)} \left[y \left(\frac{\partial Z_x}{\partial x} + \frac{\partial Z_y}{\partial y} + \frac{\partial Z_z}{\partial z} \right) - z \left(\frac{\partial Y_x}{\partial x} + \frac{\partial Y_y}{\partial y} + \frac{\partial Y_z}{\partial z} \right) \right] dk,$$

oder wegen (26) auch:

$$= \sum_i \int_{(i)} \varepsilon (y Z - z Y) dk$$

$$- \sum_i \int_{(i)} \left[\left(\frac{\partial y Z_x}{\partial x} + \frac{\partial y Z_y}{\partial y} + \frac{\partial y Z_z}{\partial z} \right) - \left(\frac{\partial z Y_x}{\partial x} + \frac{\partial z Y_y}{\partial y} + \frac{\partial z Y_z}{\partial z} \right) \right] d k.$$

Hier lässt sich das letzte Integral durch den Hülfssatz (22) umformen, so dass man unter Rücksicht auf (24) erhält:

$$\sum_i \int_{(i)} \varepsilon \left(y \frac{d^2 z}{d t^2} - z \frac{d^2 y}{d t^2} \right) = \sum_i \int_{(i)} \varepsilon (y Z - z Y) d k + \sum_i \int_{(i)} (y Z_n - z Y_n) d o .$$

Von dem Oberflächenintegral bleibt wegen (27) nur der Theil, welcher sich auf die äussere Begrenzung des betrachteten Systemes bezieht, und demnach stellt die erhaltene Gleichung die erste des Systemes (21) in allgemeinster Fassung dar; ebenso können die übrigen gebildet werden.

Hiernach sind die Gleichungen (20) und (21) in der That vollständig in die Sätze (23) bis (27) aufgegangen, und diese enthalten Alles, was allgemein über die Druckcomponenten ausgesagt werden kann. —

Wir ziehen aus denselben nun einige Folgerungen, welche die Art der Vertheilung der Druckkräfte um einen Punkt zu veranschaulichen geeignet sind.

Sei durch die Stelle x, y, z, die wir kurz den Punkt p nennen wollen, ein Flächenelement gelegt, dessen Orientirung durch die Cosinus $\cos(n, x) = \alpha$, $\cos(n, y) = \beta$, $\cos(n, z) = \gamma$ der Winkel bestimmt ist, welche seine, wie oben festgesetzt, positiv gerechnete Normale n mit den Coordinatenaxen einschliesst; der Druck P_n, welcher gegen dasselbe ausgeübt wird, schliesst dann Winkel mit den Coordinatenaxen ein, deren Cosinus α', β', γ' nach (19″) gegeben sind durch:

$$\alpha' = \frac{X_n}{P_n}, \quad \beta' = \frac{Y_n}{P_n}, \quad \gamma' = \frac{Z_n}{P_n}. \tag{28}$$

Denkt man sich eine den Druck P_n repräsentirende Länge r' auf der Richtung dieses Druckes aufgetragen, so hat der Endpunkt dieser Strecke nach den letzten Formeln die Coordinaten $\xi' = X_n$, $\eta' = Y_n$, $\zeta' = Z_n$. Wechseln wir die Orientirung des Flächenelementes, d. h. die Richtung von n, so ändern sich X_n, Y_n, Z_n und demnach die Coordinaten ξ', η', ζ'; der Endpunkt von P_n beschreibt dabei eine Oberfläche, deren Gestalt wir jetzt untersuchen wollen.

Wir haben nach (24) und (28) zunächst, da $r' = P_n$ gemacht ist,

$$\begin{aligned} \alpha' P_n &= \xi' = X_x \alpha + X_y \beta + X_z \gamma, \\ \beta' P_n &= \eta' = Y_x \alpha + Y_y \beta + Y_z \gamma, \\ \gamma' P_n &= \zeta' = Z_x \alpha + Z_y \beta + Z_z \gamma, \end{aligned} \tag{28'}$$

und erhalten hieraus die Gleichung der Oberfläche, wenn wir α, β, γ, die sich auf eine bestimmte Lage von n beziehen, unter Zuhülfenahme der Beziehung

$$\alpha^2 + \beta^2 + \gamma^2 = 1$$

eliminiren.

Dies geschieht, indem wir die Gleichungen (28′) nach α, β, γ auflösen, wodurch die Formeln

$$\begin{aligned}\alpha &= \xi' p_1 + \eta' q_3 + \zeta' q_2,\\ \beta &= \xi' q_3 + \eta' p_2 + \zeta' q_1,\\ \gamma &= \xi' q_2 + \eta' q_1 + \zeta' p_3\end{aligned} \tag{28''}$$

entstehen mögen, und die Summe ihrer Quadrate addiren. Wir erhalten so die Gleichung:

$$\begin{aligned}1 = (p_1 \xi' + q_3 \eta' + q_2 \zeta')^2 + (q_3 \xi' + p_2 \eta' + q_1 \zeta')^2\\ + (q_2 \xi' + q_1 \eta' + p_3 \zeta')^2,\end{aligned} \tag{29}$$

in der die p_h und q_h allein von den Druckcomponenten $X_x, \dots X_y$ und mit ihnen von der Orientirung des Coordinatensystemes abhängen. Hieraus ergiebt sich der folgende Satz:

Legt man in einem deformirbaren Körper durch einen gegebenen Punkt Flächenelemente in allen möglichen Lagen und trägt für die gegen sie wirkenden Druckkräfte P_n Repräsentanten auf deren Richtungen auf, so erfüllen die Endpunkte dieser Strecken ein dreiaxiges Ellipsoid, welches man als das erste Druckellipsoid bezeichnet.

Richtungen und Grössen der Drucke verhalten sich hiernach symmetrisch in Bezug auf drei zu einander normale Richtungen, in welchen sie die grössten, resp. kleinsten Werthe annehmen; diese Richtungen heissen die Hauptdruckaxen für den gegebenen Punkt.

Die Lage der Hauptdruckaxen bestimmt sich durch dasselbe Verfahren, welches S. 355 zur Bestimmung der Hauptdilatationsaxen angewandt worden ist.

Führt man gemäss (28′) Polarcoordinaten durch die Formeln

$$\xi' = r'\alpha', \qquad \eta' = r'\beta', \qquad \zeta' = r'\gamma'$$

ein, so erhält man aus (29):

$$(\alpha' p_1 + \beta' q_3 + \gamma' q_2)^2 + (\alpha' q_3 + \beta' p_2 + \gamma' q_1)^2 + (\alpha' q_2 + \beta' q_1 + \gamma' p_3)^2 = \frac{1}{r'^2}, \tag{29'}$$

was wieder abgekürzt werde in

$$A^2 + B^2 + C^2 = \frac{1}{r'^2}. \tag{29''}$$

Diese Gleichungen unterscheiden sich von (8″) und (8‴) nur dadurch, dass auf der rechten Seite 1 an Stelle von R^2 steht.

Die α', β', γ', welche die Richtungen der Hauptdruckaxen bestimmen, berechnen sich demgemäss, wie oben, aus den Gleichungen

$$\begin{aligned}p_1 A + q_3 B + q_2 C - \varrho' \alpha' = 0,\\ q_3 A + p_2 B + q_1 C - \varrho' \beta' = 0,\\ q_2 A + q_1 B + p_3 C - \varrho' \gamma' = 0\end{aligned} \tag{30}$$

unter Rücksicht auf die Beziehung:

$$\alpha'^2 + \beta'^2 + \gamma'^2 = 1.$$

Letztere Gleichungen werden aber identisch erfüllt durch

$$\begin{aligned} A + \varrho\alpha' &= 0, \\ B + \varrho\beta' &= 0, \qquad \varrho' = + \varrho^2, \\ C + \varrho\gamma' &= 0, \end{aligned} \tag{30'}$$

sie bestimmen demgemäss zugleich die Lage der Hauptaxen für die Fläche zweiten Grades

$$p_1\alpha'^2 + p_2\beta'^2 + p_3\gamma'^2 + 2q_1\beta'\gamma' + 2q_2\gamma'\alpha' + 2q_3\alpha'\beta' = \pm \frac{R}{r'^2}, \tag{31}$$

welche kurz das **zweite Druckellipsoid** genannt wird, obgleich sie nicht stets ein Ellipsoid zu sein braucht, da p_1, p_2, p_3 grösser und kleiner als Null sein können; R bezeichnet eine willkürliche Constante. **Das erste und das zweite Druckellipsoid sind also coaxial.**

Das zweite Druckellipsoid erscheint auf seine Hauptaxen bezogen, wenn durch die Wahl des Coordinatensystemes, was wir wieder durch den Index ^{0} andeuten wollen, $q_1^0 = q_2^0 = q_3^0 = 0$ gemacht ist.

Setzen wir dies voraus, so wird das System (28″) zu:

$$\alpha = p_1^0\xi', \qquad \beta = p_2^0\eta', \qquad \gamma = p_3^0\zeta'; \tag{31'}$$

die Einführung dieser Werthe in (28′) ergiebt:

$$\begin{aligned} \xi' &= X_x^0 p_1^0 \xi' + X_y^0 p_2^0 \eta' + X_z^0 p_3^0 \zeta', \\ \eta' &= Y_x^0 p_1^0 \xi' + Y_y^0 p_2^0 \eta' + Y_z^0 p_3^0 \zeta', \\ \zeta' &= Z_x^0 p_1^0 \xi' + Z_y^0 p_2^0 \eta' + Z_z^0 p_3^0 \zeta'; \end{aligned}$$

da aber dies System für alle ξ', η', ζ' gelten soll, so folgt hieraus, dass für ein mit dem System der Hauptdruckaxen zusammenfallendes Coordinatensystem gilt:

$$p_1^0 = \frac{1}{X_x^0}, \qquad p_2^0 = \frac{1}{Y_y^0}, \qquad p_3^0 = \frac{1}{Z_z^0}, \tag{31''}$$

aber

$$Y_z^0 = 0, \quad Z_x^0 = 0, \quad X_y^0 = 0. \tag{31'''}$$

Fallen die Coordinatenaxen in die Hauptdruckaxen, so verschwinden die gegen die Coordinatenebenen wirkenden tangentialen Druckcomponenten, und es bleiben nur die normalen übrig.

Auf die Hauptdruckaxen bezogen werden daher die Gleichungen der beiden Hauptdruckellipsoide:

$$\begin{aligned} &\text{I.} \qquad \frac{\xi'^2}{(X_x^0)^2} + \frac{\eta'^2}{(Y_y^0)^2} + \frac{\zeta'^2}{(Z_z^0)^2} = 1, \\ &\text{II.} \qquad \frac{\xi'^2}{X_x^0} + \frac{\eta'^2}{Y_y^0} + \frac{\zeta'^2}{Z_z^0} = \pm R; \end{aligned} \tag{32}$$

die Axen des zweiten sind also den Quadratwurzeln aus denen des ersten proportional.

Man erkennt, dass das sogenannte zweite Druckellipsoid zu einem Hyperboloid wird, wenn eine der Grössen X_x^0, Y_y^0, Z_z^0 negativ ist. Damit auch in diesem Falle der Punkt p rings von der bezüglichen Fläche umhüllt werde, ist erforderlich, dass man die beiden Vorzeichen von R benutzt, also die Druckfläche aus dem ein- und dem zweischaaligen Hyperboloid zusammensetzt. —

Das zweite Druckellipsoid gewinnt seine eigentliche Wichtigkeit erst bei Beantwortung der Frage nach der Lage der resultirenden Druckkraft P_n, welche gegen ein gegebenes Flächenelement wirkt.

Denkt man die Hauptdruckaxen zu Coordinatenaxen gewählt, so gelten zwischen den Richtungscosinus α, β, γ der Normalen auf dem Flächenelement und den Richtungscosinus α', β', γ' der Druckkraft nach (28′) und (31‴) die Beziehungen:

$$\alpha' P_n = \alpha X_x^0, \qquad \beta' P_n = \beta Y_y^0, \qquad \gamma' P_n = \gamma Z_z^0, \tag{33}$$

aus denen folgt:

$$\alpha' : \beta' : \gamma' = \alpha X_x^0 : \beta Y_y^0 : \gamma Z_z^0. \tag{33'}$$

Diese Formeln haben dieselbe Gestalt wie (12″); man kann also, das aus jenen gezogene Resultat den hier vorliegenden Umständen anpassend, folgende Regel aussprechen, welche durch die S. 357 gegebene Figur 35 erläutert wird.

Um die Richtung und die Grösse des Druckes zu finden, welcher in einem gegebenen Medium an der Stelle p gegen ein gegebenes Flächenelement wirkt, construire man die der betreffenden Stelle entsprechenden beiden Druckellipsoide, lege an das zweite eine Tangentenebene parallel dem gegebenen Flächenelement und ziehe durch die Berührungsstelle q einen Radiusvector von p bis zu dem ersten Druckellipsoid; die hierdurch abgegrenzte Strecke $\overline{pq_1}$ repräsentirt nach Richtung und Grösse die gesuchte Druckkraft.

Diese Construction ergiebt unmittelbar, dass im Allgemeinen nur gegen Flächenelemente, welche normal zu den Hauptdruckaxen stehen, die Drucke senkrecht wirken.

Ueber den Sinn, in welchem man hierbei die Druckkraft rechnen muss, entscheidet am einfachsten die Anwendung auf die speciellen Fälle, dass die Normale in eine Hauptdruckaxe fällt. Ist z. B. $X_x^0 < 0$, so wirkt, wenn die Normale in die $+X$-Richtung fällt, die Druckkraft parallel der $-X$-Axe und das Flächenelement erleidet eine Zugkraft; ist $X_x^0 > 0$, so wirkt im gleichen Fall die Druckkraft parallel der $+X$-Axe und das Flächenelement erleidet eine Druckkraft.

Die Anwendung dieser Regel wollen wir an der Betrachtung des Schnittes beider Druckflächen mit der XY-Ebene zeigen für den Fall, dass $X_x^0 > 0$, $Y_y^0 < 0$ ist, also die Schnittcurve des zweiten sogenannten Druckellipsoides zwei Hyperbeln giebt (Figur 37).

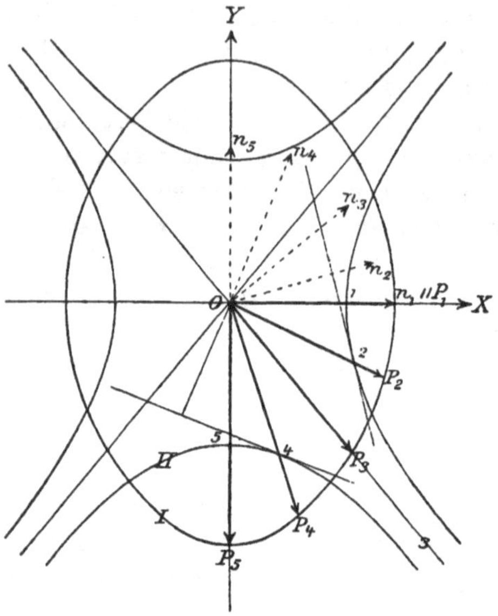

Fig. 37.

Wir gehen von der Lage der Normale in der $+X$-Axe aus, welcher eine der Normalen n_1 parallele Kraft P_1 entspricht; der zugehörige Schnittpunkt ist in der Figur mit (1) bezeichnet. Drehen wir die Normale in positiver Richtung, so wandert der Berührungspunkt der zu ihr senkrechten Tangentenebene und mit ihr die Richtung der Kraft in entgegengesetzter Richtung; P_2 und n_2 entsprechen dem Berührungspunkt (2). Wird das Flächenelement der Asymptote parallel, so rückt der Schnittpunkt (3) in's Unendliche; ihm entspricht P_3 und n_3. Bei weiterer Drehung gelangt man zu dem Punkte (4), zu welchem P_4 und n_4 gehören. Liegt endlich die Normale n_5 in der $+Y$-Richtung, so fällt der Schnittpunkt (5) in die $-Y$-Axe und ihr parallel wird die Kraft P_5, in Uebereinstimmung mit der Annahme, dass $Y_y^0 < 0$ sein soll. —

Eine besondere Behandlung verlangen die speciellen Fälle, dass eine oder zwei der Hauptdruckkräfte verschwinden.

Sei zunächst nur $Z_z^0 = 0$, so folgt aus $\xi' = \alpha' P_n$, $\eta' = \beta' P_n$, $\zeta' = \gamma' P_n$ und aus den Gleichungen (33)

$$\alpha' P_n = \alpha X_x^0, \qquad \beta' P_n = \beta Y_y^0, \qquad \gamma' P_n = \gamma Z_z^0,$$

dass ζ' und γ' gleich Null, aber

$$\frac{\zeta'}{Z_z^0} = \gamma$$

von Null verschieden ist.

Demgemäss lauten die Gleichungen der beiden Druckellipsoide:

$$\text{I.} \qquad \frac{\xi'^2}{(X_x^0)^2} + \frac{\eta'^2}{(Y_y^0)^2} = 1 - \gamma^2, \tag{34}$$

$$\text{II.} \qquad \frac{\xi'^2}{X_x^0} + \frac{\eta'^2}{Y_y^0} = \pm R.$$

Das erste Druckellipsoid wird also zu einer elliptischen Scheibe in der XY-Ebene, deren Centrum dem Werthe $\gamma = 1$, deren Peripherie dem Werthe $\gamma = 0$ entspricht, während der äusseren ähnliche Ellipsen mit kleineren Axen für andere Werthe γ gelten. Das zweite Druckellipsoid verwandelt sich je nach dem Vorzeichen von X_x^0 und Y_y^0 in eine Ellipse oder in zwei Hyperbeln in der XY-Ebene von willkürlichen absoluten Dimensionen. Diese Hülfscurve ist dann folgendermaassen zu benutzen, um die Richtung und Grösse des gegen ein gegebenes Flächenelement wirkenden Druckes zu finden.

Man legt parallel der Schnittgeraden des Flächenelementes mit der XY-Ebene eine Tangente an jene Curve (II) und zieht vom Centrum durch den Berührungspunkt einen Radiusvector bis zu derjenigen Ellipse (I), welche durch das dem gegebenen Flächenelement entsprechende γ bestimmt ist. Die so erhaltene Strecke repräsentirt nach Grösse und Richtung die gesuchte Druckkraft.

Hieraus folgt, dass, wenn eine Hauptdruckkraft verschwindet, für jede Lage des Flächenelementes der Druck in der Ebene der beiden übrigen liegt, sowie ferner, dass für alle Flächenelemente, welche jene Ebene in derselben Geraden schneiden, die Drucke gleiche Richtung, aber um so grössere Stärke besitzen, je mehr ihre Normale gegen die Richtung des verschwindenden Hauptdruckes geneigt ist.

Verschwinden zwei Hauptdrucke, z. B. X_x^0 und Y_y^0, so muss ξ', η' und α', β' gleich Null, also $\gamma' = 1$, aber

$$\frac{\xi'}{X_x^0} = \alpha, \qquad \frac{\eta'}{Y_y^0} = \beta$$

von Null verschieden sein.

Die Gleichungen der beiden Druckellipsoide werden also:

$$\begin{aligned} &\text{I.} && \frac{\zeta'^2}{(Z_z^0)^2} = 1 - \alpha^2 - \beta^2 = \gamma^2, \\ &\text{II.} && \frac{\zeta'^2}{Z_z^0} = \pm R. \end{aligned} \qquad (34')$$

Die erste Gleichung giebt ein System von Strecken parallel der Z^0-Axe und schreibt sich, da ζ' hier wegen $\gamma' = 1$ mit P_n identisch ist:

$$P_n = \pm Z_z^0 \gamma.$$

Hieraus folgt, dass, wenn zwei Hauptdrucke verschwinden, der gegen ein beliebig gelegenes Flächenelement wirkende Druck stets in die Richtung des nicht verschwindenden Hauptdruckes fällt und mit dem Cosinus des Winkels, den dessen Richtung mit der Richtung der Normale zum Flächenelement einschliesst, proportional ist. —

Sollen aus den Werthen der Druckcomponenten X_x', Y_y', ... für ein Coordinatensystem X', Y', Z' die entsprechenden X_x, Y_y, ... für ein anderes X. Y, Z berechnet werden, so hat man folgendermaassen zu verfahren.

Ist wieder

$$\begin{aligned} x' &= x\alpha_1 + y\alpha_2 + z\alpha_3, \\ y' &= x\beta_1 + y\beta_2 + z\beta_3, \quad (35) \\ z' &= x\gamma_1 + y\gamma_2 + z\gamma_3, \end{aligned} \qquad \begin{aligned} x &= x'\alpha_1 + y'\beta_1 + z'\gamma_1, \\ y &= x'\alpha_2 + y'\beta_2 + z'\gamma_2, \\ z &= x'\alpha_3 + y'\beta_3 + z'\gamma_3, \end{aligned} \qquad (35')$$

so ist auch:

$$\begin{aligned} X &= X'\alpha_1 + Y'\beta_1 + Z'\gamma_1, \\ Y &= X'\alpha_2 + Y'\beta_2 + Z'\gamma_2, \\ Z &= X'\alpha_3 + Y'\beta_3 + Z'\gamma_3. \end{aligned} \qquad (35'')$$

Wir haben also, wenn wir mit $(X')_x$, $(Y')_x$, ... die Componenten bezeichnen, die parallel den Axen X', Y', Z', aber auf Flächenelemente normal zu X, Y, Z wirken, zunächst:

$$X_x = (X')_x\alpha_1 + (Y')_x\beta_1 + (Z')_x\gamma_1 \quad \text{u. s. f.}$$

Bestimmt man hierin die $(X')_x$, ... mit Hülfe des Systemes (24), so ergiebt sich

$$\begin{aligned} X_x = &\left(X_x'\cos(x,x') + X_y'\cos(x,y') + X_z'\cos(x,z')\right)\alpha_1 \\ &+ \left(Y_x'\cos(y,x') + Y_y'\cos(y,y') + Y_z'\cos(y,z')\right)\beta_1 \\ &+ \left(Z_x'\cos(z,x') + Z_y'\cos(z,y') + Z_z'\cos(z,z')\right)\gamma_1, \quad \text{u. s. f.,} \end{aligned}$$

also bei Einführung der in (35) benutzten Abkürzungen für $\cos(x,x')$...

$$\begin{aligned} X_x = &(X_x'\alpha_1 + X_y'\beta_1 + X_z'\gamma_1)\alpha_1 \\ &+ (Y_x'\alpha_1 + Y_y'\beta_1 + Y_z'\gamma_1)\beta_1 \\ &+ (Z_x'\alpha_1 + Z_y'\beta_1 + Z_z'\gamma_1)\gamma_1, \quad \text{u. s. f.} \end{aligned}$$

Führt man diese Rechnung bei allen Componenten durch, so gelangt man zu folgendem System:

$$\begin{aligned} X_x &= \alpha_1^2 X_x' + \beta_1^2 Y_y' + \gamma_1^2 Z_z' + 2\beta_1\gamma_1 Y_z' + 2\gamma_1\alpha_1 Z_x' + 2\alpha_1\beta_1 X_y', \\ Y_y &= \alpha_2^2 X_x' + \beta_2^2 Y_y' + \gamma_2^2 Z_z' + 2\beta_2\gamma_2 Y_z' + 2\gamma_2\alpha_2 Z_x' + 2\alpha_2\beta_2 X_y', \\ Z_z &= \alpha_3^2 X_x' + \beta_3^2 Y_y' + \gamma_3^2 Z_z' + 2\beta_3\gamma_3 Y_z' + 2\gamma_3\alpha_3 Z_x' + 2\alpha_3\beta_3 X_y', \\ Y_z &= \alpha_2\alpha_3 X_x' + \beta_2\beta_3 Y_y' + \gamma_2\gamma_3 Z_z' \\ &\quad + (\beta_2\gamma_3 + \gamma_2\beta_3) Y_z' + (\gamma_2\alpha_3 + \alpha_2\gamma_3) Z_x' + (\alpha_2\beta_3 + \beta_2\alpha_3) X_y', \quad (36) \\ Z_x &= \alpha_3\alpha_1 X_x' + \beta_3\beta_1 Y_y' + \gamma_3\gamma_1 Z_z' \\ &\quad + (\beta_3\gamma_1 + \gamma_3\beta_1) Y_z' + (\gamma_3\alpha_1 + \alpha_3\gamma_1) Z_x' + (\alpha_3\beta_1 + \beta_3\alpha_1) X_y', \\ X_y &= \alpha_1\alpha_2 X_x' + \beta_1\beta_2 Y_y' + \gamma_1\gamma_2 Z_z' \\ &\quad + (\beta_1\gamma_2 + \gamma_1\beta_2) Y_z' + (\gamma_1\alpha_2 + \alpha_1\gamma_2) Z_x' + (\alpha_1\beta_2 + \beta_1\alpha_2) X_y'. \end{aligned}$$

Dieses System zeigt eine grosse Aehnlichkeit mit dem für die Deformationen geltenden (17) und lässt sich wie jenes umkehren. Man gelangt dadurch zu dem neuen System:

$$X_x' = \alpha_1^2 X_x + \alpha_2^2 Y_y + \alpha_3^2 Z_z + 2\alpha_2\alpha_3 Y_z + 2\alpha_3\alpha_1 Z_x + 2\alpha_1\alpha_2 X_y, \quad (36')$$

u. s. f.

Fällt das Axenkreuz X', Y', Z' in die Hauptdruckaxen, so ist $Y_z' = 0$, $Z_x' = 0$, $X_y' = 0$, $X_x' = X_x^0$, $Y_y' = Y_y^0$, $Z_z' = Z_z^0$, wobei X_x^0, Y_y^0, Z_z^0 die frühere Bedeutung haben, und das System (36) wird zu

$$X_x = \alpha_1^2 X_x^0 + \beta_1^2 Y_y^0 + \gamma_1^2 Z_z^0 \text{ u. s. f.} \quad (36'')$$

Wir bemerken beiläufig, dass aus diesen Formeln folgt

$$X_x + Y_y + Z_z = X_x' + Y_y' + Z_z' = X_x^0 + Y_y^0 + Z_z^0. \quad (36''')$$

Vergleicht man diese Transformationsformeln mit dem System (42) auf S. 22 und ebenso die S. 375 an das erste Druckellipsoid angeknüpften Bemerkungen mit dem S. 20 Entwickelten, so gelangt man schliesslich noch zu folgendem Resultat:

Die Normaldrucke

$$X_x,\ Y_y,\ Z_z$$

sind Tensorcomponenten erster, die Tangentialcomponenten

$$Y_z,\ Z_x,\ X_y$$

sind solche zweiter Art nach den Coordinatenaxen; das zugehörige Tensortripel ist dasjenige der Hauptdrucke

$$X_x^0,\ Y_y^0,\ Z_z^0.$$

§ 31. **Mechanik idealer Flüssigkeiten. Aufstellung der Grundgleichungen; Bedingungen des Gleichgewichtes.**

Die Erscheinungen des Gleichgewichtes und der Bewegung von deformirbaren Körpern zerfallen hinsichtlich der Anwendung, welche die in den beiden letzten Abschnitten abgeleiteten allgemeinen Resultate auf sie finden, in mehrere Gruppen je nach den Annahmen über den Zusammenhang zwischen den Druckkräften und den Deformationen, welche ihre Erklärung nöthig macht.

Diese Annahmen sind am einfachsten in den Gebieten, welche man als die gewöhnliche Hydrostatik und Hydrodynamik bezeichnet. Zu diesen rechnet man die Phänomene des Gleichgewichtes und der Bewegung von solchen tropfbaren oder gasförmigen Flüssigkeiten, welche zwar einer Volumen-, nicht aber einer Gestaltänderung einen von der

Trägheit unabhängigen Widerstand entgegensetzen. Da die in der Natur vorhandenen Flüssigkeiten ein solches Verhalten nicht in aller Strenge zeigen, vielmehr jeder Art von Deformation einen Reibungswiderstand entgegensetzen, kann man diejenigen, mit welchen sich die gewöhnliche Hydrodynamik beschäftigt, auch ideale Flüssigkeiten nennen.

Um die hervorgehobene Eigenschaft zur Bestimmung der Druckkräfte zu verwerthen, betrachten wir ein unendlich niedriges cylindrisches Volumenelement innerhalb der Flüssigkeit und überlegen, dass, wenn auf dessen Grundflächen tangentiale Drucke wirken, diese nach (23) beiderseitig gleich und entgegengesetzt gerichtet sind, also die ihnen anliegenden Flüssigkeitstheile an einander hin zu schieben bestrebt sind, ohne ihr Volumen zu ändern. Findet nun eine solche Bewegung keinen Widerstand in der Flüssigkeit, so erleiden die Theilchen, auf welche die Kräfte wirken, wegen ihrer unendlich kleinen Masse unendliche Beschleunigungen. Da wir letztere aber als in der Natur unmöglich betrachten, so gelangen wir zu dem Satz:

Innerhalb einer Flüssigkeit, welche einer Verschiebung ihrer Theile, die ohne Volumenänderung vor sich geht, keinen Widerstand entgegensetzt, müssen die tangentialen Druckkräfte verschwinden, können also allein normale Drucke wirken.

Wendet man hiernach die Formeln (24) auf eine ideale Flüssigkeit an, so ergeben sie

$$X_x \cos(n, x) = X_n, \quad Y_y \cos(n, y) = Y_n, \quad Z_z \cos(n, z) = Z_n.$$

Da nun aber nach obigem Satze die Resultirende P_n normal zu dem Flächenelement wirkt, so ist auch bei Vertauschung der Bezeichnung P_n mit p

$$X_n = p \cos(n, x), \quad Y_n = p \cos(n, y), \quad Z_n = p \cos(n, z),$$

und die Combination beider Systeme ergiebt

$$X_x = Y_y = Z_z = p.$$

Hierin liegt folgender weiterer Satz:

In einer idealen Flüssigkeit sind die normalen Drucke in jedem Punkt von der Lage des Flächenelementes, gegen welches sie wirken, unabhängig. Der Normaldruck gegen die Flächeneinheit, den wir weiter kurz mit p bezeichnen, ist hier also nur eine Function des Ortes, nicht der Lage der Fläche.

Nach diesen Resultaten reduciren sich die allgemeinen Bewegungsgleichungen (25), in denen wir, um nicht x, y, z in doppelter Bedeutung zu benutzen, passend die Geschwindigkeitscomponenten

$$\frac{dx}{dt} = u, \qquad \frac{dy}{dt} = v, \qquad \frac{dz}{dt} = w$$

einführen, auf:

$$\varepsilon \frac{du}{dt} = \varepsilon X - \frac{\partial p}{\partial x}, \qquad \varepsilon \frac{dv}{dt} = \varepsilon Y - \frac{\partial p}{\partial y}, \qquad \varepsilon \frac{dw}{dt} = \varepsilon Z - \frac{\partial p}{\partial z}. \tag{37}$$

Da in diesen drei Formeln fünf Unbekannte, nämlich u, v, w, ε und p, vorhanden sind, so bedarf man zu deren Bestimmung noch zweier weiteren Bedingungen.

Die eine von diesen liefert der Ausdruck des allgemeinen Gedankens, dass, soweit ein Entstehen oder Verschwinden von Flüssigkeit ausgeschlossen wird, die Dichte ε und das Volumen k eines Raumelementes so zusammenhängen müssen, dass bei allen Veränderungen seine ganze Masse $m = \varepsilon k$ unverändert bleibt, also gilt:

$$d(\varepsilon k) = \varepsilon\, dk + k\, d\varepsilon = 0 \quad \text{oder} \quad \frac{dk}{k} + \frac{d\varepsilon}{\varepsilon} = 0,$$

falls das Zeichen d die in der Zeit dt stattfindende Aenderung bezeichnet. Nun ist aber nach (15):

$$\frac{dk}{k} = \vartheta = x_x + y_y + z_z = \frac{\partial\, dx}{\partial x} + \frac{\partial\, dy}{\partial y} + \frac{\partial\, dz}{\partial z};$$

wir erhalten daher, wenn wir wieder die Geschwindigkeiten u, v, w einführen, die Beziehung:

$$\frac{\partial u}{\partial x} + \frac{\partial v}{\partial y} + \frac{\partial w}{\partial z} + \frac{1}{\varepsilon}\frac{d\varepsilon}{dt} = 0, \tag{38}$$

und damit den gesuchten Zusammenhang zwischen u, v, w und ε. Die gefundene Formel trägt den Namen der Continuitätsgleichung.

Die zweite der ergänzenden Bedingungen pflegt eine specielle Eigenschaft der Dichte ε für die behandelte Flüssigkeit auszudrücken.

Der einfachste Fall ist der, dass die Dichte sich bei dem betrachteten Vorgang weder räumlich noch zeitlich in merklicher Weise ändert, d. h. dass gilt:

$$\varepsilon = \text{Const.} \tag{38'}$$

Dem schliesst sich der zweite an, dass die Dichte eine vorgeschriebene Function allein der Coordinaten ist, dass also gilt:

$$\varepsilon = f(x, y, z). \tag{38''}$$

Dies tritt z. B. angenähert dann ein, wenn eine Flüssigkeit sich zwischen ungleich temperirten Wänden so langsam bewegt, dass ihre Temperatur an jeder Stelle merklich dieselbe ist, als wenn die Flüssigkeit ruhte; es gilt streng, wenn sie factisch in Ruhe ist. Auch der Fall einer mit dem Ort in vorgeschriebener Weise wechselnden chemischen Natur gehört hierher.

Der wichtigste Fall ist der dritte, dass die Dichte eine vorgeschriebene Function allein des Druckes ist, dass also gilt

$$\varepsilon = F(p). \tag{38'''}$$

Die Bedingungen (38'') und (38''') umfassen natürlich (38') als speciellen Fall; doch ist es vortheilhaft, die letztere für sich zu stellen. Complicirtere Fälle als die vorgenannten mögen hier ausgeschlossen bleiben.

Bei tropfbaren Flüssigkeiten betrachtet man für die meisten Anwendungen die Dichte als constant; für andere stellt man ihre Abhängigkeit vom Druck p und der Temperatur τ durch Interpolationsformeln dar, am einfachsten durch lineäre, z. B. durch

$$\varepsilon = \varepsilon_0 \big(1 - \beta(\tau - \tau_0)\big)\big(1 + \gamma(p - p_0)\big)$$

oder

$$\varepsilon = \varepsilon_0 \big(1 - \beta(\tau - \tau_0) + \gamma(p - p_0)\big), \tag{39}$$

in welchen ε_0 die Dichte bei dem Druck p_0 und der Temperatur τ_0 bezeichnet, β und γ aber Constante sind.

Bei gasförmigen Flüssigkeiten ist für die meisten Anwendungen die entsprechende Abhängigkeit in genügender Schärfe durch das Gesetz von Mariotte und Gay-Lussac dargestellt, welches lautet:

$$\varepsilon = \varepsilon_0 \frac{p}{p_0} \frac{1 + \alpha \tau_0}{1 + \alpha \tau}; \tag{39'}$$

hierin ist ε_0 wiederum die dem speciellen Druck p_0 und der speciellen Temperatur τ_0 entsprechende Dichte.

Das Gesetz, dem die Temperatur innerhalb der Flüssigkeit folgt, bestimmt sich im *Zustand* der Ruhe ziemlich einfach nach den Grundsätzen der Wärmetheorie durch die äusseren Umstände, denen die Flüssigkeit unterworfen ist. Für den Fall der Bewegung compliciren sich, besonders bei den Gasen, die Verhältnisse in Folge einer Eigenthümlichkeit, deren hier, gewisser Anwendungen wegen, Erwähnung gethan werden muss.

Nach der Erfahrung, auf die bereits S. 179 hingewiesen worden ist, bewirken mechanische Einwirkungen in deformirbaren Körpern häufig Wärmeentwickelungen, in denen ein Theil der an ihnen geleisteten Arbeit fortbesteht. So erwärmen sich z. B. alle Körper, wenn man auf sie einen allseitig gleichen Druck ausübt; bei den sogenannten festen und bei den tropfbar flüssigen Körpern ist diese Erwärmung meist sehr gering, so dass sie sich der Wahrnehmung fast entzieht, bei gasförmigen ist sie relativ bedeutend. Dieser Umstand ist für unsere Ueberlegungen von Wichtigkeit.

Während nämlich eine tropfbare Flüssigkeit, die ursprünglich gleiche Temperatur besass und überall mit gleich warmen Körpern in Berührung ist, bei der Bewegung ihre Temperatur und daher ihre Dichte merklich beibehält, treten bei einem Gase unter denselben Umständen, da die Bewegung im Allgemeinen jedes Theilchen einer Druckänderung unterwirft, Temperaturdifferenzen auf, die sich in sehr complicirter Weise durch Leitung und Strahlung ausgleichen und auf die Dichte sehr merklich einwirken. In Folge dessen müssen wir weiterhin auf eine strenge Behandlung der Bewegungserscheinungen der Gase verzichten und beschränken uns in einigen einfachen Beispielen auf zwei extreme Fälle; erstens: die Wärmeleitung ist so vollständig, dass die Temperatur als stets und überall gleich angesehen werden kann, dann gilt nach (39′):

$$\varepsilon = Cp, \tag{39''}$$

worin C eine Constante ist; zweitens: die Wärmeleitung ist so gering, dass von ihr vollständig abgesehen werden kann; dann gilt nach Betrachtungen der mechanischen Wärmetheorie

$$\varepsilon^{\varkappa} = C'p, \tag{39'''}$$

wobei $\varkappa$ das Verhältniss der specifischen Wärmen des Gases bei constantem Druck und constantem Volumen, C' eine Constante bezeichnet. $\varkappa$ hat für Luft nahe den Werth $\sqrt{2} = 1{,}41$. —

Die vorstehenden fünf Gleichungen, nämlich die vier in (37), (38) und die fünfte von (38′) bis (39‴) in verschiedener Weise gegebene, bestimmen das Verhalten der Flüssigkeit in jedem Punkte; sie stellen die Hauptgleichungen für die Mechanik idealer Flüssigkeiten dar. Zu ihnen kommen die Bedingungen, welche für die Begrenzungsflächen aus den allgemeinen Betrachtungen auf S. 361 und S. 372 folgen.

Die Flüssigkeit kann von einer anderen Flüssigkeit oder, was der für uns wichtigere Fall ist, von einem starren Körper begrenzt werden; in jedem Fall müssen nach (18″) die Verrückungs- und somit auch die Geschwindigkeitscomponenten normal zur Grenze für die beiderseitig einem Element der Oberfläche anliegenden Massen gleich sein; es muss also, falls $\bar{u}$, $\bar{v}$, $\bar{w}$ und $\bar{u}_k$, $\bar{v}_k$, $\bar{w}_k$ die Componenten parallel den Coordinatenaxen sind, gelten:

$$(\bar{u} - \bar{u}_k)\cos(n, x) + (\bar{v} - \bar{v}_k)\cos(n, y) + (\bar{w} - \bar{w}_k)\cos(n, z) = 0. \tag{40}$$

Zugleich müssen nach (27) die von beiden Seiten gegen die

Grenze wirkenden Drucke gleich gross und entgegengesetzt gerichtet sein, es muss also gelten:

$$\bar{p} = \bar{p}_k. \qquad (40')$$

Wird die Grenze durch einen starren Körper gebildet, der jedem beliebigen Druck eine ihm gleiche Reaction entgegensetzt, so giebt die letzte Formel keine Bedingung für p, sondern nur die Bestimmung der Wirkung, welche der Körper seitens der Flüssigkeit erfährt. Ist die Flüssigkeit tropfbar und durch ein Gas begrenzt, innerhalb dessen man unter gewissen Voraussetzungen den Druck als constant, bei hinreichend starker Verdünnung gleich Null ansehen kann, — besitzt sie, wie man in einem weiteren Sinne sagt, eine freie Oberfläche, — so giebt die erste Gleichung keine Bedingung für die Flüssigkeitsbewegung, wohl aber die zweite, welche die Form gewinnt:

$$\bar{p} = \text{Const.}$$

Die Gleichung $F(x, y, z, t) = 0$ für die Oberfläche der Flüssigkeit bestimmt sich, soweit diese nicht durch gegebene feste oder bewegte Wände vorgeschrieben ist, aus der Bedingung (18), welche hier die Form annimmt

$$\frac{\partial F}{\partial t} + u\frac{\partial F}{\partial x} + v\frac{\partial F}{\partial y} + w\frac{\partial F}{\partial z} = 0, \qquad (40'')$$

wenn daneben noch der Werth von F für einen beliebigen Zeitpunkt gegeben ist.

Ist die Oberfläche von unveränderlicher Gestalt und Lage, also $\bar{u}_k = \bar{v}_k = \bar{w}_k = 0$, so tritt an Stelle von (40) die Bedingung:

$$\bar{u}\cos(n, x) + \bar{v}\cos(n, y) + \bar{w}\cos(n, z) = 0. \text{ —} \qquad (40''')$$

Wir wenden uns nun von diesen allgemeinen Betrachtungen zu dem speciellen Problem des Gleichgewichtes einer Flüssigkeit, d. h. zur Entwickelung der Bedingungen, unter welchen eine beliebigen Kräften unterworfene Flüssigkeit überhaupt ruhen kann, und zur Untersuchung der charakteristischen Eigenschaften der möglichen Gleichgewichtszustände.

Für den Fall der Ruhe sind u, v, w gleich Null; demzufolge nehmen die Hauptgleichungen (37) die Form an:

$$\varepsilon X = \frac{\partial p}{\partial x}, \qquad \varepsilon Y = \frac{\partial p}{\partial y}, \qquad \varepsilon Z = \frac{\partial p}{\partial z}, \qquad (41)$$

wobei nun ε, X, Y, Z, und p zeitlich constant sind. Gleichung (38) wird durch eine von der Zeit unabhängige Dichtigkeit identisch erfüllt; es kommen also nur noch die Beziehungen (38') bis (39''') in Betracht.

Von den Oberflächenbedingungen sind die auf die Geschwindigkeiten bezüglichen im Falle der Ruhe identisch erfüllt; die für den Druck aufgestellten bleiben in Gültigkeit.

Man bemerkt, dass je nach der Eigenschaft von ε die Kräfte X, Y, Z verschiedenen Bedingungen genügen müssen, damit die Gleichungen (41) überhaupt erfüllt werden können, Gleichgewicht also möglich ist.

Ist ε constant oder eine Function des Druckes p allein, so kann man setzen

$$\frac{1}{\varepsilon} = \frac{d\Pi}{dp},$$

wo auch Π nur von p abhängt, und die Gleichungen (41) schreiben:

$$X = \frac{\partial \Pi}{\partial x}, \qquad Y = \frac{\partial \Pi}{\partial y}, \qquad Z = \frac{\partial \Pi}{\partial z}.$$

Hier müssen also die Componenten X, Y, Z der auf die Masseneinheit bezogenen Kräfte die Form von partiellen Differentialquotienten derselben Function nach den Coordinaten haben, und man kann den Satz aussprechen:

Eine Flüssigkeit, deren Dichte eine Function des Druckes allein oder aber constant ist, kann nur unter der Wirkung von Kräften im Gleichgwicht verharren, welche Potentiale besitzen.

Die Bedingungen für die Existenz eines Potentiales zu gegebenen Componenten X, Y, Z erhält man nach den Formeln (82′) des ersten Theiles oder direct durch Elimination von Π in der Gestalt:

$$\frac{\partial Y}{\partial z} = \frac{\partial Z}{\partial y}, \qquad \frac{\partial Z}{\partial x} = \frac{\partial X}{\partial z}, \qquad \frac{\partial X}{\partial y} = \frac{\partial Y}{\partial x}. \tag{41′}$$

Ist hingegen die Dichte ε eine Function nur der Coordinaten, so müssen die Producte εX, εY, εZ, d. h. die Componenten der auf die Volumeneinheit bezogenen Kräfte, die Form von Differentialquotienten einer Function nach den Coordinaten haben; die Bedingungen hierfür sind entsprechend durch Elimination von p zu erhalten und lauten:

$$\frac{\partial \varepsilon Y}{\partial z} = \frac{\partial \varepsilon Z}{\partial y}, \qquad \frac{\partial \varepsilon Z}{\partial x} = \frac{\partial \varepsilon X}{\partial z}, \qquad \frac{\partial \varepsilon X}{\partial y} = \frac{\partial \varepsilon Y}{\partial x}.$$

Hieraus kann man eine Bedingung ableiten, welcher die Kräfte allein für jedes beliebige Gesetz $\varepsilon = f(x, y, z)$ genügen müssen, indem man ε eliminirt. Fasst man nämlich vorstehende Gleichungen in der ausführlichen Form

$$\begin{aligned}
\varepsilon\frac{\partial Y}{\partial z}+Y\frac{\partial\varepsilon}{\partial z}&=\varepsilon\frac{\partial Z}{\partial y}+Z\frac{\partial\varepsilon}{\partial y},\\
\varepsilon\frac{\partial Z}{\partial x}+Z\frac{\partial\varepsilon}{\partial x}&=\varepsilon\frac{\partial X}{\partial z}+X\frac{\partial\varepsilon}{\partial z},\\
\varepsilon\frac{\partial X}{\partial y}+X\frac{\partial\varepsilon}{\partial y}&=\varepsilon\frac{\partial Y}{\partial x}+Y\frac{\partial\varepsilon}{\partial x}
\end{aligned}\qquad(41'')$$

mit den Factoren X, Y, Z zusammen und bedenkt, dass ε nicht stets Null sein kann, so erhält man:

$$X\left(\frac{\partial Y}{\partial z}-\frac{\partial Z}{\partial y}\right)+Y\left(\frac{\partial Z}{\partial x}-\frac{\partial X}{\partial z}\right)+Z\left(\frac{\partial X}{\partial y}-\frac{\partial Y}{\partial x}\right)=0.\qquad(41''')$$

Eine Flüssigkeit, deren Dichte eine Function der Coordinaten allein ist, kann im Gleichgewicht nur unter der Wirkung von Kräften verharren, welche dieser Bedingung genügen. Die Dichtigkeit und die Kräfte zusammen haben überdies noch zwei der Gleichungen (41″) zu erfüllen.

Haben die Kräfte ein Potential Φ, das natürlich ebenso wie die Kräfte K, X, Y, Z in diesem Theil auf die Masseneinheit bezogen, also in anderem Sinne als früher zu verstehen ist, so ist die letzte Bedingung identisch erfüllt und die Gleichungen (41″) reduciren sich auf:

$$\frac{\partial\varepsilon}{\partial x}:\frac{\partial\varepsilon}{\partial y}:\frac{\partial\varepsilon}{\partial z}=X:Y:Z=\frac{\partial\Phi}{\partial x}:\frac{\partial\Phi}{\partial y}:\frac{\partial\Phi}{\partial z},$$

oder

$$\frac{\partial\varepsilon}{\partial x}=F\cdot\frac{\partial\Phi}{\partial x},\qquad\frac{\partial\varepsilon}{dy}=F\cdot\frac{\partial\Phi}{\partial y},\qquad\frac{\partial\varepsilon}{\partial z}=F\cdot\frac{\partial\Phi}{\partial z},$$

und somit

$$d\varepsilon=F\cdot d\Phi,$$

worin F eine Function von x, y, z bezeichnet.

Da in der letzten Formel links ein vollständiges Differential steht, so muss der Ausdruck rechts gleichfalls ein solches darstellen; d. h. es darf F die Coordinaten x, y, z nur in der Verbindung Φ enthalten, und dasselbe gilt offenbar dann auch für ε. Daher folgt der Satz:

Wirken auf eine Flüssigkeit, deren Dichte eine Function der Coordinaten ist, Kräfte, welche ein Potential haben, so ist Gleichgewicht nur möglich, wenn in Flächen constanten Potentiales auch die Dichte constant ist.

Hieraus folgt unter Anderem, dass die Zwischengrenzen von Flüssigkeiten, welche verschiedene Dichte besitzen, unter der Wirkung eines Potentiales im Zustande des Gleichgewichtes stets Potentialflächen sein müssen. —

§ 32. **Mechanik idealer Flüssigkeiten. Bestimmung des Druckes und der Gestalt einer ruhenden Flüssigkeit; Beispiele.**

Sind für eine ideale Flüssigkeit die Verhältnisse der Kräfte und das Gesetz der Dichtigkeit derartig gegeben, dass Gleichgewicht stattfinden kann, so bietet sich die doppelte Aufgabe, das Gesetz, welchem der Druck im Inneren folgt, abzuleiten und die Gestalt der freien Oberfläche — wenn eine solche möglich ist — zu finden.

Die erste Aufgabe erfordert die Bestimmung von p aus den Gleichungen (41); diese sind hierzu mit den Factoren dx, dy, dz zusammenzufassen und ergeben so, wenn überhaupt Gleichgewicht möglich ist, die nach dem Vorstehenden jederzeit entweder direct oder nach Division mit ε integrable Gleichung:

$$\varepsilon(X dx + Y dy + Z dz) = dp. \tag{42}$$

Hierin bezeichnet dp die Aenderung des Druckes längs desjenigen Linienelementes ds, dessen Projectionen auf die Coordinatenaxen dx, dy, dz sind; dasselbe ds tritt auf der linken Seite der Gleichung auf, wenn man dort die Componente P der Kraft parallel ds einführt, also schreibt:

$$\varepsilon P ds = dp. \tag{42'}$$

Denkt man sich ein cylindrisches Volumenelement vom Querschnitt q mit der Axe in ds gelegt, so spricht die aus (42') folgende Gleichung $\varepsilon Pq ds = q dp$ den einleuchtenden Satz aus, dass der Druck auf die erste Grundfläche um so viel kleiner ist wie der auf die zweite, als die auf das Volumenelement $q ds$ parallel der Axe ausgeübte Kraft $\varepsilon Pq ds$ beträgt.

Integriren wir die Formel (42') über ein beliebiges innerhalb der Flüssigkeit von einer Stelle (0) bis zu einer Stelle (1) verlaufendes Curvenstück, so erhalten wir:

$$p_0 + \int_{(0)}^{(1)} \varepsilon P ds = p_1. \tag{42''}$$

Diese Gleichung, die für jedes ε und P gilt, mit welchem überhaupt Gleichgewicht vereinbar ist, gestattet natürlich eine Ausrechnung nur dann, wenn ε und P als Functionen der Coordinaten gegeben sind; in diesem Falle wird sie gelegentlich mit Vortheil statt der Hauptgleichungen (41) als Ausgangspunkt für die Lösung specieller Probleme benutzt und führt dann den Namen des Canalprincipes.

Der Druck an der ganz beliebigen Stelle (1) erscheint in (42'') zusammengesetzt aus dem Druck in (0) und dem hiervon durchaus unabhängigen Zuwachs, welcher die Folge der äusseren Kraft ist.

In diesem Sinne hat man den bekannten Satz zu verstehen, dass der Druck sich in einer ruhenden Flüssigkeit von jeder Stelle aus nach allen Seiten hin mit gleicher Stärke fortpflanzt.

Fehlen äussere Kräfte, so ist der Druck überall der gleiche. Dasselbe gilt angenähert, wenn die Dichte der betrachteten Flüssigkeit sehr gering und darum $\int \varepsilon P ds$ neben dem Gesammtdruck zu vernachlässigen ist, so z. B. bei einem Gasquantum, welches an der Oberfläche der Erde der Schwere unterworfen ist. Hierauf beruht, dass man Körper auch von beträchtlicher Ausdehnung, die sich in der Erdatmosphäre befinden, in vielen Fällen als an allen Stellen dem gleichen Druck unterworfen ansehen kann.

Verläuft die Curve s zwischen zwei Stellen, an welchen der gleiche Druck herrscht, z. B. von der freien Oberfläche zur freien Oberfläche, oder aber von einem inneren Punkt zu demselben zurück, so wird aus der Gleichung (42″) specieller:

$$\int_{(0)}^{(1)} \varepsilon P ds = 0. \quad (42''')$$

Im Falle die Kräfte ein Potential Φ haben, ist nach dem Früheren jederzeit durch Integration aus (42′) ein Resultat von der Form abzuleiten

$$p = F(\Phi, c); \quad (43)$$

darin bezeichnet c die Integrationsconstante, welche sich bestimmt, wenn der Druck an irgend einer Stelle gegeben ist. Hieraus folgt der Satz:

Haben die wirkenden Kräfte ein Potential, so sind die Flächen constanten Druckes Potentialflächen, stehen also überall normal zu der Richtung der resultirenden Kraft.

Dies gilt insbesondere auch für die Oberfläche, welche eine tropfbare Flüssigkeit nach einem Gase oder nach dem leeren Raume hin begrenzt, und welche man, wie oben gesagt, kurz ihre freie Oberfläche nennt; denn dort ist nach dem Früheren der Druck constant, z. B. gleich Null gegeben. Da die Flächen constanten Potentiales freie Oberflächen einer Flüssigkeitsmenge sein können, führen sie auch den Namen Niveauflächen. Besitzt die Flüssigkeit mehrere getrennte freie Oberflächenstücke, auf denen verschiedene Drucke lasten, so sind dieselben auch Theile verschiedener Niveauflächen, deren Lagen durch die Werthe der in ihnen stattfindenden Drucke sich bestimmen.

Ist die Dichte als Function nur der Coordinaten gegeben, so nimmt die Gleichung (43) die specielle Form an

$$p = c - \int \varepsilon \, d\Phi, \tag{43'}$$

ist sie nur eine Function des Druckes, so die andere

$$\int \frac{dp}{\varepsilon} = c - \Phi. \text{ —} \tag{43''}$$

Wir gehen nun zu Anwendungen der oben entwickelten allgemeinen Resultate über.

1. Es sei eine Flüssigkeit mit nur von den Coordinaten, nicht aber vom Drucke abhängiger Dichte ε unter der Wirkung der Schwere gegeben.

Das Potential der Schwere ist, falls die Z-Axe vertical nach oben positiv gerechnet und nach S. 135 über die willkürliche additive Constante verfügt wird,

$$\Phi = + gz;$$

es ist also Gleichgewicht nur möglich, wenn die Dichte (und somit der Druck) in horizontalen Ebenen constant, also eine Function von z allein ist.

Die Gleichung (43') nimmt in diesem Falle die Gestalt an

$$p = c - g \int \varepsilon \, dz, \tag{44}$$

wobei die Constante c bestimmt ist, wenn für eine Höhe $z = z_0$ der Druck vorgeschrieben ist. Besitzt die Flüssigkeit eine freie Oberfläche, so wird in dieser p gegeben sein, z. B. gleich p_0; dann lässt sich obige Gleichung schreiben

$$p = p_0 + g \int_z^{z_0} \varepsilon \, dz \tag{44'}$$

und giebt, wenn man beide Seiten mit der Grösse q eines an der betrachteten Stelle in beliebiger Lage construirten Flächenelementes q multiplicirt, den einfachen Satz:

Der Druck, den ein beliebiges Flächenelement q innerhalb einer schweren Flüssigkeit erleidet, unterscheidet sich von dem auf das gleiche Element der freien Oberfläche wirkenden qp_0 um das Gewicht der Flüssigkeitssäule, die über dem an seiner Stelle horizontal gelegten Flächenelement lasten würde.

Im Vorstehenden ist stillschweigend angenommen worden, dass die Dichte eine eindeutige Function von z ist; es kommen indessen auch Fälle vor, wo das Gegentheil stattfindet. Besteht z. B. die freie Oberfläche der Flüssigkeit aus mehreren getrennten Stücken, so sind in den ihnen benachbarten Räumen Flüssigkeiten verschiedener Dichtigkeiten möglich, wie z. B. in den sogenannten communicirenden U-förmigen Röhren.

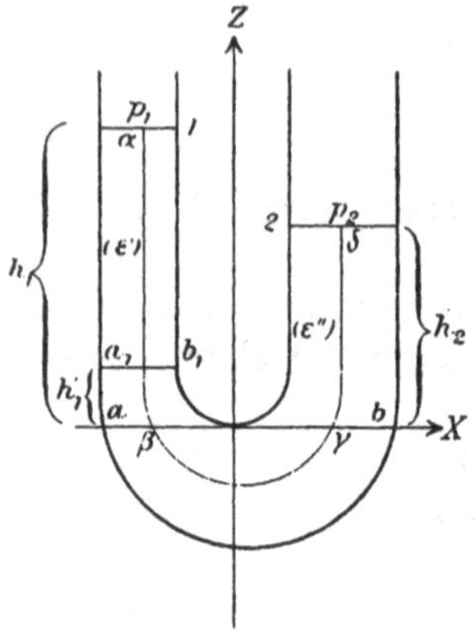

Fig. 38.

Will man diesen Fall mit Hülfe der Gleichung (44′) erledigen, so hat man den Raum der Flüssigkeit in Stücke zu zerlegen, in deren jedem die Dichte eine eindeutige Function von z ist, am besten durch Potentialflächen, und diese gesondert zu behandeln.

In Figur 38 ist die horizontale Fläche durch ab, die wir als XY-Ebene wählen, eine solche Grenze, und wir können demnach für die über ab liegenden Räume die zwei Formeln aufstellen;

$$p' = c' - g\int \varepsilon'\, dz, \qquad p'' = c'' - g\int \varepsilon''\, dz.$$

Wendet man sie auf die freien Oberflächen an, wo der Druck resp. p_1, p_2 sein möge, und auf die Fläche ab, wo er p_0 heisse, so ergiebt sich

$$p_1 - p_0 = -g\int_0^{h_1} \varepsilon'\, dz, \qquad p_2 - p_0 = -g\int_0^{h_2} \varepsilon''\, dz,$$

woraus durch Elimination von p_0 folgt:

$$p_2 - p_1 = g\left(\int_0^{h_1} \varepsilon'\, dz - \int_0^{h_2} \varepsilon''\, dz\right). \tag{44''}$$

Einfacher erledigt sich das Problem mit Hülfe des in Gleichung (42″) ausgesprochenen Canalprincipes, da bei demselben über das Verhalten von ε gar nichts vorausgesetzt ist. Die Gleichung giebt in unserem Falle, da P, d. h. die Componente der Schwere nach s, gleich $-g\,(dz/ds)$ ist,

$$p_2 - p_1 = -g\int_{(1)}^{(2)} \varepsilon \frac{dz}{ds}\, ds;$$

der Integrationsweg ist eine innerhalb der Flüssigkeit beliebig von der freien Oberfläche (1) zu (2) verlaufende Curve, z. B. $\alpha\beta\gamma\delta$. Diese zerlegen wir in die drei Theile $\alpha\beta$, $\beta\gamma$, $\gamma\delta$, von denen der mittlere keinen Beitrag zum Resultat giebt, da die zwischen denselben Horizontalebenen liegenden Curvenelemente sich in ihrer Wirkung aufheben; die anderen Theile aber liefern das vorige Resultat:

$$p_2 - p_1 = -g\left(\int_{h_1}^{0} \varepsilon'\, dz + \int_0^{h_2} \varepsilon''\, dz\right).$$

Ist die Dichte constant, so giebt diese Formel:

$$p_2 - p_1 = \varepsilon g (h_1 - h_2); \qquad (44''')$$

die Höhendifferenz $h_1 - h_2 = h$ misst also die Druckdifferenz $p_2 - p_1$.

Bei dem Barometer ist der Druck auf die eine Flüssigkeitsoberfläche verschwindend, ($p_1 = 0$), also:

$$p_2 = \varepsilon g h,$$

bei dem offenen Manometer gleich dem in der freien Luft herrschenden p_a, also:

$$p_2 = p_a + \varepsilon g h;$$

bei dem geschlossenen Manometer befindet sich über der Fläche (1) ein in ein verticales Rohr gefasstes Luftquantum, dessen Druck von dem Raume abhängt, der ihm gewährt ist. Setzt man die ganze Länge des Rohres von der XY-Ebene ab gleich H und den Druck, den das Gas ausübt, wenn es diesen Raum erfüllt, gleich p, so ist der Druck p_1, wenn die Flüssigkeit in dem Rohr bis h_1 steht,

$$p_1 = p \frac{H}{H - h_1},$$

denn nach (39'') sind bei gleicher Temperatur die Drucke, welche ein Gasquantum ausübt, den eingenommenen Räumen indirect proportional; also folgt hier:

$$p_2 = p \frac{H}{H - h_1} + \varepsilon g h.$$

Die Bequemlichkeit, welche das hierdurch erklärte Verfahren besitzt, Drucke durch die Höhe von Flüssigkeitssäulen zu messen, hat zu einer zweiten technischen Druckeinheit geführt, welche von der oben erwähnten abweicht. Da der mittlere Luftdruck im Meeresniveau durch eine Quecksilbersäule von 0° C. Temperatur und ca. 76 cm Höhe gegeben wird, so nennt man den von dieser ausgeübten Druck denjenigen einer Atmosphäre. In wissenschaftlichen Druckeinheiten ergiebt sich, da die Dichte des Quecksilbers bei 0° C. gleich 13,6 zu setzen ist, der Druck einer Atmosphäre

$$p_a = 13{,}6 . 981 . 76 = 1014000;$$

in technischen Einheiten ist sie gleich dem Gewicht von 1,034 kg (rund von 1 kg) pro Quadratcentimeter. —

Sind in unserem obigen Beispiel die Drucke auf die beiden freien Oberflächen gleich, so folgt aus (44'):

$$\int_0^{h_1} \varepsilon' \, dz = \int_0^{h_2} \varepsilon'' \, dz.$$

Sind nur zwei Flüssigkeiten von den constanten Dichten ε_1 und ε_2 in dem Gefäss, und ist in der Figur 38 $a_1 b_1$ ihre Grenze, so giebt dies

$$\varepsilon_1 (h_1 - h_1') + \varepsilon_2 h_1' = \varepsilon_2 h_2,$$

oder

$$\varepsilon_1 (h_1 - h_1') = \varepsilon_2 (h_2 - h_1').$$

Die Höhendifferenzen $(h_1 - h_1')$ und $(h_2 - h_1')$ sind direct messbare Grössen, und ihre Beobachtung kann nach dieser Formel dazu dienen, das Verhältniss der Dichtigkeiten $\varepsilon_1/\varepsilon_2$ zu berechnen.

2. Wirkt auf die Flüssigkeit eine Centralkraft, die von einem ruhenden Attrationscentrum ausgeht, so sind die Flächen constanten Potentiales und daher die constanter Dichte und constanten Druckes concentrische Kugeln.

Ist die Kraft eine Anziehung nach dem Newton'schen Gesetz, so ist

$$\Phi = -\frac{fM}{r},$$

wo M die anziehende Masse, r ihre Entfernung von der betrachteten Stelle und f die Constante des Newton'schen Gesetzes bezeichnet.

Wir wollen jetzt annehmen, die Flüssigkeit sei ein Gas von nahe constanter Temperatur und folge daher dem Gesetz (39″)

$$\varepsilon = Cp,$$

so wird nach Gleichung (43″):

$$\frac{1}{C}\int \frac{dp}{p} = c + \frac{fM}{r},$$

also

$$\frac{1}{C} \ln(p) = c + \frac{fM}{r}. \tag{45}$$

Ist die anziehende Masse die Erde, deren Wirkung auf äussere Punkte nach S. 344 dieselbe ist, als wäre ihre Masse in ihrem Centrum concentrirt, und ist der Druck an ihrer Oberfläche, d. h. für $r = R$, gleich p_0 gegeben, so ergiebt sich, da $fM/R^2 = g$ ist:

$$\ln\left(\frac{p_0}{p}\right) = g\,CR^2\left(\frac{1}{R} - \frac{1}{r}\right), \quad \text{also} \quad p = p_0 e^{-gCR^2(1/R - 1/r)}. \tag{45'}$$

Dies ist das Gesetz, nach welchem der Druck in der ruhenden Erdatmosphäre mit wachsender Entfernung r vom Erdcentrum abnehmen würde, wenn man sowohl den Antheil der Masse der Atmosphäre an der Gravitation, als auch die in der Atmosphäre vorhandenen Temperaturdifferenzen ignoriren dürfte. Ersteres ist unbedenklich erlaubt, so lange es sich nur um angenäherte Betrachtungen handelt. Letzteres wird in der Nähe der Erde nur auf kleine Entfernungen gestattet sein, aber von einem gewissen Abstande an kann man vielleicht die Temperatur als nahe gleich der im Weltenraum stattfindenden ansehen, und wenn man unter p_0, g, R die für jene Stelle geltenden Werthe versteht, gilt die Formel auch dann.

Das Wesentlichste ihres Inhaltes ist die Eröffnung der Möglichkeit, dass der Druck mit unendlich wachsendem r nicht unter jede Grenze hin abnimmt, sondern sich einem definitiven Werthe

$$p_\infty = p_0 e^{-gCR} \tag{45''}$$

annähert. Dies würde aussagen, dass die Erdatmosphäre keine Grenze hätte, dass vielmehr der ganze Weltenraum mit sehr verdünntem Gase erfüllt wäre. Die Verdünnung, wie sie durch die vorstehende Formel für p_∞ gegeben wird, ist wahrscheinlich so ungeheuer, dass von dieser Seite kein Einwand gegen die gezogene Folgerung zu fürchten sein würde.

Es ist nämlich nach ihrer Definition durch Formel (39'') die Constante C gleich ε_0/p_0, worin ε_0 und p_0 zwei bei derselben Temperatur, wie ε und p, einander entsprechende Werthe von Dichte und Druck bezeichnen; führt man die Dichte des Quecksilbers ε_q und die p_0 entsprechende Barometerhöhe h_0 ein, so ergiebt sich

$$gCR = \frac{\varepsilon_0 R}{\varepsilon_q h_0}.$$

Wegen des enormen Werthes des Verhältnisses R/h_0 ist vermuthlich $\varepsilon_0 R/\varepsilon_q h_0$ eine beträchtliche Zahl und da sie in (45'') mit negativem Vorzeichen im Exponenten steht, das Resultat für p_∞ äusserst klein.

Ist der Weltraum mit, gleichviel wie dünnem, Gase erfüllt, so kann man (bei den oben erwähnten Vernachlässigungen) aus dem Druck an der Oberfläche eines Weltkörpers Schlüsse ziehen auf denjenigen an der Oberfläche anderer. Hierfür ist in der Formel (45) nur an Stelle des Potentiales fM/r des einen Centrums dasjenige aller wirkenden Centren zu setzen, wodurch man erhält:

$$\frac{1}{C}\ln(p) = c + f\sum\frac{M_h}{r_h}. \tag{46}$$

Von den Gliedern der Summe rechts giebt nun wegen der grossen gegenseitigen Entfernung der Weltkörper an der Oberfläche des einen (M_h) von ihnen nur dasjenige einen merklichen Beitrag, welches dessen Masse als Factor enthält, und man wird daher, indem man die Formel das eine Mal auf die Oberfläche von M_h, das andere Mal auf die von M_k anwendet und die Differenz bildet, das angenäherte Resultat erhalten

$$\ln\left(\frac{p_h}{p_k}\right) = Cf\left(\frac{M_h}{R_h} - \frac{M_k}{R_k}\right), \tag{46'}$$

worin für f auch gR^2/M gesetzt werden kann, unter M und R Masse und Radius der Erde verstanden.

Man erhält so

$$\ln\left(\frac{p_h}{p_k}\right) = g\frac{CR^2}{M}\left(\frac{M_h}{R_h} - \frac{M_k}{R_k}\right), \qquad (46'')$$

eine Formel, welche zeigt, dass schon bei ganz unbedeutenden Werthen der Differenz $M_h/R_h - M_k/R_k$ die Drucke p_h und p_k sich sehr stark von einander unterscheiden müssen, dass also Weltkörper mit nur etwas kleineren oder grösseren Massen als die Erde sehr viel dünnere oder dichtere Atmosphären besitzen müssen, als diese. Es ist bekannt, dass die Beobachtung dies bestätigt.

3. Wir wollen nun eine in einem Gefäss befindliche tropfbare Flüssigkeit betrachten, die unter der Wirkung der Schwere um eine verticale Axe derartig in Rotation versetzt ist, dass sie in allen Theilen eine constante Winkelgeschwindigkeit ω besitzt.

Beziehen wir dieselbe auf ein mit ihr rotirendes Coordinatensystem, so können wir, weil alle ihre Theile relativ zu diesem System ruhen, nach dem S. 85 Entwickelten von der absoluten Bewegung abstrahiren, wenn wir zu den gegebenen Kräften die Wirkung der Centrifugalkraft hinzufügen.

Die gegebene Kraft ist die Schwere, deren Potential nach S. 391 gleich gz ist, falls man die positive Seite der in die Rotationsaxe fallenden Z-Axe nach oben legt. Die Centrifugalkraft stellt eine Abstossungskraft dar, die von der Rotationsaxe hinweggerichtet ist und, auf die Masseneinheit bezogen, die Grösse $\omega^2\sqrt{x^2+y^2} = \omega^2 e$ besitzt, wobei e den senkrechten Abstand von der Rotationsaxe bezeichnet; ihr Potential ist demnach gleich $-\frac{1}{2}\omega^2 e^2$.

Somit lautet das Gesammtpotential

$$\Phi = gz - \tfrac{1}{2}\omega^2 e^2$$

und die Gleichung (43′) nimmt die Form an

$$p = c - \int \varepsilon\, d(gz - \tfrac{1}{2}\omega^2 e^2). \qquad (47)$$

Die Dichtigkeit ε muss in den Flächen von den Gleichungen $\Phi = -c'$, d. h.

$$\tfrac{1}{2}\omega^2 e^2 - gz = c' \qquad (47')$$

(unter c' eine Constante verstanden) constant sein; dasselbe gilt vom Druck p. Diese Flächen sind parallele Rotationsparaboloide mit der Z-Axe als Axe. Eine von ihnen ist die freie Oberfläche der Flüssigkeit; dieselbe bestimmt sich etwa durch die Coordinate des Punktes, in welchem sie die Z-Axe schneidet, oder durch das Quantum der Flüssigkeit, welches zwischen ihr und der Gefässwand liegen soll.

Falls ε constant ist, gilt für den Druck nach (47) die Formel:

$$p = c - \varepsilon(gz - \tfrac{1}{2}\omega^2 e^2). \qquad (47'')$$

Die Gestalt des Gefässes, in welchem sich die rotirende Flüssigkeit befindet, kommt in dieser ganzen Betrachtung nicht vor; die Form der freien Oberfläche ist also von ihr unabhängig, und nur ihre Ausdehnung wird durch das Gefäss bestimmt, indem dieses aus dem unendlichen Rotationsparaboloid das für das specielle Problem maassgebende Stück ausschneidet.

Ist das gegebene Flüssigkeitsquantum so gross, dass es bei einer gegebenen Rotationsgeschwindigkeit nicht mehr zwischen der Wandung des Gefässes und einem der theoretisch gegebenen Rotationsparaboloide Platz hat, so wird die überschüssige Flüssigkeit über den Rand geschleudert.

Sei z. B. das Gefäss ein Cylinder vom Radius R und der Höhe H, und sei dasselbe im Ruhezustand bis zur Höhe h mit Flüssigkeit gefüllt, sodass die vorhandene Masse

$$M = \pi \varepsilon R^2 h$$

ist. Dieselbe Masse hat während der Rotation im Abstand e von der Axe eine Tiefe z, so dass dann

$$M = 2 \pi \varepsilon \int_0^R z e \, d e$$

ist; für z ist nach (47') der Werth $(\frac{1}{2} \omega^2 e^2 - c')/g$ zu setzen, und in Folge dessen bestimmt sich aus

$$M = \frac{\pi \varepsilon}{g} (\tfrac{1}{4} \omega^2 R^4 - c' R^2),$$

die Constante

$$c' = \tfrac{1}{4} \omega^2 R^2 - g h.$$

Hiernach wird die Gleichung der freien Oberfläche:

$$\tfrac{1}{2} \omega^2 (\tfrac{1}{2} R^2 - e^2) - g (h - z) = 0;$$

in der Axe ist

$$z_0 = h - \frac{\omega^2 R^2}{4 g},$$

an der Cylinderwand

$$z_1 = h + \frac{\omega^2 R^2}{4 g}.$$

Diese Constantenbestimmung hat nur so lange einen Sinn, als $z_1 < H$ bleibt; ist dieser Werth H erreicht, so muss bei wachsendem ω immerfort $z_1 = H$ sein, wodurch sich

$$c' = \tfrac{1}{2} \omega^2 R^2 - g H,$$

also die Gleichung des die freie Oberfläche bildenden Paraboloides zu

$$\tfrac{1}{2} \omega^2 (R^2 - e^2) - g (H - z) = 0$$

bestimmt.

Die im Cylinder zurückgebliebene Masse M' ist dann:

$$M' = \pi R^2 \varepsilon \left(H - \frac{\omega^2 R^2}{4g}\right);$$

sie steht, wenn die Rotation aufhört, im Cylinder in einer Höhe

$$H' = H - \frac{\omega^2 R^2}{4g}.$$

Die vorstehenden Formeln setzen voraus, dass die Flüssigkeit auch während der Rotation den Boden des Gefässes vollständig bedeckt; im anderen Falle erfordern sie leicht anzubringende Correcturen.

4. Eine Flüssigkeit unter der Wirkung eines Attractionscentrums und der Rotation um eine durch dasselbe gehende Axe A steht nach oben abgeleiteten Formeln unter einem Potential

$$\Phi = -\left(\frac{fM}{r} + \tfrac{1}{2}\omega^2 e^2\right); \qquad (48)$$

demgemäss sind auch die Flächen constanter Dichte und constanten Druckes gegeben durch

$$\frac{fM}{r} + \tfrac{1}{2}\omega^2 e^2 = c'. \qquad (48')$$

Ein rotirender Weltkörper, dessen flüssige Oberflächenschicht verschwindende Dichte gegenüber den dem Centrum nahen Massen hat, würde dieser Formel angenähert entsprechende Verhältnisse zeigen.

Setzen wir $e = r \cos\varphi$, so wird die Gleichung (48') zu

$$fM = (c' - \tfrac{1}{2}\omega^2 r^2 \cos^2\varphi)\, r; \qquad (48'')$$

sie giebt für $\varphi = 0$, d. h. für äquatoriale Richtungen, im Allgemeinen drei Wurzeln r, für $\varphi = \frac{1}{2}\pi$, d. h. für die Richtung der Drehungsaxe A, stets nur eine, nämlich

$$r_a = \frac{fM}{c'};$$

letztere kann also passend zur Bestimmung der einer bestimmten Fläche individuellen Constanten c' benutzt werden. Während r_a von Null bis Unendlich wächst, nimmt zugleich c' von Unendlich bis Null ab.

Die $\varphi = 0$ entsprechenden drei Wurzeln sind reell für Werthe

$$c' > \frac{27}{8}\omega^2 r_a^2;$$

eine dieser Wurzeln ist immer negativ und kommt, da wir unter r die stets positive Entfernung verstehen, nicht in Betracht. Für

$$c' < \frac{27}{8}\omega^2 r_a^2$$

sind zwei Wurzeln complex, die reelle negativ, sodass die betreffenden Potentialflächen eine normal zur Drehungsaxe durch das Wirkungscentrum gelegte E-Axe überhaupt nicht schneiden.

Die Grenze zwischen beiden Gattungen von Flächen bildet diejenige, für welche

$$c' = \frac{27}{8} \omega^2 r_a^2$$

ist; sie giebt eine Doppelwurzel;

$$r_e = \sqrt{\frac{2c'}{3\omega^2}} = \frac{3}{2} r_a.$$

Demgemäss wird das ganze System der Potentialflächen ein System von Meridianschnitten geben, wie es die Figur 39 verdeutlicht; der Punkt q entspricht der Doppelwurzel. Oberflächen, für welche $8c' < 27\omega^2 r_a^2$, oder aber unter Benutzung des Werthes von r_a auch $8c'^3 < 27\omega^2 f^2 M^2$ ist, sind, da sie sich nicht im Endlichen schliessen, bei dem gegebenen Problem nicht möglich und erfordern, um die Bedeutung von Begrenzungsflächen zu erhalten, feste Wände, welche die Flüssigkeit in einem Theil einschliessen. Hieraus folgt, dass, wenn man annehmen dürfte (was indess unzweifelhaft nicht erlaubt ist), dass die Atmosphäre eines Weltkörpers bis in die fernsten Theile vollständig an dessen Rotation Theil nehme, deren Ausdehnung jedenfalls innerhalb der durch $8c'^3 = 27\omega^2 f^2 M^2$ gegebenen Oberfläche liegen müsste.

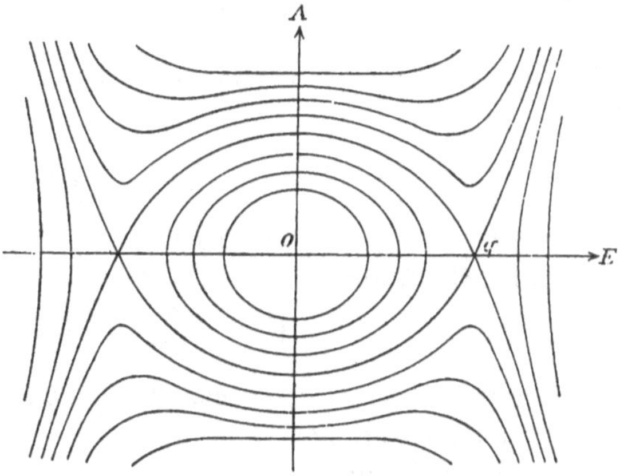

Fig. 39.

5. Zwei starre, in concentrischen Schichten homogene Kugeln, welche sich unter einer gegenseitigen Anziehung in Kreisen um einander bewegen und von denen die eine (oder jede) von einer Flüssigkeit umgeben ist, deren Masse verschwindend gegen die der festen Kerne ist, stellen eine Anordnung dar, die (abgesehen von der hier fehlenden Rotation um ihre Axe) der durch die Erde mit dem sie oberflächlich bedeckenden Meer und durch die Sonne oder den Mond gegebenen übereinstimmt und demnach eine gewisse Vorstellung über das Zustandekommen von Ebbe und Fluth gewährt.

Denken wir den Schwerpunkt O des ganzen Systemes ruhend, so rotiren die Centren beider Kugeln mit gleichförmigen Geschwindigkeiten in constanten Abständen um eine durch ihn gehende Axe a; ruht, wie angenommen, die Flüssigkeit gegen ein mit ihnen rotirendes Coordinatensystem, so kann man die Einwirkung der Bewegung durch die Einführung der Centrifugalkraft ersetzen und erhält als gesammtes Potential nach früheren Formeln:

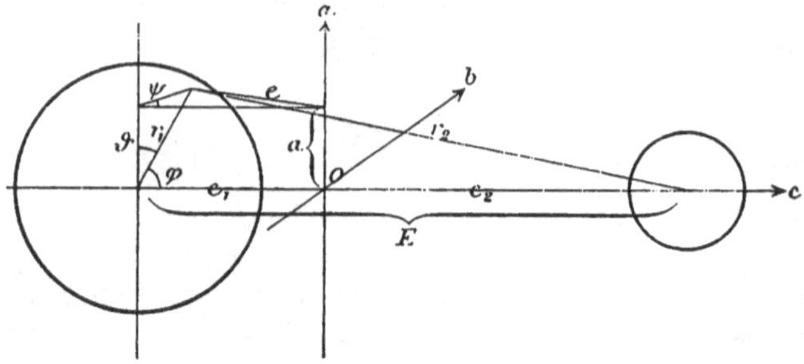

Fig. 40.

$$\Phi = - f\left(\frac{M_1}{r_1} + \frac{M_2}{r_2}\right) - \tfrac{1}{2}\omega^2 e^2. \tag{49}$$

Die Flächen constanter Dichte und constanten Druckes haben daher die Gleichung:

$$f\left(\frac{M_1}{r_1} + \frac{M_2}{r_2}\right) + \tfrac{1}{2}\omega^2 e^2 = c'. \tag{49'}$$

Wir wollen sie untersuchen für Punkte, welche nahe der anziehenden Masse M_1 liegen,

Nach der Figur (40) haben wir

$$r_2^2 = r_1^2 + E^2 - 2r_1 E\cos\varphi, \qquad \cos\varphi = \cos\psi\sin\vartheta,$$
$$e^2 = e_1^2 + r_1^2\sin^2\vartheta - 2e_1 r_1\sin\vartheta\cos\psi,$$

und darum folgt aus (49') durch Entwickelung bis auf die Glieder zweiter Ordnung in Bezug auf r_1/E:

$$f\left(\frac{M_1}{r_1} + \frac{M_2}{E}\left(1 + \frac{r_1}{E}\cos\varphi - \frac{r_1^2}{2E^2} + \frac{3r_1^2}{2E^2}\cos^2\varphi\right)\right)$$
$$+ \tfrac{1}{2}\omega^2(e_1^2 + r_1^2\sin^2\vartheta - 2e_1 r_1\cos\varphi) = c'.$$

Da O der Schwerpunkt ist, so gilt

$$e_1 = \frac{E M_2}{M_1 + M_2},$$

und für die Winkelgeschwindigkeit ω folgt aus der Gleichung (97') des ersten Theiles die Beziehung:

$$\omega^2 = \left(\frac{2\pi}{T}\right)^2 = \frac{f(M_1 + M_2)}{E^3}.$$

Setzt man dies ein und vereinigt die constanten Theile links mit der Constanten c' rechts zu C', so erhält man:

$$1 - \frac{M_2 r_1^3}{2 M_1 E^3}(1 - 3\cos^2\varphi) + \frac{(M_1 + M_2) r_1^3 \sin^2\vartheta}{2 M_1 E^3} = C' r_1. \tag{50}$$

Beschränkt man sich auf die erste Näherung und ignorirt die Glieder mit r_1^3/E^3, so findet sich r_1 constant $= 1/C'$ und es werden die Potentialflächen zu Kugeln; in zweiter Näherung kann man in den kleinen Gliedern r_1 als constant $= 1/C' = R$ ansehen und erhält so r_1 als gerade Function von φ und ϑ; hieraus folgt dann eine in Bezug auf mit a, b, c parallele Axen durch das Centrum der Kugel M_1 symmetrische (angenähert ellipsoidische) Gestalt der Potentialflächen.

Die Halbaxen R_a, R_b, R_c parallel diesen Richtungen nehmen die Werthe an:

$$\begin{aligned} R_a &= \frac{1}{C'}\left(1 - \frac{M_2}{2M_1}\left(\frac{R}{E}\right)^3\right), \\ R_b &= \frac{1}{C'}\left(1 + \frac{M_1}{2M_1}\left(\frac{R}{E}\right)^3\right), \\ R_c &= \frac{1}{C'}\left(1 + \frac{M_1 + 3M_2}{2M_1}\left(\frac{R}{E}\right)^3\right). \end{aligned} \tag{50'}$$

Wenn die Kugel M_1 mit der sie umgebenden Flüssigkeit um eine Axe durch ihr Centrum rotirte, so würde nach S. 399 eine Abplattung der Flüssigkeitshülle parallel dieser Axe eintreten. Man darf annehmen, dass bei der Beschränkung auf die Correctionsglieder erster Ordnung diese Abplattung sich der oben berechneten Gestaltenänderung einfach superponirt.

Bei einer Rotation um eine zur a-Axe parallele durch das Centrum würde dann die Differenz $R_c - R_b$ die Höhendifferenz zwischen Fluth und Ebbe an einem Punkt des Aequators darstellen. Ersetzt man in dem hierfür geltenden Ausdruck, der neben R sehr klein ist, $1/C'$ durch den Näherungswerth R, so nimmt er die Form an

$$R_c - R_b = \frac{3 M_2 R}{2 M_1}\left(\frac{R}{E}\right)^3, \tag{50''}$$

und liefert, wenn man unter der Masse M_1 die Erde versteht, unter M_2 aber resp. Mond oder Sonne, nach den S. 305 angegebenen Zahlen die Werthe

0,55 m und 0,24 m.

Berücksichtigt man, dass die Erdaxe gegen die Ebene der Bahn von Erde und Mond geneigt ist, so fallen die Zahlen noch etwas grösser aus. Da die Berechnung in diesem Falle etwas complicirter ist, so soll auf sie nicht eingegangen werden; die Resultate stimmen angenähert mit der Beobachtung auf Inseln im Grossen Ocean, wo die Wirkung der das Meer begrenzenden Continente als unerheblich angesehen werden kann.

§ 33. Mechanik idealer Flüssigkeiten; Gesammtdrucke ruhender Flüssigkeiten gegen starre Körper; Schwimmen unter der Wirkung der Schwere.

Befinden sich starre Körper in Berührung mit einer Flüssigkeit, u. zw. entweder mit allen Theilen ihrer Oberfläche (im Falle sie in jene untergetaucht sind), oder nur mit einigen (im Falle sie nur eingetaucht sind oder aber Theile der sie umschliessenden festen Wand bilden), so geben die in der Flüssigkeit wirkenden Druckkräfte Veranlassung zu Componenten und Drehungsmomenten, welche die starren Körper erfahren, und welche einfache und merkwürdige Gesetze befolgen.

Wir wollen diese Wirkungen untersuchen unter der Voraussetzung, dass die Anwesenheit des festen Körpers die auf die Flüssigkeit ausgeübten Kräfte nicht ändert, z. B. von ihm keine Attraction auf die Flüssigkeit ausgeübt wird; in diesem Falle ist seine Oberfläche nichts als eine der Flüssigkeit gewährte Begrenzung.

Da der Druck normal gegen die Oberflächenelemente do des starren Körpers wirkt, so werden, wenn mit n die Normale zu do in der Richtung von der Flüssigkeit zu dem starren Körper bezeichnet wird, für die Componenten- und Momentensummen, die ein beliebiges endliches Stück o seiner Oberfläche erfährt, folgende Gleichungen gelten:

$$\begin{aligned}
X' &= \int_{(o)} p \cos(n, x)\, do, \\
Y' &= \int_{(o)} p \cos(n, y)\, do, \\
Z' &= \int_{(o)} p \cos(n, z)\, do, \\
L' &= \int_{(o)} p \big(y \cos(n, z) - z \cos(n, y)\big)\, do, \\
M' &= \int_{(o)} p \big(z \cos(n, x) - x \cos(n, z)\big)\, do, \\
N' &= \int_{(o)} p \big(x \cos(n, y) - y \cos(n, x)\big)\, do.
\end{aligned} \tag{51}$$

Ist die Oberfläche o geschlossen, also entweder diejenige eines die Flüssigkeit enthaltenden Gefässes oder aber die eines in sie untergetauchten Körpers, so liegt es nahe, die vorstehenden Oberflächenintegrale mit Hülfe des allgemeinen Satzes (22) auf S. 367 in Integrale über den von der Oberfläche o umschlossenen Raum zu verwandeln.

Dem steht entgegen, dass in den Fällen, wo die Flüssigkeit den Körper umgiebt, in dessen Innerem der Druck p zunächst gar nicht definirt ist. Indessen lässt sich auf Grund der Annahme, dass die Anwesenheit des starren Körpers die auf die Flüssigkeit ausgeübten Kräfte in keiner Weise ändern soll, folgende Ueberlegung anstellen. Denkt man den Inhalt des Körpers beseitigt und nur seine Oberfläche als starre Wand erhalten, so kann man den entstandenen Hohlraum jederzeit so mit Flüssigkeit der den Aussenraum einnehmenden Art erfüllen, dass jedes Wandelement von beiden Seiten unter der Wirkung der gegebenen Kräfte den gleichen Druck erfährt und dass schliesslich auch die starre Wand beseitigt werden kann. Diese mit der äusseren im Gleichgewicht befindliche Flüssigkeit nennt man die durch den Körper verdrängte, obgleich sie eigentlich durch den Körper nicht verdrängt, sondern genauer durch ihn ersetzt wird; denn man muss offenbar nach dem Vorstehenden den Körper dadurch in die Flüssigkeit eingeführt denken, dass man zunächst eine starre Oberfläche von geeigneter Gestalt entstehen lässt, die von ihr umschlossene Flüssigkeit beseitigt und die Substanz des Körpers an ihre Stelle bringt.

Nach dem Gesagten können wir dann innerhalb des von o umschlossenen Raumes, gleichviel ob derselbe wirklich Flüssigkeit enthält oder nicht, für den Druck die Beziehungen

$$\frac{\partial p}{\partial x} = \varepsilon X, \qquad \frac{\partial p}{\partial y} = \varepsilon Y, \qquad \frac{\partial p}{\partial z} = \varepsilon Z \tag{51'}$$

als gültig betrachten.

Die Anwendung des Hülfssatzes (22) auf die Oberflächenintegrale (51) ist unter diesen Voraussetzungen gestattet; es ist aber zu bemerken, dass in jenen Integralen die Normale n, im Falle die Flüssigkeit sich innerhalb o befindet, die äussere auf k ist, im Falle ausserhalb, die innere. Demgemäss erhalten wir unter Rücksicht auf die Beziehungen (51') folgende Formeln:

$$\begin{gathered} X' = \pm \int\limits_{(k)} \varepsilon X\,dk, \qquad Y' = \pm \int\limits_{(k)} \varepsilon Y\,dk, \qquad Z' = \pm \int\limits_{(k)} \varepsilon Z\,dk, \\ L' = \pm \int\limits_{(k)} \varepsilon(yZ - zY)\,dk, \qquad M' = \pm \int\limits_{(k)} \varepsilon(zX - xZ)\,dk, \\ N' = \pm \int\limits_{(k)} \varepsilon(xY - yX)\,dk; \end{gathered} \tag{52}$$

sie stellen Summen von Componenten und Drehungsmomenten über den von dem Körper eingenommenen Raum dar, die, obwohl es sich um Kräfte handelt, die auf die Flüssigkeit ausgeübt werden, so gebildet sind, als wirkten sie auf einen festen Körper. Hierauf beruhen die aus ihnen zu entnehmenden Sätze.

Ist die Oberfläche von der Flüssigkeit erfüllt, so gilt das obere Vorzeichen und ε ist die wirklich in dk vorhandene Dichte, X, Y, Z sind die wirklich auf die Masseneinheit in dk wirkenden Componenten; die Gleichungen (52) enthalten dann folgenden Satz:

Eine geschlossene starre Oberfläche, die mit Flüssigkeit erfüllt ist, erfährt Componenten und Drehungsmomente, welche gleich denjenigen sind, die sich aus den auf die Flüssigkeit wirkenden Kräften berechnen würden, wenn die Flüssigkeit starr wäre.

Ist die Oberfläche von der Flüssigkeit umgeben, so gilt das untere Vorzeichen und ε, X, Y, Z sind die Werthe, welche in dk für die vom Körper verdrängte Flüssigkeit gelten würden. Wir können daher folgendes weitere Resultat aussprechen:

Eine von einer Flüssigkeit rings umgebene starre Oberfläche erfährt unter den gemachten Voraussetzungen Componentensummen und Drehungsmomente, welche entgegengesetzt sind denjenigen, welche sich aus den auf die verdrängte Flüssigkeit wirkenden Kräften berechnen würden, wenn die Flüssigkeit einen starren Körper bildete.

Dass in diesen beiden Fällen die Wirkungen entgegensetzt gleich sein müssen, übersieht man am einfachsten, wenn man in einer im Gleichgewicht befindlichen Flüssigkeit die Theilchen, welche eine geschlossene Oberfläche erfüllen, in starre Verbindung gebracht denkt; hierdurch kann das Gleichgewicht nicht geändert werden, die starre Oberfläche muss also von aussen und innen entgegengesetzte Wirkungen erfahren, und dies überträgt sich unmittelbar auf den Fall, dass der äussere oder der innere Raum mit einem starren Körper ausgefüllt ist, vorausgesetzt, dass dieser, wie angenommen, seinerseits keine Wirkung auf die Flüssigkeit ausübt.

Für den Fall, dass die Flüssigkeit nur der Schwerkraft unterworfen ist, muss sie in horizontalen Ebenen constante Dichte und constanten Druck besitzen; die verdrängte Flüssigkeit wird hier dadurch erhalten, dass man das ausserhalb des Körpers stattfindende Gesetz der Dichte auch durch den vom Körper erfüllten Raum hindurch fortgesetzt denkt. Da ferner parallele Kräfte sich jederzeit durch eine Einzelkraft vollständig ersetzen lassen, so gelten folgende Sätze:

Eine mit schwerer Flüssigkeit erfüllte starre geschlossene Oberfläche erfährt eine Kraft, welche dem Gewicht der eingeschlossenen Flüssigkeit gleich ist und durch deren Schwerpunkt geht.

Eine von schwerer Flüssigkeit umgebene starre geschlossene Oberfläche erfährt eine Kraft, welche dem Gewicht der verdrängten Flüssigkeit gleich und entgegengesetzt gerichtet ist und durch deren Schwerpunkt geht.

Dieser letztere Satz führt den Namen des Archimedischen Principes und die darin besprochene Kraft den Namen des hydrostatischen Auftriebes. —

Die Luft ist eine Flüssigkeit, innerhalb deren alle Körper sich befinden, mit denen wir gewöhnlich operiren; der von ihr herrührende Auftrieb giebt bei vielen physikalischen Beobachtungen eine Fehlerquelle, welche Berücksichtigung verlangt.

Bei Wägungen werden die auf die Waage ausgeübten Kräfte durch sie verringert. Bezeichnen wir Masse, Volumen und Dichte des zu wägenden, homogen angenommenen Körpers mit M_k, V_k und ε_k, die der Gewichtsstücke mit M_g, V_g und ε_g, die Dichte der Luft mit ε_l, so wird unter Voraussetzung gleicher Hebelarme die Waage einspielen, wenn

$$V_k(\varepsilon_k - \varepsilon_l) = V_g(\varepsilon_g - \varepsilon_l) \quad \text{oder} \quad M_k\left(1 - \frac{\varepsilon_l}{\varepsilon_k}\right) = M_g\left(1 - \frac{\varepsilon_l}{\varepsilon_g}\right)$$

ist, aber nicht, wenn $M_k = M_g$ ist, ausgenommen, dass die Dichten der Gewichtsstücke und der Körper die gleichen sind.

Das Gewicht eines Körpers im leeren Raum $M_k g$, vermindert um den Betrag des Auftriebes der Flüssigkeit, in welcher er sich befindet, nennt man das scheinbare Gewicht des Körpers in dieser Flüssigkeit. Mit dem scheinbaren Gewicht der Körper in Luft, d. h. mit der Grösse $M_k g(1 - \varepsilon_l/\varepsilon_k)$, operiren wir bei Wägungen der Regel nach ausschliesslich.

Das Drehungsmoment, welches die Schwere auf ein Pendel ausübt, wird durch den Auftrieb der Luft verringert und erhält, falls der Schwerpunkt der Masse und der Schwerpunkt des Volumens in derselben Ebene durch die Drehungsaxe liegen, s und s' ihre Abstände von letzterer sind, φ deren Winkel gegen die Verticale ist, den Werth:

$$N = - M_k s g\left(1 - \frac{\varepsilon_l s'}{\varepsilon_k s}\right)\sin\varphi .$$

Um diese und ähnliche Einflüsse in Rechnung zu ziehen, ist die Kenntniss der Dichte der Luft für die bei der Beobachtung stattfindenden Umstände, d. h. für die beobachtete Temperatur und den beobachteten Barometerstand, erforderlich. Das Gesetz von MARIOTTE und GAY-LUSSAC, welches nach (39') lautet:

$$\varepsilon_l = \varepsilon_l^0 \frac{p}{p_0} \left(\frac{1 + \alpha \tau_0}{1 + \alpha \tau}\right),$$

giebt diese Grösse für alle Verhältnisse an, wenn sie für irgend eine Temperatur τ_0 und einen Druck p_0 bestimmt ist.

Ihre Bestimmung geschieht unter Benutzung des Auftriebes, indem man ein Gefäss von bekanntem Volumen erst offen, dann geschlossen und evacuirt wägt.

Ist das von der Substanz des Gefässes erfüllte Volumen v, ihre Dichte ε, das Volumen des umschlossenen Hohlraumes V, die Dichte der umgebenden Luft bei der abgelesenen Temperatur und dem abgelesenen Druck ε_l, so wird das scheinbare Gewicht G_0 im geöffneten Zustande sein

$$G_0 = v g (\varepsilon - \varepsilon_l),$$

im geschlossenen und evacuirten

$$G_1 = v g (\varepsilon - \varepsilon_l) - V g \varepsilon_l;$$

die Differenz beider bestimmt ε_l.

Den Gewichtsverlust, welchen starre Körper in tropfbaren Flüssigkeiten erleiden, benutzt man, um ihre eigene Dichte oder, wenn diese bekannt ist, die Dichte der Flüssigkeit zu bestimmen.

Die Wägung des Körpers in Luft giebt das scheinbare Gewicht

$$G_1 = V g (\varepsilon_k - \varepsilon_l),$$

in der Flüssigkeit von der Dichte ε_f

$$G_2 = V g (\varepsilon_k - \varepsilon_f).$$

Aus diesen zwei Beobachtungen kann man zwei Grössen bestimmen, z. B. ε_k und V, falls ε_l und ε_f bekannt sind; es gelten dann die Gleichungen:

$$\frac{G_1}{G_1 - G_2} = \frac{\varepsilon_k - \varepsilon_l}{\varepsilon_f - \varepsilon_l}, \qquad \frac{G_1 - G_2}{g} = V(\varepsilon_f - \varepsilon_l).$$

Haben die Stücke des Gewichts- oder besser des Massensatzes, welche die scheinbaren Gewichte G_1 und G_2 ergeben, durchweg gleiche Dichte, so ist das Verhältniss $G_1/(G_1 - G_2)$ vom Auftrieb der Luft unabhängig, nämlich gleich dem Verhältniss der durch die Bezeichnung der Gewichtsstücke direct gegebenen Massen $M_1/(M_1 - M_2)$. Das Verhältniss $(G_1 - G_2)/g$ hingegen ist von dem Auftrieb auch unter dieser Voraussetzung abhängig und hat den Werth $(M_1 - M_2)(1 - \varepsilon_l/\varepsilon_g)$.

Bei diesen Beobachtungen ist der Einfluss, den Temperaturänderungen auf alle Dichten und den Druckänderungen auf die Dichte der Luft ausüben, nach dem früher S. 384 Gesagten in Rechnung zu ziehen. —

Ist die Flüssigkeit nur in ihrem unteren Theile tropfbar, im oberen aber gasförmig, so gelten die Sätze S. 405 unverändert; ignorirt man dabei die Dichte des Gases neben derjenigen der Flüssigkeit, d. h. betrachtet man den mit Luft erfüllten Theil als leer, so ist die Gestalt des oberen Theiles der geschlossenen Oberfläche ganz ohne Einfluss. Derselbe kann auch ganz fehlen, wie bei einem Gefäss, das oben offen und mit Flüssigkeit erfüllt ist; trotzdem findet sich die Gesammtkraft, die das letztere durch die Schwere erleidet, gleich dem Gewicht der in ihm enthaltenen Flüssigkeitsmenge. Ein auf der Oberfläche einer tropfbaren Flüssigkeit schwimmender Körper erleidet aus dem gleichen Grunde einen Auftrieb gegeben durch das Gewicht der von ihm verdrängten tropfbaren Flüssigkeit, welcher in deren Schwerpunkt angreift. Diesen specielleren Satz legt man der Theorie des Gleichgewichtes oberflächlich schwimmender Körper zu Grunde.

Schwimmende Körper stehen also unter der Wirkung ihres Gewichtes, das im Schwerpunkt ihrer Masse, und des Auftriebes, der im Schwerpunkt der verdrängten Flüssigkeit angreift. Nach den in § 20 angestellten allgemeinen Betrachtungen ist zum Gleichgewicht nothwendig und hinreichend, dass diese in entgegengesetzten Richtungen wirkenden Kräfte einander gleich sind und die Verbindungslinie ihrer Angriffspunkte ihrer Richtung parallel ist. Der Körper wird also so tief einsinken, dass der erzielte Auftrieb seinem Gewicht gleich ist, und eine solche Lage einnehmen, dass die Verbindungslinie beider Schwerpunkte vertical steht. Er wird untersinken, wenn auch bei vollständigem Eintauchen der Auftrieb dem Gewicht nicht gleich kommt.

Von besonderem Interesse ist bei schwimmenden Körpern die Frage nach der Stabilität des Gleichgewichtes.

Das Gleichgewicht ist absolut stabil, wenn bei jeder unendlich kleinen Lagenänderung des schwimmenden Körpers gegen die Flüssigkeit Kräfte entstehen, die dieser Bewegung entgegenwirken. Die Verrückungen, welche die Lage des Körpers gegen die Flüssigkeit ändern, sind ausschliesslich verticale Verschiebungen und Drehungen um horizontale Axen; horizontale Verschiebungen und Drehungen um verticale Axen ändern dieselbe ersichtlich nicht.

Man erkennt nun leicht, dass, die singulären Fälle ausgenommen, wo durch tieferes Eintauchen des Körpers dem Eindringen der Flüssigkeit Hohlräume im Körper geöffnet werden, die Menge der verdrängten Flüssigkeit, und daher auch der Auftrieb, durch eine verticale Verschiebung nach unten immer zunimmt, bei einer nach oben abnimmt, während das Gewicht des Körpers ungeändert bleibt, dass demnach gegenüber verticalen Verschiebungen das Gleichgewicht immer stabil ist.

Es handelt sich also für uns nur um die Wirkungen von Drehungen um horizontale Axen, welche letztere wir ohne Beschränkung der Allgemeinheit in die Flüssigkeitsoberfläche legen können; denn die Drehung um eine andere horizontale Axe kann nach S. 190 stets durch Zufügung einer parallelen Verschiebung in diese verwandelt werden.

Stelle in der Figur 41 die Gerade $\overline{ab}$ die Ebene normal zur Figur dar, in welcher bei der Gleichgewichtslage (von der aus die Drehung stattfindet), die Flüssigkeitsoberfläche den schwimmenden Körper schneidet; sei ferner s der Schwerpunkt des Körpers, σ der des verdrängten Volumens Flüssigkeit, dann ist nach dem Früheren $\overline{s\sigma}$ normal zu $\overline{ab}$.

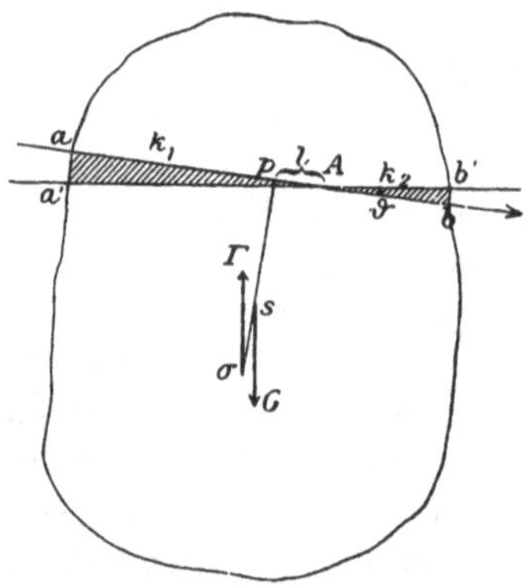

Fig. 41.

Die Drehung des Körpers aus der Gleichgewichtslage heraus finde in negativer Richtung um die Axe statt, welche im Punkte A normal zur Ebene der Figur steht; der unendlich kleine Drehungswinkel sei ϑ. Nach der Drehung schneidet demgemäss die Flüssigkeitsgrenze den Körper in einer durch $\overline{a'b'}$ dargestellten Ebene normal zur Figur; es ist also ein keilförmiges Volumen k_1 aus der Flüssigkeit, ein anderes k_2 durch die Drehung in die Flüssigkeit gekommen.

Nennen wir für ein Element dq des Querschnittes die Coordinate normal zur Axe A in der Ebene der Flüssigkeitsgrenze r, so sind diese Volumina resp.

$$k_1 = -\vartheta \int_{(q_1)} r\, dq, \qquad k_2 = +\vartheta \int_{(q_2)} r\, dq,$$

wo das erste Integral über die linke, das zweite über die rechte Querschnittshälfte genommen ist; ersteres ist mit negativem Zeichen zu nehmen, denn auf der linken Seite ist $r < 0$.

Die Drehung verändert das eingetauchte Volumen nicht, wenn

$$k_1 = k_2, \quad \text{d. h.} \quad \int_{(q_1 + q_2)} r\, dq = 0$$

ist, oder wenn die Axe durch den Schwerpunkt des Querschnittes q

gelegt ist; in diesem Falle haben wir also eine rein drehende Wirkung, erhalten also auch keine verticale Kraftcomponente, sondern nur ein Moment um die Axe A, und wir wollen denselben daher weiterhin voraussetzen.

Sei das Gewicht des Körpers G, das der verdrängten Flüssigkeit Γ, und denken wir ersteres in s, letzteres in σ angreifend, so geben beide zusammen ein Moment, welches gegenüber den wirklich stattfindenden um die Wirkung des Keiles k_1 zu gross, um die des Keiles k_2 zu klein ist; denn k_1 ist aus der Flüssigkeit aus-, k_2 in dieselbe eingetaucht.

Bezeichnet man den normalen Abstand der Schwerpunkte s und σ von $\overline{ab}$ mit s und σ, die Entfernung des Fusspunktes p des Lothes $\overline{s\sigma}$ von A mit l und beachtet, dass ϑ ein unendlich kleiner Winkel sein soll, so ist das Moment von G

$$N_G = + G(l + s\vartheta),$$

das von Γ

$$N_\Gamma = - \Gamma(l + \sigma\vartheta),$$

das von k_1

$$N_1 = - g\varepsilon\vartheta \int_{(q_1)} r^2 \, dq,$$

das von k_2

$$N_2 = + g\varepsilon\vartheta \int_{(q_2)} r^2 \, dq.$$

Die Resultante aller dieser Momente wird unter Rücksicht darauf, dass dasjenige von k_1 abzuziehen, das von k_2 zuzuaddiren und $G = \Gamma$ ist:

$$N = \left(G(s - \sigma) + g\varepsilon \int r^2 \, dq \right) \vartheta.$$

Wenn der Factor von ϑ grösser als Null ist, so wirkt das entstandene Moment der Drehung, die in negativem Sinne angenommen ist, entgegen, so ist also das Gleichgewicht gegenüber einer Drehung um die Axe A stabil; ist der Factor kleiner als Null, so ist es labil, ist er gleich Null, so indifferent.

Das Gleichgewicht ist absolut stabil, wenn für jede durch den Schwerpunkt des Querschnittes q, in welchem die freie Flüssigkeitsoberfläche den Körper schneidet, gelegte Axe die Beziehung gilt:

$$G(s - \sigma) + g\varepsilon \int_{(q)} r^2 \, dq > 0. \tag{53}$$

Führt man das Volumen V der verdrängten Flüssigkeit ein und bedenkt, dass

$$G = g\varepsilon V$$

ist, so schreibt sich diese Bedingung auch:

$$V(s - \sigma) + \int_{(q)} r^2 \, dq > 0. \tag{53'}$$

Das Integral hat die Bedeutung des Trägheitsmomentes des Querschnittes q um die Axe A und ist eine stets positive Grösse.

Man erkennt, dass das Gleichgewicht stets stabil ist, falls

$$s > \sigma$$

ist, also der Schwerpunkt des Körpers tiefer liegt als derjenige der verdrängten Flüssigkeit.

Dieses findet bei homogenen Körpern aber niemals statt. Indessen ist, auch wenn der Schwerpunkt des Körpers höher liegt, stabiles Gleichgewicht noch möglich, wenn der Abstand $\sigma - s$ vom Schwerpunkt der verdrängten Flüssigkeit der Ungleichung genügt:

$$\sigma - s < \frac{1}{V} \int_{(q)} r^2 \, dq.$$

Diese Ungleichung lässt sich noch anschaulicher machen, wenn man aus dem Volumen der verdrängten Flüssigkeit einen Cylinder bildet von einer Grundfläche, welche gleich dem Querschnitt q ist, in welchem die Flüssigkeit beim Gleichgewicht den festen Körper schneidet; derselbe besitzt eine Höhe λ (die mittlere Eintauchtiefe des Körpers) gegeben durch

$$V = q \lambda.$$

Führt man dann noch den Trägheitsradius $\varkappa$ des Querschnittes q durch die Gleichung

$$\int_{(q)} r^2 \, dq = q \varkappa^2$$

ein, so lautet die Bedingung des stabilen Gleichgewichtes:

$$\lambda(\sigma - s) < \varkappa^2. \tag{53''}$$

Das Gleichgewicht eines unter der Wirkung der Schwere schwimmenden Körpers ist absolut stabil, wenn für jede durch den Schwerpunkt des Querschnittes q gelegte Axe das Quadrat des Trägheitsradius grösser ist als das Rechteck gebildet aus dem Abstand $(\sigma - s)$ des Schwerpunktes der verdrängten Flüssigkeit von demjenigen des Körpers und der mittleren Eintauchtiefe λ.

Wir machen von diesem wichtigen Gesetz nunmehr eine Anwendung.

Sei der Körper ein homogener gerader Kreiscylinder von dem Radius R und der Länge L, dann besteht nach Figur 42 die Beziehung

$$\sigma = \tfrac{1}{4} L + \tfrac{1}{2} s,$$

und gilt also

$$\sigma - s = \tfrac{1}{4} L - \tfrac{1}{2} s;$$

dagegen ist direct gegeben

$$\lambda = \tfrac{1}{2} L + s.$$

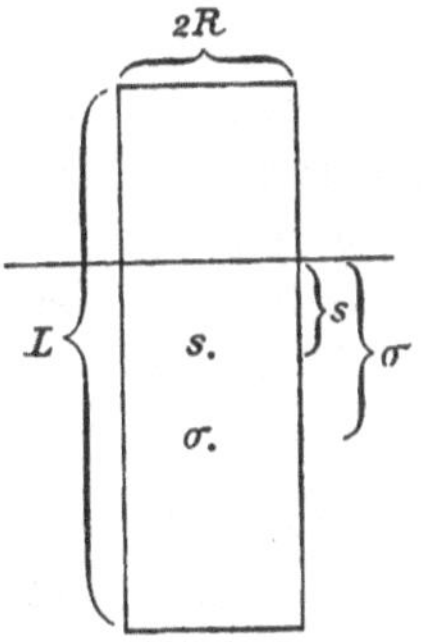

Fig. 42.

Für einen kreisförmigen Querschnitt ist nach Formel (40) des zweiten Theiles

$$\varkappa^2 = \tfrac{1}{4} R^2,$$

und die Bedingung der Stabilität wird daher zu

$$\tfrac{1}{2} R^2 > (\tfrac{1}{4} L^2 - s^2).$$

Hierin bestimmt sich s durch das Verhältniss der Dichtigkeiten ε des Körpers und ε' der Flüssigkeit; denn aus der Bedingung

$$G = \Gamma$$

wird hier

$$\pi L R^2 \varepsilon g = \pi (\tfrac{1}{2} L + s) R^2 \varepsilon' g,$$

es gilt also:

$$L \varepsilon = (\tfrac{1}{2} L + s) \varepsilon' \quad \text{oder} \quad s = \frac{L(2\varepsilon - \varepsilon')}{2\varepsilon'}.$$

Hiernach wird die obige Ungleichung zu

$$\left(\frac{R}{L}\right)^2 > \frac{2\varepsilon(\varepsilon' - \varepsilon)}{\varepsilon'^2}.$$

Der beginnenden Instabilität entspricht ein Werth des Verhältnisses R/L gegeben durch

$$\left(\frac{R}{L}\right)^2 = \frac{2\varepsilon(\varepsilon' - \varepsilon)}{\varepsilon'^2}.$$

Die Dichten von Kork und Wasser verhalten sich etwa wie 1 : 4, ein Cylinder von Kork wird also aufrecht im Wasser schwimmen, wenn das Verhältniss von Radius zu Höhe grösser ist als $\sqrt{3/8}$, d. h. grösser als ca. 0,6. Für Eis und Wasser, wo $\varepsilon : \varepsilon' = 9 : 10$ ist, muss entsprechend $(R/L)^2 > \sqrt{0{,}18}$, d. h. $> 0{,}42$ sein.

Setzt man $\varepsilon / \varepsilon' = \beta$, wobei $0 < \beta < 1$ sein muss, so lautet die obige Ungleichung

$$\left(\frac{R}{L}\right)^2 > 2\beta(1 - \beta);$$

die rechte Seite, als Function von β betrachtet, nimmt einen grössten Werth an für $\beta = 1/2$, einen kleinsten für $\beta = 0$ oder $\beta = 1$. Da die Stabilität um so grösser ist, je mehr die linke Seite die rechte an Grösse überwiegt, so giebt der Werth $\beta = 1/2$ ein Dichtigkeitsverhältniss an, für welches die Stabilität des Schwimmens ein Minimum ist; sehr grosse und sehr kleine Werthe von β sind vortheilhafter.

Eine homogene Kugel oder ein homogener Kreiscylinder mit horizontaler, nicht zu kurzer Axe schwimmt, wie die directe Anschauung lehrt, bezüglich einer Drehung stets im indifferenten Gleichgewicht; soll das unsere Formel ausdrücken, so muss sie, auf diese Fälle angewandt,

$$\lambda(\sigma - s) = \varkappa^2$$

ergeben. In der That lässt sich durch eine einfache Rechnung erweisen, dass dies stattfindet. —

Der erste der S. 404 angegebenen Sätze lässt sich, speciell auf die Wirkung der Schwerkraft angewandt, auch in folgender Form aussprechen:

Eine geschlossene, mit Flüssigkeit erfüllte Oberfläche erfährt unter der Wirkung der Schwere Druckkräfte, deren verticale Componenten die Summe $g\int\varepsilon dk$ über das umschlossene Volumen und deren horizontale Componenten die Summe Null ergeben.

Wir wollen ihn anwenden, um Folgerungen über den Druck gegen nicht geschlossene Flächenstücke zu ziehen, indem wir diese in geeigneter Weise zu geschlossenen Flächen ergänzen. Dabei ist es vortheilhaft, zu beachten, dass die gegen die eine Seite o einer in einer Flüssigkeit befindlichen Oberfläche ausgeübten Drucke gleich und entgegengesetzt sind denen, welche die andere o' erfährt.

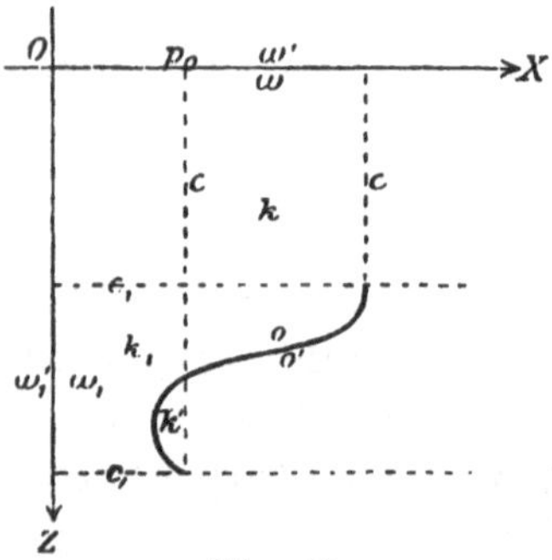

Fig. 43.

Um die Verticalcomponente Z_0 des Druckes zu bestimmen, den die nicht geschlossene Fläche o (Figur 43) erfährt, construiren wir über ihrer Randcurve einen verticalen Cylinder cc, der aus einer willkürlichen Horizontalebene durch OX, in welcher der Druck p_0 herrsche, das Stück ω ausschneidet.

Bezeichnet man das zwischen o und ω liegende Volumen mit k, so ergiebt der obige Satz, da die auf die Cylinderfläche wirkenden Drucke keine verticale Componente liefern:

$$Z_o + Z_\omega = g\int_{(k)} \varepsilon\, dk. \tag{54}$$

Nun ist aber

$$Z_\omega = - \omega p_0,$$

also findet sich

$$Z_o = \omega p_0 + g \int_{(k)} \varepsilon\, d k, \tag{54'}$$

und dies enthält einen Satz, der sich leicht in Worte fassen lässt.

Schneidet die Oberfläche o den verticalen Cylinder, so sind die ausserhalb liegenden Volumina (in der Figur k') mit negativem Vorzeichen einzuführen, denn für sie ist die Fläche o die äussere Fläche und der Druck gegen diese giebt als Resultante einen Auftrieb parallel $-Z$.

Ist die Flüssigkeit nur in ihrem unteren Theil tropfbar, in ihrem oberen gasförmig, so legt man ω passend in die Grenzfläche beider Theile; p_0 ist dann der Druck, unter dem sich das Gas befindet.

Um eine horizontale Gesammtcomponente, z. B. diejenige parallel der X-Axe, von den Drucken zu bestimmen, welche o erfährt, construiren wir parallel der X-Richtung über der Randcurve von o einen Cylinder $c_1 c_1$ bis zu einer beliebigen zur X-Axe normalen Ebene, z. B. der YZ-Ebene, welcher aus dieser die Fläche ω_1 ausschneide. Der obige Satz ergiebt dann auf das zwischen o und ω_1 liegende Volumen k_1 angewandt

$$X_o + X_{\omega_1} = 0 \quad \text{oder} \quad X_o = + X_{\omega_1'}, \tag{54''}$$

was ebenfalls einen einfachen Satz enthält.

Es mag schliesslich noch ausdrücklich hervorgehoben werden, dass die Drucke, welche auf ein nicht geschlossenes Flächenstück wirken, im Allgemeinen nicht zu einer einzigen Kraft zusammensetzbar sind, sondern auch noch Drehungsmomente ergeben, für welche analoge einfache Sätze, wie die vorstehenden, durch dieselben Mittel zu erhalten sind.

§ 34. Mechanik idealer Flüssigkeiten. Entwickelung der Bewegungsgleichungen. Allgemeines über Potentialbewegungen, insbesondere incompressibler Flüssigkeiten.

Wir wenden uns nunmehr zu der Betrachtung der Bewegungserscheinungen, welche ideale, d. h. reibungsfreie Flüssigkeiten zeigen können. Die allgemeinen Gesetze derselben sind in den Gleichungen (37) bis (40''') enthalten; wir wollen sie in der Weise benutzen, dass wir in ihnen die Geschwindigkeitscomponenten u, v, w als Functionen von x, y, z und t ansehen, also nicht sofort ein jedes Massentheilchen auf seinem

Wege verfolgen, sondern in erster Linie untersuchen, was für eine Bewegung zu beliebiger Zeit an beliebiger Stelle stattfindet. Es mag einleitend auseinandergesetzt werden, welche Resultate über die Flüssigkeitsbewegung zu erschliessen sind, wenn u, v, w in ihrer Abhängigkeit von x, y, z und t bekannt, entweder willkürlich vorgeschrieben oder aus den für sie geltenden Bedingungen abgeleitet sind.

Versteht man unter dx, dy, dz die Projectionen des in dt von einem Flüssigkeitstheilchen zurückgelegten Linienelementes, so gilt nach der Definition von u, v, w

$$dx : dy : dz = u : v : w. \tag{55}$$

Sind, wie angenommen, u, v, w bekannte Functionen, so stellt diese Proportion bei constantem t die beiden Differentialgleichungen einer Curve dar, deren Elemente an jeder Stelle in die Richtung der dort stattfindenden Strömung fallen; man nennt dieselbe eine Stromlinie. Solche Linien lassen sich für jeden Zeitmoment durch jedes Flüssigkeitstheilchen legen.

Im allgemeinen Fall, dass u, v, w die Zeit t enthalten, sind die Stromlinien mit der Zeit veränderlich und geben in Folge hiervon nicht die Bahnen der einzelnen Flüssigkeitstheilchen an, obwohl jedes ihrer Elemente den Weg ds eines auf demselben befindlichen Theilchens für ein Zeitelement dt darstellt. Aber während das Theilchen das Element ds durchläuft, verändert sich die durch dessen Anfangspunkt gehende Stromlinie, so dass das Theilchen am Ende von dt dieselbe bereits verlassen hat.

Eine Ausnahme bildet der specielle, aber wichtigste Fall der sogenannten stationären Bewegung, bei der u, v, w und auch ε und p Functionen der Coordinaten allein sind, der gesammte Zustand der Flüssigkeit an jeder Stelle also dauernd derselbe bleibt; hier geben die Stromlinien wirklich die Bahnen der Flüssigkeitstheilchen an, und die Integration der Differentialgleichungen (55) liefert dann demgemäss eine weitgehende Veranschaulichung der Flüssigkeitsbewegung.

Wir wollen nun unter einem Stromfaden einen Canal verstehen, der von denjenigen Stromlinien erfüllt wird, die irgend ein Flächenelement q normal durchsetzen. Begrenzen wir ein Stück eines solchen Stromfadens durch zwei normale Querschnitte q_1 und q_2 und bezeichnen wir die Dichten und Geschwindigkeiten in letzteren mit ε_1, ε_2 und V_1, V_2, so sind die in dt durch sie tretenden Flüssigkeitsmengen resp. gleich $q_1 \varepsilon_1 V_1 dt$ und $q_2 \varepsilon_2 V_2 dt$; der Ueberschuss der austretenden über die eintretende Menge ist somit für den betrachteten

Abschnitt, da durch seine Wände nach der Definition des Stromfadens Flüssigkeit nicht hindurchgeht, gleich $(q_2 \varepsilon_2 V_2 - q_1 \varepsilon_1 V_1)\, dt$.

Ist die Dichte der Flüssigkeit überhaupt unveränderlich, oder ist der Zustand stationär, so muss dieser Ausdruck für jede Lage der Querschnitte q_1 und q_2 in dem Stromfaden verschwinden; durch jeden Querschnitt des Stromfadens muss somit die gleiche (auf die Zeiteinheit bezogene) Gesammtströmung $q \varepsilon V$ gehen. Dies ergiebt das Resultat, dass unter den gemachten Annahmen εV, oder bei constanter Dichte V selbst, dem Querschnitt des Stromfadens indirect proportional sein muss. Schliesst man unendliche Werthe von εV oder V als physikalisch unmöglich aus, so ergiebt sich hieraus, dass ein Stromfaden, der irgendwo einen endlichen Querschnitt besitzt, an keiner Stelle einen unendlich kleinen Querschnitt haben kann. Wir können dies Resultat auch folgendermassen aussprechen:

In einer Flüssigkeit von unveränderlicher Dichte oder von stationärem Bewegungszustand kann ein Stromfaden weder beginnen noch endigen, sondern muss, soweit er nicht von einem bewegten festen Körper ausgeht, entweder in sich zurücklaufen oder aus dem Unendlichen kommen und in's Unendliche gehen. Ist im Unendlichen εV oder V unendlich klein, so wird q daselbst unendlich gross. —

Die Betrachtungen, welche wir in § 29 über unendlich kleine stetige Verrückungen angestellt haben, werden direct auf die Bewegung der Flüssigkeit anwendbar, falls wir die Verrückungscomponenten δx, δy, δz als die in der unendlich kleinen Zeit δt während der Bewegung wirklich stattfindenden deuten, also setzen

$$\delta x = u\, \delta t, \qquad \delta y = v\, \delta t, \qquad \delta z = w\, \delta t.$$

Demgemäss werden jetzt die Deformationsgeschwindigkeiten der Flüssigkeit definirt sein durch

$$\begin{gathered} \frac{\partial u}{\partial x} = x_x', \qquad \frac{\partial v}{\partial y} = y_y', \qquad \frac{\partial w}{\partial z} = z_z', \\ \frac{\partial v}{\partial z} + \frac{\partial w}{\partial y} = y_z', \qquad \frac{\partial w}{\partial x} + \frac{\partial u}{\partial z} = z_x', \qquad \frac{\partial u}{\partial y} + \frac{\partial v}{\partial x} = x_y', \end{gathered} \tag{55'}$$

und ebenso ihre Rotations- oder Wirbelgeschwindigkeiten

$$\lambda = \delta \lambda / \delta t, \qquad \mu = \delta \mu / \delta t, \qquad \nu = \delta \nu / \delta t$$

durch

$$\lambda = \tfrac{1}{2}\left(\frac{\partial w}{\partial y} - \frac{\partial v}{\partial z}\right), \qquad \mu = \tfrac{1}{2}\left(\frac{\partial u}{\partial z} - \frac{\partial w}{\partial x}\right), \qquad \nu = \tfrac{1}{2}\left(\frac{\partial v}{\partial x} - \frac{\partial u}{\partial y}\right). \tag{55''}$$

Die in den Bewegungsgleichungen (37) auftretenden vollständigen Differentialquotienten du/dt, dv/dt, dw/dt, welche für ein gegebenes

Flüssigkeitstheilchen die in Folge der Zeit- und Ortsänderung stattfindenden Beschleunigungen darstellen, sind nach unserer Annahme in die den einzelnen Ursachen entsprechenden Theile zu zerlegen, und wir erhalten, indem wir nach dem Schema

$$\begin{aligned}\frac{d\psi}{dt} &= \frac{\partial\psi}{\partial t} + \frac{\partial\psi}{\partial x}\frac{dx}{dt} + \frac{\partial\psi}{\partial y}\frac{dy}{dt} + \frac{\partial\psi}{\partial z}\frac{dz}{dt},\\ &= \frac{\partial\psi}{\partial t} + u\frac{\partial\psi}{\partial x} + v\frac{\partial\psi}{\partial y} + w\frac{\partial\psi}{\partial z}\end{aligned} \tag{55'''}$$

verfahren, für die Hauptgleichungen (37) die folgende Form:

$$\begin{aligned}\frac{\partial u}{\partial t} + u\frac{\partial u}{\partial x} + v\frac{\partial u}{\partial y} + w\frac{\partial u}{\partial z} &= X - \frac{1}{\varepsilon}\frac{\partial p}{\partial x},\\ \frac{\partial v}{\partial t} + u\frac{\partial v}{\partial x} + v\frac{\partial v}{\partial y} + w\frac{\partial v}{\partial z} &= Y - \frac{1}{\varepsilon}\frac{\partial p}{\partial y},\\ \frac{\partial w}{\partial t} + u\frac{\partial w}{\partial x} + v\frac{\partial w}{\partial y} + w\frac{\partial w}{\partial z} &= Z - \frac{1}{\varepsilon}\frac{\partial p}{\partial z}.\end{aligned} \tag{56}$$

Zu ihnen kommt die Continuitätsgleichung (38), d. h.

$$\frac{\partial u}{\partial x} + \frac{\partial v}{\partial y} + \frac{\partial w}{\partial z} + \frac{1}{\varepsilon}\frac{d\varepsilon}{dt} = 0, \tag{56'}$$

die sich unter Anwendung der obigen Formel für $d\psi/dt$ auf $d\varepsilon/dt$ auch schreiben lässt

$$\frac{\partial \varepsilon u}{\partial x} + \frac{\partial \varepsilon v}{\partial y} + \frac{\partial \varepsilon w}{\partial z} + \frac{\partial \varepsilon}{\partial t} = 0. \tag{56''}$$

Die Dichte ε wollen wir nur als Function des Druckes betrachten; wir ersetzen daher die Formeln (38') bis (39''') durch die eine

$$\varepsilon = F(p),$$

oder, was dasselbe bezeichnet, wir setzen

$$\int\frac{dp}{\varepsilon} = \Pi(p), \tag{56'''}$$

worin Π eine Function von p allein bezeichnet.

Was die Oberflächenbedingungen angeht, so werden wir uns hauptsächlich auf die Fälle beschränken, dass die Begrenzung der Flüssigkeit durch starre, aber mit den Geschwindigkeiten u_k, v_k, w_k beliebig bewegte Flächen geschieht; es gilt an letzteren nach (40) die Gleichung

$$(\bar{u} - u_k)\cos(n, x) + (\bar{v} - v_k)\cos(n, y) + (\bar{w} - w_k)\cos(n, z) = 0, \tag{57}$$

während der Druck daselbst jeden Werth annehmen kann.

Ausserdem ist der Fall von Interesse, dass längs gewisser, die Flüssigkeit (zwar nicht factisch, aber doch für die theoretische Betrachtung) begrenzenden Flächenstücke die Bewegung — in der Regel die des Einströmens oder Ausströmens — vollständig vorgeschrieben ist; dies kann z. B. bei einem sonst geschlossenen Gefäss mit zwei Oeffnungen stattfinden, wenn für beide die Art des Eintretens und des Austretens der Flüssigkeit gegeben ist. Hier sind längs der betreffenden Flächen

$$\bar{u} = u_0, \quad \bar{v} = v_0, \quad \bar{w} = w_0 \tag{57'}$$

selbst vorgeschrieben, während über den Druck nichts festgesetzt ist. Sind die Oeffnungen sehr klein gegen das Gefäss selbst, so hat in allen merklichen Entfernungen das Detail der in ihnen stattfindenden Ein- oder Ausströmung keinen Einfluss auf die dadurch erregte Bewegung, sondern nur die während dt durch jede Oeffnung tretende Flüssigkeitsmenge.

An sogenannten freien Oberflächen ist der Druck als constant vorgeschrieben, und die Geschwindigkeiten müssen durch Formel (40'') die Gleichung der freien Oberfläche bestimmen; im Falle des stationären Zustandes muss an ihr Gleichung (57) bei verschwindenden u_k, v_k, w_k gelten. —

Die Construction von möglichen, d. h. mit den vorstehenden Formeln vereinbaren Flüssigkeitsbewegungen ist relativ einfach, wenn man die wirkenden Kräfte, d. h. also X, Y, Z verfügbar hält.

Aus ganz beliebig als stetige Functionen von x, y, z und t vorgeschriebenen Ausdrücken für u, v, w kann man mit Hülfe von (56') oder (56'') ein zulässiges Gesetz für ε finden, daraus nach (56''') p berechnen und aus allen diesen Grössen nach (56) X, Y, Z bestimmen.

Ist die Dichte ε constant, so giebt (56') eine Beschränkung für die Wahl der u, v, w; dafür bleibt jetzt p ganz willkürlich.

Ein solcher Weg führt im Allgemeinen aber nicht zu interessanten Bewegungen, da die so bestimmten Kräfte X, Y, Z nur in seltenen Fällen realisirbar sind. Wir beschränken das Problem, gewinnen aber dadurch die Aussicht auf interessantere Fälle, wenn wir die Annahme einführen, dass die Kräfte ein Potential Φ haben sollen; hier nehmen die Formeln (56) die folgende Gestalt an:

$$\begin{aligned}
\frac{\partial u}{\partial t} + u\frac{\partial u}{\partial x} + v\frac{\partial u}{\partial y} + w\frac{\partial u}{\partial z} &= -\frac{\partial(\Phi + \Pi)}{\partial x},\\
\frac{\partial v}{\partial t} + u\frac{\partial v}{\partial x} + v\frac{\partial v}{\partial y} + w\frac{\partial v}{\partial z} &= -\frac{\partial(\Phi + \Pi)}{\partial y},\\
\frac{\partial w}{\partial t} + u\frac{\partial w}{\partial x} + v\frac{\partial w}{\partial y} + w\frac{\partial w}{\partial z} &= -\frac{\partial(\Phi + \Pi)}{\partial z};
\end{aligned} \tag{58}$$

sie reduciren sich auf eine einzige Gleichung, wenn u, v, w gleich den partiellen Differentialquotienten einer und derselben Function φ von x, y, z und t sind, also gilt:

$$u = \frac{\partial \varphi}{\partial x}, \qquad v = \frac{\partial \varphi}{\partial y}, \qquad w = \frac{\partial \varphi}{\partial z}. \tag{58'}$$

Diese von LAGRANGE eingeführte Function heisst nach v. HELMHOLTZ das Geschwindigkeitspotential der Flüssigkeitsbewegung; eine Strömung, die den Ausdrücken (58') für die Geschwindigkeiten entspricht, nennt man eine Potentialbewegung.

Setzt man diese Beziehungen in die erste Gleichung (58) ein, so nimmt dieselbe die Gestalt an:

$$\frac{\partial^2 \varphi}{\partial t\, \partial x} + \frac{\partial \varphi}{\partial x}\frac{\partial^2 \varphi}{\partial x^2} + \frac{\partial \varphi}{\partial y}\frac{\partial^2 \varphi}{\partial x\, \partial y} + \frac{\partial \varphi}{\partial z}\frac{\partial^2 \varphi}{\partial x\, \partial z} = -\frac{\partial(\Phi + \Pi)}{\partial x}$$

oder aber

$$\frac{\partial}{\partial x}\left[\frac{\partial \varphi}{\partial t} + \frac{1}{2}\left(\left(\frac{\partial \varphi}{\partial x}\right)^2 + \left(\frac{\partial \varphi}{\partial y}\right)^2 + \left(\frac{\partial \varphi}{\partial z}\right)^2\right)\right] = -\frac{\partial(\Phi + \Pi)}{\partial x}.$$

Aehnlich lauten die anderen, und man gelangt, wenn man sie mit den Factoren dx, dy, dz zusammenfasst und integrirt, zu dem Resultat, dass

$$\frac{\partial \varphi}{\partial t} + \frac{1}{2}\left(\left(\frac{\partial \varphi}{\partial x}\right)^2 + \left(\frac{\partial \varphi}{\partial y}\right)^2 + \left(\frac{\partial \varphi}{\partial z}\right)^2\right) + \Phi + \Pi = T \tag{59}$$

sein muss, worin T eine zunächst unbestimmte Function der Zeit t allein bezeichnet, welche bei der Integration nach x, y, z statt einer Integrationsconstanten auftritt.

Diese Formel stellt gewissermaassen die Gleichung der lebendigen Kraft für die Masseneinheit einer in ihrer Bewegung den gemachten Annahmen entsprechenden Flüssigkeit dar. Denn bedenkt man, dass der in der Klammer stehende Ausdruck nach (58') das Quadrat der Geschwindigkeit V ergiebt, so kann man die Gleichung(59) schreiben

$$\tfrac{1}{2}V^2 + \Phi + \Pi = T - \partial\varphi/\partial t, \tag{59'}$$

wo nun $\frac{1}{2}V^2$ die lebendige Kraft der Masseneinheit darstellt, Φ das Potential der äusseren, auf die Masseneinheit wirkenden Kräfte bedeutet und das nur von p abhängige Π wegen seiner Verbindung mit Φ sich als das Potential des Druckes ergiebt. Der links stehende Ausdruck lässt sich auch als die Energie der Masseneinheit der Flüssigkeit an der Stelle x, y, z unter der Wirkung der äusseren Kräfte ansehen.

Diese Energie wechselt örtlich nur wegen des rechts stehenden Gliedes $\partial\varphi/\partial t$, zeitlich ausserdem auch wegen T; im Falle des stationären Zustandes ist sie nicht nur zeitlich, sondern auch örtlich constant, denn hier wird nach der Ableitung der Formel (59) T zu einer Integrationsconstante, während $\partial\varphi/\partial t$ gleich Null genommen werden kann. —

Führt man das Geschwindigkeitspotential auch in die Bedingungen (56'), (56'') und (57) ein, so lauten dieselben

$$\left.\begin{array}{l} \dfrac{\partial \varepsilon \dfrac{\partial \varphi}{\partial x}}{\partial x} + \dfrac{\partial \varepsilon \dfrac{\partial \varphi}{\partial y}}{\partial y} + \dfrac{\partial \varepsilon \dfrac{\partial \varphi}{\partial z}}{\partial z} + \dfrac{\partial \varepsilon}{\partial t} = 0 \\ \text{oder} \\ \dfrac{\partial^2 \varphi}{\partial x^2} + \dfrac{\partial^2 \varphi}{\partial y^2} + \dfrac{\partial^2 \varphi}{\partial z^2} + \dfrac{1}{\varepsilon}\dfrac{d\varepsilon}{dt} = 0, \end{array}\right\} \qquad (59'')$$

und

$$\left.\begin{array}{l} \left(\dfrac{\overline{\partial \varphi}}{\partial x} - u_k\right)\cos(n,x) + \left(\dfrac{\overline{\partial \varphi}}{\partial y} - v_k\right)\cos(n,y) + \left(\dfrac{\overline{\partial \varphi}}{\partial z} - w_k\right)\cos(n,z) = 0 \\ \text{oder} \qquad \dfrac{\overline{\partial \varphi}}{\partial n} = N_k, \end{array}\right\} \qquad (59''')$$

wobei N_k die Geschwindigkeit des starren Oberflächenelementes in der Richtung seiner Normalen bezeichnet.

Durch die Einführung des Geschwindigkeitspotentiales wird die Anzahl der Unbekannten in den Gleichungen (56) bis (57) von fünf auf drei herabgesetzt; von ihnen kann ε überdies durch die Beziehung (56'') sogleich eliminirt werden, sodass in den neuen Gleichungen (59) bis (59''') nur φ und p übrig bleiben.

Wir wollen uns hier auf den Fall beschränken, dass die Flüssigkeit incompressibel, also ε von p unabhängig und demgemäss

$$\Pi = p / \varepsilon$$

ist. Hier nimmt Gleichung (59'') die Gestalt an:

$$\frac{\partial^2 \varphi}{\partial x^2} + \frac{\partial^2 \varphi}{\partial y^2} + \frac{\partial^2 \varphi}{\partial z^2} = 0. \qquad (60)$$

Aus ihr bestimmt sich bei für die ganze Oberfläche vorgeschriebenen N_k, wie eine besondere Betrachtung zu zeigen vermag, φ vollständig bis auf eine additive Function der Zeit allein, die als aus den Ausdrücken (58') für die Geschwindigkeitscomponenten verschwindend und in (59) mit dem noch unbestimmten T zusammentretend, ohne Beschränkung der Allgemeinheit fortgelassen werden kann.

Die Gleichung (59') lautet jetzt

$$p = \varepsilon\left(T - \Phi - \frac{\partial \varphi}{\partial t} - \tfrac{1}{2}V^2\right); \qquad (60')$$

sie bestimmt bei gegebenem Druck p das Potential Φ der äusseren Kräfte bis auf eine additive Function der Zeit allein, die ohne Einfluss auf die Werthe der Kraftcomponenten X, Y, Z ist, da diese ja durch $-\partial\Phi/\partial x$, $-\partial\Phi/\partial y$, $-\partial\Phi/\partial z$ gegeben werden.

Jede Potentialbewegung ist hiernach durch eine Potentialkraft zu erhalten möglich.

Ist die äussere Kraft und somit das Potential Φ vorgeschrieben, so bestimmt die letzte Gleichung den Druck bis auf eine additive Function der Zeit allein. Diese lässt sich eliminiren, wenn für irgend eine Stelle o der Druck $p = p_0$ vorgeschrieben ist. Es gilt dann

$$p - p_0 = \varepsilon\left((\Phi_0 - \Phi) + \frac{\partial}{\partial t}(\varphi_0 - \varphi) + \tfrac{1}{2}(V_0^2 - V^2)\right). \qquad (60'')$$

Hierin ist nach S. 391 $\varepsilon(\Phi_0 - \Phi)$ gleich der Differenz $p' - p'_0$ der hydrostatischen Drucke in der beliebigen Stelle π und der speciellen o; das zweite und dritte Glied der Klammer geben sonach den Einfluss der Bewegung auf die Differenz $p - p_0$ an.

Der einfachste Fall ist der der stationären Bewegung ohne die Einwirkung äusserer Kräfte; hier wird die letzte Gleichung zu

$$p - p_0 = \tfrac{1}{2}(V_0^2 - V^2), \qquad (60''')$$

der Druck findet sich also um so kleiner, je grösser die Geschwindigkeit an der betrachteten Stelle ist. Da bei negativen Drucken die Flüssigkeiten im Allgemeinen zerreissen, so sind dergleichen hier auszuschliessen; sie lassen sich übrigens durch geeignet gesteigerte Oberflächendrucke jederzeit verhindern.

Man erkennt leicht, wie sich die Verhältnisse ändern, wenn ε nicht absolut constant ist, aber die Bewegung derartig stattfindet, dass es für jedes Theilchen seinen Werth behält, also gilt $d\varepsilon/dt = 0$. —

Wenn das Geschwindigkeitspotential φ irgend welchen gestellten Bedingungen entsprechend gefunden ist, so bestimmen sich nach (58') die Geschwindigkeitscomponenten u, v, w für jede Stelle und zu jeder Zeit; aus ihnen findet sich die Grösse und die Richtung der resultirenden Geschwindigkeit. Soll die Geschwindigkeit überall endlich bleiben, so muss φ eine stetige Function des Ortes sein. Die Gleichungen der Stromcurven finden sich durch Integration der Differentialgleichungen

$$dx : dy : dz = \frac{\partial \varphi}{\partial x} : \frac{\partial \varphi}{\partial y} : \frac{\partial \varphi}{\partial z}.$$

Anschaulich erhält man, auch ohne diese Rechnung auszuführen, ein Bild des Bewegungszustandes zu einem beliebigen Zeitpunkt mit Hülfe der Oberflächen

$$\varphi = \text{Const.};$$

denn da die Geschwindigkeitscomponenten (abgesehen vom Vorzeichen) ebenso durch das Geschwindigkeitspotential φ definirt sind, wie die Kraftcomponenten durch das Kräftepotential Φ, so kann man, die S. 136 für letztere gegebenen Sätze übertragend, Folgendes aussprechen:

Construirt man das ganze unendliche System der Potentialflächen $\varphi = C$ für Werthe der Constanten, die sich um denselben unendlich kleinen Betrag δC unterscheiden, so giebt an jeder Stelle die Richtung der Normalen von kleineren zu grösseren Potentialwerthen die Richtung der dort stattfindenden Strömung, und bildet die Länge des Normalenelementes dN zwischen den beiden benachbarten Potentialflächen durch ihren reciproken Werth das Maass für die Grösse der ebenda stattfindenden Geschwindigkeit, gemäss der Beziehung

$$\frac{\partial \varphi}{\partial N} = V. -$$

Die Deformationsgeschwindigkeiten gewinnen bei Existenz eines Geschwindigkeitspotentiales die Werthe:

$$x'_x = \frac{\partial^2 \varphi}{\partial x^2}, \qquad y'_y = \frac{\partial^2 \varphi}{\partial y^2}, \qquad z'_z = \frac{\partial^2 \varphi}{\partial z^2},$$

$$y'_z = 2\frac{\partial^2 \varphi}{\partial y\,\partial z}, \qquad z'_x = 2\frac{\partial^2 \varphi}{\partial z\,\partial x}, \qquad x'_y = 2\frac{\partial^2 \varphi}{\partial x\,\partial y}.$$

Die Lage der Hauptdilatationsaxen ist nach S. 355 dadurch definirt, dass die auf sie bezogenen Werthe y'_z z'_x x'_y verschwinden; dies gestattet, ihre Lage in unserem Fall bequem zu beurtheilen.

Beschränken wir uns nämlich auf das S. 347 definirte Bereich B eines beliebigen Punktes, so kann man φ jederzeit in die Reihe entwickeln

$$\varphi = \varphi_0 + \xi\left(\frac{\partial \varphi}{\partial x}\right)_0 + \eta\left(\frac{\partial \varphi}{\partial y}\right)_0 + \zeta\left(\frac{\partial \varphi}{\partial z}\right)_0$$

$$+ \tfrac{1}{2}\xi^2\left(\frac{\partial^2 \varphi}{\partial x^2}\right)_0 + \tfrac{1}{2}\eta^2\left(\frac{\partial^2 \varphi}{\partial y^2}\right)_0 + \tfrac{1}{2}\zeta^2\left(\frac{\partial^2 \varphi}{\partial z^2}\right)_0 + \eta\zeta\left(\frac{\partial^2 \varphi}{\partial y\,\partial z}\right)_0 + \zeta\xi\left(\frac{\partial^2 \varphi}{\partial z\,\partial x}\right)_0 + \xi\eta\left(\frac{\partial^2 \varphi}{\partial x\,\partial y}\right)_0,$$

in welcher mit den Gliedern zweiter Ordnung abzubrechen ist.

Die Oberflächen $\varphi = \text{Const.}$ sind dann innerhalb B Oberflächen zweiten Grades und ihre Axen liegen parallel denjenigen Richtungen, für welche

$$\frac{\partial^2 \varphi}{\partial y\,\partial z} = \frac{\partial^2 \varphi}{\partial z\,\partial x} = \frac{\partial^2 \varphi}{\partial x\,\partial y} = 0$$

ist. Hieraus folgt der Satz:

Die Hauptdilatationsaxen sind an jeder Stelle p parallel den Hauptaxen derjenigen Fläche zweiten Grades, mit welcher die Oberfläche $\varphi = C$ innerhalb des jenem Punkte zugehörigen Bereiches B zusammenfällt. —

Was die Darstellung der Begrenzung der Flüssigkeit durch das System der Potentialflächen anbetrifft, so ergiebt die Gleichung (59'''), dass für eine ruhende feste Wand nur die Bedingung $\partial\varphi/\partial n = 0$ zu erfüllen ist, welche aussagt, dass die Potentialflächen die Wand überall senkrecht schneiden müssen. Demnach kann jede die Potentialflächen überall normal durchsetzende Fläche als eine feste Begrenzung der Flüssigkeit gewält werden. Im allgemeineren Falle einer ihrerseits bewegten Wand bleibt die Bedingung $\partial\varphi/\partial n = N_k$ bestehen.

Für eine freie Oberfläche muss p einen constant gegebenen Werth besitzen, also auch Π constant sein. Die Gleichung (59) liefert daher eine Bedingung, welche die an der Oberfläche stattfindende Geschwindigkeit $\overline{V}$ (oder aber den normalen Abstand benachbarter Potentialflächen, von welchem der Satz auf S. 421 redet) in Verbindung bringt mit dem Potential der äusseren Kräfte Φ und der Aenderung des Geschwindigkeitspotentiales mit der Zeit $\partial\varphi/\partial t$. Die analytische Erfüllung dieser Bedingung bietet grosse Schwierigkeiten dar. Fehlen die äusseren Kräfte und ist φ von der Zeit unabhängig, so hat die freie Oberfläche die Bedingung zu erfüllen, dass die auf ihr liegenden Schnittcurven mit dem durch δC gegebenen System von Potentialflächen überall gleiche normale Abstände haben müssen. —

Die Bedingungen dafür, dass ein Geschwindigkeitspotential für eine gegebene Bewegung existirt, sind aus den Gleichungen

$$u = \frac{\partial\varphi}{\partial x}, \qquad v = \frac{\partial\varphi}{\partial y}, \qquad w = \frac{\partial\varphi}{\partial z}$$

durch Elimination von φ zu bilden und lauten:

$$\frac{\partial v}{\partial z} = \frac{\partial w}{\partial y}, \qquad \frac{\partial w}{\partial x} = \frac{\partial u}{\partial z}, \qquad \frac{\partial u}{\partial y} = \frac{\partial v}{\partial x}.$$

Combinirt man hiermit die in (55″) enthaltenen Definitionen der Wirbelcomponenten, so erhält man den Satz:

Eine gegebene Flüssigkeitsbewegung besitzt ein Geschwindigkeitspotential nur soweit und so lange, als dieselbe keine Wirbel enthält.

Wir werden in einem späteren Abschnitt nachweisen, dass, wenn eine Flüssigkeit, welche unter der Wirkung von Kräften steht, die ein Potential haben, zu irgend einer Zeit nirgends Wirbelbewegungen enthält, sie auch nie dergleichen annimmt. Daraus folgt dann auch, dass, wenn eine solche Flüssigkeit zu irgend einer Zeit nicht wirbelt, ihre Bewegung zu aller Zeit ein Geschwindigkeitspotential besitzt. Dies gilt ebenso gut für die ganze Ausdehnung einer Flüssigkeit, als für einen Theil derselben; in der That werden wir uns weiter unten mit solchen Potentialbewegungen beschäftigen, welche in einem Theil einer Flüssigkeit bestehen in Verbindung mit Wirbeln, welche den anderen erfüllen.

Dabei ist zu betonen, dass ein Wirbel nicht identisch ist mit dem, was man gewöhnlich unter Rotation versteht, und dass demgemäss keineswegs jede Bewegung, bei welcher alle Theilchen einer Flüssigkeit geschlossene Bahnen, z. B. Kreisbahnen um dieselbe Axe beschreiben, eine Wirbelbewegung ist; das Charakteristische der Wirbelbewegungen liegt, wie die Formeln (55″) zeigen, überhaupt nicht in den absoluten Geschwindigkeitswerthen, sondern in dem Gesetz, das deren Aenderung mit dem Ort und demgemäss die Deformation des einzelnen Volumenelementes befolgt.

In der That ergiebt sich aus dem Ansatz

$$\varphi = q \operatorname{arctg}\left(\frac{y}{x}\right) \tag{61}$$

nach (58′)

$$u = \frac{-qy}{x^2+y^2}, \qquad v = \frac{+qx}{x^2+y^2}, \qquad w = 0, \tag{61′}$$

und diese Componenten stellen eine Bewegung dar, welche mit der Geschwindigkeit

$$V = \sqrt{u^2+v^2} = \frac{q}{\sqrt{x^2+y^2}} \tag{61″}$$

an allen Stellen senkrecht zu dem Radiusvector nach der Z-Axe stattfindet, die Theilchen also in Kreisen um dieselbe herumführt. Da die Geschwindigkeit in der Z-Axe unendlich gross wird, kann letztere nicht innerhalb der Flüssigkeit liegen; die Flüssigkeit kann aber, durch einen Kreiscylinder um die Z-Axe begrenzt, sehr wohl eine diesen Formeln entsprechende Potentialbewegung annehmen.

Umgekehrt werden wir weiter unten Bewegungen kennen lernen, bei welchen alle Theilchen in parallelen Geraden fortschreiten, und welche trotzdem Wirbel enthalten. Auch findet nach unserer Definition in einer Flüssigkeit, die wie ein starrer Körper rotirt, eine Wirbelbewegung statt. Nehmen wir z. B. eine solche Rotation um die Z-Axe als vorhanden an, so gilt nach S. 190

$$u = -y\nu, \qquad v = +x\nu, \qquad w = 0,$$

wobei ν constant ist; es ist dann

$$\frac{1}{2}\left(\frac{\partial v}{\partial x} - \frac{\partial u}{\partial y}\right) = \nu$$

die allen Theilen gemeinsame Wirbelgeschwindigkeit.

Hiernach empfiehlt es sich, den Namen der Rotation in der alten Bedeutung für Bewegungen in geschlossenen Bahnen beizubehalten, auf Bewegungen mit von Null verschiedenen λ, μ, ν, gleichviel welches im Uebrigen ihr Charakter ist, aber ausschliesslich die Bezeichnung Wirbel anzuwenden. —

Der specielle Werth (61) von φ giebt noch Anlass zu einer Bemerkung, die sofort einleuchtet, wenn man sich daran erinnert, dass nach (58') die Bewegung immer in der Richtung wachsender Potentialwerthe stattfindet:

Eine Potentialbewegung, bei welcher die Flüssigkeitstheilchen geschlossene Bahnen beschreiben, erfordert ein unendlich vielwerthiges Geschwindigkeitspotential.

Wir schliessen solche Potentiale im Folgenden zunächst aus.

§ 35. Mechanik idealer incompressibler Flüssigkeiten. Potentialbewegungen bei einzelnen Quellen und Senken; eine Kugel oder ein Kreiscylinder in einem Flüssigkeitsstrome.

Um die Schwierigkeiten zu vermeiden, welche die Behandlung der Grenzbedingungen mit sich bringt, betrachten wir zunächst eine nach allen Richtungen sich in's Unendliche erstreckende incompressible Flüssigkeit.

In diesem Falle gilt für φ nur die einzige Bedingung:

$$\frac{\partial^2 \varphi}{\partial x^2} + \frac{\partial^2 \varphi}{\partial y^2} + \frac{\partial^2 \varphi}{\partial z^2} = 0,$$

wofür wir kurz schreiben:

$$\Delta \varphi = 0; \tag{62}$$

jede ihrer Lösungen giebt innerhalb eines Bereiches, in welchem sie stetig ist, eine mögliche Flüssigkeitsbewegung; Punkte, in welchen sie unstetig, also die Geschwindigkeit unendlich wird, sind durch passend gewählte Oberflächen auszuschliessen, welche, soweit sie nicht Eintritts- oder Austrittsflächen für die Flüssigkeit geben, als feste Wände zu dienen haben.

Aus jeder Lösung der Gleichung (62) kann man, da sowohl ihre Differentialquotienten, als jede in ihnen lineäre Function die Gleichung gleichfalls erfüllen, unendlich viele weitere bilden.

Unter diesen Lösungen sind die anschaulichsten und einfachsten diejenigen, welche nur von zwei Coordinaten abhängen, deren Potentialflächen also Rotations- oder Cylinderflächen, deren Stromlinien also in beiden Fällen ebene Curven sind.

Wichtige Geschwindigkeitspotentiale der ersten Art erhalten wir, wenn wir berücksichtigen, dass, wie leicht durch die Rechnung zu erweisen, die reciproke Entfernung $1/r$ von einem beliebigen Punkt p, ausser in p selbst, überall der Gleichung $\Delta(1/r) = 0$ genügt und dass hiernach das Newton'sche Potential eines oder mehrerer, ruhender oder bewegter Massenpunkte eine Function ist, welche der Hauptgleichung (62) genügt.

Nehmen wir demgemäss in beliebigen Punkten x_h, y_h, z_h willkürliche Massen m_h an und setzen, da es sich nur um Bildung einer der Gleichung (62) genügenden Function handelt, die Constante f des NEWTON'schen Gesetzes gleich Eins, so erhalten wir als einen sehr allgemeinen Ansatz für das Geschwindigkeitspotential:

$$\varphi = -\sum_h \frac{m_h}{r_h}, \tag{62'}$$

worin

$$r_h^2 = (x - x_h)^2 + (y - y_h)^2 + (z - z_h)^2$$

ist. Die Richtung von r_h rechnen wir, wo dieselbe in Betracht kommt, von dem supponirten Massenpunkt m_h hinweg.

Je nach dem Vorzeichen von m_h wird φ an den Stellen x_h, y_h, z_h gleich $\pm\infty$; wir müssen also, da φ innerhalb der Flüssigkeit stetig sein muss, diese Punkte irgendwie, etwa durch unendlich kleine um einen jeden von ihnen gelegte Oberflächen o_h aus dem Bereich, für welches wir φ in der Bedeutung eines Geschwindigkeitspotentiales anwenden wollen, ausschliessen.

Da φ längs der äusseren Normalen n_k auf diesen Flächen o_k variirt, so findet parallel zu jedem n_k eine Strömung statt; die o_k sind also resp. Eintritts- oder Austrittsflächen. Wir müssen uns daher die Vorstellung bilden, dass innerhalb der ersteren Flächen dauernd Flüssigkeit zugeführt oder erzeugt, innerhalb der letzteren dauernd abgeführt oder vernichtet wird — eine Vorstellung, mit welcher wir, obgleich sie in dieser Form praktisch nicht realisirbar ist, doch vortheilhaft rechnen können.

Punkte, in der beschriebenen Weise von unendlich kleinen Flächen umschlossen, von denen aus Flüssigkeit in den Raum eintritt, nennen wir Quellen oder Quellpunkte, Punkte, nach welchen hin Flüssigkeit austritt, Senken oder Senkpunkte.

Das während der Zeit Eins durch eine dieser unendlich kleinen Oberflächen, z. B. o_k, in den Raum einströmende Flüssigkeitsvolumen nennen wir die Ergiebigkeit des umschlossenen Punktes m_k und bezeichnen sie mit M_k.

Um sie zu berechnen benutzen wir, dass die Geschwindigkeit in der Richtung der äusseren Normalen n_k auf der Oberfläche o_k gleich $\partial\varphi/\partial n_k$, und dass demgemäss das ganze aus der Oberfläche o_k austretende Volumen M_k gegeben ist durch

$$M_k = \int_{(o_k)} \frac{\partial \varphi}{\partial n_k}\, d o_k. \tag{63}$$

Setzt man hier den Werth von φ ein, so findet sich:

$$M_k = -\sum_h m_h \int_{(o_k)} \frac{\partial \frac{1}{r_h}}{\partial n_k} d\,o_k, \tag{63'}$$

Aus dieser Summe, welche über alle Massenpunkte m_h zu nehmen ist, sondern wir das Glied aus, welches sich auf den Punkt m_k bezieht, und schreiben

$$M_k = -m_k \int_{(o_k)} \frac{\partial \frac{1}{r_k}}{\partial n_k} d\,o_k - \sum_{h(k)} m_h \int_{(o_k)} \frac{\partial \frac{1}{r_h}}{\partial n_k} d\,o_k,$$

wo nun die Summe über alle h, mit Ausnahme von $h = k$, zu erstrecken ist.

Diese Summe lässt sich nach dem Hülfssatz (22′) umformen, da innerhalb des von o_k umschlossenen Raumes keines der r_h zu Null wird, und giebt in Rücksicht auf $\Delta(1/r_h) = 0$ selbst Null. Die letzte Gleichung lässt sich nun schreiben

$$M_k = + m_k \int_{(o_k)} \frac{1}{r_k^2} \frac{\partial r_k}{\partial n_k} d\,o_k$$

oder wegen der geometrischen Bedeutung von $\partial r_k / \partial n_k$ auch

$$M_k = + m_k \int_{(o_k)} \frac{\cos(\nu_k, r_k)}{r_k^2} d\,o_k.$$

Hierin ist aber der Ausdruck unter dem Integral nach der S. 329 gegebenen Definition nichts anderes als die Oeffnung $d\omega_k$ des vom Punkte m_k nach $d o_k$ gezogenen Elementarkegels, und die Integration über die ganze geschlossene Oberfläche o_k giebt demnach die Grösse der Ergiebigkeit

$$M_k = 4\pi\, m_k; \tag{63''}$$

positive m_k entsprechen also den Quellen, negative den Senken, wie dies auch direct einzusehen ist.

Liegt ein System von Quellen und Senken auf der Z-Axe in den resp. Abständen z_h vom Coordinatenanfang, so ist

$$\varphi = -\sum_h \frac{m_h}{r_h}, \quad \text{und} \quad r_h^2 = (z - z_h)^2 + e^2,$$

falls e den senkrechten Abstand des betrachteten Punktes von der Z-Axe bezeichnet, also $e^2 = x^2 + y^2$ ist.

Hieraus folgt:

$$u = \sum_h \frac{m_h x}{r_h^3}, \quad v = \sum_h \frac{m_h y}{r_h^3}, \quad w = \sum_h \frac{m_h (z - z_h)}{r_h^3}, \tag{64}$$

und wenn man die Geschwindigkeit parallel mit e durch s bezeichnet:

$$s = \sum_h \frac{m_h e}{r_h^3}.$$

Die Potentialflächen sind Rotationsflächen und daher die Stromlinien ebene Curven. Ihre Differentialgleichung ist:

$$dz : de = w : s = \sum_h \frac{m_h (z - z_h)}{r_h^3} : \sum_h \frac{m_h e}{r_h^3}, \tag{64'}$$

oder anders geschrieben

$$\sum_h m_h \frac{e\,dz - (z - z_h)\,de}{r_h^3} = 0.$$

Diese Gleichung wird allgemein integrabel, wenn man sie mit e multiplicirt; schreibt man das Resultat

$$\sum_h \frac{m_h\, d\left(\frac{z - z_h}{e}\right)}{\sqrt{1 + \left(\frac{z - z_h}{e}\right)^2}^3} = 0,$$

so giebt die Integration als die Gleichung der Stromcurven:

$$\sigma = \sum_h \frac{m_h (z - z_h)}{\sqrt{e^2 + (z - z_h)^2}} = c', \tag{64''}$$

worin σ, d. h. der Werth der Summe, deren Constantsetzen die Gleichung der Stromcurven ergiebt, die Strömungsfunction des Quellsystemes genannt wird. σ setzt sich ersichtlich aus Gliedern zusammen, die sich auf die einzelnen Quellpunkte beziehen und kann demgemäss $= \sum \sigma_h$ geschrieben werden.

Führt man den Winkel ϑ_h zwischen dem Radiusvector r_h und der positiven Z-Axe ein, so wird die letzte Gleichung zu:

$$\sigma = \sum_h \sigma_h = \sum_h m_h \cos \vartheta_h = c'. \text{ —} \tag{64'''}$$

Ein besonders wichtiger Fall ist der, dass zwei Quellpunkte $\pm m'$ von entgegengesetzt gleicher Ergiebigkeit einander unendlich nahe liegen, also, wie wir sagen, ein Quellpaar oder einen Doppelpunkt bilden. Ihren Abstand a', positiv von der Senke zur Quelle gerechnet, bezeichnen wir als die Axe des Paares.

Für Punkte in endlicher Entfernung hat das von einem solchen Paar herrührende Geschwindigkeitspotential nach (62') den Werth

$$\varphi' = - m' a' \frac{\partial \frac{1}{r}}{\partial a'} = - \frac{M' a'}{4\pi} \frac{\partial \frac{1}{r}}{\partial a'}, \tag{65}$$

worin

$$r^2 = (x - x')^2 + (y - y')^2 + (z - z')^2$$

ist, und x', y', z' die Coordinaten des Paares bezeichnen; $m'a' = \mu'$ nennt man das Moment des Doppelpunktes oder Quellpaares. Damit

μ' bei unendlich kleinem a' endlich bleibe, muss m' resp. M' unendlich gross sein.

Ist die Richtung der Axe einer Coordinatenaxe parallel, so wird das Potential φ' gleich dem Differentialquotienten nach der bezüglichen Coordinate des Quellpaares, oder aber, da die x', y', z' nur in der Verbindung $(x-x')$, $(y-y')$, $(z-z')$ in r vorkommen, auch gleich dem negativen Differentialquotienten nach der bezüglichen Coordinate des Punktes, auf welchen das Geschwindigkeitspotential sich bezieht.

Demnach sind die negativen ersten Differentialquotienten des NEWTON'schen Potentiales nach den Coordinaten als die Geschwindigkeitspotentiale von Quellpaaren gedeutet, deren Axen den betreffenden Coordinatenaxen parallel liegen.

Analog lassen sich die höheren Differentialquotienten als die complicirteren Verbindungen von Quellen und Senken entsprechenden Potentiale betrachten.

Liegt das Quellpaar auf der Z-Axe, mit seiner Axe dieser Richtung parallel, und setzt man wieder $x^2+y^2=e^2$, so wird $r^2=(z-z')^2+e^2$ und

$$\varphi' = -m'a'\frac{\partial\frac{1}{r}}{\partial z'} = +m'a'\frac{\partial\frac{1}{r}}{\partial z} = -\frac{m'a'(z-z')}{r^3} = -\frac{m'a'}{r^2}\cos\vartheta; \qquad (65')$$

der ihm entsprechende Antheil σ' der Summe in der Gleichung (64''') der Stromcurven berechnet sich ebenso zu

$$\sigma' = m'a'\frac{\partial\cos\vartheta}{\partial z'} = -m'a'\frac{\partial\cos\vartheta}{\partial z} = -\frac{m'a'e^2}{r^3} = -\frac{m'a'}{r}\sin^2\vartheta, \qquad (65'')$$

und giebt, für sich allein gleich c' gesetzt, die Gleichung der einem Quellpaar entsprechenden Stromcurven. —

Ein noch einfacherer Fall ist der zweier Quellpunkte von entgegengesetzt gleicher Ergiebigkeit in gegenseitiger unendlicher Entfernung, oder der eines Quellpaares von unendlicher Axe. Wir wollen hierfür die Buchstaben m'' resp. M'' und a'' anwenden und erhalten unter der Voraussetzung, dass die Coordinaten von $\pm m''$ resp. $x''=0$, $y''=0$, $z''=+\frac{1}{2}a''$ sind, dass also die Axe a'' in die $+Z$-Axe fällt, aus (62') durch eine einfache Rechnung, bei der z und e neben a'' vernachlässigt werden, für das Geschwindigkeitspotential, welches diesem Paar entspricht:

$$\varphi'' = -\frac{8m''z}{a''^2}, \qquad (66)$$

hingegen für den betreffenden Antheil σ'' an der Summe in (64''') bei Beseitigung der irrelevanten additiven Constanten $2m''$:

$$\sigma'' = \frac{4m''e^2}{a''^2}. \qquad (66')$$

Sind beide Paare zusammen vorhanden, und liegt das erstere im Coordinatenanfang, ist also $z' = 0$, so entspricht ihnen das Geschwindigkeitspotential:

$$\varphi = \varphi' + \varphi'' = -z\left(\frac{m'a'}{r^3} + \frac{8m''}{a''^2}\right), \tag{67}$$

und die Gleichung der zugehörigen Stromcurven lautet:

$$\sigma = \sigma' + \sigma'' = +e^2\left(\frac{4m''}{a''^2} - \frac{a'm'}{r^3}\right) = c'. \tag{67'}$$

Setzt man

$$\frac{m'a'a''^2}{4m''} = R^3, \tag{67''}$$

und führt eine neue Constante C' ein, so erhält man aus (67'):

$$e^2\left(1 - \frac{R^3}{r^3}\right) = C'. \tag{67'''}$$

Diese Formel zeigt, dass unter dem System der Stromcurven, die man durch wechselnde Werthe von C' erhält, eine Schaar, nämlich die $C' = 0$ entsprechende, zusammengesetzt ist aus der Z-Axe und dem Kreis vom Radius R um den Coordinatenanfang. Da nun die Stromcurven rings um die Z-Axe gleichmässig verlaufen, so erfüllt diese Schaar eine Kugeloberfläche, welche, wie jede von Stromlinien gebildete Fläche, auch als Begrenzung der Flüssigkeit gewählt, nämlich durch eine starre Wand ersetzt werden kann, ohne die Strömung zu beeinflussen.

Die Werthe der Geschwindigkeitscomponenten folgen aus (67) zu

$$u = \frac{3m'a'xz}{r^5}, \quad v = \frac{3m'a'yz}{r^5}, \quad w = \frac{m'a'}{r^3}\left(\frac{3z^2}{r^2} - 1\right) - \frac{8m''}{a''^2} \tag{68}$$

und ergeben für $r = \infty$:

$$u_\infty = 0, \quad v_\infty = 0, \quad w_\infty = -\frac{8m''}{a''^2}; \tag{68'}$$

die Flüssigkeit bewegt sich also in unendlicher Entfernung vom Coordinatenanfang und von der begrenzenden Kugel mit der Geschwindigkeit $-8m''/a''^2$ parallel der Z-Axe.

Die Ausdrücke für R und w_∞ kann man benutzen, um m', m'', a', a'' aus den Formeln zu entfernen; man erhält dann:

$$\varphi = z w_\infty\left(\frac{R^3}{2r^3} + 1\right), \tag{68''}$$

$$u = -\frac{3w_\infty R^3 xz}{2r^5}, \quad v = -\frac{3w_\infty R^3 yz}{2r^5}, \quad w = +w_\infty\left(\frac{R^3}{2r^3}\left(1 - \frac{3z^2}{r^2}\right) + 1\right).$$

Die vorstehenden Ausdrücke geben für $r > R$ den Einfluss an, den eine mit ihrem Centrum im Coordinatenanfang ruhende Kugel auf einen parallel der Z-Axe mit der Geschwindigkeit w_∞ fliessenden Strom von sehr grossem Querschnitt ausübt.

Auch im Innern der Kugel vom Radius R giebt die Lösung (68″) eine Flüssigkeitsbewegung; sie entspricht dem Verhalten einer Doppelquelle, die nach einer Seite Flüssigkeit ausstösst und von der entgegengesetzten Seite die gleiche Menge Flüssigkeit einzieht, im Centrum einer festen Hohlkugel, hat aber kein weiteres Interesse. —

Es ist besonders hervorzuheben, dass, weil die Hauptgleichung (62) nur die Differentialquotienten von φ nach den Coordinaten enthält, die Parameter der Lösungen (in unserem Falle also die Coordinaten und die Ergiebigkeiten der Quellen und Senken) beliebige Functionen der Zeit sein können. Jede Aenderung äussert hiernach ihre Wirkung augenblicklich auf alle Theile der unendlichen Flüssigkeit; dies ist eine Folge der angenommenen Incompressibilität.

Ertheilen wir dem ganzen System eine positive Geschwindigkeit

$$\Omega = -w_\infty,$$

so behalten nach dem Gesagten unsere Lösungen ihre Gültigkeit. Die Flüssigkeit im Unendlichen wird auf diese Weise zur Ruhe gebracht, aber die Quellen und Senken und daher auch die um das im Endlichen liegende Paar construirte Kugel erhalten die Geschwindigkeit Ω.

In diesem Falle ist:

$$u = +\frac{3\Omega R^3 xz}{2r^5}, \quad v = +\frac{3\Omega R^3 yz}{2r^5}, \quad w = -\frac{\Omega R^3}{2r^3}\left(1 - \frac{3z^2}{r^2}\right); \quad (69)$$

ihnen entspricht ein Geschwindigkeitspotential:

$$\varphi = -\frac{\Omega R^3 z}{2r^3}.$$

r bezeichnet dabei die Entfernung von dem mit der Geschwindigkeit $+\Omega$ auf der Z-Axe fortschreitenden Kugelcentrum, z die auf dasselbe bezogene Z-Coordinate; das Geschwindigkeitspotential ist also nach (65′) identisch mit demjenigen, welches allein von dem mit der Geschwindigkeit Ω fortschreitendem Quellpaar m' herrührt.

Man überzeugt sich direct davon, dass eine mit der Geschwindigkeit Ω fortschreitende starre Kugel die Grenze dieser Flüssigkeitsbewegung sein kann, indem man die Gleichung (59‴) für die feste Wand benutzt. Dieselbe wird hier, da $u_k = 0$, $v_k = 0$, $w_k = \Omega$ ist:

$$\Omega \cos(r, z) = u \cos(r, x) + v \cos(r, y) + w \cos(r, z),$$

oder, da

$$\cos(r, x) = \frac{x}{r}, \quad \cos(r, y) = \frac{y}{r}, \quad \cos(r, z) = \frac{z}{r}$$

ist,
$$\frac{\Omega z}{r} = \frac{\Omega R^3 z}{r^4};$$
für $r = R$ werden die beiden Seiten in der That identisch.

Ein mit der Geschwindigkeit Ω in der Richtung seiner Axe a' geradlinig bewegtes Quellpaar von der Ergiebigkeit M' bewirkt in einer im Unendlichen ruhenden Flüssigkeit eine Bewegung, die sich durch eine um das Paar als Centrum construirte starre Kugel vom Radius

$$R = \frac{M' a'}{2\pi\Omega} \tag{69'}$$

begrenzen lässt, also auch die Strömung darstellt, welche in der Flüssigkeit durch die mit der Geschwindigkeit Ω geradlinig fortschreitende Kugel erregt wird. —

Befindet sich in der Flüssigkeit ein starrer Körper, so erfährt derselbe von ihr Drucke, deren Componenten parallel den Coordinatenaxen die Summen geben

$$X = \int p \cos(n, x)\, do, \quad Y = \int p \cos(n, y)\, do, \quad Z = \int p \cos(n, z)\, do, \tag{70}$$

worin die Normale n in das Innere des Körpers hinein positiv gerechnet ist.

In unserem Falle einer parallel der Z-Axe fortschreitenden Kugel ist X und Y nach Symmetrie gleich Null; Z bestimmt sich, wenn man den Winkel des der Normalen entgegengesetzten Radius mit der Z-Axe wiederum ϑ nennt und $do = R^2 d\psi \sin\vartheta\, d\vartheta$ setzt, nach (60') wegen des Fehlens äusserer Kräfte zu:

$$Z = -2\pi R^2 \varepsilon \int_0^\pi \left(T - \frac{\partial\varphi}{\partial t} - \tfrac{1}{2}\overline{V}^2\right) \cos\vartheta \sin\vartheta\, d\vartheta. \tag{70'}$$

Da an zwei den Winkeln ϑ und $\pi - \vartheta$ entsprechenden Oberflächenelementen die Geschwindigkeit $\overline{V}$ gleiche Grösse, $\cos\vartheta \sin\vartheta$ aber gleiche und entgegengesetzte Werthe besitzt, so ist der Werth dieses Integrales für den stationären Zustand, d. h. für $\partial\varphi/\partial t = 0$ und $T =$ Const., gleich Null.

Eine ruhende Kugel erfährt von einem mit constanter Geschwindigkeit fliessenden Strome einer idealen Flüssigkeit Druckkräfte, deren Componenten nach der Bewegungsrichtung die Summe Null ergeben.

Dasselbe gilt begreiflicher Weise, wenn die Kugel sich gleichförmig bewegt und die Flüssigkeit im Unendlichen ruht; das Geschwindigkeitspotential

$$\varphi = -\frac{\Omega R^3 z}{2r^3}$$

enthält hier zwar die Zeit, denn x und r sind gegen ein bewegtes Coordinatensystem gerechnet, und es ist daher

$$x = x_1 - \Omega t, \qquad r^2 = e^2 + (x_1 - \Omega t)^2,$$

wobei x_1 sich auf einen festen Anfangspunkt bezieht; aber der Ausdruck

$$\frac{\partial \varphi}{\partial t} = -\frac{\Omega R^3}{2}\left(\frac{1}{r^3} - \frac{3x^2}{r^5}\right)\frac{dx}{dt}, \text{ worin } \frac{dx}{dt} = w - \Omega,$$

ist eine gerade Function von ϑ und giebt, neben dem von ϑ überhaupt unabhängigen T in das Integral (70′) eingesetzt, abermals den Werth Null.

Wenn dagegen die Geschwindigkeit Ω mit der Zeit variirt, so kommt zu dem obigen Werth von $\partial\varphi/\partial t$, in dem jetzt

$$\frac{dx}{dt} = w - \Omega - t\frac{d\Omega}{dt}$$

ist, noch das Glied

$$-\frac{R^3 x}{2r^3}\frac{d\Omega}{dt},$$

welches nach Einführung in das obige Integral (70′)

$$Z = -\frac{2\pi\varepsilon}{3}R^3\frac{d\Omega}{dt} \tag{71}$$

ergiebt. Beachtet man, dass

$$\frac{4\pi\varepsilon}{3}R^3 = M_\varepsilon$$

die Masse der von der Kugel verdrängten Flüssigkeit ist, so erhält man den Satz:

Eine unendliche und im Unendlichen ruhende ideale Flüssigkeit, welche keinen Kräften unterliegt, übt auf eine geradlinig bewegte Kugel Druckkräfte aus, deren Componentensumme nach der Bewegungsrichtung gleich dem Product aus der halben Masse der verdrängten Flüssigkeit in die Beschleunigung der Kugel ist und der Bewegung entgegenwirkt.

Die übrigen Componenten und die Drehungsmomente sind nach der Symmetrie nothwendig gleich Null.

Berücksichtigt man das S. 420 zu Formel (60″) Gesagte, so kann man noch weiter sagen:

Wirken Kräfte auf die Flüssigkeit, so addirt sich der von ihnen herrührende hydrostatische Druck zu der Einwirkung der Strömung.

Da wir nunmehr die Einwirkung der Flüssigkeit auf die Kugel kennen, so können wir auch ihre Bewegung unter der Wirkung einer beliebigen Kraft bestimmen; sie ist nämlich dieselbe, als befände sich die Kugel im leeren Raume, und wäre ihre träge Masse um die Hälfte von derjenigen der verdrängten Flüssigkeit, und wären die wirkenden Kräfte um den hydrostatischen Druck vermehrt.

Wirkt z. B. auf die Kugel von der Dichte ε_k und die Flüssigkeit von der Dichte ε die Schwere, so findet die verticale Bewegung der ersteren nach dem Gesetz statt

$$(\varepsilon_k + \tfrac{1}{2}\varepsilon)\frac{d\Omega}{dt} = -(\varepsilon_k - \varepsilon)g.$$

Eine von der Geschwindigkeit abhängige Widerstandskraft findet die Kugel in einer idealen Flüssigkeit nicht. Zu einer solchen führt erst die Berücksichtigung der inneren Reibung, die wir bisher ausdrücklich vernachlässigt haben. —

Dem vorstehenden Problem, bei welchem die Potentialflächen **Rotationsflächen** waren, entspricht in allen seinen Theilen ein anderes, bei welchem die Potentialflächen **Cylinderflächen** sind und das wir der grossen Aehnlichkeit wegen nur kurz andeuten wollen.

Legen wir die Z-Axe den Kanten jener Cylinderflächen parallel, so ist hier φ eine Function nur von x und y; daraus folgt

$$u = \frac{\partial \varphi}{\partial x}, \qquad v = \frac{\partial \varphi}{\partial y}, \qquad w = 0,$$

die Bewegung ist also eine ebene, die dauernd durch zwei zur XY-Ebene parallele Wände begrenzt werden kann. Die Hauptgleichung (62) für φ nimmt die Gestalt an:

$$\frac{\partial^2 \varphi}{\partial x^2} + \frac{\partial^2 \varphi}{\partial y^2} = 0, \tag{72}$$

was wir hier und später abkürzen in $\Delta' \varphi = 0$.

Dieser Gleichung genügt eine Function, die in der Ebene ganz dieselbe Stelle einnimmt, wie das Newton'sche **Potential** im Raume, nämlich das sogenannte **Logarithmische Potential**

$$\varphi = + \sum_h m_h \ln e_h; \tag{72'}$$

worin m_h eine im Punkte x_h, y_h angebrachte Masse bezeichnet und, wie früher, auch weiterhin

$$e_h^2 = (x - x_h)^2 + (y - y_h)^2$$

ist; e_h rechnen wir positiv von der Stelle x_h, y_h nach x, y hin. Je nach dem Vorzeichen von m_h wird φ an den Stellen x_h, y_h gleich $\pm\infty$, was andeutet, dass in den zu der Z-Axe parallelen Geraden durch die Stellen x_h, y_h entweder Quellen oder Senken anzunehmen sind; solche kann man in unserem Falle auch leicht praktisch herstellen, indem man die beiden die Flüssigkeit begrenzenden Wände einander sehr nahe befestigt und in der einen von ihnen Bohrungen anbringt, durch welche der Zu- oder Abfluss geschieht. Natürlich muss man dann die diesen Stellen unmittelbar benachbarten Bereiche von der Betrachtung ausschliessen, da in ihnen die Bewegung nicht, wie oben angenommen, parallel der XY-Ebene geschieht; man kann etwa die Senken und Quellen durch unendlich kleine Cylinderflächen umgeben und durch diese die Strömung stattfindend denken.

Als die Ergiebigkeit M_k einer Quelle m_k wollen wir hier das während der Zeiteinheit durch eine Cylinderfläche von der Grundlinie s_k und der Länge Eins fliessende Volumen definiren. Nach dem S. 426 angewandten Verfahren findet sich dafür

$$M_k = \int_{(s_k)} \frac{\partial \varphi}{\partial n_k} d s_k = 2 \pi m_k. \tag{72''}$$

Die Differentialgleichung der Stromcurven lautet jetzt

$$dx : dy = \sum_h m_h \frac{x - x_h}{r_h^2} : \sum_h m_h \frac{y - y_h}{r_h^2}; \tag{73}$$

sie lässt sich schreiben:

$$\sum_h m_h \frac{(x - x_h) dy - (y - y_h) dx}{(x - x_h)^2 + (y - y_h)^2} = 0,$$

was identisch ist mit

$$\sum_h m_h \frac{d\left(\frac{y - y_h}{x - x_h}\right)}{1 + \left(\frac{y - y_h}{x - x_h}\right)^2} = 0. \tag{73'}$$

Dieser Ausdruck ist ohne Weiteres integrabel und liefert:

$$\sigma = \sum_h m_h \operatorname{arctg}\left(\frac{y - y_h}{x - x_h}\right) = c', \tag{73''}$$

wobei, wie S. 427, σ die Strömungsfunction ist und sich aus Gliedern σ_h zusammensetzt, die sich auf die einzelnen Quellen beziehen; das Resultat lässt sich schreiben:

$$\sigma = \sum_h \sigma_h = \sum_h m_h \vartheta_h = c', \tag{73'''}$$

wobei ϑ_h den Winkel zwischen e_h und der X-Axe bezeichnet. —

Für ein Quellpaar $\pm m'$, dessen unendlich kleiner Abstand, positiv gerechnet von der Senke $(- m')$ zur Quelle $(+ m')$, wieder gleich a' sein möge, wird das Geschwindigkeitspotential, wenn e den Abstand von dem Paar bezeichnet,

$$\varphi' = m' a' \frac{\partial \ln e}{\partial a'} = \frac{M' a'}{2\pi} \frac{\partial \ln e}{\partial a'}; \tag{74}$$

in dem Falle, dass a' in die $+X$-Richtung fällt und

$$e^2 = (x - x')^2 + y^2$$

ist (unter x' die X-Coordinate des Paares verstanden), schreibt sich dies in der oben benutzten Bezeichnung gemäss der Formel (65'):

$$\varphi' = - m' a' \frac{\partial \ln e}{\partial x} = - \frac{m' a' (x - x')}{e^2} = - \frac{m' a'}{e} \cos \vartheta. \tag{74}$$

Der hiervon herrührende Antheil der Summe σ in der Gleichung (73''') lautet, entsprechend (65''):

$$\sigma' = - m' a' \frac{\partial \vartheta}{\partial x} = + \frac{m' a' y}{e^2} = + \frac{m' a'}{e} \sin \vartheta. \tag{74''}$$

Haben wir ein Quellenpaar $\pm m''$ mit unendlich grossem Abstand a'', so wird, wenn die $+X$-Richtung mit der Axe zusammenfällt, das ihm entsprechende Geschwindigkeitspotential:

$$\varphi'' = - \frac{4 m'' x}{a''}; \tag{75}$$

sein Antheil an der Summe σ bei Beseitigung der irrelevanten Constanten $m'' \pi$ lautet:

$$\sigma'' = - \frac{2 m'' y}{a''}. \tag{75'}$$

Sind beide Paare zusammen vorhanden, das erstere im Coordinatenanfang, sodass $x' = 0$ ist, so entspricht dem ein Geschwindigkeitspotential:

$$\varphi = \varphi' + \varphi'' = - x \left(\frac{m' a'}{e^2} + \frac{4 m''}{a''} \right), \tag{76}$$

während die Gleichung der Stromcurven lautet:

$$\sigma = \sigma' + \sigma'' = + y \left(\frac{m' a'}{e^2} - \frac{2 m''}{a''} \right) = c'. \tag{76'}$$

Setzt man

$$\frac{m' a' a''}{2 m''} = R^2 \tag{76''}$$

und führt eine neue Constante C' ein, so erhält man aus (76'):

$$y \left(1 - \frac{R^2}{e^2} \right) = C'. \tag{76'''}$$

Die Discussion dieser mit (67''') sehr ähnlichen Formel zeigt, dass die $C' = 0$ entsprechende Stromcurve aus der X-Axe und einem Kreis vom Radius R um den Coordinatenanfang besteht, dass man also die Flüssigkeitsbewegung durch einen festen Kreiscylinder begrenzen kann.

Aus dem Geschwindigkeitspotential (76) folgen die Geschwindigkeitscomponenten

$$u = \frac{m' a'}{e^2} \left(\frac{2 x^2}{e^2} - 1 \right) - \frac{4 m''}{a''}, \quad v = \frac{2 m' a' x y}{e^4}; \tag{77}$$

28*

in unendlicher Entfernung e wird also $v_\infty = 0$, $u_\infty = -4m''/a''$; daher kann man auch schreiben

$$\varphi = x u_\infty \left(\frac{R^2}{e^2} + 1 \right). \tag{77'}$$

Vergleicht man diese Resultate mit den S. 429 abgeleiteten, so erkennt man Folgendes:

Die vorstehenden Ausdrücke geben für $e > R$ den Einfluss an, welchen ein mit seiner Axe in der Z-Axe liegender starrer Kreiscylinder auf einen mit der Geschwindigkeit u_∞ parallel der X-Axe fliessenden Strom von sehr grossem Querschnitt ausübt.

Demgemäss kann man nun auch leicht weitere Folgerungen ziehen, die den S. 430 u. f. für eine Kugel in einem Strome gewonnenen entsprechen.

§ 36. Mechanik idealer incompressibler Flüssigkeiten. Allgemeine Sätze über Wirbelbewegungen; Bedingungen des stationären Zustandes.

Während in den vorigen Abschnitten vorausgesetzt war, dass die Componenten der Wirbelgeschwindigkeit oder, wie wir kürzer sagen, die Wirbelcomponenten

$$\lambda = \frac{1}{2}\left(\frac{\partial w}{\partial y} - \frac{\partial v}{\partial z}\right), \quad \mu = \frac{1}{2}\left(\frac{\partial u}{\partial z} - \frac{\partial w}{\partial x}\right), \quad \nu = \frac{1}{2}\left(\frac{\partial v}{\partial x} - \frac{\partial u}{\partial y}\right) \tag{78}$$

innerhalb der bewegten Flüssigkeit überall und zu jeder Zeit verschwinden, und demgemäss, wie ausgeführt ist, ein Geschwindigkeitspotential existirt, soll nun der entgegengesetzte Fall näher untersucht werden.

Wir gehen dabei aus von den allgemeinen Bewegungsgleichungen (56), die sich unter Annahme der Existenz eines Potentiales Φ für die Kräfte nach (58) schreiben liessen:

$$\begin{aligned} \frac{\partial u}{\partial t} + u\frac{\partial u}{\partial x} + v\frac{\partial u}{\partial y} + w\frac{\partial u}{\partial z} &= -\frac{\partial(\Phi + \Pi)}{\partial x}, \\ \frac{\partial v}{\partial t} + u\frac{\partial v}{\partial x} + v\frac{\partial v}{\partial y} + w\frac{\partial v}{\partial z} &= -\frac{\partial(\Phi + \Pi)}{\partial y}, \\ \frac{\partial w}{\partial t} + u\frac{\partial w}{\partial x} + v\frac{\partial w}{\partial y} + w\frac{\partial w}{\partial z} &= -\frac{\partial(\Phi + \Pi)}{\partial z}; \end{aligned} \tag{78'}$$

mit ihnen zu verbinden sind die für den Fall einer incompressiblen Flüssigkeit aus (56'') und (56''') folgende Beziehungen

$$\frac{\partial u}{\partial x} + \frac{\partial v}{\partial y} + \frac{\partial w}{\partial z} = 0, \quad (78'') \qquad \Pi = \frac{p}{\varepsilon}. \quad (78''')$$

Eliminiren wir $\Phi + \Pi$ aus den Formeln (78'), etwa indem wir die zweite nach z, die dritte nach y differentiiren und erstere von letzterer abziehen, so ergiebt sich:

$$\frac{\partial}{\partial t}\left(\frac{\partial w}{\partial y}-\frac{\partial v}{\partial z}\right)+u\frac{\partial}{\partial x}\left(\frac{\partial w}{\partial y}-\frac{\partial v}{\partial z}\right)+v\frac{\partial}{\partial y}\left(\frac{\partial w}{\partial y}-\frac{\partial v}{\partial z}\right)+w\frac{\partial}{\partial z}\left(\frac{\partial w}{\partial y}-\frac{\partial v}{\partial z}\right)$$
$$+\left(\frac{\partial w}{\partial x}\frac{\partial u}{\partial y}-\frac{\partial v}{\partial x}\frac{\partial u}{\partial z}\right)+\left(\frac{\partial w}{\partial y}\frac{\partial v}{\partial y}-\frac{\partial v}{\partial y}\frac{\partial v}{\partial z}\right)+\left(\frac{\partial w}{\partial z}\frac{\partial w}{\partial y}-\frac{\partial v}{\partial z}\frac{\partial w}{\partial z}\right)=0.$$

Schreiben wir die letzten beiden Klammern in der Form

$$\frac{\partial w}{\partial y}\left(\frac{\partial v}{\partial y}+\frac{\partial w}{\partial z}\right)-\frac{\partial v}{\partial z}\left(\frac{\partial v}{\partial y}+\frac{\partial w}{\partial z}\right),$$

welche nach (78″) identisch ist mit

$$-\frac{\partial u}{\partial x}\left(\frac{\partial w}{\partial y}-\frac{\partial v}{\partial z}\right),$$

und fügen den Ausdruck

$$-\frac{\partial u}{\partial y}\frac{\partial u}{\partial z}+\frac{\partial u}{\partial y}\frac{\partial u}{\partial z}$$

hinzu, so erhalten wir:

$$\frac{\partial \lambda}{\partial t}+u\frac{\partial \lambda}{\partial x}+v\frac{\partial \lambda}{\partial y}+w\frac{\partial \lambda}{\partial z}-\lambda\frac{\partial u}{\partial x}-\mu\frac{\partial u}{\partial y}-\nu\frac{\partial u}{\partial z}=0.$$

Die ersten vier Glieder geben nach (55‴) die vollständige Aenderung, welche für ein gegebenes Massenelement die Wirbelcomponente λ mit der Zeit erleidet, und wir können daher, indem wir der ersten Gleichung zwei ebenso abzuleitende hinzufügen, das System aufstellen:

$$\begin{aligned}\frac{d\lambda}{dt}&=\lambda\frac{\partial u}{\partial x}+\mu\frac{\partial u}{\partial y}+\nu\frac{\partial u}{\partial z},\\ \frac{d\mu}{dt}&=\lambda\frac{\partial v}{\partial x}+\mu\frac{\partial v}{\partial y}+\nu\frac{\partial v}{\partial z},\\ \frac{d\nu}{dt}&=\lambda\frac{\partial w}{\partial x}+\mu\frac{\partial w}{\partial y}+\nu\frac{\partial w}{\partial z}.\end{aligned}\tag{79}$$

Ein diesem äquivalentes erhält man, wenn man zu dem Ausdruck, von dem wir ausgingen, die Glieder

$$+\frac{\partial v}{\partial x}\frac{\partial w}{\partial x}-\frac{\partial v}{\partial x}\frac{\partial w}{\partial x}$$

hinzufügt, nämlich:

$$\begin{aligned}\frac{d\lambda}{dt}&=\lambda\frac{\partial u}{\partial x}+\mu\frac{\partial v}{\partial x}+\nu\frac{\partial w}{\partial x},\\ \frac{d\mu}{dt}&=\lambda\frac{\partial u}{\partial y}+\mu\frac{\partial v}{\partial y}+\nu\frac{\partial w}{\partial y},\\ \frac{d\nu}{dt}&=\lambda\frac{\partial u}{\partial z}+\mu\frac{\partial v}{\partial z}+\nu\frac{\partial w}{\partial z}.\end{aligned}\tag{79'}$$

Diese Formeln sprechen einige fundamentale Eigenschaften der Wirbelbewegungen aus, zu deren Ableitung wir jetzt übergehen wollen.

Sind zu irgend einer Zeit für ein Massenelement der Flüssigkeit alle drei Wirbelgeschwindigkeiten gleich Null, so sind es auch seine Wirbelbeschleunigungen; hieraus folgt aber, dass die Wirbelgeschwindigkeiten in diesem Falle überhaupt immer gleich Null bleiben. Denn eine Aenderung dieses Werthes würde eben eine von Null verschiedene Beschleunigung verlangen.

Ein Massenelement oder ein endliches Quantum einer idealen Flüssigkeit, welches zu irgend einer Zeit nicht wirbelt, nimmt unter der Wirkung von Kräften, welche ein Potential haben, niemals eine Wirbelbewegung an.

Ist speciell $w = 0$, $\lambda = 0$, $\mu = 0$, so nehmen die Formeln (79') die Gestalt $d\lambda/dt = 0$, $d\mu/dt = 0$, $d\nu/dt = 0$ an und liefern den weiteren Satz:

Sind zu irgend einer Zeit Wirbel nur um eine Axe, z. B. die Z-Axe, vorhanden, und findet die Bewegung in einer dazu normalen Ebene statt, so behält ein jedes Theilchen auch die Wirbelgeschwindigkeiten $\lambda = 0$, $\mu = 0$ und $\nu =$ Const. dauernd bei.

Sind beliebige Wirbel vorhanden, so kann man für jede Stelle x, y, z nach den Betrachtungen auf S. 188 und 189 eine resultirende Wirbelgeschwindigkeit τ bilden durch

$$\tau^2 = \lambda^2 + \mu^2 + \nu^2, \tag{79''}$$

welche in positivem Sinn um eine Axe α stattfindet, deren Winkel gegen die Coordinatenaxen gegeben werden durch

$$\cos(\alpha, x) = \frac{\lambda}{\tau}, \qquad \cos(\alpha, y) = \frac{\mu}{\tau}, \qquad \cos(\alpha, z) = \frac{\nu}{\tau}, \tag{79'''}$$

vorausgesetzt, dass τ hierin stets positiv gerechnet wird.

Nehmen wir zu jedem x, y, z einen Nachbarpunkt x_1, y_1, z_1 an, der auf der Richtung der Axe α um eine Länge $\varrho\tau$ entfernt liegt, worin ϱ eine unendlich kleine Grösse bezeichnet, dann haben diese Nachbarpunkte die resp. Geschwindigkeiten

$$u_1 = u + \varrho\left(\lambda\frac{\partial u}{\partial x} + \mu\frac{\partial u}{\partial y} + \nu\frac{\partial u}{\partial z}\right),$$
$$v_1 = v + \varrho\left(\lambda\frac{\partial v}{\partial x} + \mu\frac{\partial v}{\partial y} + \nu\frac{\partial v}{\partial z}\right),$$
$$w_1 = w + \varrho\left(\lambda\frac{\partial w}{\partial x} + \mu\frac{\partial w}{\partial y} + \nu\frac{\partial w}{\partial z}\right);$$

denn $\varrho\lambda$, $\varrho\mu$, $\varrho\nu$ sind hier die relativen Coordinaten des Punktes x_1, y_1, z_1 in Bezug auf x, y, z.

Obiges ist aber nach (79) identisch mit

$$u_1 = u + \varrho\frac{d\lambda}{dt}, \qquad v_1 = v + \varrho\frac{d\mu}{dt}, \qquad w_1 = w + \varrho\frac{d\nu}{dt},$$

woraus folgt:

$$(u_1 - u)\,dt = \varrho\, d\lambda, \qquad (v_1 - v)\,dt = \varrho\, d\mu, \qquad (w_1 - w)\,dt = \varrho\, d\nu.$$

Hierin stehen links wegen $(u_1 - u)\,dt = d(x_1 - x), \ldots$ die Aenderungen, welche die Projectionen der Entfernung zwischen den Punkten x_1, y_1, z_1 und x, y, z, rechts diejenigen, welche die Projectionen der Länge $\varrho\tau$ während dt erleiden; dass beide gleiche Werthe haben, sagt aus, dass die beiden Punkte, welche anfangs auf der Richtung der Wirbelaxe lagen, nach deren Verschiebung wiederum darauf-liegen, und dass ihre Entfernungen in beiden Zuständen den jedes Mal stattfindenden Wirbelgeschwindigkeiten proportional sind.

Führen wir den Namen der Wirbellinie für eine Curve ein, deren Tangente an jeder Stelle in die Richtung der dortigen Wirbelaxe fällt, so ergeben sich aus dem Vorstehenden die weiteren Sätze:

Eine jede Wirbellinie geht dauernd durch dieselben Flüssigkeitstheilchen.

Bei der Bewegung ändert sich die Wirbelgeschwindigkeit für jedes Element einer Wirbellinie in demselben Verhältniss, wie der Abstand zweier auf demselben befindlichen Flüssigkeitstheilchen. —

Als Wirbelfaden bezeichnen wir eine Röhre, welche erfüllt wird von den Wirbellinien, die durch die Punkte einer unendlich kleinen Fläche gehen, und denen demgemäss sehr nahe gleiche Wirbelgeschwindigkeiten entsprechen.

Da nach unserer Annahme jedes Massentheilchen seine Dichte ungeändert beibehalten soll, so kann das Volumen des Abschnittes eines Wirbelfadens, welcher immer dieselben Theilchen enthält, während der Bewegung nicht variiren. Die Rücksicht auf den vorigen Satz ergiebt daher das Resultat:

Für jede Stelle eines Wirbelfadens bleibt das Product aus Querschnitt und Wirbelgeschwindigkeit während der Bewegung constant.

Findet z. B. die Flüssigkeitsbewegung in den Meridianebenen durch die Z-Axe und zwar rings um letztere gleichmässig statt, so ist

$$u = s\,x/e, \qquad v = s\,y/e, \tag{80}$$

$$\lambda = -\tau\, y/e, \quad \mu = +\tau\, x/e, \quad \nu = 0, \quad \tau = \tfrac{1}{2}\left(\frac{\partial s}{\partial z} - \frac{\partial w}{\partial e}\right),$$

wobei wieder s die Componente der Geschwindigkeit normal zur Z-Axe, τ die resultirende Wirbelgeschwindigkeit bezeichnet, und s, τ, wie auch w, die Coordinaten x und y nur in der Combination $e = \sqrt{x^2 + y^2}$ enthalten. Die Wirbellinien sind in diesem Falle Kreise, deren Ebenen normal zur Z-Axe stehen und deren Centra in die Z-Axe fallen.

Hier gilt

$$\frac{\partial u}{\partial x} = \frac{\partial (s/e)}{\partial e} \frac{x^2}{e} + \frac{s}{e}, \quad \frac{\partial v}{\partial y} = \frac{\partial (s/e)}{\partial e} \frac{y^2}{e} + \frac{s}{e}, \quad \frac{\partial u}{\partial y} = \frac{\partial v}{\partial x} = \frac{\partial (s/e)}{\partial e} \frac{xy}{e}, \tag{80'}$$

und die Gleichungen (79′) nehmen die Form an

$$\frac{d\lambda}{dt} = -\frac{s\tau y}{e^2}, \qquad \frac{d\mu}{dt} = +\frac{s\tau x}{e^2}, \qquad \frac{d\nu}{dt} = 0. \tag{80''}$$

Da nun die Theilchen sich in Meridianebenen bewegen, so bleibt für ein jedes von ihnen x/e und y/e zeitlich constant, und aus den letzten Gleichungen folgt bei Einsetzen der Ausdrücke (80) für λ und μ wegen $s = de/dt$

$$\frac{d\tau}{dt} - \frac{\tau}{e}\frac{de}{dt} = 0 \quad \text{oder auch} \quad \frac{d(\tau/e)}{dt} = 0, \tag{80'''}$$

was offenbar der Ausdruck des letzten Satzes für den Fall der kreisförmigen Wirbelfäden ist, deren Länge durch $2\pi e$ dargestellt wird. —

Multipliciren wir ferner die aus (78) folgende identische Beziehung

$$\frac{\partial \lambda}{\partial x} + \frac{\partial \mu}{\partial y} + \frac{\partial \nu}{\partial z} = 0 \tag{81}$$

mit dem Raumelement dk an der Stelle x, y, z und integriren über einen beliebigen Raum k, innerhalb dessen die Wirbelgeschwindigkeiten stetige Functionen der Coordinaten sind, so erhalten wir durch Anwendung des Hülfssatzes (22):

$$\int_{(o)} (\bar{\lambda}\cos(n, x) + \bar{\mu}\cos(n, y) + \bar{\nu}\cos(n, z))\, do = 0,$$

das Integral ausgedehnt über die Oberfläche des Raumes k, was sich unter Rücksicht auf (79‴) auch schreibt:

$$\int_{(o)} \bar{\tau}\cos(\alpha, n)\, do = 0. \tag{81'}$$

Wählen wir als Raumtheil k den zwischen zwei normalen Querschnitten q_1 und q_2 liegenden Theil eines Wirbelfadens, so verschwinden im Integral alle Theile, die sich auf die Mantelfläche beziehen, denn für jene ist $\cos(\alpha, n) = 0$, da dort die Normale n senkrecht zur Wirbelaxe steht. Von den beiden Querschnitten q_1 und q_2 giebt der eine den Betrag $q_1\tau_1$, der andere $-q_2\tau_2$, da für den einen die Normale in die Wirbelaxe fällt, für den anderen ihr entgegengesetzt liegt. Demgemäss resultirt

$$q_1\tau_1 = q_2\tau_2, \tag{81''}$$

was, da beide Querschnitte in demselben Wirbelfaden aber ganz beliebig liegen, den folgenden Satz ausspricht:

Für alle Stellen eines Wirbelfadens hat zu gegebener Zeit das Product aus der Grösse des Querschnittes in die Wirbelgeschwindigkeit denselben Werth.

Hieraus folgt, dass kein Wirbelfaden innerhalb der Flüssigkeit endigen kann; denn verschwinden kann sein Querschnitt nach Vorstehendem nur dann, wenn die Wirbelgeschwindigkeit in ihm unendlich wird; die Wirbelfäden müssen also entweder in sich zurücklaufen oder aber in der Oberfläche der Flüssigkeit endigen. —

Für einen geschlossenen Wirbelfaden gelten, falls man die Integrale über den von dem Wirbelfaden eingenommenen Raum erstreckt, die Beziehungen:

$$\int\limits_{(k)} \lambda\, dk = 0, \qquad \int\limits_{(k)} \mu\, dk = 0, \qquad \int\limits_{(k)} \nu\, dk = 0; \qquad (81''')$$

denn man kann z. B. das erste Integral schreiben:

$$\int q\,\tau \cos(s, x)\, ds,$$

wo nun nach dem letzten Satz $q\tau$ längs des Fadens constant ist, also vor das Integral gezogen werden kann;

$$\int \cos(s, x)\, ds$$

ist aber ersichtlich für jede geschlossene Curve gleich Null. Nennt man das Product aus dem Volumenelement in die ihm zugehörige Wirbelgeschwindigkeit um eine Coordinatenaxe das Wirbelmoment dieses Volumens um die betreffende Richtung, so kann man hiernach sagen:

Das Wirbelmoment eines geschlossenen Wirbelfadens ist um jede Axe gleich Null. —

Von den Potentialbewegungen ist aus den Betrachtungen auf S. 419 ersichtlich, dass sie bei festen Begrenzungen der Flüssigkeit jederzeit durch äussere Kräfte, welche ein Potential haben, stationär erhalten werden können. Ein solcher Schluss ist bei Wirbelbewegungen nicht zulässig, es zeigt sich im Gegentheil, dass nur ganz specielle derartige Strömungen unter solchen Umständen unverändert fortbestehen.

Die Bedingungen für den stationären Zustand bei Wirbeln folgen aus (79) resp. (79'), wenn man dort u, v, w und λ, μ, ν zeitlich constant, also $\partial\lambda/\partial t = 0$, $\partial\mu/\partial t = 0$, $\partial\nu/\partial t = 0$ annimmt. Dabei ist natürlich keineswegs $d\lambda/dt = 0$, $d\mu/dt = 0$, $d\nu/dt = 0$; denn das einzelne Theilchen gelangt bei seiner Bewegung im Allgemeinen fortwährend an Stellen, wo eine andere Wirbelbewegung herrscht.

Die so resultirenden Formeln sind sehr umständlich und man

wird in zu betrachtenden speciellen Fällen meist lieber direct an die Ausgangsformeln (78') anknüpfen, in diesen $\partial u/\partial t$, $\partial v/\partial t$, $\partial w/\partial t$ gleich Null machen und nach Einsetzen der speciellen Ansätze für u, v, w untersuchen, ob die linken Seiten die Gestalt von Differentialquotienten derselben Function nach den Coordinaten erhalten haben.

Ist dieses der Fall, so bestimmen die Formeln die Function $(\Phi + \Pi)$ bis auf eine additive Constante; es bleibt also immer noch Φ oder Π verfügbar. Setzt man Φ gleich Null, so entspricht dies dem Fall, dass die Flüssigkeit gar keinen äusseren Kräften unterliegt.

Der einfachste specielle Fall, in dem die gemachten Voraussetzungen erfüllt sind, ist der, wenn die linken Seiten der Gleichungen (78') sämmtlich constant werden, wie u. a. dann, wenn $u = 0$, $v = 0$, $w = f(x, y)$ ist, d. h. wenn die Flüssigkeitsbewegung geradlinig stattfindet.

Ein weiterer wichtiger specieller Fall ist der einer Rotationsbewegung aller Theile um dieselbe, etwa die Z-Axe. Hier ist

$$u = -\omega y, \qquad v = +\omega x, \qquad w = 0, \tag{82}$$

wobei ω, die Rotationsgeschwindigkeit, von $e = \sqrt{x^2 + y^2}$ und z abhängen kann. Hier nehmen die Gleichungen (78') die Form an:

$$\omega^2 x = \frac{\partial(\Phi + \Pi)}{\partial x}, \qquad \omega^2 y = \frac{\partial(\Phi + \Pi)}{\partial y}, \qquad 0 = \frac{\partial(\Phi + \Pi)}{\partial z}. \tag{82'}$$

Damit sie bestehen können, muss sein:

$$\frac{\partial \omega^2}{\partial z} = 0, \qquad x \frac{\partial \omega^2}{\partial y} = y \frac{\partial \omega^2}{\partial x}. \tag{82''}$$

Die letzte Bedingung ist nach der Annahme identisch erfüllt, die erstere legt dem Fall eine wesentliche Beschränkung auf, die zu dem Satz führt:

Rotationsbewegungen mit Wirbeln sind unter der Wirkung eines Potentiales nur dann stationär, wenn sie nicht von der der Rotationsaxe parallelen Coordinate abhängen.

Ein anderer wichtiger Fall ist der, dass die Strömungen, wie die S. 426 u. f. betrachtete, in Meridianebenen durch die Z-Axe und rings um letztere in gleicher Weise verlaufen, wo dann auch $\Phi + \Pi$ nur von $e = \sqrt{x^2 + y^2}$ und z abhängen kann. Hier werden die beiden ersten Gleichungen (78') mit einander identisch und das ganze System reducirt sich bei Benutzung der obigen Bezeichnung s auf

$$s \frac{\partial s}{\partial e} + w \frac{\partial s}{\partial z} = -\frac{\partial(\Phi + \Pi)}{\partial e}, \qquad s \frac{\partial w}{\partial e} + w \frac{\partial w}{\partial z} = -\frac{\partial(\Phi + \Pi)}{\partial z}, \tag{83}$$

woraus die Bedingung folgt

$$\frac{\partial}{\partial z}\left(s\frac{\partial s}{\partial e}+w\frac{\partial s}{\partial z}\right)=\frac{\partial}{\partial e}\left(s\frac{\partial w}{\partial e}+w\frac{\partial w}{\partial z}\right), \tag{83'}$$

mit der die aus (78'') folgende Beziehung

$$\frac{\partial s}{\partial e}+\frac{\partial w}{\partial z}=0 \tag{83''}$$

zu combiniren ist. Man kann mit ihrer Hülfe die erste Gleichung auf die Gestalt bringen

$$w\left(\frac{\partial^2 s}{\partial e^2}+\frac{\partial^2 s}{\partial z^2}\right)=s\left(\frac{\partial^2 w}{\partial e^2}+\frac{\partial^2 w}{\partial z^2}\right). \tag{83'''}$$

Die Gleichung (83''') muss (neben (83'')) erfüllt sein, damit die vorausgesetzte Wirbelbewegung stationär fortbestehen könne; sie enthält offenbar ausserordentlich specielle Aussagen.

Sind die im Vorstehenden entwickelten Bedingungen nicht erfüllt, so kann zwar durch Kräfte, die kein Potential haben, noch immer der Zustand der Flüssigkeit stationär erhalten werden, bei der Einwirkung eines Potentiales ändert er sich aber und die Gleichungen (78') resp. (79) oder (79') geben Aufschluss über die Art, in welcher dies geschieht. Untersuchungen dieser Art bieten in den meisten Fällen sehr grosse Schwierigkeiten dar und müssen daher hier unterbleiben.

§ 37. Mechanik idealer incompressibler Flüssigkeiten. Construction specieller Wirbelbewegungen mit Hülfe des Newton'schen und des logarithmischen Potentiales.

Wie bei der Behandlung specieller Fälle der Potentialbewegungen, so wollen wir auch bei der analogen Aufgabe für Wirbelbewegungen zunächst die incompressibel gedachte Flüssigkeit unendlich ausgedehnt annehmen, um von der Berücksichtigung von Grenzbedingungen befreit zu sein. Weiter wollen wir von der aus den Definitionen (78) folgenden Beziehung

$$\frac{\partial \lambda}{\partial x}+\frac{\partial \mu}{\partial y}+\frac{\partial \nu}{\partial z}=0 \tag{84}$$

ausgehen, Wirbelcomponenten λ, μ, ν bilden, welche ihr genügen, und Geschwindigkeitscomponenten u, v, w aufsuchen, die mit diesen Werthen vereinbar sind. Dies geschieht durch Integration der Gleichungen (78) bei Rücksicht auf die Bedingung

$$\frac{\partial u}{\partial x}+\frac{\partial v}{\partial y}+\frac{\partial w}{\partial z}=0.$$

Jene Gleichungen lassen sich auf uns bekannte Formen reduciren durch die Einführung von drei neuen Functionen U, V, W, welche wir **Wirbelfunctionen** nennen wollen; dies geschieht durch die Substitutionen

$$u = \frac{\partial W}{\partial y} - \frac{\partial V}{\partial z}, \qquad v = \frac{\partial U}{\partial z} - \frac{\partial W}{\partial x}, \qquad w = \frac{\partial V}{\partial x} - \frac{\partial U}{\partial y}, \qquad (84')$$

welche der letzten Bedingung identisch genügen. Die erste der Gleichungen (78) lautet nach Einsetzung dieser Werthe:

$$2\lambda = \frac{\partial^2 V}{\partial x \partial y} - \frac{\partial^2 U}{\partial y^2} - \frac{\partial^2 U}{\partial z^2} + \frac{\partial^2 W}{\partial x \partial z} = \frac{\partial}{\partial x}\left(\frac{\partial U}{\partial x} + \frac{\partial V}{\partial y} + \frac{\partial W}{\partial z}\right) - \Delta U;$$

fügt man also den obigen Formeln noch die Bedingung

$$\frac{\partial U}{\partial x} + \frac{\partial V}{\partial y} + \frac{\partial W}{\partial z} = 0 \qquad (84'')$$

hinzu, so ergeben sich für die Wirbelfunctionen die Gleichungen:

$$\Delta U = -2\lambda, \qquad \Delta V = -2\mu, \qquad \Delta W = -2\nu. \qquad (84''')$$

Diese Bedingungen allein bestimmen U, V, W aus gegebenen λ, μ, ν nicht eindeutig. In der That kann man aus jeder für sie gefundenen Lösung deren beliebig viele bilden durch Superposition beliebiger Potentialbewegungen. Da für letztere nach S. 422 λ, μ, ν verschwinden, so kann man sie gemäss (84') darstellen durch drei Functionen U_0, V_0, W_0, für welche gilt

$$\Delta U_0 = 0, \qquad \Delta V_0 = 0, \qquad \Delta W_0 = 0;$$

die Ausdrücke $U + U_0$, $V + V_0$, $W + W_0$ genügen aber gleichfalls den Gleichungen (84''').

Unter welchen Bedingungen Wirbelbewegungen unter der Wirkung conservativer Kräfte oder sich selbst überlassen stationär sind, ist S. 441 besprochen worden. Nur wenn jene Bedingungen erfüllt sind, lässt sich die Flüssigkeit durch ruhende feste Wände begrenzen, die längs Flächen, welche ganz von Stromlinien erfüllt sind, angebracht werden können. Im anderen Falle sind zwar nach den allgemeinen Formeln auf S. 436 u. f. auch Bewegungen der Flüssigkeit möglich, aber sie sind zeitlich veränderlich. —

Ein besonders einfacher, bereits auf S. 423 erwähnter Fall möge hervorgehoben werden. Ist im ganzen Raum $\lambda = 0$, $\mu = 0$, $\nu = q$, d. h. constant, so kann man dem genügen durch den Ansatz

$$U = V = 0, \qquad W = -\frac{q}{2}(x^2 + y^2), \qquad (85)$$

woraus folgt

$$u = -qy, \qquad v = +qx, \qquad w = 0. \qquad (85')$$

Diese Werthe stellen eine Bewegung dar, bei welcher die ganze Flüssigkeit wie ein starrer Körper um die, übrigens willkürliche, Z-Axe rotirt; eine solche Strömung erfüllt also den ganzen Raum mit zur Z-Axe parallelen Wirbelfäden constanter Rotationsgeschwindigkeit; sie ist nach S. 442 ohne äussere Einwirkung stationär und kann durch eine beliebige Rotationsfläche um die Z-Axe begrenzt werden.

Weiter wollen wir uns auf solche Fälle beschränken, bei welchen λ, μ, ν proportional mit einem Differentialquotienten von $1/r$ oder $\ln e$ (d. h. von dem NEWTON'schen oder logarithmischen Potential) nach einer Coordinate sind, wobei, wie früher, stets

$$x^2 + y^2 + z^2 = r^2, \qquad x^2 + y^2 = e^2$$

gesetzt ist.

Hier kann man leicht Lösungen finden mit Hülfe einiger Beziehungen, die aus den Fundamentalgleichungen

$$\Delta\left(\frac{1}{r}\right) = 0, \qquad \Delta'(\ln e) = 0$$

folgen. Man erhält nämlich leicht:

$$\Delta\left(\frac{x}{r}\right) = 2\frac{\partial\frac{1}{r}}{\partial x}, \quad \Delta\left(\frac{y}{r}\right) = 2\frac{\partial\frac{1}{r}}{\partial y}, \quad \Delta\left(\frac{z}{r}\right) = 2\frac{\partial\frac{1}{r}}{\partial z}, \tag{86}$$

ebenso

$$\Delta'(x\ln e) = 2\frac{\partial\ln e}{\partial x}, \quad \Delta'(y\ln e) = 2\frac{\partial\ln e}{\partial y}, \tag{86'}$$

und hieraus durch Differentiation auch

$$\Delta\left(\frac{\partial\frac{x}{r}}{\partial x}\right) = 2\frac{\partial^2\frac{1}{r}}{\partial x^2}, \quad \Delta\left(\frac{\partial\frac{x}{r}}{\partial y}\right) = 2\frac{\partial^2\frac{1}{r}}{\partial x\,\partial y}, \quad \Delta\left(\frac{\partial\frac{x}{r}}{\partial z}\right) = 2\frac{\partial^2\frac{1}{r}}{\partial x\,\partial z} \tag{86''}$$

u. s. f., ebenso

$$\begin{gathered}\Delta'\left(\frac{\partial x\ln e}{\partial x}\right) = 2\frac{\partial^2\ln e}{\partial x^2}, \qquad \Delta'\left(\frac{\partial y\ln e}{\partial y}\right) = 2\frac{\partial^2\ln e}{\partial y^2}, \\ \Delta'\left(\frac{\partial x\ln e}{\partial y}\right) = \Delta'\left(\frac{\partial y\ln e}{\partial x}\right) = 2\frac{\partial^2\ln e}{\partial x\,\partial y}.\end{gathered} \tag{86'''}$$

Von diesen Beziehungen werden wir weiterhin Gebrauch machen.

1. Der Gleichung (84) zu genügen machen wir den Ansatz:

$$\lambda = n\frac{\partial\frac{1}{r}}{\partial y}, \quad \mu = -n\frac{\partial\frac{1}{r}}{\partial x}, \quad \nu = 0, \tag{87}$$

was identisch ist mit

$$\lambda = -\frac{ny}{r^3}, \qquad \mu = +\frac{nx}{r^3}, \qquad \nu = 0.$$

Die Werthe zeigen, dass der ganze Raum erfüllt ist mit Wirbelfäden in der Form von Kreisringen parallel der XY-Ebene, deren Centra auf der Z-Axe liegen. Die Rotationsgeschwindigkeit τ ist durch

$$\tau^2 = \frac{n^2(x^2+y^2)}{r^6}, \quad \text{d. h.} \quad \tau = \frac{ne}{r^3},$$

gegeben; τ verschwindet also im Unendlichen und wird unendlich im Coordinatenanfang, der deshalb ausserhalb der Flüssigkeit liegen muss.

Die Gleichungen (84‴) lauten unter Benutzung von (87):

$$\Delta U = -2n\frac{\partial\frac{1}{r}}{\partial y}, \quad \Delta V = +2n\frac{\partial\frac{1}{r}}{\partial x}, \quad \Delta W = 0;$$

man gewinnt nach (86) Lösungen, welche, wie erforderlich, auch (84″) genügen, wenn man setzt

$$U = -\frac{ny}{r}, \quad V = +\frac{nx}{r}, \quad W = 0; \tag{87'}$$

demgemäss liefert (84′) die Endresultate:

$$u = -nx\frac{\partial\frac{1}{r}}{\partial z} = +\frac{nxz}{r^3}, \quad v = -ny\frac{\partial\frac{1}{r}}{\partial z} = +\frac{nyz}{r^3},$$
$$w = +n\left(\frac{\partial\frac{x}{r}}{\partial x} + \frac{\partial\frac{y}{r}}{\partial y}\right) = +n\left(\frac{z^2}{r^3} + \frac{1}{r}\right). \tag{87''}$$

Da $u:v = x:y$ ist, so findet die Strömung in Meridianebenen durch die Z-Axe statt; die Geschwindigkeitscomponente s normal zur Z-Axe hat den Werth $s = nez/r^3$. Die Differentialgleichung der Stromcurven lautet:

$$\frac{ez\,dz}{r^3} - \left(\frac{z^2}{r^3} + \frac{1}{r}\right)de = 0$$

oder

$$ez\,dz - (e^2 + 2z^2)\,de = 0,$$

worin wieder $e^2 = x^2 + y^2$, $r^2 = e^2 + z^2$ ist.

Multiplicirt man diese Gleichung mit e und setzt $e^2 = \eta$, $z^2 = \zeta$, so folgt:

$$\eta\,d\zeta - (\eta + 2\zeta)\,d\eta = 0,$$

was durch Division mit η^3 integrabel wird und auf

$$\frac{\zeta}{\eta^2} + \frac{1}{\eta} = c'$$

oder auf

$$\frac{z^2}{e^4} + \frac{1}{e^2} = \frac{r^2}{e^4} = c' \tag{87'''}$$

als Gleichung der Stromlinien führt.

Diese Curven schneiden wegen des Werthes von de/dz sämmtlich denselben Radiusvector unter dem gleichen Winkel, sie besitzen einen Wendepunkt für $e/z = \pm\sqrt{2}$ und sind für $-\sqrt{2} < e/z < +\sqrt{2}$ convex gegen die Z-Axe, ausserhalb dieser Grenze concav.

Bilden wir die Componente ϱ der Geschwindigkeit nach dem Radiusvector r, so erhalten wir:

$$\varrho = \frac{ux + vy + wz}{r} = \frac{2nz}{r^2}.$$

Dies zeigt, dass eine Kugelfläche vom Radius R diese Flüssigkeitsbewegung begrenzen kann, wenn man sie mit der Geschwindigkeit

$$\Omega' = +\frac{2n}{R}$$

parallel der Z-Axe verschiebt; denn unter diesen Umständen erhält jedes Oberflächentheilchen die angegebene Normalgeschwindigkeit ϱ.

Wir haben hierdurch also eine zweite Bewegung einer im Unendlichen ruhenden Flüssigkeit erhalten, welche momentan durch eine mit gegebener Geschwindigkeit geradlinig fortschreitende Kugel begrenzt werden kann.

Diese Bewegung ist natürlich nicht stationär; sie lässt sich aber auch durch Zufügung einer Strömung parallel der Z-Axe mit der Geschwindigkeit $-\Omega'$, welche jene Kugel zur Ruhe bringt, nicht stationär machen, da sie der Bedingung (83''') nicht entspricht.

2. Ein anderer Ansatz für λ, μ, ν, der (84) genügt, ist:

$$\lambda = q\frac{\partial^2 \frac{1}{r}}{\partial z\,\partial x} = \frac{3\,qxz}{r^5}, \qquad \mu = q\frac{\partial^2 \frac{1}{r}}{\partial z\,\partial y} = \frac{3\,qyz}{r^5},$$
$$\nu = q\frac{\partial^2 \frac{1}{r}}{\partial z\,\partial z} = -q\left(\frac{1}{r^3} + \frac{3\,z^2}{r^5}\right); \tag{88}$$

die Wirbellinien sind die orthogonalen Trajectorien des Systemes der Flächen $\partial(1/r)/\partial z = c$, welche oben S. 428 besprochen sind. Aus den Gleichungen

$$\Delta U = -2q\frac{\partial^2 \frac{1}{r}}{\partial z\,\partial x}, \quad \Delta V = -2q\frac{\partial^2 \frac{1}{r}}{\partial z\,\partial y}, \quad \Delta W = -2q\frac{\partial^2 \frac{1}{r}}{\partial z\,\partial z}$$

schliessen wir nach (86''):

$$U = -q\frac{\partial \frac{z}{r}}{\partial x}, \quad V = -q\frac{\partial \frac{z}{r}}{\partial y}, \quad W = -q\frac{\partial \frac{z}{r}}{\partial z} + \frac{2q}{r}; \tag{88'}$$

dabei ist in W das Glied $2q/r$, welches in ΔW verschwindet, zugefügt, um der Gleichung (84'') zu genügen; die ersten Glieder geben nämlich, in (84'') eingesetzt, nach (86) den Werth $-2q\partial(1/r)/\partial z$, und dieser ist zu Null zu ergänzen. Die eigenthümliche Form der U, V, W lässt von ihnen in u, v, w nur das Glied $2q/r$ übrig bleiben, und man erhält so:

$$u = +2q\frac{\partial \frac{1}{r}}{\partial y} = -\frac{2qy}{r^3}, \quad v = -2q\frac{\partial \frac{1}{r}}{\partial x} = +\frac{2qx}{r^3}, \quad w = 0; \tag{88''}$$

die Bewegung der Flüssigkeit geschieht in Kreisbahnen um die

Z-Axe, und zwar so, dass die Winkelgeschwindigkeit gleich $2q/r^2$, also nur von r abhängig ist, im Unendlichen verschwindet und im Coordinatenanfang unendlich wird.

Man kann demnach die nach (88'') bewegte Flüssigkeit für den Augenblick durch eine beliebige Rotationsfläche um die Z-Axe, welche den Coordinatenanfang umschliesst, begrenzen. Die Bewegung ist nach S. 442 nicht stationär.

3. Weiter setzen wir

$$\lambda = q\frac{\partial \ln e}{\partial y} = \frac{qy}{e^2}, \qquad \mu = -q\frac{\partial \ln e}{\partial x} = -\frac{qx}{e^2}, \qquad \nu = 0, \tag{89}$$

was Wirbelfäden in Form von Kreisen um die Z-Axe ergiebt, und folgern daraus gemäss (86'):

$$U = -qy\ln e, \qquad V = +qx\ln e, \qquad W = 0$$

und

$$u = v = 0, \qquad w = q(2\ln e + 1). \tag{89'}$$

Wir haben hier also den Fall einer im ganzen unendlichen Raum parallel der Z-Axe stattfindenden Strömung, welche trotzdem eine Wirbelbewegung darstellt; w wird in der Z-Axe unendlich, diese ist also durch irgend eine sie umschliessende Cylinderfläche auszuschliessen. Die Bewegung ist nach S. 442 stationär.

4. Endlich sei noch

$$\lambda = q\frac{\partial \ln e}{\partial x} = \frac{qx}{e^2}, \qquad \mu = q\frac{\partial \ln e}{\partial y} = \frac{qy}{e^2}, \qquad \nu = 0; \tag{90}$$

es liegen also die Wirbelfäden parallel mit e. Wir schliessen daraus nach (86'), um auch (84''') zu erfüllen,

$$U = -qx\ln e, \qquad V = -qy\ln e, \qquad W = qz(2\ln e + 1) + F(x, y),$$

worin F der Gleichung

$$\Delta' F = 0$$

genügen muss, also z. B. $F = q' le$ gesetzt werden kann. Dann resultirt

$$u = +(2qz + q')\frac{y}{e^2}, \qquad v = -(2qz + q')\frac{x}{e^2}, \qquad w = 0. \tag{90'}$$

Die Stromcurven sind Kreise um die Z-Axe in Ebenen parallel zur XY-Ebene.

Wir haben hier eine Wirbelbewegung, bei welcher Wirbel- und Stromlinien in derselben Ebene liegen. Auch diese Bewegung ist nach S. 442 stationär; sie lässt sich also durch feste Rotationsflächen begrenzen.

§ 38. Mechanik idealer incompressibler Flüssigkeiten. Wirbel, von Potentialbewegungen begleitet.

Wir haben uns im vorigen Abschnitt ausschliesslich mit solchen Wirbelbewegungen beschäftigt, bei denen die Wirbelcomponenten λ, μ, ν sich im Endlichen überall von Null unterschieden, also der ganze Raum mit Wirbelfäden erfüllt war. Wie aber früher schon bemerkt, ist dies nicht der einzig mögliche Fall, und wir wenden uns demgemäss jetzt zu der Betrachtung von Bewegungen incompressibler Flüssigkeiten, bei denen die Wirbel auf abgeschlossene Räume, hauptsächlich auf einzelne unendlich feine Fäden beschränkt sind.

Nach dem S. 443 und 444 Erörterten werden Vorgänge dieser Art durch Wirbelfunctionen U, V, W darstellbar sein, die für ΔU, ΔV, ΔW nur in einem Theile des Raumes von Null verschiedene Werthe liefern; denn wo ΔU, ΔV, ΔW verschwinden, sind nach (84''') die Wirbelcomponenten λ, μ, ν gleich Null, findet also nach S. 422 eine die Wirbel begleitende Potentialbewegung statt.

Für diese letztere gelten nach (84') bis (84''') die Bedingungen:

$$u = \frac{\partial W}{\partial y} - \frac{\partial V}{\partial z}, \quad v = \frac{\partial U}{\partial z} - \frac{\partial W}{\partial x}, \quad w = \frac{\partial V}{\partial x} - \frac{\partial U}{\partial y}, \tag{91}$$

$$\frac{\partial U}{\partial x} + \frac{\partial V}{\partial y} + \frac{\partial W}{\partial z} = 0, \tag{91'}$$

$$\Delta U = 0, \quad \Delta V = 0, \quad \Delta W = 0. \tag{91''}$$

Die drei letzten Formeln sind nach (62) mit der Bedingung gleichgestaltet, die das Geschwindigkeitspotential φ in quellenlosen Gebieten zu erfüllen hat; es erscheint daher wahrscheinlich, dass man die früher zur Construction von Geschwindigkeitspotentialen benutzten Hülfsmittel auch zur Auffindung von Wirbelfunctionen U, V, W erfolgreich anwenden kann. Die U, V, W müssten dann, als Geschwindigkeitspotentiale gedeutet, ihre Quellen in dem Gebiete haben, wo die Wirbel stattfinden, wo also ΔU, ΔV, ΔW nicht verschwinden.

Um letzteres näher zu untersuchen, integriren wir die Gleichungen $\Delta U = -2\lambda, \ldots$ über den von Wirbeln erfüllten Raum k und erhalten unter Benutzung unseres Hülfssatzes (22'):

$$\int\limits_{(o)} \frac{\partial \overline{U}}{\partial n} do = -2\int\limits_{(k)} \lambda\, dk, \quad \int\limits_{(o)} \frac{\partial \overline{V}}{\partial n} do = -2\int\limits_{(k)} \mu\, dk, \quad \int\limits_{(o)} \frac{\partial \overline{W}}{\partial n} do = -2\int\limits_{(k)} \nu\, dk, \tag{92}$$

worin o die Oberfläche des Raumes k und n die äussere Normale bezeichnet.

Ist der die Wirbel enthaltende Raum k rings von Flüssigkeit umgeben, reicht er also nirgends an die Oberfläche, und ist er demgemäss nach S. 441 nur mit geschlossenen Wirbelfäden erfüllt, so wird dies System nach (81‴) zu:

$$\int_{(o)} \frac{\partial \overline{U}}{\partial n} do = 0, \quad \int_{(o)} \frac{\partial \overline{V}}{\partial n} do = 0, \quad \int_{(o)} \frac{\partial \overline{W}}{\partial n} do = 0. \tag{92'}$$

Deutet man also U, V, W als Geschwindigkeitspotentiale, wodurch die vorstehenden Integrale die Bedeutung der in der Zeiteinheit durch o hindurchströmenden Flüssigkeitsvolumina erhalten, so müssen hiernach ihre innerhalb k liegenden Quellen je die Gesammtergiebigkeit Null haben.

Nach diesem Resultat können also drei Geschwindigkeitspotentiale φ_1, φ_2, φ_3 von drei im Wirbelraum k liegenden Quellsystemen mit der Ergiebigkeit Null, welche der (91′) entsprechenden Bedingung

$$\frac{\partial \varphi_1}{\partial x} + \frac{\partial \varphi_2}{\partial y} + \frac{\partial \varphi_3}{\partial z} = 0$$

genügen, Wirbelfunctionen U, V, W in den wirbelfreien Räumen darstellen.

Soll der von Wirbeln erfüllte Raum k unendlich klein sein, so ergiebt sich als einfachstes Quellsystem ein Quellpaar der S. 427 behandelten Art, dessen Geschwindigkeitspotential nach (65) geschrieben werden kann:

$$\varphi' = -\mu' \frac{\partial \frac{1}{r}}{\partial a'},$$

wobei r die Entfernung vom Ort des Quellpaares, μ' dessen Moment und a' dessen Axenrichtung bezeichnet. Wir genügen der Bedingung (91′) auf einfachste Weise, indem wir

$$U = -A \frac{\partial \frac{1}{r}}{\partial y}, \quad V = +A \frac{\partial \frac{1}{r}}{\partial x}, \quad W = 0 \tag{92''}$$

setzen. Hierdurch wird dann wegen $\Delta \frac{1}{r} = 0$:

$$u = -A \frac{\partial^2 \frac{1}{r}}{\partial x \partial z}, \quad v = -A \frac{\partial^2 \frac{1}{r}}{\partial y \partial z}, \quad w = -A \frac{\partial^2 \frac{1}{r}}{\partial z^2}; \tag{92'''}$$

die Bewegung entspricht also einem Geschwindigkeitspotential

$$\varphi = -A \frac{\partial \frac{1}{r}}{\partial z},$$

d. h. einem innerhalb k liegenden Quellpaar mit zur Z-Richtung paralleler Axe und dem Moment A.

Berücksichtigt man noch, dass die Wirbelfäden innerhalb k geschlossen sein müssen, und dass die Z-Axe für die Bewegung die einzige ausgezeichnete Richtung darstellt, so kann man den auch durch directe Anschauung zu erhaltenden Satz aussprechen:

Ein Quellpaar ist für Punkte in endlicher Entfernung äquivalent mit einem unendlich kleinen ebenen Wirbelring, dessen Axe mit derjenigen des Paares zusammenfällt.

Auf complicirtere Quellsysteme, deren Geschwindigkeitspotential aus dem NEWTON'schen Potential abgeleitet werden kann, soll hier nicht eingegangen werden. Dagegen wollen wir die sehr einfache und fruchtbare Verwendung des logarithmischen Potentiales discreter Massenpunkte zur Construction von Wirbelfunctionen ausführlicher betrachten.

Hierzu setzen wir eine Flüssigkeitsbewegung von der Art voraus, dass gilt:

$$\left.\begin{aligned} &U = 0, \qquad V = 0, \qquad W = f(x, y), \\ &\text{also} \\ &u = +\frac{\partial W}{\partial y}, \qquad v = -\frac{\partial W}{\partial x}, \qquad w = 0. \end{aligned}\right\} \tag{93}$$

Diese Bewegung findet parallel der XY-Ebene in einer von der Z-Coordinate unabhängigen Art und Weise statt und kann durch zwei beliebige zur XY-Ebene parallele Ebenen begrenzt werden.

Wird, wie schon früher,

$$\frac{\partial^2 W}{\partial x^2} + \frac{\partial^2 W}{\partial y^2} = \Delta' W$$

gesetzt, so ist in dem die Wirbel enthaltenden Gebiet, das durch eine Fläche f mit der Randcurve s in der XY-Ebene charakterisirt sein möge,

$$\left.\begin{aligned} &\Delta' W = -2\nu, \\ &\text{in dem von Wirbeln freien} \\ &\Delta' W = 0. \end{aligned}\right\} \tag{93'}$$

Die Integration der vorletzten Gleichung über einen normal zu der Fläche f errichteten Cylinder von der Länge Eins liefert nach dem Satz (22'')

$$\int_{(s)} \overline{\frac{\partial W}{\partial n}}\, ds = -2 \int_{(f)} \nu\, df = -2\nu', \tag{93''}$$

wobei n die äussere Normale auf ds und ν', das Wirbelmoment der durch f gehenden Wirbelfäden, eine neue Bezeichnung ist.

Deutet man W als Geschwindigkeitspotential einer ebenen Strömung, so enthält nach (72'') f Quellen von der Gesammtergiebigkeit $-2\nu'$.

Die Differentialgleichung der Strömungslinien für eine der XY-Ebene parallele Bewegung lautet allgemein:

$$dx : dy = u : v.$$

In unserem Falle nimmt sie nach (93) die Form an:

$$\frac{\partial W}{\partial x} dx + \frac{\partial W}{\partial y} dy = 0$$

und liefert intregrirt:

$$W = c', \tag{94}$$

wobei c' die Integrationsconstante ist. W hat sonach hier die Bedeutung der S. 427 eingeführten Strömungsfunction σ.

Da ausserhalb des Wirbelgebietes eine Potentialbewegung stattfindet, so muss dort auch gelten:

$$u = \frac{\partial W}{\partial y} = \frac{\partial \varphi}{\partial x}, \qquad v = -\frac{\partial W}{\partial x} = \frac{\partial \varphi}{\partial y}; \tag{94'}$$

es folgt also das Geschwindigkeitspotential durch Integration der Gleichung:

$$\frac{\partial W}{\partial y} dx - \frac{\partial W}{\partial x} dy = d\varphi. \tag{94''}$$

Geschieht die durch $W = c'$ gegebene Strömung in geschlossenen Curven, so muss gemäss S. 424 das ihr entsprechende Geschwindigkeitspotential unendlich vielwerthig sein. —

Besteht das Gebiet f aus einer Anzahl von unendlich kleinen Flächenstücken f_h in endlichen gegenseitigen Entfernungen, d. h. sind nur discrete, unendlich dünne Wirbelfäden vorhanden, so giebt das negative logarithmische Potential

$$W = -\sum_h m_h \ln e_h = \sigma \tag{95}$$

einer auf jedem f_h liegenden Masse m_h eine Lösung, wenn man gemäss dem Umstand, dass $-2\nu'$ an Stelle der Ergiebigkeit einer Quelle steht, nach (72'')

$$m_h = \frac{\nu'}{\pi} \tag{95'}$$

setzt.

Die Strömungslinien, d. h. die Curven constanter Werthe von W lassen sich in einfachen Fällen leicht discutiren. Für einen Wirbelfaden sind es Kreise um den Ort des Fadens als Mittelpunkt, für zwei entgegengesetzt gleiche Wirbelfäden sind es Kreise, welche das System der durch die beiden Wirbel zu legenden orthogonal schneiden, für zwei gleiche sind es Cassini'sche Curven.

Die Ableitung des dem Ansatz (95) entsprechenden Geschwindigkeitspotentiales φ führt auf die Gleichung (73'), mit dem Unterschied, dass rechts $-d\varphi$ an der Stelle von Null steht. Daher erhalten wir unter Weglassung einer Integrationsconstanten den wie zu erwarten unendlich vielwerthigen Ausdruck:

$$\varphi = + \sum m_h \operatorname{arctg}\left(\frac{y - y_h}{x - x_h}\right) = + \sum m_h \vartheta_h. \qquad (95'')$$

Die Vergleichung der Formeln (95) und (95″) mit (72′) und (73″) liefert den Satz:

Bei ebenen Bewegungen einer unendlichen Flüssigkeit sind die Probleme punktförmiger Quellen und einzelner Wirbelfäden insofern reciprok zu einander, als, wenn man die Quellen so mit Wirbelfäden vertauscht, dass die Ergiebigkeit der ersteren und die Wirbelmomente der letzteren einander proportional sind, die Potentialcurven des einen Systemes zusammenfallen mit den Stromcurven des anderen und umgekehrt.

Wendet man die vorstehenden Resultate auf einen einzigen Wirbelfaden an, der sich in der Z-Axe befindet, so erhält man für $m = -q$ die durch (61) gegebene Potentialbewegung; letztere entspricht also auch umgekehrt einem in der Z-Axe befindlichen Wirbelfaden.

Für ein Paar von Wirbelfäden von entgegengesetzt gleichem Wirbelmoment $\nu' = \pm \pi m'$ und einem unendlich kleinen Abstand a', den wir positiv von dem negativ zum positiv rotirenden Faden rechnen und der Y-Axe parallel legen, haben wir nach (95) und (95″) sogleich:

$$W' = \sigma' = - m' a' \frac{\partial \ln e}{\partial a'} = + m' a' \frac{\partial \ln e}{\partial y},$$

$$\varphi' = + m' a' \frac{\partial \vartheta}{\partial a'} = - m' a' \frac{\partial \vartheta}{\partial y}.$$

Nun sind aber $\ln e$ und ϑ die speciellen Werthe von W und φ, die einem einzigen Wirbelfaden entsprechen; es gelten für ihre Differentialquotienten somit die in (94′) enthaltenen Formeln. Demgemäss ist auch:

$$\sigma' = + m' a' \frac{\partial \vartheta}{\partial x}, \qquad \varphi' = + m' a' \frac{\partial \ln e}{\partial x}. \qquad (95''')$$

Vergleicht man dies mit den Formeln (74′) und (74″) und berücksichtigt die Bedeutung von $m' a'$ dort und hier, so erkennt man den Satz:

Bei ebenen Bewegungen einer unendlichen Flüssigkeit ist ein Wirbelpaar mit einem normal dazu liegenden Quellpaar äquivalent, wenn das Product aus der Axenlänge in das Wirbelmoment für das Erstere gleich ist dem halben Product aus der Axenlänge in die Ergiebigkeit für das Letztere.

Da in einem unendlich dünnen Wirbelfaden bei einem endlichen Werth des Rotationsmomentes ν' die Rotationsgeschwindigkeit unendlich wird, so kann ein solcher Faden, streng genommen, in Wirklichkeit nicht existiren, und es ist, um ein endliches Rotationsmoment zu geben, auch ein endlicher Querschnitt erforderlich. Man kann aber die obigen, wie auch die folgenden Sätze als eine Annäherung betrachten, die den Vorgang bei dem möglichen Falle endlicher Querschnitte der Wirbelfäden um so genauer wiedergiebt, je weiter die betrachtete Stelle von den Wirbelfäden abliegt. —

Aus dem Werthe (95)

$$W = -\sum_h m_h \ln e_h$$

folgen für die Componenten der Geschwindigkeit an jeder Stelle die Ausdrücke

$$u = -\sum_h m_h \frac{y - y_h}{e_h^2}, \qquad v = +\sum_h m_h \frac{x - x_h}{e_h^2},$$

zu denen jeder einzelne Wirbelfaden einen Antheil

$$-m_h \frac{y - y_h}{e_h^2} \quad \text{und} \quad +m_h \frac{x - x_h}{e_h^2}$$

beiträgt. Dies ergiebt wegen $m_h = \nu_h'/\pi$ den Satz:

Ein Flüssigkeitstheilchen erhält von einem geradlinigen Wirbelfaden (h) eine Geschwindigkeit mitgetheilt, welche normal zu dessen Entfernung e_h und im Sinne von dessen Rotationsrichtung liegt, und mit dessen Wirbelmoment ν_h' direct, mit der Entfernung e_h indirect proportional ist.

Wir betrachten nun die Punkte x, y eines um den Wirbelfaden (k) an der Stelle x_k, y_k construirten unendlich kleinen Bereiches. Setzen wir

$$e_k^2 = (x - x_k)^2 + (y - y_k)^2, \qquad e_{hk}^2 = (x_h - x_k)^2 + (y_h - y_k)^2,$$

und vernachlässigen Glieder von der Ordnung von e_k/e_{hk} neben Eins, so nehmen die obigen Formeln für u und v für die Punkte des betrachteten Bereiches die Gestalt an:

$$(u_k) = -m_k \frac{(y - y_k)}{e_k^2} - \sum_{h(k)} m_h \frac{(y_k - y_h)}{e_{hk}^2},$$

$$(v_k) = +m_k \frac{(x - x_h)}{e_k^2} + \sum_{h(k)} m_h \frac{(x_k - x_h)}{e_{hk}^2};$$

hierin beziehen sich die Summen auf alle Werthe von h mit Ausnahme von $h = k$.

Die ersten Glieder in den Werthen von (u_k) und (v_k) ergeben eine Rotation des Bereiches um den Faden (k) mit einer vom Abstand e_k

abhängigen Geschwindigkeit; die zweiten enthalten x und y nicht und stellen daher eine parallele Verschiebung des Bereiches dar, deren Geschwindigkeit die Componenten hat

$$u_k = -\sum_{h(k)} \frac{m_h (y_k - y_h)}{e_{hk}^2}, \qquad v_k = +\sum_{h(k)} \frac{m_h (x_k - x_h)}{e_{hk}^2}, \tag{96^0}$$

und zu der ein jeder Wirbelfaden, mit Ausnahme von (k) selbst, einen Antheil giebt.

Wir schliessen hieraus, dass auch ein Wirbelfaden (k) von einem anderen (h) eine Translationsgeschwindigkeit mitgetheilt erhält, deren Richtung normal zu der Verbindungslinie e_{hk} und im Sinne der Rotation von m_h liegt, und deren Grösse mit dem Wirbelmoment ν_h' direct und mit der Entfernung e_{hk} indirect proportional ist.

Wir haben demgemäss, um die gesammte wirklich stattfindende Bewegung unter alleiniger Einwirkung von Wirbelfäden zu erhalten, in dem Ansatz

$$W = -\sum_h m_h \ln e_h$$

die Massenpunkte m_h mit den Geschwindigkeiten u_h, v_h parallel den Coordinatenaxen bewegt und e_h auch von diesen bewegten Punkten gerechnet zu denken. —

Ueber die Bewegung der Wirbelfäden lassen sich aus den Formeln (96^0) einige merkwürdige allgemeine Gesetze ableiten.

Multiplicirt man diese Gleichungen mit m_k und summirt sie über alle Wirbelfäden (k), so ergiebt sich, da in der Summe jedes Glied von der Form $m_h m_k (x_k - x_h)/e_{hk}^2$ resp. $m_h m_k (y_k - y_h)/e_{hk}^2$ zwei Mal mit entgegengesetztem Vorzeichen vorkommt:

$$\sum_k m_k u_k = 0, \qquad \sum_k m_k v_k = 0. \tag{96}$$

Der Schwerpunkt der supponirten Massenpunkte, den man passend den Wirbelmittelpunkt des Systemes paralleler Wirbelfäden nennen kann, bleibt hiernach an seinem Ort.

Multiplicirt man die erste Gleichung (96^0) mit $m_k v_k$, zieht sie von der mit $m_k u_k$ multiplicirten zweiten ab und bildet die Summe über alle (k), so erhält man:

$$\sum_k m_k \sum_{h(k)} \frac{m_h}{e_{hk}^2} \left(v_k (y_k - y_h) + u_k (x_k - x_h)\right) = 0,$$

was sich auch schreiben lässt:

$$\mathop{S}_{hk} \frac{m_h m_k}{e_{hk}^2} \left((v_k - v_h)(y_k - y_h) + (u_k - u_h)(x_k - x_h)\right) = 0;$$

daraus folgt durch Integration, da

$$u_h = \frac{dx_h}{dt}, \qquad v_h = \frac{dy_h}{dt}$$

ist:

$$\underset{hk}{S}\, m_h m_k \ln e_{hk} = c. \tag{96'}$$

Das logarithmische Potential der Wechselwirkung zwischen den supponirten Massen bleibt hiernach bei der Bewegung constant.

Multiplicirt man die erste Gleichung (96⁰) mit $m_k x_k$, die zweite mit $m_k y_k$, addirt sie und bildet die Summe über alle k, so erhält man:

$$\sum_k m_k (x_k u_k + y_k v_k) = - \sum_k m_k \sum_{h(k)} \frac{m_h}{e_{hk}^2} \left(x_k (y_k - y_h) - y_k (x_k - x_h)\right)$$

$$= - \underset{hk}{S} \frac{m_h m_k}{e_{hk}^2} \left((x_k - x_h)(y_k - y_h) - (y_k - y_h)(x_k - x_h)\right) = 0.$$

Hieraus folgt durch Integration, indem man $x_k^2 + y_k^2 = e_k^2$ setzt und berücksichtigt, dass die Entfernung e_k von dem ganz beliebigen Coordinatenanfang gerechnet ist:

$$\sum_k m_k e_k^2 = c'. \tag{96''}$$

Das Trägheitsmoment der supponirten Massen um eine beliebige Axe normal zur XY-Ebene ist hiernach constant.

Multiplicirt man endlich die erste Gleichung (96⁰) mit $m_k y_k$, die zweite mit $m_k x_k$, subtrahirt und bildet die Summe über alle k, so resultirt:

$$\sum_k m_k (x_k v_k - y_k u_k) = + \sum_k m_k \sum_{h(k)} \frac{m_h}{e_{hk}^2} \left(x_k (x_k - x_h) + y_k (y_k - y_h)\right)$$

$$= + \underset{hk}{S} \frac{m_h m_k}{e_{hk}^2} \left((x_k - x_h)^2 + (y_k - y_h)^2\right)$$

oder nach der Bedeutung von e_{hk} und unter Einführung der Flächengeschwindigkeit Ω_k um den willkürlichen Coordinatenanfang von S. 140:

$$2 \sum_k m_k \Omega_k = + \underset{hk}{S}\, m_h m_k. \tag{96'''}$$

Die Summe der Flächenmomente der supponirten Massen um eine beliebige Axe ist gleich der Summe über die Combinationen aller dieser Massen zu je zwei. —

Sind nur zwei Wirbelfäden vorhanden, so lässt sich deren Bewegung auf Grund der vorstehenden Sätze leicht angeben.

Nach (96) können sie nur um ihren ruhenden Schwerpunkt rotiren, nach (96') bleibt ihre gegenseitige Entfernung, und daher auch die jedes einzelnen von ihrem Schwerpunkt constant. Wählen wir diesen Punkt zum Coordinatenanfang, so ergiebt (96'''), dass die Rotationsgeschwindigkeit constant ist; Formel (96'') enthält bei nur zwei Fäden kein neues Resultat.

Nehmen wir zunächst zwei Fäden mit gleicher Rotationsrichtung, also auch gleichem Vorzeichen von m, dann liegt der Schwerpunkt zwischen den beiden Punkten; nennt man ω die Winkelgeschwindigkeit der Verbindungslinie $e_{12} = e$ um den Schwerpunkt, e_1 und e_2 die Entfernungen der supponirten Massen m_1 und m_2 vom Schwerpunkt, so liefert die Gleichung (96''') das Resultat:

$$(m_1 e_1^2 + m_2 e_2^2)\,\omega = m_1 m_2.$$

Nun ist nach der Definition des Schwerpunktes

$$e_1 = \frac{e\, m_2}{m_1 + m_2}, \quad e_2 = \frac{e\, m_1}{m_1 + m_2},$$

und daraus folgt:

$$\omega = \frac{m_1 + m_2}{e^2}.$$

Besitzen die beiden Wirbelfäden entgegengesetzte Rotationsrichtungen, so sind die supponirten Massen von entgegengesetztem Vorzeichen; ihr Schwerpunkt fällt ausserhalb ihrer Verbindungslinie und rückt um so weiter nach dem Unendlichen hin, je mehr sie gleiche absolute Werthe erhalten. Die Rotation verwandelt sich also für zwei entgegengesetzt gleiche Wirbelfäden, $m_1 = -m_2 = m$, in eine geradlinige Fortschreitung, deren für beide gleiche Geschwindigkeit $V_1 = V_2 = V$ direct aus der Formel folgt, die zu (96''') führt. Legt man nämlich die Fortschreitungsrichtung der $+X$-Axe parallel, so liefert diese Gleichung:

$$(y_1 - y_2)\, V = m,$$

also, da $y_1 - y_2 = \pm e$ ist, $V = \pm m/e$, wobei das positive Vorzeichen gilt, wenn der positiv rotirende Wirbelfaden die grössere Y-Coordinate besitzt. —

Allgemeinere Bewegungen, als bisher betrachtet, erhalten wir durch Superposition von Potential- und von Wirbelbewegungen der oben behandelten Art; die hierdurch resultirenden nennen wir combinirte Flüssigkeitsbewegungen. Es lässt sich zeigen, was wir hier aber unterlassen müssen, dass diese combinirten Bewegungen die allgemeinsten überhaupt möglichen darstellen. In Bezug auf sie mag hier nur allgemein Folgendes bemerkt werden.

Die Continuitätsbedingung (78'') ist in u, v, w homogen lineär; sie wird also stets erfüllt, wenn, wie bei der combinirten Bewegung, u, v, w je gleich einer Summe von Theilen sind, die einzeln dieser Bedingung genügen.

Die Gleichungen (78') sind in u, v, w und ihren Differentialquotienten nicht homogen lineär; also tritt, wenn wir u, v, w aus einer Potential- und einer Wirbelbewegung combiniren, in ihnen auf der rechten Seite ein anderer Werth $(\Phi + \Pi)$ auf, als die Summe der den beiden Theilen entsprechenden Ausdrücke ergiebt; die Superposition der Geschwindigkeiten hat also nicht eine Superposition der äusseren Kräfte und der inneren Drucke zur Folge.

Der allgemeinste Ansatz für eine combinirte Bewegung wird nach (58') und (84') lauten:

$$u = \frac{\partial \varphi}{\partial x} + \frac{\partial W}{\partial y} - \frac{\partial V}{\partial z},$$
$$v = \frac{\partial \varphi}{\partial y} + \frac{\partial U}{\partial z} - \frac{\partial W}{\partial x}, \qquad (97)$$
$$w = \frac{\partial \varphi}{\partial z} + \frac{\partial V}{\partial x} - \frac{\partial U}{\partial y},$$

worin U, V, W mit einander durch die Formel (84'')

$$\frac{\partial U}{\partial x} + \frac{\partial V}{\partial y} + \frac{\partial W}{\partial z} = 0 \qquad (97')$$

verbunden sind. Es stehen dann φ mit der Dichte, U, V, W mit den Wirbelcomponenten in den früheren durch (59'') und (84''') ausgedrückten Beziehungen:

$$\Delta \varphi = -\frac{1}{\varepsilon}\frac{d\varepsilon}{dt}, \quad \Delta U = -2\lambda, \quad \Delta V = -2\mu, \quad \Delta W = -2\nu; \qquad (97'')$$

bei constanter Dichte verwandelt sich die erstere in die Formel $\Delta \varphi = 0$. —

Die combinirten Bewegungen sind bei idealen Flüssigkeiten wenig untersucht und wir begnügen uns mit der Aufstellung eines einfachen Beispieles.

Auf S. 446 haben wir gesehen, dass

$$u = + \frac{n x z}{r^3}, \qquad v = + \frac{n y z}{r^3}, \qquad w = + n\left(\frac{z^2}{r^3} + \frac{1}{r}\right)$$

eine Wirbelbewegung darstellt, welche von einer mit der Geschwindigkeit Ω' parallel der Z-Axe fortschreitenden Kugel vom Radius R begrenzt werden kann, wenn man

$$n = \tfrac{1}{2}\Omega' R \qquad \text{setzt.}$$

Dagegen stellen nach S. 429 die aus $\varphi = -q z / r^3$ folgenden Componenten

$$u = + \frac{3 q x z}{r^5}, \qquad v = + \frac{3 q y z}{r^5}, \qquad w = -\frac{q}{r^3}\left(1 - \frac{3 z^2}{r^2}\right)$$

eine Potentialbewegung von der analogen Eigenschaft dar, wenn

$$q = \tfrac{1}{2} \Omega R^3 \quad \text{ist.}$$

Combinirt man diese beiden Bewegungen, indem man $\Omega = -\Omega'$ oder $q = -nR^2$ setzt, so erhält man durch

$$u = \frac{n x z}{r^3}\left(1 - \frac{3R^2}{r^2}\right), \qquad v = \frac{n y z}{r^3}\left(1 - \frac{3R^2}{r^2}\right),$$

$$w = \frac{n}{r^3}\left(r^2 + R^2 + z^2\left(1 - \frac{3R^2}{r^2}\right)\right)$$

eine sehr eigenthümliche Bewegung gegeben, welche im Unendlichen verschwindet und durch eine ruhende Kugelfläche vom Radius R begrenzt werden kann, denn die Geschwindigkeitscomponente ϱ parallel dem Radius erhält den Werth:

$$\varrho = \frac{2nz}{r^2}\left(1 - \frac{R^2}{r^2}\right).$$

Diese Strömung ist nicht stationär. Andere Beispiele combinirter Bewegungen werden uns in einem späteren Abschnitt begegnen.

§ 39. Mechanik idealer Flüssigkeiten. Die allgemeine Gleichung der Energie; Ausfluss aus einem Reservoir; Reaction und Stoss eines Strahles.

Nur eine kleine Zahl von Problemen der Hydrodynamik gestattet die vollständige und strenge Lösung in der im Vorstehenden entwickelten Weise, und hierunter wiederum nur der kleinste Theil mit elementaren Hülfsmitteln; die meisten hiervon haben aber nur geringe experimentelle Bedeutung. Für die Zwecke der Beobachtung begnügt man sich zumeist mit unvollständigen Auflösungen oder mit gewissen Regeln, die aus der allgemeinen Gleichung der lebendigen Kraft abzuleiten sind.

Um diese Gleichung zu erhalten, gehen wir aus von den für ganz beliebige Bewegungen einer idealen Flüssigkeit geltenden Grundformeln (37), nämlich von den Beziehungen:

$$\varepsilon\frac{du}{dt} = \varepsilon X - \frac{\partial p}{\partial x}, \qquad \varepsilon\frac{dv}{dt} = \varepsilon Y - \frac{\partial p}{\partial y}, \qquad \varepsilon\frac{dw}{dt} = \varepsilon Z - \frac{\partial p}{\partial z};$$

in ihnen bezeichnen $du/dt, \ldots$ die gesammten Aenderungen der Geschwindigkeitscomponenten, die ein Theilchen bei seiner Bewegung während dt erleidet.

Wir beschränken uns auf den Fall, dass sich ε vollständig durch den Druck bestimmt, und dass die äusseren Kräfte ein Potential besitzen, setzen also

$$\frac{dp}{\varepsilon} = d\Pi, \quad X = -\frac{\partial \Phi}{\partial x}, \quad Y = -\frac{\partial \Phi}{\partial y}, \quad Z = -\frac{\partial \Phi}{\partial z}$$

und erhalten so:

$$\frac{du}{dt} = -\frac{\partial(\Phi + \Pi)}{\partial x}, \quad \frac{dv}{dt} = -\frac{\partial(\Phi + \Pi)}{\partial y}, \quad \frac{dw}{dt} = -\frac{\partial(\Phi + \Pi)}{\partial z}.$$

Fasst man diese Gleichungen mit den Factoren

$$u\,dt = dx, \quad v\,dt = dy, \quad w\,dt = dz$$

zusammen, so zeigt das Resultat auf der linken Seite stets ein vollständiges Differential, nämlich den Ausdruck

$$u\,du + v\,dv + w\,dw = \tfrac{1}{2} d V^2,$$

nicht aber auf der rechten Seite, da ja nach (55‴) das vollständige Differential einer Function ψ von x, y, z und t die Form

$$d\psi = \frac{\partial \psi}{\partial t} dt + \frac{\partial \psi}{\partial x} dx + \frac{\partial \psi}{\partial y} dy + \frac{\partial \psi}{\partial z} dz$$

besitzt, und ein dem ersten Glied entsprechendes hier fehlt. Die Integration der rechten Seite ist somit allgemein nur dann möglich, wenn $\partial(\Phi + \Pi)/\partial t$ verschwindet, also im Falle des stationären Zustandes. Hier erhält man bei Einführung einer Integrationsconstanten k:

$$\tfrac{1}{2} V^2 = k - \Phi - \Pi \quad \text{resp.} \quad \tfrac{1}{2} V^2 + \Phi + \Pi = k; \tag{98}$$

da nun aber die Integration sich auf den von einem Theilchen wirklich zurückgelegten Weg bezieht, und dieser im stationären Zustand eine Stromcurve ist, so spricht die gefundene Formel bei Heranziehung der Definition der Energie von S. 418 den Satz aus:

Bei jeder stationären Bewegung einer idealen Flüssigkeit mit allein vom Druck abhängender Dichte ist die Energie der Masseneinheit längs jeder Stromcurve constant.

Die gefundene Formel hat eine grosse Aehnlichkeit mit der früher abgeleiteten (59′), in der für den Fall des stationären Zustandes $T - \partial\varphi/\partial t$ mit einer Constanten zu vertauschen ist. Aber jene Gleichung setzte speciell Potentialbewegungen voraus und galt in diesem Fall mit demselben Werth der Constanten für die ganze Ausdehnung der Flüssigkeit; diese gilt für jede stationäre Strömung, ist aber mit derselben Constante zunächst nur für die Punkte einer Stromlinie anwendbar.

Diese Beschränkung fällt offenbar dann hinweg, wenn sich eine alle Stromlinien schneidende Fläche angeben lässt, längs deren für alle Stromlinien gleiche Werthe V, Φ und Π resp. p statthaben; hier gilt dann unsere Formel mit demselben Werth der Constanten k in der ganzen Ausdehnung der Flüssigkeit.

Wir wollen weiterhin nur solche Fälle behandeln, bei denen diese Voraussetzung mindestens angenähert zutrifft.

1. Wenden wir Gleichung (98) auf die stationäre Strömung einer Flüssigkeit von unveränderlicher Dichte an, auf welche von äusseren Kräften nur die Schwerkraft parallel der positiven Z-Axe wirkt, so nimmt sie die Form an:

$$\frac{1}{2} V^2 - g z + \frac{p}{s} = k. \tag{98'}$$

Wir betrachten eine Flüssigkeit, die sich in einem Gefäss befindet und durch eine Oeffnung in der Wand desselben ausfliesst; die Dimensionen der Oeffnung sehen wir als verschwindend gegen die Dimensionen des Gefässes an. Wird durch vorsichtiges Nachfüllen der Stand der Flüssigkeit in dem Gefäss constant gehalten, so ist der stationäre Zustand als streng, sinkt er nur langsam, so ist er als angenähert erreicht anzusehen. In der freien Oberfläche, die wir in Annäherung als eben betrachten und von der aus wir z rechnen wollen, sei der Druck p_0 streng und die Geschwindigkeit wenigstens nahezu constant; dann sind die Voraussetzungen für die Gültigkeit unserer Grundformel (98) innerhalb der ganzen Ausdehnung der Flüssigkeit erfüllt, und sie nimmt für eine beliebige Stelle in der Tiefe z unter dem Niveau die Gestalt an:

$$V^2 - V_0^2 - 2 g z + \frac{2}{s}(p - p_0) = 0; \tag{98''}$$

daraus folgt dann für eine Stelle der freien Oberfläche des austretenden Strahles in der Tiefe z_1, auf welche der äussere Druck p_1 wirken und in der die Geschwindigkeit V_1 stattfinden mag:

$$V_1^2 - V_0^2 = 2 g z_1 + \frac{2}{s}(p_0 - p_1). \tag{98'''}$$

Wäre im Querschnitt q_1 der Ausflussöffnung selbst der Druck constant gleich p_1, so müssten dort auch alle Teilchen mit gleicher Geschwindigkeit V_1 austreten; eine allbekannte Beobachtung zeigt aber, dass dies nicht der Fall sein kann. Unmittelbar hinter der Oeffnung verjüngt sich nämlich der Strahl innerhalb eines Weges, der bei kreisrunden Oeffnungen nur etwa ihrem Radius gleich ist, in sehr auffälliger Weise um nahe drei Zehntel seines Querschnittes, und man erkennt leicht, dass dies nicht möglich wäre, wenn alle austretenden Theile gleiche Geschwindigkeit hätten.

Construirt man nämlich in der Oeffnung q_1 eine alle Stromlinien normal schneidende Oberfläche und nennt ihre Grösse o_1, eine zweite im contrahirten Querschnitt q' von der Grösse o' und nimmt in beiden constante Geschwindigkeiten V_1 und V' an, so sind die in der Zeiteinheit durch sie strömenden Volumina $o_1 V_1$ und $o' V'$ nothwendig einander gleich. Zugleich sind aber die Geschwindigkeiten in der Oberfläche des Strahles, des dort stattfindenden constanten äusseren Druckes p_1 und des constanten oder nur unmerklich wechselnden z wegen, jedenfalls für beide Querschnitte gleich, während deren Grössen o_1 und o' sich unterscheiden. Also kann V und demnach auch p auf o_1 nicht constant sein. Es zeigt sich aber, dass, wenn man den Strahl horizontal aus dem Gefäss austreten lässt, von der oben als contrahirt bezeichneten Stelle an sein Querschnitt sich zunächst nicht weiter ändert, und man schliesst daraus, dass dort die Geschwindigkeit und also auch der Druck über den ganzen Querschnitt hinweg einen nahe constanten Werth und die Stromlinien parallele Richtungen besitzen werden.

Man wendet daher auf jede Stelle des contrahirten Querschnittes q' in der Tiefe z_1 die Formel (98''')

$$V_1^2 - V_0^2 = 2gz_1 - \frac{2}{\varepsilon}(p_1 - p_0)$$

an und setzt die in der Zeiteinheit ausfliessende Masse

$$M = \varepsilon q' V_1.$$

Da diese Masse M bei stationärem Zustand in der Zeiteinheit auch durch den Querschnitt q_0 innerhalb des Gefässes gehen muss, in welchem die Geschwindigkeit V_0 nahe constant ist, so gilt die Beziehung

$$V_1 q' = V_0 q_0,$$

und man erhält dadurch schliesslich:

$$V_1^2 = \frac{2gz_1 - \frac{2}{\varepsilon}(p_1 - p_0)}{1 - \frac{q'^2}{q_0^2}}. \tag{99}$$

Ist der Druck in der Oberfläche des Strahles derselbe, wie der in der freien Oberfläche im Gefäss, also $p_1 = p_0$, und ist q' so klein neben q_0, dass man $(q'/q_0)^2$ neben Eins vernachlässigen kann, so resultirt

$$V_1^2 = 2gz_1, \tag{99'}$$

was, verglichen mit der letzten Formel (35) des ersten Theiles, den von Torricelli herrührenden Satz ausspricht:

Die Geschwindigkeit, mit welcher die Theilchen einer Flüssigkeit, die ausschliesslich unter der Wirkung der Schwerkraft steht, durch eine kleine Oeffnung aus einem Behälter austreten, ist dieselbe, die sie beim freien Fall von der Höhe der freien Oberfläche bis in diejenige der Oeffnung erlangen würden.

Ueberwiegt in der Formel (99) dagegen das von der Druckdifferenz herrührende Glied erheblich die Einwirkung der Schwere, so findet sich für kleines q'/q_0:

$$V_1^2 = \frac{2}{\varepsilon}(p_0 - p_1), \tag{99''}$$

was den weiteren Satz ergiebt:

Findet der Ausfluss nur unter dem Einfluss einer Differenz der innerhalb und ausserhalb des Gefässes auf die Flüssigkeit wirkenden Drucke $(p_0 - p_1)$ statt, so ist das Quadrat der Ausflussgeschwindigkeit gleich der doppelten Druckdifferenz dividirt durch die Dichte der Flüssigkeit.

Haben im Strahl die Theilchen eines jeden Querschnittes gleiche und parallele Geschwindigkeiten, so wirken sie bei der Bewegung nicht auf einander ein, sondern bewegen sich wie freie Massenpunkte, beschreiben also je nach der Lage der Ausflussöffnung verschiedene Theile einer Parabel, deren Gestalt man benutzen kann, um aus ihrer Beobachtung die Ausflussgeschwindigkeit V_1 zu berechnen. Die Messungen haben, wenn der Ausfluss durch eine Oeffnung in einer dünnen Wand geschah, eine befriedigende Uebereinstimmung mit den oben gefundenen Formeln ergeben und dadurch die Berechtigung der gemachten Vernachlässigungen erwiesen; Ansatzröhren vermindern die Ausflussgeschwindigkeit, indem sie starke Wirbelbewegungen hervorrufen, bei denen durch innere Reibung der Flüssigkeit Strömungsenergie verloren geht.

Wird das Niveau in dem Flüssigkeitsbehälter nicht constant erhalten, so ist seine Tiefe ζ unter einer beliebigen Anfangsposition veränderlich nach dem Gesetz, dass

$$q_0 \frac{d\zeta}{dt} = q' V_1, \tag{100}$$

also bei einziger Wirkung der Schwere nach (99)

$$q_0 \frac{d\zeta}{dt} = q' \sqrt{\frac{2g(h-\zeta)}{1 - \frac{q'^2}{q_0^2}}} \tag{100'}$$

ist. Da die freie Oberfläche die veränderliche Tiefe ζ, die Ausflussöffnung die constante Tiefe h unter dem Anfangsniveau hat, so ist hier $(h - \zeta)$ an die Stelle von z_1 getreten. In dieser Formel wird, wenn das Gefäss nicht cylindrische Gestalt hat, auch q_0 von ζ abhängen. Durch Integration erhält man die Stellung der freien Oberfläche zu beliebiger Zeit.

Damit das Niveau mit constanter Geschwindigkeit Ω sinkt, muss

$$\left(1-\left(\frac{q'}{q_0}\right)^2\right)\Omega^2=\left(\frac{q'}{q_0}\right)^2 2g(h-\zeta),$$

also

$$q_0=q'\sqrt{\frac{2g(h-\zeta)}{\Omega^2}+1}$$

sein. Hieraus kann man eine Regel zur Construction einer Wasseruhr ablesen, bei der gleichen Zeiten gleiche vom Niveau zurückgelegte Wege entsprechen.

Schreibt man die allgemeine Formel (98″)

$$p=p_0+\varepsilon g z-\tfrac{1}{2}\varepsilon(V^2-V_0^2), \tag{100″}$$

so giebt sie an, um wie viel sich der Druck während der Bewegung, der sogenannte hydraulische Druck, in einer beliebigen Tiefe z von dem hydrostatischen Druck, der durch die beiden ersten Glieder angegeben wird, unterscheidet. Man sieht, dass der erstere um so mehr kleiner als der letztere ist, je mehr die Geschwindigkeit V an der betrachteten Stelle die im Niveau stattfindende V_0 übertrifft; es ist sogar möglich, dass der hydraulische Druck kleiner als der Oberflächendruck p_0 wird. Um dies zu erkennen, führen wir ein, dass

$$Vq=V_0 q_0=V_1 q'$$

und

$$V_1^2=\frac{2gh-\frac{2}{\varepsilon}(p_1-p_0)}{1-\frac{q'^2}{q_0^2}}$$

ist; dadurch wird obige Gleichung zu:

$$p=p_0+\varepsilon g z-\varepsilon\left(\frac{q'}{q}\right)^2\frac{1-\left(\frac{q}{q_0}\right)^2}{1-\left(\frac{q'}{q_0}\right)^2}\left(gh-\frac{p_1-p_0}{\varepsilon}\right). \tag{100‴}$$

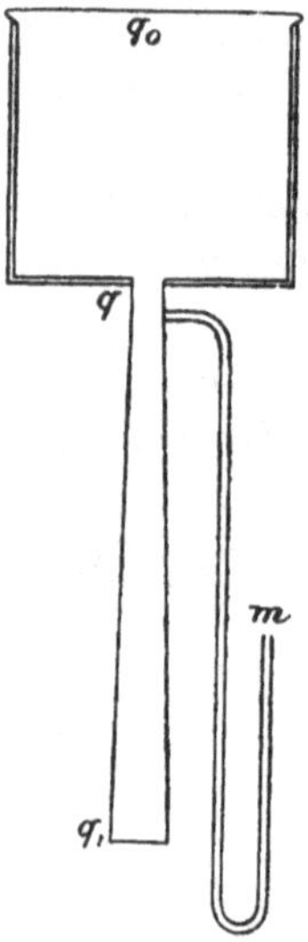

Fig. 44.

Wirkt nur die Schwere, ist also $p_1=p_0$, und ist ferner sowohl q als q' sehr klein neben q_0, so wird sehr einfach:

$$p=p_0+\varepsilon g\left(z-h\left(\frac{q'}{q}\right)^2\right).$$

Diese Formel ist von Daniel Bernoulli aufgestellt und an Gefässen von nebenstehender Form (Fig. 44) geprüft worden; der Druck an der verengten Stelle q wurde durch das Manometer m bestimmt.

2. Um die vorstehenden Betrachtungen auf die Ausströmung eines Gases aus einem Reservoir in eine unendliche Atmosphäre auszudehnen, gehen wir wiederum von der Gleichung (98) aus, welche lautete

$$\tfrac{1}{2}V^2 + \Phi + \int \frac{dp}{\varepsilon} = k,$$

und führen den Zusammenhang zwischen ε und p ein, der dem Problem entspricht.

Wir betrachten zunächst den Ausfluss aus einem cylindrischen Gefässe, in welchem durch andauerndes Einpumpen einer tropfbaren Flüssigkeit oder durch Verschieben des einen Bodens der Druck constant erhalten werden mag; den Einfluss der Schwere ignoriren wir und haben demgemäss einfach:

$$\tfrac{1}{2}V^2 + \int \frac{dp}{\varepsilon} = k.$$

Da an dem beweglichen Boden Druck und Geschwindigkeit des Gases als constant betrachtet werden dürfen, so ist wiederum die Voraussetzung für die Anwendung der Formel (98) auf die ganze Ausdehnung des Gases erfüllt.

Bestimmen wir die Constante k durch Anwendung der Gleichung auf die Nachbarschaft des beweglichen Bodens, wo $V = V_0$, $p = p_0$ sein möge, so nimmt unsere Gleichung die Form an

$$(V^2 - V_0^2) = 2\int_p^{p_0} \frac{dp}{\varepsilon}. \tag{101}$$

Für ihre weitere Behandlung beschränken wir uns auf die beiden schon S. 385 signalisirten einfachen extremen Fälle.

Ist **erstens** die Ausflussöffnung klein, der Ueberschuss des inneren Druckes über den äusseren gering und in Folge hiervon der Ausfluss so langsam, dass die Temperatur des ausfliessenden Gases in allen Theilen als constant angesehen werden kann, so ist nach (39″) $\varepsilon = Cp$ zu setzen, woraus folgt:

$$V^2 - V_0^2 = \frac{2}{C}\ln\left(\frac{p_0}{p}\right). \tag{101'}$$

Wendet man diese Formel auf die Grenze des Gasstrahles gegen die Atmosphäre an, in welche hinein der Ausfluss stattfindet, und bezeichnet man die bezüglichen Werthe von V und p mit V_1 und p_1, so erhält man

$$V_1^2 - V_0^2 = \frac{2}{C}\ln\left(\frac{p_0}{p_1}\right), \tag{101''}$$

worin die Constante C der herrschenden Temperatur und der benutzten Gasart individuell ist; in der That gilt $C = \varepsilon_0/p_0 = \varepsilon_1/p_1$.

Da der Zustand stationär sein soll, so muss die Beziehung stattfinden

$$q'\varepsilon_1 V_1 = q_0 \varepsilon_0 V_0,$$

welche ausdrückt, dass durch den, wie S. 462 besprochen, contrahirten Querschnitt q', in welchem die Dichte ε_1, die Geschwindigkeit V_1 ist, in der Zeiteinheit dieselbe Masse geht, wie durch den Querschnitt q_0, wo ε_0 und V_0 stattfindet; wegen $\varepsilon_0/p_0 = \varepsilon_1/p_1$ kann man dafür auch schreiben:

$$q' p_1 V_1 = q_0 p_0 V_0.$$

Hierdurch lässt sich die Formel (101″) in die geeignete Gestalt bringen, um V_1 zu bestimmen, so dass sie lautet:

$$V_1^2\left(1 - \left(\frac{q'\varepsilon_1}{q_0\varepsilon_0}\right)^2\right) = 2\,\frac{p_0}{\varepsilon_0}\,l\left(\frac{p_0}{p_1}\right). \tag{101‴}$$

Findet das Ausströmen in den leeren Raum statt, ist also $p_1 = 0$, so ergiebt die Formel $V_1 = \infty$, was zeigt, dass unter diesen Umständen die gemachte Annahme vollständiger Ausgleichung der Temperaturen jedenfalls nicht zulässig ist. —

Sind zweitens Oeffnung und Ueberdruck, und demgemäss die Ausflussgeschwindigkeit so gross, dass man die Wärmeleitung ganz vernachlässigen kann, so gilt nach (39‴) $\varepsilon^\varkappa = C'p$; hier liefert (101):

$$V^2 - V_0^2 = \frac{2\varkappa}{(\varkappa - 1)C'^{1/\varkappa}}\left(p_0^{(\varkappa-1)/\varkappa} - p^{(\varkappa-1)/\varkappa}\right). \tag{102}$$

Angewandt wie die Formel (101″) und unter Berücksichtigung, dass hier aus

$$q'\varepsilon_1 V_1 = q_0\varepsilon_0 V_0,$$

folgt

$$q' p_1^{1/\varkappa} V_1 = q_0 p_0^{1/\varkappa} V_0,$$

ergiebt dies

$$V_1^2\left(1 - \left(\frac{q' p_1^{1/\varkappa}}{q_0 p_0^{1/\varkappa}}\right)^2\right) = \frac{2\varkappa p_0^{1/\varkappa}}{(\varkappa - 1)\varepsilon_0}\left(p_0^{(\varkappa-1)/\varkappa} - p_1^{(\varkappa-1)/\varkappa}\right). \tag{102′}$$

Hieraus erhält man für $p_1 = 0$

$$V_1^2 = \frac{2\varkappa p_0}{(\varkappa - 1)\varepsilon_0}, \tag{102″}$$

also auch für das Ausströmen in den leeren Raum eine endliche Geschwindigkeit.

Beide verfolgte Annahmen geben darin Uebereinstimmung, dass bei gleichen Druckverhältnissen das Quadrat der Ausflussgeschwindigkeit der Dichtigkeit des Gases indirect, bei gleichen q' das Quadrat der ausgeflossenen Masse ihr also direct proportional ist.

Die Beobachtung kann an die Ausflussgeschwindigkeit unmittelbar natürlich nicht anknüpfen; es lässt sich aber, wenn man das Gas durch eine Flüssigkeit verdrängt und Sorge trägt, den Druck im Reservoir constant zu erhalten, die ausgeströmte Menge durch die Volumenänderung des Gases im Gasometer oder durch die zugeführte Flüssigkeitsmenge messen. Auch lässt sich die bei constantem Volumen in Folge des Ausflusses eingetretene Druckänderung im Reservoir in dieser Hinsicht verwerthen, wenn der Ausfluss so langsam stattfindet, dass man in jedem Moment die für den stationären Zustand gültigen Gleichungen anwenden kann.

Die Formeln für diese Druckänderung lassen sich nur angenähert integriren, und es bietet einen Vortheil, diese Annäherung von vornherein einzuführen.

Nimmt man nämlich an, dass die Druckdifferenz $p_0 - p$ so klein neben dem gesammten Druck p ist, dass man $(p_0 - p)/p$ neben Eins vernachlässigen kann, so erhält man durch Entwickelung und Beschränkung auf das niedrigste Glied aus (101′) und (102) dieselbe Formel

$$V^2 - V_0^2 = \frac{2}{\varepsilon}(p_0 - p), \tag{103}$$

also auch dasselbe Gesetz, wie es nach (98″) für eine incompressible Flüssigkeit gilt, welche nur unter der Wirkung einer Druckdifferenz steht.

Auf den ausfliessenden Strahl angewandt giebt die Formel, wenn man die Geschwindigkeit im Gasometer gegen die Ausflussgeschwindigkeit verschwindend klein annimmt:

$$V_1^2 = \frac{2}{\varepsilon}(p_0 - p_1). \tag{103′}$$

Die in der Zeit dt ausfliessende Masse ist gleich $V_1 \varepsilon q' dt$; sie verringert die Masse M im Gasometer, so dass also

$$dM = -q' \sqrt{2\varepsilon(p_0 - p_1)}\, dt$$

ist. Nennt man das Volumen Gas im Gasometer Ω, so ist $M = \Omega\varepsilon$, und wir erhalten allgemein:

$$\Omega\, d\varepsilon + \varepsilon\, d\Omega = -q' \sqrt{2\varepsilon(p_0 - p_1)}\, dt. \tag{103″}$$

Hierin ist, wenn man annimmt, dass die Temperatur des Gases im Gasometer constant erhalten wird, $d\varepsilon = C dp_0$ zu setzen; das neben $d\varepsilon$ auftretende ε ist als constant zu behandeln, da oben Glieder von der Ordnung $(\varepsilon_0 - \varepsilon_1)/\varepsilon_1$ neben Eins vernachlässigt sind.

Hat das Gefäss constantes Volumen, ist also $d\Omega = 0$, so folgt:

$$\frac{\Omega C\, dp_0}{q' \sqrt{2\varepsilon(p_0 - p_1)}} = -dt,$$

oder

$$\frac{\Omega C}{q'} \sqrt{\frac{2(p_0 - p_1)}{\varepsilon}} = c - t.$$

Ist der Anfangswerth von p_0 gleich p_0^0, so erhält man für die Zeit, die bis zur Erreichung des Werthes p_0 verfliesst, die Formel:

$$t = \frac{\Omega}{q'}\sqrt{\frac{2\varepsilon_m}{p_m}}\left(\sqrt{\frac{p_0^0 - p_1}{p_m}} - \sqrt{\frac{p_0 - p_1}{p_m}}\right), \qquad (103'')$$

in welcher p_m ein beliebiger mittlerer Werth des Druckes und ε_m die ihm entsprechende Dichte ist. —

Drückt man in Formel (103) V und V_0 durch die Ausflussgeschwindigkeit aus und setzt constante Temperatur voraus, so nimmt dieselbe die Gestalt an:

$$V_1^2\left(\left(\frac{p_1 q'}{p\,q}\right)^2 - \left(\frac{p_1 q'}{p_0 q_0}\right)^2\right) = \frac{2}{\varepsilon}(p_0 - p),$$

oder durch Einführung von (103'):

$$(p_0 - p_1)\left(\left(\frac{p_1 q'}{p\,q}\right)^2 - \left(\frac{p_1 q'}{p_0 q_0}\right)^2\right) = p_0 - p. \qquad (104)$$

Diese Formel giebt den hydraulischen Druck p innerhalb des Gasstromes an, der mit Hülfe eines in der Gefässwand an der untersuchten Stelle angebrachten Manometers gemessen werden kann. Ist der Querschnitt q_0 des Stromes im Gasometer gross gegen den contrahirten Querschnitt q' des austretenden Strahles, so gilt einfacher:

$$p_0 - p = (p_0 - p_1)\left(\frac{p_1 q'}{p\,q}\right)^2. \qquad (104')$$

Wir werden nur innerhalb der oben eingeführten Annäherung bleiben, wenn wir hierin rechts p_1/p mit Eins vertauschen, ausgenommen den Fall, dass das Verhältniss q'/q sehr stark von Eins und daher nach der Formel auch $(p_0 - p)$ sehr stark von $(p_0 - p_1)$ verschieden ist, ein Fall, den wir ausschliessen. Es wird dann einfacher

$$p_0 - p = (p_0 - p_1)\left(\frac{q'}{q}\right)^2$$

oder (104'')

$$p_1 - p = (p_0 - p_1)\left(\left(\frac{q'}{q}\right)^2 - 1\right).$$

Man erkennt, dass, wenn $q' > q$ ist, dann $p < p_1$ wird; in diesem Falle muss also, wenn in dem Querschnitt q durch eine Oeffnung in der Wand des durchströmten Canales eine Verbindung mit dem Aussenraum (wo der Druck p_1 herrscht) hergestellt wird, die Luft von aussen in den Canal getrieben werden und eine Art von Saugwirkung entstehen.

3. Ueber die Wirkungen von Flüssigkeitsstrahlen lassen sich aus allgemeinen mechanischen Principien noch einige Folgerungen ziehen, welche, ob sie gleich mit den hydro-

dynamischen Gleichungen direct nichts zu thun haben, ihres Interesses wegen hier angefügt werden mögen.

Wir wollen uns ein mit Flüssigkeit gefülltes Gefäss, aus welchem unter der Wirkung der Schwere ein Strahl in horizontaler Richtung austritt, reibungsfrei auf einer horizontalen Ebene verschiebbar denken und auf dieses System die Gleichungen für die Bewegungsgrössen anwenden.

Sei M die Masse des gefüllten Gefässes und U seine horizontale, unendlich klein angenommene Geschwindigkeit, m die Masse der bereits ausgetretenen Flüssigkeit, welche die horizontale Geschwindigkeit V_1 besitzt, so muss nach S. 172

$$M U + m V_1$$

einen von der Zeit unabhängigen Werth haben; denn die Schwere giebt keine horizontale Componente und ein etwa vorhandener allseitig gleicher Oberflächendruck desgleichen. Es muss daher

$$M \frac{d U}{d t} + U \frac{d M}{d t} + m \frac{d V_1}{d t} + V_1 \frac{d m}{d t} = 0$$

oder, wenn man U als verschwindend klein und die Ausflussgeschwindigkeit V_1 als sehr nahe constant annimmt, auch

$$M \frac{d U}{d t} + V_1 \frac{d m}{d t} = 0 \tag{105}$$

sein.

Nun ist dm/dt, d. h. die in der Zeiteinheit austretende Flüssigkeitsmenge, gleich $q' \varepsilon V_1$, und $M dU/dt$ ist nach S. 172 die Kraft K, welche der Masse M dieselbe horizontale Beschleunigung zu ertheilen vermag, die sie in Folge der austretenden Flüssigkeit erhält; daher kann man

$$K = - q' \varepsilon V_1^2 \tag{105'}$$

auffassen als die Kraft, welche der austretende Strahl auf das gefüllte Gefäss ausübt.

Steht die Flüssigkeit in demselben nur unter der Wirkung der Schwere, so ist nach (99') $V_1^2 = 2 g h$, unter h die Höhe des Niveaus über der Oeffnung verstanden, es gilt demnach:

$$K = - 2 g h \varepsilon q'; \tag{105''}$$

steht sie nur unter der Wirkung eines Ueberdruckes $(p_0 - p_1)$, so ist $V_1^2 = 2(p_0 - p_1)/\varepsilon$ und es gilt:

$$K = - 2 q' (p_0 - p_1). \tag{105'''}$$

Dividirt man K durch q', so erhält man den auf die Flächeneinheit des contrahirten Querschnittes bezogenen Reactionsdruck des Strahles und kann daher den folgenden Satz aussprechen:

Der Reactionsdruck des aus einem Reservoir austretenden Strahles einer incompressibeln Flüssigkeit ist gleich dem Product aus deren Dichte in das Quadrat der Strahlgeschwindigkeit; in dem speciellen Falle, dass der Strahl nur durch die Wirkung der Schwere auf die Flüssigkeit im Reservoir getrieben wird, bestimmt sich dies näher gleich dem doppelten hydrostatischen Druck in der Oeffnung — in dem anderen, dass nur ein Ueberdruck auf die Oberfläche im Reservoir treibend wirkt, gleich dem Doppelten dieses Ueberdruckes. Die Gesammtkraft, welche das Gefäss durch den Strahl erleidet, ist gleich dem Product des Reactionsdruckes in die Grösse seines contrahirten Querschnittes und hat die dem austretenden Strahl entgegengesetzte Richtung. —

Durch eine ähnliche Betrachtung lässt sich auch ein Schluss über den Druck — uneigentlich Stoss genannt — ziehen, welchen ein Flüssigkeitsstrahl gegen einen starren Körper ausübt, den er trifft. Von der Einwirkung äusserer Kräfte, insbesondere der Schwere, mag dabei abgesehen werden.

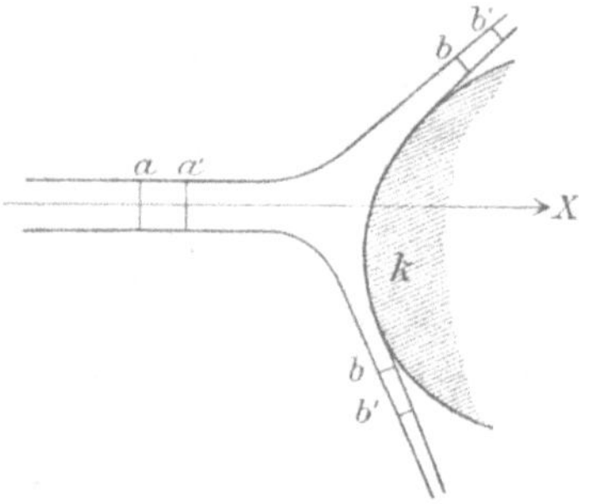

Fig. 45.

In einem Querschnitt a (Fig. 45) bewege sich der Strahl in allen seinen Theilen mit der gleichen Geschwindigkeit V_a, und sei der Druck auch überall gleich dem auf die Oberfläche wirkenden. Hiermit sind dann die Voraussetzungen von S. 460 erfüllt. Weiter werde der Strahl durch die Einwirkung des starren Körpers zertheilt und verlasse ihn in eine kegelartige Fläche ausgebreitet. Haben in b alle Theile desselben Querschnittselementes wieder dieselbe Geschwindigkeit V_b, so muss hier auch der Druck im Inneren wieder constant und, da derselbe dem in a herrschenden gleich ist, so muss nach (98) hier überdies

$$V_a = V_b$$

sein.

Wir wollen die Gleichungen für die Bewegungsgrössen von S. 172 anwenden auf das Massensystem, welches aus dem starren Körper k und der zur Zeit t zwischen a und b befindlichen Flüssigkeit besteht. Sei M' die Masse des ersteren, dm ein Massenelement der letzteren und seien U', V', W' und u, v, w die betreffenden Geschwindigkeitscomponenten, A_0, B_0, C_0 aber Constanten, so lauten die hier geltenden Gleichungen für die Bewegungsgrössen, wenn wir von der Einwirkung der Schwere absehen:

$$
\begin{aligned}
M' U' + \int u \, dm &= A_0, \\
M' V' + \int v \, dm &= B_0, \\
M' W' + \int w \, dm &= C_0.
\end{aligned} \tag{106}
$$

U', V', W' betrachten wir dabei als ausserordentlich kleine Grössen.

Differentiiren wir diese Gleichungen nach der Zeit, so ist zu bedenken, dass während dt das betrachtete Flüssigkeitsvolumen sich längs des Körpers verschiebt, etwa die Position zwischen a' und b' erreicht, wo dann

$$\overline{a\,a'} = V_a \, dt, \qquad \overline{b\,b'} = V_b \, dt \qquad \text{ist.}$$

Zwischen a' und b bleibt Masse und Geschwindigkeit, da die starre Oberfläche eine nur unendlich kleine Geschwindigkeit besitzt, ungeändert; die in den Gleichungen (106) auftretenden Integrale erleiden sonach nur dadurch eine Aenderung ihres Werthes, dass der sich auf die Masse zwischen $b\,b'$ beziehende Term additiv, der sich auf die Masse zwischen $a\,a'$ beziehende subtractiv zu dem Anfangswerth hinzuzufügen ist. Demnach giebt die Ausführung der Differentiation:

$$
\begin{aligned}
M' \frac{dU'}{dt} + \varepsilon \int_{(b)} V u \, dq - \varepsilon \int_{(a)} V u \, dq &= 0, \\
M' \frac{dV'}{dt} + \varepsilon \int_{(b)} V v \, dq - \varepsilon \int_{(a)} V v \, dq &= 0, \\
M' \frac{dW'}{dt} + \varepsilon \int_{(b)} V w \, dq - \varepsilon \int_{(a)} V w \, dq &= 0.
\end{aligned} \tag{106'}
$$

Hierin stellen analog wie oben $M' \, dU'/dt, \ldots$ die Gesammtcomponenten X', Y', Z' des Druckes dar, welchen der starre Körper k von dem Strahl erleidet.

Nehmen wir an, die Strahlrichtung in a sei parallel der $+X$-Axe, die Bewegungsrichtung in dq hingegen unter Winkeln gegen die Coordinatenaxen geneigt, deren Cosinus resp. α, β, γ sind, so können wir für die Componenten X', Y', Z' der Drucke folgende Werthe schreiben:

$$
\begin{aligned}
X' &= \varepsilon \int_{(a)} V^2 \, dq - \varepsilon \int_{(b)} V^2 \alpha \, dq, \\
Y' &= \qquad\qquad\quad - \varepsilon \int_{(b)} V^2 \beta \, dq, \\
Z' &= \qquad\qquad\quad - \varepsilon \int_{(b)} V^2 \gamma \, dq.
\end{aligned} \tag{106''}
$$

Jedem Querschnittselement von q_a entspricht eines von q_b in der Weise, dass durch das letztere dieselben Flüssigkeitstheilchen passiren, wie durch das erstere; da überdies nach Obigem $V_a = V_b$ constant ist, so kann man vorstehende Formeln einfacher schreiben:

$$
\begin{aligned}
X' &= \varepsilon V^2 \int_{(b)} (1 - \alpha)\, d q, \\
Y' &= - \varepsilon V^2 \int_{(b)} \beta\, d q, \\
Z' &= - \varepsilon V^2 \int_{(b)} \gamma\, d q.
\end{aligned}
\qquad (106''')
$$

Um diese Integrale auszurechnen, bedarf es noch der Kenntniss des Zusammenhanges zwischen α, β, γ und dq, der im Allgemeinen die vollständige Lösung des hydrodynamischen Problemes verlangt und demgemäss nicht angebbar ist. In dem speciellen Falle, dass die starre Oberfläche eine Rotationsfläche ist, der auffallende Strahl kreisförmigen Querschnitt besitzt und mit seiner Axe in ihrer Axe liegt, muss sich nach Symmetrie die Flüssigkeitsmenge rings um die X-Axe gleichmässig vertheilen und daher werden:

$$X' = \varepsilon V^2 q_a (1 - \alpha), \qquad Y' = Z' = 0. \qquad (107)$$

Ist noch die Form der Oberfläche eine solche, dass die Richtung, in welcher sich die Theilchen der Flüssigkeit bewegen, nachdem sie die Fläche verlassen haben, auch ohne vollständige Theorie angebbar ist, so lässt sich X' nach (107) berechnen. Derartige Formen sind insbesondere Kegel von so grosser Seitenlänge, dass die Flüssigkeit ihnen parallel weitergeht, nachdem sie dieselben verlassen hat.

Degenerirt der Kegel zu einer normal zur X-Axe liegenden nicht zu kleinen Scheibe, so kann man $\alpha = 0$ setzen und erhält

$$X' = \varepsilon V^2 q_a, \qquad (107')$$

also den Druck gleich der Reaction desselben Strahles, was an sich einleuchtend ist, da, wenn man sich das Gefäss, aus welchem der Strahl ausfliesst, und die gestossene Oberfläche zu einem festen System verbunden denkt, dieses durch die senkrecht zur X-Axe abfliessende Flüssigkeit keine Beschleunigung parallel der X-Axe erfahren kann.

Die Resultate der letzten Betrachtung fassen wir zusammen in den Satz:

Die Kraft, welche eine Rotationsfläche von einem axial auftreffenden Strahl einer incompressibeln Flüssigkeit von kreisförmigem Querschnitt erfährt, ist gleich der in der Zeiteinheit durch den Strahlquerschnitt strömenden Masse multiplicirt mit der Differenz der der Axe parallelen Geschwindigkeiten der Flüssigkeit vor dem Erreichen und nach dem Verlassen der Rotationsfläche.

Die vorstehenden Betrachtungen lassen sich leicht auf den Fall eines Gasstrahles übertragen.

§ 40. **Mechanik reibender Flüssigkeiten. Aufstellung der Grundgleichungen insbesondere für incompressible Flüssigkeiten.**

Die Mechanik idealer Flüssigkeiten oder die gewöhnliche Hydrodynamik bot zu den in den ersten Abschnitten dieses Theiles angestellten allgemeinen Betrachtungen nur ein sehr specielles Beispiel, insofern die gemachten Voraussetzungen allein Druckkräfte zuliessen, welche stets normal zu dem Flächenelement stehen, gegen welches sie wirken. Anders verhält es sich mit den wirklichen Flüssigkeiten.

Setzt man ein mit einer solchen gefülltes Gefäss, das die Gestalt einer Rotationsfläche hat, in Rotation um seine Axe, so bemerkt man, dass die Flüssigkeit allmählich an der Bewegung mehr und mehr Theil nimmt; die äusseren Schichten werden von dem Gefäss, die inneren von den äusseren mitgeführt. Hört die Rotation des Gefässes plötzlich auf, so kommt die Flüssigkeit von den äusseren zu den inneren Schichten fortschreitend ebenfalls allmählich zur Ruhe.

Dieser Vorgang zeigt, dass bei den wirklichen Flüssigkeiten noch andere Druckkräfte vorhanden sind, als die bisher betrachteten, und dass dieselben auch tangentiale Druckcomponenten ergeben. Wir bezeichnen diese inneren Kräfte mit dem Namen der Flüssigkeitsreibung und wenden uns nunmehr ihrer Betrachtung zu.

Die Flüssigkeitsreibung ist eine Kraft, welche nur dann auftritt, wenn innerhalb der Flüssigkeit Geschwindigkeitsdifferenzen vorhanden sind; sie ist unmerklich, wenn sich die Flüssigkeit wie ein starrer Körper bewegt, also auch wenn sie ruht. Letzteres wird dadurch erwiesen, dass sich alle Gesetze der gewöhnlichen Hydrostatik mit der Beobachtung an reibenden Flüssigkeiten in merklicher Uebereinstimmung ergeben.

Die Gesetze der Flüssigkeitsreibung durch das Experiment aufzusuchen, wie das für die Reibung zwischen starren Körpern möglich war, verbietet sich durch die grosse Complication der maassgebenden Verhältnisse. In diesem, wie in ähnlichen Fällen entwickelt man die Theorie aus einem System von Annahmen, welche nach Wahrscheinlichkeit gewählt werden, und prüft dieselben durch die Vergleichung specieller von der Theorie gelieferter Folgerungen mit der Beobachtung.

Von solchen Annahmen legen wir folgende zwei der Theorie der Flüssigkeitsreibung zu Grunde.

1. Die Ursachen der Flüssigkeitsreibung sind moleculare Wirkungen; daher hängen die innerhalb eines unmerklich kleinen Bereiches B erregten Druckkräfte nur von dem Zustande dieses Bereiches ab.

Jede Bewegung eines nichtstarren Körpers stellt sich nun, wie wir im ersten Abschnitt dieses Theiles gesehen haben, innerhalb des Bereiches B als die Superposition einer parallelen Verschiebung, einer Drehung und einer Dehnung nach drei zu einander normalen Richtungen dar. Da nach dem Vorausgeschickten eine Reibung im Innern einer als Ganzes bewegten Flüssigkeit nicht stattfindet, so können die ersten beiden Antheile einen Einfluss auf die Reibung nicht besitzen. Da ferner im Ruhezustande keine innere Reibung auftritt, so können nicht die absoluten Werthe der Deformationen, sondern nur ihre Aenderungen mit der Zeit, im einfachsten Falle also die Deformationsgeschwindigkeiten, deren Grösse bestimmen.

Die Deformationsgeschwindigkeiten innerhalb des Bereiches B bestimmen sich aber nach dem Inhalt von § 29 vollständig durch die sechs Geschwindigkeiten der Axendehnungen

$$\frac{\partial u}{\partial x} = x_x', \qquad \frac{\partial v}{\partial y} = y_y', \qquad \frac{\partial w}{\partial z} = z_z'$$

und der Axenwinkeländerungen (108)

$$\frac{\partial v}{\partial z} + \frac{\partial w}{\partial y} = y_z', \qquad \frac{\partial w}{\partial x} + \frac{\partial u}{\partial z} = z_x', \qquad \frac{\partial u}{\partial y} + \frac{\partial v}{\partial x} = x_y';$$

von diesen Grössen allein müssen also nach dem Vorstehenden auch die von der inneren Reibung herrührenden Druckkräfte abhängen.

Auf die Art dieser Abhängigkeit bezieht sich die zweite Annahme, die wir vorausschicken.

2. Die Druckcomponenten der Flüssigkeitsreibung sind lineäre Functionen der Deformationsgeschwindigkeiten.

Das Hypothetische dieser Festsetzung leuchtet ein, wenn man bedenkt, dass die Deformationsgeschwindigkeiten in Wirklichkeit keineswegs unendlich kleine Grössen sind und es demnach von vornherein keineswegs erlaubt ist, eine Reihenentwickelung der Druckcomponenten nach Potenzen jener Unabhängigen mit den niedrigsten Gliedern abzubrechen, sondern es muss die Berechtigung hierzu im Falle der Anwendung der Theorie auf wirkliche Vorgänge experimentell geprüft werden. Indessen wird die gemachte Annahme in jedem Falle um so näher erfüllt sein, je kleiner die vorkommenden Deformationsgeschwindigkeiten sind, und die abzuleitenden Resultate werden, selbst wenn sie sich unter Umständen nicht bewähren sollten, als Grenzwerthe, denen man bei kleinen Geschwindigkeiten sich nähert, Bedeutung behalten.

Ueberdies ist ersichtlich, dass von den nächsten Gliedern einer Reihenentwickelung erst diejenigen dritter Ordnung in Betracht kommen würden, weil die Glieder zweiter Ordnung nicht (wie offenbar erforderlich ist) mit dem Vorzeichen der Dilatationsgeschwindigkeiten das ihrige umkehren; die Annäherung erscheint hierdurch also noch bedeutender.

Da sechs Deformationsgeschwindigkeiten und sechs Druckcomponenten vorhanden sind, so wird die allgemeinste homogene lineäre Beziehung zwischen beiden 36 Constanten enthalten. Diese Anzahl reducirt sich aber durch folgende Ueberlegung sogleich auf neun.

Wir haben im ersten Abschnitt dieses Theiles gezeigt, dass für jedes System von Deformationen innerhalb des unmerklich kleinen Bereiches B ein Coordinatensystem X^0, Y^0, Z^0, das sogenannte Hauptdilatationsaxensystem, existirt, in Bezug auf welches die Winkeländerungen y_z^0, z_x^0, x_y^0 und demnach auch ihre Geschwindigkeiten $(y_z^0)'$, $(z_x^0)'$, $(x_y^0)'$ verschwinden, womit zusammenhängt, dass die Deformationen sich symmetrisch um dieses Axensystem gruppiren. Wir haben in dem zweiten Abschnitt für ein beliebiges System von Spannungen innerhalb des Bereiches B ein Axensystem X_1^0, Y_1^0, Z_1^0 kennen gelernt, das System der Hauptdruckaxen, in Bezug auf welches die tangentialen Druckcomponenten Y_z^0, Z_x^0, X_y^0 verschwinden, womit zusammenhängt, dass die erregten Spannungen sich symmetrisch um dieses System ordnen.

Da aber, wie bei allen isotropen Körpern, so auch bei Flüssigkeiten alle Richtungen unter einander physikalisch gleichwerthig sind, so müssen in ihnen für jedes System von Deformationsgeschwindigkeiten und dadurch hervorgerufenen Druckkräften das Hauptdilatations- und das Hauptdruckaxensystem zusammenfallen.

Dies giebt die Folgerung, dass bei Einführung dieses Coordinatensystemes X^0, Y^0, Z^0 nur drei lineäre Relationen mit drei Unabhängigen aufzustellen sind, welche also nur neun Constanten enthalten. Wir schreiben sie, indem wir die von den Deformationsgeschwindigkeiten unabhängigen Theile der Druckkräfte, die bei verschwindender Reibung allein übrig bleiben, mit p_h bezeichnet, hinzufügen:

$$
\begin{aligned}
X_x^0 &= p_1 - \left(a_{11}(x_x^0)' + a_{12}(y_y^0)' + a_{13}(z_z^0)'\right),\\
Y_y^0 &= p_2 - \left(a_{21}(x_x^0)' + a_{22}(y_y^0)' + a_{23}(z_z^0)'\right),\\
Z_z^0 &= p_3 - \left(a_{31}(x_x^0)' + a_{32}(y_y^0)' + a_{33}(z_z^0)'\right),
\end{aligned}
\tag{108'}
$$

wobei das negative Vorzeichen ausdrückt, dass bei positiven Werthen a_{hk} die Kräfte den Deformationen entgegenwirken.

Diese Formeln vereinfachen sich noch sehr, wenn wir benutzen, dass die drei Coordinatenaxen untereinander gleichwerthige Richtungen sind, und dass demgemäss eine Vertauschung der Coordinaten die Gleichungen nicht ändern darf. Denn ein System (I) von Deformationsgeschwindigkeiten, welches gegen das System XYZ ebenso liegt, wie ein System (II) gegen das System YZX muss auf ein System (I′) von Drucken führen, welches sich in dem Axensystem XYZ ebenso ausdrückt, wie das durch (II) erregte System Drucke (II′) in dem Axensystem YZX.

Hieraus folgt, dass zwischen den neun Constanten a_{hk} und den drei p_h die Beziehungen stattfinden müssen:

$$a_{11} = a_{22} = a_{33} = 2a + a', \qquad p_1 = p_2 = p_3 = p,$$

$$a_{23} = a_{32} = a_{31} = a_{13} = a_{12} = a_{21} = a',$$

worin p, a und a' neue Bezeichnungen sind. Die Formeln (108′) werden hierdurch, wenn man noch die Abkürzung ϑ' für die Geschwindigkeit der räumlichen Dilatation einführt, also

$$\frac{\partial u}{\partial x} + \frac{\partial v}{\partial y} + \frac{\partial w}{\partial z} = \vartheta' \tag{108''}$$

setzt:

$$\begin{aligned} X_x^0 &= p - \left(2a\,(x_x^0)' + a'\,(\vartheta^0)'\right), \\ Y_y^0 &= p - \left(2a\,(y_y^0)' + a'\,(\vartheta^0)'\right), \\ Z_z^0 &= p - \left(2a\,(z_z^0)' + a'\,(\vartheta^0)'\right). \end{aligned} \tag{108'''}$$

Indessen setzen diese Gleichungen ein eigenartiges Axensytem voraus, das weder im Voraus bekannt, noch selbst innerhalb der ganzen betrachteten Flüssigkeit von gleicher Lage ist, da es ja nur durch deren Verhalten innerhalb des Bereiches B der Stelle x, y, z definirt ist. Für die Anwendung müssen daher die obigen Formeln (108‴) noch auf ein beliebiges Coordinatensystem transformirt werden und zwar in ihren beiden Seiten.

Dies geschieht fast ohne Rechnung auf folgendem Wege. Die allgemeinen Transformationsformeln (36) für die Druckcomponenten nehmen in unserem Fall, wo das Axenkreuz $X'Y'Z'$ mit dem Kreuz $X^0 Y^0 Z^0$ der Hauptdruckaxen zusammenfällt, die Form an:

$$X_x = \alpha_1^2 X_x^0 + \beta_1^2 Y_y^0 + \gamma_1^2 Z_z^0, \text{ u. s. f.}$$

$$Y_z = \alpha_2 \alpha_3 X_x^0 + \beta_2 \beta_3 Y_y^0 + \gamma_2 \gamma_3 Z_z^0, \text{ u. s. f.}$$

Man erhält sonach X_x und Y_z, indem man die in (108‴) enthaltenen Ausdrücke für X_x^0, Y_y^0, Z_z^0 resp. mit α_1^2, β_1^2, γ_1^2 und $\alpha_2 \alpha_3$,

$\beta_2\beta_3$, $\gamma_2\gamma_3$ zusammenfasst. Um die Resultate in den $x_x', \ldots x_y'$ auszudrücken hat man einerseits zu benutzen, dass nach S. 359

$$\vartheta' = (x_x^0)' + (y_y^0)' + (z_z^0)' = x_x' + y_y' + z_z'$$

ist, andererseits, dass die allgemeinen Transformationsformeln (17) für die Deformationsgrössen in unserem Falle, wo das Axenkreuz $X'Y'Z'$ auch mit dem System der **Hauptdilatationsaxen** zusammenfällt, liefern:

$$x_x' = \alpha_1^2 x_x^0 + \beta_1^2 y_y^0 + \gamma_1^2 z_z^0, \text{ u. s. f.}$$
$$y_z' = 2(\alpha_2\alpha_3 x_x^0 + \beta_2\beta_3 y_y^0 + \gamma_2\gamma_3 z_z^0) \text{ u. s. f.}$$

So gelangt man direct zu dem Resultat:

$$\begin{aligned} X_x &= p - (2ax_x' + a'\vartheta'),\\ Y_y &= p - (2ay_y' + a'\vartheta'),\\ Z_z &= p - (2az_z' + a'\vartheta'),\end{aligned} \tag{109}$$
$$Y_z = -ay_z', \quad Z_x = -az_x', \quad X_y = -ax_y'.$$

Die beiden Constanten a und a' heissen die Reibungscoëfficienten der Flüssigkeit; beachtet man die Dimensionen der Druckcomponenten nach (19‴) und der Deformationsgeschwindigkeiten nach (108), so findet man für ihre Dimension den Werth:

$$[a] = [a'] = [m\,l^{-1}\,t^{-1}]. \tag{109'}$$

Ist die reibende Flüssigkeit incompressibel, ist also mit ϑ auch $\vartheta' = 0$, so hängt ihre Bewegung nur von a allein ab.

Setzt man die erhaltenen Resultate in die Bewegungsgleichungen (25) ein, so erhält man folgendes System:

$$\begin{aligned} \varepsilon\frac{du}{dt} &= \varepsilon X - \frac{\partial p}{\partial x} + a\Delta u + (a+a')\frac{\partial\vartheta'}{\partial x},\\ \varepsilon\frac{dv}{dt} &= \varepsilon Y - \frac{\partial p}{\partial y} + a\Delta v + (a+a')\frac{\partial\vartheta'}{\partial y},\\ \varepsilon\frac{dw}{dt} &= \varepsilon Z - \frac{\partial p}{\partial z} + a\Delta w + (a+a')\frac{\partial\vartheta'}{\partial z}.\end{aligned} \tag{110}$$

Zu diesen für jeden Punkt im Innern der Flüssigkeit geltenden Formeln tritt noch weiter das Gesetz, welchem die Dichtigkeit ε folgt, also im Falle dieselbe nur eine Function des Druckes ist, die Gleichung:

$$\varepsilon = F(p), \quad \text{oder} \quad \int\frac{dp}{\varepsilon} = \Pi, \tag{110'}$$

ferner die Gleichung der Continuität:

$$\frac{\partial u}{\partial x} + \frac{\partial v}{\partial y} + \frac{\partial w}{\partial z} + \frac{1}{\varepsilon}\frac{d\varepsilon}{dt} = 0 \quad \text{oder} \quad \vartheta' + \frac{1}{\varepsilon}\frac{d\varepsilon}{dt} = 0. \tag{110''}$$

Die Bedingungen für die Oberfläche der Flüssigkeit bilden wir unter der Voraussetzung, dass dieselbe von einer zweiten Flüssigkeit begrenzt wird; dieser Fall umschliesst den einer festen

Wand, wie auch den, dass die Grenze den Abschluss gegen ein Gas oder gegen den leeren Raum hin bildet. Haben die Elemente der beiden Flüssigkeiten (h) und (k) an der Stelle x, y, z die Geschwindigkeitscomponenten $\bar{u}_h$, $\bar{v}_h$, $\bar{w}_h$ und $\bar{u}_k$, $\bar{v}_k$, $\bar{w}_k$, so folgt aus (18″) zunächst die Gleichung

$$(\bar{u}_h - \bar{u}_k)\cos(n,x) + (\bar{v}_h - \bar{v}_k)\cos(n,y) + (\bar{w}_h - \bar{w}_k)\cos(n,z) = 0. \quad (111)$$

Weiter kommen die in (27′) enthaltenen Bedingungen für die Druckkräfte zur Anwendung, und zwar einmal für ein Volumenelement innerhalb der Flüssigkeit (h), einmal für eines innerhalb (k), wobei die Wechselwirkung zwischen den beiden Volumenelementen die Stelle der äusseren Kraft einnimmt.

Flüssigkeiten, welche innere Reibung besitzen, reiben sich auch an einander oder an einer festen Wand; in Folge dessen wirken in der Grenze zwei Kräfte, welche den Theilen der $X_x, \ldots$ oben in (109) entsprechen, ein normaler Druck p_{hk} und eine Reibungskraft R_{hk}, welche man in Analogie zu der Reibung zwischen zwei starren Körpern der relativen Geschwindigkeit entgegen wirkend annimmt.

Die relative Geschwindigkeit $\bar{V}_{hk}$ von (h) gegen (k) hat die Componenten

$$\bar{u}_h - \bar{u}_k, \quad \bar{v}_h - \bar{v}_k, \quad \bar{w}_h - \bar{w}_k$$

und demnach eine resultirende Grösse

$$\bar{V}_{hk} = \sqrt{(\bar{u}_h - \bar{u}_k)^2 + (\bar{v}_h - \bar{v}_k)^2 + (\bar{w}_h - \bar{w}_k)^2};$$

demgemäss hat die Reibung R_{hk}, welche die Flüssigkeit (h) erfährt, die Componenten

$$-R_{hk}\frac{\bar{u}_h - \bar{u}_k}{\bar{V}_{hk}}, \quad -R_{hk}\frac{\bar{v}_h - \bar{v}_k}{\bar{V}_{hk}}, \quad -R_{hk}\frac{\bar{w}_h - \bar{w}_k}{\bar{V}_{hk}},$$

und Analoges gilt für die auf (k) wirkende. Daher folgen aus den Gleichungen (27′) die Systeme:

$$\left.\begin{aligned}
(X_n)_h - \bar{p}_{hk}\cos(n_h, x) - R_{hk}\frac{\bar{u}_h - \bar{u}_k}{\bar{V}_{hk}} &= 0,\\
(Y_n)_h - \bar{p}_{hk}\cos(n_h, y) - R_{hk}\frac{\bar{v}_h - \bar{v}_k}{\bar{V}_{hk}} &= 0,\\
(Z_n)_h - \bar{p}_{hk}\cos(n_h, z) - R_{hk}\frac{\bar{w}_h - \bar{w}_k}{\bar{V}_{hk}} &= 0,\\
(X_n)_k - \bar{p}_{kh}\cos(n_k, x) - R_{kh}\frac{\bar{u}_k - \bar{u}_h}{\bar{V}_{kh}} &= 0,\\
(Y_n)_k - \bar{p}_{kh}\cos(n_k, y) - R_{kh}\frac{\bar{v}_k - \bar{v}_h}{\bar{V}_{kh}} &= 0,\\
(Z_n)_k - \bar{p}_{kh}\cos(n_k, z) - R_{kh}\frac{\bar{w}_k - \bar{w}_h}{\bar{V}_{kh}} &= 0.
\end{aligned}\right\} \quad (111')$$

n_h bezeichnet hierin die äussere Normale auf der Flüssigkeit (h).

Nach dem Satz von der Gleichheit von Wirkung und Gegenwirkung sind p_{hk} und p_{kh}, R_{hk} und R_{kh}, und nach ihrer Definition $\overline{V}_{hk}$ und $\overline{V}_{kh}$ unter einander gleich; die Summe der entsprechenden Formeln beider Systeme führt, da n_h und n_k entgegengesetzt gerichtet sind, auf das allgemeine System (27) zurück.

Die Reibung in der Grenze verschwindet nach der Beobachtung im Zustande der Ruhe, sie muss also eine Function der relativen Geschwindigkeit $\overline{V}_{hk}$ sein, und die einfachste Annahme, welche obenein der über die innere Reibung gemachten entspricht, ist die, sie mit $\overline{V}_{hk}$ proportional zu setzen. Schreiben wir demgemäss

$$R_{hk} = \bar{a}\,\overline{V}_{hk}, \tag{111''}$$

so ist $\bar{a}$, die Constante der äusseren Reibung, eine nur von der Natur der beiden in der Grenze zusammentreffenden Körper abhängige Grösse; ihre Dimension ist nach den Beziehungen, durch welche sie eingeführt ist:

$$[\bar{a}] = [m\,l^{-2}t^{-1}]. \tag{111'''}$$

Tritt an Stelle der Flüssigkeit (k) ein fester Körper, so wollen wir für dessen Geschwindigkeitscomponenten im Oberflächenelement do die Bezeichnung u_k, v_k, w_k, für diejenigen der Flüssigkeit $\bar{u}$, $\bar{v}$, $\bar{w}$ beibehalten; dann nimmt (111) die Form an:

$$(\bar{u} - u_k)\cos(n,x) + (\bar{v} - v_k)\cos(n,y) + (\bar{w} - w_k)\cos(n,z) = 0. \tag{112}$$

Von den Gleichungen (111') kommen hier, da die inneren Spannungen des festen Körpers hier kein Interesse bieten, nur die ersten drei in Betracht, die sich nun einfacher schreiben lassen. Da in ihnen nach der Ableitung je die beiden letzten Glieder die Druckcomponenten des festen Körpers gegen die Flüssigkeit darstellen, und ihre Entgegengesetzten somit die Componenten $\overline{X}$, $\overline{Y}$, $\overline{Z}$ des Druckes ergeben, welchen der Körper von der Flüssigkeit erfährt, so liefert das erste Tripel des Formelsystemes (111') bei Einführung der Beziehung (111'') unmittelbar

$$\begin{aligned} \overline{X}_n &= \overline{X} = \bar{p}_k\cos(n,x) + \bar{a}(\bar{u} - \bar{u}_k), \\ \overline{Y}_n &= \overline{Y} = \bar{p}_k\cos(n,y) + \bar{a}(\bar{v} - \bar{v}_k), \\ \overline{Z}_n &= \overline{Z} = \bar{p}_k\cos(n,z) + \bar{a}(\bar{w} - \bar{w}_k). \end{aligned} \tag{112'}$$

Hierin ist bei den auf die Flüssigkeit bezüglichen Termen der Index $_h$ überall hinweggelassen, demgemäss auch $\bar{p}_k$ für $\bar{p}_{hk}$ geschrieben; für X_n, Y_n, Z_n sind die aus (24) und (109) folgenden Ausdrücke einzusetzen. Da eine feste Wand jedem beliebig grossen Druck widerstehend gedacht ist, so bleibt $\bar{p}_k$ willkürlich; die drei Formeln (112') repräsentiren also nur zwei Bedingungen für die Strömung.

Führen wir neben der äusseren Normalen n der Flüssigkeit noch eine Richtung s parallel der relativen Geschwindigkeit $\overline{V}_k$ der Flüssigkeit gegen den Körper und eine Richtung l normal zu n und s ein und bezeichnen die auf sie bezogenen Kraftcomponenten resp. mit $\overline{N}_n$, $\overline{S}_n$, $\overline{L}_n$ und N, S, L, so erhalten wir aus (112') mit Hülfe der Factoren $\cos(n,x)$, $\cos(n,y)$, $\cos(n,z)$ und $\cos(s,x)$, $\cos(s,y)$, $\cos(s,z)$ und $\cos(l,x)$, $\cos(l,y)$, $\cos(l,z)$ die Gleichungen:

$$\overline{N}_n = \overline{N} = +\,\overline{p}_k, \quad \overline{S}_n = \overline{S} = +\,\overline{a}\,\overline{V}_k, \quad \overline{L}_n = \overline{L} = 0,$$

deren Richtigkeit sofort einleuchtet.

Beachtet man die Werthe der Componenten $X_x \ldots$ nach (109) und bezeichnet mit n_n', s_n', l_n' dieselben Ausdrücke für das System NSL, die für das System XYZ durch x_x', y_x', z_x' gegeben sind, so erhält man aus (112') das oft nützliche Formelsystem:

$$\overline{N} = \overline{p} - 2a\overline{n}_n' - a'\vartheta' = \overline{p}_k, \quad \overline{S} = -a\overline{s}_n' = \overline{a}\,\overline{V}_k, \quad \overline{L} = -a\overline{l}_n' = 0. \qquad (112'')$$

Bezüglich der Reibung der Flüssigkeit gegen den festen Körper haben zwei extreme Fälle besondere Bedeutung.

Ist die Constante $\overline{a}$ ausserordentlich gross, so erfordern die vorstehenden Gleichungen sehr kleine Werthe von $\overline{V}_k$; bei unendlichem $\overline{a}$ muss $\overline{V}_k$ verschwinden und daher die dem Körper benachbarte Flüssigkeit sich vollständig mit diesem bewegen, ihn, wie man sagt, „benetzen". Dies geschieht streng oder angenähert in den bei Weitem meisten Fällen, wo sich Flüssigkeiten in Berührung mit festen Körpern befinden; hier verlieren die Gleichungen (112') wegen der Unbestimmtheit der Producte $\overline{a}(\overline{u} - u_k), \ldots$ die Natur von Bedingungen, während das Verschwinden von $\overline{V}_k$ die nöthigen drei Bedingungen in der Form liefert:

$$\overline{u} = u_k, \quad \overline{v} = v_k, \quad \overline{w} = w_k. \qquad (112''')$$

Ein zweiter extremer Fall ist der, dass die äussere Reibung, also $\overline{a}$, äusserst klein ist; dann bleibt Gleichung (112) ungeändert bestehen, aber in (112'') wird jetzt ausser $\overline{L}_n$ auch $\overline{S}_n$ gleich Null.

Diese Bedingungen gelten streng auch in der Grenze gegen den leeren Raum, angenähert in derjenigen gegen ein Gas.

§ 41. Mechanik reibender incompressibler Flüssigkeiten. Potential- und Wirbelbewegungen; Strömungen in Spalten und Röhren.

Die vorstehenden sehr allgemeinen und complicirten Gleichungen vereinfachen sich, wenn wir eine incompressible Flüssigkeit voraussetzen, also $\vartheta' = 0$ nehmen, und uns auf äussere Kräfte beschränken, die ein Potential Φ haben.

Dann wird aus den Gleichungen (109):

$$\begin{array}{lll} X_x = p - 2a x_x', & Y_y = p - 2a y_y', & Z_z = p - 2a z_z', \\ Y_z = -a y_z', & Z_x = -a z_x', & X_y = -a x_y', \end{array} \quad (113)$$

aus (110) bis (110''):

$$\begin{aligned} \frac{du}{dt} &= -\frac{\partial(\Phi + \Pi)}{\partial x} + \frac{a}{\varepsilon} \Delta u, \\ \frac{dv}{dt} &= -\frac{\partial(\Phi + \Pi)}{\partial y} + \frac{a}{\varepsilon} \Delta v, \\ \frac{dw}{dt} &= -\frac{\partial(\Phi + \Pi)}{\partial z} + \frac{a}{\varepsilon} \Delta w, \end{aligned} \quad (113')$$

$$\Pi = \frac{p}{\varepsilon}, \qquad \frac{\partial u}{\partial x} + \frac{\partial v}{\partial y} + \frac{\partial w}{\partial z} = 0; \quad (113'')$$

aus (112) und (112''):

$$(\bar{u} - u_k)\cos(n, x) + (\bar{v} - v_k)\cos(n, y) + (\bar{w} - w_k)\cos(n, z) = 0, \quad (114)$$

$$\bar{N} = \bar{p} - 2a\bar{n}_n' = p_k, \qquad \bar{S} = -a\bar{s}_n' = \bar{a}\bar{V}_k, \qquad \bar{L} = -a\bar{l}_n' = 0. \quad (114')$$

Nachdem wir bei nichtreibenden Flüssigkeiten eine so grosse Vereinfachung des Strömungsproblemes durch Einführung eines Geschwindigkeitspotentiales erhalten haben, liegt es nahe, zu fragen, ob auch in reibenden Flüssigkeiten reine Potentialbewegungen möglich sind. Setzen wir demgemäss

$$u = \frac{\partial \varphi}{\partial x}, \qquad v = \frac{\partial \varphi}{\partial y}, \qquad w = \frac{\partial \varphi}{\partial z}$$

und beachten die aus (113'') folgende Beziehung

$$\Delta \varphi = 0,$$

so erkennen wir, dass bei Potentialbewegungen der Einfluss der inneren Reibung aus den Hauptgleichungen (113') vollständig verschwindet, dass letztere also überhaupt keine Wirkung übt, falls die Flüssigkeit keine Oberfläche hat, in der die Bedingungen (113''') gelten. Es gilt daher der Satz:

In einer incompressibeln Flüssigkeit, die mit beliebigen Quellen und Senken oder anderen Eintrittsflächen versehen ist, aber nirgends durch einen festen Körper, ein Gas oder den leeren Raum begrenzt wird, sind mit oder ohne innere Reibung dieselben Potentialbewegungen möglich und erfordern dieselben äusseren Kräfte und dieselbe Vertheilung des Druckes.

An allen Grenzen der vorstehend bezeichneten Art lässt sich mit dem Geschwindigkeitspotential im Allgemeinen nur einer Oberflächenbedingung — z. B. bei stationärer Bewegung der nach (114) stets geltenden $d\varphi/dn = 0$ — genügen; da aber bei wirkender Reibung in der Grenze für die Geschwindigkeiten drei von einander unabhängige Gleichungen zu erfüllen sind, so ist es im Allgemeinen unmöglich, die Geschwindigkeiten durch ein Geschwindigkeitspotential darzustellen. Daher gilt weiter:

In einer durch feste Körper, ein Gas oder den leeren Raum begrenzten reibenden Flüssigkeit ist eine reine Potentialbewegung im Allgemeinen unmöglich, d. h. es werden hier in Folge der Reibung stets Wirbel auftreten.

Bilden wir nach S. 437 die Gleichungen für die Wirbelcomponenten λ, μ, ν, so erhalten wir jetzt:

$$\begin{aligned} \frac{d\lambda}{dt} &= \lambda\frac{\partial u}{\partial x} + \mu\frac{\partial u}{\partial y} + \nu\frac{\partial u}{\partial z} + \frac{a}{\varepsilon}\Delta\lambda, \\ \frac{d\mu}{dt} &= \lambda\frac{\partial v}{\partial x} + \mu\frac{\partial v}{\partial y} + \nu\frac{\partial v}{\partial z} + \frac{a}{\varepsilon}\Delta\mu, \\ \frac{d\nu}{dt} &= \lambda\frac{\partial w}{\partial x} + \mu\frac{\partial w}{\partial y} + \nu\frac{\partial w}{\partial z} + \frac{a}{\varepsilon}\Delta\nu. \end{aligned} \tag{114''}$$

Die Wirbelbewegung hat also in einer reibenden Flüssigkeit auch bei Abwesenheit einer Begrenzung einen anderen Charakter als in einer nicht reibenden; speciell gilt in ihr im Allgemeinen nicht der fundamentale Satz, dass ein Theilchen, welches zu irgend einer Zeit nicht rotirt, auch niemals in Drehung geräth. —

Um von den vorstehenden allgemeinen Gleichungen Anwendungen auf bestimmte Probleme zu machen, die mit elementaren Hülfsmitteln durchführbar sind, betrachten wir, wie früher, ihnen entsprechende Bewegungen in einer unbegrenzten Flüssigkeit und versuchen sie nachträglich längs aus Stromlinien gebildeten Flächen durch feste Wände zu begrenzen. Für so gewählte Flächen ist die Bedingung (114) stets erfüllt, es handelt sich also, da $\bar{p}_k$ an starren Flächen jeden Werth annehmen kann, im Allgemeinen noch darum, die zwei letzten Gleichungen (114′) durch die Ausdrücke für Geschwindigkeiten in der Grenze zu befriedigen. —

Der einfachste Fall, der die Reibung zur Wirkung kommen lässt, ist offenbar der, dass eine stationäre Strömung parallel einer Coordinatenaxe stattfindet. Setzen wir demgemäss

$$u = v = 0, \quad s = z, \quad s' = w,$$

so nehmen die Gleichungen (113′) die Form an:

$$0 = \frac{\partial(\Phi + \Pi)}{\partial x}, \quad 0 = \frac{\partial(\Phi + \Pi)}{\partial y}, \quad \frac{a}{\varepsilon}\Delta' w = \frac{\partial(\Phi + \Pi)}{\partial z}, \tag{115}$$

wobei schon benutzt ist, dass (113″) liefert:

$$\frac{\partial w}{\partial z} = 0. \tag{115'}$$

Jede Cylinderfläche parallel der Z-Axe ist von Stromlinien erfüllt, kann also eine feststehende Begrenzung bilden; an derselben muss, da die letzte Formel (114') durch eine zur Z-Axe überall parallele Strömung identisch erfüllt wird, allein noch erfüllt sein die wegen $\bar{s}_n' = \partial w / \partial n$ aus der zweiten Gleichung (114') folgende Beziehung

$$-a \frac{\partial \bar{w}}{\partial n} = \bar{a} \bar{w}, \tag{115''}$$

in der unter n die äussere Normale auf den Flüssigkeitscylinder verstanden ist.

Aus den ersten beiden Gleichungen (115) folgt, dass $(\Phi + \Pi)$ von x und y, aus (115'), dass w von z unabhängig ist; die dritte Gleichung (115) kann also nur dadurch erfüllt werden, dass jedes Glied für sich gleich einer Constanten C wird; sie reducirt sich daher auf die zwei Formeln:

$$\frac{\partial(\Phi + \Pi)}{\partial z} = C, \qquad \Delta' w = \frac{\partial^2 w}{\partial x^2} + \frac{\partial^2 w}{\partial y^2} = \frac{\varepsilon}{a} C. \tag{115'''}$$

Aus der ersteren folgt:

$$\Phi + \Pi = Cz + C'; \tag{116}$$

diese Formel gestattet Π und somit p aus vorgeschriebenem Potential Φ und den gegebenen Werthen von p an zwei beliebigen Punkten der Flüssigkeit zu berechnen. Die nach S. 135 in Φ unbestimmte additive Constante kann dabei in C' gezogen werden.

Zwei besonders einfache Fälle sind folgende.

a) Es wirkt keine äussere Kraft, Φ ist gleich Null, und es ist der Druck p_0 und p_1 in zwei Querschnitten $z = z_0$ und $z = z_1$ gegeben; dann ist:

$$p_0 = \varepsilon(Cz_0 + C'), \qquad p_1 = \varepsilon(Cz_1 + C'),$$

also

$$C = \frac{1}{\varepsilon} \frac{p_1 - p_0}{z_1 - z_0} \quad \text{und} \quad p = \frac{(p_1 - p_0) z + p_0 z_1 - p_1 z_0}{z_1 - z_0}. \tag{116'}$$

b) Es wirkt parallel der Z-Axe die Schwere, und in den Querschnitten $z = z_0$ und $z = z_1$ hat der Druck den gleichen Werth p_0. Dann ist:

$$p \text{ überall} = p_0, \qquad \Phi = -gz, \qquad \text{also} \quad C = -g. \text{ —} \tag{116''}$$

Die zweite Gleichung (115''') $\Delta' w = C\varepsilon / a$ kann in sehr verschiedener Weise erfüllt werden; wir beschränken uns auf einige Fälle, in denen die partielle sich in eine gewöhnliche Differentialgleichung verwandelt.

1. Der einfachste dieser Fälle ist der, dass w von y unabhängig ist; dann wird

$$\frac{\partial^2 w}{\partial x^2} = \frac{\varepsilon C}{a}, \quad \text{also} \quad w = \frac{\varepsilon C}{a}(\tfrac{1}{2}x^2 + C_1 x + C_2), \tag{116'''}$$

und die Geschwindigkeit in Ebenen parallel der YZ-Ebene constant.

Die hierdurch gegebene Bewegung besteht aus einer Potentialbewegung

$$w_1 = \frac{\varepsilon C C_2}{a}, \quad \text{der ein Potential} \quad \varphi = \frac{\varepsilon C}{a}(C_2 z + C_2')$$

entspricht, und aus einer Wirbelbewegung

$$w_2 = \frac{\varepsilon C}{a}(\tfrac{1}{2}x^2 + C_1 x),$$

deren Wirbelfäden der Y-Axe parallel sind und eine Wirbelgeschwindigkeit

$$\mu = -\frac{\varepsilon C}{2a}(x + C_1)$$

besitzen.

Als Begrenzung kann man zwei feste der YZ-Ebene parallele Wände z. B. in $x = 0$ und $x = h$ wählen, deren Reibung gegen die Flüssigkeit verschieden sein darf. Die Gleichung (115'') liefert, auf beide Wände angewandt, die beiden Bedingungen, dass

$$\text{für } x = 0 \quad + a\left(\frac{\partial w}{\partial x}\right)_0 = \bar{a}_0 w_0, \qquad \text{für } x = h \quad - a\left(\frac{\partial w}{\partial x}\right)_h = \bar{a}_1 w_h$$

sein muss, unter $\bar{a}_0$ und $\bar{a}_1$ die betreffenden äusseren Reibungsconstanten verstanden. Man erhält hieraus:

$$w = \frac{\varepsilon C}{2a}\left(x^2 - \frac{h(x\bar{a}_0 + a)(2a + \bar{a}_1 h)}{a(\bar{a}_0 + \bar{a}_1) + h\bar{a}_0 \bar{a}_1}\right). \tag{117'}$$

In dem speciellen Falle, dass beide Wände gleichartig sind, ist $\bar{a}_0 = \bar{a}_1 = \bar{a}$, also

$$w = \frac{\varepsilon C}{2a}\left(x^2 - h\left(x + \frac{a}{\bar{a}}\right)\right), \tag{117''}$$

und die Bewegung symmetrisch in Bezug auf die Ebene $x = h/2$.

Das zwischen diesen beiden Wänden längs einer Breite b während der Zeiteinheit ausfliessende Flüssigkeitsvolumen Ω findet sich:

$$\Omega = b\int_0^h w\,dx = -\frac{\varepsilon C b h^3}{12a}\left(1 + \frac{6a}{h\bar{a}}\right).$$

Die Constante C bestimmt sich entweder durch gegebenes Ω oder durch vorgeschriebenes Φ resp. p gemäss (116). Für die oben besprochenen speciellen Fälle wird nach (116') und (116''):

$$\Omega = +\frac{p_0 - p_1}{z_1 - z_0}\frac{bh^3}{12a}\left(1 + \frac{6a}{h\bar{a}}\right), \quad \text{resp.} \quad \Omega = +\varepsilon g\frac{bh^3}{12a}\left(1 + \frac{6a}{h\bar{a}}\right).$$

Diese Formeln können zur Berechnung von a und $\bar{a}$ aus beobachtetem Ω dienen, da man sie auf den Ausfluss aus einem Rohr von rechteckigem Querschnitt anwenden kann, falls die eine Seite des Querschnittes (b) sehr gross gegen die andere (h) ist.

Ist $\bar{a}_1 = 0$, $\bar{a}_0 = \bar{a}$, so haben wir den Fall, dass die Ebene $x = h$ keine Reibung ausübt, also etwa die freie Oberfläche darstellt, wenn zugleich p in ihr constant ist. Es folgt dann aus (117'):

$$w = \frac{\varepsilon C}{2a}\left(x^2 - 2h\left(x + \frac{a}{\bar{a}}\right)\right); \tag{117'''}$$

die Formel ist dieselbe wie im vorigen Falle, nur h mit $2h$ vertauscht, eine Thatsache, deren Bedeutung man sich leicht klar macht. Die Bewegung lässt sich ansehen als die Strömung in einem sehr breiten Canal mit ebenem, gegen die Horizontale geneigtem Boden. Ist der Neigungswinkel der Z-Axe gleich α und die XZ-Ebene vertical die X-Axe nach oben positiv angenommen, so ist

$$\Phi = + g(x\cos\alpha - z\sin\alpha);$$

damit nun

$$\Phi + \Pi = Cz + C'$$

sei, muss

$$\Pi = \frac{p}{\varepsilon} = C' - gx\cos\alpha, \quad C = -g\sin\alpha$$

sein. C' bestimmt sich durch den Druck p_0 auf die freie Oberfläche $x = h$, so dass wir als Endresultat erhalten:

$$w = \frac{\varepsilon g \sin\alpha}{2a}\left(2h\left(x + \frac{a}{\bar{a}}\right) - x^2\right),$$

$$p = p_0 + \varepsilon g(h - x)\cos\alpha. \text{ —}$$

2. Die zweite Gleichung (115''')

$$\Delta' w = \frac{\varepsilon C}{a}$$

verwandelt sich auch noch in dem zweiten Falle in eine gewöhnliche Differentialgleichung, dass w nur eine Function des Abstandes e von der Z-Axe ist. Dann nimmt sie wegen

$$\frac{\partial w}{\partial x} = \frac{x}{e}\frac{dw}{de}, \qquad \frac{\partial w}{\partial y} = \frac{y}{e}\frac{dw}{de},$$

$$\frac{\partial^2 w}{\partial x^2} = \frac{y^2}{e^3}\frac{dw}{de} + \frac{x^2}{e^2}\frac{d^2 w}{de^2}, \qquad \frac{\partial^2 w}{\partial y^2} = \frac{x^2}{e^3}\frac{dw}{de} + \frac{y^2}{e^2}\frac{d^2 w}{de^2}$$

die Form an:

$$\frac{1}{e}\frac{dw}{de} + \frac{d^2 w}{de^2} = \frac{1}{e}\frac{d\left(e\frac{dw}{de}\right)}{de} = \frac{\varepsilon C}{a}, \tag{118}$$

und liefert integrirt:

$$w = \frac{\varepsilon C}{4a}(e^2 + C_1 \ln e + C_2). \tag{118'}$$

Wiederum haben wir also eine Potentialbewegung

$$w_1 = \frac{\varepsilon C C_2}{4a} \text{ vom Potential } \varphi = \frac{\varepsilon C}{4a}(C_2 z + C_2')$$

und eine Wirbelbewegung

$$w_2 = \frac{\varepsilon C}{4a}(e^2 + C_1 \ln e)$$

erhalten; letztere giebt kreisförmige Wirbelfäden um die Z-Axe, denn es ist:

$$\lambda = + \frac{\varepsilon C y}{4a}\left(1 + \frac{C_1}{2e^2}\right), \qquad \mu = - \frac{\varepsilon C x}{4a}\left(1 + \frac{C_1}{2e^2}\right).$$

Die resultirende Wirbelgeschwindigkeit ist

$$\tau = \frac{\varepsilon C e}{4a}\left(1 + \frac{C_1}{2e^2}\right).$$

Die durch (118') gegebene Bewegung können wir nach (115'') durch zwei feste coaxiale Cylinderflächen von den Radien R_i und R_a und mit den Reibungsconstanten $\bar{a}_i$ und $\bar{a}_a$ begrenzen, wenn gilt:

$$\text{für } e = R_i \qquad + a\frac{\overline{dw}}{de} = \bar{a}_i \bar{w},$$

$$\text{für } e = R_a \qquad - a\frac{\overline{dw}}{de} = \bar{a}_a \bar{w}.$$

Aus diesen Gleichungen folgt:

$$C_1 = + \frac{1}{n}[\bar{a}_a R_i(2a - R_i\bar{a}_i) + \bar{a}_i R_a(2a + R_a\bar{a}_a)],$$
$$C_2 = - \frac{1}{n}\left[\left(\bar{a}_a \ln R_a + \frac{a}{R_a}\right)R_i(2a - R_i\bar{a}_i) + \left(\bar{a}_i \ln R_i - \frac{a}{R_i}\right)R_a(2a + R_a\bar{a}_a)\right], \tag{118''}$$

wobei gesetzt ist:

$$\bar{a}_a\left(\bar{a}_i \ln R_i - \frac{a}{R_i}\right) - \bar{a}_i\left(\bar{a}_a \ln R_a + \frac{a}{R_a}\right) = n.$$

In dem speciellen Falle, dass der innere Cylinder verschwindet, also $R_i = 0$, $R_a = R$ ist, gilt:

$$C_1 = 0, \qquad C_2 = - \frac{R(2a + R\bar{a})}{\bar{a}}.$$

Das während der Zeiteinheit ausfliessende Volumen Ω bestimmt sich allgemein zu

$$\Omega = \frac{\pi\varepsilon C}{8a}\left[(R_a^4 - R_i^4) + C_1(R_a^2(\ln R_a^2 - 1) - R_i^2(\ln R_i^2 - 1)) + 2C_2(R_a^2 - R_i^2)\right]; \tag{118'''}$$

in dem speciellen Falle, dass $R_i = 0$, $R_a = R$ ist, findet sich:

$$\Omega = \frac{\pi\varepsilon C}{8a}(R^4 + 2C_2 R^2),$$

und nach Einsetzen des Werthes von C_2:

$$\Omega = -\frac{\pi \varepsilon C}{8a}\left(R^4 + 4\frac{R^3 a}{\bar{a}}\right).$$

Wirkt nur eine Druckdifferenz, so ergiebt dies nach (116'):

$$\Omega = \frac{\pi(p_0 - p_1)}{8a(z_1 - z_0)}\left(R^4 + 4\frac{R^3 a}{\bar{a}}\right);$$

wirkt nur die Schwere, so folgt nach (116''):

$$\Omega = \frac{\pi \varepsilon g}{8a}\left(R^4 + 4\frac{R^3 a}{\bar{a}}\right).$$

Beobachtungen über den Ausfluss aus horizontalen Röhren, welche ziemlich lang gegen ihren Querschnitt sein müssen, damit die Voraussetzungen, die oben gemacht sind, der Wirklichkeit entsprechen, sind von Poiseuille und Hagen angestellt und haben Resultate ergeben, die mit der Annahme $\bar{a} = \infty$ verträglich sind, also der einfacheren Formel entsprechen:

$$\Omega = \frac{\pi R^4 (p_0 - p_1)}{8aL},$$

in der L die Röhrenlänge bezeichnet.

§ 42. Mechanik reibender incompressibler Flüssigkeiten. Beschränkung auf unendlich kleine Geschwindigkeiten.

Die allgemeinen Gleichungen (113') bieten der Behandlung hauptsächlich deshalb Schwierigkeiten, weil sie nicht lineär sind und in den Gliedern zweiten Grades die Geschwindigkeiten u, v, w neben einander enthalten, so dass eine Sonderung der Unbekannten unmöglich ist. Wir umgehen diese Schwierigkeit, wenn wir uns auf so kleine Geschwindigkeiten und Geschwindigkeitsänderungen nach den Coordinaten beschränken, dass wir bis zu einem gewünschten Genauigkeitsgrade die Producte $u\partial u/\partial x$ u. s. f. neben den in die Reibungsconstante a multiplicirten lineären Gliedern $a\partial^2 u/\partial x^2, \ldots$ vernachlässigen können.

Dadurch erhalten die Hauptgleichungen (113') die Form:

$$\begin{aligned}\frac{\partial u}{\partial t} + \frac{\partial(\Phi + \Pi)}{\partial x} &= \frac{a}{\varepsilon}\Delta u,\\ \frac{\partial v}{\partial t} + \frac{\partial(\Phi + \Pi)}{\partial y} &= \frac{a}{\varepsilon}\Delta v,\\ \frac{\partial w}{\partial t} + \frac{\partial(\Phi + \Pi)}{\partial z} &= \frac{a}{\varepsilon}\Delta w.\end{aligned} \tag{119}$$

Wir können dieselben weiter nun zwar ohne Rücksicht darauf benutzen, durch welche Vernachlässigungen sie entstanden sind, also auch innerhalb der Flüssigkeit Quellpunkte und discrete Wirbelfäden annehmen, in denen die Geschwindigkeiten unendlich werden; aber für unser specielles Problem sind immer nur diejenigen Bereiche anwendbar, innerhalb deren die stattfindende Bewegung die gemachten Annahmen rechtfertigt.

Ist die Bewegung stationär, so erhalten wir noch einfacher

$$\frac{\partial(\Phi+\Pi)}{\partial x}=\frac{a}{\varepsilon}\Delta u,\quad \frac{\partial(\Phi+\Pi)}{\partial y}=\frac{a}{\varepsilon}\Delta v,\quad \frac{\partial(\Phi+\Pi)}{\partial z}=\frac{a}{\varepsilon}\Delta w;\tag{119'}$$

dazu kommt nach (113″)

$$\Pi=\frac{p}{\varepsilon},\qquad \frac{\partial u}{\partial x}+\frac{\partial v}{\partial y}+\frac{\partial w}{\partial z}=0.\tag{119''}$$

Als Begrenzungen nehmen wir ausschliesslich feste Körper, die von der Flüssigkeit benetzt werden; an ihnen gilt somit nach (112‴)

$$\bar u=\bar u_k,\qquad \bar v=\bar v_k,\qquad \bar w=\bar w_k.\tag{119'''}$$

Aus den Gleichungen (119′) folgt durch Differentiation nach x, y, z und Addition mit Rücksicht auf die letzte Formel (119″):

$$\Delta(\Phi+\Pi)=0,\tag{120}$$

und hiermit eine für jede Art von Bewegungen durch den Druck zu erfüllende Bedingung. Aehnlich folgen durch Differentiation der dritten Gleichung (119′) nach y, der zweiten nach z und Subtraction, sowie durch die beiden entsprechenden Operationen bei Rücksicht auf die Definitionen (78) der Wirbelcomponenten die gleichfalls völlig allgemeinen Bedingungen

$$\Delta\lambda=0,\qquad \Delta\mu=0,\qquad \Delta\nu=0.\tag{120'}$$

Die Gleichungen (114″) nehmen bei der Vernachlässigung der Glieder zweiter Ordnung die Gestalt

$$\frac{\partial\lambda}{\partial t}=\frac{a}{\varepsilon}\Delta\lambda,\qquad \frac{\partial\mu}{\partial t}=\frac{a}{\varepsilon}\Delta\mu,\qquad \frac{\partial\nu}{\partial t}=\frac{a}{\varepsilon}\Delta\nu$$

an. Sie zeigen, dass die S. 441 u. f. erörterte Frage, ob eine gegebene Wirbelbewegung bei Einwirkung eines Potentiales stationär sein könne, hier sehr einfach entschieden ist; die Bedingungen $\partial\lambda/\partial t=0$, $\partial\mu/\partial t=0$, $\partial\nu/\partial t=0$ des stationären Zustandes für die Wirbelcomponenten sind nämlich stets erfüllt, wenn λ, μ, ν den Gleichungen (120′) genügen.

Für eine Potentialbewegung von der Form

$$u=\frac{\partial\varphi}{\partial x},\qquad v=\frac{\partial\varphi}{\partial y},\qquad w=\frac{\partial\varphi}{\partial z}$$

ergiebt die letzte Gleichung (119″) die frühere Bedingung

$$\Delta\varphi=0,$$

und bei Rücksicht hierauf liefern die drei Formeln (119′) das Resultat:

$$\Phi+\Pi=\text{Const.}$$

Für eine Wirbelbewegung von der in (84') angegebenen Form

$$u = \frac{\partial W}{\partial y} - \frac{\partial V}{\partial z}, \quad v = \frac{\partial U}{\partial z} - \frac{\partial W}{\partial x}, \quad w = \frac{\partial V}{\partial x} - \frac{\partial U}{\partial y},$$

wobei

$$\frac{\partial U}{\partial x} + \frac{\partial V}{\partial y} + \frac{\partial W}{\partial z} = 0 \text{ und } \varDelta U = -2\lambda, \ \varDelta V = -2\mu, \ \varDelta W = -2\nu$$

ist, ist die zweite Bedingung (119'') identisch erfüllt, und es folgt aus (120')

$$\varDelta\varDelta U = 0, \quad \varDelta\varDelta V = 0, \quad \varDelta\varDelta W = 0.$$

$\Phi + \Pi$ ergiebt sich in diesem Falle im Allgemeinen nicht constant.

Da eine reine Potentialbewegung, wie wir oben gesehen haben, im Allgemeinen mit den Grenzbedingungen für reibende Flüssigkeiten im Widerspruch ist, so wird man, um die Möglichkeit einer Begrenzung zu erhalten, Wirbelbewegungen allein oder mit Potentialbewegungen combinirt anzunehmen haben. Dabei ist hervorzuheben, dass, weil die Gleichungen (119') und (119'') in den u, v, w und $(\Phi + \Pi)$ homogen lineär sind, die Combination mehrerer Bewegungen, die einzeln ihnen genügen, auf einen Werth $\Phi + \Pi$ führt, welcher ebenfalls die Summe der den einzelnen Theilen entsprechenden Ausdrücke ist.

Die auf S. 444 bis 448 betrachteten Wirbelbewegungen sind sämmtlich solche, welche den Bedingungen (120') entsprechen.

1. Der Ansatz (88)

$$\lambda_1 = q \frac{\partial^2 \frac{1}{r}}{\partial z \partial x}, \quad \mu_1 = q \frac{\partial^2 \frac{1}{r}}{\partial z \partial y}, \quad \nu_1 = q \frac{\partial^2 \frac{1}{r}}{\partial z^2} \tag{121}$$

giebt nach S. 447:

$$u_1 = -\frac{2qy}{r^3}, \quad v_1 = +\frac{2qx}{r^3}, \quad w_1 = 0, \tag{121'}$$

und dadurch eine Rotation der Flüssigkeit um die Z-Axe, bei welcher die Winkelgeschwindigkeit in concentrischen Kugeln constant ist; wir können sie also begrenzen durch eine starre benetzte Kugel, welche mit constanter Winkelgeschwindigkeit rotirt.

Wir verallgemeinern diese Lösung, indem wir die S. 444 aus dem Ansatz (85)

$$\lambda_2 = 0, \quad \mu_2 = 0, \quad \nu_2 = n \tag{121''}$$

gefolgerten Beziehungen

$$u_2 = -ny, \quad v_2 = +nx, \quad w_2 = 0, \tag{121'''}$$

welche eine Rotation der ganzen Flüssigkeit mit durchweg constanter Winkelgeschwindigkeit darstellen, hinzufügen und bilden:

$$u = -y\left(\frac{2q}{r^3} + n\right), \quad v = +x\left(\frac{2q}{r^3} + n\right), \quad w = 0. \tag{122}$$

Diesen Werthen entspricht die Winkelgeschwindigkeit

$$\omega = \left(\frac{2q}{r^3} + n\right),$$

welche ebenfalls in concentrischen Kugeln constant ist und zwei Constanten enthält, also an zwei Kugeln vom Radius R_a und R_i gegebene Werthe ω_a und ω_i annehmen kann; da sie im Coordinatenanfang unendlich wird, muss dieser Punkt ausserhalb der Flüssigkeit liegen.

Man kann die Lösung (122) also dem Problem anpassen, dass eine Flüssigkeit zwischen zwei concentrischen benetzten Kugeln eingeschlossen ist, welche um dieselbe Axe mit beliebigen constanten Geschwindigkeiten rotiren.

Die Constanten q und n bestimmen sich dadurch so, dass allgemein wird:

$$\omega = \frac{(\omega_i - \omega_a) R_a^3 R_i^3 + (\omega_a R_a^3 - \omega_i R_i^3) r^3}{r^3 (R_a^3 - R_i^3)}. \tag{122'}$$

Steht die innere Kugel fest, so gilt einfacher:

$$\omega = \frac{\omega_a R_a^3 (r^3 - R_i^3)}{r^3 (R_a^3 - R_i^3)}. \tag{122''}$$

Wir wollen das Drehungsmoment um die Z-Axe berechnen, welches die innere Kugel in Folge der Rotation der äusseren erleidet. Hierzu benutzen wir, dass nach (114') die Componente $\overline{S}$ der Einwirkung der Flüssigkeit auf das Oberflächenelement des festen Körpers, genommen nach der Richtung der relativen Bewegung, gegeben ist durch

$$\overline{S} = - a \overline{s}_n';$$

das gesammte Moment ist demnach, falls $x^2 + y^2 = e^2$ gesetzt wird:

$$\mathsf{N} = \int_{(o)} e \overline{S}\, do = - a \int_{(o)} e \overline{s}_n'\, do. \tag{123}$$

Da die Richtung der in Bezug auf die Flüssigkeit äusseren Normale der festen Kugel derjenigen des Radius entgegengesetzt und eine Bewegung ihr parallel nicht vorhanden ist, so findet sich

$$s_n' = - \frac{ds'}{dr},$$

wobei

$$s' = e\omega = \frac{\omega_a R_a^3}{R_a^3 - R_i^3}\left(r - \frac{R_i^3}{r^2}\right) \sin\chi$$

ist, falls χ den Winkel zwischen der $+r$- und der $+Z$-Richtung bezeichnet und für e sein Werth $r \sin\chi$ gesetzt wird.

Man erhält daher:

$$s_n' = - \frac{\omega_a R_a^3}{R_a^3 - R_i^3}\left(1 + \frac{2 R_i^3}{r^3}\right) \sin\chi, \qquad \overline{s}_n' = - \frac{3 \omega_a R_a^3}{R_a^3 - R_i^3} \sin\chi, \tag{123'}$$

und wenn man dies nebst

$$do = R_i^2 \sin\chi \, d\chi \, d\psi$$

— unter ψ den Längenwinkel des Radius von do verstanden — in das Integral (123) einsetzt und über die ganze Kugelfläche integrirt, so folgt schliesslich:

$$\mathsf{N} = \frac{8\pi\omega_a a R_a^3 R_i^3}{R_a^3 - R_i^3}. \tag{123''}$$

Eine mit reibender Flüssigkeit gefüllte, mit der Winkelgeschwindigkeit ω um einen Durchmesser rotirende Kugelschale übt auf eine mit ihr concentrische in der Flüssigkeit ruhende Kugel ein Drehungsmoment aus, welches proportional mit ihrer Winkelgeschwindigkeit und mit der Reibungsconstante der Flüssigkeit ist.

Hängt man die innere Kugel bifilar auf, so erleidet sie in Folge der Rotation der äusseren eine Ablenkung, deren Messung nach den Betrachtungen in § 20 zur Bestimmung von N dienen kann. Ist N gefunden, R_a, R_i und ω_a direct beobachtet, so lässt sich nach der letzten Formel a berechnen.

Wie die vorstehenden Betrachtungen eine Lösung ergaben, welche gestattete, die Flüssigkeit in zwei benetzten und mit gegebenen Geschwindigkeiten rotirenden Kugeln zu begrenzen, liefert die Combination der durch (61) charakterisirten Potentialbewegung mit der durch den Ansatz (85) gegebenen Wirbelbewegung eine Lösung, die dieselbe Eigenschaft bezüglich zweier coaxialer Kreiscylinder besitzt. Eine Discussion des Resultates erscheint indessen nicht nöthig.

2. Auch die aus dem Ansatz (87)

$$\lambda_1 = n \frac{\partial \frac{1}{r}}{\partial y}, \qquad \mu_1 = - n \frac{\partial \frac{1}{r}}{\partial x}, \qquad \nu_1 = 0 \tag{124}$$

auf S. 446 gewonnenen und discutirten Geschwindigkeitscomponenten

$$u_1 = + \frac{nxz}{r^3}, \qquad v_1 = + \frac{nyz}{r^3}, \qquad w_1 = + n\left(\frac{z^2}{r^3} + \frac{1}{r}\right) \tag{124'}$$

lassen sich für unser neues Problem verwerthen, wenn wir sie mit einer Potentialbewegung von ähnlichem Charakter combiniren. Eine solche haben wir oben in der Wirkung zweier mit ihren Axen in der Z-Axe liegender Quellpaare kennen gelernt. Hatte das eine unendlich grossen Abstand, das andere unendlich kleinen, und lag das letztere im Coordinatenanfang, so galt nach (67)

$$\varphi_2 = - z\left(\frac{q}{r^3} + q'\right), \tag{124''}$$

worin q und q' Abkürzungen für gewisse constante Aggregate sind; daraus folgt dann:

$$u_2 = +\frac{3qxz}{r^5}, \quad v_2 = +\frac{3qyz}{r^5}, \quad w_2 = q\left(\frac{3z^2}{r^5} - \frac{1}{r^3}\right) - q'. \quad (124''')$$

Combinirt man die beiden Systeme von Werthen zu

$$\begin{gathered} u = \frac{xz}{r^5}(nr^2 + 3q), \quad v = \frac{yz}{r^5}(nr^2 + 3q), \\ w = \frac{z^2}{r^5}(nr^2 + 3q) + \frac{n}{r} - \frac{q}{r^3} - q', \end{gathered} \quad (125)$$

so erkennt man, dass man u, v, w durch Verfügung über die Constanten n, q, q' auf einer Kugelfläche vom beliebigen Radius R gleichzeitig zu Null machen kann. Im Coordinatenanfang werden die u, v, w unendlich; dieser Punkt darf also nicht in die Flüssigkeit fallen. Im Unendlichen verschwinden u und v, während w dort gleich $-q'$ wird.

Man kann also die Lösung (125) dem Fall anpassen, dass in einem unendlichen, der Z-Axe parallel fliessenden Flüssigkeitsstrome eine starre Kugel vom Radius R, an welcher die Flüssigkeit haftet, in Ruhe verharrt.

Die Constanten haben den Bedingungen

$$nR^2 + 3q = 0, \quad \frac{n}{R} - \frac{q}{R^3} - q' = 0, \quad -q' = w_\infty \quad (125')$$

zu genügen, falls w_∞ die im Unendlichen stattfindende Geschwindigkeit bezeichnet. Daraus folgt:

$$q = \tfrac{1}{4}R^3 w_\infty, \quad n = -\tfrac{3}{4}R w_\infty, \quad (125'')$$

und es wird schliesslich:

$$\begin{gathered} u = \frac{3xzRw_\infty}{4r^5}(R^2 - r^2), \quad v = \frac{3yzRw_\infty}{4r^5}(R^2 - r^2), \\ w = w_\infty\left[\frac{3z^2R}{4r^5}(R^2 - r^2) - \frac{(R-r)}{4r^3}(R^2 + rR + 4r^2)\right]. \end{gathered} \quad (125''')$$

Giebt man dem ganzen System die Geschwindigkeit w_∞ in entgegengesetzter Richtung, so kommt die Flüssigkeit im Unendlichen zur Ruhe und die Kugel schreitet mit derselben Geschwindigkeit w_∞ in der Flüssigkeit fort.

Um das Aggregat $\Phi + \Pi$ für diese Bewegung der Flüssigkeit zu bestimmen, hat man nach S. 488 nur die von der Wirbelbewegung herrührenden Antheile u_1, v_1, w_1 in die Gleichungen (119') einzusetzen, am einfachsten in der Form:

$$u = -n\frac{\partial \frac{x}{r}}{\partial z}, \quad v = -n\frac{\partial \frac{y}{r}}{\partial z}, \quad w = +n\left(\frac{\partial \frac{x}{r}}{\partial x} + \frac{\partial \frac{y}{r}}{dy}\right),$$

und die Hülfssätze (86″) zu benutzen; dann ergiebt sich sogleich bis auf eine irrelevante additive Constante:

$$\Phi + \Pi = -\frac{2na}{\varepsilon}\frac{\partial\frac{1}{r}}{\partial z}. \tag{126}$$

Schliesst man die Einwirkung äusserer Kräfte aus und setzt demgemäss $\Phi = -c/\varepsilon$, d. h. constant, $\Pi = p/\varepsilon$, so folgt:

$$p = c - 2na\frac{\partial\frac{1}{r}}{\partial z} = c + \frac{2naz}{r^3}, \tag{126'}$$

worin n den in (125″) angegebenen Werth hat, und $c = p_\infty$ ist.

Die Wirkung, welche die Kugel parallel der Z-Axe seitens der Flüssigkeit erfährt, und welche nach der Symmetrie die einzige stattfindende ist, berechnen wir nach der Formel

$$Z = \int Z_n do = -\int\left(Z_x\frac{x}{r} + Z_y\frac{y}{r} + Z_z\frac{z}{r}\right)do, \tag{126''}$$

in welcher nach (113)

$$Z_x = -a z_x', \qquad Z_y = -a z_y', \qquad Z_z = p - 2a z_z'$$

ist; wir haben auch hier für u, v, w nur die von den Wirbeln herrührenden Antheile einzusetzen, da ja die Potentialbewegung, wie wir früher gesehen haben, keinen Antheil zu Z giebt Nach einer einfachen Rechnung erhält man:

$$Z = -12\pi an\int_0^\pi \cos^2\chi\sin\chi\,d\chi = -8\pi an,$$

oder in Rücksicht auf den Werth von n:

$$Z = +6\pi aRw_\infty. \tag{126'''}$$

Ein unendlicher gerader Flüssigkeitsstrom mit der Geschwindigkeit w_∞ und der inneren Reibungsconstante a übt auf eine in ihm ruhende benetzte Kugel vom Radius R Druckkräfte aus, welche eine Resultante parallel der Bewegungsrichtung von der Grösse $6\pi Raw_\infty$ ergeben.

Gleich gross und entgegengesetzt gerichtet ist die Einwirkung, wenn die unendliche Flüssigkeit ruht und die feste Kugel ohne Rotation mit der Geschwindigkeit w_∞ geradlinig fortschreitet.

§ 43. Mechanik elastischer Körper. Aufstellung der Grundgleichungen; Anwendung auf den Fall des Gleichgewichtes.

Elastisch nennen wir einen Körper dann, wenn jede durch äussere Einwirkung hervorgebrachte Deformation in ihm Kräfte erregt, welche diese Deformation rückgängig zu machen streben. Der Körper heisst vollkommen elastisch, wenn jene Reactionskräfte auf keine andere Weise, als durch Wiederherstellung der ursprünglichen Anordnung, zum Verschwinden gebracht werden können, dann aber auch stets verschwinden. Wir beschäftigen uns weiterhin ausschliesslich mit diesen vollkommen elastischen Körpern.

Bezüglich des Zusammenhanges zwischen den Deformationen und den durch sie erregten Reactionskräften machen wir ähnliche Annahmen, wie wir sie im vorigen Abschnitt der Theorie der Flüssigkeitsreibung zu Grunde gelegt haben.

1. Die Ursachen der elastischen Kräfte sind moleculare Wirkungen; daher hängen die Werthe dieser Kräfte in einem beliebigen Punkt p nur von dem Zustand des Körpers innerhalb des Bereiches B dieses Punktes ab. Die Verschiebung und Drehung dieses Bereiches als eines Ganzen kann nach dem Vorausgeschickten auf die elastischen Kräfte in p keinen Einfluss haben, sondern nur seine Deformation. Letztere bestimmt sich aber nach dem in § 29 Entwickelten vollständig durch die sechs Differentialausdrücke

$$\frac{\partial\,\delta x}{\partial x} = x_x, \qquad \frac{\partial\,\delta y}{\partial y} = y_y, \qquad \frac{\partial\,\delta z}{\partial z} = z_z,$$

$$\frac{\partial\,\delta y}{\partial z} + \frac{\partial\,\delta z}{\partial y} = y_z, \qquad \frac{\partial\,\delta z}{\partial x} + \frac{\partial\,\delta x}{\partial z} = z_x, \qquad \frac{\partial\,\delta x}{\partial y} + \frac{\partial\,\delta y}{\partial x} = x_y,$$

welche wir die Deformationsgrössen genannt haben; von ihnen und etwa noch von ihren Differentialquotienten nach der Zeit können also die elastischen Drucke an der Stelle p allein abhängen.

Der Bequemlichkeit halber bezeichnen wir weiterhin die Verschiebungen δx, δy, δz selbst mit den Buchstaben u, v, w, die wir im vorigen Abschnitt für $\delta x/\delta t$, $\delta y/\delta t$, $\delta z/\delta t$ angewandt haben; u, v, w haben also weiterhin nicht mehr die frühere Bedeutung von Geschwindigkeitscomponenten, sondern sind die Verrückungscomponenten an der Stelle x, y, z. Zugleich wird jetzt für die Deformationsgrössen des Bereiches B gelten:

$$\begin{gathered}\frac{\partial u}{\partial x} = x_x, \qquad \frac{\partial v}{\partial y} = y_y, \qquad \frac{\partial w}{\partial z} = z_z, \\ \frac{\partial v}{\partial z} + \frac{\partial w}{\partial y} = y_z, \qquad \frac{\partial w}{\partial x} + \frac{\partial u}{\partial z} = z_x, \qquad \frac{\partial u}{\partial y} + \frac{\partial v}{\partial x} = x_y.\end{gathered} \tag{127}$$

Die räumliche Dilatation ϑ des Bereiches B ist gegeben durch

$$\frac{\partial u}{\partial x} + \frac{\partial v}{\partial y} + \frac{\partial w}{\partial z} = \vartheta, \tag{127'}$$

seine Drehungswinkel um die Coordinatenaxen durch

$$\lambda = \tfrac{1}{2}\left(\frac{\partial w}{\partial y} - \frac{\partial v}{\partial z}\right) \quad \mu = \tfrac{1}{2}\left(\frac{\partial u}{\partial z} - \frac{\partial w}{\partial x}\right) \quad \nu = \tfrac{1}{2}\left(\frac{\partial v}{\partial x} - \frac{\partial u}{\partial y}\right). \qquad (127'')$$

2. Die elastischen Druckcomponenten sind lineäre Functionen der Deformationsgrössen. Diese zweite Annahme ist ähnlich hypothetisch, wie die entsprechende auf S. 474, da die Deformationsgrössen elastischer Körper in der Praxis nicht immer so ausserordentlich kleine Zahlen sind, dass die unbekannte Function, welche den Zusammenhang mit Strenge angiebt, bis zu einer genügenden Genauigkeit durch das erste Glied der Potenzentwickelung dargestellt werden kann. Es ist also eine Prüfung der Berechtigung der gemachten Annahme bei den Anwendungen auf wirkliche Verhältnisse auch hier nicht zu unterlassen.

Da nach unseren Grundannahmen die elastischen Reactionskräfte nur dann, aber dann auch stets verschwinden sollen, wenn alle Deformationen verschwinden, so können Glieder, welche die Differentialquotienten der Deformationsgrössen nach der Zeit enthalten, nicht vorkommen, eine Abhängigkeit von den Geschwindigkeiten ist unmöglich, auch darf ein von den Deformationen unabhängiges Glied nicht auftreten.

Der allgemeinste Ansatz für die elastischen Druckcomponenten ist also, wenn c_{hk} constante Parameter bezeichnen:

$$\begin{aligned} -X_x &= c_{11}x_x + c_{12}y_y + c_{13}z_z + c_{14}y_z + c_{15}z_x + c_{16}x_y, \\ -Y_y &= c_{21}x_x + c_{22}y_y + c_{23}z_z + c_{24}y_z + c_{25}z_x + c_{26}x_y \text{ u. s. f.} \end{aligned} \qquad (127''')$$

Beschränken wir uns aber auf Körper, in denen alle Richtungen physikalisch gleichwerthig sind, also sogenannte isotrope Medien, z. B. homogene unkrystallinische feste oder flüssige Körper, so lässt sich nach dem S. 476 und 477 in gleichem Falle angewandten Verfahren eine grosse Vereinfachung erzielen, und wir können das dortige Resultat mit anderen Constanten ohne Weiteres auf unser Problem übertragen und setzen:

$$\begin{aligned} -X_x &= c x_x + c' y_y + c' z_z, \\ -Y_y &= c' x_x + c y_y + c' z_z, \\ -Z_z &= c' x_x + c' y_y + c z_z, \end{aligned} \qquad (128)$$

$$-Y_z = \tfrac{1}{2}(c - c')\, y_z, \qquad -Z_x = \tfrac{1}{2}(c - c')\, z_x, \qquad -X_y = \tfrac{1}{2}(c - c')\, x_y.$$

Die beiden Coefficienten c und c' sind der Substanz des betrachteten Körpers individuell und heissen seine Elasticitätsconstanten; sie sind für feste Körper theoretisch weder unter einander noch mit anderen physikalischen Constanten des Mediums in Zusammenhang zu bringen und nur durch directe Beobachtungen zu bestimmen.

Für Flüssigkeiten, in denen nach den Resultaten der früheren Abschnitte im Gleichgewichtszustande tangentiale Druckkräfte nicht bestehen können, muss $c = c'$ sein und demgemäss statt (128) folgendes System gelten:

$$\begin{aligned} -X_x &= -Y_y = -Z_z = c\vartheta, \\ -Y_z &= -Z_x = -X_y = 0. \end{aligned} \tag{128'}$$

Während bei homogenen festen und tropfbar flüssigen Körpern der Anfangszustand so gewählt werden kann, dass in ihm elastische Kräfte überhaupt nicht wirken — was eintritt, wenn die Körper äusseren Einwirkungen überhaupt nicht unterliegen — ist dies bei Gasen nicht angängig, da diese unter solchen Umständen sich über einen unendlichen Raum ausdehnen. Hier stellen also die in (128') enthaltenen Werthe der Druckcomponenten $X_x, \ldots X_y$ niemals die gesammten Drucke dar, sondern es ist:

$$\begin{aligned} -X_x &= -Y_y = -Z_z = -p_0 + c\vartheta, \\ -Y_z &= -Z_x = -X_y = 0, \end{aligned}$$

wobei p_0 den Druck in dem Zustande bezeichnet, von dem aus die Deformation gerechnet ist.

Die Constante c lässt sich in diesem Falle bestimmen. Handelt es sich um eine Deformation bei constanter Temperatur, so ist nach (39'') p/ε, und daher auch pk — unter k das Volumen eines Massenelementes verstanden — constant.

Hieraus folgt, wenn δp die Aenderung von p bezeichnet, die einer Aenderung δk von k entspricht:

$$\frac{\delta p}{p} = \frac{\delta k}{k} = \vartheta \quad \text{oder} \quad \delta p = p\vartheta.$$

Nun ist p mit dem obigen p_0 und $p + \delta p$ mit X_x, Y_y, Z_z identisch; es folgt sonach durch Vergleichung für Gase $c = p_0$ und

$$\begin{aligned} X_x &= Y_y = Z_z = p_0(1 + \vartheta), \\ Y_z &= Z_x = X_y = 0. \end{aligned} \tag{128''}$$

Für Deformationen, die ohne Wärmeaustausch verlaufen, also z. B. für schnelle Schwingungen, ist — falls $\varkappa$ eine dem Gas individuelle Constante (das Verhältniss seiner specifischen Wärmen bei constantem Druck und constantem Volumen) bezeichnet — nach (39''') $p/\varepsilon^\varkappa$, und daher auch $pk^\varkappa$ constant; also gilt:

$$\frac{\delta p}{p} = \frac{\varkappa\,\delta k}{k} = \varkappa\vartheta \quad \text{oder} \quad \delta p = \varkappa p\vartheta,$$

und hieraus folgt:

$$\begin{aligned} X_x = Y_y = Z_z = p(1 + \varkappa\vartheta), \\ Y_z = Z_x = X_y = 0. \end{aligned} \tag{128'''}$$

Wir ziehen die Gase weiterhin nur bei einzelnen speciellen Problemen in Betracht.

Die Dimension einer Elasticitätsconstanten ist die einer Druckkraft, also gilt:

$$[c] = [c'] = [m\, l^{-1} t^{-2}]. \text{ —} \tag{128''''}$$

Mit den Beziehungen (128) sind die allgemeinen Bewegungsgleichungen (25) aus § 30 zu verbinden. Dabei wollen wir ebenso, wie in den Definitionen der Deformationsgrössen, x, y, z consequent in der Bedeutung der Coordinaten der Anfangslage des Volumenelementes weiterführen, auf welches sich die Formeln beziehen. In den Beschleunigungen d^2x/dt^2, d^2y/dt^2, d^2z/dt^2 haben sie aber die Bedeutung der Coordinaten der verschobenen Lage. Wir werden in ihnen also an Stelle von x, y, z nunmehr $x + u$, $y + v$, $z + w$ setzen und berücksichtigen, dass hierin die x, y, z sich nicht mit der Zeit ändern. Demgemäss erscheint jetzt d^2x/dt^2, d^2y/dt^2, d^2z/dt^2 mit d^2u/dt^2, d^2v/dt^2, d^2w/dt^2 vertauscht.

Diese vollständigen Differentialquotienten sind nun weiter, da wir u, v, w als Functionen von x, y, z und t ansehen, in ihre Theile zu zerlegen gemäss dem Schema:

$$\frac{d^2\psi}{dt^2} = \frac{\partial^2\psi}{\partial t^2} + \frac{\partial^2\psi}{\partial x\,\partial t}\frac{\partial u}{\partial t} + \frac{\partial^2\psi}{\partial y\,\partial t}\frac{\partial v}{\partial t} + \dots;$$

da aber u, v, w und ihre Differentialquotienten als sehr kleine Grössen angesehen werden, so können wir die Glieder, welche in Bezug auf sie zweiter Ordnung sind, neben denen erster vernachlässigen und also einfach d^2u/dt^2 mit $\partial^2u/\partial t^2$, d^2v/dt^2 mit $\partial^2v/\partial t^2$, d^2w/dt^2 mit $\partial^2w/\partial t^2$ vertauschen.

Die Grundgleichungen, von denen wir bei der Behandlung elastischer Körper auszugehen haben, sind hiernach folgende. Erstens die Hauptgleichungen (25), für einen jeden inneren Punkt geltend:

$$\begin{aligned} \varepsilon\frac{\partial^2 u}{\partial t^2} &= \varepsilon X - \left(\frac{\partial X_x}{\partial x} + \frac{\partial X_y}{\partial y} + \frac{\partial X_z}{\partial z}\right), \\ \varepsilon\frac{\partial^2 v}{\partial t^2} &= \varepsilon Y - \left(\frac{\partial Y_x}{\partial x} + \frac{\partial Y_y}{\partial y} + \frac{\partial Y_z}{\partial z}\right), \\ \varepsilon\frac{\partial^2 w}{\partial t^2} &= \varepsilon Z - \left(\frac{\partial Z_x}{\partial x} + \frac{\partial Z_y}{\partial y} + \frac{\partial Z_z}{\partial z}\right); \end{aligned} \tag{129}$$

zweitens die Oberflächenbedingungen (27) für die Druckkräfte an der Grenze zweier Körper (h) und (k):

$$(\overline{X}_n)_h + (\overline{X}_n)_k = 0, \quad (\overline{Y}_n)_h + (\overline{Y}_n)_k = 0, \quad (\overline{Z}_n)_h + (\overline{Z}_n)_k = 0, \tag{129'}$$

welche wir, wenn in dem einen der Grenzdruck direct gegeben ist, nach (27′) schreiben:

$$\overline{X}_n + \overline{X} = 0, \qquad \overline{Y}_n + \overline{Y} = 0, \qquad \overline{Z}_n + \overline{Z} = 0; \tag{129''}$$

drittens die Grenzbedingungen für die Verrückungen in der Grenze zweier Körper (h) und (k), in der Form (18″):

$$(\overline{u}_h - \overline{u}_k)\cos(n,x) + (\overline{v}_h - \overline{v}_k)\cos(n,y) + (\overline{w}_h - \overline{w}_k)\cos(n,z) = 0, \tag{130}$$

falls die Körper in Berührung sind, aber sich an einander verschieben können, oder aber nach (18‴):

$$\overline{u}_h = \overline{u}_k, \qquad \overline{v}_h = \overline{v}_k, \qquad \overline{w}_h = \overline{w}_k, \tag{130'}$$

falls sie fest zusammenhängen; viertens die Bestimmung des Anfangszustandes oder die Festsetzung der Werthe der Verrückungen und der Geschwindigkeiten zu einem bestimmten Zeitpunkt, die wir so formuliren, dass für $t = 0$:

$$u = u^0, \quad v = v^0, \quad w = w^0, \quad \frac{\partial u}{\partial t} = u', \quad \frac{\partial v}{\partial t} = v', \quad \frac{dw}{\partial t} = w' \tag{130''}$$

gegeben sein soll, unter u^0, v^0, w^0, u', v', w' gegebene stetige Functionen der Coordinaten verstanden.

Diese vier Systeme von Gleichungen bestimmen für einen freien elastischen Körper vollständig die Verrückungen als Functionen des Ortes und der Zeit, wobei allerdings zu bemerken ist, dass die wirkenden Kräfte so gegeben sein müssen, dass die Verrückungen u, v, w unendlich klein bleiben.

Ist der Körper nicht frei, so kommt zu den obigen noch ein fünftes System von Gleichungen, welches man passend dasjenige der Befestigungsbedingungen nennen kann, und welches, je nach den Umständen, in verschiedener Weise zu formuliren ist.

Meistens wird man einen Punkt p_1, in den man ohne Beschränkung der Allgemeinheit den Coordinatenanfang legen kann, absolut festhalten, also

$$u = 0, \quad v = 0, \quad w = 0 \quad \text{für} \quad x = 0, \quad y = 0, \quad z = 0 \tag{131}$$

machen können; mit einem zweiten p_2 oder dritten p_3 wäre aber dasselbe im Allgemeinen nicht möglich, da ihre Abstände vom ersten, wie auch die Winkel zwischen ihren Verbindungslinien sich in Folge der Deformation ändern können.

Aber man kann die Richtung der Verbindungslinie von p_1 und p_2 unverändert erhalten, d. h., wenn man sie etwa zur Z-Axe wählt, auch

$$u = 0, \quad v = 0 \quad \text{für} \quad x = 0, \quad y = 0, \quad z = z_2, \tag{131'}$$

setzen.

Für einen dritten Punkt p_3 kann man dann nur noch fordern, dass er in einer festen Ebene durch die feste Richtung $\overline{p_1 p_2}$ bleiben soll, während seine Verschiebung in derselben beliebig ist. Wählt man diese Ebene zur YZ-Ebene, so muss noch

$$u = 0 \quad \text{für} \quad x = 0, \quad y = y_3, \quad z = z_3 \tag{131''}$$

sein.

Ein besonders wichtiger Fall ist der, dass die Punkte p_2 und p_3 unendlich nahe bei p_1 liegen; die vorstehenden Bedingungen werden dann in Rücksicht auf die Beziehungen (1), welche für die Verschiebungen unendlich naher Punkte gelten, die Form annehmen, dass für $x = 0$, $y = 0$, $z = 0$ gelten muss:

$$u = 0, \quad v = 0, \quad w = 0, \quad \frac{\partial u}{\partial z} = 0, \quad \frac{\partial v}{\partial z} = 0, \quad \frac{\partial u}{\partial y} = 0. \tag{132}$$

Man kann sie dahin deuten, dass der Coordinatenanfangspunkt an seinem Ort, das erste Element der Z-Axe in seiner Richtung, das erste Element der YZ-Ebene in seiner Ebene festgehalten wird.

Eine andere wichtige Art der Befestigung ist die, dass der Coordinatenanfang an seiner Stelle verharrt und das ihm benachbarte Volumenelement keinerlei Drehung um irgend eine Axe erfährt. Nach (3'') sind die Bedingungen dann, dass für $x = 0$, $y = 0$, $z = 0$ gilt:

$$u = 0, \ v = 0, \ w = 0, \ \frac{\partial w}{\partial y} = \frac{\partial v}{\partial z}, \ \frac{\partial u}{\partial z} = \frac{\partial w}{\partial x}, \ \frac{\partial v}{\partial x} = \frac{\partial u}{\partial y}. \text{ —} \tag{132'}$$

Wir wenden uns nunmehr specieller zur Behandlung des Gleichgewichtes eines homogenen isotropen Körpers.

Die hier, bei nur einem Körper, für die Kräfte in Betracht kommenden Gleichungen sind folgende. Für jeden inneren Punkt gilt:

$$\begin{aligned} \varepsilon X &= \frac{\partial X_x}{\partial x} + \frac{\partial X_y}{\partial y} + \frac{\partial X_z}{\partial z}, \\ \varepsilon Y &= \frac{\partial Y_x}{\partial x} + \frac{\partial Y_y}{\partial y} + \frac{\partial Y_z}{\partial z}, \\ \varepsilon Z &= \frac{\partial Z_x}{\partial x} + \frac{\partial Z_y}{\partial y} + \frac{\partial Z_z}{\partial z}, \end{aligned} \tag{133}$$

für jedes Oberflächenelement:

$$\overline{X}_n + \overline{X} = 0, \quad \overline{Y}_n + \overline{Y} = 0, \quad \overline{Z}_n + \overline{Z} = 0, \tag{133'}$$

worin n die äussere Normale bezeichnet. Hierzu nehmen wir nach (24) die Beziehungen:

$$\begin{aligned} X_n &= X_x \cos(n,x) + X_y \cos(n,y) + X_z \cos(n,z), \\ Y_n &= Y_x \cos(n,x) + Y_y \cos(n,y) + Y_z \cos(n,z), \\ Z_n &= Z_x \cos(n,x) + Z_y \cos(n,y) + Z_z \cos(n,z), \end{aligned} \tag{133''}$$

und für die $X_x \ldots$ die sie definirenden Gleichungen (128).

Die Gleichungen für Zwischengrenzen und die Anfangsbedingungen kommen hier in Wegfall; doch wird man die Bedingungen der Befestigung — am bequemsten in der Form (132') — behufs Verbindung des Coordinatensystemes mit dem Körper selbst dann benutzen, wenn eine eigentliche Befestigung des Körpers nicht vorgeschrieben ist. —

Bei der Behandlung der vorstehenden Formeln wenden wir ein Verfahren an, das dem in den übrigen Abschnitten dieses Theiles benutzten entspricht. Um die Schwierigkeit zu vermeiden, welche die Erfüllung der Grenzbedingungen bietet, sehen wir zunächst von diesen ganz ab, betrachten also gewissermaassen einen unendlichen Körper. Für diesen nehmen wir willkürlich Werthe der Verrückungen u, v, w an, bestimmen die ihnen entsprechenden Deformationen x_x, y_y, ... nach (127), die Moleculardrucke X_x, Y_y, ... nach (128) und setzen dieselben in die Hauptgleichungen (133) ein; dadurch finden sich diejenigen Werthe der äusseren Kräfte X, Y, Z, welche die angenommenen Deformationsgrössen bewirken können. Hierauf suchen wir den Körper passend zu begrenzen, zumeist so, dass er längs eines Stückes seiner Oberfläche einen constanten äusseren Druck, z. B. den Druck Null, erfährt, weil dies praktisch am ersten realisirbar ist.

Die für u, v, w einzuführenden Functionen der Coordinaten müssen im ganzen Körper eindeutig und stetig sein; Stellen, in welchen eine oder alle unendlich werden, müssen durch eine Begrenzung des Körpers aus ihm ausgeschieden werden.

Sind in dieser Weise mehrere Lösungen u_h, v_h, w_h der Differentialgleichungen erhalten, so lassen sich aus ihnen neue bilden, indem man sie mit willkürlichen Constanten multiplicirt und zusammenaddirt, also setzt:

$$u = \sum A_h u_h, \quad v = \sum A_h v_h, \quad w = \sum A_h w_h.$$

Da die Gleichungen sämmtlich in u, v, w, X, Y, Z, $\overline{X}$, $\overline{Y}$, $\overline{Z}$ lineär homogen sind, so entsprechen die combinirten Lösungen äusseren Kräften und Oberflächendrucken, welche in demselben Zusammenhang mit denjenigen stehen, die den einzelnen Lösungen zugehören, wie u, v, w mit den u_h, v_h, w_h.

Indessen ist hervorzuheben, dass die dargelegte Methode, die sich in der Hydrodynamik so fruchtbar erwiesen hat, in der Elasticitätslehre erheblich weniger leistet. Der Grund ist leicht einzusehen.

In der Hydrodynamik gaben die begrenzenden festen Wände direct ein Gesetz für die Bewegung und konnten umgekehrt aus gegebener Bewegung direct erschlossen werden; der Druck, den sie erfuhren, blieb zumeist ganz ausser Betracht.

Starre Wände, welche die Deformation eines elastischen Körpers in ähnlicher Weise leiten und umgekehrt aus seiner Deformation erschlossen werden könnten, giebt es aber nicht, denn unsere Betrachtungen betreffen zumeist die Veränderungen eben derjenigen Körper, welche den starren von allen am nächsten kommen und welche strömenden Flüssigkeiten gegenüber auch als starr angesehen werden konnten.

Demzufolge haben wir in Wirklichkeit bei den elastischen Körpern fast ausschliesslich die Kräfte in den Grenzen als gegeben anzusehen, und diese hängen mit den Deformationen in so complicirter Weise zusammen, dass es sehr schwierig ist, zu übersehen, ob irgend ein Verrückungssystem in einer praktisch möglichen Weise hervorzubringen ist.

In der That ist deshalb in einigen Gebieten der Elasticitätslehre zur Durchführung specieller Probleme erfolgreich ein Weg eingeschlagen worden, der dem unserigen in mancher Hinsicht gerade entgegengesetzt ist; es sind nämlich zunächst Gesetze für die elastischen Kräfte willkürlich angenommen, welche in einfacher Weise gegebenen Grenzbedingungen entsprechen, und aus diesem sind darnach die Gesetze der Verrückungen abgeleitet

Wir wollen uns hier auf den schon angedeuteten Weg beschränken, weil er interessante Beziehungen zwischen Erscheinungen der Hydrodynamik und der Elasticität ergiebt und fast nur diejenigen Hülfsmittel benutzt, welche wir in den früheren Abschnitten kennen gelernt haben, dabei aber doch zur Lösung mehrerer auch praktisch wichtiger Probleme führt. —

Ueber die Veranschaulichung der zu bildenden Lösungen für u, v, w mag hier allgemein Folgendes gesagt werden.

Da durch die Deformation die Coordinaten x, y, z eines Punktes des Körpers in $x_1 = x + u$, $y_1 = y + v$, $z_1 = z + w$ übergehen (wobei u, v, w Functionen von x, y, z sind), so geht eine Oberfläche von der Gleichung $F(x, y, z) = 0$ in eine andere über, deren Gleichung man erhält, wenn man aus den Formeln für x_1, y_1, z_1 die Werthe der Coordinaten x, y, z als Functionen von x_1, y_1, z_1 bestimmt und in $F(x, y, z) = 0$ einsetzt.

Diese Bestimmung wird wegen der Kleinheit von u, v, w einfach dadurch ausgeführt, dass man in letzteren Grössen x, y, z mit x_1, y_1, z_1 vertauscht, was durch die Bezeichnung $u(x_1, y_1, z_1) = u_1$, $v(x_1, y_1, z_1) = v_1$, $w(x_1, y_1, z_1) = w_1$ angedeutet sein mag, also schreibt:

$$x = x_1 - u_1, \quad y = y_1 - v_1, \quad z = z_1 - w_1;$$

die Gleichung der deformirten Oberfläche wird hiernach

$$F(x_1 - u_1, \quad y_1 - v_1, \quad z_1 - w_1) = 0.$$

In dem speciellen Fall, dass die Oberfläche ursprünglich eine zu einer Coordinatenebene parallele Ebene war, wird man natürlich die Vertauschung von x, y, z mit x_1, y_1, z_1 nur bei den variabeln Coordinaten ausführen. Die Gleichung der Fläche, die aus der Ebene $x = A$ entsteht, wird man daher schreiben $x_1 - u(A, y_1, z_1) = A$, also in u für x den constanten Werth A beibehalten.

In derselben Weise wie die Deformation einer Fläche bestimmt sich diejenige einer Curve von den Gleichungen $F_1(x, y, z) = 0$ und $F_2(x, y, z) = 0$. So wird z. B. die der Z-Axe parallele Gerade $x = A$, $y = B$ durch die Deformation übergeführt in die Curve von den Gleichungen

$$x_1 - u(A, B, z_1) = A, \qquad y_1 - v(A, B, z_1) = B.$$

§ 44. Mechanik elastischer Körper. Gleichgewicht bei Potentialdeformationen; homogene Deformation; allgemeinere Fälle.

In der Hydrodynamik haben wir zwei Arten von Bewegungen unterschieden, Potentialbewegung und Wirbelbewegung, und haben bemerkt, dass aus diesen die allgemeinste sich zusammensetzen lässt; da die Verrückungscomponenten u, v, w in der Elasticitätslehre in vieler Hinsicht den Geschwindigkeitscomponenten in der Hydrodynamik parallel gehen, so liegt es nahe, jetzt die analoge Unterscheidung einzuführen.

Wir nennen eine Deformation eine Potentialdeformation, wenn sich die Verrückungscomponenten u, v, w darstellen lassen als die partiellen Differentialquotienten einer und derselben Function φ der Coordinaten, welche das Deformationspotential heissen mag, d. h. wenn die Beziehungen gelten:

$$u = \frac{\partial \varphi}{\partial x}, \qquad v = \frac{\partial \varphi}{\partial y}, \qquad w = \frac{\partial \varphi}{\partial z}. \tag{134}$$

Ueber die geometrischen Eigenschaften dieses Verrückungssystemes gelten nach S. 136 folgende Sätze:

Construirt man das System der Oberflächen

$$\varphi = C$$

für um constante Incremente δC wachsende Werthe der Constanten, so ist für jede Stelle des Raumes die Richtung der Verrückung gegeben durch die Normale auf der Potentialfläche, welche durch jene Stelle geht, positiv gerechnet von kleinen zu grossen Potentialwerthen; ihre Grösse ist indirect proportional mit dem Abstand zweier Nachbarflächen an jener Stelle.

Aus den Bedingungen für die Existenz eines Deformationspotentiales

$$\frac{\partial v}{\partial z} = \frac{\partial w}{\partial y}, \qquad \frac{\partial w}{\partial x} = \frac{\partial u}{\partial z}, \qquad \frac{\partial u}{\partial y} = \frac{\partial v}{\partial x}$$

ergiebt sich weiter in Verbindung mit der Definition der Drehungs- oder Drillungswinkel an der Stelle x, y, z

$$\lambda = \tfrac{1}{2}\left(\frac{\partial w}{\partial y} - \frac{\partial v}{\partial z}\right), \quad \mu = \tfrac{1}{2}\left(\frac{\partial u}{\partial z} - \frac{\partial w}{\partial x}\right), \quad \nu = \tfrac{1}{2}\left(\frac{\partial v}{\partial x} - \frac{\partial u}{\partial y}\right): \qquad (134')$$

das Resultat, dass Deformationspotential und Drillung sich gegenseitig ausschliessen.

Aus den Werthen der u, v, w ergeben sich die Deformationen gemäss den Formeln:

$$x_x = \frac{\partial^2 \varphi}{\partial x^2}, \quad y_y = \frac{\partial^2 \varphi}{\partial y^2}, \quad z_z = \frac{\partial^2 \varphi}{\partial z^2},$$
$$y_z = 2\frac{\partial^2 \varphi}{\partial y \partial z}, \quad z_x = 2\frac{\partial^2 \varphi}{\partial z \partial x}, \quad x_y = 2\frac{\partial^2 \varphi}{\partial x \partial y}; \qquad (134'')$$

zugleich folgt die räumliche Dilatation:

$$\vartheta = \Delta \varphi.$$

Erfüllt das Deformationspotential die Beziehung

$$\Delta \varphi = 0,$$

so ist hiernach die Deformation von einer räumlichen Dilatation nicht begleitet.

Die Anwendung der Betrachtungen auf S. 421 ergiebt den weiteren Satz:

Die Hauptdilatationsaxen und, falls das Medium isotrop ist, die mit ihnen parallelen Hauptdruckaxen liegen für jeden Punkt den Hauptaxen derjenigen Fläche zweiten Grades parallel, mit welcher innerhalb des dem Punkt zugehörigen Bereiches B die Oberfläche $\varphi = C$ zusammenfällt. In dem speciellen Falle, dass das Deformationspotential eine Function zweiten Grades ist, tritt natürlich die Potentialfläche selbst an die Stelle jener Hülfsfläche.

Setzen wir die in (134″) angegebenen Werthe $x_x, \dots x_y$ in die Ausdrücke (128) für die Druckcomponenten in isotropen Medien ein, so lauten dieselben:

$$
\begin{aligned}
-X_x &= (c-c')\frac{\partial^2\varphi}{\partial x^2} + c'\Delta\varphi,\\
-Y_y &= (c-c')\frac{\partial^2\varphi}{\partial y^2} + c'\Delta\varphi,\\
-Z_z &= (c-c')\frac{\partial^2\varphi}{\partial z^2} + c'\Delta\varphi,
\end{aligned}
\tag{135}
$$

$$
-Y_z=(c-c')\frac{\partial^2\varphi}{\partial y\,\partial z}, \quad -Z_x=(c-c')\frac{\partial^2\varphi}{\partial z\,\partial x}, \quad -X_y=(c-c')\frac{\partial^2\varphi}{\partial x\,\partial y},
$$

und die Hauptgleichungen (133) werden unter Benutzung hiervon:

$$
\varepsilon X = -c\frac{\partial\Delta\varphi}{\partial x} = -c\frac{\partial\vartheta}{\partial x} = -c\Delta u, \quad \varepsilon Y = -c\frac{\partial\Delta\varphi}{\partial y} = -c\frac{\partial\vartheta}{\partial y} = -c\Delta v,
$$

$$
\varepsilon Z = -c\frac{\partial\Delta\varphi}{\partial z} = -c\frac{\partial\vartheta}{\partial z} = -c\Delta w. \tag{135'}
$$

Hierin liegen folgende wichtige Sätze:

Existirt ein Deformationspotential φ, so müssen die wirkenden Kräfte nothwendig ein Kraftpotential Φ haben, dessen Werth sich bis auf eine additive Constante bestimmt durch

$$
\Phi = \frac{c}{\varepsilon}\Delta\varphi = \frac{c}{\varepsilon}\vartheta. \tag{135''}
$$

Potentialdeformationen mit constanter oder verschwindender cubischer Dilatation können nur eintreten, wenn keine äusseren Kräfte wirken.

Umgekehrt erfordert das Fehlen äusserer Kräfte, dass das Deformationspotential der Gleichung $\Delta\varphi = \text{Const.}$ genügt. —

Der Druck P_n gegen ein beliebig gelegenes Flächenelement hat nach (133'') und (135) die Componenten:

$$
\begin{aligned}
-X_n&=(c-c')\left(\frac{\partial^2\varphi}{\partial x^2}\cos(n,x)+\frac{\partial^2\varphi}{\partial x\,\partial y}\cos(n,y)+\frac{\partial^2\varphi}{\partial x\,\partial z}\cos(n,z)\right)+c'\Delta\varphi\cos(n,x),\\
-Y_n&=(c-c')\left(\frac{\partial^2\varphi}{\partial y\,\partial x}\cos(n,x)+\frac{\partial^2\varphi}{\partial y^2}\cos(n,y)+\frac{\partial^2\varphi}{\partial y\,\partial z}\cos(n,z)\right)+c'\Delta\varphi\cos(n,y),\\
-Z_n&=(c-c')\left(\frac{\partial^2\varphi}{\partial z\,\partial x}\cos(n,x)+\frac{\partial^2\varphi}{\partial z\,\partial y}\cos(n,y)+\frac{\partial^2\varphi}{\partial z^2}\cos(n,z)\right)+c'\Delta\varphi\cos(n,z).
\end{aligned}
\tag{135'''}
$$

Gehört das Flächenelement einer Potentialfläche an, was wir durch die Vertauschung der Normalen n mit ν andeuten wollen, so ist:

$$
\cos(\nu,x) = \frac{\partial\varphi}{\partial x}\Big/\Theta(\varphi), \quad \cos(\nu,y) = \frac{\partial\varphi}{\partial y}\Big/\Theta(\varphi), \quad \cos(\nu,z) = \frac{\partial\varphi}{\partial z}\Big/\Theta(\varphi),
$$

worin wie S. 92

$$
\Theta^2(\varphi) = \left(\frac{\partial\varphi}{\partial x}\right)^2 + \left(\frac{\partial\varphi}{\partial y}\right)^2 + \left(\frac{\partial\varphi}{\partial z}\right)^2 = \left(\frac{\partial\varphi}{\partial\nu}\right)^2;
$$

es gilt demgemäss:

$$
\begin{aligned}
-X_\nu &= (c-c')\frac{\partial\Theta(\varphi)}{\partial x} + c'\Delta\varphi\cos(\nu, x),\\
-Y_\nu &= (c-c')\frac{\partial\Theta(\varphi)}{\partial y} + c'\Delta\varphi\cos(\nu, y),\\
-Z_\nu &= (c-c')\frac{\partial\Theta(\varphi)}{\partial z} + c'\Delta\varphi\cos(\nu, z).
\end{aligned}
\tag{136}
$$

In dem speciellen Fall, dass $\Delta\varphi = 0$ ist, stehen also die Drucke gegen die Potentialflächen an jeder Stelle normal zu der durch sie hindurchgehenden Fläche $\Theta(\varphi) =$ Const. und haben die Resultante

$$P_\nu = (c-c')\Theta(\Theta(\varphi)).$$

Allgemein erhält man die Componente N_ν normal zur Fläche $\varphi =$ Const., wenn man die Formeln (136) mit den Factoren

$$\cos(\nu, x) = \frac{dx}{d\nu}, \quad \cos(\nu, y) = \frac{dy}{d\nu}, \quad \cos(\nu, z) = \frac{dz}{d\nu}$$

zusammenfasst; es folgt dann nämlich:

$$-N_\nu = (c-c')\frac{\partial\Theta(\varphi)}{\partial\nu} + c'\Delta\varphi = (c-c')\frac{\partial^2\varphi}{\partial\nu^2} + c'\Delta\varphi. \tag{136'}$$

Aehnlich liefern die Factoren

$$\cos(\sigma, x) = \frac{dx}{d\sigma}, \quad \cos(\sigma, y) = \frac{dy}{d\sigma}, \quad \cos(\sigma, z) = \frac{dz}{d\sigma}$$

die Componente S_ν nach der Richtung einer beliebigen Tangente σ an der Potentialfläche; es wird

$$-S_\nu = (c-c')\frac{\partial\Theta(\varphi)}{\partial\sigma} = (c-c')\frac{\partial^2\varphi}{\partial\sigma\,\partial\nu}. \tag{136''}$$

Die Resultirende P_ν steht *normal* zu der Potentialfläche, wenn S_ν für jede Richtung σ verschwindet, also in der Potentialfläche neben φ auch $\Theta(\varphi) = \partial\varphi/\partial\nu$ constant ist.

Diese Resultate kommen in Betracht, wenn es sich darum handelt, bei gegebenem Deformationspotential in dem unendlichen elastischen Körper eine Oberfläche zu bestimmen, welche die Begrenzung eines Theiles desselben bilden kann.

Man kann den Satz aussprechen:

Eine Fläche, in welcher das Deformationspotential φ constant ist, kann bei Einwirkung äusserer Druckkräfte, welche normal gegen sie wirken, eine Oberfläche des elastischen Körpers bilden, falls in ihr zugleich $\partial\varphi/\partial\nu$ constant ist. Die äusseren Druckkräfte erhalten dabei constante Werthe, wenn gleichzeitig in ihr auch

$$-N_\nu = (c-c')\frac{\partial^2\varphi}{\partial\nu^2} + c'\Delta\varphi \tag{136'''}$$

constant ist.

Was die Bedingungen der Befestigung anbetrifft, so beschränken sich dieselben im Falle einer Potentialdeformation darauf, dass für einen beliebigen Punkt, z. B. den Coordinatenanfang, u, v, w verschwinden müssen; denn da die Rotation irgend eines Volumenelementes durch die Annahme eines Deformationspotentiales bereits ausgeschlossen ist, so sind die letzten drei Bedingungen (132′) nicht nur für einen Punkt, sondern allgemein erfüllt.

1. Der denkbar einfachste Fall einer Potentialdeformation ist der, dass die Deformation homogen ist, d. h. dass die Deformationsgrössen $x_x, \ldots$ Constante sind, woraus für das Deformationspotential eine Function zweiten Grades folgt. Dieser Fall hat nicht nur an sich der praktischen Beziehungen halber ein grosses Interesse, sondern der betreffende Ansatz ist auch in der Combination mit anderen Potentialen von Nutzen.

Wir machen, um gemäss den drei ersten Bedingungen (132′) u, v, w im Coordinatenanfang verschwinden zu lassen, für das Potential der homogenen Deformation den Ansatz

$$2\varphi = m_1 x^2 + m_2 y^2 + m_3 z^2 + 2(n_1 yz + n_2 zx + n_3 xy), \tag{137}$$

haben also:

$$\left.\begin{array}{c} u = m_1 x + n_3 y + n_2 z, \qquad v = n_3 x + m_2 y + n_1 z, \\ w = n_2 x + n_1 y + m_3 z; \\ x_x = m_1, \quad y_y = m_2, \quad z_z = m_3, \quad y_z = 2n_1, \quad z_x = 2n_2, \quad x_y = 2n_3, \\ \vartheta = m_1 + m_2 + m_3. \end{array}\right\} \tag{137′}$$

Wegen der in x, y, z linearen Werthe von u, v, w ist bei der homogenen Deformation das S. 347 definirte Bereich B über den ganzen Körper zu erstrecken und alle die für letzteres in § 29 abgeleiteten Sätze gelten für seine ganze Ausdehnung. Demgemäss bleiben im ganzen Körper Ebenen eben, Gerade gerade, parallele Ebenen und Gerade parallel, Kugelflächen werden zu Ellipsoiden u. s. f.

Die Druckkräfte in dem homogen deformirten Körper werden constant, nämlich:

$$\begin{array}{l} -X_x = (c - c')m_1 + c'\vartheta = M_1, \\ -Y_y = (c - c')m_2 + c'\vartheta = M_2, \\ -Z_z = (c - c')m_3 + c'\vartheta = M_3, \end{array} \tag{137″}$$

$$-Y_z = (c-c')n_1 = N_1, \qquad -Z_x = (c-c')n_2 = N_2, \qquad -X_y = (c-c')n_3 = N_3,$$

worin die M_h und N_h Abkürzungen sind, die wir auch weiterhin benutzen wollen.

Sind die M_h und N_h bekannt, so folgen aus ihnen die m_h und n_h nach den Formeln:

$$
\left.
\begin{aligned}
m_1 &= \frac{(c + c') M_1 - c'(M_2 + M_3)}{(c - c')(c + 2c')}, \\
m_2 &= \frac{(c + c') M_2 - c'(M_3 + M_1)}{(c - c')(c + 2c')}, \\
m_3 &= \frac{(c + c') M_3 - c'(M_1 + M_2)}{(c - c')(c + 2c')},
\end{aligned}
\right\} \qquad (137''')
$$

$$
n_1 = \frac{N_1}{c - c'}, \quad n_2 = \frac{N_2}{c - c'}, \quad n_3 = \frac{N_3}{c - c'}.
$$

Die äusseren Kräfte finden sich nach (135') gleich Null; homogene Deformationen sind also nur durch Oberflächendrucke hervorzubringen.

a) Gemäss den Formeln (133') steht der elastische Druck gegen jedes Flächenelement normal und hat eine von dessen Orientirung unabhängige Grösse, wenn X_x, Y_y, Z_z unter einander gleich und Y_z, Z_x, X_y gleich Null sind, d. h. wenn gilt:

$$
M_1 = M_2 = M_3 = M, \quad N_1 = 0, \quad N_2 = 0, \quad N_3 = 0.
$$

In diesem Fall kann man den Körper durch jede beliebige Oberfläche begrenzen, wenn man auf dieselbe einen constanten Normaldruck p ausübt. Da ein solcher Druck der äusseren Normalen n entgegenwirkt, ist nach den Gleichungen (133')

$$
-X_n = \overline{X} = -p \cos(n, x), \qquad -Y_n = \overline{Y} = -p \cos(n, y),
$$
$$
-Z_n = \overline{Z} = -p \cos(n, z),
$$

und es folgt daraus:

$$
M = -p.
$$

Setzen wir dies in die Formeln (137) bis (137''') ein, so erhalten wir den Satz:

Das Deformationspotential eines unter dem allseitig gleichen Druck p stehenden homogenen, isotropen Körpers ist:

$$
\varphi = \tfrac{1}{2} m r^2 = -\frac{p(x^2 + y^2 + z^2)}{2(c + 2c')}; \qquad (138)
$$

seine Verrückungen haben die Werthe:

$$
u = -\frac{px}{c + 2c'}, \quad v = -\frac{py}{c + 2c'}, \quad w = -\frac{pz}{c + 2c'}, \qquad (138')
$$

seine Deformationen sind:

$$
x_x = y_y = z_z = \frac{-p}{c + 2c'}, \quad y_z = 0, \quad z_x = 0, \quad x_y = 0, \qquad (138'')
$$

seine cubische Dilatation ist:

$$
\vartheta = \frac{-3p}{c + 2c'}. \qquad (138''')
$$

Die Dilatations- und Druckellipsoide sind hier nach S. 356 und 376 Kugeln. —

Zu diesen Resultaten machen wir eine allgemeine Bemerkung. Nach unserer Grundannahme über die elastischen Drucke und nach den Fundamentalgleichungen, welche diese mit den äusseren und Oberflächendruckkräften verbinden, werden wir bei allen elastischen Problemen lineäre Beziehungen zwischen den ausgeübten Kräften K_h und den Deformationen δ_k erhalten, also Gleichungen von der Form

$$\delta_k = \sum_h A_{hk} K_h,$$

in welchen die A_{hk} nur von der Gestalt des Körpers, auf welchen die K_h wirken, und von seinen Elasticitätsconstanten c und c' abhängen. Meistens nehmen dabei die A_{hk} specieller eine Form an, bestehend aus einem Factor C_{hk}, der nur von den Elasticitätsconstanten, und einem anderen B_{hk}, der nur von der Gestalt des Körpers abhängt, so dass also gilt:

$$\delta_k = \sum_h C_{hk} B_{hk} K_h.$$

Die hier auftretenden Aggregate C_{hk} nennen wir die Moduln der betreffenden Deformation, ihre Reciproken, die um so grösser sind, je geringer der Effect der Kraft ist, die Deformationswiderstände der Substanz des Körpers.

Ein sehr einfacher Fall der besprochenen Art, in welchem die $B_{hk} = 1$ sind, ist der obige. Da negative Dilatationen als Compressionen aufgefasst werden können, so wird man die Grösse $1/(c + 2c')$ den Modul der lineären Compression, $3/(c + 2c')$ den Modul der cubischen Compression bei allseitig gleichem Druck nennen; ihre Reciproken sind die bezüglichen Compressionswiderstände.

Für Flüssigkeiten wird wegen $c = c'$ gelten:

$$x_x = y_y = z_z = -\frac{p}{3c}, \qquad \vartheta = -\frac{p}{c};$$

ihre einzige Elasticitätsconstante c ist also direct als ihr Compressionswiderstand definirt.

Wir wollen weiterhin allgemein den Modul der cubischen Compression bei allseitig gleichem Drucke

$$\frac{3}{c + 2c'} = \mathsf{K}$$

setzen.

Zur experimentellen Bestimmung von K dient das Piëzometer (Fig. 46), ein mit einer tropfbaren Flüssigkeit gefülltes starkwandiges

Reservoir R, innerhalb dessen in einem Quecksilbernapf Q das eigentliche Beobachtungsgefäss G in Form einer grossen Thermometerkugel mit graduirtem Messrohr rr und das geschlossene Luftmanometer M aufrecht steht. Der Druck p, welchen man mit Hülfe der Schraube S auf die äussere Flüssigkeit ausüben kann, pflanzt sich durch das Quecksilber des Napfes Q auf den Inhalt des Gefässes G und die Luft im Manometer fort; die Ablesung des Standes des Quecksilbers in M gestattet die Bestimmung des im Inneren herrschenden Druckes p, diejenige des Standes in $\overline{rr}$ die Bestimmung der Volumenänderung des Inhaltes von G. Zu letzterem Zwecke hat man zu überlegen, dass der ganze Raum, welchen G darbietet, gegeben ist durch das Volumen V bis zur Nullmarke auf $\overline{rr}$ weniger dem Volumen, welches von dem in der Röhre stehenden Quecksilber eingenommen wird, also weniger lq, wenn l die Länge der Säule vom Nullpunkt aus und q den Querschnitt der Röhre bezeichnet. Dieses Volumen erleidet nach der obigen Formel bei dem stattfindenden allseitig gleichen Druck die Verminderung $(V - lq)p\mathsf{K}_g$, wenn K_g den Compressionsmodul des Gefässes G bezeichnet; denn da jeder Volumentheil des comprimirten Körpers in demselben Verhältniss verkleinert wird, gilt Gleiches auch von dem Hohlraum.

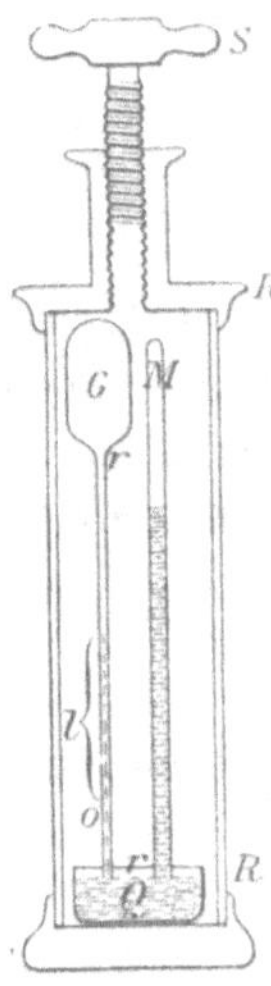

Fig. 46.

Das Volumen der Flüssigkeit, die zunächst das Gefäss G erfüllen mag, erleidet die Verminderung $(V - lq)p\mathsf{K}_f$, wenn K_f den Compressionsmodul für sie bezeichnet. Die Differenz beider Volumenänderungen oder die relative Volumenänderung ruft die Veränderung des Standes im Messrohr um die Länge l' hervor, so dass

$$l'q = (V - lq)p(\mathsf{K}_f - \mathsf{K}_g)$$

ist. Hierbei kann der Querschnitt q auf der linken Seite als dem ursprünglichen gleich angesehen werden, da wir sehr kleine Deformationen vorausgesetzt haben und in Praxi stets erhalten. Die letztere Formel giebt

$$\mathsf{K}_f - \mathsf{K}_g = \frac{l'q}{p(V - lq)},$$

und dies zeigt, dass die Beobachtungsmethode nur die Differenz der beiden Coëfficienten K_f und K_g giebt, der eine also auf andere Weise bestimmt werden muss. Hierin liegt eine bedeutende praktische Schwierigkeit; denn zumal wenn das Gefäss G, wie meist, aus Glas besteht, ist die Benutzung des an einem anderen gläsernen Körper auf andere Weise bestimmten K sehr bedenklich, da verschiedene Glasstücke, selbst von der gleichen Sorte, in ihrem elastischen Verhalten häufig stark differiren.

Die Methode des Piëzometers ist auf feste Körper anwendbar, wenn man dieselben mit einer Flüssigkeit in das Gefäss G bringt. Ist das Volumen des festen Körpers V_k, sein Compressionsmodul K_k, so ist seine Volumenänderung $V_k p \mathsf{K}_k$, die der Flüssigkeit

$$(V - V_k - l q) p \mathsf{K}_f,$$

die gesammte relative Volumenänderung also:

$$(V - l q) p (\mathsf{K}_f - \mathsf{K}_g) + V_k p (\mathsf{K}_k - \mathsf{K}_f);$$

sie wird gemessen durch eine Veränderung des Standes im Messrohr $\overline{rr}$ um die Länge l''. Beobachtet man in G erst die Flüssigkeit allein, dann mit dem festen Körper zusammen, so gelten die beiden Gleichungen:

$$l' q = (V - l q) p (\mathsf{K}_f - \mathsf{K}_g),$$

$$l'' q = (V - l q) p (\mathsf{K}_f - \mathsf{K}_g) + V_k p (\mathsf{K}_k - \mathsf{K}_f),$$

und hieraus folgt:

$$\mathsf{K}_k - \mathsf{K}_f = \frac{(l'' - l') q}{V_k p}.$$

Für diese Beobachtungsart ist also die Kenntniss des Compressionsmoduls K_g des Gefässes nicht nöthig, wohl aber diejenige des Moduls K_f der Flüssigkeit. —

b) Der elastische Druck wirkt gegen jedes der Z-Axe parallele Flächenelement in normaler Richtung und mit von dessen Orientirung unabhängiger Stärke, wenn $X_x = Y_y$ und $X_y = 0$, $Z_x = 0$, $Z_y = 0$ d. h., wenn

$$M_1 = M_2 = M, \quad N_1 = 0, \quad N_2 = 0, \quad N_3 = 0$$

ist; denn in diesem Falle wird nach (133'')

$$-X_n = M \cos(n, x), \qquad -Y_n = M \cos(n, y), \qquad -Z_n = 0.$$

Der Druck wirkt in diesem Falle gleichzeitig auch normal gegen jedes zu der Z-Axe normale Element, aber mit anderer Stärke.

In diesem Falle lässt sich der Körper durch eine oder mehrere beliebige der Z-Axe parallele Cylinderflächen und zwei zu ihr normale Ebenen begrenzen, falls die Cylinderflächen einem, die Grundflächen einem anderen constanten normalen Druck ausgesetzt sind.

Wirkt auf die Mantelflächen von aussen nach innen ein Druck von der Grösse p', so folgt für sie aus den Gleichungen (133')

$$-X_n = \overline{X} = -p'\cos(n,x), \quad -Y_n = \overline{Y} = -p'\cos(n,y), \quad -Z_n = \overline{Z} = 0,$$

und man erhält daraus:

$$M = -p'.$$

Wirkt auf die Grundflächen von aussen nach innen ein normaler Druck p, so ist ebenda zu setzen

$$-X_n = \overline{X} = 0, \quad -Y_n = \overline{Y} = 0, \quad -Z_n = \overline{Z} = -p\cos(n,z),$$

und es folgt:

$$M_3 = -p.$$

Setzt man diese Werthe in die Formeln (137) bis (137‴) ein, so erhält man den Satz:

Das Deformationspotential eines homogenen isotropen Cylinders, der auf seinen Mantelflächen den constanten Druck p', auf seinen Grundflächen den constanten Druck p erfährt, hat den Werth:

$$\varphi = \tfrac{1}{2}(m e^2 + m_3 z^2) = -\frac{(cp' - c'p)(x^2 + y^2) + ((c + c')p - 2c'p')z^2}{2(c - c')(c + 2c')}; \quad (139)$$

seine Verrückungen haben also die Grössen:

$$u = -\frac{(cp' - c'p)x}{(c - c')(c + 2c')}, \quad v = -\frac{(cp' - c'p)y}{(c - c')(c + 2c')}, \quad w = -\frac{((c + c')p - 2c'p')z}{(c - c')(c + 2c')}, \quad (139')$$

seine Deformationen sind:

$$x_x = y_y = -\frac{cp' - c'p}{(c - c')(c + 2c')}, \quad z_z = -\frac{(c + c')p - 2c'p'}{(c - c')(c + 2c')}, \quad y_z = 0, \quad z_x = 0, \quad x_y = 0, \quad (139'')$$

seine räumliche Dilatation ist:

$$\vartheta = -\frac{p + 2p'}{c + 2c'}. \quad (139''')$$

Dilatations- und Druckellipsoide sind ersichtlich Rotationsflächen um Parallele zur Z-Axe.

Von besonderer Wichtigkeit ist der Fall, dass die Cylinderflächen frei sind, also $p' = 0$ ist, und nur auf die Grundflächen ein constanter Zug oder Druck ausgeübt wird, was sehr nahe realisirt ist, wenn ein Draht oder Stab durch ein angehängtes Gewicht gedehnt wird; dann findet sich

$$x_x = y_y = +\frac{c'p}{(c - c')(c + 2c')}, \quad z_z = -\frac{(c + c')p}{(c - c')(c + 2c')}. \quad (140)$$

Sind c und c' positiv, so tritt bei positivem p, also ausgeübtem Druck, Längscontraction und Querdilatation, bei negativem p, also ausgeübtem Zug, Längsdilatation und Quercontraction ein.

Die Moduln Λ und Λ' der Längsdilatation und der Quercontraction bei einseitigem Zug sind resp.

$$\Lambda' = \frac{c'}{(c-c')(c+2c')}, \quad \Lambda = \frac{c+c'}{(c-c')(c+2c')}; \tag{140'}$$

beide sind der Beobachtung zugänglich und geben Mittel, die beiden Elasticitätsconstanten c und c' gesondert zu berechnen. Da die praktische Anwendung der vorstehenden Formeln einen Cylinder voraussetzt, dessen Länge sehr viel grösser ist als sein Querschnitt, damit die Art der Vertheilung der äusseren Kraft auf den Grundflächen, welche von der Befestigung des dehnenden Gewichtes abhängig und uns unbekannt ist, keinen Einfluss übt, so wird die gesammte Längsdeformation viel grösser ausfallen, als die Querdeformation, letztere also der Messung grössere Schwierigkeiten bieten. Man hat daher statt ihrer die cubische Dilatation bei einseitigem Zug gemessen, indem man als zu dehnenden Körper einen Hohlcylinder wählte, der unten vollständig und oben durch einen mit einem feinen getheilten Glasröhrchen versehenen Stopfen verschlossen war. Füllt man den Hohlraum mit Flüssigkeit, so dass deren obere Fläche in dem Glasrohr steht, so wird bei einer Längsdehnung des Hohlcylinders die Flüssigkeit in dem Röhrchen sinken, und die Messung dieser Verschiebung gestattet die cubische Dilatation des Hohlcylinders und hierdurch die Constante $1/(c+2c')$ zu bestimmen.

Diese Methode hat indessen das principielle Bedenken, dass dergleichen Hohlcylinder in der Praxis meist nicht der Voraussetzung der Isotropie entsprechen.

c) Der elastische Druck wirkt nach (133'') normal gegen jedes Flächenelement, welches einer Coordinatenebene parallel ist, wenn gilt

$$Y_z = 0, \quad Z_x = 0, \quad X_y = 0;$$

dies führt hier auf die Werthe:

$$N_1 = 0, \quad N_2 = 0, \quad N_3 = 0.$$

In diesem Falle kann man den Körper durch sechs zu den Coordinatenebenen parallele Ebenen begrenzen, von denen je zwei gegenüberliegende gleiche constante Normaldrucke erleidet.

Uebt man von aussen auf die Flächen normal zur X-Axe den constanten Druck p_1, auf die normal zur Y-Axe p_2, auf die normal zur Z-Axe p_3 aus, so geben die Gleichungen (133')

für die Flächen normal zur X-Axe $\quad -X_n = \overline{X} = -p_1 \cos(n, x)$,

„ „ „ „ „ Y-Axe $\quad -Y_n = \overline{Y} = -p_2 \cos(n, y)$,

„ „ „ „ „ Z-Axe $\quad -Z_n = \overline{Z} = -p_3 \cos(n, z)$,

woraus folgt:

$$M_1 = -p_1, \quad M_2 = -p_2, \quad M_3 = -p_3.$$

Die Berücksichtigung dieser Werthe ergiebt den Satz:

Das Deformationspotential für ein homogenes isotropes rechteckiges Prisma, welches auf den Flächenpaaren normal zur X, Y, Z-Axe resp. die constanten Drucke p_1, p_2, p_3 erfährt, hat den Werth:

$$\varphi = \tfrac{1}{2}(m_1 x^2 + m_2 y^2 + m_3 z^2) \tag{141}$$
$$= -\frac{((c+c')p_1 - c'(p_2+p_3))x^2 + ((c+c')p_2 - c'(p_3+p_1))y^2 + ((c+c')p_3 - c'(p_1+p_2))z^2}{2(c-c')(c+2c')}.$$

Verrückungen und Deformationen berechnen sich wie oben; die Dilatations- und die Druckaxen liegen den Prismenkanten parallel. —

Wir wollen nun einige derjenigen Functionen, die in der Hydrodynamik ein Geschwindigkeitspotential darstellen können, als Deformationspotentiale wählen.

2. Der Werth des Deformationspotentiales

$$\varphi = \frac{q}{r}, \tag{142}$$

worin $r^2 = x^2 + y^2 + z^2$ und q constant ist, erfüllt die Gleichung $\Delta\varphi = 0$, giebt also keine räumliche Dilatation und kann daher nach dem zu (135') Gesagten nur stattfinden, wenn äussere Kräfte nicht wirken.

Als Begrenzung lässt sich nach S. 505 eine beliebige Kugelfläche um den Coordinatenanfang wählen, in welcher ein constanter Normaldruck herrscht; denn in einer solchen ist mit φ sowohl $\partial\varphi/\partial r$ als $\partial^2\varphi/\partial r^2$ constant. Da aber $\partial\varphi/\partial x, \ldots$ für $r = 0$ unendlich wird, so muss der Coordinatenanfang ausserhalb des elastischen Mediums liegen, die Kugel also einen Hohlraum begrenzen.

Die normale elastische Druckkraft gegen eine Kugelfläche um den Coordinatenanfang berechnet sich nach (136''') zu

$$-P_r = (c-c')q\frac{d^2\frac{1}{r}}{dr^2} = 2(c-c')\frac{q}{r^3}; \tag{142'}$$

wirkt also gegen die Wand des Hohlraumes parallel mit r der Druck p, so bestimmt sich die Constante q aus

$$-p = -\overline{P}_r = 2(c-c')\frac{q}{R^3}, \tag{142''}$$

und man erhält den Satz:

Die Function

$$\varphi = -\frac{pR^3}{2(c-c')r} \tag{142'''}$$

ist das Deformationspotential für ein unendliches, homogenes, isotropes Medium mit einem kugelförmigen Hohlraum vom Radius R, gegen dessen Wandung der Druck p wirkt. —

Um noch in einer zweiten Kugelfläche den normalen Druck willkürlich vorschreiben zu können, combiniren wir das Potential $\varphi = q/r$ mit dem Potential $\frac{1}{2} m r^2$ der homogenen Deformation aus (138) zu:

$$\varphi = \frac{1}{2} m r^2 + \frac{q}{r}; \tag{143}$$

hieraus folgt in der Abkürzung von S. 507, da sich die Drucke einfach superponiren:

$$-P_r = M + 2(c - c')\frac{q}{r^3}. \tag{143'}$$

Wirkt auf die innere Kugelfläche vom Radius R_i der Druck p_i parallel $+r$, auf die äussere vom Radius R_a der Druck p_a parallel $-r$, so gilt:

$$-p_i = -(P_r)_i = M + 2(c - c')\frac{q}{R_i^3},$$

$$-p_a = -(P_r)_a = M + 2(c - c')\frac{q}{R_a^3},$$

und daher:

$$M = \frac{p_i R_i^3 - p_a R_a^3}{R_a^3 - R_i^3}, \quad q = \frac{(p_a - p_i) R_a^3 R_i^3}{2(c - c')(R_a^3 - R_i^3)}; \tag{143''}$$

zugleich folgt aus (137'''), da darin $M_1 = M_2 = M_3 = M$ zu setzen ist:

$$m = \frac{M}{c + 2c'}. \tag{143'''}$$

Das Deformationspotential φ für eine homogene isotrope Hohlkugel von dem inneren Radius R_i, dem äusseren R_a, welche unter dem inneren constanten Druck p_i, dem äusseren p_a steht, ist hiernach gegeben durch:

$$\varphi = \frac{1}{R_a^3 - R_i^3}\left(\frac{r^2}{2(c + 2c')}(p_i R_i^3 - p_a R_a^3) + \frac{(p_a - p_i) R_a^3 R_i^3}{2(c - c') r}\right). \tag{144}$$

Unter Benutzung der abgekürzten Form (143) folgen die Werthe der Verrückungen:

$$u = x\left(m - \frac{q}{r^3}\right), \quad v = y\left(m - \frac{q}{r^3}\right), \quad w = z\left(m - \frac{q}{r^3}\right); \tag{144'}$$

die Deformationen sind:

$$x_x = m - q\left(\frac{1}{r^3} - \frac{3x^2}{r^5}\right), \quad y_y = m - q\left(\frac{1}{r^3} - \frac{3y^2}{r^5}\right), \quad z_z = m - q\left(\frac{1}{r^3} - \frac{3z^2}{r^5}\right),$$

$$y_z = \frac{6qyz}{r^5}, \quad z_x = \frac{6qzx}{r^5}, \quad x_y = \frac{6qxy}{r^5}. \tag{144''}$$

Die Discussion der Werthe von u, v, w ist nach dem am Ende des vorigen Abschnittes Angegebenen sehr einfach, bietet aber wenig Interesse.

3. Setzen wir

$$\varphi = q \ln e, \tag{145}$$

worin $e^2 = x^2 + y^2$ und q constant ist, so giebt auch dies eine Deformation, welche, da $\Delta \varphi$ verschwindet, nach (135') nur ohne Einwirkung äusserer Kräfte auf den elastischen Körper bestehen kann.

Da φ nur von e abhängt, so ist sowohl $\partial \varphi / \partial e$ als $\partial^2 \varphi / \partial e^2$ längs coaxialer Kreiscylinder um die Z-Axe constant, und man kann nach S. 505 das Medium durch einen solchen Kreiscylinder vom beliebigen Radius R begrenzen, wenn man gegen dessen Fläche eine normale constante Druckkraft wirken lässt. Da aber $\partial \varphi / \partial x, \ldots$ in der Z-Axe unendlich wird, muss diese ausserhalb des Mediums liegen, die Cylinderfläche also einen Hohlraum begrenzen.

Die mit (145) berechneten Druckcomponenten X_z, Y_z, Z_z finden sich gleich Null; demgemäss können neben der besprochenen Cylinderfläche noch eine oder zwei zur Z-Axe normale Ebenen, gegen welche keine äusseren Druckkräfte wirken, das Medium begrenzen.

Der normale elastische Druck gegen eine Kreiscylinderfläche um die Z-Axe ist nach (136'''):

$$-P_e = (c - c') q \frac{d^2 \ln e}{d e^2} = -(c - c') \frac{q}{e^2}; \tag{145'}$$

wirkt also gegen die Wand des Hohlraumes der Druck p parallel mit e, so bestimmt sich die Constante q aus

$$-p = -\overline{P}_e = -(c - c') \frac{q}{R^2}, \tag{145''}$$

und es gilt der Satz:

Die Function

$$\varphi = \frac{p R^2 \ln e}{c - c'} \tag{145'''}$$

ist das Deformationspotential für ein unendliches homogenes, isotropes Medium mit einem cylindrischen Hohlraum vom Radius R, gegen dessen Wand der Druck p wirkt. —

Um das Medium noch in einer zweiten Cylinderfläche begrenzen und für beide Flächen den Druck beliebig vorschreiben zu können, combiniren wir das Potential $\varphi = q \ln e$ mit dem Potential der homogenen Deformation (139) $\varphi' = \frac{1}{2}(m e^2 + m_3 z^2)$, welches in der früheren Abkürzung die Antheile der Drucke $-P_e' = M$, $-Z_z' = M_3$ liefert.

Es entsprechen demgemäss dem Deformationspotential

$$\varphi = \tfrac{1}{2}(m e^2 + m_3 z^2) + q \ln e \tag{146}$$

die normalen Gesammtdrucke gegen eine Kreiscylinderfläche und eine zur Z-Axe senkrechte Ebene:

$$-P_e = M - (c - c') \frac{q}{e^2}, \qquad -Z_z = M_3. \tag{146'}$$

Erfährt die innere Cylinderfläche vom Radius R_i den Druck p_i parallel mit $+e$, die äussere vom Radius R_a den Druck p_a parallel mit $-e$, jede der Grundflächen nach innen den Druck p', so ist zu setzen:

$$-p_i = -(P_e)_i = M - (c - c')\frac{q}{R_i^2},$$

$$-p_a = -(P_e)_a = M - (c - c')\frac{q}{R_a^2}, \qquad p' = Z_z,$$

woraus folgt:

$$M = \frac{p_i R_i^2 - p_a R_a^2}{R_a^2 - R_i^2}, \qquad q = \frac{(p_i - p_a) R_a^2 R_i^2}{(c - c')(R_a^2 - R_i^2)}, \qquad M_3 = -p' \tag{146''}$$

Wird eine Zugkraft auf die Grundflächen nicht ausgeübt, so folgt aus (137''') bei Einsetzung von $m_1 = m_2 = m$, $M_1 = M_2 = M$ und $M_3 = 0$:

$$m = \frac{c M}{(c - c')(c + 2c')}, \qquad m_3 = \frac{-2c' M}{(c - c')(c + 2c')}. \tag{146'''}$$

Das Deformationspotential eines homogenen isotropen Hohlcylinders von den Radien R_i und R_a, welcher auf den Mantelflächen die constanten Drucke p_i und p_a erfährt, ist also:

$$\varphi = \frac{1}{(c - c')(R_a^2 - R_i^2)}\left(\frac{ce^2 - 2c'z^2}{2(c + 2c')}(p_i R_i^2 - p_a R_a^2) + (p_i - p_a) R_a^2 R_i^2 \ln e\right). \tag{147}$$

In der Abkürzung (146) folgen hieraus die Verrückungen:

$$u = x\left(m + \frac{q}{e^2}\right), \qquad v = y\left(m + \frac{q}{e^2}\right), \qquad w = m_3 z, \tag{147'}$$

die Deformationen:

$$\left.\begin{aligned} x_x &= m + q\left(\frac{1}{e^2} - \frac{2x^2}{e^4}\right), \qquad y_y = m + q\left(\frac{1}{e^2} - \frac{2y^2}{e^4}\right), \qquad z_z = m_3, \\ y_z &= 0, \qquad z_x = 0, \qquad x_y = -\frac{4qxy}{e^4}. \end{aligned}\right\} \tag{147''}$$

Für jede Stelle der XZ-Ebene ist $y = 0$, also

$$x_x = m - \frac{q}{e^2}, \quad y_y = m + \frac{q}{e^2}, \quad z_z = m_3, \quad y_z = 0, \quad z_x = 0, \quad x_y = 0;$$

die Hauptdilatationsaxen sind dort also den Coordinatenaxen parallel. Ist der innere Druck p_i grösser als der äussere p_a, so ist $q > 0$, und es findet die grösste Dilatation parallel der Y-Axe statt; daher wird ein Zerspringen des Rohres mit Spalten in den Meridianebenen, und zwar von innen her, beginnen.

4. Schliesslich wollen wir noch ein Beispiel für die Deformation in Folge der Einwirkung einer äusseren (räumlichen) Kraft behandeln.

Sei eine Kugel vom Radius R, von der Masse M und der Dichte ε gegeben, deren Theile nach dem NEWTON'schen Gesetz auf einander wirken, dann ist das Kräftepotential, auf die Masseneinheit bezogen,

$$\Phi = \alpha + \beta r^2,$$

worin $\beta = \frac{2}{3}\pi f \varepsilon$ (unter f die Constante des Newton'schen Gesetzes verstanden), α aber willkürlich ist, da Φ nur bis auf eine additive Constante bestimmt ist.

Für das Deformationspotential φ gilt dann nach (135'') die Bedingung

$$\frac{\varepsilon}{c}(\alpha + \beta r^2) = \Delta \varphi, \tag{148}$$

in der φ nach Symmetrie von r allein abhängen muss. Da in diesem Falle

$$\frac{\partial \varphi}{\partial x} = \frac{d\varphi}{dr} \cdot \frac{x}{r}, \ldots \quad \text{und} \quad \frac{\partial^2 \varphi}{\partial x^2} = \frac{d^2 \varphi}{dr^2} \cdot \left(\frac{x}{r}\right)^2 + \frac{d\varphi}{dr}\left(\frac{1}{r} - \frac{x^2}{r^3}\right), \ldots$$

ist, so lässt sich der ihm entsprechende Ausdruck für $\Delta \varphi$ leicht berechnen, und man erhält

$$\frac{\varepsilon}{c}(\alpha + \beta r^2) = \frac{d^2 \varphi}{dr^2} + \frac{2}{r}\frac{d\varphi}{dr} = \frac{1}{r^2}\frac{d}{dr}\left(r^2 \frac{d\varphi}{dr}\right). \tag{148'}$$

Hieraus folgt bei Einführung der Integrationsconstanten γ und δ:

$$\varphi = \frac{\varepsilon}{c}\left(\frac{\alpha r^2}{6} + \frac{\beta r^4}{20} + \gamma + \frac{\delta}{r}\right). \tag{148''}$$

Da $d\varphi / dr$ für $r = 0$ nicht unendlich werden kann, so muss δ verschwinden; γ hat auf die Deformation keinen Einfluss. Soll die Kugel von aussen keine Druckkraft erleiden, so muss nach (136''') für $r = R$

$$(c - c')\frac{d^2 \varphi}{dr^2} + c' \Delta \varphi = 0$$

sein. Setzt man den erhaltenen Werth von φ ein, so findet sich:

$$\alpha = -\frac{3}{5}\beta R^2 \frac{3c + 2c'}{c + 2c'}.$$

Eine homogene Kugel von der Dichte ε und dem Radius R erleidet durch die Newton'sche Anziehung zwischen ihren Theilen eine Deformation, deren Potential gegeben ist durch:

$$\varphi = \frac{\pi f \varepsilon^2}{15 c}\left(\frac{1}{2} r^4 - r^2 R^2 \frac{3c + 2c'}{c + 2c'}\right). \tag{148'''}$$

Die Verkürzung des Radius in Folge dieser Deformation beträgt:

$$\varrho = \frac{4\pi R^3 f \varepsilon^2}{15(c + 2c')} = \frac{M f \varepsilon}{5(c + 2c')}.$$

§ 45. **Mechanik elastischer Körper. Gleichgewicht bei Drillungsdeformationen; gleichförmige Drillung; Drehung einer Kugel in einem unendlichen elastischen Medium.**

Hatten wir im Vorstehenden Deformationen betrachtet, welche in Analogie traten zu den Potentialbewegungen einer Flüssigkeit, so wollen wir uns nunmehr zu denjenigen wenden, welche den Wirbelbewegungen entsprechen. Weil für dieselben charakteristisch ist, dass die Drehungswinkel oder Drillungscomponenten der Volumenelemente

$$\lambda = \tfrac{1}{2}\left(\frac{\partial w}{\partial y} - \frac{\partial v}{\partial z}\right), \qquad \mu = \tfrac{1}{2}\left(\frac{\partial u}{\partial z} - \frac{\partial w}{\partial x}\right), \qquad \nu = \tfrac{1}{2}\left(\frac{\partial v}{\partial x} - \frac{\partial u}{\partial y}\right) \tag{149}$$

nicht verschwinden, nennen wir sie Drillungsdeformationen und nehmen aus der Hydrodymanik den Begriff der Drillungslinie herüber, als einer Curve, deren Element an jeder Stelle in die Richtung der dort vorhandenen Drillungsaxe fällt, also der Gleichung:

$$dx : dy : dz = \lambda : \mu : \nu$$

genügt. Zwischen den λ, μ, ν besteht die identische Relation:

$$\frac{\partial \lambda}{\partial x} + \frac{\partial \mu}{\partial y} + \frac{\partial \nu}{\partial z} = 0. \tag{149'}$$

Um auf einfache Weise Drillungsdeformationen zu construiren, drücken wir die Verrückungscomponenten u, v, w durch drei den Wirbelfunctionen entsprechende Drillungsfunctionen U, V, W aus gemäss den Beziehungen

$$u = \frac{\partial W}{\partial y} - \frac{\partial V}{\partial z}, \qquad v = \frac{\partial U}{\partial z} - \frac{\partial W}{\partial x}, \qquad w = \frac{\partial V}{\partial x} - \frac{\partial U}{\partial y}; \tag{150}$$

unterwerfen wir U, V, W noch der Bedingung

$$\frac{\partial U}{\partial x} + \frac{\partial V}{\partial y} + \frac{\partial W}{\partial z} = 0, \tag{150'}$$

so treten sie mit den Drillungen λ, μ, ν in den Zusammenhang

$$\varDelta U = -2\lambda, \qquad \varDelta V = -2\mu, \qquad \varDelta W = -2\nu. \tag{150''}$$

Da diese Werthe (150) von u, v, w die räumliche Dilatation ϑ zu Null machen, so schreiben sich die Druckcomponenten in der Form:

$$\begin{aligned}
-X_x &= (c-c')\frac{\partial u}{\partial x}, & -Y_z &= (c-c')\left(\frac{\partial w}{\partial y} - \lambda\right) = (c-c')\left(\frac{\partial v}{\partial z} + \lambda\right),\\
-Y_y &= (c-c')\frac{\partial v}{\partial y}, & -Z_x &= (c-c')\left(\frac{\partial u}{\partial z} - \mu\right) = (c-c')\left(\frac{\partial w}{\partial x} + \mu\right),\\
-Z_z &= (c-c')\frac{\partial w}{\partial z}, & -X_y &= (c-c')\left(\frac{\partial v}{\partial x} - \nu\right) = (c-c')\left(\frac{\partial u}{\partial y} + \nu\right),
\end{aligned} \tag{150'''}$$

und die Gleichgewichtsbedingungen werden zu

$$\begin{aligned}
\varepsilon X &= -\tfrac{1}{2}(c-c')\varDelta u = -\tfrac{1}{2}(c-c')\varDelta\left(\frac{\partial W}{\partial y} - \frac{\partial V}{\partial z}\right) = (c-c')\left(\frac{\partial \nu}{\partial y} - \frac{\partial \mu}{\partial z}\right),\\
\varepsilon Y &= -\tfrac{1}{2}(c-c')\varDelta v = -\tfrac{1}{2}(c-c')\varDelta\left(\frac{\partial U}{\partial z} - \frac{\partial W}{\partial x}\right) = (c-c')\left(\frac{\partial \lambda}{\partial z} - \frac{\partial \nu}{\partial x}\right),\\
\varepsilon Z &= -\tfrac{1}{2}(c-c')\varDelta w = -\tfrac{1}{2}(c-c')\varDelta\left(\frac{\partial V}{\partial x} - \frac{\partial U}{\partial y}\right) = (c-c')\left(\frac{\partial \mu}{\partial x} - \frac{\partial \lambda}{\partial y}\right),
\end{aligned} \tag{151}$$

wo auf der rechten Seite je drei verschiedene Formen für dieselbe Function stehen.

Zieht man je den letzten der angegebenen Werthe in Betracht, so erkennt man den Satz:

Eine dem Ansatz (150) entsprechende Drillungsdeformation kann nur dann ohne Einwirkung äusserer Kräfte bestehen, wenn die Drillungscomponenten an jeder Stelle durch die partiellen Differentialquotienten einer und derselben Function ψ, des Drillungspotentiales, nach den Coordinaten gegeben sind, nämlich

$$\lambda = \frac{\partial \psi}{\partial x}, \quad \mu = \frac{\partial \psi}{\partial y}, \quad \nu = \frac{\partial \psi}{\partial z} \tag{151'}$$

und demgemäss

$$\frac{\partial \nu}{\partial y} = \frac{\partial \mu}{\partial z}, \quad \frac{\partial \lambda}{\partial z} = \frac{\partial \nu}{\partial x}, \quad \frac{\partial \mu}{\partial x} = \frac{\partial \lambda}{\partial y} \tag{151''}$$

ist; wegen der identischen Beziehung

$$\frac{\partial \lambda}{\partial x} + \frac{\partial \mu}{\partial y} + \frac{\partial \nu}{\partial z} = 0$$

muss dabei gelten

$$\Delta \psi = 0. \tag{151'''}$$

Die Bedingungen für eine begrenzende Fläche sind hier minder einfach, als bei dem Deformationspotential, weil sich die u, v, w nicht durch das derselben Stelle entsprechende ψ ausdrücken lassen.

Während unter den Potentialdeformationen diejenigen, denen im ganzen Körper constante Werthe der Deformationsgrössen entsprechen, eine ganz besondere Wichtigkeit und vielfältige Anwendung besitzen, geben diejenigen Drillungsdeformationen, für welche die Drillungscomponenten constant sind, überhaupt kein elastisches Problem; denn, wie schon aus S. 350 hervorgeht, treten solche Werthe nur auf, wenn der Körper als Ganzes bewegt wird. Trotzdem findet der diesem Fall entsprechende Werth des Drillungspotentiales

$$\psi = n_1 x + n_2 y + n_3 z$$

in der Combination mit anderen Potentialen Anwendung.

1. Der einfachste Fall von Potentialdrillung, welcher wirklich auf ein elastisches Problem führt, ist derjenige der sogenannten gleichförmigen Drillung. Man versteht darunter eine Deformation, bei welcher sich alle Ebenen normal zur Drillungsaxe als Ganzes drehen und der Drillungswinkel eine lineäre Function des Abstandes von einer willkürlichen Anfangsebene ist. Hier bietet die Einführung der U, V, W keinen Vortheil.

Nach dem S. 187 Besprochenen wird eine solche Drillung um die Z-Axe mit der XY-Anfangsebene einfachst definirt sein durch

$$u = -\tau y z, \quad v = +\tau x z, \quad \text{also } \nu = \tau z, \tag{152}$$

worin τ die constante gegenseitige Drehung zweier um die Länge Eins parallel der Z-Axe von einander entfernter Ebenen bezeichnet.

Dieser Ansatz lässt nach den ersten beiden Gleichungen (151) die Componenten X und Y der äusseren Kräfte verschwinden.

In die Formel

$$\frac{\partial u}{\partial x} + \frac{\partial v}{\partial y} + \frac{\partial w}{\partial z} = 0$$

eingeführt, ergiebt er $\partial w / \partial z = 0$ und somit das Resultat, dass w nur x und y enthalten kann; setzen wir demgemäss:

$$w = \tau \chi (x, y), \tag{152'}$$

so folgt für χ aus der dritten Gleichung (151), wenn auch die Z-Componente der äusseren Kräfte verschwindet, die Bedingung

$$\Delta' \chi = 0. \tag{152''}$$

Die Befestigungsbedingungen (132') liefern für χ die weiteren Beziehungen:

$$\chi = 0, \quad \frac{\partial \chi}{\partial x} = 0, \quad \frac{\partial \chi}{\partial y} = 0$$

für

$$x = 0, \quad y = 0, \quad z = 0 \tag{152'''}$$

Für die Drillungscomponenten folgt aus (152)

$$\lambda = \tfrac{1}{2}\tau \left(\frac{\partial \chi}{\partial y} - x\right), \quad \mu = -\tfrac{1}{2}\tau \left(\frac{\partial \chi}{\partial x} + y\right), \quad \nu = \tau z, \tag{153}$$

und für die Druckcomponenten:

$$\begin{gathered} -X_x = 0, \quad -Y_y = 0, \quad -Z_z = 0, \quad -X_y = 0, \\ -Y_z = \tfrac{1}{2}(c - c')\tau \left(\frac{\partial \chi}{\partial y} + x\right), \quad -Z_x = \tfrac{1}{2}(c - c')\tau \left(\frac{\partial \chi}{\partial x} - y\right), \end{gathered} \tag{153'}$$

Da letztere von z unabhängig sind, so wollen wir versuchen, das elastische Medium durch einen Cylinder von beliebigem Querschnitt parallel der Z-Axe zu begrenzen. Ein Element seiner Querschnittscurve nennen wir ds, dasjenige der äusseren Normale darauf dn und nehmen an, ds liege zu dn wie Y zu X.

Dann sind die Cosinus der Richtungswinkel der äusseren Normale

$$\cos(n, x) = \frac{dx}{dn} = \frac{dy}{ds}, \quad \cos(n, y) = \frac{dy}{dn} = -\frac{dx}{ds}, \quad \cos(n, z) = 0,$$

und die Druckcomponenten gegen ein Oberflächenelement werden:

$$X_n = 0, \ Y_n = 0, \ Z_n = \tfrac{1}{2}(c - c')\tau \left(\left(\frac{\partial \chi}{\partial y} + x\right)\frac{dx}{ds} - \left(\frac{\partial \chi}{\partial x} - y\right)\frac{dy}{ds}\right). \tag{153''}$$

Die Gleichung (152″) für χ lässt sich identisch erfüllen durch den Ansatz:

$$\frac{\partial \chi}{\partial y} = + \frac{\partial \Omega}{\partial x}, \qquad \frac{\partial \chi}{\partial x} = - \frac{\partial \Omega}{\partial y}; \tag{154}$$

seine Benutzung in dem Ausdruck für Z_n ergiebt:

$$Z_n = \tfrac{1}{2}(c - c')\,\tau \frac{d}{ds}\left(\Omega + \tfrac{1}{2}(x^2 + y^2)\right).$$

Soll die Cylinderfläche eine freie Oberfläche sein, so müssen alle drei Componenten X_n, Y_n, Z_n längs derselben verschwinden. Wir erkennen, dass dies stattfindet, wenn längs des Randes ihres Querschnittes

$$\Omega + \tfrac{1}{2}(x^2 + y^2) = 0 \tag{154'}$$

ist; eine willkürliche Constante denken wir dabei in Ω hineingenommen. Da diese Formel eine endliche Relation zwischen den Coordinaten der Punkte der Querschnittscurve enthält, so stellt sie die Gleichung dieser Curve dar.

Die Formeln (153) nehmen bei Einführung von (154) eine Gestalt an, die sogleich die Berechnung des durch $\lambda = \partial \psi / \partial x, \ldots$ definirten Drillungspotentiales gestattet; man erhält:

$$\psi = \tfrac{1}{2}\tau\left(\Omega + z^2 - \tfrac{1}{2}(x^2 + y^2)\right) \tag{154''}$$

Aus der Beziehung (154) folgt unmittelbar:

$$\Delta' \Omega = 0, \tag{154'''}$$

und wir können nunmehr die Behandlung des Problemes auch mit Bestimmung der Function Ω, statt der Function χ, beginnen, gemäss dem folgenden Satz.

Ist Ω eine Function von x und y, welche die Gleichung $\Delta' \Omega = 0$ erfüllt, ist

$$\Omega + \tfrac{1}{2}(x^2 + y^2) = 0$$

die Gleichung einer geschlossenen Curve S und bezeichnet ferner χ die durch

$$\frac{\partial \chi}{\partial y} = + \frac{\partial \Omega}{\partial x}, \qquad \frac{\partial \chi}{\partial x} = - \frac{\partial \Omega}{\partial y}$$

definirte Function von x und y, dann stellen die Werthe

$$u = -\tau y z, \qquad v = +\tau x z, \qquad w = \tau \chi(x, y)$$

eine gleichförmige Drillung des Cylinders dar, dessen Querschnitt von der Curve S begrenzt ist. Das ihr entsprechende Drillungspotential hat den Werth:

$$\psi = \tfrac{1}{2}\tau\left(\Omega + z^2 - \tfrac{1}{2}(x^2 + y^2)\right).$$

Die Bestimmung einer Function χ aus Ω ist dabei stets ohne Schwierigkeit möglich, da

$$d\chi = \frac{\partial \chi}{\partial x} dx + \frac{\partial \chi}{\partial y} dy = -\frac{\partial \Omega}{\partial y} dx + \frac{\partial \Omega}{\partial x} dy$$

wegen der Gleichung $\Delta' \Omega = 0$ stets ein vollständiges Differential ist.

Um eine solche Drillung wirklich hervorzubringen, muss man den Cylinder in zwei Querschnitten begrenzen und in denselben äussere Kräfte auf ihn ausüben. Da nach (153') bei unseren Voraussetzungen alle Druckkräfte, mit Ausnahme von Y_z und Z_x, gleich Null sind, so können diese äusseren Drucke nur tangentiale sein.

Führen wir in die Ausdrücke für Y_z und X_z ebenfalls Ω statt χ ein, so wird:

$$\begin{aligned} -Y_z &= +\tfrac{1}{2}(c-c')\tau\left(\frac{\partial \Omega}{\partial x} + x\right) \\ -X_z &= -\tfrac{1}{2}(c-c')\tau\left(\frac{\partial \Omega}{\partial y} + y\right). \end{aligned} \tag{155}$$

Die äussere Kraft, welche auf den nach $+Z$ liegenden Querschnitt ausgeübt wird, habe die Componenten $\overline{X}$ und $\overline{Y}$, dann ist:

$$\overline{X} = -X_z, \qquad \overline{Y} = -Y_z;$$

entgegengesetzte Componenten sind auf dem nach $-Z$ liegenden Querschnitt anzubringen. Ueber den ganzen Querschnitt q summirt, geben $\overline{X}$ und $\overline{Y}$ ein Drehungsmoment

$$N = \int (x\overline{Y} - y\overline{X})\, dq = \tfrac{1}{2}(c-c')\tau \int \left(x\left(\frac{\partial \Omega}{\partial x} + x\right) + y\left(\frac{\partial \Omega}{\partial y} + y\right)\right) dq$$

$$= \tfrac{1}{2}(c-c')\tau\left(\int\left(x\frac{\partial \Omega}{\partial x} + y\frac{\partial \Omega}{\partial y}\right) dq + Q\varkappa^2\right), \tag{155'}$$

worin $\int (x^2 + y^2)\, dq = Q\varkappa^2$ gesetzt, also mit $\varkappa$ der Trägheitsradius des Querschnittes um die Z-Axe bezeichnet ist.

Ist der Querschnitt des Cylinders klein gegen seine Länge, so kann man auch bei beliebiger Vertheilung der äusseren Kräfte auf die Endquerschnitte annehmen, dass der Cylinder mit Ausnahme der den Enden unmittelbar benachbarten Theile überall eine gleichförmige Drillung erleidet, deren Grösse nur von dem Gesammtmoment der ausgeübten Kräfte, nicht aber von ihrer Vertheilung auf dem Querschnitt abhängt. Dann kann man die einzige Constante τ der Lösung bestimmen durch die aus (155') folgende Beziehung:

$$\tau = \frac{2N}{(c-c')\left(\int\left(x\frac{\partial \Omega}{\partial x} + y\frac{\partial \Omega}{\partial y}\right) dq + Q\varkappa^2\right)}. \tag{155''}$$

Hierin wird man nach dem S. 508 Gesagten $(c-c')/2$ den

Drillungswiderstand, $2/(c - c') = \mathsf{T}$ den Drillungsmodul des isotropen Körpers nennen. T enthält die beiden Constanten c und c' in einer anderen Combination als K und Λ; seine Bestimmung, welche keine experimentellen Schwierigkeiten bietet, ist also mit derjenigen von Λ zusammen sehr geeignet, um c und c' gesondert zu ergeben. —

Es ist nach dem Vorstehenden leicht, eine grosse Anzahl von Querschnitten zu finden, für welche das Problem der gleichförmigen Drillung sich in geschlossener Form lösen lässt; schon die Annahme ganzer rationaler Functionen für Ω giebt Fälle von grossem Interesse.

Wir beschränken uns auf den einfachsten Fall einer Function zweiten Grades und setzen demgemäss, um die Formel (154‴) zu erfüllen, indem wir unter C und D Constante verstehen:

$$2\Omega = C(x^2 - y^2) - D; \tag{156}$$

die Gleichung (154′) der Querschnittscurve verwandelt sich hierdurch in:

$$(1 + C)x^2 + (1 - C)y^2 = D,$$

welche, falls man

$$\left.\begin{array}{c} \dfrac{D}{1+C} = a^2, \qquad \dfrac{D}{1-C} = b^2, \\ \text{also} \\ C = -\dfrac{a^2 - b^2}{a^2 + b^2}, \qquad D = \dfrac{2a^2 b^2}{a^2 + b^2} \\ \text{setzt, die Gestalt} \\ \dfrac{x^2}{a^2} + \dfrac{y^2}{b^2} = 1 \end{array}\right\} \tag{156′}$$

annimmt und eine Ellipse von den Halbaxen a und b darstellt.

Nach (155″) folgt dann

$$\tau = \frac{2N}{(c - c')\left((1 + C)\int x^2 dq + (1 - C)\int y^2 dq\right)}$$
$$= \frac{N(a^2 + b^2)}{(c - c')\,Q\,(a^2 \varkappa_x^2 + b^2 \varkappa_y^2)},$$

falls $\int x^2 dq = Q\varkappa_y^2$, $\int y^2 dq = Q\varkappa_x^2$ ist, also $\varkappa_x$ und $\varkappa_y$ die Trägheitsradien des Querschnittes um die X- und Y-Axe bezeichnen. Deren Grösse bestimmt sich nach dem S. 221 entwickelten Verfahren leicht zu

$$\varkappa_x = \tfrac{1}{2} b, \qquad \varkappa_y = \tfrac{1}{2} a,$$

und es resultirt daher

$$\tau = \frac{2N(a^2 + b^2)}{(c - c')\,Q\,a^2 b^2}. \tag{156″}$$

Wendet man diese Formel auf einen Cylinder von der Länge L an, der, da die Drillung gleichförmig ist, eine Gesammtdrehung $\tau L = T$ erfährt, so findet sich das Resultat:

Die Drillung eines elliptischen Cylinders von der

Länge L und den Halbaxen a, b seines Querschnittes durch ein um seine Axe wirkendes Moment N hat die Grösse:

$$T = \frac{2NL}{(c-c')Q}\left(\frac{1}{a^2}+\frac{1}{b^2}\right).$$

Für einen Kreiscylinder vom Radius R geht diese Formel über in:

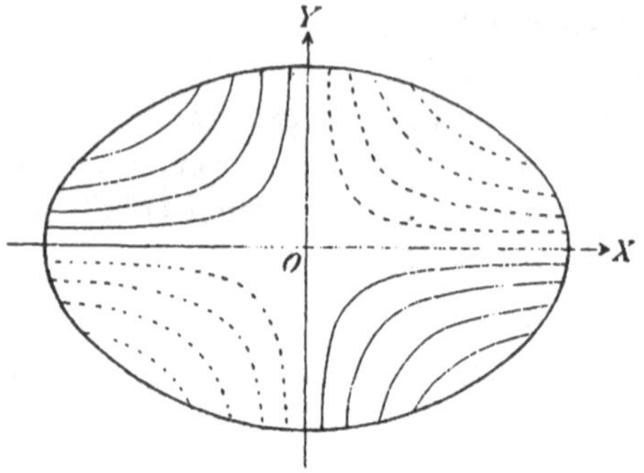

Fig. 47.

$$T = \frac{4NL}{(c-c')\pi R^4}.$$

Aus dem Werth

$$2\Omega = C(x^2 - y^2) - D$$

erhält man gemäss

$$d\chi = C y\, dx + C x\, dy:$$

$$\chi = Cxy + E,$$

also, da nach (152‴) χ für $x = 0$, $y = 0$ verschwinden soll, in Rücksicht auf den Werth von C:

$$w = -\frac{a^2 - b^2}{a^2 + b^2}\tau x y. \qquad (156''')$$

Bei positiver Drehung und $a > b$ tritt also bei der Drillung der erste und dritte Quadrant eines jeden Querschnittes nach der negativen, der zweite und vierte nach der positiven Seite aus seiner Ebene. Die Curven constanter Verschiebung w sind gleichseitige Hyperbeln; Figur 47 verdeutlicht den Vorgang.

2. Zur Aufstellung allgemeinerer Functionen, welche Drillungspotentiale sein können, bieten das Newton'sche und das logarithmische Potential Hülfsmittel dar.

Ein Beispiel hierfür giebt die Function

$$\psi = q\,\frac{\partial \frac{1}{r}}{\partial x}; \qquad (157)$$

aus ihr folgt:

$$\lambda = q\,\frac{\partial^2 \frac{1}{r}}{\partial x\,\partial z}, \qquad \mu = q\,\frac{\partial^2 \frac{1}{r}}{\partial y\,\partial z}, \qquad \nu = q\,\frac{\partial^2 \frac{1}{r}}{\partial x^2}, \qquad (157')$$

und die Gleichungen (150″) gestatten die Lösung:

$$U = -q\,\frac{\partial \frac{x}{r}}{\partial z}, \qquad V = -q\,\frac{\partial \frac{y}{r}}{\partial z}, \qquad W = -q\left(\frac{\partial \frac{z}{r}}{\partial z} - \frac{2}{r}\right), \qquad (157'')$$

wobei in W das Glied $2q/r$ zugefügt ist, um die Beziehung (150′) zu erfüllen. Die hieraus folgenden Werthe der Verrückungen

$$u = +2q\,\frac{\partial \frac{1}{r}}{\partial y}, \qquad v = -2q\,\frac{\partial \frac{1}{r}}{\partial x}, \qquad w = 0 \qquad (157''')$$

stellen eine Drehung in Bezug auf die Z-Axe dar um einen Winkel $2q/r^3$, der also auf Kugelflächen um den Coordinatenanfang constant ist. Im Coordinatenanfang wird $\tau = \infty$, dieser Punkt muss daher ausserhalb des elastischen Körpers liegen; wir können letzteren demgemäss durch eine Kugelfläche vom Radius R um den Coordinatenanfang begrenzen, falls wir auf derselben die Drehung gleich τ gegeben annehmen. Die Constante q bestimmt sich dann zu $\frac{1}{2}\tau R^3$ und wir gelangen zu dem Satze:

Ein unendliches elastisches Medium, in welchem ein kugelförmiger Theil vom Radius R um den Winkel τ um die Z-Axe gedreht ist, erleidet eine Deformation, welcher das Drillungspotential

$$\psi = \frac{\tau R^3}{2} \frac{\partial \frac{1}{r}}{\partial z} = -\frac{\tau R^3 z}{2 r^3}$$

entspricht.

Durch Zufügung der aus dem Ansatz $\psi' = n z$ folgenden Verrückungen

$$u' = -n y, \qquad v' = +n x, \qquad w' = 0$$

erhält man eine allgemeinere Lösung, welche gestattet, das elastische Medium zwischen zwei Kugelflächen einzuschliessen, an denen beiden willkürliche Drehungen τ_i und τ_a vorgeschrieben sind. Die Formeln stimmen mit (122) bis (122″) überein, auch lässt sich gemäss dem jenen Folgenden leicht das Moment N berechnen, welches nöthig ist, um die innere oder äussere Kugelfläche in der abgelenkten Lage zu erhalten.

§ 46. Mechanik elastischer Körper. Gleichgewicht bei combinirten Deformationen; ein unendliches Medium unter Einwirkung einer räumlichen Kraft; die gleichförmige Biegung eines Cylinders.

Da Drillungsdeformationen der durch (150) bis (150″) gegebenen Art ohne Einwirkung äusserer Kräfte nur stattfinden können, wenn ein Drillungspotential existirt, so wird dadurch die Anzahl der einfachen und interessanten Fälle sehr beschränkt. Grössere Mannigfaltigkeit bieten die aus Drillungs- und Potentialdeformationen combinirten Deformationen, die so gewählt werden können, dass die einzelnen Theile für sich Einwirkungen äusserer Kräfte erfordern, welche sich aber durch die Combination aufheben.

Wir benutzen demgemäss den (wie sich zeigen lässt, völlig allgemeinen) Ansatz:

$$u = \frac{\partial \varphi}{\partial x} + \frac{\partial W}{\partial y} - \frac{\partial V}{\partial z},$$
$$v = \frac{\partial \varphi}{\partial y} + \frac{\partial U}{\partial z} - \frac{\partial W}{\partial x}, \tag{158}$$
$$w = \frac{\partial \varphi}{\partial z} + \frac{\partial V}{\partial x} - \frac{\partial U}{\partial y},$$

in dem U, V, W durch die Bedingung

$$\frac{\partial U}{\partial x} + \frac{\partial V}{\partial y} + \frac{\partial W}{\partial z} = 0$$

mit einander und durch die Formeln $\Delta U = -2\lambda$, $\Delta V = -2\mu$, $\Delta W = -2\nu$ mit den Drillungscomponenten verbunden sind; in die Gleichgewichtsbedingungen (133) eingeführt, liefert er die Gleichungen, welche den Summen der resp. Formeln in (135′) und (151) entsprechen:

$$-\varepsilon X = c\Delta\frac{\partial \varphi}{\partial x} + \tfrac{1}{2}(c-c')\Delta\left(\frac{\partial W}{\partial y} - \frac{\partial V}{\partial z}\right) = c\Delta\frac{\partial \varphi}{\partial x} - (c-c')\left(\frac{\partial \nu}{\partial y} - \frac{\partial \mu}{\partial z}\right).$$
$$-\varepsilon Y = c\Delta\frac{\partial \varphi}{\partial y} + \tfrac{1}{2}(c-c')\Delta\left(\frac{\partial U}{\partial z} - \frac{\partial W}{\partial x}\right) = c\Delta\frac{\partial \varphi}{\partial y} - (c-c')\left(\frac{\partial \lambda}{\partial z} - \frac{\partial \nu}{\partial x}\right), \tag{158′}$$
$$-\varepsilon Z = c\Delta\frac{\partial \varphi}{\partial z} + \tfrac{1}{2}(c-c')\Delta\left(\frac{\partial V}{\partial x} - \frac{\partial U}{\partial y}\right) = c\Delta\frac{\partial \varphi}{\partial z} - (c-c')\left(\frac{\partial \mu}{\partial x} - \frac{\partial \lambda}{\partial y}\right).$$

1. Ein Beispiel für eine derartige combinirte Deformation liefert die Anwendung der allgemeinen Beziehungen (86) und (86″).

Durch

$$\lambda_1 = +n\frac{\partial \frac{1}{r}}{\partial y}, \qquad \mu_1 = -n\frac{\partial \frac{1}{r}}{\partial x}, \qquad \nu_1 = 0 \tag{159}$$

ist eine Drillungsdeformation mit den Verrückungscomponenten

$$u_1 = +\frac{nxz}{r^3}, \qquad v_1 = +\frac{nyz}{r^3}, \qquad w = n\left(\frac{z^2}{r^3} + \frac{1}{r}\right) \tag{159′}$$

gegeben, durch

$$\varphi_2 = \frac{qz}{r} \tag{159″}$$

eine Potentialdeformation mit den Componenten

$$u_2 = -\frac{qxz}{r^3}, \qquad v_2 = -\frac{qyz}{r^3}, \qquad w_2 = q\left(\frac{1}{r} - \frac{z^2}{r^3}\right). \tag{159‴}$$

Setzt man diese Werthe für λ, μ, ν und φ in die Gleichungen (158′) ein, so lauten diese in Rücksicht auf die Relation $\Delta(1/r) = 0$:

$$-\varepsilon X = cq\Delta\frac{\partial \frac{z}{r}}{\partial x} - (c-c')n\frac{\partial^2 \frac{1}{r}}{\partial x\,\partial z},$$
$$-\varepsilon Y = cq\Delta\frac{\partial \frac{z}{r}}{\partial y} - (c-c')n\frac{\partial^2 \frac{1}{r}}{\partial y\,\partial z},$$
$$-\varepsilon Z = cq\Delta\frac{\partial \frac{z}{r}}{\partial z} - (c-c')n\frac{\partial^2 \frac{1}{r}}{\partial z^2},$$

und wegen der Formeln (86″) genügen ihnen die Werthe

$$X = Y = Z = 0,$$

die verschwindenden räumlichen Kräften entsprechen, falls

$$2cq - (c - c')n = 0$$

ist.

Die hiernach durch Combination von (159′) und (159‴) resultirenden Verrückungen

$$u = n\frac{(c+c')xz}{2cr^3}, \quad v = n\frac{(c+c')yz}{2cr^3}, \quad w = n\frac{(c+c')z^2 + (3c-c')r^2}{2cr^3} \tag{160}$$

werden im Coordinatenanfangspunkt unendlich; letzterer muss also ausserhalb des Körpers liegen, dieser z. B. durch eine Kugelfläche um den Coordinatenanfang nach innen begrenzt sein.

Eine solche Kugelfläche vom Radius R von der ursprünglichen Gleichung

$$x^2 + y^2 + z^2 = R^2$$

erhält nach S. 501 durch die Deformation eine Gestalt gegeben durch

$$(x_1^2 + y_1^2)\left(1 - \frac{n(c+c')z_1}{2cR^3}\right)^2 + \left(z_1 - n\frac{(c+c')z_1^2 + (3c-c')R^2}{2cR^3}\right)^2 = R^2,$$

die man bei Beschränkung auf die niedrigste Ordnung der in n multiplicirten Glieder auch schreiben kann

$$x_1^2 + y_1^2 + \left(z_1 - \frac{2n}{R}\right)^2 = R^2 + \frac{4n^2}{R^2} = R^2\left(1 + \frac{2n^2}{R^4}\right)^2.$$

Die Kugel ist demnach bei der Deformation um die Strecke $2n/R$ parallel zur Z-Axe verschoben, während ihr Radius eine Dilatation im Betrage von $2n^2/R^4$ erfahren hat.

Die begleitenden Deformationen bestimmen sich zu:

$$x_x = n\frac{c+c'}{2c}\left(1 - \frac{3x^2}{r^2}\right)\frac{z}{r^3}, \quad y_y = n\frac{c+c'}{2c}\left(1 - \frac{3y^2}{r^2}\right)\frac{z}{r^3},$$

$$z_z = n\frac{c+c'}{2c}\left(1 - \frac{3z^2}{r^2}\right)\frac{z}{r^3} - n\frac{c-c'}{c}\frac{z}{r^3}, \quad \vartheta = -n\frac{c-c'}{c}\frac{z}{r^3}, \tag{160'}$$

$$y_z = -n\frac{(c+c')6yz^2}{2cr^5} - n\frac{(c-c')y}{cr^3}, \quad z_x = -n\frac{(c+c')6xz^2}{2cr^5} - n\frac{(c-c')x}{cr^3},$$

$$x_y = -n\frac{(c+c')6xyz}{2cr^5}.$$

Von Druckcomponenten wollen wir nur diejenigen angeben, welche gegen eine Kugelfläche um den Coordinatenanfang wirken; diese lauten:

$$+X_r = \frac{3n(c^2 - c'^2)xz}{2cr^4}, \quad +Y_r = \frac{3n(c^2 - c'^2)yz}{2cr^4},$$

$$+Z_r = \frac{3n(c^2 - c'^2)z^2}{2cr^4} + \frac{n(c-c')^2}{2cr^2}. \tag{160''}$$

Denkt man sich eine derartige Kugel vom Radius R als Hohlraum in dem unendlichen Medium hergestellt, so müssten, um die Verrückungen (160) hervorzubringen, gegen deren innere Fläche Kräfte $\overline{X}$, $\overline{Y}$, $\overline{Z}$ wirken, gegeben durch

$$\overline{X} = \overline{X}_r, \qquad \overline{Y} = \overline{Y}_r, \qquad \overline{Z} = \overline{Z}_r.$$

Ist der Hohlraum unendlich klein, wird er zum Punkt, so wird auf den Zustand an in merklicher Entfernung gelegenen Punkten nicht die Vertheilung, sondern nur die Grösse und Richtung der Resultirenden dieser Kräfte Einfluss haben. Diese Resultirende liegt parallel der Z-Axe und hat die von R nicht abhängende Grösse

$$K = 4\pi n(c - c'); \tag{160'''}$$

eine gleich grosse und entgegengesetzt gerichtete müssen die Kräfte ergeben, welche zur Erhaltung des Gleichgewichtes in unendlich fernen Punkten z. B. auf einer unendlich grossen Kugelfläche anzubringen sind.

Drückt man n durch K aus, so erhält man das Resultat:

Uebt man auf einen zum Coordinatenanfang gewählten Punkt eines unendlichen Mediums eine Kraft K parallel der Z-Axe aus, so haben die dadurch hervorgebrachten Verrückungen die Werthe:

$$u = \frac{K(c + c')xz}{8\pi c(c - c')r^3}, \quad v = \frac{K(c + c')yz}{8\pi c(c - c')r^3}, \quad w = \frac{K((c + c')z^2 + (3c - c')r^2)}{8\pi c(c - c')r^3}. \tag{161}$$

Da die Gleichungen der Elasticität lineär sind, so kann man den Fall der Wirksamkeit mehrerer Kräfte mit beliebigen Richtungen und Angriffspunkten aus den vorstehenden einfachen durch Superposition gewinnen. Hierzu bemerke man zunächst, dass die oben erhaltenen Formeln, übertragen auf den Fall einer beliebig gerichteten Kraft K_h mit den Componenten X_h, Y_h, Z_h und den Coordinaten x_h, y_h, z_h ihres Angriffspunktes die Gestalt annehmen:

$$u = \frac{(c + c')(x - x_h)(X_h(x - x_h) + Y_h(y - y_h) + Z_h(z - z_h)) + (3c - c')X_h r_h^2}{8\pi c(c - c')r_h^3} \tag{161'}$$

u. s. f., wobei $r_h^2 = (x - x_h)^2 + (y - y_h)^2 + (z - z_h)^2$ ist. Die Summe über diese Ausdrücke für alle wirkenden Kräfte, d. h. für alle h, giebt direct die dem allgemeinen Problem entsprechenden Lösungen.

Dieselben werden nach dem oben Gesagten in unmittelbarer Nähe eines Angriffspunktes ihren Sinn verlieren; sie behalten ihn aber im ganzen Raume, wenn die Kraft derartig stetig auf das Volumen des Körpers vertheilt ist, dass auf das einzelne Raumelement nur ein unendlich kleiner Antheil kommt; hier ist dann

X_h mit $X'dk$, Y_h mit $Y'dk$, Z_h mit $Z'dk$ zu vertauschen, wobei dann X', Y', Z' auf die Volumeneinheit bezogen sind, und die Summe durch ein Integral zu ersetzen. Es ist klar, dass auf diese Weise die Lösung eines sehr allgemeinen Problemes gefunden ist; doch mögen die betreffenden complicirten Formeln hier nicht aufgeführt werden. —

2. Der im Vorstehenden eingeschlagene Weg der Zerlegung der Verrückungscomponenten in die von φ und U, V, W resp. λ, μ, ν abhängigen Theile ist in anderen Fällen gleichfalls von grossem Nutzen. Es giebt indessen auch Probleme, bei denen ein derartiges Verfahren einen erheblichen Umweg bedeuten würde. Das folgende praktisch wichtige Beispiel möge dies erläutern.

Auf S. 511 sind für eine specielle homogene Deformation die Werthe der Deformationsgrössen

$$x_x = y_y = \Lambda' p, \quad z_z = -\Lambda p, \quad y_z = 0, \quad z_x = 0, \quad x_y = 0 \tag{162}$$

erhalten, denen die Druckcomponenten

$$X_x = 0, \quad Y_y = 0, \quad Z_z = p, \quad Y_z = 0, \quad Z_x = 0, \quad X_y = 0 \tag{162'}$$

entsprechen. Dabei sind Λ und Λ' die durch (140′) definirten Moduln, p ist der parallel der Z-Axe wirkende constante Druck, durch welchen die Deformation zu erhalten war. Da X_x, Y_y, X_y verschwinden, so konnte man den Körper durch eine beliebige zur Z-Axe parallele Cylinderfläche begrenzen, auf die keine Drucke ausgeübt wurden.

Man kann diese Lösung verallgemeinern, indem man das constante p mit einer Function von x und y vertauscht, wenn nur die so erhaltenen Ausdrücke für $x_x, \dots x_y$ auf ein System u, v, w zurückführbar sind.

Eine solche Function ist, wie sich zeigen wird, der Ausdruck nx (oder ny), unter n eine Constante verstanden. Auch bei dieser Einführung lässt sich der deformirte Körper durch eine der Z-Axe parallele Cylinderfläche begrenzen, aber die einzelnen Elementarfäden des betr. Cylinders sind jetzt nicht mehr in gleicher Stärke, sondern verschieden gespannt, der Cylinder ist nicht einfach gedehnt, sondern, wie sich zeigen wird, gebogen.

Um u, v, w der gemachten Verfügung entsprechend zu bestimmen, hat man zunächst die Beziehungen

$$x_x = \frac{\partial u}{\partial x} = \Lambda' n x, \quad y_y = \frac{\partial v}{\partial y} = \Lambda' n x, \quad z_z = \frac{\partial w}{\partial z} = -\Lambda n x$$

zu benutzen, aus denen folgt:

$$u = \tfrac{1}{2}\Lambda' n x^2 + f_1(y,z),\; v = \Lambda' n x y + f_2(z,x),\; w = -\Lambda n x z + f_3(x,y), \tag{163}$$

unter f_h vorläufig unbekannte Functionen verstanden. Für letztere ergeben die Formeln $y_z = 0$, $z_x = 0$, $x_y = 0$ die Bedingungen:

$$\frac{\partial f_3}{\partial y} + \frac{\partial f_2}{\partial z} = 0, \quad \frac{\partial f_1}{\partial z} + \frac{\partial f_3}{\partial x} = \Lambda n z, \quad \frac{\partial f_2}{\partial x} + \frac{\partial f_1}{\partial y} = -\Lambda' n y. \tag{163'}$$

Eliminirt man aus den letzten beiden Gleichungen f_1, so erhält man

$$\frac{\partial^2 f_3}{\partial x \partial y} - \frac{\partial^2 f_2}{\partial x \partial z} = 0,$$

was zusammen mit der nach x differentiirten ersten Formel (163') auf

$$\frac{\partial^2 f_3}{\partial x \partial y} = 0, \qquad \frac{\partial^2 f_2}{\partial x \partial z} = 0 \tag{163''}$$

führt; die Combination dieses Resultates mit einer der letzten beiden nach y, resp. nach z differentiirten Gleichungen (163') ergiebt auch:

$$\frac{\partial^2 f_1}{\partial y \partial z} = 0. \tag{163'''}$$

Hiernach müssen die f_h die Gestalten besitzen:

$$f_1 = \mathsf{H}_1 + \mathsf{Z}_1 + a, \quad f_2 = \mathsf{Z}_2 + \Xi_2 + b, \quad f_3 = \Xi_3 + \mathsf{H}_3 + c,$$

in denen die Ξ_h, H_h, Z_h Functionen von x, von y, von z allein und a, b, c Constanten bezeichnen.

Geht man mit diesen Ansätzen in die Bedingungen (163'), so erhält man leicht die Ausdrücke:

$$\mathsf{H}_1 = ly - \tfrac{1}{2}\Lambda' n y^2, \quad \mathsf{Z}_1 = mz + \tfrac{1}{2}\Lambda n z^2,$$
$$\mathsf{Z}_2 = -kz, \quad \Xi_2 = -lx, \quad \Xi_3 = -mx, \quad \mathsf{H}_3 = +ky,$$

in denen l, m, k Constanten sind. Unterwirft man schliesslich noch die jetzt construirten Lösungen u, v, w den Befestigungsbedingungen (132'), so werden dadurch alle die Integrationsconstanten a, b, c, k, l, m zu Null und es resultiren die sehr einfachen Ausdrücke

$$u = \tfrac{1}{2} n \left(\Lambda'(x^2 - y^2) + \Lambda z^2\right), \quad v = n\Lambda' x y, \quad w = -n\Lambda x z. \tag{164}$$

Um ihre Bedeutung zu übersehen, betrachten wir die drei zu den Coordinatenebenen parallelen Ebenen

$$x = A, \quad y = B, \quad z = C \tag{164'}$$

in ihrem Verhalten bei der Deformation. Dieselben gehen nach S. 502 über in drei Flächen von den Gleichungen:

$$\begin{gathered} x_1 + \tfrac{1}{2} n (\Lambda' y_1^2 - \Lambda z_1^2) = A(1 + \tfrac{1}{2} n \Lambda' A), \\ y_1 = B(1 + n\Lambda' x_1), \quad z_1 = C(1 - n\Lambda x_1). \end{gathered} \tag{164''}$$

Die beiden letzten Formeln stellen Schaaren von Ebenen dar, deren erste durch die Gerade $y_1 = 0$, $x_1 = -1/n\Lambda'$, deren letzte durch die Gerade $z_1 = 0$, $x_1 = +1/n\Lambda$ hindurch geht; die erste Formel liefert eine Sattelfläche, die beide Ebenenschaaren orthogonal schneiden muss, weil nach (162) $y_z = 0$, $z_x = 0$, $x_y = 0$ ist, also die Winkel zwischen den Richtungen, die ursprünglich den Coordinatenaxen parallel waren, sich bei der betrachteten Deformation nicht ändern. Der geometrische Ort aller Punkte der Sattelfläche, welche die gleiche x-Coordinate besitzen, ist eine Hyperbel von der Gleichung $\Lambda' y_1^2 - \Lambda z_1^2 = \text{Const.}$

Die Gerade, welche ursprünglich in die Z-Axe fiel, ist durch die Parameter $A = 0$, $B = 0$ charakterisirt; sie nimmt nach S. 502 in Folge der Deformation eine Gestalt an, gegeben durch

$$x_1 = \tfrac{1}{2} n \Lambda z_1^2, \quad y_1 = 0, \tag{164'''}$$

d. h. die eines Parabelbogens, der bei mässigen Werthen z_1 von einem Kreisbogen mit dem Radius $R = 1/n\Lambda$ nicht merklich abweicht.

Begrenzt man den deformirbaren Körper ausser durch eine beliebige Cylinderfläche noch durch zwei zu jener normale Querschnitte Q, so sind auf sie wegen $X_z = 0$, $Y_z = 0$, $Z_z = nx$ normale Drucke auszuüben, um die Deformation zu erhalten, und zwar $\overline{Z} = -nx$ auf der positiven, $\overline{Z} = +nx$ auf der negativen Grundfläche.

Legt man den Coordinatenanfang in den Schwerpunkt eines Querschnittes, die Coordinatenaxen in dessen Hauptträgheitsaxen, so ist nach S. 206 und 215:

$$\int x\,dq = 0, \qquad \int y\,dq = 0, \qquad \int xy\,dq = 0.$$

In diesem Falle liefern die (auf die Fläche Eins bezogenen) Drucke $\overline{Z}$ weder eine Resultirende noch ein Moment um die X-Axe, sondern nur ein Drehungsmoment M um die Y-Axe von der Grösse:

$$M = \pm n \int x^2\,dq = \pm n\, Q \varkappa_y^2.$$

Ist die Länge des Cylinders gross gegen seine Querdimensionen, so wird auf dem grössten Theil seiner Länge die Deformation die oben behandelte sein, wenn die Vertheilung der äusseren Drucke auf die Endquerschnitte zwar nicht dem Gesetz $\overline{Z} = \pm nx$ entspricht, aber doch die Eigenschaft hat, keine Resultirende und kein Moment um die X-Axe zu liefern, und es wird dabei n nach der Formel

$$n = M / Q \varkappa_y^2 \tag{165}$$

durch das auf das positive Ende des Cylinders ausgeübte Moment bestimmt sein.

Wir sind sonach zu folgendem Satz gekommen.

Werden auf die beiden Endflächen eines Cylinders von beliebigem Querschnitt Q entgegengesetzt gleiche Drehungsmomente M um eine der Hauptträgheitsaxen durch den Schwerpunkt des Querschnittes mit dem Trägheitsradius $\varkappa_y$ ausgeübt, so wird dadurch der Cylinder so gebogen, dass seine Schwerpunktslinie einen Kreisbogen von dem Radius

$$R = Q\varkappa_y^2 / M\Lambda \tag{165'}$$

bildet, unter Λ den Dehnungsmodul der Substanz verstanden.

Gemäss den Formeln (164) bleiben die zuvor ebenen Querschnitte eben, werden aber in ihrer Ebene verzerrt.

Die gesammte, die (gleichförmige) Biegung begleitende Deformation hängt allein von den beiden Elasticitätsmoduln Λ und Λ' ab, auf welche die einseitige Dehnung eines Cylinders führte. —

Man kann die Voraussetzungen der vorstehenden theoretischen Entwickelungen angenähert realisiren, indem man den Cylinder auf zwei parallele horizontale Schneiden so auflegt, dass an beiden Seiten Stücke von gleichen Längen l überstehen, und an deren Enden gleiche Gewichte P anbringt; in diesem Falle erfahren die unterstützten Querschnitte keine resultirenden Kräfte, da die Reactionen der Unterlagen die Wirkungen der Gewichte aufheben, und von Drehungsmomenten nur solche um eine horizontale Axe von den Grössen $\pm lP$. Liegt also die eine Hauptträgheitsaxe des Cylinderquerschnittes horizontal, so sind für den Theil des Cylinders zwischen den beiden Unterstützungen die obigen Voraussetzungen erfüllt; dabei ist $M = lP$, also $n = lP/Q\varkappa_y^2$.

Der Beobachtung zugänglich ist sowohl die Hebung h des mittleren Querschnittes über die beiden unterstützten, als auch die gegenseitige Neigung χ der beiden unterstützten Querschnitte in Folge der Biegung. Ist die Länge des Cylinders zwischen den beiden Unterstützungspunkten gleich L, so gelten für h und χ die aus (164) leicht erhältlichen Formeln:

$$h = \tfrac{1}{8} n\Lambda L^2 = \frac{lP\Lambda L^2}{8Q\varkappa_y^2}, \quad \chi = n\Lambda L = \frac{lP\Lambda L}{Q\varkappa_y^2}; \tag{165''}$$

die bezüglichen Beobachtungen können also zur Bestimmung des Dehnungsmoduls Λ dienen.

Eine andere Anordnung zur Herstellung der Biegung eines Cylinders ist die, dass man den Cylinder auf zwei Schneiden auflegt und in der Mitte belastet. Dieser Fall ist aus dem Vorstehenden dann abzuleiten, wenn die Querdimensionen des Cylinders so klein gegen seine Länge sind, dass man die einzelnen Längselemente als Stäbe der oben behandelten Art betrachten kann. Die hier entstehende Biegung ist aber eine ungleichförmige.

§ 47. Mechanik elastischer Körper. Die allgemeinen Formeln für Potential- und Drillungsschwingungen; der specielle Fall ebener Wellen; transversale Schwingungen eines gespannten Fadens.

Die Hauptgleichungen für die Bewegungen in einem elastischen Medium bilden wir aus (129) durch Einsetzen der Werthe (128) der Druckcomponenten und erhalten so folgendes System:

$$\begin{aligned} \varepsilon \frac{\partial^2 u}{\partial t^2} &= \varepsilon X + \tfrac{1}{2}(c - c') \Delta u + \tfrac{1}{2}(c + c') \frac{\partial \vartheta}{\partial x}, \\ \varepsilon \frac{\partial^2 v}{\partial t^2} &= \varepsilon Y + \tfrac{1}{2}(c - c') \Delta v + \tfrac{1}{2}(c + c') \frac{\partial \vartheta}{\partial y}, \\ \varepsilon \frac{\partial^2 w}{\partial t^2} &= \varepsilon Z + \tfrac{1}{2}(c - c') \Delta w + \tfrac{1}{2}(c + c') \frac{\partial \vartheta}{\partial z}. \end{aligned} \tag{166}$$

Von der Einwirkung äusserer Kräfte wollen wir absehen, weil dieselben auf die Bewegung einen Einfluss nur in dem kaum vorkommenden Falle haben, dass sie selbst zeitlich variiren; wir setzen also fernerhin:

$$X = Y = Z = 0.$$

Auf die Bedingungen, denen die Verrückungen an der Oberfläche des elastischen Medium unterliegen, wollen wir hier noch nicht eingehen; es kommen sonach für uns ausser den vorstehenden Hauptgleichungen nur noch die Festsetzungen über den Anfangszustand in Betracht, dahin lautend, dass für $t = 0$

$$u = u^0, \quad v = v^0, \quad w = w^0, \quad \frac{\partial u}{\partial t} = u', \quad \frac{\partial v}{\partial t} = v', \quad \frac{\partial w}{\partial t} = w' \tag{166'}$$

gegebene Functionen der Coordinaten sind.

Wie wir in dem vorigen Abschnitt die Verrückungen u, v, w für einen beliebigen Zeitmoment in die beiden Theile Potentialverrückung und Torsionsverrückung zerlegt haben, indem wir setzten:

$$\begin{gathered} u = u_1 + u_2, \qquad v = v_1 + v_2, \qquad w = w_1 + w_2, \\ u_1 = \frac{\partial \varphi}{\partial x}, \qquad v_1 = \frac{\partial \varphi}{\partial y}, \qquad w_1 = \frac{\partial \varphi}{\partial z}, \\ u_2 = \frac{\partial W}{\partial y} - \frac{\partial V}{\partial z}, \quad v_2 = \frac{\partial U}{\partial z} - \frac{\partial W}{\partial x}, \quad w_2 = \frac{\partial V}{\partial x} - \frac{\partial U}{\partial y}, \quad \frac{\partial U}{\partial x} + \frac{\partial V}{\partial y} + \frac{\partial W}{\partial z} = 0, \end{gathered} \tag{166''}$$

so können wir auch die Anfangswerthe zerlegt denken und setzen:

$$u^0 = u_1^0 + u_2^0, \quad v^0 = v_1^0 + v_2^0, \quad w^0 = w_1^0 + w_2^0,$$

$$u_1^0 = \frac{\partial \varphi^0}{\partial x}, \quad v_1^0 = \frac{\partial \varphi^0}{\partial y}, \quad w_1^0 = \frac{\partial \varphi^0}{\partial z}, \tag{166'''}$$

$$u_2^0 = \frac{\partial W^0}{\partial y} - \frac{\partial V^0}{\partial z}, \quad v_2^0 = \frac{\partial U^0}{\partial z} - \frac{\partial W^0}{\partial x}, \quad w_2^0 = \frac{\partial V^0}{\partial x} - \frac{\partial U^0}{\partial y}, \quad \frac{\partial U^0}{\partial x} + \frac{\partial V^0}{\partial y} + \frac{\partial W^0}{\partial z} = 0;$$

$$u' = u_1' + u_2', \quad v' = v_1' + v_2', \quad w' = w_1' + w_2',$$

$$u_1' = \frac{\partial \varphi'}{\partial x}, \quad v_1' = \frac{\partial \varphi'}{\partial y}, \quad w_1' = \frac{\partial \varphi'}{\partial z},$$

$$u_2' = \frac{\partial W'}{\partial y} - \frac{\partial V'}{\partial z}, \quad v_2' = \frac{\partial U'}{\partial z} - \frac{\partial W'}{\partial x}, \quad w_2' = \frac{\partial V'}{\partial x} - \frac{\partial U'}{\partial y}, \quad \frac{\partial U'}{\partial x} + \frac{\partial V'}{\partial y} + \frac{\partial W'}{\partial z} = 0.$$

Hierin bezeichnen φ^0, U^0, V^0, W^0 die Anfangswerthe des Deformationspotentiales und der Drillungsfunctionen, φ', U', V' W' die Anfangswerthe ihrer resp. Differentialquotienten nach der Zeit oder ihrer Geschwindigkeiten.

Da die Grössen u_1^0, u_2^0, u_1' u_2' u. s. f. von einander vollständig unabhängig gegeben, z. B. alle mit Ausnahme einer einzigen gleich Null sein können, und da die Gleichungen sämmtlich lineär sind, so ergiebt sich, dass die u, v, w in je vier Theile zerfallen müssen, von denen ein jeder nur von einer dieser willkürlichen Functionen abhängt. Wir werden demgemäss auch die Potential- und die Torsionsbewegungen gesondert betrachten können.

Behandeln wir zunächst die Potentialverrückungen u_1, v_1, w_1 und berücksichtigen die Beziehungen, welche dieselben definiren, so nehmen die Gleichungen (166) die Gestalt an:

$$\begin{aligned} \varepsilon \frac{\partial^2 u_1}{\partial t^2} - c \Delta u_1 &= \frac{\partial}{\partial x}\left(\varepsilon \frac{\partial^2 \varphi}{\partial t^2} - c \Delta \varphi\right) = 0, \\ \varepsilon \frac{\partial^2 v_1}{\partial t^2} - c \Delta v_1 &= \frac{\partial}{\partial y}\left(\varepsilon \frac{\partial^2 \varphi}{\partial t^2} - c \Delta \varphi\right) = 0, \\ \varepsilon \frac{\partial^2 w_1}{\partial t^2} - c \Delta w_1 &= \frac{\partial}{\partial z}\left(\varepsilon \frac{\partial^2 \varphi}{\partial t^2} - c \Delta \varphi\right) = 0, \end{aligned} \tag{167}$$

woraus wir schliessen, dass

$$\varepsilon \frac{\partial^2 \varphi}{\partial t^2} - c \Delta \varphi$$

eine nur von der Zeit abhängige Grösse sein muss; da eine Function der Zeit allein nach der Definition des Deformationspotentiales φ auf die Werthe der Verrückungen u, v, w nicht influirt, so können wir jene Grösse ohne Beschränkung der Allgemeinheit in $\partial^2 \varphi / \partial t^2$ hineingezogen denken und schreiben:

$$\varepsilon \frac{\partial^2 \varphi}{\partial t^2} = c \Delta \varphi. \tag{167'}$$

Beachten wir, dass sich aus dieser Formel durch zweimalige Differentiation nach x, y, z und Addition der Resultate ergiebt

$$\varepsilon \frac{\partial^2 \Delta \varphi}{\partial t^2} = c \Delta (\Delta \varphi),$$

berücksichtigen wir ferner, dass selbst bei gleichzeitigem Vorhandensein von Drillungsdeformationen die räumliche Dilatation doch nur von den Potentialdeformationen abhängt, gemäss der Beziehung

$$\Delta \varphi = \vartheta, \tag{167''}$$

so erhalten wir ganz allgemein für die räumliche Dilatation die Gleichung:

$$\varepsilon \frac{\partial^2 \vartheta}{\partial t^2} = c \Delta \vartheta. \tag{167'''}$$

Wenden wir uns nun zu den Torsionsverrückungen u_2, v_2, w_2 und bedenken, dass sie keinen Antheil an ϑ geben, so erhalten wir aus (166):

$$\varepsilon \frac{\partial^2 u_2}{\partial t^2} = \tfrac{1}{2}(c-c')\Delta u_2, \quad \varepsilon \frac{\partial^2 v_2}{\partial t^2} = \tfrac{1}{2}(c-c')\Delta v_2, \quad \varepsilon \frac{\partial^2 w_2}{\partial t^2} = \tfrac{1}{2}(c-c')\Delta w_2 \tag{168}$$

oder nach Einführung der Werthe (166''):

$$\begin{aligned}
\varepsilon \frac{\partial^2}{\partial t^2}\left(\frac{\partial W}{\partial y} - \frac{\partial V}{\partial z}\right) &= \tfrac{1}{2}(c-c')\Delta\left(\frac{\partial W}{\partial y} - \frac{\partial V}{\partial x}\right),\\
\varepsilon \frac{\partial^2}{\partial t^2}\left(\frac{\partial U}{\partial z} - \frac{\partial W}{\partial x}\right) &= \tfrac{1}{2}(c-c')\Delta\left(\frac{\partial U}{\partial z} - \frac{\partial W}{\partial x}\right),\\
\varepsilon \frac{\partial^2}{\partial t^2}\left(\frac{\partial V}{\partial x} - \frac{\partial U}{\partial y}\right) &= \tfrac{1}{2}(c-c')\Delta\left(\frac{\partial V}{\partial x} - \frac{\partial U}{\partial y}\right).
\end{aligned} \tag{168'}$$

Da die in jeder einzelnen Gleichung vorkommenden Differentialquotienten

$$\frac{\partial W}{\partial y} \text{ und } \frac{\partial V}{\partial z}, \qquad \frac{\partial U}{\partial z} \text{ und } \frac{\partial W}{\partial x}, \qquad \frac{\partial V}{\partial x} \text{ und } \frac{\partial U}{\partial y}$$

von einander unabhängig sind, zerfallen diese Formeln in drei Paare von der Gestalt:

$$\begin{aligned}
\frac{\partial}{\partial z}\left(\varepsilon \frac{\partial^2 U}{\partial t^2} - \tfrac{1}{2}(c-c')\Delta U\right) &= 0,\\
\frac{\partial}{\partial y}\left(\varepsilon \frac{\partial^2 U}{\partial t^2} - \tfrac{1}{2}(c-c')\Delta U\right) &= 0.
\end{aligned}$$

Diese sechs Formeln sagen aus, dass die Aggregate

$$\varepsilon \frac{\partial^2 U}{\partial t^2} - \tfrac{1}{2}(c-c')\Delta U, \quad \varepsilon \frac{\partial^2 V}{\partial t^2} - \tfrac{1}{2}(c-c')\Delta V, \quad \varepsilon \frac{\partial^2 W}{\partial t^2} - \tfrac{1}{2}(c-c')\Delta W$$

drei resp. nur von x und t, von y und t, von z und t abhängigen Functionen gleich sein müssen. Da aber nach der Definition der Torsionsverrückungen in (166'') solche Functionen auf die Werthe der Verrückungen ohne Einfluss sind, können wir dieselben ohne Beschränkung der Allgemeinheit in $\partial^2 U/\partial t^2$, $\partial^2 V/\partial t^2$, $\partial^2 W/\partial t^2$ hineingezogen denken und daher schreiben:

$$\varepsilon \frac{\partial^2 U}{\partial t^2} = \tfrac{1}{2}(c-c')\Delta U, \quad \varepsilon \frac{\partial^2 V}{\partial t^2} = \tfrac{1}{2}(c-c')\Delta V, \quad \varepsilon \frac{\partial^2 W}{\partial t^2} = \tfrac{1}{2}(c-c')\Delta W. \tag{168''}$$

Wegen der Beziehungen (150″) $\Delta U = -2\lambda$, $\Delta V = -2\mu$, $\Delta W = -2\nu$ gilt schliesslich auch:

$$\varepsilon\frac{\partial^2 \lambda}{\partial t^2} = \tfrac{1}{2}(c-c')\Delta\lambda,\quad \varepsilon\frac{\partial^2 \mu}{\partial t^2} = \tfrac{1}{2}(c-c')\Delta\mu,\quad \varepsilon\frac{\partial^2 \nu}{\partial t^2} = \tfrac{1}{2}(c-c')\Delta\nu. \quad (168''')$$

Die Gleichungen (167), (167′), (167″), (168), (168″), (168‴) fallen unter dieselbe Form

$$\frac{\partial^2 \Phi}{\partial t^2} = a^2 \Delta\Phi, \quad (169)$$

und wir behandeln, indem wir diese integriren, zugleich die Gesetze für das Deformationspotential φ, die Drillungsfunctionen U, V, W, für die Verrückungscomponenten u, v, w, für die räumliche Dilatation ϑ und für die Drillungscomponenten λ, μ, ν; nur hat die Constante a nicht in allen Fällen den gleichen Werth. Des bequemeren Ausdruckes wegen wollen wir aber weiterhin, was auch den wichtigsten Fällen entspricht, Φ eine Verrückung, $\partial\Phi/\partial t$ eine Geschwindigkeit nennen.

Sind die Anfangswerthe von Φ und $\partial\Phi/\partial t$ in parallelen Ebenen, die wir der XY-Ebene parallel denken wollen, constant, und sind auch etwaige Oberflächenbedingungen längs solcher Ebenen in constanter Weise gegeben, so wird nach Symmetrie Φ und $\partial\Phi/\partial t$ jederzeit in diesen Ebenen constant, also nur von t und z abhängig sein. Die Gleichung (169) reducirt sich nach den gemachten Annahmen auf:

$$\frac{\partial^2 \Phi}{\partial t^2} = a^2\frac{\partial^2 \Phi}{\partial z^2}. \quad (169')$$

Wir bemerken beiläufig, dass diese Gleichung zugleich ein anderes wichtiges Problem umfasst, nämlich dasjenige der transversalen Schwingungen eines absolut biegsamen Fadens, welcher durch ein Gewicht gespannt ist, und den man eine Saite zu nennen pflegt (obgleich seine Eigenschaften diesem Namen nicht ganz entsprechen). Wir wollen dies kurz begründen.

Sei der Faden von der Länge l ursprünglich parallel der Z-Axe ausgespannt und während des Bewegungszustandes unendlich wenig aus dieser Richtung entfernt, sodass sowohl die Verrückungen u und v neben l, als auch ihre Differentialquotienten nach z neben Eins unendlich klein sind. Dann ist an jeder Stelle die Spannung, d. h. die Kraft, die sich längs des Fadens fortpflanzt, nur unendlich wenig von dem angehängten Gewicht P verschieden.

Ein Linienelement δs des Fadens erleidet durch die Spannung an seinen beiden Enden α und β Kräfte, welche je in der Richtung des Fadens an jenen Stellen liegen und nach den allgemeinen mechanischen Gleichungen die Beschleunigungen d^2u/dt^2, d^2v/dt^2 oder auch $\partial^2 u/\partial t^2$, $\partial^2 v/\partial t^2$ hervorrufen, gegeben durch die Formeln:

$$\varepsilon Q \delta s \frac{\partial^2 u}{\partial t^2} = P\left(\cos(s,x)_\beta - \cos(s,x)_\alpha\right),$$
$$\varepsilon Q \delta s \frac{\partial^2 v}{\partial t^2} = P\left(\cos(s,y)_\beta - \cos(s,y)_\alpha\right); \qquad (169'')$$

hierin bezeichnet ε die Dichte, Q den constanten Querschnitt des Fadens, der Index α bezieht sich auf das negative, β auf das positive Ende von δs. Wegen der Kleinheit von $\partial u / \partial z$, $\partial v / \partial z$ sind die cos (s,x), cos (s,y) mit diesen Werthen selbst identisch, und es wird:

$$\cos(s,x)_\beta - \cos(s,x)_\alpha = \frac{\partial^2 u}{\partial z^2}\delta s, \quad \cos(s,y)_\beta - \cos(s,y)_\alpha = \frac{\partial^2 v}{\partial z^2}\delta s.$$

Es resultiren demgemäss aus (169″) die Gleichungen

$$\varepsilon \frac{\partial^2 u}{\partial t^2} = \frac{P}{Q}\frac{\partial^2 u}{\partial z^2}, \quad \varepsilon \frac{\partial^2 v}{\partial t^2} = \frac{P}{Q}\frac{\partial^2 v}{\partial z^2}, \qquad (169''')$$

welche, wie gesagt, unter die Form von (169′) fallen. Bei den weiteren Entwickelungen wollen wir zunächst auf die Bedeutung dieser Formel für das Problem der Saite keine Rücksicht nehmen. —

Da die Function Φ, um deren Bestimmung durch die Hauptgleichung (169′) es sich handelt, nur von zwei Variabeln z und t abhängt, so können wir ihren Verlauf durch eine Darstellung in einem rechtwinkeligen ebenen Coordinatensystem anschaulich machen. Wählen wir die von einer beliebigen Anfangsebene gerechnete Coordinate z zur Abscisse, das a-fache der von einem beliebigen Anfang gerechneten Zeit t zur Ordinate, so respräsentirt ein Punkt p der ZT-, genauer der ZaT-Ebene, den Zustand einer bestimmten Wellenebene zu einer bestimmten Zeit. Die Zustände, welche dieselbe Ebene zu verschiedener Zeit durchläuft, sind durch die Punkte einer verticalen Geraden, die, welche verschiedene Ebenen zu derselben Zeit aufweisen, durch die Punkte einer horizontalen Geraden dargestellt.

Das Bereich der ZT-Ebene, in dem sich der zu untersuchende Vorgang abspielt, ist je nach der Art des Problemes verschieden. Wird z. B. die Bewegung von einer als $t = 0$ zu wählenden Zeit ab im ganzen Raume untersucht, so ist die $t > 0$ entsprechende Halbebene heranzuziehen; handelt es sich dagegen um die Bewegung im Halbraume $z > 0$ für $-\infty < t < +\infty$ in Folge gegebener Vorgänge an der Ebene $z = 0$, so ist die Halbebene $z > 0$ zur Darstellung zu benutzen.

In jedem Falle wird das betreffende Bereich begrenzt durch Curven (oben $t = 0$, resp. $z = 0$), für welche specielle Angaben über das Verhalten von Φ vorliegen, und die Aufgabe ist, aus diesen Angaben mit Hülfe der allgemeinen Gleichung (169′) den

Werth von Φ in einem beliebigen Punkt p des Bereiches, d. h. also in einer beliebigen Ebene z und zu einer beliebigen Zeit t abzuleiten.

Wir behandeln sie am bequemsten und anschaulichsten durch Einführung zweier neuer Variabeln ξ und η durch die Beziehungen

$$\xi = \frac{z - at}{\sqrt{2}}, \quad \eta = \frac{z + at}{\sqrt{2}}, \tag{170}$$

welche nach z und t aufgelöst lauten:

$$z = \frac{\eta + \xi}{\sqrt{2}}, \quad at = \frac{\eta - \xi}{\sqrt{2}}.$$

Aus ihnen folgt:

$$\frac{\partial \Phi}{a\,\partial t} = \frac{1}{\sqrt{2}}\left(\frac{\partial \Phi}{\partial \eta} - \frac{\partial \Phi}{\partial \xi}\right), \quad \frac{\partial \Phi}{\partial z} = \frac{1}{\sqrt{2}}\left(\frac{\partial \Phi}{\partial \eta} + \frac{\partial \Phi}{\partial \xi}\right),$$

oder umgekehrt:

$$\frac{\partial \Phi}{\partial \xi} = \frac{1}{\sqrt{2}}\left(\frac{\partial \Phi}{\partial z} - \frac{\partial \Phi}{a\,\partial t}\right), \quad \frac{\partial \Phi}{\partial \eta} = \frac{1}{\sqrt{2}}\left(\frac{\partial \Phi}{\partial z} + \frac{\partial \Phi}{a\,\partial t}\right), \tag{170'}$$

ebenso weiter:

$$\begin{aligned} \frac{\partial^2 \Phi}{a^2\,\partial t^2} &= \tfrac{1}{2}\frac{\partial^2 \Phi}{\partial \xi^2} - \frac{\partial^2 \Phi}{\partial \xi\,\partial \eta} + \tfrac{1}{2}\frac{\partial^2 \Phi}{\partial \eta^2}, \\ \frac{\partial^2 \Phi}{\partial z^2} &= \tfrac{1}{2}\frac{\partial^2 \Phi}{\partial \xi^2} + \frac{\partial^2 \Phi}{\partial \xi\,\partial \eta} + \tfrac{1}{2}\frac{\partial^2 \Phi}{\partial \eta^2}. \end{aligned} \tag{170''}$$

Die von uns zu integrirende Gleichung (169') nimmt hierdurch die Form an:

$$2\frac{\partial^2 \Phi}{\partial \xi\,\partial \eta} = 0. \tag{171}$$

Die geometrische Darstellung unseres Problemes erleidet durch die Einführung der neuen Variabeln ξ und η nur insofern eine Aenderung, als die betrachteten Punkte p der ZT-Ebene auf ein Coordinatensystem bezogen werden, dessen Axen Ξ und H die Winkel zwischen der Z- und aT-Axe halbiren (s. Fig. 48); zugleich wird aber die Differentialgleichung auf eine Form gebracht, welche durch Multiplication mit $d\xi\,d\eta$ und durch Integration über irgend ein Flächenstück F der ΞH-Ebene, d. h. durch Berechnung des Integrales

$$\iint\limits_{(F)} \frac{\partial^2 \Phi}{\partial \xi\,\partial \eta}\,d\xi\,d\eta = 0, \tag{171'}$$

eine endliche Relation zwischen den auf verschiedene Stellen bezüglichen Werthen Φ, $\partial\Phi/\partial t$ und $\partial\Phi/\partial z$ abzuleiten gestattet. Bei der Anwendung hat man die Flächenstücke F so zu wählen, dass nach ausgeführter Integration ausser dem gesuchten Φ nur noch gegebene Werthe in der Gleichung auftreten. Die folgenden Abschnitte bringen die Anwendung dieser Methode auf verschiedene wichtige Probleme der Elasticitätslehre.

§ 48. Mechanik elastischer Körper. Fortpflanzung ebener Wellen in einem allseitig unbegrenzten Medium, sowie transversaler Schwingungen längs eines unendlichen gespannten Fadens.

Das einfachste Problem, für das die oben aus einander gesetzten Hülfsmittel zur Anwendung kommen, resultirt, wenn neben der Hauptgleichung

$$\frac{\partial^2 \Phi}{\partial t^2} = a^2 \frac{\partial^2 \Phi}{\partial z^2} \quad \text{resp.} \quad \frac{\partial^2 \Phi}{\partial \xi \partial \eta} = 0$$

keinerlei Grenzbedingungen, sondern nur noch Anfangsbedingungen vorgeschrieben sind. In der oben festgesetzten Ausdrucksweise lautet dasselbe folgendermaassen:

In einem unendlichen homogenen elastischen Medium sei für $t = 0$ sowohl $\Phi = \Phi^0(z)$ als $\partial \Phi / \partial t = \Phi'(z)$ vorgeschrieben; es soll der Zustand des Mediums für alle späteren Zeiten bestimmt werden.

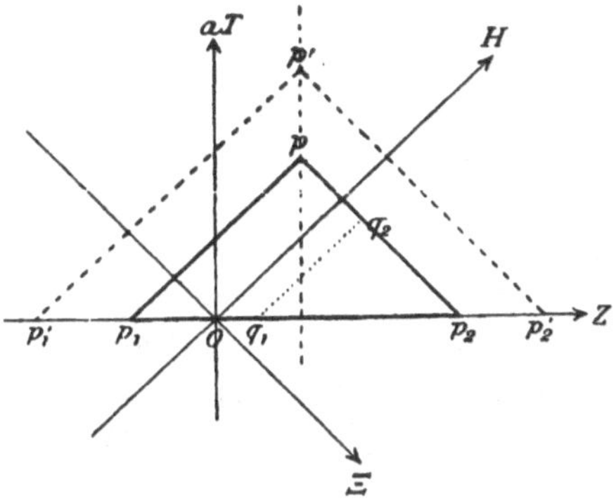

Fig. 48.

Das Bereich der ZT-Ebene, in welchem sich in diesem Falle der Vorgang abspielt, ist, wie schon oben bemerkt, die Halbebene $t > 0$, und unsere Aufgabe ist die Berechnung des Werthes von Φ für eine beliebige Stelle p aus den längs der Abscissenaxe $t = 0$ vorgeschriebenen Werthen. Dies lässt sich erreichen durch Anwendung der Grundformel (171') auf das rechtwinklige Dreieck $p p_1 p_2$, welches durch zwei Parallele zur Ξ- und H-Axe vom Punkt p aus und durch die Z-Axe begrenzt wird (Figur 48).

Führen wir in (171') zunächst die Integration nach η aus, so werden damit die Werthe $\partial^2 \Phi / \partial \xi \partial \eta$ längs einer Parallelen zur H-Axe, z. B. längs $\overline{q_1 q_2}$, summirt. Das Resultat ist:

$$\iint\limits_{(F)} \frac{\partial^2 \Phi}{\partial \xi \partial \eta} d\xi\, d\eta = \int\limits_{(p)}^{(p_2)} \frac{\partial \Phi}{\partial \xi} d\xi - \int\limits_{(p_1)}^{(p_2)} \frac{\partial \Phi}{\partial \xi} d\xi = 0.$$

Das erste Integral ist in der That längs einer Parallelen zur Ξ-Axe zu nehmen, das zweite aber längs der Z-Axe. Daher ersetzen wir in letzterem nach geometrischer Anschauung $d\xi$ durch $dz/\sqrt{2}$ und $\partial\Phi/\partial\xi$ durch seinen Werth aus (170′) und erhalten so:

$$\int_{(p)}^{(p_2)} \frac{\partial\Phi}{\partial\xi}\,d\xi - \tfrac{1}{2}\int_{(p_1)}^{(p_2)} \left(\frac{\partial\Phi}{\partial z} - \frac{\partial\Phi}{a\,\partial t}\right) dz = 0.$$

Hierin lässt sich die Integration der ersten zwei Glieder ausführen und ergiebt, wenn man die Werthe von Φ an den Stellen p, p_1, p_2 mit Φ, Φ_1, Φ_2 bezeichnet:

$$\Phi_2 - \Phi - \tfrac{1}{2}(\Phi_2 - \Phi_1) + \frac{1}{2a}\int_{(p_1)}^{(p_2)} \frac{\partial\Phi}{\partial t}\,dz = 0$$

oder

$$\Phi = \tfrac{1}{2}(\Phi_1 + \Phi_2) + \frac{1}{2a}\int_{(p_1)}^{(p_2)} \frac{\partial\Phi}{\partial t}\,dz.$$

Wir bedenken nun, dass längs der ganzen Z-Axe, d. h. für $t = 0$,

$$\Phi = \Phi^0, \qquad \frac{\partial\Phi}{\partial t} = \Phi'$$

gegeben ist; die gefundene Gleichung drückt also den Werth von Φ an der Stelle p aus durch die gegebenen Werthe von Φ^0 in den Schnittpunkten p_1 und p_2 der durch p gelegten Parallelen zur Ξ- und zur H-Axe mit der Z-Axe und durch alle zwischen diesen Punkten liegenden Werthe Φ'.

Berücksichtigt man, dass, wenn die Stelle p der Abscisse z und der Zeit t entspricht, p_1 die Abscisse $(z - at)$, p_2 die Abscisse $(z + at)$ besitzt, so kann man die letzte Formel auch schreiben:

$$\Phi(z, t) = \tfrac{1}{2}\big(\Phi^0(z - at) + \Phi^0(z + at)\big) + \frac{1}{2a}\int_{z-at}^{z+at} \Phi'(z)\,dz. \qquad (172)$$

Nach dem erhaltenen Resultat und in Uebereinstimmung mit S. 534 besteht $\Phi(z, t)$ aus zwei Theilen, von denen der eine nur von Φ^0, der andere nur von Φ' abhängt; wir können also setzen:

$$\Phi = \Phi_{I} + \Phi_{II}, \qquad (172')$$

wo die beiden Theile die Eigenschaft haben, dass

für $t = 0$ und $-\infty < z < +\infty$ gilt:

$$\left.\begin{aligned} \Phi_{I} &= \Phi^0(z), & \frac{\partial\Phi_{I}}{\partial t} &= 0, \\ \Phi_{II} &= 0, & \frac{\partial\Phi_{II}}{\partial t} &= \Phi'(z). \end{aligned}\right\} \qquad (172'')$$

—

Der erste Theil von Φ ist gegeben durch:

$$\Phi_{I} = \tfrac{1}{2}(\Phi_1^0 + \Phi_2^0) = \tfrac{1}{2}\big(\Phi^0(z + at) + \Phi^0(z - at)\big). \qquad (173)$$

Nach dem ersten Werth und der Figur 48 wird die Verrückung an der Stelle p durch das Mittel aus den Werthen an den Stellen p_1 und p_2 gegeben, welche Punkte, während t wächst (also p nach p' wandert), mit gleichförmiger Geschwindigkeit nach beiden Seiten hin (nach p_1' und p_2') fortrücken. Der zweite Ausdruck spricht dasselbe Resultat in der Form aus, dass, um die Verrückung an jeder Stelle zu jeder Zeit zu bestimmen, das ganze System von Anfangsverrückungen Φ^0 in halber Stärke nach der positiven, in halber nach der negativen Seite hin mit der Geschwindigkeit a zu verschieben und überall die Summe der an dieselbe Stelle gelangenden Verrückungen zu nehmen ist.

Dass hierdurch nicht nur eine Deutung der Endformel, sondern der wirkliche Vorgang gegeben ist, erkennt man durch Betrachtung des speciellen Falles, dass die Anfangsverrückung Φ^0 nur in der unmittelbaren Nähe einer Stelle $z = z_q$ einen von Null verschiedenen Werth hat. Da Φ^0 eine stetige Function von z sein soll, ist dabei für Φ^0 streng genommen ein Werthsystem anzunehmen, das unmittelbar vor z_q von Null an aufsteigt und nach z_q zu Null herabsinkt; wir wollen weiter aber immer nur von dem in z_q eintretenden Maximalwerth sprechen.

In Folge der gemachten Annahme ist nun Φ_1 zu jeder Zeit t überall gleich Null, mit Ausnahme der Stellen, in welchen

$$z - at = z_q \quad \text{und} \quad z + at = z_q$$

ist, d. h. längs der beiden Geraden $\overline{qq_1}$ und $\overline{qq_2}$, welche in der Figur 49 der Ξ- und H-Axe parallel durch q gelegt sind; dort besitzt die Verrückung den halben Werth der Anfangsverrückung in q.

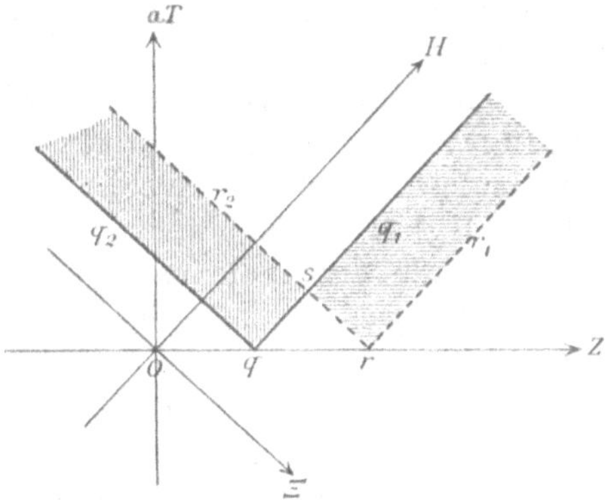

Fig. 49.

Man erkennt also deutlich, wie die anfängliche Verrückung an der Stelle q verschwindet und statt dessen an anderen auftritt, deren Entfernung von q mit der Zeit proportional wächst. Man drückt dies Resultat mit den Worten aus, dass sich die Anfangsverrückung Φ^0 nach beiden Seiten hin in halber Stärke und mit der Geschwindigkeit a fortpflanzt.

Ist noch an einer zweiten Stelle r eine Anfangsverrückung vorhanden, so ist deren Fortpflanzung durch die Geraden $\overline{rr_1}$ und $\overline{rr_2}$

gegeben; sie wird durch die von q ausgehende in keiner Hinsicht gestört.

Jedes beliebige Verrückungssystem kann man nun für das Studium der von ihm fortgepflanzten Verrückungen in ein System solcher Einzelverrückungen zerlegen und erhält dadurch die Bestätigung des ausgesprochenen Resultates, welches wir in den Satz fassen:

In einem unendlichen elastischen Medium pflanzt sich eine Anfangsverrückung, welche eine Function nur einer Coordinate ist, mit halber Stärke nach deren positiver, mit halber Stärke nach deren negativer Richtung und mit der constanten Geschwindigkeit a fort. —

Der zweite Theil von Φ ist nach (172′) bis (172″) gegeben durch

$$\Phi_{II} = \frac{1}{2a}\int_{(p_1)}^{(p_2)} \Phi' dz = \frac{1}{2a}\int_{z-at}^{z+at} \Phi'(z)\, dz, \tag{174}$$

woraus durch Differentiation nach t auch folgt:

$$\frac{\partial \Phi_{II}}{\partial t} = \tfrac{1}{2}(\Phi_1' + \Phi_2') = \tfrac{1}{2}\big(\Phi'(z + at) + \Phi'(z - at)\big). \tag{174′}$$

Vergleicht man die letzte Formel mit (173), so erkennt man das Resultat:

Ebenso wie die von nur einer Coordinate abhängige Anfangsverrückung pflanzt sich in einem unendlichen elastischen Medium auch eine ebensolche Anfangsgeschwindigkeit fort.

Was die durch die anfängliche Geschwindigkeit erregte Verrückung angeht, so lässt sich, indem wir

$$\frac{1}{a}\int_0^z \Phi'(z)\, dz = \mathrm{X}(z) \tag{174″}$$

setzen, die erste Formel auch schreiben:

$$\Phi_{II} = \tfrac{1}{2}\big(\mathrm{X}(z + at) - \mathrm{X}(z - at)\big). \tag{174‴}$$

Sie spricht das Resultat aus, dass man in unserem Falle die durch eine Anfangsgeschwindigkeit Φ' erregte Verrückung erhält, indem man eine Art Anfangsverrückung von der in (174″) definirten Grösse $\mathrm{X}(z)$ zu Hülfe nimmt, welche proportional ist mit der Fläche, die begrenzt ist von der durch $\Phi'(z)/a$ gegebenen Curve, von der Z-Abscissenaxe und von den $z = 0$ und $z = z$ entsprechenden Ordinaten. Diese Anfangsverrückung $\mathrm{X}(z)$ muss man sich dann nach der positiven Seite mit dem halben negativen, nach der negativen mit dem halben positiven Werthe und mit der Geschwindigkeit a fortpflanzen und überall summiren lassen, um den Werth der erregten Verrückung an jeder Stelle zu erhalten.

Dass diese Vorstellung dem wirklichen Vorgang entspricht, erkennt man wiederum am besten durch Betrachtung des Falles, dass die Anfangsgeschwindigkeit nur in unmittelbarer Nähe der Stelle $z = z_q$ von Null verschieden ist. Dann hat die Function $X(z)$ den Werth Null, so lange $z < z_q$ ist, und ist constant, etwa gleich C, für $z > z_q$. Hieraus folgt, dass in der Figur 49 die durch die Anfangsgeschwindigkeit in q erregte Verrückung Φ_{II} für alle Punkte, welche zwischen den beiden Parallelen $\overline{q q_1}$ und $\overline{q q_2}$ zur H- und zur Ξ-Axe durch q liegen, den Werth $\frac{1}{2} C$ besitzt, — diese Verrückung pflanzt sich also nicht eigentlich fort, sondern breitet sich mit der Geschwindigkeit a nach beiden Seiten hin aus. Dies rührt davon her, dass im Anfangszustand das ganze Medium eine Schwerpunktsgeschwindigkeit besitzt, welche von selbst nicht wieder verschwinden kann.

Ist an einer zweiten Stelle r eine entgegengesetzte Geschwindigkeit erregt, welche dem obigen Integral für $z > z_r$ den Werth $-C$ ertheilt, so breitet sich von dieser Stelle eine entgegengesetzte Verrückung aus, welche die von q ausgehende an denjenigen Stellen der ZT-Ebene, die beide erreichen, aufhebt. Der Vorgang ist in der Figur 49 in der Weise dargestellt, dass dasjenige Bereich der ZT-Ebene, in welchem $\Phi_{II} = +\frac{1}{2} C$ ist, vertical, dasjenige, in welchem $\Phi_{II} = -\frac{1}{2} C$ ist, horizontal schraffirt ist.

Jedes System von Anfangsgeschwindigkeiten kann man nun in solche auf unendlich kleine Räume beschränkte Theile zerlegen, und darum erscheint die oben gegebene Deutung der Formel (174‴) berechtigt. —

Nachdem wir bisher die Bedeutung von Φ ganz offen gelassen haben, wollen wir dafür nunmehr die einzelnen Componenten der Verrückung wählen.

Die Gleichungen (166″) reduciren sich durch die Annahme ebener Wellen normal zur Z-Axe auf:

$$u_1 = 0, \quad v_1 = 0, \quad w_1 = \frac{\partial \varphi}{\partial z}, \quad u_2 = -\frac{\partial V}{\partial z}, \quad v_2 = +\frac{\partial U}{\partial z}, \quad w_2 = 0.$$

Unter der gemachten Voraussetzung ergiebt, wie man sieht, die Verschiebungscomponente parallel der Wellennormale Z, welche man longitudinal nennt, eine Potentialdeformation; für sie vertreten die allgemeinen Gleichungen (169) und (169′) specieller die Bedingungen (167), (167′) und (167‴); a^2 hat dabei die Bedeutung c/ε.

Die Componenten normal zur Wellennormale Z, welche man transversal nennt, geben nach denselben Formeln Torsionsdeformationen; für sie vertreten also die allgemeinen Formeln (169) resp. (169') die specielleren (168), (168'') und (168'''); a^2 hat dabei die Bedeutung von $(c - c')/2\varepsilon$.

Ganz dasselbe wie für die Verrückungs- gilt auch für die Geschwindigkeitscomponenten.

Wir erhalten daher den wichtigen Satz:

Sind in einem durch die Elasticitätsconstanten c und c' definirten unbegrenzten Medium in Wellenebenen beliebige Anfangsverrückungen und Anfangsgeschwindigkeiten gegeben, so pflanzen sich die longitudinalen und die transversalen Componenten mit verschiedenen Geschwindigkeiten fort; erstere mit der Geschwindigkeit

$$a = \sqrt{\frac{c}{\varepsilon}},$$

letztere mit der Geschwindigkeit

$$a = \sqrt{\frac{c - c'}{2\varepsilon}}.$$

In (idealen) Flüssigkeiten wird wegen der Beziehung $c = c'$ die letztere Geschwindigkeit gleich Null; in ihnen pflanzen sich transversale Verrückungen gar nicht fort, denn sie erregen dort keine elastischen Reactionskräfte; die longitudinalen bringen eine cubische Dilatation ϑ hervor, die sich ebenfalls mit der Geschwindigkeit $a = \sqrt{c/\varepsilon}$ fortpflanzt.

In (idealen) Gasen ist nach S. 496 und 497 noch specieller $c = p\varkappa$, wobei p den Anfangsdruck und $\varkappa$ das Verhältniss der beiden specifischen Wärmen des Gases bezeichnet; hier gilt dann $a = \sqrt{p\varkappa/\varepsilon}$, oder bei Einführung der Werthe p_0 und ε_0, die der Temperatur von 0° Celsius entsprechen, nach (39') auch $a = \sqrt{p_0 \varkappa(1 + \alpha\tau)/\varepsilon_0}$; aus dieser Formel ist die Abhängigkeit der Fortpflanzungsgeschwindigkeit von der Temperatur τ des Gases ersichtlich. —

Da die Potentialverrückungen der Fortpflanzungsrichtung Z parallel sind, so kann man das Medium durch eine beliebige der Z-Axe parallele starre Cylinderfläche begrenzen, ohne diese Schwingungen zu beeinflussen. Allerdings ist zu bedenken, dass Wände von genügender Starrheit in praxi nur herstellbar sind, wenn das Medium ein Gas ist. Für die longitudinalen Schwingungen eines (idealen) Gases in einer cylindrischen (reibungsfreien) Röhre ist hiernach das Gesetz der Fortpflanzungsgeschwindigkeit ebener Wellen ohne Weiteres zu übertragen.

Hingegen würde es durchaus irrig sein, das analoge Gesetz auf die sogenannten longitudinalen Schwingungen eines Stabes anzuwenden. Die Theilchen eines solchen schwingen nämlich bei der betreffenden Bewegung im Allgemeinen nicht parallel zur Stabaxe, da sich die Querschnittselemente, die im Laufe des Vorganges longitudinal comprimirt werden, transversal dilatiren und umgekehrt. Hierdurch erklärt es sich, dass für die genannten Schwingungen zwar die allgemeine Gleichung (169′) Gültigkeit besitzt, aber mit einem anderen Werth der Constanten a, als für die Fortpflanzung ebener Wellen gilt. —

Verstehen wir unter Φ eine der Componenten der transversalen Verrückung einer Saite, so ergeben die Formeln (169‴) das weitere Resultat:

Auf einer unbegrenzten Saite von dem Querschnitt Q und der Dichte ε, welche durch die Kraft P gespannt ist, pflanzen sich die transversalen Verrückungen fort mit der Geschwindigkeit

$$a = \sqrt{\frac{P}{Q\varepsilon}}. \text{ —}$$

Bisher haben wir über die Gesetze $\Phi^0(x)$ und $\Phi'(x)$ der Anfangsverrückungen und Geschwindigkeiten keinerlei Voraussetzungen gemacht. Nehmen wir jetzt aber specieller den Werth

$$\Phi^0(x) = A \sin \frac{2\pi x}{L}, \tag{175}$$

so stellt sich die Anfangsverrückung, als Ordinate zur Abscisse x construirt, durch eine Sinuslinie mit der Periode L und der Amplitude A dar; die fortgepflanzte Verrückung Φ_{I} folgt nach (173) dem Gesetz:

$$\Phi_{\text{I}} = \tfrac{1}{2} A \left(\sin \frac{2\pi}{L}(x + at) + \sin \frac{2\pi}{L}(x - at) \right). \tag{175′}$$

Jeder Theil dieses Ausdruckes lässt sich durch eine mit der Geschwindigkeit a nach der negativen oder positiven Seite fortschreitende Sinuscurve repräsentiren und ergiebt damit eine sogenannte fortschreitende einfache Sinusschwingung, welche jedem Punkte $x = x_q$ eine periodische Bewegung mit der Schwingungsdauer $T = L/a$ ertheilt.

Zieht man in (175′) beide Theile in ein Glied zusammen, so erhält man die Formel:

$$\Phi_{\text{I}} = A \cos \frac{2\pi a t}{L} \sin \frac{2\pi x}{L}; \tag{175″}$$

sie giebt, wie Φ^0 construirt, gleichfalls eine Sinuscurve, deren sämmtlichen Ordinaten mit der Periode $T = L/a$ gleichzeitig und proportional wachsen oder abnehmen, so dass also die isolirten Stellen, welche zu irgend einer Zeit die Verrückung Null haben, auch immer ruhen. Man nennt solche Bewegungen stehende einfache Sinusschwingungen. L heisst die zur Schwingungsdauer T gehörige Wellenlänge; zwischen beiden besteht die Beziehung:

$$L = aT;$$

die Wellenlänge ist also gleich dem Weg, über welchen sich eine Verrückung während der Zeit einer Schwingungsdauer fortpflanzt.

An einer beliebigen Stelle $x = x_q$ findet eine Schwingung mit der Amplitude $A \sin(2\pi x_q / L)$ statt; dieselbe verschwindet, wenn

$$x_q = \frac{hL}{2}, \quad (h = 0, \pm 1, \pm 2, \ldots)$$

ist, und besitzt den grössten Werth, wenn

$$x_q = \frac{(2h+1)L}{4}, \quad (h = 0, \pm 1, \pm 2, \ldots);$$

erstere Stellen nennt man Schwingungsknoten, letztere Schwingungsbäuche.

Die Geschwindigkeit

$$\frac{\partial \Phi}{\partial t} = -\frac{2\pi A}{T} \sin \frac{2\pi t}{T} \sin \frac{2\pi x}{L}$$

besitzt ihre grössten und kleinsten Werthe an denselben Stellen, wie die Amplitude; dagegen wird die Dilatation

$$\frac{\partial \Phi}{\partial x} = +\frac{2\pi A}{L} \cos \frac{2\pi t}{T} \cos \frac{2\pi x}{L}$$

am grössten in den Knoten und ist dauernd gleich Null in den Bäuchen.

Aehnliche Betrachtungen, wie an den Werth der Anfangsverrückung $\Phi^0(x) = A \sin bx$, lassen sich an den Werth der Anfangsgeschwindigkeit $\Phi'(x) = A \sin bx$ knüpfen; sie ergeben indess nichts wesentlich Anderes, als im Vorstehenden besprochen worden, und mögen darum unterbleiben.

§ 49. Mechanik elastischer Körper. Ebene Wellen in einem durch eine Ebene begrenzten Medium; der einseitig begrenzte Faden.

Während wir im vorigen Abschnitt das elastische Medium nach allen Richtungen hin unendlich voraussetzten, wollen wir es nun durch eine der Wellenebene parallele Ebene begrenzt denken. Da Φ überall nur von x und t abhängt, so kann in dieser Ebene am einfachsten entweder Φ, und damit zugleich $\partial\Phi/\partial t$, oder aber $\partial\Phi/\partial x$ als Function der Zeit gegeben sein; der für $t = 0$ stattfindende Werth muss dabei natürlich mit diesen Angaben vereinbar gewählt werden. Diese beiden Fälle wollen wir wie oben zunächst allgemein behandeln und darnach diejenigen wirklichen Verhältnisse aufsuchen, denen diese Verfügungen entsprechen.

1. In einem unendlichen homogenen elastischen Medium sei für positive Werthe von z für $t = 0$ sowohl $\Phi = \Phi^0(z)$ als $\partial\Phi / \partial t = \Phi'(z)$, und für die Ebene $z = 0$ für positive Werthe von t zugleich $\Phi = \Psi^0(t)$ gegeben.

Das Bereich der ZT-Ebene, in dem sich Φ bei diesem Problem bewegt, ist der zwischen der $+Z$- und der $+T$-Axe liegende erste Quadrant; verlangt wird die Bestimmung von Φ für einen beliebigen Punkt dieses Quadranten aus den längs der positiven Z-Axe gegebenen Werthen von Φ und $\partial\Phi / \partial t$ und den längs der positiven T-Axe gegebenen Werthen von Φ.

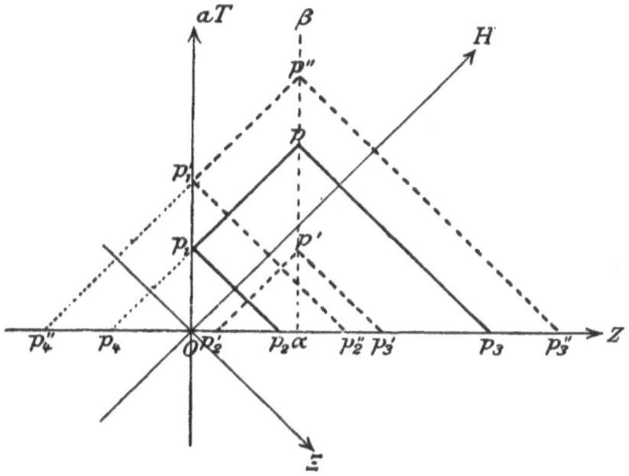

Fig. 50.

Liegt der betreffende Punkt so, wie p' in der Fig. 50, zwischen der $+H$- und der $+Z$-Axe, so ist das bei dem Problem auf S. 539 angewandte Verfahren zu benutzen und daher auch das S. 540 erhaltene Resultat (172) ohne weiteres anwendbar. Dies hat folgende Bedeutung:

So lange $at < z$ ist, hat Φ denselben Werth, als wäre die Begrenzung in $z = 0$ nicht vorhanden, und es gilt demgemäss:

$$\Phi = \tfrac{1}{2}(\Phi_{3'} + \Phi_{2'}) + \frac{1}{2a}\int_{p_2'}^{p_3'} \frac{\partial \Phi}{\partial t}\, dz$$

oder (176)

$$\Phi(z, t) = \tfrac{1}{2}\big(\Phi^0(z + at) + \Phi^0(z - at)\big) + \frac{1}{2a}\int_{z-at}^{z+at} \Phi'(z)\, dz.$$

Anders, wenn der Punkt, wie p in der Figur, zwischen der $+H$- und der $+T$-Axe liegt, also für ihn $at > z$ ist; denn dann würde die früher gewählte Fläche F sich in das Bereich $z < 0$ erstrecken, welches mit dem Betrachteten in keinem Zusammenhang steht,

z. B. die elastische Substanz gar nicht zu enthalten braucht, und demnach auf die Werthe von Φ für $z > 0$ keinen Einfluss haben kann.

Wir wählen deshalb zur Fläche F das in der Figur 50 mit $p p_1 p_2 p_3$ bezeichnete Paralleltrapez. Die Ausführung der Integration nach η in der Grundformel (171′) ergiebt:

$$\iint\limits_{(F)} \frac{\partial^2 \Phi}{\partial \xi \, \partial \eta} d\xi \, d\eta = \int\limits_{(p)}^{(p_3)} \frac{\partial \Phi}{\partial \xi} d\xi - \int\limits_{(p_1)}^{(p_2)} \frac{\partial \Phi}{\partial \xi} d\xi - \int\limits_{(p_2)}^{(p_3)} \frac{\partial \Phi}{\partial \xi} d\xi = 0.$$

Im letzten Integral ersetzen wir $d\xi$ durch $dz/\sqrt{2}$ und $\partial \Phi / \partial \xi$ durch den Werth aus (170′); dann findet sich:

$$\Phi = \tfrac{1}{2}(\Phi_3 - \Phi_2) + \frac{1}{2a} \int\limits_{(p_2)}^{(p_3)} \frac{\partial \Phi}{\partial t} dz + \Phi_1, \qquad (175')$$

worin rechts nur gegebene Werthe der Functionen Φ und $\partial \Phi / \partial t$ stehen. Führt man die den Punkten p_h entsprechenden Werthe der Variabeln in die für Φ und $\partial \Phi / \partial t$ vorgeschriebenen Functionen $\Phi^0(z)$, $\Phi'(z)$, $\Psi^0(t)$ ein, so schreibt sich das für $at > z$ geltende Resultat:

$$\Phi(z, t) = \tfrac{1}{2}\big(\Phi^0(z + at) - \Phi^0(at - z)\big) + \frac{1}{2a} \int\limits_{at - z}^{z + at} \Phi'(z) dz + \Psi^0\Big(t - \frac{z}{a}\Big). \qquad (176')$$

Die Lösung setzt sich ersichtlich aus drei Theilen Φ_I, Φ_{II}, Φ_{III} zusammen, die für sich genommen folgenden Bedingungen genügen:

für $t = 0$ und $0 < z < \infty$:

$$\Phi_I = \Phi^0(z), \quad \frac{\partial \Phi_I}{\partial t} = 0,$$
$$\Phi_{II} = 0, \quad \frac{\partial \Phi_{II}}{\partial t} = \Phi'(z),$$
$$\Phi_{III} = 0, \quad \frac{\partial \Phi_{III}}{\partial t} = 0,$$

für $z = 0$ und $0 < t < \infty$:

$$\Phi_I = 0, \quad \Phi_{II} = 0, \quad \Phi_{III} = \Psi^0(t).$$

Jeder dieser Theile hat eine physikalische Bedeutung und soll demgemäss discutirt werden.

Der erste Theil ist gegeben durch die beiden Formeln:

$$\begin{aligned} at < z, \quad \Phi_I &= \tfrac{1}{2}(\Phi^0_{3'} + \Phi^0_{2'}) = \tfrac{1}{2}\big(\Phi^0(z + at) + \Phi^0(z - at)\big), \\ at > z, \quad \Phi_I &= \tfrac{1}{2}(\Phi^0_3 - \Phi^0_2) = \tfrac{1}{2}\big(\Phi^0(z + at) - \Phi^0(at - z)\big); \end{aligned} \qquad (177')$$

verbindet man mit ihnen die Figur 50 und lässt wieder den Punkt p längs der Parallelen zur T-Axe von α nach β fortschreiten, so erkennt man leicht, wie die Nullebene ($z = 0$) auf den Vorgang einwirkt.

So lange der Punkt p sich noch unterhalb der H-Axe befindet, senden die rechts und die links von α befindlichen Theile der Z-Axe ihre Functionswerthe Φ^0 in normaler Weise zu ihm hin; wenn er aber die H-Axe überschritten hat, geschieht dies ferner nur mit den rechts liegenden Theilen; links kommen die schon einmal in Wirksamkeit gewesenen Elemente zum zweiten Mal daran und die Figur weist darauf hin, dass dies in derselben Weise geschieht, als wanderten die von den einzelnen Elementen gelieferten Antheile erst bis zur Nullebene hin und kehrten dort zugleich ihre Bewegungsrichtung und ihr Vorzeichen um. Dass dies wirklich so geschieht, erweist am besten die Betrachtung des schon früher behandelten speciellen Falles.

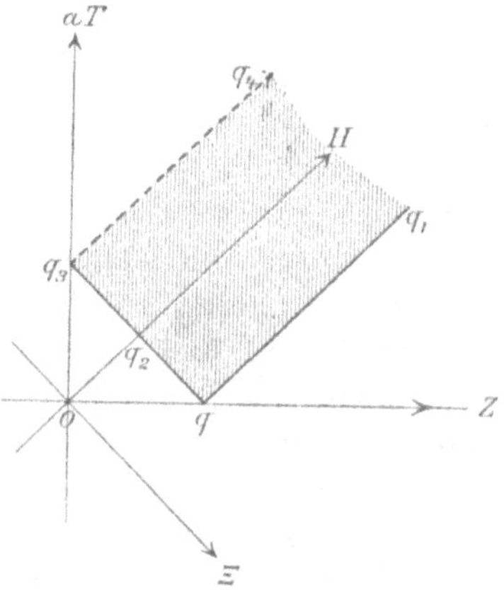

Fig. 51.

Ist nämlich zur Zeit $t = 0$ überall $\Phi = 0$ mit Ausnahme eines sehr kleinen Bereiches in der Nähe des Werthes $z = z_q$, dann ergeben die Formeln (177), dass Φ überhaupt einen von Null verschiedenen Werth nur auf einem gewissen System von Geraden besitzt; und zwar ist:

$$\begin{aligned} \Phi &= +\tfrac{1}{2}\Phi^0 \quad \text{für } at < z \text{ längs } z + at = z_q, \\ & \qquad\qquad\qquad\quad \text{längs } z - at = z_q; \\ & \qquad\quad \text{für } at > z \text{ längs } z + at = z_q, \\ \Phi &= -\tfrac{1}{2}\Phi^0 \qquad\qquad\quad \text{längs } at - z = z_q, \end{aligned}$$

Dies sind in Figur 51 ersichtlich die vier Geraden $\overline{qq_2}$, $\overline{qq_1}$, $\overline{q_2q_3}$, $\overline{q_3q_4}$, und man erkennt deutlich, wie die Fortpflanzung nach der positiven Seite ungehindert stattfindet, die nach der negativen zu einer Reflexion an der Nullebene führt, bei welcher mit der Fortpflanzungsgeschwindigkeit zugleich die Verrückung nicht die Grösse, wohl aber das Vorzeichen ändert. Die Geraden, auf welchen $\Phi = +\frac{1}{2}\Phi^0$ ist, sind in der Figur ausgezogen, diejenigen, auf welchen $\Phi = -\frac{1}{2}\Phi^0$ ist, gestrichelt.

Der zweite Theil von Φ ist gegeben durch die Formeln:

$$\left.\begin{aligned} at < z, \qquad \Phi_{II} &= \frac{1}{2a}\int_{(p_2')}^{(p_3')} \Phi'\,dz = \frac{1}{2a}\int_{z-at}^{z+at} \Phi'(z)\,dz, \\ at > z, \qquad \Phi_{II} &= \frac{1}{2a}\int_{(p_2)}^{(p_3)} \Phi'\,dz = \frac{1}{2a}\int_{at-z}^{z+at} \Phi'(z)\,dz; \end{aligned}\right\} \quad (177')$$

zu ihnen fügen wir:

$$
\begin{aligned}
at < x, \qquad \frac{\partial \Phi_{II}}{\partial t} &= \tfrac{1}{2}\left(\Phi'_{3'} + \Phi'_{2'}\right) = \tfrac{1}{2}\left(\Phi'(x+at) + \Phi'(x-at)\right), \\
at > x, \qquad \frac{\partial \Phi_{II}}{\partial t} &= \tfrac{1}{2}\left(\Phi'_{3} - \Phi'_{2}\right) = \tfrac{1}{2}\left(\Phi'(x+at) - \Phi'(at-x)\right).
\end{aligned} \tag{177''}
$$

Wir erkennen durch Vergleichung der Formeln (177'') mit (177) zunächst, dass sich die fortgepflanzte Geschwindigkeit $\partial \Phi_{II} / \partial t$ durchaus verhält, wie die fortgepflanzte Verrückung Φ_I, die soeben untersucht wurde.

Die durch die Anfangsgeschwindigkeit Φ' hervorgerufene Verrückung Φ_{II} bestimmt sich aus den Werthen Φ', welche zwischen den Punkten p_2' und p_3', resp. zwischen p_2 und p_3 liegen, analog wie bei dem vorigen Problem. Genaueres ergiebt wieder die Betrachtung eines speciellen Falles.

Ist nur in einem sehr kleinen Bereich nächst der Wellenebene $x = x_q$ eine Anfangsgeschwindigkeit vorhanden, so breitet sich die durch sie erregte Verrückung so lange regelmässig aus, bis sie die Nullebene erreicht; die von jener reflectirten Theile zerstören, als mit entgegengesetztem Vorzeichen behaftet, die direct erregten, so dass die Verrückung nur in dem von den Geraden $\overline{q q_1}$, $\overline{q q_3}$, $\overline{q_3 q_4}$ begrenzten Streifen der Figur 51 von Null verschieden ist. Eine jede Wellenebene erleidet also dieselbe Verschiebung und geht nach einer bestimmten Zeit in die ursprüngliche Lage zurück.

Diese Betrachtungen zeigen, dass man die Wirkung des Verschwindens von Φ in der Ebene $x = 0$ auf die Ausbreitung von Anfangsverrückungen und Anfangsgeschwindigkeiten innerhalb des Bereiches $0 < x < +\infty$ auch dadurch erreichen kann, dass man sich das elastische Medium bis $x = -\infty$ erstrecken lässt und an jeder Stelle $x = -x_q$ die Anfangswerthe Φ^0 und Φ' denen entgegengesetzt gleich vorschreibt, welche an der entsprechenden Stelle $x = +x_q$ gegeben sind.

In der That würde dann, wie die Figur 50 auf S. 547 erläutert, die im vorigen Problem angewandte Methode die beiden Theile von Φ bestimmen zu:

$$
\Phi_I = \tfrac{1}{2}(\Phi_3^0 + \Phi_4^0), \qquad \Phi_{II} = \frac{1}{2a}\int_{(p_4)}^{(p_3)} \Phi' \, dx;
$$

da aber der Werth von Φ^0 in p_4 entgegengesetzt gleich dem Werth in p_2 ist, und Φ' auf der ganzen Strecke $\overline{p_4 p_0}$ die entgegengesetzten Werthe hat, wie auf $\overline{p_0 p_2}$ — unter p_0 den Coordinatenanfang verstanden —, so reduciren sich diese Ausdrücke auf die obigen:

$$\Phi_{I} = \tfrac{1}{2}(\Phi_3^0 - \Phi_2^0), \qquad \Phi_{II} = \frac{1}{2a}\int_{(p_2)}^{(p_3)} \Phi' \, dz.$$

Dies Verfahren, eine Nullebene durch eine Verlängerung der Anfangswerthe zu ersetzen, werden wir weiter unten vortheilhaft verwenden.

Der dritte Theil der fortgepflanzten Verrückung ist gegeben durch die Formeln:

$$at < z, \ \Phi_{III} = 0, \qquad at > z, \ \Phi_{III} = \Psi_1^0 = \Psi^0\left(t - \frac{z}{a}\right); \qquad (177''')$$

sie ergeben den Werth Φ_{III} in einer Ebene z zur Zeit $t > z/a$ gleich dem, welcher in der Ebene $z = 0$ zur Zeit $t - z/a$ stattfand, und sprechen das einfache Resultat aus, dass die gesammte der Ebene $z = 0$ mitgetheilte Bewegung sich unvermindert mit der Geschwindigkeit a nach der $+Z$-Richtung hin fortpflanzt. Ist z. B.

$$\Psi^0 = A \sin \frac{2\pi t}{T},$$

so wird, falls wieder $aT = L$ gesetzt wird, für $at > z$ die fortgepflanzte Verrückung:

$$\Phi_{III} = A \sin 2\pi\left(\frac{t}{T} - \frac{z}{L}\right) \cdot —$$

Die vorstehenden Gesetze gelten bei der Bewegung in einem unendlichen elastischen Medium sowohl für die transversale, wie für die longitudinale Bewegung; doch haben sie nur für letztere direct praktische Bedeutung. Man kann nämlich den Oberflächentheilen elastischer Körper im Allgemeinen nur dadurch eine vorgeschriebene Bewegung ertheilen, dass man sie durch einen Körper von viel grösserer Starrheit begrenzt und diesen bewegt. Solche Körper sind den Gasen gegenüber die als fest bezeichneten; tropfbaren Flüssigkeiten und festen elastischen Körpern können wir aber keine derartigen gegenüberstellen, und daher gestatten unsere Formeln zunächst eine merklich strenge Anwendung nur auf die normale Reflexion von Luftwellen an einer ruhenden festen Wand oder auf die Erregung von Luftwellen durch die Bewegung einer solchen. Angenähert werden die obigen Resultate aber überall gültig sein, wo ein elastisches Medium von geringem elastischen Widerstande durch ein solches von erheblich grösserem in einer Ebene begrenzt wird.

Wir fassen die erhaltenen Resultate in folgende Sätze zusammen:

Trifft eine ebene Welle senkrecht auf eine das elastische Medium begrenzende starre Wand, so wird sie in der Weise reflectirt, dass die zurückkehrende Verrückung und Geschwindigkeit das entgegengesetzte Vorzeichen besitzt, als die ankommende.

Wird eine das elastische Medium begrenzende Ebene in ihrer ganzen Ausdehnung gleichmässig bewegt, so pflanzt sich die betreffende Verrückung und Geschwindigkeit in ebenen Wellen mit voller Stärke und mit der Geschwindigkeit a in das elastische Medium hin fort.

Im Uebrigen reflectirt die bewegte Ebene auffallende Wellen in derselben Weise, wie eine starre ruhende Wand.

Berücksichtigt man, dass die transversale Bewegung eines gespannten Fadens ebenfalls durch die Gleichung (169′) gegeben war, so kann man ergänzend hinzufügen:

Alle diese Resultate übertragen sich ungeändert auf die an einem Ende befestigte oder ebenda in gegebene transversale Bewegung versetzte unendliche Saite. —

2. In einem unendlichen elastischen Medium sei für positive Werthe von z für $t=0$ sowohl $\Phi = \Phi^0(z)$ als $\partial\Phi/\partial t = \Phi'(z)$ und für die Ebene $z=0$ von $t=0$ an $\partial\Phi/\partial z = \Psi'(t)$ gegeben.

Das Bereich der ZT-Ebene, auf dem sich Φ bewegt, ist hier ebenso wie bei dem vorigen Problem der erste Quadrant; die vorgeschriebenen Werthe liegen auf der Z- und auf der T-Axe.

Wiederum ist für Punkte p', welche in der Figur 50 auf S. 547 zwischen der $+Z$- und der $+H$-Axe liegen, die Begrenzung in $z=0$ noch ganz ohne Einfluss, und es gilt daher für die fortgepflanzte Verrückung, solange $at < z$ ist, die Gleichung (176):

$$\Phi = \tfrac{1}{2}(\Phi_{3'} + \Phi_{2'}) + \frac{1}{2a}\int_{(p_2')}^{(p_3')} \frac{\partial \Phi}{\partial t}\, dz$$

oder (178)

$$\Phi(z,t) = \tfrac{1}{2}\left(\Phi^0(z+at) + \Phi^0(z-at)\right) + \frac{1}{2a}\int_{z-at}^{z+at} \Phi'(z)\, dz.$$

Um das Gesetz für Punkte zwischen der $+H$- und der $+T$-Axe zu erhalten, wenden wir das frühere Verfahren erst auf das Viereck $pp_1p_0p_3$ und sodann auf das Dreieck $p_1p_2p_0$ in Fig. 50 an; p_0 ist dabei wieder der Coordinatenanfang.

Ersteres ergiebt nach leichter Rechnung:

$$\Phi = \tfrac{1}{2}(\Phi_3 + \Phi_1) + \frac{a}{2}\int_{(p_1)}^{(p_0)} \frac{\partial\Phi}{\partial z}\, dt + \frac{1}{2a}\int_{(p_0)}^{(p_3)} \frac{\partial\Phi}{\partial t}\, dz,$$

letzteres:

$$0 = \tfrac{1}{2}(\Phi_2 - \Phi_1) + \frac{a}{2}\int_{(p_1)}^{(p_0)} \frac{\partial\Phi}{\partial z}\, dt + \frac{1}{2a}\int_{(p_0)}^{(p_2)} \frac{\partial\Phi}{\partial t}\, dz.$$

Addiren wir diese beiden Gleichungen, so fällt das unbekannte Φ_1 heraus, und wir erhalten:

$$\Phi = \tfrac{1}{2}(\Phi_3 + \Phi_2) + \frac{1}{a}\int\limits_{(p_0)}^{(p_2)} \frac{\partial \Phi}{\partial t} dz + \frac{1}{2a}\int\limits_{(p_2)}^{(p_3)} \frac{\partial \Phi}{\partial t} dz + a\int\limits_{(p_1)}^{(p_0)} \frac{\partial \Phi}{\partial z} dt. \qquad (178')$$

Nach Einsetzen der gegebenen Functionen Φ^0, Φ', Ψ' und der Coordinaten der Punkte p_h giebt dies auch:

$$\Phi(z,t) = \tfrac{1}{2}\left(\Phi^0(z + at) + \Phi^0(at - z)\right)$$
$$+ \frac{1}{a}\int\limits_0^{at-z} \Phi'(z) dz + \frac{1}{2a}\int\limits_{at-z}^{z+at} \Phi'(z)\, dz - a\int\limits_0^{t-z/a} \Psi'(t)\, dt. \qquad (178'')$$

Wiederum zerfällt Φ in drei Theile Φ_{I}, Φ_{II}, Φ_{III} von physikalischer Bedeutung und zwar ist:

für $t = 0$ und $0 < z < \infty$: für $z = 0$ und $0 < t < \infty$:

$$\Phi_{\text{I}} = \Phi^0(z), \quad \frac{\partial \Phi_{\text{I}}}{\partial t} = 0, \quad \frac{\partial \Phi_{\text{I}}}{\partial z} = 0,$$
$$\Phi_{\text{II}} = 0, \quad \frac{\partial \Phi_{\text{II}}}{\partial t} = \Phi'(z), \quad \frac{\partial \Phi_{\text{II}}}{\partial z} = 0,$$
$$\Phi_{\text{III}} = 0, \quad \frac{\partial \Phi_{\text{III}}}{\partial t} = 0, \quad \frac{\partial \Phi_{\text{III}}}{\partial z} = \Psi'(t).$$

Die Discussion der Ausdrücke für Φ_{I}, Φ_{II}, Φ_{III} ist genau wie bei dem vorhergehenden Problem auszuführen; wir beschränken uns auf die Mittheilung der Resultate.

Die beiden Functionen Φ_{I} und Φ_{II} geben die Reflexion der durch eine Anfangsverrückung oder eine Anfangsgeschwindigkeit hervorgerufenen Verrückungen an der Ebene $z = 0$, wo jetzt nicht Φ, sondern $\partial \Phi / \partial z$ gleich Null ist, und zeigen, dass die reflectirte Verrückung und Geschwindigkeit d a s s e l b e Vorzeichen besitzt, wie die auffallende. Bei Darstellung in der ZT-Ebene wird also der von der Anfangsverrückung Φ^0 an der Stelle q herrührende Theil Φ_{I} sich längs der Geraden $\overline{q q_1}$ und $\overline{q q_3 q_4}$ fortpflanzen, ohne das Vorzeichen zu wechseln; diese Linien sind daher in der Figur 52 durchweg ausgezogen. Der von einer Anfangsgeschwindigkeit Φ' in q herrührende Theil Φ_{II} wird sich in dem Streifen zwischen den Geraden $\overline{q_1 q}$, $\overline{q q_3}$, $\overline{q_3 q_4}$ mit h a l b e r, in dem Winkelraum zwischen der Geraden $\overline{q_3 q_4}$ und der T-Axe mit v o l l e r Stärke ausbreiten, denn

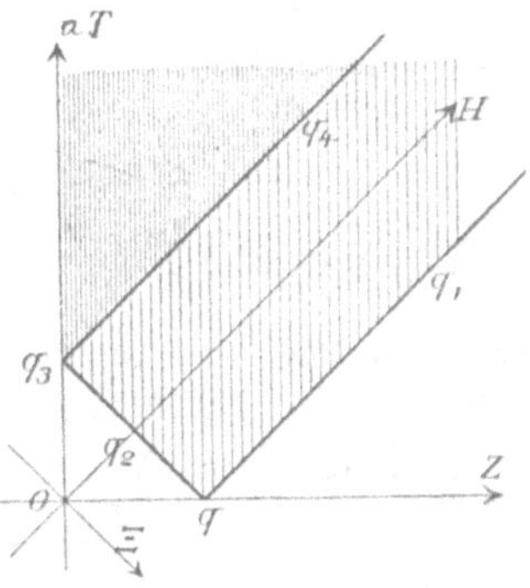

Fig. 52.

der reflectirte Antheil summirt sich zu dem direct erregten; demgemäss sind jene Bereiche in der Figur resp. in einfacher und doppelter Dichte vertical schraffirt.

Diese Resultate zeigen, dass man die Wirkung des Verschwindens von $\partial \Phi / \partial z$ in der Ebene $z = 0$ auf die Ausbreitung von Anfangsverrückungen und Anfangsgeschwindigkeiten innerhalb des Bereiches $0 < z < \infty$ auch dadurch erreichen kann, dass man sich das elastische Medium bis $z = -\infty$ erstrecken lässt und an jeder Stelle $z = -z_q$ die Anfangswerthe Φ^0 und Φ' denen gleich vorschreibt, welche an der entsprechenden Stelle $z = +z_q$ gegeben sind.

Der Beweis ist in der S. 550 angegebenen Weise leicht zu führen.

Der dritte Theil Φ_{III} giebt die Einwirkung der für $z = 0$ vorgeschriebenen Deformation $\partial \Phi / \partial z = \Psi'(t)$ gemäss den Formeln:

$$a t < z, \; \Phi_{III} = 0, \qquad a t > z, \; \Phi_{III} = -a \int_0^{t - z/a} \Psi'(t)\, dt; \tag{179}$$

der $a t > z$ entsprechende Antheil lässt sich durch die Fläche veranschaulichen, welche unter der Curve, die $-a \Psi'(t)$ als Function von t darstellt, zwischen den Ordinaten 0 und $t - z/a$ liegt.

Ist beispielsweise

$$\Psi'(t) = A \sin \frac{2 \pi t}{T},$$

so wird für $a t > z$ und wegen $a T = L$ die fortgepflanzte Verrückung:

$$\Phi_{III}(z, t) = -\frac{AL}{2\pi}\left(1 - \cos 2\pi \left(\frac{t}{T} - \frac{z}{L}\right)\right). -$$

Was die Anwendung dieser allgemeinen Resultate auf ein unendliches elastisches Medium angeht, so folgt aus den allgemeinen Formeln (128) für die elastischen Drucke unter der Voraussetzung, dass u, v, w nur von z abhängen:

$$-X_z = \tfrac{1}{2}(c - c')\frac{\partial u}{\partial z}, \quad -Y_z = \tfrac{1}{2}(c - c')\frac{\partial v}{\partial z}, \quad -Z_z = c\frac{\partial w}{\partial z}; \tag{179'}$$

ferner gelten längs eines Oberflächenelementes, dessen äussere Normale die $-Z$-Richtung ist, für die äusseren Druckcomponenten $\overline{X}$, $\overline{Y}$, $\overline{Z}$ die Beziehungen:

$$\overline{X}_z = \overline{X}, \qquad \overline{Y}_z = \overline{Y}, \qquad \overline{Z}_z = \overline{Z};$$

versteht man also unter Φ successive die Verrückungscomponenten u, v, w, so erkennt man, dass die Anwendung der gegebenen Werthe von $\partial \Phi / \partial z$ die Annahme gegebener Werthe der Drucke X_z, Y_z, Z_z in der XY-Ebene oder aber gegebener äusserer Drucke gegen dieselbe enthält.

Sind $\partial u/\partial z$, $\partial v/\partial z$, $\partial w/\partial z$ für $z = 0$ selbst gleich Null vorgeschrieben, so entspricht dies dem Falle, dass die XY-Ebene eine freie Oberfläche des elastischen Körpers ist. Angenähert sind die Formeln auch dann anzuwenden, wenn der elastische Körper in dieser Ebene an einen zweiten von viel geringerem elastischen Widerstand grenzt, z. B. ein fester oder tropfbar flüssiger Körper an ein Gas; desgleichen wenn ein mit Luft erfülltes Rohr sich an einem Ende nach dem freien Raum der Atmosphäre öffnet, denn in dem Querschnitt der Oeffnung können dann Verdünnungen und Verdichtungen nur in geringem Maasse zu Stande kommen, weil die Luft nach allen Seiten hin auszuweichen vermag.

Wir können daher folgende Sätze aussprechen:

Trifft eine ebene Welle senkrecht auf die durch eine parallele Ebene gebildete freie Oberfläche des elastischen Mediums, so wird sie in der Weise reflectirt, dass die umkehrende Verrückung gleiche Grösse und gleiche Richtung besitzt, wie die ankommende.

Wird auf die begrenzende Ebene in ihrer ganzen Ausdehnung gleichförmig eine mit der Zeit beliebig variirende Druckkraft mit den Componenten $\overline{X}$, $\overline{Y}$, $\overline{Z}$ ausgeübt, so entstehen dadurch Verrückungen, welche sich in ebenen Wellen mit der Geschwindigkeit a fortpflanzen und ihrer Grösse nach durch folgende Ausdrücke gegeben sind:

$$
\begin{aligned}
u(z,t) &= -\frac{1}{\varepsilon a}\int\limits_0^{t-z/a} \overline{X}(t)\,dt, & a^2 &= \frac{c-c'}{2\varepsilon},\\
v(z,t) &= -\frac{1}{\varepsilon a}\int\limits_0^{t-z/a} \overline{Y}(t)\,dt, & a^2 &= \frac{c-c'}{2\varepsilon},\\
w(z,t) &= -\frac{1}{\varepsilon a}\int\limits_0^{t-z/a} \overline{Z}(t)\,dt, & a^2 &= \frac{c}{\varepsilon}.
\end{aligned}
\tag{179''}
$$

Im Uebrigen reflectirt die Ebene, gegen welche diese gegebenen Drucke wirken, auffallende Wellen ebenso, als wäre sie eine freie Oberfläche.

Für das Problem der transversal schwingenden Saite gestatten diese Resultate keine directe Anwendung.

§ 50. Mechanik elastischer Körper. Ebene Wellen in einem nach zwei Seiten begrenzten Medium; Pfeifen und Saiten.

Die Resultate, welche wir im vorigen Abschnitt für die Einwirkung einer den Wellenebenen parallelen Begrenzung des elastischen

Mediums erhalten haben, können dazu dienen, das analoge Problem zu erledigen, wenn zwei dergleichen Begrenzungen, etwa für $z = 0$ und $z = l$, vorhanden sind. In diesem Falle ist das Bereich der ZT-Ebene, in dem sich Φ bewegt, der zwischen $z = 0$ und $z = l$ liegende Streifen, und zwar nur der Theil für $t > 0$, falls der Zustand für $t = 0$ vorgeschrieben ist.

1. Um das Wesentliche des Vorganges zu übersehen, behandeln wir zuerst den einfachen Fall, dass die Anfangsverrückung Φ^0 und die Anfangsgeschwindigkeit Φ' nur in unmittelbarer Nähe der Stelle $z = z_q$ von Null verschieden gegeben ist. Hier liegen die Verhältnisse so einfach, dass es genügt, die geltenden Gesetze zusammenzustellen; die Vergleichung mit den Resultaten für die einfache Begrenzung, die in den Figuren 51 und 52 veranschaulicht sind, lässt ihre Richtigkeit sofort einleuchten.

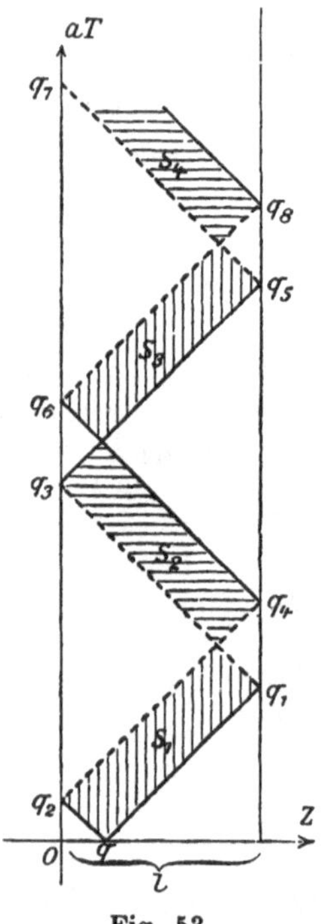

Fig. 53.

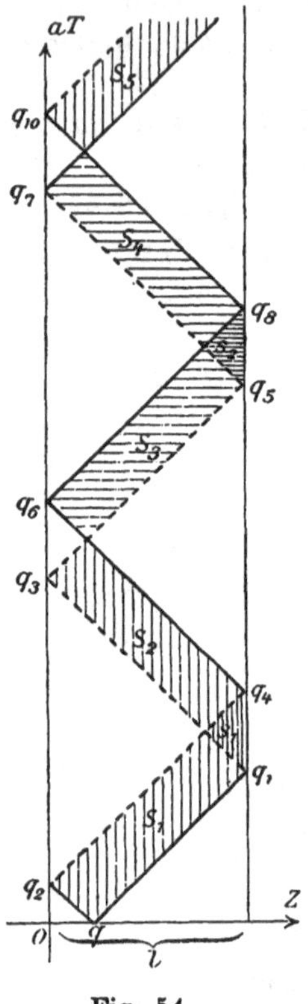

Fig. 54.

Ist an beiden Grenzen $\Phi = 0$ gegeben, so giebt bei der Darstellung des Vorganges in der ZT-Ebene (Fig. 53) eine positive Anfangsverrückung in q für die fortgepflanzte Verrückung positive Werthe längs der ausgezogenen Geraden $\overline{qq_1}$, $\overline{qq_2}$, $\overline{q_3q_5}$, $\overline{q_4q_6}$ u. s. f., negative längs der gestrichelten Geraden $\overline{q_1q_3}$, $\overline{q_2q_4}$ u. s. f.; eine positive Anfangsgeschwindigkeit in q giebt positive Verrückungen in den vertical schraffirten Streifen S_1, S_3 . . ., negative in den horizontal schraffirten S_2, S_4 . . . . Ein jeder Zustand des Mediums kehrt nach der Figur 53 von Neuem wieder, wenn at um $2l$ wächst; man nennt daher $T = 2l/a$ die Schwingungsdauer des so begrenzten Mediums.

Ist $\Phi = 0$ für $z = 0$, aber $\partial\Phi/\partial z = 0$ für $z = l$, so giebt Figur 54 das stattfindende Verhalten an. Die ausgezogenen und die gestrichelten Linien haben dieselbe Bedeutung wie zuvor; in den vertical oder horizontal weit schraffirten Feldern hat die von der Anfangsgeschwindigkeit herrührende Verrückung den einfachen, in den dicht schraffirten den doppelten positiven oder negativen Werth. Die gleichen Zustände entsprechen hier verticalen Abständen $aT = 4l$; die Schwingungsdauer des so begrenzten Mediums ist also $T = 4l/a$.

Ist endlich $\partial\Phi/\partial x = 0$ für $x = 0$ und für $x = l$, so wird bei keiner Reflexion das Vorzeichen umgekehrt; in der Figur 55, welche diesem Falle entspricht, sind daher alle Linien, welche die Fortpflanzung der positiven Anfangsverrückung darstellen, ausgezogen. Aber die von der Anfangsgeschwindigkeit in q herrührenden Verrückungen bleiben hier nicht wie in den vorigen Fällen in bestimmten Grenzen, sondern wachsen unausgesetzt, denn die dem Medium mitgetheilte Anfangsgeschwindigkeit wird hier nicht durch die Wirkung der Begrenzung zerstört; ein vollständig freier elastischer Stab z. B. wird in Folge der einem seiner Querschnitte mitgetheilten Anfangsgeschwindigkeit im Ganzen fortschreiten, was nicht stattfindet, wenn eines seiner Enden oder beide festgehalten sind. In der Figur 55 ist dies Verhalten durch die wachsende Dichtigkeit der Schraffirung von Feld zu Feld angedeutet.

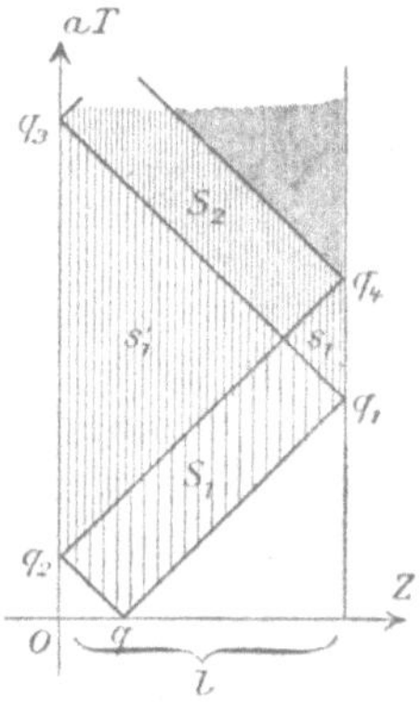

Fig. 55.

Ein jeder Zustand wird hier also hinsichtlich des absoluten Werthes der Verrückungen im Allgemeinen nie wieder erreicht, der relative der einzelnen Theile gegen einander nach einer Zeit $T = 2l/a$.

2. Sind in dem ganzen Intervall $0 < x < l$ Anfangsverrückungen und Anfangsgeschwindigkeiten gegeben, so nimmt von jeder Stelle aus eine Verrückung ebenso ihren Ausgang, wie es in den Figuren 53 bis 55 für eine Stelle dargestellt ist, und es kehren die Anfangszustände nach denselben Intervallen T wieder. Indessen giebt diese Betrachtungsweise nicht die deutliche Anschauung des Zustandes des ganzen Intervalles $0 < x < l$ für jeden Zeitpunkt. Eine solche erhalten wir in vollkommener Weise durch die Methode der Verlängerung der Functionen Φ^0 und Φ' über das Bereich $0 < x < l$ hinaus, auf welche wir schon S. 550 und 554 hingewiesen haben.

Um ihre Anwendung zu zeigen, nehmen wir den zweiten der oben besprochenen drei Fälle vor, setzen also voraus, dass $\Phi = 0$ ist für $x = 0$ und $\partial\Phi/\partial x = 0$ für $x = l$.

Wir denken uns innerhalb des Bereiches $0 < z < l$ das gegebene $\Phi^0(z)$ oder $\Phi'(z)$ für jede Stelle durch die Coordinate einer Curve repräsentirt, welche im Coordinatenanfange die Abscissenaxe schneiden und bei $z = l$ eine horizontale Tangente besitzen muss, um mit den für $z = 0$ und $z = l$ gegebenen Bedingungen im Einklang zu stehen. Die Verlängerung muss die Curve in Bezug auf den Punkt $z = 0$ und in Bezug auf die Verticale in $z = l$ symmetrisch erscheinen lassen, und man erkennt leicht, dass man dadurch zu einer der ausgezogenen Curve in Figur (56) analogen geführt wird.

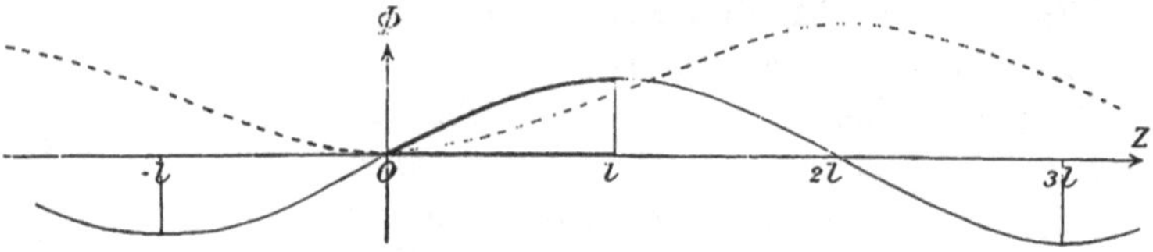

Fig. 56.

Der Zustand für das ganze zu untersuchende Intervall wird dann, soweit er nur von der Anfangsverrückung $\Phi^0(z)$ herrührt, nach der Formel (173)

$$\Phi_{\text{I}} = \tfrac{1}{2}\left(\Phi^0(z + a\,t) + \Phi^0(z - a\,t)\right)$$

erhalten, indem man ein Abbild der ganzen Curve mit der Geschwindigkeit a nach rechts, ein anderes nach links verschiebt und an jeder Stelle und zu jeder Zeit die halbe Summe der beiden entsprechenden Coordinaten bildet.

Um den Einfluss einer Anfangsgeschwindigkeit $\Phi'(z)$ abzuleiten, ist die Function Φ' in derselben Weise zu verlängern, wie zuvor Φ^0, und sodann die Function

$$\mathsf{X}(z) = \frac{1}{a}\int\limits_0^z \Phi'(z)\,d\,z$$

zu construiren, welche proportional mit der Fläche ist, die zwischen den zu 0 und z gehörigen Ordinaten und unter der Curve für $\Phi'(z)/a$ liegt. Repräsentirt die ausgezogene Curve in Figur 56 die Function $\Phi'(z)$, so giebt die gestrichelte ein Bild von $\mathsf{X}(z)$.

Um für jede Zeit t die Verrückung innerhalb des Bereiches $0 < z < l$ zu bilden, hat man dann nach der Formel (174''')

$$\Phi_{\text{II}} = \tfrac{1}{2}\left(\mathsf{X}(z + a\,t) - \mathsf{X}(z - a\,t)\right)$$

ein Abbild der Curve für X mit der Geschwindigkeit a nach der positiven, ein anderes nach der negativen Seite zu verschieben und an jeder Stelle die Hälfte der Differenz ihrer Ordinaten zu bilden. Man erkennt leicht, besonders für den Fall, dass die Anfangsverrückung oder -geschwindigkeit nur an einer Stelle von Null verschieden ist, wie das so erhaltene Resultat mit dem oben anders abgeleiteten vollkommen übereinstimmt.

Die Behandlung der beiden anderen Fälle bietet keine Schwierigkeit und bestätigt die in dem speciellen Falle erhaltenen Resultate. Soweit dieselben die Schwingungsdauer betreffen, können wir sie in folgenden Satz fassen.

In einem bei $z=0$ und bei $z=l$ begrenzten elastischen Medium entsteht durch beliebige anfängliche Verrückungen und Geschwindigkeiten, die nur von z abhängen, ein Schwingungszustand, welcher, wenn

$$\Phi = 0 \text{ für } z = 0 \text{ und für } z = l$$

oder

$$\frac{\partial \Phi}{\partial z} = 0 \text{ für } z = 0 \text{ und für } z = l$$

ist, die Periode

$$T = \frac{2l}{a},$$

hingegen, wenn

$$\Phi = 0 \text{ für } z = 0 \text{ und } \frac{\partial \Phi}{\partial z} = 0 \text{ für } z = l$$

oder

$$\frac{\partial \Phi}{\partial z} = 0 \text{ für } z = 0 \text{ und } \Phi = 0 \text{ für } z = l$$

ist, die Periode

$$T = \frac{4l}{a}$$

besitzt.

3. Der vorstehende Satz, welcher für jedes beliebig gewählte System von Anfangsverrückungen Φ^0 und Geschwindigkeiten Φ' gültig ist, gestattet in gewissen speciellen Fällen eine Erweiterung, die wir durch Betrachtung der S. 546 gegebenen Gesetze der einfachen stehenden Sinusschwingungen leicht finden werden.

Eine einfache stehende Schwingung war dargestellt durch die Formel

$$\Phi = A \cos \frac{2\pi t}{T} \sin \frac{2\pi z}{L},$$

in welcher $L = aT$ gesetzt, und t, wie z, von ganz beliebigen Anfangspunkten aus gerechnet war; für die Dilatation $\partial\Phi/\partial z$ folgt daraus:

$$\frac{\partial \Phi}{\partial z} = \frac{2\pi A}{L} \cos \frac{2\pi t}{T} \cos \frac{2\pi z}{L}.$$

An den Stellen

$$z = \tfrac{1}{2} h L, \quad (h = 0, \pm 1, \pm 2 \ldots)$$

ist dauernd $\Phi = 0$, also je ein Schwingungsknoten, an den Stellen

$$z = \tfrac{1}{4}(2h + 1)L, \quad (h = 0, \pm 1, \pm 2 \ldots)$$

ist dauernd $\partial\Phi/\partial z = 0$, also je ein Schwingungsbauch vorhanden.

Man kann nun bei dergleichen stehenden Schwingungen das elastische Medium in zwei Ebenen begrenzen, die durch beliebige Knoten gelegt sind, wenn man in ihnen Φ dauernd gleich Null erhält; ihr Abstand l muss dann den Werth haben:

$$l = \tfrac{1}{2}kL = \tfrac{1}{2}kaT, \quad (k = 1, 2 \ldots).$$

Man kann ferner das Medium in zwei Ebenen begrenzen, die durch beliebige Bäuche gelegt sind, wenn dort $\partial\Phi/\partial z$ dauernd gleich Null erhalten wird; ihr Abstand l muss dann der gleiche sein wie oben, nämlich:

$$l = \tfrac{1}{2}kL = \tfrac{1}{2}kaT, \quad (k = 1, 2 \ldots).$$

Endlich kann man das Medium begrenzen in einer Ebene durch einen Knoten, einer durch einen Bauch, falls in ersterer Φ, in letzterer $\partial\Phi/\partial z$ gleich Null erhalten wird; ihr Abstand ist dann:

$$l = \tfrac{1}{4}(2k - 1)L = \tfrac{1}{4}(2k - 1)aT, \quad (k = 1, 2 \ldots).$$

Die erhaltenen Resultate können wir in der Weise umkehren, dass wir den Abstand l der beiden Begrenzungen als gegeben und L oder T als verfügbar betrachten. Dann ergiebt sich der Satz:

Ist ein unendliches elastisches Medium in zwei parallelen Ebenen im Abstand l so begrenzt, dass in beiden $\Phi = 0$, oder in beiden $\partial\Phi/\partial z = 0$ ist, so können in demselben einfache stehende Sinusschwingungen bestehen von der Periode

$$T = \frac{2l}{ka};$$

ist hingegen in der einen $\Phi = 0$, in der anderen $\partial\Phi/\partial z = 0$, so können analoge Schwingungen von der Periode

$$T = \frac{4l}{(2k - 1)a}$$

zu Stande kommen.

Dieser Satz enthält die Ergänzung des auf S. 559 gegebenen für den speciellen Fall, dass die dort willkürlich gelassenen Schwingungsformen einfache Sinusschwingungen sind; die dort erhaltenen Schwingungsdauern erscheinen jetzt als die grössten unter den überhaupt möglichen und ergeben sich aus den allgemeinen Werthen, wenn man darin $k = 1$ setzt.

Die erhaltenen Gesetze gestatten nach dem früher Gesagten die Anwendung auf die Theorie der Schwingungen von Luftsäulen in Röhren, d. h. der Töne von Pfeifen. Beiderseitig offene und beiderseitig geschlossene Pfeifen von der Länge l gestatten also stehende Schwingungen und sprechen demgemäss bei geeigneter Erregung auf Töne an, welche die Schwingungsdauern $T = 2l/ka$ besitzen, einseitig offene auf solche von den Schwingungsdauern $4l/(2k-1)a$. Gleiches wie von der beiderseitig geschlossenen Pfeife gilt von der beiderseitig befestigten Saite. Da die elastischen Gleichungen die Superposition verschiedener Bewegungen gestatten, so können beliebige der überhaupt möglichen Töne von Pfeifen und Saiten zugleich erklingen; die gewöhnlichen Arten der Erregung — Anblasen bei Pfeifen, Streichen, Zupfen oder Schlagen bei Saiten — bringen in der That nicht einfache, sondern in bestimmter Weise zusammengesetzte Töne hervor. Auf eine nähere Erörterung dieser Verhältnisse müssen wir hier verzichten. —

§ 51. **Mechanik elastischer Körper. Kugelwellen; der Poisson'sche Satz.**

Dic allgemeine Gleichung

$$\frac{\partial^2 \Phi}{\partial t^2} = a^2 \Delta \Phi \tag{180}$$

lässt sich noch in anderen als den bisher behandelten Fällen auf die specielle Form

$$\frac{\partial^2 \Phi}{\partial t^2} = a^2 \frac{\partial^2 \Phi}{\partial x^2}$$

zurückführen.

Wir wollen um einen im Raum beliebig gewählten Punkt p eine Kugelfläche vom Radius r construiren, deren Flächenelement do sein möge, die Gleichung (180) mit do multipliciren und über die ganze Kugelfläche integriren; setzen wir den Mittelwerth von Φ auf der Fläche

$$\frac{1}{4\pi r^2}\int_{(o)} \Phi\, do = \Omega, \tag{180'}$$

so haben wir dann:

$$\frac{\partial^2 \Omega}{\partial t^2} = \frac{a^2}{4\pi r^2}\int_{(o)} \Delta\Phi\, do. \tag{180''}$$

Die rechte Seite dieser Gleichung formen wir unter Annahme stetiger $\partial\Phi/\partial x, \ldots$ um mit Hülfe des Satzes (22'') auf S. 367, wonach für ein beliebiges Volumen k' und dessen Oberfläche o' gilt:

$$\int_{(k')} \Delta\Phi\, dk' = -\int_{(o')} \frac{\partial \Phi}{\partial n}\, do',$$

unter n die innere Normale verstanden.

Ist k' ein unendlich kleines Volumen an der Stelle x, y, z, so kann man auch schreiben:

$$\Delta \Phi = -\frac{1}{k'}\int\limits_{(o')} \overline{\frac{\partial \Phi}{\partial n}}\, do'. \tag{180'''}$$

Um diesen Werth in (180'') zu benutzen, wollen wir als Raum k' speciell das an do anliegende kleine Volumenelement $do\,dr$ wählen, das erhalten wird, wenn man um den Punkt p eine zweite Kugelfläche mit dem Radius $r - dr$ construirt und die dadurch erhaltene Schaale durch Elementarkegel nach allen Oberflächenelementen do zerlegt. Das Integral über o' zerfällt hiernach in drei Theile, die sich auf die Mantelfläche o_m und die beiden Grundflächen do_a und do_i von k' beziehen. Das Element von o_m drücken wir durch das Element ds der Randcurve s von do aus, gemäss

$$do_m = dr\, ds,$$

und do_a und do_i durch die do entsprechende Kegelöffnung $d\omega$, gemäss

$$do_a = r_a^2\, d\omega, \qquad do_i = r_i^2\, d\omega.$$

Hiernach nimmt die Gleichung (180''') die Gestalt an:

$$\Delta \Phi = -\frac{1}{do}\int\limits_{(s)} \frac{\partial \Phi}{\partial n}\, ds + \frac{1}{r^2 dr}\left(\left(r^2 \frac{\partial \Phi}{\partial r}\right)_a - \left(r^2 \frac{\partial \Phi}{\partial r}\right)_i\right),$$

was, da $r_a = r$, $r_i = r - dr$ ist, identisch wird mit

$$\Delta \Phi = -\frac{1}{do}\int\limits_{(s)} \frac{\partial \Phi}{\partial n}\, ds + \frac{1}{r^2}\frac{\partial}{\partial r}\left(r^2 \frac{\partial \Phi}{\partial r}\right); \tag{181}$$

n ist hierin die innere Normale auf der Randcurve s von do.

Setzt man diesen Werth nun in die Gleichung (180'') ein, so verschwindet in der Summe das erste Glied, da jedes Linienelement ds als Grenze zwischen zwei Flächenelementen do zweimal mit entgegengesetzter Richtung der Normalen und daher entgegengesetzt gleichen Werthen von $\partial \Phi / \partial n$ auftritt.

Es bleibt daher nur:

$$\frac{\partial^2 \Omega}{\partial t^2} = \frac{a^2}{4\pi r^2}\int\limits_{(o)} \frac{1}{r^2}\frac{\partial}{\partial r}\left(r^2 \frac{\partial \Phi}{\partial r}\right) do = \frac{a^2}{4\pi}\int\limits_{(\omega)}\left(\frac{\partial^2 \Phi}{\partial r^2} + \frac{2}{r}\frac{\partial \Phi}{\partial r}\right) d\omega.$$

Hier kann man die Reihenfolge von Integration und Differentiation, die sich auf von einander unabhängige Variable beziehen, vertauschen und erhält, da auch

$$\frac{1}{4\pi}\int\limits_{(\omega)} \Phi\, d\omega = \Omega \tag{181'}$$

ist:

$$\frac{\partial^2 \Omega}{\partial t^2} = a^2\left(\frac{\partial^2 \Omega}{\partial r^2} + \frac{2}{r}\frac{\partial \Omega}{\partial r}\right).$$

Multiplicirt man dies mit r, so kann man das Resultat auch schreiben

$$\frac{\partial^2 r\,\Omega}{\partial t^2} = a^2 \frac{\partial^2 r\,\Omega}{\partial r^2}, \tag{182}$$

und erhält so die früher betrachtete specielle Form der Differentialgleichung von Neuem, nur stehen jetzt r und $r\,\Omega$ an den Stellen, die früher x und Φ einnahmen.

Wir wenden diese Gleichung im Nachstehenden auf einige wichtige Probleme an.

1. Das erste von ihnen soll eine Function Φ betreffen, die neben t nur von r abhängt; in diesem Falle ist Ω der auf der Kugelfläche vom Radius r constante Werth von Φ selbst, und die Gleichung (182) wird daher zu

$$\frac{\partial^2 r\,\Phi}{\partial t^2} = a^2 \frac{\partial^2 r\,\Phi}{\partial r^2}. \tag{183}$$

Ist der Raum nach dem Coordinatenanfang ($r = 0$) hin durch eine Kugelfläche ($r = R$) begrenzt, für die $r\,\Phi$ oder $\partial\, r\,\Phi / \partial\, r$ gleich Null vorgeschrieben ist, und ist für $t = 0$ sowohl $\Phi = \Phi^0(r)$ als $\partial\,\Phi / \partial\, t = \Phi'(r)$ gegeben, so kann man zur Bestimmung von $r\,\Phi$ unmittelbar die Methode von § 49 anwenden. Die Grenzbedingung an der Fläche ($r = R$) ermöglicht die Verlängerung der Functionen Φ^0 und Φ' auf das Gebiet $r < R$, für das Φ zunächst gar nicht definirt ist.

Anders liegt die Sache, wenn der Raum nach dem Coordinatenanfang hin nicht begrenzt ist; auch hier ist eine Verlängerung der Functionen Φ^0 und Φ' für negative r nothwendig, aber es ist im Allgemeinen das Verhalten von Φ in dem Punkte $r = 0$ nicht gegeben. Wir wollen auf eine Erörterung der verschiedenen Möglichkeiten hier nicht eingehen und einfach das weiter unten bewiesene Resultat heranziehen, dass die für uns in Betracht kommenden Functionen Φ für $r = 0$ der Bedingung

$$(r\,\Phi)_{r=0} = 0 \tag{183'}$$

genügen. Nach S. 550 ist dann $r\,\Phi^0$ und $r\,\Phi'$ so zu verlängern, dass jeder negativen Abscisse $r = -r_q$ der entgegengesetzte Werth $r\,\Phi^0$ und $r\,\Phi'$, also der gleiche Werth Φ^0 und Φ' beizulegen ist, der $r = +r_q$ entspricht. Die Uebertragung der Formeln (177) und (177') auf unseren Fall liefert demgemäss sogleich die Resultate

für $at < r$:

$$r\,\Phi(r,t) = \tfrac{1}{2}\big((r + at)\,\Phi^0(r + at) + (r - at)\,\Phi^0(r - at)\big) + \frac{1}{2a}\int_{r-at}^{r+at} r\,\Phi'(r)\,dr,$$

und für $at > r$: (183'')

$$r\,\Phi(r,t) = \tfrac{1}{2}\big((r + at)\,\Phi^0(r + at) - (at - r)\,\Phi^0(at - r)\big) + \frac{1}{2a}\int_{at-r}^{r+at} r\,\Phi'(r)\,dr,$$

Nimmt man nur eine Anfangsverrückung Φ^0 in der Nähe der Kugelfläche $r = r_1$ an, so entstehen hiernach für Φ zwei Kugelwellen, von denen die eine mit abnehmender Stärke sich ausbreitet, die andere mit wachsender Stärke sich bis auf einen unendlieh kleinen Raum zusammenzieht und darnach sich wieder ausbreitend der ersteren mit abnehmender Intensität nachfolgt.

Die sehr ähnlich gestalteten Formeln für den Fall, dass an einer das Medium nach innen begrenzenden Kugel $r = R$ entweder $r\Phi$ oder $\partial r\Phi / \partial r$ verschwindet, während $\Phi = \Phi^0$ und $\partial \Phi / \partial t = \Phi'$ für $t = 0$ vorgeschrieben sind, brauchen nicht aufgeführt zu werden. Dagegen mag erwähnt werden, dass die Fälle an jener Kugel beliebig vorgeschriebener $r\Phi = \Psi^0(t)$ oder $\partial r\Phi / \partial r = \Psi'(t)$ bei verschwindenden Φ^0 und Φ' nach (177''') und (179) zu den einfachen Resultaten führen:

$$\left.\begin{array}{ll} at < r - R & \Phi = 0, \\ at > r - R & \Phi = \frac{1}{r}\Psi^0\left(t - \frac{r - R}{a}\right); \\ at < r - R & \Phi = 0, \\ at > r - R & \Phi = -\frac{a}{r}\int\limits_0^{t-(r-R)/a} \Psi'(t)\,dt. \end{array}\right\} \quad (183''')$$

Der Fall, dass das Medium nach innen und nach aussen durch Kugelflächen begrenzt ist, an denen $r\Phi$ oder $\partial r\Phi / \partial r$ verschwinden, erledigt sich durch die in § 50 abgeleiteten Resultate. —

Was nun die speciellere Deutung der im Vorstehenden erhaltenen Resultate angeht, so sind wie früher Potential- und Drillungsdeformationen zu unterscheiden.

a) Im Falle der Potentialdeformation kann man Φ unmittelbar mit dem Deformationspotential φ identificiren; man darf auch unter Φ die cubische Dilatation ϑ verstehen, die nach (167'') mit φ in der Beziehung steht

$$\Delta\varphi = \vartheta.$$

In der That genügen nach (167') und (167''') sowohl φ als ϑ der Hauptgleichung (180).

Dagegen ist es nicht gestattet, für Φ die aus einem nur r enthaltenden Potential φ resultirende Verrückung

$$\varrho = \frac{\partial \varphi}{\partial r}$$

zu wählen, da nach S. 534 zwar jede ihrer Componenten nach einer Coordinatenaxe, nicht aber sie selbst die Gleichung (180) erfüllt.

Da die Verrückungen ϱ in unserem Falle stets dem Radius r parallel sind, so kann man das Medium durch eine beliebige starre

Kegelfläche durch den Coordinatenanfang begrenzen, ohne die Verhältnisse zu verändern; dabei kommt wiederum in Betracht, dass wir in praxi solche Wände von genügender Starrheit nur dann herstellen können, wenn das Medium gasförmig ist. Unsere Formeln leiten uns so zu gewissen Gesetzen der radialen Schwingungen kegelförmiger Luftsäulen, d. h. zur Theorie der conischen Pfeifen. Sind die Pfeifen beiderseits offen, so kann man nach S. 555 an den Enden $\vartheta = 0$ setzen und erhält so, wenn man Φ mit ϑ identificirt, einen Fall, bei dem an zwei Kugelflächen $r\,\Phi = 0$ vorgeschrieben ist.

b) Im Falle der Drillungsdeformation kann man Φ mit jeder der Drillungsfunctionen U, V, W identificiren; man kann aber auch die Drillungscomponenten λ, μ, ν selbst dafür wählen, die nach S. 536 ebenso wie U, V, W die Hauptgleichung (180) befriedigen. Wenn λ, μ, ν nur Functionen von r sind, so drückt das ersichtlich aus, dass sich bei den behandelten Schwingungen jede Kugelfläche wie ein starres Gebilde um den Coordinatenanfang dreht. Ist für eine Kugelfläche die Drillung als Function der Zeit vorgeschrieben, etwa speciell dauernd gleich Null, so entspricht das hiernach dem Fall, dass diese Fläche entweder in gegebener Weise gedreht oder aber festgehalten wird. Damit ist das Problem, bei dem $r\,\Phi$ an einer oder an zwei Kugelflächen gegeben ist oder verschwindet, für die Drillungsdeformationen sehr einfach gedeutet.

2. Die allgemeine Gleichung (182)

$$\frac{\partial^2 r\Omega}{\partial t^2} = a^2 \frac{\partial^2 r\Omega}{\partial r^2}$$

kann auch dazu dienen, um, falls keine Symmetrie rings um den Punkt p ($r = 0$) besteht, das Verhalten in ihm selbst zur Zeit t zu bestimmen, wenn im ganzen Raume zur Zeit $t = 0$ sowohl $\Phi = \Phi^0(x, y, z)$ als $\partial\Phi/\partial t = \Phi'(x, y, z)$ gegeben ist. Da Ω den Mittelwerth von Φ auf einer Kugel vom Radius r bezeichnet, so ist natürlich dann für $t = 0$ auch $\Omega = \Omega^0(r)$ und $\partial\Omega/\partial t = \Omega'(r)$ angebbar. Bei einer Darstellung in einer $R\,a\,T$-Ebene sagt dies aus, dass längs der R-Axe Ω und $\partial\Omega/\partial t$ gegeben und Φ für eine beliebige Stelle q der $a\,T$-Axe gesucht ist.

Führen wir wieder die Substitution (170) ein, in der jetzt nur z mit r zu vertauschen ist, so erhalten wir nach (171):

$$\frac{\partial^2 r\Omega}{\partial\xi\,\partial\eta} = 0.$$

Wir integriren diese Gleichung längs einer Parallelen zur Ξ-Axe, welche durch q bis zur R-Axe gezogen ist und letztere in einem Punkt q' erreichen möge; dann ergiebt sich:

$$\left(\frac{\partial r \Omega}{\partial \eta}\right)_q = \left(\frac{\partial r \Omega}{\partial \eta}\right)_{q'} .$$

Ersetzen wir den Differentialquotienten nach η gemäss (170') durch seinen Werth, so findet sich:

$$\left(\frac{\partial r \Omega}{\partial r} + \frac{\partial r \Omega}{a \, \partial t}\right)_q = \left(\frac{\partial r \Omega}{\partial r} + \frac{\partial r \Omega}{a \, \partial t}\right)_{q'} .$$

Nun ist die Stelle q durch $r = 0$ und $t = t$, die Stelle q' durch $r = at$, $t = 0$ gegeben, und wir erhalten bei Ausrechnung der linken Seite dieser Formel:

$$\Omega(0, t) = \left(\frac{\partial r \Omega}{\partial r} + \frac{\partial r \Omega}{a \, \partial t}\right)_{(at, 0)} . \tag{184}$$

Der Mittelwerth $\Omega(0, t)$ der Function Φ, genommen auf einer Kugel vom Radius Null um die Stelle p, ist aber der Werth von Φ an dieser Stelle selbst; demnach erhalten wir:

$$\Phi(0, t) = \left(\frac{\partial r \Omega^0}{\partial r} + \frac{r \Omega'}{a}\right)_{r = at},$$

und finden, falls wir auch Ω^0 und Ω' durch Φ^0 und Φ' ausdrücken, das Endresultat:

$$\Phi(0, t) = \left(\frac{\partial}{\partial r}\left(r \int \frac{\Phi^0 \, d\omega}{4\pi}\right) + \frac{r}{a} \int \frac{\Phi' \, d\omega}{4\pi}\right)_{r = at} . \tag{184'}$$

Dasselbe spricht, wenn wir den Werth $r = at$ in alle Theile der Klammer eingeführt denken, folgenden Satz aus:

Ist in einem unendlichen elastischen Medium eine Anfangsverrückung $\Phi^0(x, y, z)$ und eine Anfangsgeschwindigkeit $\Phi'(x, y, z)$ gegeben, so erhält man die Verrückung Φ, die an einer beliebigen Stelle p zu einer beliebigen Zeit t stattfindet, indem man um p eine Kugel vom Radius $r = at$ construirt, wobei a die dem Medium und der Natur der Verrückung Φ entsprechende Fortpflanzungsgeschwindigkeit bezeichnet, und die Mittelwerthe von Φ^0 und Φ' auf dieser Kugel bestimmt, gemäss den Formeln:

$$\Omega^0_{at} = \frac{1}{4\pi} \int \Phi^0 \, d\omega, \qquad \Omega'_{at} = \frac{1}{4\pi} \int \Phi' \, d\omega; \tag{185}$$

in diesen drückt sich die gesuchte Verrückung aus nach der Formel:

$$\Phi_p = \frac{\partial (t \, \Omega^0_{at})}{\partial t} + t \, \Omega'_{at} . \tag{185'}$$

Was die Anwendung dieses höchst allgemeinen, von Poisson entdeckten Satzes angeht, so kann für Φ jede Function gewählt werden, die der Hauptgleichung (180) genügt: im Falle einer Potentialdeformation also ebensowohl das Deformationspotential φ, als jede seiner Componenten u_1, v_1, w_1 nach den Coordinatenaxen, als auch die räumliche Dilatation ϑ; im Falle einer Drillungsdeformation jede der Drillungsfunctionen U, V, W oder jede der Verrückungscomponenten u_2, v_2, w_2 oder jede der Drillungscomponenten λ, μ, ν. Welche dieser Grössen zu bevorzugen sind, hängt davon ab, in welcher Weise der Anfangszustand vorgeschrieben ist. Stellt derselbe nicht eine reine Potential- oder eine reine Drillungsdeformation dar, so ist er nach dem S. 533 und 534 Bemerkten in diese Theile zu zerlegen, die sich dann unabhängig von einander fortpflanzen. Für die ersteren ist der Parameter a^2 gleich c/ε, für die letzteren gleich $(c-c')/2\varepsilon$.

Wir wollen den erhaltenen Satz zunächst benutzen zur Ableitung des auf S. 563 vorausgenommenen Resultates über das Verhalten der Function Φ in dem Punkt $r=0$ bei Anfangswerthen Φ^0 und Φ', die nur von r abhängen. Hier ist Ω mit Φ selbst identisch und Gleichung (185') ergiebt

$$\Phi_p = \frac{\partial\, t\, \Phi^0{}_{at}}{\partial t} + t\, \Phi'_{at}.$$

Schliesst man ein unendliches t, sowie unstetige Functionen Φ^0 und Φ' aus, so sind beide Glieder stets endlich, also $(r\,\Phi)_{r=0}$ jedenfalls gleich Null, wie das oben ausgesprochen ist. —

Wir behandeln als ferneres Beispiel das Problem, die Function Φ, am anschaulichsten die räumliche Dilatation ϑ, in einem Punkte p zu bestimmen, wenn dieselbe zur Zeit $t=0$ innerhalb einer von zwei concentrischen Kugeln mit den Radien R_a und R_i begrenzten Schaale einen constanten Werth C besitzt und im übrigen Raume verschwindet; der Punkt p sei dabei ein äusserer.

Bezeichnet man mit ω_{at} die Kegelöffnung, welche zu der aus der Kugel vom Radius at durch die Schaale ausgeschnittenen Zone gehört, so ist jetzt:

$$\Phi_p = \frac{C}{4\pi}\frac{\partial\, t\, \omega_{at}}{\partial t}.$$

Ist der Abstand des Punktes p vom Centrum der Schaale gleich e, so wird:

$$\begin{aligned}
\omega_{at} &= 0 && \text{für} \quad 0 < at < e - R_a,\\
&= 2\pi\left(1 - \frac{e^2 + a^2t^2 - R_a^2}{2eat}\right) && \text{,,} \quad e - R_a < at < e - R_i,\\
&= 2\pi\left(\frac{R_a^2 - R_i^2}{2eat}\right) && \text{,,} \quad e - R_i < at < e + R_i,\\
&= 2\pi\left(1 - \frac{e^2 + a^2t^2 - R_a^2}{2eat}\right) && \text{,,} \quad e + R_i < at < e + R_a,\\
&= 0 && \text{,,} \quad e + R_a < at < \infty.
\end{aligned}$$

Hieraus folgt:

$$\begin{aligned}\Phi_p &= 0 && \text{für} \quad 0 < at < e - R_a,\\ &= \frac{C(e-at)}{2e} && \text{„} \quad e - R_a < at < e - R_i,\\ &= 0 && \text{„} \quad e - R_i < at < e + R_i,\\ &= \frac{C(e-at)}{2e} && \text{„} \quad e + R_i < at < e + R_a,\\ &= 0 && \text{„} \quad e + R_a < at < \infty.\end{aligned}$$

In dem einen Grenzfall, dass R_i sich von R_a nur unendlich wenig unterscheidet, haben wir das S. 564 besprochene Problem einer für eine Kugelfläche constant gegebenen Anfangsdilatation und finden jetzt:

$$\begin{aligned}\Phi_p &= 0 && \text{für} \quad 0 < at < e - R,\\ &= \frac{CR}{2e} && \text{„} \quad at = e - R,\\ &= 0 && \text{„} \quad e - R < at < e + R,\\ &= -\frac{CR}{2e} && \text{„} \quad at = e + R,\\ &= 0 && \text{„} \quad e + R < at < \infty.\end{aligned}$$

Dies stimmt vollkommen mit dem Inhalt von Formel (183'').

In dem anderen Grenzfall, dass die Kugel voll ist, also R_i verschwindet, erhalten wir:

$$\begin{aligned}\Phi_p &= 0 && \text{für} \quad 0 < at < e - R,\\ &= \frac{C(e-at)}{2e} && \text{„} \quad e - R < at < e + R,\\ &= 0 && \text{„} \quad e + R < at < \infty.\end{aligned}$$

Dieser Fall tritt bei $\Phi = \vartheta$ näherungsweise ein, wenn ein mit verdichteter oder verdünnter Luft gefüllter Ballon zertrümmert wird. Hier steigt die Dilatation für $at = e - R$ schnell von 0 auf $CR/2e$, sinkt dann lineär mit der Zeit und springt für $at = e + R$ von $-CR/2e$ wieder auf Null.

Eine innerhalb eines Kugelraumes constante, positive oder negative Dilatation C erregt also in einem äusseren Punkte zuerst eine Dilatation gleichen und darnach eine entgegengesetzten Vorzeichens; die Differenz des grössten und des kleinsten Werthes ist RC/e, falls mit R der Radius des Kugelraumes, mit e der Abstand des betrachteten Punktes vom Kugelcentrum bezeichnet wird.

Register.

Verbesserungen.

S. 17, Zeile 10 v. u. setze (25) und (26) an Stelle von (17) und (18).
S. 223 und 224 setze τ' an Stelle von τ.

FSC
www.fsc.org
MIX
Papier | Fördert gute Waldnutzung
FSC® C083411

Kolibri 360 GmbH
Ferdinand-Jühlke-Straße 7
99095 Erfurt, Deutschland
produktsicherheit@kolibri360.de